Windows 7 +Office 2010 入门与提高

张 峰 相世强 李少勇 编著

印刷工业出版社

北京希望电子出版社
Beijing Hope Electronic Press
www.bhp.com.cn

内容简介

这是一本全面介绍 Windows 7 操作系统与 Office 2010 办公软件的图书。

全书在结构上分为两部分：一是基础，包括 Windows 7 的基本操作；文件和文件夹管理；设置工作环境；软件的安装及删除；附件程序与娱乐功能。二是项目的实现过程，包括中文版 Office 2010 操作基础；Word 2010 操作基础；基本格式编排及打印；表格的创建于编辑；图文混排及文档高级编排技术；长篇文档的处理；Excel 2010 操作基础；编辑与美化单元格；工作表与工作簿操作；数据排序、筛选与汇总；图表的创建、编辑与打印；PowerPoint 操作基础；幻灯片的编辑与设计；演示文稿的放映与打印。每一章最后都讲述了一个涵盖本章内容的具体实例项目，实例项目是从典型工作任务中提炼、并通过分析得到符合学生认知过程和学习领域要求的项目内容，以帮助读者巩固本章所学的知识。

本书实例典型、简明易懂。适合作为中、高等职业学校“计算机应用基础”课程的教材，也可作为计算机初学者的自学参考书。

随书光盘内容包括：本书各章上机练习的视频播放文件，部分实例源文件、素材。

图书在版编目（CIP）数据

Windows 7+Office 2010入门与提高/张锋，相世强，李少勇编著.—北京：印刷工业出版社，2011，8

ISBN 978-7-5142-0251-9

I.W… II.①张…②相…③李… III.①Windows操作系统 ②办公自动化-应用软件，Office 2010 Ⅳ.①TP316.7②TP317.1

中国版本图书馆CIP数据核字(2011)第135876号

Windows 7+Office 2010入门与提高

编　　著：张　锋　相世强　李少勇

责任编辑：郭　蕊　刘　芯　　责任校对：蒋　依

责任印制：瑞富峪　　责任设计：韦　纲

出版发行：印刷工业出版社（北京市翠微路2号　邮编：100036）

北京希望电子出版社（北京市海淀区上地三街9号嘉华大厦C座610　邮编：100085）

网　　址：www.bhp.com.cn

经　　销：各地新华书店

印　　刷：北京瑞富峪印务有限公司

开　　本：787mm×1092mm　1/16

字　　数：650千字

印　　张：28

印　　数：1～4000

印　　次：2011年8月第1版　2011年8月第1次印刷

定　　价：49.80元（配1张DVD光盘）

I S B N：978-7-5142-0251-9

前言

1．Windows 7中文版简介

Windows 7 是由微软公司开发的，具有革命性变化的操作系统。该系统旨在让人们的日常电脑操作更加简单和快捷，为人们提供高效易行的工作环境。是到目前为止性能最出色、功能最丰富的一款桌面操作系统。即可以为家庭用户提供丰富的多媒体应用，也可为企业台式机和工作站平台提供可靠稳定的运行环境。

2．Office 2010中文版简介

如今的办公室中充满了各式各样的信息、文件、报表，您如何能在每一时刻就能做到掌控自如呢？掌握和熟练使用Microsoft Office是一项必备的基础能力。在最近一两年内，不伦是企业还是政府机构，已经将正确使用Microsoft Office当成是一项必备技能，主管部门不再安排特别的培训，而是要求所属员工在工作之余自学。因此，面对新一代的Microsoft Office 2010，您也必须在最短的时间内加以了解和熟悉。

3．本书内容介绍

本书以循序渐进的方式，全面介绍了Windows 7与Office 2010中文版的功能和基本操作，按照计算机操作人员的实际工作需求组织内容，以基础知识实用、够用为原则，力求介绍最新的技术和方法。具体内容如下：

第1章：主要介绍Windows 7的基础知识，包括Windows 7的启动和退出，认识Windows 7桌面、“开始”菜单以及Windows 7窗口和对话框，通过本章对基础知识的学习，使用户对Windows 7有一个简单的认识，并为后面的学习奠定良好的基础。

第2章：主要介绍文件和文件夹的相关内容，文件和文件夹是Windows系统的重要组成部分，因而只有管理好文件和文件夹才能对操作系统运用自如。

第3章：将介绍一些常用的附件程序和娱乐工具的使用。

第4章：将介绍桌面环境的设置、显示器外观和视频设置的修改、菜单栏和任务栏的设置以及系统时间的设置。通过对本章的学习，用户可以学会工作环境的设置。

第5章：主要介绍在Windows 7中进行软件的安装与删除操作。

第6章：主要介绍Office 2010的新特点，如何安装并启动Office 2010应用程序，还介绍了创建、打开、保存、恢复文档的方法及操作的撤销、恢复和重复，在编辑文档时获取帮助的方法。

第7章：在文档中输入文字、插入图片，进行文字和图形的复制、移动、查找与替换等操作技法。

第8章：主要介绍文档的字符和段落格式、边框和底纹、文档背景设置和文档的页面设置，以及文档打印输出的相关知识。

第9章：主要介绍在Word中创建与编辑表格的方法，主要包括插入表格，修改表格，在表格中输入内容，设置表格的样式，对表格内容进行排序和计算，及表格和文本之间的互相转换等技术。

第10章：主要介绍介绍在Word中创建或引用图像的多种方法以及文档的一些高级编排技术。

第11章：主要介绍了Word 2010在处理长文档方面的应用，如使用大纲视图来组织文档，使用主控文档把组织多个子文档，在文档中标记和提取索引项，为文档编制目录等。

第12章：主要介绍了Excel 2010的基本使用方法及如何输入数据与公式、自动填充数据、如何使用函数等技术。

第13章：主要介绍一些工作表数据的常用编辑操作和美化操作，如选择单元格或单元格区域，单元格内容的修改，行、列和单元格的插入或删除，移动和复制单元格或单元格区域的数据，以及在工作表中添加图形、图片、艺术字等。

第14章：将以工作表或工作簿为操作对象，着重介绍如何在同一个工作簿内同时建立多张工作表以及在多张工作表之间的数据复制、引用等操作，同时还介绍不同工作簿之间的操作以及怎样保护重要的工作表或工作簿。

第15章：主要介绍了一些Excel高级数据分析功能，如对工作表中的数据按不同条件进行排序，自动筛选、自定义筛选及高级筛选，以及用分类汇总法对数据进行统计等。

第16章：主要介绍了如何利用现有数据选择合适的图表类型来创建图表，图表的组成，图表对象的选择、编辑、美化以及打印工作表的相关知识，在打印前进行页面、页边距、页眉或页脚的设置，打印区域和打印图表的设置等等。

第17章：主要介绍了PowerPoint的基本功能，能够使用多种方法建立一个或一组幻灯片，同时能进行输入文字、编辑文字等基本操作。

第18章：可以使读者掌握怎样编辑已经创建好的幻灯片。例如应用幻灯片模板、配色方案、动画方案和自定义动画等，这是设计幻灯片的重要内容。

第19章：讲解了演示文稿的放映及打印方法。

本书主要有以下几大特点：

- 作者从读者的需求入手，选取符合初学者认知过程和学习领域的题目，由浅入深地讲解Windows 7与Office 2010，并结合在日常工作中的实际应用，使读者的学习更有针对性。书中还特别穿插介绍了一些常用软件的使用方法，使读者尽快了解并掌握Windows 7操作系统及Office 2010办公套件，并利用其他常用软件解决工作中的实际问题。
- 本书结构清晰，内容详实，特别适合应用型本科院校、高职高专院校以及计算机培训学校作为相关课程的教材。

本书主要由张锋、相世强、李少勇编写，其他参与编写的还有李雪芳、赵秉龙、贾玉印、张花、陈月娟、罗冰、李向瑞、王慧、刘峥、王玉、张云、陈月娟、刘晶、周文彬、李乐乐、陈月霞、刘希林、黄健、黄永生、田冰、徐昊、温振宁、黄荣芹、刘德生、宋明、刘景君等，感谢出版社在书稿前期的版式设计、校对、编排，以及大量图片的处理等方面所做的工作。

由于水平有限，书中疏漏之处在所难免，欢迎广大读者和有关专家批评指正。

编著者

目录

第1章 Windows 7基本操作

第2章 文件和文件夹管理

第3章 设置工作环境

第4章 软件的安装及删除

第10章 图文混排及文档高级编排技术

第11章 长篇文档的处理

第12章 Excel 2010 操作基础

第13章 编辑与美化单元格

第14章 工作表与工作簿的操作

第15章 数据排序、筛选与汇总

第16章 图表的创建、编辑与打印

第17章 PowerPoint操作基础

第18章 幻灯片的编辑与设计

第19章 演示文稿的放映与打印

第1章 Windows 7基本操作

本章要点

Windows 7是微软公司开发的具有革命性的操作系统，其简便的使用方法让日常计算机操作变得更加快捷。本章主要介绍Windows 7的启动和退出、Windows 7桌面、“开始”菜单以及Windows 7窗口和对话框，为下一章的学习奠定扎实的基础。

本章内容主要包括

- 了解Windows 7
- Windows 7的启动和退出
- 认识Windows 7桌面
- Windows 7“开始”菜单
- Windows 7窗口
- Windows 7菜单和对话框

go>>

1.1 了解Windows 7

Windows 7是微软公司发布的面向家庭用户、企业台式机和工作站平台的最新操作系统，作为Windows Vista的继任，微软公司期望通过该产品扭转Windows Vista在市场中的败局。

Windows 7仍然以家庭用户为主，同时兼顾企业用户。产品中突出了家庭网络、家庭娱乐等功能，由此可以看出微软欲逐步将传统意义上的计算机操作系统打造成以家庭用户为基础的综合性应用平台。

1.1.1 Windows 7的新特性

Windows 7作为Windows Vista的升级版，更新了大约50万行代码，约占Windows Vista代码总量的10%，这些代码极大地改善了Windows 7的性能，下面简单列举一些新特性。

1. 安装和设置

现在为一台全新的计算机安装Windows 7系统只需花费30分钟左右的时间，而从老版本的Windows系统升级至Windows 7系统所花费的时间将更少，并且在安装过程中减少了重启次数，以及用户交互。

2. 新的任务栏

在Windows 7系统中任务栏的功能更加强大。包括，开始菜单、Internet Explorer 8、Windows资源管理器，Windows Media Player等。

3．任务缩略图

当用户将鼠标停留在任务栏的某个运行程序上时，将显示一个预览对话框，以便于用户了解最小化程序的当前运行状态。

4．跳转列表

如果右击任务栏图标，将弹出一个窗口，即所谓的跳转列表。它列出用户经常使用的文件或位置等信息。用户可通过“将此程序锁定到任务栏”命令，将常用的程序放置到任务栏中。

5．库

库是Windows 7中提供的一种新式的文件容器。它可将分散在不同位置的照片、视频或文件集中存储，方便用户查找或使用。一般有4个默认的库，即“文档”、“音乐”、“图片”和“视频”。

6．家庭网络

家庭网络是一个本地网络共享工具，当用户在某台计算机上创建家庭网络时，Windows 7会自动为该网络建立一个密码，当其他Windows 7机器要加入家庭网络时，只需提供正确的密码，便可加入该家庭网络，访问或共享其内容。

7．Aero行为

Aero行为是指用户可将窗口拖动到屏幕的不同边界来改变它们的布局。例如，将窗口拖动到屏幕左侧边界，则窗口自动占用左侧的一半屏幕；同样将窗口拖动到屏幕右侧边界，窗口会自动放大至右侧的一半屏幕；如果用户拖动窗口至屏幕顶部边界，则可将该窗口最大化。当窗口最大化后，用户还可直接拖动该窗口使其返回原始大小状态。

8．桌面增强

Windows 7提供了更多的桌面主题，包括：建筑、人物、风景、自然、场景、中国等。

9．系统安全增强

Windows 7对系统的安全性做出如下增强。

（1）改进的用户账户控制（UAC）

Windows 7系统分配给每个账户较低的权限，以防止恶意软件自动安装或运行。在Windows 7中用户账户控制被设计为4种不同的级别，用户可根据需要调整至相应的级别。

（2）多个防火墙配置文件

在Windows 7环境下，Windows防火墙设置取决于所处的网络位置。当用户处在不同的网络位置，系统会自动应用相应的防火墙配置文件，从而保护计算机不受外部的攻击。

10. 改进的Web浏览与IE 8

（1）功能强大的IE 8

通过浏览器访问互联网已是最常用的桌面应用之一，Windows 7系统提供了最新的网页浏览器IE 8。

（2）IE 8加速器

IE 8中提供了一个内置的网页附加和增强功能——加速器。用户可在网页中选择任何一个词或短语，选择后将出现按钮，单击后将弹出加速器。

（3）InPrivate浏览

一种新的浏览模式，使用户在网上冲浪而不留下任何痕迹，没有历史记录、没有Cookie、没有网址，什么都没有。

（4）崩溃恢复

当用户在打开多个标签浏览时，如果退出IE 8，系统将弹出对话框询问所有标签和打开的网页在下次启动时是否仍显示。此外，如果程序崩溃，IE 8将自动还原所有已打开的网页。

11．数据备份和系统修复

（1）备份到网络驱动器

在以前的Windows版本中，只允许用户将备份数据存储到计算机的硬盘或移动硬盘中。而Windows 7则允许将备份存储到任何可访问的网络驱动器中。

（2）创建系统修复光盘

用户可通过创建一个可启动的光盘修复系统。

（3）包含/排除指定的备份文件夹

当用户在备份Windows 7时，可选择或排除某些特定文件夹。这样能更方便地控制备份内容。

12．性能改进

（1）整体表现地改进

与Windows Vista相比Windows 7需要较少的内存和比较低的CPU（Windows 7在上网笔记本计算机中工作很好），并且Windows 7启动快，运行速度更快。

（2）对固态磁盘（SSD）的支持

固态磁盘（SSD）是一种使用记忆芯片储存数据的存储设备，而不是普通的硬盘驱动器。Windows 7可直接识别并使用固态硬盘。

13．电源管理

由于环保意识的增强，用户也希望计算机更加节能，借此降低计算机的使用成本，Windows 7在原有电源管理的基础上做出了一些不错的补充以增强电源管理功能。

14．降低功耗

通过对系统活动状态的监测，Windows 7可以实现睡眠或休眠状态，甚至在没人使用时自动关闭系统组件，以达到降低功耗的目的。

15．增强无线网络

只要单击通知区域中的网络图标，用户就会得到附近可访问的无线网络列表。用户再选择相应的网络连接即可。

16．娱乐

（1）媒体中心

在家庭高级版、专业版以及旗舰版中均包含媒体中心。在符合媒体中心规范的计算机中，用户可通过遥控器看电视、播放CD、MP3等，媒体中心还支持高清电视和蓝光影碟的播放功能。

（2）复制远程内容

当用户浏览库中（音乐，视频，图片等）媒体时，可选择将其复制至本地硬盘中，方便以后查看。

（3）Windows Media Player 12

Windows 7中集成了Windows媒体播放器最新版。它提供许多新功能，包括对库的支持，也支持更多的流媒体选项。

17. 其他改进

（1）多点触摸支持

Windows 7为运行家庭高级版、专业版和企业版的Tablet PC增加多点触摸功能，用户可方便的通过手指触摸指示Windows 7做什么。

（2）PowerShell 2.0

PowerShell是一种脚本语言，用户可通过编写脚本管理或设置系统中任何需要自动化完成的工作。在Windows 7中，已捆绑PowerShell 2.0作为系统的一部分。

1.1.2 Windows 7不同版本的差异

微软在发布Windows 7操作系统时，根据用户的侧重点不同提供以下5个版本：

- Windows 7入门版。
- Windows 7家庭基础版。
- Windows 7家庭高级版。
- Windows 7专业版。
- Windows 7企业版/旗舰版。

入门版是为低配置的个人计算机准备，主要用于上网笔记本计算机。而家庭版偏重多媒体娱乐功能。专业版和企业版则包括更高的安全性，并着重满足企业部门的需求（企业版要通过专门的公司授权，而旗舰版可通过零售取得授权）。Windows 7各版本之间的主要区别参见表1.1。

此外，Windows 7还为32位以及64位两种硬件平台，分别提供针对不同平台版本的操作系统。

表1.1 Windows 7各版本之间功能差异

特性	入门版	家庭基础版	家庭高级版	专业版	企业版/旗舰版
Windows基本界面	√	×	√	√	√
Windows标准界面	×	√	√	√	√
Windows Aero界面	×	×	√	√	√
Aero快速查看	×	×	√	√	√
Aero Shake	×	×	√	√	√

续表

特性	入门版	家庭基础版	家庭高级版	专业版	企业版/旗舰版
Aero背景	×	×	√	√	√
Windows Flip 3D	×	×	√	√	√
Live任务栏预览	×	√	√	√	√
用户快速切换	×	√	√	√	√
支持CPU数量	1	1	2	2	2
最大内存（32位版）	4GB	4GB	4GB	4GB	4GB
最大内存（64位版）	8GB	8GB	16GB	192GB	192GB
网络备份	×	×	×	√	√
附加游戏	×	×	√	√	√
屏幕截图工具	×	×	√	√	√
随时更新	√	√	√	√	N/A
Windows Media Player远程体验	×	×	√	√	√
MPEG-2解码	×	×	√	√	√
杜比数字兼容	×	×	√	√	√
DVD录放	×	×	√	√	√
Windows Media Center	×	×	√	√	√
Windows DVD Maker	×	×	√	√	√
家庭组共享	只允许加入	只允许加入	√	√	√
远程桌面	×	×	×	√	√
IIS Web服务器	×	×	√	√	√
Internet连接共享	×	√	√	√	√
离线文件	×	×	×	√	√
Windows移动中心	×	△	△	√	√
Windows Sideshow	×	×	√	√	√
支持Tablet PC	×	×	√	√	√
多点触摸	×	×	√	√	√
加入域	×	×	×	√	√

注：表中√表示完全支持该功能；△表示部分支持该功能；×表示不支持该功能。

1.2 Windows 7启动和退出

如果想要熟练地使用计算机进行学习和工作，首先要学会如何使用操作系统，因为操作系统是其他软件工作的基础平台。下面介绍Windows 7的启动与退出，以及在不同的用户之间切换。

1.2.1 Windows 7启动

在计算机中安装好Windows 7操作系统之后，打开计算机的同时就会进入Windows 7操作系统中。

登录Windows 7的具体操作步骤如下：

01 接通电源后，依次打开计算机显示器和机箱的开关，计算机会自动进行开机自检。自检画面中将显示计算机主板、内存、显卡显存等信息以及使用哪种方式进行启动。

02 自检完成后会出现欢迎界面，根据设置的用户账户数目，界面分为单用户登录和多用户登录两种，如图1.1所示的单用户登录界面；如图1.2所示的多用户登录界面。

03 单击需要登录的用户名，然后在用户名下方的文本框中输入登录密码，如图1.3所示。如果没有设置密码，直接单击用户名即可登录。

图1.1　单用户登录界面

图1.2　多用户登录界面

图1.3　输入登录密码

04 输入登录密码，然后按Enter键或者单击文本框右侧的按钮，即可开始加载个人信息，如图1.4所示。

05 几秒钟之后就会进入Windows 7系统桌面，如图1.5所示。

图1.4　加载个人设置

图1.5　进入Windows 7系统桌面

1.2.2 Windows 7退出

Windows 7系统的退出包括关机、休眠、锁定、重新启动、注销和切换用户等几个操作。

1. 关机

由于计算机需要操作系统才可以进行操作，所以其关机方式与平常使用的家用电器不同，不是简单地关闭电源就可以了，而是需要在系统中进行关机操作。如果长期直接关闭电源，会造成系统文件的丢失或损坏，严重地会直接损坏计算机中的硬件设备。

（1）正常关机

使用完计算机后，都需要退出Windows 7操作系统并关闭计算机，正确的关机操作步骤如下：

01 单击“开始菜单”按钮，弹出“开始”菜单，将鼠标移到关机选项按钮处，单击“关机”按钮，如图1.6所示。

02 系统即可自动保存相关的信息，弹出正在关机界面如图1.7所示。

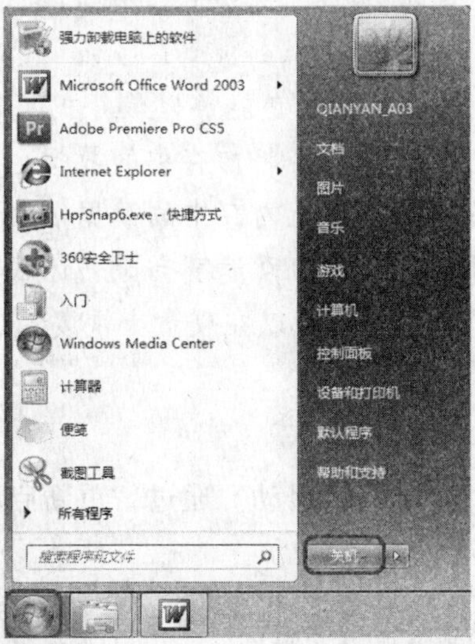

图1.6 “关机”按钮

图1.7 正在关机的界面

03 系统退出后，主机的电源会自动关闭，指示灯熄灭，这样计算机就安全地关闭了（此时不需要按主机箱上电源开关按钮），关闭计算机后，用户将显示器电源开关关闭即可。

（2）非正常关机

用户在使用计算机的过程中突然出现了“死机”、“花屏”、“黑屏”等情况，无法通过“开始”菜单将计算机正常关闭，此时用户需要按下主机箱电源开关按钮，并一直持续到机器断电，然后将显示器的电源关闭就可以了。

2. 休眠

休眠是退出Windows 7操作系统的另一种方法。选择休眠功能，可在关闭计算机的同时保存打开的文件或者其他运行程序，然后在开机时恢复这些文件和运行程序，此时计算机并没有真正的关闭，而是进入一种低耗能状态。

让计算机休眠的具体操作步骤如下：

01 单击“开始菜单”按钮，弹出“开始”菜单，单击“关闭选项”按钮中的“右侧箭头”按钮，在弹出的“关闭选项”列表中选择“休眠”选项，如图1.8所示。

图1.8 “休眠”按钮

提示

休眠为什么更省电？

计算机进入休眠状态后，内存内容将完全写回到硬盘上，并将计算机上所有部件断电。下次开机时把内容重新写回内存，开机后恢复到原来状态，因此休眠更省电。

02 此时计算机即进入休眠状态。如果用户要将计算机从休眠状态中切换至正常模式，则必须重新开启计算机。按下主机上的电源开关按钮，启动计算机并再次登录，此时会发现计算机还是休眠前的工作状态，用户可以继续完成休眠前的工作。

提示

在“关闭选项”列表中还有一项“睡眠”状态，它能够以最小的能耗保证计算机处于锁定状态，将系统切换到睡眠状态后，系统会将内存中的数据全部转存到硬盘上的休眠文件中，然后关闭除了内存外所有设备的供电，让内存中的数据依然保留。从“睡眠”状态恢复到正常模式不需要按主机上电源开关按钮，启动速度会比“休眠”更快。即使在“睡眠”过程中供电出现异常，内存中的数据丢失，还可以在硬盘上恢复。

3. 重新启动

如果用户对系统进行设置或者安装某些软件后，需要重新启动。通过“重新启动”可以让计算机快速完成关闭并开启的操作。具体的操作步骤如下：

01 单击“开始菜单”按钮，弹出“开始”菜单，单击“关闭选项”按钮中的“右侧箭头”按钮，然后从弹出的“关闭选项”列表中选择“重新启动”选项，如图1.9所示。

02 系统即可自动地保存相关的信息并关闭计算机，紧接着计算机进入开机自检界面，自检完成后进入“用户登录界面”，此过程不需要任何操作，如图1.10所示。

03 单击需要登录的用户名，然后在用户名下方的文本框中输入登录密码，按Enter键，即可开始加载个人设置，几秒钟之后就会进入Windows 7系统桌面，如图1.11所示。

图1.9 “重新启动”按钮

图1.10　用户登录界面

图1.11　Windows 7系统桌面

4．锁定

当用户有事情需要暂时离开，但是计算机还在进行某些操作无法停止，也不希望其他人查看或更改自己计算机里的信息时，就可以通过这一功能来锁定计算机，再次使用时只有输入用户密码才能开启计算机进行操作。具体的操作步骤如下。

01 单击“开始菜单”按钮，弹出“开始”菜单，单击“关闭选项”按钮中的“右侧箭头”按钮，然后从弹出的“关闭选项”列表中选择“锁定”选项，如图1.12所示。

02 此时将锁定计算机并进入“用户登录界面”，如图1.13所示。

03 如果想使用计算机，必须输入用户登录密码才可以进入。

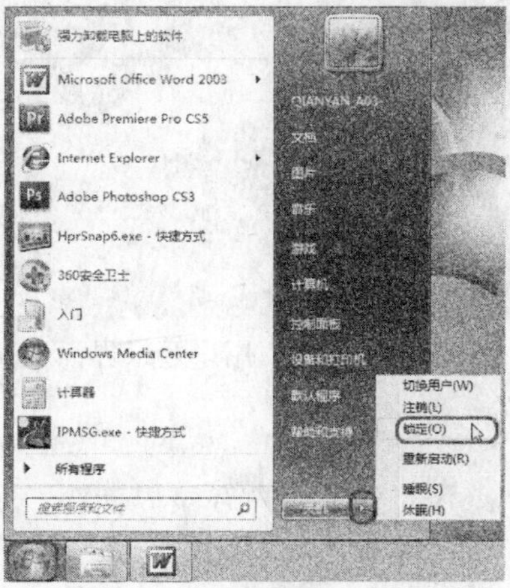

图1.12　“锁定”按钮

图1.13　用户登录界面

5．注销

Windows 7与之前的操作系统一样，可以设置多个用户，每个用户都可以拥有自己的工作环境并对其进行相应的设置。当需要退出当前的用户环境转入另一个用户时，就可以通过“注销”的方式来实现。在进行该操作前要保存并关闭当前的任务和程序，否则会造成数据的丢失。进行此操作后，系统会自动将个人信息保存到硬盘，并切换到“用户登录界面”。

具体的操作步骤如下：

01 单击“开始菜单”按钮，弹出“开始”菜单，单击“关闭选项”按钮中的“右侧箭头”按钮，然后从弹出的“关闭选项”列表中选择“注销”选项，如图1.14所示。

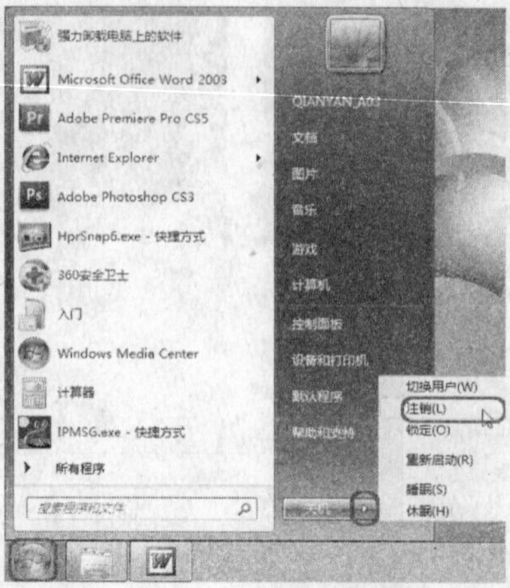

图1.14 “注销”按钮

02 如果当前用户还有程序在运行，则会出现图1.15所示的提示窗口。如果有打开的文档没有保存会弹出保存对话框。

03 此时单击“取消”按钮，系统会取消“注销”操作，恢复到系统界面。如果单击“强制注销”按钮，系统会强制关闭运行程序，从而切换到“用户登录界面”，如图1.16所示。

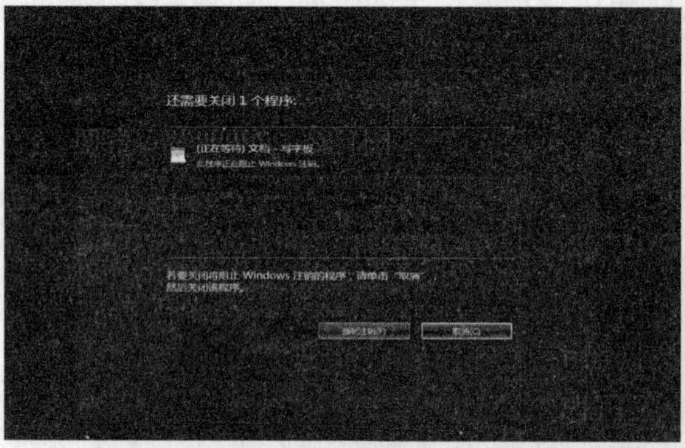

图1.15 提示窗口

图1.16 用户登录界面

6. 切换用户

通过“切换用户”也能快速地退出当前的用户，并回到“用户登录界面”。具体的操作步骤如下：

01 单击“开始菜单”按钮，弹出“开始”菜单，单击“关闭选项”按钮中的“右侧箭头”按钮，然后从弹出的“关闭选项”列表中选择“切换用户”选项。

02 系统会快速切换到“用户登录界面”，同时会提示当前登录的用户为“已登录”的信息，如图1.17所示。

03 此时用户可以选择其他的“用户账户”来登录系统，而不会影响到“已登录”用户的账户设置和运行的程序。

图1.17 已登录

提示 “注销”和“切换用户”都可以快速地回到“用户登录界面”，但是“注销”要求结束程序的操作，关闭当前用户；而“切换用户”则允许当前用户的操作程序继续进行，不会受到影响。切换之后可以继续当前用户的操作，“注销”和“切换用户”都不可以替代重新启动计算机。

1.3 认识Windows 7桌面

登录Windows 7操作系统后，屏幕上显示的界面就是桌面。本节介绍有关Windows 7桌面的相关知识。

用户的各种操作都是在桌面上进行的，它包括桌面背景、桌面图标、开始菜单按钮和任务栏等4部分，如图1.18所示。

图1.18 Windows 7 桌面

1.3.1 桌面背景

桌面背景是指Windows桌面的背景图案，又称为桌布或者壁纸，用户可以根据自己的喜好更改桌面的背景图案。

1.3.2 桌面图标

桌面图标是由一个形象的小图片和说明文字组成，图片是它的标识，文字则表示它的名称或功能，如图1.19所示。桌面图标分为系统自带图标和快捷方式图标。

在Windows 7中，所有的文件、文件夹以及应用程序都用图标来形象地表示，双击这些图标就可以快速地打开文件、文件夹或者应用程序，例如，双击（计算机）图标即可打开“计算机”窗口，如图1.20所示。

图1.19 桌面图标

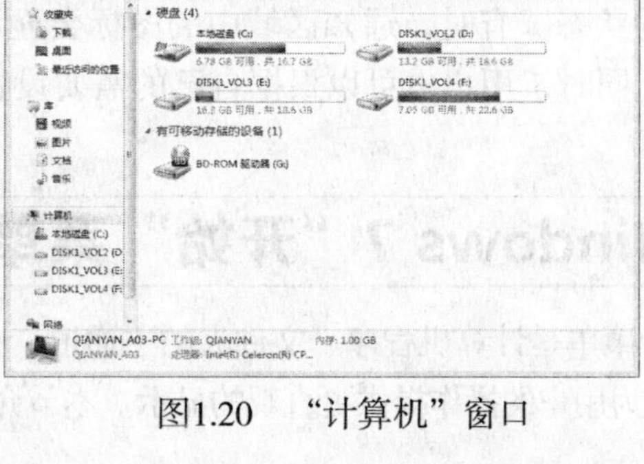

图1.20 “计算机”窗口

1.3.3 “开始”按钮

单击“任务栏”左侧的“开始”按钮，即可弹出“开始”菜单。

1.3.4 任务栏

“任务栏”是位于桌面最下方的水平长条。与桌面不同的是，桌面可以被打开的窗口覆盖，而“任务栏”几乎始终可见，主要由程序按钮后、通知后域、“显示桌面”按钮后组成，如图1.21所示。

在Windows 7中，“任务栏”已经是全新的设计，它拥有了新外观，除了依旧能在不同的窗口之间进行切换外，Windows 7的“任务栏”看起来更加方便，功能更加强大和灵活。

（1）程序按钮区

程序按钮区主要放置的是已打开窗口的最小化按钮，单击这些按钮就可在窗口间切换。在任一个程序按钮上单击鼠标右键，都会弹出Jump List列表。用户可以将常用程序“锁定”到“任务栏”上，以方便访问，还可以根据需要通过单击和拖曳操作重新排列任务栏上的图标，如图1.22所示。

图1.21 “任务栏”包括3部分

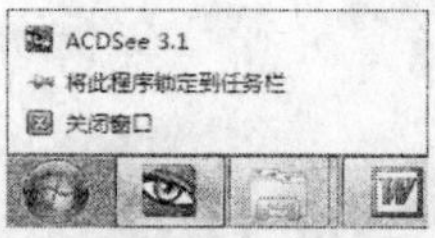

图1.22 程序按钮区

Windows 7“任务栏”还增加了Aero Peek新的窗口预览功能，用鼠标指向任务栏图标，可预览已打开文件或程序的列表或缩略图，如图1.23所示，然后单击任一列表名称，即可打开相应的窗口。

图1.23 用鼠标指向任务栏图标

- 通知区域

通知区域位于任务栏的右侧，除了系统时钟、音量、网络和操作中心等一组系统图标之外，还包括一些正在运行的程序图标，或提供访问特定设置的途径。

用户看到的图标集取决于已安装的程序或服务，以及计算机制造商设置计算机的方式。将鼠标指针移向特定图标，会看到该图标的名称或某个设置的状态。有时，通知区域中的图标会显示小的弹出窗口（称为通知），向用户通知某些信息。同时，用户也可以根据自己的需要设置通知区域的显示内容。

1.4 Windows 7“开始”菜单

“开始”菜单是计算机程序、文件夹的主通道，在“开始”菜单中几乎可以找到已安装的所有应用程序，为用户的操作提供更直观的显示。本节介绍Windows 7“开始”菜单的相关知识。

Windows 7系统的“开始”菜单是由“固定程序”列表、“常用程序”列表、“所有程序”列表、“搜索”框、“启动”菜单和“关闭选项”按钮区等组成，如图1.24所示。

图1.24　“开始”菜单

1.4.1　“固定程序”列表

该列表中的程序会固定地显示在“开始”菜单中，用户通过它可以快速地打开其中的应用程序。

用户可以根据自己的需要在“固定程序”列表中添加常用的程序。

1.4.2　“常用程序”列表

在“常用程序”列表中默认存放了7个常用的系统程序，例如Internet Explorer、“Windows 7入门”、Windows Media Center和Microsoft Office Word 2003等，如图1.25所示。随着对一些程序的频繁使用，在该列表中存放的程序如果超过了10个，它们会按照使用时间的先后顺序依次顶替。

图1.25　“常用程序”列表

1.4.3　“所有程序”列表

用户在“所有程序”列表中可以查到系统中安装的所有程序。当我们想要打开某个程序但其快捷方式没有在桌面时，可打开“开始”菜单，使用鼠标单击“所有程序”按钮，即可显示“所有程序”子菜单，在里面我们可以选择需要的程序将其打开。如图1.26所示。

在“所有程序”子菜单中分为应用程序和程序组两种，区分很简单，在子菜单中标有文件夹图标的项为程序组，未标有的项为应用程序；单击程序组，即可弹出应用程序列表。例如单击Games程序组，即可弹出其应用程序列表，如图1.27所示。

图1.26　“所有程序”列表　　图1.27　“程序组”选项

1.4.4 “启动”菜单

“启动”菜单位于“开始”菜单的右窗格中，在“启动”菜单中列出了一些经常使用的Windows程序链接，例如“文挡”、“图片”、“音乐”、“控制面板”及“设备和打印机”等，通过“启动”菜单用户可快速地打开相应的程序进行相应的操作。

1.4.5 “搜索”框

当我们想搜索某个文件又忘记其存放位置时，使用“搜索”框是最便捷的方法之一，我们只需要提供文件的名称或类型然后搜索即可。“搜索”框将默认搜索用户的程序以及个人文件夹中的所有文件夹，因此是否提供项目的确切位置并不重要。它还将搜索用户的电子邮件、已保存的即时消息、约会和联系人等。

1.4.6 “关闭选项”按钮区

“关闭选项”按钮区包含“关机”按钮和“关闭选项”按钮。单击“关闭选项”按钮，弹出“关闭选项”列表，其中包含“切换用户”、“注销”、“锁定”、“重新启动”、“睡眠”和“休眠”等选项。

1.5 Windows 7窗口

当用户打开程序、文件或者文件夹时，都会在屏幕上被称为窗口的框架中显示。在

Windows 7中，几乎所有的操作都是通过窗口来实现的。因此，了解窗口的基本知识和操作方法是非常重要的。

1.5.1 Windows 7窗口的组成

在Windows 7中，虽然各个窗口的内容各不相同，但所有的窗口都有一些共同点。一方面，窗口始终显示在桌面上。另一方面，大多数窗口都具有相同的基本组成部分。本小节以“计算机”窗口为例，介绍Windows 7窗口的组成。

双击桌面上的“计算机”图标，弹出“计算机”窗口。可以看到窗口一般由控制按钮区、搜索栏、地址栏、菜单栏、工具栏、标题栏、导航窗格、细节窗格和工作区等9部分组成，如图1.28所示。

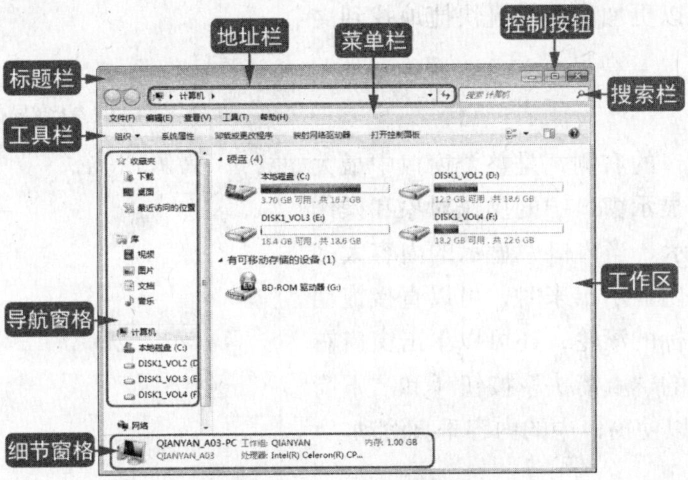

图1.28 Windows 7窗口的组成

1. 控制按钮区

控制按钮区有3个窗口控制按钮，分别为“最小化”按钮、“最大化”按钮和“关闭”按钮。

2. 地址栏

显示当前窗口的位置，左侧是后退和前进按钮，通过它还可以访问因特网中的资源。

3. 搜索栏

将要查找的目标名称输入到“搜索栏”的文本框中，然后单击Enter键或者按钮即可。窗口“搜索栏”的功能和“开始”菜单中“搜索”框的功能相似，只不过在此处只能搜索当前窗口范围内的目标。如图1.29所示。

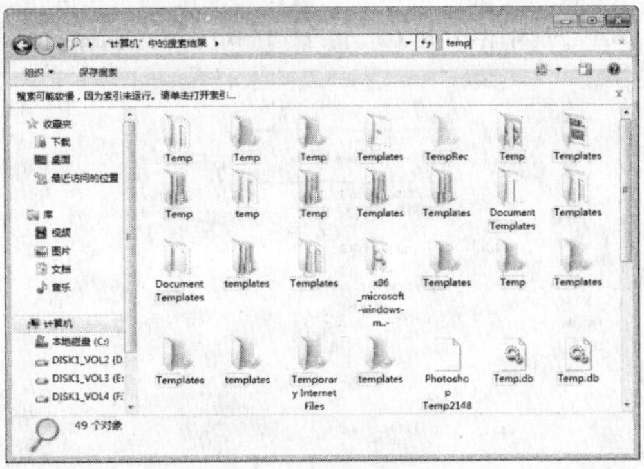

图1.29 搜索结果

4. 工具栏

工具栏位于菜单栏的下方，存放着常用的工具命令按钮，让用户能更加方便地使用这些形象化的工具，如图1.30所示。

图1.30　工具栏

5．导航窗格

导航窗格位于工作区的左边区域，在Windows 7操作系统中导航区包括 收藏夹 、 库 、 计算机 和 网络 4部分。单击前面的“扩展”按钮可以打开相应的列表，选择该项既可以打开列表，还可以在列表中选择需要打开的项目，选择完成后即可在工作区中显示出选择的内容，如图1.31所示。使用此方式可以更加直观并且快捷地找到文件所在的位置。

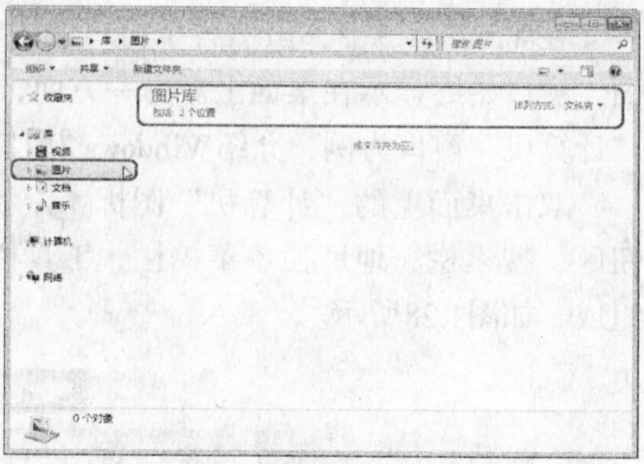

图1.31　导航窗格

6．工作区

工作区位于窗口的右侧，是整个窗口中最大的矩形区域，用于显示窗口中的操作对象和操作结果，如图1.32所示。当窗口中显示的内容太多而无法在一个屏幕内显示出来时，可以直接拖动滚动条或者滑动鼠标的滚轮，还可以单击窗口右侧垂直滚动条两端的“上箭头”按钮和“下箭头”按钮，都可以使窗口中的内容垂直滚动。

图1.32　工作区

7．细节窗格

细节窗格位于窗口的下方，用来显示选中对象的详细信息。例如要显示“本地磁盘（C:）”的详细信息，只需单击一下“本地磁盘（C:）”，就会在窗口下方显示它的详细信息，如图1.33所示。

当用户不需要显示详细信息时，可以将细节窗格隐藏起来：单击“工具”栏上的“组织”按钮，在弹出的下拉列表中选择“布局”→“细节窗格”命令即可，如图1.34所示。再次按照相同的方式操作，即可显示细节窗格。

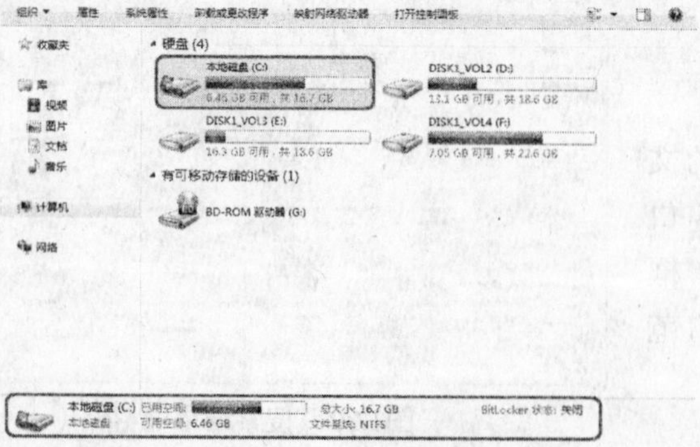

图1.33　细节窗格

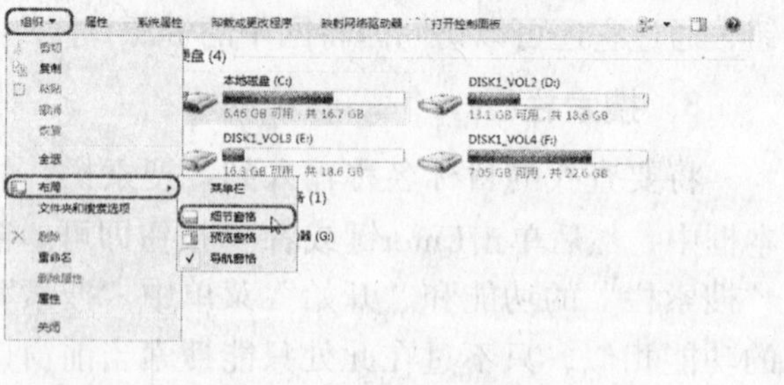

图1.34　关闭细节窗格的方法

8．标题栏

位于窗口最上部，在标题栏上单击鼠标右键，可执行“还原”、“移动”、“最小化”、“最大化”、“关闭”等操作。

9．菜单栏

首先我们显示“菜单栏”，单击“工具”栏上的“组织”按钮，在弹出的下拉列表中选择“布局”→“菜单栏”命令即可，如图1.35所示。再次按照相同的方式操作，即可隐藏菜单栏。

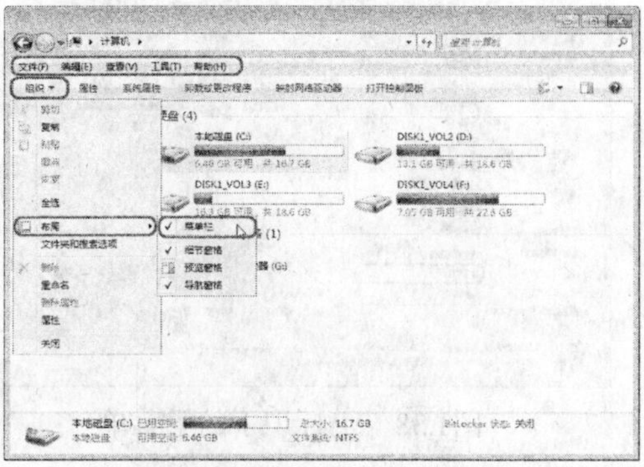

图1.35　显示“菜单栏”

在菜单栏的下拉菜单中会有一些特殊的标志符号，不一样的符号代表了不同的含义。当菜单进行一些改动时，这些符号会相应地出现变化，下面介绍各个符号所表示的意义。

（1）✓标识

当某个菜单项之前标有✓标识时，说明该菜单项正在被应用，再次选择该菜单项，标识就会消失。例如“状态栏”菜单项前面的✓表示此时窗口中状态栏是显示的，再次选择该项即可将状态栏隐藏起来，如图1.36所示。

（2）•标识

菜单中某些项是作为一个组集合在一起的，例如“查看”菜单中的几个查看方式菜单项，如图1.37所示。

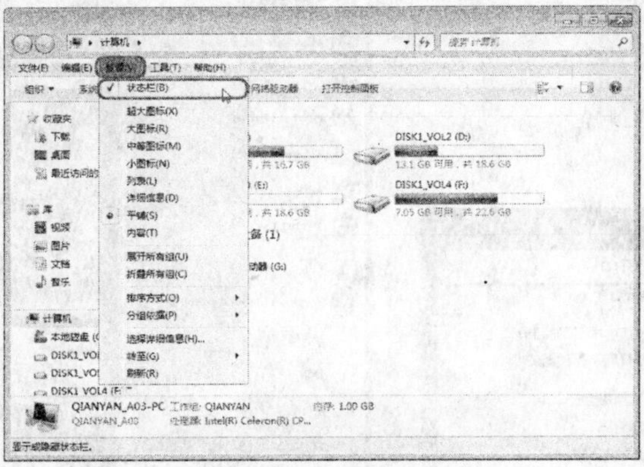

图1.36　✓标识

图1.37　•标识

选项组中的某个菜单项前面有•标识，例如“大图标”菜单项，说明以“大图标”的方式显示窗口内的所有项目。

（3）▸标识

当某个菜单项后面出现▸标识时，表明这个菜单项还具有级联子菜单。例如，将鼠标移到“转至”菜单项后面的▸标识上，就会弹出“转至”级联菜单，如果菜单中有呈灰色显示的命令说明此命令在当前范围内无法使用，如图1.38所示。

（4）… 标识

某个菜单项后面出现 … 标识，表示选择该菜单项会弹出一个对话框。例如，选择“工具”→“文件夹选项…”命令，就会弹出“文件夹选项”对话框，如图1.39所示。

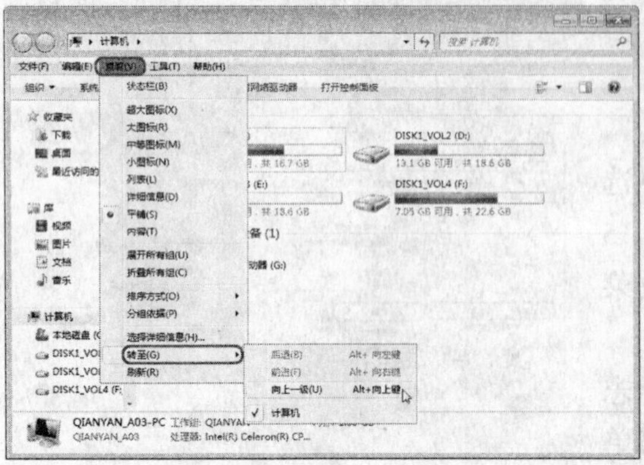

图1.38　▸标识下的子菜单

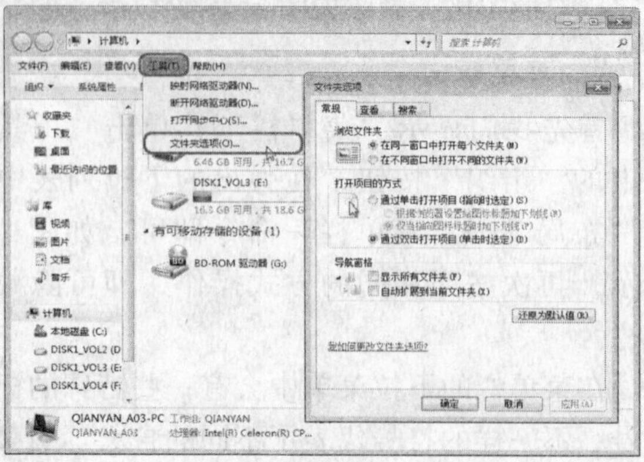

图1.39　“文件夹选项…”菜单项

1.5.2　Windows 7窗口的基本操作

窗口是Windows 7环境中的基本对象，对窗口的操作也是最基本的操作。绝大多数应用程序都运行在窗口中，本小节将介绍窗口的基本操作。

1．打开窗口

这里以打开“计算机”窗口为例，用户可以通过以下两种方法将其打开。

（1）利用桌面图标

双击桌面上的“计算机”图标，或在“计算机”图标上单击鼠标右键，从弹出的快捷菜单中选择“打开”菜单项，如图1.40所示，都可以快速地打开该窗口。

（2）利用“开始”菜单

单击“开始”按钮，从弹出的“开始”菜单中选择“计算机”菜单项即可，如图1.41所示。

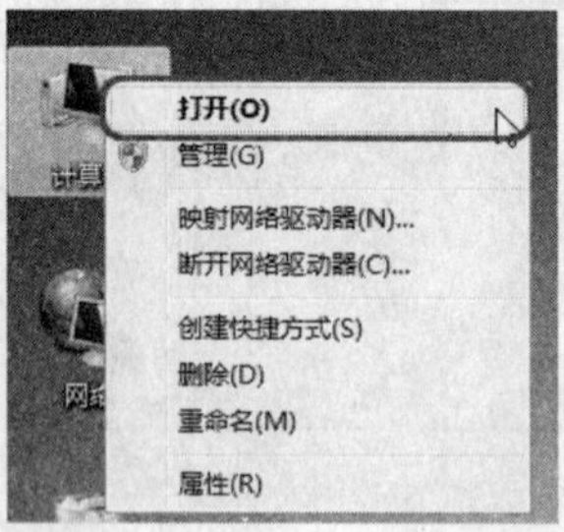

图1.40　右击（计算机）图标

图1.41　选择“计算机”

2．关闭窗口

当某个窗口不再使用时，需要将其关闭以节省系统资源。下面以打开的“计算机”窗口为例，用户可通过以下6种方法将其关闭。

（1）利用“关闭”按钮

单击“计算机”窗口右上角的“关闭”按钮即可将其关闭。

（2）利用“文件”菜单

在“计算机”窗口的菜单栏上选择“文件”→“关闭”菜单项，如图1.42所示，即可将其关闭。

（3）利用右键快捷菜单

在“计算机”窗口的标题栏上单击鼠标右键，从弹出的快捷菜单中选择“关闭”菜单项，如图1.43所示，即可将其关闭。

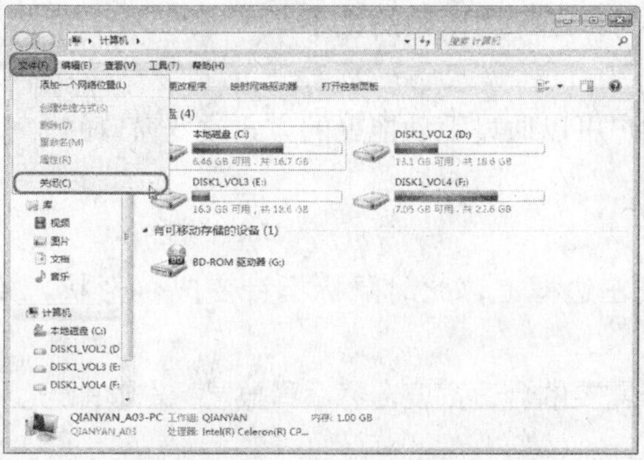

图1.42 利用“文件”菜单关闭

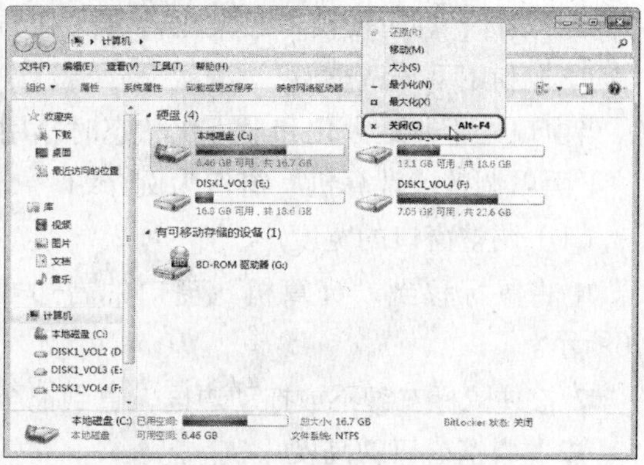

图1.43 利用右键快捷菜单关闭

（4）利用标题栏菜单

单击窗口标题栏的最左侧，从弹出的菜单中选择“关闭”菜单项，如图1.44所示。

（5）利用快捷键

选择当前要关闭的窗口，按Alt+F4快捷键可快速地将窗口关闭。

（6）利用任务栏

在“任务栏”上的“计算机”文件夹上单击鼠标右键，从弹出的列表中选择“关闭窗口”选项，如图1.45所示，即可将其关闭。

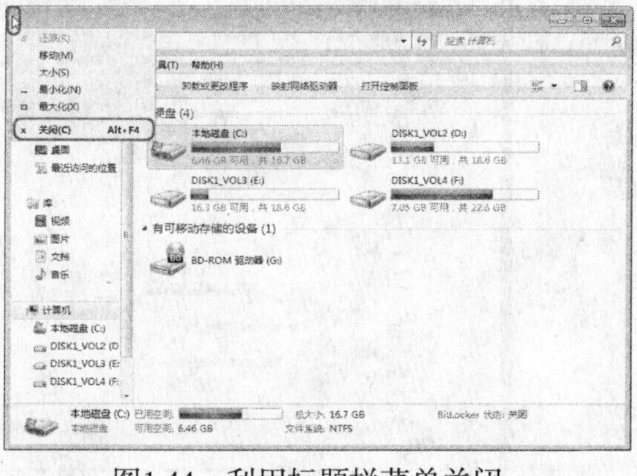

图1.44 利用标题栏菜单关闭

图1.45 利用任务栏关闭

3. 调整窗口大小

这里以“计算机”窗口为例，介绍调整窗口大小的3种方法。

（1）利用控制按钮

- 窗口控制按钮包括“最小化”按钮、“最大化”按钮和“还原”按钮。
- 单击“最小化”按钮，即可将“计算机”窗口最小化到任务栏上的程序按钮区中；单击任务栏上的“计算机”文件夹按钮，即可恢复到原始大小。

- 单击"最大化"按钮，即可将"计算机"窗口放大到整个屏幕，显示所有的窗口内容。此时"最大化"按钮会变成"还原"按钮，单击该按钮可以将"计算机"窗口恢复到原始大小。

（2）利用标题栏调整

当打开"计算机"窗口时，如果窗口默认不是最大化打开，只需在窗口标题栏上的任意位置双击鼠标，即可使窗口最大化，再次双击可以还原为原始的大小。

（3）利用手动调整

当窗口处于非最大化和最小化状态时，用户可以通过手动拖曳的方式改变窗口的大小。下面以调整"计算机"窗口为例介绍。

（1）调整窗口的宽度

01 将鼠标移到"计算机"窗口的右边或左边框上，此时鼠标指针变成⇔形状，如图1.46所示。

02 按住鼠标左键不放拖动边框，直到拖至需要的合适宽度，然后释放鼠标左键即可。

（2）调整窗口的高度

01 将鼠标移到"控制面板"窗口的上边或下边框上，此时鼠标指针变成⇕形状，如图1.47所示。

02 按住鼠标左键不放拖动边框，直到拖至需要的合适高度，然后释放鼠标左键即可。

（3）同时调整窗口的宽度和高度

01 将鼠标移到"控制面板"窗口的任意一个边角，此时鼠标指针变成⤡形状，如图1.48所示。

02 按住鼠标左键不放拖动，直到拖至自己需要的合适位置，然后释放鼠标左键即可。

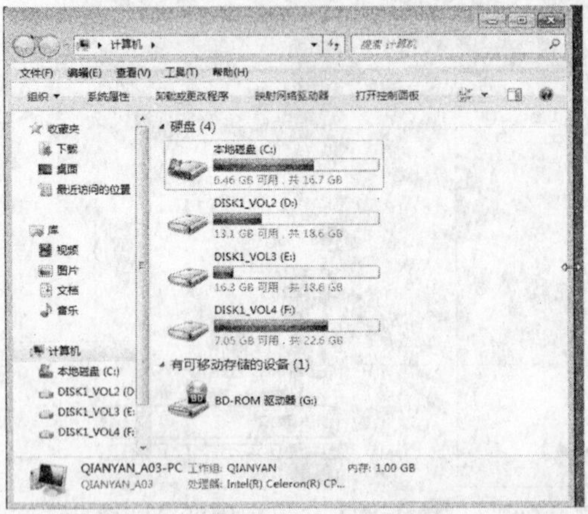

图1.46　调整窗口的宽度

图1.47　调整窗口的高度

4．移动窗口

根据完成任务的不同，有时桌面上会同时打开多个窗口，对此用户可以将需要的窗口移动到合适的位置，具体的操作步骤如下：

01 将鼠标指针移动到其中一个窗口的标题栏上，此时鼠标指针变成形状。

02 按住鼠标左键不放，将其拖动到合适的位置后释放即可，效果如图1.49所示。

图1.48 同时调整窗口的宽度和高度

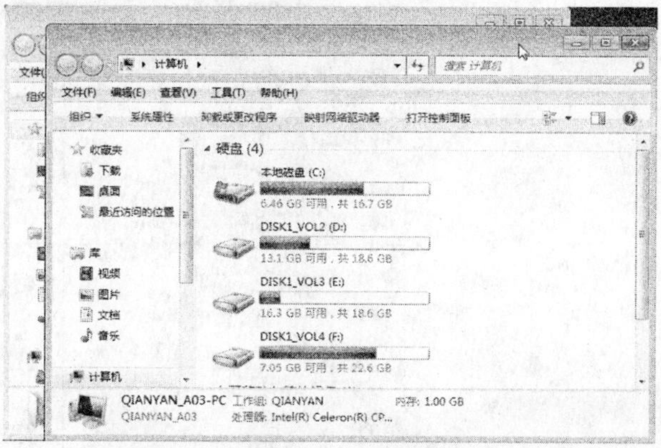

图1.49 移动窗口到合适位置的效果

此外，在标题栏中单击鼠标右键，从弹出的快捷菜单中选择“移动”命令，此时鼠标变为交叉的双箭头标志，在窗口中按住鼠标左键不放移动到合适位置松开鼠标，也可以移动窗口位置。或者使用键盘上方向键进行移动，移动完成后按回车键即可。

5. 排列窗口

当桌面上打开的窗口过多时，就会显得杂乱无章，为了操作起来更加准确快捷，用户可以通过设置窗口的显示形式对窗口进行排列。

在“任务栏”的空白处单击鼠标右键，弹出的快捷菜单中包含了显示窗口的3种形式，即“层叠窗口”、“堆叠显示窗口”和“并排显示窗口”，如图1.50所示，我们可以根据需要选择一种窗口的排列形式，对桌面上的窗口进行排列。下面我们对3种方式进行介绍。

（1）层叠窗口

将窗口按先后顺序依次排列在桌面上，其中每个窗口中标题栏、控制按钮和左侧边缘是可见的。方便我们对排列在后面的窗口进行操作。如图1.51所示。

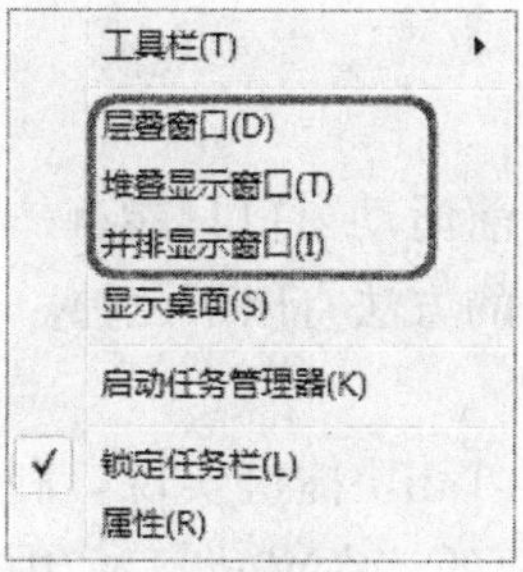

图1.50 排列窗口的几种形式

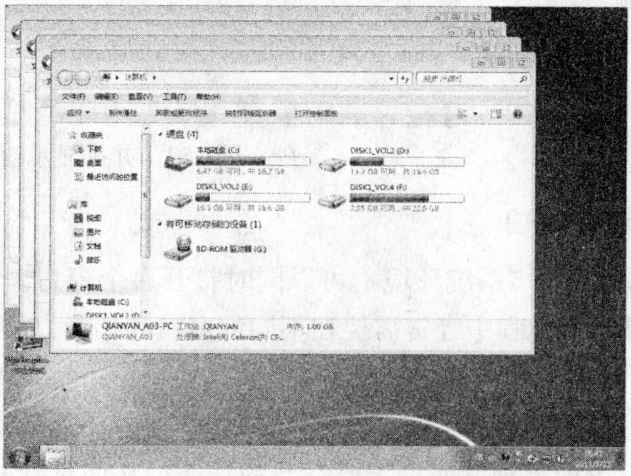

图1.51 层叠窗口

（2）堆叠显示窗口

各个窗口并排显示，在保证每个窗口大小相当的情况下，尽量向水平方向伸展，每个窗口的标题栏、地址栏、工具栏、工作区、导航窗格都会显示出来，如图1.52所示。

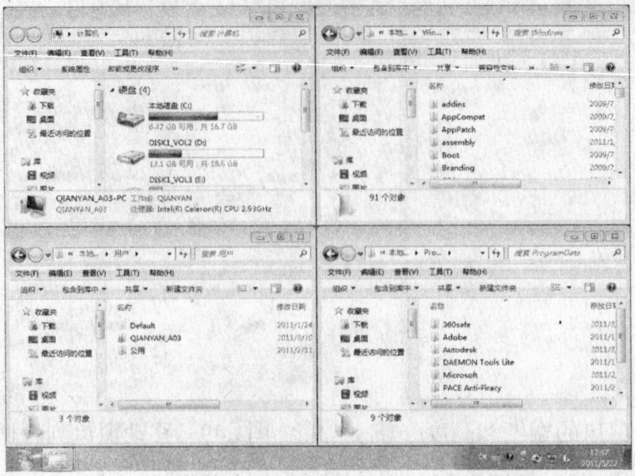

图1.52　堆叠显示窗口

（3）并排显示窗口

各个窗口并排显示，在保证每个窗口大小相当的情况下，尽量向垂直方向伸展，每个窗口的标题栏、地址栏、工具栏、工作区、导航窗格都会显示出来，如图1.53所示。

图1.53　并排显示窗口

6. 切换窗口

在Windows 7系统环境下可以同时打开多个窗口，但是当前活动窗口只能有一个。因此用户在操作的过程中经常需要在不同的窗口间切换。切换窗口的方法有以下几种。

（1）利用Alt+Tab快捷键

若想在多程序中快速地切换到需要的窗口，可以通过Alt+Tab快捷键实现。利用快捷键操作可以更加直观的显示出已打开的任务，从而选择我们需要的。在Windows 7中利用该方法切换窗口时，会在桌面中间显示预览小窗口，桌面也会即时切换显示窗口。具体的操作步骤如下：

01 按Alt+Tab快捷键，弹出窗口缩略图图标方块，如图1.54所示。

02 按住Alt键不放，再按Tab键逐一挑选窗口图标，当方框移动到需要使用的窗口图标时释放Alt键和Tab键，即可打开相应的窗口，如图1.55所示。

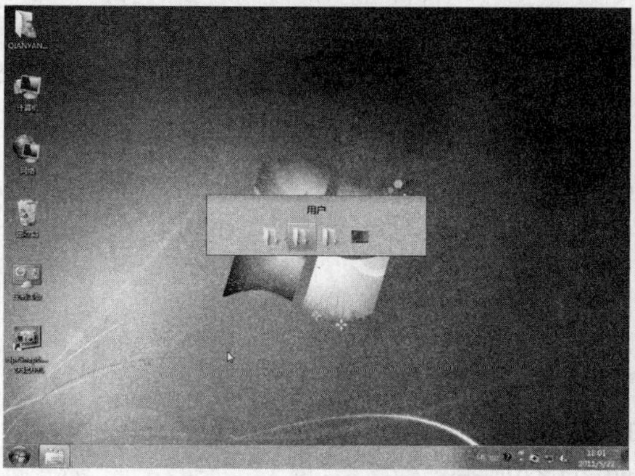

图1.54　按下Alt + Tab快捷键

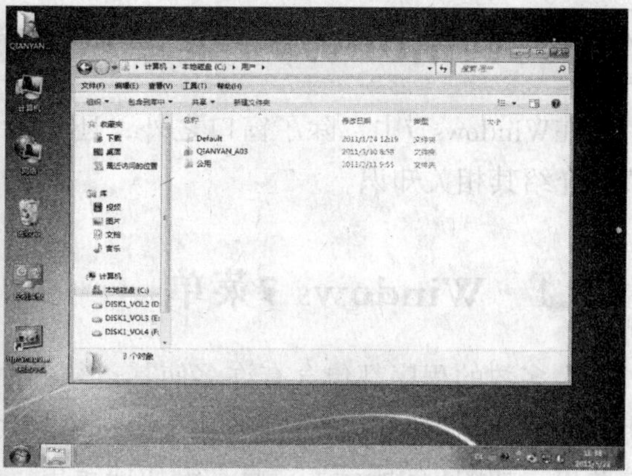

图1.55　打开相应的窗口

（2）利用程序按钮区

每运行一个程序，就会在“任务栏”上的程序按钮区中出现一个相应的程序图标按钮，如图1.56所示。

将鼠标停留在“任务栏”中某个程序图标按钮上，“任务栏”上方就会显示该程序打开的所有内容的列表或预览窗口。例如，将鼠标移动到“记事本”程序上，就会在“任务栏”上方弹出的列表中显示“无标题-记事本”，然后在“无标题-记事本”上单击即可快速打开该内容窗口。如图1.57所示。

图1.56　程序按钮区

图1.57　打开写字板

（3）利用Windows功能键⊞+Tab快捷键

如果用户的计算机支持Windows Aero主题，也可以使用Windows功能键⊞+Tab快捷键来实现Flip 3D效果的窗口切换。

01 首先将主题切换为Windows Aero主题组下任意一种主题。

02 按下Windows功能键⊞，然后再按Tab键选择所需的窗口，如图1.58所示。

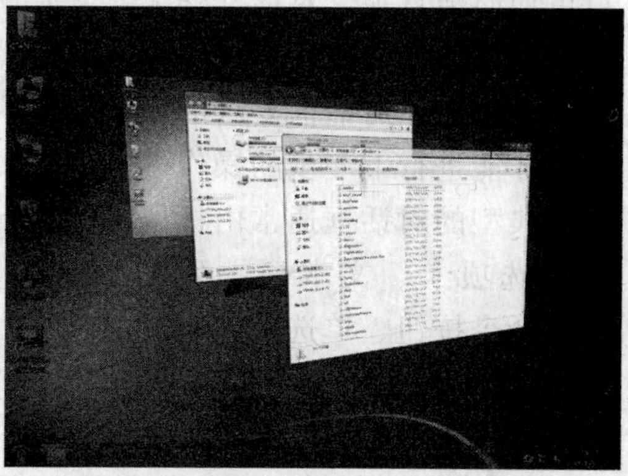

图1.58　实现Flip 3D效果的窗口切换

1.6 Windows 7菜单和对话框

在Windows 7中，除了窗口之外，还有两个比较重要的组件，那就是菜单和对话框，本节将介绍其相关知识。

1.6.1 Windows 7菜单

大多数的程序都包含有许多使其运行的命令，其中很多命令就存放在菜单中，因此可以将菜单看成是由多个命令按类别集合在一起而构成的。菜单分为两类，一是普通菜单，即下拉菜单，如图1.59所示。二是右键快捷菜单，如图1.60所示。

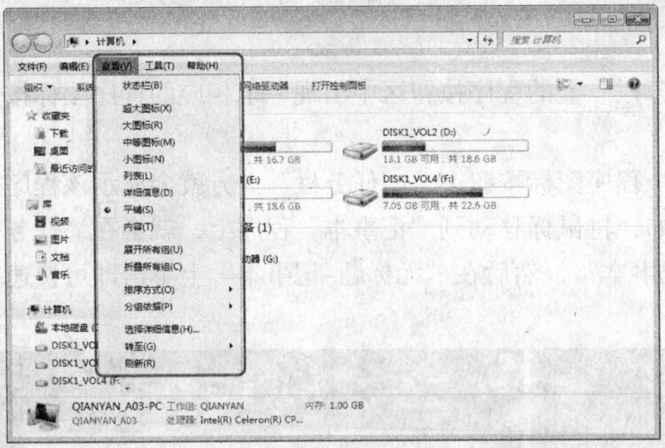

图1.59　下拉菜单

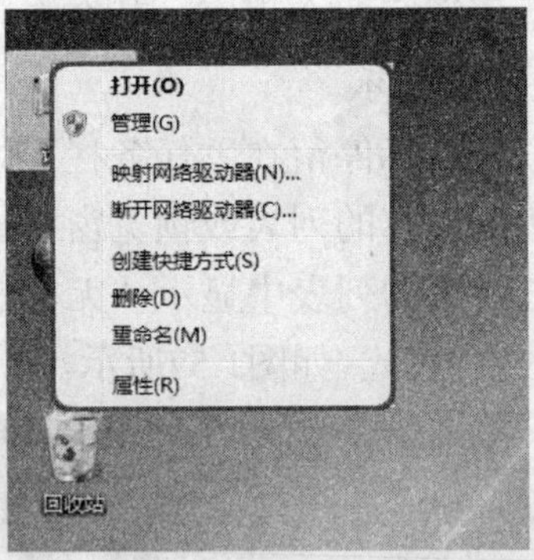

图1.60　快捷菜单

1.6.2 Windows 7对话框

可以将对话框看成是一种用户与程序交流的基本元素，当用户对对象进行操作时，会自动弹出一个对话框，以给出进一步的说明和操作提示。本小节将介绍对话框的相关知识。

对话框与Windows窗口有相似之处，但是它比一般的窗口更加简洁直观。对话框的大小是不可以改变的，并且用户只有在完成了对话框要求的操作后才能进行下一步的操作。一个典型的对话框通常由标题栏、选项卡、文本框、列表框、命令按钮、单选按钮和复选框等组成。如图1.61所示。

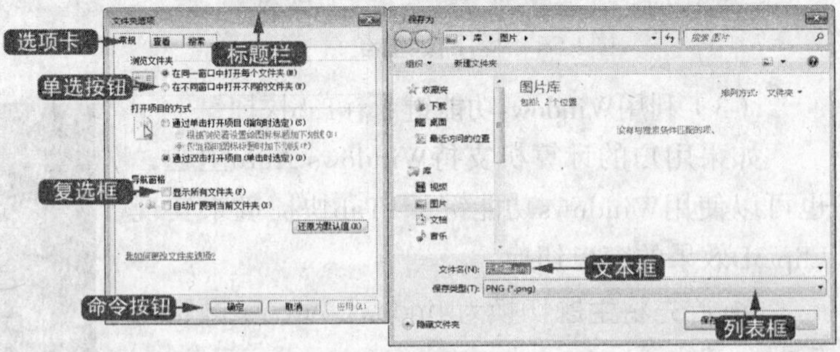

图1.61　对话框

（1）标题栏

标题栏位于对话框的最上方，左上角显示对话框的名称，由于对话框的大小是无法改变的，所以右侧只有关闭按钮。

（2）选项卡

标题栏的下方就是选项卡，每个对话框都有多个选项，用户可以通过在不同选项卡之间的切换来查看和设置相应的信息。例如，“文件夹选项”对话框是由“常规”、“查看”和“搜索”等3个选项卡组成。选项卡的数量是根据对话框的复杂程度决定的。

如果需要切换到其他的选项卡，直接单击相应的选项卡即可。

（3）文本框

在某些对话框中会要求输入一些内容，以作为下一步操作的必要条件，这个空白区域就称为文本框，用户可以输入新的文本信息，也可对原有信息进行修改或者删除操作。

（4）列表框

在Windows 7操作系统中，有些已经事先设置了相应的选项供用户选择，所以用户在进行一些设置操作时，可以在这样的列表框中选择相应的列表项进行操作，一次只允许选择一项。当列表框中的内容很多不能完全显示时，用户可以拖动右侧的垂直滚动条查看全部信息。

（5）命令按钮

命令按钮是对话框中带有文字的突出的矩形区域，常见的命令按钮有“确定”按钮、“取消”按钮和“应用”按钮等。

（6）单选按钮

单选按钮就是一个小圆圈◎图标，但用户只能选择其中的某一个，被选中的单选按钮中间会出现一个实心的小圆点◉图标。

（7）复选框

复选框就是在对话框中经常出现的小正方形□图标。与单选按钮不同的是，在一个组合框中用户可以同时选中多个复选框，各个复选框的功能是叠加的。当某个复选框被选中时，在其对应的小正方形会变为一个有标识的正方形☑图标。

对话框的移动和关闭与窗口的移动和关闭相同，这里就不再一一赘述。

1.7 习题

1. 填空题

（1）Windows 7系统的退出包括________、________、________、________、________、________等几个操作。

（2）Windows 7桌面包括________、________、________、________等4部分。

2. 问答题

（1）Windows 7窗口由哪几部分组成？

（2）简单介绍Windows 7菜单和对话框的相关知识。

第2章 文件和文件夹管理

本章要点

计算机中的所有资源都是以文件的形式组织存放的，本章主要介绍文件和文件夹的相关内容，文件和文件夹是Windows系统的重要组成部分，因而只有管理好文件和文件夹才能对操作系统运用自如。

本章内容主要包括

- 认识文件和文件夹
- 文件和文件夹的显示与查看
- 文件和文件夹的基本操作
- 文件和文件夹的安全

go>>

2.1 认识文件和文件夹

在操作系统中大部分的数据都是以文件的形式存储在磁盘上，文件和文件夹的操作是Windows 7核心操作之一。用户对计算机的操作实际上就是对文件的操作，而这些文件的存放场所就是各个文件夹，因此文件和文件夹在操作系统中是至关重要的。

2.1.1 文件

文件就是具有某种相关信息的集合，可以是一个应用程序，也可以是一段文字等。文件是操作系统最基本的存储单位。

1．文件名

在操作系统中，每个文件都有一个属于自己的文件名，文件名的格式是“主文件名.扩展名”。主文件名用于表示文件的名称，扩展名主要说明文件的类型。例如名为“cmd.exe”的文件，“cmd”为主文件名，“.exe”为扩展名，表示该文件为可执行文件。

2．文件类型

操作系统是通过扩展名来识别文件的类型的，因而了解一些常见的文件扩展名对于管理和操作文件将有很大的帮助。可以将文件分为程序文件、文本文件、图像文件以及多媒体文件等。

下表列出了一些常见文件的扩展名及其对应的文件类型。

文件扩展名	文件类型
.asf	声音 / 图像媒体文件
.avi	视频文件
.wav	音频文件
.bat	MS-DOS环境中的批处理文件
.rar	WinRAR压缩文件
.bkf	备份文件
.docx	Microsoft Word 2010文件
.html	超文本文件
.ico	图示文件
.inf	软件安装信息文件
.jpg	图像压缩文件
.log	日志文件
.bmp	位图文件（一种图像文件）
.mid	音频压缩文件
.mp3	采用MPEG-1 Layout3标准压缩的音频文件
.pdf	图文多媒体文件
.sys	系统文件
.zip	压缩文件
.txt	文本文件
.tif	图像文件
.wps	Wps文本文件
.psd	Photoshop中使用的标准图形文件格式

文件的种类很多，运行方式各不相同。不同文件的图标也不一样，只有安装了相关的软件才会显示正确的图标。

提示　在Windows 7操作系统中还有一类主要用于支持各种应用程序运行的特殊的文件，其中存储着一些重要的信息。扩展名为“.sys”、“.drv”和“.dll”等，这类文件是不能被执行的。

2.1.2 文件夹

操作系统中用于存放程序和文件的容器就是文件夹，在Windows 7操作系统中文件夹的图标是。

1. 文件夹的存放原则

可以将程序、文件以及快捷方式等各种文件存放到文件夹中，文件夹中还可以包含文件夹。为了能对各个文件进行有效的管理，方便文件的查找和统计，可以将一类文件集中地放置在一个文件夹内，这样就可以按照类别存储文件了。但是同一个文件夹中不能存放相同名称的文件或文件夹。例如，同一个文件夹中不能同时出现两个“a.doc”的文件，也不能同时出现两个“a”的文件夹。

通常情况下，每个文件夹都存放在一个磁盘空间里。文件夹路径则指出文件夹在磁盘中的位置，例如“System32”文件夹的存放路径为“计算机\本地磁盘C:\Windows\System32”，如图2.1所示。

图2.1 “System32”文件夹的存放路径

2．文件夹的分类

根据文件夹的性质，可以将文件夹分为以下两类。

（1）标准文件夹

用户平常所使用的用于存放文件和文件夹的容器就是标准文件夹。当打开标准文件夹时，它会以窗口的形式出现在屏幕上，关闭它时，则会收缩为一个文件夹图示，用户还可以对文件夹中的对象进行剪切、复制和删除等操作。

（2）特殊文件夹

特殊文件夹是Windows系统所支持的另一种文件夹格式，其实质就是一种应用程序，例如“控制面板”、“打印机”和“网络”等。特殊文件夹是不能用于存放文件和文件夹的，但是可以查看和管理其中的内容。

2.1.3　文件和文件夹的显示

用户可以通过改变文件和文件夹的显示方式来查看文件，以满足实际需要。

1．设置单个文件夹的显示方式

这里以设置“System32”文件夹的显示方式为例，介绍文件夹显示的具体步骤。

01 找到“System32”文件夹，双击该文件夹，在弹出的System32窗口中单击“更改您的视图”按钮，即可在不同的选项间切换。如图2.2所示。

02 单击“更改您的视图”按钮右侧的“下箭头”按钮，在弹出的下拉列表中会列出8个视图选项，分别为“超大图标”、“大图标”、“中等图标”、“小图标”、“列表”、“详细信息”、“平铺”以及“内容”。

03 按住鼠标左键拖曳列表框左侧的小滑块，可以使视图根据滑块所在的选项位置进行切换。例如要将文件夹以“内容”显示，就可以将滑块定位于“内容”选项处，如图2.3所示。

04 释放鼠标左键，就可以将System32窗口中的文件和文件夹以“内容”显示。

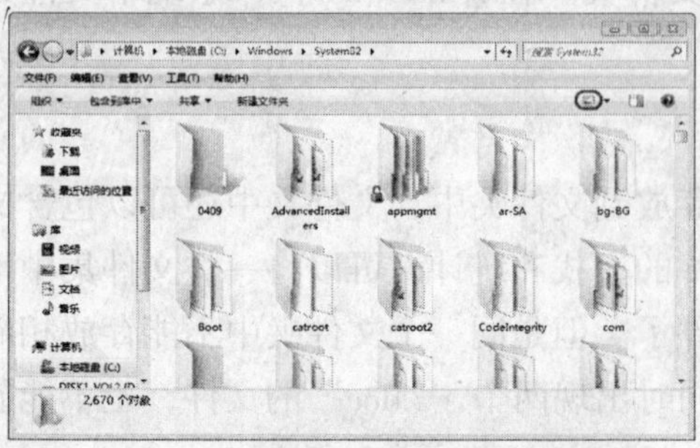

图2.2 “更改您的视图”按钮

图2.3 滑块定位于“内容”选项

2. 设置所有文件和文件夹的显示方式

如果需要将所有的文件和文件夹的显示方式都设置为“内容”，需要在“文件夹选项”对话框中进行设置。具体的操作步骤如下：

01 在System32窗口的工具栏上单击“组织”按钮，从弹出的下拉列表中选择“文件夹和搜索选项”选项，如图2.4所示。

02 弹出“文件夹选项”对话框，如图2.5所示。

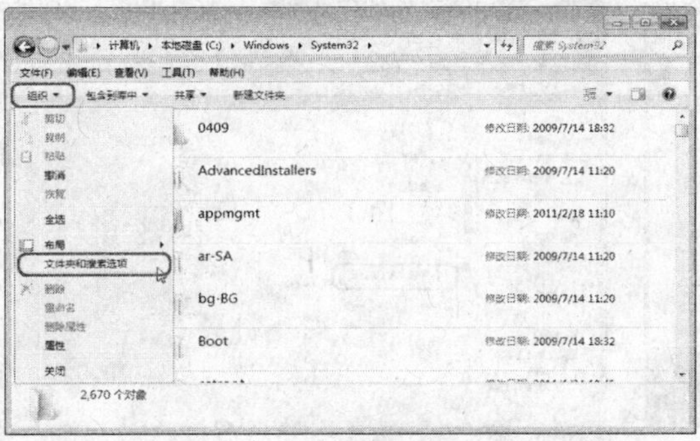

图2.4 选择“文件夹和搜索选项”选项

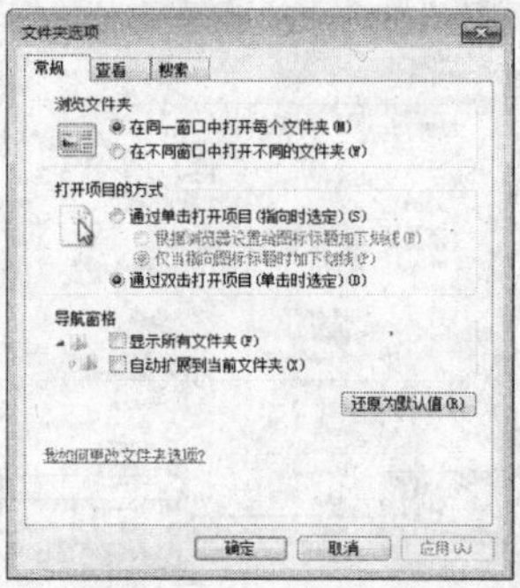

图2.5 “文件夹选项”对话框

03 选择“查看”选项卡，单击“应用到文件夹”按钮，如图2.6所示。

04 弹出“文件夹视图”对话框，询问“是否让这种类型的所有文件夹与此文件夹的视图设置匹配？”，单击“是”按钮，如图2.7所示，返回“文件夹选项”对话框，然后单击“确定”按钮，即可将“system32”文件夹使用的视图显示方式应用到所有的这种类型的文件夹中。

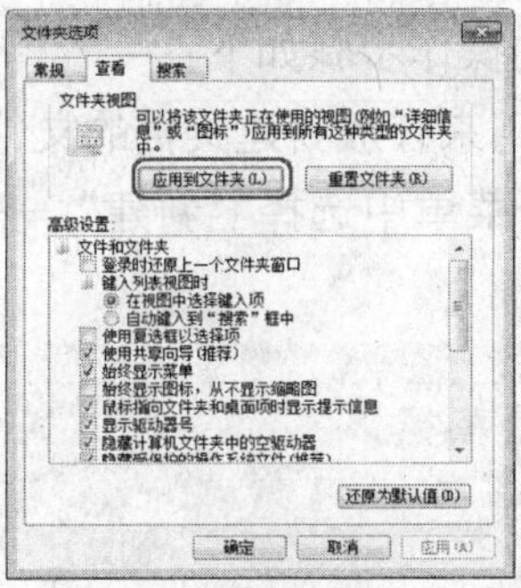

图2.6 单击“应用到文件夹”按钮

图2.7 “文件夹视图”对话框

2.2 文件和文件夹的基本操作

熟悉文件和文件夹的基本操作，对于用户管理计算机中的程序和数据是非常重要的。具体的操作包括文件和文件夹的新建，创建快捷方式，复制、删除、查找和压缩等。

2.2.1 新建文件和文件夹

当用户需要存储一些文件信息或是将信息分类存放时，就需要新建文件或文件夹。

1. 新建文件

新建文件的方法有两种，一种是通过右键快捷菜单新建文件，另一种是在应用程序中新建文件。

这里以右键快捷菜单新建一个扩展名为“.txt”的文档文件为例，介绍具体的操作步骤。

01 打开“库”文件夹下的“文档”文件夹，作为用来存放新建文档的文件夹。

02 在“文档库”窗口的空白处单击鼠标右键，从弹出的快捷菜单中选择“新建”→“文本文档”命令，如图2.8所示。

03 此时会在“文档库”窗口中新建一个名为“新建文本文档”的文档文件，如图2.9所示。

图2.8　选择“文本文档”命令

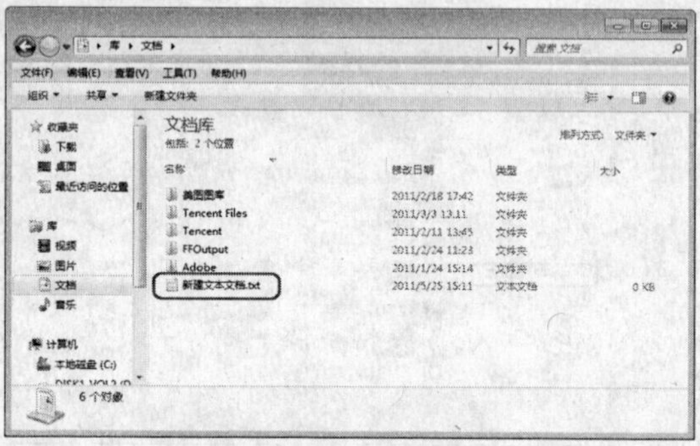

图2.9　新建的文档文件

2. 新建文件夹

文件夹的新建方法也有两种，一种是通过右键快捷菜单新建文件夹，另一种是通过窗口“工具栏”上的“新建文件夹”按钮新建文件夹。

（1）通过右键快捷菜单新建文件夹

例如新建一个名为“我的资料”的文件夹，具体的操作步骤如下：

01 打开“库”文件夹下的“文档”文件夹，作为用来存放新建文档的文件夹。

02 在窗口的空白处单击鼠标右键，在弹出的快捷菜单中选择“新建”→“文件夹”命令，如图2.10所示。

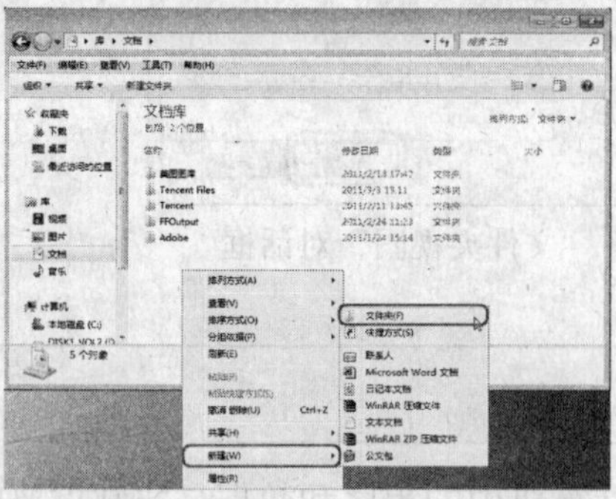

图2.10　选择“文件夹”命令

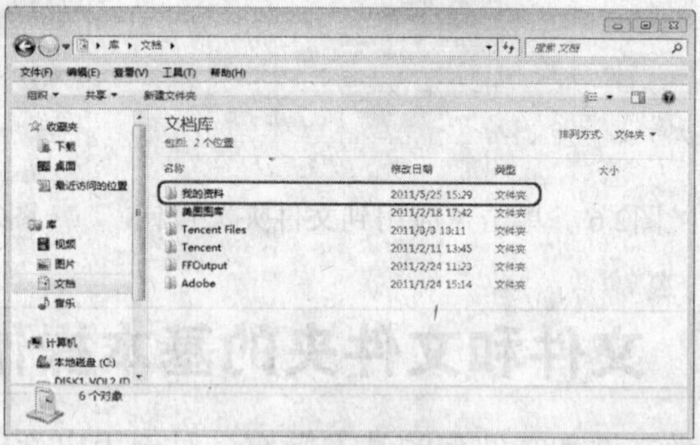

图2.11　新建“我的资料”文件夹

03 此时就会在窗口中新建一个名为“新建文件夹”的文件夹，在文件夹名称处于可编辑状态时直接输入“我的资料”，然后在窗口的空白区域单击，即可完成“我的资料”文件夹的创建，如图2.11所示。

（2）通过窗口“工具栏”上的命令按钮

01 在“文档库”窗口中双击“我的资料”文件夹，弹出“我的资料”窗口。

02 在“我的资料”窗口的“工具栏”上列出了几个命令按钮，单击“新建文件夹”按钮，随即就会在窗口中新建一个名为“新建文件夹”的文件夹，如图2.12示。

03 当文件夹名称处于可编辑状态时输入“个人资料”，然后在窗口的空白区域单击，即可完成“个人资料”文件夹的创建，如图2.13所示。

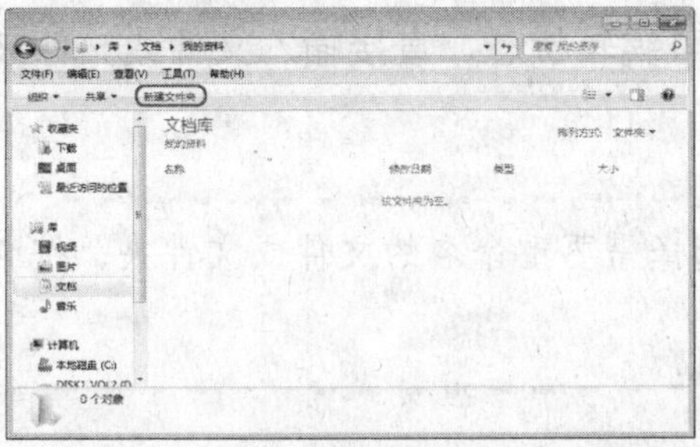

图2.12 单击“新建文件夹”命令

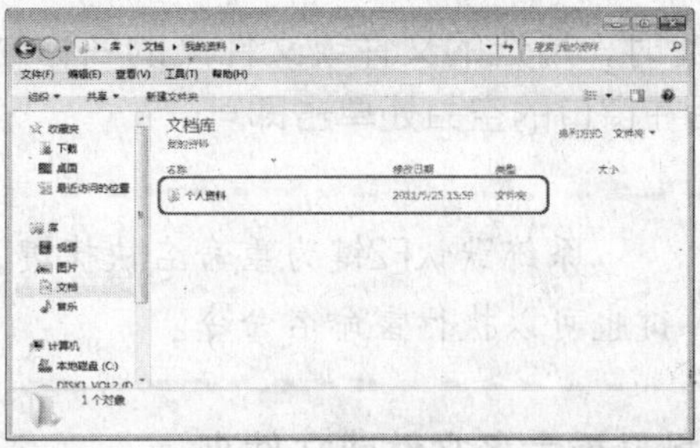

图2.13 完成“个人资料”文件夹的创建

2.2.2 重命名文件和文件夹

对新建的文件和文件夹，我们一般不使用默认命名，而是根据需要对其重新命名，以方便查找和管理。

1. 重命名单个文件或文件夹

可以通过以下3种方法对文件或文件夹重命名。

（1）通过右键快捷菜单

重命名文件夹“个人资料”的具体步骤如下：

01 在“个人资料”文件夹上单击鼠标右键，从弹出的快捷菜单中选择“重命名”命令，如图2.14所示。

02 此时文件名称处于可编辑状态，直接输入新的文件名称即可，这里输入“个人学习资料”，如图2.15所示。

03 输入完毕在窗口空白区域单击鼠标或按Enter键即可。

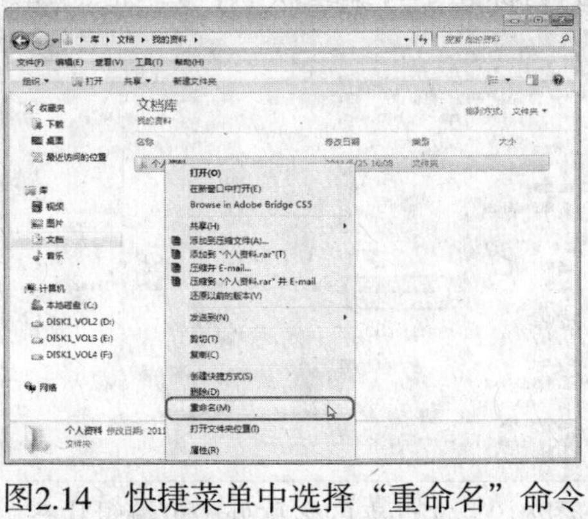

图2.14 快捷菜单中选择“重命名”命令

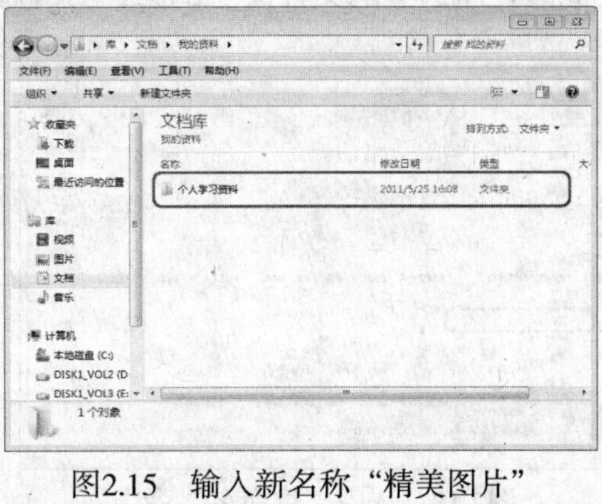

图2.15 输入新名称“精美图片”

（2）通过鼠标单击

首先选中需要重命名的文件或文件夹，单击所选文件或文件夹的名称使其处于可编辑状态，然后直接输入文件或文件夹的新名称即可。

（3）通过工具栏上的“组织”下拉列表

01 选择需要重命名的文件或文件夹，然后单击“工具栏”上“组织”按钮，从弹出的下拉列表中选择“重命名”命令，如图2.16所示。

02 此时，所选的文件或文件夹的名称处于可编辑状态，直接输入文件或文件夹的新名称，然后在窗口的空白处单击即可。

提示 系统默认F2键为重命名快捷键，选择需要重命名的文件或文件夹，按键盘上F2键也可以执行重命名命令。

2. 批量重命名文件或文件夹

有时需要重命名多个相似的文件或文件夹，这时用户就可以使用批量重命名文件或文件夹的方法，方便快捷地完成操作。具体的操作步骤如下：

图2.16　选择“重命名”命令图

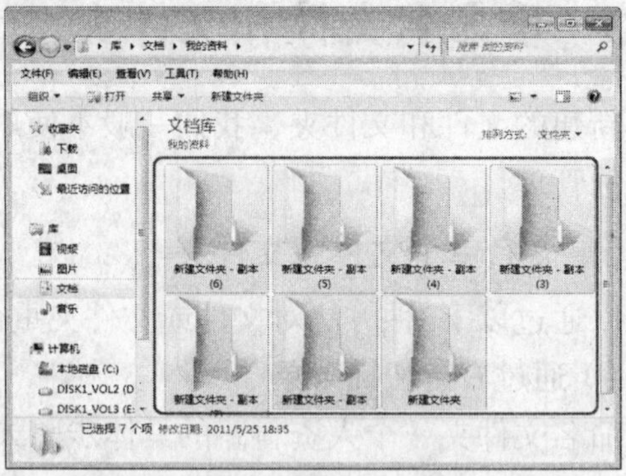

图 2.17　选中需要重命名的多个文件夹

01 在磁盘分区或文件夹窗口中选中需要重命名的多个文件夹，如图2.17所示。

02 单击“工具栏”上的“组织”按钮，从弹出的下拉列表中选择“重命名”选项，如图2.18所示。

03 此时，所选中的文件夹中的第1个文件夹的名称处于可编辑状态，如图2.19所示。

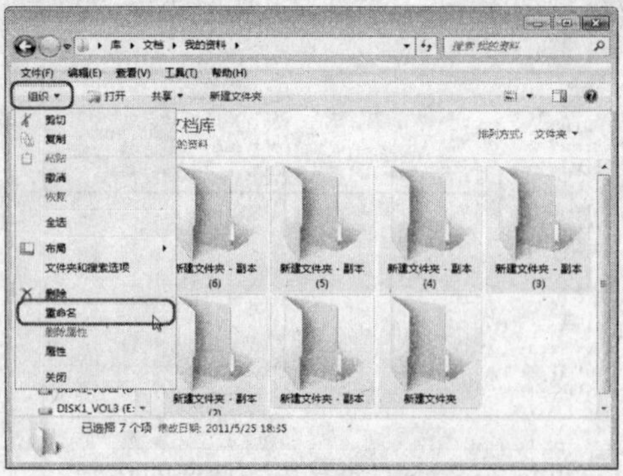

图2.18　选中“重命名”命令

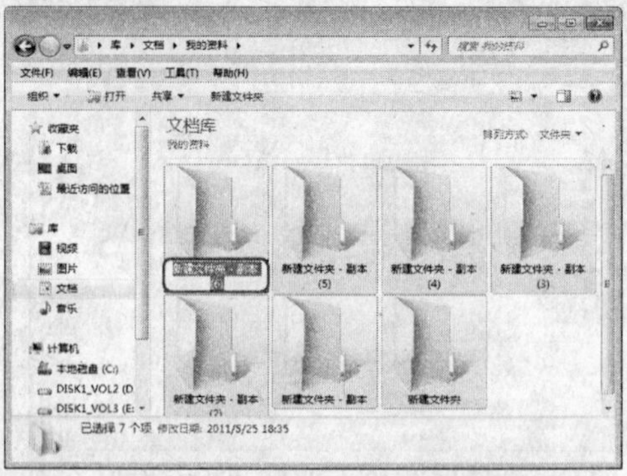

图2.19　文件夹的名称处于可编辑状态

04 直接输入新的文件夹名称，这里输入“资料”，如图2.20所示。

05 在窗口的空白区域单击鼠标左键或者按Enter键，可以看到所选的7个文件夹都已经重新命名，如图2.21所示。

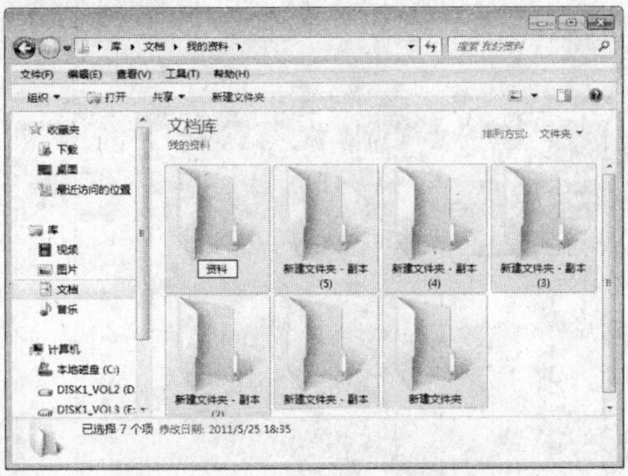

图2.20 重新命名后的文件

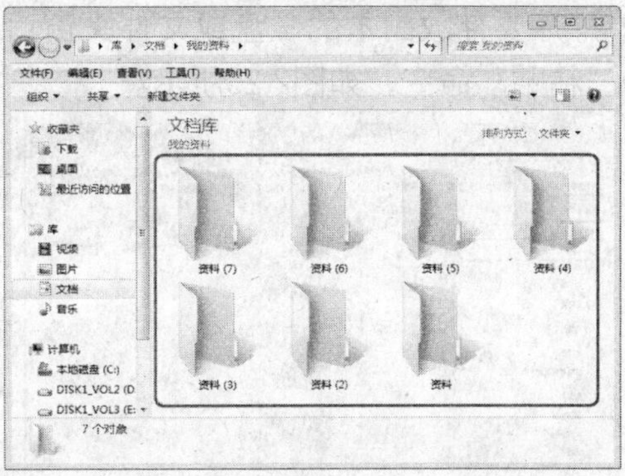

图2.21 输入新的文件夹名称

2.2.3 复制和移动文件或文件夹

在日常操作中，经常需要对一些重要的文件或文件夹备份，即在不删除原文件或文件夹的情况下，创建与原文件或文件夹相同的副本，这就是文件或文件夹的复制。而移动文件或文件夹则是将文件或文件夹从一个位置移动到另一个位置，原文件或文件夹则被删除。

1．复制文件或文件夹

复制文件或文件夹的方法有以下4种。

（1）通过右键快捷菜单

这里以复制“我的资料”文件夹为例，具体的操作步骤如下：

01 选中“我的资料”文件夹，单击鼠标右键，在弹出的快捷菜单中选择“复制”命令，如图2.22所示。

02 打开要存放副本的磁盘或文件夹窗口，然后单击鼠标右键，从弹出的快捷菜单中选择“粘贴”菜单项，如图2.23所示，即可将“我的资料夹”文件夹复制到此文件夹窗口中。

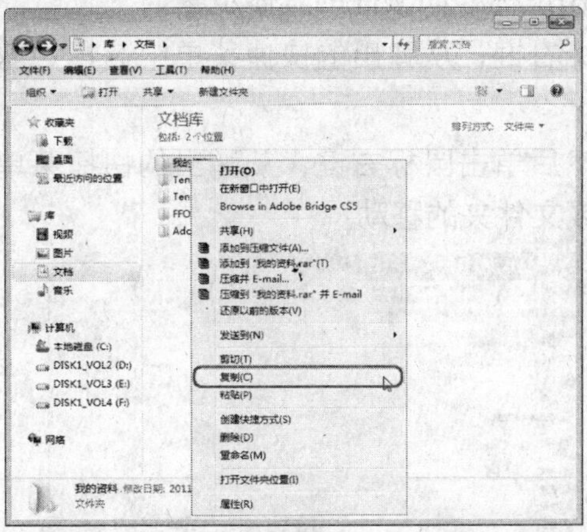

图2.22 快捷菜单中选择“复制”命令

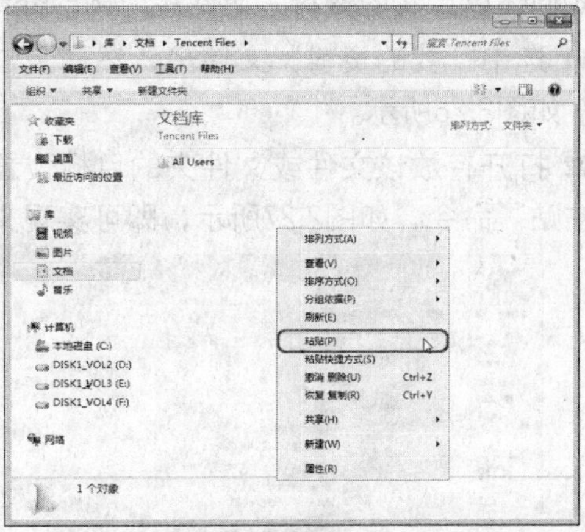

图2.23 快捷菜单中选择“粘贴”命令

（2）通过“工具栏”上的“组织”下拉列表

具体的操作步骤如下：

01 选中要复制的文件或文件夹，单击“工具栏”中的“组织”按钮，在弹出的下拉列表中选择“复制”选项，如图2.24所示。

02 打开要存放副本的磁盘或文件夹窗口，然后单击“组织”按钮，在弹出的下拉列表中选择“粘贴”命令，如图2.25所示。

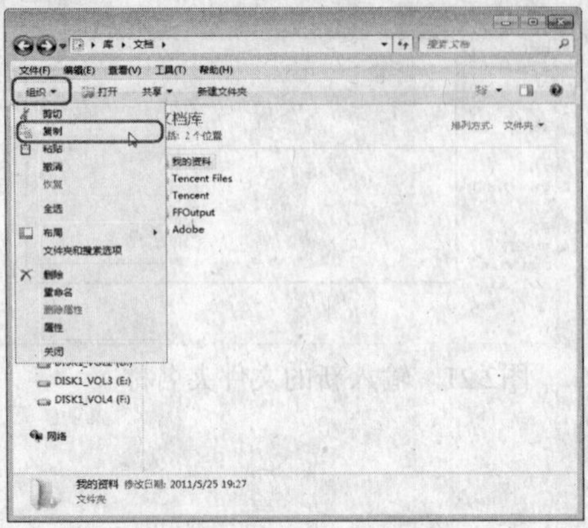

图2.24　选择“复制”命令

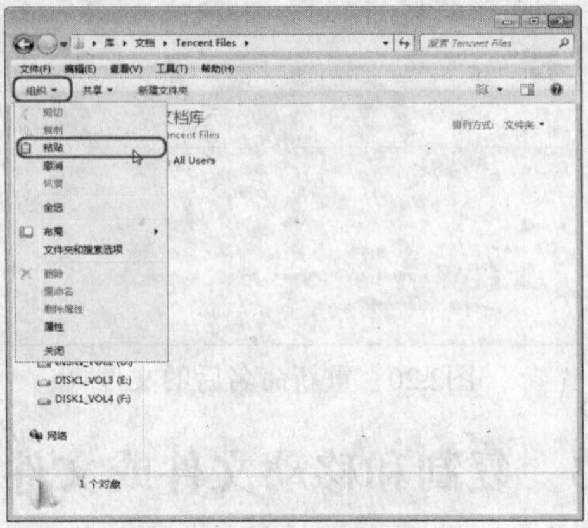

图2.25　选择“粘贴”命令

03 即可将复制的文件粘贴到打开的分区或文件夹窗口中。

（3）通过鼠标拖曳

01 选中“我的资料”文件夹，按住Ctrl键的同时，按住鼠标不放将其拖到目标位置文件夹“Tencent Files”中。

02 释放鼠标和Ctrl键，即可将“我的资料”文件夹复制到“Tencent Files”文件夹中。

（4）通过快捷键

按Ctrl+C快捷键可以复制文件，按Ctrl+V快捷键可以粘贴文件。

2．移动文件或文件夹

移动文件或文件夹也可以通过以下4种方法实现。

（1）通过右键快捷菜单中的“剪切”和“粘贴”菜单项

我们还以“我的资料”文件夹为例，介绍使用鼠标移动文件的具体步骤。

01 选中“我的资料”文件夹，然后单击鼠标右键，从弹出的快捷菜单中选择“剪切”命令，如图2.26所示。

02 打开存放该文件或文件夹的目标位置，然后单击鼠标右键，从弹出的快捷菜单中选择“粘贴”命令，如图2.27所示，即可实现文件或文件夹的移动。

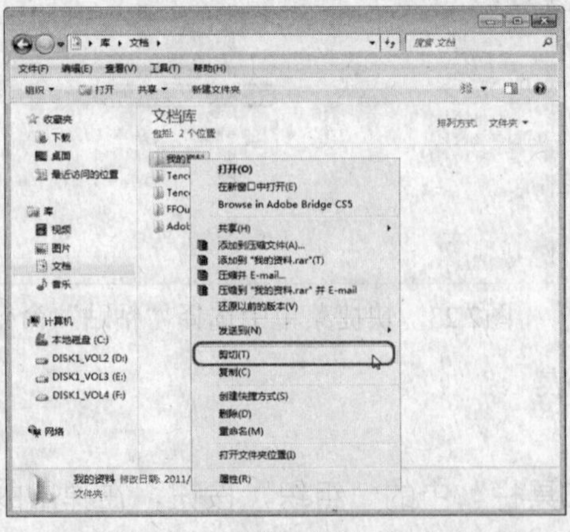

图2.26　选择“剪切”命令

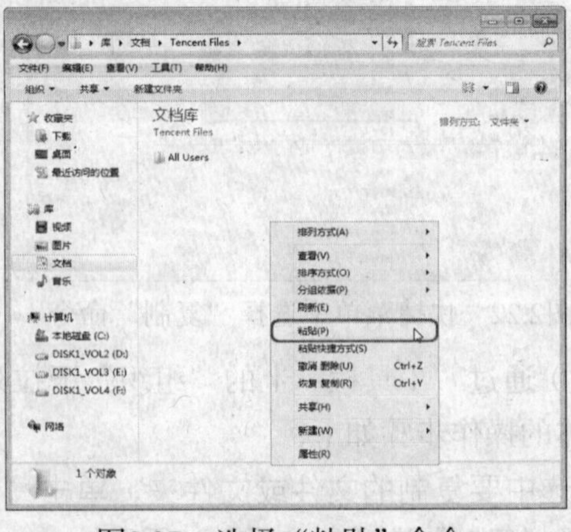

图2.27　选择“粘贴”命令

（2）通过“工具栏”上的“组织”下拉列表

01 选中“我的资料”文件夹，然后单击“组织”按钮，在弹出的下拉列表中选择“剪切”命令，如图2.28所示。

图2.28 选择“剪切”命令

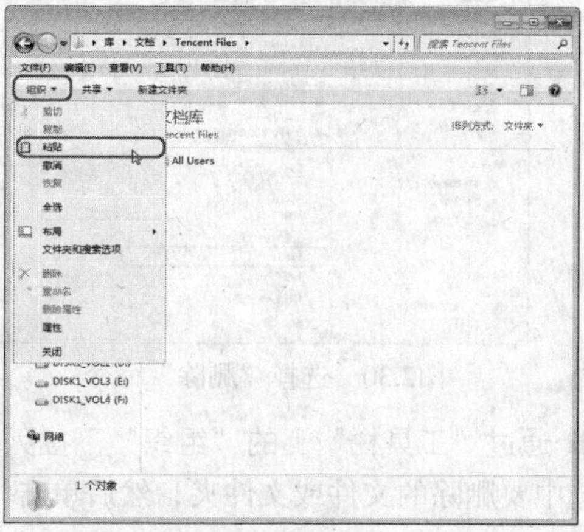

图2.29 选择“粘贴”命令

02 打开存放该文件或文件夹的目标位置，然后单击“组织”按钮，在弹出的下拉列表中选择“粘贴”命令，如图2.29所示，即可实现文件或文件夹的移动。

（3）通过鼠标拖曳

选中要移动的文件或文件夹，按住鼠标不放，将其拖曳到目标文件夹中，然后释放即可实现移动操作。

（4）通过快捷键

选中要移动的文件或文件夹，按Ctrl+X快捷键，然后打开要存放该文件或文件夹的目标位置，接着在该目标位置处按Ctrl+V快捷键，即可完成对文件或文件夹的移动。

2.2.4 删除和恢复文件或文件夹

为了节省磁盘空间，可以将一些没有用的文件或文件夹删除。有时删除后会发现有些文件或文件夹中还有一些有用的信息或者文件被误删了，这时就要对其进行恢复操作。

1. 删除文件或文件夹

文件或文件夹的删除可以分为暂时删除（暂存到回收站里）和彻底删除（回收站不存储）两种。

（1）暂时删除文件或文件夹

可以通过以下4种方法删除文件或文件夹至回收站中。

01 通过右键快捷菜单

在需要删除的文件或文件夹上单击鼠标右键，从弹出的快捷菜单中选择“删除”命令，如图2.30所示。

此时会弹出“删除文件夹”对话框，询问“您确实要把此文件夹放入回收站吗?”，单击“是”按钮，如图2.31所示，即可将选中的文件或文件夹放入回收站中。

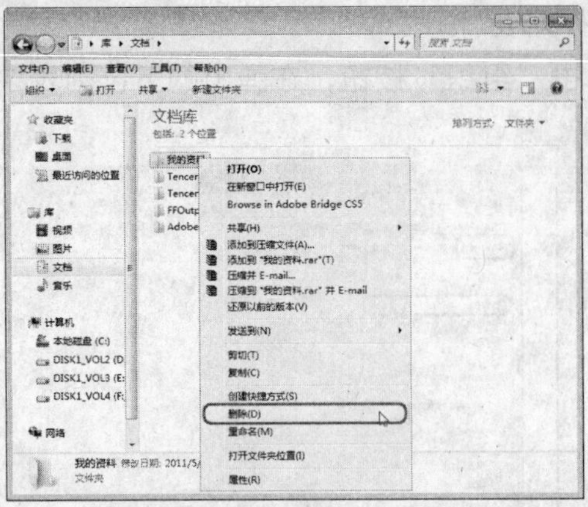

图2.30　选择“删除”命令

图2.31　“删除文件夹”对话框

02 通过“工具栏”上的“组织”下拉列表

选中要删除的文件或文件夹，然后单击“工具栏”中的“组织”按钮，在弹出的下拉列表中选择“删除”命令，如图2.32所示。

此时会弹出“删除文件夹”对话框，询问“确实要把此文件夹放入回收站吗?”，单击“是”按钮，即可将选中的文件或文件夹放入回收站中。

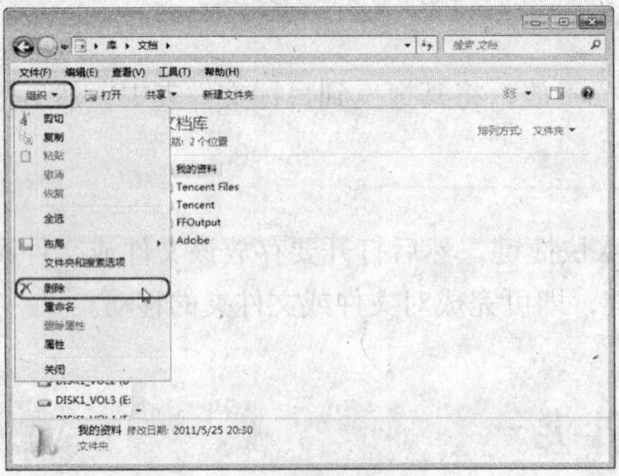

图2.32　选择“删除”选项

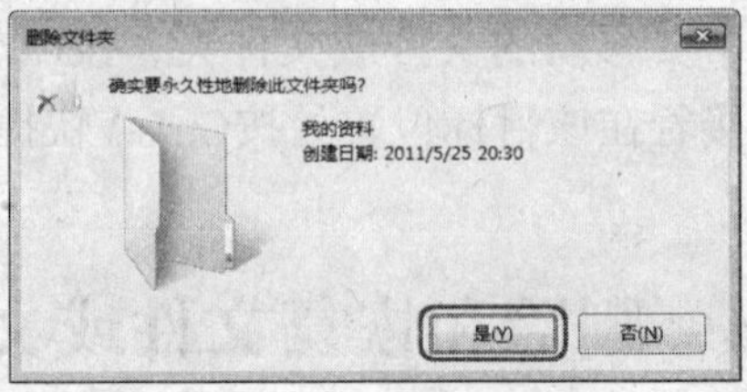

图2.33　“永久性删除文件夹”对话框

03 通过Delete键

选中要删除的文件或文件夹，然后按下键盘上的Delete键，随即弹出“删除文件夹”对话框，询问“确实要把此文件夹放入回收站吗?”，单击“是”按钮，即可将选中的文件或文件夹放入回收站中。

04 通过鼠标拖曳

选中要删除的文件或文件夹，按住鼠标不放将其拖到桌面上的“回收站”图标上，然后释放鼠标即可。

（2）彻底删除文件或文件夹

如果希望文件不通过回收站而直接被永久性删除。可以通过下面4种方法彻底删除，执行此操作后将无法撤销。

01 Shift键+右键菜单

选中要删除的文件或文件夹，按住Shift键的同时在该文件或文件夹上单击鼠标右键，从弹出的快捷菜单中选择“删除”命令，此时会弹出“删除文件夹”对话框，询问“确实要永久性地删除此文件夹吗?”，单击“是”按钮，如图2.33所示，即可将选中的文件或文件夹彻底删除。

02 Shift键+“组织”下拉列表

选中要删除的文件或文件夹，按住Shift键的同时单击“工具栏”中“组织”按钮，在弹出的下拉列表中选择“删除”命令，在弹出的对话框中单击“是”按钮，即可将选中的文件或文件夹彻底删除。

03 Shift+Delete快捷键

选中要删除的文件或文件夹，然后按Shift+Delete快捷键，在弹出的对话框中单击“是”按钮即可。

04 Shift键+鼠标拖曳

按住Shift键的同时，按住鼠标将要删除的文件或文件夹拖到桌面上的“回收站”图标上，也可以将其彻底删除。

2. 恢复文件或文件夹

用户将一些文件或文件夹删除后，若发现又需要用到该文件或者将文件误删，只要没有将其彻底删除，就可以从回收站中将其恢复。具体的操作步骤如下：

01 双击桌面上的“回收站”图标，弹出“回收站”窗口，窗口中列出了被删除的所有文件或文件夹。选中要恢复的文件或文件夹，例如：“我的资料”，然后单击鼠标右键，从弹出的快捷菜单中选择“还原”命令，如图2.34所示，或者单击“工具栏”上的“还原此项目”按钮。

02 此时被还原的文件就会重新回到原来被存放的位置。

03 在“回收站”窗口的工具栏上单击 “还原所有项目”按钮，可以将回收站中的所有项目还原至原位置。

04 单击“清空回收站”按钮，可以彻底删除回收站中的所有项目。

提示　在桌面上的“回收站”图标上单击鼠标右键，从弹出的快捷菜单中选择“清空回收站”命令，在弹出的“删除多个项目”对话框中单击“是”按钮，如图2.35所示。也可以将所有的项目彻底删除。

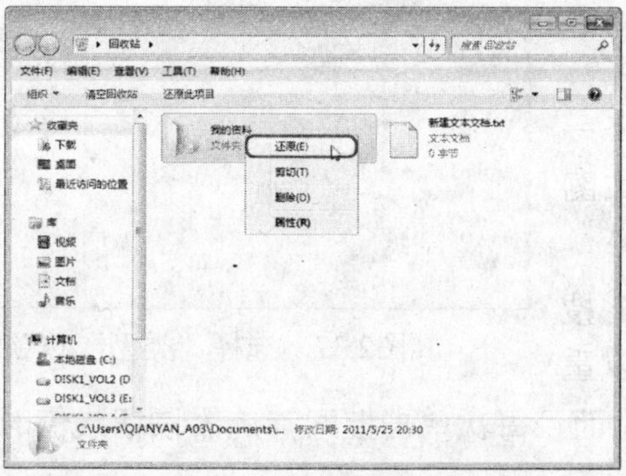

图2.34　选择“还原”命令

图2.35　“清空回收站”命令

2.2.5 查找文件和文件夹

计算机中的文件和文件夹会随着时间的推移而日益增多，想从众多文件中找到所需的文件则是一件非常麻烦的事情。为了省时省力，可以使用搜索功能查找文件。Windows 7操作系统提供了查找文件和文件夹的多种方法，在不同的情况下可以使用不同的方法。

1．使用文件夹或库中的搜索框

通常用户可能知道所要查找的文件或文件夹位于某个特定的文件夹或库中，例如“图片”、“文件”、“收藏夹”和“库”等，此时即可使用“搜索”文本框搜索。“搜索”文本框位于每个文件夹或库窗口的项部，它根据输入的文本筛选当前的视图。在库中，搜索包括库中包含的所有文件夹及这些文件夹中的子文件夹。

例如，要在“本地磁盘（C：）”中查找后缀为“.txt”的相关文件，具体的操作步骤如下：

01 打开“本地磁盘（C：）”窗口。

02 在“本地磁盘（C：）”窗口顶部的“搜索”文本框中输入要查找的内容，这里输入“.txt”；输入完毕将自动对视图进行筛选，可以看到在窗口下方列出了所有后缀为“.txt”信息的文件，如图2.36所示。

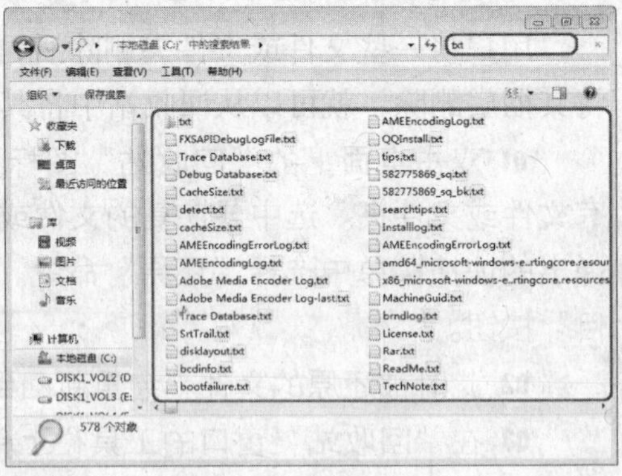

图2.36 搜索结果

如果用户想要基于一个或多个属性来搜索文件，则可在搜索时使用搜索筛选器指定属性，在文件夹或库中的“搜索”框中，用户可以添加搜索筛选器来更加快速地查找指定的文件或文件夹。

例如要在“文档库”中按照“类型”搜索筛选器来查找符合条件的文件，具体的操作步骤如下：

01 打开“文档库”窗口，单击“文档库”窗口顶部的“搜索”文本框，弹出“添加搜索筛选器”列表，然后单击“添加搜索筛选器”列表中的命令按钮来选择相应的搜索筛选器，这里单击“类型”按钮，如图2.37所示。

02 弹出“类型”下拉列表，从中可以选择一个文件的类型。这里选择“.gif”选项搜索，如图2.38所示。

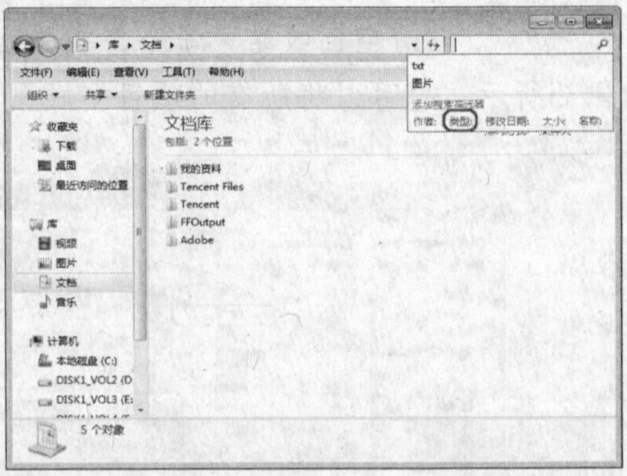

图2.37 选择“类型”选项

03 随即会在窗口下方列出所有按照“.gif”搜索筛选器搜索的文件，如图2.39所示。用户可以重复以上步骤，以建立基于多个属性的复杂搜索，而且每次单击搜索筛选器按钮或值时，都会将相关的字词自动添加到搜索框中。

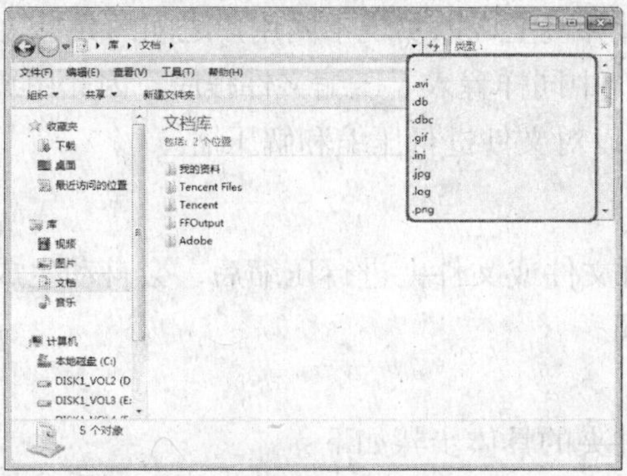

图2.38 选择“.gif”选项

图2.39 搜索结果

3．扩展特定库或文件夹之外进行搜索

如果在特定库或文件夹中无法找到想要查找的文件或文件夹，则可扩展搜索，以便包括其他位置，如任何一个磁盘驱动器、文件夹或可用于存储文件和文件夹的其他空间。

例如要在“音乐库”中查找名称为“经典音效”的文件夹，使用扩展特定库或文件夹之外进行搜索的具体步骤如下：

01 打开“音乐库”窗口，在该窗口顶部的“搜索”文本框中输入要查找的内容，这里输入“经典音效”。

02 输入完毕，在窗口中间显示“没有与搜索条件匹配的项”的提示信息，并在其下方显示“在以下内容中再次搜索”的信息，包括“库”、“计算机”、“自定义”和Internet等4项。用户可以分别在这4个位置搜索，直到查找到符合查找内容的文件。

03 单击（计算机）图标，如图2.40所示，将在整个计算机中搜索。这是搜索未建立索引的文件的方式，因此搜索会比较慢。

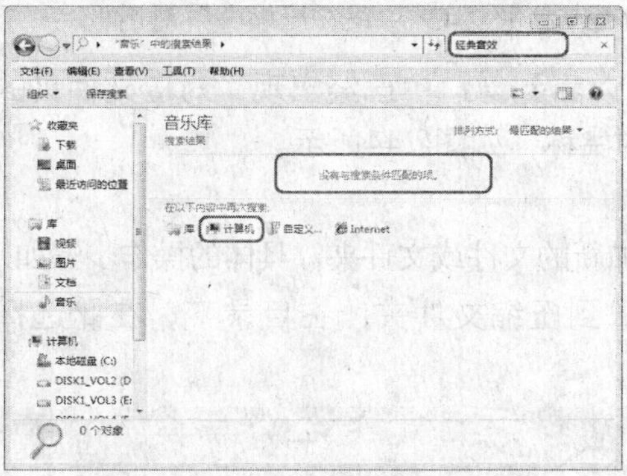

图2.40 单击（计算机）图标

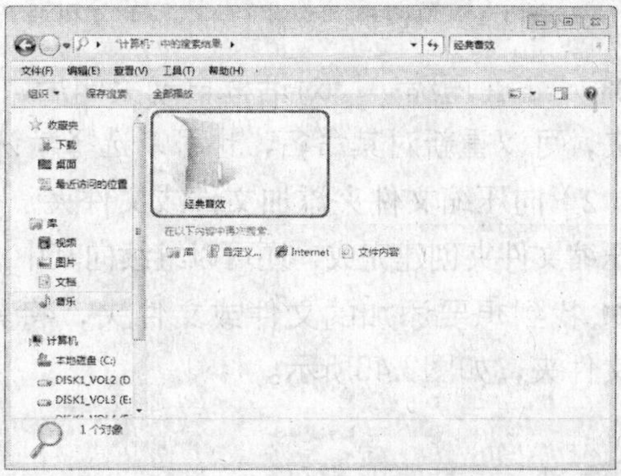

图2.41 在“计算机”中搜到的想光内容

04 搜索完毕可以看到在“计算机”中有关于 “经典音效”的文件夹，如图2.41所示，用户从中挑选自己喜欢的即可。

2.2.6 压缩和解压缩文件或文件夹

为了节省磁盘空间，用户可以对一些文件或文件夹进行压缩，压缩文件占据的存储空间较少，而且压缩后可以更快速地传输到其他的计算机上，以实现不同用户之间的共享。

与Windows Vista一样，在Windows 7操作系统中同样置入了压缩文件程序，因此用户无需安装第三方的压缩软件（如WinRAR等），就可以对文件进行压缩和解压缩。

1. 压缩文件或文件夹

利用Windows 7系统自带的压缩软件程序对文件或文件夹进行压缩后，会自动生成压缩文件夹，其打开和使用的方法与普通文件夹相同。

（1）创建压缩文件夹的方法

利用系统自带的压缩软件程序创建压缩文件夹的具体步骤如下：

01 选择要压缩的文件或文件夹，这里选择“我的资料”文件夹，在该文件夹上单击鼠标右键，从弹出的快捷菜单中选择“发送到”→“压缩（zipped）文件夹”命令，如图2.42所示。

02 弹出“正在压缩…”对话框，蓝色进度条显示压缩的进度，如图2.43所示。

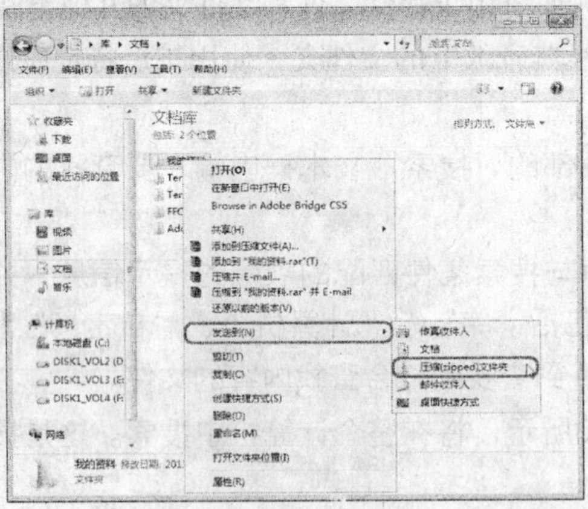

图2.42　选择“压缩（zipped）文件夹”命令

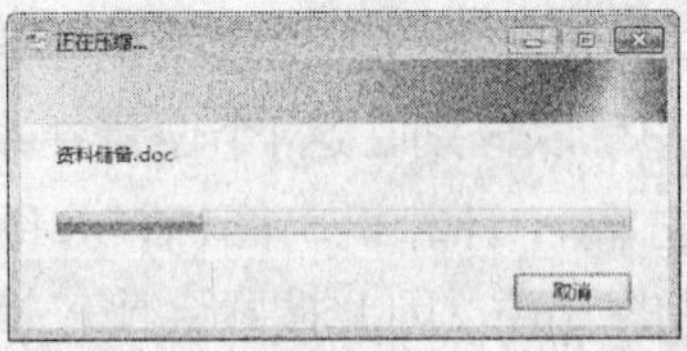

图2.43　“正在压缩…”对话框

03 “正在压缩…”对话框自动关闭后，可以看到窗口中已经出现了对应文件夹的压缩文件夹，可以重新对其命名，也可以选择默认的名称，如图2.44所示。

（2）向压缩文件夹添加文件或文件夹

压缩文件夹创建完成，还可以继续向其中添加新的文件或文件夹。具体的操作步骤如下：

01 找到想要添加的文件或文件夹，将其放到压缩文件夹所在目录下，在此选择“资料”文件夹，如图2.45所示。

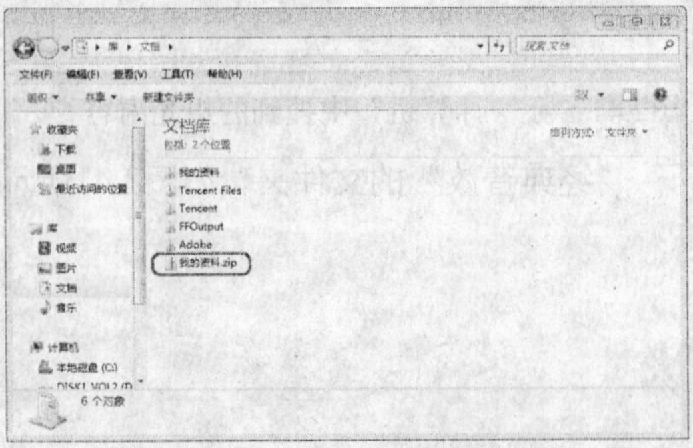

图2.44　压缩完成的文件夹

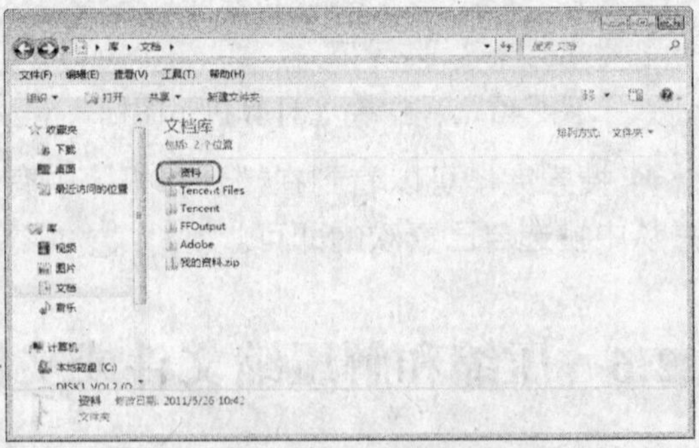

图2.45　选择文件夹

02 选择“资料”文件夹，然后按住鼠标不放，将其拖至压缩文件夹“我的资料.zip”上。

03 释放鼠标，随即弹出“正在压缩…”对话框，如图2.46所示。

04 “正在压缩…”对话框自动关闭后，需要添加的文件或文件夹就会成功地加入到压缩文件夹中，双击压缩文件夹可查看其中的内容，如图2.47所示。

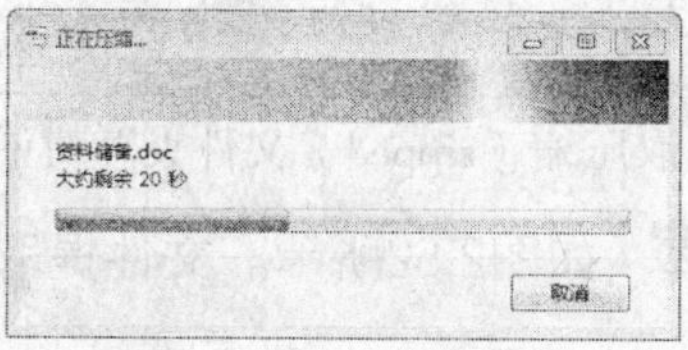

图2.46　压缩进度

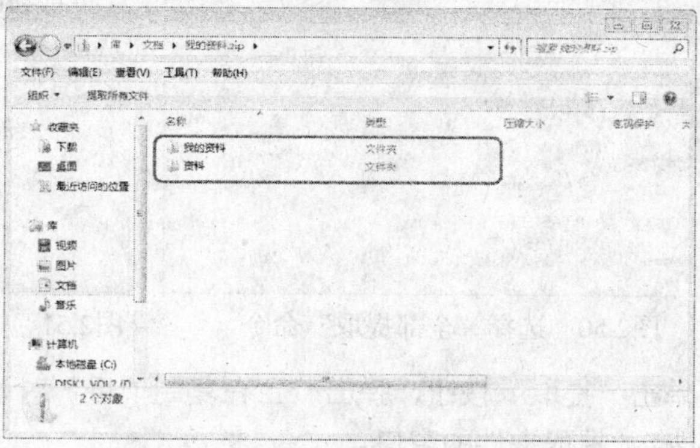

图2.47　查看压缩文件夹中的内容

提示　如果已经安装第三方的压缩软件（如WinRAR等），则可以使用压缩软件进行压缩，在需要压缩的文件或文件夹上单击鼠标右键，从弹出的快捷菜单中选择“添加到资料.rar”，如图2.48所示。此时会弹出进度条对话框，对话框自动关闭后文件即可压缩成功。如图2.49所示。

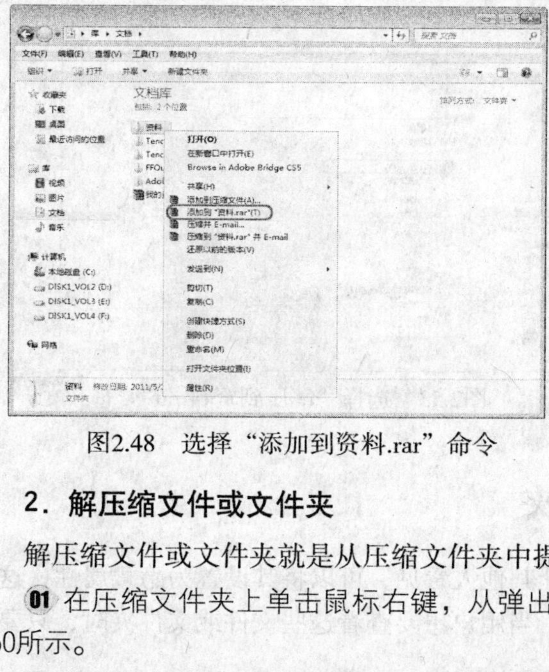

图2.48　选择“添加到资料.rar”命令

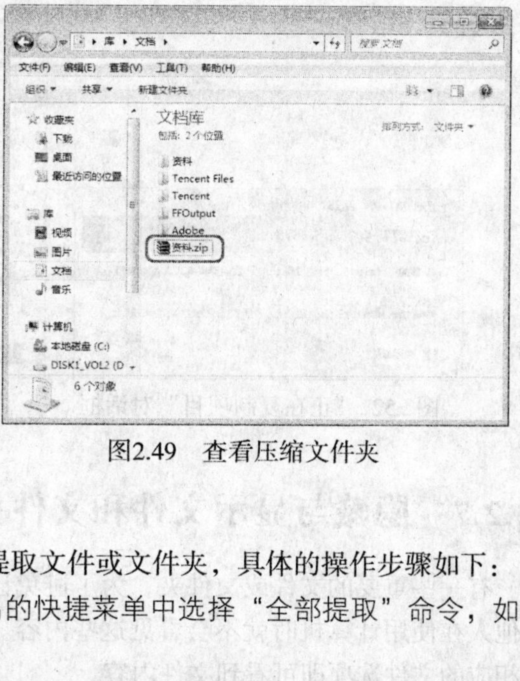

图2.49　查看压缩文件夹

2. 解压缩文件或文件夹

解压缩文件或文件夹就是从压缩文件夹中提取文件或文件夹，具体的操作步骤如下：

01 在压缩文件夹上单击鼠标右键，从弹出的快捷菜单中选择“全部提取”命令，如图2.50所示。

02 弹出“提取压缩（zipped）文件夹”对话框，单击文本框右侧“浏览”按钮可以选择存储路径，这里我们使用默认路径，如果选中“完成时显示提取的文件”复选框，则在提取完文件后可以查看所提取的内容。如图2.51所示。

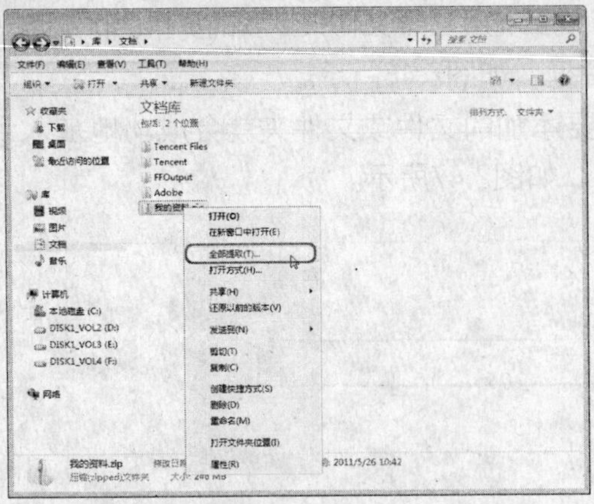

图2.50　选择“全部提取”命令

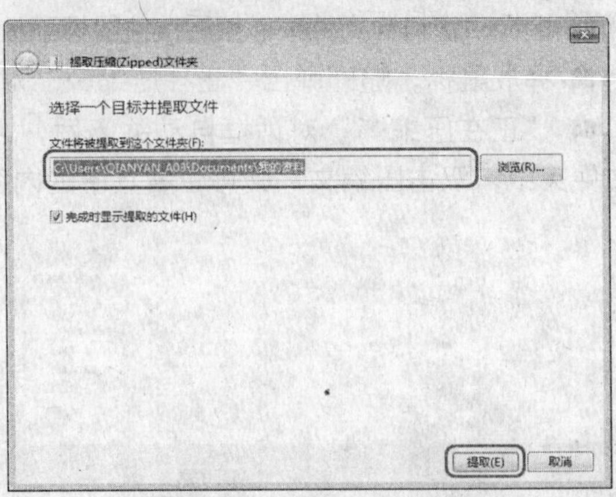

图2.51　“提取压缩（zipped）文件夹”对话框

03 单击“提取”按钮，弹出“正在复制项目”对话框，如图2.52所示。文件提取完毕会自动弹出存放提取文件的窗口。

提示　使用第三方的压缩软件（如WinRAR等）解压时，首先在需要压缩的文件或文件夹上单击鼠标右键，从弹出的快捷菜单中选择“解压到资料.rar”，如图2.53所示。此时会弹出进度条对话框，对话框自动关闭后文件即可解压。

图2.52　“正在复制项目”对话框

图2.53　选择“解压到资料.rar”

2.2.7　隐藏与显示文件和文件夹

有一些重要的文件或文件夹，为了避免让其他人看见，可以将其设置为隐藏属性，这样其他人在使用计算机时就不会看见这些内容。当用户想要查看这些文件或文件夹时，只要设置相应的文件选项即可看到文件内容。

1．隐藏文件和文件夹

用户如果想隐藏文件和文件夹，首先要将想要隐藏的文件或文件夹的属性设置为隐藏，然后再对文件夹选项进行隐藏设置。

（1）设置文件或文件夹的隐藏属性

01 在需要隐藏的文件或文件夹上单击鼠标右键，从弹出的快捷菜单中选择“属性”命令，如图2.54所示。

02 弹出“我的资料属性”对话框，选择“常规”选项卡，在“属性”选项组中勾选“隐藏”复选框，然后单击“确定”按钮，如图2.55所示。

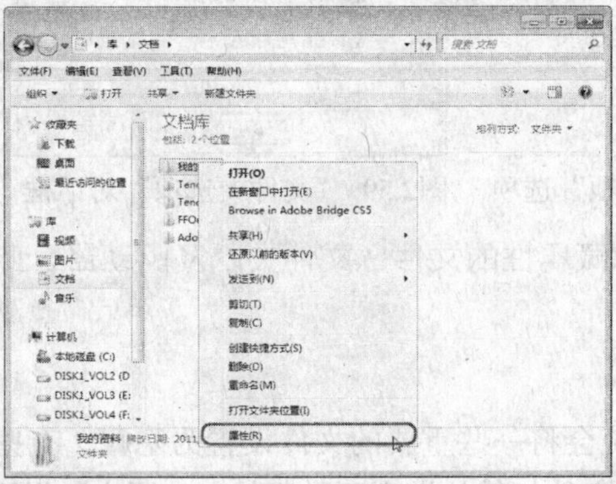

图2.54 选中“隐藏”复选框

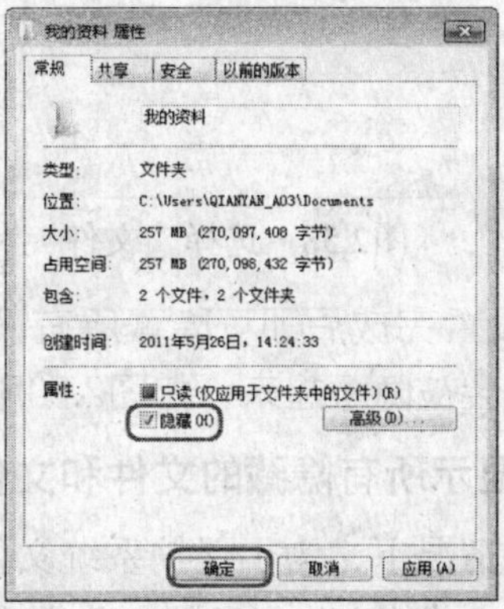

图2.55 “我的资料属性”对话框

03 弹出“确认属性更改”对话框，选中“将更改应用于此文件夹、子文件夹和文件”单选按钮，然后单击“确定”按钮，如图2.56所示，即可完成对所选文件夹的隐藏属性设置。

（2）在文件夹选项中设置不显示隐藏文件

将文件夹属性设置为隐藏后，那么隐藏的文件将会以半透明状态显示，如图2.57所示。

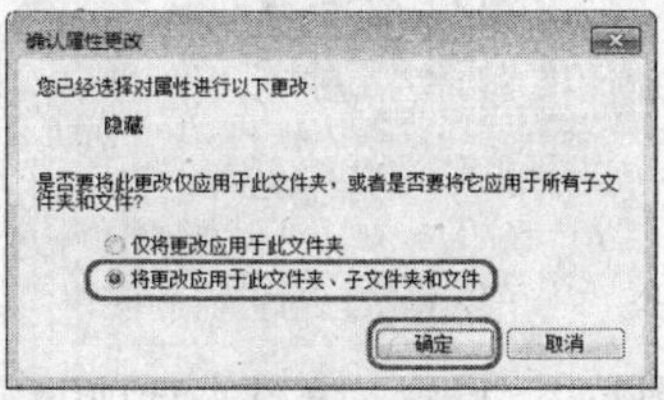

图2.56 “确认属性更改”对话框

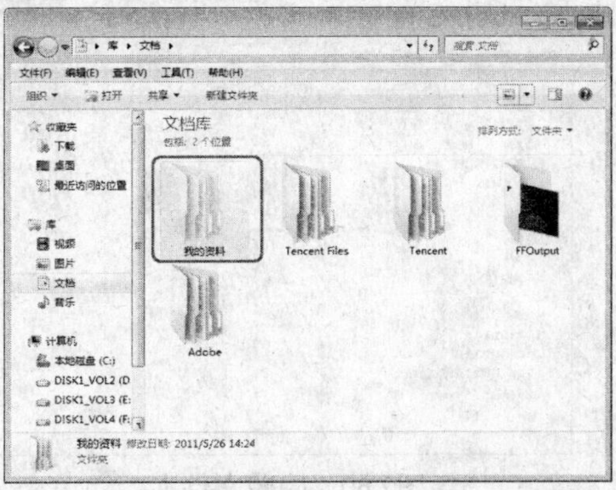

图2.57 隐藏的文件将会以半透明状态显示

此时还是可以看到文件夹，不能起到保护的作用，所以要在文件夹选项中设置不显示隐藏的文件。具体的操作步骤如下：

01 在文件夹窗口中单击“工具栏”上的“组织”按钮，在弹出的下拉列表中选择“文件夹和搜索选项”选项，如图2.58所示。

02 弹出“文件夹选项”对话框，选择“查看”选项卡，然后在“高级设置”列表框中选中“不显示隐藏的文件、文件夹和驱动器”单选钮，单击“确定”按钮，如图2.59所示。

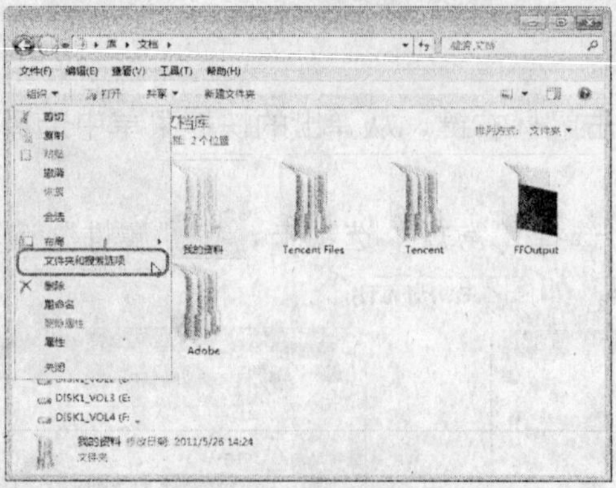

图2.58 选择“文件夹和搜索选项”选项

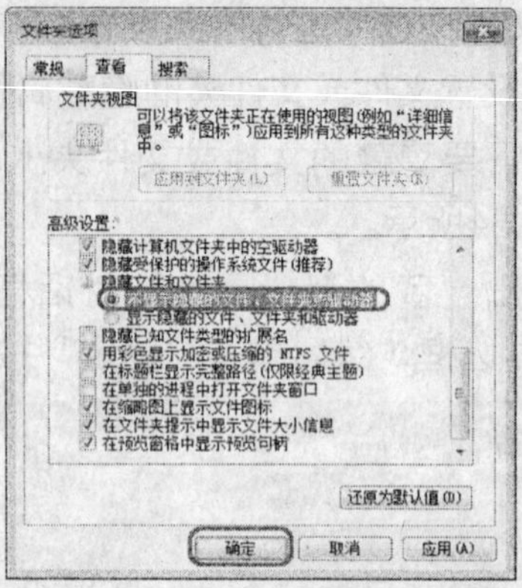

图2.59 “文件夹选项”对话框

03 设置完成后即可隐藏所有设置为隐藏属性的文件、文件夹以及驱动器，此时“我的资料”也会被隐藏起来，如图2.60所示。

2. 显示所有隐藏的文件和文件夹

默认情况下，为了保护系统文件，系统会将一些重要的文件设置为隐藏，有些病毒就是利用了这一功能，将自己的名称变成与系统文件相似的类型而隐藏起来，用户如果不显示这些隐藏的系统文件，就不会发现这些隐藏的病毒。下面介绍如何显示隐藏的所有文件及文件夹。

01 打开“文件夹选项”对话框，选择“查看”选项卡，在“高级设置”列表框中取消选中“隐藏受保护的操作系统文件（推荐）”复选框（会弹出“警告”对话框，单击“是”按钮），并选中“显示隐藏的文件、文件夹和驱动器”单选钮，设置完毕依次单击“应用”和“确定” 按钮，如图2.61所示。

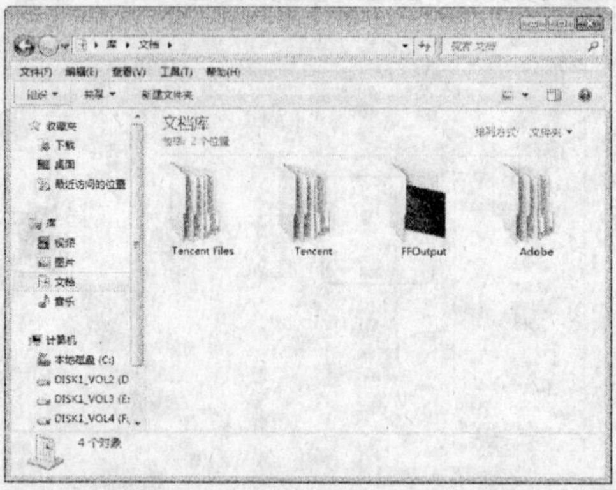

图2.60 隐藏文件夹

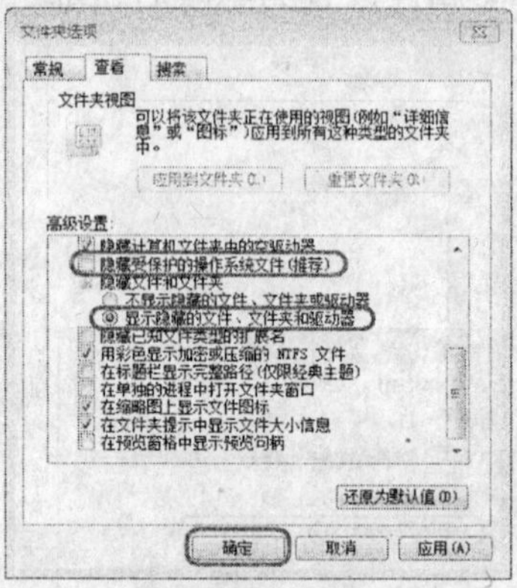

图2.61 设置“文件夹选项”

02 即可显示所有隐藏的系统文件，这样用户就可以查看系统中是否隐藏了病毒文件。

2.2.8 设置文件和文件夹的属性

每个文件或文件夹对象都有自己的属性，其中包含了许多信息，如类型、方式、位置、大小等，这些信息都可以通过查看其属性的方式得到。查看文件或文件夹属性的操作步骤如下：

01 选择需要查看属性的文件或文件夹对象，然后单击鼠标右键，从弹出的快捷菜单中选择“属性”命令。

02 此时可打开“属性”对话框，如图2.62所示。由于各个文件的类型不同，所以各个文件的属性也不同。通常文件对象的“属性”对话框中含有一个“常规”选项卡，其中包括以下属性项目：

- “类型”：显示所选文件或文件夹的类型。
- “位置”：显示文件或文件夹在计算机中的位置。
- “大小”：显示文件或文件夹的大小。
- “占用空间”：显示所选文件或文件夹实际使用的磁盘空间，即文件使用的大小。
- “包含”：显示包含在这个文件夹中的文件和文件夹数目。
- “创建时间”：显示文件或文件夹的创建日期。
- “只读”：表示文件或文件夹是否为只读（“只读”的意思是只能读取文件信息，不能对其内容进行更改或删除）。
- “隐藏”：用于设置文件或文件夹是否被隐藏。
- “存档”：指定是否要存储该文件或文件夹。某些程序用此选项来确定哪些文件需要做备份。

03 如果需要修改文件的文件名称可以在文件图标右侧的文本框中直接修改。

文件夹对象的“属性”对话框与文件对象的“属性”对话框略有不同，通常包含有“常规”、“共享”、“安全”、“以前的版本”和“自定义”5个不同的选项卡，其属性设置步骤如下：

01 在文件夹属性对话框中单击“常规”选项卡，打开“常规”选项卡，在选项卡中可以查看文件夹名称、类型、位置、大小、占用空间、包含的子文件及子文件的个数、创建时间、属性等常规属性值。

02 在文件夹属性对话框中单击“共享”选项卡，打开“共享”选项卡，如图2.63所示。该选项卡的设置决定此文件夹是否对网络中的其他用户共享。

03 单击文件夹属性的“安全”选项卡，可以显示如图2.64所示选项卡，该选项卡显示可操作此文件夹的用户列表及其对应的可操作权限。

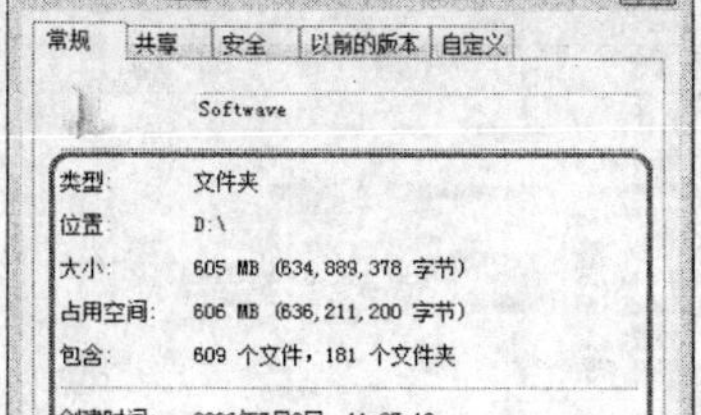

图2.62 文件夹属性对话框

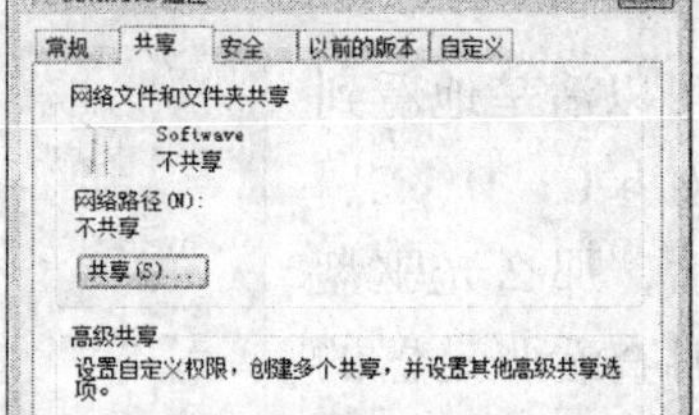

图2.63 “共享”选项卡

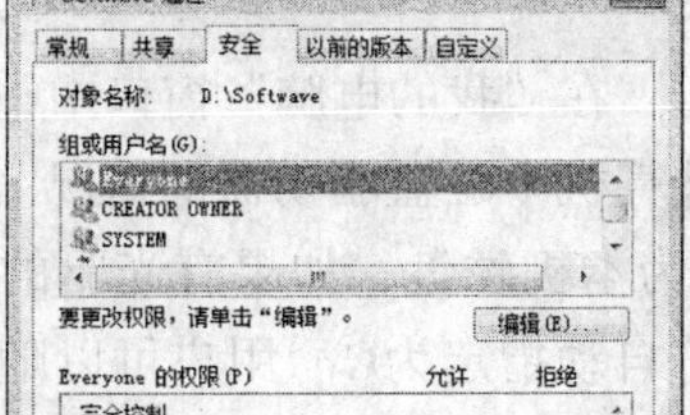

图2.64 “安全”选项卡

04 单击文件夹属性的“以前的版本”选项卡，可以显示如图2.65所示选项卡，该选项卡用于将文件夹还原到某一时点。

05 在文件夹属性对话框中单击“自定义”选项卡，打开“自定义”选项卡，如图2.66所示。在该选项卡中可以对文件夹的相关属性进行自定义的设置。如果希望更改该文件夹的图标，可以单击“更改图标”按钮，打开如图2.67所示的对话框。

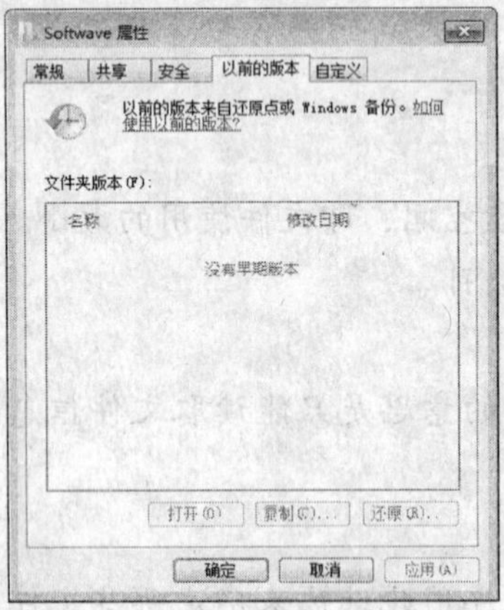

图2.65 “以前的版本”选项卡

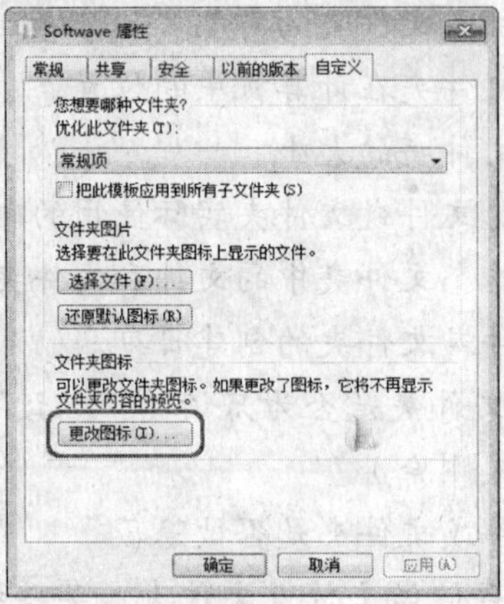

图2.66 “自定义”选项卡

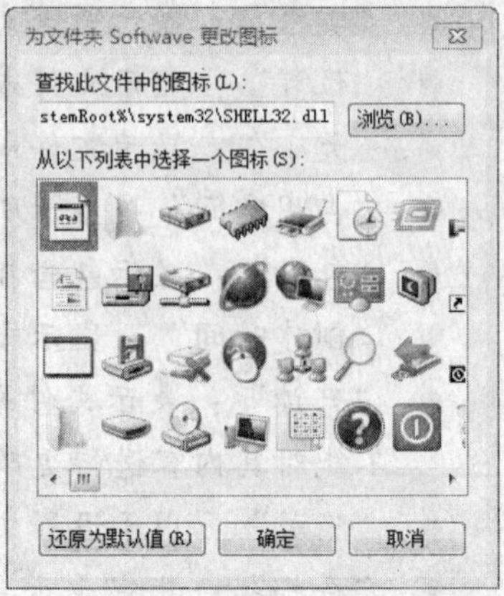

图2.67 更改文件夹显示图标

06 在该对话框中可以选择自己喜欢的图标样式，选择完成后单击“确定”按钮，关闭该对话框，将选中的图标应用到当前文件夹属性中。

07 在文件夹属性对话框中单击“确定”按钮，可以将所做的属性设置应用于当前文件夹，否则单击“取消”按钮，取消已更改的设置。

2.3 磁盘管理

Windows作为大家最常使用的操作系统，自带了一些磁盘工具，使用这些自带的磁盘工具，可以有效地管理计算机的硬件并进行软件配置。

2.3.1 查看磁盘属性

在“我的电脑”窗口中，可以清楚地看到计算机中磁盘驱动器的情况。如果C、D、E、F为本机磁盘，如果有光驱的话，那么光驱盘符自动指定为G。用户可以随时查看驱动器的属性，例如，磁盘的空间大小、可用空间、卷标信息、磁盘工具和磁盘在局域网的共享设置等，具体的操作步骤如下：

01 在“计算机”窗口中，选择一个驱动器，如D盘，在D盘上单击鼠标右键，从弹出的快捷菜单中选择“属性”选项。如图2.68所示。

图2.68 选择“属性”命令

02 弹出“DISK1_VOL2（D:）属性”对话框，如图2.69所示。其中有6个选项卡，可以在不同的选项卡中进行不同的设置：

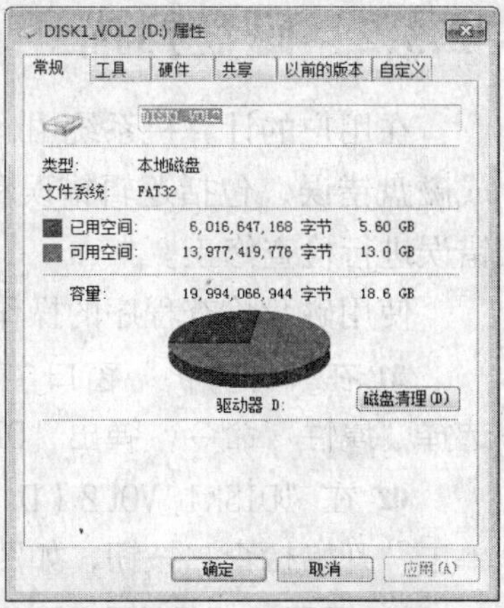

图2.69 “DISK1_VOL2（D:）属性”对话框

- 在“常规”选项卡中，显示了当前驱动器的一般信息，例如，卷标、磁盘类型、文件系统、已用空间和可用空间。还有一个“磁盘清理”按钮，单击该按钮可以启动磁盘清理程序。
- 在“工具”选项卡中，提供了“查错”、“碎片整理”和“备份”3个工具，如图2.70所示。
- 在“硬件”选项卡中，列出了当前计算机存储设备的基本信息（例如，硬盘、光驱等），包括制造商的名称和设备类型等。在同一台计算机中，每个驱动器属性的“硬件”选项卡的内容是相同，如图2.71所示。

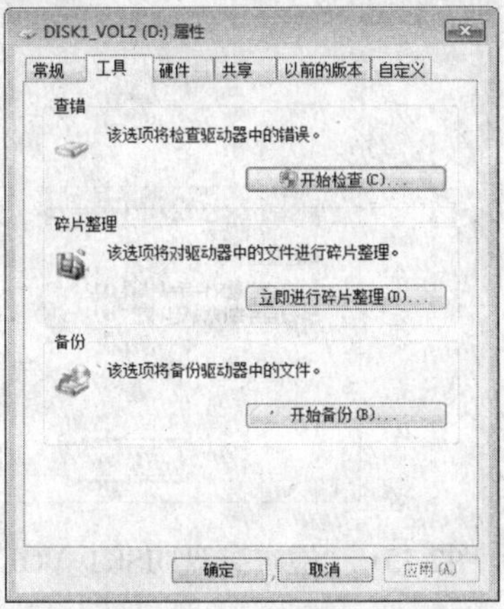

图2.70 “工具”选项卡

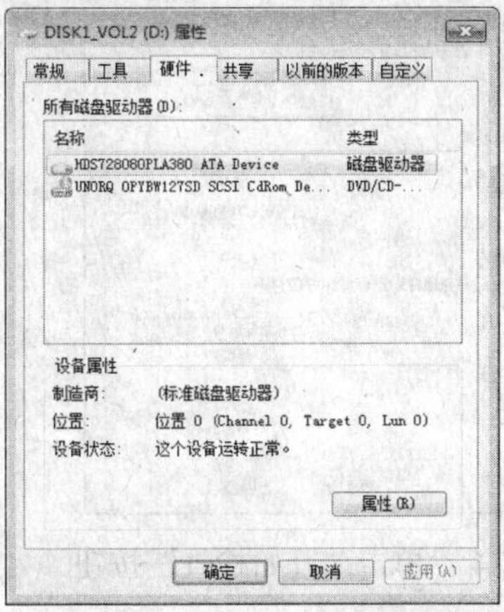

图2.71 “硬件”选项卡

- 在“共享”选项卡中，可以设置该驱动器与网络上的其他用户共享信息，如图2.72所示。
- 在“以前的版本”选项卡中，可以用于将磁盘还原到某一时点。
- 在“自定义”选项卡中，可以对磁盘的相关属性进行自定义的设置。在“文件夹图片”选项组中可以更改图标上显示的文件，如图2.73所示。

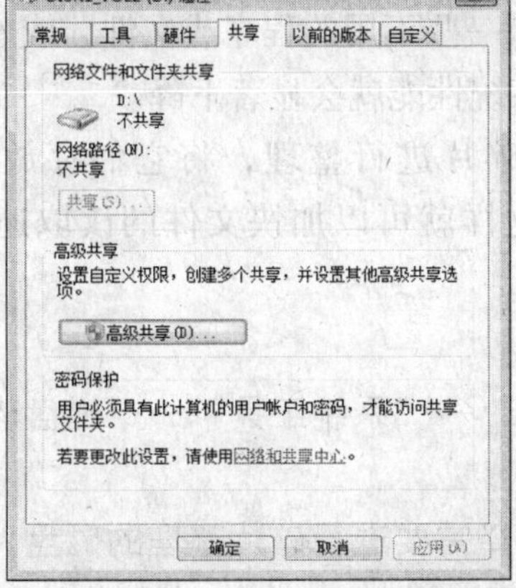

图2.72 “共享”选项卡

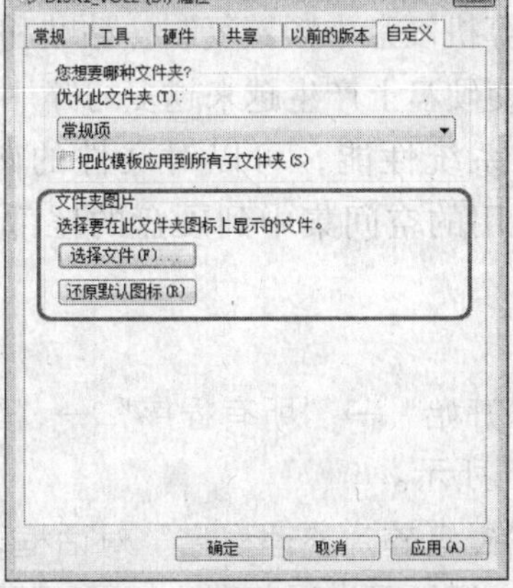

图2.73 “自定义”选项卡

2.3.2 磁盘扫描

在用户的计算机系统中，由于各种原因，例如非法操作、计算机突然断电等，可能会造成磁盘错误，包括逻辑错误和物理错误，这时就需要使用Windows 7的磁盘检查程序对磁盘错误进行检查修正。

使用磁盘检查程序的操作步骤如下：

01 在“计算机”窗口中，右键单击需要进行磁盘检查的驱动器，从弹出的快捷菜单中选择“属性”命令，弹出“DISK1_VOL2（D:）属性”对话框。

02 在“DISK1_VOL2（D:）属性”对话框中选择“工具”选项卡，在“查错”选项组中单击“开始检查”按钮，如图2.74所示。

03 打开“检查磁盘DISK1_VOL2（D:）”对话框，如图2.75所示。

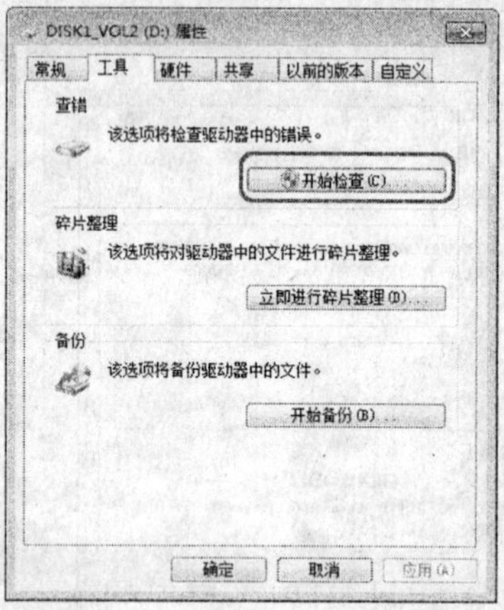

图2.74 单击“开始检查”按钮

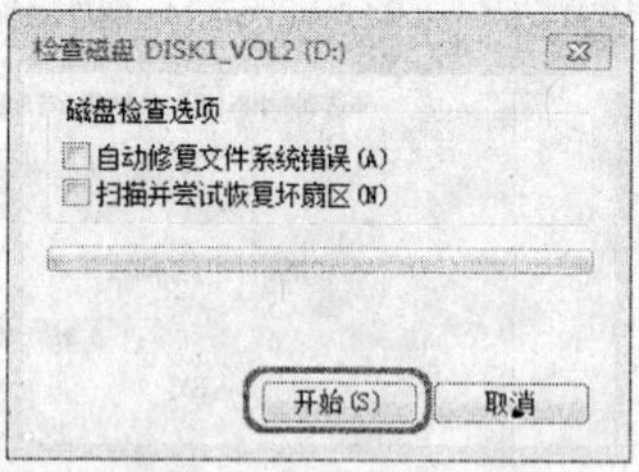

图2.75 “检查磁盘DISK1_VOL2（D:）”对话框

04 为了查看出错的原因，在“检查磁盘DISK1_VOL2（D:）”对话框中最好不选择选项，然后单击“开始”按钮即可进行磁盘检查，检查完毕后系统会自动弹出对话框，在该对话框中单击“确定”按钮。

2.3.3 整理磁盘碎片

用户在计算机硬盘中频繁复制、粘贴和删除一些不用的程序或文件，或安装一些新的应用程序，就会使硬盘上产生越来越多的碎片，系统性能就会显著下降。

为了提高系统性能，可以对文件的磁盘碎片进行整理，将它们存放在连续的空间里，把没有使用的空间集中到硬盘的尾部，这样就可以加快文件的读取速度。碎片整理有两种方法。

方法一：

01 选择“开始”→“所有程序”→“附件”→“系统工具”→“磁盘碎片整理程序”命令，如图2.76所示。

02 弹出“磁盘碎片整理程序”对话框，选择需要进行碎片整理的磁盘，然后单击“磁盘碎片整理”按钮即可进行整理，如图2.77所示。

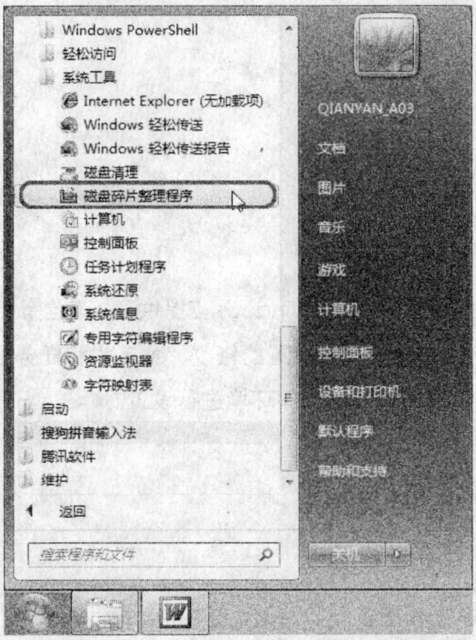

图2.76 选择“磁盘碎片整理程序”命令

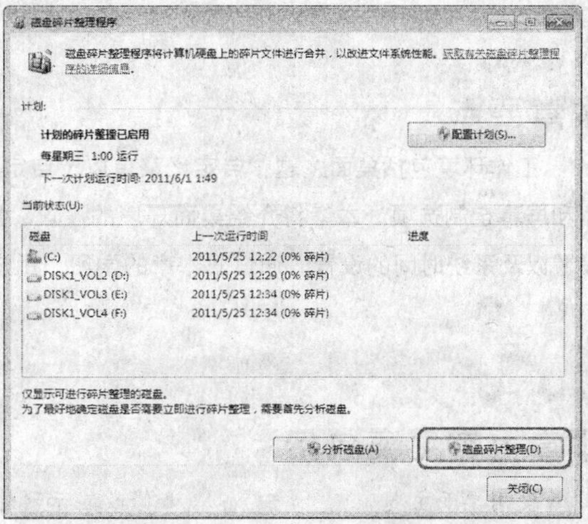

图2.77 “磁盘碎片整理程序”对话框

方法二：

01 在“计算机”窗口中，使用鼠标右键单击需要进行磁盘碎片整理的驱动器，从弹出的快捷菜单中选择“属性”命令，在打开的“DISK1_VOL2（D:）属性”对话框中选择“工具”选项卡，然后单击“碎片整理”选项组中的“立即进行碎片整理”按钮。

02 弹出“磁盘碎片整理程序”对话框，选择需要进行碎片整理的磁盘，然后单击“磁盘碎片整理”按钮即可进行整理。

2.4 习题

1．填空题

（1）根据文件夹的性质，可以将文件夹分________、________两类。

（2）按住键盘上________键的同时，按住鼠标拖曳所选择的文件或文件夹至目的文件夹，即可完成复制操作。

（3）用户可通过按________+________快捷键将选中的文件剪切，按________+________快捷键可对剪切的文件粘贴。

（4）按住键盘上________键的同时，在该文件或文件夹上单击鼠标右键，从弹出的快捷菜单中选择“删除”命令，即可将选中的文件或文件夹彻底删除。

2．问答题

（1）如何复制文件夹？

（2）如何整理磁盘碎片？

第3章 设置工作环境

本章要点

工作环境包括桌面主题、自定义菜单以及自定义任务栏等，为此Windows 7提供了一套全新的桌面和屏幕定制选项。本章将介绍桌面环境的设置、显示器外观和视频设置的修改、菜单栏和任务栏的设置以及系统时间的设置。通过对本章的学习，用户可以根据喜好对工作环境进行设置。

本章内容主要包括

- 使用桌面主题
- 修改显示器外观和视频设置
- 自定义任务栏和“开始”菜单
- 设置Windows桌面小工具
- 设置系统时间

go>>

3.1 使用桌面主题

桌面主题就是Windows桌面各个模块的风格，包括风格、壁纸、屏幕保护程序、鼠标指针形状、系统声音事件、图标等，可用于个性化桌面和对操作系统环境进行定制。在本节中，我们将介绍如何应用主题，如何修改特定的主题选项，如何删除主题。

3.1.1 应用Aero主题

Windows 7系统提供了不同种类的主题可供使用。在形式上分为两大类，一类是面向配置较低的“基本和高对比度主题”，另一类是对显卡要求比较高的“Aero”主题，并兼容配置较低的计算机，Windows 7系统安装后默认使用Windows 7 Basic主题。下面介绍如何设置“Aero”主题，具体的操作步骤如下：

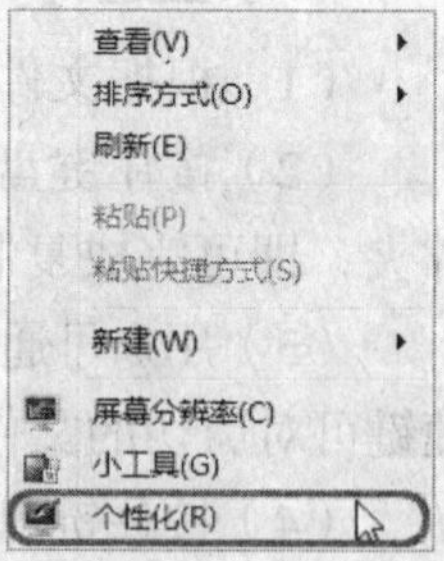

图3.1 “个性化”命令

01 在桌面空白处单击鼠标右键，从弹出的快捷菜单中选择“个性化”命令，如图3.1所示。

02 在主题列表中选择“Aero”主题分类下任意一种样式，这里我们选择“Windows”样式，如图3.2所示。随后该主题即可选择并应用。图3.3所示为“Aero”主题对话框切换效果。

要恢复成默认桌面主题，请执行下列操作。

01 在桌面空白处单击鼠标右键，选择“个性化”命令。

02 在主题列表中选择“基本和高对比度主题”中的“Windows 7 Basic”作为主题。

提示 因为主题的显示是通过Themes服务控制的，因此如果希望快速关闭主题，而不需要更改配置，例如在进行疑难解答，或尝试解决问题时，也可以直接停止该服务。要停止Themes服务，请在提升后的命令提示符窗口运行net stop themes命令；要重启动Themes服务，请在提升后的命令提示符窗口运行net start themes命令。

图3.2 选择“Windows 7”样式

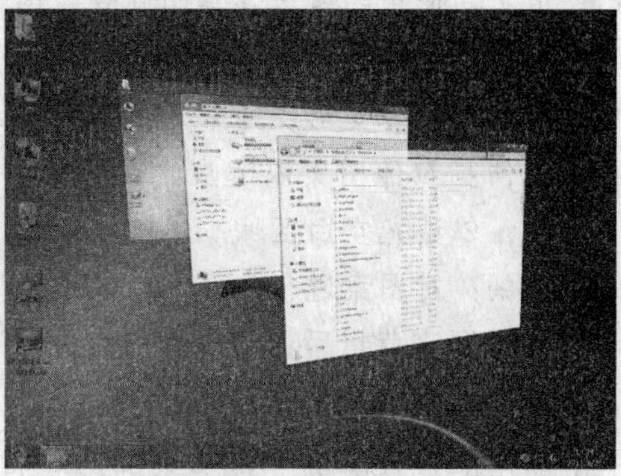

图3.3 对话框切换效果

3.1.2 修改和保存主题

在为Windows桌面应用主题后，很多不同的系统设置都将受到影响。通常来说，用户可能喜欢某个主题，但不喜欢其中的某个部分，例如声音。为了解决这种问题，我们可以单独对主题中的某些部分进行设置，然后将修改后的主题保存，以方便后续使用。

主题的管理同样需要在个性化面板中进行，在桌面空白处单击鼠标右键，选择“个性化”即可打开。在“个性化”控制台中，可以根据喜好对各个选项进行设置，如图3.4所示。下面我们来一一介绍各个选项的设置方法。

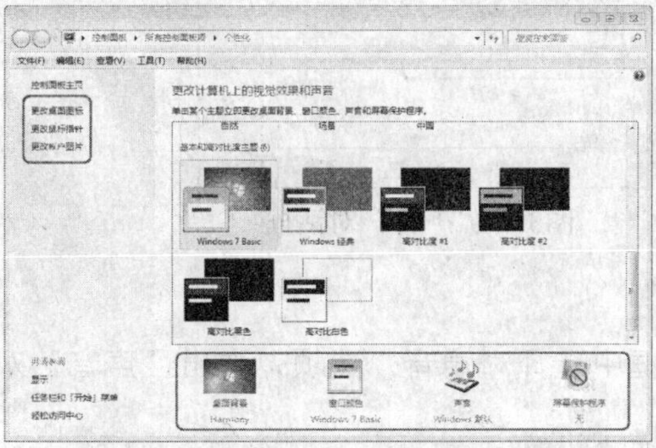

图3.4 “个性化”窗口

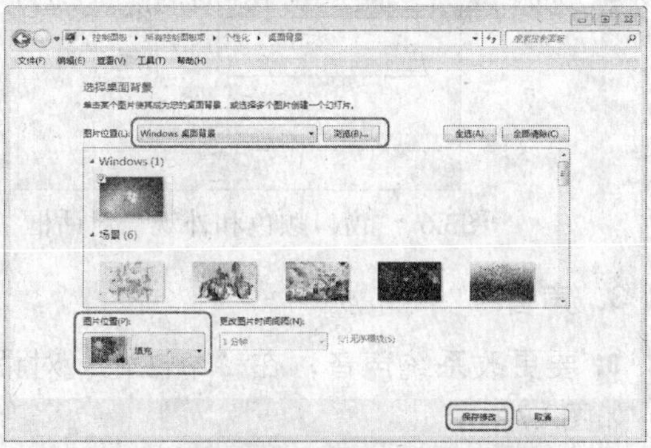

图3.5 “选择桌面背景”对话框

1．桌面背景

01 在“个性化”对话框中选择“桌面背景”选项，弹出“选择桌面背景”对话框，如图3.5所示。

02 随后即可使用“图片位置”列表，选择要用作背景的图片所在位置。单击“浏览”按钮可打开“浏览文件夹”对话框，可以选择喜欢的图片作为背景。这里如果选择“Windows桌面背景”，即可使用保存在C:\Windows\Web\Wallpaper文件夹下的背景，这是Windows 7中默认保存，并默认提供的背景。

03 使用“图片位置”选项可以为背景选择显示选项。

- 居中：将图案显示在桌面背景的中央，图案无法覆盖到的区域将使用当前的桌面颜色填充。
- 填充：使用图案填满桌面背景，图案的边沿可能会被裁剪。
- 适应：让图案适应桌面背景，并保持当前比例。对于比较大的照片或图案，如果不想看到内容变形，通常可使用该方式。
- 拉伸：拉伸图案以适应桌面背景，并尽量维持当前比例，不过图案高度可能会有变化，以填充空白区域。
- 平铺：对图案进行重复，以便填满整个屏幕，对于小图案或图标，可考虑该方式。

（4）设置完背景后，单击“保存修改”按钮。

2. 窗口颜色

01 要更改颜色方案，在“个性化”对话框中选择“窗口颜色”选项，弹出“窗口颜色和外观”对话框，如图3.6所示。

02 随后在“项目”列表中选择需要更改颜色的项目，在“颜色”列表中选择要使用的颜色，设置完成后单击“应用”和“确定”按钮。

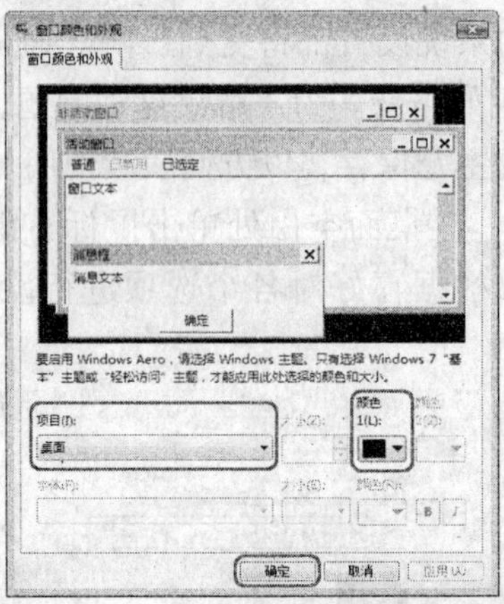

图3.6 “窗口颜色和外观”对话框

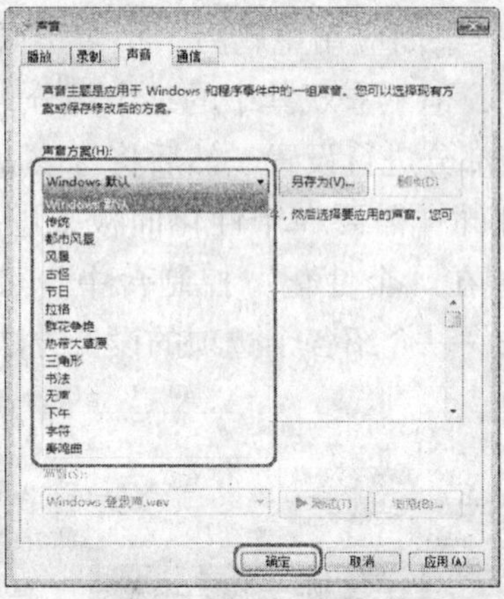

图3.7 “声音”对话框

3. 声音

01 要更改系统声音，在“个性化”对话框中选择“声音”选项，弹出“声音”对话框，如图3.7所示。

02 在“声音”对话框中，可使用“声音方案”列表选择不同的系统事件声音集。要恢复默认声音，请选择“Windows默认”。要关闭程序事件声音，请选择“无声”选项。设置完毕后单击“确定”按钮。如果是在关闭声音，则还可以取消选中“播放Windows启动声音”选项。

4. 屏幕保护程序

01 要更改屏幕保护程序，在“个性化”对话框中选择“屏幕保护程序”选项，弹出

“屏幕保护程序设置”对话框，如图3.8所示。

02 在屏幕保护程序组中可以设置屏幕保护程序的样式和等待时间，选择“无”即可禁用屏幕保护程序，设置完成后单击“应用”和“确定”按钮。

> **提示** 使用屏幕保护程序，有利于在长时间不操作计算机的情况下保护计算机的屏幕。

5. 更改桌面图标

01 要更改桌面图标，在“个性化”对话框中单击左侧窗格的“更改桌面图标”选项，弹出“桌面图标设置”对话框，如图3.9所示。

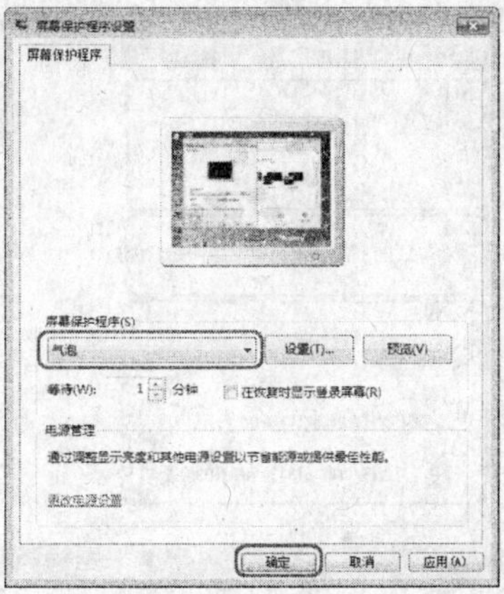

图3.8 “屏幕保护程序设置”对话框

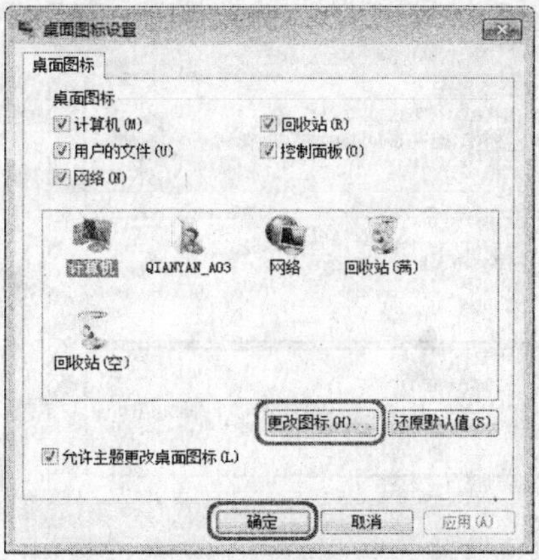

图3.9 “桌面图标设置”对话框

02 通过勾选“桌面图标”栏内的复选框，设置需要在桌面上显示的图标。如果需要更改图标样式，可以在下方列表框中选择需要更改样式的图标，然后单击“更改图标”按钮。

03 弹出“更改图标”对话框，在列表中选择需要的图标样式，然后单击“确定”按钮，如图3.10所示。

6. 更改鼠标指针

01 要更改鼠标指针，在“个性化”对话框中单击左侧窗格的“更改鼠标指针”选项，弹出“鼠标属性”对话框，如图3.11所示。

图3.10 “更改图标”对话框

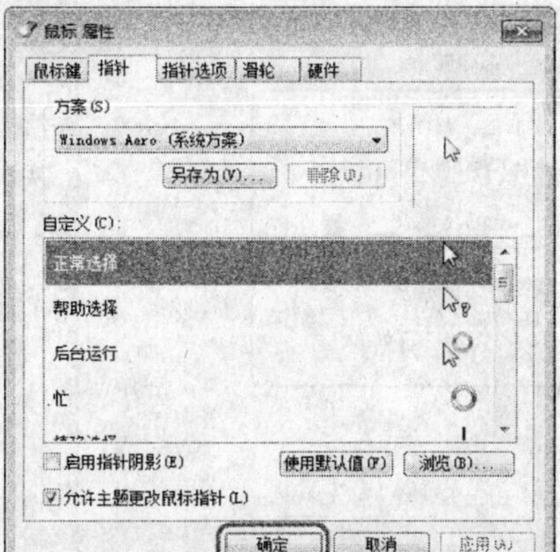

图3.11 “鼠标属性”对话框

02 在打开的“鼠标属性”对话框中，共有“鼠标键”、“指针”、“指针选项”、“滑轮”和“硬件”5个选项卡，默认为“指针”选项卡。

- “指针”：系统默认采用的是“Windows Aero”方案，单击默认方案右侧下拉列表按钮可以选择其他鼠标方案，或单击“自定义”选项组中相应的鼠标动作，然后单击“确定”按钮，单独为该动作设置鼠标指针。
- “鼠标键”：在“鼠标键”选项卡中，用户可以对鼠标键进行三方面的设置：鼠标键配置、双击速度和单击锁定，如图3.12所示。
- “指针选项”：我们可以根据喜好设置鼠标的操作形式，在“指针选项”选项卡中可以进行三方面的设置：移动、对齐和可见性，通过这些设置可更方便地使用鼠标，如图3.13所示。

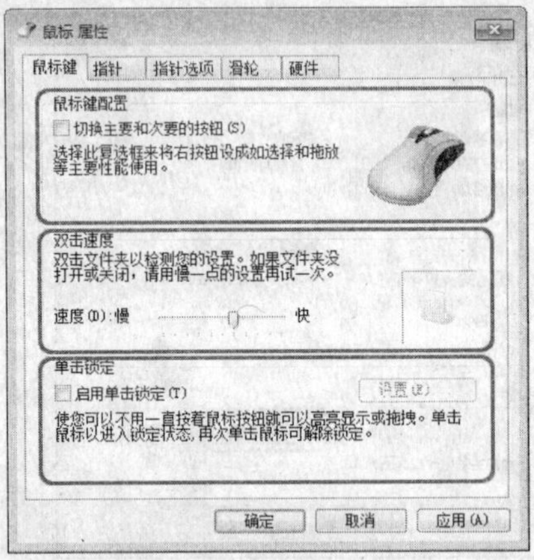

图3.12 “鼠标键”选项卡

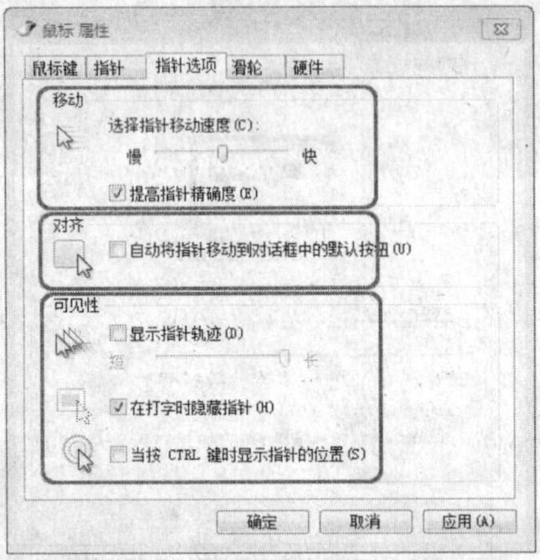

图3.13 “指针选项”选项卡

- “滑轮”：当窗口的大小显示不了全部内容时，窗口的右侧以及下方通常会出现滚动条，如果用户使用的鼠标带有滚轮，则可通过滚动鼠标滚轮来查看其他部分的内容。用户可在此选项卡中设置滚轮一个齿格所滚动的垂直行数或水平的字符数，如图3.14所示。

7．更改账户图片

01 要更改账户图片，在“个性化”对话框中单击左侧窗格的“更改账户图片”选项。

02 在弹出的对话框中选择喜欢的图片作为账户图片，或者单击“浏览更多图片”选项指定其他图片作为账户图片，设置完成后单击“更改图片”按钮，如图3.15所示。

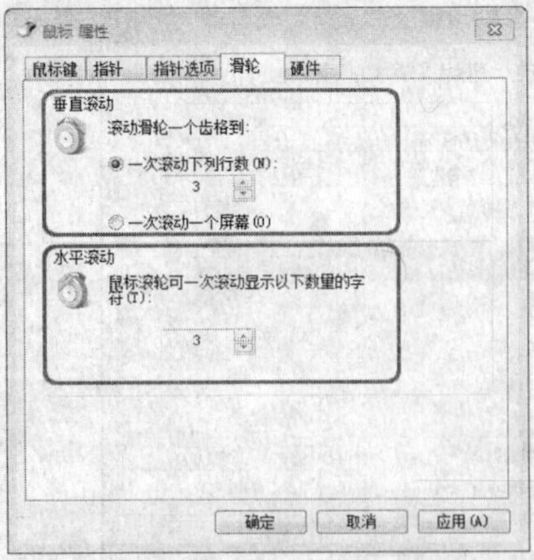

图3.14 “滑轮”选项卡

图3.15 “设置账户图片”对话框

3.1.3 删除自定义主题

用户从其他位置安装的主题可能会占据大量的磁盘空间，要删除主题以及相关的所有文件，具体的操作步骤如下：

01 用鼠标右击桌面空白处，从弹出的快捷菜单中选择“个性化”命令。

02 在“我的主题”选项下，用鼠标右击想要删除的主题，然后从弹出的快捷菜单中选择“删除主题”。Windows会自动删除该主题的定义和所有相关的媒体文件。

提示 默认情况下，由Windows安装的主题的定义文件位于C:Windows\resources\themes文件夹中，而用户自己安装的主题则被保存在用户配置文件内。如果希望确定主题文件占据的空间总量，可以检查这些文件夹以及所有子文件夹占据的空间大小。但是不能手动从这些文件夹中删除文件，而是需要使用上文提出的方法。

3.2 修改显示器外观和视频设置

显示外观和视频方面的设置会对Windows 7的外观感觉与图形元素产生非常大的影响。外观选项决定着有关窗口、按钮、颜色与字体方面的设置，视频设置则决定着屏幕分辨率、颜色质量、刷新频率、硬件加速与颜色管理方面的设置。

3.2.1 优化显示的可读性

无论用户使用的是27英寸宽屏还是19英寸显示器，可能都会遇到无法顺利阅读屏幕上显示的文本的情况。通常，随着显示分辨率的提高，屏幕上文本的可读性会降低，因为高分辨率将导致屏幕上的文本变小。为了了解问题的原因，首先需要理解DPI的原理。

当使用打印机打印文档时，每英寸点数（Dots Per Inch，DPI）决定了打印质量。一般来说，DPI越高，打印的文档质量就越好，因为如果每英寸可包含更多点数，图案和文本看起来就会越精细。例如，将高分辨率图片使用固定大小，用1200 × 600 dpi打印出来的效果，通常就要比小图片使用300 × 300 dpi打印的效果好。然而，如果要通过缩放的形式将2 × 3英寸的图片用6 × 9英寸的幅面打印出来，效果则会惨不忍睹，因为图案内容看起来有很多颗粒。

对于Windows计算机，大部分显示器默认将使用96 dpi，而Windows 7默认会将所有用户界面（UI）元素（包括文字），都使用96 dpi的规格显示。如果更改显示分辨率，实际上是将显示的UI元素进行缩放显示。例如，如果某显示器的最佳分辨率是1920 × 1200 dpi，但使用的分辨率是800 × 600 dpi，UI元素看起来就会很大并充满颗粒，因为我们将800 × 600 dpi的空间放大显示到了针对1920 × 1200 dpi优化过的显示器上。

一般来说，要确定显示器的最佳分辨率，可将显示器的宽度乘以96，同时将显示器的高度乘以96。例如，某27英寸宽屏显示器的屏幕宽度可能是20英寸，高度是12.5英寸，如果是这种情况，那么最佳分辨率就是1920 × 1200 dpi。然而在这样的面积上，屏幕上的文字和UI

元素可能看起来非常小，因此为了改善可读性，需要进行一定的调整。此时一种办法是程序内调整，例如在Microsoft Word中，用户可以使用缩放控件获得可读性更高的文字。

Windows可以让我们用缩放的方法增大屏幕上的文字和其他内容的大小。通过这种方式进行缩放时，Windows会放大文字和UI元素到设置的大小。计算机上的每个账户都可以使用不同的缩放设置，要指定文字和UI元素的缩放配置，具体的操作步骤如下：

01 在控制面板中单击“外观和个性化”，在“显示”类别下单击“放大或缩小文本和其他项目”。

02 默认的缩放选项可供选择100％缩放（默认值）、125％缩放或150％缩放。要使用上述这些缩放选项，可以直接选择，然后单击“确定”按钮。

03 要选择100％～500％之间的自定义缩放设置，可单击左侧窗格中的“设置自定义文本大小（DPI）”链接，并使用缩放刻度框选择或指定缩放比率。

04 要让修改生效，必须注销并重新登录。

提示 如果选择超过200％的设置，UI元素和文字可能会变得非常大，可能导致无法使用计算机。甚至可能根本无法返回控制面板恢复默认设置。如果遇到此类问题，请在命令提示符窗口或在“开始”菜单的搜索框中运行dpiscaling命令，随后可以直接打开显示页面，并重置设置。

3.2.2 配置视频设置

视频设置控制了屏幕分辨率、颜色质量、刷新率、硬件加速和颜色管理。本节将介绍如何确保Windows 7能够正确识别视频卡和显示器，如何针对不同视频设置进行优化。

1．检查当前的视频适配器和显示器

每台计算机都装有显示器驱动程序和视频适配器驱动程序。显示器驱动程序告诉Windows有关显示器的规格，而视频（显示）适配器驱动程序告诉Windows视频卡的规格。

显示结果的准确与否，取决于计算机能否获得有关视频适配器和显示器的准确信息。要安装的驱动程序文件取决于Windows 7在系统中检测到的视频适配器和显示器型号。这些驱动程序对系统可使用，以及适合使用的显示分辨率、颜色深度、刷新率等都是至关重要的。

视频适配器和显示器的当前设置可能因为多种原因而出错。有时候，即插即用功能无法检测到设备，因此只能使用通用设备驱动程序。其他情况下，Windows 7可能检测到错误的设备类型，例如型号错误。在这种情况下，设备可能依然能工作，但某些功能也许无法使用。

01 在桌面空白处单击鼠标右键，从弹出的快捷菜单中选择“屏幕分辨率”，打开“屏幕分辨率”对话框，如图3.16所示。

02 在“屏幕分辨率”对话框中“显示器”列表中会列出当前识别出来的显示器。同时该显示器的分辨率和方向会显示在“分辨率”和“方向”列表中。

03 在“显示器”列表中选择一个显示器，然后单击“高级设置”链接。随后会打开该显示器的视频适配器对话框，如图3.17所示。

图3.16 “屏幕分辨率”面板

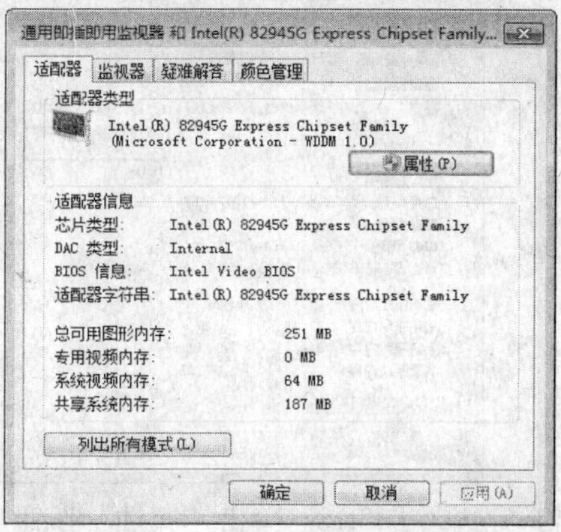

图3.17 视频适配器对话框

04 单击“确定”按钮两次。

2. 更改视频驱动程序

如按照上文介绍的步骤执行操作，而显示的视频驱动程序与计算机中安装的型号不匹配，那么需要尝试安装不同的驱动程序。例如，如果计算机安装了通用的S3视频驱动程序，而我们确信该计算机安装的是NVIDIA GeForce视频卡，那么就应当更改视频驱动程序。

要确定视频卡的制造商和型号是否正确，需要知道系统的配置信息。计算机的使用说明书应该告诉我们安装的视频适配器是什么样的，另外其他管理员也许能提供有用的资源。通常，技术团队中应该有专人可以立刻说出特定类型的计算机所安装的视频适配器是什么。如果无法确定视频适配器的制造商和型号，则还有其他方法可以处理。如果当前设置可以正常使用，那么可不去理会显示设置。另外也可以尝试使用下列任何一种方法确定视频适配器的制造商和型号。

关闭计算机，然后重新开机（此时不要使用重启动选项，因为某些计算机在选择重启动之后，可能并不进行彻底的初始化）。在计算机打开后，观察屏幕上显示的内容，在开始加载Windows 7之前，屏幕上可能会显示视频卡的名称。

关闭计算机，拆开计算机的机箱。请直接在视频适配器上查看印刷的名称和型号，如果显示器依然连接在计算机的机箱，则视频卡就是连接了显示器数据线的板卡。

如果视频适配器是集成在计算机的主板上（意味着没有使用独立显卡），请检查主板，看是否能找到列出了视频信息的芯片，或记下主板的型号，然后访问制造商网站，看是否有可用的信息。

在确定了视频适配器的制造商和型号后，请尝试在制造商的网站上寻找可用的驱动程序。有些视频适配器带有安装光盘，在光盘上通常可以找到安装程序。请运行该程序以安装视频驱动程序。如果安装光盘包含驱动程序，但没有提供安装程序，则需要手动安装驱动程序。

在准备好安装视频适配器的驱动程序后，具体操作步骤如下：

01 使用鼠标右键单击桌面空白处，从弹出的快捷菜单中选择“屏幕分辨率”命令，在弹出的对话框中单击“高级设置”链接。

02 在打开的对话框中单击“属性”按钮，如图3.18所示。

03 在弹出的对话框中选择“驱动程序”选项卡，单击“更新驱动程序”按钮，如图3.19所示。

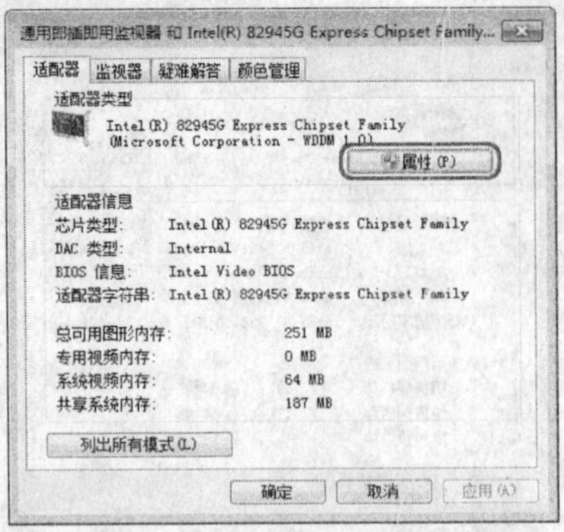

图3.18 单击“属性”按钮

图3.19 单击“更新驱动程序”按钮

04 随后将启动“更新驱动程序软件”向导，单击“自动搜索更新的驱动程序软件”按钮，如图3.20所示。

05 Windows 7会搜索驱动程序的最新版本，并将新找到的新版本自动安装，如图3.21所示，单击“关闭”按钮。

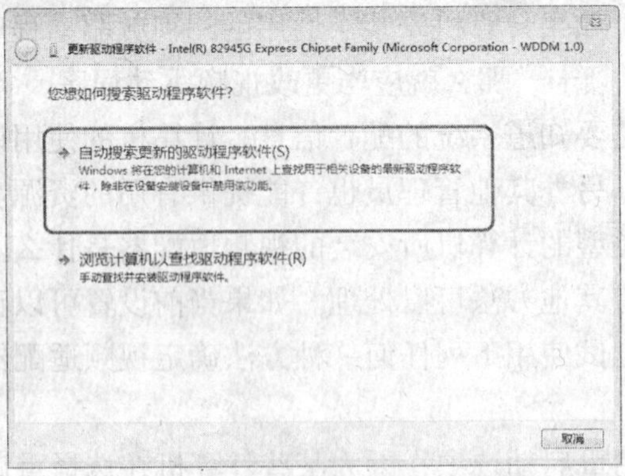

图3.20 “更新驱动程序软件”向导

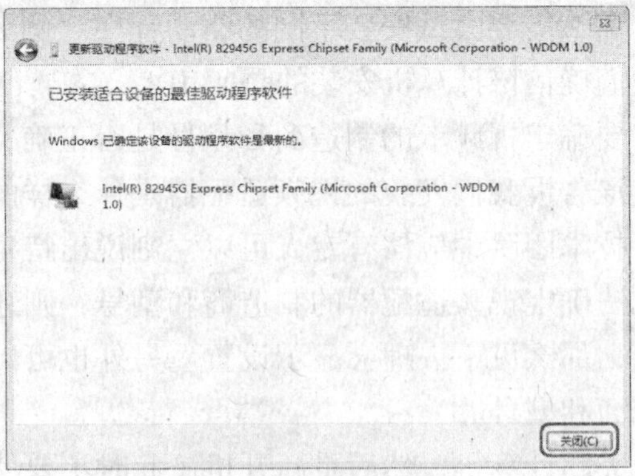

图3.21 搜索出的最新版本

3. 更改显示器

整体的显示质量是由计算机的显示器和视频适配器联合决定的。大部分计算机至少连接有一个显示器，可用的连接类型如下。

- 高分辨率多媒体接口（High-Definition Multimedia Interface，HDMI），这是连接视频设备的最新数字标准，HDMI可用于连接计算机显示器，但更适合用于其他高端视频设备上。虽然HDMI可通过转接头使用数字视频接口（Digital Video Interface，DVI）连接，但大部分有HDMI接口的计算机通常也有至少一个DVI接口。
- 数字视频接口，这是针对计算机显示的文字和图案的数字标准。DVI有多种不同的格式，DVI-I和DVI可通过转接口连接到VGA，然而DVI-D无法连接到VGA。双链路DVI可支持高分辨率显示器，通常用于要求实现非常大面积、用于显示高质量图形的场合。因为DVI线缆可同时支持一种或多种类型，因此我们需要仔细检查线缆，以确保使用了正确的类型。
- 15针视频图形阵列（Video Graphics Array，VGA），是将显示器连接到计算机的模拟标准。虽然存在9针VGA线缆，并且可兼容15针接口，目前依然有很多显示器在使用此类接口，但如果可能，建议尽量使用新的连接方式，例如DVI和HDMI。

注意 计算机的显示器出厂时可能就连接有VGA线缆，如果还有更好地连接方式，并且线缆是可拆卸的，则建议拆掉VGA线缆。

提示 很多计算机带有DisplayPort输入适配器，DisplayPort适配器可根据连接到接口的显示设备的类型，以及显示器接口和计算机背后的输入接口的类型，自适应接纳VGA、DVI或HDMI标准。

4. 配置多显示器支持

大部分现代的计算机所安装的视频适配器都可连接两台显示器，这一点很容易了解，因为大部分适配器都有多个显示器接口。在这些计算机上，可以连接多个显示器，并将用户的桌面扩展到多个显示器上，这样用户就可以同时看到更多信息。如果将多个显示器连接到计算机，屏幕分辨率页面上就会用图案显示每个显示器。第一个显示器会被标注为“1”号，第二个会被标注为“2”号，以此类推。单击显示器图案后，还可以像从“显示器”列表中直接选择目标显示器。

如果连接的显示器没有显示对应的图案，请检查显示器的连接，并打开显示器。在单击“检测”按钮后，Windows会自动检测显示器。

如果连接了多个显示器，并且不确定哪个显示器是哪个，则可以单击“识别”按钮，在每个显示器的屏幕上显示编号。这里显示的编号是很大的白色数字，如果发现显示了特定编号的显示器与图案中所标识的位置不同，则可以在图案上直接拖曳对应的显示器，以便让位置布局与实际摆放情况相一致。

在配置了显示器后，可能希望将屏幕扩展到所有显示器上。为此. 请单击代表第二个显示器的图案（或从“显示器”列表中选择），然后从“多显示器”列表中选择“扩展这些显示”。一般来说，我们可能希望屏幕1显示有“这是您当前的主显示器”字样。

5. 更改屏幕分辨率和颜色质量

屏幕分辨率和颜色质量是影响显示效果的重要因素。屏幕分辨率是指组成显示内容的像素总数，颜色质量则指可同时在屏幕上显示的颜色数量。

低端显示器的分辨率通常是640×480、800×600和1024×768；高端显示器的分辨率通常是1280×1024、1600×1200、1920×1200、2048×1536，甚至更高。最适合使用的分辨率取决于显示器的大小和用户打算用计算机进行的工作。设计师和开发人员需要很大的屏幕区域，并使用高分辨率（例如1920×1200），这样才能通过屏幕看到更多有关当前工作的内容。如果用户的主要时间是在阅读电子邮件或使用Word文档，可能更青睐较低的分辨率（例如1280×1024），在这样的分辨率下，屏幕元素更加易用，用户的眼睛也会更舒服。对于宽屏显示器，请确保选择适合屏幕比例的分辨率。

颜色质量在很大程度上取决于屏幕分辨率设置。颜色质量的范围可以从标准VGA的16色一直到高端显示器的40亿色（32位）。如果设置的屏幕分辨率过高，大部分视频卡可用的颜色数量将会减小，这意味着计算机也许可以使用16位、24位或32位颜色，但为了获得最高质量的颜色，就必须降低屏幕分辨率。在大部分情况下，可以设置的颜色质量越高越好，然而需要注意，维持显示内容所需的视频内存的总量是由屏幕上显示的像素数量（也就是屏幕分辨率）乘以每像素的位数（也就是颜色质量）所决定的。另外，可使用的最高分辨率和颜色数量的组合也取决于视频适配器的视频内存。

要设置屏幕分辨率和颜色质量，具体操作步骤如下：

01 用鼠标右击屏幕空白处，从弹出的快捷菜单中选择“屏幕分辨率”命令。

02 对于有多个显示器或视频卡的系统，使用“显示器”下拉菜单选择要设置的显示器。

03 单击“分辨率”列表，然后使用“分辨率”滑块设置显示分辨率，例如1024×768像素。

04 要设置有颜色深度，请单击“高级设置”链接，在“监视器”选项卡下，使用“颜色”列表选择颜色质量，例如“真彩色（32位）”。

05 单击“确定”按钮两次即可。

6．更改显示刷新率

刷新率是指屏幕上内容重绘的速率。刷新率越高，显示内容的闪烁感就越不明显。如果您曾经看到过使用摄像机拍摄的计算机显示器的显示画面总是在闪烁，这就是因为计算机的刷新率与录像机的录制速度不同步所致。人眼对闪烁并不是非常敏感，但过低的刷新率（低于72 Hz）依然会导致长时间使用后的眼睛疲劳。

要查看或设置视频卡的刷新率，具体操作步骤如下：

01 用鼠标右击屏幕空白处，从弹出的快捷菜单中选择“屏幕分辨率”命令。

02 对于有多个显示器或视频卡的系统，使用“显示器”下拉菜单选择要设置的显示器。

03 单击“高级设置”链接，在“适配器”选项卡中单击“列出所有模式”，随后将显示显示器可支持的分辨率大小和刷新率。

04 在“监视器”选项卡中使用“屏幕刷新率”列表选择要使用的刷新率。

注意 在很多情况下，“隐藏该监视器无法显示的模式”选项是被禁用的，因此无法选择。如果可以取消选中该复选框，请注意将刷新率设置的超出显示器或视频卡的允许范围，屏幕内容可能会扭曲。另外，将计算机运行于超过所能支持的高刷新率设置下，可能会损坏显示器和视频适配器。

3.3 自定义任务栏和“开始”菜单

任务栏可用于快速访问最近需要的信息，以及当前运行中的应用程序。我们可以用多种方式更改任务栏的行为和属性，本节将介绍其中比较重要的技术。

3.3.1 理解任务栏

任务栏是Windows桌面最重要的内容之一。用户和管理员通常对任务栏配置付出的关注较小，然而我们每天都在使用任务栏，并通过任务栏快速访问几乎有关Windows操作系统的一切内容。Windows任务栏可以包含多个工具栏，并通过不同方式为用户提供辅助。

3.3.2 将快捷方式锁定到任务栏

Windows 7未包含快速启动工具栏，但是，Windows 7允许用户将经常使用的程序直接锁定到任务栏。对于『开始』菜单中的任何内容都可以这样做，只要用鼠标右击想要添加到任务栏的内容，选择“锁定到任务栏”即可，如图3.22所示。在将项目锁定到任务栏后，通过单击并拖曳程序图标的方式，还可以直接更改项目的位置。要解锁某项目，可以用鼠标右击项目在任务栏上的图标，然后选择“将此程序从任务栏解锁”。

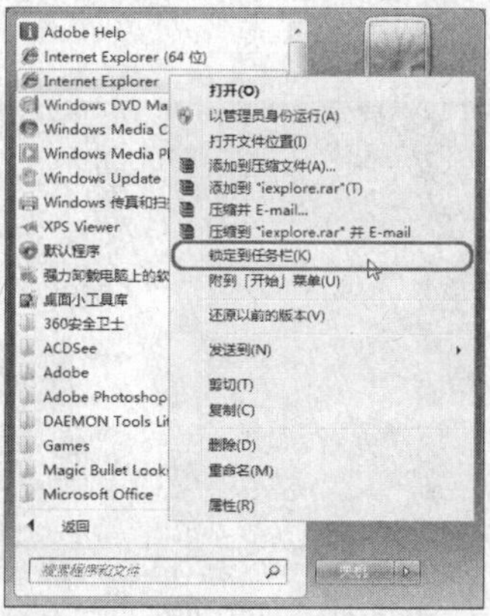

图3.22 “锁定到任务栏”选项

图3.23 调整后任务栏位置

3.3.3 调整任务栏的大小和位置

默认情况下，任务栏会显示在屏幕底部，其大小刚好可以列出一行图标。只要任务栏的位置没有被锁定，就可以按照需要将其停靠在Windows桌面的任何一个边沿，并调整其大小。要移动任务栏，可以直接单击将其选中，然后拖曳到屏幕上的其他边沿。在拖曳任务栏的时候，会看到任务栏在Windows桌面边沿的预览，当松开鼠标按键后，任务栏就会出现在新的位置。如图3.23所示。要调整任务栏大小，则可以将鼠标指针放在任务栏的边沿，然后按住鼠标左键，随后向上或向下拖曳鼠标。

3.3.4 自动隐藏、锁定和控制任务栏可见性

如果要调整任务栏的可见性，可通过多个选项实现。例如，可以启用“自动隐藏”功能，不使用时将任务栏直接隐藏，另外也可以锁定任务栏，禁止调整任务栏的大小和位置。在根据需要调整好任务栏的位置和大小后，还可以将其锁定，这样任务栏就会出现在固定的

位置，用户无法随意修改。

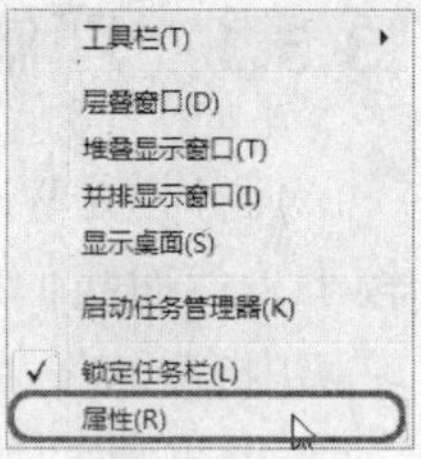

图3.24 选择“属性”命令

下面我们介绍配置任务栏，具体操作步骤如下：

01 使用鼠标右键单击“任务栏”，从弹出的快捷菜单中选择“属性”命令，如图3.24所示。

02 打开“任务栏和『开始』菜单属性”对话框，根据需要选择相应的任务栏外观属性，例如可以锁定任务栏，自动隐藏任务栏或使用小图标。

03 使用“屏幕上的任务栏位置”选项可选择任务栏在桌面上显示的位置，在下拉列表中可以选择“底部”、“左侧”、“右侧”或“顶部”，如图3.25所示。

04 使用“任务栏按钮”选项可以决定任务栏按钮的合并方式，是否显示文字标签。“任务栏按钮”选项如图3.26所示。选择“始终合并，隐藏标签”选项可以始终将同一类型的按钮合并到一起，并隐藏文字标签；选择“当任务栏被占满时合并”选项可以在任务栏占满后才合并；选择“从不合并”选项则可以禁止对按钮进行合并。

05 选择“自动隐藏任务栏”选项后，单击“确定”按钮，此时桌面中任务栏会自动隐藏，如图3.27所示。

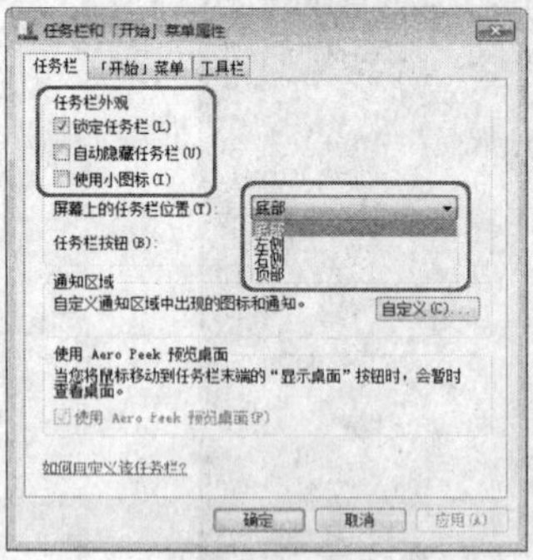

图3.25 “任务栏和『开始』菜单属性”对话框

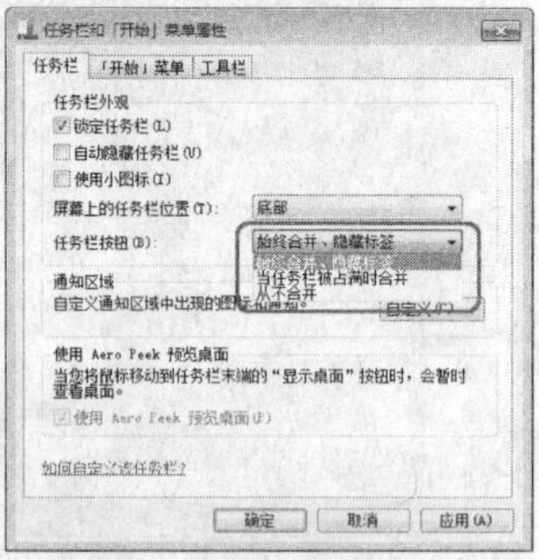

图3.26 “任务栏按钮”选项

图3.27 “自动隐藏任务栏”桌面

提示 锁定任务栏是任务栏最有用的选项之一。如果将优化后的任务栏锁定，用户就很少会由于无意中修改了任务栏选项而遇到问题。锁定任务栏并不能禁止用户有意更改任务栏设置，如果用户真的需要更改任务栏，只需要用鼠标右击任务栏，选择“属性”，然后取消选中“锁定任务栏”选项即可。

3.3.5 控制通知区域的程序

系统托盘的通知区域位于任务栏的最右侧，这里可以显示系统时钟以及应用程序的图标。这里有两个默认的通知图标，分别针对操作中心和网络控制台。在将鼠标指针指向通知区域图标后，会出现屏幕提示，列出有关该应用程序的状态信息。要控制该区域的应用程序，可以用鼠标右击应用程序图标，然后就能看到显示了可用选项的弹出菜单。每个应用程序的菜单选项各不相同，其中大部分都可用于执行最常见的任务。

要对通知区域进行优化，可以设置属性，控制是否显示或隐藏系统图标，例如时钟、音量以及网络，另外还可以选择是否显示或隐藏应用程序的图标。

下面介绍如何控制通知区域内图标的显示，具体操作步骤如下：

01 使用鼠标右键单击“任务栏”，从弹出的快捷菜单中选择“属性”命令，在弹出的“任务栏和『开始』菜单属性”对话框中选择“任务栏”选项卡，单击“通知区域”选项组中的“自定义”按钮，如图3.28所示。

02 弹出“通知区域图标”对话框，如果希望显示所有图标，可选中“始终在任务栏上显示所有图标和通知”选项，如果希望对图标的显示进行定制，则可取消选中的“始终在任务栏上显示所有图标和通知”选项，随后可对通知方式进行调整。左侧列中的每个项都会显示一个下拉菜单，如图3.29所示。

其中提供了下列3种选项。

- 隐藏图标和通知：从不显示图标和通知。
- 仅显示通知：只显示通知。
- 显示图标和通知：总是显示图标和通知。

03 对通知项设置完毕后，单击“确定”按钮，返回到“任务栏和『开始』菜单属性”对话框，再次单击“确定”完成设置。

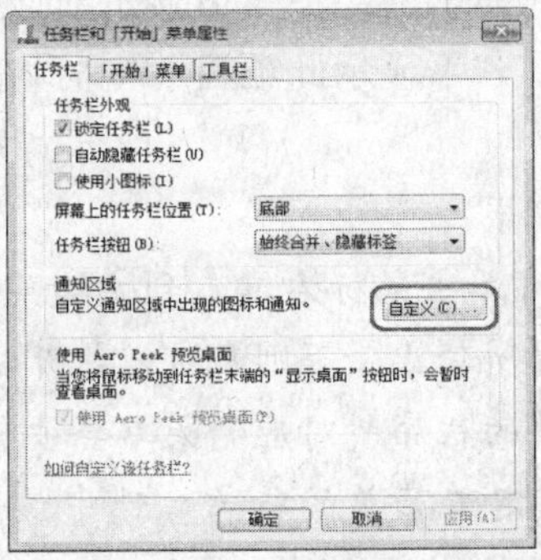

图3.28 单击“自定义”按钮

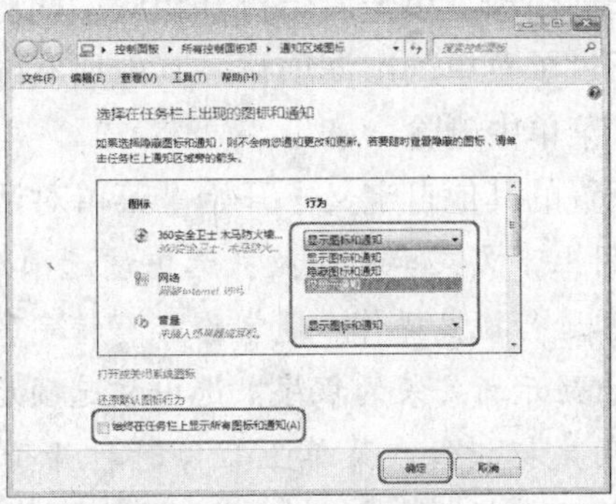

图3.29 “通知区域图标”对话框

3.3.6 自定义“开始”菜单选项

Windows 7提供了大量有关“开始”菜单的选项。我们可以选择将哪些命令显示在“开始”菜单上，如何排列它们。另外还可以添加针对控制面板、设备和打印机、网络连接以及其他重要工具的选项，同时还可针对所有程序菜单启用或禁用个性化菜单。

要更改“开始”菜单选项，具体操作步骤如下：

01 右击任务栏上的“开始”按钮，从弹出的快捷菜单中选择“属性”命令，弹出“任务栏和『开始』菜单属性”对话框，系统默认选择“『开始』菜单”选项卡。

02 在“『开始』菜单”选项卡中，使用“电源按钮操作”选项可选择按下电源按钮后希望执行的操作，这里可用的选项包括切换用户、注销、锁定、重新启动、睡眠、休眠以及关机，如图3.30所示。

03 单击“自定义”按钮，随后将打开图3.31所示的“自定义『开始』菜单”对话框。

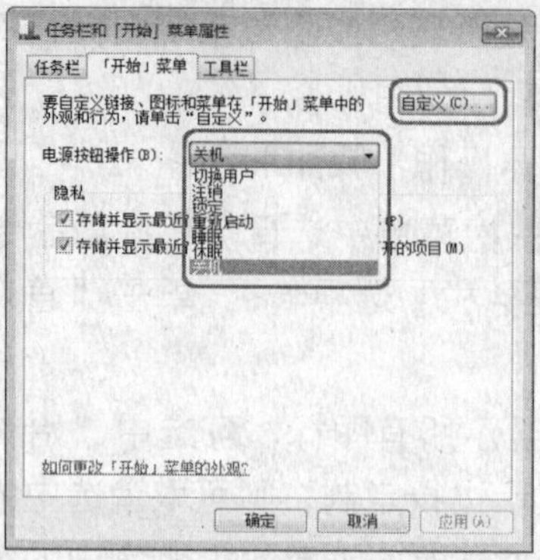

图3.30 “『开始』菜单”选项卡

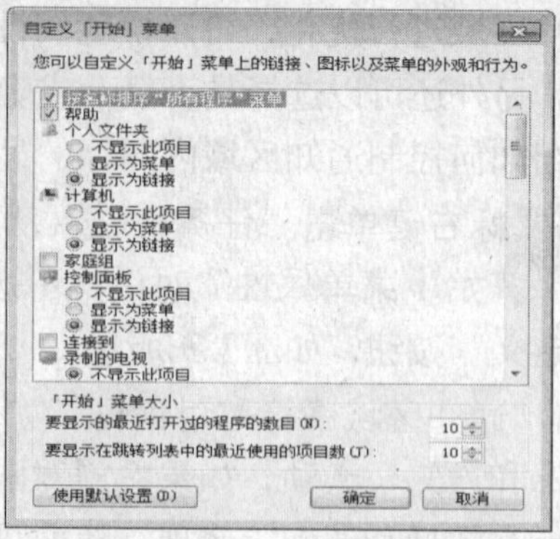

图3.31 “自定义『开始』菜单”对话框

04 使用该对话框中的选项即可控制『开始』菜单的常规外观。

05 设置完成后单击“确定”按钮，返回到“任务栏和『开始』菜单属性”对话框，再次单击“确定”按钮完成设置。

在“自定义『开始』菜单”对话框中，大部分选项控制着要在『开始』菜单中显示哪些命令，这些命令如何排列。有些项目还提供了子选项，例如“显示为链接”、“显示为菜单”以及“不显示此项目”。“显示为链接”可显示对应的项目，例如控制面板，但只作为一个独立选项出现，单击后会打开相应的内容窗口。“显示为菜单”可显示对应的项目，单击后可以通过子菜单列出该项目下其他所有相关选项。“不显示此项目”则可将对应的项目从『开始』菜单中删除。

可以配置的其他自定义『开始』菜单对话框选项如下：

- 启用上下文菜单和拖放：选中该选项后，用户可单击鼠标右键看到快捷菜单，并可对内容进行拖曳操作。通常除非有特定的安全理由所禁止，否则都可以打开该选项。
- 突出显示新安装的程序：选中该选项后，新安装的程序所对应的菜单会被突出显示。
- 使用鼠标指针在菜单上暂停时打开子菜单：决定着菜单的行为。选中该选项，指向菜单后，菜单会自动打开。否则只有在单击后菜单才会打开。
- 按名称排序所有程序菜单：决定着菜单项是按照名称的字母顺序排列还是按照安装顺序排列。选中该选项后，菜单项会自动按名称排列；如果不选择该选项，菜单项会按照安装顺序排列。
- 使用大图标：决定着菜单选项图标的大小。要对菜单项使用小图标，取消对该选项的选中即可。如果选择该选项，那么在菜单上显示标准大小的图标。
- 要显示的最近打开过的程序的数目：决定着在『开始』菜单的常用程序列表中要显示的最近运行过的程序的快捷方式的数量。该选项可设置从0～30的值，但实际上显示在常用程序列表中的最近使用程序的数量，取决于屏幕的分辨率以及锁定到『开始』菜单上的内容数量，这些锁定的内容会出现在『开始』菜单的常用程序列表的上方。
- 要显示在跳转列表中的最近使用的项目数：决定着要在跳转列表中显示最近使用过的项目的数量。跳转列表是指由程序自己维护的，显示最近打开过的项目的列表，通过该列表可以打开最近的项目。这些内容可出现在『开始』菜单和任务栏上，该选项可设置从0～60的值。

如果设置错误，希望将『开始』菜单恢复到原始配置，可以打开“自定义『开始』菜单”对话框，然后单击“用默认设置”按钮，并单击“确定”按钮两次。

3.4 设置Windows桌面小工具

桌面小工具是Windows 7系统自带的，可以在桌面上运行的实用工具软件，例如：时钟、CPU仪表盘、日历和天气等（某些功能需要网络支持），用户可通过桌面小工具更方便、直观地了解需要的信息，如图3.32所示。

图3.32 桌面小工具

3.4.1 在桌面添加小工具

Windows桌面小工具是从Windows Vista版开始加入到系统中的，桌面小工具不仅实用，还可以起到美化桌面的效果，下面我们介绍如何开启桌面小工具。

01 在桌面的空白区域单击鼠标右键，从弹出的快捷菜单中选择“小工具”命令，如图3.33所示。

02 弹出“小工具”对话框，如图3.34所示。在打开的对话框中可以看到默认安装的小工具选项，双击图标即可将其放置在桌面。

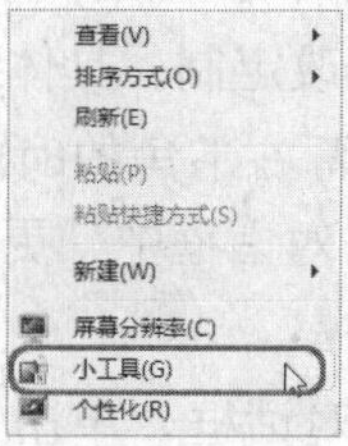

图3.33 选择“小工具”命令

图3.34 添加小工具

提示 将小工具放置到桌面还有两种方法，在小工具上单击鼠标右键，从弹出的快捷菜单中选择“添加”命令或者选择小工具按住鼠标左键不放，将其拖曳至桌面。

3.4.2 设置桌面小工具的属性

设置小工具的属性可以在小工具上单击鼠标右键，或单击小工具右侧的快捷图标，如图3.35所示。桌面小工具通常具有以下属性：

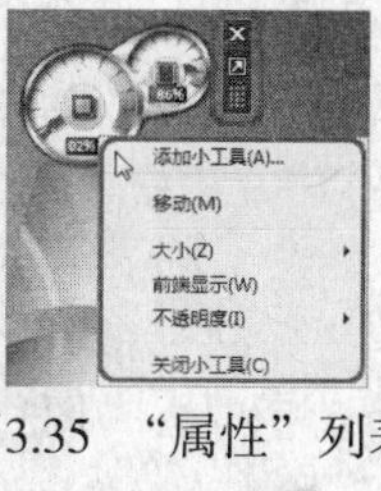

图3.35 “属性”列表

- “移动”：通过鼠标单击并拖曳的方式移动所选工具，或用鼠标右键单击工具并在快捷菜单中选择“移动”命令，然后用键盘的方向键移动桌面工具。

- “大小”：使用鼠标右键单击工具并在弹出的快捷菜单中选择“大小”命令，在弹出的子菜单中选择需要的尺寸。用户也可单击工具旁边的“较大尺寸”图标▣，将工具切换至较大尺寸。
- “前端显示”：使用鼠标右键单击工具并在弹出的快捷菜单中选择“前端显示”命令，选中此项后该桌面工具便不会被其他程序覆盖。
- “不透明度”：使用鼠标右键单击工具并在弹出的快捷菜单中选择“不透明度”命令，在弹出的子菜单中选择需要的数值。
- “关闭小工具”：选择此命令可以将小工具关闭。

除上述通用属性外，有些小工具还具有“选项”属性，如幻灯片放映工具，用鼠标单击“幻灯片放映工具”旁的“选项”图标，或用鼠标右键单击幻灯片放映工具，从弹出的快捷菜单中选择“选项”命令，弹出选项面板，可以设置选择图片所在的文件夹、更换图片的间隔时间、更换图片时是否加入特效以及是否随机显示图片等功能，如图3.36所示。

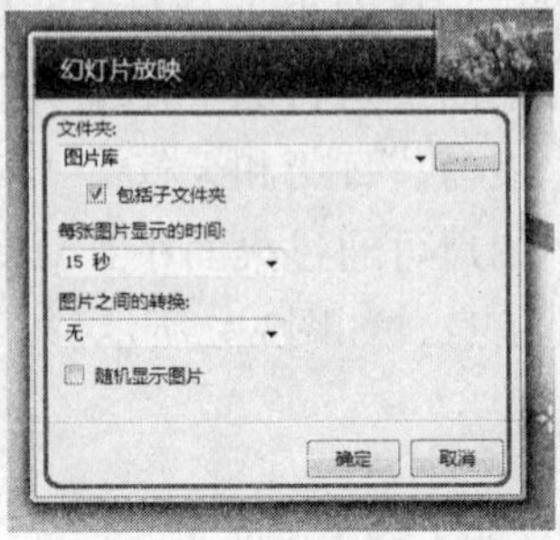

图3.36 “选项”对话框

3.5 系统时间设置

作为一款使用最广泛的计算机操作系统，Windows 7的使用者遍布世界各地，因此在系统中单独设置了对日期和时间的管理。日期和时间格式可以根据不同国家的不同使用习惯来修改定制，具体操作步骤如下：

01 使用鼠标左键单击屏幕右下角的时间栏，弹出“更改日期和时间设置”对话框，单击对话框中“更改日期和时间设置”选项，如图3.37所示。

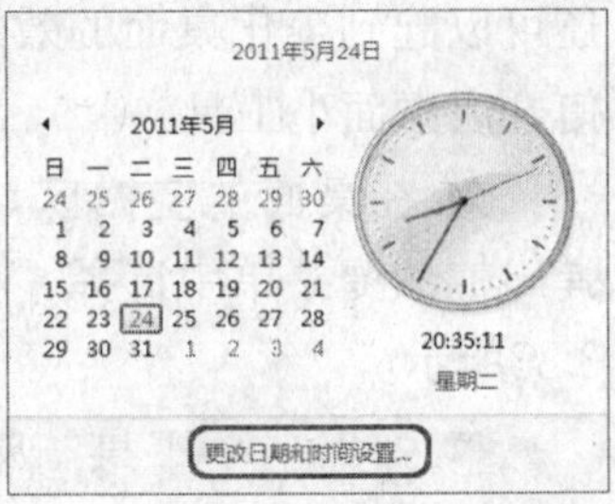

图3.37 “更改日期和时间设置”对话框

02 弹出“日期和时间”对话框，单击“更改日期和时间”按钮，如图3.38所示。

03 弹出“日期和时间设置”对话框，设置当前时间和日期，如图3.39所示。设置完成后单击“确定”按钮。

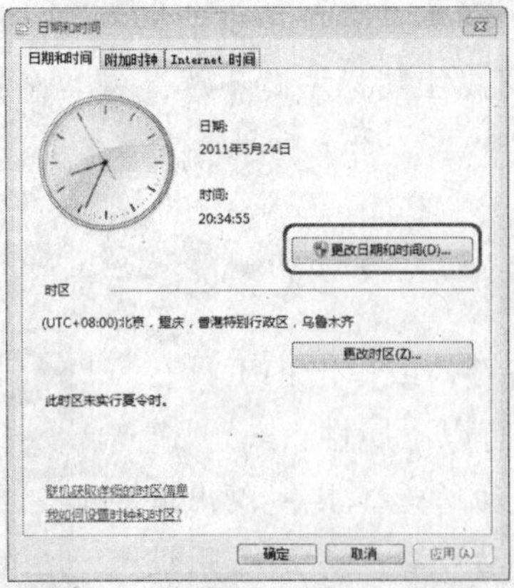

图3.38 “日期和时间”对话框

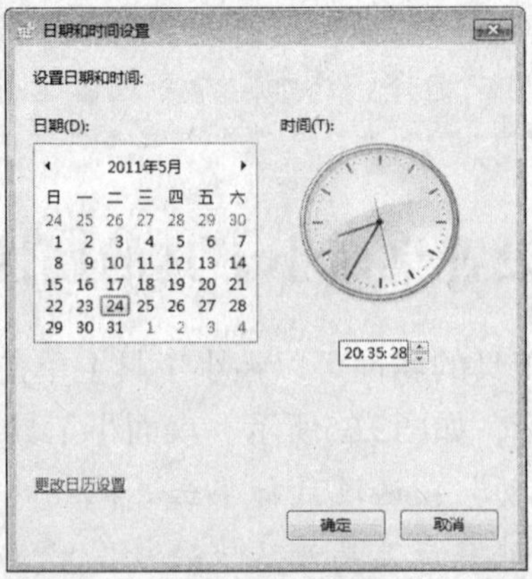

图3.39 “日期和时间设置”对话框

04 返回到“日期和时间”对话框，单击“更改时区”按钮，在弹出的“时区设置”对话框中可以设置用户所在时区，如图3.40所示。

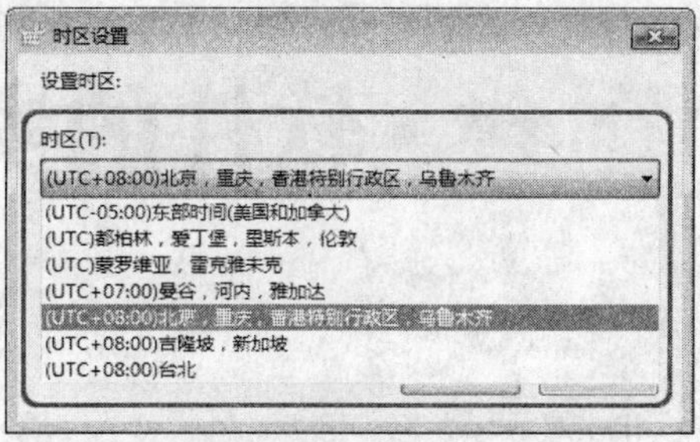

图3.40　“时区设置”对话框

05 如果用户需要同时显示两个地区甚至三个地区的时间，可以在“日期和时间”对话框中单击“附加时钟”选项卡，勾选“显示此时钟”复选框，再选择需要显示的时区，还可在“输入显示名称”栏中为该时钟设置名称，如图3.41所示。

06 设置完成后，单击“应用”按钮和“确定”按钮保存所做的设置，效果如图3.42所示。

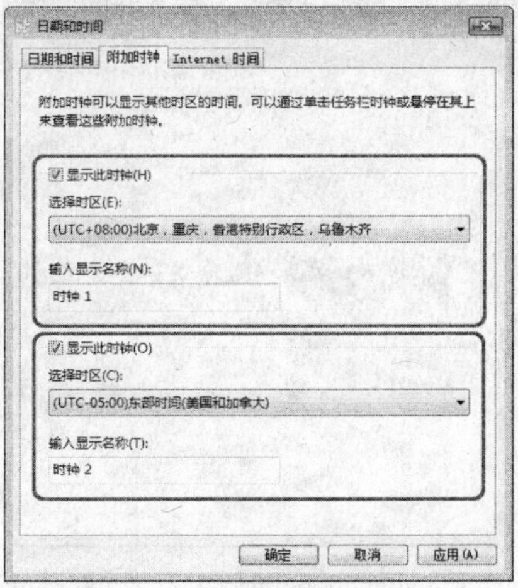

图3.41　“附加时钟”选项卡

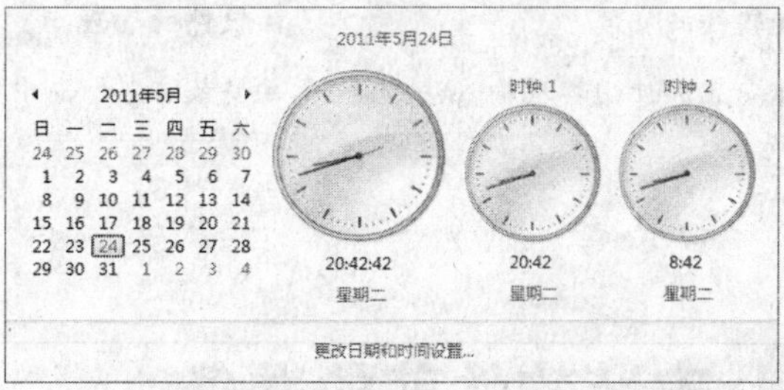

图3.42　设置附加时钟后的效果

3.6　习题

1．填空题

（1）在桌面上单击鼠标右键，并在进入的菜单中选择“______”设置桌面主题。

（2）在“______”对话框中，单击“______”，设置桌面背景。

（3）在“______”对话框中，单击“______”，设置窗口颜色。

（4）在打开的“鼠标属性”窗口中，共有“______”、“______”、“______”、“______”和“______”5个标签页。

2．问答题

（1）如何设置屏幕分辨率?

（2）如何自定义任务栏和“开始”菜单?

（3）如何在桌面添加小工具?

第4章 软件的安装及删除

本章要点

软件和中文输入法可帮助用户完成更多的工作，因此在计算机的使用过程中，用户会根据需要安装不同软件和输入法。这些软件除Windows 7自带的之外，都需要用户自行安装，尤其是中文输入法，有了它我们就有了和计算机交流的工具，本章将介绍常用软件的安装和卸载，以及中文输入法的使用。

本章内容主要包括

- 软件的安装
- 软件的管理
- 添加/删除Windows组件
- 安装和使用搜狗输入法
- 安装Windows中常用软件

go>>

4.1 安装软件前的准备

在决定安装某个应用程序之前，先要考虑下面几个问题。

32位版本的Windows 7是否可安装64位程序？

与Windows Vista相同，Windows 7也提供了32位和64位版本。并且，经过几年的发展，目前市场上销售的计算机均已配置了64位的CPU，与此同时，软件开发商也已经将各自的产品向64位系统迁移，它们一般会同时提供32位和64位版本的应用程序。方便用户选择。

如果用户安装的是64位版本的Windows 7系统，大部分支持Windows Vista的32位版本应用程序都可安装到系统内。

如果用户安装的是32位版本的Windows 7系统，则所有64位版本的应用程序都无法安装到系统中。

用户的计算机配置是否可以运行该程序？

除上面介绍的版本问题，这也是一个主要问题，因为Windows 7的不同版本对计算机硬件就有不同的要求，如果用户安装的是对硬件要求较高的计算机辅助设计、三维动画设计、平面设计、音频编辑或视频编辑类程序或是某些大型游戏，就更需要关注计算机的配置。

某些商业软件会在外包装上为用户标识出运行该软件所需的“Windows体验指数”，用户可通过查看Windows 7中的“Windows体验指数”，对比计算机配置确定是否可运行该软件。例如：某软件标识出运行该软件需要最低的“Windows体验指数”为“4.0”，如果用户系统中的“Windows体验指数”低于“4.0”，那么很可能无法在系统安装或运行该软件。即使能安装及运行，系统也会自动关闭Aero主题界面，转为使用对硬件依赖较低的“Windows Vista基本”主题或者“Windows标准”主题；

待安装程序是否和Windows 7兼容？

如果用户在选购软件的外包装上看到如图4.1所示的标志，证明该软件是专门针对Windows 7设计的，或者与Windows 7相兼容。对于这类软件，用户可以放心的购买和使用。

图4.1 Windows 7兼容标志

安装程序前是否有补丁程序需要安装？

某些应用程序在安装前会查看系统的更新状态，检测系统是否已将安全更新全部安装，如果检测到系统未启用自动更新或未安装更新，则无法安装该应用程序。此时用户需要打开系统的自动更新，待系统更新完成后再安装该应用程序（启用自动更新的方法见本书后面的相关章节）。

其他安装程序前遇到的问题？

在互联网飞速发展的今天，获取软件的途径也由过去通过磁盘或光盘相互复制发展通过网络高速下载，但在下载的软件中，尤其是一些国产的共享软件的时候，经常会遇到在程序中绑定和程序本身的功能完全不相干的第三方软件，当然软件作者通过这种方式获得利益本也无可厚非，但一些绑定的程序会像病毒一样，在未经用户同意的情况下偷偷安装，并且无法彻底删除，更有甚者会在系统后台自动运行，偷取用户的信息。

为避免安装绑定其他软件的应用程序，尤其是从网上下载共享软件之前，用户可先在网上了解一下其他用户对这个软件的评价，然后再决定是否下载并安装该软件。要了解软件的评价有许多途径，用户只需在搜索引擎的搜索栏中输入程序的名称并进行搜索就可以查到许多相关的文章。

既使所安装的软件评价很好，用户在安装时也仍需注意，一些程序虽然绑定了其他软件，但是在安装时会提供相应的选项，由用户决定是否同时安装绑定的程序。因此一定要看清楚安装过程中的每个选项，决定是否安装被绑定的程序。

4.2 软件的管理

应用程序在安装后，我们可以对程序进行管理。Windows 7沿用了之前Windows系统中的“程序和功能”管理界面来显示已经安装的应用程序，并提供了在管理应用程序过程中需要使用的工具和选项。

用户可通过以下方式打开“程序和功能”管理器。

01 单击“开始”按钮，选择“控制面板”，如图4.2所示。

02 在弹出的“控制面板”窗口中选择“程序和功能”命令，如图4.3所示。

图4.2 选择控制面板

图4.3 选择“程序和功能”命令

03 此时会弹出“程序和功能”管理界面，如图4.4所示。

在这个类似“Windows资源管理器”的界面中，用户不仅可以使用不同的视图对已安装的程序进行排列，还可以在窗口下方的详细信息面板中看到被选中程序的详细信息。

默认情况下，该窗口的工具栏只会显示“组织”和“视图”按钮，而当用户选择不同的安装程序后，该窗口的工具栏上会显示出更多的按钮。例如：当选中程序“搜狗拼音输入法”后，可以看到如图4.5所示的按钮。

图4.4 “程序和功能”管理界面

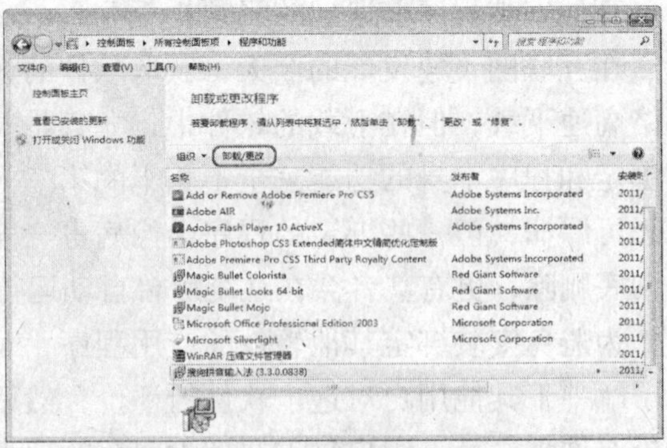

图4.5 程序和功能对话框工具栏

这些按钮分别具有下列用途。

- “组织”按钮：调整该窗口中的显示内容，例如是否显示菜单栏等。
- “视图”按钮：用于调整应用程序项目的显示方式，该按钮的作用与“Windows资源管理器”中的一样，最大可以显示256×256像素的图标，还可以在不同视图之间平滑缩放。
- “卸载/更改”按钮：用于卸载不再需要的程序或是更改已安装程序的选项。例如在安装某些程序的时候，如果最初安装时只选择安装了部分功能，而在使用的过程中又需要该软件的其他功能，那么就可以通过“更改”功能添加或者删除程序中的组件。

提示 并不是在每个选中的程序中都会看到“卸载/更改”甚至“修复”这些按钮的，这主要取决于程序的安装方式以及开发人员的设计。例如，选中某个程序之后可能只有一个“卸载”按钮，而选中另一个程序后可能会出现一个“卸载 / 更改”按钮。因此就算实际情况和本书中介绍的有所不同也是正常的。

我们也可以双击单开“计算机”选项，在“计算机”窗口中选择“卸载或更改程序”选项，同样也可以打开“程序和功能”管理界面，如图4.6所示。

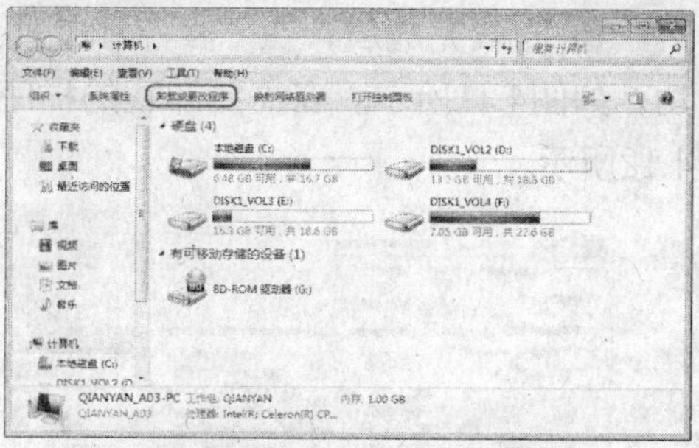

图4.6　选择“卸载或更改程序”

4.2.1　卸载已安装的软件

安装的软件太多会影响计算机的运行速度，我们可以将不需要的软件进行卸载，只需要在“程序和功能”管理器中选择相应的程序然后单击“卸载/更改”按钮即可，下面举例说明如何卸载软件。

01 打开控制面板中的“程序和功能”界面，选择“ACDSee”，然后单击“卸载/更改”按钮，如图4.7所示。

02 在弹出的对话框中使用默认路径，单击“卸载”按钮，如图4.8所示。

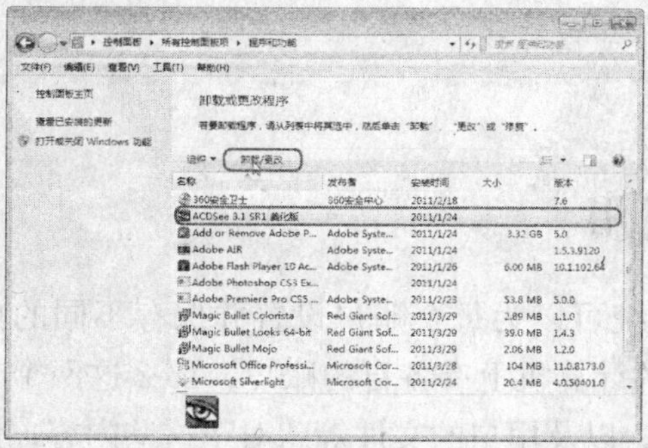

图4.7　选择需要卸载的软件

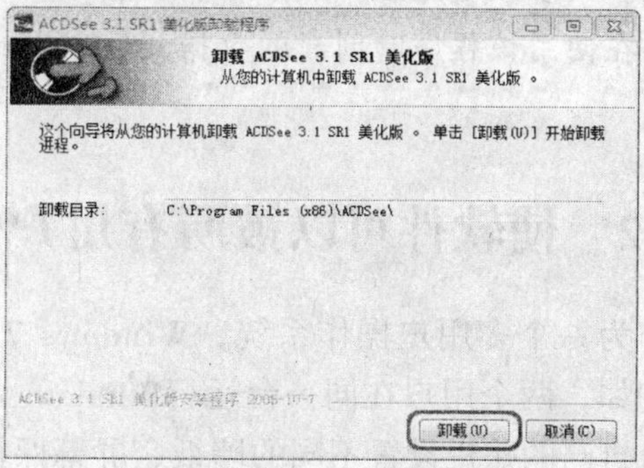

图4.8　单击“卸载”按钮

03 系统会弹出卸载的进度框，如图4.8所示。

04 进度框走完后会弹出重启计算机对话框，此时需要将计算机重启才可完成卸载，单击“是”重启计算机，如图4.9所示。根据软件的不同，有的软件卸载完成后会弹出完成对话框，此时只需单击“完成”按钮即可，不需要重启计算机。

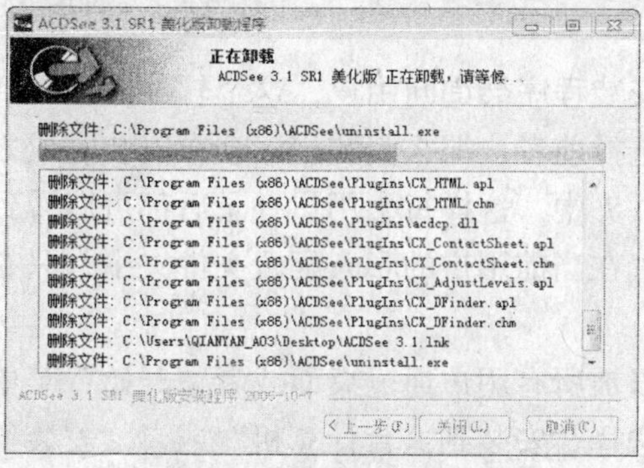

图4.9　卸载进度对话框

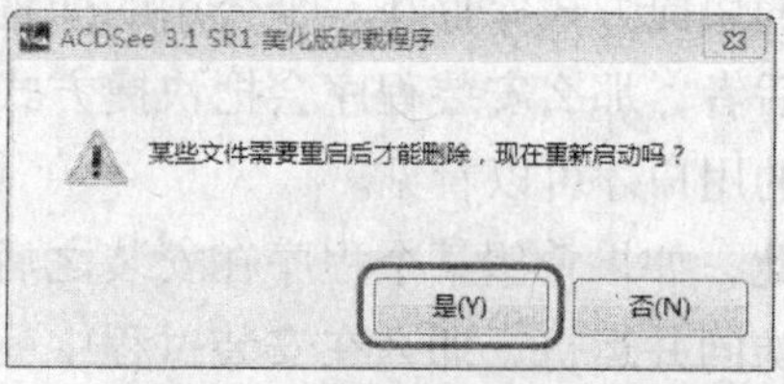

图4.10　重启计算机对话框

05 卸载完成后，在“程序和功能”对话框中不再显示已卸载的软件，说明我们卸载成功，如图4.11所示。在需要卸载的程序上单击鼠标右键也可以选择“卸载/更改”命令，如图4.12所示。

图4.11 “程序和功能”对话框

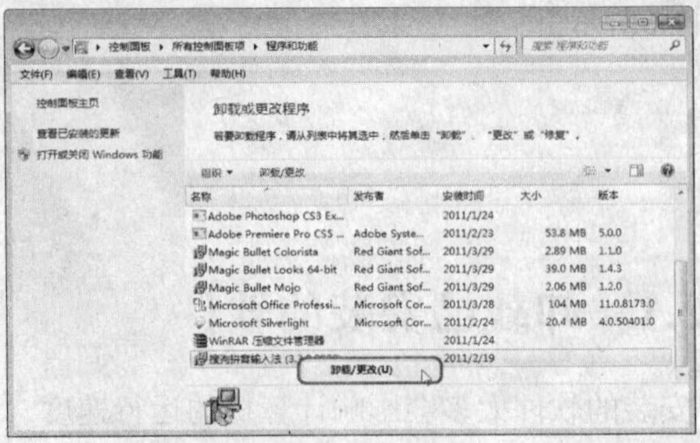

图4.12 右键选择“卸载/更改”命令

注意 用户在卸载程序时要注意以下几点：只有符合Windows安装程序标准的程序才具有程序卸载功能，某些程序无需安装可直接运行，对于此类程序在不需要时可直接删除。大多数程序在卸载后，仍会在系统中留下一些文件，这些保留的文件有相当一部分是用户在使用该程序时创建的数据文件。因此不会被卸载。

4.2.2 使软件可以被所有用户使用

作为一个多用户操作系统，Windows 7系统可以为每个账户设置并保存不同的桌面环境。例如，两个用户在同一台运行Windows 7的计算机上有各自的账户，那么这两个人可以分别给自己的账户设置不同的墙纸、屏幕保护，以及用户的文件等，对于这些内容，无论怎么设置，账户之间都不会相互影响。

这是因为系统中，使用了一种叫做“用户配置文件”的功能来保存每个账户的“个性化”信息。

因此，在安装一个应用程序的时候，如果程序的快捷方式仅放置在当前登录账户的配置文件夹中，那么其他账户登录后就看不到这个程序的快捷方式，也就无法直接双击快捷方式来运行程序了。

对于考虑周到的程序，在安装的时候，安装程序会询问用户，这个软件是安装到“这台计算机”还是仅安装给“当前用户”，如果选择前者，那么安装程序会在安装完成之前自动将程序的快捷方式保存在一个公用的配置文件夹中，这样每个用户登录后都可以看到；如果选择了后者，那么安装程序会把快捷方式放置在当前用户的私人配置文件夹中，只有安装这个程序的用户才可以看见。

因此，如果希望某个程序在安装之后可以被所有用户通过桌面或者“开始”菜单中的快捷方式访问并运行，那么在安装过程中就要选择“安装到这台计算机”或者“安装给所有用户”之类的选项。

4.2.3 管理自动运行的软件

用户在安装软件之后会发现，很多软件都会在系统启动时自动运行，其中还包括很多并不常用的软件。随着开机启动运行的程序越来越多，系统的启动速度和运行速度都会受到影响，并且变得越来越慢，用户可以通过以下方法有选择的关闭自动运行的软件。

在Windows系统中传统的方法是通过运行“msconfig.exe”程序管理自动运行的程序，Windows 7中仍保留了这个工具，具体操作步骤如下：

01 单击“开始”图标，在弹出的对话框中选择“所有程序”→“附件”→“运行”命令，如图4.13所示。

02 在弹出的“运行”对话框中输入“msconfig”，然后单击“确定”按钮，如图4.14所示。

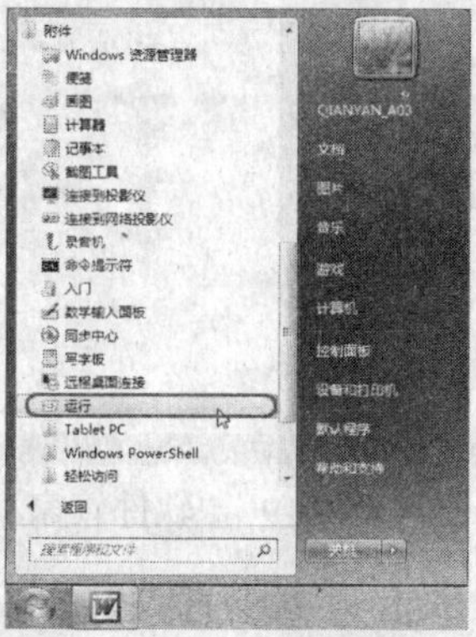

图4.13 选择“运行”命令

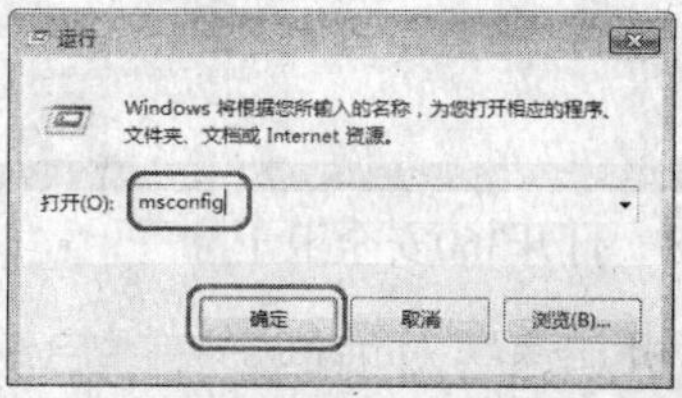

图4.14 打开“运行”对话框

03 弹出“系统配置”对话框，选择“启动”选项卡，此时在列表中会显示出开机启动项目，如图4.15所示。

04 在列表中取消勾选，然后单击“确定”按钮，如图4.16所示，被取消了勾选的项，禁用开机启动。

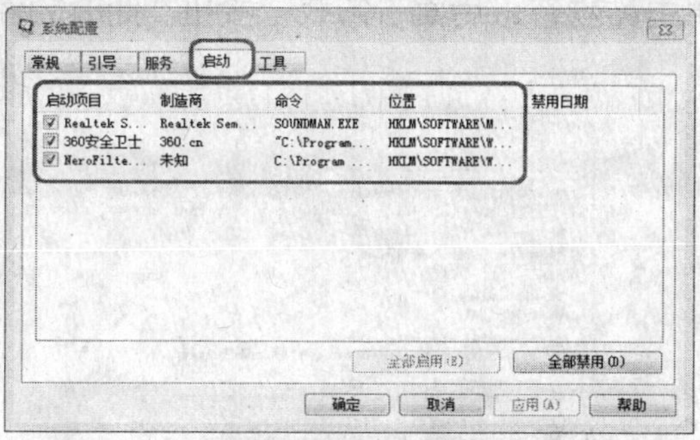

图4.15 选择“启用”选项卡

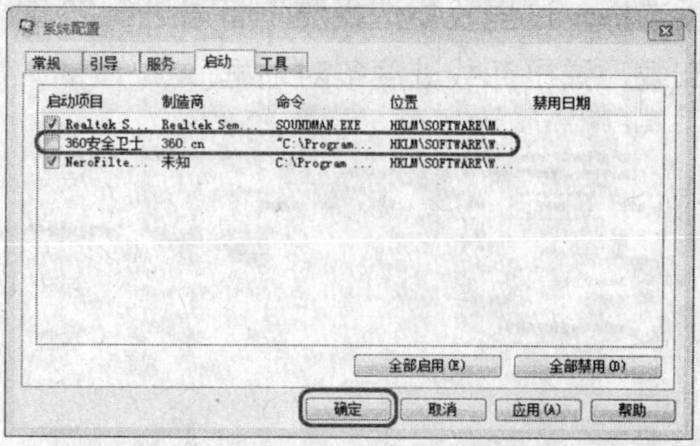

图4.16 设置禁用/启动项目

05 设置完成后在弹出“系统配置”对话框中选择“重新启动”按钮，如图4.17所示。重新启动机器后应用这些修改。根据选择的启动项目不同，有些启动项目不会弹出重新启动对话框，只需单击“确定”即可。

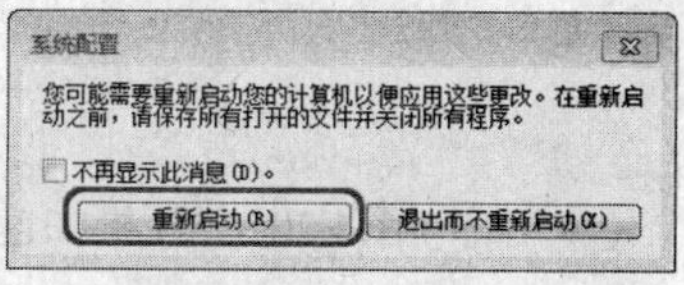

图4.17 “系统配置”对话框

4.2.4 使用360安全卫士管理计算机中的软件

使用Windows 7系统自带的程序可进行软件的卸载和自动运行的管理，但是在涉及到输入命令或多步操作才可以打开需要的窗口时，初学者往往感到茫然，这时也可借助其他软件来管理计算机中的软件。下面我们以360安全卫士为例进行介绍。

360安全卫士可以对已安装的软件进行管理，具体操作步骤如下：

01 首先启动360安全卫士，在主页面中选择“软件管家”项，如图4.18所示。

02 在弹出的“软件管家”窗口中选择“开机加速”选项，单击右侧列表中“开机加速”项中的“开始优化”按钮，如图4.19所示。

图4.18 打开360安全卫士

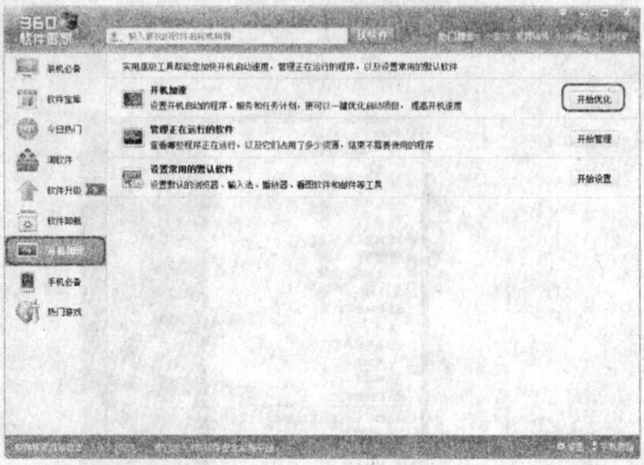

图4.19 “软件管家”窗口

03 弹出“开机加速”对话框，在“启动项”选项卡中可以看到开机启动项的列表，如图4.20所示。选择我们不需要开机启动的项目单击“禁止启动”按钮，此时当前状态改为“已禁用”，如果需要开启启动项，则单击“恢复启动”按钮即可。

同样使用360安全卫士也可以对软件进行卸载，操作步骤如下：

01 在弹出的“软件管家”窗口中选择“软件卸载”选项，在右侧列表中会显示出我们所安装的全部软件，如图4.21所示。如果安装的软件过多，还可以在窗口上方按软件的功能分类选择。这里我们选择酷狗音乐进行卸载，单击酷狗音乐后面“卸载”按钮。此时软件开始卸载，弹出卸载进度条对话框。

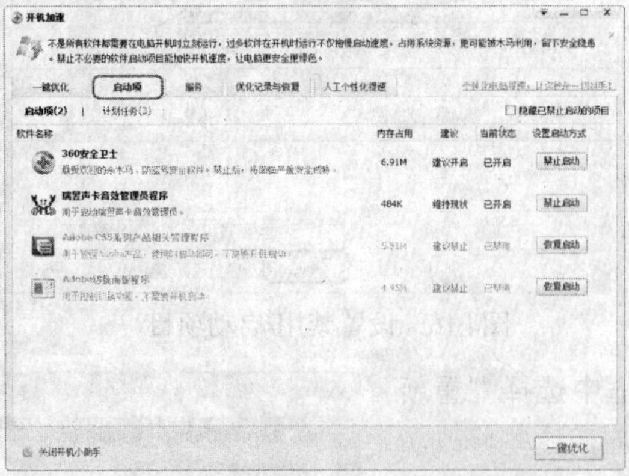

图4.20 “开机加速”对话框

图4.21 “软件卸载”选项卡

02 在卸载过程弹出的“是否卸载所有组件”对话框中选择“是”，如图4.22所示。

03 在弹出的“保留播放列表及个人设置”对话框中选择“否”，如图4.23所示。

图4.22 “是否卸载所有组件”对话框

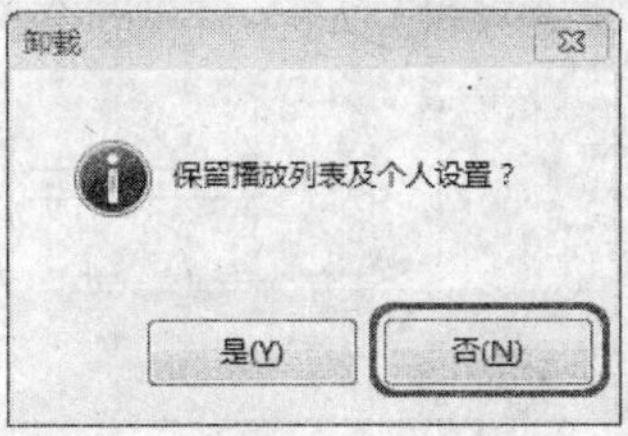

图4.23 “保留播放列表及个人设置”对话框

04 卸载完成后，会弹出“卸载完成”对话框，单击“完成”按钮即可完成卸载。如图4.24所示。

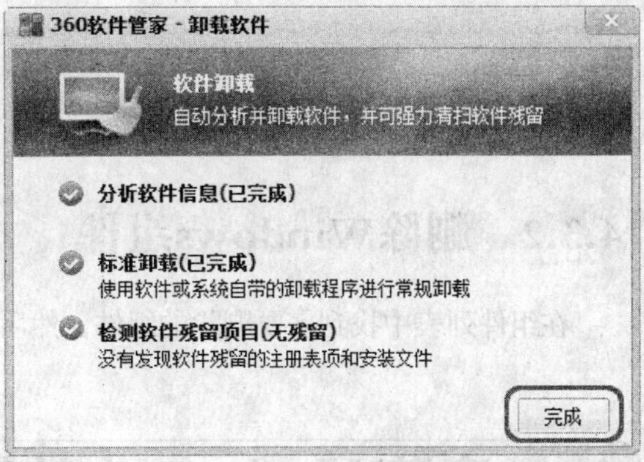

图4.24 “完成”对话框

4.3 添加/删除Windows组件

Windows组件即Windows 系统中自带的应用程序，例如，Internet、远程差分压缩、游戏、媒体功能和Windows小工具等。用户可通过安装这些组件使系统的功能更加丰富。

提示

运行该功能需要以管理员权限登录。

4.3.1 添加Windows组件

01 选择“开始”→“控制面板”命令，弹出“控制面板”对话框，选择“程序”命令，如图4.25所示。

图4.25 “控制面板”对话框

02 打开“程序”对话框，在“程序”对话框中选择“打开或关闭Windows功能”命令，如图4.26所示。

03 打开“Windows功能”对话框，如图4.27所示。勾选组件列表中需要添加组件的复选框，然后单击“确定”按钮，随后Windows会自动进行安装，而安装过程中可能会需要提供Windows 7的安装光盘。

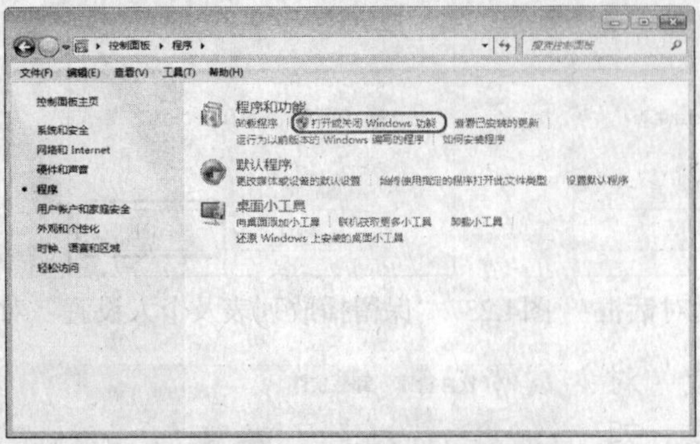

图4.26 “程序”界面

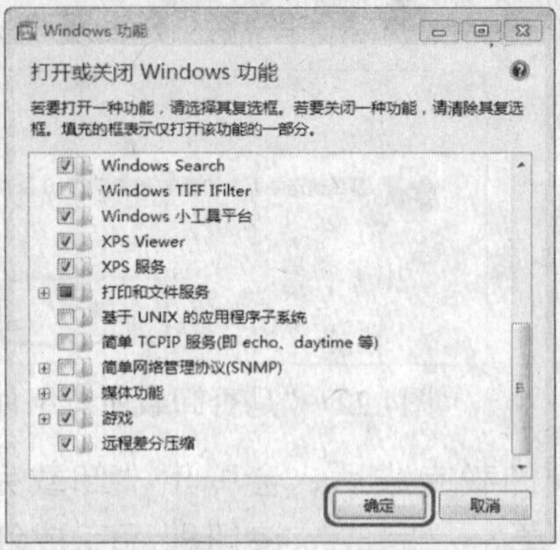

图4.27 “Windows功能”对话框

4.3.2 删除Windows组件

在组件列表中找到需要删除的组件，然后取消其复选框勾选，最后单击“确定”按钮即可。

4.4 安装Windows中常用软件

本小节以具体实例介绍如何在Windows 7系统中安装常用的工具软件。

4.4.1 安装搜狗拼音输入法

下面介绍搜狗拼音输入法的安装。

01 在计算机中找到需要安装的搜狗输入法程序，双击安装程序图标，弹出解压进程对话框，如图4.28所示。

02 软件解压完成后，弹出“安装向导”对话框，单击“下一步”按钮，如图4.29所示。

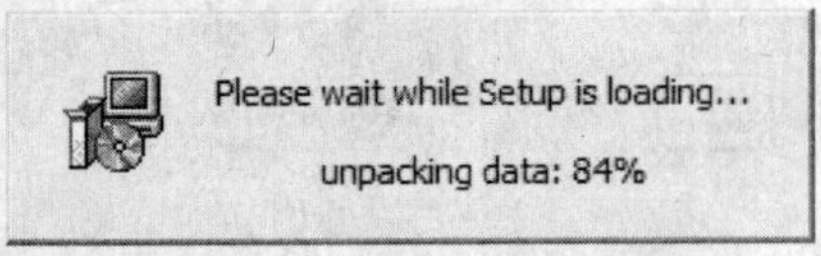

图4.28 解压进程对话框

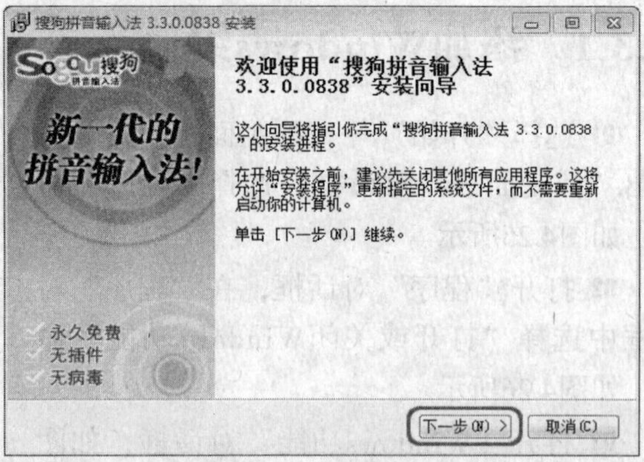

图4.29 “安装向导”对话框

03 弹出“许可证协议”对话框，单击“我同意”按钮，如图4.30所示。

04 弹出“选择安装位置”对话框，这里我们使用系统默认的安装路径，如果不想使用系统默认的位置，可以单击“浏览”按钮选择安装路径。然后单击“下一步”按钮，如图4.31所示。

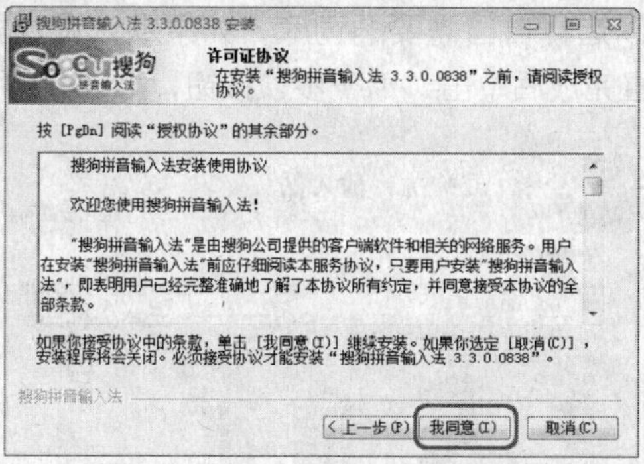

图4.30 “许可证协议”对话框

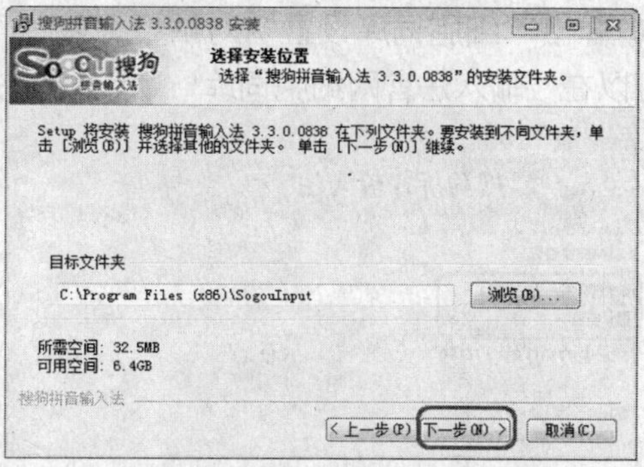

图4.31 “选择安装位置”对话框

05 弹出“选择‘开始菜单’文件夹”对话框，使用默认设置，单击“安装”按钮，如图4.32所示。

06 单击“安装”按钮后即可安装搜狗拼音输入法，此时弹出“安装进度”对话框，显示安装的进度，如图4.33所示。

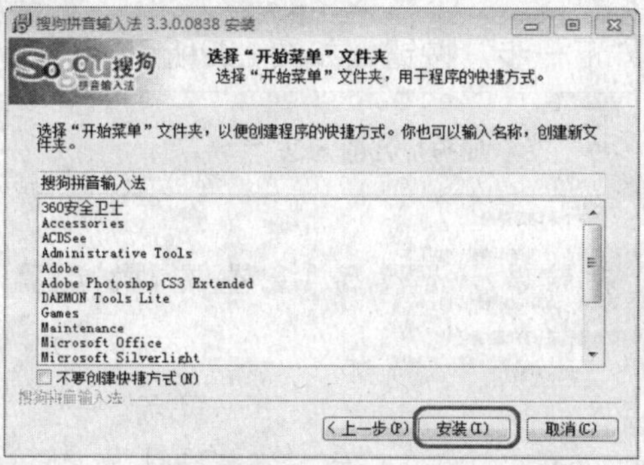

图4.32 “选择‘开始菜单’文件夹”对话框

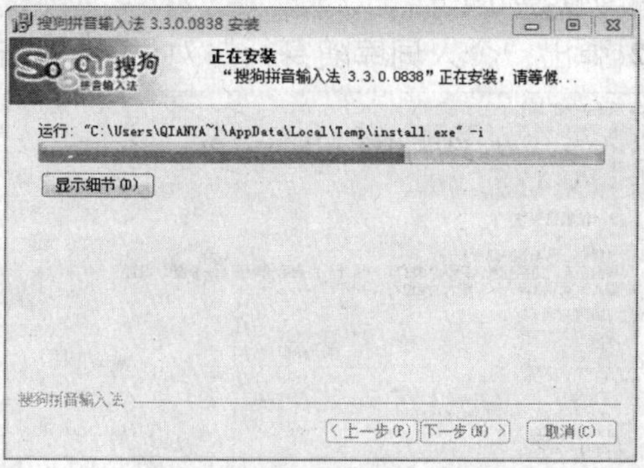

图4.33 “安装进度”对话框

07 安装完成后在弹出的“安装完成”对话框中，单击“完成”按钮即可完成安装，如图4.34所示。

08 安装完成后我们可以选择对搜狗拼音输入法进行个性化设置。在弹出的对话框中单击“下一步”按钮，如图4.35所示。如果不需要进行个性化设置，在弹出的对话框中直接单击“取消”按钮即可。

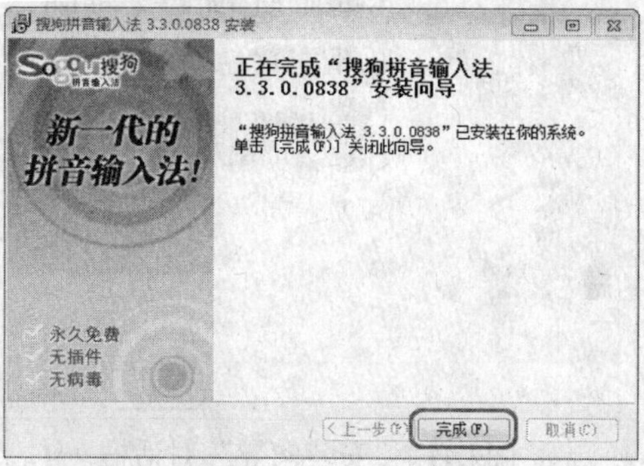

图4.34 “安装完成”对话框

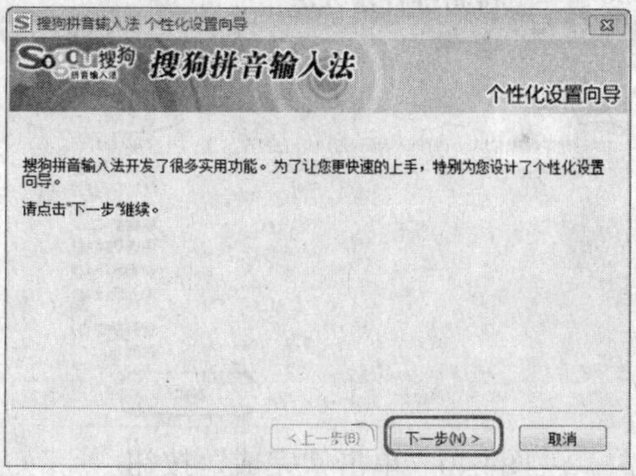

图4.35 “个性化设置向导”对话框

09 弹出“皮肤设置”对话框，在该对话框的下拉列表中选择喜欢的皮肤样式，选择完成后单击“下一步”按钮，如图4.36所示。

10 弹出“细胞词库设置”对话框，我们可以选择自己需要的词库，如果默认设置里面没有，可以在“输入法官网细胞词库”中下载，设置完成后单击“下一步”按钮，如图4.37所示。

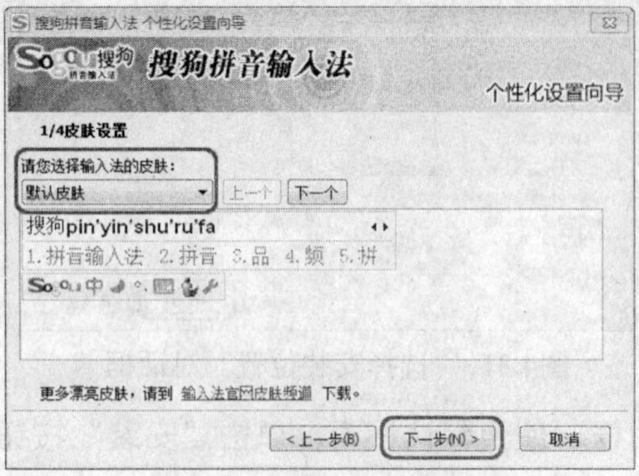

图4.36 “皮肤设置”对话框

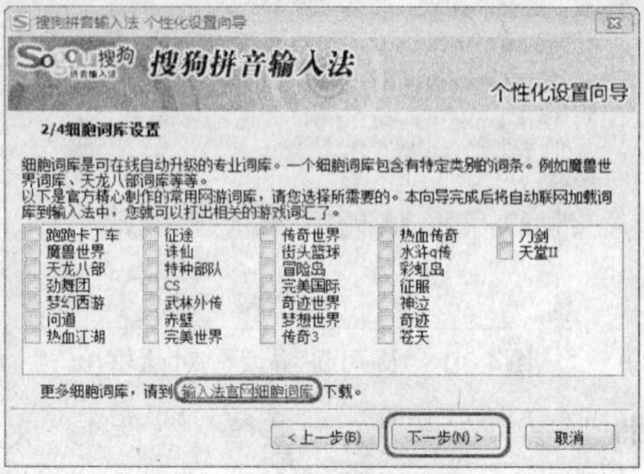

图4.37 “细胞词库设置”对话框

11 弹出“模糊音设置”对话框，我们可以根据需要进行设置，然后单击“下一步”按钮，如图4.38所示。

12 弹出“个人词库随身行”对话框，单击“下一步”按钮，如图4.39所示。

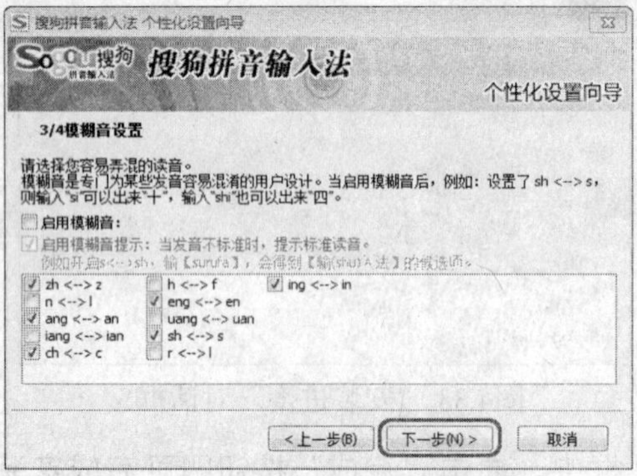

图4.38 “模糊音设置”对话框

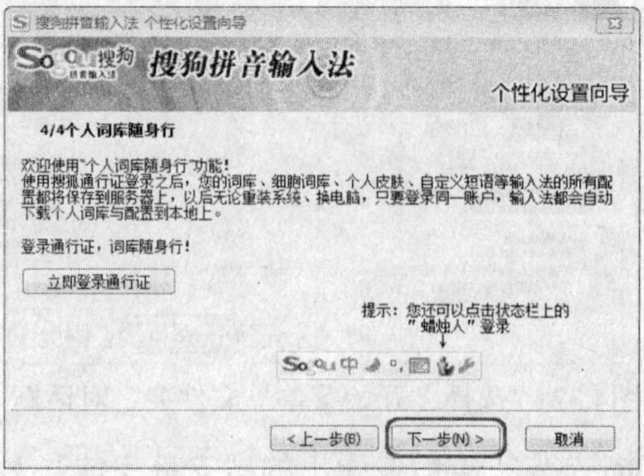

图4.39 “个人词库随身行”对话框

13 弹出“完成”对话框，至此个性化向导设置完成，单击“完成”按钮，如图4.40所示。至此，搜狗拼音输入法就安装完成了，切换到搜狗拼音输入法状态即可输入文字。

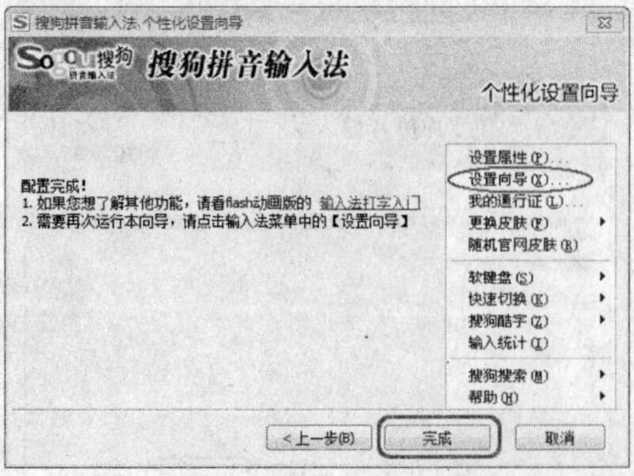

图4.40 单击“完成”按钮

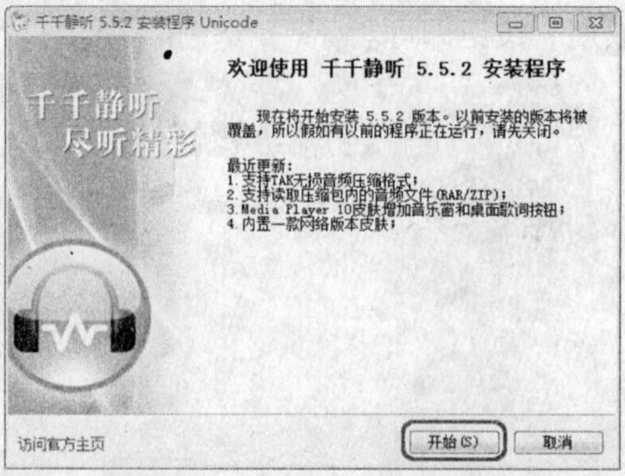

图4.41 “安装向导”对话框

4.4.2 安装千千静听

千千静听是一款完全免费的音乐播放软件，集播放、音效、转换、歌词等众多功能于一身。有小巧精致、操作简捷、功能强大的特点，是目前国内最受欢迎的音乐播放软件之一。

下面介绍千千静听的安装。

01 在计算机中找到需要安装的千千静听程序，双击安装程序图标，弹出“安装向导”对话框，单击“开始”按钮，如图4.41所示。

02 弹出“许可协议”对话框，单击“我同意”按钮，如图4.42所示。

03 弹出“选择组件”对话框，使用默认设置，单击“下一步”按钮，如图4.43所示。

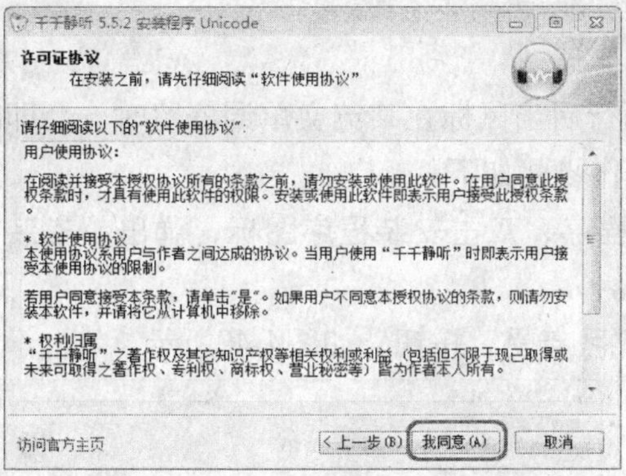

图4.42 “许可协议”对话框

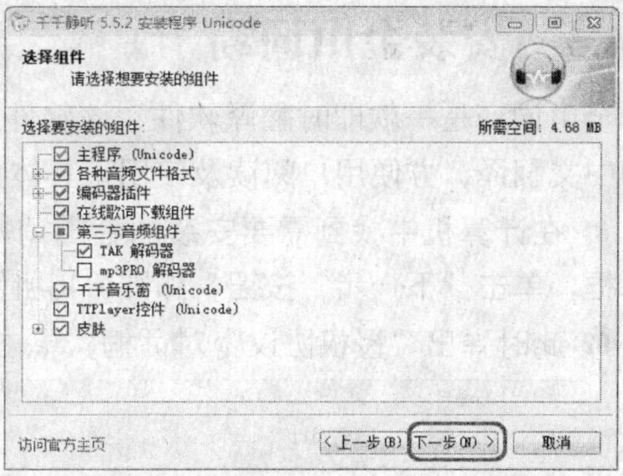

图4.43 “选择组件”对话框

04 弹出“目标文件夹”对话框，这里我们使用系统默认的安装路径，如果不想使用系统默认的位置，可以单击“浏览”按钮选择安装路径。然后单击“下一步”按钮，如图4.44所示。

05 弹出“附加任务”对话框，可以根据需要进行设置，这里我们使用默认设置，单击“下一步”按钮，如图4.45所示。

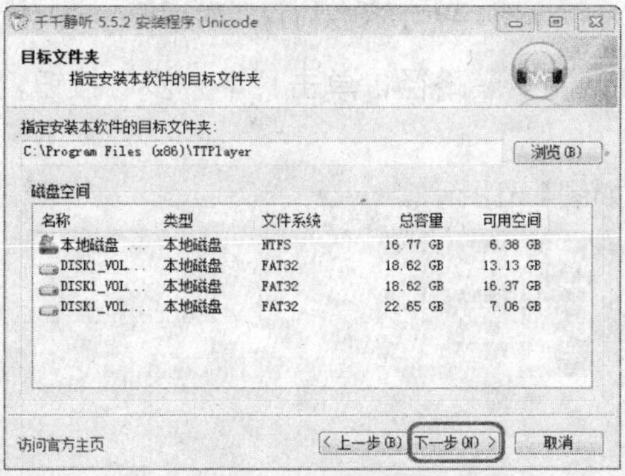

图4.44 “目标文件夹”对话框

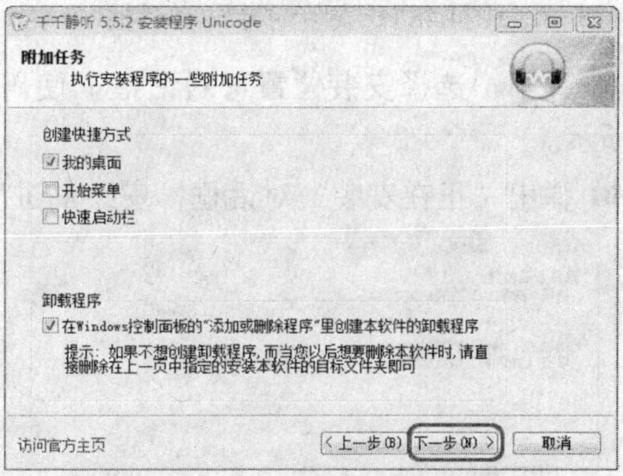

图4.45 “附加任务”对话框

06 弹出“复制文件”对话框，在对话框中显示安装进度，如图4.46所示。

07 安装完成后弹出“安装完成”对话框，取消对所有复选框的勾选，单击“完成”按钮，如图4.47所示。至此，千千静听就安装完成了。

图4.46 “复制文件”对话框

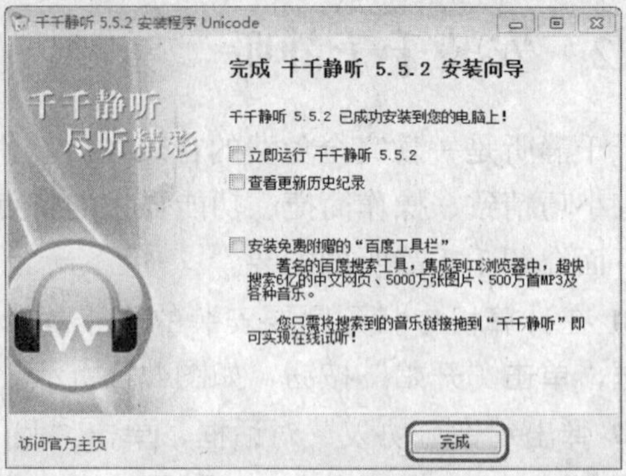

图4.47 “安装完成”对话框

4.4.3 安装金山词霸

金山词霸是一款即时翻译软件，该软件运行后当鼠标在某英文单词停留时，会即时显示它的中文翻译，方便用户阅读及使用。具体操作步骤如下：

01 在计算机中找到需要安装的金山词霸程序，双击安装程序图标，弹出“安装向导”对话框，单击“下一步”按钮，如图4.48所示。

02 此时弹出“授权协议”对话框，单击“我接受”按钮，如图4.49所示。

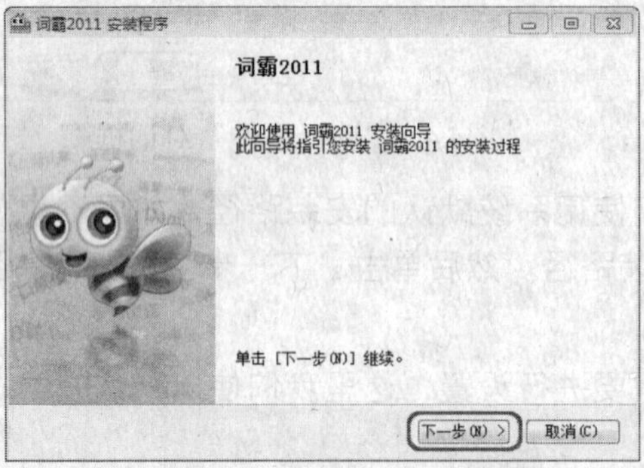

图4.48 “安装向导”对话框

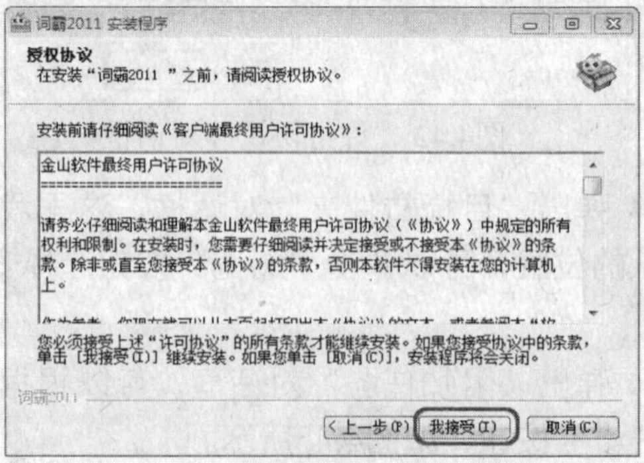

图4.49 “授权协议”对话框

03 弹出“选择安装位置”对话框，使用默认的安装路径，单击“下一步”按钮，如图4.50所示。

04 弹出“正在安装”对话框，安装的进度如图4.51所示。

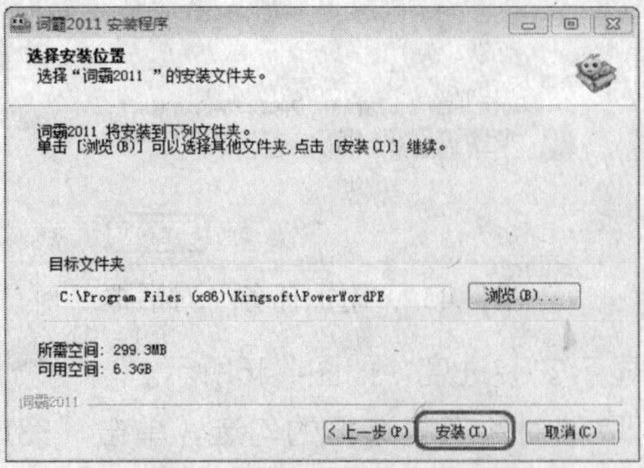

图4.50 “选择安装位置”对话框

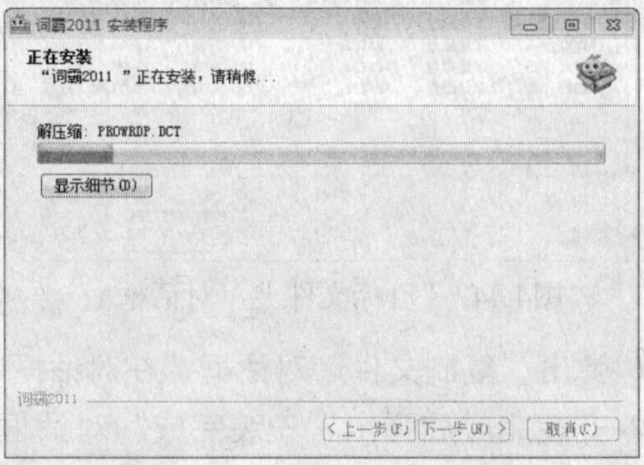

图4.51 “正在安装”对话框

05 安装完成后弹出“百度工具栏”对话框，将如图4.52所示的复选框取消选择，单击“下一步”按钮。

06 弹出“安装完成”对话框，单击“完成”按钮，如图4.53所示。至此，谷歌金山词霸安装完成了。

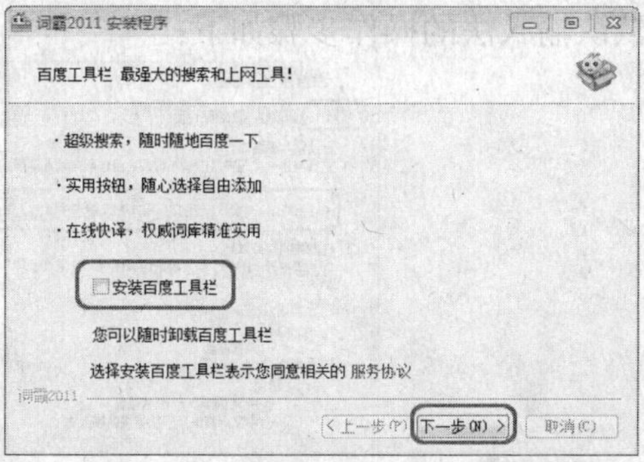

图4.52 “百度工具栏”对话框

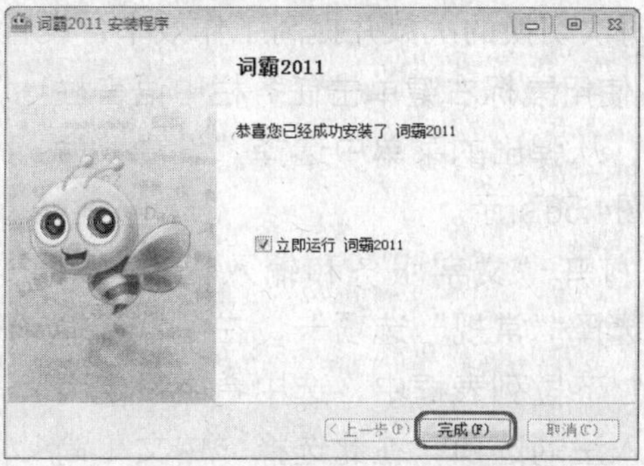

图4.53 “安装完成”对话框

4.5 搜狗拼音输入法的使用

搜狗输入法是搜狐公司推出的一款汉字拼音输入法软件，是目前国内最流行的拼音输入法之一。由于采用了搜索引擎技术，使搜狗输入法在词语的准确度上远远领先于其他输入法。本节将介绍搜狗拼音输入法的使用。

4.5.1 搜狗输入法的切换、翻页选字

在使用输入法的过程中，经常需要在不同功能之间进行切换。使用鼠标进行切换会比较繁琐，Windows 7系统提供了专门应用于输入法切换的组合快捷键，使用快捷键可以轻松地完成各个功能之间的切换，这些输入法切换的系统默认快捷键为：

- Ctrl + Space：切换打开/关闭使用输入法。
- Ctrl + Shift：切换多种不同输入法。
- Shift + Space：切换全角/半角输入。
- Shift：切换中/英文输入。

在使用输入法输入文字时，当我们需要的文字没有在第一页上显示，可以采用翻页的方式继续选择，具体操作步骤如下：

01 我们需要打“居”字，首先打出“居”字全拼，但是在第一页上并没有我们想要的字，如图4.54所示。

02 我们可以按键盘上“+”号键进行翻页或者单击显示栏上▸“向后翻页”按钮，翻页后找到我们所需要的文字按相应的数字键即可，如图4.55所示。

图4.54 第一页效果

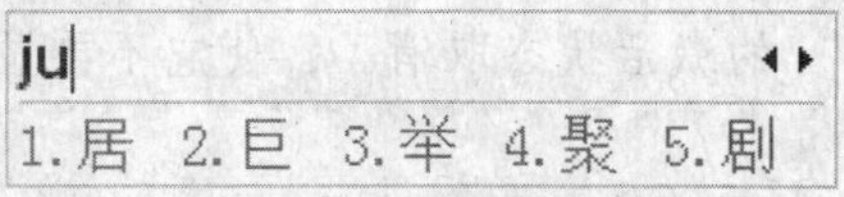

图4.55 翻页后效果

4.5.2 设置搜狗输入法为默认输入法

Windows 7系统中默认的输入法为英文输入法，如果需要使用搜狗中文输入法时，必须先进行切换。如果用户经常使用中文输入法，我们可以将搜狗输入法设置成为默认输入法，以减少每次切换的次数并提高工作效率，设置默认输入法的操作步骤如下：

01 使用鼠标右键单击任务栏中语言栏图标，从弹出的菜单中选择“设置”命令，如图4.56所示。

02 打开“文字服务和输入语言”对话框，选择“常规”选项卡，在“默认输入语言”下拉列表框中，选中希望设定为默认输入法的选项，在此选择“中文（简体，中国）- 中文（简体）—搜狗拼音输入法”为系统默认输入法，如图4.57所示。

03 设置完成后，单击“确定”按钮，即可完成默认输入法的设置。

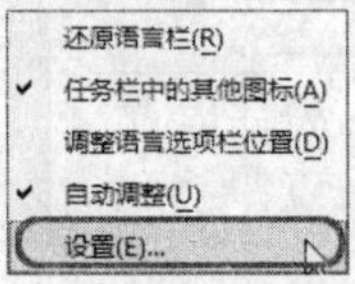

图4.56 “设置”命令

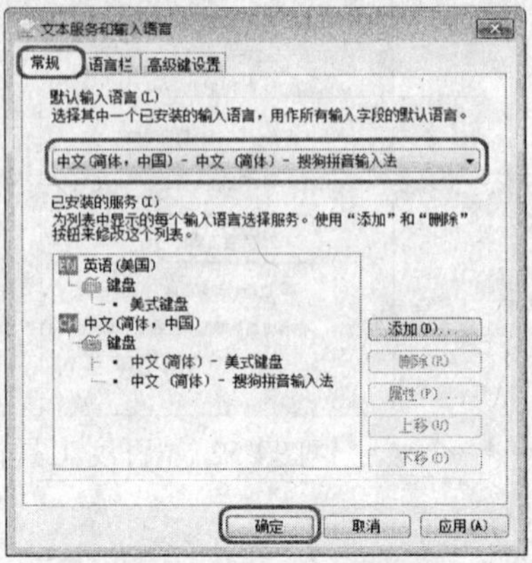

图4.57 “文字服务和输入语言”对话框

4.5.3 删除及添加搜狗输入法

在Windows 7系统中，用户可以根据使用习惯设置多种输入法。但是由于多种输入法共同被激活并存在列表中，在每次使用时要经过多次切换才可以找到需要使用的输入法，因此，我们可以将不经常使用的输入法删除，其操作步骤如下：

01 使用鼠标右键单击任务栏中语言栏图标，从弹出的菜单中选择“设置”命令，打开“文字服务和输入语言”对话框。

02 选择“常规”选项卡，在该选项卡的“已安装的服务”列表中选择“中文（简体）-搜狗拼音输入法”，选择后单击“删除”按钮，如图4.58所示。

03 删除后，所删除的输入法已经不在“已安装的服务”列表中，如图4.59所示。

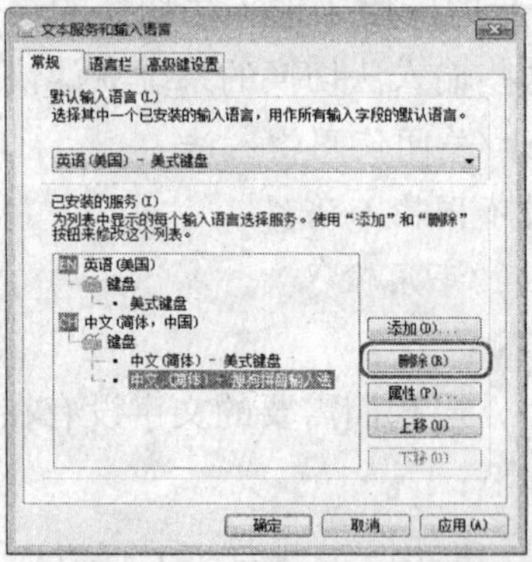

图4.58 删除输入法

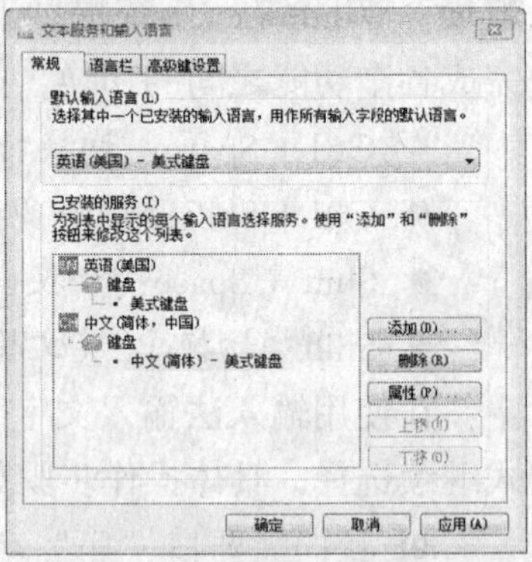

图4.59 删除之后的列表

注意 这种输入法删除的操作并没有将这种输入法从计算机系统彻底删除，只是将它的激活状态取消了，使它不再显示在输入法列表中。

04 如需要恢复被删除输入法，可在“文字服务和输入语言”对话框中单击“添加”按钮，从弹出的“添加输入语言”对话框中勾选被删除的输入法，然后单击“确定”按钮即可，如图4.60所示。

05 返回到“文字服务和输入语言”对话框，此时刚被删除的输入法再次恢复显示在列表中，如图4.61所示。

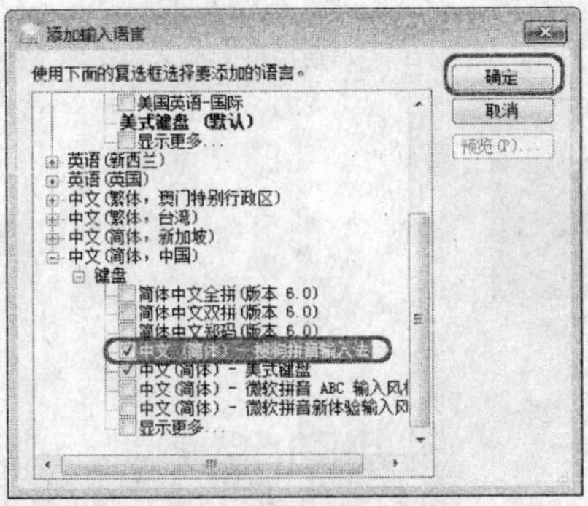

图4.60 “添加输入语言”对话框

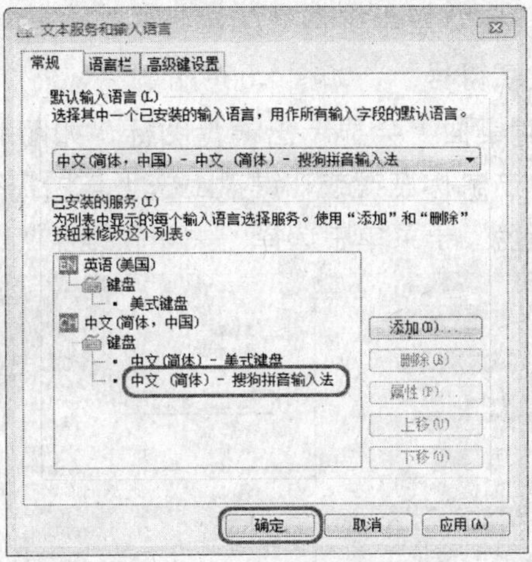

图4.61 恢复之后的列表

4.5.4 为搜狗输入法进行个性化设置

搜狗输入法在满足我们日常使用的同时，也极大地提升了其人性化的设计，增加了设置皮肤、通过软键盘输入特殊符号、快速进行简体/繁体切换等功能。在搜狗输入法快捷图标上单击“菜单”按钮，即可弹出“菜单”快捷菜单，在菜单中我们可以根据需要进行设置，如图4.62所示。下面简单介绍菜单中的几种设置。

在快捷菜单中选择“更多皮肤”，从弹出的子菜单中有很多备选皮肤，如图4.63所示。我们可以根据个人喜好在喜爱的皮肤上单击即可选择该皮肤。同时也可以选择下载皮肤或者对现有皮肤进行编辑。

在快捷菜单中选择“输入统计”，会弹出“输入统计”对话框，这里记录了在某个时间段输入的总字数和输入的速度。如图4.64所示。

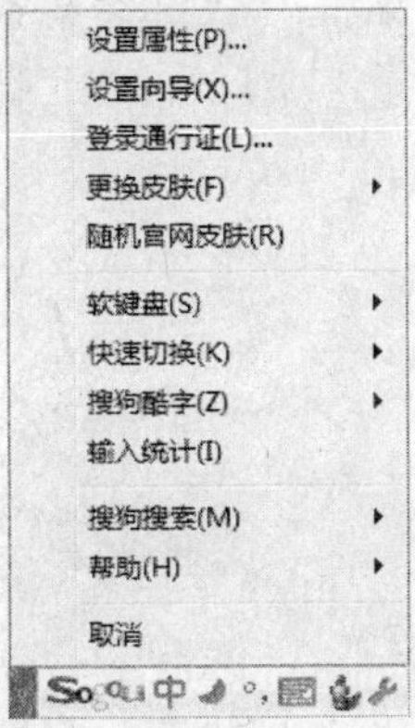

图4.62 “菜单”快捷菜单

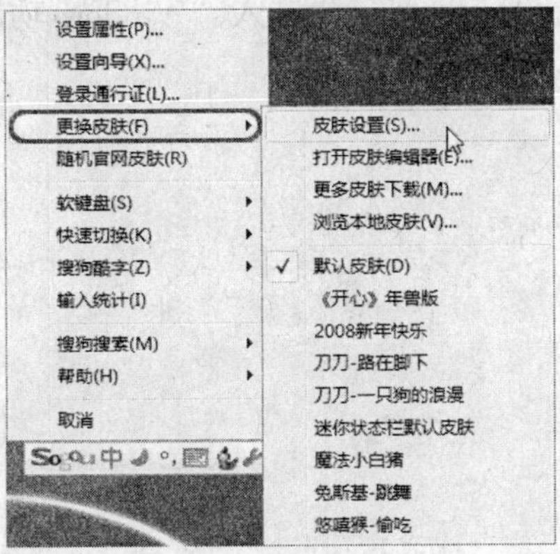

图4.63 选择个性化皮肤

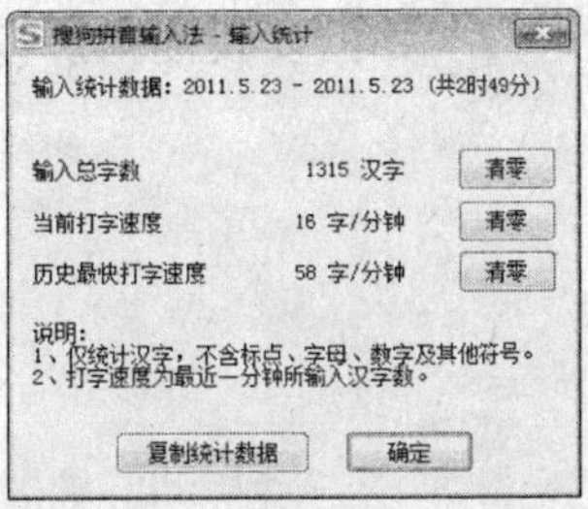

图4.64 “输入统计”对话框

在快捷菜单中选择“设置属性”，弹出“搜狗拼音输入法设置”对话框。在对话框中可以设置常规选项、快捷键等，如图4.65所示。

如果我们需要输入一些特殊字符，但是键盘上又没有，这时可以选择利用搜狗输入法中的软键盘功能进行输入，具体的操作步骤如下：

01 在快捷菜单中选择“软键盘”，从弹出子菜单中根据需要选择不同的符号分类，这里选择“数字符号”，如图4.66所示。

02 此时桌面上会显示出键盘图标，如图4.67所示。只需要在键盘图标上选择所需的符号，然后单击鼠标左键或在键盘上按下与所需符号相对应的按键即可输入该符号。输入完成后在“软键盘”子菜单中选择“关闭软键盘”即可。

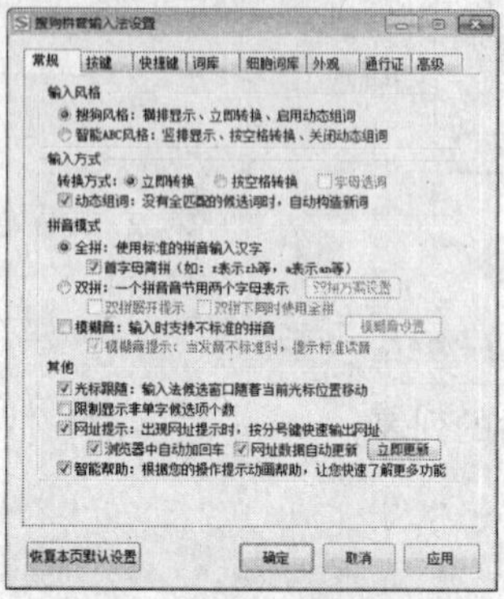

图 4.65 “搜狗拼音输入法设置”对话框

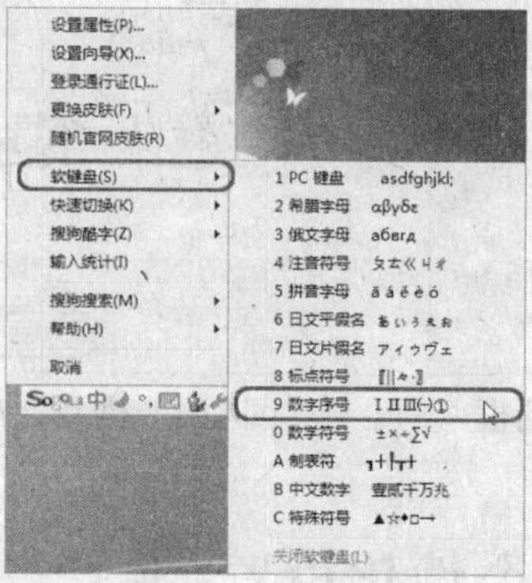

图4.66 选择软键盘

图4.67 软键盘图标

4.6 习题

1. 填空题

（1）通过单击“开始”→“______”→“______”，打开“程序和功能”管理器。

（2）通过命令“______”管理自动运行的软件。

（3）选择“开始”→“控制面板”命令，弹出“______”对话框，选择“______”命令，在“______”对话框中选择“______”命进入“Windows功能”对话框。

2. 问答题

（1）如何删除已安装的软件？

（2）如何安装搜狗拼音输入法？

第5章 附件程序与娱乐功能

本章要点

Windows 7中提供了丰富的附件程序，包括写字板、画图、计算器、截图工具等，这些程序虽然小巧但却可帮助用户解决不少问题。另外还对娱乐功能进行了介绍，包括Windows Media Center和游戏，本章将介绍一些常用的附件程序和娱乐工具的使用。

本章内容主要包括

- 写字板的使用
- 了解画图程序
- 计算器的应用
- Windows Media Center的使用
- 截图工具的使用
- 安装Windows中常用软件
- 单机游戏和联网游戏

go>>

5.1 使用写字板

写字板是一个可用来创建和编辑文档的文本编辑程序。与记事本不同，写字板文档可以包括复杂的格式和图形，并且可以在写字板内链接或嵌入对象（如图片或其他文档）。

5.1.1 写字板的操作界面

下面对写字板的操作界面进行简单的介绍。

01 单击“开始”按钮，在弹出的菜单中选择“所有程序”→“附件”→“写字板”，如图5.1所示。

02 启动“写字板”，如图5.2所示。该窗口界面与Office 2010有些相同之处，该操作界面包括标题栏、写字板按钮、功能区、工作区等，下面对界面进行简单的介绍。

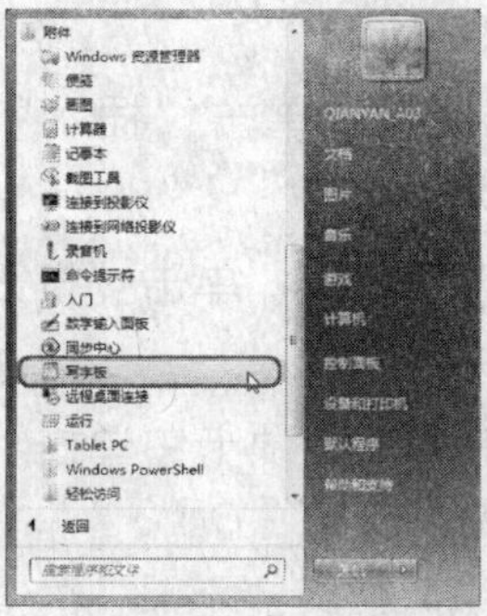

图5.1 运行写字板

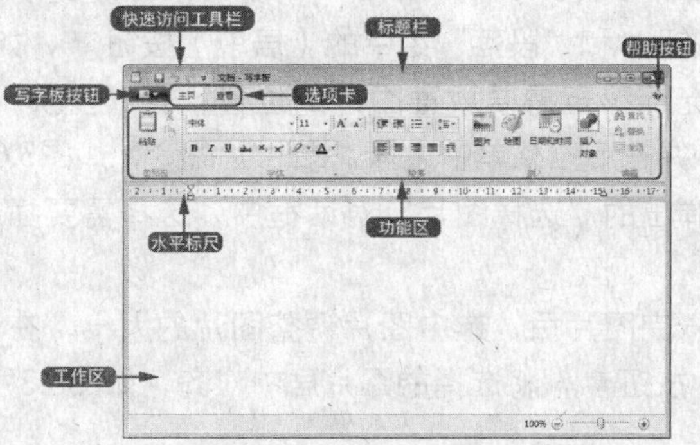

图5.2 写字板界面

- 写字板按钮：写字板按钮提供了对文档所能执行的操作命令。
- 快速访问工具栏：快速访问工具栏提供了常用命令。
- 标题栏：标题栏位于窗口的最上面，用于标注文档的标题名称，按Alt+空格键（或使用鼠标在标题栏上右击），将会打开控制菜单，如图5.3所示。使用这个菜单可以还原、移动、最小化、最大化程序的窗口和关闭程序等。
- 选项卡：选项卡位于标题栏的下方，将一类活动（功能）组织在一起，选项卡中包含“主页”和“查看”两个组。
- （写字板帮助）：单击该按钮即可打开“Windows 帮助和支持”。
- 功能区：功能区位于选项卡的下面，功能区可以帮助用户快速找到完成某一任务所需的按钮选项。按钮选项被组织在组中，组集中在选项卡中。
- 组：将选项卡中某一类功能的按钮选项组织在一起，形成组，如图5.4所示。
- 最小化按钮：单击此按钮将最小化程序窗口。
- 最大化/还原按钮：单击此按钮将使程序窗口尺寸占满整个屏幕。如果窗口已经最大化了，单击此按钮将“还原”程序窗口，使其不再填满整个屏幕。
- 关闭按钮：单击此按钮将关闭程序窗口。
- 工作区：在此区域创建文档。文档包含文字、图形、图表和表格等。
- 水平标尺：在水平方向上带有刻度的尺子，常用于对齐文档中的文本、图形、表格和其他元素。

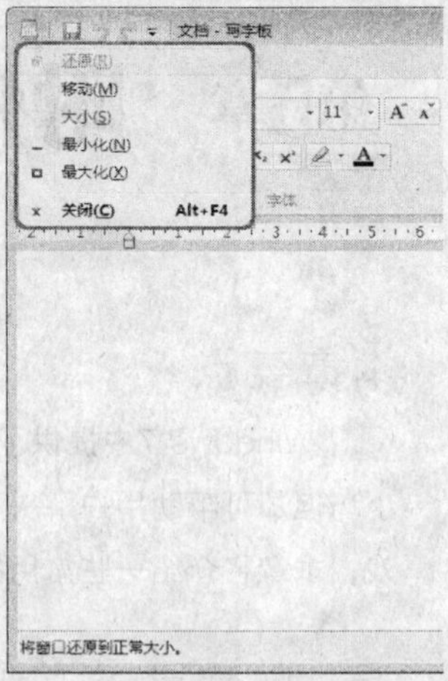

图5.3 控制菜单

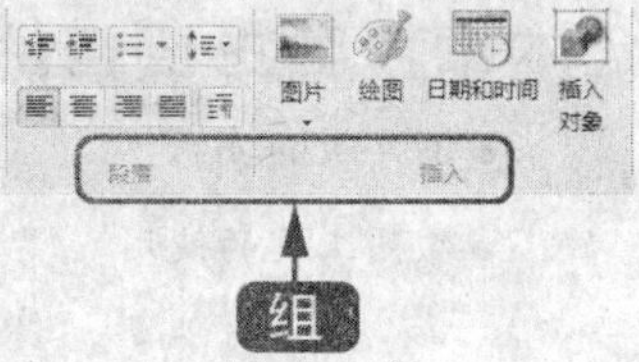

图5.4 组

5.1.2 在写字板中输入图文信息

在写字板中不但可以输入文本，还可以同时插入图片，用户可通过这种方法建立图文并茂的文档，具体的操作步骤如下：

01 启动写字板，在写字板中输入所需的文本内容，选中标题，在“主页”选项卡下“字体”组中将“字体”设置为“宋体”，将“字体大小”设置为14，单击“字体”组中（加粗）按钮和“段落”组中的（居中）按钮，如图5.5所示。

02 将光标移至需要放置图片的位置，在“主页”选项卡中单击“插入”组中的“图片”按钮，并在下拉菜单中选择“图片”命令，如图5.6所示。

03 在弹出的“选择图片”对话框中，选择需要插入的图片后，单击“打开”按钮，如图5.7所示。

04 插入完图片后，选中图片调整图片的大小，在“主页”选项卡中单击“段落”组中的（居中）按钮，将选择的图片居中对齐，如图5.8所示。

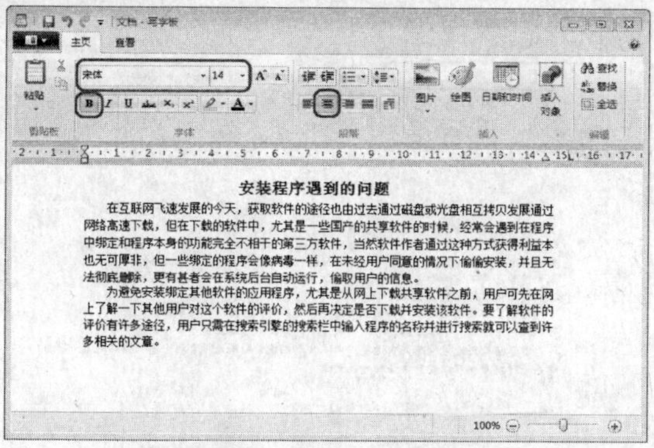

图5.5 输入文本内容

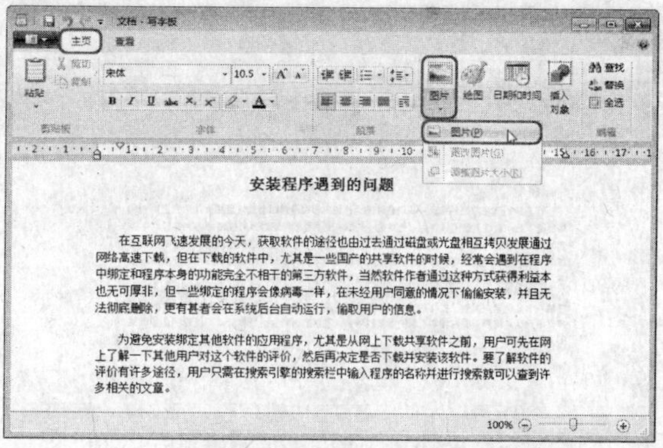

图5.6 选择图片命令

图5.7 “选择图片”对话框

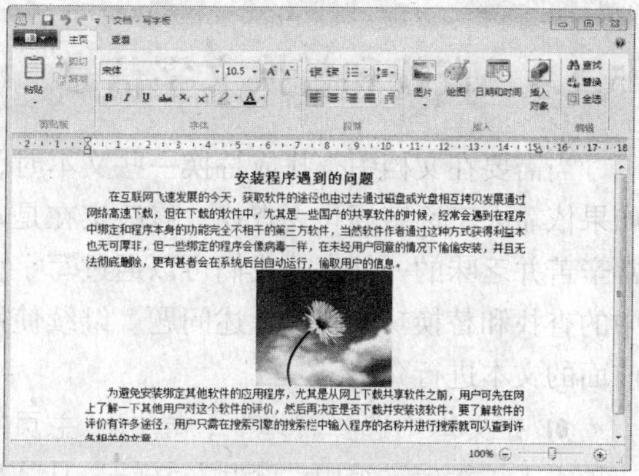

图5.8 图片插入后效果

5.1.3 文字格式设置

用户可以在写字板中设置文本的字体以及段落格式，下面以“安装程序遇到的问题.rtf”文件为例来介绍文字格式的设置，具体操作步骤如下：

01 打开“安装程序遇到的问题.rtf”文件，在打开的文本中选择“安装程序遇到的问题”，如图5.9所示。

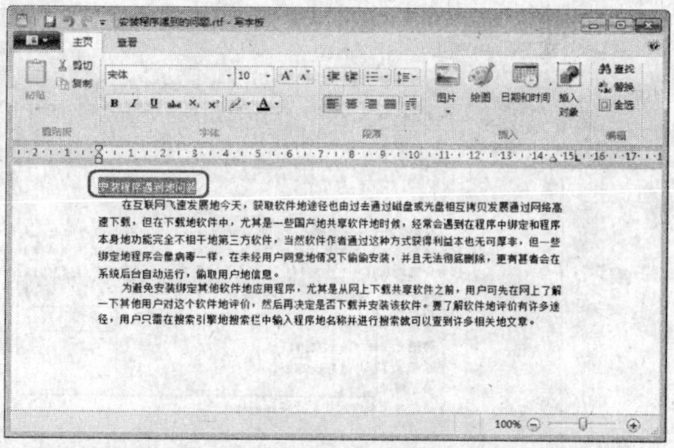

图5.9 打开文件并选择相应的文字

02 确定标题文字处于选择状态，在“主页”选项卡下“字体”组中将“字体”设置为“楷体”，将“字体大小”设置为18，将“文本颜色”设置为“蜡笔红”，如图5.10所示。

03 确定标题文字处于选择状态，单击“段落”组中的（居中）按钮，将选择的文字居中对齐，然后选择内容，在“主页”选项卡下“字体”组中将“字体”设置为“楷体”，将“字体大小”设置为12，如图5.11所示。

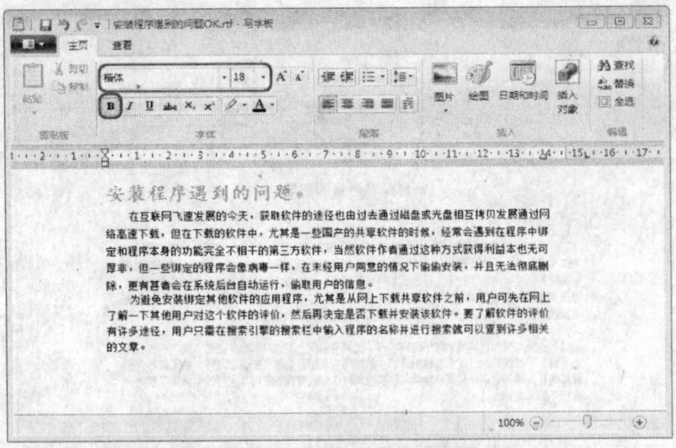

图5.10　设置文字格式

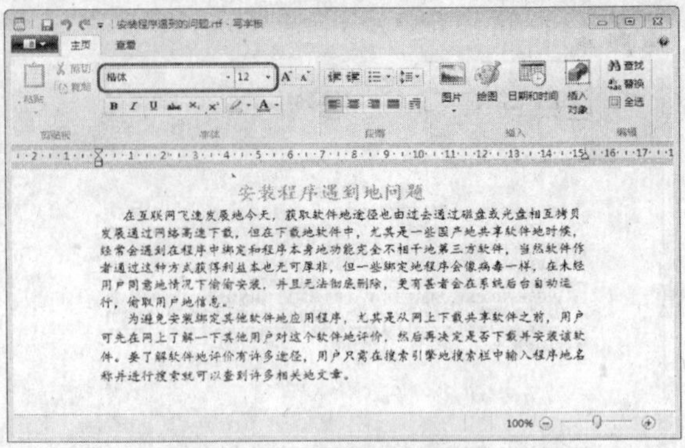

图5.11　设置段落格式

5.1.4　查找和替换文字信息

当需要在文档中查找或替换一些文本时，如果依靠人工逐字逐句去查找、修改实在是非常辛苦并乏味的一件事。我们可以通过写字板中的查找和替换功能解决上述问题。继续使用前面的文本进行介绍：

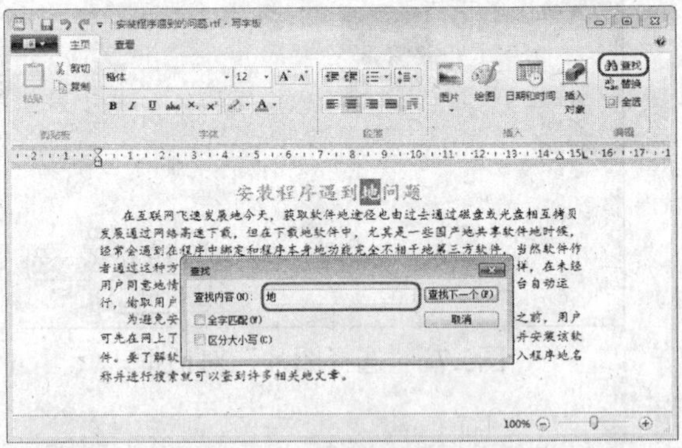

图5.12　打开【查找】对话框

01 在文本中选择“地”，单击“主页”选项卡下“编辑”组中“查找”按钮，从弹出的“查找”对话框中“查找内容”文本栏中会自动载入选择的文本，如图5.12所示。

02 单击“查找下一个”按钮，此时光标会停留在与查找内容相匹配的第一个位置上，如图5.13所示。用户可修改此内容，如果继续单击“查找下一个”按钮，则会向下继续查找，直到达到文档末尾，并弹出“写字板”对话框，提示用户已完成搜索。如图5.14所示。

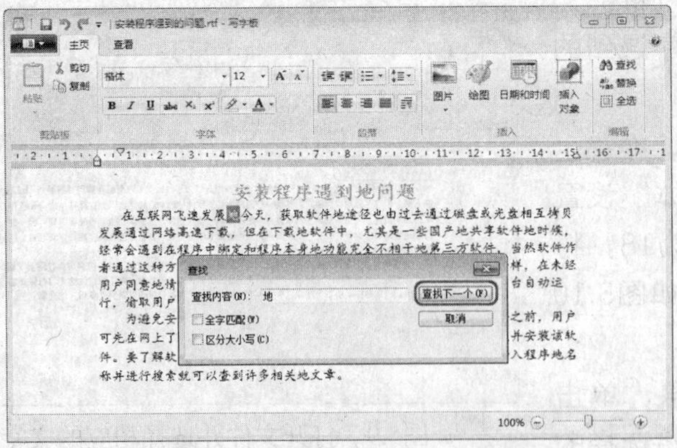

图5.13　单击“查找下一个”按钮后的效果

图5.14　完成搜索

下面再来介绍替换文本的方法。

01 在文档中选择“地”，再在“主页”选项卡中单击“编辑”组中的“替换”按钮，弹出“替换”对话框，在“替换为”文本栏中输入替换后的文本，如图5.15所示。

02 用户可单击“替换”按钮逐一替换文档中的匹配内容，如图5.16所示。

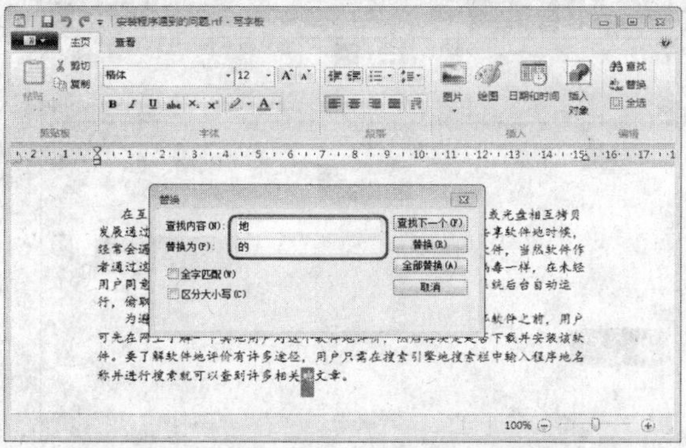

图5.15 打开“替换”对话框

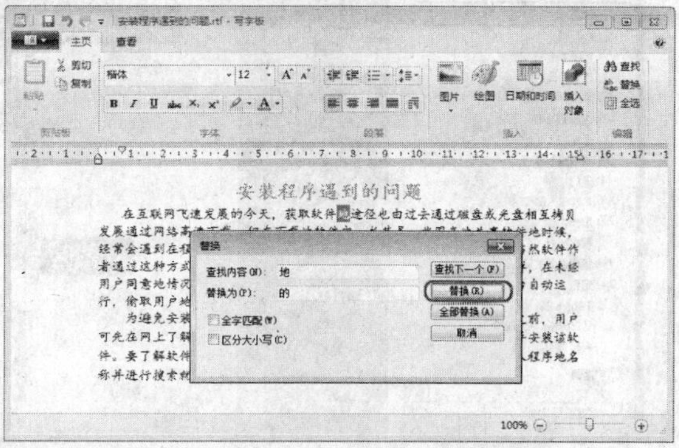

图5.16 逐一替换文字

03 如果单击“全部替换”按钮，即可将文档中所有符合条件的内容全部替换为新的内容，全部替换完成后弹出“写字板”对话框，提示用户已完成搜索，如图5.17所示。替换后的效果如图5.18所示。

图5.17 完成替换

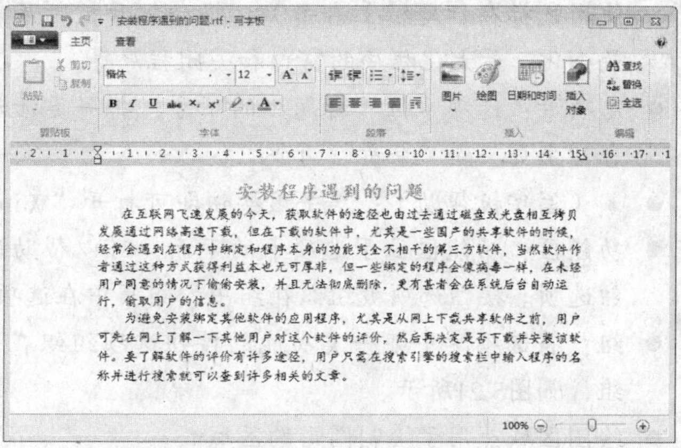

图5.18 替换后的效果

5.2 画图程序

画图工具是一款图形处理及绘制软件，利用该程序即可以手工绘制图像，也可以对来自扫描仪或数码相机的图片进行编辑修改。并在编辑结束后用不同的图形文件格式保存。本小节将介绍画图程序的常用操作。

5.2.1 画图程序的新界面

01 单击“开始”按钮，在弹出的菜单中选择“所有程序”→“附件”→“画图”，如图5.19所示。

02 运行后的界面如图3.20所示，画图程序界面由以下组件构成：

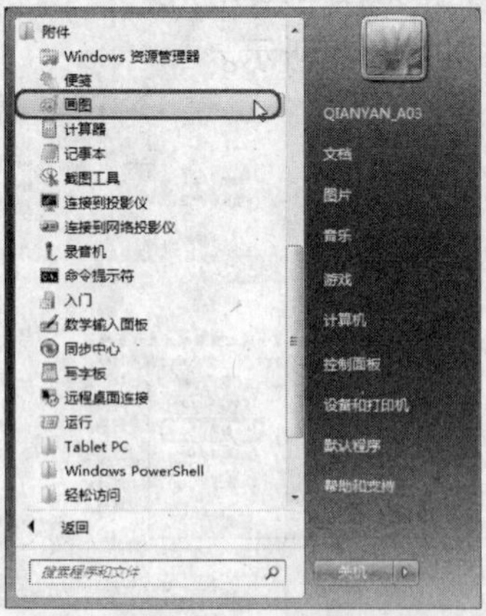

图5.19　运行画图程序

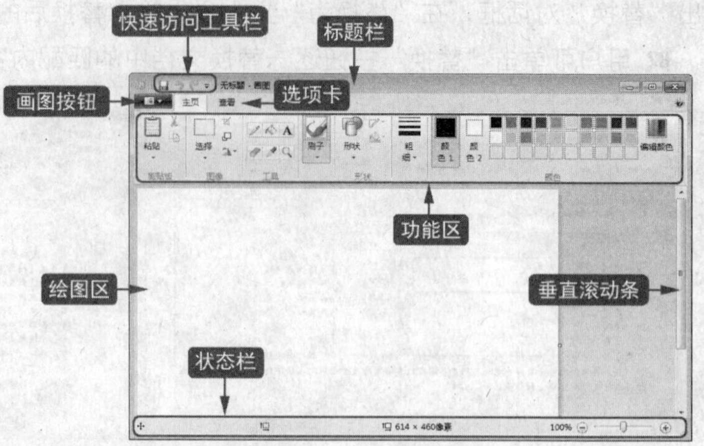

图5.20　画图主界面

- 画图按钮：画图按钮提供了对文档所能执行的操作命令。
- 快速访问工具栏：快速访问工具栏提供了常用命令，包括保存、撤消、重做。
- 标题栏：标题栏位于窗口的最上面，用来标注文档的标题名称，按Alt+空格键（或使用鼠标在标题栏上右击），将会打开控制菜单。使用这个菜单可以还原、移动、最小化、最大化程序的窗口和关闭程序等。
- 选项卡：选项卡位于标题栏的下方，将一类活动（功能）组织在一起，选项卡中包含“主页”和“查看”两个组。
- （写字板帮助）：单击该按钮即可打开“Windows 帮助和支持”。
- 功能区：功能区位于选项卡的下面，可以帮助用户快速找到完成某一任务所需的按钮选项。按钮选项被组织在组中，组集中在选项卡中。
- 组：将选项卡中某一类功能的按钮选项组织在一起，形成组，如图5.21所示。

图5.21　组

- 绘图区域：用于绘制图形的区域。
- 最小化按钮：单击此按钮将最小化程序窗口。
- 最大化/还原按钮：单击此按钮将使程序窗口尺寸占满整个屏幕。如果窗口已经最大化了，单击此按钮将“还原”程序窗口，使其不再填满整个屏幕。
- 关闭按钮：单击此按钮将关闭程序窗口。
- 状态栏：状态栏中左下角显示鼠标的当前坐标，中间部分显示当前图像的像素尺寸，右侧可调整图像的显示比例。
- 滚动条：可以水平或垂直滚动文档。

5.2.2　绘制图形

用户可以在画图程序中随意绘制各种形状，具体操作步骤如下：

01 启动画图软件，选择“主页”选项卡，在“形状”组中单击“形状”按钮，在下拉菜单中选择“心形”，如图5.22所示。

02 单击“主页”选项卡下“颜色”组中的“颜色1”按钮，然后选择“红色”色块，并在绘图区中按住Shift键拖曳鼠标，即可绘制一个正心形，如图5.23所示。

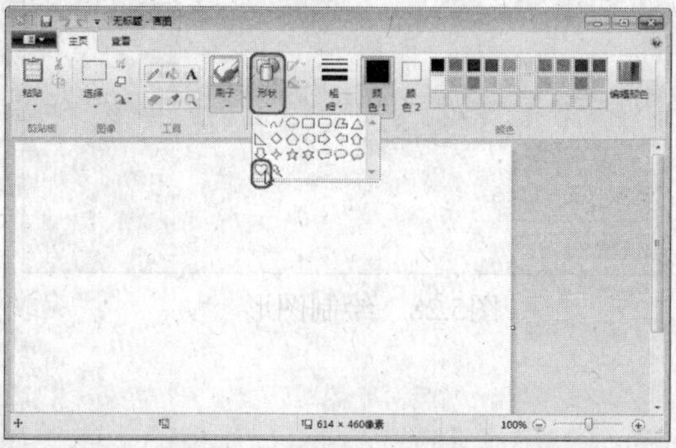

图5.22 选择“心形”形状

图5.23 绘制心形

03 下面再为绘制的图形填充颜色，单击“主页”选项卡下“工具”组中的（用颜色填充）按钮，然后选择“黄色”，在新绘制的图形中单击，即可将选择的颜色填充到心形中，如图5.24所示。

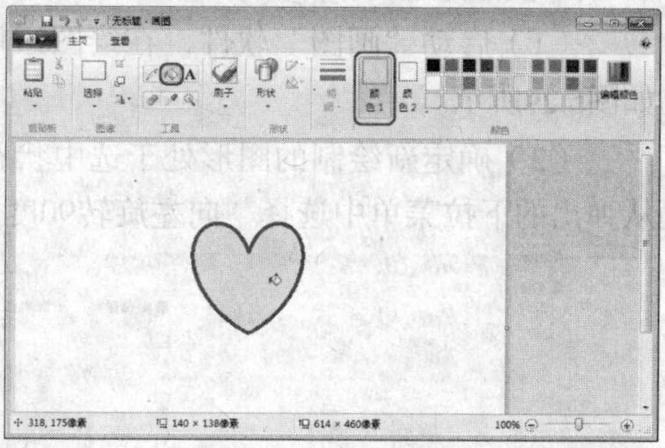

图5.24 填充颜色

用户可以直接绘制带有填充色的图形，下面来介绍它的绘制。操作步骤如下：

01 启动画图软件，选择“主页”选项卡，在“形状”组中单击“形状”按钮，在下拉菜单中选择“椭圆形插图编号”，如图5.25所示。在“颜色”组中单击“淡青绿色”，将“颜色1”设置为“淡青绿色”，如图5.26所示。

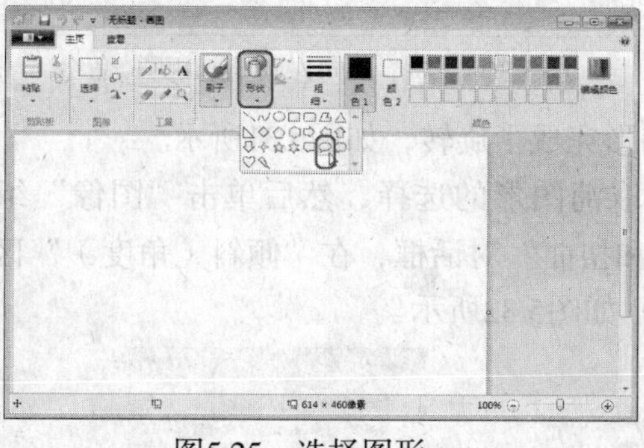

图5.25 选择图形

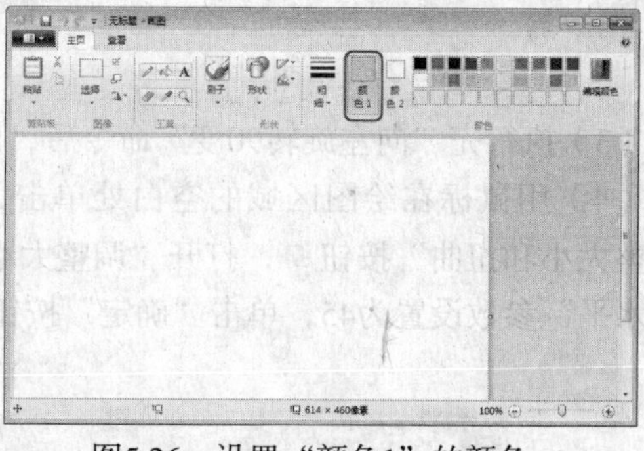

图5.26 设置“颜色1”的颜色

02 在“形状”组中单击“形状填充”按钮，在弹出的下拉菜单中选择“纯色”，在“颜色”组中选择“颜色2”，然后单击金色色块，将“颜色2”设置为金色色块，如图5.27所示。

03 设置完成后，在绘图区中按住Shift键拖曳鼠标，即可绘制一个正椭圆形插图编号，如图5.28所示。

04 至此，带填充色的图形就绘制完成了。

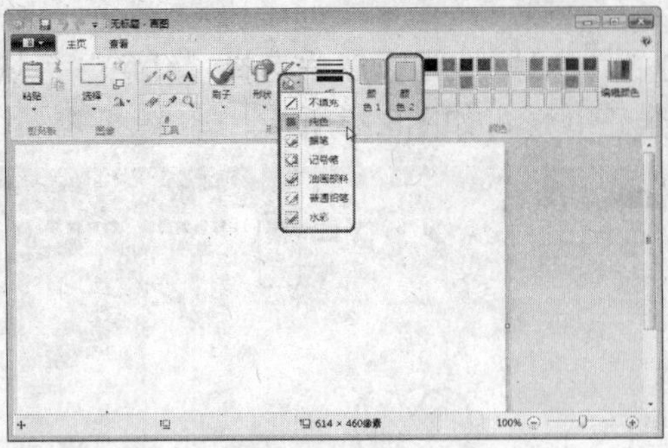

图5.27　设置“颜色2”的颜色

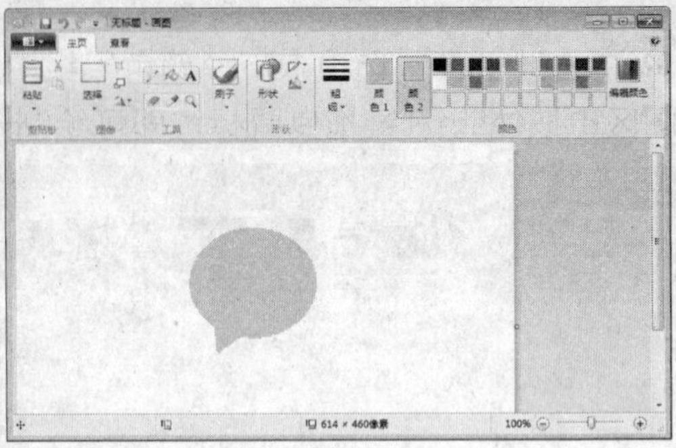

图5.28　绘制图形

5.2.3　编辑图形

图形绘制完成了，再来对图形进行编辑，下面介绍图形的编辑。

（1）启动“画图”软件，在绘图区域绘制一个外轮廓为“蓝灰色”色的向下的箭头，如图5.29所示。

（2）确定新绘制的图形处于选中状态，在“图像”组中单击“旋转或翻转”按钮，从弹出的下拉菜单中选择“向左旋转90度”命令，如图5.30所示。

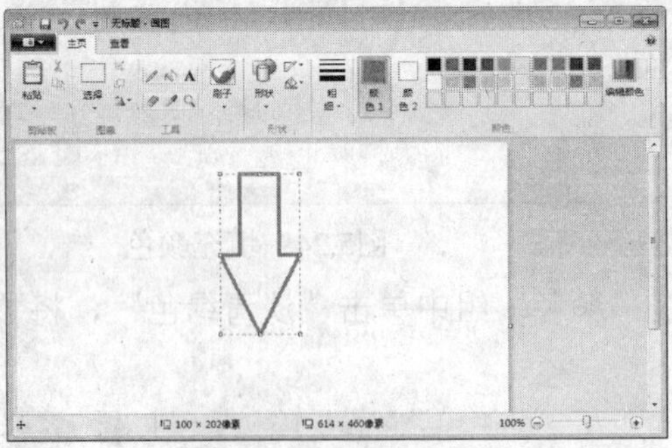

图5.29　绘制图形

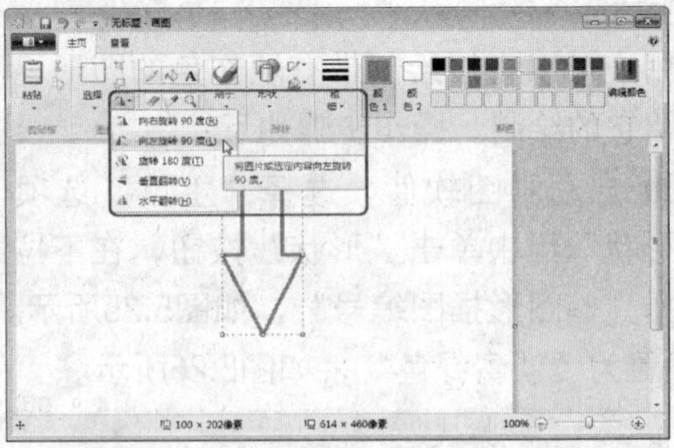

图5.30　选择“向左旋转90度”命令

（3）执行完“向左旋转90度”命令后，图形完成了旋转，如图5.31所示。

（4）用鼠标在绘图区域的空白处单击，取消图形的选择，然后单击“图像”组中的“调整大小和扭曲”按钮，打开“调整大小和扭曲”对话框，在“倾斜（角度）”区域下将“水平”参数设置为45，单击“确定”按钮，如图5.32所示。

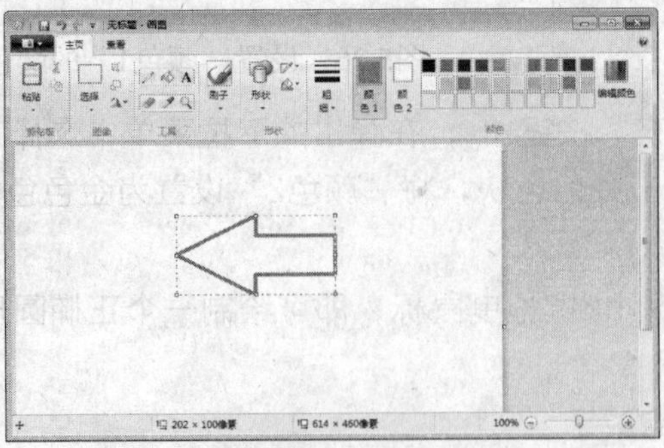

图5.31　翻转后的效果

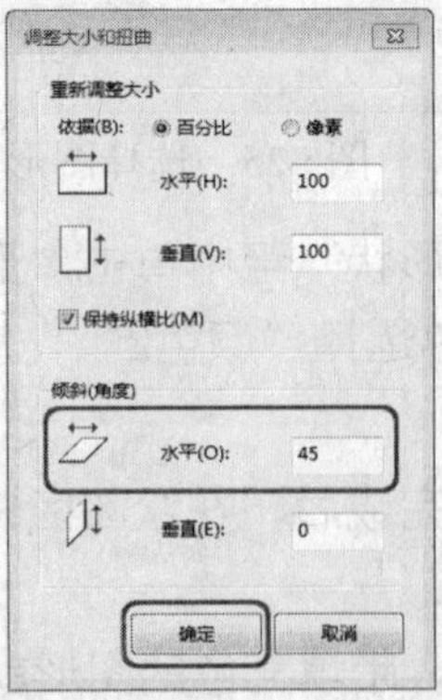

图5.32　设置“水平”参数

（5）执行完“水平”后的效果如图5.33所示。

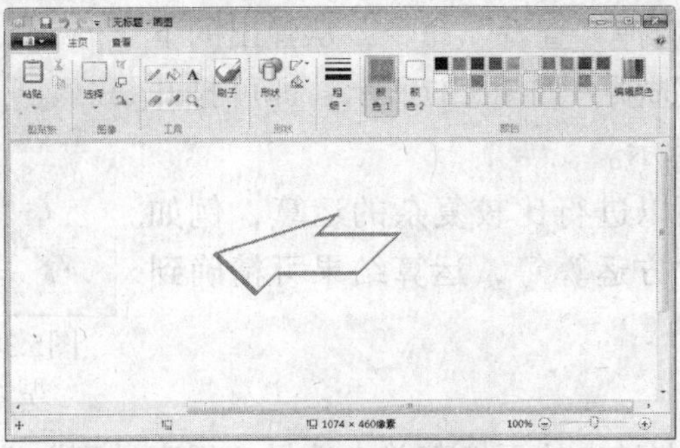

图5.33　水平倾斜后的效果

5.3 计算器程序

Windows 7自带的计算器程序不仅具有标准计算器功能，而且集成了编程计算器、科学型计算器和统计信息计算器的高级功能。另外还附带了单位转换、日期计算和工作表等功能，使计算器变得更加人性化。

5.3.1 使用标准计算器

打开计算器的方法有以下两种。

（1）单击“开始”按钮，在弹出的菜单中选择“所有程序”→“附件”→“计算器”，如图5.34所示。即可弹出“计算器”窗口。

（2）单击“开始”按钮，在弹出的“开始”菜单中的“搜索程序和文件”文本框中输入“计算器”，如图5.35所示。然后按下“Enter”键即可弹出“计算器”窗口。

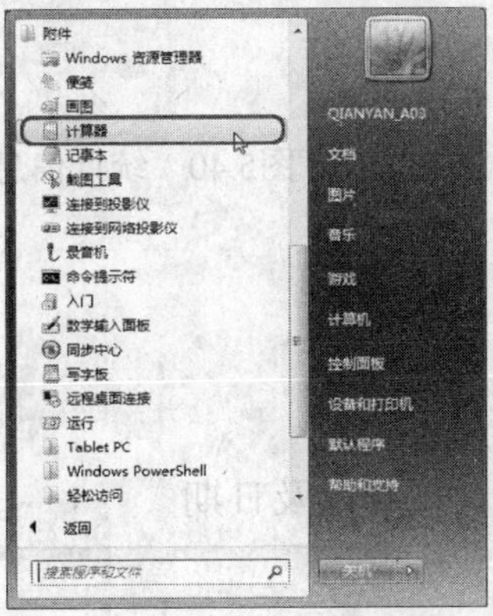

图5.34　在“开始”菜单中选择计算器

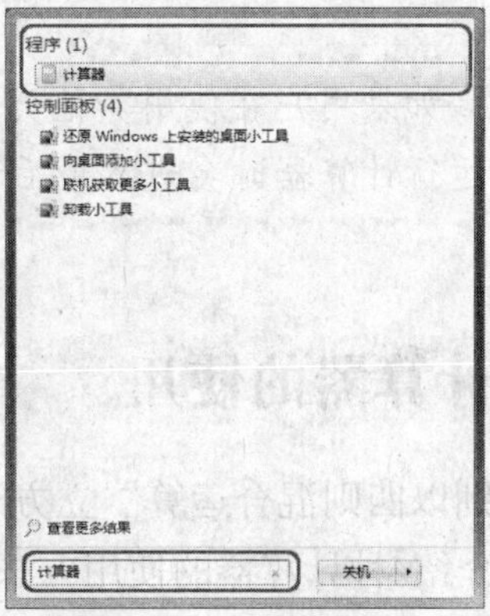

图5.35　在“搜索程序和文件”文本框中选择计算器

计算器从类型上可分为标准型、科学型、程序员型和统计信息型等4种。

1．标准型

计算器工具的默认界面为标准型界面，如图5.36所示。使用标准型计算器可以进行加、减、乘、除等简单的四则混合运算。

2. 科学型

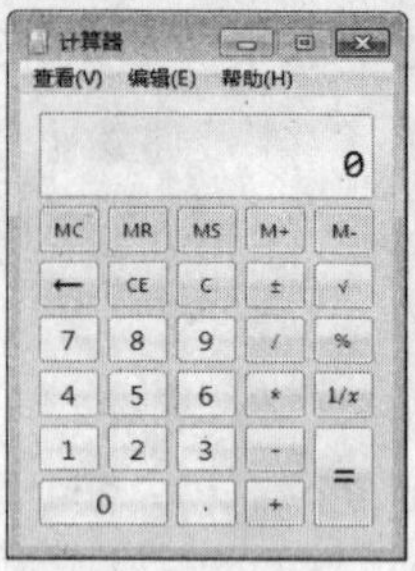

图5.36 标准型计算器

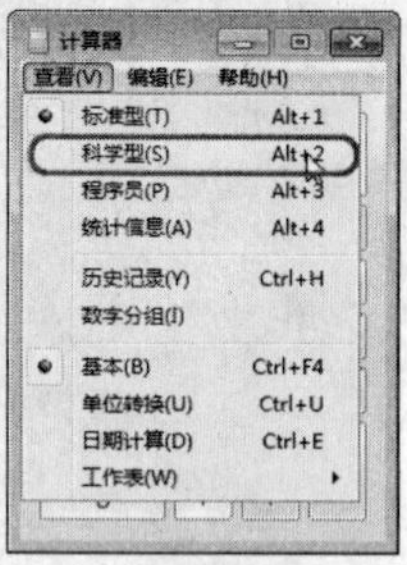

图5.37 选择“科学型”选项

在标准计算器窗口中选择“查看”命令，从弹出的下拉菜单中选择“科学型”选项，如图5.37所示，即可打开科学型计算器，如图5.38所示。

使用科学型计算器可以进行比较复杂的运算，例如三角函数运算、平方和立方运算等，运算结果可精确到32位。

3. 程序员型

选择“查看”命令，在弹出的下拉菜单中选择“程序员型”选项，即可打开程序员型计算器，如图5.39所示。

使用程序员型计算器不仅可以实现进制之间的转换，而且可以进行与、或、非等逻辑运算。

图5.38 科学型计算器图

图5.39 程序员型计算器图

4. 统计信息型

选择“查看”命令，在弹出的下拉菜单中选择“统计信息”选项，即可打开统计信息型计算器，如图5.40所示。

使用统计信息型计算器可以进行平均值、平均平方值、求和、平方值总和、标准偏差以及总体标准偏差等统计运算。

图5.40 统计信息型计算器

注意：如果用户在使用其他类型计算器后退出，当用户再次运行计算器时会进入最后退出时使用的计算器类型。

5.3.2 计算器的使用

下面分别以四则混合运算、立方运算、进制转换、统计运算以及日期计算为例，介绍4种计算器的使用方法。

1. 四则混合运算

例如，求（40+35−8.5）×14÷4.5的值，具体的操作步骤如下：

01 打开标准型计算器窗口，然后使用鼠标左键依次单击“计算器”上数字键按钮[4]和[0]，输入“40”，如图5.41所示。

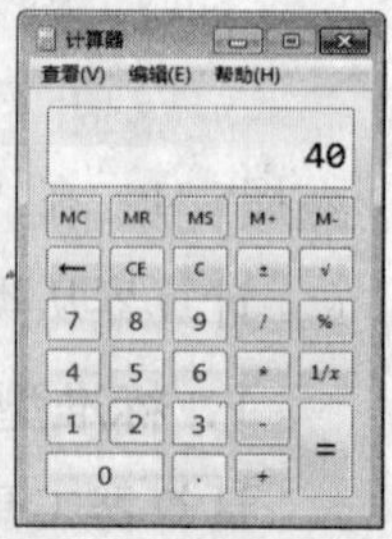

图5.41 输入“40”

02 单击[+]按钮，然后依次单击数字键按钮[3]和[5]，如图5.42所示。

03 单击 - 按钮，然后依次单击数字键按钮 8 、 . 和 5 ，如图5.43所示。

04 单击 * 按钮，然后依次单击数字键按钮 1 和 4 ，如图5.44所示。

05 单击 / 按钮，然后依次单击数字键按钮 4 、 . 和 5 ，如图5.45所示。

06 单击 = 按钮，即可得出结果，如图5.46所示。

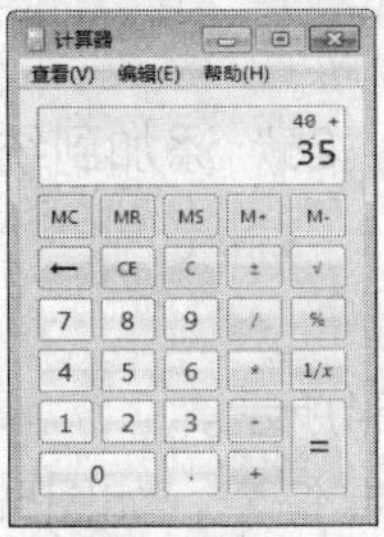

图5.42 加“35”

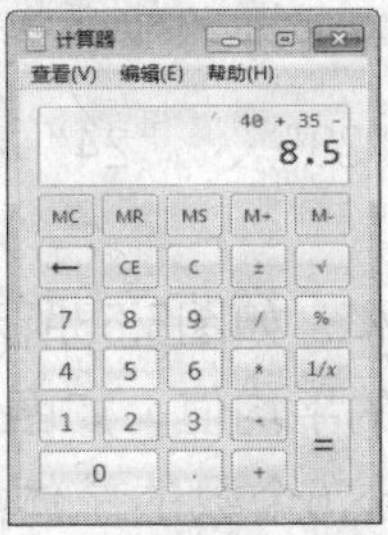

图5.43 减“8.5”

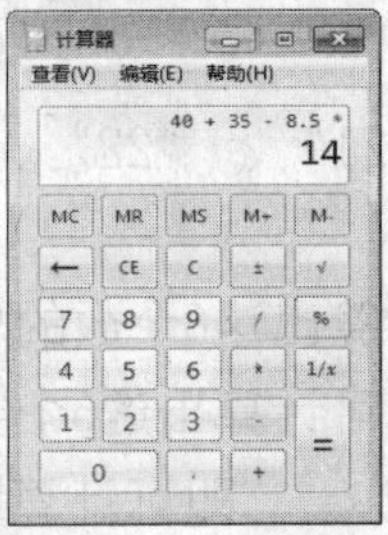

图5.44 乘“14”

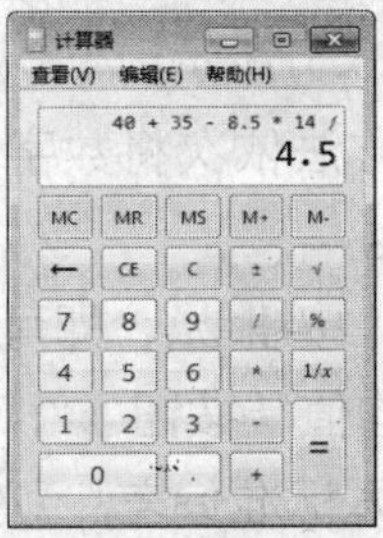

图5.45 除“4.5”

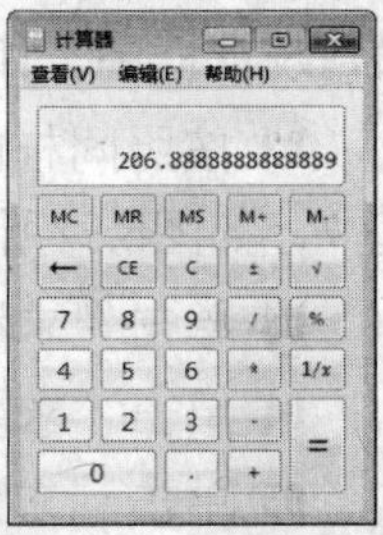

图5.46 得到的结果

提示 “计算器”程序支持键盘输入，我们可以按键盘上数字区相应的按键进行运算操作。

2. 立方运算

求12^3的值，具体的操作步骤如下：

01 打开科学型计算器，然后依次单击数字键按钮 1 和 2 ，如图5.47所示。

02 单击 x^3 按钮即可得出结果，如图5.48所示。

图5.47 单击“12”

图5.48 单击 x^3 按钮

3. 进制转换

例如要将十进制数“87061987”转换成十六进制数，具体的操作步骤如下。

01 打开程序员型计算器，选中“十进制”单选按钮，然后输入“87061987”，如图5.49所示。

02 选中“十六进制”单选按钮，即可将其转换为十六进制数，如图5.50所示。

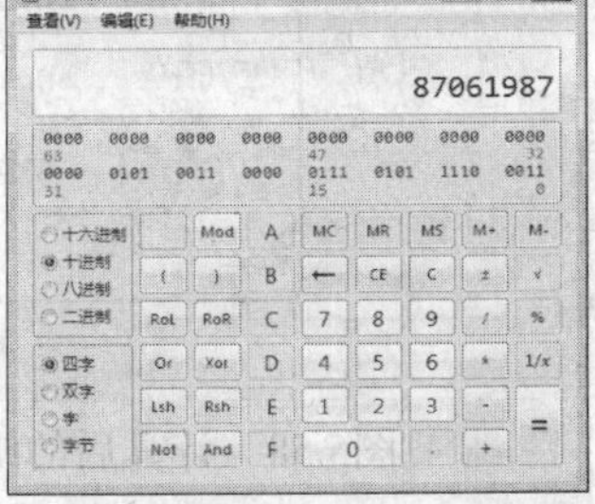

图5.49 输入“87061987”

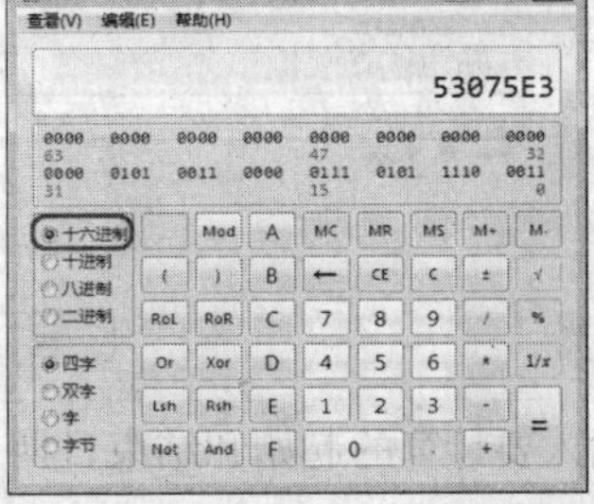

图5.50 转换为十六进制数

4．统计运算

例如计算“20”、“21”、“22”、“23”、“24”和“25”这几个数值的总和、平均值和总体标准偏差，具体的操作步骤如下：

01 打开统计信息型计算器，输入“20”，然后单击“添加”按钮Add，将输入的数字添加到统计框中，如图5.51所示。

02 按照同样的方法依次将数字“21”、“22”、“23”、“24”和“25”添加到统计框中，如图5.52所示。

03 单击“求和”按钮$\sum x$，即可计算出这6个数的总和，如图5.53所示。

04 单击“求平均值”按钮$\bar{x}$，即可计算出这6个数的平均值，如图5.54所示。

05 单击“求总体标准偏差”按钮σ_{n-1}，即可计算出这6个数的总体标准偏差，如图5.55所示。

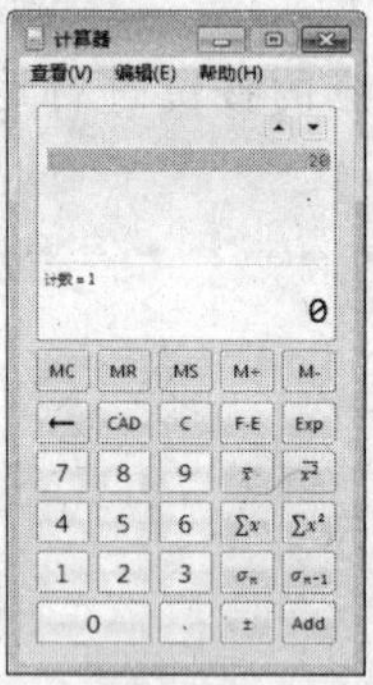

图5.51　输入“20”

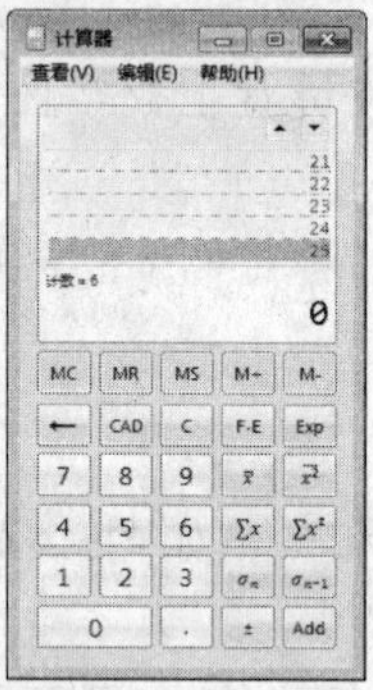

图5.52　添加数字到统计框中

图5.53　求和效果

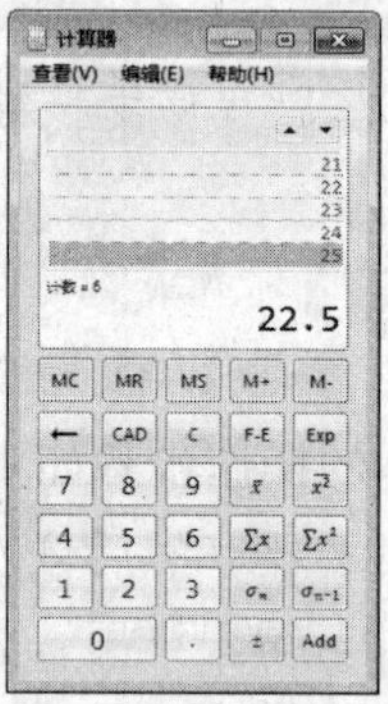

图5.54　求平均值效果

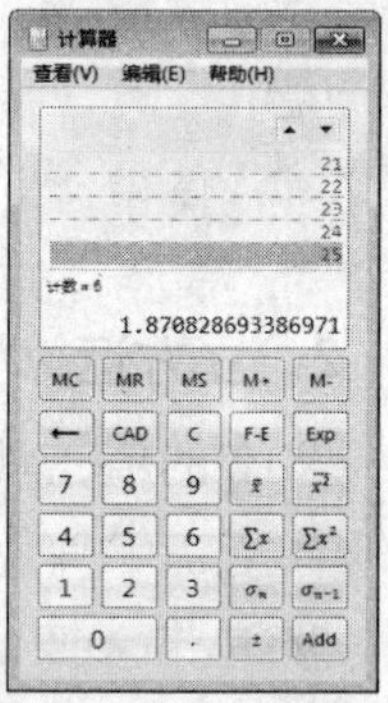

图5.55　求总体标准偏差效果

5．日期计算

例如计算2011年1月1日至2011年5月27日之间间隔的天数，具体的操作步骤如下：

01 在“计算器”窗口中选择“查看”→“日期计算”菜单项，展开日期计算窗格，如图5.56所示。

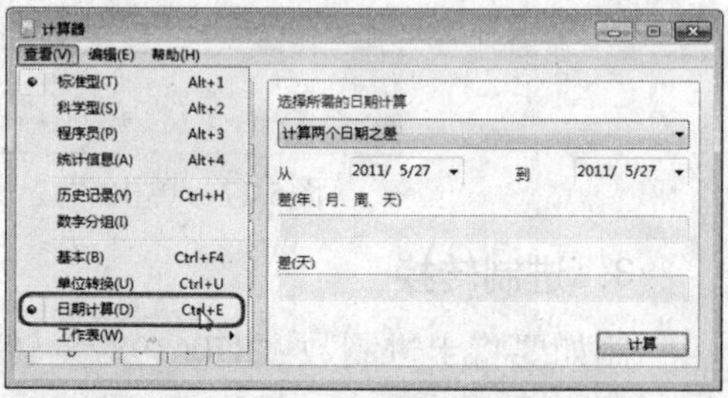

图5.56　日期计算窗格

02 分别在“从”和“到”下拉列表文本框中输入要计算的起始和结束日期，如图5.57所示。

03 输入完成单击“计算”按钮，即可在“差（年、月、周、天）”和“差（天）”文本框中显示出计算结果，如图5.58所示。

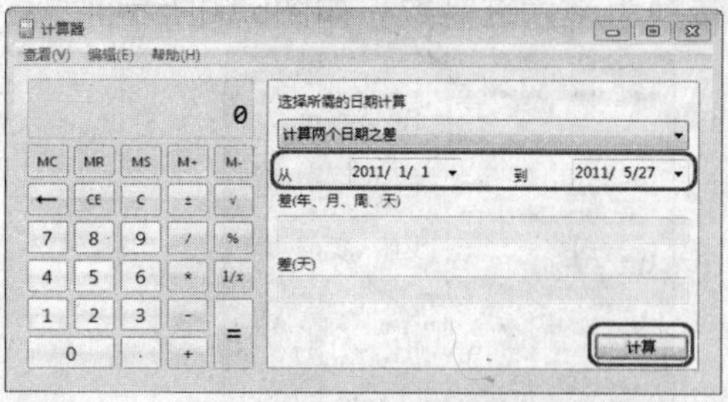

图5.57　输入要计算的起始和结束日期

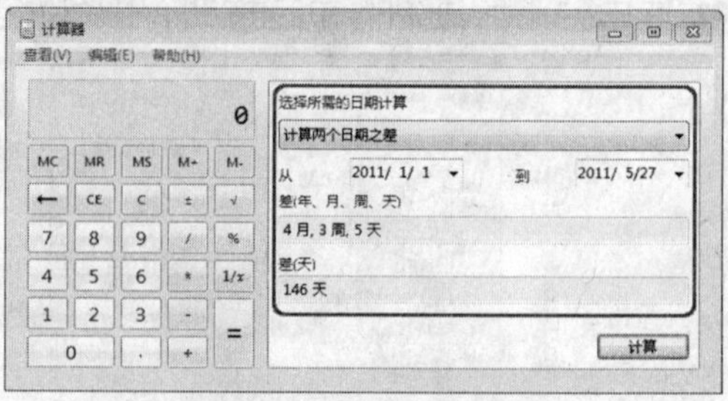

图5.58　计算后的结果

5.4 截图工具

Windows 7自带的截图工具用于帮助用户截取屏幕上的图像，并且可以对截取的图像进行编辑。

5.4.1 新建截图

新建截图的具体步骤如下：

01 打开一张素材图片，如图5.59所示。

02 单击“开始”按钮，在弹出的“开始”菜单中选择“所有程序”→“附件”→“截图工具”，如图5.60所示。即可弹出“截图工具”窗口。随即弹出“截图工具”窗口，如图5.61所示。

图5.59　打开的素材图片

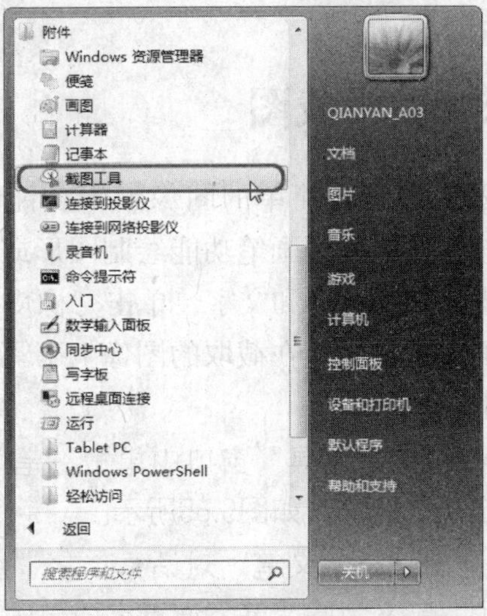

图5.60　选择“截图工具”

03 单击 新建(N) 按钮右侧的 按钮，在弹出的下拉菜单中选择截图方式，这里使用默认的截图方式，如图5.62所示。

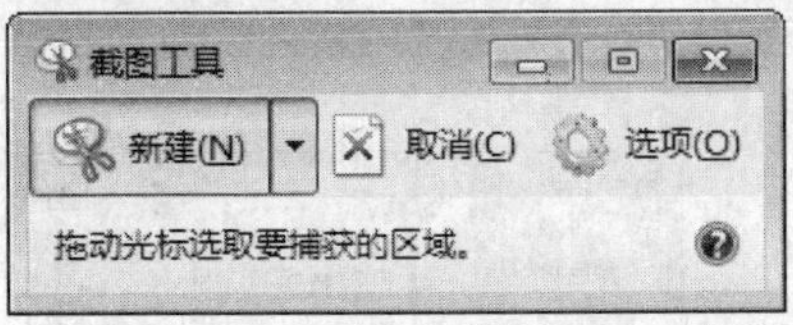

图5.61　“截图工具”对话框

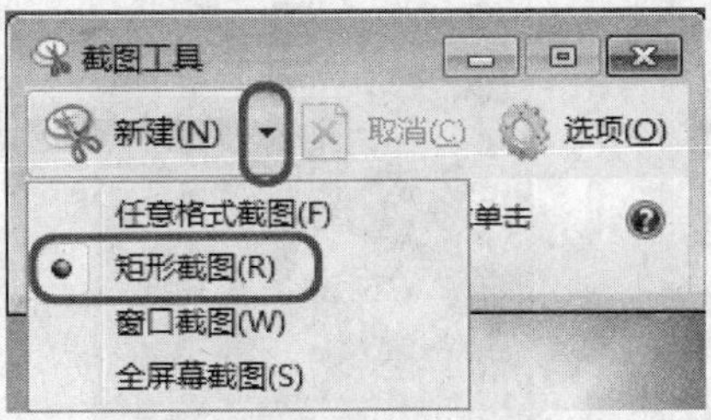

图5.62　使用默认的截图方式

04 此时鼠标指针变成十字形状，单击要截取图片的起始位置，然后按住鼠标不放，拖曳选择要截取的图像区域，如图5.63所示。

05 释放鼠标即可完成截图，此时在“截图工具”窗口中会显示截取的图像，如图5.64所示。

图5.63　选择要截取的图像区域

图5.64　截图后的效果

5.4.2　编辑截图

截图工具带有简单的图像编辑功能。例如，单击“复制”按钮可以复制图像，单击“笔”按钮可以使用画笔功能绘制图形或者书写文字，单击“荧光笔”按钮可以绘制和书写具有荧光效果的图形和文字，单击“橡皮擦”按钮可以擦除用笔和荧光笔绘制的图形。

下面以使用画笔在截取的图像上书写文字为例，介绍截图工具的编辑功能。具体的操作步骤如下：

01 在“截图工具”窗口中单击“笔”按钮右侧的下箭头按钮，从弹出的下拉菜单中选择“自定义”选项，如图5.65所示。

02 弹出“自定义笔”对话框，将“颜色”设置为黄色，将“粗细”定义为中号点笔，将“笔尖”定义为圆头笔，设置完成单击“确定”按钮，如图5.66所示。

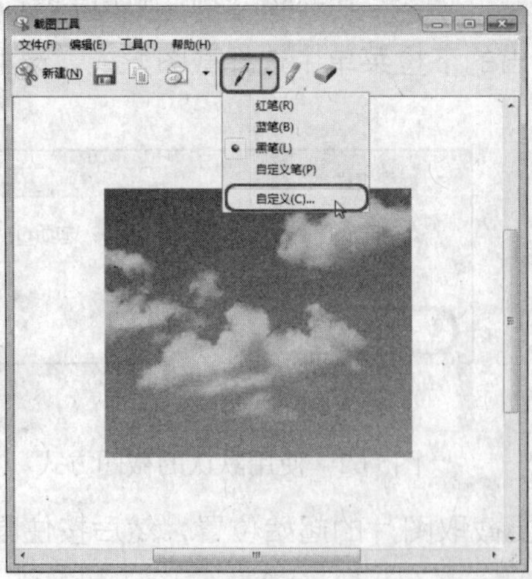

图5.65　选择“自定义”选项

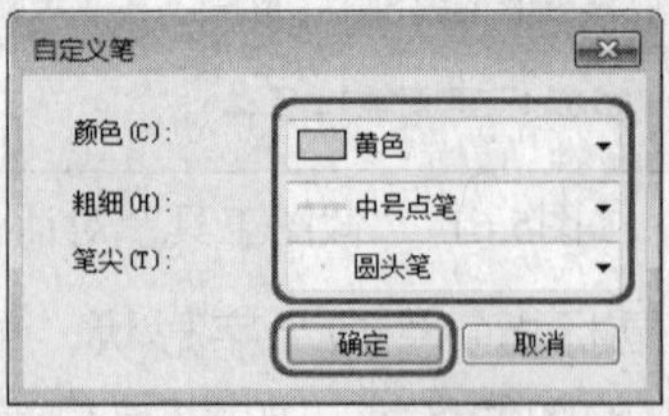

图5.66　设置画笔

03 返回“截图工具”窗口，然后按住鼠标不放在图像上书写文字，如图5.67所示。

图5.67　书写文字

图5.68　选择“另存为”命令

5.4.3　保存截图

截取的图像只有保存在电脑中，才能在日后查看和编辑。

保存截图的具体操作步骤如下：

01 选择“文件”→“另存为”命令，如图5.68所示，或者按Ctrl+S快捷键。

02 随即弹出“另存为”对话框，设置图像的存放路径，然后在“文件名”文本框中输入文件名，接着在“保存类型”下拉列表中选择一种保存类型，如图5.69所示。

03 设置完成单击“保存”按钮即可。

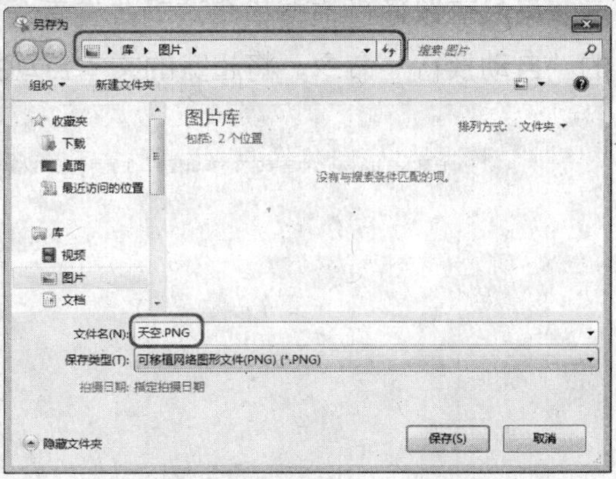

图5.69　“另存为”对话框

5.5　记事本

记事本是Windows 7中自带的文本编辑程序，主要用于查看或编辑简单的文本文件（保存后的文件扩展名为.txt）。本节将简单介绍记事本的使用方法。

5.5.1　输入文字

在记事本中输入文字的具体步骤如下：

01 单击“开始”按钮，在弹出的“开始”菜单中选择“所有程序”→“附件”→“记事本”，如图5.70所示。

02 即可弹出“无标题-记事本”窗口，如图5.71所示。记事本窗口拥有标题栏、菜单栏和编辑栏。

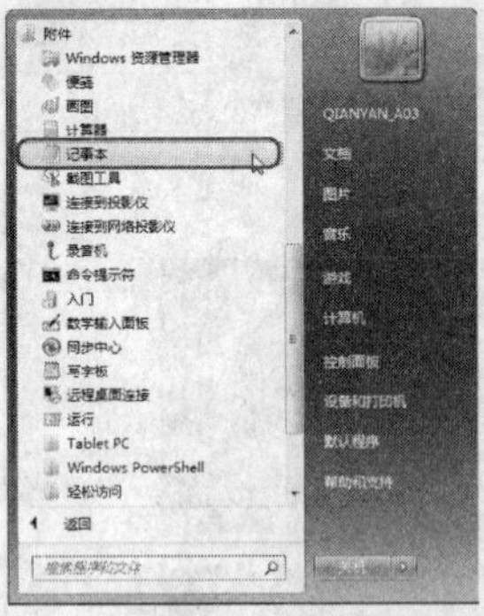

图5.70　选择“记事本”

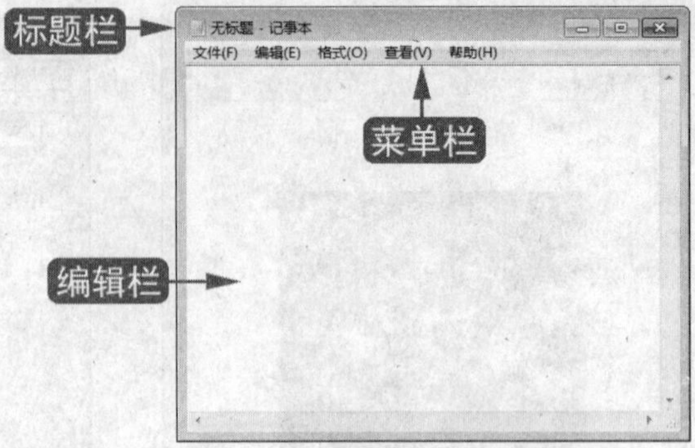

图5.71　记事本窗口

03 在编辑窗口中输入文字内容，如图5.72所示。

提示　如果启用“自动换行”命令，则“查看”菜单中“状态栏”命令将被禁用。

04 从图中可以看到，当输入文本的宽度超过当前记事本窗口时，行首文字将不再显示。虽然可以通过拖曳横向滚动条查看未显示的文本，但却比较麻烦。单击“格式”菜单中的“自动换行”命令，将超宽的文本自动换行显示，如图5.73所示。

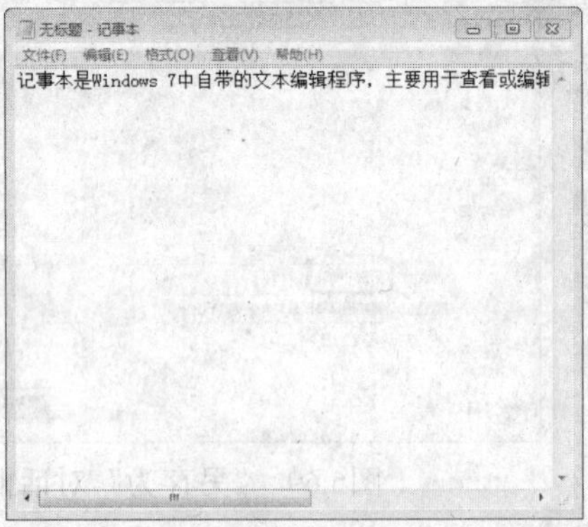

图5.72　输入文字

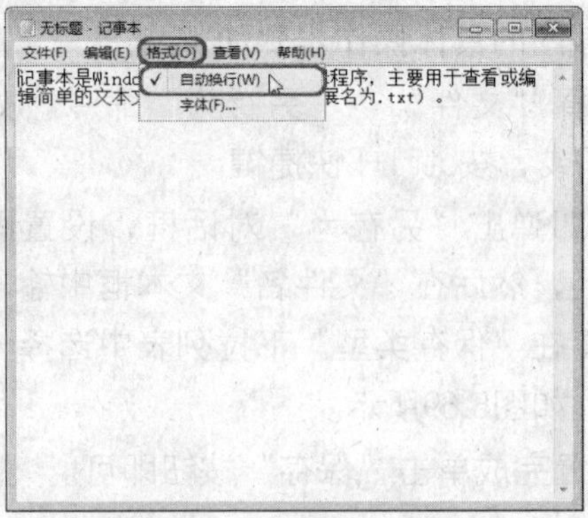

图5.73　自动换行命令

05 文件编辑完成后，单击“文件”→“另存为”命令，如图5.74所示。打开“另存为”对话框中。输入文档名称后选择文件的保存路径，再单击“保存”按钮即可将文件保存，如图5.75所示。

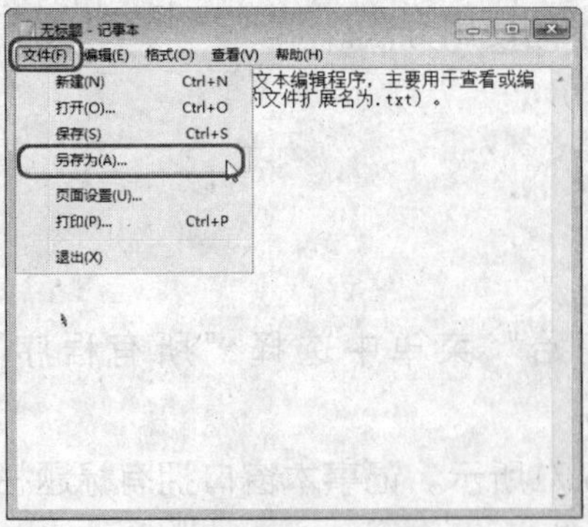

图5.74　“另存为”命令

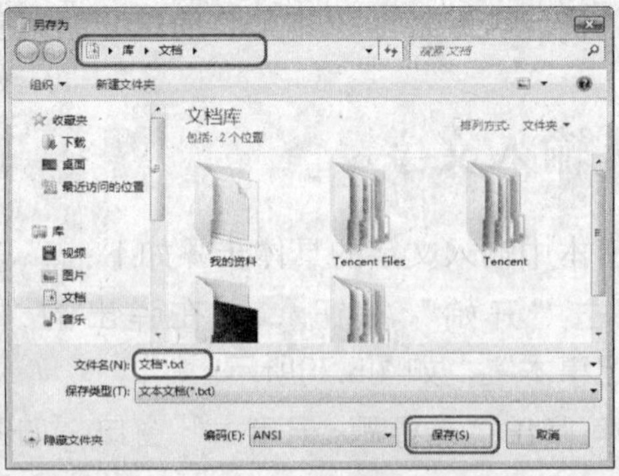

图5.75　“另存为”对话框

5.5.2 文字常用的编辑方法

文本中经常有一些重复出现的文字或符号，为了提高输入效率，用户可以通过复制、粘贴的方法完成，具体操作步骤如下：

01 在记事本中新建文本文件或打开需要编辑的文件。在需要复制的内容前按住鼠标左键并拖曳至需要复制的内容结尾，选中的内容以蓝底白字显示，如图5.76所示。

02 选择“编辑”→“复制”命令，如图5.77所示。或在选择的文本区域上单击鼠标右键，从弹出的快捷菜单中选择“复制”命令，单击后所选择内容会复制到系统的剪贴板中。

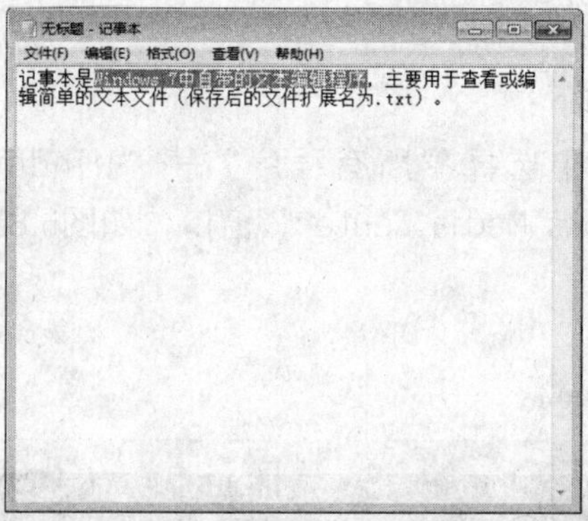

图5.76 选择待复制文本

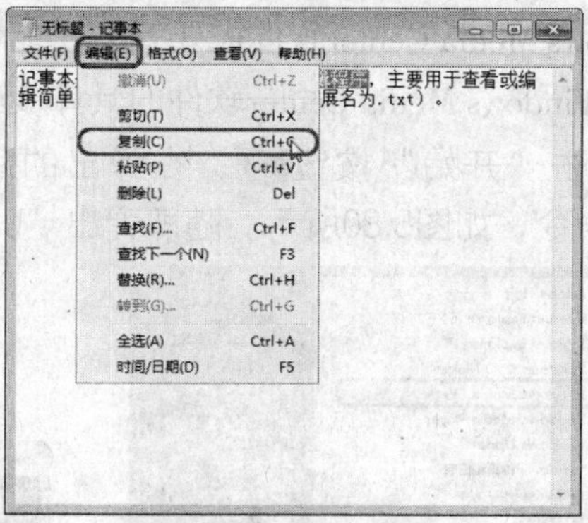

图5.77 选择复制命令

提示　通过Ctrl+C快捷键将所选内容复制。

03 将光标移动到放置复制文本的目标位置，然后选择“编辑”→“粘贴”命令，如图5.78所示，或者单击鼠标右键，从弹出的快捷菜单中选择“粘贴”命令，即可在目标位置粘贴出复制后的文本，如图5.79所示。

某些情况下，文字或段落需要调整位置，可通过剪切、粘贴的方法来完成。具体做法是将步骤2中的“复制”命令替换成“剪切”命令即可。

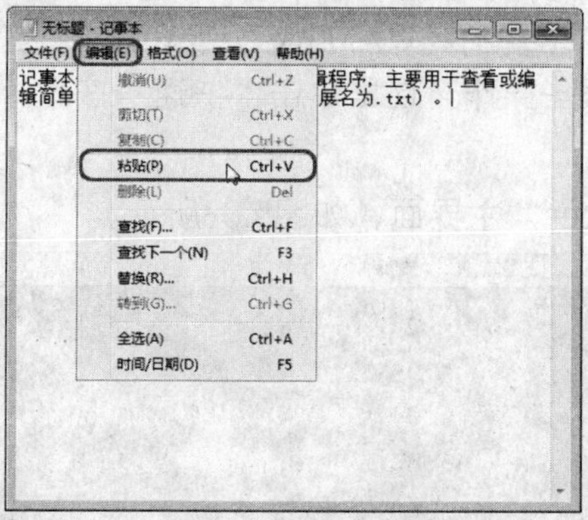

图5.78 选择粘贴命令

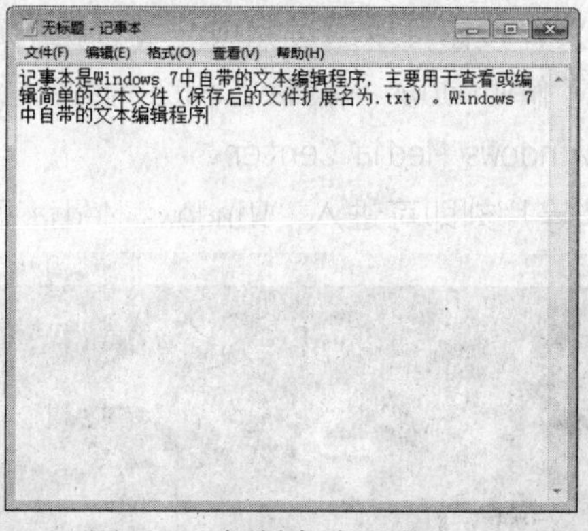

图5.79 复制完成后文本

提示　通过Ctrl+V快捷键将所选内容粘贴。通过Ctrl+X快捷键将所选内容剪切。

5.6 Windows 7媒体中心

Windows Media Center是Windows 7系统自带的一款多媒体软件，该程序是一款集影、视、音乐播放、图片浏览、游戏等众多功能于一身的综合娱乐平台，为用户提供一体化数字娱乐享受。本节将介绍Windows Media Center的使用方法。

5.6.1 Windows Media Center的安装

Windows Media Center软件需要安装才能使用。

安装Windows Media Center软件的具体步骤如下：

01 单击“开始”按钮，在弹出的菜单中选择“所有程序”→“Windows Media Center”命令，如图5.80所示。随即弹出“Windows Media Center”窗口，如图5.81所示。

图5.80　选择“Windows Media Center”命令

图5.81　“Windows Media Center”窗口

02 单击“继续”按钮，弹出“入门”窗口，如图5.82所示。其中显示了3个功能按钮，单击“了解详细信息”按钮可以通过联机了解Windows Media Center能完成的所有工作，单击“自定义”按钮可以通过完成配置过程的每个步骤来设置Windows Media Center，这样可以更好地了解Windows Media Center能够进行哪些操作。这里单击“快速”按钮，使用推荐选项设置Windows Media Center.

03 稍等片刻即可进入“Windows Media Center”主界面，如图5.83所示。

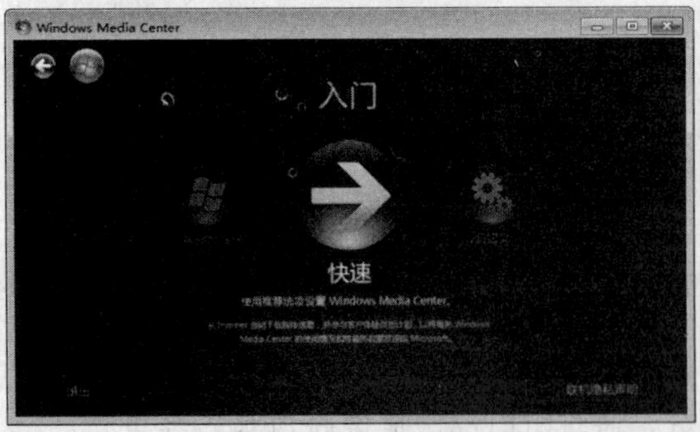

图5.82　“入门”窗口

图5.83　“Windows Media Center”主界面

提示 如果单击“快速”按钮进行快速设置，那么以后就可以在“Windows Media Center”主界面中选择“任务”→“设置”→“常规”→“Windows设置”→“重新运行设置向导”选项，重新运行Windows Media Center的设置向导。

5.6.2 Windows Media Center的使用

由于使用Windows Media Center可以观看电视、录制电视以及播放各种数字多媒体，因而它在家庭娱乐中得到了广泛的应用。

1. Windows Media Center入门

Windows Media center不仅改进了键盘和鼠标、支持触摸屏、优化了宽屏显示，而且具有便捷的窗口控制按钮。

01 鼠标和键盘方面的改进

Windows Media center改进了鼠标和键盘的控制。

①鼠标方面的改进

通过鼠标中键的滚动，可实现各个主要功能选项之间的切换。

例如在默认情况下，“Windows Media Center”主界面中的“电视”选项呈选中状态，如果鼠标中键向上滚动，则可切换到“电影”和“音乐”等选项。

鼠标中键向下滚动，则可切换到“任务”选项。

另外，利用鼠标单击的方式选择功能选项，则可进入相应的界面。

②键盘方面的改进

使用键盘上的方向键可以在各个选项之间切换。

按下“↑”和“↓”键，可以在各个主要功能选项之间切换。

按下“←”和“→”键，可以在主要功能选项下的各个子选项间切换。

提示 “Windows Media Center”主界面中包括“电视”、“电影”、“音乐”、“图片+视频”、“附加程序”和“任务”等主要功能选项，这些选项之下又包含若干个子选项。

02 支持触摸屏

用户可以通过触摸屏控制Windows Media Center。

03 优化宽屏显示

“Windows Media Center”界面可以扩展到16:9的宽屏显示比例，从而显示了比之前版本更多的内容，最多达3倍。

04 便捷的窗口控制按钮

“Windows Media Center”窗口中包含多个窗口控制按钮。

单击“全屏”按钮，可以使窗口全屏显示。

单击“最小化”按钮，可以将窗口最小化至系统“任务栏”。

单击“最大化”按钮，可以最大化窗口。

单击“关闭”按钮篮辍，可以关闭“Windows Media Center”窗口。

2．观看录制的电视

使用Windows Media Center观看录制的电视的具体步骤如下。

01 在“Windows Media Center”主界面中选择“录制的电视”选项，如图5.84所示。

02 随即进入“录制的电视”界面，其中显示了所有录制的电视片段，如图5.85所示。

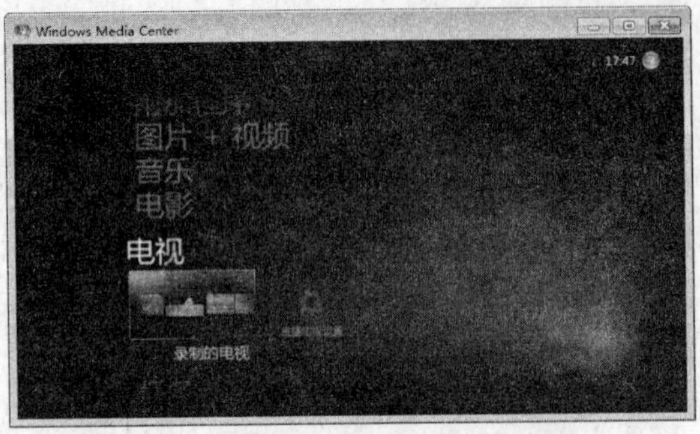

图5.84　选择“录制的电视”选项

图5.85　进入“录制的电视”界面

03 单击想要观看的电视片段缩略图进入“摘要”界面，其中显示了电视片段的名称、频道以及内容简介等信息，如图5.86所示。单击“播放”按钮，即可播放录制的电视片段，

图5.86　【摘要】界面

04 在播放的过程中单击窗口左上角的“后退”按钮返回“录制的电视”界面，此时当前播放的电视片段会最小化至界面的左下角，以小窗口的形式继续播放，单击播放电视片段的小窗口可以再次放大窗口播放。

05 电视片段播放完会返回“摘要”界面，此时单击两次“后退”按钮即可返回“Windows Media Center”主界面。

3．观看电影

使用Windows Media Center可以观看媒体库和DVD影碟中的电影。

在观看电影库中的电影之前，首先需要将要观看的电影添加到媒体库中，然后才能正常观看。具体的操作步骤如下：

01 在“Windows Media center”主界面中选择“任务”→“设置”选项，如图5.87所示。

02 进入到“设置”界面中选择“媒体库”选项，如图5.88所示。

图5.87 选择“设置”选项

图5.88 选择“媒体库”选项

03 随即进入“媒体库”界面，然后选中“电影”单选钮，单击“下一步”按钮，如图5.89所示。

04 进入“电影”界面，选中“向媒体库中添加文件夹”单选钮，然后单击“下一步”按钮，如图5.90所示。

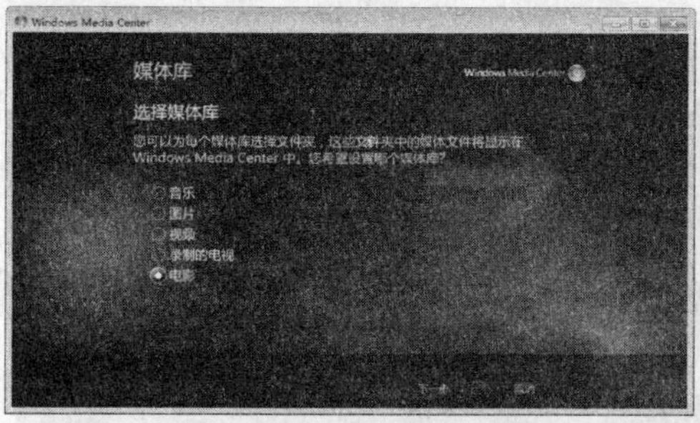

图5.89 选中“电影”单选钮

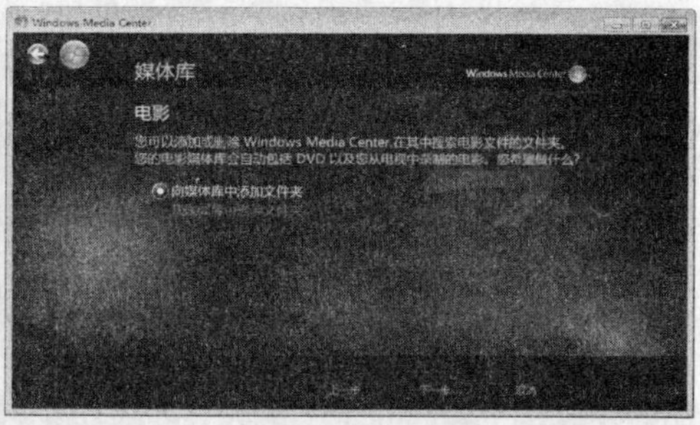

图5.90 选中“向媒体库中添加文件夹”单选钮

05 随即进入“添加电影文件夹”界面，从中可以根据电影文件的存放位置进行设置，这里选中“在此计算机上（包括映射的网络驱动器）”单选钮，然后单击“下一步”按钮，如图5.91所示。

06 随即进入“选择包含电影的文件夹”界面，在下方的列表框中找到电影文件所在的驱动器选项，例如，电影文件存放在“DISK1_VOL4（F:）”中，则需单击“DISK1_VOL4（F:）”选项左侧的小加号按钮展开该选项，选中“电影”文件夹前面的复选框，然后单击“下一步”按钮，如图5.92所示。

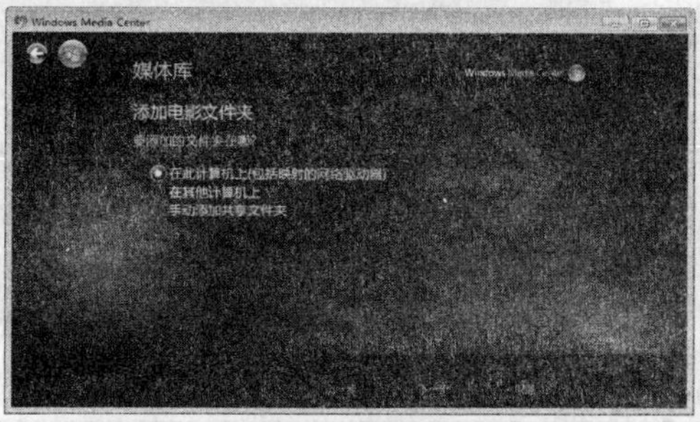

图5.91 “在此计算机上（包括映射的网络驱动器）”

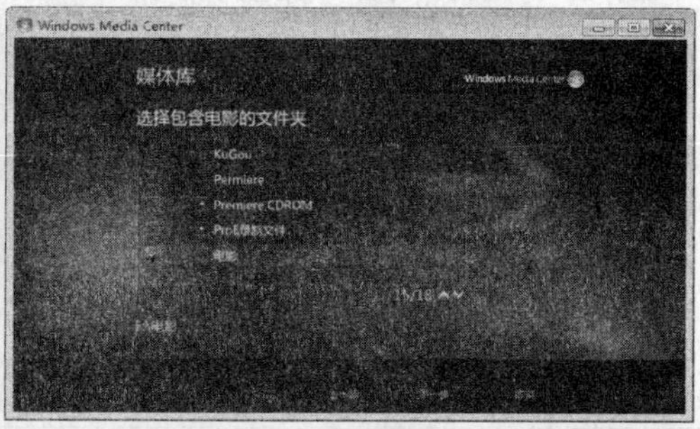

图5.92 选中“电影”文件夹

07 进入“确认更改”界面，其中显示了Windows Media center搜索媒体的位置，单击按钮可以查看未显示的媒体位置。如果位置正确，则可选中“是，使用这些位置”单选钮，然后单击“完成”按钮，如图5.93所示。

08 设置完媒体库后会返回“设置”界面，此时单击“后退”按钮即可返回“Windows Media Center”主界面，然后选择“电影”→“电影库”选项，如图5.94所示。

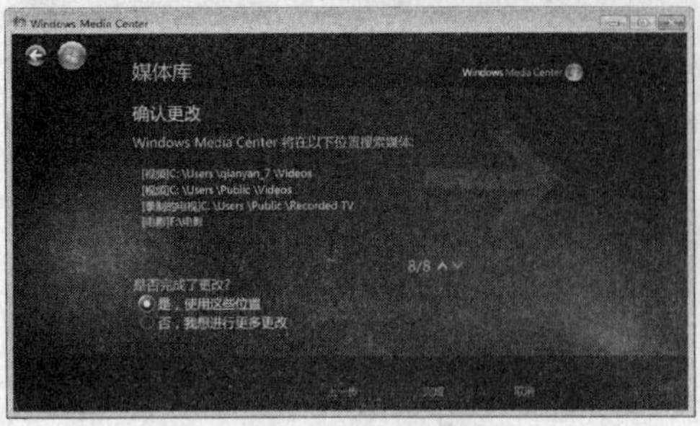

图5.93　查看位置

图5.94　“电影库”选项

09 进入“电影库”界面，其中显示媒体库中的所有电影，选择要播放的电影选项，进入“摘要”界面，单击“播放”按钮，即可播放所选的电影。

4．聆听音乐

使用Windows Media Center不仅可以欣赏软件自带的各种音乐，而且可以聆听电脑中存放的所有音乐，但是电脑中存放的音乐只有添加到媒体库中才能播放。

使用Windows Media Center聆听电脑中存放的音乐的具体步骤如下：

01 在“Windows Media Center”主界面中选择“音乐”→“音乐库”选项，如图5.95所示。

02 在音乐库界面中默认方式下以“唱片集”来显示媒体库中的歌曲，如图5.96所示。

图5.95　选择“音乐库”选项

图5.96　唱片集

03 如单击“全部播放”链接，则将播放音乐库中的所有歌曲。如果要选择性地播放，可以单击要播放的唱片集或歌曲，当单击某一唱片集后将进入如图5.97所示界面，单击要播放的歌曲即可。

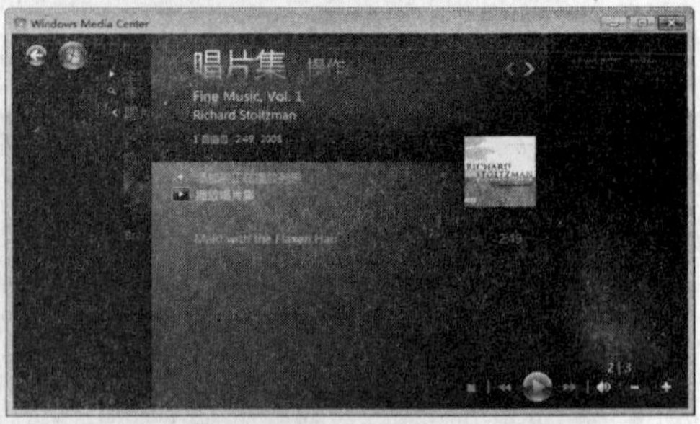

图5.97　播放歌曲

5.7　游戏

Windows 7系统中自带了许多好玩的游戏，在工作之余玩上一把既放松心情，又可起到缓解压力的作用，实在是一种享受。本节就来介绍Windows 7操作系统中自带的这11种小游戏的玩法，以及游戏管理器的使用方法。

5.7.1 单机游戏

Windows 7操作系统自带了8款单机游戏，分别为Chess Titans、Mahjong Titans、Purble Place、红心大战、空当接龙、扫雷、蜘蛛纸牌和纸牌。用户如果想运行某个游戏，可通过单击“开始”按钮，在弹出的菜单中选择“所有程序”→“Games”命令，然后从菜单中选择相应的游戏，如图5.98所示。

下面介绍一下这8款游戏的基本游戏规则及玩法。

1. Chess Titans

Chess Titans是一款国际象棋游戏，该游戏使用三维图形和动画技术制作。棋盘为64×64的方块。游戏开始时每个玩家都拥有16个棋子，并且排成两行。第一行由称为“卒”的棋子占据。第二行则包括：一个“王”、一个“王后”、两个“车”、两个“象”和两个“马”，游戏的目标就是将对方的王将死。也就是对手的王在玩家走下一轮棋子之前无法移出玩家棋子的路线，玩家即获胜。

01 启动象棋游戏后的界面如图5.99所示。首先我们要选择难度，分为“初级”、“中级”和“高级”三个难度等级。

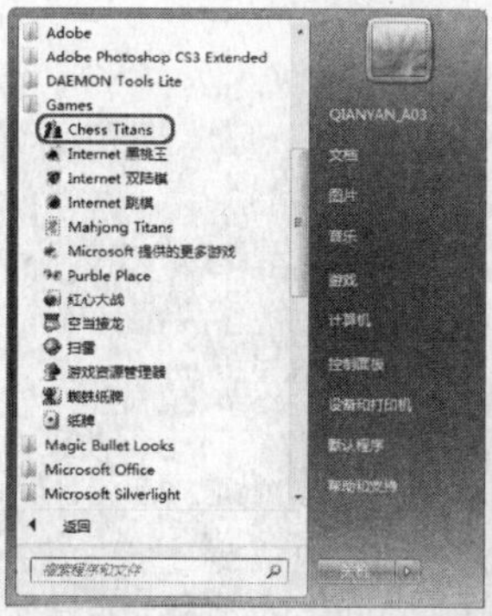

图5.98 选择游戏

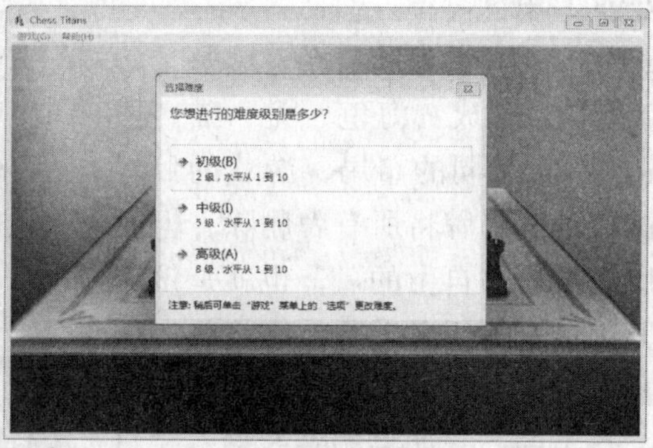

图5.99 象棋游戏界面

02 如果用户需要设置持棋的颜色、游戏难度和图像质量等选项，可选择“游戏”→“选项”命令，如图5.100所示。弹出“选项”对话框，如图5.101所示。设置完成后单击“确定”按钮。

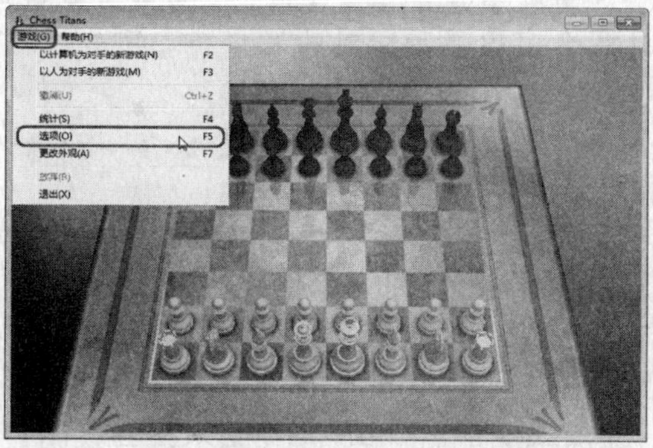

图5.100 选择“选项”命令

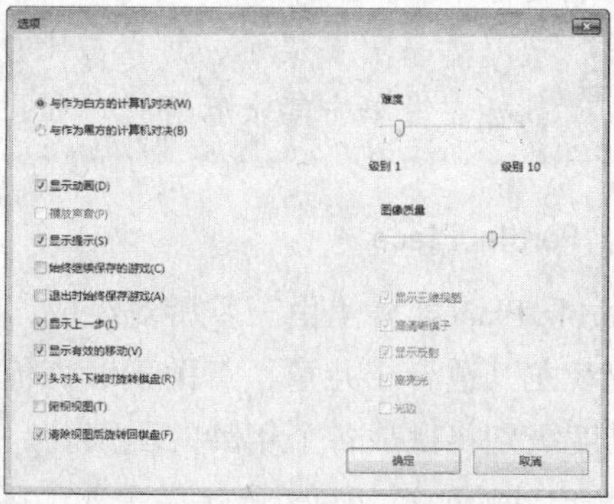

图5.101 “选项”对话框

03 用户还可以通过选择“游戏”→“更改外观”命令，设置棋子和棋盘的外观，如图5.102所示。

04 当游戏已经开始，而用户需要离开时，可选择“游戏”→“退出”命令，此时将会弹出如图5.103所示的对话框，询问用户是否保存游戏。如果单击“保存”按钮，用户可以从退出时的游戏状态继续开始游戏。

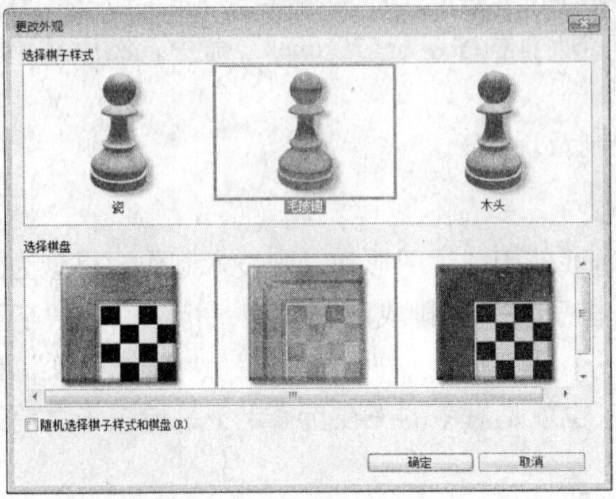

图5.102　更改游戏外观

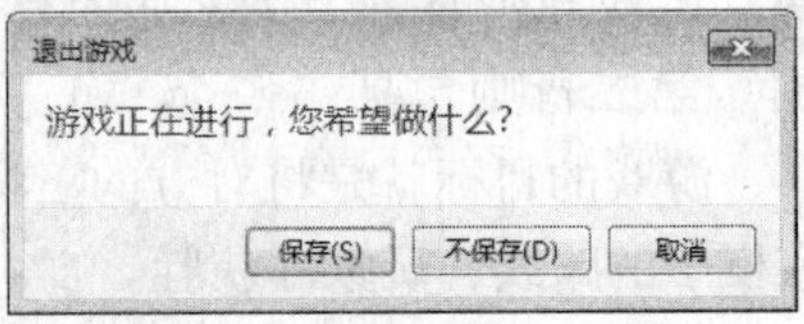

图5.103　退出游戏提示对话框

2. Mahjong Titans

Mahjong Titans是一款麻将牌游戏，每个游戏有144张麻将牌，分成：海龟、龙、猫、堡垒、螃蟹和蜘蛛6个不同的布局，游戏的目标是通过查找配对的麻将牌将所有牌删除，但所删除的麻将牌必须是“自由的”，也就是该牌必须能够离开牌堆且不用移动其他麻将牌。如果用户将鼠标停放在麻将牌上时发出闪亮，则表示该牌是“自由的”。如果删除的是不“自由”的麻将牌，游戏将提示用户。

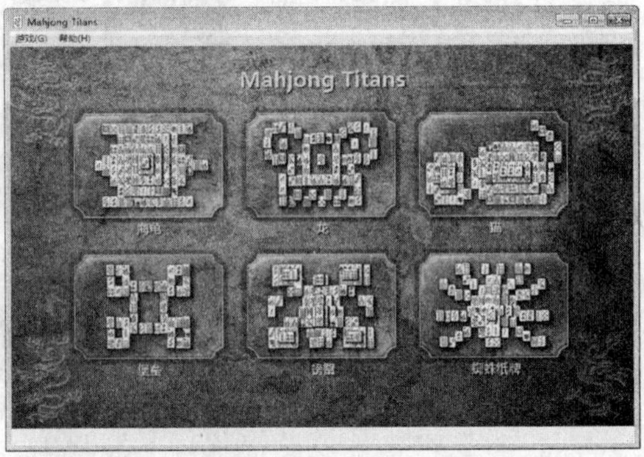

图5.104　麻将游戏界面

在选择一种布局后，进入如图5.104所示游戏界面。用户也可通过“游戏”→“选项”或“外观”命令对游戏进行设置。

提示　如果需要提示，可以按H键，游戏会突出显示配对的麻将牌。用户还可以通过鼠标右键单击某张麻将牌。如果有配对的牌，它会闪动。

3. Purble Place

Purble Place实际上由三款游戏组成，分别为：Purble配对、蛋糕房和Purble商店。初级级别的游戏尤其适合于儿童，有助于锻炼他们在记忆力、模式识别及合理安排等方面的技巧。更高难度级别将挑战各个年龄的玩家。

01 启动Purble Place游戏后进入如图5.105所示的界面，界面中的3个建筑物由左至右分别代表Purble配对、蛋糕房和Purble商店游戏，用户可单击进入不同的游戏。

02 单击任一款游戏后，首先将弹出游戏难度选择对话框，如图5.106所示。在选择难度后正式开始游戏。

图5.105 Purble Place主菜单

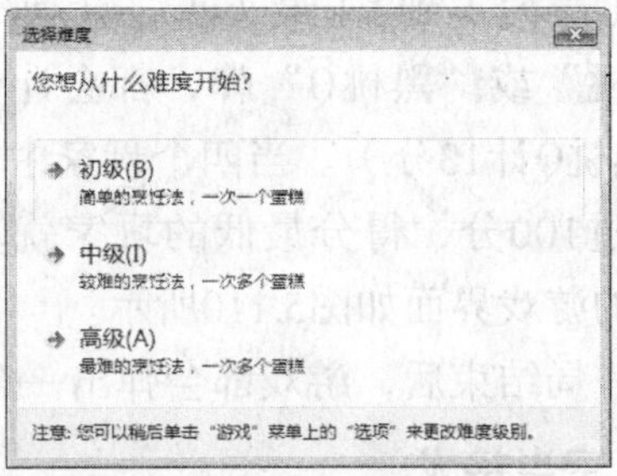

图5.106 难度选择对话框

三款游戏的目标分别如下：

- Purble配对：该游戏的目标是在时间用完之前找到所有完全相同的图片。翻转一个图块来显示图片，然后尝试找到其配对，游戏界面如图5.107所示。
- 蛋糕房：该游戏将玩家置于蛋糕房的面包店中，在这里必须完成一批蛋糕的订单。面包店的客户非常特殊，需要按照订单准确制作蛋糕，采用正确的形状、口味、夹心、糖衣和点缀的组合。游戏界面如图5.108所示。

图5.107 Purble配对游戏

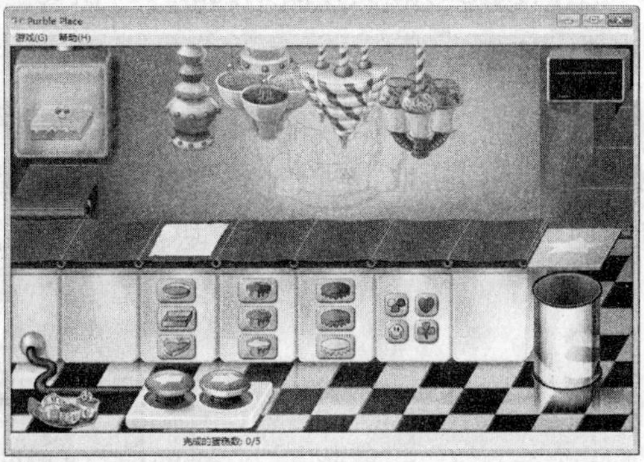

图5.108 蛋糕房游戏

- Purble商店：该游戏测试推断能力，游戏的目标是使厨师的脸与窗帘后面的神秘厨师相匹配。从架子上选择头发、眼睛、鼻子和嘴唇，然后可以了解自己答对了多少特征。游戏界面如图5.109所示。

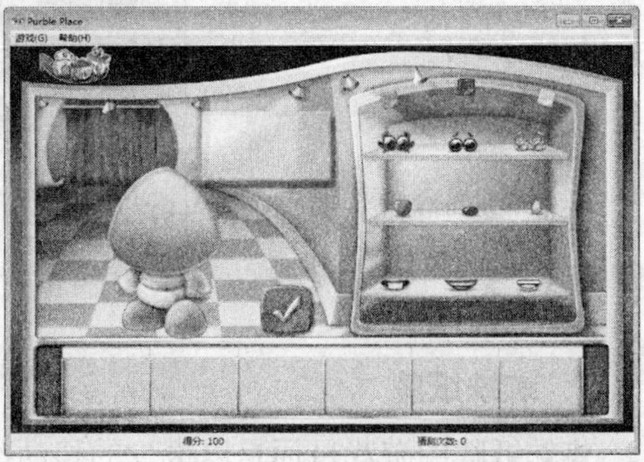

图5.109 Purble商店游戏

4．红心大战

红心大战是一款人机对抗的纸牌游戏，该游戏的目标是出掉手中的牌并避免得分，游戏中每个玩家都有13张牌，玩家在每局开头将三张牌传给对手（第四局不传牌）。抓有“梅花2”的玩家必须首先以“梅花2”开始出牌，其他玩家如果有相同花色的牌则必须跟着出，如果没有相同花色的牌，则可以出任何一张牌（但是不能在第一圈牌中出红桃或黑桃Q），牌的大小顺序是A（最大）到2（最小），任何时候拿到包含“红桃”或“黑桃Q”牌，都会计分（红桃计1分，黑桃Q计13分）。当四个玩家中的任何一个累计超过100分，得分最低的玩家就算获胜。红心大战的游戏界面如图5.110所示。

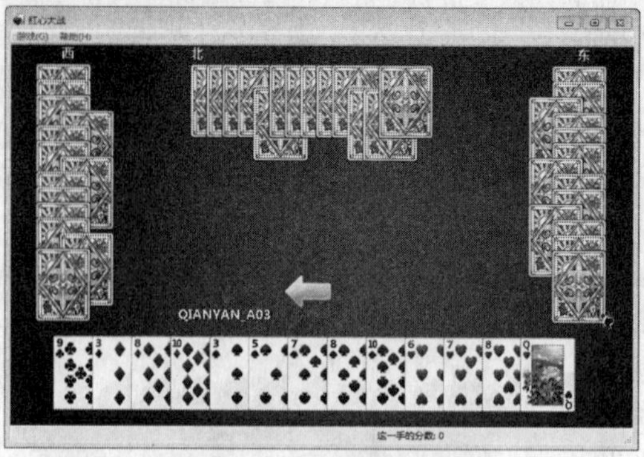

图5.110　红心大战游戏

每一局结束后，游戏都会弹出一个对话框，显示所有玩家的得分情况。

5. 空当接龙

空当接龙是一款纸牌游戏。游戏区由4个可用单元、4个回收单元和一副牌组成。可用单元是屏幕左上角4个放纸牌的位置，每个单元可容纳一张纸牌。而回收单元是位于屏幕右上角的4个放纸牌的位置，游戏的目标就是将不同花色的牌按从A到K的顺序放至回收单元。

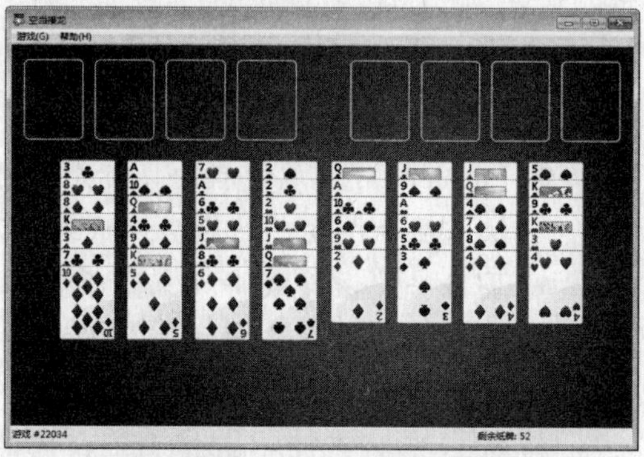

图5.111　空当接龙游戏

空当接龙的游戏界面如图5.111所示。

6. 扫雷

扫雷是一款判断及推理游戏，游戏的目标是在最短的时间内通过单击空白方块，并根据翻开的数字判断地雷所在位置然后通过鼠标右键将其标注，直到将所有地雷位置成功标注。错标地雷位置或翻开有雷的方块都会导致游戏失败。扫雷界面如图5.112所示。

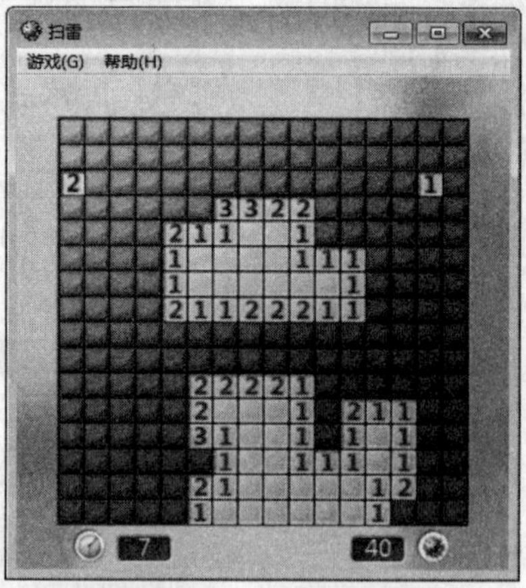

图5.112　扫雷游戏

7. 蜘蛛纸牌

蜘蛛纸牌的游戏目标是以最少的移动次数将所有牌都移走，蜘蛛纸牌使用两副牌。根据难度级别，牌由一种、两种或四种不同的花色组成。玩家需要将同一花色的牌按从K到A的顺序排成一列并移走它们。运行游戏后首先弹出选择难度对话框，如图5.113所示，选择完成后开始游戏，蜘蛛纸牌的游戏界面如图5.114所示。

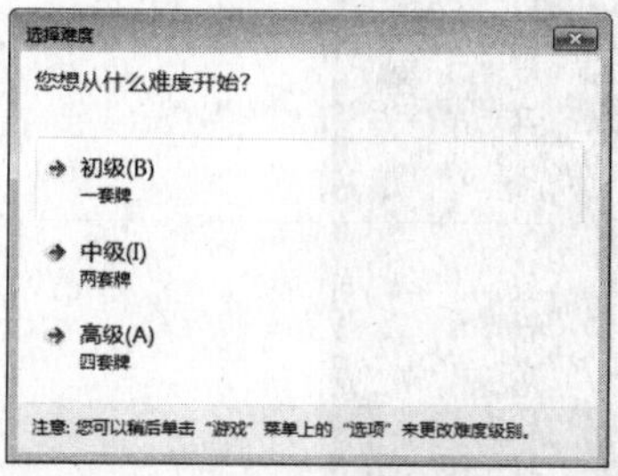

图5.113 “选择难度”对话框

图5.114 蜘蛛纸牌游戏

8．纸牌

纸牌的游戏目标是将牌按相同的花色以从A到K的顺序将牌放入回收区。玩牌区的牌则可按照从K到A红黑花色交替的方式排列。纸牌的游戏界面如图5.115所示。

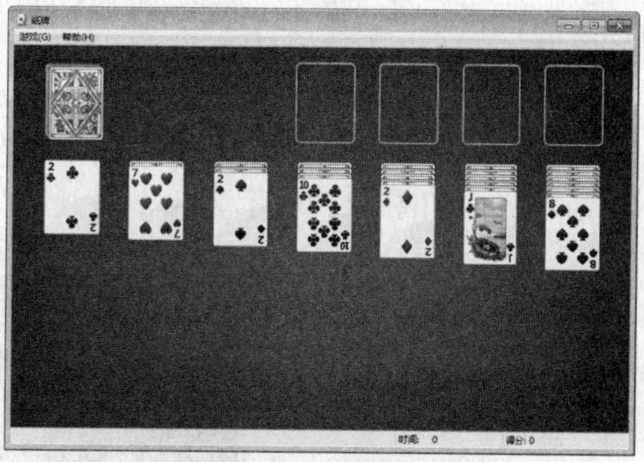

图5.115 蜘蛛纸牌游戏

5.7.2 联网游戏

Windows 7中除上面讲到过的单机游戏外，还自带了三款网络游戏分别是：Internet黑桃王、Internet双陆棋和Internet跳棋。与单机游戏不同，运行这三款游戏的前提条件是用户的计算机已联接到互联网，如果说单机游戏中对手是计算机，那么这三款游戏中的对手就是来自世界各地的其他真实玩家。

1．Internet黑桃王

Internet黑桃王是一款变体桥牌游戏，其游戏目标是当用户方达到500分或迫使对手方降至负200分时，用户方即获胜。Internet黑桃王的游戏界面如图5.116所示。

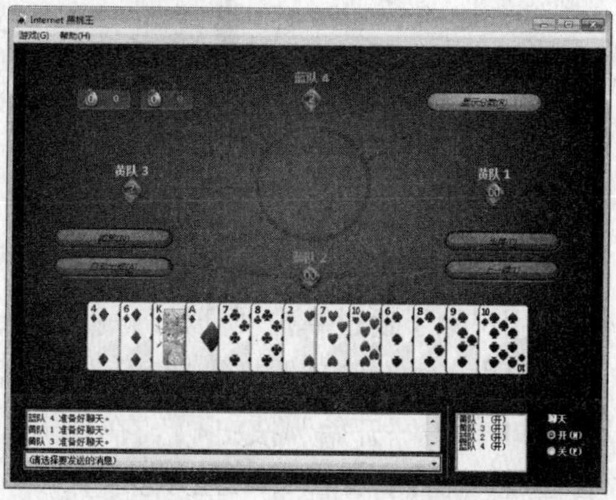

图5.116 Internet黑桃王游戏

2. Internet双陆棋

Internet双陆棋是一款双人棋盘游戏，游戏目标是最先把所有棋子移离棋盘者获胜。Internet双陆棋的游戏界面如图5.117所示。

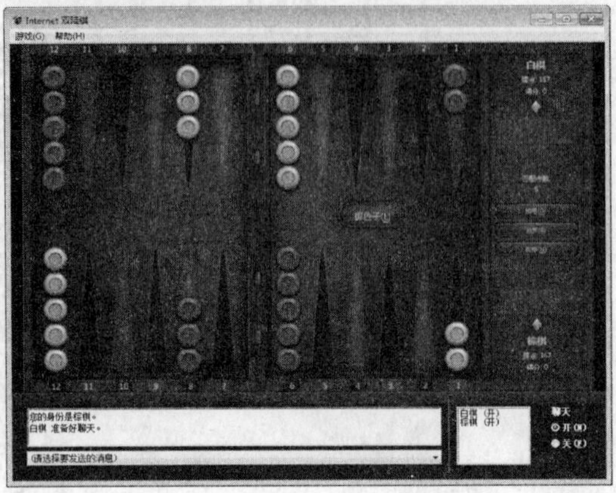

图5.117 Internet双陆棋游戏

3. Internet跳棋

Internet跳棋的游戏目标是吃掉对手的所有跳棋或阻止对手的所有合法移动。Internet跳棋的游戏界面如图5.118所示。

图5.118 Internet跳棋游戏

5.7.3 游戏管理器的使用

用户除了通过单击“开始”→“所有程序”→“Games”方式运行游戏外，在Windows 7中还提供了游戏管理器来管理和运行游戏。使用游戏管理器的具体步骤如下：

01 单击“开始”按钮，在弹出的菜单中选择“所有程序”→“游戏”→“游戏资源管理器”命令，如图5.119所示。

02 在“游戏资源管理器”中列出了系统内所有游戏的快捷方式。用户可双击某个游戏的快捷方式可以运行该游戏，或者单击鼠标右键，从弹出的菜单中选择“开始游戏”命令，如图5.120所示。

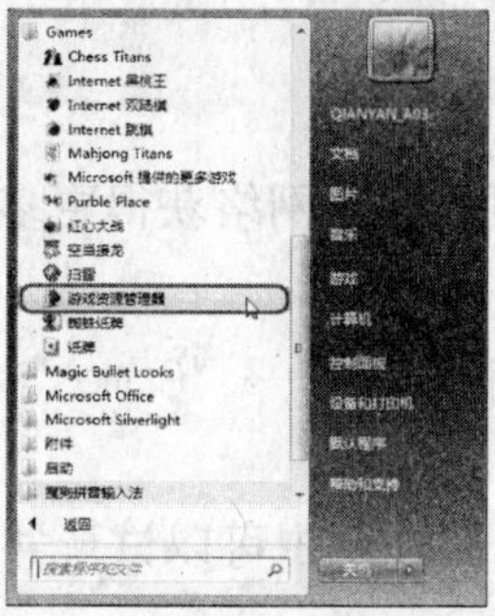

图5.119　运行游戏资源管理器

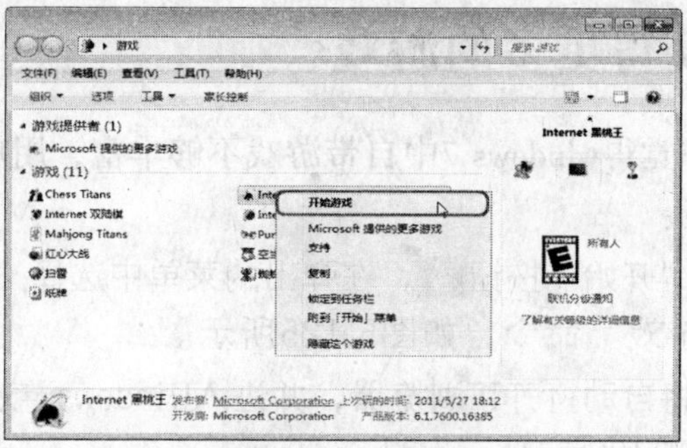

图5.120　开始游戏

03 如果用户希望游戏总是处于最新状态，可单击工具栏上的“选项”按钮，在弹出的“设置游戏更新和选项”对话框中，选择“自动联机检查更新和新闻，然后在它们可用时通知我”单选按钮和“下载有关已安装游戏的技巧和信息”复选框，如图5.121所示。设置完成后单击“确定”按钮。

提示　要成功执行检查更新，用户的计算机必须已连接到Internet。

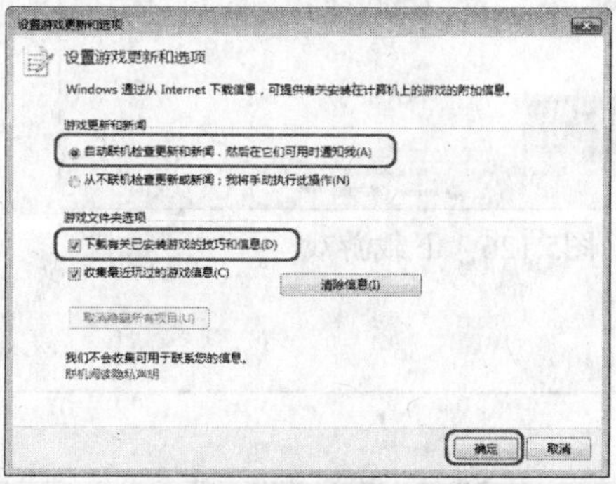

图5.121　设置更新选项

图5.122　隐藏游戏

04 如果不想让其他人看到或运行某个游戏，可将其隐藏起来。选中要隐藏的游戏，单击鼠标右键，在弹出的菜单中选择“隐藏这个游戏”命令，如图5.122所示。系统将把该游戏隐藏起来，隐藏后效果如图5.123所示。

05 如果需要恢复隐藏的游戏，可以单击工具栏上的“选项”按钮，在弹出的对话框中单击“取消隐藏游戏”按钮，然后单击“确定”按钮即可，如图5.124所示。

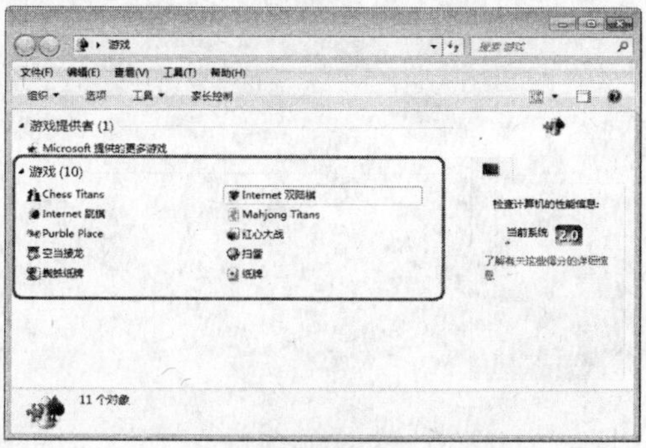

图5.123　隐藏后效果图

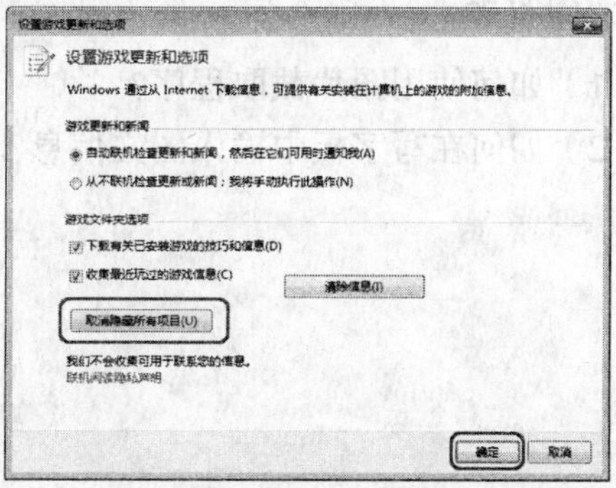

图5.124　取消隐藏游戏

5.7.4 获得更多的游戏

如果用户觉得windows 7中自带游戏不够丰富，用户可以通过网络获得更多的游戏。具体操作步骤如下：

01 单击“开始”按钮，在弹出的菜单中选择“所有程序”→“Games”→“Microsoft提供的更多游戏”命令，如图5.125所示。

02 系统将自动打开IE浏览器，并进入Windows游戏主页，从中可以试玩并下载更多种类的游戏，如图5.126所示。

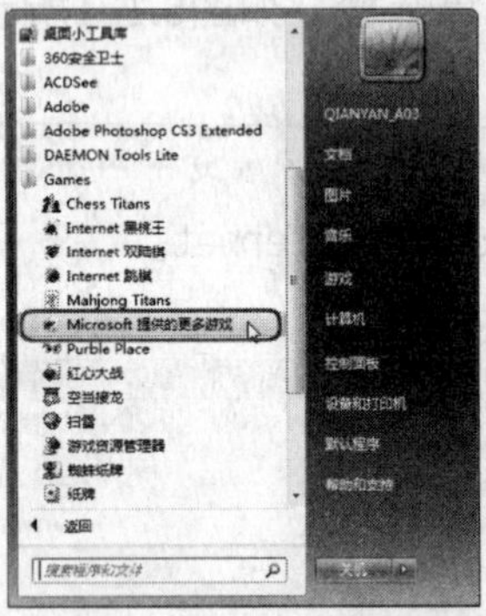

图5.125　获得更多游戏

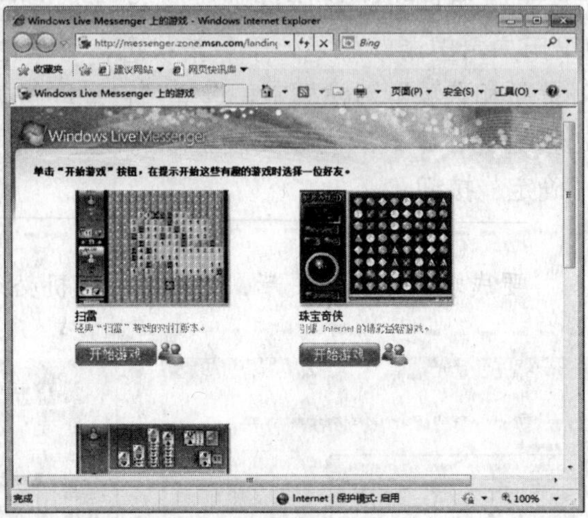

图5.126　下载游戏

5.8 习题

1．填空题

（1）单击“______”→“______”→“______”→“______”启动“写字板”。

（2）通过单击“______”和“______”令，设置游戏的外观。

（3）单击“______”→“______”→“______”→“______”，启动“游戏资源管理器”。

2．问答题

（1）如何使用图片截取程序？

（2）如何在写字板中输入图文信息？

第6章 中文版Office 2010操作基础

本章要点

本章主要介绍Office 2010的新特点，如何安装并启动Office 2010应用程序，还介绍了创建、打开、保存、恢复文档的方法及操作的撤销、恢复和重复，在编辑文档时获取帮助的方法。使读者对Office 2010有个很好的了解。

本章内容主要包括

- 安装Office2010
- 启动Office2010应用程序
- 了解Office2010应用程序工作界面
- 创建新文档的方法
- 打开文档的方法
- 保存文档的方法

go>>

6.1 安装与卸载Office 2010

要使用Office 2010简体中文版的各个组件之前，要先安装这个产品。下面将介绍如何安装和重装Office 2010。

6.1.1 安装Office 2010

与Office先前版本相同，Office 2010系列软件的安装过程比较简单，下面将介绍安装步骤。

01 打开计算机，启动Windows操作系统。

02 将Office 2010的安装光盘放入光驱中，如果用户的Windows具有自动运行功能，则会自动启动安装程序；如果取消了光驱的自动运行功能，则应双击“我的电脑”图标，在“我的电脑”窗口中单击光盘驱动器，然后双击setup.exe安装程序启动安装程序，如图6.1所示。

03 安装程序启动后，将弹出一个对话框，提示正在准备必要的文件。

04 当准备完成后，弹出如图6.2所示的对话框，勾选“我接受此协议的条款”复选框。

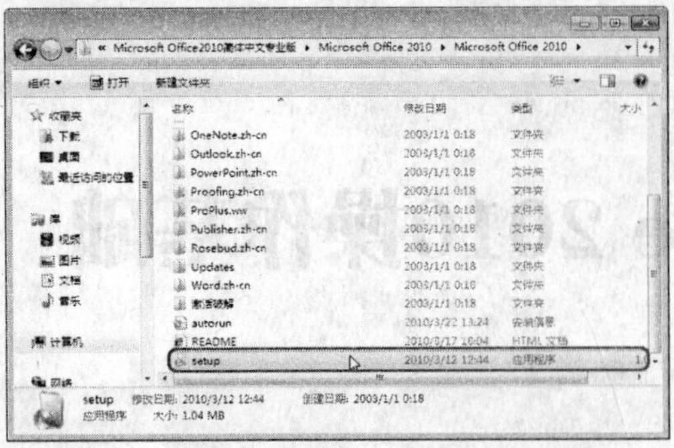

图6.1　选择安装程

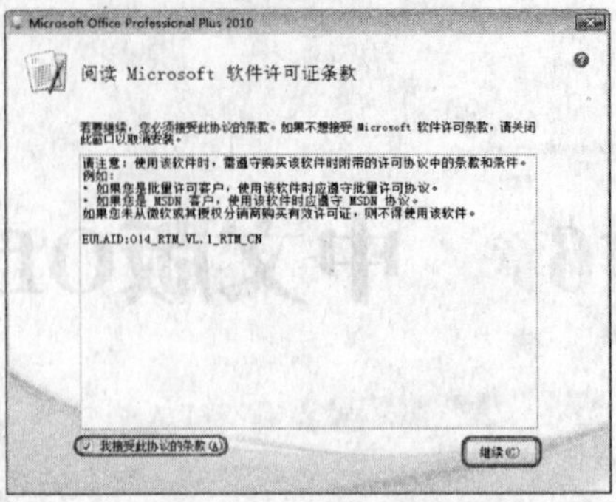

图6.2　接受协议条款

05 接受协议条款后单击对话框右下角的“继续”按钮，在弹出的对话框中可以选择“升级”或“自定义”安装。如果选择“升级”安装，原有的Office版本将被覆盖；如果选择“自定义”安装，会安装一个新的版本，并保留原来版本。这里选择的是“自定义”安装，如图6.3所示。

06 在打开的对话框中有4个选项卡，在“升级”选项卡中可以选择“删除所有早期版本”、“保留所有早期版本”或“仅删除下列应用程序”单选按钮。这里选择的是“保留所有早期版本”单选按钮，如图6.4所示。

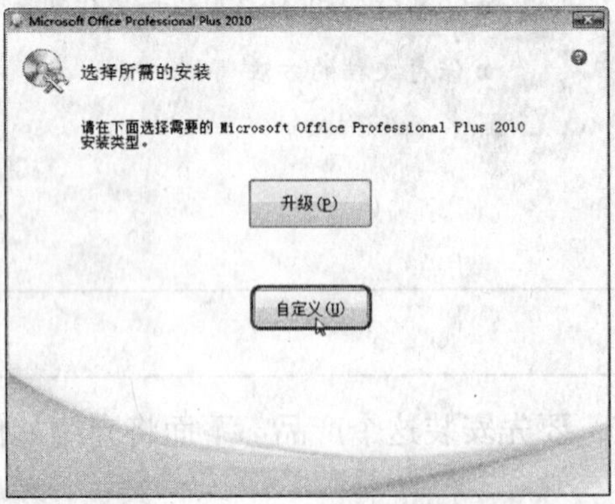

图6.3　选择“自定义”安装

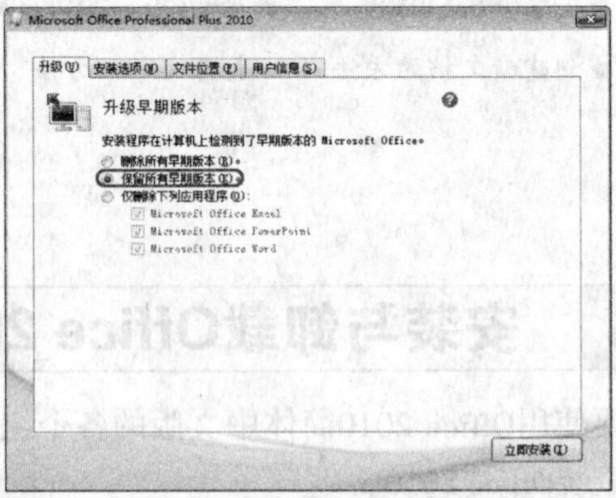

图6.4　选择“保留所有早期版本”单选按钮

07 切换到“文件位置”选项卡，可以选择文件的安装位置。默认安装在系统所在分区，单击“浏览”按钮可以为文件选择安装位置，如图6.5所示。

08 设置完成后单击“立即安装”按钮，即可弹出如图6.6所示的“安装进度”对话框。

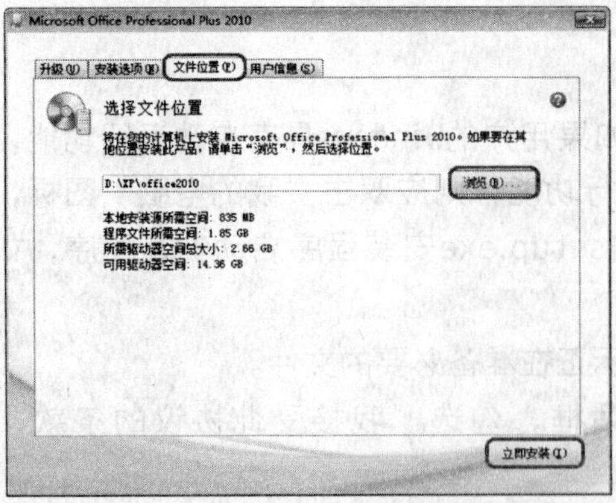

图6.5　为文件选择安装位置

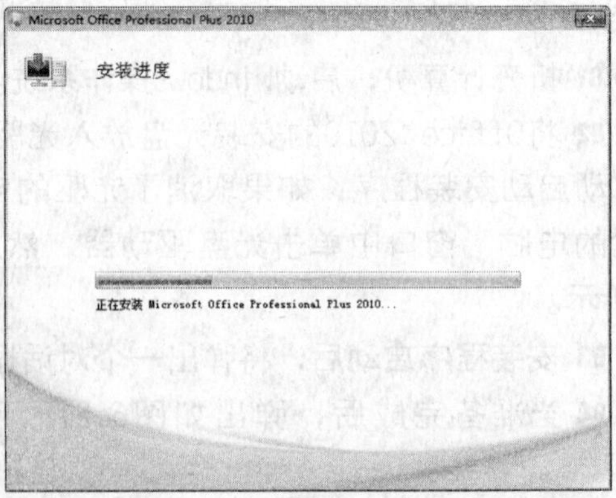

图6.6　“安装进度”对话框

09 所有的文件复制完毕后，将弹出如图6.7所示的对话框，提示完成Office 2010的安装。

10 单击“关闭”按钮，安装程序会要求重新启动计算机来完成Office配置，根据提示重新启动一次，然后就可以使用Office 2010了。

图6.7　安装完成

6.1.2　卸载Office 2010

如果以后不需要Office 2010中的某个组件，可对其进行卸载，具体操作步骤如下：

01 选择“开始”→“控制面板”选项，打开“控制面板”对话框，选择“程序”选项，在弹出的对话框中选择“程序和功能”选项。

02 在“程序和功能”对话框中选择“名称”列表框中的“Microsoft Office Professional Plus 2010”安装项，单击“卸载”按钮，如图6.8所示。

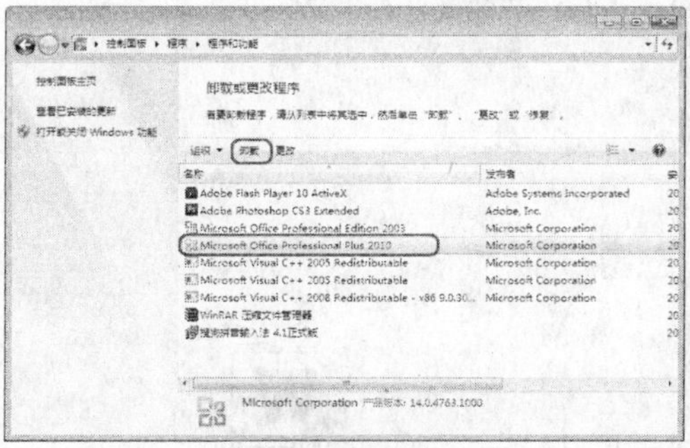

图6.8　选择删除程序

图6.9　确定是否删除Office2010

03 安装程序启动后，将弹出一个对话框，提示正在准备必要的文件。

04 当准备完成后，弹出如图6.9所示的对话框。

05 单击“是”按钮，即可弹出“卸载进度”对话框，如图6.10所示。

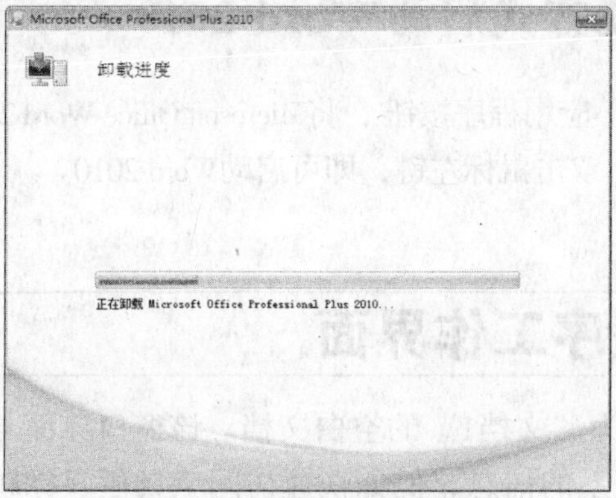

图6.10　“卸载进度”对话框

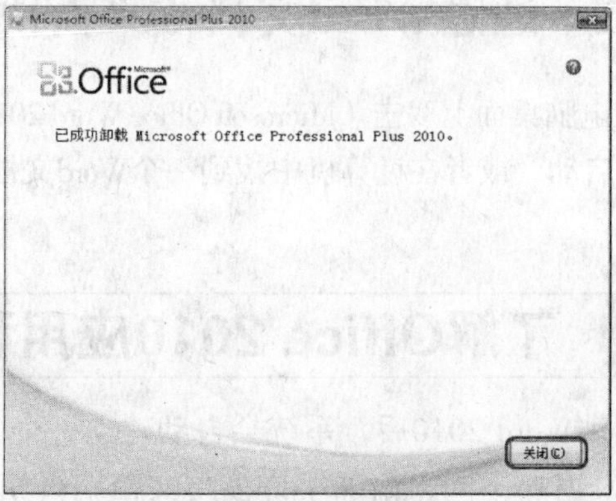

图6.11　卸载完成

06 所有的文件删除完毕后，将弹出如图6.11所示的对话框，提示完成Office 2010的卸载，单击“关闭”即可。

6.2 启动Office 2010应用程序

启动和退出Office 2010比较简单，用户以前使用的方法仍然适用。

6.2.1 利用快捷方式启动Office 2010

对于经常使用的程序，我们可以为其在桌面创建快捷方式。默认情况下，安装Office 2010时，系统并不自动在桌面上为其应用程序创建快捷方式。要创建程序的快捷方式图标，方法如下：选择“开始”→“所有程序”→“Microsoft Office”菜单，然后在相应选项上右击鼠标，从弹出的快捷菜单中选择“发送到”→“桌面快捷方式”选项，如图6.12所示。

执行操作后，我们就可以创建Office 2010程序的桌面快捷方式，如图6.13所示为桌面快捷方式图标。

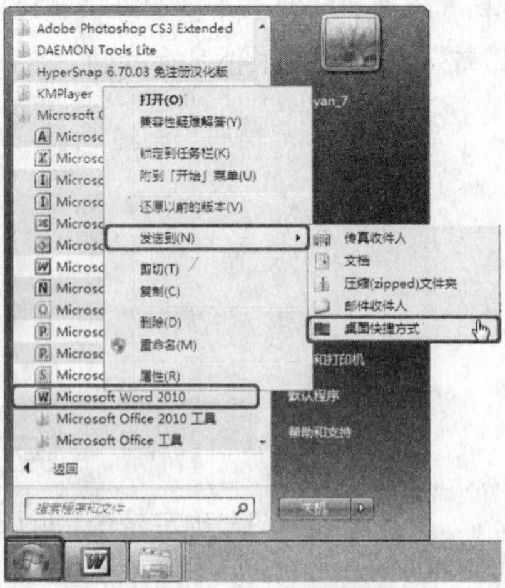

图6.12 创建桌面快捷方式

图6.13 桌面快捷方式

6.2.2 通过Word文档或桌面快捷方式启动Word 2010

在电脑桌面上双击（Microsoft Office Word 2010）应用程序按钮，将Microsoft Office Word 2010程序进行启动，或者在计算机中找到一个Word文档，双击鼠标左键，即可启动Word 2010。

6.3 了解Office 2010应用程序工作界面

启动Word 2010后，系统会自动建立一个名为“文档1”的空白文档。该窗口界面与普通Windows窗口不同，附加了许多与文档编辑相联系的信息，例如快速访问工具栏、标题栏、选项卡、功能区、组和对话框启动器等，如图6.14所示。

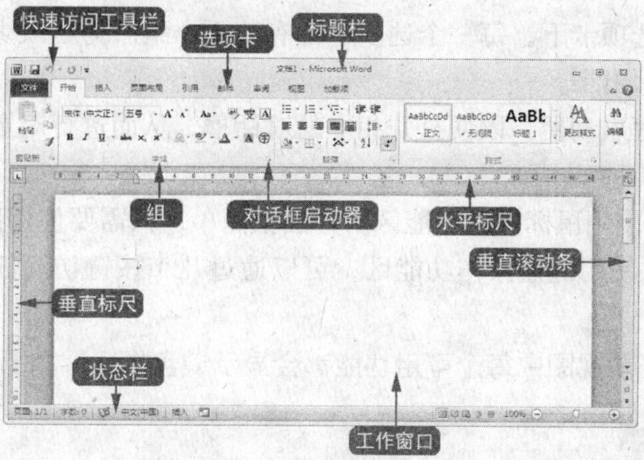

图6.14　Word 2010窗口界面

6.3.1　标题栏的组成与作用

“标题栏”位于窗口的最上面，用来标注文档的标题名称，在标题栏上单击鼠标右键，将会打开控制菜单，如图6.15所示。使用这个菜单可以移动、最小化、最大化程序的窗口和关闭程序等。

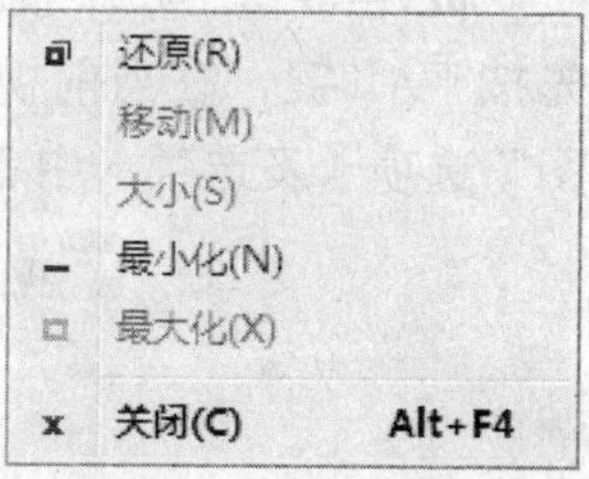

图6.15　控制菜单

6.3.2　Office 2010新型浮动工具栏

有些格式按钮选项使用频率非常高，用户希望无论在执行任何操作时都可以访问这些按钮选项。为了满足这个需要，Office 2010特别设计了一个“浮动工具栏”功能，它会在文本被选定时立即浮现出来供用户使用。在Word 2010的文档编辑中设想存在下面这种情况。

现在要快速设置一些文本的格式，但是用户正在使用“插入”选项卡。虽然可以选择“开始”选项卡来查看格式选项，但是还有一个更快捷的方法：拖曳鼠标选择文本，然后指向所选的文本。这时，浮动工具栏将以淡入形式出现，用鼠标指向浮动工具栏，它的颜色会加深，单击其中一个格式选项，如“加粗”按钮，即执行了相应操作，如图6.16所示。浮动工具栏非常适用于设置字体格式。

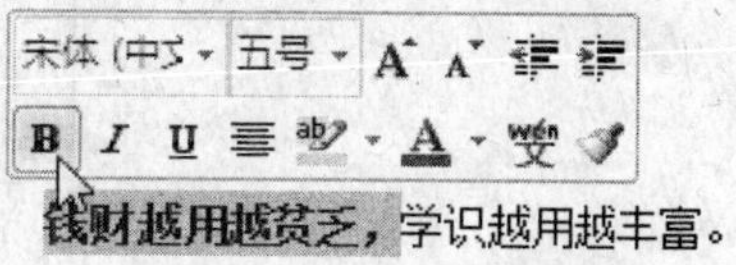

图6.16　显示浮动工具栏

6.3.3　利用工作区进行输入和编辑

Word 2010较早期版本的最大变化就是功能区，它代替了早期版本的菜单栏和工具栏。

功能区位于选项卡的下方，帮助用户快速找到完成某一任务所需的按钮选项。按钮选项被组织在组中，组集中在选项卡下，每一个选项卡都有若干个组。为了减少混乱，某些选项卡只在需要的时候才会显示出来。

有些组含有对话框启动器，以便打开相应的对话框，从而进行对更多按钮选项的访问。操作功能区的方法有两种：

（1）使用鼠标：使用鼠标操作功能区的方法很简单，只需要使用鼠标左键即可。

（2）使用键盘：使用键盘操作功能区，可以通过几个按键访问任意按钮选项，操作步骤如下：

01 按Alt键，在当前视图中每个可用功能都会显示键盘提示，如图6.17所示。

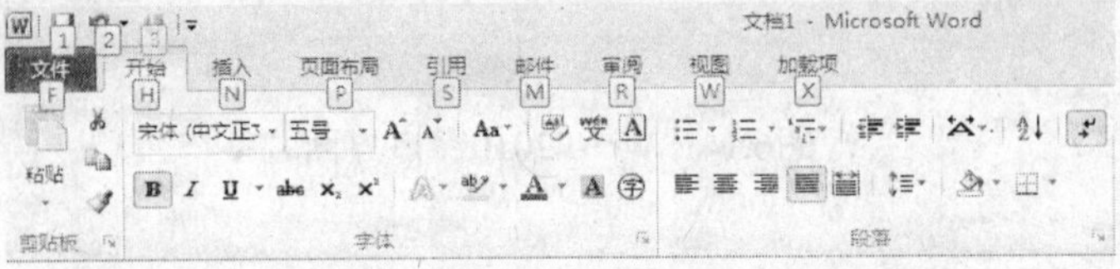

图6.17　按Alt键后在当前视图中显示的键盘提示

02 在键盘上按下视图中所提示的按键，可打开相应的选项卡。例如：在Word 2010中，先按下Alt键，在当前视图中每个可用功能上方显示键盘提示，然后按W键，则会显示“视图”选项卡及选项卡中各个组的提示键，如图6.18所示。

图6.18　按W键显示的“视图”选项卡及选项卡中各个组的提示键

03 根据“视图”选项卡中各个组的按键提示，按下某个按键可打开相应的按钮选项。例如，在“视图”选项卡中按Q键，即可打开“显示比例”对话框，如图6.19所示。

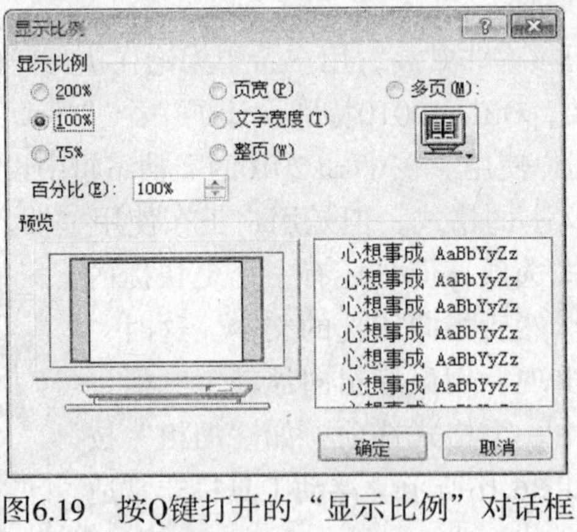

图6.19　按Q键打开的“显示比例”对话框

6.3.4　认识对话框

通常情况下，在选项卡中的组中单击右下角的“对话框启动器”按钮，或在下拉列表中选择某些选项，都会打开与之相关的对话框。对话框用以提供更多的选项、提示信息或说明某项任务未能成功执行的原因等。通过对话框，用户可以与计算机系统进行信息交流。

虽然对话框的功能各不相同，但其结构是相似的。对话框通常包含标题栏、选项卡、选项（如复选框、单选钮）、列表框、一般按钮（如“确定”按钮、“取消”按钮等）、预览框等。对话框中的标题栏同窗口标题栏一样，给出了对话框的名字、关闭按钮和帮助按钮。拖曳标题栏，可以在屏幕上移动对话框的位置。对话框中的选项为黑色时为可用选项，呈灰白色时选项无效不可用。

下面以图6.20所示Word的“字体”对话框为例，介绍对话框的一般结构和基本的使用方法。

1．选项卡

当对话框中包含多种类型的选项时，系统将这些内容分类放置在不同的页上，并在每页的上部设置一个标有名字的选项卡，以示区别。单击任意一个选项卡，即可打开选项卡所代表的页。

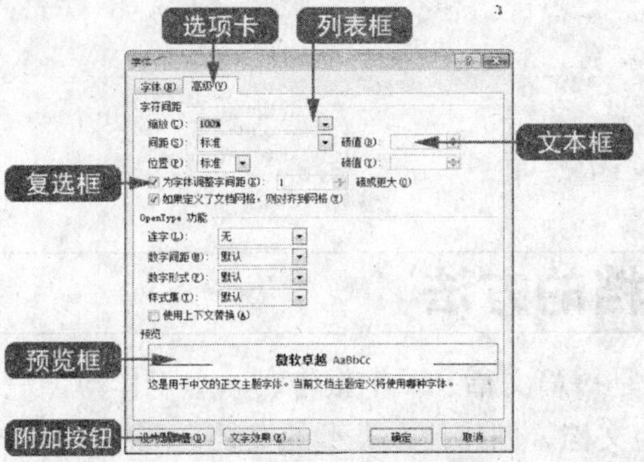

图6.20 “字体”对话框

2．列表框

将所有的选项显示在列表中，用户可从中选择自己所需的选项。列表框中只能显示一系列预设的选项，但不能接收输入的信息。按照列表框的显示方式可分为以下类型：

- “滚动”列表框：用于“选项”较多的列表，列表框中将出现滚动条，通过在列表框中滚动可以看到列表框内的所有选项。
- “下拉”列表框：基本上与“滚动”列表框相同。区别在于，它有一个“下拉”按钮▾，单击此按钮才出现相应的列表框及预设选项，用户可从中选取需要的选项。选项较多时，下拉列表框中也可出现滚动条。如果要关闭下拉式列表，可单击其他按钮或按Esc键。

3．编辑框

与列表框不同的是，编辑框可接收输入的信息。编辑框可分为以下几种类型：

- 单行编辑框：该编辑框是一个空白方框，用户可以在框中直接输入所需的文本信息。
- 带有“下拉”列表的组合编辑框：用户可直接在文本框中输入信息，也可单击组合框中的“下拉”按钮▾，在弹出的下拉列表中直接选择可用的文本信息。
- 带有“调节”按钮的编辑框：该编辑框带有一个“调节”按钮⬍，框中都有一个默认值。用户既可单击“调节”按钮，改变编辑框中的值，也可直接向编辑框中输入新值。

6.3.5 使用快捷菜单

现在，几乎所有的Windows应用程序都提供了快捷菜单。由于快捷菜单的内容通常都与当前的操作状态息息相关，因此，利用快捷菜单在很多情况下要较其他操作方式来得方便。要打开快捷菜单，可在适当的位置单击鼠标右键，如图6.21所示。

Office 2010新增了浮动工具栏，当我们选中文档中的文字内容，浮动工具栏会在其附近以淡出的方式显示。用户可移动鼠标，选择工具栏上要执行的工具命令。

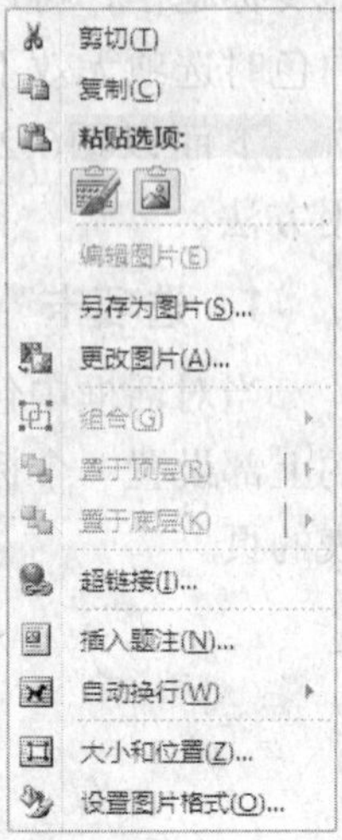

图6.21 快捷菜单

6.4 创建新文档的方法

不管用户希望编制的是一篇文章、一个报告、一个工作簿、一个演示文稿或一个电子邮件，在Office中都可统称为文档。创建什么类型的文档，取决于用户的工作目的。

6.4.1 启动程序时创建新文档

当用户启动Word、Excel、PowerPoint时，系统都会创建一个新文档。例如，在Word中创建的文档被命名为“文档1”，在Excel中创建的文档被称为“工作簿1”，而PowerPoint创建的新文档被命名为“演示文稿1”。

6.4.2 根据模板创建新文档

通常情况下，启动程序时创建的文档仅包括了最基本的格式设置。因此，在很多情况下，这类文档并不能满足我们的要求。事实上，无论是Word文档还是工作簿，都有一定的规律可循。例如，可将Word文档分为备忘录、出版物、信函和传真等，工作簿可分为收益预测表、个人预算表等。为此，系统提供了若干模板以简化和加速用户的工作。

所谓模板，是指其中定义了标题格式、背景图案、表项，甚至某些通用文字的一类文件。除此之外，用户还可根据需要创建自己的模板。

要使用模板创建文档，可单击“文件”按钮，在弹出的界面中选择“新建”菜单，然后在右侧列表框中选择“样本模板”，在弹出的“样本模板”列表框中所需要的样本模板单击

“创建”按钮即可创建一个文档，如图6.22所示。接下来用户只需对该文档稍加修改，即可快速制作出满足自己要求的文档。

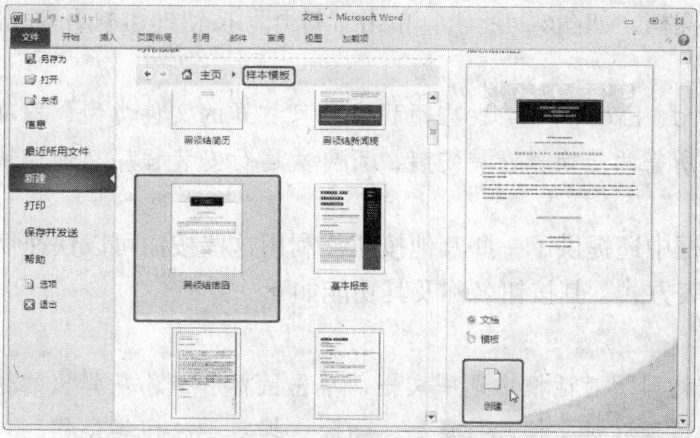

图6.22　根据模板创建新文档

提示　用户还可以按Ctrl+N快捷键创建一个新的文档。

6.5 打开文档的方法

在Office中，用于打开文档的方法有多种，下面，我们介绍几种常用的方法。

6.5.1 利用“打开”对话框打开文档

单击“文件”按钮，在弹出的界面中单击“打开”菜单，将打开如图6.23所示的“打开”对话框。选中要打开的文档后，单击“打开”按钮，即可按默认方式打开该文档。

图6.23　“打开”对话框

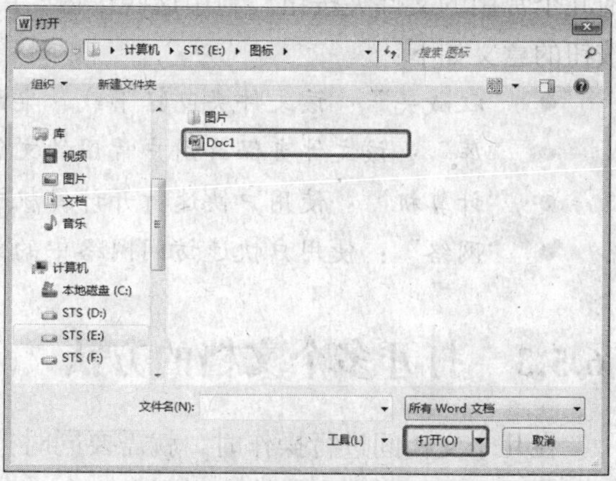

图6.24　选择Word文档

利用这种方法打开文档时，用户除了要知道文档的名字外，还应该知道文档所在的详细位置。

在左侧导航窗格列表中，选择文档的位置，例如选择E盘，在右侧工作区中将会显示出该盘中的所有文件夹，双击某个文件夹，例如选择“图标”文件夹，再在右侧的工作区中选择需要打开的Word文档，如图6.24所示，单击“打开”按钮即可打开Word文档。

提示 在Word、Excel等Office应用程序中可打开的文件类型，取决于当前所安装的转换器。若所需的转换器没有安装，可再次运行安装程序有选择地安装这些转换器。

此外，该对话框中还提供了一些其他按钮，利用这些按钮可以快速切换到文档保存的位置、改变文档的列表方式，其按钮名称及其功能如下：

提示 在“打开”对话框中选中文档，单击鼠标右键，从弹出的快捷菜单中选中相应的选项，还可以对文档进行复制、删除、编辑和打印等操作。

- “返回到”按钮：返回到上一次打开的文件夹中。
- 显示预览窗格：可以预览所选的文件。
- “新建文件夹”按钮：建立一个新的文件夹。
- （视图）：从列表中选择文件的显示方式及排列方式。
- “组织”按钮：从中选择管理文档的方式。如删除、重命名等。
- “工具”按钮：可将局域网上其他机器的共享的文件夹映射自己机器上的一个磁盘，这样可以提高访问时间。

6.5.2 几个常用文件夹的意义

默认情况下，“打开”对话框中显示的是“库”文件夹中的内容。此外，系统还在“打开”对话框中提供了最近打开的文件以及“收藏夹”、“库”、“计算机”、“网络”等其他几个常用的文件夹按钮。利用这些按钮，用户可以更方便地打开所需要的文件。各文件夹按钮的意义如下：

- “收藏夹”：该文件夹包括下载、桌面、最近访问的位置等。
- “库”：该文件夹保存用户常用的文件，以便快速访问。
- “计算机”：使用户快速打开计算机中的文件。
- “网络”：使用户快速访问网络中的文件。

6.5.3 打开多个文档的方法

在几个文档间进行操作时，就需要同时打开这些文档。如果这些文档是在同一目录下，用户可以一次打开多个文档，而不必一个一个地打开。打开多个文档的操作步骤如下：

01 在“打开”对话框中选择这些文档所在的文件夹。

02 在文件列表框中同时选中多个文件。

- 选中多个相邻文件的方法是：单击第一个文件名，按住Shift键的同时再单击最后一个要打开的文件名。
- 选中不连续的多个文件的方法是：单击第一个文件名，按住Ctrl键后单击其他要打开的文件名。

03 单击“打开”按钮。

打开多个文档后，文档以层叠方式显示，用户能看到的只是最后一个打开的文档。为此，用户可通过选择“视图”→“窗口”→“全部重排”命令，对文档窗口进行排列，以看到打开的其他文档。

6.5.4 以只读方式或副本方式打开文档

01 启动Microsoft Office Word 2010程序后，按Ctrl+O快捷键。

02 在弹出的“打开”对话框中，选择所需打开的Word文档。

03 确定其处于选择的状态下后，单击“打开”按钮旁的“下拉”按钮▾，在弹出的下拉菜单中单击“以只读方式打开”选项。将其文档进行打开后该文档的标题栏处会显示所打开的该文档是只读模式。

使用同样的方法“以副本方式”打开文档。

6.6 保存文档的方法

保存功能在Word操作中占有很重要的地位，如果不能保存所修改的文档，那么辛辛苦苦所做的工作必然会付之东流。通常保存文档的方式有两种，分别为手动保存和自动保存，下面就对这两种保存方法进行简要介绍。

提示 在进行文档中操作时，应该注意每隔一段时间就对文档保存一次，这样可以有效地避免因停电、死机等意外事故而使自己的作品丢失。

6.6.1 正式存盘

在第一次对文档进行编辑后，保存时单击“文件”→“保存”，或者按Ctrl+S快捷键，在弹出的“另存为”对话框中选择所要存储的位置，在“文件名”处输入文件名称，并单击“保存”按钮，完成对其的保存。

6.6.2 按新的文件名、文档格式或新的位置存盘

下面再来介绍按新的文件名、文档格式或新的位置存盘的方法。

01 选择“文件”→“保存”，或按Ctrl+S快捷键，打开“另存为”对话框，如图6.25所示。

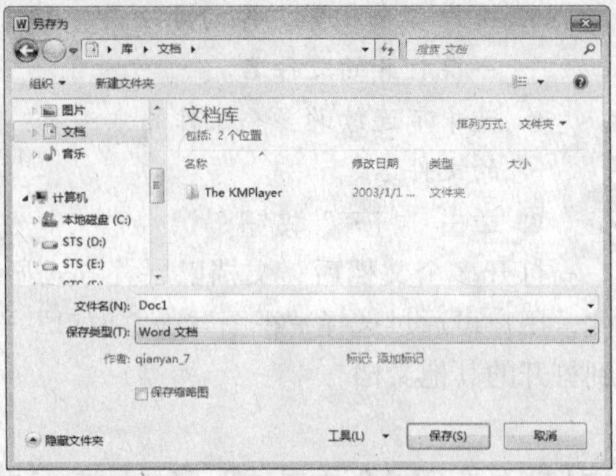

图6.25 “另存为”对话框

02 在该对话框中的列表框中选择一个保存文件的位置。当然，也可以直接从“另存为”对话框左侧选择保存位置。

03 在该对话框中的“文件名”文本框中输入文档的名称。如果不输入，Word会以文档开头的第1句话作为文件名进行保存，最好将文件名限制在8个字母以内。

04 在“保存类型”下拉列表框中选择以何种文件格式保存当前文件。例如，可以选择Word XML文档、单个网页或其他格式来保存文档，也可以选择“Word模板”选项，将文档存为Word 2010格式的模板。Word可以根据所选择的保存文件格式自动设置扩展名，所以在“文件名”文本框中只需输入文档的名称就可以了，不必亲自为文件名添加文件扩展名。

05 单击“保存”按钮完成保存文档的操作。

6.6.3 关闭文档

当在文档中完成了所做的工作后，就可以将已经保存过的文档直接关闭了。关闭文档与关闭应用程序窗口一样有许多种方法，其中常用的有以下3种：

- 单击Word应用程序标题栏右上角的“关闭”按钮。
- 选择“文件”→“关闭”，如图6.26所示。
- 按Ctrl+W快捷键，将文档进行关闭。

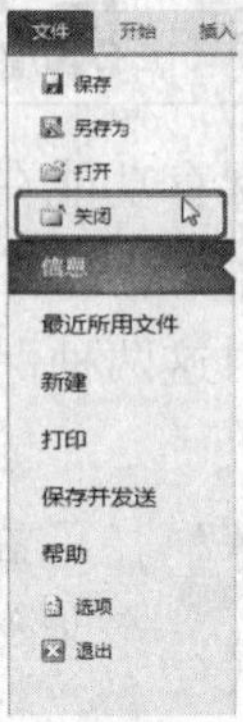

图6.26 “关闭”选项

6.7 操作的撤消、恢复和重复

在文档的操作过程中可以往往会出现各种错误，这时需要进行重新的修改。下面就来介绍操作中常用的撤消、恢复和重复命令的使用。

6.7.1 撤消操作

Word会随时观察用户的工作，并能记住操作细节，这样，我们就可以撤消一个或多个错误的操作。

如果只撤消最后一步操作，可在“快速访问工具栏”中单击“撤消键入”按钮。如果要撤消多步操作，可一直重复单击“撤消键入”按钮，或单击“撤消”按钮右侧的下拉三角按钮，在弹出的下拉菜单中拖曳鼠标，选择要撤消的一系列操作，无论用户单击菜单中的哪一项，该项操作以及其后的所有操作都将被撤消，如图6.27所示。

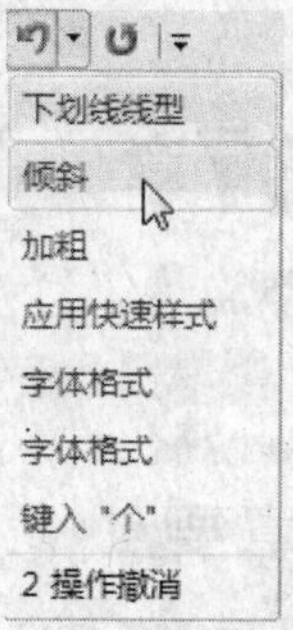

图6.27 “撤消”下拉菜单

6.7.2 恢复操作

执行过“撤消”操作后，如果用户又想恢复被撤消的操作，可单击“恢复键入”按钮。同样，要想恢复多步操作，可重复单击“恢复”按钮，不过，只有在进行了“撤消”操作后，“恢复”命令才生效，否则，在“快速访问工具栏”中不显示该按钮，或该按钮颜色为灰色。

6.8 习题

1.填空题

（1）虽然对话框的功能各不相同，但其结构是相似的。对话框通常包含“______”、“______”、“______”、“______”、“______”、“______”等。

（2）要使用模板或向导创建文档，可单击窗口左侧的“______”按钮，在弹出的菜单中选择“______”命令，在该对话框选定所要使用的模板。

2.问答题

（1）如何创建程序的快捷方式？

（2）创建新文档有哪些方法？

第7章 Word 2010操作基础

本章要点

对于各种文字处理软件而言，其编辑功能基本类似，例如，都可以在文档中输入文字、插入图片，进行文字和图形的复制、移动、查找等，Word 2010自然也不例外。本章将介绍如何在Word 2010中输入并选择文本、对文本进行移动、复制和删除、查找和替换文本，使读者了解Word 2010的基本操作，为后面的学习打下坚实的基础。

本章内容主要包括

- 文本输入方法
- 文档浏览与定位
- 区域选择
- 移动、复制和删除文本
- 查找和替换

go>>

7.1 文本输入方法

文本是文字、符号、特殊字符和图形等内容的总称。在创建文档以后，要想在文档中书写内容，应先选择一种输入法，然后进行输入。

7.1.1 文档的改写、插入与编辑

在文档中输入文本的基础操作包括输入文字，在文档中插入或修改文字等。

使用键盘上的4个方向键，可在文档中自由移动插入符的位置。在文档中，将插入符移动到指定的位置后，按Backspace键可删除插入符左侧的字符，按Delete键可删除插入符右侧的字符。但是在没选中一句话、一行、一段或整个文档的情况下，用Backspace键和Delete键只能一个一个地删除文字，如果要删除一句话、一行、一段或整个文档，首先要选中要删除的文本，然后按Delete键或Backspace键。

在Word中，按Insert键或单击状态栏上的“插入”标记，就可以切换插入状态与改写状态。此外，如果首先选中需要改写的文本，则输入新的文本后原有内容自动被替换，如图7.1所示。

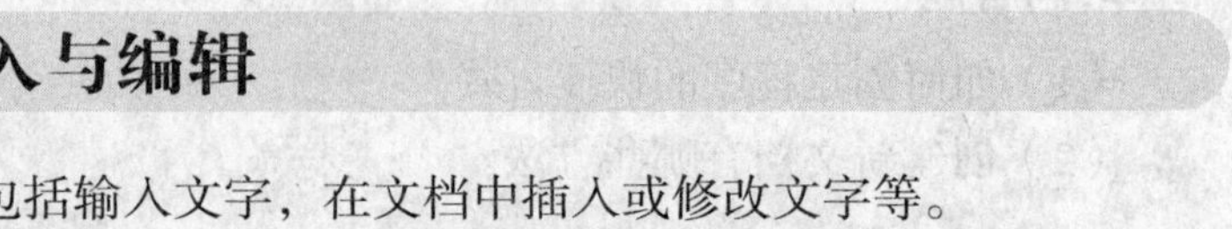

图7.1　文本的自动改写

7.1.2 输入特殊符号

在平常的情况下，文档中除了包含一些汉字和标点符号外，为了版面的美观，还会包含一些特殊符号，如£、📷、er等。当然，用户可以使用输入法自带的模拟键盘输入部分符号。但是，可通过模拟键盘输入的符号不是很多。为此，可按照下面介绍的方法输入自己想用的符号。

要是想在Word中输入符号，可选择"插入"选项卡，在"符号"组中单击"符号"按钮Ω符号，在弹出的下拉列表中选择要插入的特殊符号，如图7.2所示。单击下拉列表中的"其他符号"选项，可以打开"符号"对话框，如图7.3所示，在该对话框中有许多的符号可以选择，双击需要的符号或在选定符号后单击"插入"，就可以将其插入到文档中。

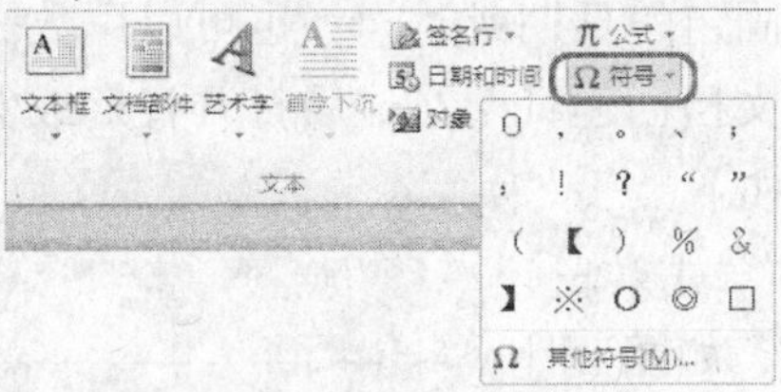

图7.2 "符号"下拉列表

图7.3 "符号"对话框

提示 "符号"对话框以及后面要介绍的"查找与替换"对话框不同于一般的对话框。当用户打开这类对话框时，可不关闭对话框，通过在文档中单击继续编辑文档。因此，这类对话框被称为伴随对话框。

特别注意的是，通过在"字体"下拉列表中选择不同的字体，用户可以输入各种特殊符号，如图7.4所示。此外，如果在文档中常用到某些特殊符号，用户还可在"符号"对话框中选定该特殊符号后，单击"快捷键"按钮设置成快捷键，以后只要简单地按快捷键即可快速输入某些设置好的特殊符号。

系统为了用户的方便，还为某些特殊符号设定了一组快捷键，用户可通过直接按这些快捷来输入它们。要了解可通过预定义快捷键输入的特殊符号，可在"符号"对话框中选择"特殊字符"选项卡，如图7.5所示。

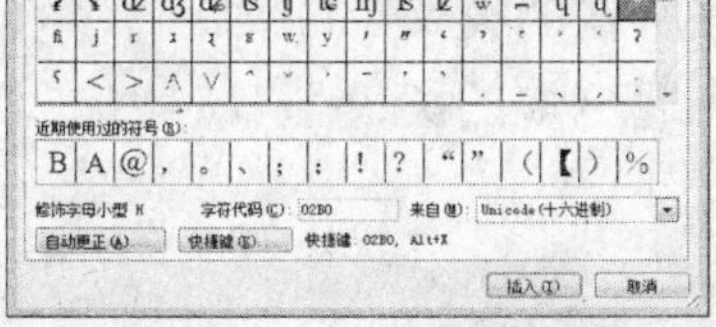

图7.4 通过"字体"选择输入更多的特殊符号

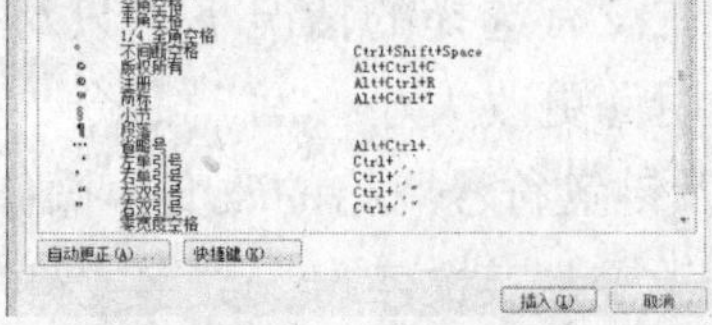

图7.5 "特殊字符"选项卡

Word的智能性加强，系统还提供了所谓的自动更正功能。利用该功能，用户在需要输入某些特殊符号时"如©"，可直接输入该符号的代用符号，如"（c）"。要查看和编辑系统提供的自动更正功能，可在“符号”对话框中单击“自动更正”按钮，此时系统将打开如图7.6所示的“自动更正”对话框。

提示 另外，如果用户不希望让系统自动执行某些替换，可在“自动更正”对话框中禁止一些选项。

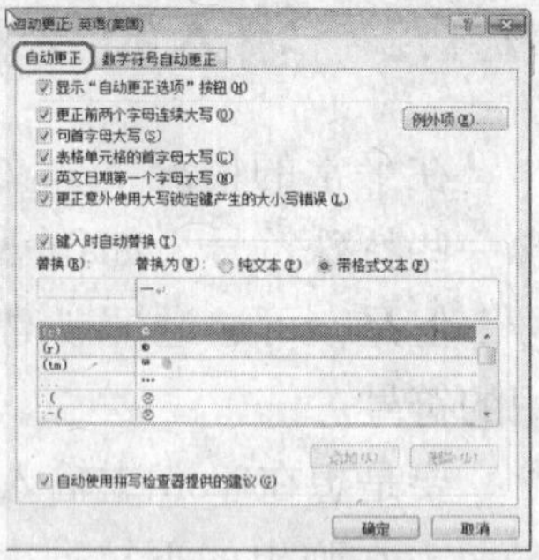

图7.6 “自动更正”对话框

7.1.3 在文档中插入当前日期和时间

在文档中根据自己本身的需要，可以插入固定的日期或时间，也可以用数据域插入当前使用的日期和时间，以便获得总的编辑时间、文档创建日期、最后打开日期或保存日期等信息。在文档中插入当前日期和时间的操作步骤如下：

01 选择“插入”选项卡，在“文本”组中单击“日期和时间”按钮，打开“日期和时间”对话框，如图7.7所示。

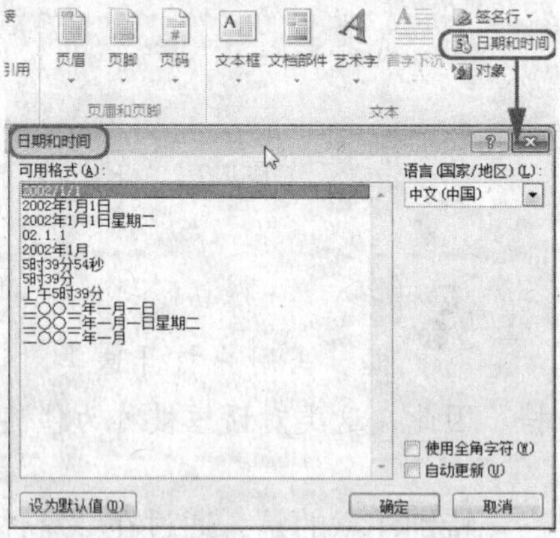

图7.7 “日期和时间”对话框

02 如果需要选择当前的日期和时间，在打印文档时要勾选“自动更新”复选框。如果在打印文档时没有勾选，那么文档将始终打印插入时的当前日期或时间。设置完成后单击“确定”按钮。

03 在“可用格式”列表框中选择一种要用的格式。如果要选择国家和地区，可以在“语言（国家/地区）”下拉列表框中选择。

7.1.4 输入方式间的切换

输入方式的切换包括半角与全角之间、大写与小写之间的转换等，使用Shift+空格快捷键，可以实现字母或数字的半角与全角方式的转换。使用Ctrl+“.”快捷键，可以快速实现符号间的全角与半角的方式的转换。

使用Shift+F3快捷键，可实现所选单词在全大写、全小写、首字母大写的状态之间的快速转换。如果在没有选择的情况下，只对插入符所在的英文单词有效。使用“更改大小。写”命令，则可实现更多的关于英文、数字及键盘符号风格的改变，操作步骤如下：

01 选中要改变的英文字母、数字或符号。

02 选择“开始”选项卡，在“字体”组中单击“更改大小写”按钮Aa，在弹出的下拉列表中选择所需的选项，如图7.8所示。操作完毕，即可实现所需的转换。

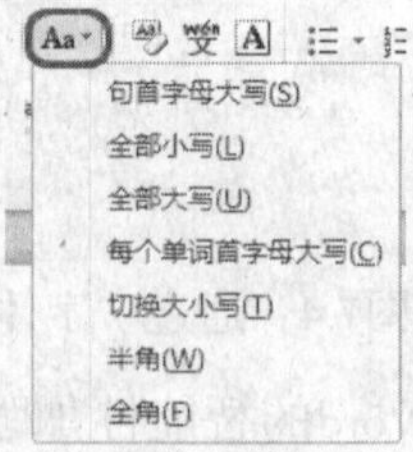

图7.8 “更改大小写”下拉列表

7.2 文档浏览与定位

浏览文档最方便的方式是拖曳文档编辑窗口右侧滚动条上的滑块、滚动条上方的▲、滚动条下方的▼、前一页⯭、选择游览对象○和下一页⯯按钮。

另一项基础工作就是如何定位插入符。用户一般都是通过浏览文档找到自己需要的位置，然后在该位置单击来定位插入符的。此外，用户还可以利用查找和定位方法来定位插入符。用户不仅能够根据文档内容来查找和定位，而且还可根据格式和文档元素来定位。

7.2.1 运用垂直与水平滚动条快速浏览文档

在文档窗口只能排列一定行数的文字，一般内容多的文档都不能在一个文档窗口内全部显示出来。用户可以根据需要拖曳垂直或水平滚动条来浏览文档。

如果用屏幕滚动方法从文档的一处移向另一处时，插入符不会同时移动。在进行输入、粘贴或其他有修改性的操作前，要重新定位及查看插入符。下面来介绍用鼠标进行屏幕滚动来浏览文档的基本操作方法：如图7.9所示。

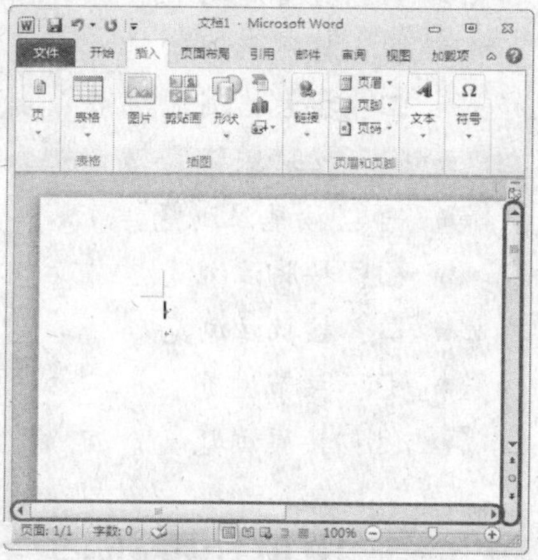

图7.9 滚动键

- 向上或向下滚动一行：单击垂直滚动条中的▲或▼。
- 向上或向下滚动一页：单击垂直滚动条下方的⯭或⯯。
- 向上或向下按块滚动：单击垂直滚动滑块的滚动条▤。
- 向上或向下连续滚动：按住垂直滚动条中的▲或▼，文档就会连续滚动，直至释放鼠标左键、遇到文件开头或结尾时方能结束。
- 滚动到指定页：拖曳垂直滚动条中的滚动滑快▥，直到指定页。
- 向左或向右滚动：单击水平滚动条中的◀或▶。

拖曳滚动滑快可以远距离地快速在文档中上下或左右移动。如果要将滚动滑块拖曳到文档准确位置是很困难的。因此，用户可以把滚动滑块拖曳到所选区的附近，再用其他滚动工具进行准确定位。

提示 垂直滚动条下方的⯭和⯯按钮的意义可通过单击两个按钮中间的“浏览对象”按钮○来进行设置，单击该按钮，从弹出的列表框中选择不同的项目，可改变⯭和⯯按钮的作用，从而使用户很容易地通过单击⯭和⯯按钮将插入符定位在指定的页、标题、脚注、尾注、域、表格及图形等。

7.2.2 使用浏览对象按钮

在检查一个文档时，一般是分步骤进行的。借助浏览对象按钮，可以在浏览整个文档时，从一个浏览对象直接跳到下一个同类型的浏览对象出现的地方。按标题浏览的操作步骤如下：

图7.10 浏览对象列表框

01 选择文档中的一个标题，单击垂直滚动条下方的按钮，弹出如图7.10所示的列表框。

02 单击“按标题浏览”按钮。

03 Word会立即将插入符移至自插入符下面的一个标题里。通过单击和按钮，用户可浏览到文档中不同位置的标题。

浏览对象按钮功能：

- →：定位。
- ：查找。
- ：按编辑位置浏览。
- ：按标题浏览。
- ：按图形浏览。
- ：按表格浏览。
- {a}：按域浏览。
- ：按尾注浏览。
- ：按脚注浏览。
- ：按批注浏览。
- ：按节浏览。
- ：按页浏览。

7.2.3 运用按键快速定位插入符

Word 提供了许多键盘快捷键用于定位。使用键盘的情况下可以在文档中滚动，也可以在滚动时移动插入符。比如，利用光标定位，按键盘中的“←”左、“→”右、“↑”上、“↓”下可以移动插入符，利用Page Down键向前翻页、Page Up键向后翻页等，利用Home键移至行首、End键移至行尾，按Ctrl+Home快捷键移至文档首，按Ctrl+End快捷键移至文档尾。

7.2.4 定位插入符

当编辑内容较多的文档时，知道要编辑的内容在文档中的页号或者节号，可以用“定位”命令快速定位插入到指定的行、节或页等的位置。在没分节的文档中或每一节的页号不重新开始的文档中，只需在定位选项卡中输入需要的页号，Word很快地将定位符插入到指定页第一行的起始处。使用“定位”命令的基本操作步骤如下：

01 按F5键或单击“选择浏览对象”按钮，在弹出的列表框中单击“定位”按钮→，均可打开如图7.11所示的“查找和替换”对话框。

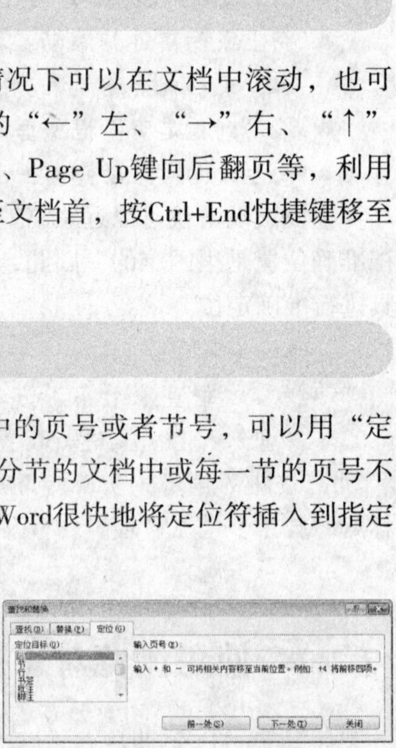

图7.11 “查找和替换”对话框

02 在“查找和替换”对话框中选择“定位”选项卡，并在右侧文本框中输入要定位的具体值。如果不输入具体值，则插入符将在选定的定位目标之间移动。

03 单击“前一处”、“下一处”或“定位”（指定具体值时，“前一处”按钮被禁止，“下一处”按钮提示变为“定位”）按钮或按回车键，Word将插入符移至指定的位置。

使用“定位”命令移动文档时，可以直接移动到某个指定的位置，也可以在选定的某种定位目标之间的前、后移动。例如，若在“选择目标”列表中选择“图形”，且不指定图形编号，则单击“上一处”或“下一处”按钮可在各图形间移动。如果在“输入图形编号”框中输入6，Word会将插入符移至文档中的第6个图形。如果在框中输入-2，则从当前位置起向后移动一个图形。如果在框中输入+2，则从当前位置起向前移动一个图形。

提示 单击“关闭”按钮或按Esc键，可关闭“查找和替换”对话框。

文档要是按节编页号，且各页之间页号不连续，那么要利用“定位”命令定位插入符，则需要在编辑框中指定节号（以“k”打头，比如，若选定定位目标为“节”，并在编辑框中输入“6k8”，表示将插入符定位到第8节的第6页）。此外，用户也可以在“滚动列表”中选定“页”，然后输入想要的页号以进入指定的页。

7.2.5 回到原先的位置编辑

当进行编辑时，有时需要从文档的某一位置跳到同一文档的另一位置。或者，同时打开了两个不同的文档，可能经常要从一个文档移到另一个文档。

Word能在“返回”列表中记下你最后的三处编辑位置和当前插入符的位置。通常是在插入符处进行了编辑时，才将其加入“返回”列表里。如果只是简单地将插入符移到文档的某一位置，则不会加到“返回”列表中。使用“返回”功能可快速移到这些编辑点。简单地重复按Shift+F5快捷键或Ctrl+Alt+Z快捷键，可使用户在最后三个插入符位置之间循环。

7.3 区域选择

在Word 2010中，利用鼠标或键盘等多种方法，可以选中任何样式的文本。其中，被选中的文本或图形等均以淡蓝色的底标识。

7.3.1 运用鼠标拖曳方法进行选择

在编辑文档中要使用拖曳方法选择区域，应首先把鼠标的I形指针置于要选定的文本之前，然后按下鼠标左键，向上或向下拖曳鼠标到要选择的文本末端，最后松开鼠标左键，如图7.12所示。

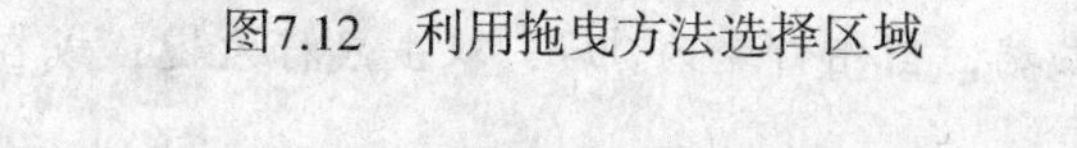
利用剪贴板移动文本和复制文本的工作原理大致相同，不同的是，复制文本只将选中的文档信息复制到剪贴板，但并不删除所选中的内容。移动文本则在将选中文档内容复制到剪贴板的同时，删除所选内容，形成所选内容被“剪切”的效果。

图7.12 利用拖曳方法选择区域

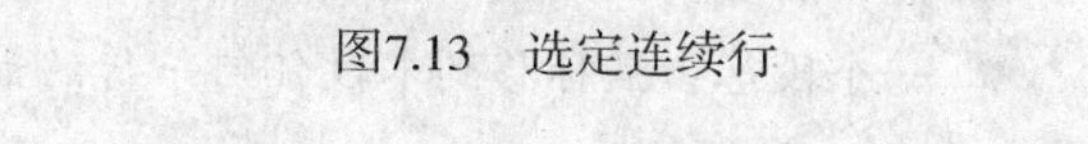
利用剪贴板移动文本和复制文本的工作原理大致相同，不同的是，复制文本只将选中的文档信息复制到剪贴板，但并不删除所选中的内容。移动文本则在将选中文档内容复制到剪贴板的同时，删除所选内容，形成所选内容被“剪切”的效果。

移动或复制文本的操作步骤基本相同，下面仅介绍复制文本的基本操作，要移动文本，只需将以下步骤中的“复制”变成“剪切”即可。

图7.13 选定连续行

用户还可以将光标定位在文档选择行的左侧（此时光标呈↗形状），然后拖曳鼠标进行选择，此时可选定若干连续行，如图7.13所示。

7.3.2　配合Shift键选择区域

把鼠标I指针置于要选定文本之前，单击鼠标的左键，确定要选择文本的初始位置。将鼠标移动到要选定文本的末端后，按住Shift键，单击鼠标左键。

7.3.3　通过键盘选择区域

把鼠标I指针置于要选定文本之前，按住Shift键，然后按↑、↓、←、→键或Page Up、Page Down键，则在移动插入符的同时选中文本。

7.3.4　在扩展模式下选择区域

在编辑文档中用户进入扩展状态和扩展选择区是通过反复按F8功能键。一般情况下，第1次按F8键将进入“扩展”状态，第2次按F8键将选择词组，第3次按F8键可将选区扩展为一个句字，第4次按F8键可将选区扩展为一个段落，第5次按F8键可将选区扩展至整个文档。

在扩展模式下，还可通过逐次按Shift+F8快捷键收缩选择区。例如，若当前选择区为整个段落，则第1次按Shift+F8快捷键可将选择区收缩为一个句子，第2次收缩为一个单词。

最后，在扩展方式下还可通过输入一个文档中已有的文字来扩展选择区，Word会自动将选择区扩展到该字下一次出现的位置。

7.3.5　其他选择方法

除上述方法外，Word 2010还提供了其他的一些选中文本的方法：

- 一个英文单词或任意两个分隔符之间的一个句子：双击该单词或在两个分隔符之间双击，可以选择该句子。
- 插入符后面的英文单或中文句子：使用Ctrl+Shift+→快捷键，可选中插入符之后的单词及其后面的空格。
- 一句话：按住Ctrl键，单击句子中的任何位置，可选中两个句号中间的一个完整的句子。
- 一行中插入符后的文本：将插入符移至插入位置后，按住Shift+End快捷键，即可选中插入符后的文字。
- 一行中插入符前的文本：将插入符移至插入位置后，按Shift+Home快捷键，即可选中插入符前的文字。
- 一整行文字：将鼠标移到该行的最左边，当指针变为↗后，单击鼠标左键。
- 连续多行文本：将鼠标移到要选择的文本首行最左边，当指针变为↗后，按下鼠标左键，然后向上或向下拖曳。
- 一个段落：鼠标移到本段任何一行的最左端，当指针变为↗后，双击鼠标左键；或在在该段内的任意位置，连击三次鼠标左键，即可选择一个段落。

- 多个段落：鼠标移到本段任何一行的最左端，当指针变为↗后，双击鼠标左键，并向上或向下拖曳鼠标。
- 选择矩形文本区域：将鼠标的I形指针置于文本的一角，然后按住Alt键，拖曳鼠标到文本块的对角，即可选定一块文本，如图7.14所示。

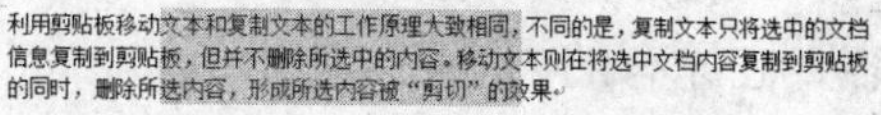

图7.14　拖曳时配合Alt键选择一块文本

- 整篇文档：在“开始”选项卡中单击“编辑”下三角按钮，在弹出的下拉列表中选择“选择”|“全选”命令；或按Ctrl+A快捷键；将鼠标移到文档任一行的左边，当指针变为↗后，连击三下鼠标左键。

7.3.6　调节或取消选中的区域

在编辑文档中选中了文本区域后发现选择范围过小或过大，可以通过重新选择来调节选择区，也可以利用Word提供的其他几种方法来调节所选中的区域。

按住Shift键并按上、下、左、右方向键可以扩展或收缩选择区，按住Shift键，用鼠标单击选择区预期的终点，则选择区将扩展或收缩到该点为止。

要取消选中的文本，可以用鼠标单击选择区域外的任何位置，或按任何一个可在文档中移动的键。

7.4　移动、复制和删除文本

编辑工作中最常用的编辑操作是移动、复制和删除。例如，对不需要的文本，可删除。对重复出现的文本，可以复制。

7.4.1　Office 2010的新型剪贴板工具

Word 以前的版本均使用Windows的剪贴板，剪贴板是文档进行信息传输的中间媒介，是将信息传送到其他文档或其他程序的一个通道。

Office剪贴板用于暂存Office 2010中的待粘贴项目，用户可以根据需要确定在任务栏中显示或不显示Office剪贴板的图标。在Word 2010文档中显示Office剪贴板的步骤如下：

01 打开Word 2010文档窗口，在“开始”选项卡的“剪贴板”组中单击“剪贴板”右下角按钮，如图7.15所示。

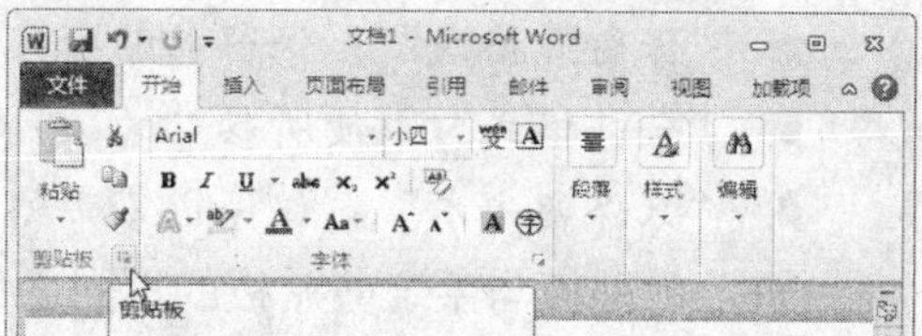

图7.15　“剪贴板”对话框

02 在打开的Office剪贴板任务窗格中，单击任务窗格底部的“选项”按钮，在弹出的菜单中选择“在任务栏上显示Office剪贴板的图标”选项。如图7.16所示。

在使用Windows的剪贴板对文本进行复制或者移动操作的时候，先将文本内容复制或者剪切到剪贴板上，在需要的时候在将暂时存放在剪切板上的信息粘贴到当前文档、其他Office文件或Windows环境下的其他程序所建立的文档中的任何一个位置。存放在剪贴板上的内容反复粘贴。Windows剪贴板在某一时刻只能存放一项内容，如果剪切或者复制了新的内容，它原有的内容将被替换掉。

Office 2010中的Office剪贴板设有24个子剪贴板，可以同时存放多达24项的剪切和复制内容。Office剪切板中的内容可以在任务窗格中查看，可以为Office应用程序共享，用户可以切换到不同的Office程序中进行移动和复制操作。如果在窗口上看不到Office剪贴板，在“开始”选项卡的“剪贴板”组中单击“剪贴板”右下角按钮，即可在窗口左侧打开“剪贴板”任务窗格，如图7.17所示。

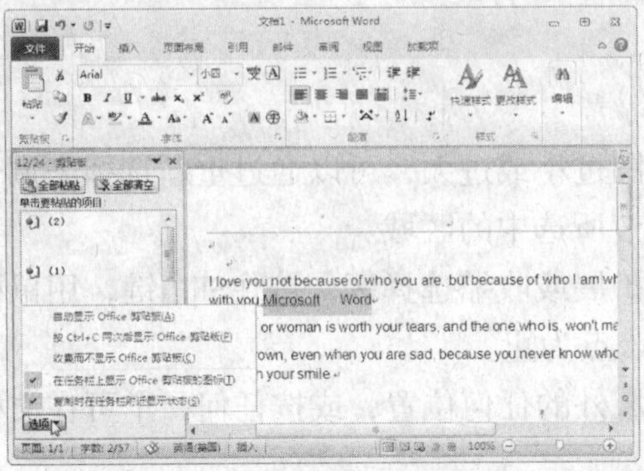

图7.16　选择“在任务栏上显示Office剪贴板的图标”

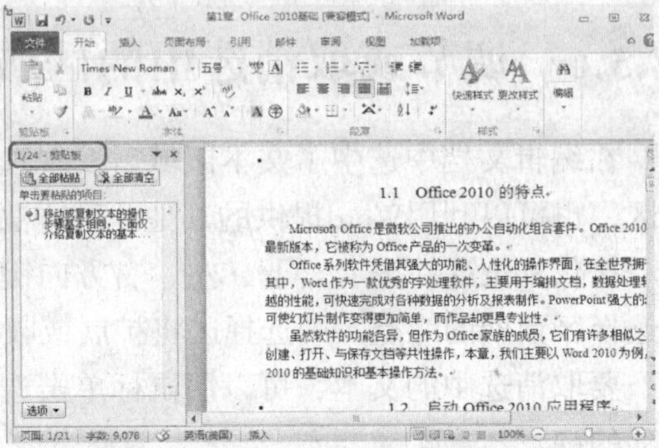

图7.17　Office 2010的剪贴板工具

当鼠标指针在其中一个剪贴项目上停留时，即可选中该剪贴项目。此时单击这个剪切项目右侧的图标，将弹出一个菜单，显示了与这个剪贴项目的粘贴或者删除操作相关的命令，如图7.18所示。要清空Office剪贴板上面的全部内容，单击“剪贴板”工具栏上的“全部清空”按钮即可。

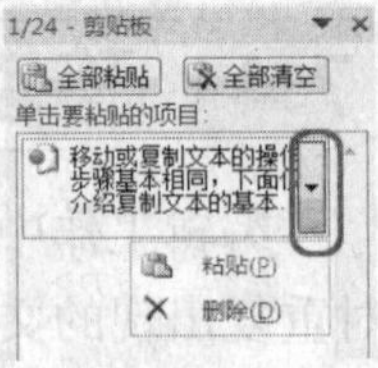

图7.18　剪贴提示

在“剪贴板”任务窗格中显示了全部或部分剪贴项目的内容和格式。在剪贴项目粘贴到当前文档中后，可进一步对剪贴项目的格式进行选择。即在刚刚粘贴的剪贴项目右下方将出现一个“粘贴选项”的智能标记，单击其中的下拉按钮，即可弹出如图7.19所示的菜单。

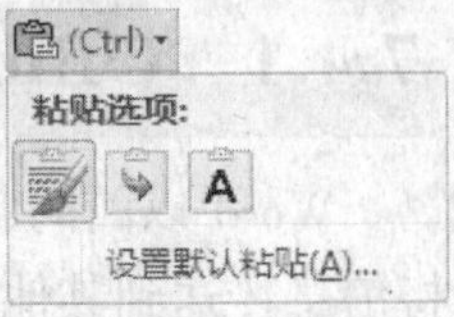

图7.19　“粘贴选项”菜单

t该菜单中各选项的功能如下：

- “保留源格式”：保留粘贴项目源文档的格式。
- “合并格式”：使所粘贴的项目与当前文档格式相同。
- “只保留文本”：仅保留不带格式的纯文本。

Office剪贴板与系统剪贴板的不同之处是，当向Office剪贴板复制多个项目时，所复制的最后一项将被复制到系统剪贴板上。而当清空Office剪贴板时，系统剪贴板也将同时被清空。当使用“粘贴”命令时，所粘贴的是系统剪粘板中的内容，而非Office剪贴板上的内容。

7.4.2　用剪贴板移动或复制文本

用剪贴板移动文本和复制文本的工作原理基本相同，不同的是，复制文本只将选中的文档信息复制到剪贴板，但并不删除所选中的内容。移动文本则在将选中文档内容复制到剪贴板的同时，删除所选内容，形成所选内容被“剪切”的效果。

操作步骤基本相同的是移动和复制文本，下面仅介绍复制文本的操作步骤，要移动文本，只需将以下步骤中的“复制”变成“剪切”即可。利用剪贴板复制文本的操作步骤如下：

01 选中自己想要复制的内容。

02 选择“开始”选项卡下“剪贴板”组，单击“复制”按钮或单击鼠标右键，在弹出的快捷菜单中选择“复制”选项，如图7.20所示。

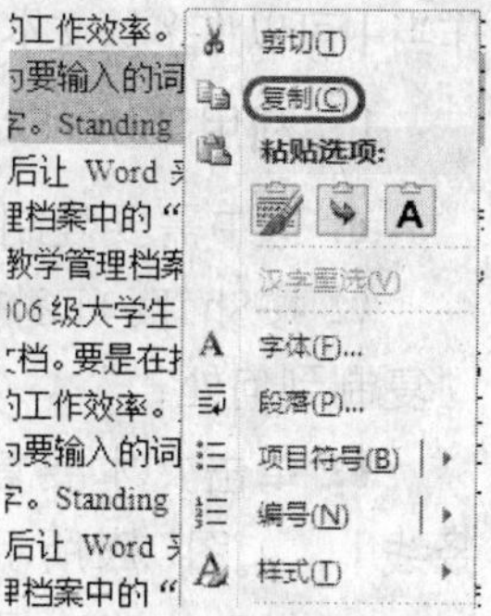

图7.20 选择“复制”选项

03 如果还要继续向剪贴板中复制其他内容，可重复步骤（1）、（2）的操作。

04 将插入符移至要插入文本的新位置。

05 选择“开始”选项卡，在“剪贴板”组中单击“粘贴”按钮或者单击鼠标右键，在弹出的快捷菜单中选择“粘贴选项”，如图7.21所示，可将最后复制到剪贴板上的内容粘贴到插入符所在的位置。

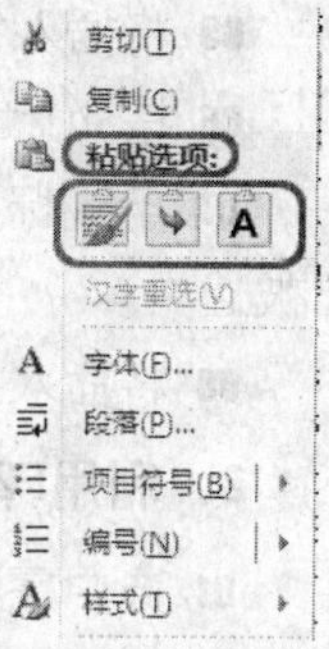

图7.21 粘贴功能

06 单击“剪贴板”任务窗格中的“粘贴”按钮，Office剪贴板中的内容将被粘贴到插入符所在位置。

07 重复步骤（4）至（6）的操作，可以在多个地方粘贴同样的文本。

7.4.3 用鼠标拖曳法移动或复制文本

当需要在同一个文档中进行短距离的复制文本或移动文本时，还可简单地使用拖曳方法。由于使用拖曳方法复制或移动文本时不经过“剪贴板”，因此，该方法要比通过剪贴板交换数据的方法来得简单一些。用鼠标拖曳方法移动或复制文本的操作步骤如下：

01 选择需要移动或复制的文本。

02 将鼠标指针移到选中的内容，直到鼠标变成形状。

03 按住鼠标左键拖曳文本（如果把选中的内容拖到窗口的顶部或底部，Word将自动向上或向下滚动文档），将其拖曳到合适的位置上释放鼠标，即可将文本移动到新的位置。此时分别以|标识新插入符，以标识移动动作，如图7.22所示。

04 如果需要复制文本，可按住Ctrl键单击鼠标左键并拖曳鼠标，则可将选中的文本复制到新的位置。此时分别以|标识新插入符，以标识复制动作，如图7.23所示，将其拖曳到合适的位置上释放鼠标，即可复制所选的文本。

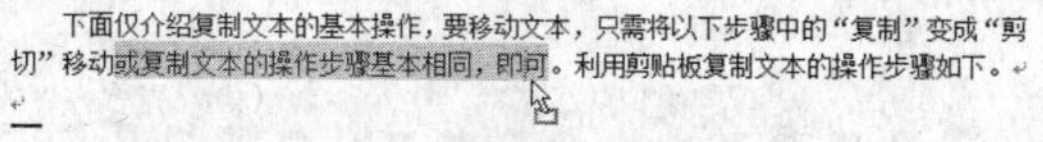

图7.22 移动文本

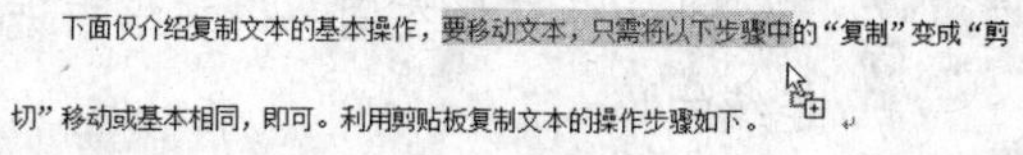

图7.23 复制文本

7.4.4 使用功能键移动或复制文本

当文本需要做移动或复制的操作时，使用功能键F2或Shift+F2快捷键是最好的方法，在连续操作当中可以将多处文本复制或移动到同一个位置。此方法多多练习，定会感觉到它的优越性。

1．利用Shift+F2键复制文本

01 选中需要复制的文本。

02 按Shift+F2快捷键，在状态栏左边将提示“复制到何处？”。如图7.24所示。

03 单击文本要复制到的位置，插入符变为虚竖线|，如图7.25所示。

04 按Enter键，即完成复制文本的操作。

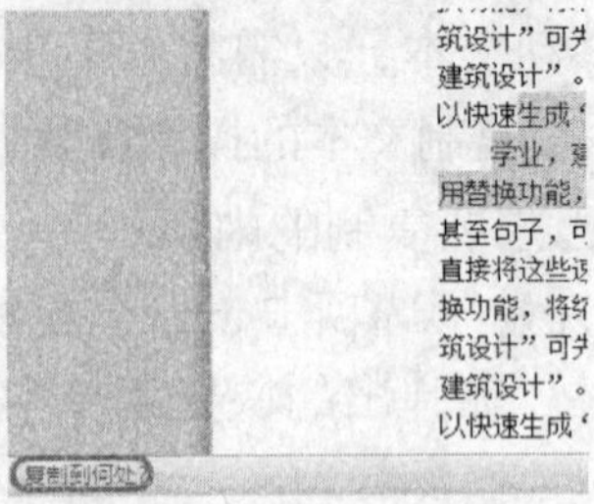

图7.24　复制到何处

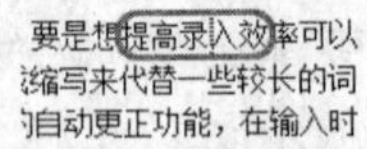

图7.25　虚竖线

如果还要复制其他内容，则按照下列步骤操作：

05 将插入符放置在文本要复制的位置。

06 按Shift+F2快捷键。此时，状态栏左边将提示“从何处复制？”。

07 用鼠标拖曳的方法选中要复制的文本，被拖曳过的文本下方会出现虚线，表示文本已被选中。

08 将插入符放置到需要粘贴的位置，按Enter键，选中的文本被粘贴到插入符所在位置。

2．利用F2键移动文本

01 选中需要复制的文本。

02 按F2键，在状态栏最左边将显示“移至何处？”。如图7.26所示。

03 单击文本要移动的位置，光标变为虚竖线“|”，如图7.27所示。

04 按Enter键，即完成文本的移动操作。

图7.26　移至何处

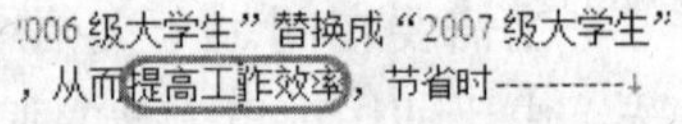

图7.27　虚竖线

如果还要移动其他文本内容，则按照下列步骤操作下去：

05 将插入符放置到文本要移动到的位置。

06 按F2键，此时状态栏左边将显示“从何处移动？”。

07 用鼠标拖曳的方法选择要移动的文本，被拖曳过的文本下方出现虚线，表示文本已被选中。

08 将插入符放置在需要移动到的新位置上，按Enter键。选中的文本被移动到插入符所在位置。

提示　此方法只能在同一个文档中进行移动或复制操作。并且移动或复制的操作必须是连续的。

7.5 查找和替换

查找与替换是字处理程序中一个非常有用的功能。Word允许对文字甚至文档的格式进行

查找和替换，使查找与替换的功能更加强大有效。Word的速度和强大的查找和替换功能，使得在整个文档范围内进行的枯燥的修改工作变得十分迅速和有效，“查找”和“替换”命令可进行的主要工作包括：

- 查找或替换特定的格式或样式：如制表位格式、边框格式、语言格式、图文框格式或样式。
- 查找或替换特殊符号或特定内容：如段落标记、制表符、连字符、脚注引用标记、分节符、域和图形等。
- 查找或替换单词的各种形式：如以“Standing”替换“Better”，以“Better”替换“Standing”。
- 删除文本：找到要删除的文本，并用空格来替换，可删除要删除的文本。

7.5.1 设置搜索规则

先确定搜索规则，再执行查找和替换操作。Word会严格地按照要求执行“查找”工作。只有充分理解每个查找选项，才能给Word准确的查找指示。Word中把找到符号查找条件的内容称为与查找条件相匹配。

首先要设置搜索规则，可单击“开始”选项卡中的“编辑”按钮，在弹出的下拉菜单中单击“查找”右侧的下三角按钮，在弹出的子菜单中选择“高级查找”选项或在弹出的下拉菜单中单击“替换”按钮，打开“查找和替换”对话框，然后单击“更多”按钮，可将该对话框的折叠部分展开，如图7.28所示。

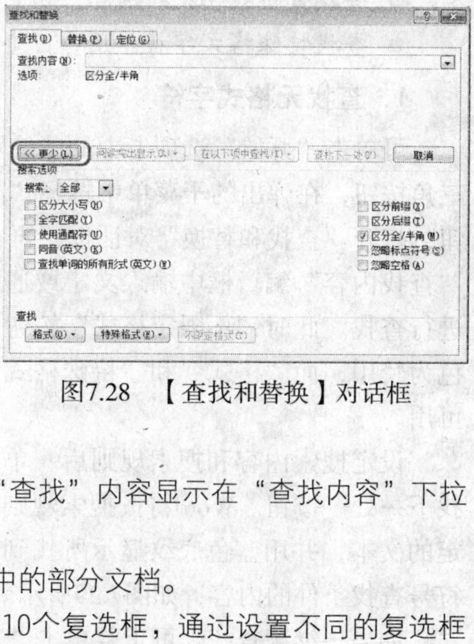

图7.28 【查找和替换】对话框

确定搜索规则主要包括如下几个方面：

01 设置查找内容：Word将以前执行过的最后7个“查找”内容显示在“查找内容”下拉列表框中。

02 设置搜索范围：搜索范围可以是整个文档或选中的部分文档。

03 设置搜索复选框：在对话框中的搜索选项区有10个复选框，通过设置不同的复选框可以扩大或缩小搜索范围。各复选框的意义如下：

- “区分大小写”：该复选框的意义十分明确，即在查找时区分大小写。例如，查找Cxz和CXZ将得到不同的查找结果。
- “全字匹配”：适用于英文，只查找完全符号条件的英文单词。例如，若输入“men”作为查找文本，则只查找该单词，而跳过women等单词。
- “使用通配符”：所谓通配符是指可以匹配其他字符的字符，例如，利用“？”可匹配任意字符，输入“m？n”表示查找men等。
- “同音（英文）”：表示同时查找发音相同，但拼写不同的单词。
- “查找单词的所有形式（英文）”：表示查找所输入单词的复数、过去式等不同形式。

- “区分前缀”与“区分后缀”：表示搜索时忽略与当前所要查找单词不同前缀或后缀的单词。如要搜索“men”，那么在选择“区分前缀”选项后，women就不会被查找到。
- “区分全/半角”：查找时区分全角和半角字符，这主要是针对英文字符而言的。
- “忽略标点符号”：表示搜索时，那些与查找内容相同，但其中带有标点符号的内容，也计入查找结果。如要查找“掩耳盗铃”，那么“掩耳，盗铃”也会被搜索到。
- “忽略空格”：与“忽略标点符号”选项相似，表示搜索时，那些与查找内容相同，但其中带有空格的内容，也计入查找结果。如要查找“掩耳盗铃”，那么“掩耳 盗铃”也会被搜索到。

7.5.2 查找

查找功能只用于在文本中定位，而对文本不做任何修改。查找文本有以下几种基本操作：

- 查找无格式字符：此时可按上面介绍的方法设置搜索规则。
- 查找带格式字符：例如，用户可以查找所有二级标题样式的文本。
- 查找特殊格式字符：用户可查找制表符、段落标记、图形和分栏符等特殊字符。

1．查找无格式字符

可单击“开始”选项卡中的“编辑”按钮，在弹出的下拉菜单中单击“查找”右侧的下三角按钮，在弹出的子菜单中选择“高级查找”选项或从弹出的下拉菜单中单击“替换”按钮，打开“查找和替换”对话框，再在该对话框中选择“查找”选项卡，用户可通过直接在“查找内容”编辑框中输入文字或通配符来进行查找。此时“不限定格式”按钮呈暗灰色为禁用，而“格式”和“特殊格式”按钮可用。

设定搜索内容和搜索规则后，单击“查找下一处”按钮。Word将按搜索规则查找指定的文本，并用蓝色底纹显示所找到的一个符号查找条件的内容，如图7.29所示。

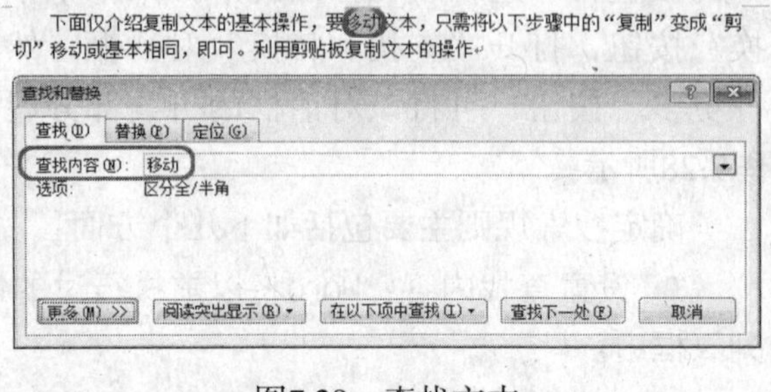

图7.29　查找文本

如果想继续查找，可重复单击“查找下一处”按钮。若想终止查找工作，单击“取消”按钮，就可以关闭“查找和替换”对话框，并返回到原文档中。

注意　Word中的“查找和替换”对话框又称伴随对话框。一般情况下，用户在进行某种设置时，打开对话框后只有在关闭对话框后才能继续编辑文本。但“查找和替换”对话框不同，用户只要在文档中单击，即可在不关闭该对话框的情况下编辑和滚动文档。

2．查找带格式文本

查找有格式文本的方法是在查找无格式文本的步骤中加入对查找内容格式的设置。下面我们以查找字体为宋体，字形为倾斜，颜色为黄色的单词“Woind”为例，学习如何设置有特定格式的文本的搜索规则，具体操作步骤如下：

01 选择“开始”选项卡下的“编辑”组，在弹出的下拉列表中选择“查找”→“高级查找”命令或“替换”命令，打开“查找和替换”对话框。单击“查找”选项卡，并单击“更多”按钮将对话框中的折叠部分展开。

02 在“查找内容”列表框中输入要查找的内容，如“Woind”。

03 单击“格式”按钮，从弹出的下拉列表中选择“字体”选项，如图7.30所示。

04 打开“查找字体”对话框，在该对话框中，设置“中文字体”为“宋体”，“字形”选择“倾斜”，“字体颜色”选择“黄色”，如图7.31所示，最后单击“确定”按钮，返回到“查找和替换”对话框。

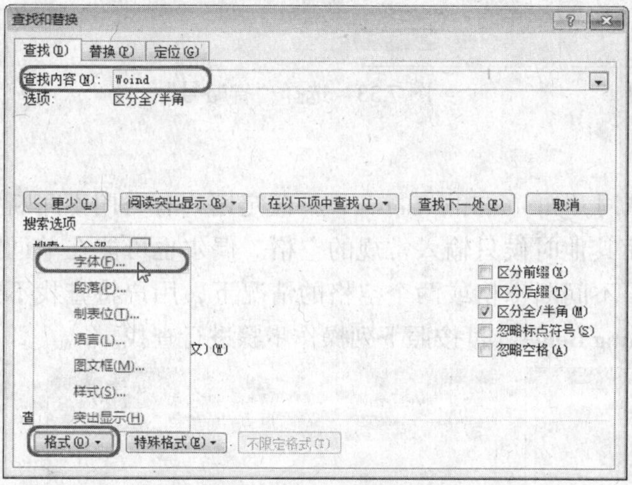

图7.30 选择“字体”命令

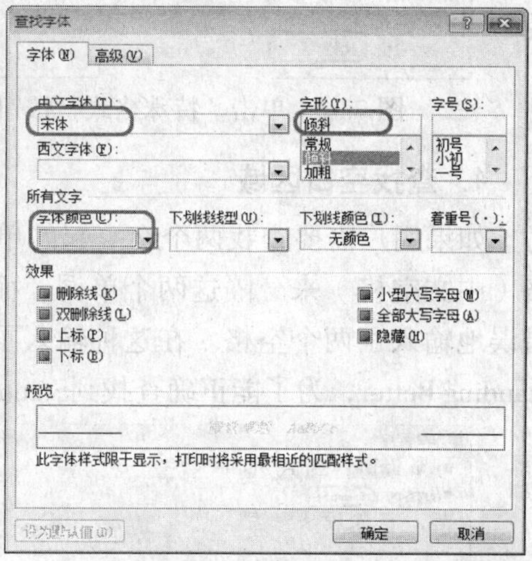

图 7.31 设置字体

05 单击“查找下一处”按钮，开始查找工作，Word只把文档中与设置格式相同的“Woind”查找到。

提示 要取消格式设置，可单击“不限定格式”按钮。此外，如果设定了格式，用户可不输入具体内容，例如，保持“查找内容”编辑框为空，且设定查找格式为样式“标题3”，则可查找所有此样式标题。

3. 查找特殊格式字符

在Word中，除了可以查找文本和格式之外，还可以查找特殊字符，如不间断空格、段落标记等。可单击“开始”选项卡中的“编辑”按钮，在弹出的下拉菜单中单击“查找”右侧的下三角按钮，在弹出的子菜单中选择“高级查找”选项或在弹出的下拉菜单中单击“替换”按钮，打开“查找和替换”对话框。单击“查找”选项卡，并单击“更多”按钮将对话框中的折叠部分展开。使用“特殊格式”下拉列表对于输入某种特殊字符是很方便的，只需将插入符置于“查找内容”列表框中，然后单击“特殊格式”按钮，即可从弹出的下拉列表中选择所需要的字符。如图7.32所示。

在“查找内容”列表框中可合并常规文本和特殊字符。例如，我们要查找的文本带有省略号，用户只需在“查找内容”列表框中输入文本，然后单击“特殊格式”按钮，在弹出的列表中选择两次省略号即可，如图7.33所示。

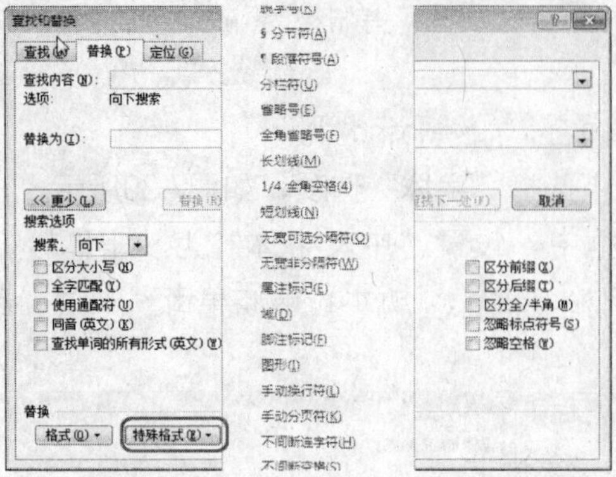

图 7.32　单击“特殊格式”按钮

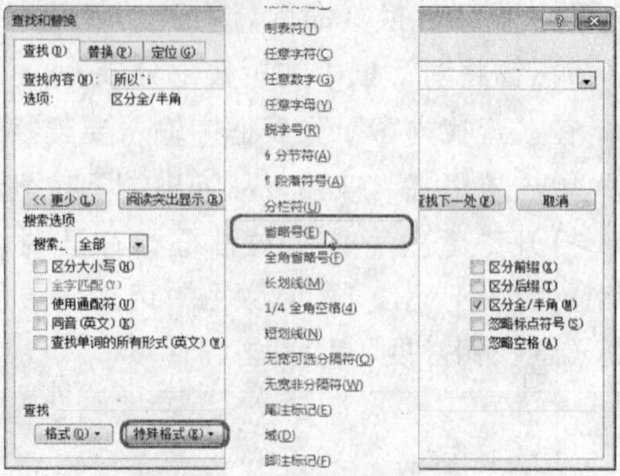

图 7.33　选择“省略号”

4. 查找空白区域

如果用户需要查找两个在一起的单词，如Standing Better，并假定用户有时用不间断空格（中文空格）来分隔这两个单词，而其他时候只输入常规的空格。偶尔也可能在单词间错误地输入了两个空格。在这种输入了不间断空格或两个空格的情况下，用户将查找不到Standing Better，为了能正确查找到Standing Better，可按照下列操作步骤进行查找。

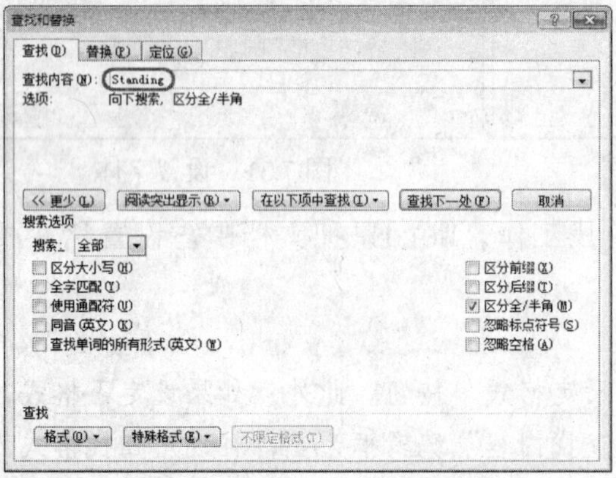

图7.34　输入“Standing”

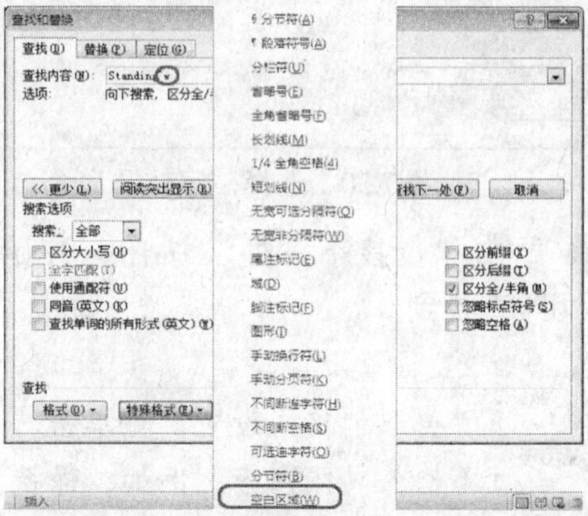

图7.35　选择“空白区域”选项

01 在“查找内容”列表框中先输入“Standing”，然后不要碰空格键，如图7.34所示。

02 单击“特殊格式”按钮，在弹出的列表中选择“空白区域”选项。“空白区域”代码“^w”将出现在Standing旁，如图7.35所示。

03 然后再输入“Better”，如图7.36所示。此时用户的搜索串将是“Standing ^wBetter”，这样就能正确地进行查找了。

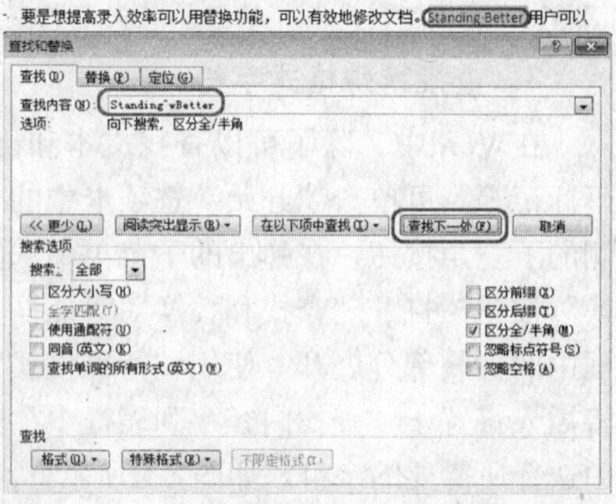

图7.36　输入“Better”

7.5.3 替换

在打字输入时用速写符或缩写来代替一些较长的词甚至句子，可以提高文字录入的工作效率。也可以使用替换功能来提高录入效率，还可以有效地修改文档。用户可以利用Word的自动更正功能，在输入时直接将这些速写符或缩写替换为要输入的词或句子，也可以在精加工文档时，利用查找与替换功能，将缩写替换为实际文字。例如把教学管理档案中的“2006级大学生”替换成“2007级大学生”，可以快速生成“2007级大学生”教学管理档案，从而提高工作效率，节省时间。

1. 无格式替换

替换操作的思路是找到以前的内容删除它，输入想要的内容替代以前的内容。简单快捷的替换操作是选定需要修改的内容，然后直接输入新内容，不过这样操作一次只能替换一个对象。要是想一次替换更多相同的内容，就要使用Word的替换功能。查找并替换的基本操作步骤如下：

01 选择“开始”选项卡中的“编辑”组，在弹出的下拉列表中选择“替换”命令，打开“查找和替换”对话框。

02 指定搜索范围和搜索方向。

03 在“查找内容”列表框中输入要查找的文本内容，在“替换为”列表框中输入要替换的文本内容。如图7.37所示。

04 单击“查找下一处”按钮。当找到第一个查找对象时，Word将以蓝色底纹显示要替换的内容。如图7.38所示。

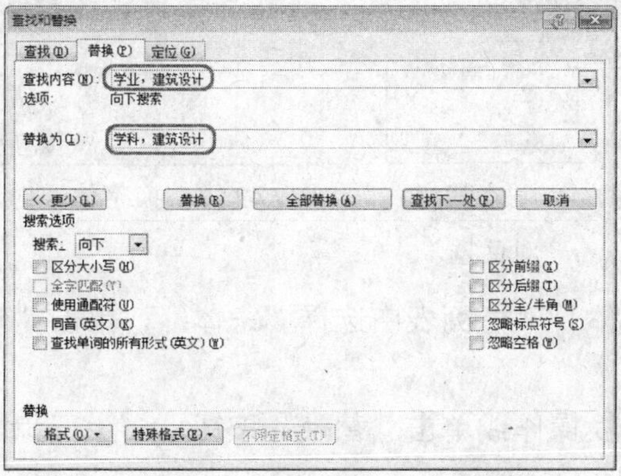

图7.37 需要替换的内容

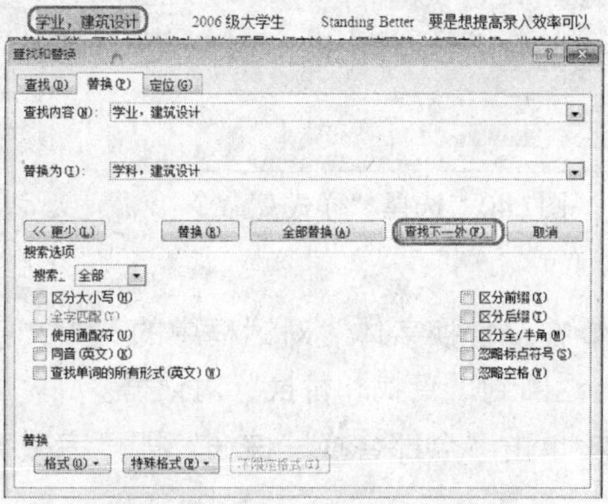

图7.38 显示要替换的内容

05 单击“替换”或“全部替换”按钮后，Word按照搜索规则开始查找和替换。如果单击“全部替换”按钮，则Word自行查找并替换符号查找条件的所有内容，直到完成全部的替换。如果单击“替换”按钮，则Word用蓝色底纹逐个显示符号查找条件的内容，并在替换前让用户确认。用户可以有选择地进行替换，对于不需要替换的文本，可以单击“查找下一处”按钮，跳过此处。

06 替换完毕后，Word会出现一个对话框，表明已经完成文档的替换，单击“确定”按钮，关闭对话框。

2．替换格式

如果文档中的所有4级标题都已设置成“隶书”字，现又要将其更改为“宋体”字，一种方法是通过修改样式来实现，另外一种方法便是利用“查找和替换”命令来完成。其操作步骤如下：

01 选择“开始”选项卡中的“编辑”组，在弹出的下拉列表中选择“替换”命令，打开“查找和替换”对话框。在“查找和替换”对话框中，分别清除“查找内容”列表框中和“替换为”列表框中的内容，如图7.39所示。

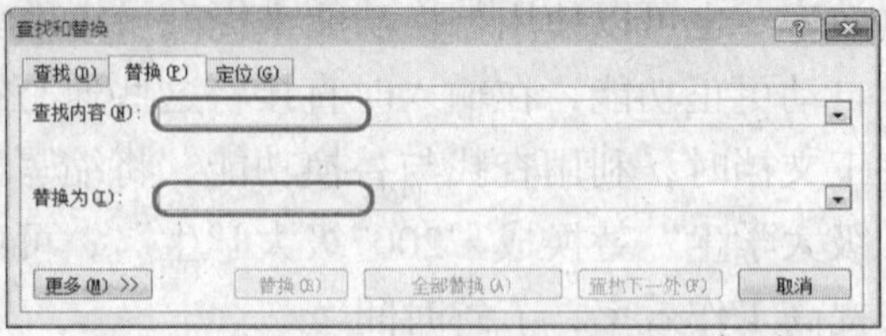

图7.39　列表框

02 将插入符置于“查找内容”列表框中，单击“格式”按钮并从弹出的列表中选择“样式”命令，如图7.40所示。

03 打开“查找样式”对话框，如图7.41所示。在“查找样式”对话框中的“查找样式”列表中选择“标题4”，然后单击“确定”按钮返回到“查找和替换”对话框。

04 将插入符置于“替换为”列表框中，然后单击“格式”按钮并从弹出的列表中选取“字体”命令，打开“替换字体”对话框，如图7.42所示。

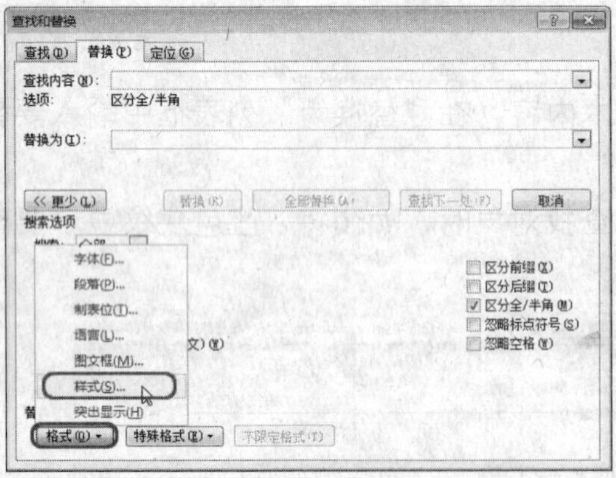

图7.40　选择“样式”命令

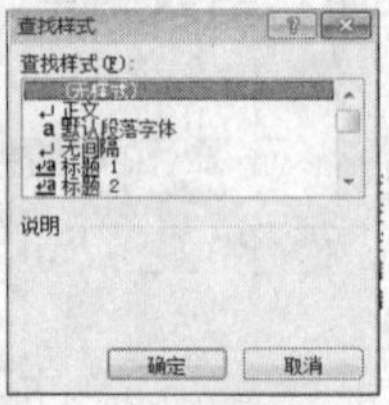

图7.41　“查找样式”对话框

图7.42　“替换字体”对话框

05 在“替换字体”对话框中的“中文字体”下拉列表中选择“宋体”，单击“确定”按钮，返回到“查找和替换”对话框。

06 单击“全部替换”按钮，即可完成替换操作或单击“替换”按钮，一步一步地进行替换。

提示　应确保非替换格式设置为空。例如，用户不能在本例中设置字形和字号等内容，如误选了这些项目，应将其删除。

3．组合替换

搜索和替换有时候需要用一些规则约束，以达到特殊的要求。例如，假设要将文档正文中出现的“Standing Better”变为斜体，但不改变该句子出现在标题、目录和索引中的格式。为此，用户可以在“查找内容”框中输入“Standing Better”，然后在“替换为”框中指定

“倾斜”字体格式，如图7.43所示。

特定文本格式或文本和格式的组合也可以改变。要改变特定文本的格式，可在“查找内容”和“替换为”文本框中输入用户想要改变的文本。单击“查找内容”输入框，并选取带格式文本的类型，然后单击“替换为”输入框，并选取用户想要给文本的格式类型，如图7.44所示。

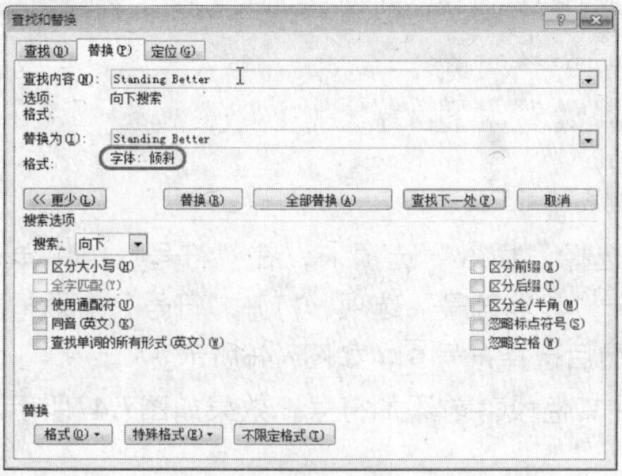

图 7.43　倾斜字体格式

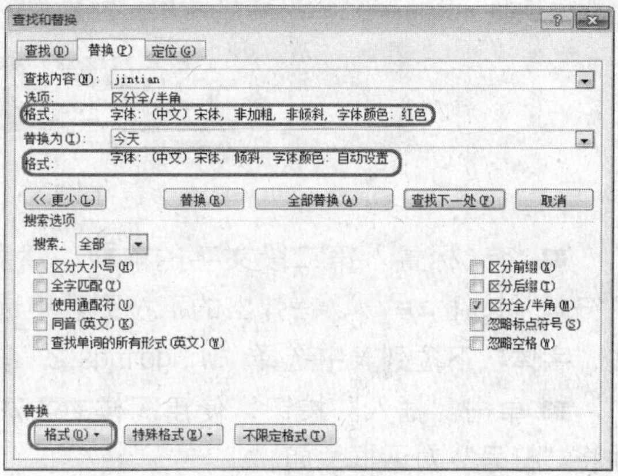

图7.44　文本格式

4．查找和替换单词的各种形态

在查找和替换单词时，Word可以同时查找和替换单词的各种形态（只限于英语单词）。

- 名词的单数和复数形态：例如，如果设定用“Man”替换“Woman”，则“Men”将替换“Women”。
- 形容词的比较级：例如，如果设定用“Worse”替换“Better”，则“Worst”将替换“Best”。
- 动词的时态：例如，如果设定用“Stand”替换“Sit”，则“Standing”将替换“Sitting”，“Stood”将替换“Sat”。

要避免单词的二义性，例如，单词“Saw”既可能是名词，也可能是动词，如果用户输入“Saw”，Word很难区分它是名词还是动词，因此，如果要查找动词“Saw”，可以在“查找内容”列表框中输入“Sawing”；如果要查找名词“Saw”，可以在“查找内容”列表框中输入“Saws”。

7.6 上机练习——设置文章格式

完成了对Word 2010 操作基础的知识讲解，为了让读者更好的理解本章内容，下面做一个案例来贯穿本章。

本案例主要介绍输入文章时如何输入特殊符号、输入当前日期和时间、用鼠标拖曳法移动或复制文本、替换。

01 单击“文件”按钮，然后选择“打开”选项，在弹出的“打开”对话框中打开随书附带光盘中的“素材\Cha07\001.docx”文件，如图7.45所示。

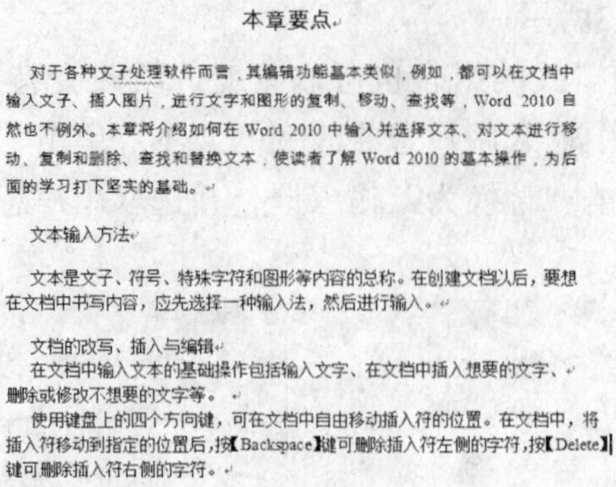
本章要点

对于各种文字处理软件而言，其编辑功能基本类似，例如，都可以在文档中输入文字、插入图片，进行文字和图形的复制、移动、查找等，Word 2010 自然也不例外。本章将介绍如何在 Word 2010 中输入并选择文本、对文本进行移动、复制和删除、查找和替换文本，使读者了解 Word 2010 的基本操作，为后面的学习打下坚实的基础。

文本输入方法

文本是文字、符号、特殊字符和图形等内容的总称。在创建文档以后，要想在文档中书写内容，应先选择一种输入法，然后进行输入。

文档的改写、插入与编辑

在文档中输入文本的基础操作包括输入文字、在文档中插入想要的文字、删除或修改不想要的文字等。

使用键盘上的四个方向键，可在文档中自由移动插入符的位置。在文档中，将插入符移动到指定的位置后，按【Backspace】键可删除插入符左侧的字符，按【Delete】键可删除插入符右侧的字符。

图 7.45　输入文字

02 将光标置入第二段文字的前面，然后选择“插入”选项卡，在“符号”组中单击“符号”按钮Ω符号，在弹出的下拉列表中选择“其他符号”选项，打开“符号”对话框，在“字体”下拉列表中选择“Wingdings 2”，然后选择符号❶，如图7.46所示。

03 单击“插入”按钮，使用同样的方法在其他段落前添加符号，效果如图7.47所示，并将“符号”对话框关闭。

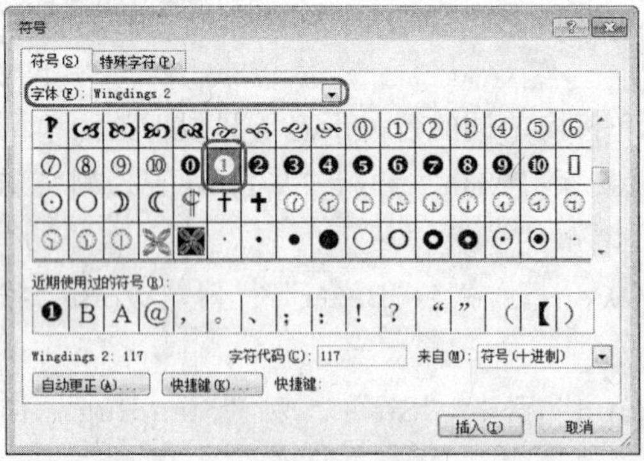

图7.46　“符号”对话框

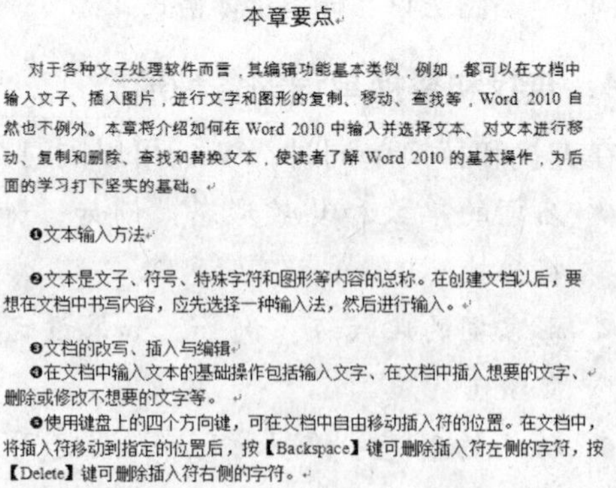
本章要点

对于各种文字处理软件而言，其编辑功能基本类似，例如，都可以在文档中输入文字、插入图片，进行文字和图形的复制、移动、查找等，Word 2010 自然也不例外。本章将介绍如何在 Word 2010 中输入并选择文本、对文本进行移动、复制和删除、查找和替换文本，使读者了解 Word 2010 的基本操作，为后面的学习打下坚实的基础。

❶文本输入方法

❷文本是文字、符号、特殊字符和图形等内容的总称。在创建文档以后，要想在文档中书写内容，应先选择一种输入法，然后进行输入。

❸文档的改写、插入与编辑

❹在文档中输入文本的基础操作包括输入文字、在文档中插入想要的文字、删除或修改不想要的文字等。

❺使用键盘上的四个方向键，可在文档中自由移动插入符的位置。在文档中，将插入符移动到指定的位置后，按【Backspace】键可删除插入符左侧的字符，按【Delete】键可删除插入符右侧的字符。

图7.47　在其他段落前插入符号

04 将光标置入最后一段的末尾处，然后选择“插入”选项卡，在“文本”组中单击“日期和时间”按钮，打开“日期和时间”对话框，勾选“自动更新”复选框，然后在“可用格式”列表框中选择第三个选项，如图7.48所示。

05 单击“确定”按钮，即可在插入符的位置插入日期，如图7.49所示。

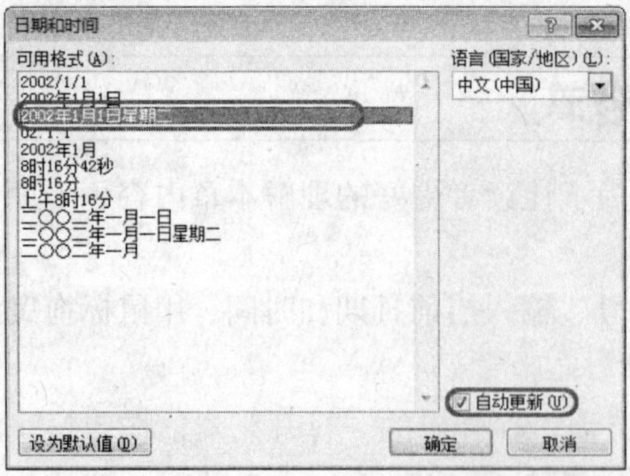

图 7.48　“日期和时间”对话框

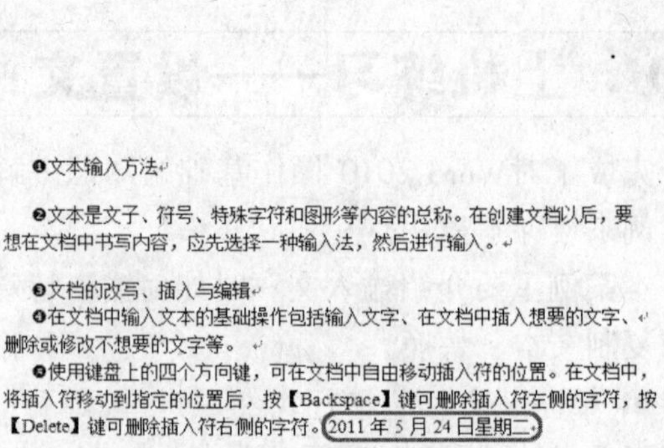
❶文本输入方法

❷文本是文字、符号、特殊字符和图形等内容的总称。在创建文档以后，要想在文档中书写内容，应先选择一种输入法，然后进行输入。

❸文档的改写、插入与编辑

❹在文档中输入文本的基础操作包括输入文字、在文档中插入想要的文字、删除或修改不想要的文字等。

❺使用键盘上的四个方向键，可在文档中自由移动插入符的位置。在文档中，将插入符移动到指定的位置后，按【Backspace】键可删除插入符左侧的字符，按【Delete】键可删除插入符右侧的字符。2011 年 5 月 24 日星期二

图7.49　输入的日期

06 选择“开始”选项卡，单击“编辑”下三角按钮，在弹出的下拉列表中选择“替换”选项，打开“查找和替换”对话框，在“查找内容”列表框中输入“文字”，在“替换为”列表框中输入“文字”，如图7.50所示。

07 单击“全部替换”按钮，替换完成后会弹出如图7.51所示的提示对话框，

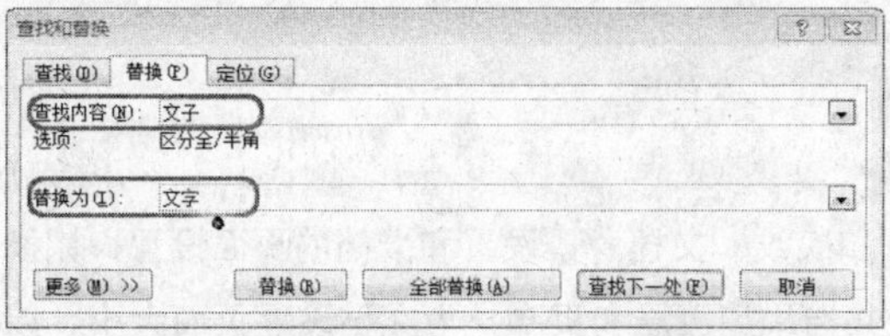

图7.50 “查找和替换”对话框

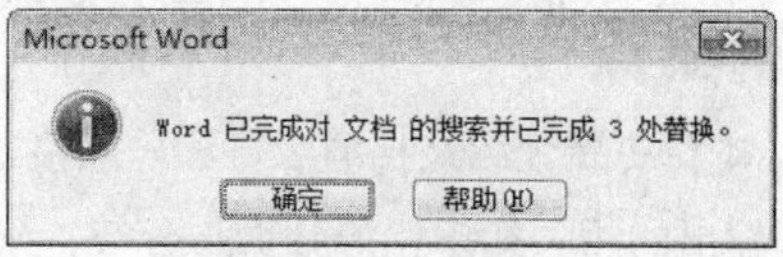

图7.51 提示对话框

08 单击“确定”按钮，将“查找和替换”对话框进行关闭，即可完成本例的操作，效果如图7.52所示。

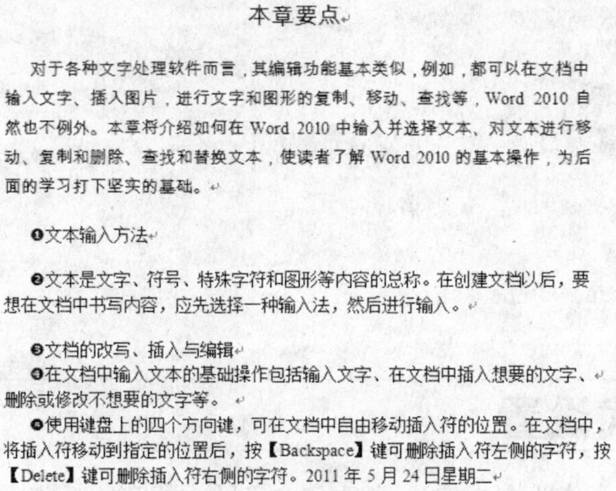

本章要点

对于各种文字处理软件而言，其编辑功能基本类似，例如，都可以在文档中输入文字、插入图片，进行文字和图形的复制、移动、查找等，Word 2010 自然也不例外。本章将介绍如何在 Word 2010 中输入并选择文本、对文本进行移动、复制和删除、查找和替换文本，使读者了解 Word 2010 的基本操作，为后面的学习打下坚实的基础。

❶文本输入方法

❷文本是文字、符号、特殊字符和图形等内容的总称。在创建文档以后，要想在文档中书写内容，应先选择一种输入法，然后进行输入。

❸文档的改写、插入与编辑

❹在文档中输入文本的基础操作包括输入文字、在文档中插入想要的文字、删除或修改不想要的文字等。

❺使用键盘上的四个方向键，可在文档中自由移动插入符的位置。在文档中，将插入符移动到指定的位置后，按【Backspace】键可删除插入符左侧的字符，按【Delete】键可删除插入符右侧的字符。2011 年 5 月 24 日星期二

图7.52 完成后的效果

7.7 习题

1. 填空题

（1）在扩展模式下，还可通过逐次按______键收缩选择区。

（2）输入方式间的切换包括______与______之间、______与______之间的转换等。

2. 问答题

（1）练习选取一句话，一个段落、一整行。并说明完成上述操作的方法。

（2）举例说明几种常用的修改文档内容的方法？

第8章 基本格式编排及打印

本章要点

本章主要介绍文档的字符和段落格式、边框和底纹、文档背景设置和文档的页面设置，以及文档打印输出的相关知识，如分页与分节，分栏，给文档添加页眉和页脚，为文档设置页面大小，以及文档的打印等。其中，分页与分节的内容请大家深入理解，并配合文档分栏与设置文档页眉与页脚的操作，体会分页与分节在文档格式设置中的应用。

本章内容主要包括

- 字符格式设置
- 设置段落格式
- 分页与分节
- 设置页面
- 文档打印

go>>

8.1 字符格式设置

在Word中，字符是指作为文本输入的汉字、字母、数字、标点符号以及特殊符号等。字符是文档格式化的最小单位，对字符格式的设置决定了字符在屏幕上或打印时的形式。字符格式包括字体、字号、形状、颜色等。

8.1.1 设置字体、字号

如果在输入文本时没有设置格式，那么Word按照默认格式设置。如果要设置字体、字号等常用的格式，可在选定文本后直接单击“开始”选项卡中“字体”组的相应按钮来设置，如果要设置一些特殊的格式，则要使用“字体”对话框。

1．字体

Windows操作系统为用户提供了一些常用的中、英文字体，如楷体、宋体、华文新魏和Berlin Sans FB Demi等。不一样的字体有各自不同的外观形状，有些字体还带着自己的符号集，有些字体在键入时甚至以图片的方式，而不是字母和数字方式显示。

如果要设置字体的话，单击“开始”选项卡的“字体”组右下角“对话框启动器”按钮，弹出如图8.1所示的“字体”对话框。如果要设置中文字体，在“字体”选项卡中的“中文字体”下拉列表框，从中选择一种中文字体。如果要设置西文字体，和选择中文字体一样，弹出“西方文字”下拉列表框，在选择一种西方字体。选择字体后，在对话框下方的“预览”框中可以看到字体设置后的预览效果。

2．字号

字号是用于设置文本字体的大小。在Word中，可利用“号”和“磅”两种单位来度量字体大小。当以“号”为单位时，数值越小、字体越大，如“三号”字比“四号”字要大。当以“磅”为单位时，则是磅值越小字体越小，如“6磅”的字体比“8磅”的字小。一英寸为72磅，因此，72磅大小的字体将会占用一英寸的高度。一般情况下，字体的磅值是通过测量字体的最底部到最上部来确定的。

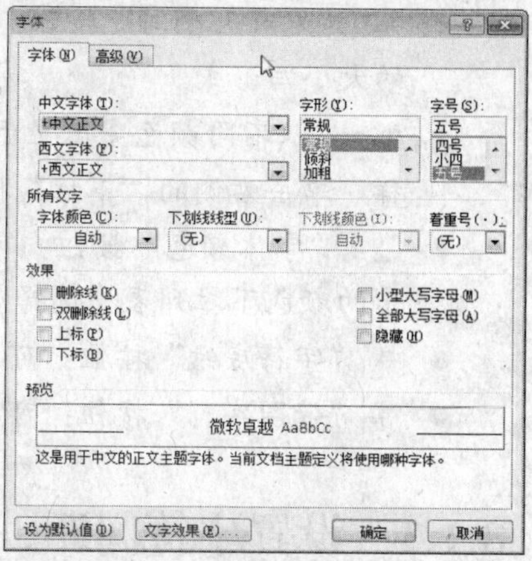

图8.1 “字体”对话框

8.1.2 设置字形和效果

为了使文字或文章更加突出引人注目，在Word中可以通过给文字增添一些附加属性来改变文字的形状。改变字形就是指给文字添加粗体、斜体等强调效果或阴影、空心、阴文、阳文、下划线、删除线、上标、下标、底纹和边框等特殊效果。通过将一个词、一个短语或一段文字设为强调效果或特殊效果。

所有不同字形和不同效果都是通过“字体”对话框来设置，要想改变字形和效果，应选定要改变字形和效果的文本，然后在弹出“字体”对话框中进行设置你想要的字形和效果。此外，字形和部分效果也可通过“开始”选项卡“字体”组中的相应按钮来设置：

- 宋体(中文正文) “字体”按钮：可以设置所选文字的字体。
- 五号 “字号”按钮：可以设置选定文字的字号。
- “增大字体”按钮：可以设置增大所选文字字号。
- “缩小字体”按钮：可以设置减小所选文字字号。
- “清除格式”按钮：可以设置清除所选文字格式。
- “拼音指南”按钮：可以设置所选文字标注拼音。
- “字符边框”按钮：可以为选中文字添加或取消边框。
- B “加粗”按键按钮：可以为选中文字加粗。
- I “倾斜”按键按钮：可以设置选中文字倾斜或取消文字倾斜。
- U “下划线”：可以设置选中文字添加或取消下划线。同样，单击按钮右侧的“下拉”按钮可弹出下划线类型下拉列表，以便从中选择下划线。此外，用户还可利用该工具的下拉列表设置下划线颜色。
- abc “删除线”按钮：可以为选中文字添加或取消删除线。
- x_2 “下标”按钮：可以在文字基线下方创建小字符。
- x^2 “上标”按钮：可以在文本行上方创建小字符。
- “文本效果”按钮：可以对所选文本应用外观效果。如阴影、发光和映像等。

- “更改大小写”按钮：可以将所选所有文字改为全部大写、全部小写或其他常见的大小写形式。
- “以不同颜色突出显示文本”按钮：可以使文字看上去像是用荧光笔作了标记一样。单击右侧的“下拉”按钮，可在弹出的列表中设置所需颜色。
- “字体颜色”按钮：可以更改文字颜色，单击右侧的“下拉”按钮，可以在弹出的颜色下拉列表中选择颜色。
- “字符底纹”按钮：可以对整个行添加底纹背景。
- “带圈字符”按钮：可以对字符周围放置圆圈或边框加以强调。

8.1.3　设置字符间距、缩放和位置

如果想对字符间距、字符缩放比例和字符位置进行调整的话，可以在“字体”对话框中选择“高级”选项卡，然后在“字符间距”选项区域中进行设置，如图8.2所示。

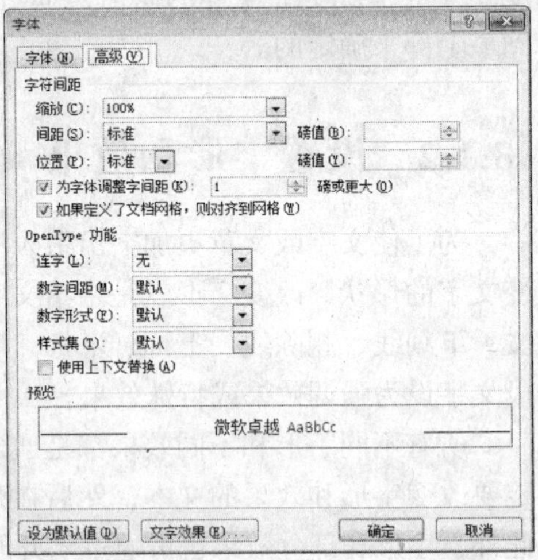

图8.2　“高级”选项卡

在一般的情况下，“字符的间距”为“标准”。用户如想调整相邻字符间距的距离，可以通过在“间距”选项中选择标准、加宽和紧缩，可以调整到自己需要的距离；如果想让一些文本区别其他文本，可以通过使用“缩放”下拉列表改变某段字符的缩放比例。不过，缩放字符只能在水平方向进行缩小或放大；一般情况下字符以行基线为中心，处于“标准”位置。用户可以根据需要利用“位置”下拉列表中的“提升”或“降低”选项来设置字符的位置。

8.1.4　设置中文版式

Word 2010为中文版式提供了一些特有的功能，如给文字加注拼音、字符号并和双行合一等。

1．加注拼音

如果需要给某些文字加注拼音，应先选定这些文字，然后在“开始”选项卡中的“字体”组中单击“拼音指南”按钮，弹出如图8.3所示的对话框。

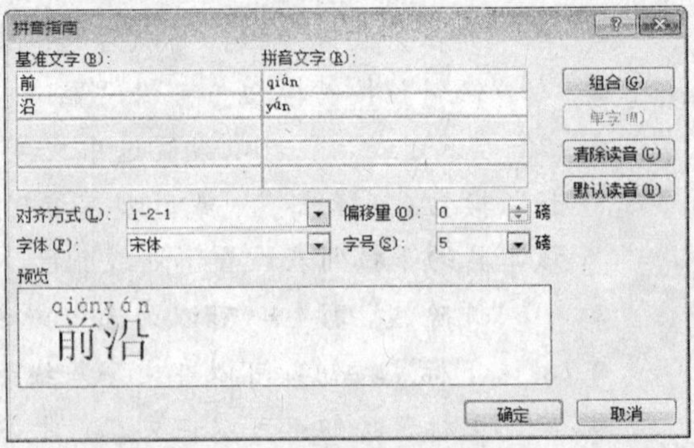

图8.3　“拼音指南”对话框

默认情况下，系统会自动根据拼音输入法“IME”提供的值为文字注音。该对话框中其他按钮的作用如下：

- “组合”：按组合词汇注音。

- “单字”：按单字注音。
- “默认注音”：由系统根据拼音输入法“IME”提供的值为文字注音。
- “对齐方式”下拉列表：设置拼音与文字的对齐方式。
- “字体”和“字号”下拉列表：设置拼音本身所采用的字体和字号。

2. 给文字加圈

在一些情况下，用户可能需要到为一些文字、数字或单个的字、字母或数字加上一个圈，以突出其中的特殊含义。如果用户需要为字符加圈，突出字符的意义，应先选定单个汉字或两位数字，选择“开始”选项卡，在“字体”组中单击“带圈字符”按钮，弹出“带圈字符”对话框。如图8.4所示。

在Word 2010中，用户可为单个汉字或两位数字加圈，且提供了4种圈样式，如圆圈、方块、三角形和菱形。如图8.5所示。

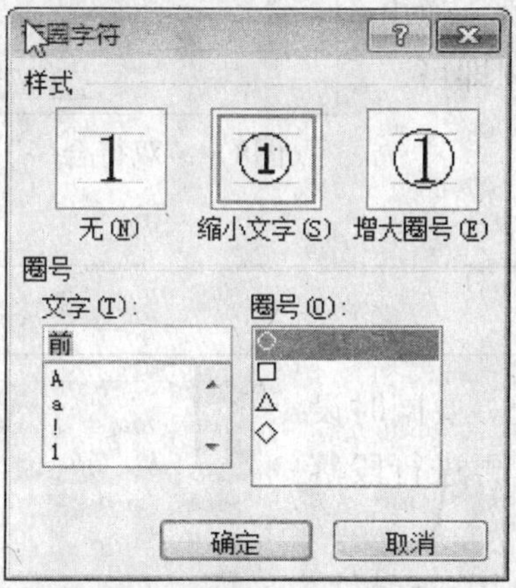

图8.4 “带圈字符”对话框

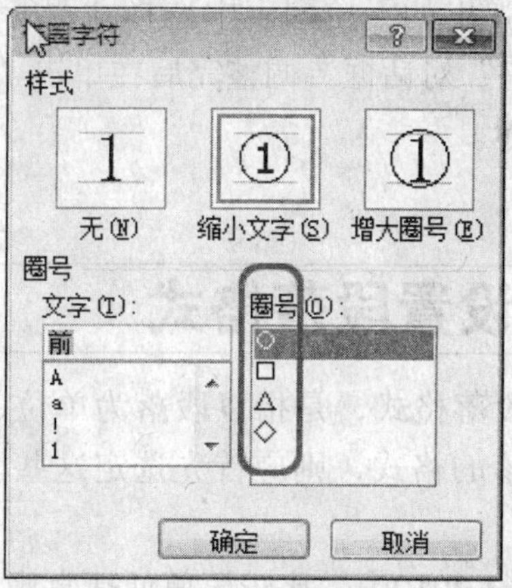

图8.5 圈样式

如果用户需要缩小文字或增大圈号，在该对话框中选定要加圈的字符、圈号和动作进行修改，然后单击“确定”按钮即可。

3. 纵横混排

Word 2010还提供了将字符横放的功能，如将“需要”转置为“需要”。该功能在制作某些特殊符号时很有用。

如果用户如想要将字符转置，应该先选中字符，然后选择“开始”选项卡，在“段落”组中单击“中文版式”按钮，在弹出的列表中选择“纵横混排”选项，弹出如图8.6所示的对话框，接下来单击“确定”按钮即可。

如果用户做错或不需要字符转置，想取消的话。应该先选定已转置的字符，然后在弹出“纵横混排”对话框中单击“删除”按钮。

4. 合并字符

合并字符功能主要是将选定文字上下排列，如“这是个约定”中的“这是个约定”5个字。要应用该功能，可在选定要合并排列的字符后（不能多于6个），选择“开始”选项卡，单击“段落”组中的“中文版式”按钮，在弹出的下拉列表中选择“合并字符”选项，此时将弹出如图8.7所示的对话框。在其中选定要合并字符的字体和字号，然后单击“确定”按钮。

图8.6 “纵横混排”对话框

图8.7 “合并字符”对话框

5．双行合一

Word 2010为用户提供的双行合一功能。

如果用户需要使用该功能，先将希望放在两行的文字长度、调整的长度相当，然后选中需要自己想修改的文字。选择“开始”选项卡，单击“段落”组中的“中文版式”按钮，在弹出的下拉列表中选择“双行合一”选项，弹出“双行合一”对话框。调整完后在单击“确定”按钮即可，如图8.8所示。

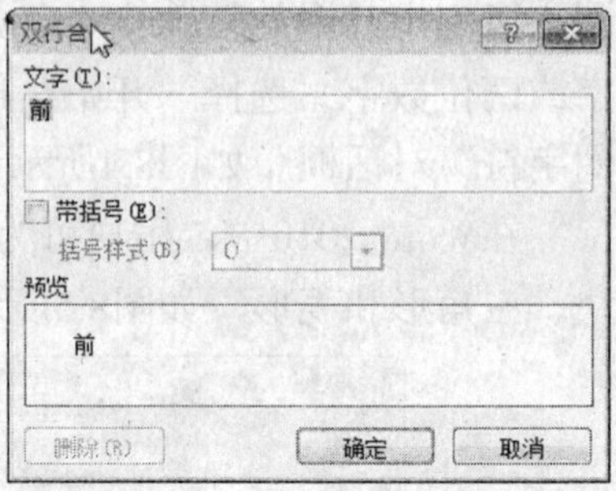

图8.8 “双行合一”对话框

8.2 设置段落格式

所谓段落格式，是指以段落为单位的格式设置。要同时设置多个段落的格式，则应首先选定这些段落，然后再进行段落格式设置。

在Word 2010中，比较简单便捷直观地操作是，用“标尺”和“段落”组中的工具对段落进行设置。用户需要对段落进行更多更精确的设置，可单击“开始”选项卡中的“段落”组右下角的按钮，从弹出“段落”对话框进行自己所需要的设置。如图8.9所示。

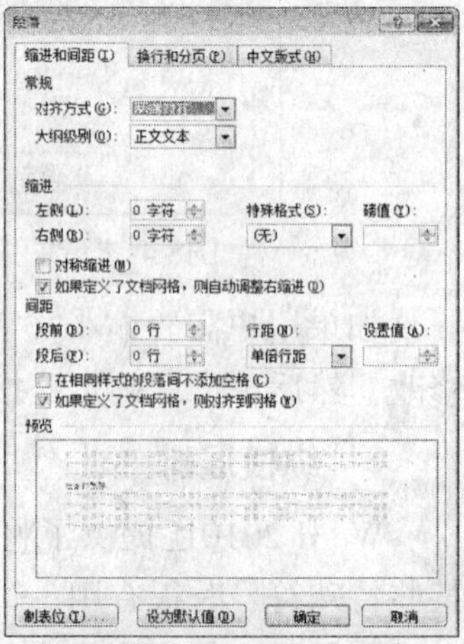

图8.9 “段落”对话框

8.2.1 设置段落格式的一般步骤

在Word中，即使没有加入任何文本，每次只要按Enter键，一个新的段落就产生了。段落的结尾处有一个表示段落结束的“段落标记”↵，任何应用到段落中的格式信息都保存在段落标记中。用户为了避免误删段落标记，在对段落进行格式设置时，尽量将段落标记显示在屏幕上，这样可以确保任何格式改变都会应用到整个段落中。

用户可以设置自己需要的格式。可以在输入文本前设置段落格式，再输入的文本就会直接按已设置的格式显示。也可以先按照默认格式输入文本，然后再对文本段落进行格式设置。设置段落格式的一般步骤如下：

01 选中要应用格式的段落及段落标记，如果是给空段落设置格式，直接选中段落标记。

02 使用“段落”组中的工具按钮或单击“段落”组右下角的按钮，如图8.10所示。为段落设置格式。

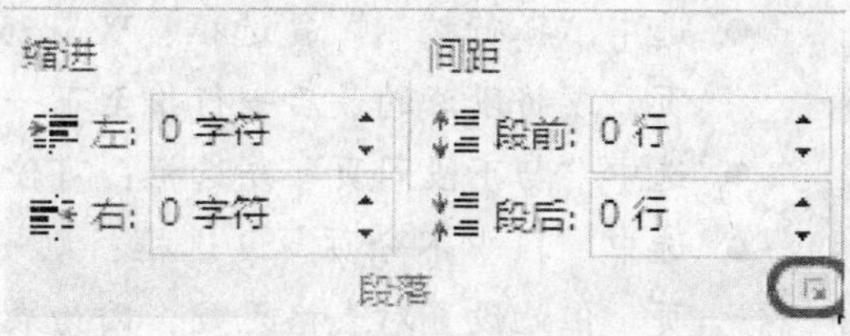

图8.10 “段落”对话框

8.2.2 段落对齐与分页控制

段落的对齐与分页，直接影响文档的版面效果。段落的对齐方式控制了段落中文本行的排列方式，而文档的分页则决定着文档的版面是否美观和是否符合排版规则。

1. 设置段落对齐方式

Word中具备两端对齐、左对齐、居中对齐、右对齐和分散对齐等段落对齐方式，并在“开始”选项卡“段落”组中设置了相应的对齐按钮。使用选项卡中的“对齐”按钮或“段落”对话框“缩进与间距”选项卡中的“对齐方式”下拉列表都可以设置段落的对齐方式。如图8.11所示。

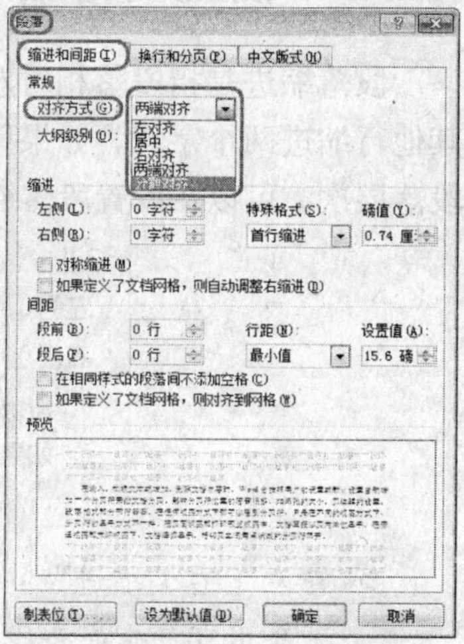

图8.11 “对齐方式”下拉列表

2. 调整分页

用户需要输入、排版文本或增加、删除文档内容时，Word会按照设置自动增加一个分页符来给文档分页。影响分页符位置的因素很多，如纸张的大小、页边距的设置、段落格式和分节符等等。在页面视图和打印预览视图中，文档直接以页为单位显示，在普通视图和大纲视图下，文档连续显示，相邻页之间用点状线的分页符隔开。

用户为了保持段落的完整性以及获得更完美的外观效果，用户可以手工插入分页符来调整分页，也可以通过设置“分页”条件控制分页。操作步骤如下：

01 在“段落”对话框，单击“换行和分页”选项卡，如图8.12所示。

02 在“分页”区（图8.13）中用户可以设置以下选项：

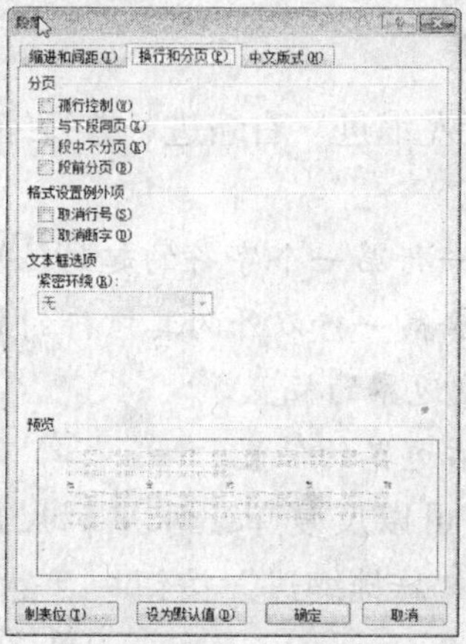

图8.12 “段落”选项卡

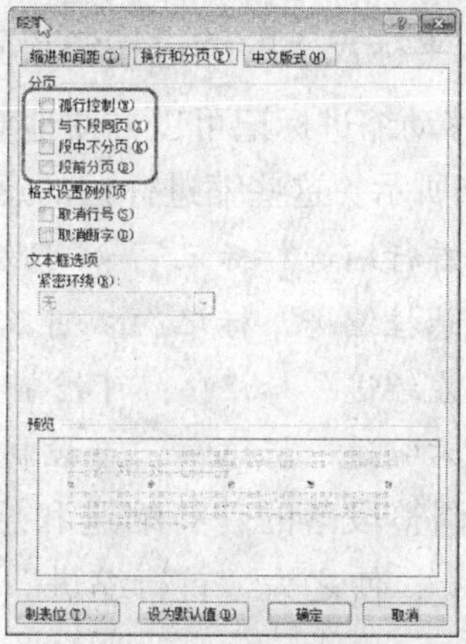

图8.13 设置区选项

- 选中“孤行控制”复选框：Word会自动调整分页，以避免将段落的第一行留在上一页，或将段落的最后一行推至下一页。
- 选中“与下段同页”复选框：可使当前段落与下一段共处于同一页中。
- 选中“段中不分页”复选框：则一个段落的所有行将共处于同一页中，中间不得分页。但此设置对表格无效，因为表格中的每一表项被视为一个独立的段落。
- 选中“段前分页”复选框：可使当前段落排在新页的开头。

8.2.3 设置段落缩进

段落缩进是指段落相对左右页边距向页内缩进一段距离，如本书中正文段落的第一行比其他行缩进两个字符。如果用户需要将一个段落与其他段落分开，或显示出条理更加清晰的段落层次。可以在设置段落缩进中进行操作，如图8.14所示。段落缩进包括：

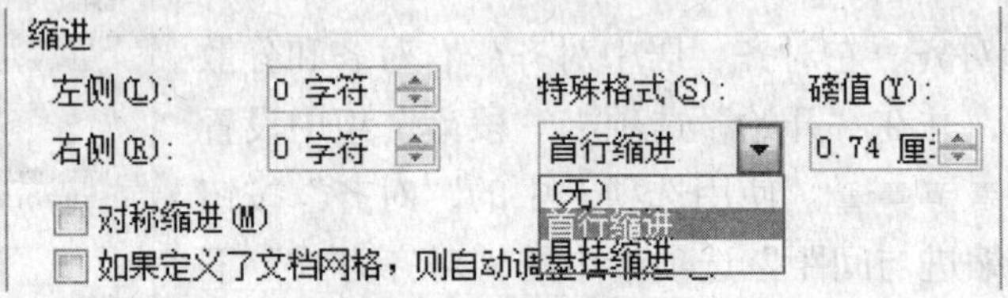

图8.14 段落缩进设置

- “左（右）缩进”：整个段落中所有行的左、右边界向右、左缩进，左缩进和右缩进合用可产生嵌套段落，通常用于引用的文字。
- “对称缩进”：相对的方向，同等缩小或者放大。
- “首行缩进”：从一个段落首行第一个字符开始向右缩进，使之区别于前面的段落。
- “悬挂缩进”：将整个段落中除了首行外，所有行的左边界向右缩进。

这些段落缩进格式可以用多种方式来实现，如标尺、浮动工具栏或“段落”对话框等。

1．使用选项卡的缩进按钮设置段落整体缩进

单击一次“减少缩进量”按钮或“增加缩进量”按钮，所选文本段落的所有行将减少或增加一个汉字的缩进量。

2．使用水平标尺上的缩进按钮设置段落缩进

在标尺上移动缩进标记可以方便地对文本进行左缩进、右缩进、首行缩进和悬挂缩进等操作，如图8.15所示。这些缩进标记的意义如下：

- 拖曳“首行缩进”标记：可改变段落第一行第一个字符的起始位置。
- 拖曳“悬挂缩进”标记：可改变段落中除第一行以外的其他行的起始位置。
- 拖曳“左缩进”标记：可控制整个段落左边界的位置。
- 拖曳“右缩进”标记：可控制整个段落右边界的位置。

用户需要调整段落的首行缩进和悬挂缩进，可以反复单击水平标尺最左侧的“制表符”切换按钮，使之为“首行缩进”按钮或“悬挂缩进”按钮，然后在水平标尺上单击。

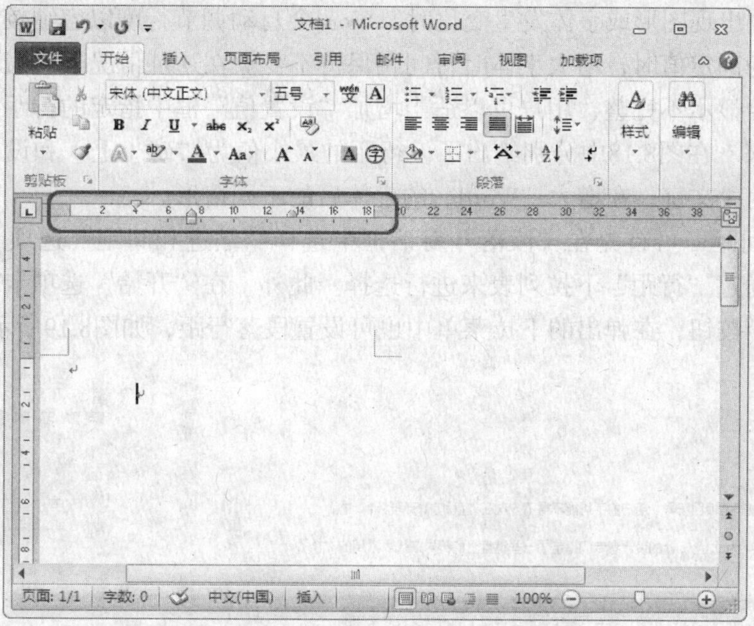

图8.15　在标尺上设置段落缩进

3. 使用“段落”对话框调整段落缩进

以上介绍的几种缩进格式，都不能精确地确定缩进的位置，要想精确地缩进段落文本，可以在“段落”对话框中选择“缩进与间距”选项卡，在“缩进”选项区域进行设置，如图8.16所示。其中：

- 在“左侧”框中可以设置段落与左页边距的距离：输入一个正值表示向右缩进，输入一个负值表示向左缩进。
- 在“右侧”框中可以设置段落与右页边距的距离：输入一个正值表示向左缩进，输入一个负值表示向右缩进。

在“特殊格式”列表框中可以选择“首行缩进”或“悬挂缩进”，然后在“磅值”框中指定其缩进值，如图8.17所示。

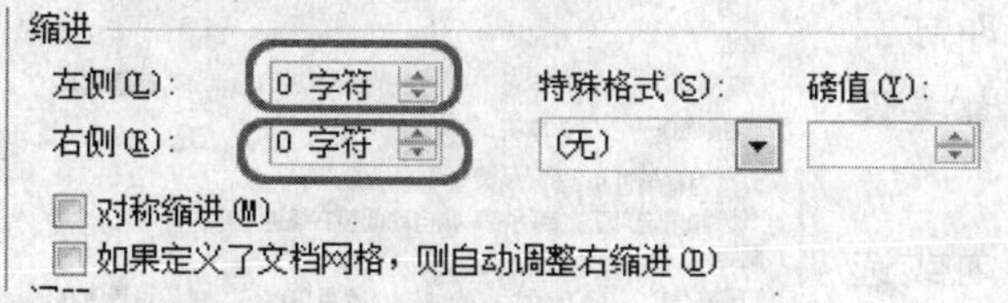

图8.16 “缩进”选项区域

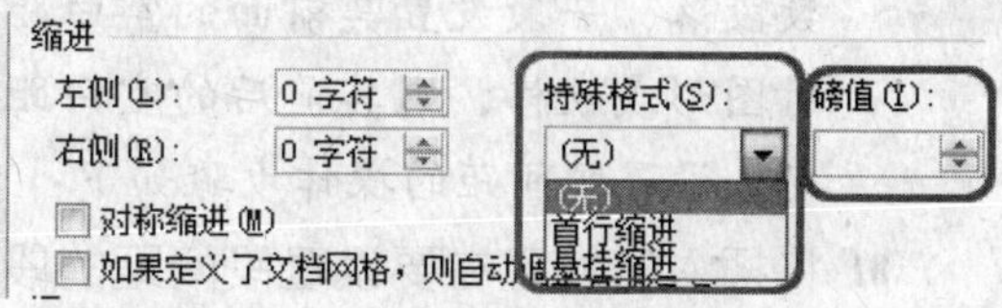

图8.17　缩进中的特殊格式和磅值

8.2.4　设置行间距与段间距

行间距是指行与行之间的距离，段间距则是两个相邻段落之间的距离。文本的行间距和段间距用户可以根据自己的需要来设置。

1. 设置行间距

在没有设置的情况的下，Word自动设置段落内文本的行间距为一行，即单倍行距。一般情况下，当行中出现图形或字体发生变化时，Word会自动调节行度以容纳较大的字体。只有当行间距设置为固定值时，增大字体时行间距保持不变。在这种情况下，当增大字体时，较大的文本可能会显示不完整，用户可以适当增加“设置值”框中指定的行距大小直到文字被完整地显示出来。在图8.18中分别给出了设行距的最小值为17磅（上）和设行距的固定值为17磅（下）的两段文字，在增大“Word”的字体后的不同情形。

要设置行间距，可首先在“段落”对话框中选择“缩进和间距”选项卡，然后在“间距”选项区中通过“行距”下拉列表来进行选择。此外，在“开始”选项卡中的“段落”组中单击“行距”按钮，在弹出的下拉菜单中也可设置段落行距，如图8.19所示。

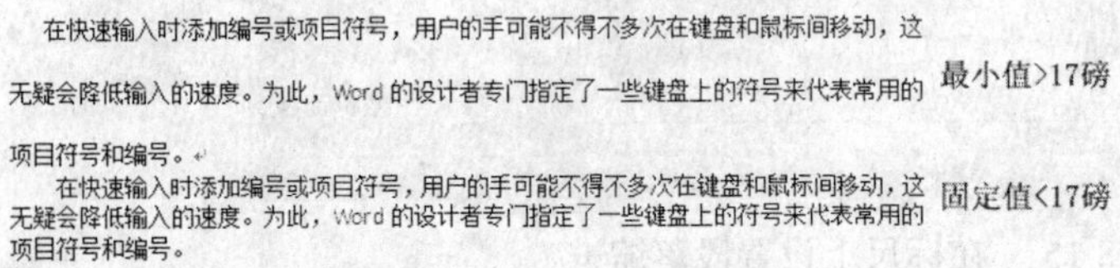

图8.18　行距设为最小值和固定值示例

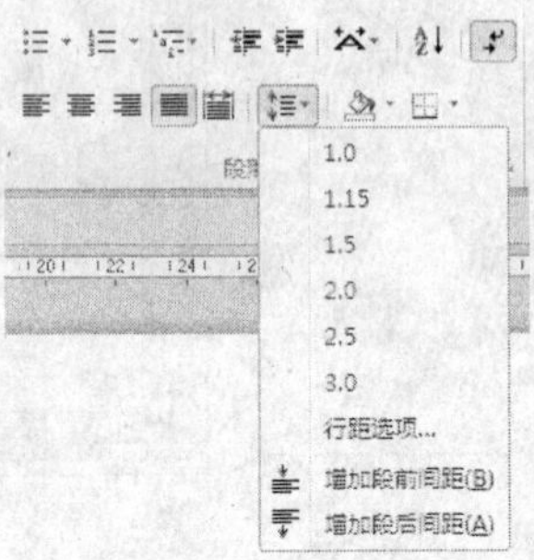

图8.19　“行距”下拉菜单

2. 设置段间距

调整段间距也可以有效改善版面的外观效果，如文档的标题与后面文本之间的距离常常要大于文档中正文段落间的距离。设置段间距的一种简单方法是在段落间按Enter键来加入空白行。不过，通过设置段前、段后空白距离调整段间距的方式具有以下优点：

- 可精确设置段间距：段落移动后，段落前后的空白区的大小保持不变，而用Enter键增加的空行则不能自动随段落移动；段落前后空白区与段落中的字号无关，而按Enter键增加的空行与段落中的字号有关。
- 段间距可作为样式的组成部分保存：对大多数段落，一般设置其前面的空白距离即可，对图形或表格，则其前后的空白距离都要设定。设置段间距的操作步骤如下：

01 将插入符放置在要设置段间距的段落内或选中要设置段间距的段落。

02 在“开始”选项卡中单击“段落”组右下角的按钮，弹出“段落”对话框。

03 在该对话框中单击“缩进和间距”选项卡，在“间距”选项区的“段前”框中指定段前空白距离，在“段后”框中指定段后空白距离，如图8.20所示。

04 单击“确定”按钮返回文档。

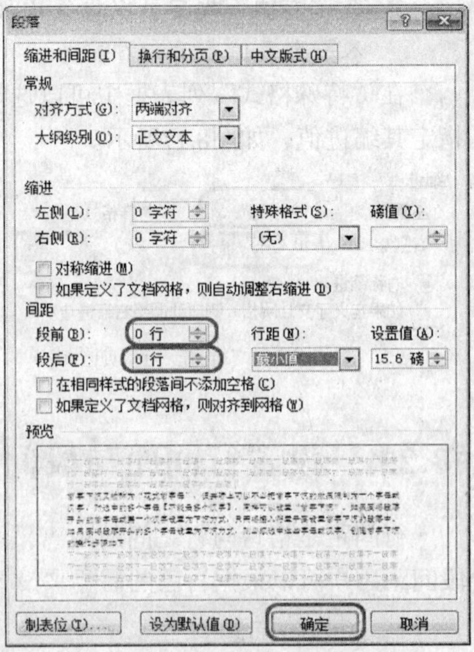

图 8.20　“间距”选项区域

8.2.5 应用首字下沉

首字下沉一般用于文档的开头，主要用这个方法来修饰文档，可以将段落开头的第一个或若干个字母、文字变为大号字，并以下沉或悬挂方式改变文档的版面样式。被设置成首字下沉的文字实际上已成为文本框中的一个独立段落，用户要是为了美观也可以给它加上边框或底纹，而且只有在页面视图方式下才可以查看所设置的效果。

1. 创建首字下沉

首字下沉又被称为“花式首字母”，但实际上不必把首字下沉的效果限制为一个字母或汉字，对选中的多个字母（不能是多个汉字），同样可以设置“首字下沉”。如果要将段落开头的首字母或第一个汉字设置为下沉方式，只需将插入符置于要设置首字下沉的段落中。如果要将段落开头的多个字母设置为下沉方式，则必须选中这些字母或汉字。创建首字下沉的操作步骤如下：

01 将插入符置于要设置首字下沉的段落中，或选中段落开头的多个字母。

02 在“插入”选项卡中的“文本”组中单击“首字下沉”按钮，在弹出的下拉列表中选择所需的选项，如“下沉”或“悬挂”选项，如图8.21所示，“下沉”与“悬挂”的效果如图8.22所示。

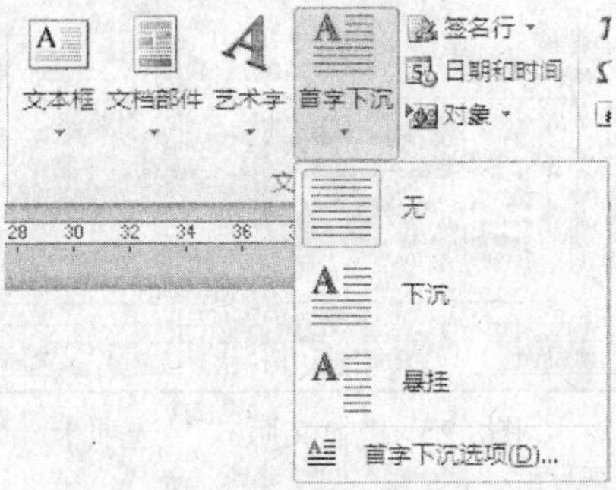

图8.21 “首字下沉”对话框

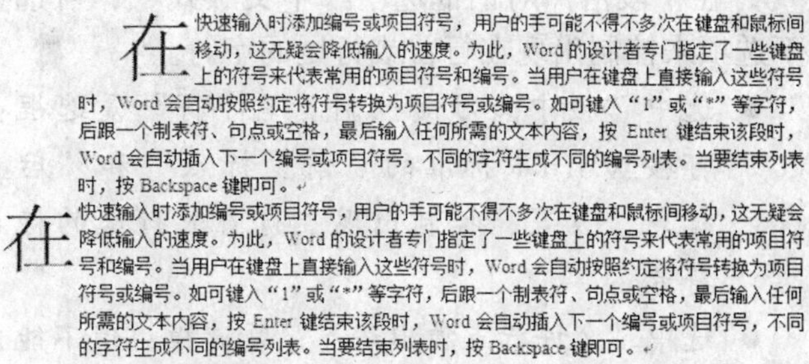

在快速输入时添加编号或项目符号，用户的手可能不得不多次在键盘和鼠标间移动，这无疑会降低输入的速度。为此，Word 的设计者专门指定了一些键盘上的符号来代表常用的项目符号和编号。当用户在键盘上直接输入这些符号时，Word 会自动按照约定将符号转换为项目符号或编号。如可键入“1”或“*”等字符，后跟一个制表符、句点或空格，最后输入任何所需的文本内容，按 Enter 键结束该段时，Word 会自动插入下一个编号或项目符号，不同的字符生成不同的编号列表。当要结束列表时，按 Backspace 键即可。

在快速输入时添加编号或项目符号，用户的手可能不得不多次在键盘和鼠标间移动，这无疑会降低输入的速度。为此，Word 的设计者专门指定了一些键盘上的符号来代表常用的项目符号和编号。当用户在键盘上直接输入这些符号时，Word 会自动按照约定将符号转换为项目符号或编号。如可键入“1”或“*”等字符，后跟一个制表符、句点或空格，最后输入任何所需的文本内容，按 Enter 键结束该段时，Word 会自动插入下一个编号或项目符号，不同的字符生成不同的编号列表。当要结束列表时，按 Backspace 键即可。

图8.22 首字下沉和悬挂下沉效果

若在列表中选择“首字下沉选项”选项，将弹出如图8.23所示的“首字下沉”对话框，用户可在该对话框中设置下沉文字的样式，例如在“下沉行数”框中指定首字下沉后下拉的行数（默认值为3行），在“距正文”框中设置首字与右侧正文的距离（默认值为0厘米），单击“确定”按钮。如图8.24显示了多字母下沉效果。

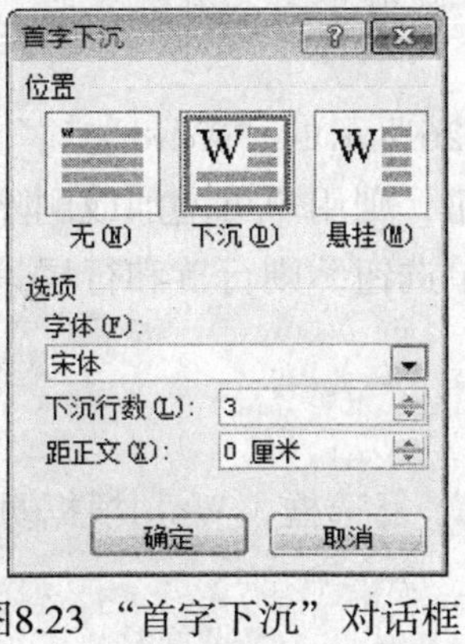

图8.23 “首字下沉”对话框

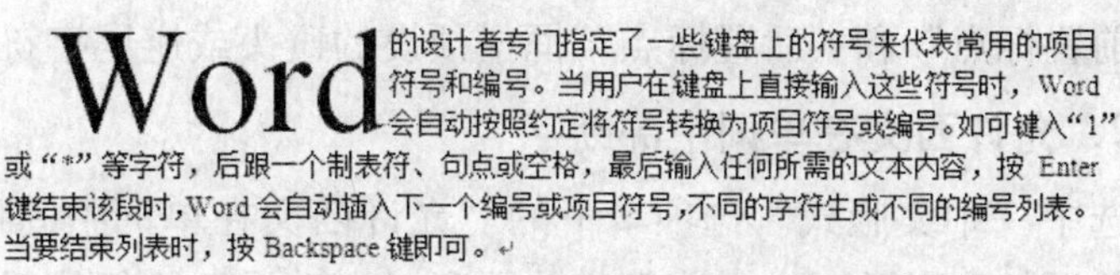

Word 的设计者专门指定了一些键盘上的符号来代表常用的项目符号和编号。当用户在键盘上直接输入这些符号时，Word 会自动按照约定将符号转换为项目符号或编号。如可键入“1”或“*”等字符，后跟一个制表符、句点或空格，最后输入任何所需的文本内容，按 Enter 键结束该段时，Word 会自动插入下一个编号或项目符号，不同的字符生成不同的编号列表。当要结束列表时，按 Backspace 键即可。

图8.24 多字母下沉效果

2．取消首字下沉

要取消首字下沉，可执行如下步骤：

01 选中设置为首字下沉的文字。

02 在“插入”选项卡中的“文本”组中单击“首字下沉”按钮，在弹出的列表中选择“无”选项，即可取消首字下沉。

8.2.6 中文版式中的段落设置

用户要为了使版面美观且便于阅读，在对文档进行排版时，可以对版面进行设置。为此，可在“段落”对话框的“中文版式”选项卡进行设置，如图8.25所示。

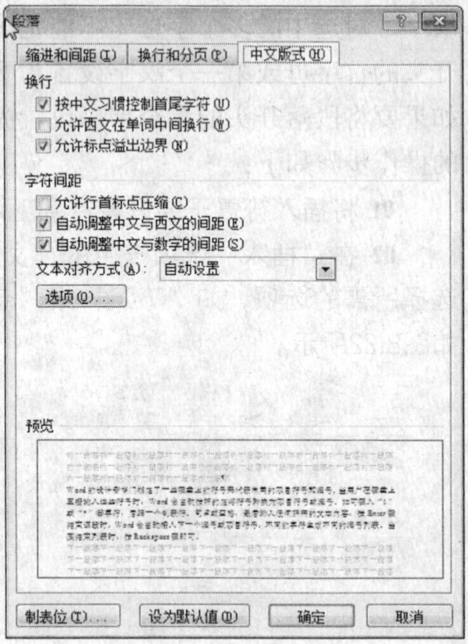

图8.25 “中文版式”选项卡

1．按中文习惯控制首尾字符

有些标点符号不宜出现在行尾，如，“（”、“《”等，而有些符号也不宜出现在行首，如“，”、“。”等。单击“段落”对话框右下角的按钮，在“段落”对话框选中“中文版式”，可选择以下选项来控制出现在行首或行尾的字符。

- 选中“按中文习惯控制首尾字符”复选框：可按Word中标准的“前置标点”和“后置标点”设置，控制出现在行首或行尾的标点符号。
- 选中“允许标点溢出边界”复选框：使不能出现在行首的标点符号稍许超出文档的右边界，出现在行尾。
- 选中“允许行首标点压缩”复选框：可将行首的全角符号调整为半角符号。
- 选中“自动调整中文与西文的间距”复选框：当文档中既有中文又有西文时，可保持它们之间有一定的字符间距。
- 选中“自动调整中文与数字的间距”复选框：当文档中既有中文又有数字时，可保持它们之间有一定的字符间距。

单击“文件”下拉界面中单击“选项”按钮，弹出如图8.26所示的“Word选项”对话框。在“首尾字符设置”选项区中，如果选择“自定义”单选钮，则用户可增加或删除“前置标点”和“后置标点”框中的避头避尾字符。选择“标准”单选钮，则行首和行尾只能使用“前置标点”和“后置标点”框中预设的避头或避尾字符。

2．允许西文在单词中部断字

选中“中文版式”选项卡下的“允许西文在单词中间换行”复选框，Word根据页面设置、单词长度以及断字方式等相关因素，自动设置换行位置。

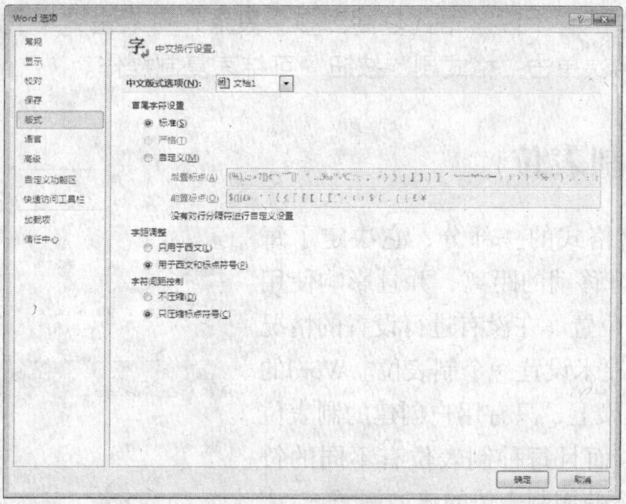

图8.26 “Word选项”对话框

3. 文字对齐方式

用户在编辑文档时，如果文档段的字体大小不一，可通过“中文版式”选项卡的“文字对齐方式”下拉列表中重新选择一种对齐方式。

8.2.7 查看和复制段落格式

用户如需要把设置好的格式复制到其他的段落或文本中，可以使用“格式刷”按钮。

1. 快速查看段落格式

如果想了解某个段落的格式，首先将插入符号放置在该段落中，弹出“段落”对话框，即可得知该段落的当前设置。

2. 复制段落格式

对一个已经设置好格式的段落——我们称之为样本段落，Word允许用户把样本段落的格式复制到其他段落——称之为目标段落。操作步骤如下：

01 选中一个样本段落。

02 在“开始”选项卡中的“剪贴板”组中单击“格式刷”按钮，这时鼠标变成一个刷子形状。

03 将鼠标移动到需要复制格式的目标段落，单击鼠标左键，则将样本段落的格式应用到目标段落，如图8.27所示。

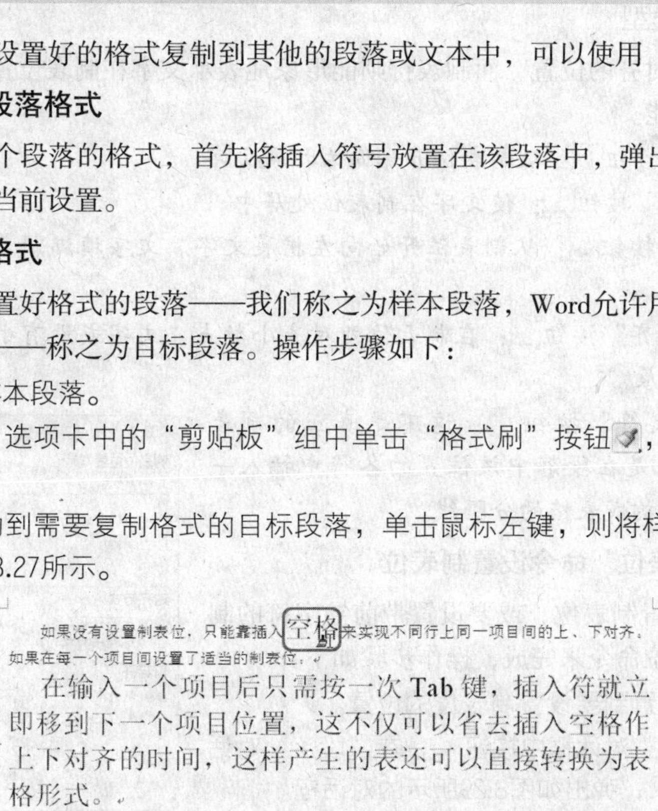
如果没有设置制表位，只能靠插入空格来实现不同行上同一项目间的上、下对齐。如果在每一个项目间设置了适当的制表位，

在输入一个项目后只需按一次Tab键，插入符就立即移到下一个项目位置，这不仅可以省去插入空格作上下对齐的时间，这样产生的表还可以直接转换为表格形式。

图8.27 格式刷

04 如要将选中的样本段落格式复制到多个段落，可双击“格式刷”按钮，然后重复操作步骤（3），再次单击“格式刷”按钮可结束复制操作。

8.2.8 设置制表位

制表位是段落格式的一部分，它决定了每次按Tab键时插入符移动的距离，并且影响使用缩进按钮时的缩进位置。在没有进行设置的情况下，Word每隔0.75厘米设置一个制表位。Word的制表位不显示在标尺上，只有用户创建的制表位才显示在标尺上，而且每种制表位有不同的符号。图8.28即是一个使用制表位的典型例子。

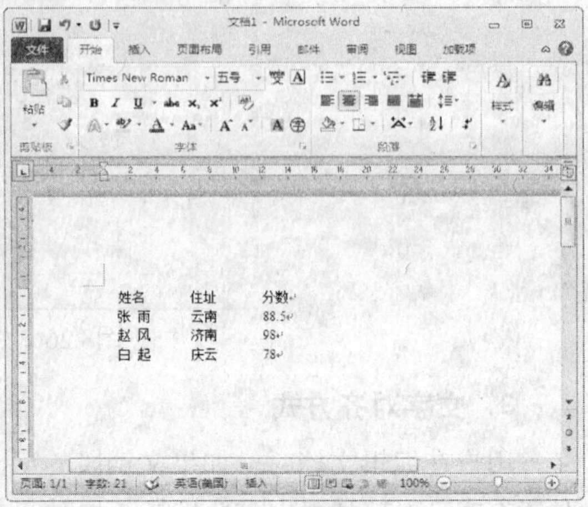

图8.28 制表位

如果没有设置制表位，只能靠插入空格来实现不同行上同一项目间的上、下对齐。如果在每一个项目间设置了适当的制表位，在输入一个项目后只需按一次Tab键，插入符就立即移到下一个项目位置，这不仅可以省去插入空格做上下对齐的时间，这样产生的表还可以直接转换为表格形式。

1. 制表符的类型

制表位是文字对齐的位置，而制表符则能形象地表示文字在制表位置上的排列方式，制表符的类型及其功能。

- “左对齐”按钮：从制表位开始向右扩展文字。
- “居中对齐”按钮：使文字在制表位处居中。
- “右对齐”按钮：从制表位开始向左扩展文字。文字填满制表位左边的空白后，会向右扩展。
- “小数点对齐”按钮：在制表位处对齐小数点。文字或没有小数点的数字会向制表位左侧扩展。
- “竖线制表符”按钮：这不是真正的制表符，其作用是在段落中该位置的各行中插入一条竖线，以构成表格的分隔线。

2. 利用“制表位”命令设置制表位

如果要精确设置制表位，或要设置带前导字符的制表位，可使用制表位命令来完成，操作步骤如下：

01 将插入符放置到要设置制表位的位置。

02 单击“段落”对话框中按钮，在“段落”对话框中单击“制表位”，弹出如图8.29所示的对话框。

03 在“制表位位置”框中输入一个制表位位置。

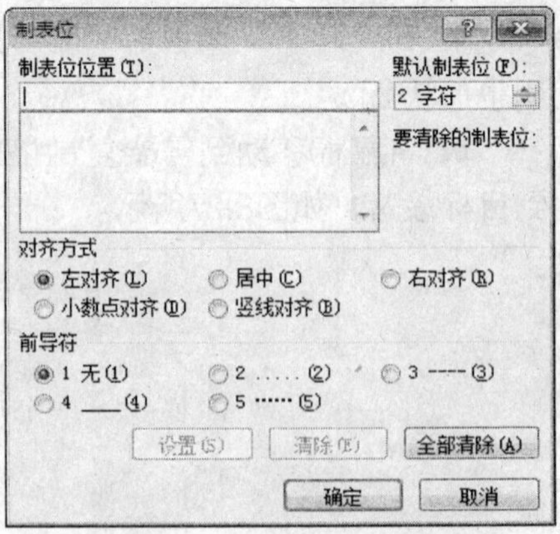

图8.29 “制表位”对话框

04 在“对齐方式”选项区指定此制表位上文本的对齐方式。

05 如果要填充制表位左侧的空格，可在“前导符”选项区选择制表位的前导字符。

06 单击“设置”按钮，完成一个制表位的设置。

07 重复步骤（2）至（5），可设置其他制表位。

3．用标尺设置制表位

在水平标尺的左端有一个“制表位”按钮，默认情况下的制表符是（左对齐），单击“制表位”按钮可以在制表符间进行切换。使用标尺可以方便快捷地设置制表位，操作步骤如下：

01 单击水平标尺左端的“制表位”按钮，选中需要的制表符类型。

02 单击标尺中想要设置制表位的位置，设置一个制表位。

03 重复步骤（1）至（2），直到完成所有制表位的设置。

4．调整和取消制表位

直接在标尺上拖曳制表位符号，就可以调整制表位的位置。要删除某个制表位，只要把该制表位符号拖离水平标尺即可。或使用“制表位”对话框，在“制表位位置”框中指定要删除的制表位，然后单击“删除”按钮。

8.3 使用项目符号和编号

在Word中，用户经常用到项目符号和编号功能。编号分为行编号与段编号两种，都是按照大小顺序为文档中的行或段落加编号。项目符号则是在一些段落的前面加上完全相同的符号。用户可以给文档中的所有行或段落加编号，也可以只给指定的文本或段落加编号。如果要取消已有的项目符号或编号，首先选中要取消项目符号或编号的项，然后单击“开始”选项卡“段落”组中的“项目符号”按钮，使其处于弹起状态，如图8.30所示。“编号”按钮，使其处于弹起状态，所图8.31所示。

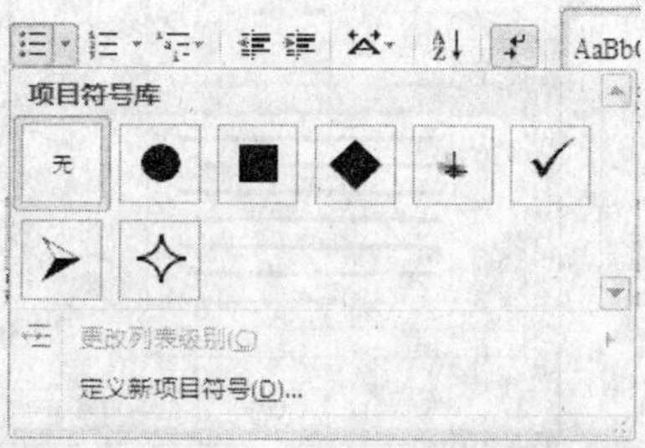

图8.30 “项目符号”

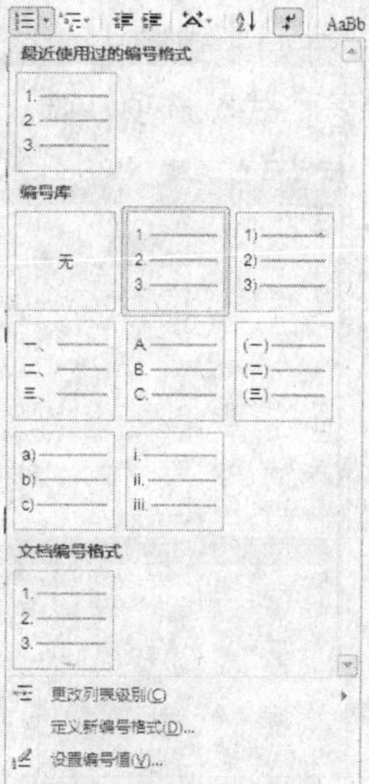

图8.31 “编号”

8.3.1 对段落按顺序编号

段编号就是对文档中的段落所加的编号。用户可以根据自己的需要给已有的文本添加段编号，也可以在输入文本之前先设定段编号。

1. 按照默认格式为段落加编号

Word具有自动编号的功能，当设置了段编号之后，按Enter键开始一个新的段落时，Word会按上一段落的编号格式自动为新的段落编号。连续两次按Enter键，即可中断段编号。按照默认的编号格式为段落加编号，操作过程中无须设置编号格式，因而使用起来更为快捷简便。

选中要加编号的段落，然后单击“开始”选项卡中“段落”组中的“编号”按钮，如图8.32所示。即可给已经存在的段落按默认的格式加编号。这时如果选定段落上面的段落已加了编号，Word将接续上一段落的编号顺序为选定段落添加编号，并且使添加的编号具有与上面段落相同的字符格式和分隔符。如果上一段落没有编号，则Word会根据上下文自动选择一种编号格式为段落加编号。

图 8.32 “编号”按钮

2. 用选定的编号格式为段落加编号

如果用户不满意默认的编号格式，在“开始”选项卡中的“段落”组中单击“编号”按钮。可展开“编号”样式列表，选择编号格式为段落加编号，操作步骤如下：

01 将插入符置于要添加编号的段落中，或选中要加编号的段落。

02 单击“开始”选项卡“段落”组中“编号”按钮右侧的下三角按钮，在弹出的列表中选择所需的编号类型，如图8.33所示。

3. 为段落加自定义编号

用户如果不喜欢Word预订的段落编号格式，可以自己进行设置，操作步骤如下：

01 在“开始”选项卡中的“段落”组中单击“编号”按钮，在弹出的下拉列表中的“定义新编号格式”选项，弹出如图8.34所示的“定义新编号格式”对话框。

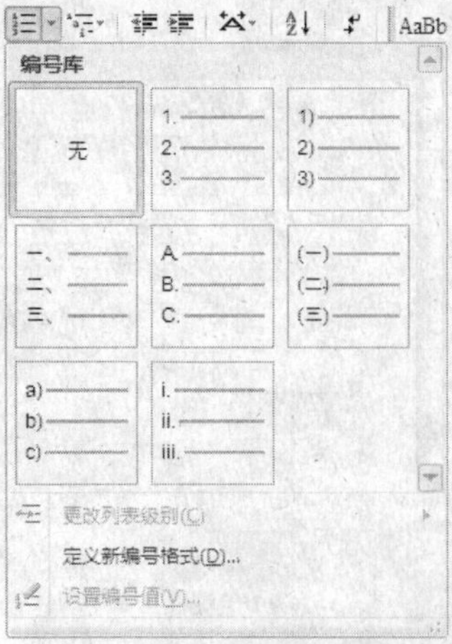

图8.33 “编号”样式列表

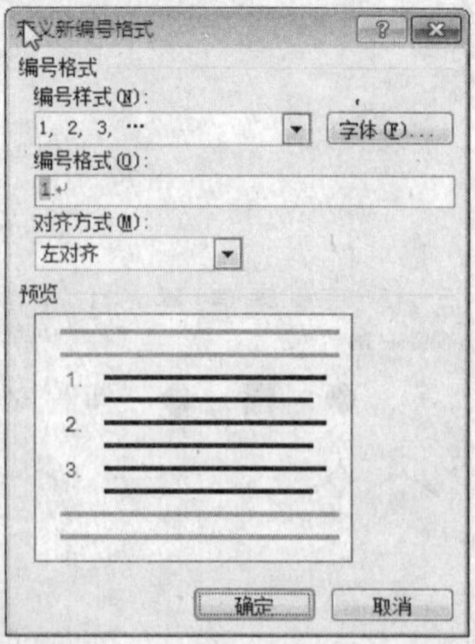

图8.34 “定义新编号格式”对话框

02 如果要修改编号的字体，单击该对话框中的“字体”按钮，在弹出的“字体”对话框中设置编号的字体。

03 在该对话框中的“对齐方式”下拉列表框中可以设置段落的对齐方式。

04 设置完成后，单击“确定”按钮即可。

8.3.2 为段落添加项目符号

项目符号与段落编号一样是相对段落而言的。在“项目符号”样式列表中同样有Word预设的一些项目符号格式，给段落添加默认的或预设的项目符号的操作，和给段落添加默认的或预设的编号方法和操作步骤类似。

1. 为段落加自定义的项目符号

若用户对Word预定的项目符号格式不满意，可自定义新的项目符号，操作步骤如下：

01 选择“开始”选项卡，单击“段落”组中“项目符号”按钮☰右侧的下拉按钮▾，在弹出的下拉列表中选择“定义新项目符号”选项，弹出“定义新项目符号”对话框，如图8.35所示。

02 如果要更改项目符号，单击该对话框中的“符号”按钮，在弹出的符号对话框中选择新的项目符号，如图8.36所示。

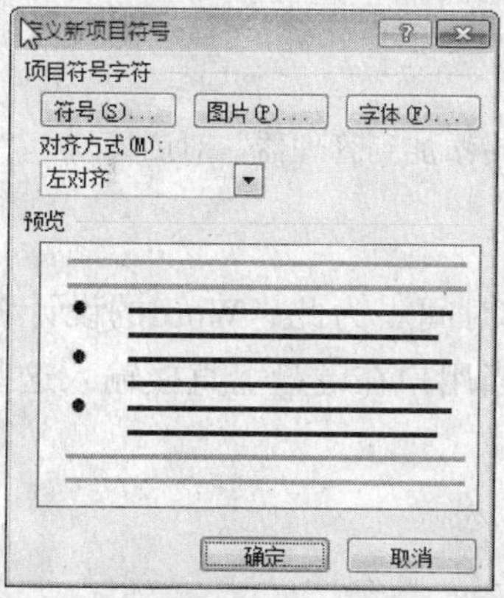

图8.35 “定义新项目符号”对话框

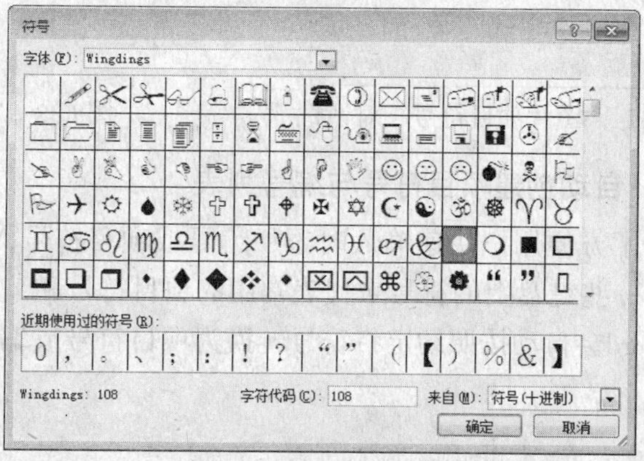

图8.36 “符号”对话框

03 如果要更改项目符号的字体和大小，单击“定义新项目符号”对话框中的“符号”按钮，在弹出的“符号”对话框中，选择新的字符格式。

04 如果要调整项目符号的对齐方式，可在“定义新项目符号”对话框中的“对齐方式”下拉列表中进行选择。

05 设置完成后，单击“确定”按钮即可。

2. 给段落加图片项目符号

我们还可将项目符号设置成“图片”符号，假如，要做一个漂亮的网页，www网页的部分文本要加项目符号，此时，就可以单击“定义新项目符号”对话框中的“图片”按钮，从中挑选出所需的图片符号。给段落加图片符号的操作步骤如下：

01 选中要添加图片符号的段落。

02 选择“开始”选项卡，单击“段落”组中 “项目符号”按钮☰右侧的下拉按钮▾，在弹出的下拉列表中选择“定义新项目符号”选项，弹出“定义新项目符号”对话框。

03 在该对话框中单击“图片”按钮，弹出如图8.37所示的“图片项目符号”对话框。

04 单击选择所需的图片符号，单击“确定”按钮，返回“定义新项目符号”对话框，单击“确定”按钮即可将所选图片作为项目符号插入到文档中。

用户也可将自己喜爱的图案作为项目符号。在“图片项目符号”对话框中单击“导入”按钮，弹出“将剪辑添加到管理器”对话框，如图8.38所示，从中选择一幅图案，单击“添加”按钮，则所选图案就会添加到“图片项目符号”对话框的列表中，然后单击图片，单击“确定”按钮，再在“定义新项目符号”对话框中单击“确定”按钮。

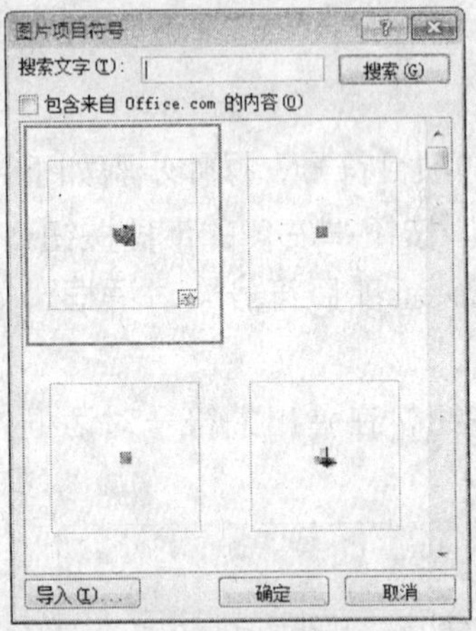

图8.37 “图片项目符号”对话框

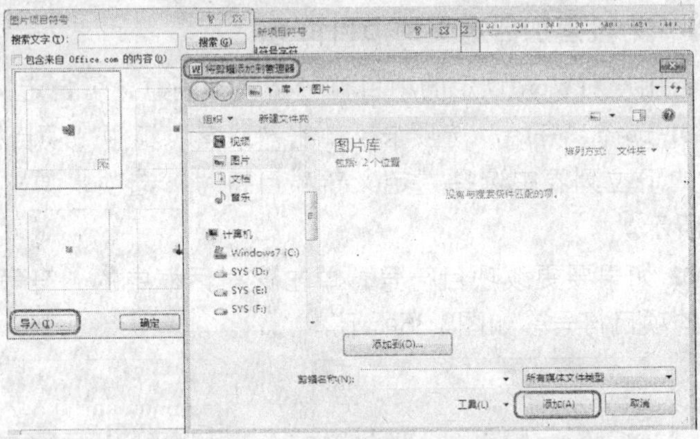

图8.38 “将剪辑添加到管理器”对话框

3. 自动创建项目符号与编号列表

为了方便用户快速输入时添加编号或项目符号，节约时间。为此，Word的设计者专门指定了一些键盘上的符号来代表常用的项目符号和编号。当用户在键盘上直接输入这些符号时，Word会自动按照约定将符号转换为项目符号或编号。

8.4 设置边框和底纹

用户如想把某些文本或段落内容更加突出和醒目或使文档的外观效果更加漂亮，可以为文档中某些重要文本或段落添加边框和底纹。在Word中，可以为字符、段落、图形或整个页面设置边框或底纹。

8.4.1 给文字或段落加边框

Word提供了多种线型边框和由各种图案组成的艺术型边框，并允许使用多种边框类型。用户可以为选中的一个或多个文字添加边框，也可以在选中的段落、表格、图像或整个页面的四周或任意一边添加边框。如果用户在某种特定类型的段落中总是使用同一种边框，还可以将这种边框定义为段落样式的一部分。

1．利用“字符边框”按钮给文字加单线框

利用“开始”选项卡上“字体”组中的“字符边框”按钮A，可以方便地给选中的一个或多个文字添加单线边框，如图8.39所示。

2．利用“边框和底纹”对话框给段落或文字加边框

利用“字符边框”按钮A只能给选定文字加上单线框，而利用“段落”组中的按钮或使用“边框和底纹”对话框，还可以给选中的文字添加其他样式的边框。具体操作步骤如下：

01 选中要添加边框的文本。

02 在“开始”选项卡中的“段落”组中单击“下框线”按钮右侧的“下拉”按钮，在弹出的列表中选择所需的边框线样式，如图8.40所示。

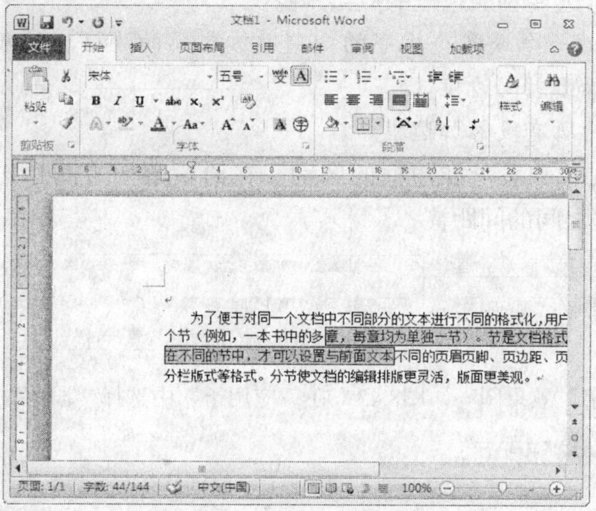

图8.39 给选定文字加边框

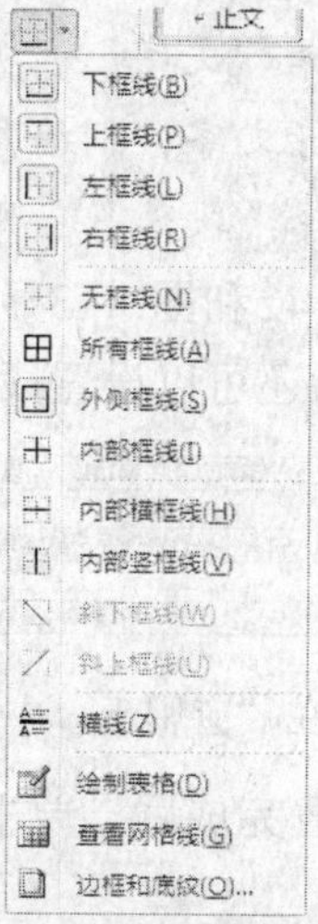

图8.40 边框线类型列表

03 单击列表底部的“边框和底纹”选项，弹出“边框和底纹”对话框，选择“边框”选项卡，屏幕显示如图8.41所示。

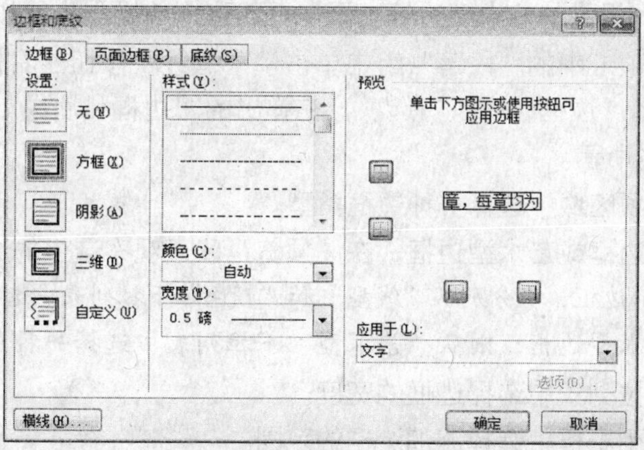

图8.41 “边框”选项卡

04 在“设置”选项区，选中一种边框类型，可在“预览”区中浏览给文字或段落添加边框后的效果。

● 选中“无”：表示不设边框。若选中的文本或段落原来有边框，边框将被去掉。

- 选中“方框”：表示给选中的文本或段落加上边框。
- 选中“阴影”：表示给选中的文本或段落添加具有阴影效果的边框。
- 选中“三维”：表示给选中的文本或段落添加具有三维效果的边框。
- “自定义”选项：只在给段落加边框时有效。利用该选项可以给段落的某一条或几条边加上“边框线”。选中“自定义”后，直接在预览区内示意图中的某个边线上单击，或单击预览区内的边框按钮（、、、），可添加或取消段落中某一条或几条相应的边框。

05 在“样式”列表框中，可选择需要的边框样式。

06 在“颜色”和“宽度”列表框中，可设置边框的颜色和宽度。

07 在“应用于”列表框中，可选择添加边框的应用对象：

- 选择“文字”：则在选中的一个或多个文字的四周添加封闭的边框。如果选中的是多行文字，则给每行文字加上封闭边框。
- 选择“段落”：则给选中的所有段落加边框。

如图8.42和图8.43显示了给文字和段落加边框的区别。在给段落加边框时，通过“选项”按钮，还可以设置段落与边框之间的间距。

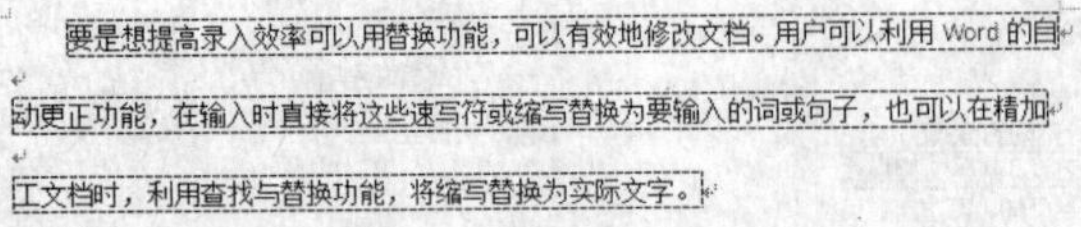

要是想提高录入效率可以用替换功能，可以有效地修改文档。用户可以利用 Word 的自

动更正功能，在输入时直接将这些速写符或缩写替换为要输入的词或句子，也可以在精加

工文档时，利用查找与替换功能，将缩写替换为实际文字。

图8.42 在“应用于”中选择“文字”效果图

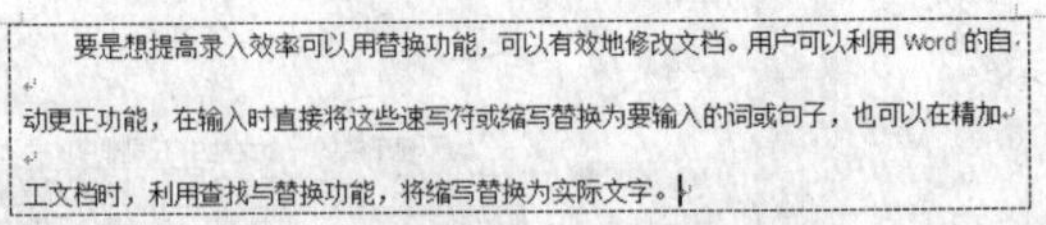

要是想提高录入效率可以用替换功能，可以有效地修改文档。用户可以利用 Word 的自

动更正功能，在输入时直接将这些速写符或缩写替换为要输入的词或句子，也可以在精加

工文档时，利用查找与替换功能，将缩写替换为实际文字。

图8.43 在“应用于”中选择“段落”效果图

08 设置完成后，单击“确定”按钮即可。

8.4.2 添加页面边框

用户要想页面外观效果做的更漂亮，可以在页面周围添加边框。除了线型边框外，还可以在页面周围添加Word提供的艺术型边框。添加页面边框的操作步骤如下：

01 在“开始”选项卡中的“段落”组中单击“下框线”按钮右侧的“下拉”按钮，在弹出下拉列表中选择“边框和底纹”选项，在弹出的“边框和底纹”对话框选择“页面边框”选项卡，如图8.44所示。

02 在“设置”选项区域中选择一种边框类型。

03 确定一种线形边框或艺术型边框，在“预览”区可观察选中的边框：

- 如果要设置线形边框，可分别从“线型”和“颜色”下拉列表中选择边框的线型和颜色。
- 如果要设置艺术型边框，则从“艺术型”下拉列表中选择一种图案。

04 在“宽度”下拉列表中选择边框的宽度。

05 在“应用于”列表框中选择添加边框的范围。

06 单击“选项”按钮，在弹出的“边框和底纹选项”对话框中，可以改变边框与页边界或正文的距离。

07 单击“确定”按钮，将“边框和底纹”对话框关闭返回文档。添加页面边框后的效果如图8.45所示。

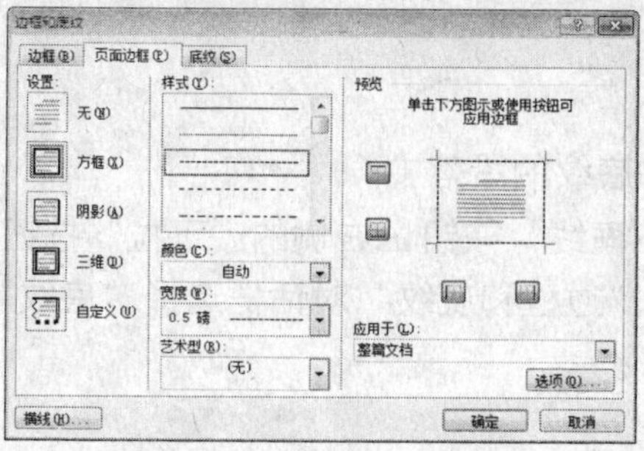

图8.44 “页面边框”选项卡

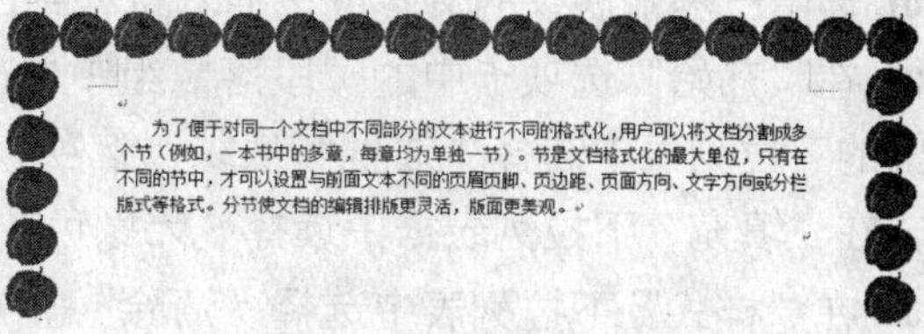

图8.45 设置页面边框

8.4.3 给文字或段落添加底纹

用户如想给文本、段落或选定文字添加底纹，需要先选中要添加底纹的文本。在“开始”选项卡中的“字体”组中，单击选项卡中的“字符底纹”按钮A，即可给选中的一个或多个文字添加默认底纹。利用“边框和底纹”对话框，可以给段落或选定文字添加需要底纹。

1. 给文字或段落添加底纹

给文字或段落添加底纹的步骤如下：

01 选中要添加底纹的文字或段落，如果仅给一个段落添加底纹，可以把插入符放在该段中。

02 在“开始”选项卡中的“段落”组中单击“下框线”按钮右侧的“下拉”按钮，在弹出的下拉列表中选择“边框和底纹”选项，弹出“边框和底纹”对话框，单击“底纹”选项卡，如图8.46所示。

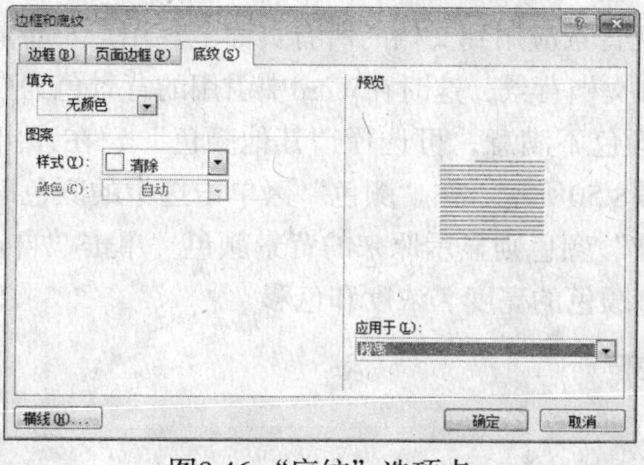

图8.46 “底纹”选项卡

03 在“填充”下拉列表中选择底纹的填充色，从“样式”下拉列表中选择底纹的式样，从“颜色”下拉列表中选择底纹内填充点的颜色。在“预览”区可浏览到设置的底纹效果。

04 从“应用于”列表框中选择“段落”可给选中的段落添加底纹，选择“文字”则给选中的文字添加底纹。如图8.47和图8.48显示了给段落和添加文字底纹的效果。

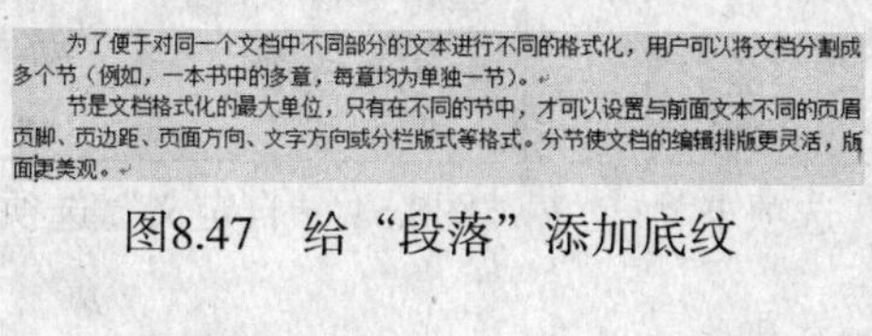
为了便于对同一个文档中不同部分的文本进行不同的格式化，用户可以将文档分割成多个节（例如，一本书中的多章，每章均为单独一节）。

节是文档格式化的最大单位，只有在不同的节中，才可以设置与前面文本不同的页眉页脚、页边距、页面方向、文字方向或分栏版式等格式。分节使文档的编辑排版更灵活，版面更美观。

图8.47 给“段落”添加底纹

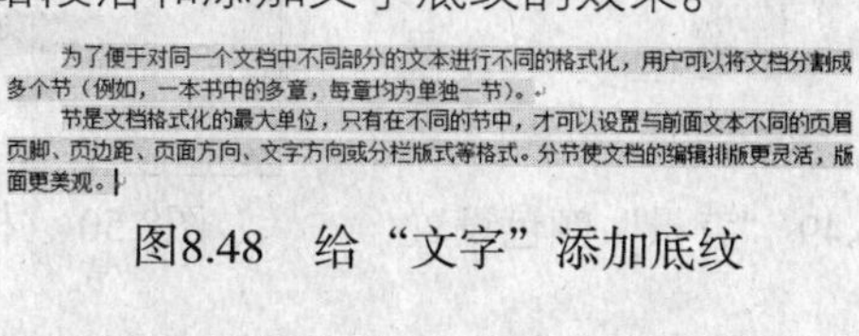
为了便于对同一个文档中不同部分的文本进行不同的格式化，用户可以将文档分割成多个节（例如，一本书中的多章，每章均为单独一节）。

节是文档格式化的最大单位，只有在不同的节中，才可以设置与前面文本不同的页眉页脚、页边距、页面方向、文字方向或分栏版式等格式。分节使文档的编辑排版更灵活，版面更美观。

图8.48 给“文字”添加底纹

2. 删除底纹

如果要删除已添加的底纹，操作步骤如下：

01 选中已添加底纹的文本或把插入符移到已添加底纹的段落中。

02 在“开始”选项卡中的“段落”组中单击“下框线”按钮右侧的“下拉”按钮，在弹出的下拉列表中选择“边框和底纹”选项，弹出“边框和底纹”对话框选择“底纹”选项卡，在“填充”下拉列表框中选择“无颜色”。

03 在“样式”下拉列表中选择“清除”。

04 在“应用于”选择“文字”或“段落”。

05 单击“确定”按钮即可。

8.5 设置文档背景

用户要注意的是：背景在打印文档时并不会被打印出来，只有在页面视图、阅读版式视图及Web版式视图中背景才是可见的。在创建用于联机阅读的Word文档时，添加背景可以增强文本的视觉效果。在Word中可以用某种颜色或过渡颜色、Word附带的图案甚至一幅图片做背景。

8.5.1 添加或删除背景颜色

用户如需要在页面背景中添加颜色，可以在“页面布局”选项卡中的“页面背景”组中单击“页面颜色”按钮，弹出如图8.49所示的调色板及选项列表。单击要作为背景的颜色，Word将把该颜色作为纯色背景应用到文档的所有页面上。用户不想要页面背景的颜色，可以单击“无颜色”，可删除文档背景，这时在Word中引用的背景色为白色。

如果用户对现有的颜色不满意，可选择“其他颜色”，在弹出的“颜色”对话框中单击“标准”选项卡，如图8.50所示。在“颜色”区单击选中的颜色即可将该颜色设置为“新增”的背景颜色，“当前”颜色则显示原来的背景颜色。单击“自定义”选项卡，如图8.51所示。用户可进一步调整颜色的亮度、浓度和色彩。

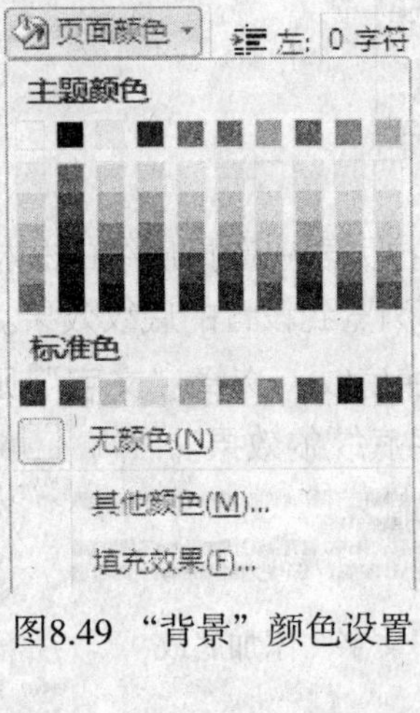

图8.49 “背景”颜色设置

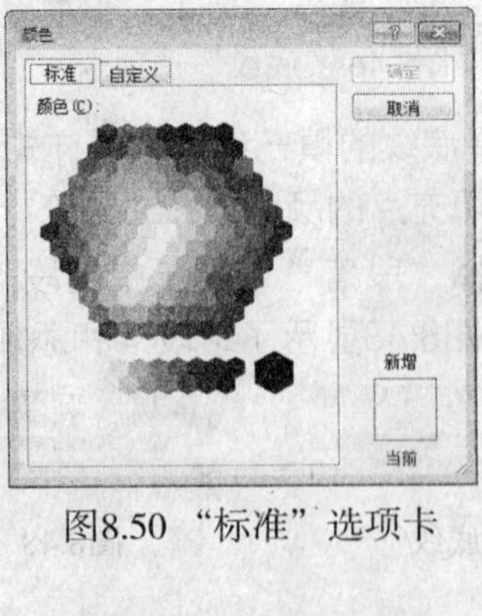

图8.50 “标准”选项卡

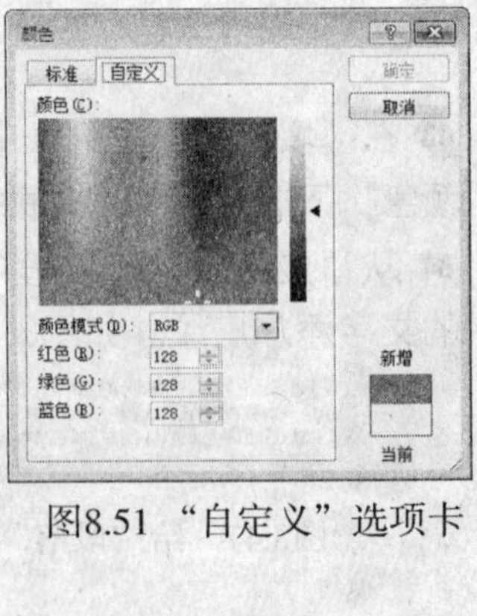

图8.51 “自定义”选项卡

8.5.2 设置填充效果

如果用户不喜欢一种背景色，可以在“页面布局”选项卡中的“页面背景”组中单击“页面颜色”按钮，在弹出的下拉列表中选择“填充效果”选项，弹出如图8.52所示的“填充效果”对话框，用户可以在该对话框中选择不同的选项卡，可得到更为丰富、多彩的背景图案，设置纹理填充后效果如图8.53所示。

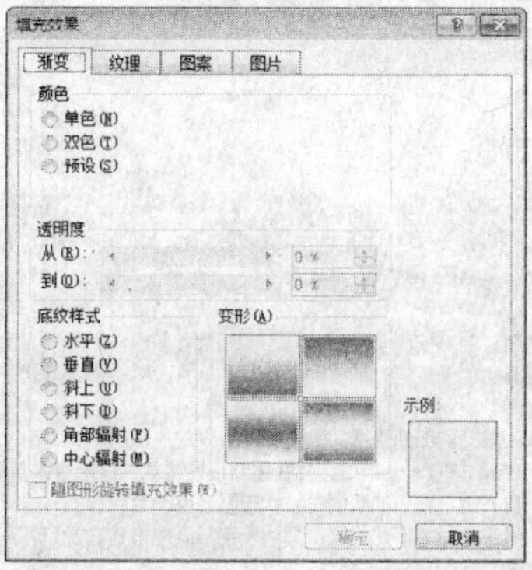

图8.52 “填充效果”对话框

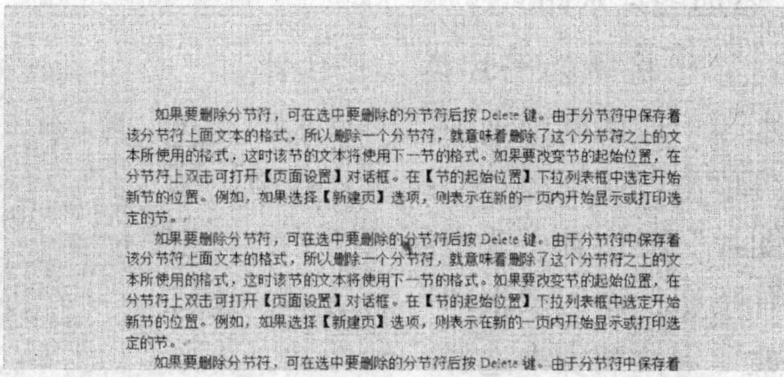

如果要删除分节符，可在选中要删除的分节符后按 Delete 键。由于分节符中保存着该分节符上面文本的格式，所以删除一个分节符，就意味着删除了这个分节符之上的文本所使用的格式，这时该节的文本将使用下一节的格式。如果要改变节的起始位置，在分节符上双击可打开【页面设置】对话框。在【节的起始位置】下拉列表框中选定开始新节的位置。例如，如果选择【新建页】选项，则表示在新的一页内开始显示或打印选定的节。

如果要删除分节符，可在选中要删除的分节符后按 Delete 键。由于分节符中保存着该分节符上面文本的格式，所以删除一个分节符，就意味着删除了这个分节符之上的文本所使用的格式，这时该节的文本将使用下一节的格式。如果要改变节的起始位置，在分节符上双击可打开【页面设置】对话框。在【节的起始位置】下拉列表框中选定开始新节的位置。例如，如果选择【新建页】选项，则表示在新的一页内开始显示或打印选定的节。

如果要删除分节符，可在选中要删除的分节符后按 Delete 键。由于分节符中保存着

图8.53 给文档加上纹理颜色填充图案

8.5.3 设置水印

在Word 2010中，添加水印的操作变得更加容易。用户可以使用Word内置的水印，也可以轻松地设置自己想要的水印。既可以在一个新文档中添加水印，也可以在已存在的文档中添加水印。

用户如想打印文档水印，首先要为打印文档添加水印，可在“页面布局”选项卡中的“页面背景”组中单击“水印”按钮，在弹出的下拉列表中选择一种Word内置的水印，即可为文档添加水印效果，如图8.54所示。

1. 自定义文字水印

01 若要自定义文字水印内容，可在“页面布局”选项卡中的“页面背景”组中单击“水印”按钮，在下拉列表中选择“自定义水印”选项，弹出“水印”对话框，选择“文字水印”单选钮，如图8.55所示。

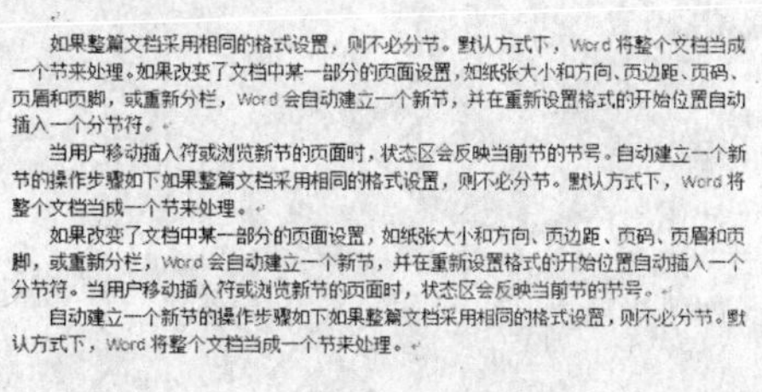

如果整篇文档采用相同的格式设置，则不必分节。默认方式下，Word 将整个文档当成一个节来处理。如果改变了文档中某一部分的页面设置，如纸张大小和方向、页边距、页码、页眉和页脚，或重新分栏，Word 会自动建立一个新节，并在重新设置格式的开始位置自动插入一个分节符。

当用户移动插入符或浏览新节的页面时，状态区会反映当前节的节号。自动建立一个新节的操作步骤如下如果整篇文档采用相同的格式设置，则不必分节。默认方式下，Word 将整个文档当成一个节来处理。

如果改变了文档中某一部分的页面设置，如纸张大小和方向、页边距、页码、页眉和页脚，或重新分栏，Word 会自动建立一个新节，并在重新设置格式的开始位置自动插入一个分节符。当用户移动插入符或浏览新节的页面时，状态区会反映当前节的节号。

自动建立一个新节的操作步骤如下如果整篇文档采用相同的格式设置，则不必分节。默认方式下，Word 将整个文档当成一个节来处理。

图8.54 为文档添加内置水印效果

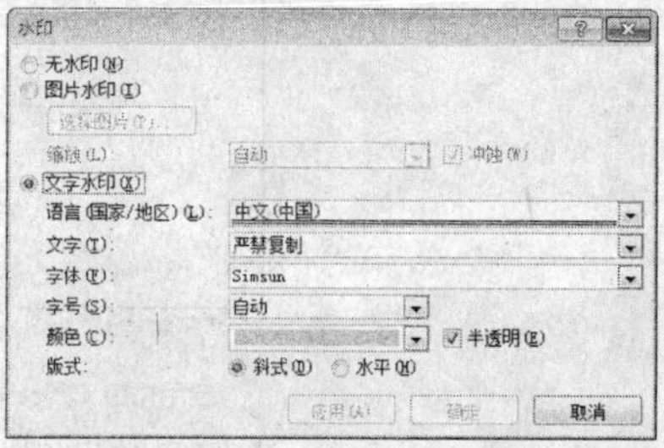

图8.55 “水印”对话框

02 在“文字”下拉列表框中选择或输入所需文本。若要以半透明显示文本水印，可勾选“半透明”复选框。

03 如果要改变所选水印方案中的文字字体，可单击“字体”列表框右侧的下三角按钮，在弹出的下拉列表中选择水印文字的字体。

04 如果要改变所选水印方案中的文字大小，可单击“字号”列表框右侧的下三角按钮，在弹出的下拉列表中选择水印文字的字号。

05 如果要改变所选水印方案中的字体颜色，可在“颜色”列表框中进行选择。

06 在“版式”选项区选择一种水印方案的文字方向，例如选择“斜式”或“水平”。

07 设置完成后，单击“确定”按钮即可。

2．添加图片水印

用户如想将一幅图片插入作为水印，可在“水印”对话框中选中“图片水印”单选钮，再单击“选择图片”按钮，在弹出的“插入图片”对话框中选中所需图片，单击“插入”按钮，返回“水印”对话框，还可在“缩放”下拉列表中选择一种样式，再单击“确定”按钮即可。添加图片水印后的效果如图8.56所示。

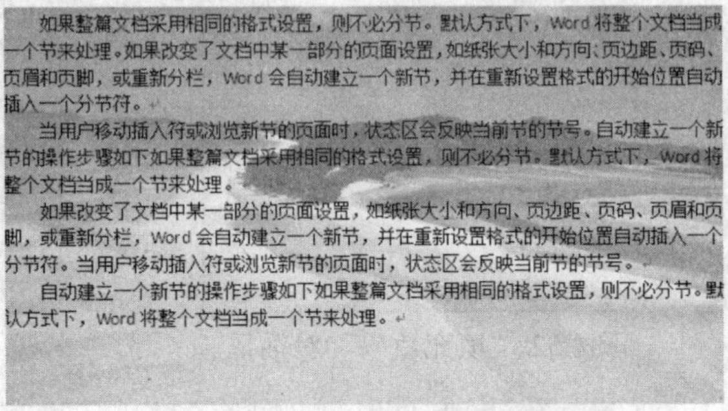

如果整篇文档采用相同的格式设置，则不必分节。默认方式下，Word 将整个文档当成一个节来处理。如果改变了文档中某一部分的页面设置，如纸张大小和方向、页边距、页码、页眉和页脚，或重新分栏，Word 会自动建立一个新节，并在重新设置格式的开始位置自动插入一个分节符。

当用户移动插入符或浏览新节的页面时，状态区会反映当前节的节号。自动建立一个新节的操作步骤如下如果整篇文档采用相同的格式设置，则不必分节。默认方式下，Word 将整个文档当成一个节来处理。

如果改变了文档中某一部分的页面设置，如纸张大小和方向、页边距、页码、页眉和页脚，或重新分栏，Word 会自动建立一个新节，并在重新设置格式的开始位置自动插入一个分节符。当用户移动插入符或浏览新节的页面时，状态区会反映当前节的节号。

自动建立一个新节的操作步骤如下如果整篇文档采用相同的格式设置，则不必分节。默认方式下，Word 将整个文档当成一个节来处理。

图8.56　添加图片水印后效果

3．修改和删除水印

在文档中添加水印后，用户如果对所设置的水印不满意，可以很方便地替换或删除水印。在“页面布局”选项卡中的“页面背景”组中单击“水印”按钮，在弹出下拉列表中选择“删除水印”选项，如图8.57所示，即可删除水印效果。

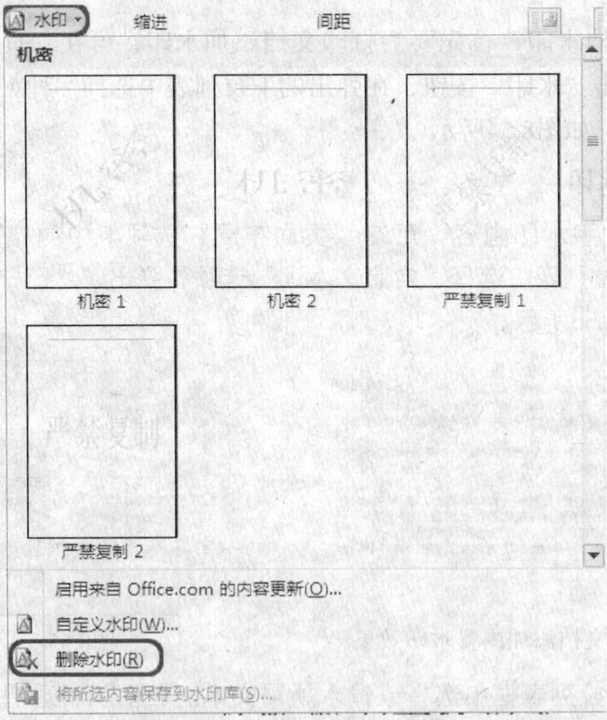

图 8.57　“删除水印”

8.6 分页与分节

在编辑文档时，系统会自动分页。也可通过插入分页符在指定位置强制分页。

为了便于对同一个文档中不同部分的文本进行不同的格式化，使文档的编辑排版更灵活，版面更美观，用户可以将文档分割成多个节。节是文档格式化的最大单位，只有在不同的节中，才可以设置与前面文本不同的页眉页脚、页边距、页面方向、文字方向或分栏版式等格式。

8.6.1 文档强制分页

用户如想将文档中指定位置以后的内容安排到下一页，可首先将光标定位在选定位置，然后选择“页面布局”选项卡，单击“页面设置”组中的“分隔符”按钮，在弹出的下拉列表中选择分隔符类型。

8.6.2 插入分节符

在草稿视图模式下，节与节之间用一个双虚线作为分界线，称为分节符。用户如想给文档分节，可以单击“开始”选项卡上“段落”组中的“显示/隐藏编辑标记”按钮以显示或隐藏分节符。分节符是一个节的结束符号，在分节符中存储了分节符之上整个一节的文本格式，如页边界、页的方向、页眉和页脚，以及页码的顺序等。由于分节符还预示着一个新节的开始，所以在插入分节符时，用户可以设置下一个新节的开始位置。插入分节符的操作步骤如下：

01 单击需要插入分节符的位置。

02 选择“页面布局”选项卡，在“页面设置”组中单击“分隔符”按钮，弹出“分隔符”列表，如图8.58所示。

03 在“分节符类型”区，选择开始新节的位置：

- 选中“下一页”：则分节符后的文本从新的一页开始。
- 选中“连续”：则新节与其前面一节同处于当前页中。
- 选中“偶数页”：则新节中的文本显示或打印在下一偶数页上。如果该分节符已经在一个偶数页上，则其下面的奇数页为一空页。
- 选中“奇数页”：则新节中的文本显示或打印在下一奇数页上。如果该分节符已经在一个奇数页上，则其下面的偶数页为一空页。

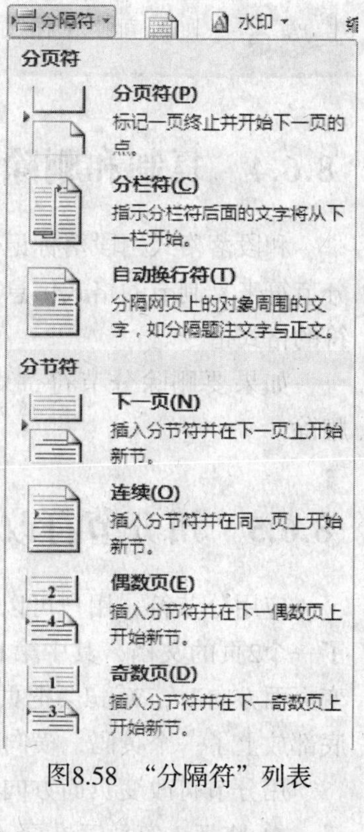

图8.58 “分隔符”列表

04 选择一种分隔符后，Word即可在插入符所在位置插入分节符。

8.6.3 自动建立新节

如果整篇文档采用相同的格式设置，则不必分节。默认方式下，Word将整个文档当成一个节来处理。如果改变了文档中某一部分的页面设置，如纸张大小和方向、页边距、页码、页眉和页脚，或重新分栏，Word会自动建立一个新节，并在重新设置格式的开始位置自动插入一个分节符。当用户移动插入符或浏览新节的页面时，状态区会反映当前节的节号。自动建立一个新节的操作步骤如下：

01 单击要建立新节的开始位置。

02 选择“页面布局”选项卡，单击“页面设置”组右下角的按钮，弹出“页面设置”对话框，再该对话框中选择“版式”选项卡。

03 在“应用于”列表框内选择“插入点之后”，如图8.59所示。

04 单击“确定”按钮，Word将自动给插入符以下的文档建立一个新节。

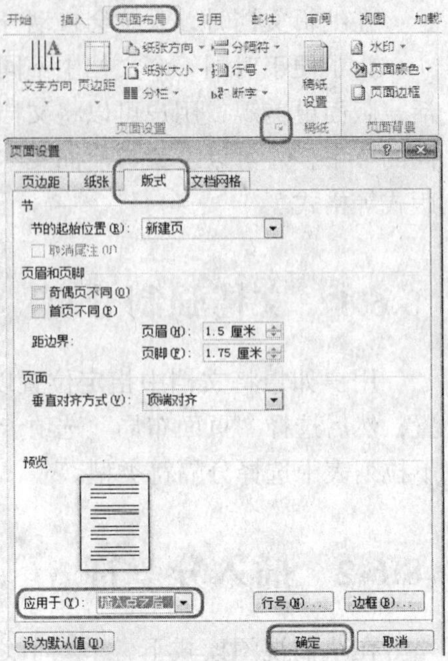

图8.59 “版式”对话框

提示：可直接在标尺上双击鼠标，弹出“页面设置”对话框。

8.6.4 复制和删除分节符

和段落格式用段落标记保存一样，节的格式信息用分节符保存。用户可通过复制和粘贴分节符来复制节的格式信息。分节符被粘贴在新的位置时，分节符以上的正文就使用此分节符的格式指令。

如果要删除分节符，可在选中要删除的分节符后按Delete键，即可将选中的分节符删除。

8.6.5 用分节符改变页面方向

应用分节符，用户可以在同一文档中使用纵向和横向页面方向。比如，图8.60中就显示了一个2页的文档，其中第1页使用的是纵向模式，而第2页使用了横向模式。使用分节符改变页面方向时，Word会把页眉、页脚中的页码及其他内容随页的方向翻转。如果用户在页的底部放上了一个页码，横向的页将把页码放在纸的右边。

用分节符改变页面方向的操作步骤如下：

01 将插入符放置在要改变页面设置的起始位置。

02 选择“页面布局”选项卡，单击“页面设置”组中的“分隔符”按钮，在弹出的下拉列表中选择分隔符类型。

03 将插入符移动到本节的结尾处，插入另一个分节符。

04 将插入符放置在要重新设置页面方向的位置。选择“页面布局”选项卡，单击“页面设置”右下角的按钮，弹出“页面设置”对话框。

05 在“页边距”选项卡中的“纸张方向”选项区域选择“横向”，并在“应用于”下拉列表中选择“本节”。

06 单击“确定”按钮即可，效果如图8.60所示。

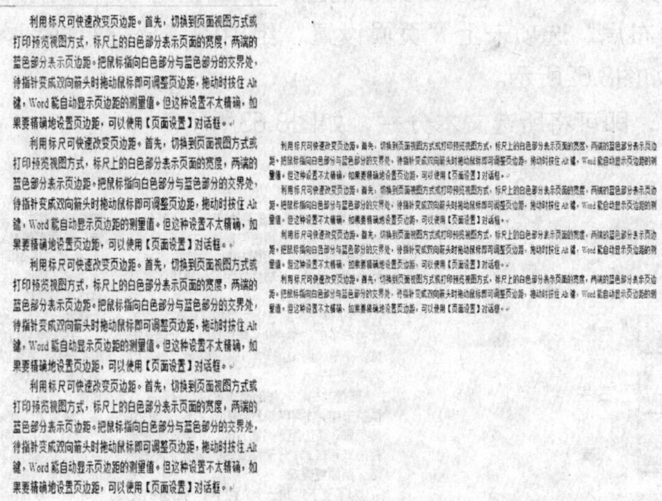
利用标尺可快速改变页边距。首先，切换到页面视图方式或打印预览视图方式，标尺上的白色部分表示页面的宽度，两端的蓝色部分表示页边距。把鼠标指向白色部分与蓝色部分的交界处，待指针变成双向箭头时拖动鼠标即可调整页边距，拖动时按住 Alt 键，Word 能自动显示页边距的测量值。但这种设置不太精确，如果要精确地设置页边距，可以使用【页面设置】对话框。

利用标尺可快速改变页边距。首先，切换到页面视图方式或打印预览视图方式，标尺上的白色部分表示页面的宽度，两端的蓝色部分表示页边距。把鼠标指向白色部分与蓝色部分的交界处，待指针变成双向箭头时拖动鼠标即可调整页边距，拖动时按住 Alt 键，Word 能自动显示页边距的测量值。但这种设置不太精确，如果要精确地设置页边距，可以使用【页面设置】对话框。

利用标尺可快速改变页边距。首先，切换到页面视图方式或打印预览视图方式，标尺上的白色部分表示页面的宽度，两端的蓝色部分表示页边距。把鼠标指向白色部分与蓝色部分的交界处，待指针变成双向箭头时拖动鼠标即可调整页边距，拖动时按住 Alt 键，Word 能自动显示页边距的测量值。但这种设置不太精确，如果要精确地设置页边距，可以使用【页面设置】对话框。

利用标尺可快速改变页边距。首先，切换到页面视图方式或打印预览视图方式，标尺上的白色部分表示页面的宽度，两端的蓝色部分表示页边距。把鼠标指向白色部分与蓝色部分的交界处，待指针变成双向箭头时拖动鼠标即可调整页边距，拖动时按住 Alt 键，Word 能自动显示页边距的测量值。但这种设置不太精确，如果要精确地设置页边距，可以使用【页面设置】对话框。

利用标尺可快速改变页边距。首先，切换到页面视图方式或打印预览视图方式，标尺上的白色部分表示页面的宽度，两端的蓝色部分表示页边距。把鼠标指向白色部分与蓝色部分的交界处，待指针变成双向箭头时拖动鼠标即可调整页边距，拖动时按住 Alt 键，Word 能自动显示页边距的测量值。但这种设置不太精确，如果要精确地设置页边距，可以使用【页面设置】对话框。

利用标尺可快速改变页边距。首先，切换到页面视图方式或打印预览视图方式，标尺上的白色部分表示页面的宽度，两端的蓝色部分表示页边距。把鼠标指向白色部分与蓝色部分的交界处，待指针变成双向箭头时拖动鼠标即可调整页边距，拖动时按住 Alt 键，Word 能自动显示页边距的测量值。但这种设置不太精确，如果要精确地设置页边距，可以使用【页面设置】对话框。

利用标尺可快速改变页边距。首先，切换到页面视图方式或打印预览视图方式，标尺上的白色部分表示页面的宽度，两端的蓝色部分表示页边距。把鼠标指向白色部分与蓝色部分的交界处，待指针变成双向箭头时拖动鼠标即可调整页边距，拖动时按住 Alt 键，Word 能自动显示页边距的测量值。但这种设置不太精确，如果要精确地设置页边距，可以使用【页面设置】对话框。

利用标尺可快速改变页边距。首先，切换到页面视图方式或打印预览视图方式，标尺上的白色部分表示页面的宽度，两端的蓝色部分表示页边距。把鼠标指向白色部分与蓝色部分的交界处，待指针变成双向箭头时拖动鼠标即可调整页边距，拖动时按住 Alt 键，Word 能自动显示页边距的测量值。但这种设置不太精确，如果要精确地设置页边距，可以使用【页面设置】对话框。

图8.60　插入分节符改变页面方向示例

8.7 设置分栏

利用Word的分栏排版功能，根据自己的需要可以在文档中建立不同数量或不同版式的栏。在分栏的外观设置上，Word具有很大的灵活性，用户可以根据自己的需要控制栏数、栏宽以及栏间距，还可以设置分栏长度。

设置分栏后，Word的正文将逐栏排列。栏中文本的排列顺序是从最左边的一栏开始，自上而下地填满一栏后，再自动从一栏的底部接续到右边相邻一栏的顶端，并开始新的一栏，文本在多栏间的流动方式如图8.61所示。

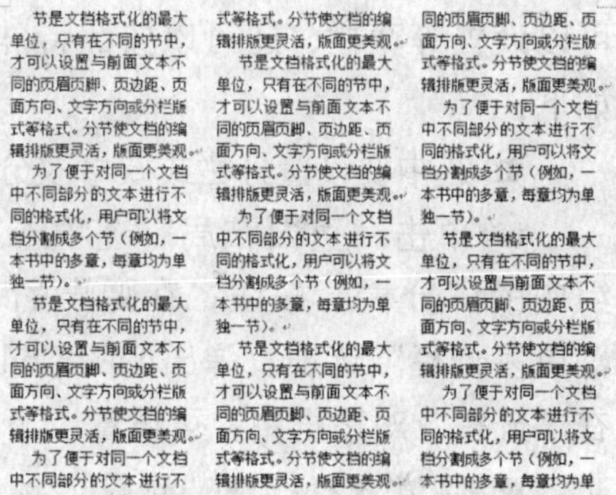
节是文档格式化的最大单位，只有在不同的节中，才可以设置与前面文本不同的页眉页脚、页边距、页面方向、文字方向或分栏版式等格式。分节使文档的编辑排版更灵活，版面更美观。

为了便于对同一个文档中不同部分的文本进行不同的格式化，用户可以将文档分割成多个节（例如，一本书中的多章，每章均为单独一节）。

节是文档格式化的最大单位，只有在不同的节中，才可以设置与前面文本不同的页眉页脚、页边距、页面方向、文字方向或分栏版式等格式。分节使文档的编辑排版更灵活，版面更美观。

为了便于对同一个文档中不同部分的文本进行不

式等格式。分节使文档的编辑排版更灵活，版面更美观。

节是文档格式化的最大单位，只有在不同的节中，才可以设置与前面文本不同的页眉页脚、页边距、页面方向、文字方向或分栏版式等格式。分节使文档的编辑排版更灵活，版面更美观。

为了便于对同一个文档中不同部分的文本进行不同的格式化，用户可以将文档分割成多个节（例如，一本书中的多章，每章均为单独一节）。

节是文档格式化的最大单位，只有在不同的节中，才可以设置与前面文本不同的页眉页脚、页边距、页面方向、文字方向或分栏版式等格式。分节使文档的编辑排版更灵活，版面更美观。

同的页眉页脚、页边距、页面方向、文字方向或分栏版式等格式。分节使文档的编辑排版更灵活，版面更美观。

为了便于对同一个文档中不同部分的文本进行不同的格式化，用户可以将文档分割成多个节（例如，一本书中的多章，每章均为单独一节）。

节是文档格式化的最大单位，只有在不同的节中，才可以设置与前面文本不同的页眉页脚、页边距、页面方向、文字方向或分栏版式等格式。分节使文档的编辑排版更灵活，版面更美观。

为了便于对同一个文档中不同部分的文本进行不同的格式化，用户可以将文档分割成多个节（例如，一本书中的多章，每章均为单

图8.61　文字在栏间的流动顺序

8.7.1 设置分栏

设置分栏，就是将某一页、某一部分文档或整篇文档分成具有相同栏宽或不同栏宽的多

个栏。本节要解决的是如何将文档分成多个栏，以及如何确定栏的宽度。

在草稿视图方式下，不能显示多栏版式，被设置成多栏版式的文本只能一栏一栏地显示。只有切换到“页面”视图或“打印预览”方式下，才能查看或设置多栏文本，并看到多栏并排显示的实际效果。

1. 使用“分栏”按钮设置等宽栏

用户如想把一个文档设置为等宽的多栏版式，最简便的方法是使用“页面布局”选项卡中的“页面设置”组中的“分栏”按钮，操作步骤如下：

01 选中要进行分栏的文本，若要对文档的全部内容分栏，则将鼠标指针放置其中即可。

02 单击“页面布局”选项卡上“页面设置”组中的“分栏”按钮，在弹出的列表中选择一种分栏类型，如图8.62所示。

03 执行操作后，即可将所选文本分栏，如图8.63所示。

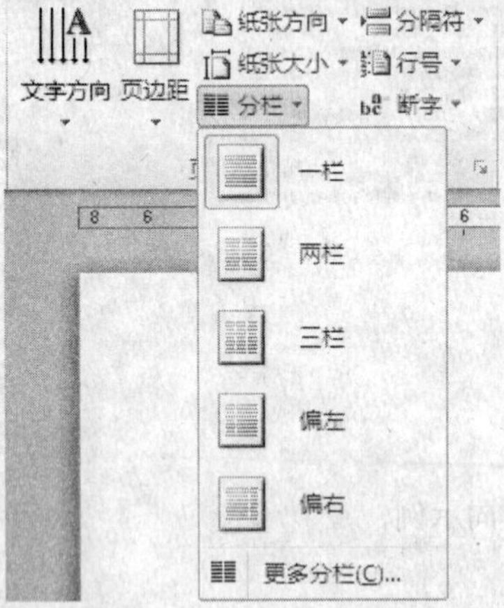

图8.62 设置分栏数

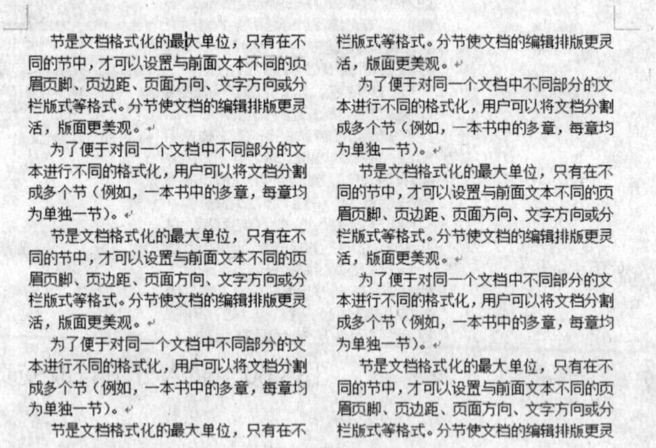

图8.63 建立多栏文档

2. 使用“分栏”对话框设置分栏

使用“分栏”按钮可以很方便地设置不多于4栏的等宽栏，而使用“分栏”对话框不仅可以设置等宽栏，还可以按照特殊要求设置不等宽栏或设置栏数大于4的分栏。其操作步骤如下：

01 选中要设置分栏或要修改分栏选项的文本。

02 单击“页面布局”选项卡上“页面设置”组中的“分栏”按钮，在弹出的下拉列表中选择“更多分栏”选项，弹出如图8.64所示的对话框。

在“分栏”对话框中，可设置以下的选项：

- 取消分栏：在“预设”选项区中选择“一栏”，可以将已经分为多栏的文本恢复成单栏版式。
- 确定栏数：选择“预设”选项区中的“两栏”、“三栏”选项，当栏数大于3时，在“栏数”框中选择或输入栏数。

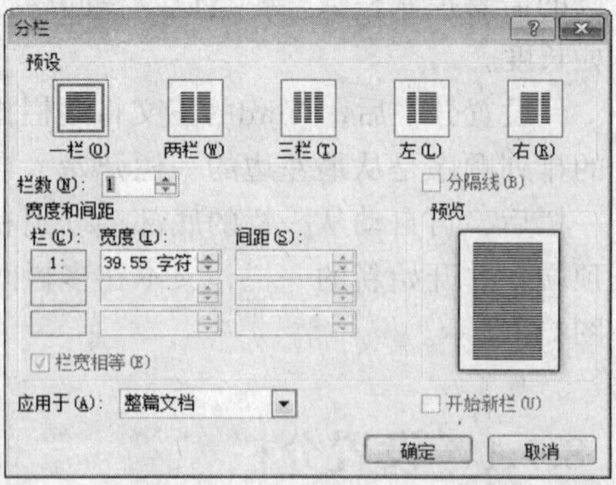

图8.64 “分栏”对话框

- 设置等宽栏：选中“栏宽相等”复选框，可将所有的栏设置为等宽栏。
- 设置不等宽栏：在“预设”框中选择“偏左”或“偏右”选项，可以将所选文本分成左窄右宽或右宽左窄的两个不等宽栏。如果要设置三栏以上的不等宽栏，必须取消“栏宽相等”复选框，并在“宽度和间距”列表框中分别设置或修改每一栏的栏宽以及栏间距。
- 设置分隔线：选中“分隔线”复选框，可在栏与栏之间设置分隔线，使各栏之间的界限更加明显。

03 确定分栏的应用范围。在“应用于”列表框中可有以下的选择：

- 选中“所选文字”：则对文档中所选的文字内容应用分栏设置。
- 选中“整篇文档”：则对文档全部内容应用分栏设置。

04 设置完成后，单击“确定”按钮即可。

3．分栏与分节

在Word中，同一节中的文档不能存在不同的栏。当把选中的部分文档设置成新的多栏版式时，Word会自动将该部分设置成独立的节。反之，如果将文档设置成不同的节，就可以在每个节中设置自己的栏宽和分栏数。

提示 分栏只适合于文档中的正文，对页眉、页脚、批注或文本框则不能分栏。如果实在要在这些区域内来分栏，可以使用表格来实现类似的效果。

8.7.2 设置通栏标题

通栏标题，就是跨越多栏的标题。设置通栏标题的方法有多种，用户可以用下面的方法，为已经设置为多栏的文档，设置跨越多栏的标题，操作步骤如下：

01 选中要设置成通栏标题的文本，如“页眉和页脚”。

02 在分栏样式列表中选择“一栏”选项。即可将标题行设置为单栏，如图8.65所示。

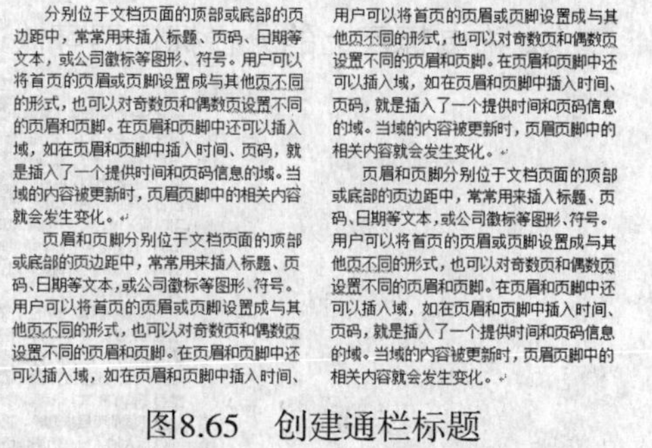
页眉和页脚

分别位于文档页面的顶部或底部的页边距中，常常用来插入标题、页码、日期等文本，或公司徽标等图形、符号。用户可以将首页的页眉或页脚设置成与其他页不同的形式，也可以对奇数页和偶数页设置不同的页眉和页脚。在页眉和页脚中还可以插入域，如在页眉和页脚中插入时间、页码，就是插入了一个提供时间和页码信息的域。当域的内容被更新时，页眉页脚中的相关内容就会发生变化。

页眉和页脚分别位于文档页面的顶部或底部的页边距中，常常用来插入标题、页码、日期等文本，或公司徽标等图形、符号。用户可以将首页的页眉或页脚设置成与其他页不同的形式，也可以对奇数页和偶数页设置不同的页眉和页脚。在页眉和页脚中还可以插入域，如在页眉和页脚中插入时间、用户可以将首页的页眉或页脚设置成与其他页不同的形式，也可以对奇数页和偶数页设置不同的页眉和页脚。在页眉和页脚中还可以插入域，如在页眉和页脚中插入时间、页码，就是插入了一个提供时间和页码信息的域。当域的内容被更新时，页眉页脚中的相关内容就会发生变化。

页眉和页脚分别位于文档页面的顶部或底部的页边距中，常常用来插入标题、页码、日期等文本，或公司徽标等图形、符号。用户可以将首页的页眉或页脚设置成与其他页不同的形式，也可以对奇数页和偶数页设置不同的页眉和页脚。在页眉和页脚中还可以插入域，如在页眉和页脚中插入时间、页码，就是插入了一个提供时间和页码信息的域。当域的内容被更新时，页眉页脚中的相关内容就会发生变化。

图8.65 创建通栏标题

8.7.3 设置等长栏

在用户不设置的情况下，每一栏的长度都是由Word根据文本数量和页面大小自动设置的。但有时这种自动确定的分栏位置或栏的长度往往不能满足用户的需要。例如，Word会将文档的全部内容集中排列在前面的栏中，这时在文档或节的最后一页会出现如图8.66所示的不均匀的栏尾。为了使文档的版面效果更好，可以将最后一页中的所有栏设置为等长栏。

设置等长栏的操作步骤如下：

01 将插入符置于要设置等长栏的文本结尾位置。

02 在“页面布局”选项卡中的“页面设置”组中单击“分隔符”按钮。

03 在弹出的下拉列表中选择“连续”选项，即可得到一个等长栏，如图8.67所示。

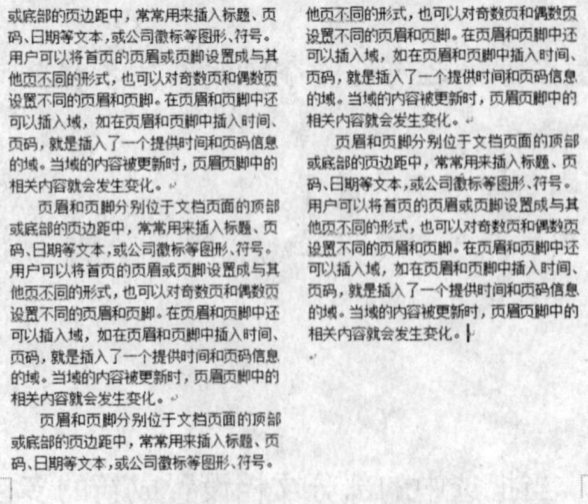

或底部的页边距中，常常用来插入标题、页码、日期等文本，或公司徽标等图形、符号。用户可以将首页的页眉或页脚设置成与其他页不同的形式，也可以对奇数页和偶数页设置不同的页眉和页脚。在页眉和页脚中还可以插入域，如在页眉和页脚中插入时间、页码，就是插入了一个提供时间和页码信息的域。当域的内容被更新时，页眉页脚中的相关内容就会发生变化。

页眉和页脚分别位于文档页面的顶部或底部的页边距中，常常用来插入标题、页码、日期等文本，或公司徽标等图形、符号。用户可以将首页的页眉或页脚设置成与其他页不同的形式，也可以对奇数页和偶数页设置不同的页眉和页脚。在页眉和页脚中还可以插入域，如在页眉和页脚中插入时间、页码，就是插入了一个提供时间和页码信息的域。当域的内容被更新时，页眉页脚中的相关内容就会发生变化。

页眉和页脚分别位于文档页面的顶部或底部的页边距中，常常用来插入标题、页码、日期等文本，或公司徽标等图形、符号。

他页不同的形式，也可以对奇数页和偶数页设置不同的页眉和页脚。在页眉和页脚中还可以插入域，如在页眉和页脚中插入时间、页码，就是插入了一个提供时间和页码信息的域。当域的内容被更新时，页眉页脚中的相关内容就会发生变化。

页眉和页脚分别位于文档页面的顶部或底部的页边距中，常常用来插入标题、页码、日期等文本，或公司徽标等图形、符号。用户可以将首页的页眉或页脚设置成与其他页不同的形式，也可以对奇数页和偶数页设置不同的页眉和页脚。在页眉和页脚中还可以插入域，如在页眉和页脚中插入时间、页码，就是插入了一个提供时间和页码信息的域。当域的内容被更新时，页眉页脚中的相关内容就会发生变化。

图8.66 不均匀的栏尾示例

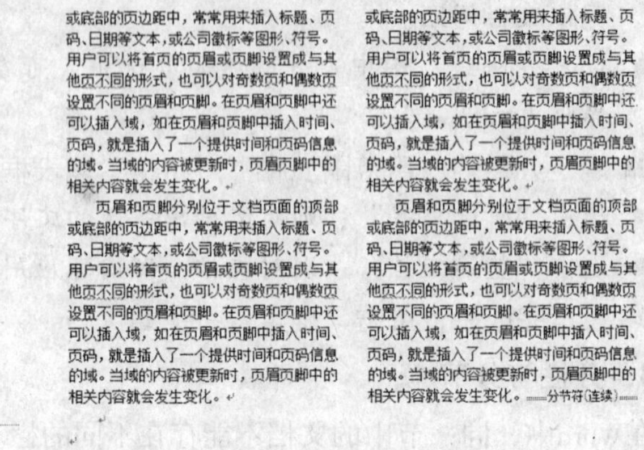

或底部的页边距中，常常用来插入标题、页码、日期等文本，或公司徽标等图形、符号。用户可以将首页的页眉或页脚设置成与其他页不同的形式，也可以对奇数页和偶数页设置不同的页眉和页脚。在页眉和页脚中还可以插入域，如在页眉和页脚中插入时间、页码，就是插入了一个提供时间和页码信息的域。当域的内容被更新时，页眉页脚中的相关内容就会发生变化。

页眉和页脚分别位于文档页面的顶部或底部的页边距中，常常用来插入标题、页码、日期等文本，或公司徽标等图形、符号。用户可以将首页的页眉或页脚设置成与其他页不同的形式，也可以对奇数页和偶数页设置不同的页眉和页脚。在页眉和页脚中还可以插入域，如在页眉和页脚中插入时间、页码，就是插入了一个提供时间和页码信息的域。当域的内容被更新时，页眉页脚中的相关内容就会发生变化。

或底部的页边距中，常常用来插入标题、页码、日期等文本，或公司徽标等图形、符号。用户可以将首页的页眉或页脚设置成与其他页不同的形式，也可以对奇数页和偶数页设置不同的页眉和页脚。在页眉和页脚中还可以插入域，如在页眉和页脚中插入时间、页码，就是插入了一个提供时间和页码信息的域。当域的内容被更新时，页眉页脚中的相关内容就会发生变化。

页眉和页脚分别位于文档页面的顶部或底部的页边距中，常常用来插入标题、页码、日期等文本，或公司徽标等图形、符号。用户可以将首页的页眉或页脚设置成与其他页不同的形式，也可以对奇数页和偶数页设置不同的页眉和页脚。在页眉和页脚中还可以插入域，如在页眉和页脚中插入时间、页码，就是插入了一个提供时间和页码信息的域。当域的内容被更新时，页眉页脚中的相关内容就会发生变化。分节符(连续)

图8.67 设置“等长栏”

8.7.4 利用标尺调整栏宽和栏间距

用户在设置分栏时，可以根据需要设置分栏的栏数、每一个栏的宽度以及栏间距。分栏后，如果只改变文档的栏数，Word会自动调整栏宽以适应左右页边距之间的间距。反之，如果调整了页边距或重新设置了栏间距，Word会自动修改栏宽，以适应变化后的页边距。

如果要快速调整某一栏的栏宽和栏间距，可使用水平标尺，其操作步骤如下：

01 将插入符放置在要修改栏宽和栏间距的栏内。

02 拖曳标尺上的分栏标记即可快速调整栏宽和栏间距，如图8.68所示。

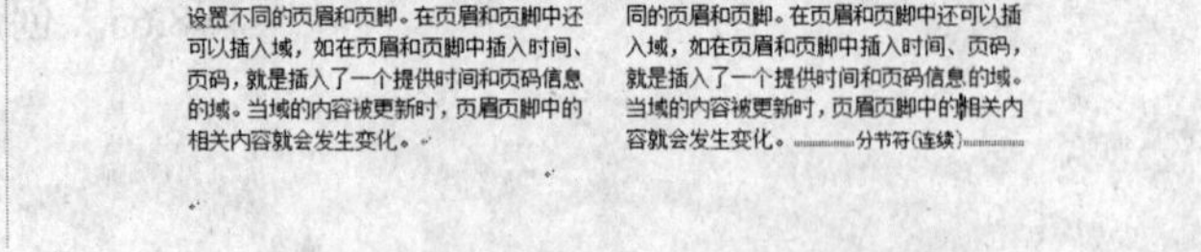

或底部的页边距中，常常用来插入标题、页码、日期等文本，或公司徽标等图形、符号。用户可以将首页的页眉或页脚设置成与其他页不同的形式，也可以对奇数页和偶数页设置不同的页眉和页脚。在页眉和页脚中还可以插入域，如在页眉和页脚中插入时间、页码，就是插入了一个提供时间和页码信息的域。当域的内容被更新时，页眉页脚中的相关内容就会发生变化。

页眉和页脚分别位于文档页面的顶部或底部的页边距中，常常用来插入标题、页码、日期等文本，或公司徽标等图形、符号。用户可以将首页的页眉或页脚设置成与其他页不同的形式，也可以对奇数页和偶数页设置不同的页眉和页脚。在页眉和页脚中还可以插入域，如在页眉和页脚中插入时间、页码，就是插入了一个提供时间和页码信息的域。当域的内容被更新时，页眉页脚中的相关内容就会发生变化。

或底部的页边距中，常常用来插入标题、页码、日期等文本，或公司徽标等图形、符号。用户可以将首页的页眉或页脚设置成与其他页不同的形式，也可以对奇数页和偶数页设置不同的页眉和页脚。在页眉和页脚中还可以插入域，如在页眉和页脚中插入时间、页码，就是插入了一个提供时间和页码信息的域。当域的内容被更新时，页眉页脚中的相关内容就会发生变化。

眉和页脚分别位于文档页面的顶部或底部的页边距中，常常用来插入标题、页码、日期等文本，或公司徽标等图形、符号。用户可以将首页的页眉或页脚设置成与其他页不同的形式，也可以对奇数页和偶数页设置不同的页眉和页脚。在页眉和页脚中还可以插入域，如在页眉和页脚中插入时间、页码，就是插入了一个提供时间和页码信息的域。当域的内容被更新时，页眉页脚中的相关内容就会发生变化。分节符(连续)

图8.68 利用标尺上的分栏标记调整栏宽和栏间距

8.7.5 插入分栏符

一般情况下，文本在分栏版式中的流动总是按照从左至右的顺序，在添满一栏后再开始新的一栏。但有时为了强调文档内容的层次感，常常需要将一些重要的段落从新的一栏开始。这种排版要求可以通过在文档中插入分栏符来实现。

将光标置于需要插入分栏符的位置，插入分栏符后将从下一栏开始新的文本。使用菜单命令也可以在文档中插入分栏符，操作步骤如下：

01 将插入符置于需要插入分栏符的位置。

02 选择“页面布局”选项卡中“页面设置”组，单击“分隔符”按钮。

03 在弹出的下拉列表中选择“分栏符”选项，如图8.69所示，即可插入符所在的段落将出现在新的一栏中。

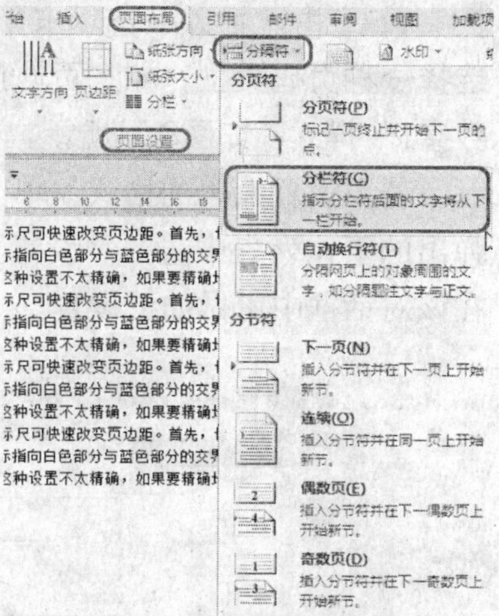

图 8.69 “分栏符”选项

8.8 为文档添加页眉和页脚

页眉和页脚分别位于文档页面的顶部或底部的页边距中，常常用来插入标题、页码、日期等文本，或公司徽标等图形、符号。用户根据自己的需要，可以将首页的页眉或页脚设置成与其他页不同的形式，也可以对奇数页和偶数页设置不同的页眉和页脚。在页眉和页脚中还可以插入域，如在页眉和页脚中插入时间、页码，就是插入了一个提供时间和页码信息的域。当域的内容被更新时，页眉页脚中的相关内容就会发生变化。

8.8.1 页眉和页脚选项卡

在“插入”选项卡中的“页眉和页脚”组中单击“页眉”或“页脚”按钮，在弹出的列表中选择“编辑页眉”或“编辑页脚”选项，Word会自动弹出“页眉和页脚工具设计”选项卡，利用该选项卡中的选项可以方便地创建或查看页眉和页脚，如图8.70所示。

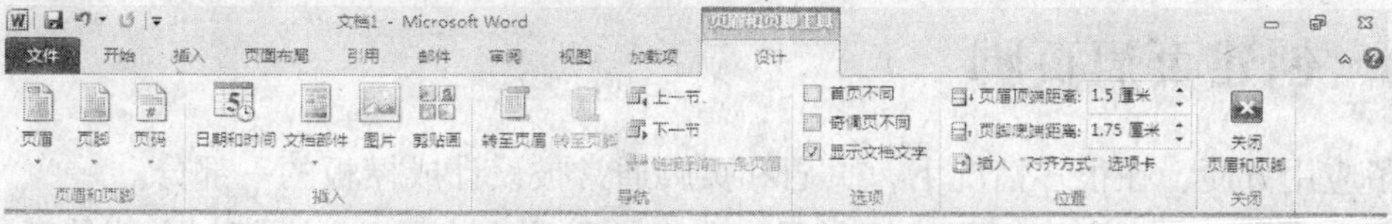

图8.70 “页眉和页脚工具”选项卡

8.8.2 插入页码

页码是一种内容最简单，但使用最多的页眉或页脚。只要在文档中设置页码，实际上就是在文档中加入了页眉或页脚。Word可以自动而迅速地编排和更新页码。

用户为了防止文档出现混乱，可以给多页的文档加上页码。设置页码之后，Word可以在后续的所有页上自动添加页码。设置页码的操作步骤如下：

01 单击要设置页码的文档或节。

02 单击“插入”选项卡上“页眉和页脚”组中的“页码”按钮，在弹出的下拉列表中选择一种页码类型，如“页面顶端”选项，再在弹出的列表中选择一种页码样式，如“普通数字1”样式，如图8.71所示，执行操作后，即可在文档中插入页码。

若要设置页码的格式，单击“插入”选项卡上“页眉和页脚”组中的“页码”按钮，在弹出的下拉列表中选择“设置页码格式”选项，弹出“页码格式”对话框，如图8.72所示。在该对话框中可做如下设置。

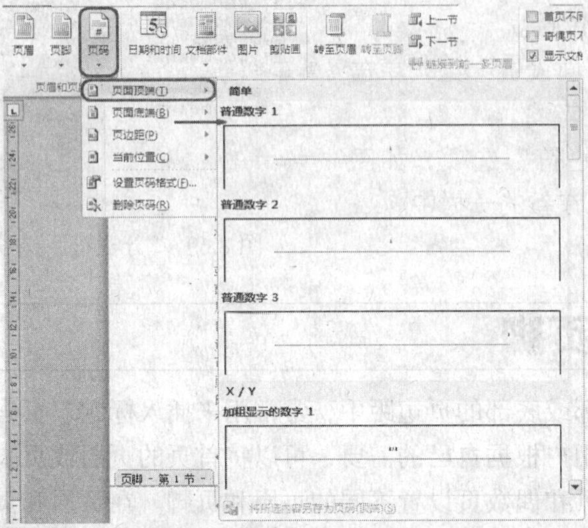

图8.71　选择页码样式

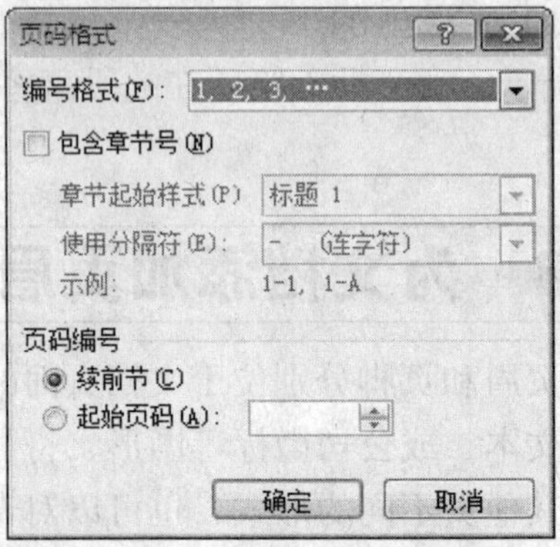

图8.72　“页码格式”对话框

01 在“编号格式”列表框中选择一种页码格式。

02 若选中“包含章节号”复选框，表示在页码格式中包含章节号，如“1-1”表示第1章第1页。

03 在“页码编号”设置区，如果文档被分成了若干节，可做以下选择：

- 选中“续前节”：可以给将所有节的页码设置成彼此连续的页码。
- 选中“起始页码”：则在本节中重新设置起始页码。

8.8.3　创建页眉页脚

为了应用方便，在很多情况下，页眉和页脚通常被设计成模板的一部分。

页眉和页脚只有在页面视图或打印预览中才是可见的。页眉和页脚与文档的正文处于不同的层次上，因此，在编辑页眉和页脚时不能编辑文档正文。同样，在编辑文档正文时也不能编辑页眉和页脚。

1．创建页眉和页脚

在“插入”选项卡中的“页眉和页脚”组中单击“页眉”或“页脚”按钮，在弹出的下拉列表中选择一种页眉或页脚样式，或选择“编辑页眉”或“编辑页脚”选项，Word将进入页眉和页脚编辑状态，并显示“页眉和页脚工具设计”选项卡，如图8.73所示，用户可以直接在页眉或页脚区输入相应的内容，输入完成后，单击选项卡中的“关闭页眉和页脚”按钮即可。

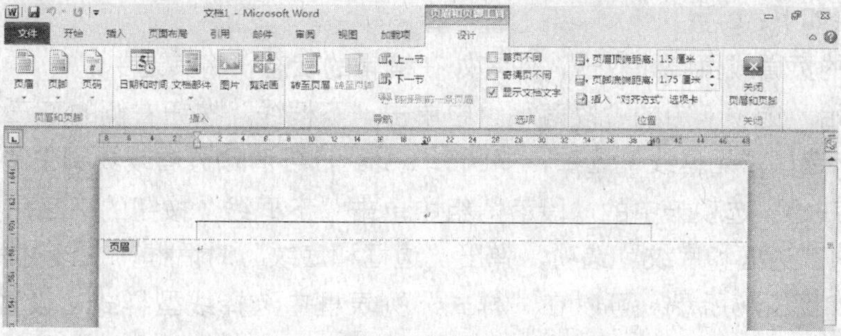

图 8.73 “页眉和页脚工具设计”选项卡

如果要插入日期和时间、图片等内容，可在“插入”选项卡中的“文本”组中单击“日期和时间”或“图片”等按钮，然后进行相关设置即可。

在编辑文档的过程中，要在页眉和页脚之间转换，可单击选项卡中的“转至页脚”或“转至页眉”按钮。

2．创建首页不同或奇偶页不同的页眉和页脚

创建首页不同的页眉和页脚，实际上就是建立一个只出现在文档或节的首页，且与其他页不同的页眉和页脚，以标识一个节或整个文档的开始。

对多于两页的文档，可以为奇数页和偶数页设置各自不同的页眉或页脚，本书中的奇数页和偶数页就是内容完全不同的页眉。特别是在双面文档中，常常需要创建奇偶页不同的页眉和页脚。用Word可以轻松实现这种非常专业化的设计，操作步骤如下：

01 将插入符放置在要设置首页不同或奇偶页不同的节或文档中。

02 单击“页面布局”选项卡中的“页面设置”组右下角按钮，在“页面设置”对话框中选择“版式”选项卡，在“页眉和页脚”选项区域中可以选择“首页不同”或“奇偶页不同”复选框，并可以设置边界距离，如图8.74所示。

03 设置完成后，单击“确定”按钮，即可设置奇偶页不同或首页不同的页眉或页脚。

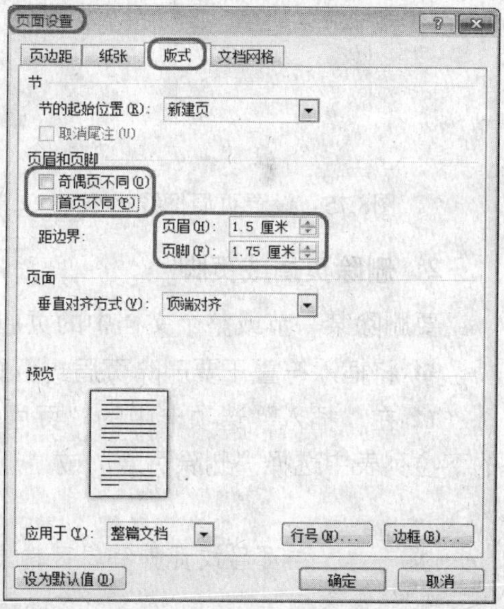

图8.74 “版式”选择卡

8.8.4 修改和删除页眉页脚

用户根据自己的需要，修改或删除已经设置在页眉和页脚中的内容，以及在页眉或页脚中设置、修改或删除页眉页脚中的横线。

1．删除或修改页眉中的横线

默认情况下，页眉中有一条横线。用户根据自己的需要可删除该横线或重新设置横线的线型，操作步骤如下：

01 在插入的页眉或页脚处双击，使其处在编辑的状态，将其选中。

02 在“开始”选项卡中的“段落”组中单击“下框线”按钮右侧的下三角按钮，在弹出的下拉列表中选择“无框线”选项，如图8.75所示，可清除页眉或页脚中的横线。

03 或在“开始”选项卡中的“段落”组中单击“下框线”按钮的下三角按钮，在弹出的下拉列表中的“边框和底纹”选项，弹出“边框和底纹”对话框，在该对话框中选择“边框”选项卡，如图8.76所示。可以在“样式”列表框中选择线型样式，设置完成后，单击“确定”按钮即可。

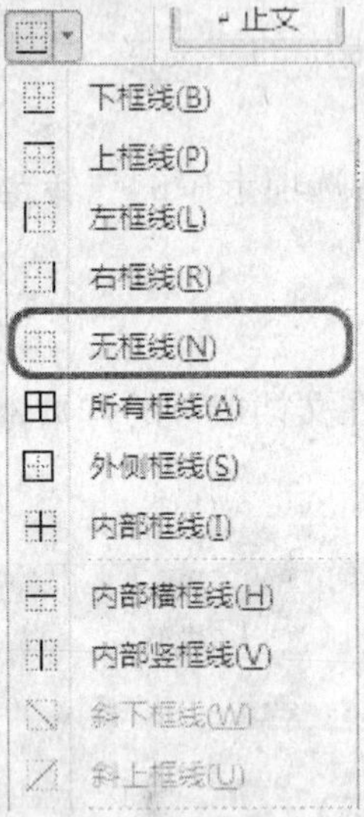

图8.75 设置页眉框线类型

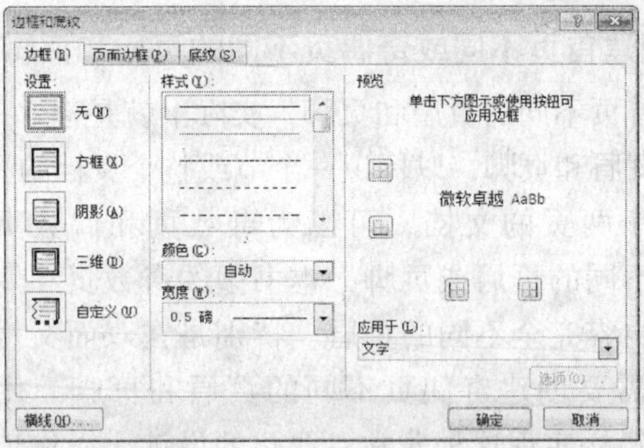

图8.76 “边框和底纹”对话框

2. 删除页眉或页脚

要删除某一节或整个文档中的页眉或页脚的操作步骤如下：

01 将插入符置于要删除页眉或页脚的文档或节中。

02 在“插入”选项卡中的“页眉和页脚”组中单击“页眉”或“页脚”按钮，在弹出的下拉列表中选择“删除页眉”或“删除页脚”选项，即可删除页眉或页脚。

提示 在页眉或页脚编辑区选定要删除的内容。按Delete键即可将选中的页眉或页脚内容删除。

8.9 设置页面

8.9.1 设置纸张的大小和方向

在没有设置的情况下，Word创建的文档是“纵向”排列的，用户可以根据需要改变纸张的大小及方向，操作步骤如下：

01 可以在“页面布局”选项卡中的“页面设置”组中分别单击“纸张方向”按钮和“纸张大小”按钮，如图8.77所示，可在弹出的列表中选择文档所使用的纸张方向和大小。

02 要进行更精确的设置，可单击“纸张大小”列表底部的“其他页面大小”选项，弹出“页面设置”对话框，如图8.78所示。

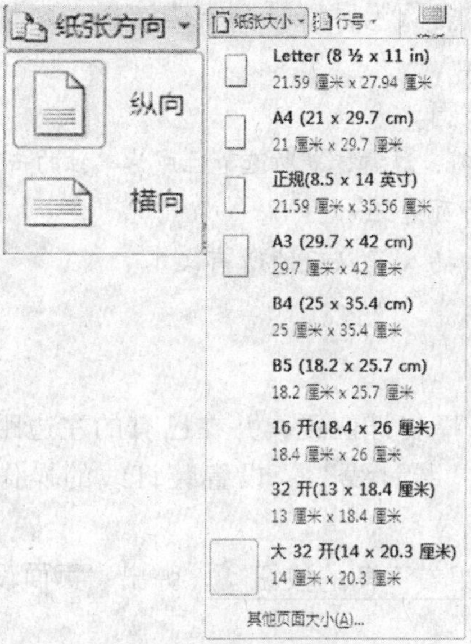

图8.77 设置纸张大小和方向

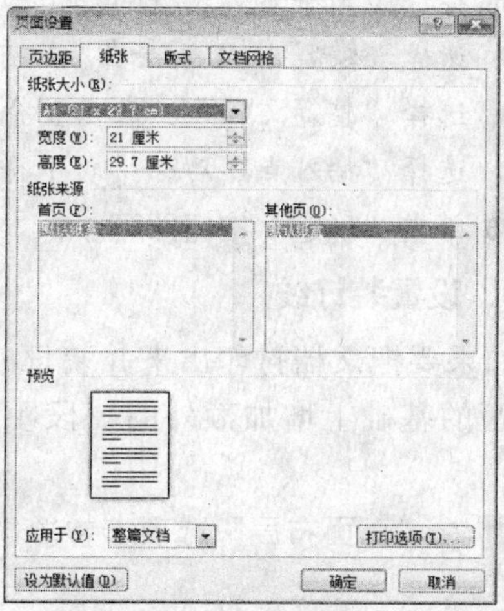

图8.78 “页面设置”对话框

03 单击“纸张”选项卡，在“纸张大小”下拉列表框中选择纸张的类型。如果要自定义纸张的大小，可在“高度”和“宽度”列表框中分别指定纸张的高度值和宽度值。

04 在“应用于”列表框中选择页面设置的应用范围。

05 单击“确定”按钮即可。

8.9.2 调整页边距

在用户没有设置的情况下，Word创建的文档是“纵向”的，上端和下端各留有2.54厘米，左边和右边各留有3.17厘米的页边距。用户可以根据需要修改页边距，如果需要装订，还可以在页边距内增加额外的空间，以留出装订位置。

1. 用标尺改变页边距

利用标尺可快速改变页边距。首先，切换到页面视图方式或打印预览视图方式，标尺上的白色部分表示页面的宽度，两端的蓝色部分表示页边距。把鼠标指向白色部分与蓝色部分的交界处，待指针变成双向箭头时拖曳鼠标即可调整页边距，拖曳时按住Alt键，Word能自动显示页边距的测量值。但这种设置不太精确，如果要精确地设置页边距，可以使用“页面设置”对话框。

2. 用“页面设置”对话框调整页边距

利用页面设置命令可以精确地设置页边距，操作步骤如下：

01 选中要设置页边距的文档或段落，若要对整篇文档设置页边距，只需将插入符置于要调整的文档中。

02 在“页面布局”选项卡中单击“页面设置”组右下角的按钮，弹出“页面设置”对话框，在该对话框中选择“页边距”选项卡，屏幕显示如图8.79所示。

03 在“上”、“下”、“左”、“右”框内分别指定页边距的数值。

04 如果要双面打印文档，在“页码范围”的“多页”区下拉列表中选择“对称页边距”选项，可使正反两面的内外侧边距宽度相等。

05 在“应用于”列表框中指定当前设置的应用范围。

- 选择“本节”：Word会在本节前后各加一个分节符，这意味着所选节已成为单独的一节。
- 选择“整篇文档”：表示整个文档采用相同的页边距。
- 选择“插入点之后”：表示将当前设置应用于插入符以后的所有文本。

06 单击“确定”按钮即可。

3. 设置装订线

如果要把文档打印出来并装订成册，就必须选择装订位置，并在已有的左边距或内侧边距的基础上增加额外的一段距离，该距离称“装订线”。设置装订线的操作步骤如下：

01 在“页面布局”选项卡中单击“页面设置”组右下角的按钮，弹出“页面设置”对话框。

02 单击“页边距”选项卡，在“装订线位置”选项区选择装订位置，如选择“左”。

03 在“装订线”框中可以指定装订线的宽度。例如，指定为“2厘米”，如图8.80所示。

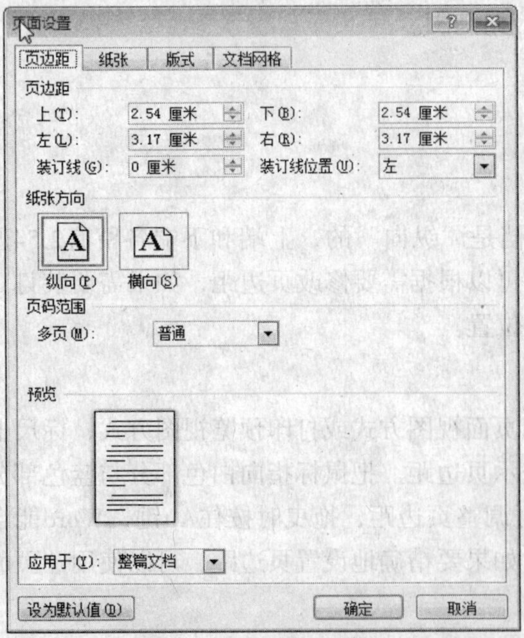

图8.79 “页面设置”对话框

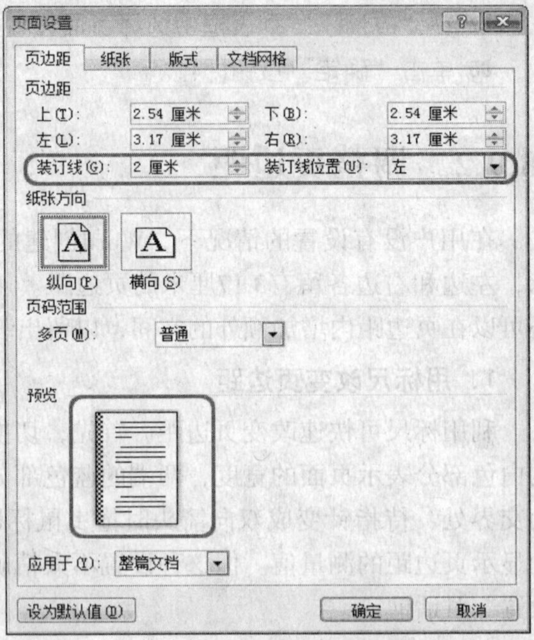

图8.80 设置“装订线”

04 设置完成后，单击“确定”按钮即可。

提示　用户也可以不设置装订线，而只靠增加内侧页边距的大小来留出装订的位置。

8.9.3　设置文字排列方向和网格

在“页面设置”对话框中选择“文档网格”选项卡，屏幕显示如图8.81所示。在该选项卡中，用户可以控制应用范围内文字的排列方向以及每页中的行数和每行中的字符数，并使应用范围内所有的行或字符之间都具有相同的行“跨度”和字符“跨度”。

1. 确定每页中的行、列数

在“文字排列”选项区中，可设定文字在页面的排列方式，选中“水平”单选按钮，文字自左向右横向排列；选中“垂直”单选钮，则页面旋转90度，文字自上而下竖向排列。

2. “文档网格”选项卡中的其他选项

在“页面布局”选项卡中单击“页面设置”组右下角按钮，弹出“页面设置”对话框，选择“文档网格”选项卡。通过这些选项，用户可以选择是否使用Word的默认值。其中“不改变字符跨度”选项只有在选择了“指定行网格和字符网格”选项时有效。如图8.82所示。

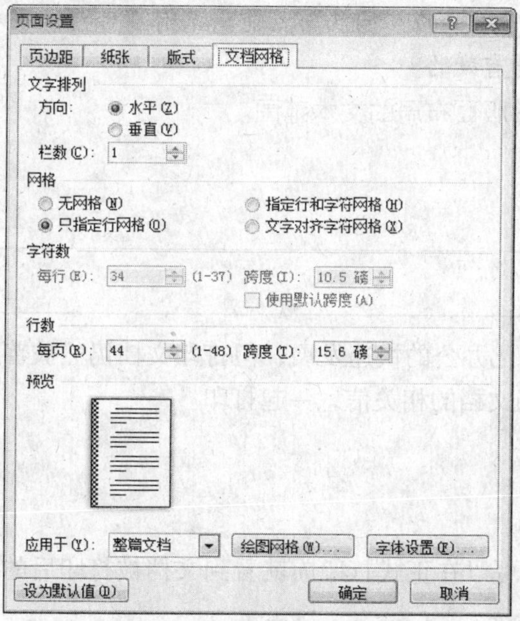

图8.81 “文档网格”选项卡

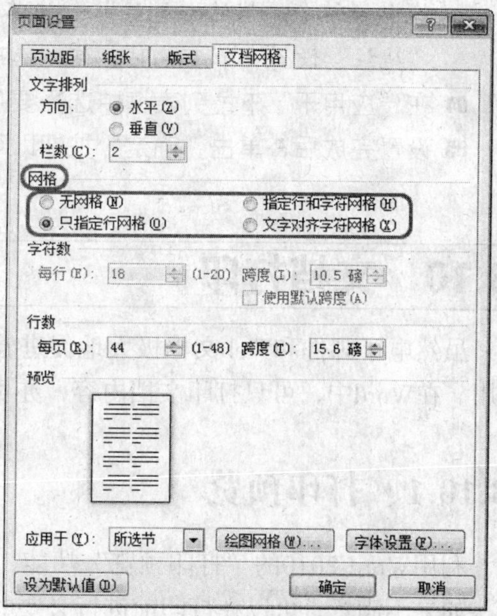

图8.82　网格的控制

8.9.4　设置页眉、页脚、行号和边框

用户可以利用Word提供的版面布局设置功能，用来设置页眉页脚、垂直对齐方式以及行号等特殊的版面选项。设置版面布局的操作步骤如下：

01 选择要按特定版面布局打印的文本。

02 在“页面布局”选项卡中单击“页面设置”组右下角按钮，弹出“页面设置”对话框，单击“版式”选项卡，如图8.83所示。

03 在“版式”选项卡中，可以设置以下一些选项：

- 在“页眉和页脚”区中：选择“奇偶页不同”或“首页不同”复选框，可在奇数页和偶数页上设置不同的页眉或页脚，以及首页的页眉。
- 在“垂直对齐方式”下拉列表框中：可选择在页面上垂直对齐文本的方式。
- 单击“行号”按钮：可弹出“行号”对话框，用于在某一节或整篇文档的左边添加行号。

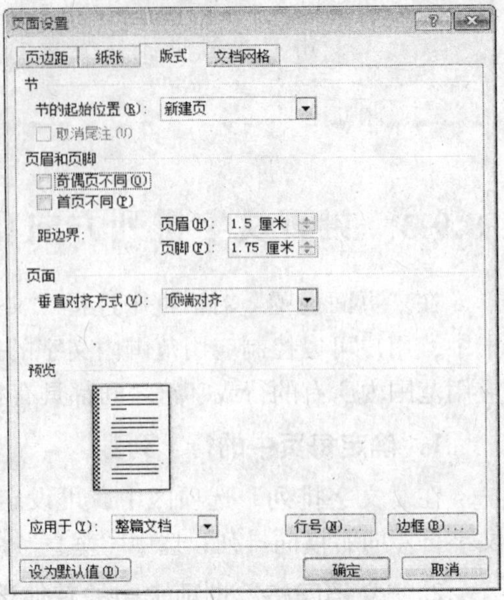

图8.83 “版式”选项卡

- 单击“边框”按钮：可弹出“边框和底纹”对话框，通过该对话框可给页面或文字添加边框和底纹。
- 设置“取消尾注”复选框：可避免把“尾注”打印在当前节的末尾。Word将在下一节中打印当前节的“尾注”，使其位于下一节的“尾注”之前。只有在已经指定将“尾注”设置在节末尾时，这一选项才是有效的。

04 在“应用于”下拉列表框中选择要用所设版面布局的文本范围。

05 设置完成后，单击“确定”按钮即可。

8.10 文档打印

虽然电子邮件和Web文档极大地促进着无纸化办公的快速发展，但打印文档仍然被普遍使用。在Word中，可只打印文档内容，亦可连同文档的相关信息一起打印。

8.10.1 打印预览

利用Word 2010的“打印预览”功能，用户可以在正式打印前就看到文档被打印后的效果，如果不满意，可以在打印前进行必要的修改。

与页面视图相比，打印预览视图可以更真实地表现文档外观。用打印预览视图检查版面的操作步骤如下：

01 单击“文件”按钮，在展开的界面中选择“打印”菜单，如图8.84所示。

02 在“打印”菜单的右侧可以预览文档的效果，如图8.85所示。

03 打印预览区中包括上一页、下一页两个按钮，可向前或向后翻页。

04 单击“文件”按钮退出预览。

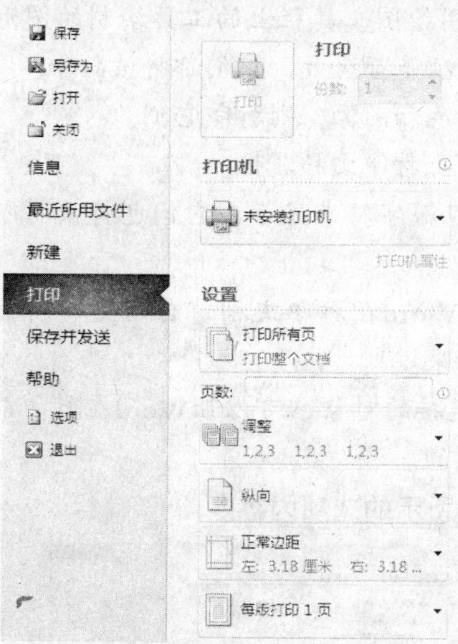

图8.84 选择“打印”菜单

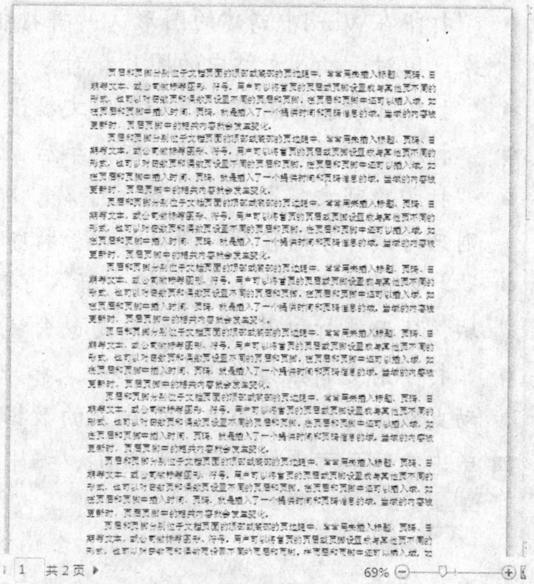

图8.85 文档预览

8.10.2 打印文档

如果要打印文档，需要将文档编辑好之后，单击“文件”按钮，并选择“打印”，如图8.86所示。

在打开的打印面板中单击“打印”按钮，进行打印。一般情况下，如果要对打印选项进行调整，需使用“打印”命令，在“打印”面板中进行设置：如果使用默认设置，感觉不满意，可以返回重新设置，用户可以打印预览区中查看所设置的效果。

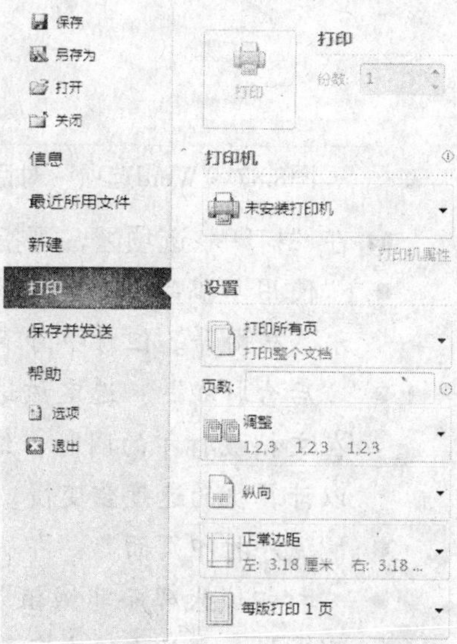

图8.86 “打印”设置

8.10.3 设置打印机属性和打印设置

在打印时，总要碰上一些问题。要解决这些问题，就需要设置打印机的属性。

用户可设置与打印文档有关的选项，如是否使用后台打印、逆页序打印，以及打印哪些附加信息等。设置打印选项的步骤如下：

01 选择“文件”→“选项”命令，弹出如图8.87所示的对话框。

02 选择“显示”选项，在“打印选项”区，可指定的选项有：

- “打印在Word中创建的图形”：将打印文档中用绘图工具栏上的工具绘制的图形对象。但对于插入文档中的图片和对象，不管该选项是否生效，它们都将被打印。
- “打印背景色和图像”：如果为文档设置了背景色和图像，则打印它们。
- “打印文档属性”：文档打印完毕后，在另一页上打印文档属性。
- “打印隐藏文字”：打印隐藏字符。即使当时隐藏字符未显示，它们也将被打印。则只与该部分内容对应的批注才予打印。
- “打印前更新域”：若文档中插入了域，可让Word在打印文档前自动更新所有的域，从而使打印出来的文档总是包含域的最新结果。
- “打印前更新链接数据”：如果文档中插入了链接的对象，可以让Word在打印前自动更新该对象，从而使打印出来的数据总是最新的。

03 单击左侧列表中的“高级”选项，弹出如图8.88所示的选项内容。

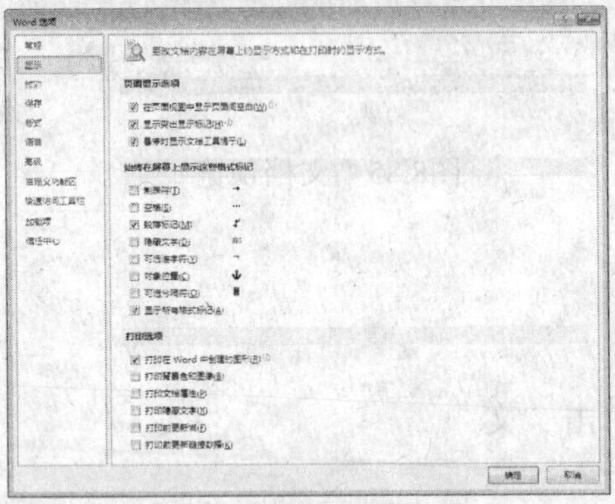

图8.87 “Word选项”对话框

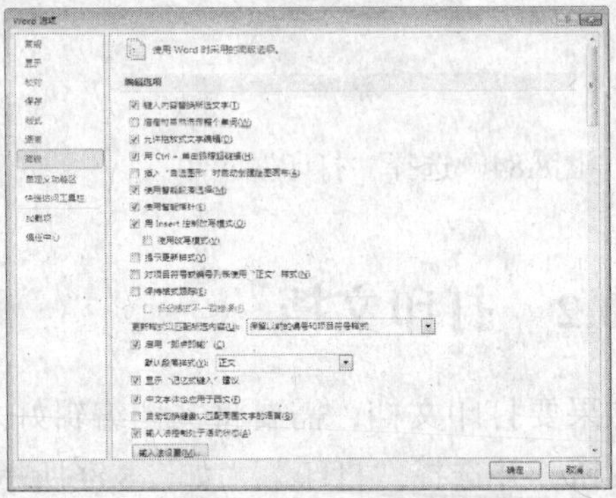

图8.88 “高级”选项

04 在“打印”选项区，可指定的选项有：

- “使用草稿品质”：选择该选项可提高打印速度，而且能节省打印机的消耗品如墨水、碳粉等。但打印时不保留文档的原有格式，并且不打印文档中的图形。
- “后台打印”：选定该选项后，Word将在“后台”完成文档的打印工作。用户可以在文档被打印的同时，继续做其他的工作。由于后台打印需要消耗额外的内存，所以计算机的速度会变慢。
- “逆序打印页面”：即从后向前打印。
- “打印域代码而非域值”：打印域代码而不打印域结果。这种情况下，所有以域的形式插入文档中的内容都将以域代码的形式打印。
- “在文本上方打印PostScript”：该选项只有当用户要打印一个从Word文档转换成的苹果机文档时才需要，它将导致Word在文本上方打印PostScript代码。

05 设置完成后，单击“确定”按钮，用户可按Ctrl+P快捷键预览设置后的效果。

8.11 上机练习

完成了基本格式编排与打印的知识讲解，下面将为大家介绍日常生活与工作中较为常用的两个案例来贯穿本章。

8.11.1 合同书

本例将介绍合同书的制作，该例子中会使用到对字体格式进行修改、插入文本框、对文本框的格式进行设置、对行距进行修改等操作，最终效果如图8.89所示。

01 首先单击“文件”按钮，然后选择“新建”选项，新建一个空白的Word文档。

02 选择“插入”选项卡，在“文本”组中单击“文本框”按钮，在弹出的下拉列表中选择“简单文本框”选项。

03 在文本框中输入文字，选择标题“合同书”，然后选择“开始”选项卡，在“字体”组中将“字号”设置为“小一”，最后调整文本框的大小，如图8.90所示。

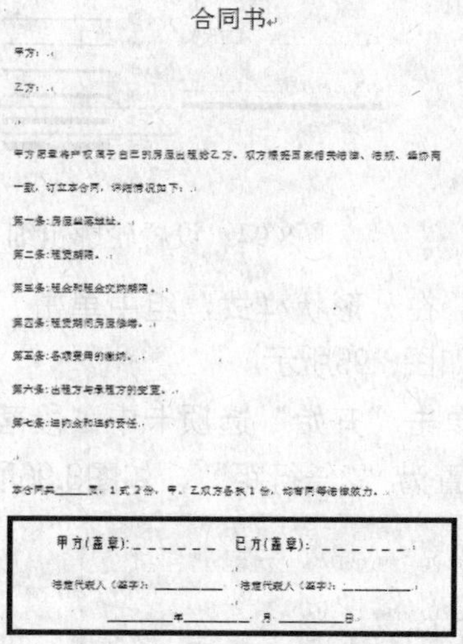

图8.89 效果图

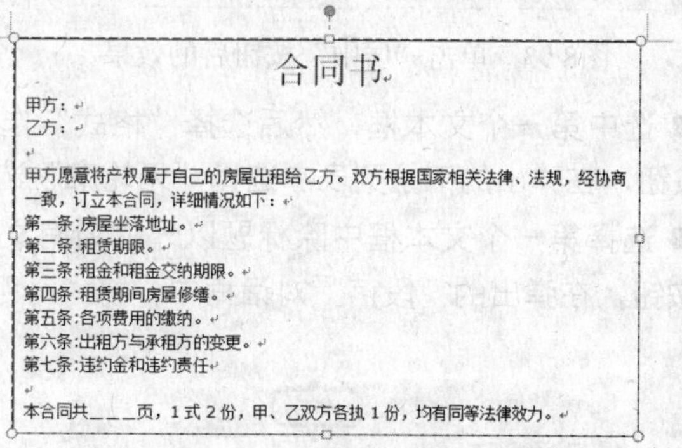

图8.90 在文本框中输入文字

04 再次单击“文本框”按钮，在弹出的下拉列表中选择“简单文本框”选项。在文本框中输入文字并调整文本框的位置，如图8.91所示。

05 选择第二个文本框中的第一行文字，然后选择“开始”选项卡，在“字体”组中，将“字体”设置为“方正姚体”，“字号”设置为“四号”，如图8.92所示。

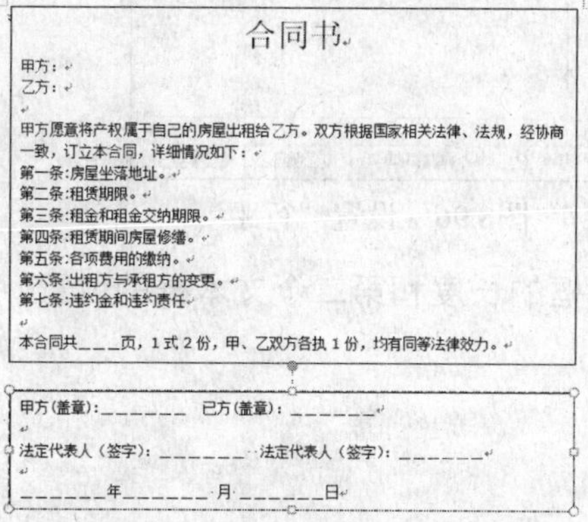

图8.91 输入文字

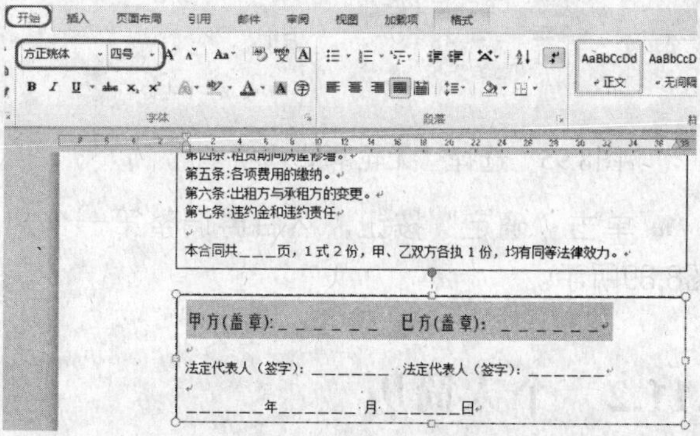

图8.92 设置字体和字号

06 选择第二个文本框中的所有文字，然后选择“开始”选项卡，在“段落”组中单击“居中”按钮，效果如图8.93所示。

07 选中第二个文本框，然后选择“格式”选项卡，在“形状样式”组中单击“形状轮廓”按钮，在弹出的下拉列表中选择“粗细”选项，再在弹出的子菜单中选择4.5磅，如图8.94所示。

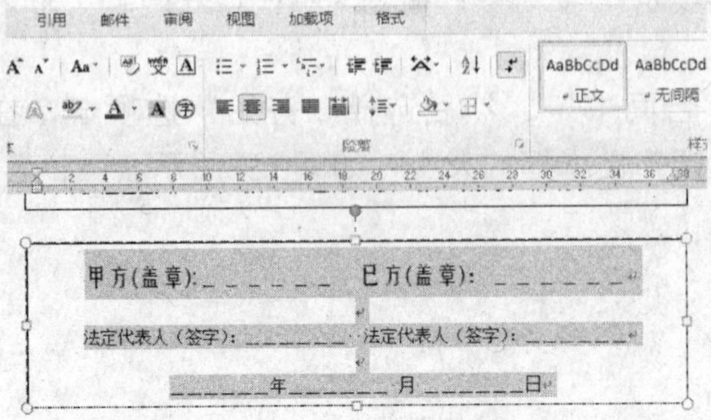

图8.93　单击“居中”按钮后的效果

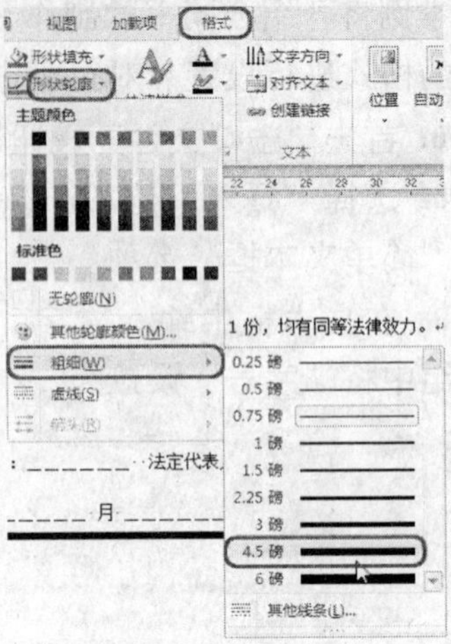

图8.94　设置轮廓粗细

08 选中第一个文本框，然后选择“格式”选项卡，在“形状样式”组中单击“形状轮廓”按钮，在弹出的下拉列表中选择“无轮廓”选项，如图8.95所示。

09 选择第一个文本框中除标题以外的所有文字，单击“开始”选项卡中“段落”组中的按钮，在弹出的“段落”对话框中，将“行距”设置为“2倍行距”，如图8.96所示。

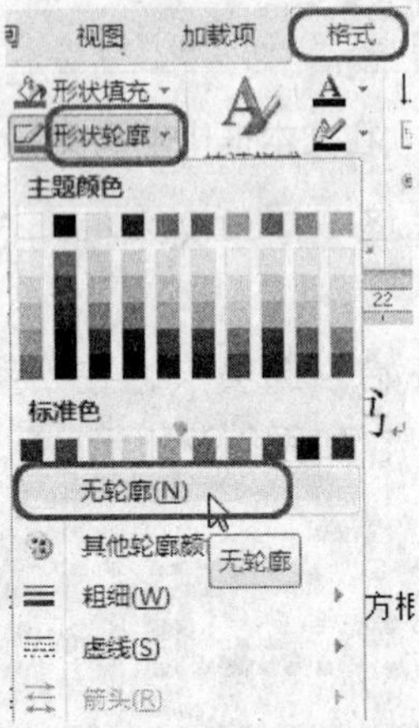

图8.95　选择“无轮廓”选项

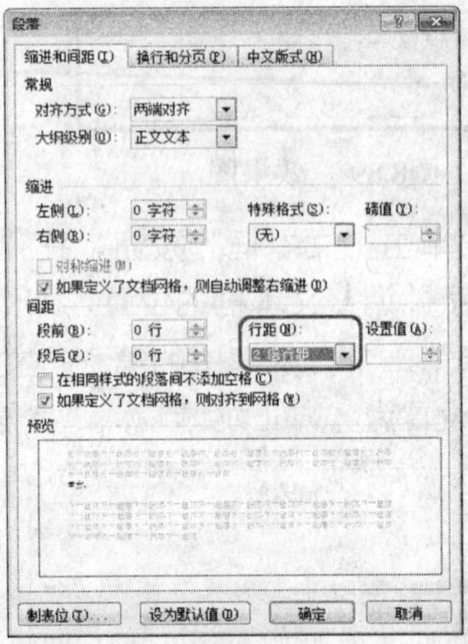

图8.96　设置“行距”

10 单击“确定”按钮，然后再调整第一个文本框的长度和第二个文本框的位置，效果如图8.89所示。

8.11.2　个人简历

本例制作个人简历，使用了设置字体格式，给字体添加底纹，添加背景颜色等操作，最终效果如图8.97所示。

01 首先单击“文件”按钮，然后选择“新建”选项，新建一个空白的Word文档。

02 选择“开始”选项卡，在“字体”组中单击右下角的按钮，弹出“字体”对话框，设置“中文字体”为“宋体”，设置“字形”为“常规”，设置“字号”为“三号”，如图8.98所示。单击“确定”按钮，然后输入个人简历的内容，如图8.99所示。

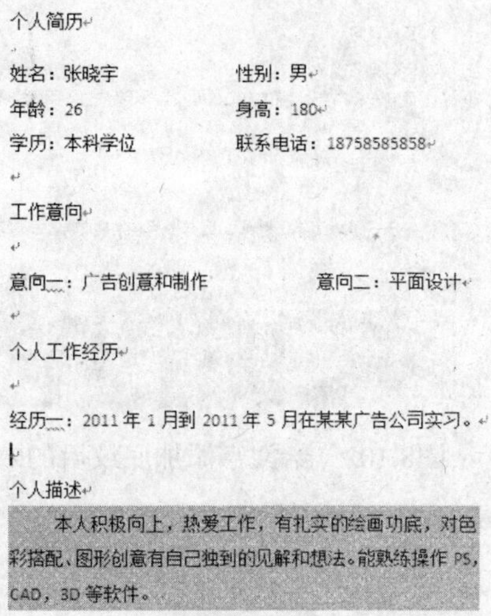
个人简历

姓名：张晓宇　　性别：男
年龄：26　　身高：180
学历：本科学位　　联系电话：18758585858

工作意向

意向一：广告创意和制作　　意向二：平面设计

个人工作经历

经历一：2011 年 1 月到 2011 年 5 月在某某广告公司实习。

个人描述

本人积极向上，热爱工作，有扎实的绘画功底，对色彩搭配、图形创意有自己独到的见解和想法。能熟练操作 PS，CAD，3D 等软件。

图8.97　效果图

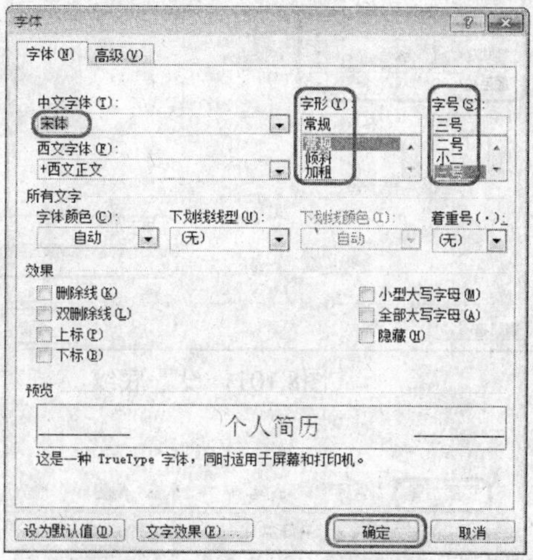

图8.98　“字体”选项框

03 选中“个人描述”下的所有文本，然后选择“开始”选项卡，在“段落”组中单击如图8.100所示的按钮右侧的按钮，在弹出的下拉列表中选择“边框和底纹”选项。

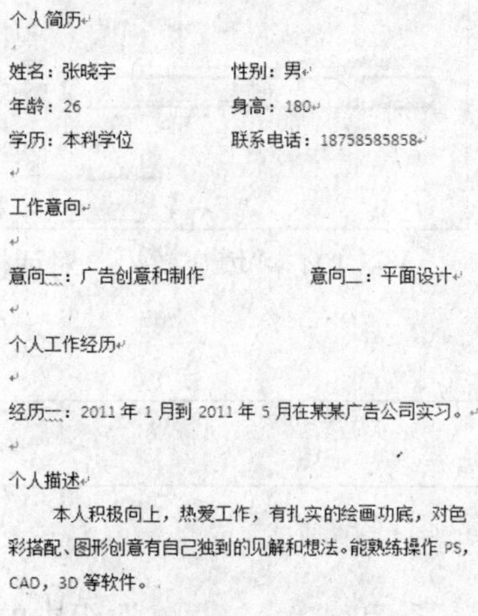
个人简历

姓名：张晓宇　　性别：男
年龄：26　　身高：180
学历：本科学位　　联系电话：18758585858

工作意向

意向一：广告创意和制作　　意向二：平面设计

个人工作经历

经历一：2011 年 1 月到 2011 年 5 月在某某广告公司实习。

个人描述

本人积极向上，热爱工作，有扎实的绘画功底，对色彩搭配、图形创意有自己独到的见解和想法。能熟练操作 PS，CAD，3D 等软件。

图8.99　输入内容

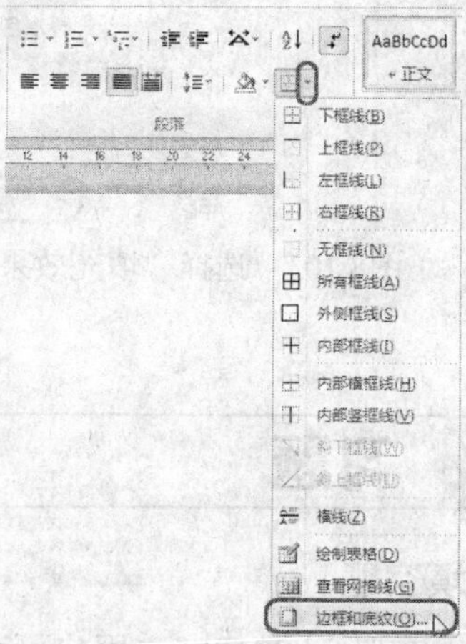

图8.100　选择“边框和底纹”选项

04 打开“边框和底纹”对话框，单击“底纹”选项卡，在“填充”下拉列表中选择“深蓝，文字2，淡色60%”，在“样式”下拉列表中选择5%，在“颜色”下拉列表中选择“橙色，强调文字颜色6，淡色80%”，在“应用于”下拉列表中选则“段落”，如图8.101所示。单击“确定”按钮，效果如图8.102所示。

05 单击“页面布局”选项卡上“页面背景”组中的“页面颜色”按钮，在弹出的下拉列表中选择“填充效果”选项，如图103所示。

06 弹出“填充效果”对话框，单击“纹理”选项卡，在“纹理”列表框中选择“羊皮纸”选项，如图8.104所示。单击“确定”按钮，完成后的效果如8.97所示。

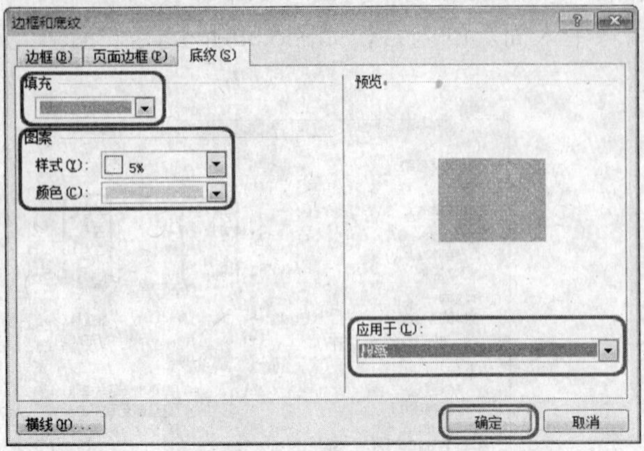

图8.101　设置底纹

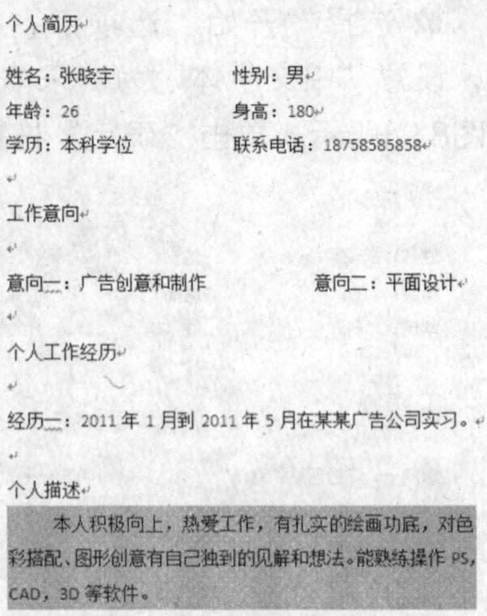

图8.102　给文字添加底纹后的效果

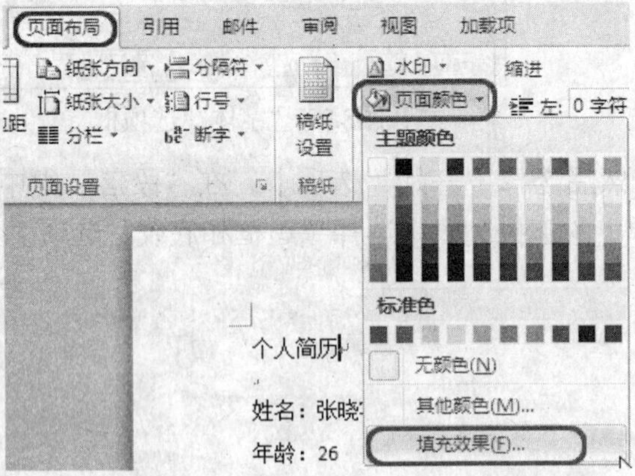

图8.103　选择“填充效果”选项

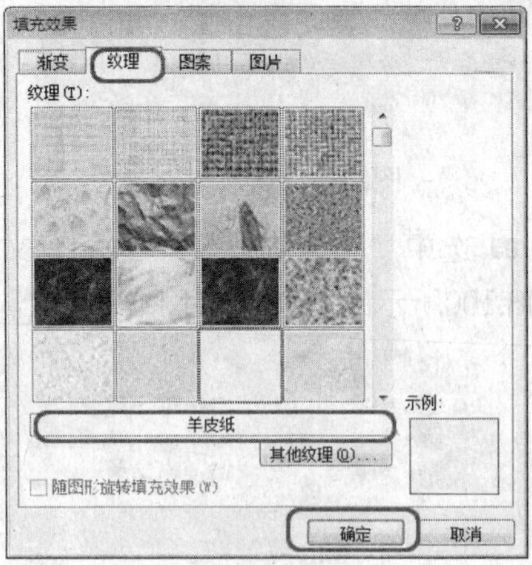

图8.104　“填充效果”对话框

8.12 习题

1．填空题

（1）在Word 2010中，用户可直接利用“________”和“________”组中的工具对段落进行设设置，这种操作比较简便直观。

（2）要设置行间距，可首先在________对话框中选择________选项卡，然后再选项区中通过________下拉列表来选择。

2．问答题

（1）段落的对齐方式及缩进方式各有几种，分别是什么？缩进方式有几种设置方法，如何进行设置？

（2）字符格式包括哪些设置？

（3）如何设置水印？

第9章 表格的创建与编辑

本章要点

一个设计合理的表格可以生动、形象地表现所要讲述的内容。本章全面介绍了在Word中创建与编辑表格的方法，主要包括创建表格，修改表格，在表格中输入和编辑文本，设置表格格式，及文本和表格之间的转换等。表格的制作方法有多种，表现方式亦不相同。针对不同类型的表格，读者应学会使用恰当的制作方法及表现形式，快速地制作表格，生动的表现内容。

本章内容主要包括

- 创建表格
- 修改表格
- 在表格中输入和编辑文本
- 设置表格格式
- 文本和表格之间的转换

go>>

9.1 创建表格

表格由水平的行和垂直的列组成，行与列交叉形成的方框称为单元格，如图9.1所示显示了一个典型的Word表格。

创建一个表格的常用方法有：使用表格网格、使用“插入表格”对话框或使用“绘制表格”工具。这些创建表格的方法各有所长，但无论使用哪一种方法，前提都是要首先确定表格的行数、列数和列宽。制作一个表格的基本步骤如下：

姓名	性别	籍贯
刘梦	女	山东
张建	男	河北
弭月	女	河南
王新	女	上海

图9.1　Word的典型表格

01 创建表格，制作空表格（可按表格中使用最多的线条规格来设置线条及颜色）。

02 修改表格结构并输入表格内容。

03 设置表格格式，选择字体、字号、文字方向及对齐方式等。

04 美化表格，为表格设置边框、底纹。

9.1.1 用表格网格创建表格

使用表格网格，适合于创建那些行、列数较少，并具有规范的行高和列宽的简单表格，这是创建表格的快捷方法，操作步骤如下：

01 单击要建立表格的位置。选择“插入”选项卡，在“表格”组中单击“表格”按钮，在弹出的下拉列表的网格中拖曳鼠标选择表格行、列单元格数量（如要创建一个5行4列的表格，则应选择5行4列的网格），此时，所选网格会突出显示，同时文档中实时显示出要创建的表格，如图9.2所示。

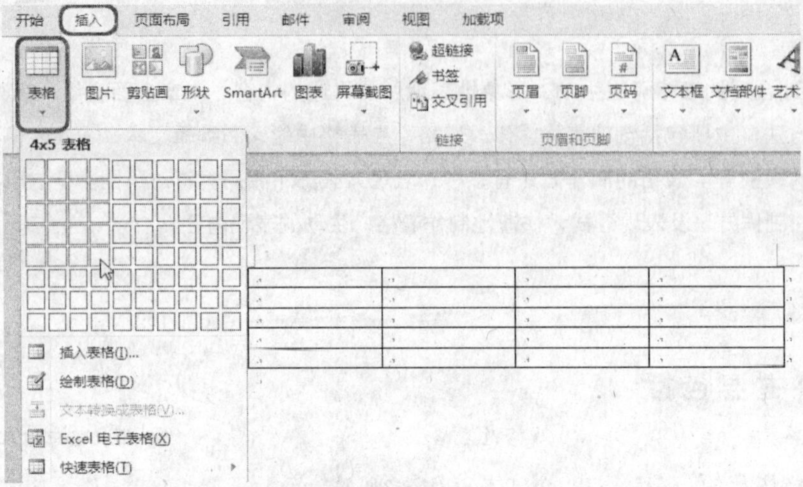

图9.2　利用表格网格插入表格

02 选定所需的单元格数量后，单击鼠标左键，即可完成表格的创建。Word将在插入符处插入一个空表格。

9.1.2　用“插入表格”对话框创建表格

用表格网格创建表格固然方便，但由于表格网格的数量有限，所以无法创建行数或列数较大的表格。用“插入表格”对话框创建表格可以不受表格行、列数的限制，而且还可以设置表格格式。由于创建表格的适应性更强，因此“插入表格”对话框成为最常用的创建表格的方法。操作步骤如下：

01 单击要建立表格的位置。

02 选择“插入”选项卡，在“表格”组中单击“表格”按钮，在弹出的下拉列表中选择“插入表格”选项，打开如图9.3所示的“插入表格”对话框。

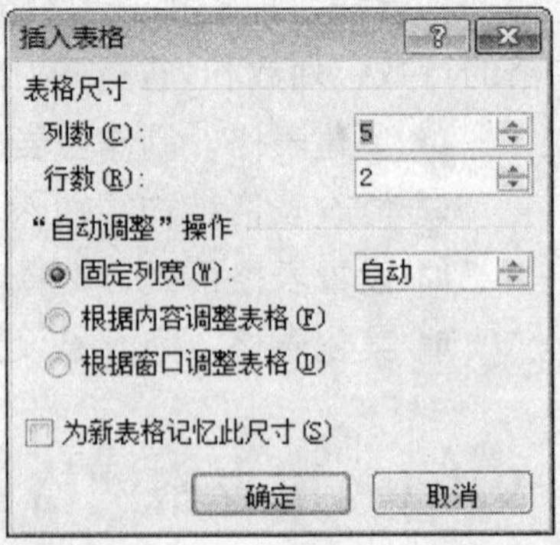

图9.3　“插入表格”对话框

03 在“列数”和“行数”数值框中分别输入表格的列数和行数。

04 在“‘自动调整’操作”选项组中选择一种定义列宽的方式：

- “固定列宽”单选按钮：给列宽指定一个确切的值，将按指定的列宽建立表格。
- 将“固定列宽”单选按钮右侧的数值框设置为“自动”，或勾选“根据窗口调整表格”单选按钮，则表格的宽度将与正文区的宽度相同，列宽等于正文区的宽度除以列数。

- “根据内容调整表格”：表格列宽随每一列输入的内容多少而自动调整。

05 勾选“为新表格记忆此尺寸”复选框，该对话框中的设置将成为以后新建表格的默认值。

06 设置完成后单击“确定”按钮。

9.1.3 绘制表格

使用绘制表格工具可以非常灵活、方便地绘制或修改表格，特别是对那些单元格的行高、列宽不规则，或带有斜线表头的复杂表格。绘制表格的操作步骤如下：

01 选择“插入”选项卡，在“表格”组中单击“表格”按钮，在弹出的下拉列表中选择“绘制表格”选项。

02 将鼠标移动到要绘制表格的位置，鼠标指针在文档窗口内变成✎形状。拖曳鼠标，出现如图9.4所示的可变虚线框。

03 松开鼠标左键，即可画出表格的矩形边框。此时屏幕上显示出表格设计工具和表格布局工具功能区。

04 移动鼠标指针到表格的左边框，按下鼠标左键，并从左边界开始从左向右拖曳鼠标，当屏幕上出现一个如图9.5所示的水平虚线后松开鼠标，即可画出表格中的一条横线。用类似的方法，还可以在表格中绘制竖线，甚至斜线。重复上述操作，直到绘制出需要的表格为止。

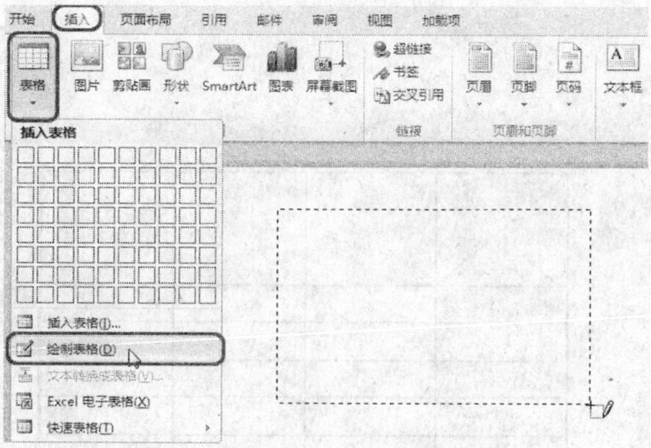

图9.4　绘制表格边框

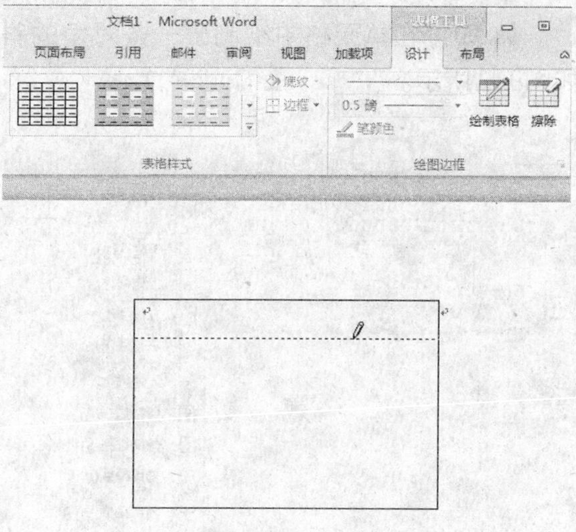

图9.5　绘制表格横线

05 如果要擦除画错的或不要的线条，单击“绘图边框”组中的“擦除”按钮，鼠标指针会变成橡皮状。在要擦除的线上拖曳鼠标，当要擦除的线条显示为如图9.6所示的粗线条后，释放鼠标，选中的线条就被擦掉了，如图9.7所示为显示了线条被擦掉后的效果。

06 Word表格中线条的默认值为0.5磅的黑色单实线。在表格中绘制边框或任何一条线时，可通过“绘图边框”组中的“笔样式”、“笔划粗细”和“笔颜色”等列表框重新设置表格的线型、线条的宽度和线条颜色，图9.8即是使用其他线条绘制的表格。

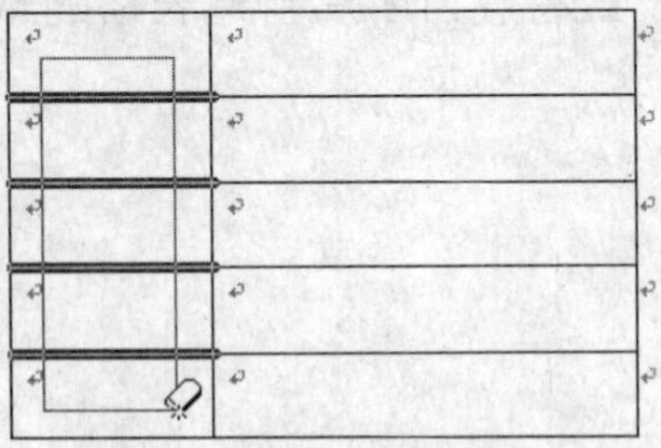

图9.6　选择要擦除的线条

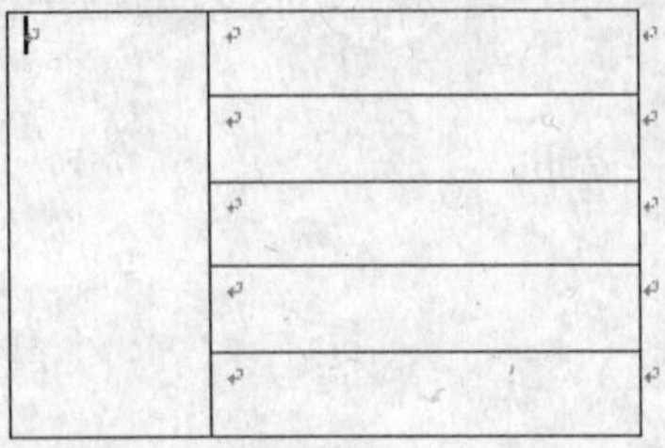

图9.7　线条擦掉后的效果

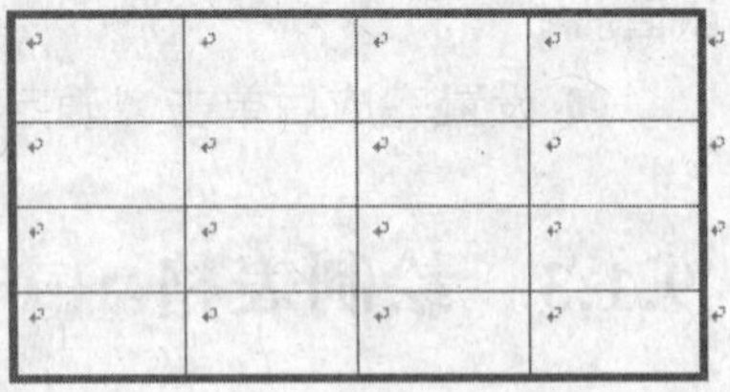

图9.8　其他线条绘制的表格

9.1.4　绘制斜线表头

在实际工作中，我们经常会用到斜线表头，在Word 2010中，绘制斜线表头的操作步骤如下：

01 绘制一个如图9.9所示的表格。

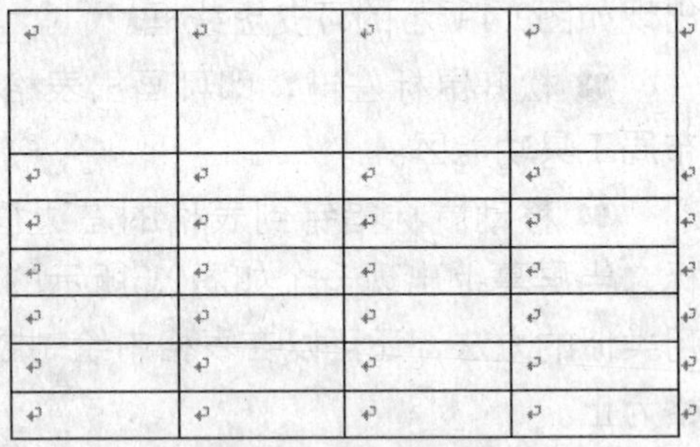

图9.9　绘制的表格

02 将光标置于左侧的第一个单元格中，选择“表格工具”下的“设计”选项卡，在“表格样式”组中单击“边框”按钮右侧的下三角按钮，在弹出的下拉列表中选择“斜下框线”选项，如图9.10所示。

03 即可在单元格中绘制出一条对角的斜线，如图9.11所示。

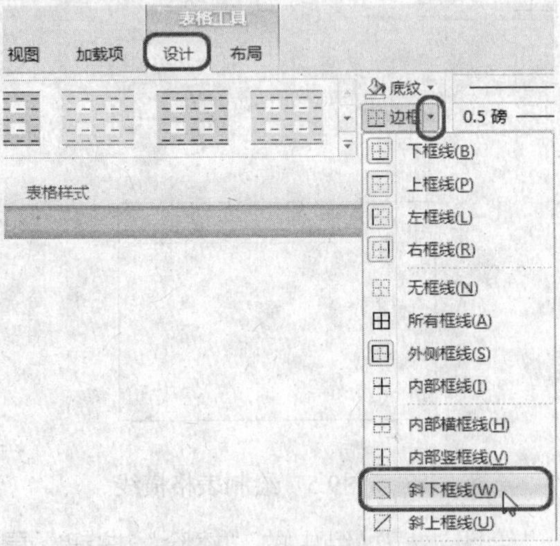

图9.10　选择“斜下框线”选项

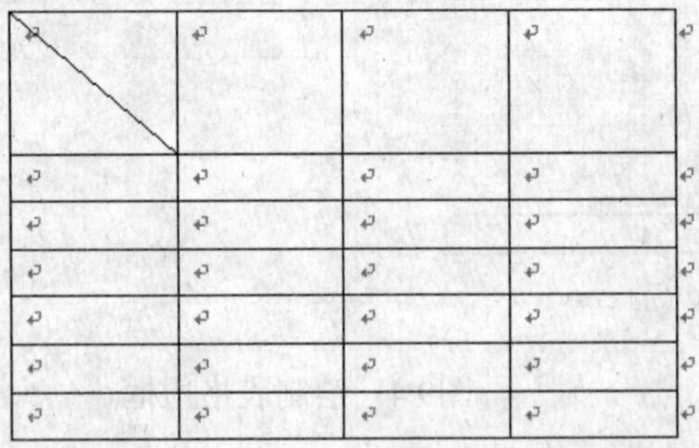

图9.11　绘制的斜线

04 如果要绘制表头为两条斜线的，可以选择“插入”选项卡，在“插图”组中单击“形状”按钮，在弹出的下拉列表中选择“直线”，如图9.12所示。

05 在单元格内绘制直线，在“格式”选项卡的“形状样式”组中选择“细线-深色1”

样式，完成后的效果如图9.13所示。

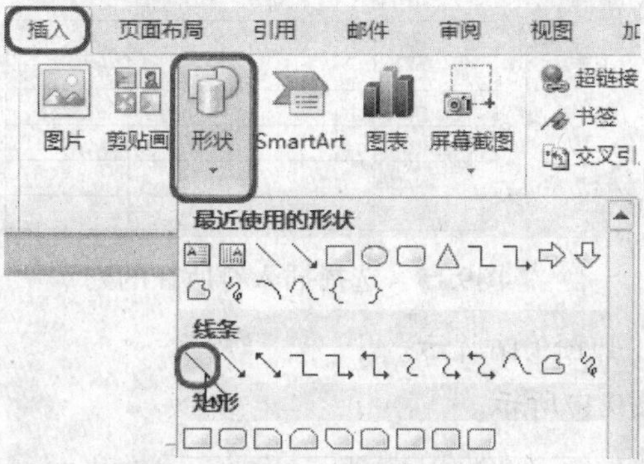

图9.12　选择“直线”

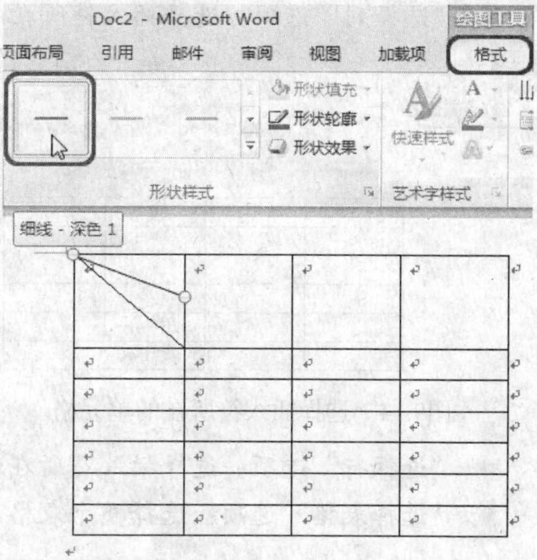

图9.13　绘制直线并设置样式

9.2 修改表格

为了更好地满足用户的工作需要，Word提供了多种方法来修改已经创建的表格。例如，调整单元格的宽度和高度，增加新的单元格，插入行或列，删除多余的单元格、行或列，合并或拆分单元格等。

9.2.1 选择表格

要在表格中进行复制、移动、删除等修改表格的操作，必须先选择要修改的内容。如果要对整个表格进行修改，只需将插入符置于表格内的任意位置，要对表格中的部分单元格或行（列）进行修改，则应选中这些单元格或行（列）。在文档中选择文本的方法同样适用于选择表格中的内容。如用鼠标拖曳或用Shift+“↑”、“↓”、“←”、“→”快捷键，可以随意地选择单元格中的文字、段落、一个单元格或多个单元格，甚至整个表格。使用下面这些专门为选择表格而设计的方法，则会使选择表格的工作变得更加便捷、有效。

1. 使用“选择”按钮选择部分单元格或整个表格

对一个不十分熟悉计算机的用户来说，用“表格工具”下“布局”选项卡中的“表”组上的“选择”按钮来选择表格或单元格是最容易的。因为无论是选择一个单元格、一整行（列），还是选择整个表格，操作步骤都大致相同，而且不必记忆那么多的功能键和选择方法。由于Word是依据插入符所在的位置进行选择的，所以在执行任何一个“选择”命令之前，用户必须首先确定插入符的位置是否正确。将光标放置在要选择的单元格中，单击“表格工具”下“布局”选项卡中的“表”组上的“选择”按钮，在弹出的下拉列表中选择：

- “选择单元格”选项：可选择插入符所在的单元格，如图9.14所示。
- “选择列”选项：选择插入符所在的列，如图9.15所示。

图9.14　选择插入符所在的单元格

图9.15　选择插入符所在的列

- “选择行”选项：选择插入符所在的行，如图9.16所示。
- “选择表格”选项：选择整个表格，如图9.17所示。

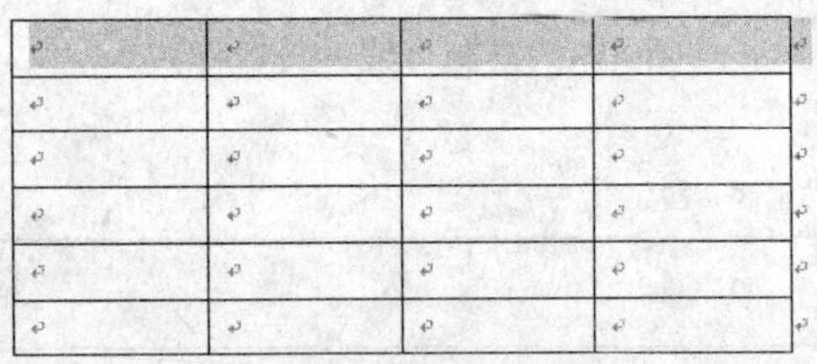

图9.16　选择插入符所在的行

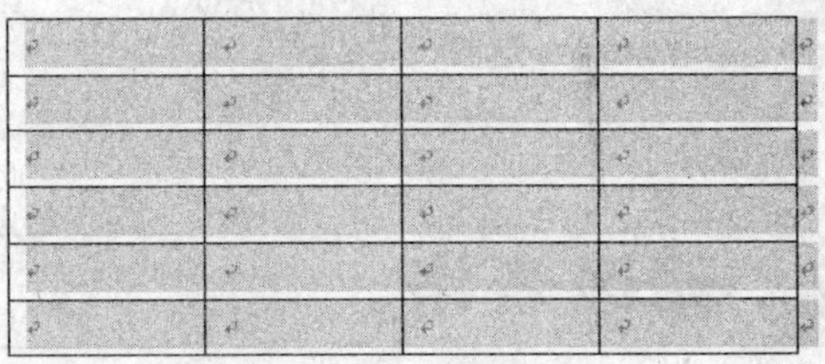

图9.17　选择整个表格

2．使用其他方法选择部分单元格或整个表格

Word中提供了多种在表格中直接进行选择的方法。常用的选择单元格、行（列）或整个表格的方法有下面几种：

- 选择当前单元格：移动鼠标指针到单元格左边界与第一个字符之间，待指针变成↗后，单击鼠标左键即可选中该单元格，如图9.18所示。双击则选中该单元格所在的整个行。
- 选择一整行：将鼠标指针移到要选择行的左边界的外侧，待指针变成↗后，单击鼠标左键，即可选择整行，效果如图9.19所示。

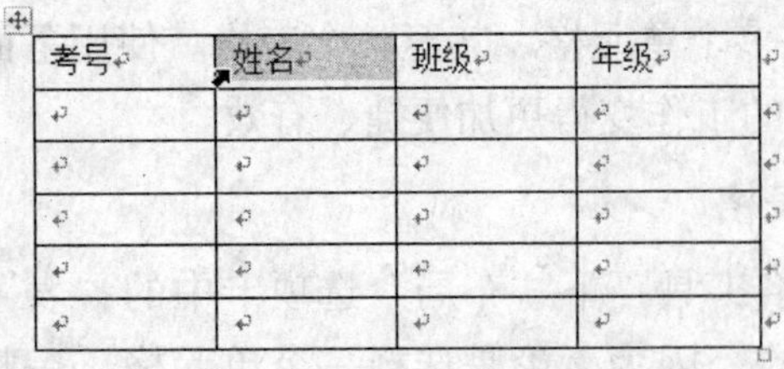

图9.18　选择当前单元格

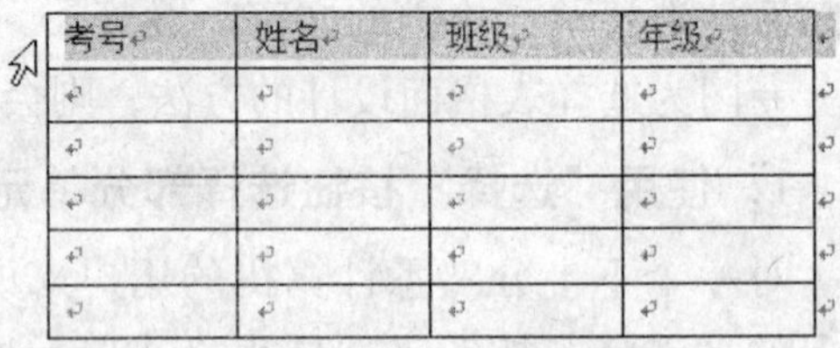

图9.19　选择整行

- 选择一整列：将鼠标指针移到要选择列的顶端，待指针变成⬇后，单击鼠标左键，即可选择整列，如图9.20所示。
- 选择多个单元格：将光标置入要选择的第一个单元格中，按住Shift键，然后在要选择的最后一个单元格中单击鼠标左键，即可选中多个单元格，如图9.21所示。

- 选择整个表格：单击表格左上角的⊞，可以选中整个表格。

考号	姓名	班级	年级

图9.20　选择整列

考号	姓名	班级	年级

图9.21　选择多个单元格

9.2.2　合并与拆分单元格

把相邻单元格之间的边线擦除，就可以将两个单元格合并成一个大的单元格，而在一个单元格中添加一条边线，则可以将一个单元格拆分成两个小单元格。这是合并与拆分单元格最简单的办法。常用的一种绘制自由表格的方法就是：先制作一个规则表格，然后对它进行单元拆分和合并。

1．合并单元格

有时需要将表格的某一行或某一列中的多个单元格合并为一个单元格，如果用“擦除”按钮把多余的线条擦除的话，显然是太慢了。使用“合并单元格”命令，可以快速清除多余的线条，使多个单元格合并成一个单元格。操作步骤如下：

01 选择要合并的单元格，如图9.22所示。

02 选择“表格工具”下的“布局”选项卡，在“合并”组中单击“合并单元格”按钮合并单元格，即可将选择的单元格合并，如图9.23所示。

考号	姓名	班级	年级

图9.22　选择要合并的单元格

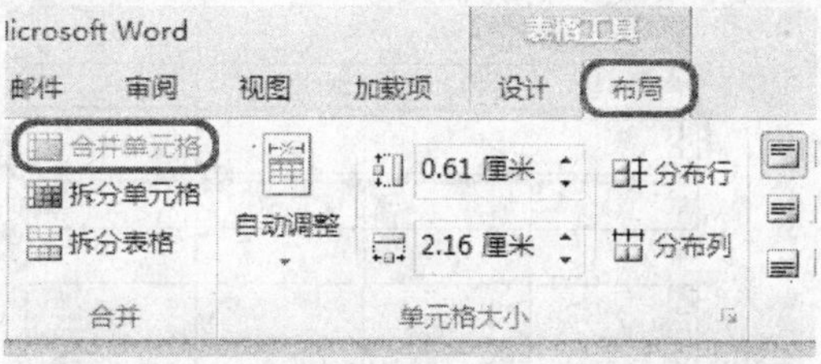

考号	姓名	班级	年级

图9.23　合并单元格

2．拆分单元格

拆分单元格，就是将选中的单元格拆分成等宽的多个小单元格。用户可以同时对多个单元格进行拆分，具体操作步骤如下：

01 选择要拆分的单元格，如图9.24所示。

02 选择“表格工具”下的“布局”选项卡，在“合并”组中单击“拆分单元格”按钮，打开“拆分单元格”对话框，取消“拆分前合并单元格”复选框的勾选，将“列数”设置为2，如图9.25所示。

03 单击“确定”按钮，完成后的效果如图9.26所示。

考号	姓名	班级	年级

图9.24 选择要拆分的单元格

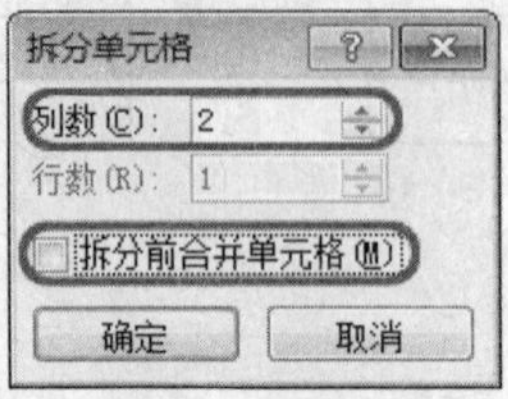

图9.25 “拆分单元格”对话框

考号	姓名		班级	年级

图9.26 拆分后的效果

提示 如果勾选“拆分前合并单元格”复选框，Word会首先将所有选中的单元格合并成一个单元格，然后再根据指定的行数和列数进行拆分；如果未勾选该复选框，Word将对选中的每一个单元格按指定的列数进行拆分。如果用户选择的单元格中包含数据，那么在勾选“拆分前合并单元格”复选框时要慎重，否则会出现数据混乱现象。

3. 拆分表格

有时，需要将一个大表格拆分成两个表格，以便在表格之间插入一些说明性的文字，操作步骤如下：

01 将插入符放置在要成为第二个表格的首行上，如图9.27所示。

02 选择“表格工具”下的“布局”选项卡，在“合并”组中单击“拆分表格”按钮，即可将表格拆分成两部分，如图9.28所示。

考号	姓名	班级	年级

图9.27 确定插入符位置

考号	姓名	班级	年级

图9.28 拆分后的表格

提示 如果某一页的第一行就是表格，要在表格前输入标题或文字，只需将插入符放置在表格第一行中的任意单元格中，并选择“拆分表格”命令，则在表格的上方便可插入一个空行。

9.2.3 改变表格或单元格的行高和列宽

改变表格或单元格的行高和列宽是最常用的修改表格的方法。在Word中，不同的行可以有不同的高度，但一行中的所有单元格必须具有相同的高度。如在某行的一个单元格中插入3行文字，则不仅该单元格自动增加行高以适应输入的内容，该单元格所在的行高也一块增加3行。除此之外，使用“自动调整”命令、利用鼠标手工拖曳表格或单元格的边框或使用“表格属性”命令中的“行”、“列”选项卡来指定精确的行高或列宽等方法，都可以改变表格或单元格的行高或列宽。

1．使用“自动调整”命令调整列宽

在创建表格后，用户可以随时使用“自动调整”命令来调整表格的列宽。将插入符置于要修改的表格内或选中要修改的那部分单元格，再选择“表格工具”下的“布局”选项卡，在“单元格大小”组中单击“自动调整”按钮，在弹出的列表中选择要使用的修改方式，即可修改表格。“自动调整”命令的子菜单集中包含以下修改表格的命令：

- “根据内容自动调整表格”：则表格按每一列的文本内容重新调整列宽，调整后的表格看上去更加紧凑、整洁。
- “根据窗口自动调整表格”：则表格中每一列的宽度将按照相同的比例扩大，调整后的表格宽度与正文区宽度相同。
- “固定列宽”：则表格中每一列的宽度不会随内容变化，但仍可拖曳线框调整列宽。

另外，单击“单元格大小”组中的“分布行”按钮或“分布列”按钮，表示将整个表格或选定的行（列）都设置成相同的高度（宽度）。

2．使用手工拖曳的方法改变行高或列宽

除“自动调整”命令外，Word还提供了许多更灵活的修改表格的方法，用户不仅可以改变表格中某一行（或列）的行高或列宽，还可以改变某一个单元格的列宽。用手工拖曳表格或单元格边框的方法改变行高或列宽的操作步骤如下：

01 如果要改变某个单元格的宽度，则选中这个单元格，如图9.29所示。

02 将鼠标移到单元格右侧的边框线上，当鼠标指针变成⇹形状时，按下鼠标左键并向右拖曳鼠标，此时会出现一条垂直的虚线，以显示单元格调整后的大小，如图9.30所示。

考号	姓名	班级	年级

图9.29 选中单元格

考号	姓名	班级	年级

图9.30 调整列宽

03 确定位置后，松开鼠标即可，调整完成后的效果如图9.31所示。

考号	姓名	班级	年级

图9.31 调整完成后的效果

04 如果要改变一行或一列的高度或宽度，则将插入符置于要调整大小的行或列中的任何一个单元格内。

05 将鼠标移到要调整列宽（或行高）的表格边框线上，当鼠标指针变成⇹或⇳形状，按下鼠标左

键，并向左、右（或上、下）拖曳鼠标。此时会出现一条垂直（或水平）的虚线，以显示行或列改变后的大小。用鼠标拖曳边框线来改变列宽时，不同的操作将会产生不同的效果：

- 用“+||+”形状鼠标指针直接拖曳边框：只使边框左右两列的宽度发生变化，而整个表格的总宽度不变。这时若按住Alt键再拖曳鼠标，可在标尺上显示列宽值。
- 按住Shift键后拖曳鼠标：只改变边框左侧一列的宽度（整个表格的宽度将随之发生相应的变化），表格中其他列的宽度不变。

06 确定位置后，松开鼠标左键，完成改变列宽（或行高）的操作。

3. 精确设置行高或列宽

使用“表格属性”对话框可以精确设置表格的行高或列宽。设置表格行高或列宽的方法类似，下面仅以精确设置行高为例说明设置行高或列宽的方法，操作步骤如下：

01 选中要改变行高的一行单元格（也可以是多行），如图9.32所示。

02 选择“表格工具”下的“布局”选项卡，在“单元格大小”组中单击“表格属性”按钮，打开“表格属性”对话框，单击“行”选项卡，勾选“指定高度”复选框，在后面的数值框中输入1.5厘米，将“行高值是”设置为“最小值”， 如图9.33所示。

考号	姓名	班级	年级

图9.32　选择单元格

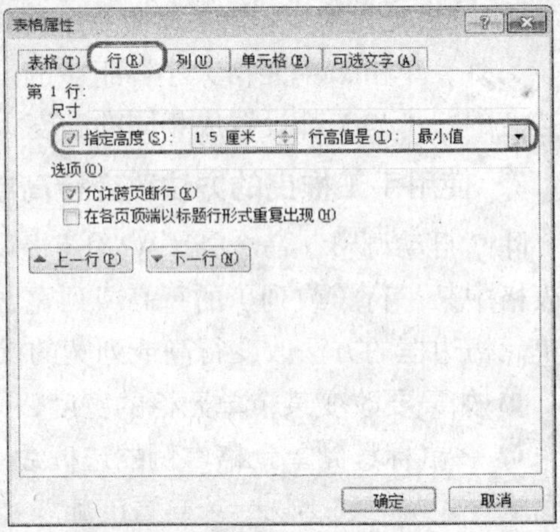

图9.33　“表格属性”对话框

03 使用“上一行”或“下一行”按钮，能够在完成现有修改以后，自动选定相邻的上一行或下一行，继续进行设置行高的操作，从而免去了关闭对话框再选择其他行的麻烦。

04 在“选项”选项组中可做以下选择：

- 勾选“允许跨页断行”复选框：允许对所选中的行跨页断行。
- 勾选“在各页顶端以标题行形式重复出现”复选框：此复选项只有当用户选择了表格中自第一行开始的一行或多行时才有效。当表格被分成多页时，当前选中的一行或多行会以标题形式出现在表格每一页的顶端。

05 设置完成后单击“确定”按钮，效果如图9.34所示。

考号	姓名	班级	年级

图9.34　改变行高后的效果

9.2.4 插入行、列或单元格

在制作表格的过程中，可以根据需要在表格内插入行、列或单元格。要在表格中插入行、列或单元格，首先应确定插入位置。在Word中可以一次插入一行、一列或一个单元格，也可以同时插入多行、多列或多个单元格。Word为插入行或列提供了相应的插入命令。在“表格工具”下“布局”选项卡的“行和列”组中单击相应的按钮，如图9.35所示。或单击“行和列”组中右下角的“表格插入单元格”按钮，在打开的“插入单元格”对话框中进行设置，如图9.36所示。

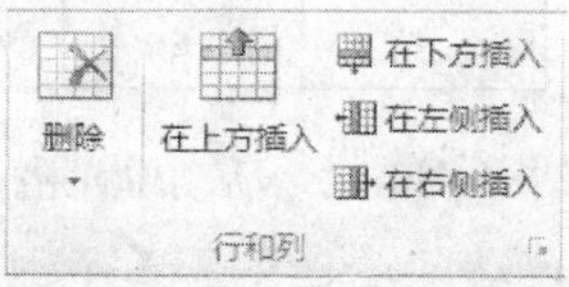

图9.35 “行和列”组中的命令

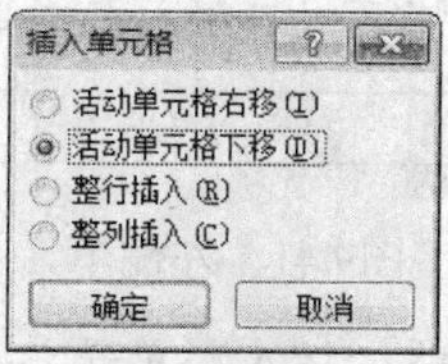

图9.36 “插入单元格”对话框

1. 在表格的最后一行添加一个新行

把插入符移到表格最后一行的最后一个单元格中，单击Tab键，即可在表格的最后一行再添加一个新行。

2. 在表格的右边界插入列

要在表格的右边界插入列，可执行下面的操作步骤：

01 将光标放置在表格最右侧的任意单元格中，如图9.37所示。

02 在“表格工具”下“布局”选项卡的“行和列”组中单击“在右侧插入”按钮，即可在表格的右边界插入一个新列，如图9.38所示。

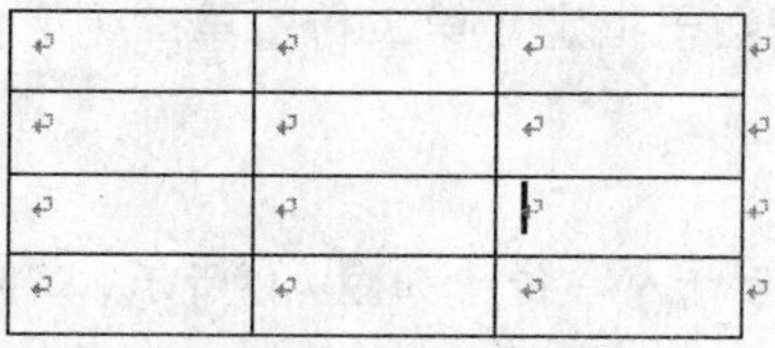
图9.37 放置光标

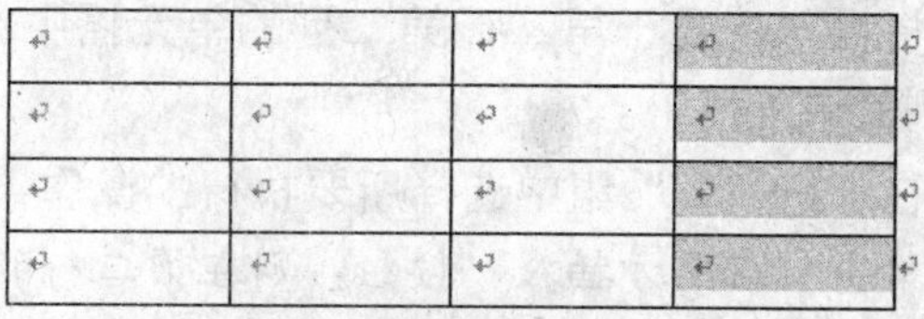
图9.38 插入的新列

3. 插入单元格

01 单击要插入单元格的位置（相当于在要插入新单元格的位置选中一个单元格），或选中多个单元格，如图9.39所示。

02 在“表格工具”下“布局”选项卡的“行和列”组中单击右下角的“表格插入单元格”按钮，打开“插入单元格”对话框，如图9.40所示。

A	B	C
D	E	F
G	H	I
J	K	L

图9.39 选中单元格

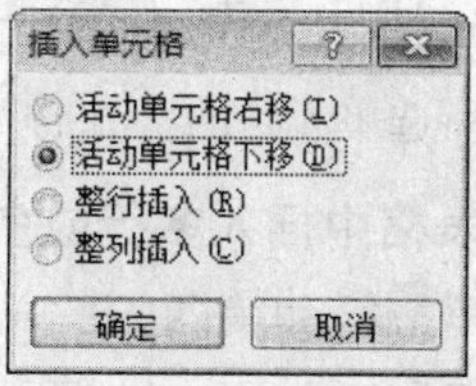

图9.40 “插入单元格”对话框

03 从对话框中的4个选项中选择一个选项：

- 勾选“活动单元格右移”单选按钮：可以在所选单元格的左侧插入新单元格，如图9.41所示。
- 勾选“活动单元格下移”单选按钮：可在所选单元格的上方插入新单元格，如图9.42所示。

		A	B	C
D	E	F		
G	H	I		
J	K	L		

图9.41　左侧单元格右移

		C
A	B	F
D	E	I
G	H	L
J	K	

图9.42　活动单元格下移

- 勾选“整行插入”单选按钮：可以在所选单元格的上方插入新行。
- 勾选“整列插入”单选按钮：可以在所选单元格的左侧插入新列。

04 选择完成后单击“确定”按钮即可。

4．在表格中插入行或列

在编辑表格的过程中，常常需要在表格中间插入新行或新列。在表格中插入行或列时，首先要指定插入位置。操作时如果选中一行，则可在选中行的上方或下方插入一行。如果选中了多行，则在选中行的上方或下方插入多行。也就是说，在表格中插入行或列时，在指定插入位置时所选中的行（列）数，决定着插入的行（列）数。因此，用户在表格中进行插入行或列的操作时，所选中的行（列）数应与所要插入的行（列）数相一致。

例1：在表格中插入行（或列）

01 将插入符置于第二行第二列的单元格中（相当于指定了第二行、第二列或位于第二行第二列的单元格）。

02 在“行和列”组中选择所要执行的操作：

- 单击“在上方插入”按钮：则在第二行的上方插入一行，如图9.43所示。
- 单击“在左侧插入”按钮：则在第二列的左侧插入一列，如图9.44所示。

03 重复使用“行和列”组中的相应按钮，则可在指定的位置处连续插入行或列。

A	B	C
D	E	F
G	H	I
J	K	L

图9.43　在所选单元格的上方插入一行

A		B	C
D		E	F
G		H	I
J		K	L

图9.44　在所选单元格的左侧插入一列

例2：在表格中插入多行或多列

01 选中第三行和第四行的单元格，如图9.45所示。

02 在“行和列”组中选择所要执行的操作：

● 单击“在下方插入”按钮：则在第四行单元格的下方插入两行，如图9.46所示。

A	B	C
D	E	F
G	H	I
J	K	L

图9.45　选中单元格

A	B	C
D	E	F
G	H	I
J	K	L

图9.46　在选中单元格的下方插入行

● 单击“在右侧插入”按钮：则在第三列的右侧插入三列，如图9.47所示。

A	B	C			
D	E	F			
G	H	I			
J	K	L			

图9.47　在选中单元格的右侧插入列

9.2.5　删除表格、单元格、行与列

在Word中，可以用在文档中删除文本的方法来删除表格中的文字，也可以删除单元格、行或列本身。

1. 删除行、列或表格

01 选中要删除的行、列或表格。

02 单击“表格工具”下“布局”选项卡的“行和列”组中的“删除”按钮，在弹出的列表中选择所需的选项，如图9.48所示。

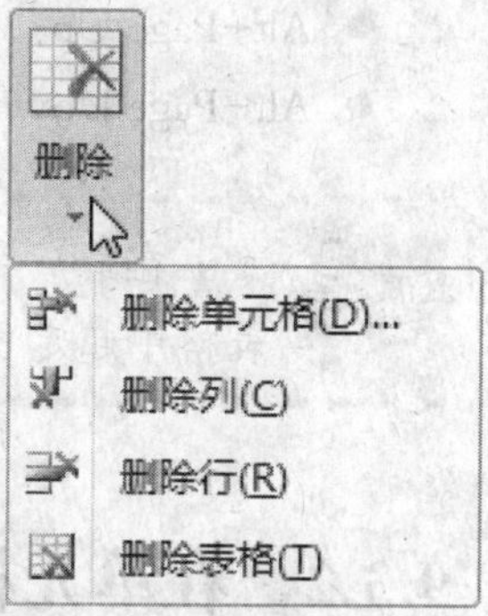

图9.48　删除选项列表

● 选择“删除列”命令：将删除所选单元格所在的整列。
● 选择“删除行”命令：将删除所选单元格所在的整行。
● 选择“删除表格”命令：将删除当前的整个表格。

2. 删除单元格

01 选中要删除的单元格。

02 单击“表格工具”下“布局”选项卡的“行和列”组中的“删除”按钮，在弹出的列表中选择“删除单元格”命令，打开“删除单元格”对话框，如图9.49所示。

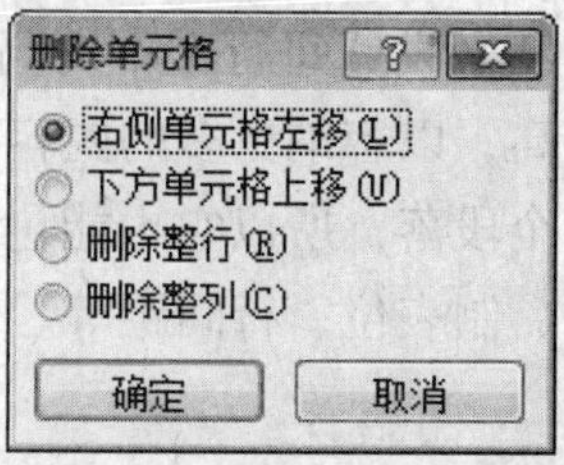

图9.49 【删除单元格】对话框

● 勾选“右侧单元格左移”单选按钮：删除选中的单元格并将剩余的单元格左移。
● 勾选“下方单元格上移”单选按钮：删除选中的单元格并将下方的单元格上移。
● 勾选“删除整行”单选按钮：删除所选单元格所在的整行。
● 勾选“删除整列”单选按钮：删除所选单元格所在的整列。

9.3 在表格中输入和编辑文本

表格是由若干个单元格组成的，在表格中输入和编辑文本，实际上就是在单元格中输入和编辑文本。

9.3.1 在表格中移动插入符

在表格中单击要输入文本的单元格，即可将插入符移到要输入文本的单元格中。在单元格中输入文本后，可使用左、右箭头在单元格中移动插入符。当插入符移到一个单元格内容的开头或末尾时，再按一次左、右箭头键则可移到其左侧的单元格或右侧的单元格中。在表格中移动插入符的常用快捷键为：

- Tab：移到同一行的下一个单元格中。
- Shift+Tab：移到同一行的前一个单元格中。
- Alt+Home：移到当前行的第一个单元格中。
- Alt+End：移到当前行的最后一个单元格中。
- “↑”键：移到上一行。
- “↓”键：移到下一行。
- Alt+Page Up：将鼠标移到插入符所在的列的最上方单元格中。
- Alt+Page Down：将鼠标移到插入符所在的列的最下方单元格中。

提示　在最后一个单元格中按Tab键，则会在表格的底部增加一个新的空行。Tab键在表格中起定位作用，要在单元格中输入制表符，应使用Ctrl+Tab快捷键。

9.3.2 在单元格中输入文本

单元格是一个小的文本编辑现场，在单元格中输入文本或进行编辑操作与在文档窗口中是一样的。在单元格中增加或删除文本不会影响其他单元格中的数据或文本。

一个单元格中可包含多个段落，通常情况下，Word能自动按照单元格中最高的字符串高度来设置每行文本的高度。当键入文本到达单元格的右边线时，Word能自动换行并增加行高，以容纳更多的内容；按Enter键，即可在单元格中另起一新段落。因为单元格中可包含多个段落，所以它也能包含多个段落样式。用户可以在单元格中为不同的段落设置不同的缩进、制表位、行间距等。

9.3.3 移动或复制单元格、行、列中的内容

在单元格中移动或复制文本与在文档中的操作基本相同，依然可以用拖曳、使用命令按钮或快捷键等方法移动或复制单元格、行或列中的内容。

在选择文本时，如果选中的内容不包括单元格结束标记，则只是将选中单元格中的文本内容移动或复制到目标单元格内，并不覆盖目标单元格中的原有文本。如果选中的内容包括单元格结束标记，则将替换目标单元格中原有的文本和格式。

1．将单元格中的内容移动或复制到别的单元格中

01 选中要移动或复制的单元格。

02 选择“开始”选项卡，在“剪贴板”组中单击“剪切”按钮或“复制”按钮，将选中的内容存放到剪贴板中。

03 把插入符放置在目标单元格中。

04 单击“剪贴板”组中的“粘贴”按钮，即可将单元格中的内容移动或复制到别的单元格中。

2．移动或复制表格的一整行或一整列

01 选中要移动或复制的一整行（包括行尾标记）或一整列。

02 选择“开始”选项卡，在“剪贴板”组中单击“剪切”按钮或“复制”按钮，将选中的内容存放到剪贴板中。

03 把插入符置于目标行或目标列的第一个单元格中或选中该行。

04 单击“剪贴板”组中的“粘贴”按钮，要移动或复制的内容被插入到目标行的上方或目标列的左侧，且不替换原有内容。

9.4 设置表格格式

在Word中，可以对整个表格、某个单元格、以及单元格中的一个或多个段落文字的格式进行设置，也可以对选中的表格应用内置的表格样式。

9.4.1 应用内置表格样式

给表格设置格式也称为格式化表格。Word提供了30多种预置的表格样式，无论是新建的空白表格还是已输入数据的表格，都可以通过套用内置的样式来快速编排表格格式，操作步骤如下：

01 单击要设置格式的表格中的任何位置。

02 选择“表格工具”下“设计”选项卡，在“表格样式”组中选择要使用的表格样式，单击列表框右侧的“其他”按钮，可展开该列表框，如图9.50所示。

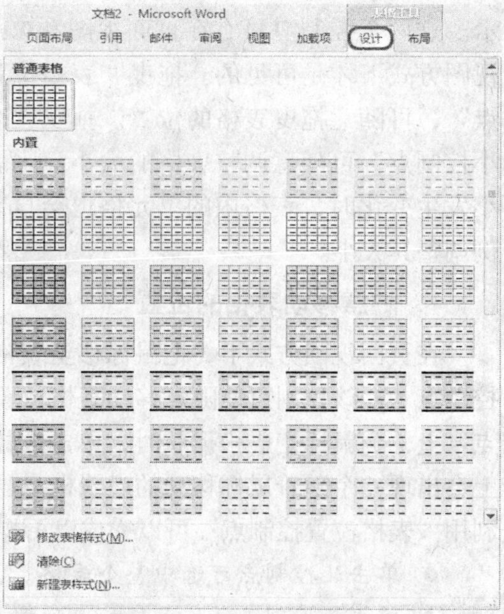

图9.50 表格样式列表框

03 在列表框中选择“修改表格样式”选项，打开“修改样式”对话框，如图9.51所示，利用该对话框，可以在选定表格样式的基础上，再进行一些用户自定义设置。

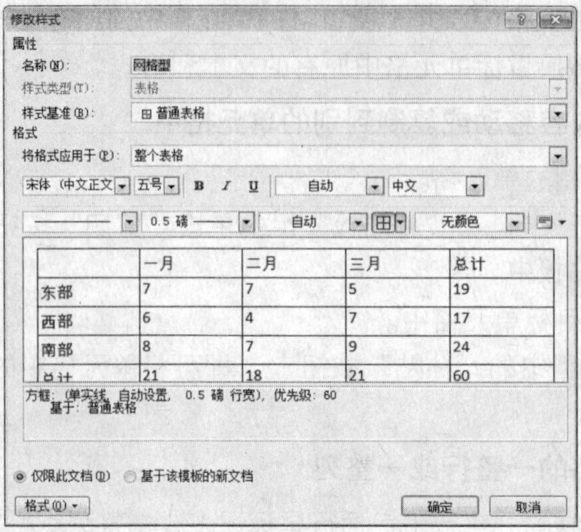

图9.51 “修改样式”对话框

9.4.2 表格的位置和大小

用“绘制表格”命令制作表格时，可以直接把表格绘制在文档中的任何位置，但用“插入表格”命令制作表格时，表格左边界总是与文档的左页边距对齐，或在分栏的文档中与栏的左边界对齐。在Word 2000以前的版本中，只能用设置表格对齐方式的方法移动表格。要随意改变表格的位置、整体改变表格的大小或实现表格和文字混排则几乎是不可能的。

在Word 2010中，在每一个表格的左上角和右下角分别新增设了一个⊞（表格位置控制点）和□（表格大小控制点），如图9.52所示。这两个控制点只有在页面视图和Web版式视图方式下才是可见的。拖曳“表格位置控制点”，可随意拖曳表格的位置。拖曳“表格大小控制点”可随意调整表格的大小。当表格大小发生变化时，表格内的单元格也会自动等比例调整其大小。

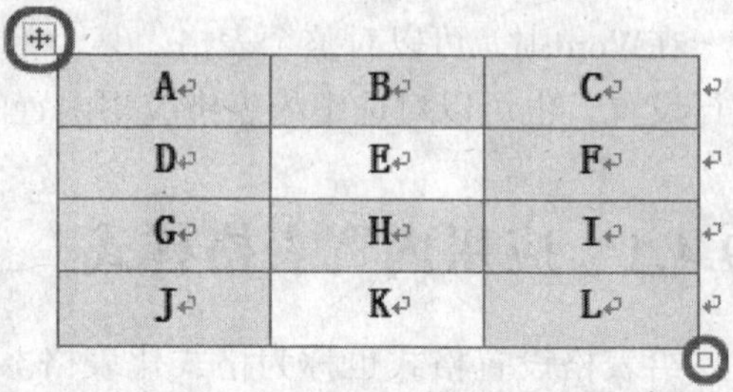

图9.52 表格位置控制点和改变表格大小控制点

1. 随意移动表格的位置

在页面视图方式下，把鼠标移至表格内的任意位置，表格的左上角将显示⊞（表格位置控制点）。该控制点使随意移动表格位置的操作变得十分方便。移动鼠标到“表格位置控制点”上，当鼠标变成✥形状时，单击该控制点并拖曳鼠标即可随意移动表格位置。这时屏幕上会出现一个随着鼠标移动的虚线框。当移到放置表格的理想位置时，松开鼠标左键即可。利用“表格位置控制点”可以完成以下操作：

- 单击此控制点可选中整个表格。
- 单击此控制点并拖曳鼠标可随意移动表格的位置。

2．精确移动表格

尽管利用表格的位置控制点和大小控制点可以自由地拖曳表格来改变表格在文档中的位置和表格的大小，但要精确地把表格放置在某个位置，或使多个表格的位置相互对齐，就略显不足了。在表格位置控制点上单击鼠标右键，在弹出的快捷菜单中选择“表格属性”选项，在弹出的“表格属性”对话框中也可以精确地设置表格的位置。操作步骤如下：

01 单击表格中的任何位置以选中表格。

02 在表格位置控制点上单击鼠标右键，从弹出的快捷菜单中选择“表格属性”选项或者选择“表格工具”下的“布局”选项卡，在“表”组中单击“属性”按钮，打开“表格属性”对话框，如图9.53所示。

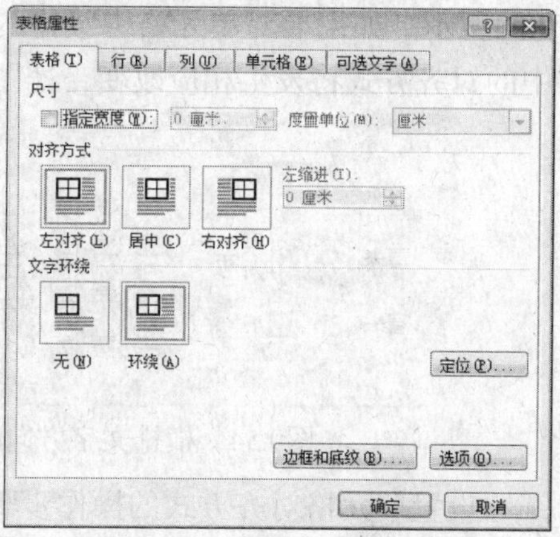

图9.53 “表格属性”对话框

03 如在“文字环绕”选项区中选择“无”选项，在“对齐方式”框中选择一种对齐方式：

- 选择“左对齐”选项：默认情况下表格与文档窗口的左缩进线对齐，用户也可以在右边的“左缩进”数值框中，重新设置缩进值。
- 选择“居中”选项：表格被排列在文档窗口的中央位置，表格的左边线与左缩进线之间的距离与表格的右边线与右缩进线之间的距离相等。
- 选择“右对齐”选项：表格与文档窗口的右缩进线对齐。

04 设置完成后单击“确定”按钮。

提示

如果使用“开始”选项卡中的对齐方式按钮来改变表格的对齐方式，一定要先选中表格，然后再单击所需的对齐方式按钮。

9.4.3 编排表格中的文本

表格中的文本编排与文档中的正文编排一样，同样可设置字体、字形、字号以及改变文字方向，也可对表格中的文本进行添加底纹或修改文本在单元格中的对齐方式等操作。

1．设置文字方向

默认状态下，表格中的文本都是横向排列的。在Word中可以改变整个表格中文本的文字方向，也可只改变某一个单元格的文字方向。将插入符置于要改变文字方向的单元格内，选择“表格工具”下“布局”选项卡，在“对齐方式”组中单击“文字方向”按钮，即可实现单元格内文字横排或竖排方式间的转换。改变某个单元格的文字方向不会影响其他单元格的文字方向。如果要改变整个表格的文字方向，则要选中该表格。

改变了文字的方向后，行间距、段落格式以及其他的格式都会发生相应的变化，功能区上的一些按钮也会发生相应的旋转。

2. 设置单元格中文本的对齐方式

默认情况下，单元格中输入的文本内容以顶端左对齐，用户可以根据需要调整文本的对齐方式。当对一个或多个单元格中的文本设置对齐方式时，首先应将光标放置在该单元格中或选中这些单元格。若选中整个表格，则对整个表格设置对齐方式。

在“表格工具”下“布局”选项卡中的“对齐方式”组中汇集了多种对齐方式，如图9.54所示。如果要对单元格中竖排的文本设置对齐方式，在选中单元格后，“对齐方式”组中的对齐方式将发生相应改变，如图9.55所示。

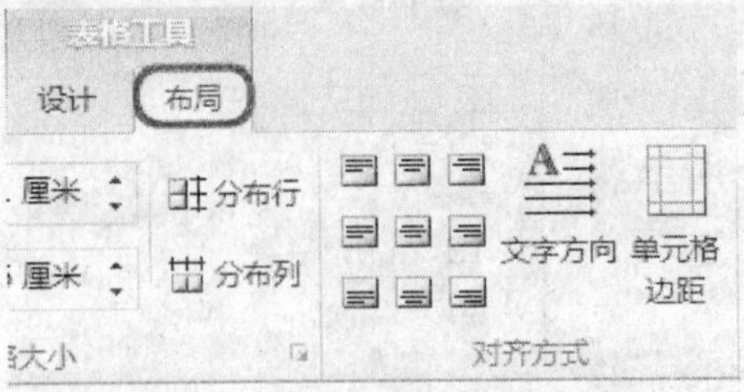

图9.54 横排文字方向时

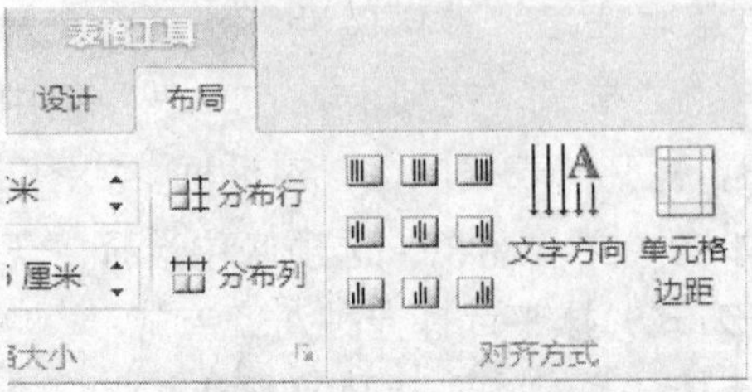

图9.55 竖排文字方向时

设置单元格对齐方式的操作步骤如下：

01 选择要设置对齐方式的单元格，如图9.56所示。

02 选择“表格工具”下“布局”选项卡，在“对齐方式”组中单击相应的按钮，例如在这里单击“水平居中”按钮▤，设置对齐方式后的效果如图9.57所示。

学号	姓名	性别	出生年月
0001	刘梦	女	1992/4/16
0002	张建	男	1989/8/13
0003	强月	女	1990/5/23
0004	王新	女	1992/2/23

图9.56 选择单元格

学号	姓名	性别	出生年月
0001	刘梦	女	1992/4/16
0002	张建	男	1989/8/13
0003	强月	女	1990/5/23
0004	王新	女	1992/2/23

图9.57 设置对齐方式后的效果

9.4.4 设置文字环绕

在实际工作中，我们经常会碰到这种情况：比如要制作一张四周都有文字的表格，或制作两个并排的表格，或需要在表格的某一边写上一些说明文字。对于Word以前的版本，制作这样的版式相当困难，即使经过特殊的加工处理，得到的结果也并不十分令人满意。Word 2010的文字环绕表格的功能，可在表格的四周环绕文字，从而实现了表格和文字混排。这使得表格的制作与处理更加简单方便，适用性也更强了，用户可以在轻松的操作中得到满意的效果。设置文字环绕表格的操作步骤如下：

01 将插入符置于表格中的任何位置以选中表格。

02 选择“表格工具”下“布局”选项卡，在“表”组中单击“属性”按钮，打开“表格属性”对话框。

03 在“文字环绕”选项区中选择“环绕”选项。

04 在“对齐方式”选项区中选择一种对齐方式。例如，选择“左对齐”选项。

05 单击“确定”按钮，即完成对表格的环绕设置。用户可在表格的另一边输入文本内容，如图9.58所示。

把表格设置成环绕方式后，如果表格后面有正文内容，Word会按照选定的环绕方式将正文内容环绕在表格周围，如图9.59所示为设置“对齐方式”为“居中”时的效果。这时，用户依然可以利用拖曳“表格位置控制点”的办法随意调整文字环绕表格的效果。这时如果表格位置发生变化，正文内容位置也会发生相应的变化。

学号	姓名	性别	出生年月
0001	刘梦	女	1992/4/16
0002	张建	男	1989/8/13
0003	弭月	女	1990/5/23
0004	王新	女	1992/2/23

依据大多数地区的学习机关（小学、中学、大学）而将学生分为“小学生”、“中学生”和“大学生”。其中“大学生”又包括“本科生”、“研究生”、“硕士”、“博士”和“博士后”等。特别是“博士后”,大多数人认为“博士后”不是“大学生”，是“博士”以上的学位。实际上凡是符合条件的“博士”都可以在国家认证地博士后流动站申请成为博士后，期间做相应地研究项目，期满了以后就可以出站。

图9.58 设置对齐方式为“左对齐”

依据大多数机关（小学、而将学生分“中学生”其中“大学“本科生”、“硕士”、

学号	姓名	性别	出生年月
0001	刘梦	女	1992/4/16
0002	张建	男	1989/8/13
0003	弭月	女	1990/5/23
0004	王新	女	1992/2/23

地区的学习中学、大学）为“小学生”、和“大学生”。生”又包括“研究生”、“博士”和“博士后”等。特别是“博士后”,大多数人认为“博士后”不是“大学生”，是“博士”以上的学位。实际上凡是符合条件的“博士”都可以在国家认证地博士后流动站申请成为博士后，期间做相应地研究项目，期满了以后就可以出站。

图9.59 设置对齐方式为“居中”

9.5 表格的排序与计算

在Word的表格中，可以依照某列对表格进行排序，对数值型数据还可以按从小到大或从大到小的不同方式排列顺序。此外，利用表格的计算功能，还可以对表格中的数据执行一些简单的运算，如求和、求平均值、求最大值等，并可方便、快捷地得到计算结果。

9.5.1 排序

在Word中，可以按照递增或递减的顺序把表格的内容按笔划、数字、拼音及日期进行排序。由于对表格的排序可能使表格发生巨大的变化。所以在排序前最好要保存文档。对重要的文档则应考虑用备份进行排序。为表格数据排序的方法如下：

01 将插入符置于要进行排序的表格中。

02 选择“表格工具”下“布局”选项卡，在“数据”组中单击“排序”按钮，打开“排序”对话框，如图9.60所示。

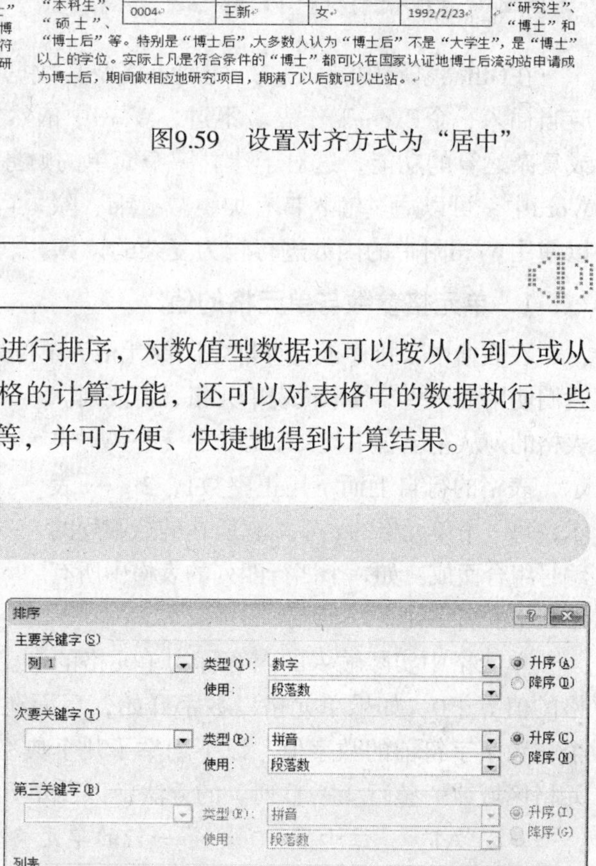

图9.60 “排序”对话框

03 单击“主要关键字”列表框中的下拉按钮▼，在弹出的下拉列表中选择一种排序依据。

04 单击“类型”列表框中的下拉按钮▼，在弹出的下拉列表中选择一种排序类型：

- “笔划”：以笔划数量的多少作为排序的依据。
- “数字”：按数据的大小排序。
- “日期”：按日期的先后排序。

- “拼音”：对于汉字，可以按拼音字母顺序排序。

05 勾选“升序”或“降序”单选按钮，确定排序顺序为递增或递减。

06 Word中允许以多个排序依据进行排序。如果要进一步指定排序的依据，可以指定在次要关键字、第三关键字中的排序类型及排序的顺序。

07 在“列表”区中有两个选项：“有标题行”和“无标题行”。如果勾选“有标题行”单选按钮，则排序时不把标题行算在排序范围内，否则，对标题行也进行排序。

08 设置完成后单击“确定”按钮即可。

9.5.2 在表格中计算

在Office家族中，Excel是处理表格及其数据的能手，如果要对表格进行复杂的计算，则应当插入一个Excel工作表。不过，Word中依然提供了对文档或表格中的数据进行一些简单或复杂运算的功能，这对于建立一个简单的财务报告或校对成列的数字还是非常有效的。在Word中，可以通过输入带有加、减、乘、除（+、-、*、/）等运算符的公式进行计算，也可以使用Word附带的函数进行较为复杂的计算。

1. 单元格参数与单元格的值

在表格中，排序或计算都是以单元格为单位进行的，为了方便在单元格之间进行的运算，我们使用了一些参数来代表单元格、行或列。表格的列从左至右用英文字母（a，b……）表示，表格的行自上而下用正整数1，2……表示，每一个单元格的名字由它所在的行和列的编号组合而成。如一个四行四列的表格中所有单元格的名字如图9.61所示。

A1	B1	C1	D1
A2	B2	C2	D2
A3	B3	C3	D3
A4	B4	C4	D4

图9.61　设置单元格参数表

单元格中实际输入的内容称为单元格的值。如果单元格为空或不以数字开始，则该单元格的值等于0。如果单元格以数字开始，后面还有其他非数字字符，该单元格的值等于第一个非数字字符前的数字值。以下列举了几个典型的利用单元格参数表示一个单元格、一个单元格区域或一整行（一整列）的方法，以及单元格的值的表达方法：

- “A1”：位于第一列、第一行的单元格。
- “B2=5”：位于第二列第二行的单元格中的值是5。
- “A1:B2”：由A1，A2，B1，B2等4个单元格组成的矩形区域。
- “A1，B2”：A1、B2两个单元格。
- “2:2”：表示整个第二行。
- “D:D”：表示整个第四列。
- “SUM（A1:A5）”：求A1+A2+A3+A4+A5的和。
- “Average（1:1，2:2）”：求第一行与第二行的和的平均值。

2. 用公式命令计算

利用“表格”菜单中的公式命令，用户还可以对表格中的数据进行多种运算。以图9.62

所示的表格为例，利用公式命令计算其“总分”和“平均分”的操作步骤如下：

01 单击要放置计算结果的单元格，如E2单元格。

02 选择“表格工具”下“布局”选项卡，在“数据”组中单击“公式”按钮，打开“公式”对话框，如图9.63所示。

学号	姓名	数学	语文	总分
0001	刘梦	98	85	
0002	张建	96	92	
0003	逭月	68	78	
0004	王新	85	96	
平均分				

图9.62 原始表格

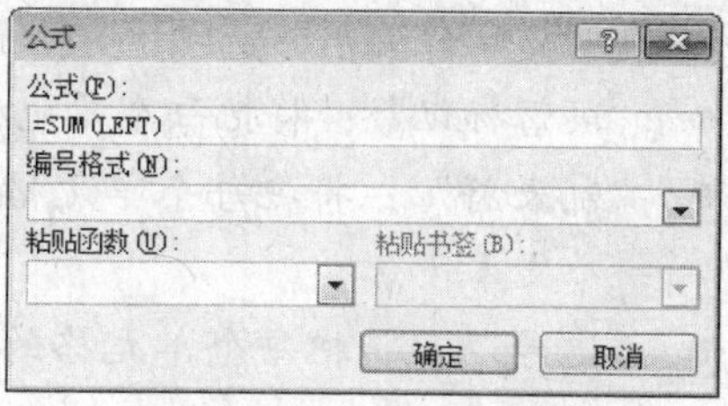

图9.63 “公式”对话框

03 在“公式”列表框中显示“=SUM（LEFT）”公式，表示对插入点左侧各单元格中的数值求和，单击“确定”按钮，求和结果就会显示在E2单元格中。如果所选单元格位于数字列底部，Word会建议用“=SUM（ABOVE）”公式，即对该插入符上方各单元格中的数值求和。若不想用Word建议的公式，可以进行以下操作：

- 删除“公式”框中除等号（=）以外的内容，输入自己的数据和运算公式。如将插入符放置到“C6”单元格中，然后输入“=(C2+C3+C4+C5)/4”，即可得到如图9.64所示的计算结果。

学号	姓名	数学	语文	总分
0001	刘梦	98	85	183
0002	张建	96	92	
0003	逭月	68	78	
0004	王新	85	96	
平均分		86.75		

图9.64 计算结果

- 从“粘贴函数”列表中选择一个函数，并在圆括号内输入要运算的参数值。如将插入符放置到“C6”单元格中，删除“公式”框中除等号（=）以外的内容，在“粘贴函数”列表中选择“AVERAGE()”函数，然后在圆括号内输入“C:C”，同样可得到图9.64中的计算结果。

04 如果要设置计算结果的数字格式，单击“编号格式”列表框中的下拉按钮，从弹出的列表中，选择自己所需的数字格式。

05 设置完成后单击“确定”按钮。

使用“粘贴函数”要比直接输入算术公式简单，但在有的情况下，必须使用算术运算符进行计算，如“粘贴函数”列表中没有函数运算或复杂的加、减、乘、除的混合运算等。

9.6 文本和表格之间的转换

在Word中，可以方便地进行文本和表格之间的相互转换，这对于更灵活地使用不同的信息源，或利用相同的信息源实现不同的工作目的都将是十分有益的。

9.6.1 把表格转换成文本

执行“转换为文本”命令可将表格的内容转换为普通的文本段落，并将各单元格中转换后的内容用段落标记、逗号、制表符或用户指定的特定字符隔开。操作步骤如下：

01 选中要转换为文本段落的若干行单元格或将光标放置在要转换的表格中。

02 选择“表格工具”下“布局”选项卡，在“数据”组中单击“转换为文本”按钮，打开“表格转换成文本”对话框，如图9.65所示

03 在“文字分隔符”选项区中，选择要作为文本分隔符的项：

- “段落标记”：将把每个单元格的内容转换成一个文本段落。
- “制表符”：将把每个单元格的内容转换后用制表符分隔，每行单元格的内容成为一个文本段落。
- “逗号”：将把每个单元格的内容转换后用逗号分隔。每行单元格的内容成为一个文本段落。
- “其他字符”：可在对应的方框中键入用作分隔符的半角字符。每个单元格的内容转换后用输入的文本分隔符隔开。每行单元格的内容成为一个文本段落。

04 在这里勾选的为“逗号”单选按钮，然后单击“确定”按钮，效果如图9.66所示。

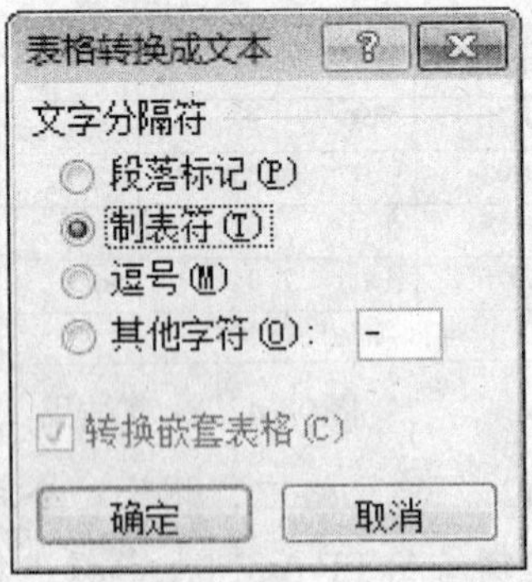

图9.65 “表格转换成文本”对话框

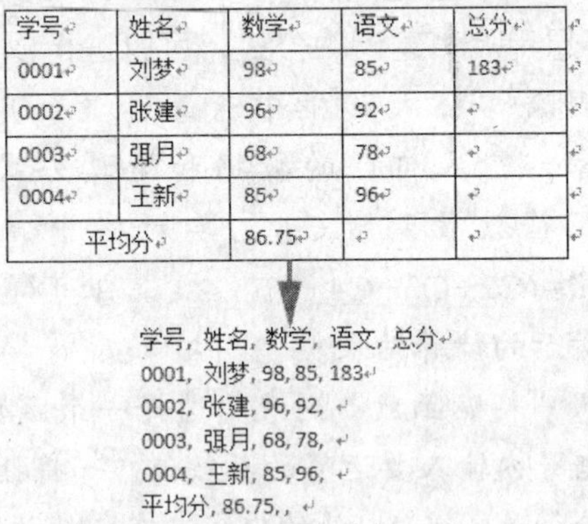

学号	姓名	数学	语文	总分
0001	刘梦	98	85	183
0002	张建	96	92	
0003	弭月	68	78	
0004	王新	85	96	
平均分		86.75		

学号, 姓名, 数学, 语文, 总分
0001, 刘梦, 98, 85, 183
0002, 张建, 96, 92,
0003, 弭月, 68, 78,
0004, 王新, 85, 96,
平均分, 86.75,,

图9.66 转换成文本后的效果

9.6.2 把文字转换成表格

在Word中，可以将用段落标记、逗号、制表符或其他特定字符隔开的文本转化为表格。

01 选中要转换为表格的文本。

02 单击“插入”选项卡上“表格”组中的“表格”按钮，在弹出的列表中选择“文本转换成表格”选项，打开“将文字转换成表格”对话框，如图9.67所示。

03 在“列数”数值框中指定转换后表格的列数。如果指定的列数大于所选内容的实际需要时，多余的单元格将成为空单元格。

04 在“‘自动调整’操作”选择区中，选择设置列宽的选项。默认设置为“固定列宽”。

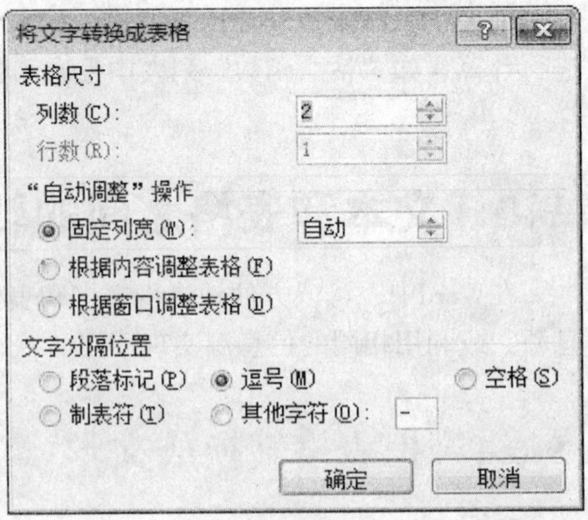

图9.67 “将文字转换成表格”对话框

用户可在其右侧的数值框中指定表格的列宽或选择“自动”，由Word根据所选内容的情况自定义列宽。

05 在“文字分隔位置”选择区中，选择一种分隔符，用分隔符隔开的各部分内容分别成为相邻的各个单元格的内容，文本分隔符有：

- “段落标记”：把选中的段落转换成表格，每个段落成为一个单元格的内容。
- “制表符”：用制表符隔开的各部分内容作为各个单元格的内容。
- “逗号”（半角逗号）：用逗号隔开的各部分内容成为各个单元格的内容。
- “其他字符”：可在对应的方框中输入其他的半角字符作为文本分隔符。用输入的文本分隔符隔开的各部分内容作为各个单元格的内容。

06 设置完成后单击“确定”按钮。

提示　将文本段落转换为表格时，“行数”数值框不可用。此时的行数由选择内容中所含分隔符数和选定的列数决定。

9.7 上机练习

在本节中将为大家介绍日历和入职员工待遇表的制作方法。

9.7.1 制作日历

本例介绍日历的制作方法，其中将会插入表格，然后对表格的格式进行设置，最后插入文本框，完成后的效果如图9.68所示。

01 按Ctrl+N快捷键新建一个空白的Word文档，然后选择“插入”选项卡，在“表格”组中单击“表格”按钮，在弹出的下拉列表中选择“插入表格”命令，打开“插入表格”对话框，将“列数”设置为7，“行数”设置为11，如图9.69所示。

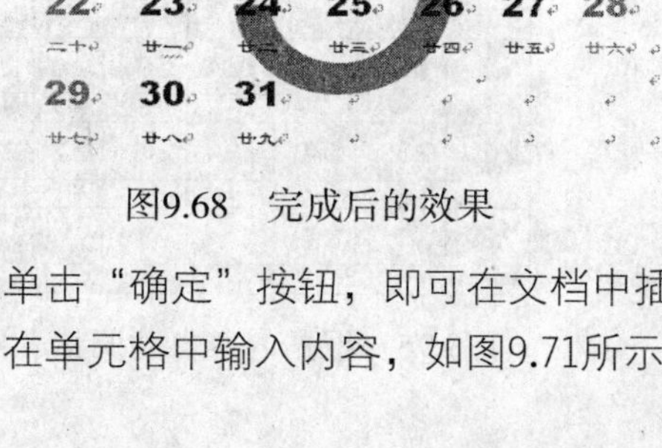

图9.68　完成后的效果

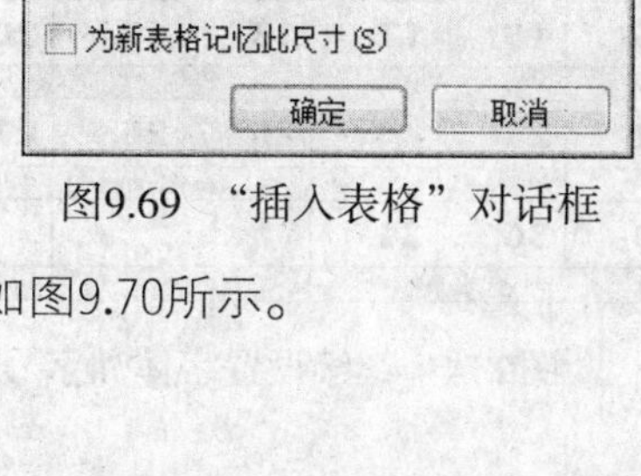

图9.69　“插入表格”对话框

02 单击“确定”按钮，即可在文档中插入表格，如图9.70所示。

03 在单元格中输入内容，如图9.71所示。

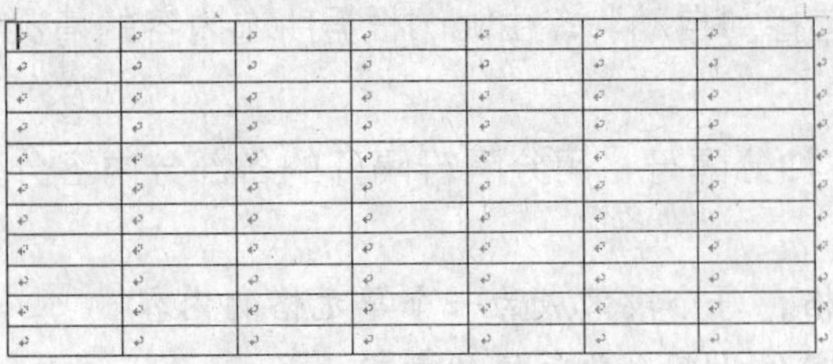

图9.70　插入的表格

SUN	MON	TUE	WED	THU	FRI	SAT
1	2	3	4	5	6	7
劳动节	三十	四月	青年节	初三	立夏	初五
8	9	10	11	12	13	14
母亲节	初七	初八	初九	护士节	十一	十二
15	16	17	18	19	20	21
十三	十四	十五	十六	十七	十八	小满
22	23	24	25	26	27	28
二十	廿一	廿二	廿三	廿四	廿五	廿六
29	30	31				
廿七	廿八	廿九				

图9.71　输入内容

04 选择表格的第一行，然后选择“开始”选项卡，在“字体”组中将“字体”设置为“Arial Black”，将“字号”设置为“小三”，如图9.72所示。

05 选择表格的第二行、第四行、第六行、第八行和第十行，然后选择“开始”选项卡，在“字体”组中将“字体”设置为“Arial Black”，将“字号”设置为“小二”，如图9.73所示。

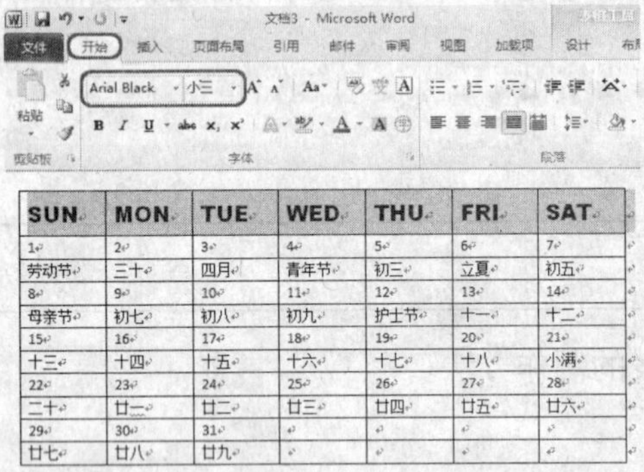

SUN	MON	TUE	WED	THU	FRI	SAT
1	2	3	4	5	6	7
劳动节	三十	四月	青年节	初三	立夏	初五
8	9	10	11	12	13	14
母亲节	初七	初八	初九	护士节	十一	十二
15	16	17	18	19	20	21
十三	十四	十五	十六	十七	十八	小满
22	23	24	25	26	27	28
二十	廿一	廿二	廿三	廿四	廿五	廿六
29	30	31				
廿七	廿八	廿九				

图9.72　设置第一行内容的字体和字号

SUN	MON	TUE	WED	THU	FRI	SAT
1	2	3	4	5	6	7
劳动节	三十	四月	青年节	初三	立夏	初五
8	9	10	11	12	13	14
母亲节	初七	初八	初九	护士节	十一	十二
15	16	17	18	19	20	21
十三	十四	十五	十六	十七	十八	小满
22	23	24	25	26	27	28
二十	廿一	廿二	廿三	廿四	廿五	廿六
29	30	31				
廿七	廿八	廿九				

图9.73　设置字体和字号

06 选择表格的第三行、第五行、第七行、第九行和第十一行，然后选择“开始”选项卡，在“字体”组中将“字体”设置为“隶书”，将“字号”设置为“五号”，如图9.74所示。

07 选择整个表格，然后选择“表格工具”下“布局”选项卡，在“单元格大小”组中单击“自动调整”按钮，在弹出的下拉列表中选择“根据内容自动调整表格”选项，如图9.75所示。

SUN	MON	TUE	WED	THU	FRI	SAT
1	2	3	4	5	6	7
劳动节	三十	四月	青年节	初三	立夏	初五
8	9	10	11	12	13	14
母亲节	初七	初八	初九	护士节	十一	十二
15	16	17	18	19	20	21
十三	十四	十五	十六	十七	十八	小满
22	23	24	25	26	27	28
二十	廿一	廿二	廿三	廿四	廿五	廿六
29	30	31				
廿七	廿八	廿九				

图9.74　继续设置字体和字号

SUN	MON	TUE	WED	THU	FRI	SAT
1	2	3	4	5	6	7
劳动节	三十	四月	青年节	初三	立夏	初五
8	9	10	11	12	13	14
母亲节	初七	初八	初九	护士节	十一	十二
15	16	17	18	19	20	21
十三	十四	十五	十六	十七	十八	小满
22	23	24	25	26	27	28
二十	廿一	廿二	廿三	廿四	廿五	廿六
29	30	31				
廿七	廿八	廿九				

图9.75　根据内容自动调整表格

08 然后在“对齐方式”组中单击“水平居中”按钮，如图9.76所示。

09 选择第一行的第一个和最后一个单元格，然后选择“表格工具”下“设计”选项卡，在“表格样式”组中单击“底纹”按钮，在弹出的列表框中选择“红色”，如图9.77所示。

图9.76 单击“水平居中”按钮

图9.77 设置单元格的底纹颜色为红色

10 选择第一行中的其他单元格，然后选择“表格工具”下“设计”选项卡，在“表格样式”组中单击“底纹”按钮，在弹出的列表框中选择“白色，背景1，深色15%”，如图9.78所示。

11 选择如图9.79所示的单元格，然后选择“开始”选项卡，在“字体”组中单击“字体颜色”按钮右侧的下三角按钮，在弹出的下拉列表框中选择“红色”，如图9.80所示。

图9.78 设置底纹颜色

图9.79 选择单元格

⑫ 选择整个表格，然后选择“表格工具”下“设计”选项卡，在“表格样式”组中单击“边框”按钮右侧的下三角按钮▾，在弹出的下拉列表中选择“无框线”选项，如图9.81所示。

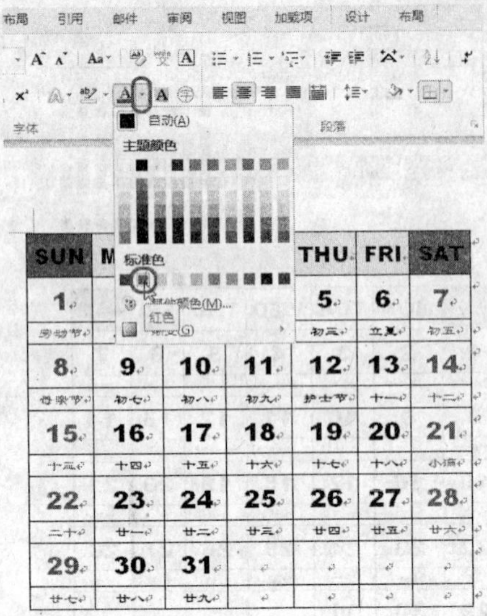

图9.80 设置字体颜色

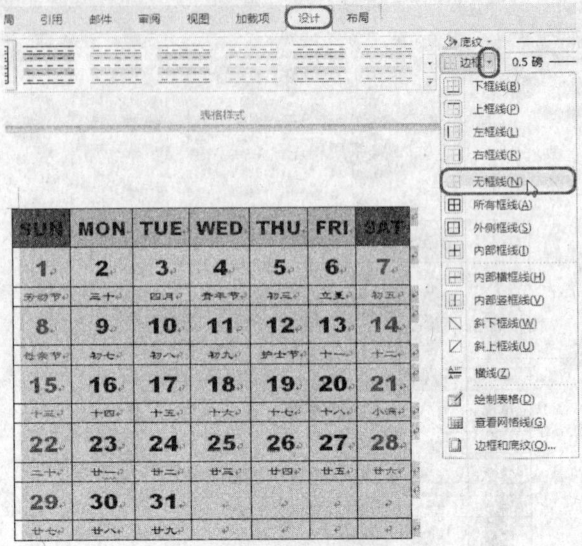

图9.81 选择“无框线”选项

⑬ 选择“插入”选项卡，在“文本”组中单击“文本框”按钮，在弹出的下拉列表框中选择“简单文本框”选项，然后在文本框中输入5，选择输入的内容，然后选择“开始”选项卡，在“字体”组中将“字体”设置为“华文细黑”，将“字号”设置为240，将“字体颜色”设置为“红色”，并适当调整文本框的大小，如图9.82所示。

⑭ 选中文本框，然后选择“格式”选项卡，在“形状样式”组中单击“形状轮廓”按钮，在弹出的下拉列表中选择“无轮廓”选项，如图9.83所示。

图9.82 设置文本框中的文字

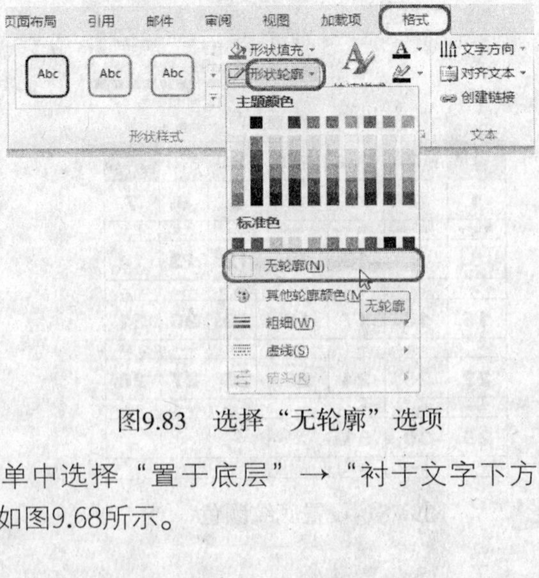

图9.83 选择“无轮廓”选项

⑮ 在文本框上右击，在弹出的快捷菜单中选择“置于底层”→“衬于文字下方”选项，然后调整文本框的位置，完成后的效果如图9.68所示。

9.7.2 制作入职员工待遇表

本例将介绍入职员工待遇表的制作方法，在其中使用了插入表格、合并单元格、设置表格样式等操作，完成后的效果如图9.84所示。

01 按Ctrl+N快捷键新建一个空白的Word文档，然后选择“插入”选项卡，在“表格”组中单击“表格”按钮，在弹出的下拉列表中选择“插入表格”命令，打开“插入表格”对话框，将“列数”设置为6，“行数”设置为8，如图9.85所示。

入职员工待遇表

类别	学历	薪酬			备注
		实习期1	实习期2	实习期3	
1	非计算机专业（无基础）	无	无	200	
2	非计算机专业（有基础）	400	500	600	
3	计算机专业（中专）	600	700	800	
4	计算机专业（大专）	700	800	900	
5	计算机专业（本科）	800	900	1000	

图9.84 完成后的效果

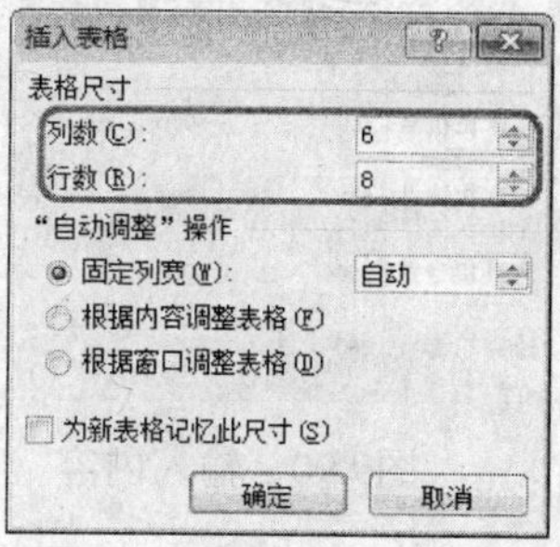

图9.85 “插入表格”对话框

02 单击“确定”按钮，即可在文档中插入表格，如图9.86所示。

03 选择表格的第一行，然后选择“表格工具”下的“布局”选项卡，在“合并”组中单击“合并单元格”按钮，即可合并第一行中的单元格，如图9.87所示。

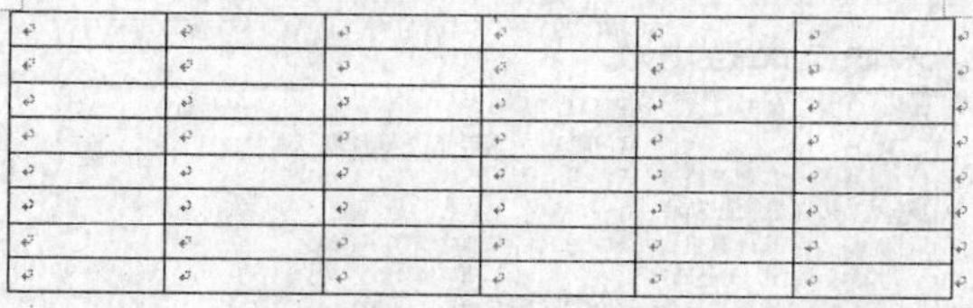

图9.86 插入的表格

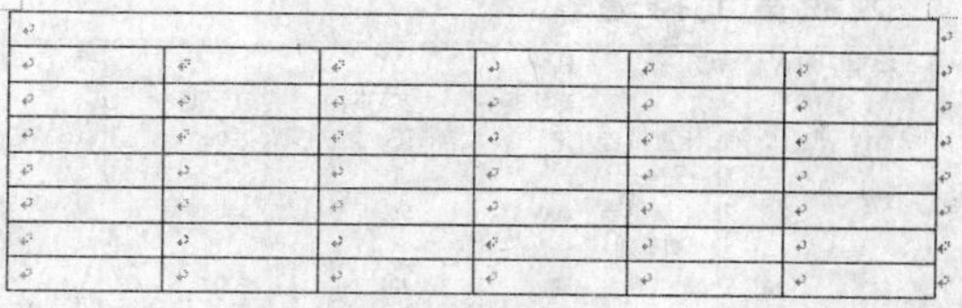

图9.87 合并单元格

04 使用同样的方法，合并其他单元格，完成后的效果如图9.88所示。

05 选择整个表格，然后选择“表格工具”下“设计”选项卡，在“表格样式”组中单击“其他”按钮，在弹出的下拉列表框中选择“浅色网格-强调文字颜色5”，如图9.89所示。

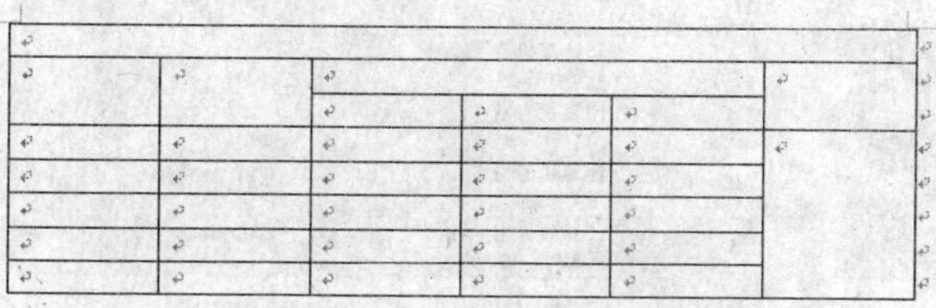

图9.88 合并其他单元格

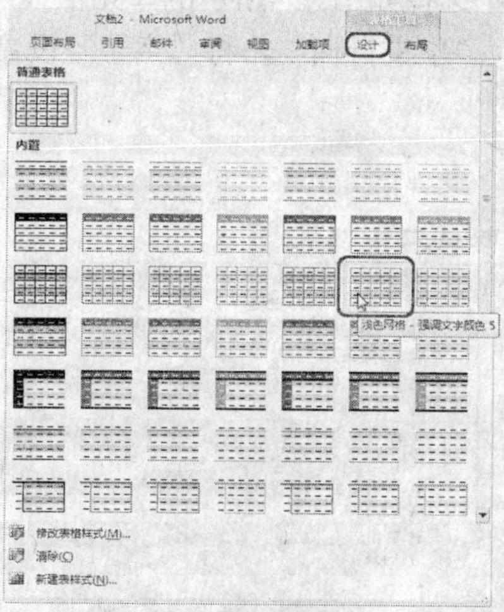

图9.89 设置表格样式

06 在单元格中输入内容，如图9.90所示。

07 选择第一行单元格，然后选择“开始”选项卡，在“字体”组中将“字体”设置为“隶书”，“字号”设置为“二号”，如图9.91所示。

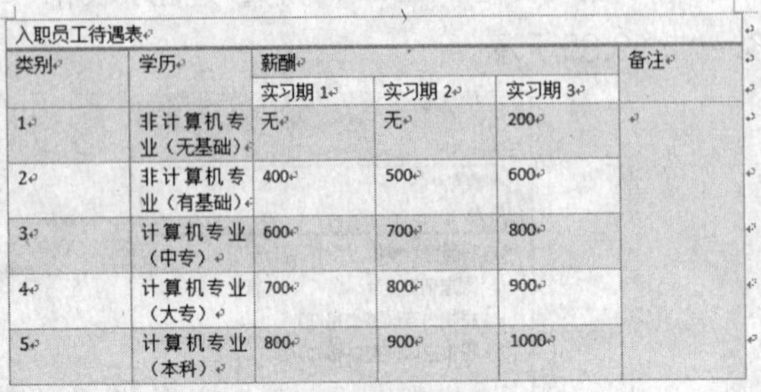

入职员工待遇表					
类别	学历	薪酬			备注
		实习期1	实习期2	实习期3	
1	非计算机专业（无基础）	无	无	200	
2	非计算机专业（有基础）	400	500	600	
3	计算机专业（中专）	600	700	800	
4	计算机专业（大专）	700	800	900	
5	计算机专业（本科）	800	900	1000	

图9.90　输入内容

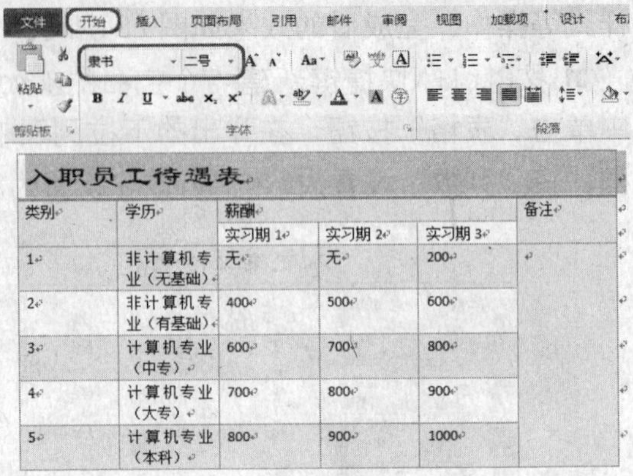

入职员工待遇表					
类别	学历	薪酬			备注
		实习期1	实习期2	实习期3	
1	非计算机专业（无基础）	无	无	200	
2	非计算机专业（有基础）	400	500	600	
3	计算机专业（中专）	600	700	800	
4	计算机专业（大专）	700	800	900	
5	计算机专业（本科）	800	900	1000	

图9.91　设置字体和字号

08 选择如图9.92所示的单元格，然后选择“开始”选项卡，在“字体”组中将“字体”设置为“华文行楷”，将“字号”设置为“三号”，如图9.93所示。

入职员工待遇表					
类别	学历	薪酬			备注
		实习期1	实习期2	实习期3	
1	非计算机专业（无基础）	无	无	200	
2	非计算机专业（有基础）	400	500	600	
3	计算机专业（中专）	600	700	800	
4	计算机专业（大专）	700	800	900	
5	计算机专业（本科）	800	900	1000	

图9.92　选择单元格

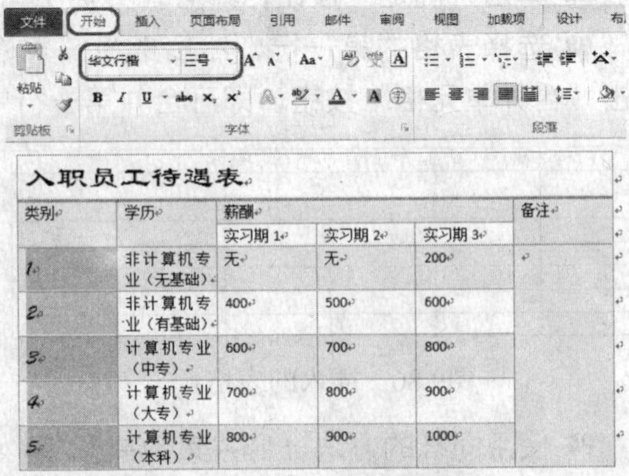

入职员工待遇表					
类别	学历	薪酬			备注
		实习期1	实习期2	实习期3	
1	非计算机专业（无基础）	无	无	200	
2	非计算机专业（有基础）	400	500	600	
3	计算机专业（中专）	600	700	800	
4	计算机专业（大专）	700	800	900	
5	计算机专业（本科）	800	900	1000	

图9.93　设置字体和字号

09 选择如图9.94所示的单元格，然后选择“开始”选项卡，在“字体”组中将“字体”设置为“华文行楷”，将“字号”设置为“小四”，如图9.95所示。

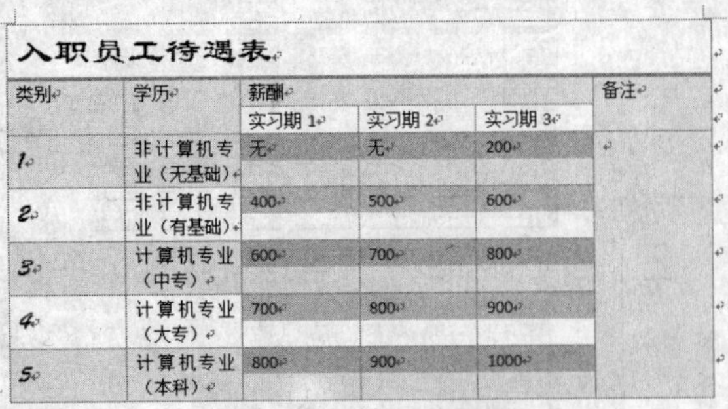

入职员工待遇表					
类别	学历	薪酬			备注
		实习期1	实习期2	实习期3	
1	非计算机专业（无基础）	无	无	200	
2	非计算机专业（有基础）	400	500	600	
3	计算机专业（中专）	600	700	800	
4	计算机专业（大专）	700	800	900	
5	计算机专业（本科）	800	900	1000	

图9.94　选择单元格

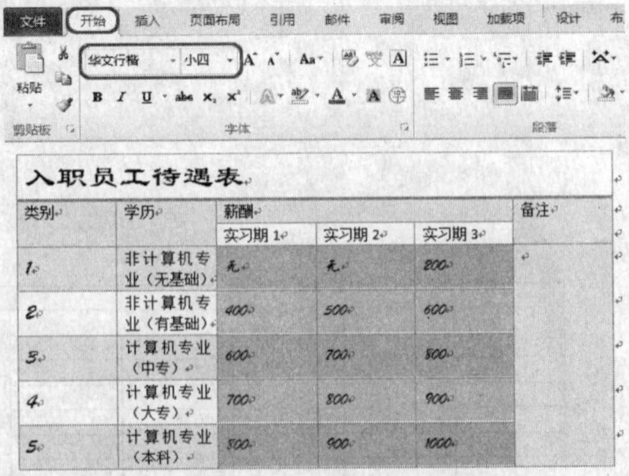

入职员工待遇表					
类别	学历	薪酬			备注
		实习期1	实习期2	实习期3	
1	非计算机专业（无基础）	无	无	200	
2	非计算机专业（有基础）	400	500	600	
3	计算机专业（中专）	600	700	800	
4	计算机专业（大专）	700	800	900	
5	计算机专业（本科）	800	900	1000	

图9.95　设置字体和字号

⑩ 选中整个表格，然后选择“表格工具”下“布局”选项卡，在“对齐方式”组中单击“水平居中”按钮，完成后的效果如图9.84所示。

9.8 习题

1.填空题

（1）用“________”对话框创建表格可以不受表格行、列数的限制，而且还可以设置表格格式。

（2）除“_________”命令外，Word还提供了许多更灵活的修改表格的方法，用户不仅可以改变表格中某一行（或列）的________或________，还可以改变某一个单元格的列宽。

2.问答题

（1）在文档中插入表格的方法有几种？做一个表格的基本步骤是什么？

（2）如何删除表格、单元格、行与列。

（3）如何合并与拆分单元格？

第10章 图文混排及文档高级编排技术

本章要点

图像是对图片、图形、从电子表格中转换来的图表以及艺术字、公式等图形对象的总称，本章将介绍在Word中创建或引用图像的多种方法以及文档的一些高级编排技术。作为一个优秀的文字处理软件，Word可以实现对各种图形对象的绘制、缩放、存储、插入和修饰等多种操作，还可以把图形对象与文字结合在一个版面上，实现图文混排，轻松地设计出图文并茂的文档。

本章内容主要包括

- 在文档中添加图形对象
- 在文档中插入图片
- 使用文本框和制作艺术字
- 使用脚注和尾注

go>>

10.1 在文档中添加图形对象

利用Word“插入”选项卡中“插图”组的“形状”按钮，用户可轻松、快速地绘制出各种外观专业、效果生动的图形。对绘制出来的图形，可以重新调整其大小，进行旋转、翻转、添加颜色等修改，还可以将绘制的图形与其他图形组合，制作出各种更复杂的图形。

10.1.1 绘制图形

利用“形状”按钮，可以绘制出各种形状的图形。制作比较小的图形时，可以放大显示比例以看清图形的细节。

在“形状”下拉列表中，包含了100多种能够任意改变形状的自选图形工具，用户可以在文档中使用这些工具来绘制所需的图形，操作步骤如下：

01 单击“插入”选项卡，在“插图”组中单击“形状”按钮，弹出如图10.1所示的“形状”下拉列表。

02 在列表中选择所需的图形类型，此时鼠标指针将变成十字形。

03 在需要插入图形的位置上单击鼠标左键，拖曳鼠标并在合适的位置上单击，如图10.2所示绘制的图形。

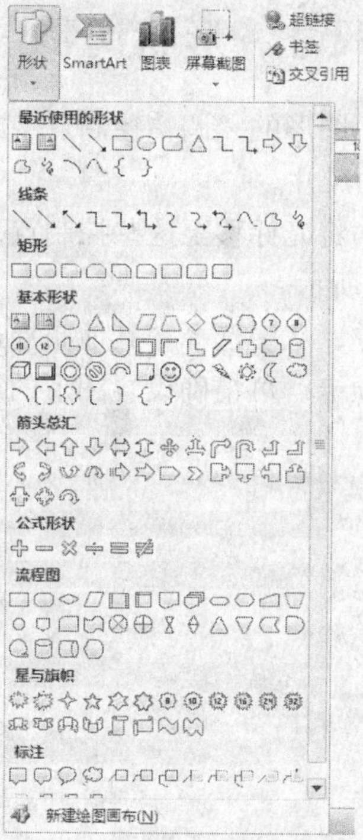

图10.1 “形状”下拉列表

图10.2 绘制的图形

绘图时按住Shift键，在画直线时可画出水平、竖直直线及与水平成15°、30°、45°、60°、75°、90°的直线；画圆时可画出标准的圆形，画矩形时可画出正方形。拖曳对象时按住Shift键，对象只能沿水平和竖直方向移动。选择图形对象时，按住Shift键可同时选中多个图形对象。用鼠标选中图形对象，按住Ctrl键的同时用左键拖曳图形对象，可在移动的同时复制出一个相同的对象，相当于执行了复制和粘贴操作。

10.1.2 在图形中添加文字

值得指出的是，在各类自选图形中，除了直线、箭头等线条图形外，其他所有图形都允许向其中添加文字。为此，绘制一个图形，右击所绘图形，然后从弹出的快捷菜单中选择“添加文字”选项，如图10.3所示。

对于向图形中添加的文字，用户可像设置正文一样设置其字体格式和段落格式，如图10.4所示。要编辑图形中的文字，可直接单击这些文字即可进入编辑状态。

图10.3 选择“添加文字”选项

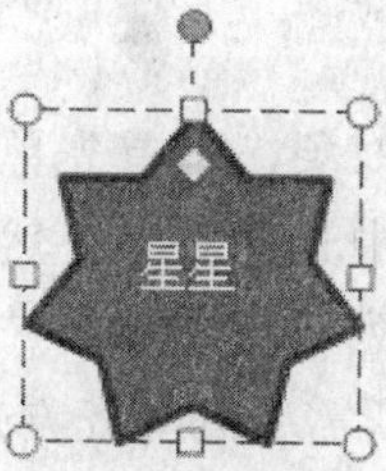

图10.4 编辑文字

10.1.3 图形移动、旋转、对齐及尺寸、形状调整

如果用户对绘制出来的图形不满意，可以利用图形的“调整控制点”或在“绘图工具”下的“格式”选项卡中的“大小”组中改变图形的尺寸。

选中一个图形后，其四周将出现一组控制点。将光标移至这些控制点，当光标变为双向箭头时，单击并拖曳即可调整图形尺寸，如图10.5所示。

此外，右击图形边缘可打开图形编辑快捷菜单，从中选择“其他布局选项”选项可打开“布局”对话框。利用该对话框中的“大小”选项卡，可精确设置图形的尺寸和旋转角度，如图10.6所示。

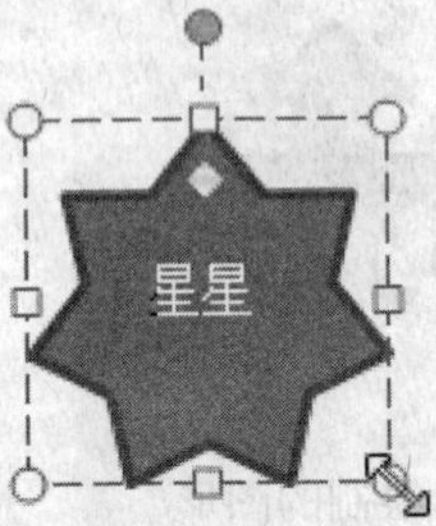

图10.5 调整图形尺寸

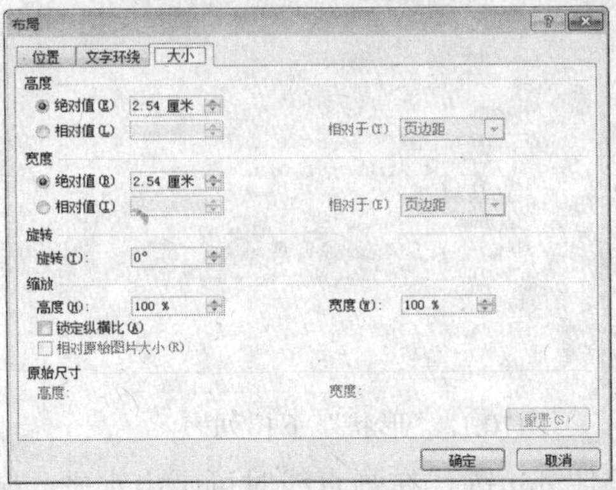

图10.6 “布局”对话框中的“大小”选项卡

要移动图形位置，可在单击选中图形后将光标移至图形编辑区。当光标呈✥形状时，单击并拖曳即可。要旋转图形对象，可在单击选中图形后，单击“绘图工具”下“格式”选项卡，在“排列”组单击“旋转”按钮，在打开的下拉列表中选择要旋转的选项，如图10.7所示。另外，单击选中图形时，图形上方的会显示一个绿色的旋转控制点，将光标移至该点上，光标将变为↻形状。单击并拖曳即可旋转图形对象了，如图10.8所示。

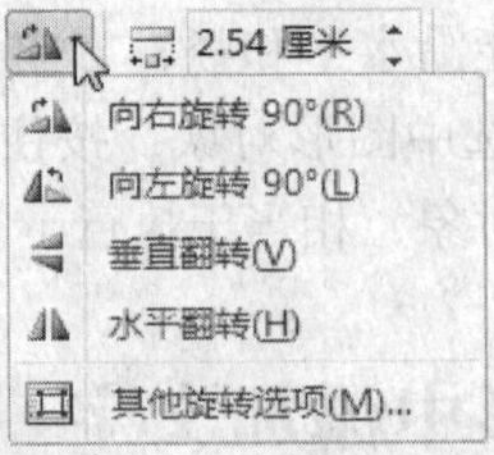

图10.7 “旋转”下拉按钮

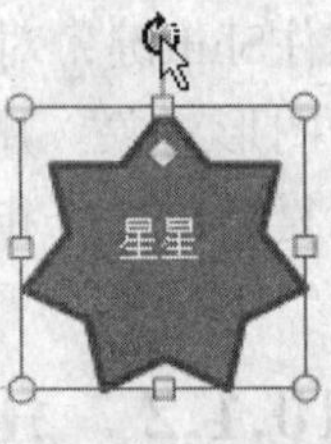

图10.8 图形旋转

> **提示** 选择不同的自选图形，出现的特定选项卡的内容也有所不同。

要对齐多个图形对象，可首先单击选中第一个图形对象，然后按住Shift键单击选中其他对象，然后单击“绘图工具”下“格式”选项卡，在“排列”组中单击“对齐”按钮，用户可以在弹出的下拉列表中选择所需要的对齐方式，如图10.9所示。

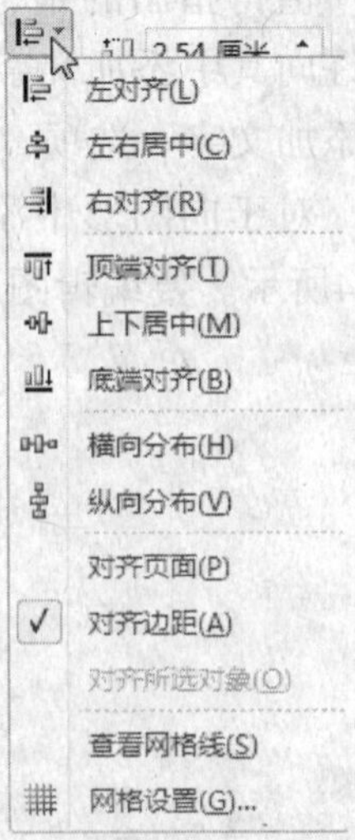

图10.9 “对齐”下拉列表

10.1.4 多个图形的组合与分解

在文档中某个页面上插入多个自选图形时，为了统一调整其位置、尺寸、线条和填充效果，可将其组合为一个图形单元。为此，首先单击选中第一个图形，然后按住Shift键单击选中其他需要组合的图形。接下来右击其中任何一个已选中的图形打开一个快捷菜单，选择“组合”→“组合”选项，如图10.10所示。

组合完成的图形如图10.11所示，如果用户想要取消组合，可右击组合图形对象，然后从弹出的快捷菜单中选择“组合”→“取消组合”选项。

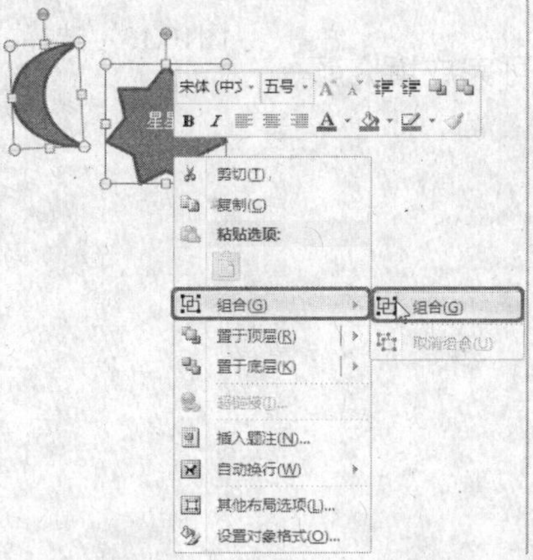

图10.10 组合多个图形

图10.11 组合完成的效果

10.1.5 调整图形与文字之间的叠放次序

用户可通过在文档中放置多个图形来制作更加符合要求的图形，而通过调整图形之间和图形与文字之间的叠放次序，可获得更为灵活的效果。

要调整图形之间和图形与文字之间的叠放次序，可以右击选定图形，在弹出的快捷菜单中选择“自动换行”选项，再在弹出的子菜单中选择“衬于文字下方”或“浮于文字上方”选项，如图10.12所示。从而来调整图形与文字的叠放次序。

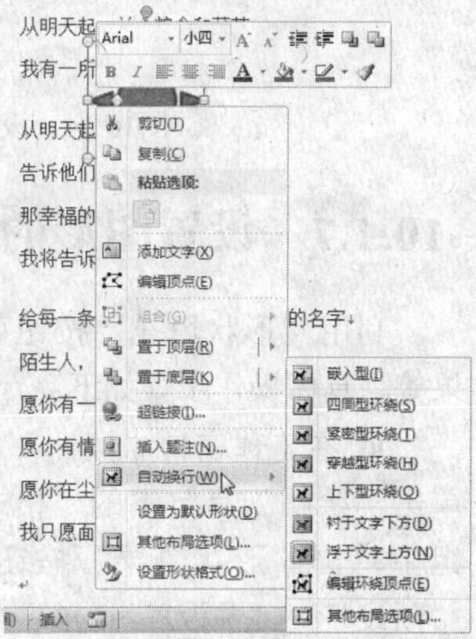

图10.12 叠放次序

> **提示** 要选择位于文字之下的图形，可单击图形的未被文字遮挡的部分或者选中位于该图形前后的某个图形后，反复按Tab键来选中该图形。

10.1.6 设置图形的形状填充和形状轮廓

使用“绘图工具”→“格式”→“形状样式”组中的“形状填充”按钮和“形状轮廓”按钮，用户可以方便地设置图形的填充颜色或图案、边线颜色和图案、边线粗细和类型等。

操作步骤如下：

01 在工作窗口中绘制一个自选图形，将其进行选中，单击“绘图工具”下的“格式”选项卡，在“形状样式”组中单击“形状填充”按钮，在弹出的下拉列表中选择“无填充颜色”选项，如图10.13所示。

02 再在“形状样式”组中单击“形状轮廓”按钮，在弹出的下拉列表中的“标准色”区域中选择“浅蓝”，再单击“形状轮廓”按钮，在弹出的下拉列表中选择“粗细”→“0.75磅”选项，如图10.14所示。

03 在工作窗口中的其他位置上单击鼠标，即可完成填充颜色和边线类型的设置，如图10.15所示。

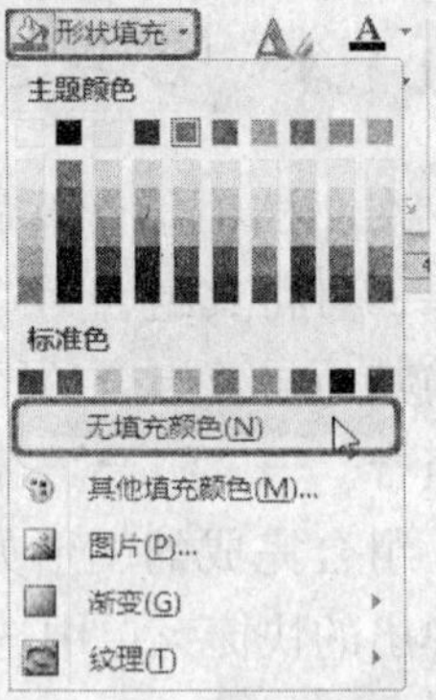

图10.13 选择“无填充颜色”选项

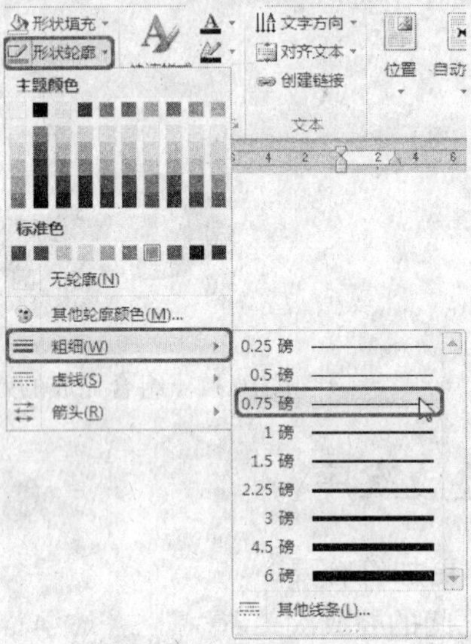

图10.14 设置线条

图10.15 设置完成后的效果

10.1.7 设置图形的形状效果

利用“形状填充”按钮可以为图形添加映像、立体效果等。具体操作步骤如下：

01 在工作窗口中绘制一个自选图形，将其进行选中，单击“绘图工具”下的“格式”选项卡，在“形状样式”组中单击“形状效果”按钮，在弹出的下拉列表中选择“预设”→“预设2”选项，如图10.16所示。

02 单击“形状样式”组中的“形状效果”按钮，在弹出的下拉列表中选择“映像”→“半映像，接触”选项，如图10.17所示。

03 在工作窗口中的其他位置上单击鼠标左键，即可设置图形的形状效果，如图10.18所示。

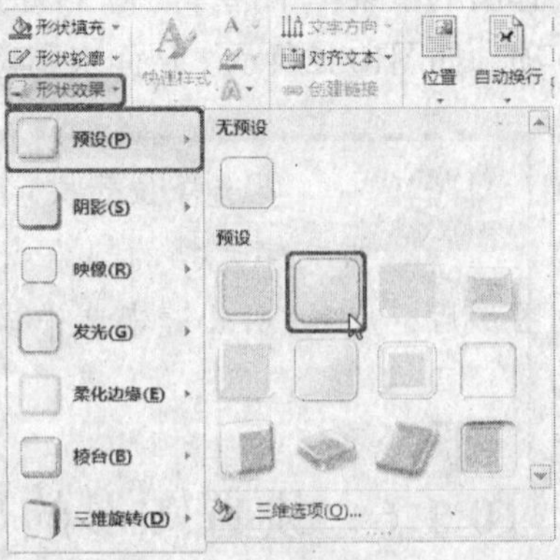

图10.16 选择“预设”→“预设2”选项

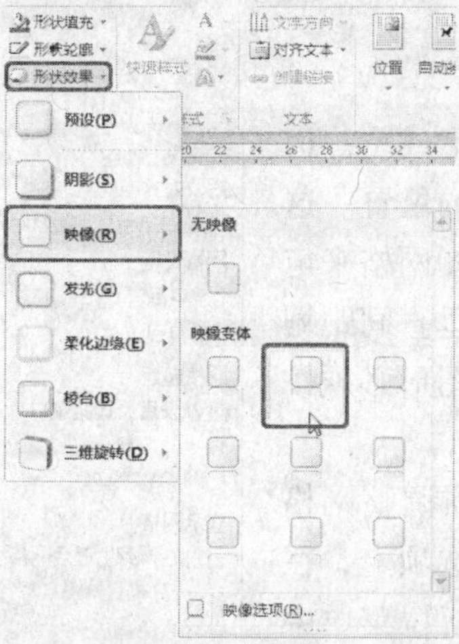

图10.17　选择“映像”→“半映像，接触”选项

图10.18　完成后的效果

用户还可以在弹出的“形状效果”下拉列表中设置其他形状效果，方法与上述操作相同。

10.1.8　设置图形与周围文字之间的关系

在默认情况下，当用户绘制一个新图形时，图形将浮于文字上方。用户可右击选定的图形，从弹出的快捷菜单中选择“其他布局选项”选项，可以通过弹出的“布局”对话框来设置图形与周围文字的关系。如图10.19所示。

该对话框包括了“位置”、“文字环绕”和“大小”3个选项卡，利用这3个选项卡，用户可对图形位置、环绕方式以及图形大小进行更多的选择。例如，用户可设置图形的水平和垂直对齐方式，是否允许对象随文字移动，选择紧密型环绕方式以及图形的高度和宽度等。

此外，还可以选择“绘图工具”下的“格式”选项卡，通过“排列”组中的“位置”按钮和“自动换行”按钮以及“大小”组中的文本框来调整图形与文字之间的关系。

而且当用户选择某种环绕方式时，还可通过选择“自动换行”下拉菜单中的“编辑环绕顶点”选项来修改环绕顶点。选择该选项后，在选定图形四周将显示环绕线和若干环绕控制点，单击环绕线上某处并拖曳（此时将在该位置新增环绕控制点），或单击并拖曳环绕控制点即可改变环绕形状，如图10.20所示。

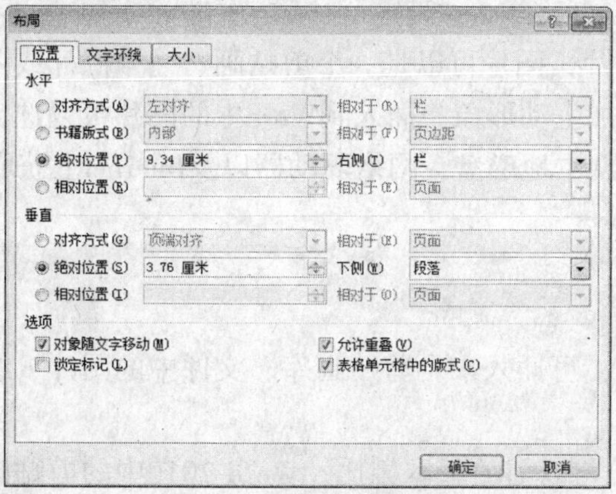

图10.19　“布局”对话框

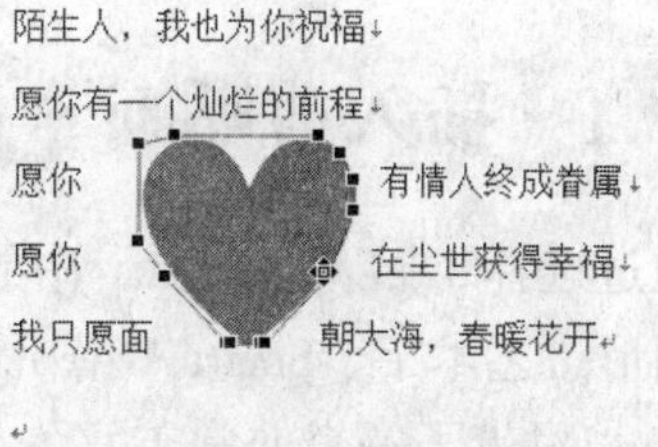

图10.20　编辑环绕顶点

10.1.9 图形的精确定位

用户在编制文档时，如果需要对文档中的图形或图片进行注释，可能会发现有时很难精确定位注释引线的位置。这是因为，默认情况下，Word中图形的位置是由绘图网格来定位的。也就是说，Word将页面按设定水平间距和垂直间距划分为一个网格，图形必须与网格对齐。或者说，图形必须按设定间距移动。

因此，为了精确定位图形的位置，用户必须调整网格尺寸。为此，可选择“绘图工具”下的“格式”选项卡，在“排列”组中单击“对齐”按钮，在弹出的下拉菜单中选择“网格设置”选项，打开图10.21所示的“绘图网格”对话框。

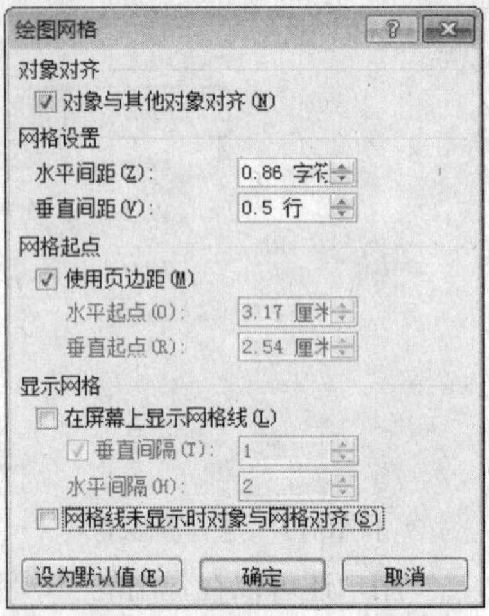

图10.21 【绘图网格】对话框

在该对话框中，可利用以下的选项来设置网格或显示网格：

- “对象对齐”选项区：选中“对象与其他对象对齐”复选框，则按照其他对象位置对齐选中的对象。
- “网格设置”选项区：指定网格的“水平间距”和“垂直间距”，可设置绘图网格，但这样设置的网格线是不可见的。
- “网格起点”选项区：选中“使用页边距”复选框：则网格以文档中上边距和左边距的交叉点为默认的网格起点。
- 选中“在屏幕上显示网格线”复选项：可按照指定的“水平间隔”或“垂直间隔”在屏幕上显示网格线。如果指定的网格间距与在“网格设置”区的设置相同，则可将网格线全部显示出来。如果在“显示网格”选项区中不勾选“垂直间隔”复选框，则只显示“行”网格。

10.2 在文档中插入图片

用户可以很方便地在Word文档中插入图片，图片可以是一个剪贴画、一张照片或一幅图画。在文档中添加一些图片，可以使文档更加生动形象。插入到Word中的图片可以选自剪贴画库、直接从扫描仪或数码相机中获得，或从本地磁盘、网络驱动器以及Internet上获取。

10.2.1 插入剪贴画

通过选择“插入”选项卡中的相应选项，可插入来自剪贴画库、文件中的图片、绘制的自选图形、艺术字、Smart Art图形和图表等。

Word附带了一个非常丰富的剪贴画库。与以前的版本相比，Word 2010中的剪贴画库种类更齐全，内容更丰富，画面更漂亮，操作也更方便。

1．从“剪贴画”任务窗格中插入剪贴画

Microsoft“剪贴画”任务窗格中包含图画、照片、声音、视频和其他媒体文件，可将它们插入并用于演示，发布和其他Microsoft Office文档中。

在“插入”选项卡的“插图”组中单击“剪贴画”按钮，将弹出“剪贴画”任务窗格。用户可以在“搜索文字”文本框中输入需要查找的内容，单击“搜索”按钮即可弹出所查找的内容，例如搜索人物，单击“搜索”按钮，即可搜索出有关人物的剪贴画，如图10.22所示。

当鼠标移到某个剪贴画上时，将会出现该剪贴画的有关信息，用鼠标单击Word文档中的插入符，右键单击所需剪贴画，从弹出的快捷菜单中选择“插入”选项，如图10.23所示。或在所需要的剪贴画上单击鼠标，即可将所选的剪贴画插入到文档中

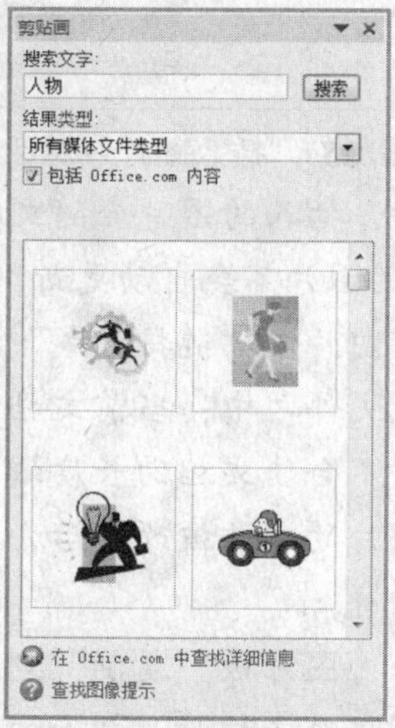

图10.22 “剪贴画”任务窗格

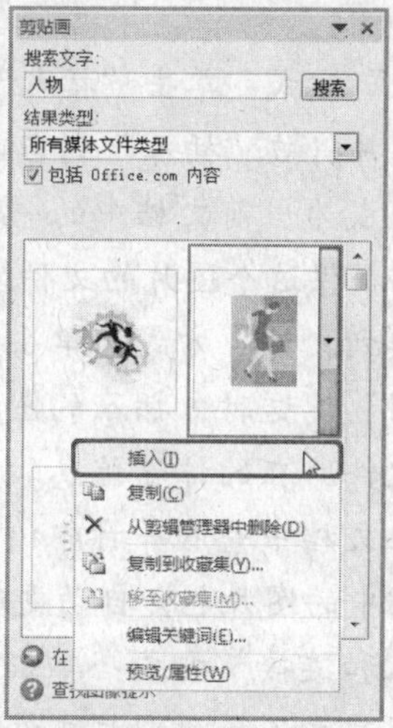

图10.23 插入剪贴画

2．用拖曳方式插入剪贴画

Word 2010允许用拖入方式向文档中插入剪贴画。在“剪贴画”任务窗格中选择一幅图片，将其从“剪贴画”人物窗格拖到文档中的所选位置，如图10.24所示，释放鼠标即可。

也可以查找更多的媒体剪辑。先打开Internet连接，单击任务窗格底部的“在Office.com 中查找详细信息”链接进行联机查找和编辑。

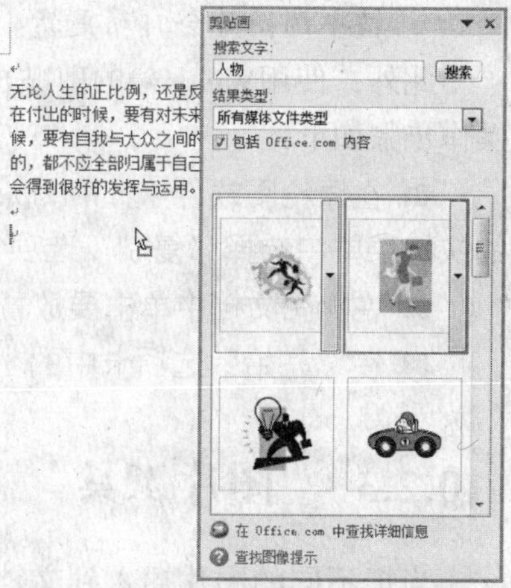

图10.24 使用拖曳方法插入剪贴画

10.2.2 插入图片

在文档中有3种插入图片文件的方式：直接插入方式、链接方式、插入和链接方式。用户必须以某种插入方式来插入一个电脑中的图片，操作步骤如下：

图10.25 “插入图片”对话框

01 单击文档中要插入图片的位置。

02 在“插入”选项卡的“插图”组中单击“图片”按钮，打开如图10.25所示的对话框。

03 在“插入图片”对话框中选择图片文件所在的文件夹，然后在中间的列表框中指定要插入的图片文件。

04 单击“插入”按钮右侧的“下拉”按钮，在打开的下拉列表中选择一种插入方式：

- “插入”方式：单击“插入”命令，图片将被“插入”到当前文档中，成为当前文档中的一部分。当保存文档时，插入的图片会随文档一起保存。以后当提供这个图片的文件发生变化时，文档中的图片不会自动更新。
- “链接到文件”方式：单击“链接文件”命令，图片以“链接方式”被当前文档所“引用”。这时，插入的图片仍然保存在原图片文件之中，当前文档只保存了这个图片文件所在的位置信息。以链接方式插入图片不会使文档的长度增加许多，也不影响在文档中查看并打印该图片。当提供这个图片的文件被改变后，被“引用”到该文档中的图片也会自动更新。
- “插入和链接”方式：单击“插入和链接”命令，图片被“复制”到当前文档的同时，还建立了和原图片文件的“链接”关系。当保存文档时，插入的图片会随文档一起保存，这可能使文档的长度显著增大。当提供这个图片的文件发生变化后，文档中的图片会自动更新。

此外，使用Windows的剪贴板还可以将一些由其他软件绘制的图片复制到Word文档中，操作步骤如下：

01 在原绘图软件（如Windows 图片查看器）中选择要插入的图片，右击该图片，从弹出的快捷菜单中选择“复制”选项，将该图片复制到Windows剪贴板中。

02 在Word文档中单击要放置图片的位置。

03 在“开始”选项卡中的“剪贴板”面板中单击“粘贴”按钮。

10.2.3 “图片工具”下的“格式”选项卡

当把不同的图片插入到文档中后，用户可以根据需要对其进行必要的修改，使之能够与文档完美配合。例如，改变它的大小、剪掉不需要的部分或者将它制作成文本后面的水印等等。用户有时可能还要根据打印图片的情况做其他的修改，以使打印效果最好。“图片工具”下的“格式”选项卡专门帮用户进行这些修改，“图片工具”下的“格式”选项卡在选中一张图片时会自动显示，如图10.26所示。

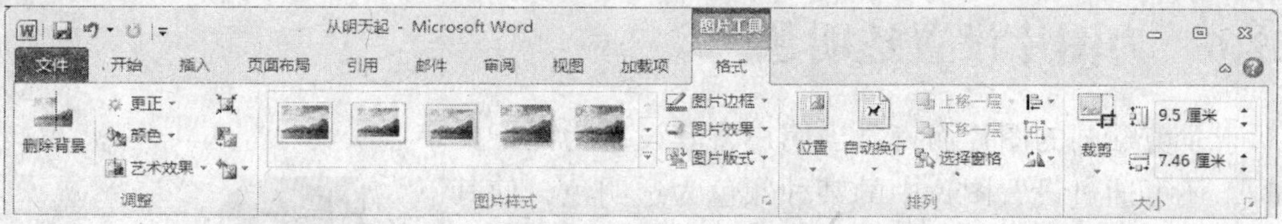

图10.26 “图片工具”下的“格式”选项卡

10.2.4 图片移动、尺寸调整、加框和裁剪

要修改一个图片，首先要选中它。单击图片的任何位置，即可选中该图片。图片被选中后，四周会出现一些控制点。将鼠标移到所选图片上，当鼠标指针变成✣形状时拖曳鼠标，可随意移动所选图片的位置。移动鼠标到所选图片的某个控制点上，当鼠标指针变成双向箭头时，拖曳鼠标可以改变该图片的形状和大小。在拖曳尺寸控点时，如果按住Shift键，可使图像等比例缩放。

要为图片添加边框，可选择“图片工具”下的“格式”选项卡，单击“图片样式”组中的“图片边框”按钮，在弹出的下拉列表中选择图片边框的颜色。

与图形不同，用户还可对插入文档的图片进行裁剪。裁剪图片的步骤如下：

01 选中要修改的图片。

02 选择“图片工具”下“格式”选项卡，单击“大小”组的“裁剪”按钮，这时图片将会如图10.27所示。

03 将该指针移到一个尺寸控制点上，此时鼠标指针变为┳形，拖曳鼠标，当图片大小合适时松开鼠标左键，在工作窗口中的其他位置单击鼠标左键，即可裁剪该图片，效果如图10.28所示。

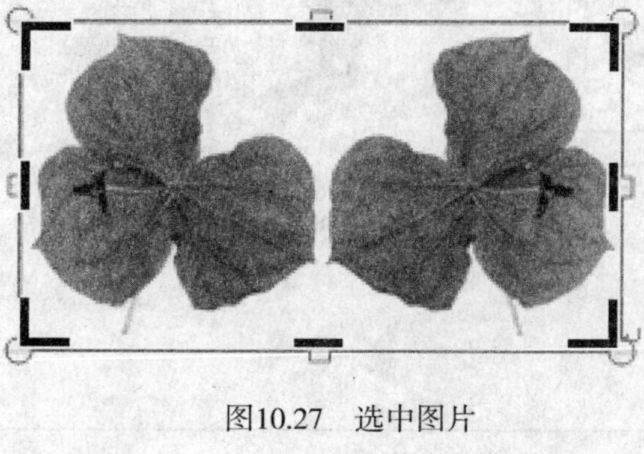

图10.27 选中图片

图10.28 完成后的效果

10.2.5 设置图片与周围文字之间的位置关系

总的来说，图片与周围文字之间的位置关系与图形和周围文字之间的位置关系基本相同。例如，可将图片设置为浮于文字上方或衬于文字下方，可设置多种环绕方式等。

但是，与图形相比，图片可以嵌入在文档中，此时可将图片作为普通文字对待，而且该方式是图片对象的默认插入方式。

10.2.6 为图片设置透明色

对于非剪贴画的图片而言，当用户将其设置为浮于文字上方时，还可通过设置图片中的某种颜色为透明色，使其下面的某些文字显露出来。设置透明色的操作步骤如下：

01 在工作窗口中选择需要设置透明色的图片，如图10.29所示。

图10.29 选择图片

02 选择“图片工具”下的“格式”选项卡，单击“调整”组中的“颜色”按钮，在弹出的列表中选择“设置透明色”选项，如图10.30所示。

03 当鼠标变为✎时，在图片中单击某个位置指定透明色，则图片中被该颜色覆盖的文字被显示出来，在工作窗口中的其他位置上单击鼠标左键，即可完成设置透明色，如图10.31所示。

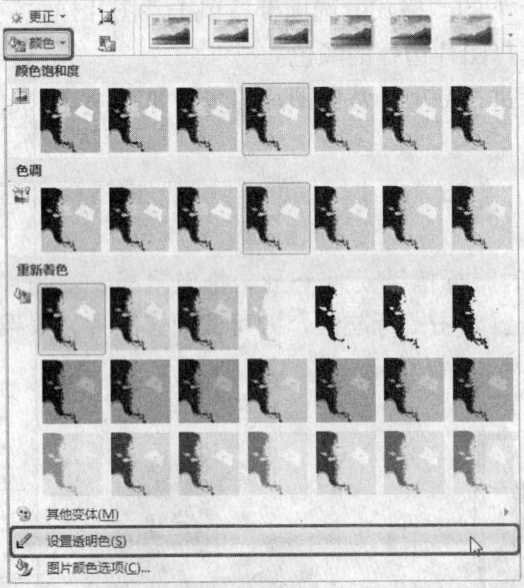

图10.30 选择“设置透明色”选

图10.31 完成设置透明色

10.3 使用文本框

文本框是一种图形对象。它作为存放文本或图形的容器，可放置在页面的任何位置上，并可随意调整文本框的大小。将文字或图像放入文本框后，可以进行一些特殊的处理，如更改文字方向、设置文字环绕或实现在不同的版面移动文本。

10.3.1 插入文本框

Word 2010提供了多种类型的文本框样式，在“插入”选项卡中的“文本”组中单击

“文本框”按钮，在打开的下拉列表中可选择所需的文本框格式，如图10.32所示。用户也可以手绘文本框，根据文本框中文本的排列方向，可将文本框分为“横排”和“竖排”文本框两种。Word可在创建文本框的同时设置文本框中文字的排列形式。横排文本框和竖排文本框的操作步骤类似。以下仅以横排文本框为例，介绍如何在文档中插入文本框。

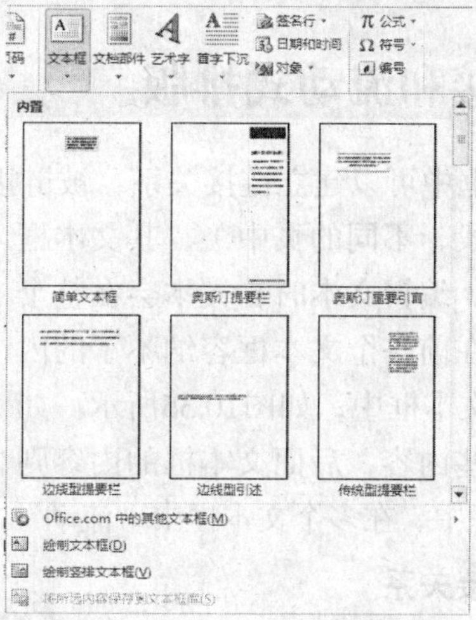

图10.32 “文本框”下拉列表

1. 插入新的空白文本框

01 在“插入”选项卡的“文本”组中单击“文本框”按钮，在弹出的下拉列表中选择“绘制文本框”选项。

02 当鼠标指针变成十字形状后，在要插入文本框的位置单击并拖曳鼠标，即可出现一个可变的矩形框。

03 拖曳至所需的大小时释放鼠标，则创建一个文本框，如图10.33所示。

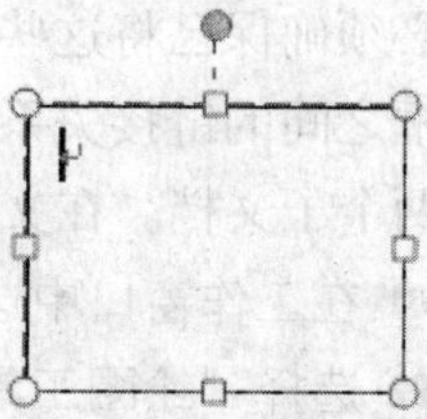

图10.33 在文档中插入文本框

04 重复上述步骤可再插入第二个、第三个文本框。

2. 为选中的文本创建文本框

用户也可为选中的文本创建一个文本框，操作步骤如下：

01 在工作窗口中选中要放入文本框中的文本。

02 在“插入”选项卡的“文本”组中单击“文本框”按钮，在弹出的列下拉表中选择“绘制文本框”选项，在工作窗口中的其他位置上单击鼠标左键，即可为选中的文字添加文本框，如图10.34所示。

怕吃苦的人吃一辈子苦，不怕吃苦的人吃半辈子苦。 心高，路才高；心宽，路才宽。再险峻的山峰也在智者脚下。

图10.34 为选中的文字添加文本框

10.3.2 编辑文本框

和表格中的单元格类似，文本框是一个独立的文本编辑框。用户可以用常规方法在文本框中键入文本，或进行选中文本、移动、复制和删除文本等编辑操作。更改文本框中文字的方向，不影响文本框外其他文本的方向。

在文本框中输入文本时，文本在到达文本框右边的框线时会自动换行。如果文本框太小，不能全部显示所输入或粘贴的内容，拖曳文本框边框，即可将其拉大并看到输入的内容。用户还可以对键入到文本框中的内容进行编辑，如改变字体、字体大小等，设置文本框中文字的格式、段落格式以及设置文本框的格式等。

10.3.3 文本框的链接和流动式排版

在同一个文档的多个文本框中可以建立链接关系，被链接在一起的文本框，即使被分开放在不同的位置（如在不同的段、不同的页中），其文本框中的内容也依然是连为一体的。编辑文本时，文本会在整个文本框的链中推进或缩回。如在前一个文本框容纳不了的内容，会自动地“流”到下一个文本框中，如图10.35所示。如果在前一个文本框中删除了一些内容，后面文本框的内容则会自动回“流”到前一个文本框中。在多个文本框中“流动”文本，可以更灵活地编排版式。

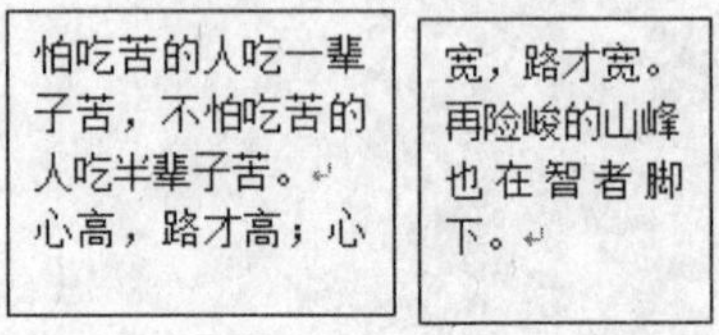

图10.35 文本框链接后示

1．在文本框之间建立链接关系

要在两个文本框中建立链接关系，要流入的文本框必须是空的，而且没有与其他文本框建立链接关系。也就是说，文本框之间只能建立单链表式关系。在Word中最多可以链接32个文本框。由自选图形生成的文本框之间同样可以建立链接关系。但在对自选图形进行链接之前，必须确保已将这些自选图形设置为文本框。在一个主控文档的两个子文档之间不能建立文本框之间的链接关系。如果在一个文档中建立了文本框的链接关系，这个文档就不能再被分成两个子文档。在文本框之间建立链接关系的操作步骤如下：

01 在工作窗口中选中第一个文本框。

02 选择“绘图工具”下的“格式”选项卡，在“文本”组中单击“创建连接”按钮，这时鼠标指针变成茶杯状。

03 把鼠标移到第二个文本框，鼠标指针变成倒置的茶杯形状后，单击第二个文本框，如图10.36所示，这两个文本框之间就建立了链接关系。

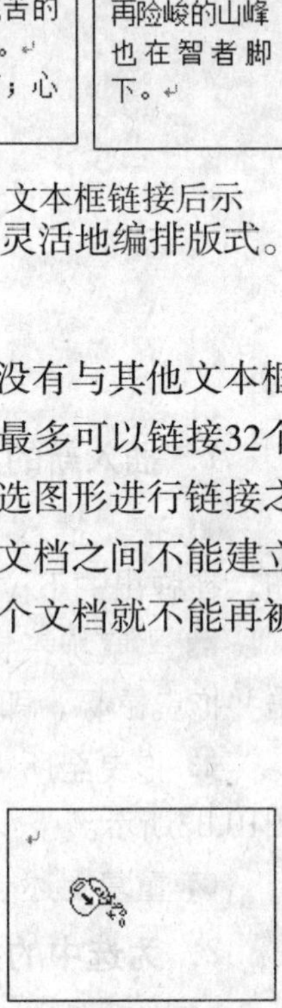
图10.36 创建连接关系

04 重复上述操作，则可在多个文本框之间建立链接关系。

2．断开文本框之间的链接

当选中文本框链中的第一个文本框后，选择“绘图工具”下的“格式”选项卡，在“文本”组中单击“断开连接”按钮，即可断开该文本框与其他文本框的链接关系。用户可以使用同样的方法断开其他文本框的链接。

3．在链接的文本框中添加文本

在建立了链接关系的文本框中，文本将按照创建链接关系的先后顺序“流入”和“流出”。除非前一个文本框已满，否则无法在后面的文本框中输入任何内容。在链接的文本框中添加内容的操作步骤如下：

01 在一篇单独的文档中生成文本。

02 选中并复制该文本。

03 单击文本框链中的第一个文本框并粘贴文本。

04 文本中的内容将依次添加链接的第一个、第二个以至更多的文本框中。

10.4 制作艺术字

通过字体的格式化可将字符设置为多种字体，但这远远不能满足文字处理工作中对字形艺术性的设计需求。使用Office提供的创建艺术字工具，可以创建出各种文字的艺术效果，甚至可以把文本扭曲成各种各样的形状或设置为具有三维轮廓的形式。

10.4.1 创建艺术字

在文档中插入艺术字的步骤如下：

01 在“插入”选项卡的“文本”组中单击“艺术字”按钮，在弹出的下拉列表框中选择一种所需要的艺术字样式，如图10.37所示。

02 在弹出的文本框中输入要设置成艺术字的文字，输入完成后，在工作窗口中的其他位置上单击鼠标左键，即可创建艺术字，如图10.38所示。

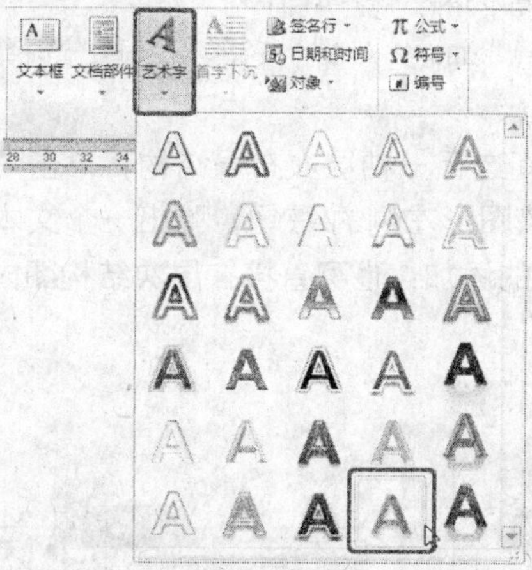

图10.37 选择所需要的艺术字样式

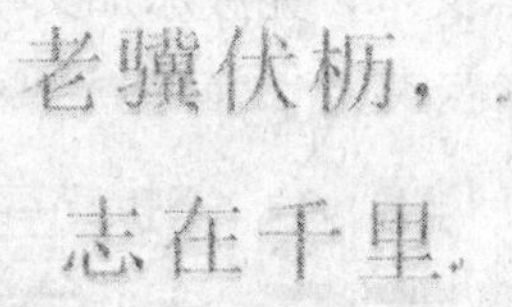

图10.38 创建艺术字

10.4.2 编辑艺术字

艺术字创建好后，用户可根据需要对它进行各种修饰。选中要修改的艺术字，即可打开艺术字格式工具功能区，在此可进行设置艺术字的颜色、线条和大小，设置旋转和文字环绕等操作。

1．更改字体式样或文字效果

如果要改变当前艺术字的效果，可选中艺术字，选择“绘图工具”下的“格式”选项卡，在“艺术字样式”组中单击“文字效果”按钮，在弹出的下拉列表中选择“转换”→“前近后远”选项，在工作窗口中的其他位置上单击鼠标左键，即可更改文字效果，如图10.39所示。用户还可以在弹出的“文字格式”下拉列表中设置其他的文字效果。

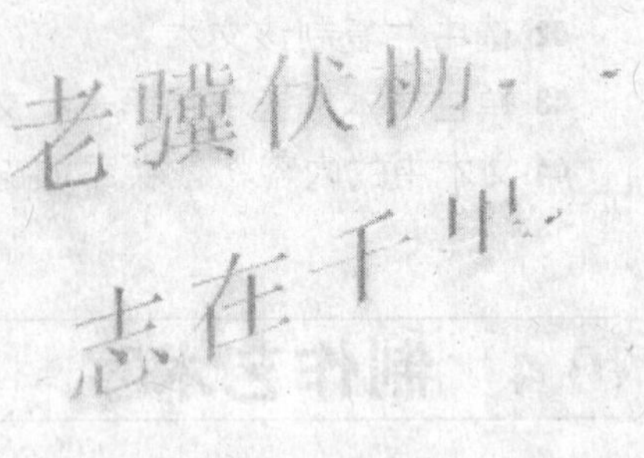

图10.39 改变“艺术字”效果

若要改变当前艺术字的样式，可选择“绘图工具”下的“格式”选项卡，在“艺术字样式”组中单击“快速样式”按钮，在弹出的下拉列表框中选择一种艺术字样式即可。

2. 修改艺术字字体

要修改艺术字的字体，可在艺术字上单击鼠标左键，在弹出的文本框中选择要修改的内容，然后选择“开始”选项卡，在“字体”组中可以设置艺术字的字体。

10.5 插入Smart Art图形和公式

Smart Art图形是信息和观点的视觉表示形式，可快速、轻松、有效地传达信息。Word 2010中新增的Smart Art图形，包括列表、流程、循环、层次结构、关系、矩阵、棱锥图和图片。

下面简单介绍一下Smart Art图形的绘制和编辑方法。具体操作如下。

01 在“插入”选项卡中的“插图”组中单击“Smart Art”按钮，打开“选择Smart Art图形”对话框，如图10.40所示。

02 选择左侧列表框中选择一种类别，从中间选择一种层次布局结构，单击“确定”按钮。在文档中创建如图10.41所示的图形，单击该图形左侧的按钮，弹出一个文本窗格，在该窗格内可直接输入文字，完成层次结构图文字的添加；也可直接在层次结构图内单击“文本”字样输入文本，完成添加文字操作。

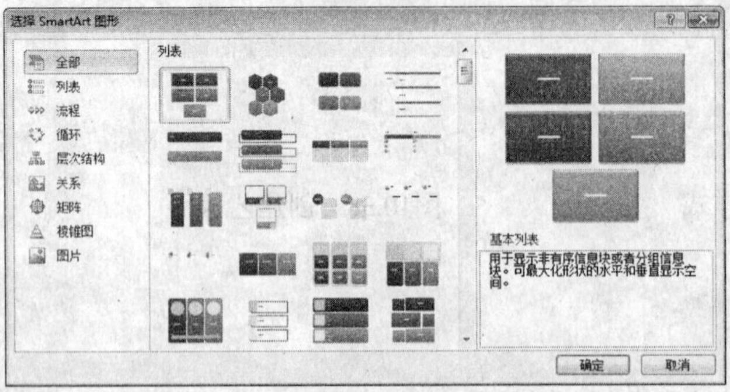

图10.40 “选择Smart Art图形”对话框

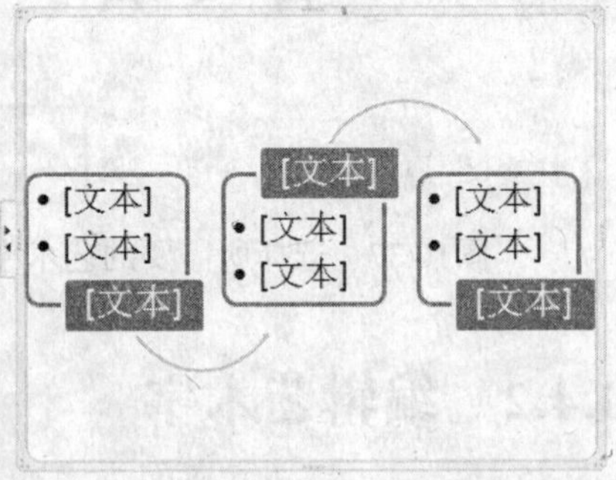

图10.41 创建的层次结构图

利用Office中的“公式”工具，可以方便地插入和编辑数学公式、化学方程式等特殊对象。

要在文档中插入公式，可执行如下步骤：

01 在“插入”选项卡中的“符号”组中单击“公式”按钮右侧的下三角按钮，弹出“公式”下拉列表，在该列表中选择一种所需的公式类型即可。如图10.42所示。

02 若用户要自己创建公式，可在该下拉列表中选择“插入新公式”选项，此时打开“公式工具”下的“设计”选项卡，在此可选择公式的组成元素，如图10.43所示。

03 在公式内容外的文档任意区域单击鼠标，完成公式的创建。要编辑一个已经创建的公式，可单击公式，然后利用“公式工具”下的“设计”选项卡中的工具进行修改即可。

高级文档编辑和排版技术包括在文档中应用样式、设置页眉和页脚、为段落添加编号、创建和使用书签、添加脚注和尾注等，这些编辑功能和排版技术为文字处理提供了强大的支持和帮助。

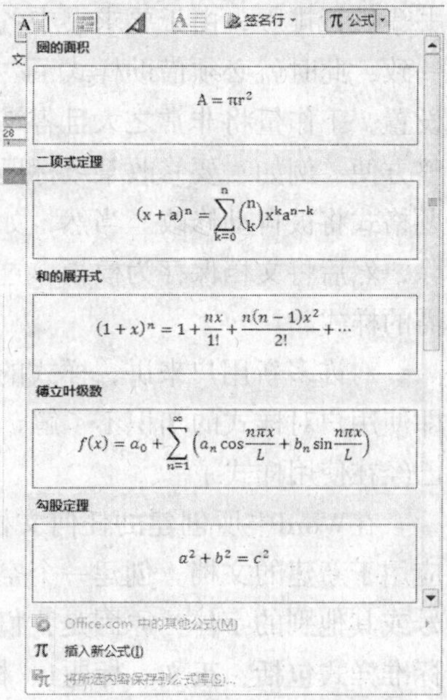

图10.42 “公式”下拉列表

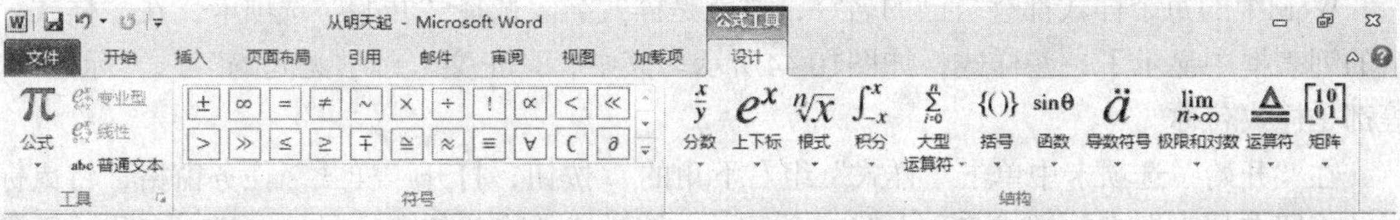

图10.43 “公式工具”下的“设计”选项卡

10.6 应用样式统一文档格式

样式是Word中最强有力的工具之一。理解什么是样式、学会怎样创建、应用和修改样式，对于更好地使用Word是必要的，也是值得的，因为它可以简化操作，节省更多的时间。一个设计好的样式可以重复使用，多人协同完成一个大而复杂的项目时制定一个统一的样式，可以很容易地保持整个文档格式和风格的一致性，并使版面更加整齐、美观。

10.6.1 什么是样式

样式可分为字符样式和段落样式两种。只包含字体、字形、字号、字符颜色等字符格式的样式称为字符样式。字符样式只能应用于字符，设置字符样式的目的是使一些字符区别于其他字符。如本段中为了特别强调“**段落样式**”和“**字符样式**”，将这两个词设置为加粗的效果。段落样式是对整个段落都起作用的样式，包括字体、段落格式、制表符、边框和编号等。段落样式也包含了字符格式信息，比如将一段文字都设置成某种字体，而字符样式不包含关于段落格式的信息。

使用样式的好处在于用户能够准确、迅速地统一文档格式。例如，假定用户正在对一本书籍进行排版，由于要求书中各章的章名、节名格式（包括字体、字号、位置等）必须完全一致，此时就必须借助样式了。否则，如果利用“字体”对话框和“段落”对话框手工进行设置，工作量将非常之大且容易出现前后不一致的情况。使用样式的另一个好处在于格式调整方便，例如，要修改某级标题的格式，用户只要简单地修改样式，则所有采用该样式的标题格式将被自动修改。当然，如果需要的话，用户还可在设置好样式后，将文档中的内容删除，然后将文档保存为模板。这样一来，以后只要使用该模板创建文档，则其中就包含了所需的样式。

对许多新用户来讲，样式的概念似乎有些深奥难懂。其实每一个文档都有自己的样式，即使用户对样式的知识不了解，只要一开始使用Word，哪怕是编辑了一个最简单的文档，就已经在使用样式了。

在Word中所创建的任何文档都是以某一个模板为基础的，Word会自动将该模板的样式应用于新建的文档。创建一个空白文档后，为什么直接输入的文字都是宋体5号而不是黑体3号或其他别的字体？原因是我们正在使用通用模板（Normal）中的样式。通用模板中常用的标准样式包括：正文、标题1、标题2，以及默认段落字体。默认情况下，Word把新段落中的文字都当作正文来处理，这个模板中“正文”的字符样式就是宋体5号。

Word中的每个样式都有自己的名字，这就是样式名。选择“开始”选项卡，在“样式”组的列表框中显示了一些样式，如图10.44所示。其中，“正文”、“无间隔”、“标题1”等都是样式名称。

在“开始”选项卡中单击“样式”组右下角的按钮，打开“样式”任务窗格，将鼠标指针停留在列表框中的样式名称上时，会显示出该样式的格式信息，另外，样式名称后面带 a 符号的是字符样式，带 ↵ 符号的是段落样式，如图10.45所示。

图10.44　样式列表框

图10.45　“样式”任务窗格

10.6.2　应用样式

Word 2010提供了许多预置的样式，并允许用户自行创建或者修改样式。用户在编制文档时，可将那些经常用到的格式归类整理，例如，各级标题、表头、表文、题注等，然后按照要求对已有样式进行修改或创建新样式，以后只要对选中的文本应用这个样式，它所包含的所有格式就立刻被应用到所选的文本中。

应用样式的操作步骤如下：

01 选中要应用样式的段落或字符。

02 选择“开始”选项卡，在“样式”组中单击样式列表框右侧的按钮，弹出如图10.46所示的下拉列表框。

03 要选择更多的样式类型，可在弹出的该下拉列表中选择“应用样式”选项，打开如图10.47所示“应用样式”任务窗格，单击“样式名”文本框右侧的下三角按钮，在弹出的下拉菜单中选择更多的样式。

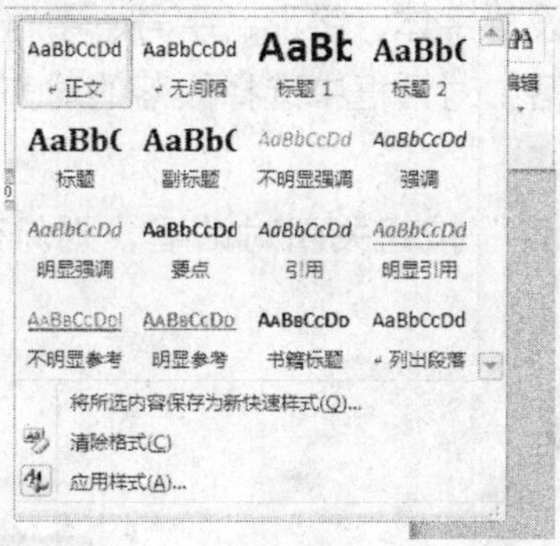

图10.46 “应用样式”下拉列表框

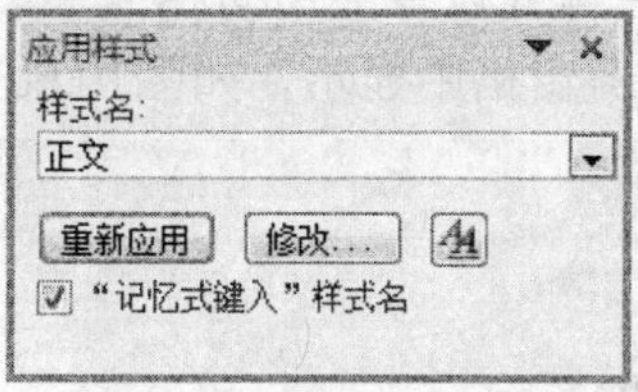

图10.47 “应用样式”任务窗格

10.6.3 创建样式

Word中的样式分为标准样式和自定义样式两类。标准样式是Word中内置的样式，如正文、脚注、各种标题、索引、目录、行号、批注、索引、页码编号以及页眉和页脚等。以最常用的“正文”样式为例，“正文”样式控制文档正文的默认字体、字号、行间距、文本对齐方式、字符间距以及其他的段落格式和字符格式。这些样式对于一般类型的文档是能够满足要求的，对那些标准样式不能满足的特殊排版格式，用户可以根据需要定义自己的样式。

提示 在创建或修改样式时，基本上应遵循如下原则：如果系统已定义了内置样式，但它并不满足自己的要求，则应该对该样式进行修改，而不是创建新样式来取代它。例如，对于各级标题而言，由于将来目录的自动提取是针对内置标题样式而言的。因此，如果在文档中使用的不是内置样式，则将造成无法自动提取目录的问题。

设计一个复杂的样式要花费很多时间。在Word中创建新样式时，可以选择一个最接近用户需要的“基准样式”，然后在此基础上设计新的样式。默认情况下，所有标准样式都以“正文”样式为“基准样式”。因此，如果修改了“正文”样式，其他标准样式中的某些格式也将自动进行修改。

创建样式的具体步骤如下：

01 在“开始”选项卡中单击“样式”组右下角的按钮，打开“样式”任务窗格，单击“新建样式”按钮，打开“根据格式设置创建新样式”对话框，如图10.48所示。

02 在“名称”框中键入新样式的名称，例如：输入名称为新样式。

03 在“样式类型”列表框中选中样式类型（段落或字符）。

04 在“样式基准”下拉框中选择一个可作为创建基准的样式，在“后续段落样式”下拉框中为应用本段落样式的段落后面的段落设置一个默认样式。例如，就本书而言，由于标题后面通常是正文，因此，可在“后续段落样式”下拉列表中选择“正文”。也就是说，当用户将某个段落设置为标题样式后，按回车键，下一段落的样式将为正文样式。

05 在“格式”设置区内设置该样式所包含的文字格式或段落格式。

06 单击“格式”按钮，打开如图10.49所示的下拉菜单，用户可以设置需要的格式。例如，选择“字体”，在打开的“字体”对话框中可设置字体、字形、字号、字符颜色以及一些特殊效果的选项；选择“段落”，可在打开的“段落”对话框中选择段落的对齐方式、首行缩进或悬挂缩进、段落前后的间距和行间距。

07 为新建样式设置完所有格式后，单击“确定”按钮关闭对话框，则新建的样式将会在“样式”任务窗格中显示，如图10.50所示。

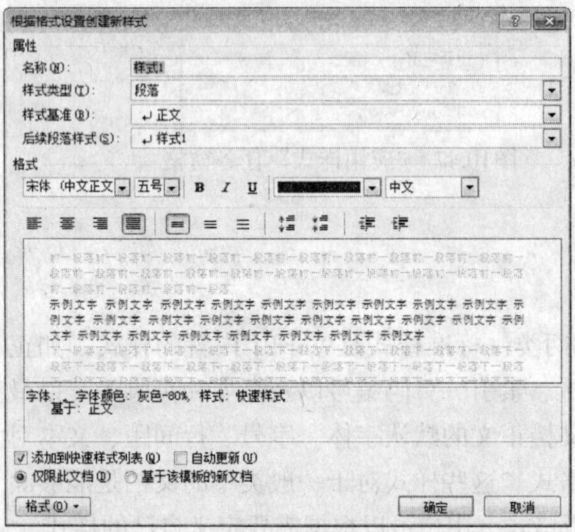

图10.48 “根据格式设置创建新样式”对话框

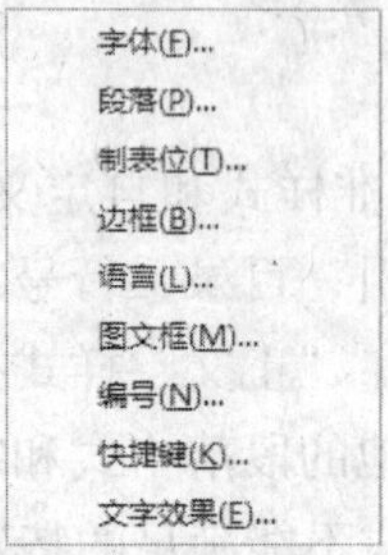

图10.49 “格式”下拉菜单

图10.50 新建的样式

10.6.4 修改样式

在Word中有多种修改样式的方法。用户可以将其他模板（或文档）中的全部或部分样式复制到当前文档或模板中，以修改当前文档或模板中的样式。也可以对当前文档或模板重新套用某个模板中的样式，完全更改一个文档或模板中的样式。此外，通过重新对已存在的文本进行直接格式化等方法，同样可以达到修改样式的目的。

1. 复制样式

如果有一个模板中包括一些设置好的样式，要想在另一个模板中也使用这些设置，可以使用Word的“管理器”，直接将它们复制到要用的模板中，而不必费力去自己创建它们。

单击“样式”任务窗格中的“管理样式”按钮，打开“管理样式”对话框，单击“导入/导出”按钮，打开“管理器”对话框。单击“样式”选项卡，屏幕显示如图10.51所示。在

“样式”选项卡中有两个文档（或模板）的样式列表框。两个样式列表框的上方分别显示文档名或模板名，列表框中则显示出该文档或模板中的全部样式，在“样式的有效范围”中则列出应用框中样式的文档名或模板名。默认情况下，左边列表框中列出的是当前打开的文档或模板中的全部样式。右边列表框中列出的是通用模板的名字“Normal”和模板中的全部样式。

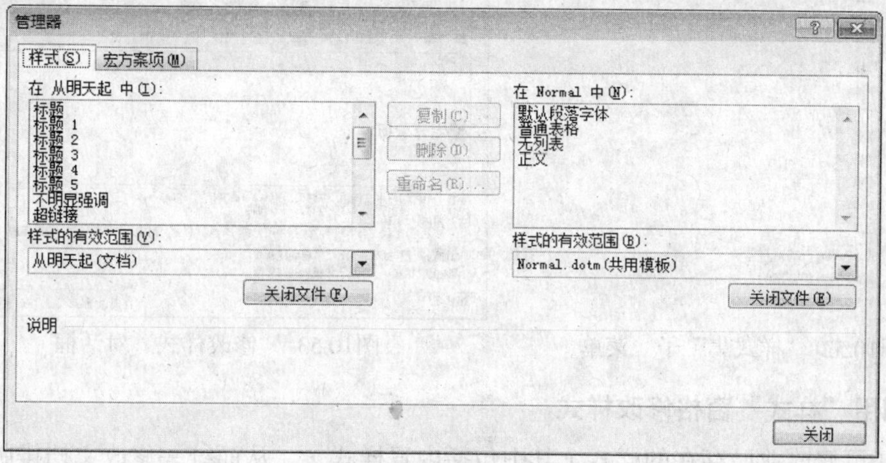

图10.51 “管理器”对话框

利用对话框中的“复制”、“删除”和“重命名”按钮，用户可以把其中一个文档（或模板）中的样式复制到另一个文档（或模板）中去，也可以将文档（或模板）中的一个或多个样式从列表中删除或更改样式的名字。单击样式列表框下的“关闭文件”按钮，可关闭该按钮上方显示的样式列表，此时该按钮变成“打开文件”。用户可以根据需要打开包含要复制样式的源文档和接收样式的目标文档。

在“样式”列表框中，按住Ctrl键不放，再逐个单击要选中的样式，可以同时选中多个样式。利用样式的“管理器”对话框修改样式的操作步骤如下：

01 在原文档样式列表框中选中要复制的样式，单击“复制”按钮，即可将选中的样式复制到接收这些样式的目标文档样式列表中。

02 如果目标文档与源文档中有相同的样式名，Word将询问是否替换重名的样式。用户可根据需要选择“是”或“否”。

03 单击“关闭”按钮即可。

2．应用样式集

如果用户使用模板1创建了文档之后，又发现了另一个样式设计更好的模板2，用户可以通过套用模板2的方法重新格式化该文档，这相当于用模板2生成了这个文档。重新套用样式是将一个模板（文档）中的样式完全地替代另一个模板（文档）中的样式。对一个文档或模板重新套用样式，只有在使用Word的同种类型的模板时才会工作得最好。例如，将一个备忘录模板套用另一个备忘录模板，或将一个个人简历模板套用另一个个人简历模板。重新套用样式的操作步骤如下：

01 选择“开始”选项卡，在“样式”组中单击“更改样式”按钮，在弹出的下拉菜单中选择“样式集”选项，再在弹出的子菜单中选择一种样式，如图10.52所示。

02 选择一种样式后，文档将按照新模板中的样式重新格式化。

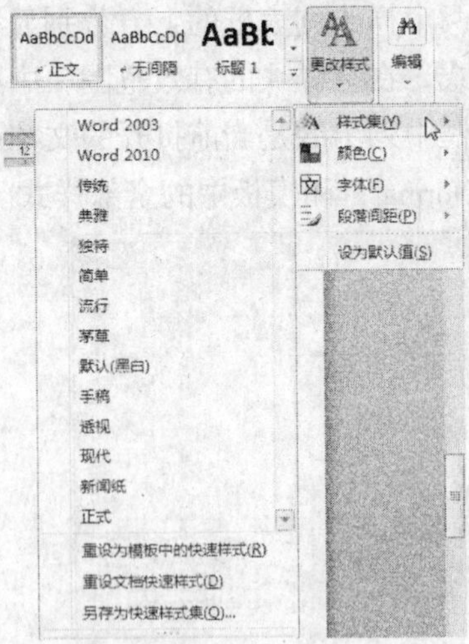

图10.52 “样式集”子 菜单

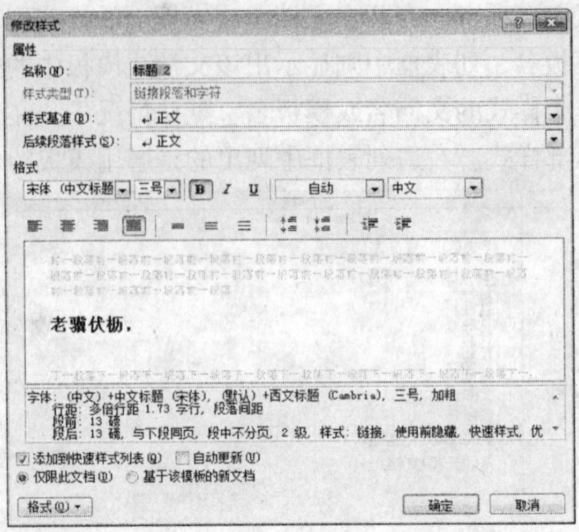

图10.53 “修改样式”对话框

3．利用“样式”窗格修改样式

用户还可修改业已存在的样式（其中包括内置样式），从而统一修改文档排版格式。使用“样式”任务窗格修改样式的步骤如下：

01 在“开始”选项卡中单击“样式”组右下角的按钮，打开“样式”任务窗格。

02 将鼠标移置要修改的样式名称上，单击样式名称右侧下三角按钮，在弹出的下拉菜单中选择“修改”选项，打开如图10.53所示的“修改样式”对话框。

03 在该对话框中可以利用“格式”设置区以及“格式”按钮，修改该样式所包含的文字格式或段落格式。

04 设置完成后，单击“确定”按钮，将“样式”任务窗格关闭即可。

4．删除样式

当文档中不再需要某个自定义样式时，可以从样式表中删除它，而原先文档内使用该样式的段落将改用“正文”样式替换。删除样式的操作步骤如下：

01 打开“样式”任务窗格，将鼠标移至要修改的样式名称上，单击样式名称右侧下三角按钮，在弹出的下拉菜单中选择“删除”选项。

02 在打开的确认对话框中单击“是”按钮即可。

提示 删除某个样式后，文档中所有使用该样式的文本都会恢复成默认的“正文”样式；删除样式时，只能删除自定义的样式，不能删除Word 2010的内置样式。

10.7 使用脚注和尾注

脚注和尾注都不是文档正文，但仍然是文档的一个组成部分。它们在文档中的作用完全相同，都是对文档中文本的补充说明，如单词解释、备注说明或提供文档中引用内容的来源等。脚注位于页面底端，用来说明每页中要注释的内容。尾注一般列于文档结尾处，用来集中解释文档中要注释的内容或标注文档中所引用的其他文章名称。

10.7.1 脚注和尾注

在文档中，脚注和尾注的生成、修改或编辑方法完全相同，不同之处在于它们在文档中出现的位置不同以及尾注不需要分隔符。在一个文档中，可以同时使用脚注和尾注两种形式来注释文本，并在文档的任何部分添加脚注或尾注标记，并给出相应的注释。默认设置下，Word在同一文档中对脚注和尾注采用不同的编号方案。在任何一种视图方式下都可以在文档中添加脚注和尾注。我们仅以脚注为例，讲述如何在文档中插入脚注标记、输入脚注文本以及对脚注的查看和编辑等操作，用户可参阅对脚注的操作来使用尾注。

10.7.2 插入脚注标记

脚注由两个相关联的部分："脚注标记"和"脚注内容"组成。"脚注标记"出现在文本正文中，一般是一个上角标记字符，用来表示脚注的存在，一页中有多个脚注时，可用带有数字的脚注标记表明脚注的序号。脚注标记有两种类型，Word自动设置的符号和编号或用户自定义的符号和编号。插入一个脚注标记的操作步骤如下：

01 单击要插入脚注引用标记的位置。

02 在"引用"选项卡中的"脚注"组中单击"插入脚注"按钮，即可在文档中插入符所在的位置插入一个脚注标记，然后就可以输入脚注了。

10.7.3 键入脚注文本

插入脚注标记后，下一步的工作是输入脚注文本。在不同的视图方式下，输入脚注文本的方式也不同。在"页面"视图中，Word直接把插入符移到当前页末端脚注实际所在的位置，并打开一个"脚注编辑区"。在"草稿"视图中，Word将在文档窗口的下方打开一个如图10.54所示的"注释编辑"窗格。编辑完成后，单击"关闭"按钮，即可关闭脚注编辑窗口。

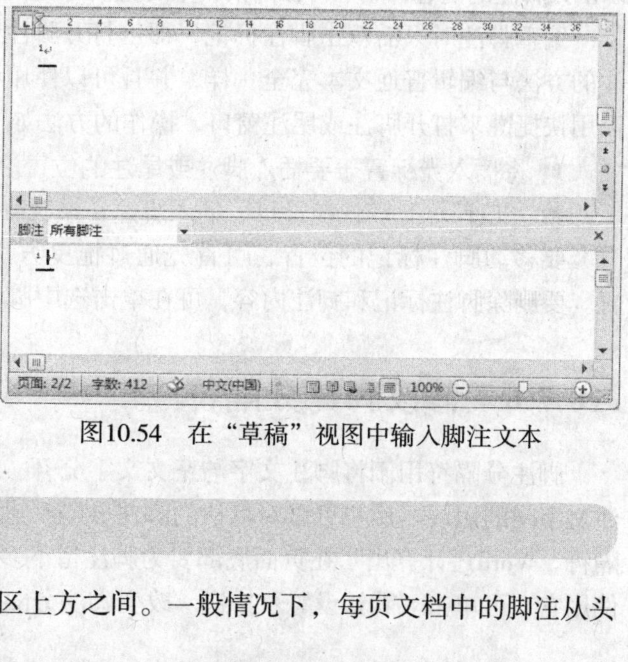

图10.54 在"草稿"视图中输入脚注文本

10.7.4 脚注的位置和编号

默认的脚注区在页面正文之下和页脚区上方之间。一般情况下，每页文档中的脚注从头到尾连续以数字编号。用户可以重新设定脚注区的位置以及编号方式。操作步骤如下：

01 单击“引用”选项卡中的“脚注”组右下角按钮，打开如图10.55所示的“脚注和尾注”对话框。

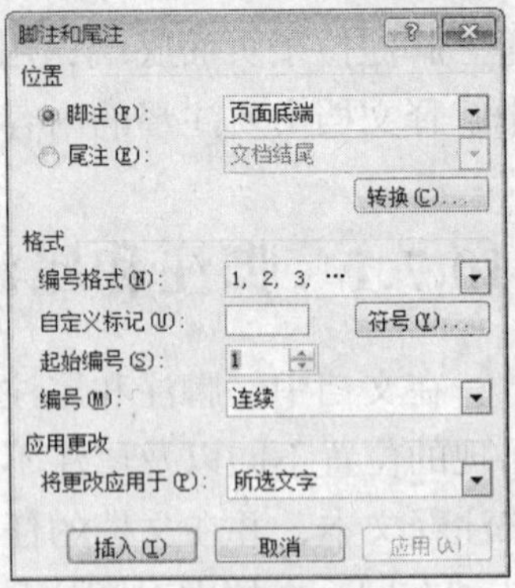

图10.55 “脚注和尾注”对话框

02 单击“脚注”右侧的下三角按钮，在弹出的下拉菜单中可以重新选择脚注的位置。

03 在“编号格式”下拉菜单中，可以选择一种编号格式，用户还可以在“自定义标记”文本框中指定自定义标记。

04 在“起始编号”列表框中指定脚注的起始编号。默认设置是“编号格式”列表框中连续编号的第一个。

05 在“编号”选项中选择一种编号方式：

- 选中“连续”：把整个文档中的脚注从头到尾连续编号。
- 选中“每节重新编号”：每节中的脚注连续编号，不同的节则重新编号。
- 选中“每页重新编号”：每页中的脚注连续编号，不同的页则重新编号。

06 设置完成后，单击“插入”按钮即可。

10.7.5 查看与编辑脚注

脚注像大多数文本一样，通常也需要查看与编辑。查看脚注的方法有多种，在垂直滚动条上单击按钮，在弹出如图10.56所示的列表框中单击“按脚注浏览”按钮，可以很方便地在脚注标记间前后移动，并找到要查看的脚注。将鼠标移动到脚注标记上，Word将在屏幕提示框中显示出该脚注的内容，用户可在阅读文本时直接看到脚注中的注释内容。

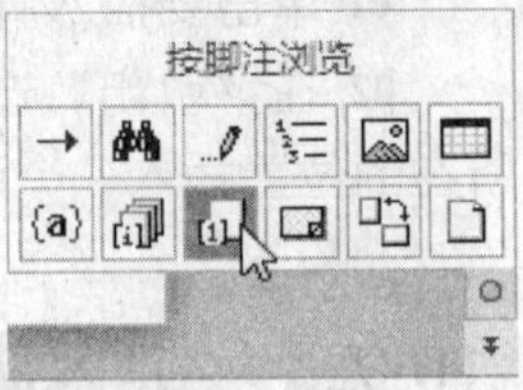

图10.56 单击“按脚注浏览”按钮

编辑脚注时只需双击脚注标记，即可打开脚注编辑窗口。编辑脚注的方法与编辑普通文本完全一样，并且可以使用各种格式来格式化脚注。此外，用户还可以用快捷键来打开脚注或尾注窗口，操作的方法如下：

01 将插入光标置于要插入脚注或尾注的位置。

02 按Ctrl+Alt+F快捷键可以插入脚注；按Ctrl+Alt+D快捷键可以插入尾注。

要移动脚注标记的位置，可首先通过拖曳方法选中该脚注标记，然后将其拖曳到新位置。要删除脚注标记和脚注内容，可在单击选中脚注标记后按Delete键。

10.7.6 修改脚注分隔符

脚注分隔符用于将脚注文字与正文文字分开。默认的脚注分隔符是一段插入在文本和脚注文字间的短线。用户可以对默认的脚注分隔符进行编辑和修改，以建立特别格式的脚注分隔符。Word还计算出了在页面底部要为脚注留下多少空白，如果删掉了默认的分隔线后又想使用它，可单击“默认设置”按钮。改变脚注分隔符的操作步骤如下：

01 切换到草稿视图中。

02 在“引用”选项卡中的“脚注”组中单击“显示备注”按钮，若文档中既包含脚注，也包含尾注，将会打开如图10.57所示的对话框，选择要查看的内容，单击“确定”按钮即可。

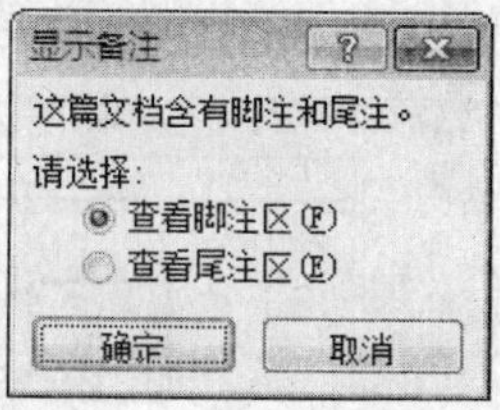

图10.57 “显示备注”对话框

03 打开“注释编辑”窗格，单击“脚注”列表框右侧的下三角按钮，从弹出的列表中选择“脚注分隔符”。

04 修改现有的分隔符或删掉它重新设计一个新的分隔符。

05 设置完成后，单击“关闭”按钮即可。

10.7.7 脚注和尾注的相互转换

有时希望将脚注改成尾注或将尾注转换为脚注，这是可以实现的，这种改变可以在一个注释间进行，也可以在所有的脚注和尾注间进行，操作步骤如下：

01 在草稿视图下，打开“注释编辑”窗格。

02 在“注释窗格”顶端的“所有脚注”或“所有尾注”列表框中选择“所有脚注”或“所有尾注”选项，然后从其下方的列表中选择要转换的注释。

03 将鼠标移向选定的注释，单击鼠标右键，从弹出的一个快捷菜单中选择“转换为脚注”或“转换至尾注”命令即可。

将文档中所有的脚注转换成尾注或将所有的尾注转换成脚注的另一种方法的操作步骤如下：

01 单击“引用”选项卡中单击“脚注”组右下角按钮，打开“脚注和尾注”对话框。

02 单击“转换”按钮，打开如图10.58所示的对话框，其中包括3个单选钮：“脚注全部转换成尾注”、“尾注全部转换成脚注”与“脚注和尾注相互转换”，根据需要进行选择。

03 选择完成后，单击“确定”按钮，返回“脚注和尾注”对话框。单击“关闭”按钮即可。

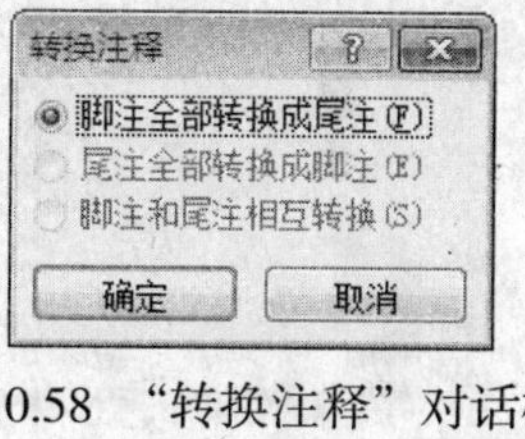

图10.58 “转换注释”对话框

10.8 上机练习

本节将为大家介绍宣传卡、交通标志牌的制作方法。

10.8.1 宣传卡

本例介绍宣传卡的制作，在制作过程中会使用到插入图片、插入文本框、插入艺术字、等应用，具体操作步骤如下：

01 启动Word 2010，在“插入”选项卡中的“插图”组中单击“图片”按钮，在弹出的“插入图片”对话框中选择随书附带光盘中的“素材\Cha10\0.jpg”文件，如图10.59所示。

02 单击“插入”按钮，在弹出的“图片工具”下的“格式”选项卡中，单击“图片样式”组中如图10.60所示的图形样式。

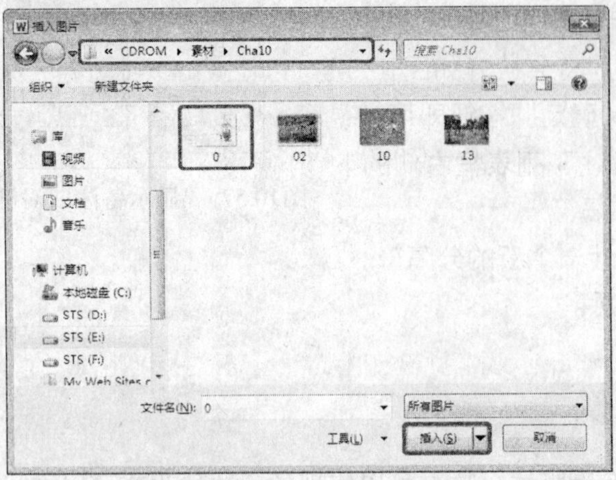

图10.59　在“插入图片”对话框中选择素材文件

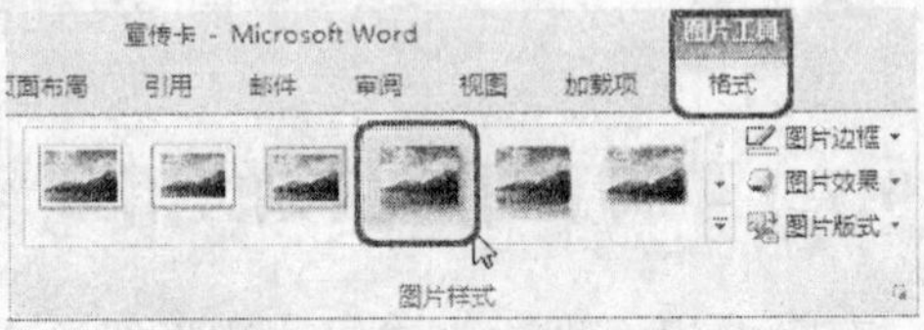

图10.60　选择图形样式

03 选中该图片并右击鼠标，从弹出的快捷菜单中选择“自动换行”→“衬于文字下方”选项，如图10.61所示。并调整该图形的位置。

04 在需要插入图片的位置上单击鼠标左键，在“插入”选项卡中的“插图”组中单击“图片”按钮，在弹出的“插入图片”对话框中选择随书附带光盘中的“素材\Cha10\13.jpg”文件，单击“插入”按钮，并调整图片的大小，如图10.62所示。

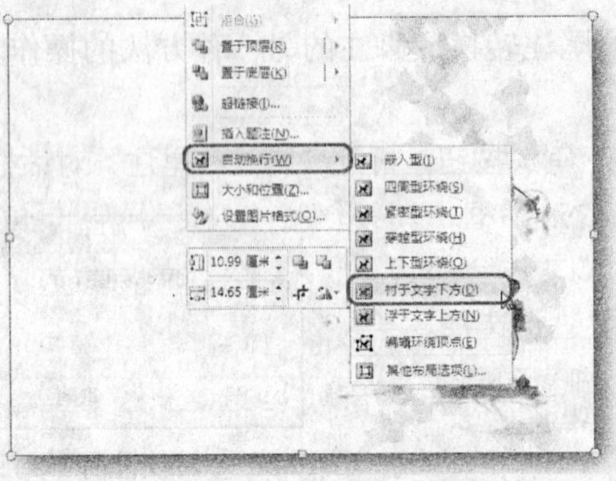

图10.61　选择“衬于文字下方”选项

图10.62　插入图片

05 将插入的图片选中，选择“图片工具”下的“格式”选项卡，单击“图片样式”组中如图10.63所示的图片样式。

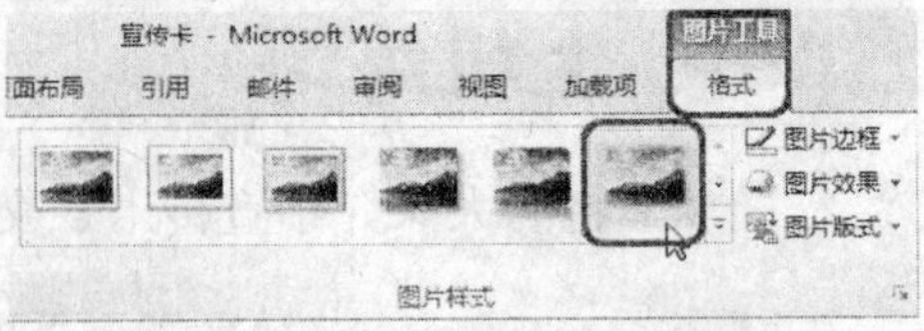

图10.63　选择图片样式

06 以同样的方法将10.jpg素材图形插入，调整图片的大小，将该图片选中，选择“图片工具”下的“格式”选项卡，在“图片样式”组中单击图片样式列表框右侧的下三角按钮，在弹出的下拉列表中选择如图10.64所示的图片样式。

07 将鼠标移至该图形上方的绿色的旋转控制点，当鼠标将变为↻形状时，向右拖曳鼠标，对该图形进行旋转，如图10.65所示。

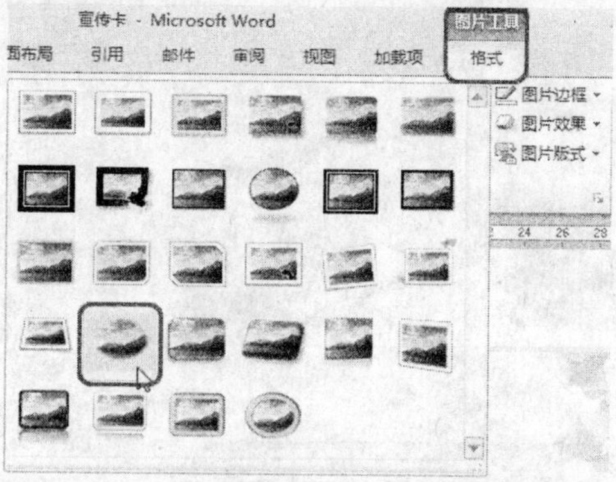

图10.64　选择图片样式

图10.65　旋转图形

08 选择“插入”选项卡，在“文本”组中单击“艺术字”按钮，在弹出的下拉列表中选择如图10.66所示的艺术字。

09 在弹出的文本框中输入文字，将输入的文字选中，选择“开始”选项卡，在“字体”组中单击“字体”右侧的下三角按钮，在弹出的下拉菜单中选择“方正舒体”，再单击“字号”右侧的下三角按钮，在弹出的下拉菜单中选择“小二”，并调整文本框的大小及位置，如图10.67所示。

10 将文本框中的文字进行选中，选择“绘图工具”下的“格式”选项卡，在“艺术字样式”组中单击“文本填充”右侧的下三角按钮，在弹出的下拉列表中选择“其他填充颜色”选项，弹出如图10.68所示的“颜色”对话框。

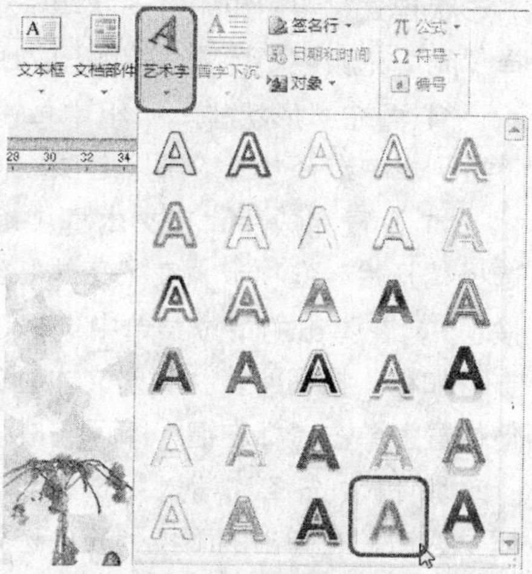

图10.66　选择艺术字

图10.67　设置字体

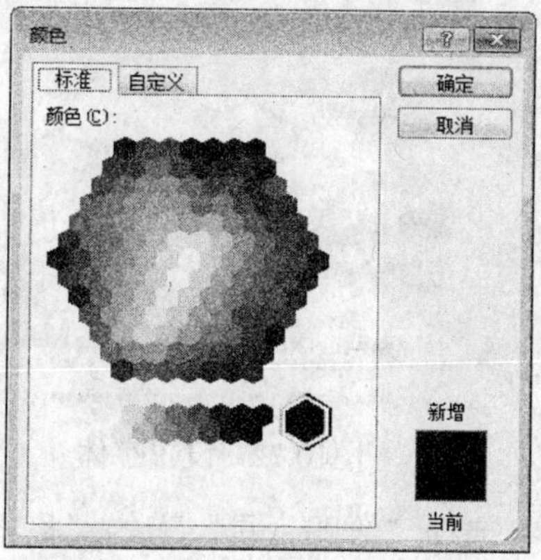

图10.68　“颜色”对话框

11 在“颜色”对话框中选择“自定义”选项卡，在“绿色”文本框中输入96，单击“确定”按钮，如图10.69所示。

12 在工作窗口中的其他位置上单击鼠标左键，然后选择“插入”选项卡，在“文本”组中单击“文本框”按钮，在弹出的下拉列表中选择“绘制文本框”选项，在图形中绘制一个如图10.70所示的文本框。

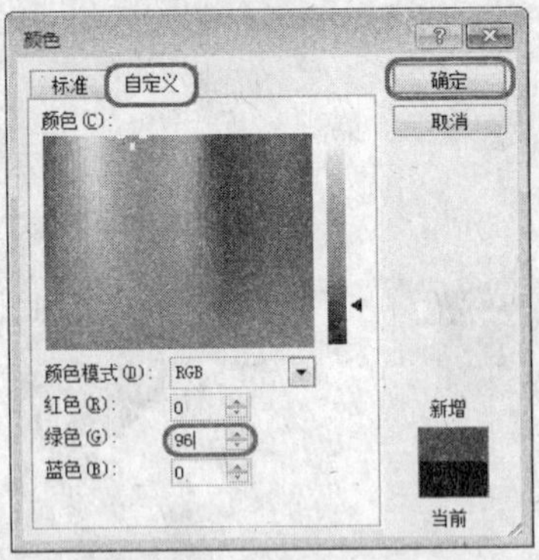

图10.69　设置填充颜色

图10.70　绘制文本框

⑬ 绘制完成后，选择“绘图工具”下的“格式”选项卡，在“形状样式”组中单击“形状填充”按钮，在弹出的下拉列表中选择“无填充颜色”选项，如图10.71所示。

⑭ 再在“形状样式”组中单击“形状轮廓”按钮，在弹出的下拉列表中选择“无轮廓”选项，将文本框设置为无轮廓。

⑮ 设置完成后，在文本框中输入文字，并将文字进行选中，选择“开始”选项卡，在“字体”组中单击“字体”右侧的下三角按钮▾，在弹出的下拉菜单中选择“楷体”，再在“字体”组中单击“加粗”按钮B，并调整文本框的位置与大小，在工作窗口的其他位置上单击鼠标左键，即可完成设置，如图10.72所示。

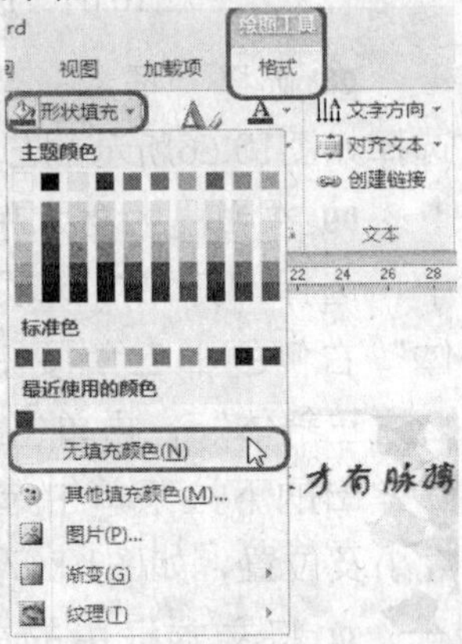

图10.71　选择“无填充颜色”选项

⑯ 再次选择“插入”选项卡，在“文本”组中单击“文本框”按钮，在弹出的下拉列表中选择“绘制文本框”选项，在工作窗口中绘制一个文本框，如图10.73所示。

图10.72　设置字体

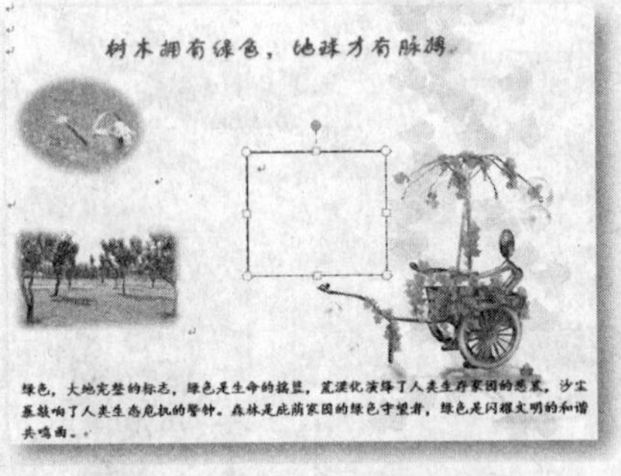

图10.73　绘制文本框

⑰ 选择“绘图工具”下的“格式”选项卡，在“形状样式”组中单击“形状填充”按钮，在弹出的下拉列表中选择“图片”选项，在弹出的“插入图片”对话框中选择随书附带光盘中的“素材\Cha10\02.jpg”文件，如图10.74所示。

⑱ 单击“插入”按钮，再在“形状样式”组中单击“形状轮廓”按钮，在弹出的下拉列表中选择“无轮廓”选项，并调整文本框与其他图形的位置，在工作窗口中的其他位置上单击鼠标左键即可，完成后的效果如图10.75所示。

⑲ 单击“快速访问工具栏”上的“保存”按钮，对完成后的文档进行保存即可。

图10.74 插入素材图形

图10.75 完成后的效果

10.8.2 制作交通标志牌

本例介绍如何绘制交通标志牌，在绘制的过程中会使用到同心圆等图形的绘制，具体操作步骤如下：

01 启动Word 2010，选择“插入”选项卡，在“插图”组中单击“形状”按钮，在弹出的下拉列表中选择“上箭头”选项，如图10.76所示。

02 在工作窗口中单击鼠标左键并向右下方拖曳，在合适的位置上释放鼠标，即可绘制一个向上的箭头，如图10.77所示。

03 在图形左侧的黄色控制点上单击鼠标左键，向下拖曳鼠标，调整箭头的大小，如图10.78所示。

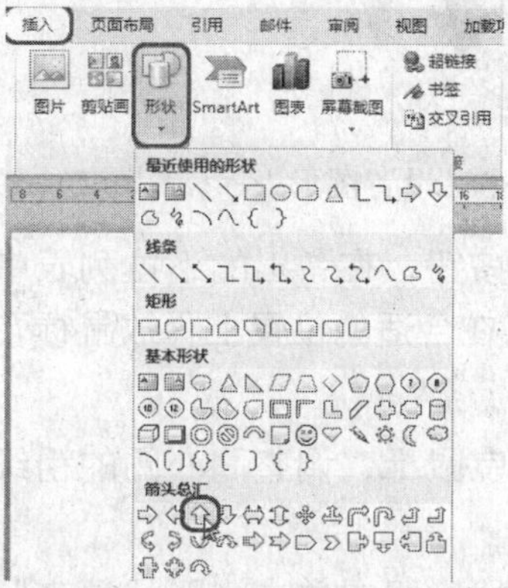

图10.76 选择“上箭头”选项

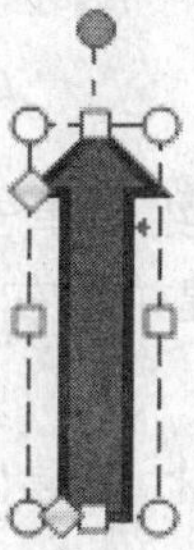

图10.77 绘制图形

图10.78 调整箭头的大小

04 选择“绘图工具”下的“格式”选项卡，在“形状样式”组中单击“形状填充”按钮，在弹出的下拉列表中选择“红色”，如图10.79所示。

05 再在“形状样式”组中单击“形状轮廓”按钮，在弹出的下拉列表中选择“无轮廓”选项，将该图形设置为无轮廓。

06 选择“插入”选项卡，在“插图”组中单击“形状”按钮，在弹出的下拉列表中选择“下箭头”，在工作窗口中单击鼠标左键并向右下方拖曳，在合适的位置上释放鼠标，即可绘制一个向下的箭头，如图10.80所示。

07 在图形左侧的黄色控制点上单击鼠标左键，向上拖曳鼠标，调整箭头的大小，如图10.81所示。

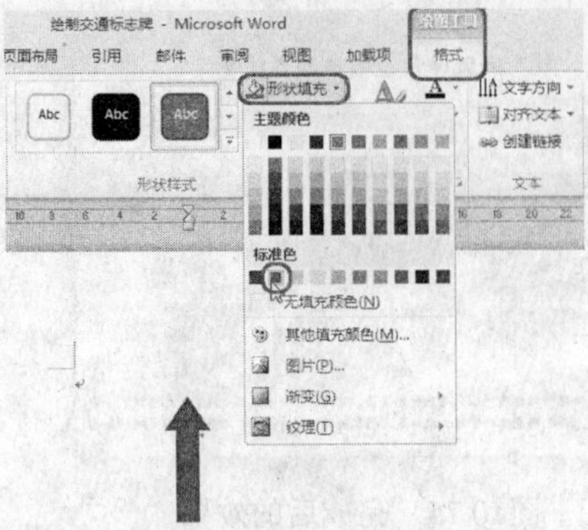

图10.79 选择填充颜色

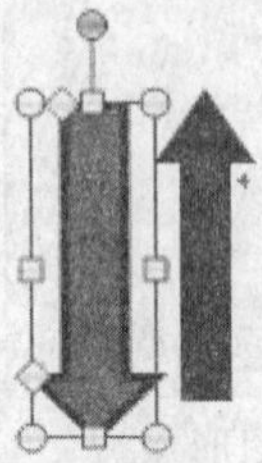

图10.80 绘制图形

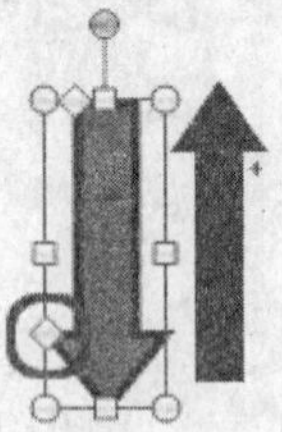

图10.81 调整箭头的大小

08 选择“绘图工具”下的“格式”选项卡，在“形状样式”组中单击“形状填充”按钮，在弹出的下拉列表中选择“黑色，文字1”，如图10.82所示.

09 再在“形状样式”组中单击“形状轮廓”按钮，在弹出的下拉列表中选择“无轮廓”选项，在工作窗口中的其他位置上单击鼠标左键，即可完成对该图形的设置，如图10.83所示。

图10.82 选择填充颜色

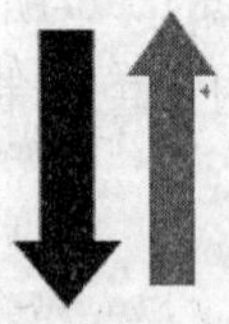

图10.83 设置图形

10 选择“插入”选项卡，在“插图”组中单击“形状”按钮，在弹出的下拉列表中选择“同心圆”，在工作窗口中单击鼠标左键并向右下方拖曳，在合适的位置上释放鼠标，即可绘制一个同心圆，如图10.84所示。

11 在图形左侧的黄色控制点上单击鼠标左键，向左侧拖曳鼠标，调整同心圆的粗细，并调整其位置，如图10.85所示。

12 选择“绘图工具”下的“格式”选项卡，在“形状样式”组中单击“形状填充”按钮，在弹出的下拉列表中选择“红色”，再单击“形状轮廓”按钮，在弹出的下拉列表中选择“无轮廓”选项，在工作窗口中的其他位置上单击鼠标左键，即可完成对该图形的设置，如图10.86所示。

图10.84 绘制同心圆

图10.85 调整同心圆的粗细

图10.86 设置同心圆

⑬ 再在工作窗口中绘制一个矩形，并将其“形状填充”设置为“橙色”，选中该图形并右击鼠标，在弹出的快捷菜单中选择“置于底层”选项，如图10.87所示。

⑭ 选择“插入”选项卡，在“文本”组中单击“文本框”按钮，在弹出的下拉列表中选择“绘制文本框”选项，在工作窗口中绘制如图10.88所示的文本框。

⑮ 选择“绘图工具”下的“格式”选项卡，在“形状样式”组中设置文本框的“形状填充”为“无填充颜色”，并设置“形状轮廓”为“无轮廓”，在该文本框中输入文字，并将文字选中，选择“开始”选项卡，在“字体”组中单击“字号”右侧的下三角按钮，在弹出的下拉菜单中选择“二号”，调整该文本框的位置及其大小，并在工作窗口中的其他位置上单击鼠标左键，即可完成对文字的设置，效果如图10.89所示。

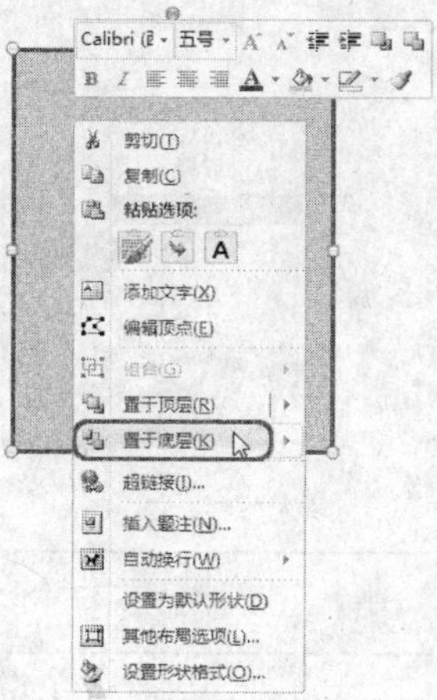

图10.87　选择“置于底层”选项

图10.88　绘制文本框

图10.89　完成后的效果

⑯ 单击“快速访问工具栏”上的“保存”按钮，对完成后的文档进行保存。

10.9 习题

1. 填空题

（1）如果用户对绘制出来的图形不满意，可以利用图形的“______”或在“______”下的“______”选项卡中的“______”组中改变图形的尺寸。

（2）用户可以很方便地在Word文档中插入图片，图片可以是______、______或______。

（3）将文字或图像放入文本框后，可以进行一些特殊的处理，如______、或______实现在不同的版面移动文本。

2. 简答题

（1）如何调整图形之间和图形与文字之间的叠放次序？

（2）如何制作文本框的链接和流动式排版？

（3）如何为脚注和尾注做相互转换？

第11章 长篇文档的处理

本章要点

本章主要介绍了Word 2010在处理长文档方面的应用，如使用大纲视图来组织文档，使用主控文档组织多个子文档，在文档中标记和提取索引项，为文档编制目录等。

本章内容主要包括

- 使用大纲视图组织文档
- 使用主控文档
- 标记和提取索引
- 编辑目录

go>>

11.1 使用大纲视图组织文档

大纲视图最适合编写和修改具有多层标题的文档，使用“大纲视图”不仅可以直接编写文档标题、修改文档大纲，还可以很方便地重新组织一个已经存在的文档。

大纲视图提供了一种强有力的方法来查看文档的结构以及重新安排文档中标题的次序，但前提是必须使用特定的样式把文档组织成一个由主标题和子标题构成的层次结构。

11.1.1 在大纲视图方式下创建新文档

要开始一个长文档的写作，首先应单击状态栏中的“大纲视图”按钮，切换到大纲视图方式，然后依次输入每一个标题。标题应单独占一行，并用Enter键换行如图11.1所示。

用内建的标题样式或大纲级别格式化文档后，用户就可以在大纲视图方式下组织文档了。在大致构建出文档大纲之后，可切换到草稿视图方式或页面视图方式下，输入文本、图形，直到结束文档的写作。

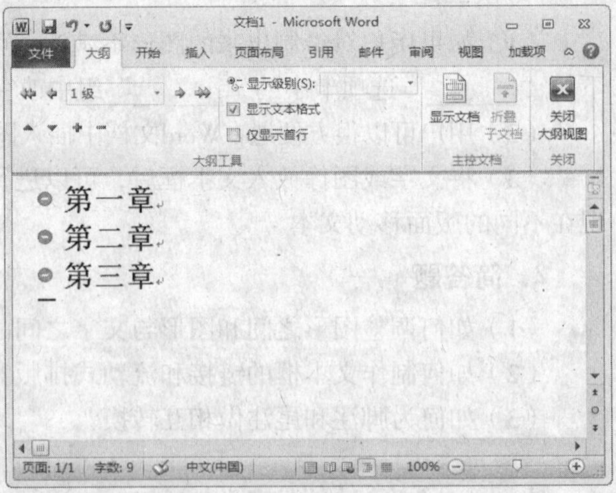

图11.1 大纲视图下的文档

11.1.2　大纲视图显示控制

在大纲视图模式下，利用大纲选项卡中的工具，可控制大纲视图的显示。各工具的意义如下：

- 显示级别(S):：控制显示的标题级别。单击右侧的下拉按钮，在弹出的下拉菜单中可以选择要显示的标题级别，所选级别及所有更高的级别都将可见。
- ☑ 显示文本格式：勾选该复选框可以控制是否显示文本格式。
- ☐ 仅显示首行：勾选该复选框将只显示各段落的首行文字。
- +：单击该按钮可以展开所选标题下的文字。
- −：单击该按钮可以折叠所选标题下的文字。

此外，当标题下方有次级标题或正文内容时，标题前面的⊖号会变为⊕号，双击各级标题前面的⊕符号也可展开或折叠标题下的文字。

11.1.3　选中标题或段落

如果要选中一个标题以及该标题下的各级子标题和正文，可将鼠标指向标题左边的⊕符号，待鼠标变成✥形状时单击鼠标左键，即可选中该标题以及标题下的各子集标题和正文，如图11.2所示。将鼠标移到某个正文段落左边的●符号上，当鼠标变成✥形状时单击鼠标左键。

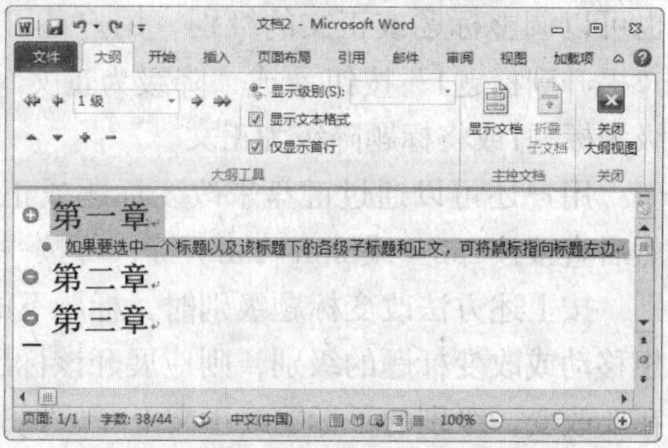

图11.2　选中标题以及标题下的正文

如果在大纲视图方式下只选择一个段落，可以把鼠标指向该标题的左侧，待鼠标指针变成向右的箭头↗时单击。用这种方法可以只选中一个标题而不包括它下面的子标题和正文，或只选中一个正文段落。

11.1.4　平级移动标题

大纲视图非常适合文档的重新组织。因为在大纲视图中移动或复制标题时，可以将该标题下的所有下级标题及正文文本一起移动或复制，这使得重新安排各级标题的次序变得十分方便。在不改变标题级别的情况下，可平级移动标题及其内容，操作步骤如下：

01 将鼠标移到一个标题前的⊕号或一个正文段落前的●符号上。

02 当鼠标指针变成✥形状时，向上或向下拖曳该标题或正文段落，拖曳时会出现一条带箭头的水平线，如图11.3所示。

03 将该标题或正文段落拖至新的位置上，释放鼠标，即可移动所选的标题或正文。

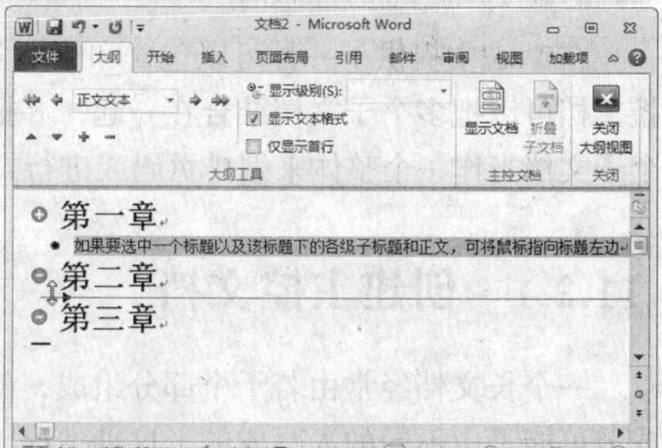

图11.3　向下拖曳鼠标时出现的水平线

此外，将光标定位在某个标题或段落中，然后在“大纲”选项卡中的“大纲工具”组中单击“上移”按钮或“下移”按钮，也可上下移动标题及其下面的内容。

11.1.5 改变标题（或正文）级别

在大纲视图中，通过提升或降低一个标题及其子标题和正文的级别，可以更方便地重新组织文档。如果要把某个标题降（或升）一个级别，首先应将鼠标移到标题的左侧，待鼠标变成✥形状时，按下鼠标并向右（左）拖曳符号，待出现一条垂直线后释放鼠标，即可完成改变标题或正文的级别，如图11.4所示。

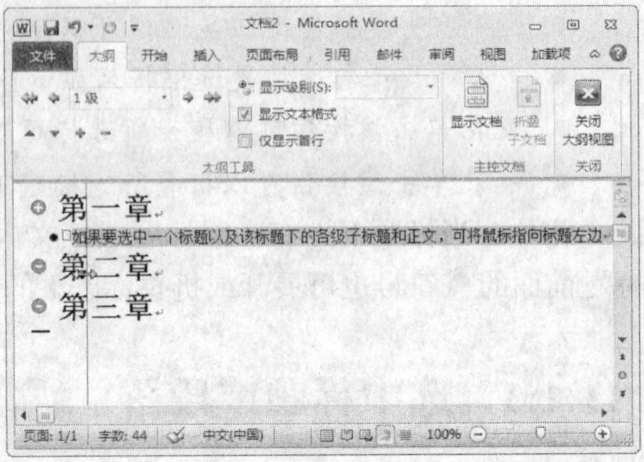

图11.4 向右拖曳鼠标时出现的垂直线

此外，将光标定位在要升级或降级的段落中，通过在“大纲”选项卡中的“大纲工具”组中单击“升级”按钮或“降级”按钮，也可以调整标题或正文的级别，用户还可以在“大纲”选项卡中的“大纲工具”组中单击“提升到标题1”按钮或“降级为正文”按钮，通过这两个按钮可以将子标题和正文升级为标题1或将标题降级为正文。

用户还可以通过键盘来改变标题或正文的级别，将鼠标放置在要改变级别的标题上，然后直接按Tab（或Shift+Tab）键，每按一次Tab（或Shift+Tab）键，标题就降（升）一个级别。按上述方法改变标题级别时，标题下的子标题及正文也同时被移动或改变级别。如果只想移动或改变标题的级别，则应展开该标题，显示被折叠的子标题和正文，然后将鼠标放置在要改变，级别的子标题或正文上，按Tab（或Shift+Tab）键来改变其级别。

提示 大纲视图模式下，Tab键用于把标题降级。如果要在文档中插入一个制表位，不能按Tab键，而要按Ctrl+Tab快捷键。

11.2 主控文档的使用

在Word中提供了一种可以包含和管理多个“子文档”的文档，这就是主控文档。使用主控文档可以把多个子文档结合在一起，并把它们当作一个文档来处理，如使用主控文档将多个子文档当作一个整体来编排页码或进行打印等。

11.2.1 创建主控文档

一个长文档经常由若干个部分组成，例如一本书可能由多个章和节组成，这些不同的章或节可能是由不同的人写成的。这种情况下很可能会出现风格与格式上的不一致或内容上的重复。使用主控文档可以把一本书的所有章、节组合成一个文档，用户可以统一设置该书的章、节标题格式，以及正文、题注、交叉引用等格式。

主控文档中的子文档可以在同一个磁盘上，也可以分布在网络的任何地方。创建一个主控文档后，用户可以像打开一个普通文档一样打开主控文档，每一个子文档的作者依然可以独立地对子文档进行编辑，只是在打开子文档时，必须先切换到“大纲”视图方式。主控文档本身也是一个文档，不管用户编辑的是一个子文档还是主控文档的一部分，所有的修改都被保存下来，对主控文档进行定期的汇编是必须的，也是非常有益的。

1. 创建一个新的主控文档

用户可以在开始创建文档时，直接将文档创建为主控文档。即首先创建一个新的主控文档，并创建出文档的标题，然后将这些标题分配给若干个子文档。操作步骤如下：

01 创建一个新文档，并切换到“大纲视图”模式。

02 在该文档中，用适当的标题样式创建一个文档大纲（即标题），并用内建的标题样式或大纲级别对各级标题格式化。

03 选择要设置为子文档的标题，在“大纲”选项卡中的“主控文档”组中单击“显示文档”按钮，在展开“主控文档”组中单击“创建”按钮，则该标题被设置为一个子文档，这个标题的样式成为子文档的起始标题样式。Word用一个线框来标识该子文档，以区别主文档中的内容和其他子文档，屏幕显示如图11.5所示。用户可以根据所选择的内容逐个建立所有的子文档。

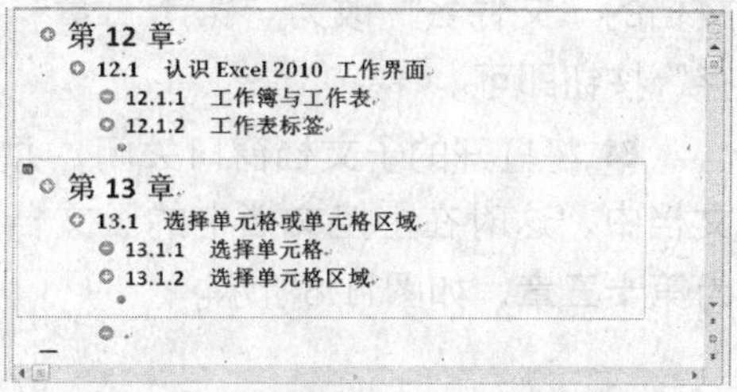

图11.5 创建主控文档和子文档

04 设置了子文档后，该文档即变成一个主控文档。在保存新建的主控文档时，将打开“另存为”对话框，用户可指定保存该主控文档的文件名。单击“保存”按钮，Word将自动保存主控文档和所有创建的子文档，并以子文档的第一行文本作为子文档的文件名。

2. 把一个已有的文档转换为主控文档

把一个已有的文档转换为主控文档的步骤如下：

01 打开该文档，并切换到“大纲”视图模式。

02 用内建的标题样式或大纲级别对标题进行格式化。

03 选中要作为子文档的那部分大纲，在“主控文档”组中单击“创建”按钮即可。

04 单击“文件”按钮，在打开的列表中选择“另存为”，可将转换后的主控文档换名保存，而不破坏原来的文档。如果选择“保存”按钮，原先的文档被新生成的主控文档覆盖。

3. 给子文档重新命名

在主控文档中创建子文档时，Word用子文档的第一行文本给子文档命名。为了便于记忆和维护，可以给子文档重新命名。要给子文档重新命名，不能使用操作系统提供的资源管理器或者MS-DOS。否则，主控文档将无法找到或识别子文档。给子文档重新命名的操作步骤如下：

01 打开主控文档，将其切换到大纲视图模式，如图11.6所示。

02 按住Ctrl键单击要重新命名的子文档的超级链接，如图11.7所示，Word将打开这个子文档。

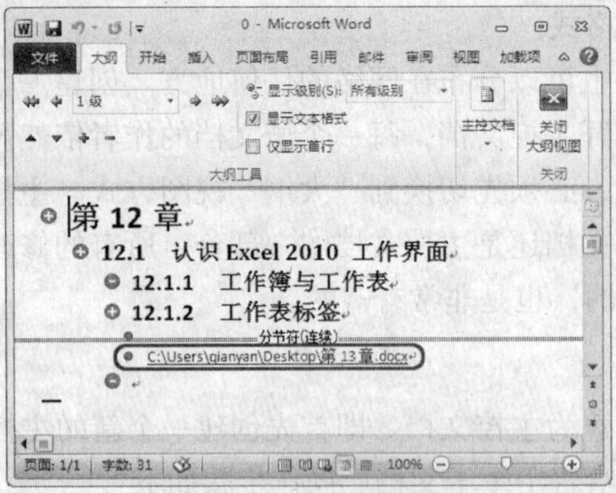

图11.6　打开的主控文档

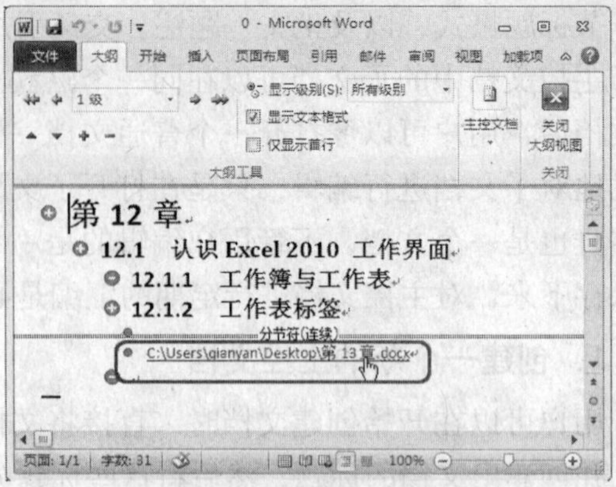

图11.7　单击子文档的超链接

03 单击“文件”按钮，在打开的列表中选择“另存为”，在弹出的“另存为”对话框中将子文档的“文件名”改为“第十三章”，单击“保存”按钮即可。

04 将打开的子文档窗口关闭，并返回到主控文档中，这时在主控文档中的子文档的名称已改为第十三章，如图11.8所示。

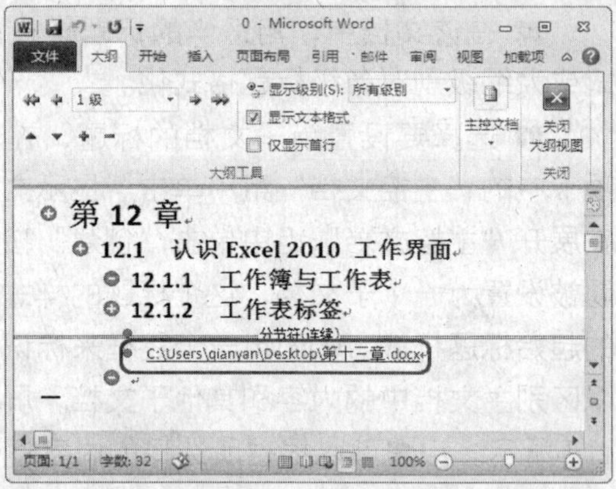

图11.8　更改后的主控文档

11.2.2　主控文档中的编辑操作

主控文档和每个子文档可以使用同一个模板，以实现统一组织内容、统一设置文档格式、统一编排整个文档的目录、索引或交叉引用等有关内容，但这并不是说子文档不能有自己的格式。每个子文档可以使用与主控文档不同的模板，或者单独设置子文档的格式。因为在每个子文档的前后都插入了分节符，每个子文档既然属于不同的节，自然就可以设置属于自己的格式。在操作主控文档时，千万不要随便删掉分节符。否则可能会将不同文档合并在一起并且产生奇怪的结果。如果一个子文档包含想要合并的节，打开它将分节符删掉。

用户可以使用常规的编辑操作修改子文档的内容。要编辑主控文档，或在主控文档内重新组织子文档，主要有以下几种操作。

1. 展开、折叠或移动子文档

在一个主控文档中，子文档和子文档之间是用分节符隔开的。默认情况下，每个子文档都处于折叠状态，并且以超级链接的形式显示文档的名称。这时子文档的正文是看不到的，用户可以在“大纲”选项卡中的“主控文档”组中单击“展开子文档”按钮，可以展开或折叠所有的子文档。

如果要在主控文档中移动子文档的位置，在“大纲”选项卡中的“主控文档”组中单击“显示文档”按钮，单击该子文档前面的图标▤可选中整个子文档，用鼠标拖曳子文档到新的位置即可。如果只是要移动或复制子文档中的部分内容，则要展开所有的子文档后，切换到普通视图或页面视图方式下，然后按照常规的方法移动或复制文本即可。

2．编辑单个子文档

在主控文档视图中，可对某个子文档进行单独编辑。操作步骤如下：

01 打开主控文档，并切换到大纲视图模式，在“大纲”选项卡中的“主控文档”组中单击“显示文档”按钮。

02 将插入符移至要进行编辑的子文档前面的图标上。

03 双击该图钮，Word将单独打开这个子文档，用户可以像编辑一般文档一样对子文进行编辑。

04 编辑完毕后，单击“保存”按钮，将子文档进行关闭，返回到主控文档即可。

3．锁定或解锁子文档

Word不允许多个用户同时对一个文档进行读写编辑。如果某个用户正在对一个储存在网络上的主控文档进行读写编辑，则当其他网络用户要打开该文档时，Word将打开如图11.9所示的消息框，用户可以选择以副本方式、只读方式或通知方式打开该文档，但不能编辑和修改该文档。当主用户关闭这个主控文档后，Word会立即“通知”最先以通知方式打开该主控文档的用户，并同时将该文档的读写编辑权“移交”给这个新用户，如图11.10所示。在Word中，虽然不允许多个用户同时对主控文档进行读写编辑，但允许其他用户打开或修改这个主控文档中没有被打开的子文档。

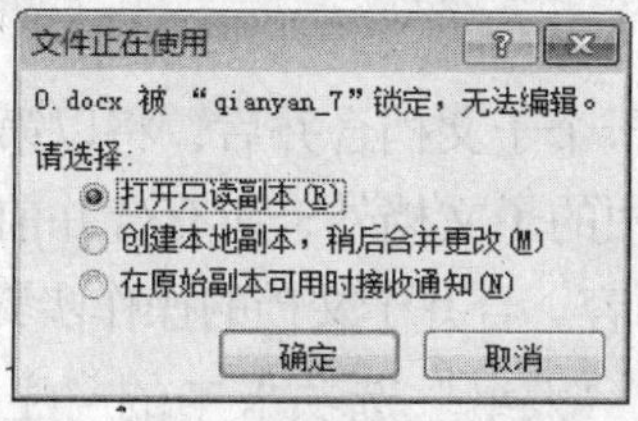

图11.9 “文件正在使用”消息框

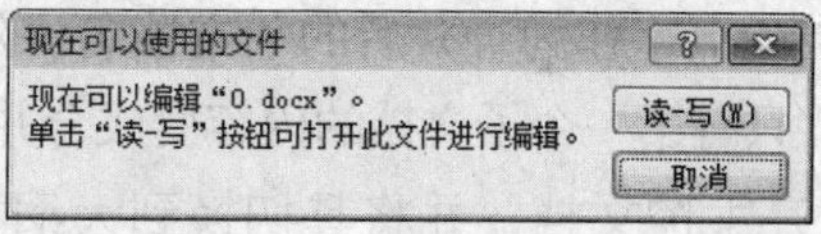

图11.10 “现在可以使用的文件”消息框

处于折叠状态的子文档总是被锁定的。解除或锁定子文档的操作步骤如下：

01 打开主控文档，并切换到大纲视图模式，在“大纲”选项卡中的“主控文档”组中单击“显示文档”按钮。

02 再在“主控文档”组中单击“展开子文档”按钮，展开所有子文档。

03 单击要解锁或锁定的子文档前的图标，选中该子文档。

04 再在“主控文档”组中单击“锁定文档”按钮，当其处于按下状态时表示锁定该子文档，使其处于弹起状态则表示解除锁定。

4．在主控文档中添加子文档

当用户创建了一个主控文档后，可以将已有的Word文档转换成子文档直接插入到主控文档中，操作步骤如下：

01 打开主控文档，并切换到大纲视图模式。

02 单击“展开子文档”按钮展开所有子文档。

03 将插入符移至要插入子文档的位置。

04 在“大纲”选项卡中的“主控文档”组中单击“显示文档”按钮，再在“主控文档”组中单击“插入”按钮，打开“插入子文档”对话框，如图11.11所示。

05 在该对话框中选择要插入的文档，单击“打开”按钮，则该文档作为一个子文档被插入到主控文档中的插入符位置。

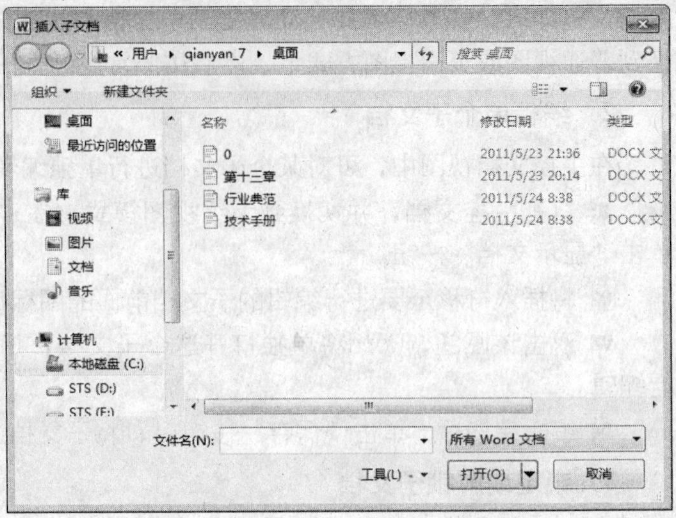

图11.11 “插入子文档”对话框

5. 拆分子文档

使用“主控文档”组中的“拆分”按钮，可以将一个子文档拆分成两个子文档。拆分后的文档以各自的第一行文本为新的子文档名。拆分子文档的操作步骤如下：

01 打开主控文档，并切换到大纲视图模式，在“大纲”选项卡中的“主控文档”组中单击“显示文档”按钮，再在“主控文档”组中单击“展开子文档”按钮，展开所有的子文档。

02 选择要拆分为新的子文档的标题，在“大纲”选项卡中的“主控文档”组中单击“拆分”按钮，即可完成拆分。

6. 合并子文档

在Word中可以将多个子文档合并为一个子文档。将若干个子文档合并后，将以第一个被选中的子文档的名字作为合并后的子文档名。除第一个被选中的子文档外，所有合并前的子文档仍然存在，只有第一个子文档的内容变成合并后的子文档内容。合并子文档的操作步骤如下：

01 打开主控文档，并将其切换到大纲视图模式，在“大纲”选项卡中的“主控文档”组中单击“显示文档”按钮，再在“主控文档”组中单击“展开子文档”按钮，展开所有的子文档。

02 按住Shift键单击需要合并的子文档前的图标，如图11.12所示。

03 在“大纲”选项卡中的“主控文档”组中单击“合并”按钮，即可将选中的所有子文档合并为一个子文档，如图11.13所示。

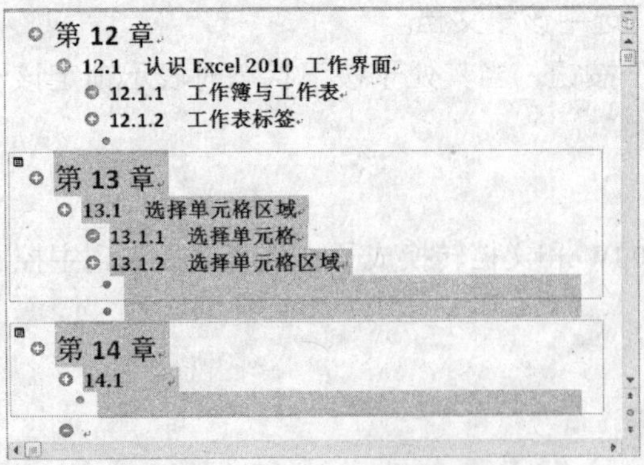

图11.12 选择合并的子文档

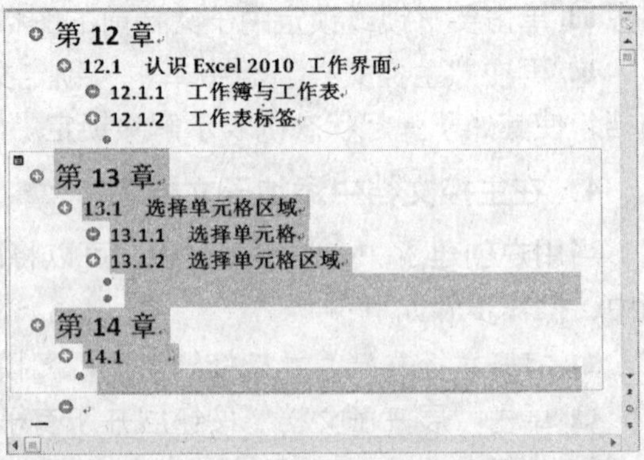

图11.13 合并子文档

7. 删除子文档

利用“主控文档”组中的“取消链接”按钮删除子文档，实际上只是断开了子文档与主控文档的联系，这时子文档依然存在。删除子文档的操作步骤如下：

01 打开主控文档，并切换到大纲视图模式，在“大纲”选项卡中的“主控文档”组中单击“显示文档”按钮，再在“主控文档”组中单击“展开子文档”按钮，展开所有的子文档。

02 然后单击要删除的子文档前面的图标，选中该子文档，或将光标置于该子文档中。

03 在“大纲”选项卡中的“主控文档”组中单击“取消链接”按钮，这时该子文档的内容被复制到主控文档中，成为该主控文档的一部分。如果要彻底把该子文档中的内容从主控文档中删除，按Delete键即可。

8. 打印主控文档

要打印整个主控文档，首先要打开主控文档，并切换到大纲视图模式，在“大纲”选项卡中的“主控文档”组中单击“展开子文档”按钮，展开所有的子文档。再选择“文件”→“打印”→“打印”按钮进行打印，可打印主控文档中的全部内容。

11.3 标记与索引

建立索引，实际上就是根据某种需要，将文档中的一些单词、词组或短语单独列出来，并标明它们的页码，这有助于帮助用户方便、快捷地查阅有关的内容。通常情况下，索引项中可包含各章的主题、文档中的标题或子标题、专用术语、缩写和简称、同义词及相关短语等。

11.3.1 标记和编辑索引项

编辑索引首先要标记索引项，索引项可来自文档中的文本，也可以只是与文档中的文本有特定关系，如索引项可以只是文档中某个单词的同义词。

1. 标记索引项

利用工具按钮、添加域或按快捷键等方式，都可以进行标记索引项的操作。标记索引项的操作步骤如下：

01 在文档中选中要作为索引项的文本。

02 在“引用”选项卡中的“索引”组中单击“标记索引项”按钮或按Alt+Shift+X快捷键，打开如图11.14所示的对话框。

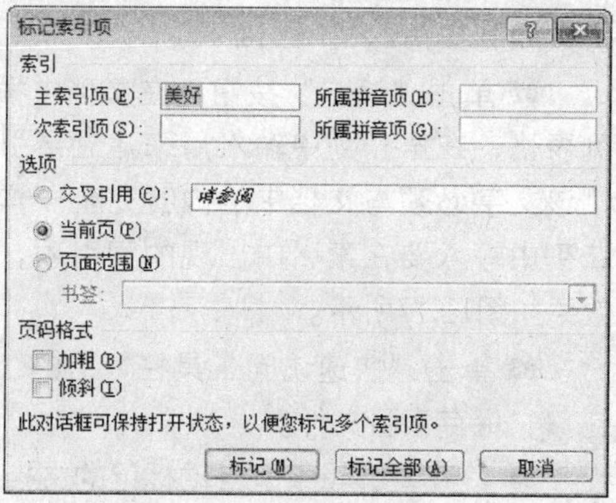

图11.14 “标记索引项”对话框

03 用户可以在“选项”区域中选择：

- “交叉引用”：如该索引项与另一索引项有关，可选择该选项，然后在该框中键入提示文字和交叉引用对象，如输入“详见第10章”，“详见”为提示文字，而“第10章”即为交叉引用对象。默认的提示文字为“请参阅”。键入的提示文字和交叉引用对象间至少要有一个空格。

- “当前页”：若当前的索引项只与其所在的页有关，则选择该选项，此时生成的索引项中将只标出其所在页的页码。
- “页面范围”：若与某一索引项有关的内容不只存在于该索引项所在的页，而是跨越了若干页（如第2页至第4页），可选择该选项，然后在“书签”列表框中选定标识对应范围的书签名。这样做的前提是：已为与该索引项有关的页加了书签。

04 如果要求该索引项的页码为粗体或斜体，可以在“页码格式”选项区中选中“加粗”或“斜体”复选框。

05 单击“标记”按钮。此时，Word即在所选文本的后面插入了一个索引项域XE，如图11.15所示。

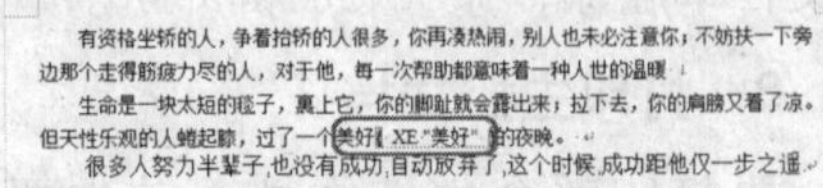

图11.15　索引项域XE

06 若某个作为索引项的文本在文档中多处出现，可单击“标记全部”按钮，Word将文档中各处出现的该文本都加上索引标记。这将使得该文本所在各页的页码都出现在该索引中。

07 标记完成后，单击“关闭”按钮即可。

> 提示　如果屏幕上没有显示XE域，可单击“开始”选项卡中“段落”组的“显示/隐藏编辑标记”按钮。

2. 自动标记索引项

Word还提供了自动标记索引项功能。为了使用它，需要建立一个“索引自动标记”文件，这是一个有两列的索引文件，第一列列出要编制索引的词组和片语，第二列则由第一列中列出的文字产生的索引项。建立该文档的操作步骤如下：

01 创建一个新文档，选择“插入”选项卡，在“表格”组中单击“表格”按钮，在弹出的下拉列表中选择“插入表格”选项，在弹出的“插入表格”对话框中输入行数和列数为2，如图11.16所示。

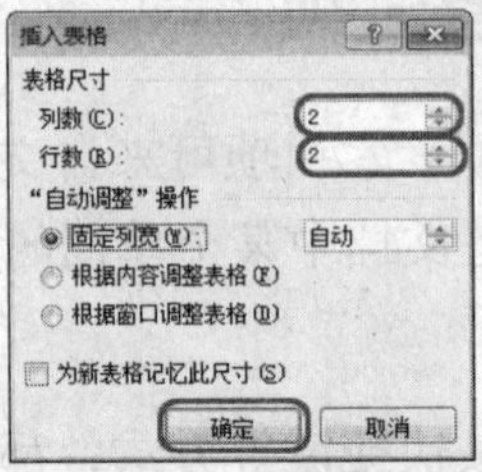

图11.16　“插入表格”对5话框

温暖	温暖：wn
成功	成功

图11.17　输入索引文字

02 单击“确定”按钮，在文档中插入一个两列表格，在第一列中输入用来建立索引项的文字（该文字必须与文档中的内容完全一样），在第二列中输入要在索引中出现的索引项，输入后的效果如图11.17所示。

03 单击“快速访问工具栏”上的“保存”按钮，保存索引文件。

04 打开要编辑索引自动标记的文档。

05 选择“引用”选项卡，在“索引”组中单

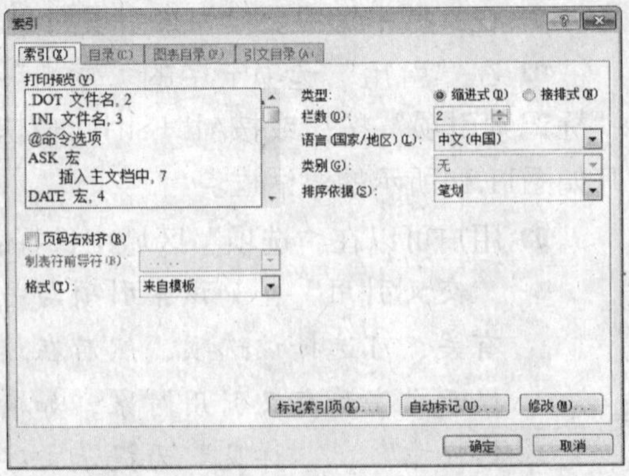

图11.18　“索5引”对话框

击“插入索引”按钮，打开“索引”对话框，如图11.18所示。

06 单击“自动标记”按钮，在弹出的“打开索引自动标记文件”对话框中选择需要使用的索引文件。

07 单击“打开”按钮，Word在整篇文档中搜索索引文件第一列中的文字的确切位置，使用第二列中的文本作为索引项标记，全部完成后，状态栏中将显示标记索引项的数目，如图11.19所示。

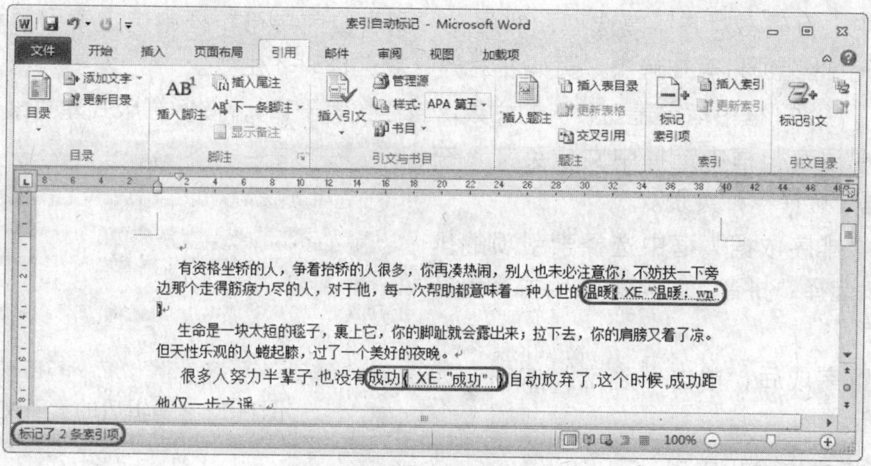

图11.19 完成自动标记

提示 如果某一文本在一个段落中重复出现多次，Word只对其在此段落中的首个匹配项作标记。

3．删除与修改索引项

标记了索引项后，如果要删除某一索引项，首先要选中整个XE（索引项）域，然后按Delete键。如果要修改某一索引项，只需更改XE（索引项）域的文字即可。

11.3.2 编制索引项

标记了索引项以后，用户就可以编制索引了。编制索引可使用功能区工具按钮或用Index域来完成。

1．使用“索引”对话框编制索引项

如果要编制索引，可执行如下操作步骤：

01 将插入符置于文档中放置索引的位置，通常在文档末尾。

02 单击“引用”选项卡上“索引”组中的“插入索引”按钮，打开如图11.20所示的“索引”对话框。

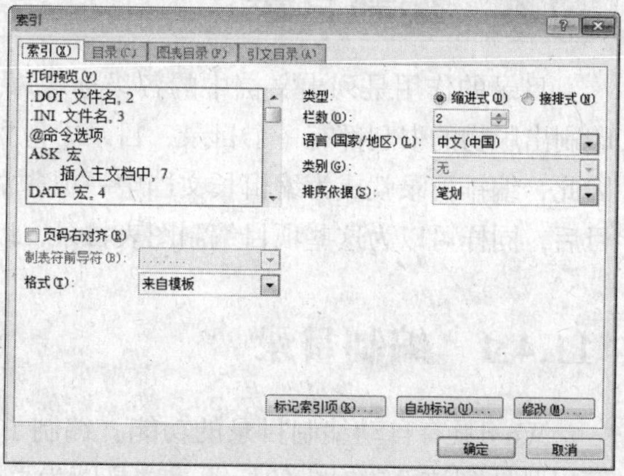

图11.20 “索引”对话框

03 在“类型”选项区选择索引项的排列方式。

- 若选择“缩进式”：主索引项和对应的次索引项呈梯状按层次列。
- 若选择“接排式”：主索引项和对应的次索引项排列在同一行中，主索引项在前，次索引项在后，中间用冒号隔开。

04 在“格式”列表框中指定索引格式。其中包括来自模板、古典、流行、现代、项目符号等格式。

05 选中“页码右对齐”复选框，然后在“制表位前导符”框中选定索引项和对应页码间的分隔符。此选项只有在选中“页码右对齐”复选框时才生效。

06 在“栏数”框中指定建立索引的栏数，当栏数大于1时，按多栏版式建立索引。

07 在“语言”框中选择中文或英文，在“类别”框中选择一种类别。

08 在“排序依据”框中选择索引项的排列方式，如选择“拼音”，则将按照拼音为序排列索引项。

09 设置完成后，单击“确定”按钮，如图11.21所示。

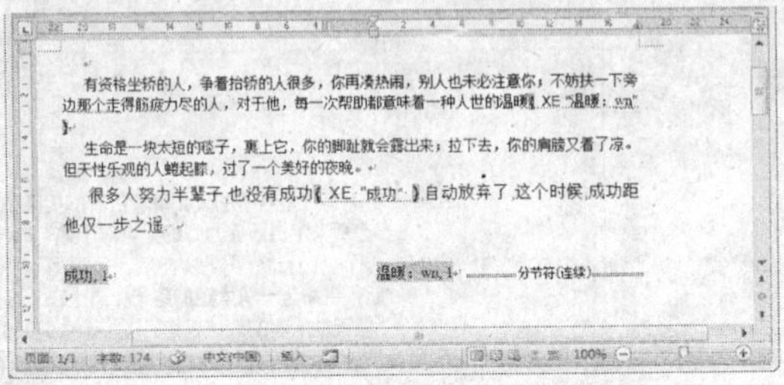

图11.21　编辑后的索引文档

2. 更新或格式化索引

编制索引后，如果又在文档中标记了新的索引项，或由于在文档中增加或删除了文本，使分页情况发生了变化时，就必须更新索引。首先将插入符置于索引的任意位置，单击即可选中整个索引，单击右键，从弹出的快捷菜单中选择“更新域”命令，即可更新索引。

编制索引时，Word自动套用标准样式“索引1”~“索引9”对各层索引进行格式化。如果用户要求整个索引或其中个别索引项具有自己所需的格式，可以像在文档中编辑文本一样来修改索引或对索引进行格式化。用修改样式的方法来改变索引格式的操作方法请参阅修改样式章节。例如，可用“开始”功能区中的“字体”、“段落”组中的相应工具按钮来改变索引中的文本格式。

11.4 编制目录

目录的作用是列出文档中的各级标题以及每个标题所在的页码。一般情况下，所有正式印刷出版物的书刊都有一个目录，目录中包含书刊中的章、节名及各章节的页码位置等信息。因此，编排目录就成为编辑长文档中一项非常重要的工作。当在文档中插入了图片、公式等项目后，同样可以为这些项目编制图表目录，以迅速方便地查找到某个图或公式所在的位置。

11.4.1 编制目录

Word具有自动编制目录的功能。编制了目录以后，用户只要单击目录中的某个页码，就可以跳转到该页码对应的标题，这是因为页码实际上是被引用的。

1．自动编制目录

01 将插入符置于文档中想要放置目录的位置。这个位置一般在文档的开头部分。

02 选择“引用”选项卡，在“目录”组单击“目录”按钮，弹出如图11.22所示的目录样式下拉列表。

03 在列表中选择一种自动编制目录的风格，Word将搜索整个文档的标题，以及标题所在的页码，并把它们编制成为目录，如图11.23所示。

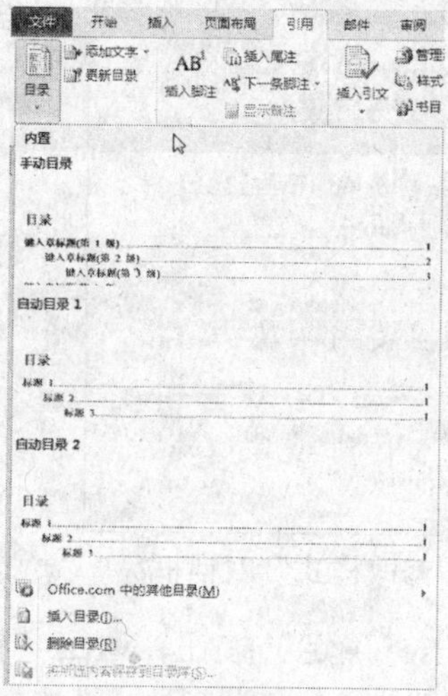

图11.22　目录样式下拉列表

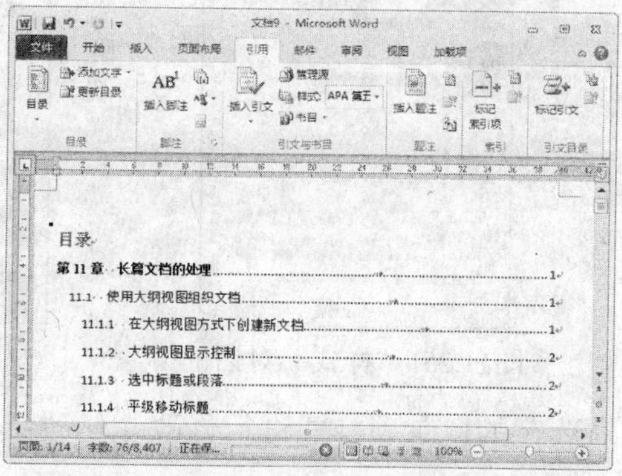

图11.23　在文档中插入自动编制目录

2．自定义目录样式

若用户不想使用系统自带的目录样式，可使用“目录”对话框自定义目录样式。操作步骤如下：

01 在“引用”选项卡中的“目录”组中单击“目录”按钮，在弹出的下拉列表中选择“插入目录”选项，打开如图11.24所示的“目录”对话框。

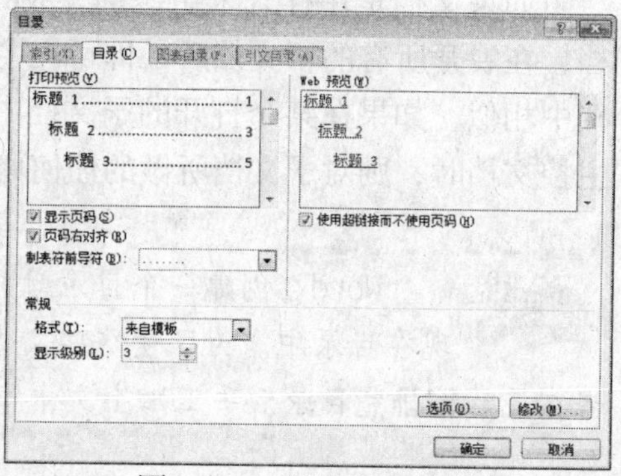

图11.24　“目录”对话框

02 如果在“格式”下拉列表中选择“来自模板”，则创建的目录将按照内建的目录样式（目录1到目录9）来格式化目录。如果对内建的目录样式不满意，可以单击“修改”按钮修改内建的目录样式。

03 选中“显示页码”复选框，表示在目录中每一个标题后面将显示页码。

04 选中“页码右对齐”，表示目录中的页码右对齐。

05 在“显示级别”框内可指定目录中显示的标题层数，例如，选择“3”。

06 在“制表符前导符”框中可指定标题与页码之间的分隔符，默认是“…”。

07 设置完成后，单击“确定”按钮即可。

3．修改目录格式

当目录被插入到文档中后，用户可以像在文档中编辑任意文本一样编辑目录。如果对目录的格式或目录文字与页码之间的前导符格式不满意的话，可重新对该目录进行修改。修改目录格式的操作步骤通常如下：

01 打开“目录”对话框。

02 从“格式”列表框中选择“来自模板”，然后单击“修改”按钮，Word将显示出如图11.25所示的对话框。

03 在“样式”列表框中选择要修改的样式，然后单击“修改”按钮，打开“修改样式”对话框，如图11.26所示。

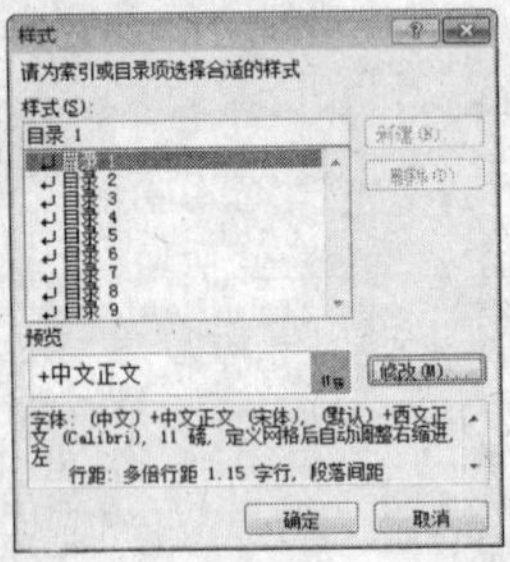

图11.25 “样式”对话框

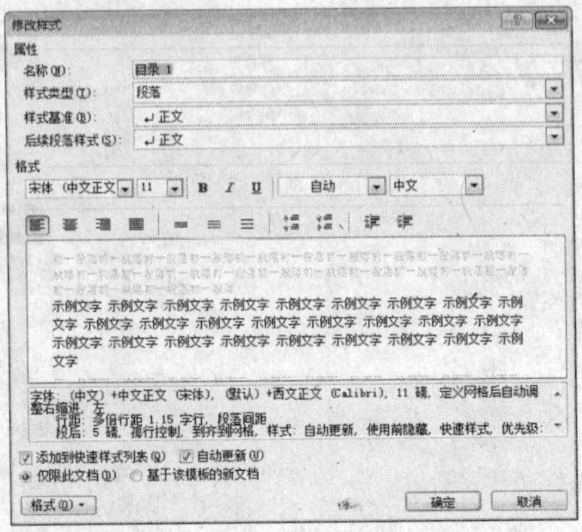

图11.26 “修改样式”对话框

04 对选定的目录项样式进行修改。修改结束后，单击“确定”按钮，返回“样式”对话框。

05 单击“确定”按钮，返回“目录”对话框。

06 再单击“确定”按钮，返回文档即可。

4. 在主控文档中创建目录

如果文档是用样式来组织的，Word就可以快速创建一个组织良好的目录。打开主控文档，在展开所有的子文档后，即可在主控文档内进行编排目录的操作，操作方法与在普通文档中相似。如果在某个打开的子文档中进行这些操作，则创建的只是该子文档的目录。保存主控文档时，则对子文档所做的任何修改将同时被保存在它们各自的文件中。

> 提示　Word在创建一个目录时并不搜索文本框。因此，所有文本框中的文本都不会出现在目录中。为了使这些文本出现在目录中，用户可以不把它们放在文本框中，或者在最后编排完目录后手工加上文本框中的内容。

11.4.2 编制图表目录

当在文档中插入了大量的图形、表格、照片、公式时，为了今后查阅方便，可以给这些图形、表格、照片、公式等单独编制一个目录，这个目录称为图表目录。

图表目录实际上就是列出这些项目的题注及其所在的页码。因此，要创建图表目录，首先要用“题注”来标注这些图形、表格、照片、公式等，并且给文档加上页码。编制图表目录的操作步骤如下：

01 将插入符置于文档中要放置图表目录的位置，这个位置一般在文档的开头部分。

02 选择“引用”选项卡，单击“题注”组中的“插入表目录”按钮，打开如图11.27所示的“图表目录”对话框。

03 在“格式”下拉列表中指定一种编制图表目录的风格，从“打印预览”列表框中可以看到该风格的目录显示效果。

04 选中“显示页码”复选框和“页码右对齐”复选框。

05 在“题注标签”下拉列表中选取需要的题注标签，例如，选择“图表”。

06 在“制表符前导符”框中指定题注标签与页码之间的分隔符。

07 单击“确定”按钮，Word将搜索整个文档的所有题注，以及题注所在的页码，并把它们编制成为目录，如图11.28所示。

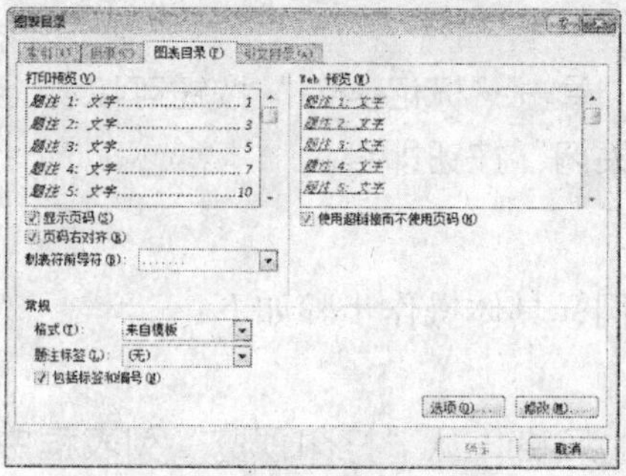

图11.27 “图表目录”对话框

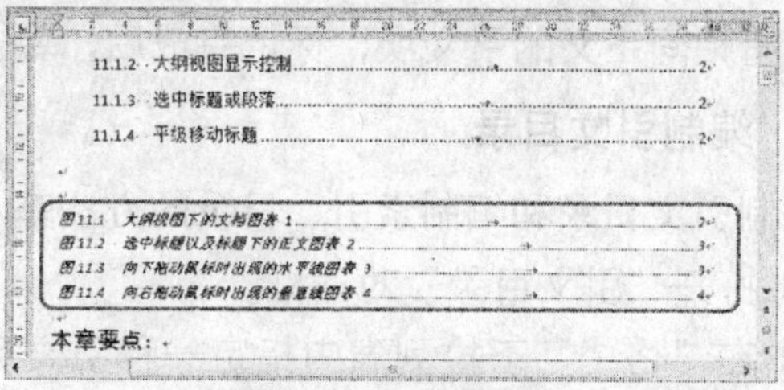

图11.28 编制的图表目录

11.4.3 编制引文目录

有些文档经常要在文档中引用一些事例、法律条文、规则内容等，用户可以给这些引用项编制一个目录，以记录在文档中使用这些引文的页码等。

1. 标记引文项

要编制引文目录，首先要在文档中标记引文项。标记引文项的操作步骤如下：

01 选择要标记引文的正文。

02 在“引用”选项卡中的“引文目录”组中单击“插入引文目录”按钮，打开如图11.29所示的“引文目录”对话框。

03 单击“标记引文”按钮，Word将打开如图11.30所示“标记引文”对话框，所选中的正文将出现在“所选文字”框内。

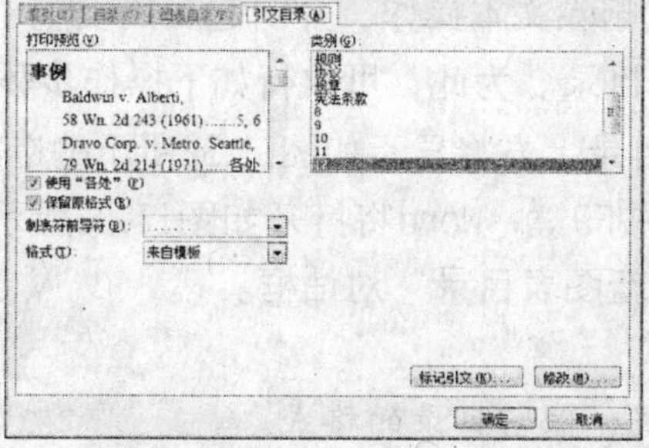

图11.29 “引文目录”对话框

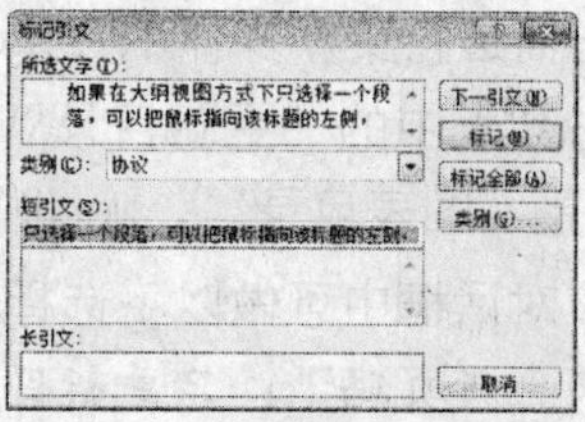

图11.30 “标记引文”对话框

04 在“所选文字”框内单击鼠标右键，从弹出的菜单中选择“字体”命令，可以重新设置“所选文字”框中引文文字的字符格式。

05 在“类别”框内用户可指定一种引文类别，如事例、法规、其他引文、规则、协议、规章、宪法条款等。单击“类别”按钮，打开如图11.31所示的对话框，用户可在“类别”框中选中一个已有的类别或数字8~16中的一个，在“替换为”框中输入要更改或新增的类别名，单击“替换”按钮可更改类别名，单击“确定”按钮返回“标记引文”对话框。

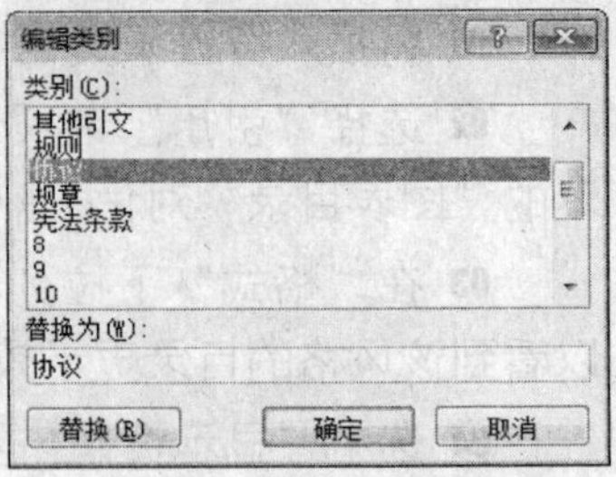

图11.31 “编辑类别”对话框

06 选中的引文项正文也将出现在“短引文”框内。当引文项的正文很长时，用户可在此删减或修改引文项正文，使其缩短为“短引文”。

07 单击“标记”按钮，即可标记这个引文项，单击“标记全部”按钮可以标记文档中所有具有相同正文的引文项，标记完成后，单击“关闭”按钮即可。

2. 编制引文目录

编制引文目录和编制索引、目录的方法基本相同，具体操作步骤如下：

01 打开“引文目录”对话框。

02 在“格式”下拉列表中指定一种引文目录的风格，从“打印预览”列表框中可以看到该风格的目录显示效果。

03 选中“使用‘各处’”复选框，引文目录中将用“各处”字样代替引用此文的页码。

04 选中“保留原格式”复选框，引文目录中将保留引文的字符格式。

05 在“制表符前导符”框中指定引文与页码之间的分隔符。

06 单击“确定”按钮即可。

3. 更改或删除引文目录

标记引文项实际上是在文档中插入一个TA域。如果要更改或删除一个引文项，单击“开始”功能区中的“显示/隐藏编辑标记”按钮，使这个引文项是可见的。选中整个引文项（包括花括号），然后按Delete键即可删除引文项。要更改引文项，可以直接在花括号内修改引文项的文字。

11.4.4 更新目录

编制目录后，如果在文档中进行了增加或删除文本操作，并引起页码发生了变化，或在文档中标记了新的目录项时，都需要重新编制目录。为此，可执行如下操作步骤：

01 单击需进行更新操作的目录，此时，目录上方将显示如图11.32所示的选项列表。

02 单击列表中的“更新目录”选项，或按F9键，Word将打开如图11.33所示的对话框。如果所选的是“图表目录”，Word将打开“更新图表目录”对话框。

03 在该对话框中可做以下选择：

- “只更新页码”：只更新目录中的页码，保留目录的格式。

● “更新整个目录”：重新编辑更新后的目录。

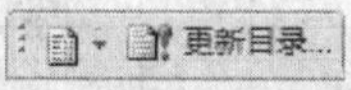

图11.32 “更新目录”选项列表

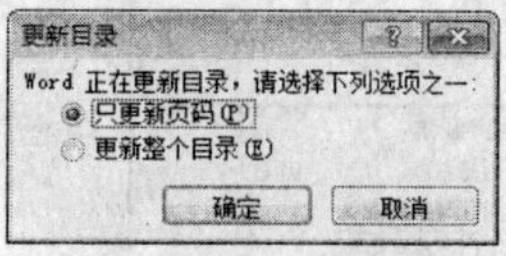

图11.33 “更新目录”对话框

04 单击“确定”按钮。Word将按照新设置的页码建立全新的目录。

11.5 上机练习

11.5.1 读者问答卷

本例将介绍读者问答卷制作，主要运用了插入表格、合并单元格、制作水印等效果，具体操作步骤如下：

01 启动Word 2010，创建一个空白文档。

02 选择“页面布局”选项卡，单击“页面设置”组右下角的按钮，在弹出的“页面设置”对话框中选择“页边距”选项卡，在“页边距”选项区域中，在上、下文本框中输入2，再在左、右文本框中输入2.8，如图11.34所示。

03 再在“页面设置”对话框中选择“纸张”选项卡，在“纸张大小”选项区域中的“宽度”文本框中输入16，再在“高度”文本框中输入19，如图11.35所示，单击“确定”按钮即可。

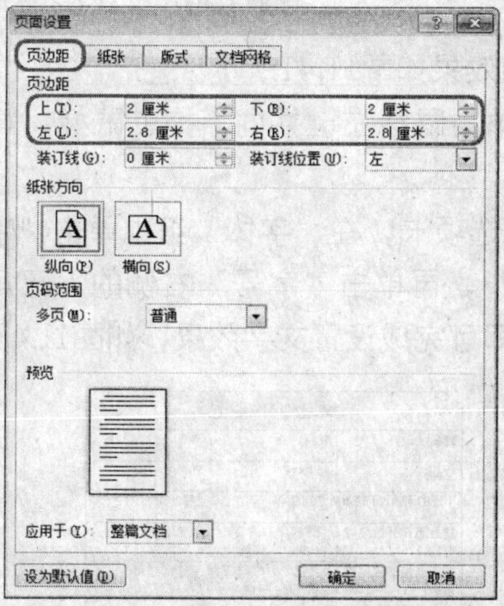

图11.34 在“页边距”选项卡中设置页边距

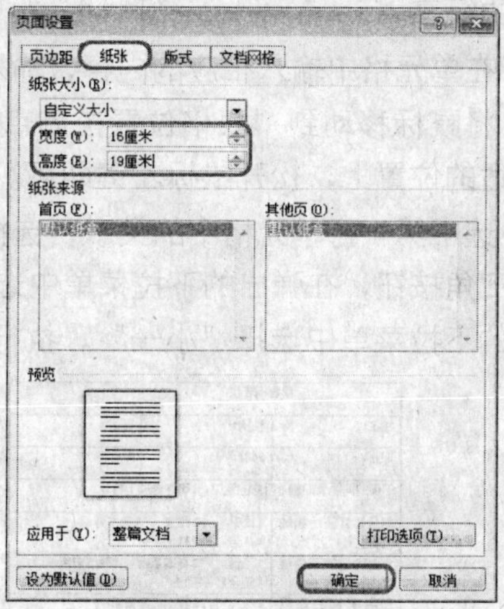

图11.35 设置纸张大小

04 选择“插入”选项卡，在“表格”组中单击“表格”按钮，在弹出的下拉列表中选择“插入表格”选项，在弹出的“插入表格”对话框中的“列数”文本框中输入6，再在“行数”文本框中输入13，如图11.36所示。

05 单击“确定”按钮后，即可在工作窗口中插入表格，如图11.37所示。

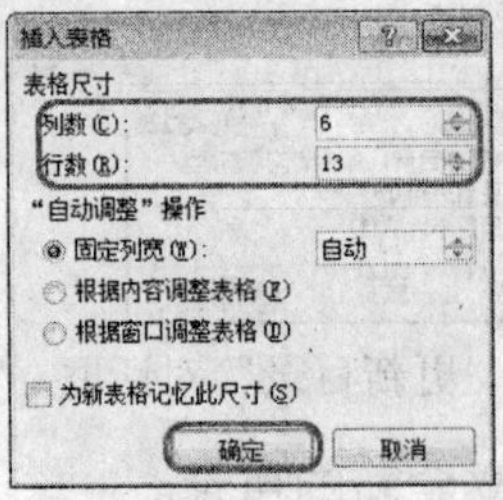

图11.36 输入列数与行数

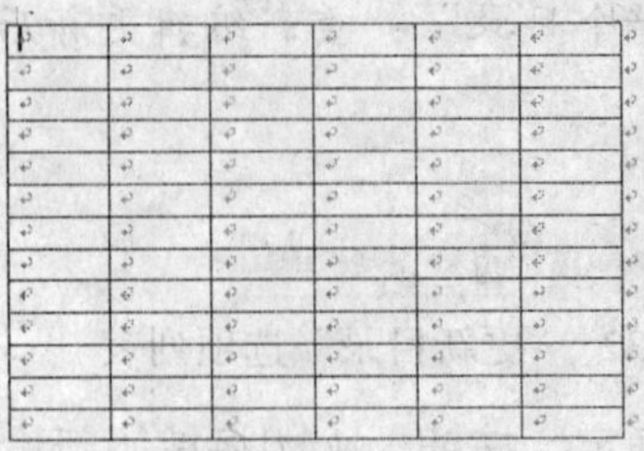

图11.37 插入后的表格

06 选择第一行单元格，选择"表格工具"下的"布局"选项卡，在"合并"组中单击"合并单元格"按钮，合并所选的单元格，如图11.38所示。

07 以同样的方法合并其他的单元格，合并后的效果如图11.39所示。

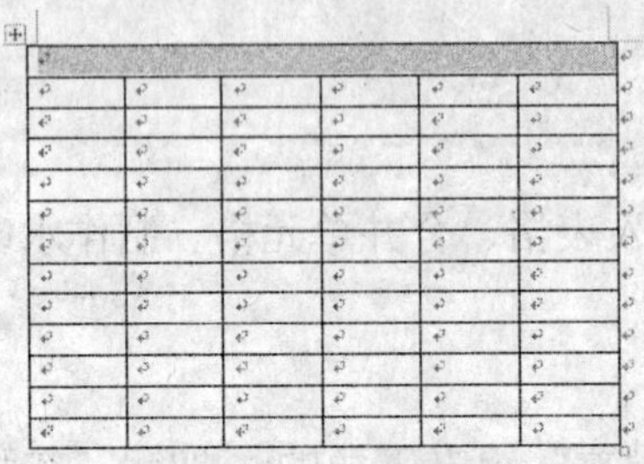

图11.38 合并单元格

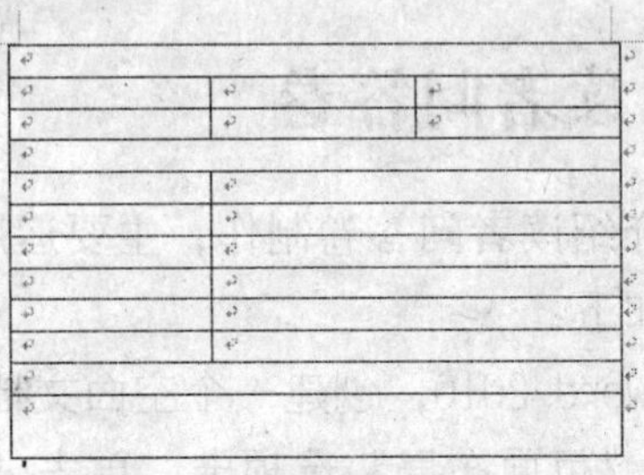

图11.39 合并后的效果

08 将鼠标移动到"表格位置控制点"⊞上，并单击鼠标左键，选中整个表格，选择"表格工具"下的"布局"选项卡，在"单元格大小"组中的"表格行高"文本框中输入0.88，如图11.40所示，按Enter键确认，即可改变表格的行高。

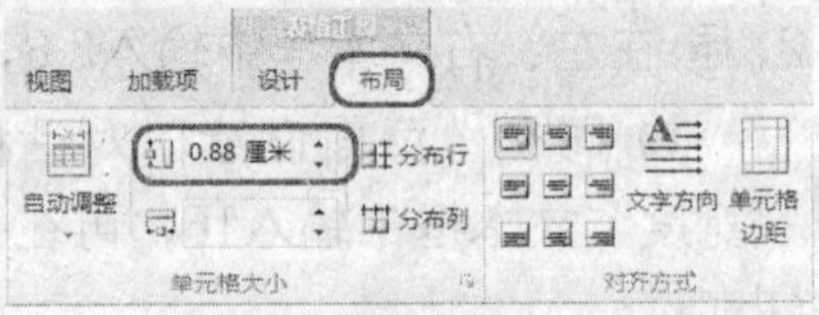

图11.40 设置表格行高

09 在单元格中输入相应的内容，输入完成后的效果如图11.41所示。

10 将鼠标移动到"表格位置控制点"⊞上，单击鼠标左键并向下拖曳鼠标，将表格移动到合适的位置上，松开鼠标左键即可。

11 选中第一行单元格中的文字，选择"开始"选项卡，在"字体"组中单击"字体"右侧的下三角按钮，在弹出的下拉菜单中选择"隶书"，再单击"字号"右侧的下三角按钮，在弹出的下拉菜单中选择"小一"，执行操作后，即可完成设置文字效果，如图11.42所示。

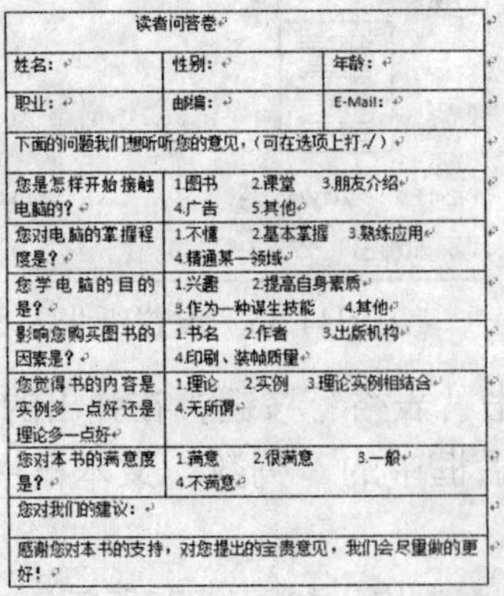

图11.41 输入文字后的效果

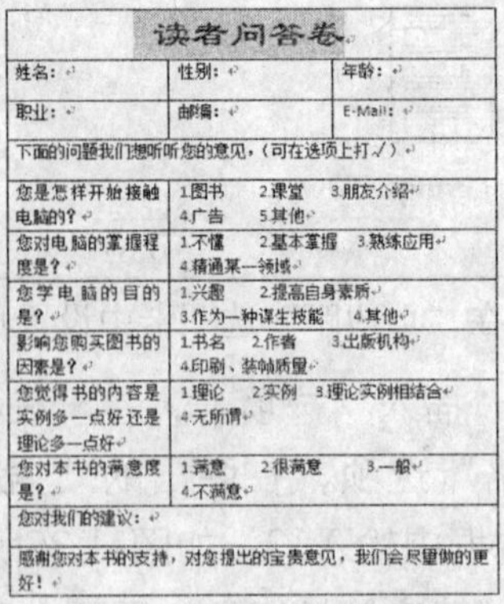

图11.42 设置文字效果

⑫ 选择“页面布局”选项卡，在“页面背景”组中单击“水印”按钮，在弹出的下列表中选择“自定义水印”选项，在弹出的“水印”对话框中选择“文字水印”单选按钮，在“文字”文本框中输入问答卷，并取消勾选“半透明”复选框，如图11.43所示。

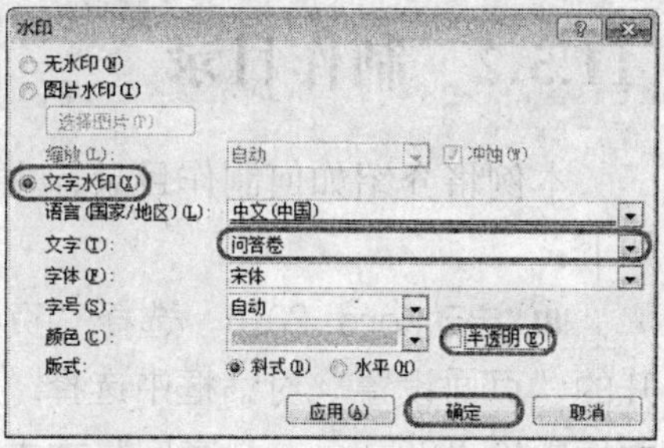

图11.43 设置“水印”对话框

⑬ 单击“确定”按钮，在工作窗口中的其他位置上单击鼠标左键，即可为文档添加水印效果，如图11.44所示。

⑭ 选择“开始”选项卡，在“段落”组中单击“下框线”右侧的下三角按钮，在弹出的下拉菜单中选择“边框和底纹”选项，如图11.45所示。

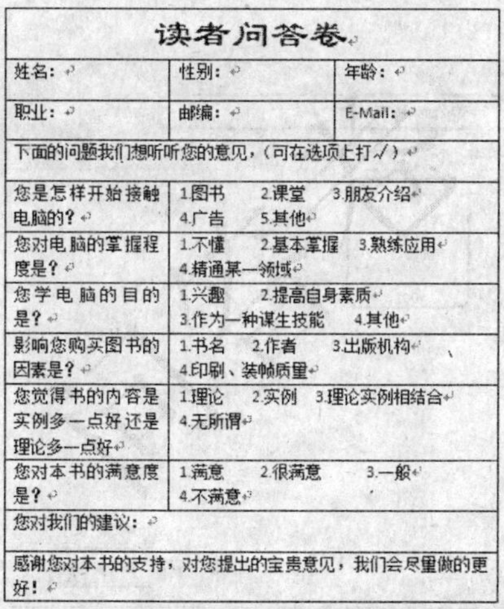

读者问答卷

姓名：	性别：	年龄：
职业：	邮编：	E-Mail：
下面的问题我们想听听您的意见，（可在选项上打√）		
您是怎样开始接触电脑的？	1.图书 2.课堂 3.朋友介绍 4.广告 5.其他	
您对电脑的掌握程度是？	1.不懂 2.基本掌握 3.熟练应用 4.精通某一领域	
您学电脑的目的是？	1.兴趣 2.提高自身素质 3.作为一种谋生技能 4.其他	
影响您购买图书的因素是？	1.书名 2.作者 3.出版机构 4.印刷、装帧质量	
您觉得书的内容是实例多一点好还是理论多一点好	1.理论 2.实例 3.理论实例相结合 4.无所谓	
您对本书的满意度是？	1.满意 2.很满意 3.一般 4.不满意	
您对我们的建议：		
感谢您对本书的支持，对您提出的宝贵意见，我们会尽量做的更好！		

图11.44 为文档添加水印效果

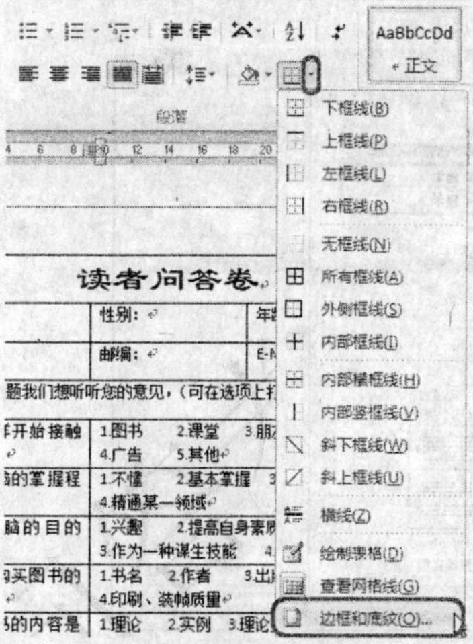

图11.45 选择“边框和底纹”选项

⑮ 在弹出的“边框和底纹”对话框中选择“边框”选项卡，在“设置”选项区域中选择“全部”，在“样式”列表框中选择一种边框样式，单击“颜色”下方的下三角按钮，在弹出的下拉列表中选择“紫色”，如图11.46所示。

⑯ 单击“确定”按钮，即可为表格添加边框，完成后的效果如图11.47所示。

⑰ 单击“快速访问工具栏”上的“保存”按钮，对完成后的文档进行保存。

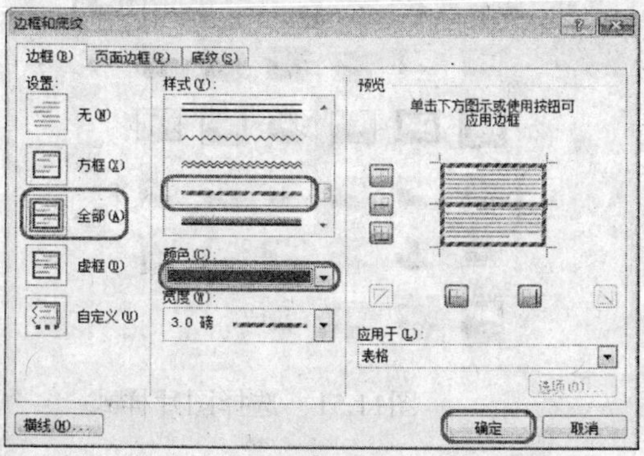

图11.46 设置“边框和底纹”对话框

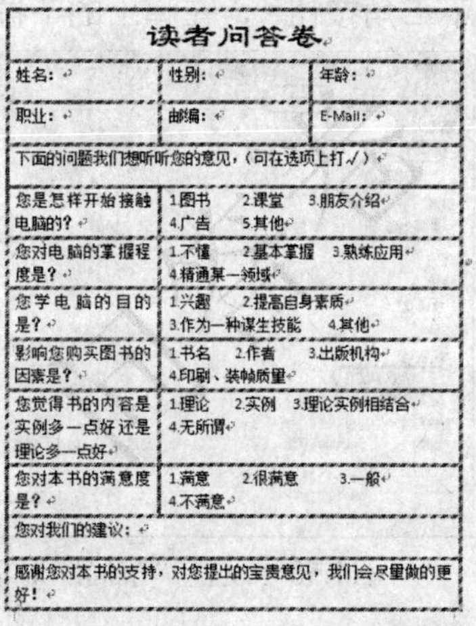

读者问答卷

姓名：	性别：	年龄：
职业：	邮编：	E-Mail：
下面的问题我们想听听您的意见，（可在选项上打√）		
您是怎样开始接触电脑的？	1.图书 2.课堂 3.朋友介绍 4.广告 5.其他	
您对电脑的掌握程度是？	1.不懂 2.基本掌握 3.熟练应用 4.精通某一领域	
您学电脑的目的是？	1.兴趣 2.提高自身素质 3.作为一种谋生技能 4.其他	
影响您购买图书的因素是？	1.书名 2.作者 3.出版机构 4.印刷、装帧质量	
您觉得书的内容是实例多一点好还是理论多一点好	1.理论 2.实例 3.理论实例相结合 4.无所谓	
您对本书的满意度是？	1.满意 2.很满意 3.一般 4.不满意	
您对我们的建议：		
感谢您对本书的支持，对您提出的宝贵意见，我们会尽量做的更好！		

图11.47 完成后的效果

11.5.2 制作目录

本例将介绍如何制作目录，主要运用了插入图片、设置图片样式等效果，具体操作步骤如下：

01 启动Word 2010，选择“页面布局”选项卡，单击“页面设置”组右下角的，在打开的“页面设置”对话框中选择“纸张”选项卡，在“纸张大小”选项区域中的“宽度”文本框中输入22，再在“高度”文本框中输入24，如图11.48所示。

02 单击“确定”按钮，选择“插入”选项卡，在“插图”组中单击“图片”按钮，在打开的“插入图片”对话框中选择随书附带光盘中的“素材\Cha11\001.jpg”文件，如图11.49所示。

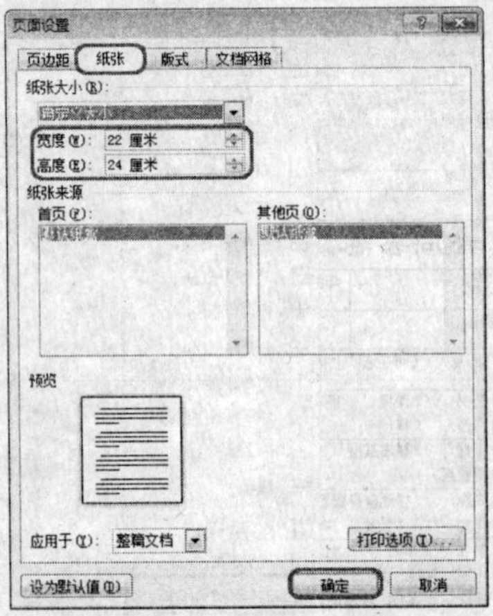

图11.48 设置纸张大小

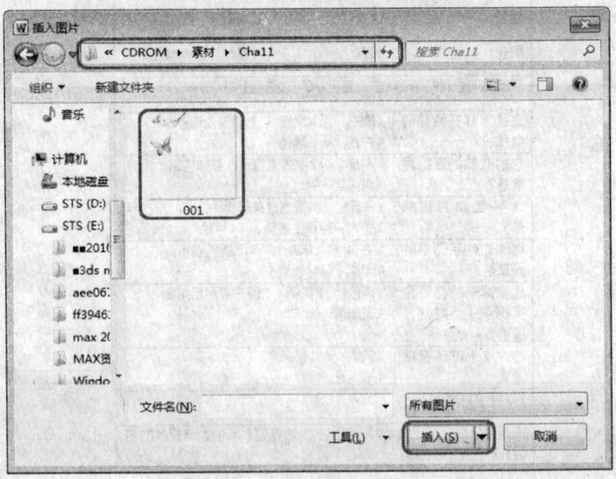

图11.49 插入素材图形

03 单击“插入”按钮，选择“图片工具”下的“格式”选项卡，单击“大小”组右侧的按钮，在弹出的“布局”对话框中选择“大小”选项卡，在“缩放”选项区域中取消勾选“锁定纵横比”复选框，再在“高度”选项区域中的“绝对值”文本框中输入18.14，单击“确定”按钮，如图11.50所示。

04 选择“图片工具”下的“格式”选项卡，在“图片样式”组中单击图片样式列表框右侧的下三角按钮，在弹出的下拉列表中选择“居中矩形阴影”，如图11.51所示。

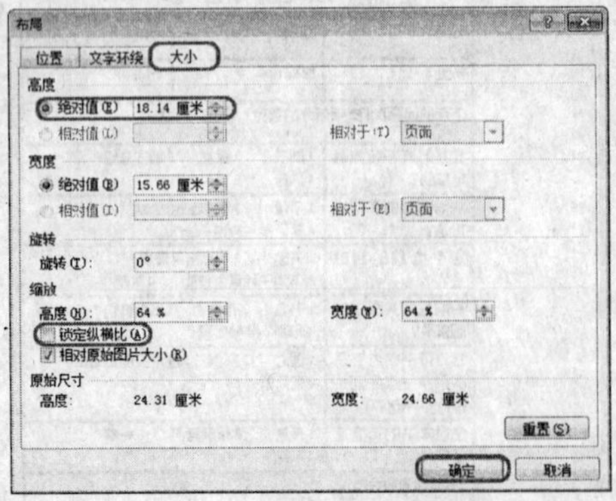

图11.50 设置“布局”对话框

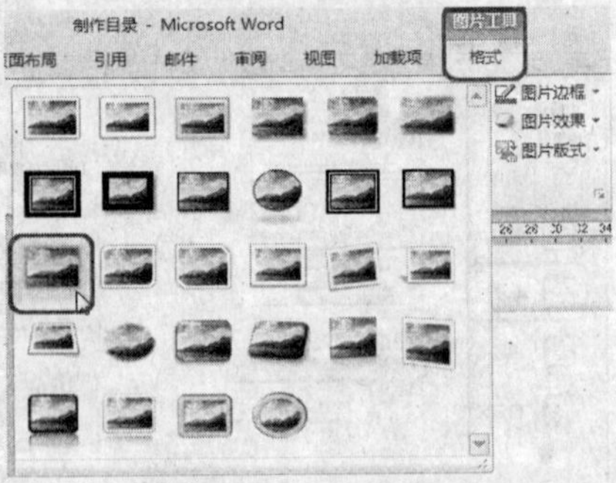

图11.51 选择图片样式

05 选择“插入”选项卡，在“插图”组中单击“形状”按钮，在弹出的下拉列表中选择“圆角矩形”，如图11.52所示。

06 在工作窗口中单击鼠标左键并向右下方拖曳，在合适的位置上释放鼠标，即可绘制一个圆角矩形，如图11.53所示。

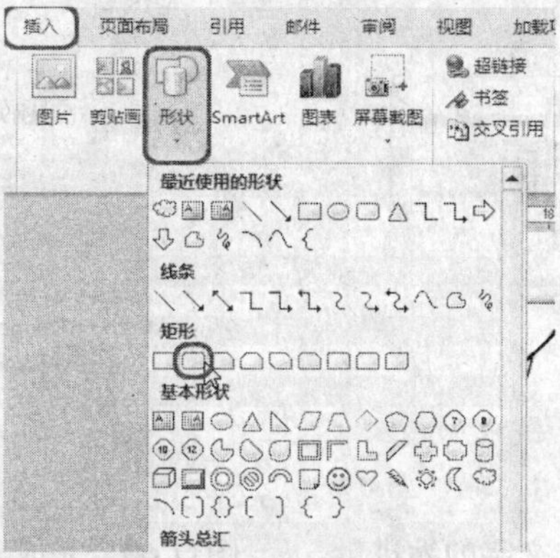

图11.52 选择圆角矩形

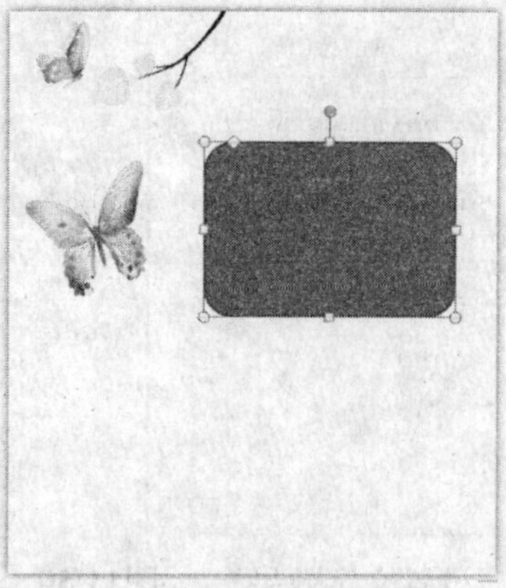

图11.53 绘制圆角矩形

07 选择“绘图工具”下的“格式”选项卡，在“形状样式”组中单击如图11.54所示的形状样式。

图11.54 选择形状样式

08 再在“形状样式”组中单击“形状效果”按钮，在弹出的下拉菜单中选择“发光”，再在弹出的子菜单中选择一种发光样式，如图11.55所示。

09 选中绘制的圆角矩形，对其进行复制，并调整圆角矩形的位置，如图11.56所示。

10 选中一个圆角矩形，右击鼠标，从弹出的快捷菜单中选择“添加文字”选项，在圆角矩形中输入文字，输入完成后的效果如图11.57所示。

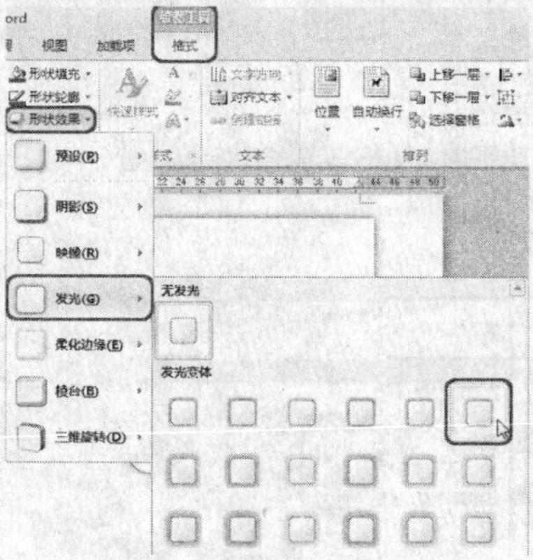

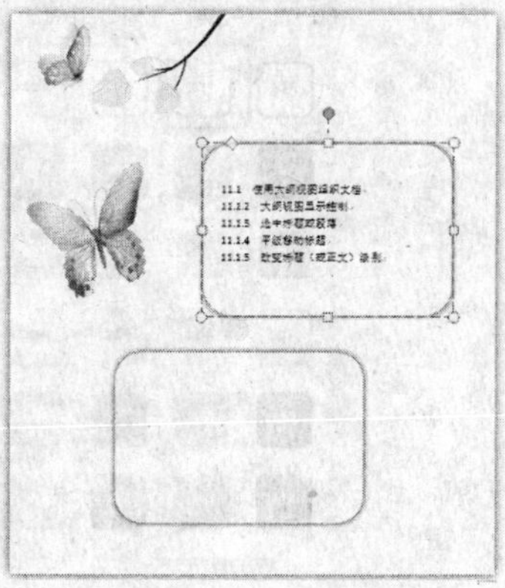

图11.55 选择发光样式　　图11.56 复制圆角矩形　　图11.57 输入文字

11 选中圆角矩形中的第一行文字，选择“开始”选项卡，在“字体”组中单击“字号”右侧的下三角按钮，在弹出的下拉菜单中选择“四号”，并单击“字体”组中的“加粗”按钮 B ，设置后的效果如图11.58所示。

12 再在圆角矩形中选择其他文字，在“开始”选项卡中的“段落”组中单击“增加缩进量”按钮，即可增加所选中文字的缩进量，如图11.59所示。

⑬ 以同样的方法为另一个圆角矩形添加文字并对文字进行相同的设置，完成后的效果如图11.60所示。

图11.58　设置文字效果

图11.59　设置所选文字的缩进量

图11.60　完成后的效果

⑭ 选择“插入”选项卡，在“插图”组中单击“形状”按钮，在弹出的下拉列表中选择“云形”，在工作窗口中单击鼠标左键并向右下方拖曳，在合适的位置上释放鼠标，即可绘制图形，如图11.61所示。

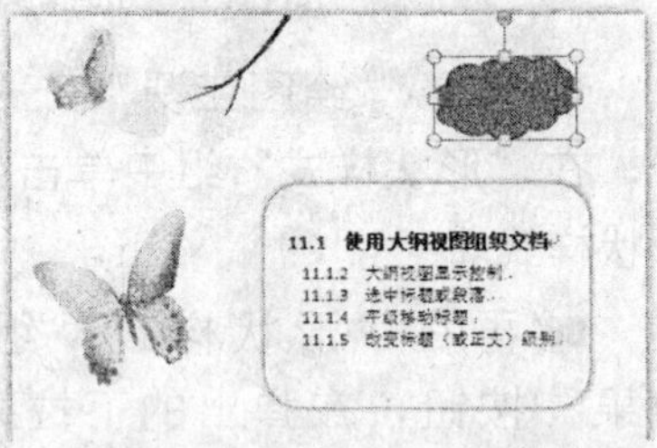

图11.61　绘制图形

⑮ 选择“绘图工具”下的“格式”选项卡，在“形状样式”中单击形状样式列表框右侧的下三角按钮，在弹出的下拉列表中选择一种形状样式，如图11.62所示。

⑯ 再在“形状样式”组中单击“形状效果”按钮，在弹出的下拉菜单中选择“发光”，再在弹出的子菜单中选择如图11.63所示的发光样式。

图11.62　选择形状样式

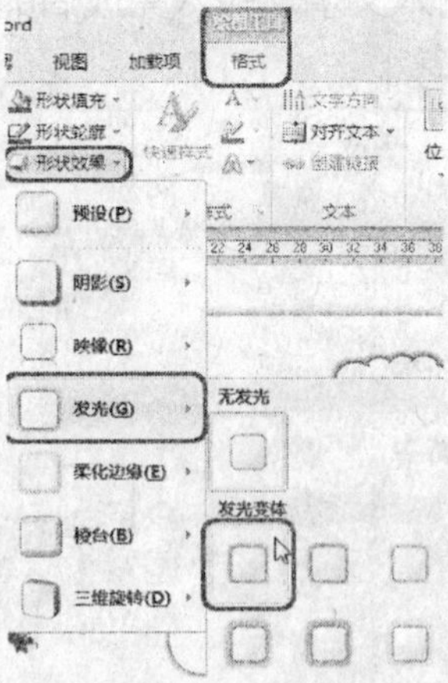

图11.63　选择发光样式

⑰ 选中该图形，并右击鼠标，从弹出的快捷菜单中选择“添加文字”选项，在该图形中输入文字，如图11.64所示。

⑱ 选中所输入的文字，在“绘图工具”下的“格式”选项卡中，单击“艺术字样式”组中的“快速样式”按钮，在弹出的下拉列表中选择“填充-红色，强调文字颜色2，粗糙棱台”如图11.65所示。

⑲ 再选择“开始”选项卡，在“字体”组中单击“字体”右侧的下三角按钮，在弹出的下拉菜单中选择“华文行楷”，再单击“字号”右侧的下三角按钮，在弹出的下拉菜单中选择“二号”，在工作窗口中的其他位置上单击鼠标左键，即可完成设置，完成后的效果如图11.66所示。

图11.64 在图形中输入文字

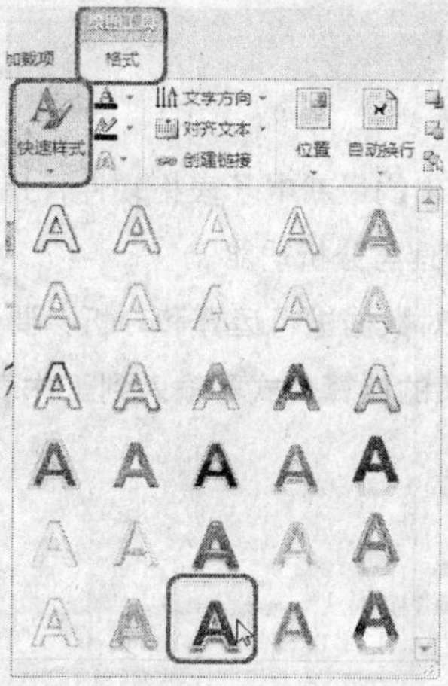

图11.65 选择艺术字样式

图11.66 完成后的效果

⑳ 单击“快速访问工具栏”上的“保存”按钮，对完成后的文档进行保存。

11.6 习题

1．填空题

（1）大纲视图最适合______和______具有多层标题的文档，使用“大纲视图”不仅可以直接编写______、______，还可以很方便地重新组织一个已经存在的文档。

（2）在大纲视图中，通过______或______一个标题及其子标题和正文的级别，可以更方便地重新组织文档。

2．简答题

（1）用大纲视图组织文档有哪些好处？

（2）什么是主控文档？如何利用主控文档组织子文档？

（3）目录有什么作用？如何编制目录？

第12章 Excel 2010 操作基础

本章要点

Excel 2010是Microsoft公司推出的最新电子表格软件，是Office 2010办公系列软件的重要组成部分，Excel 2010具有强大的数据管理与分析功能。

Excel 2010是以工作表的方式对数据进行运算和分析，要使用Excel处理数据，首先需要创建一个工作表，将需要处理的数据、相关的计算公式等输入到工作表中，然后根据需求完成相应的运算和分析工作。

本章内容主要包括

- 认识Excel 2010界面
- 数据与公式的输入
- 自动填充数据
- 函数的使用

go>>

12.1 认识Excel 2010界面

图12.1显示了Excel 2010的工作界面，界面中组成元素的作用，与Word 2010相似，此处不再加以说明。下面对工作簿窗口进行简单的介绍。

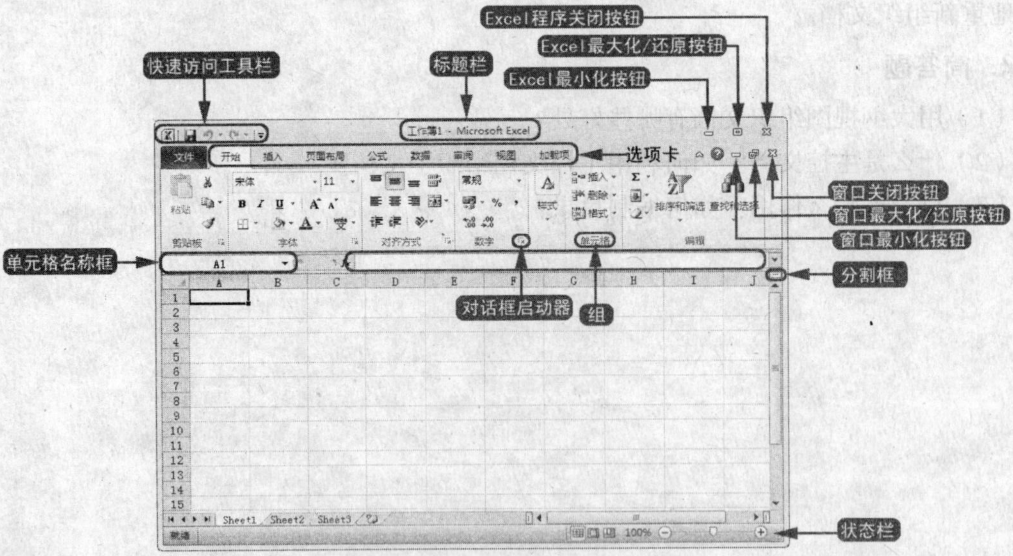

图12.1 Excel 2010工作界面

工作簿窗口（图12.2）位于Excel 2010窗口的中央区域，它主要由工作表区、工作表标签、行号、列标等构成。当启动Excel 2010时，系统将自动打开一个名为工作薄1的工作薄窗口。默认情况下，工作簿窗口处于最大化状态，单击工作簿窗口标题栏右侧的“还原”按钮，将使工作薄窗口处于还原状态。

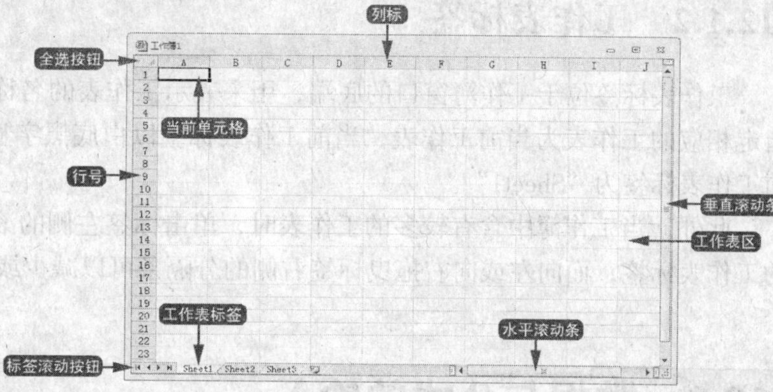

图12.2 工作簿窗口

12.1.1 工作簿与工作表

Excel用于保存表格内容的文件被称为工作簿，Excel 2010其扩展名为“.xlsx”。每一个工作薄中可以包含若干个工作表，默认情况下包含3个工作表。在Excel中，创建、打开和保存工作簿的方法与操作Word文档的方法完全相同。例如，用户可根据工作簿模板创建新工作簿，或将某些常用的工作簿保存为模板等。

工作表位于工作簿窗口的中央区域，由行号、列标和网格线构成。工作表也被称为电子表格，它是Excel用来存储和处理数据的最主要的文档。

位于工作表左侧的编号区为各行行号，位于工作表上方的字母区为各列列标。在Excel 2010中，每一个工作表最多有1,048,576行和16,384列。行和列相交形成单元格，它是存储数据和公式及进行运算的基本单位。Excel用列标、行号来表示某个单元格，例如，A1代表第1行第A列处的单元格。

在工作表中，其中有一个单元格由粗边框线包围（例如，图12.2中的A1），该单元格称为当前单元格，并且其对应的行号和列标突出显示。如果想使某单元格成为当前单元格，只要用鼠标单击它即可。在当前单元格粗边框的右下角有一个小黑方块，称为填充柄，通过拖曳此填充柄可以自动填充单元格数据。在第一次拖曳填充柄后，在其右下角就会出现“自动填充选项”图标，当鼠标指针停在此图标上时，其右侧出现一个下三角箭头，单击它就会弹出如图12.3所示的菜单，用户可根据需要选择填充方式。

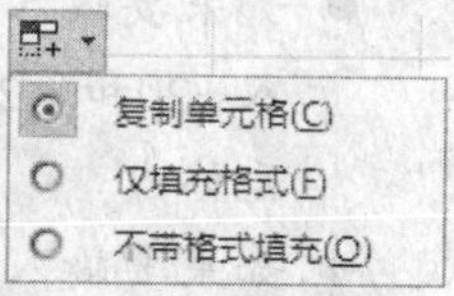

图12.3 自动填充选项

此外，单击某行“行号”按钮，可选定该行的所有单元格；单击某列“列标”按钮，可选定该列的所有单元格；单击左上角行号和列标相交处的按钮，可选定整个工作表。

提示 默认情况下，Excel工作表带有网格线，而在打印时不显示。如果想取消网格线或在打印时显示网格线，可通过单击“文件”按钮，在打开的菜单中选择“选项”，在打开的“Excel选项”对话框中进行设置。

12.1.2 工作表标签

工作表标签位于工作簿窗口的底端，用来表示工作表的名称。通过单击某个标签，可以指定相应的工作表为当前工作表，当前工作表标签以白底黑字显示。例如，图12.2所示的当前工作表标签为“Sheet1”。

此外，当工作簿中含有较多的工作表时，单击标签左侧的滚动按钮，可以滚动显示不同的工作表标签，而向左或向右拖曳标签右侧的分隔条可以减少或增加显示的标签个数。

12.2 数据与公式的输入

要在指定的单元格中输入数据，首先单击该单元格，然后输入数据。例如，启动Excel 2010时，自动创建一个名为“工作簿1”的工作薄。在当前工作表“Sheet1”中，用鼠标单击单元格C1，输入“Excel 2010”，则输入的内容出现在单元格C1中。同时，编辑栏中也显示输入的内容，如图12.4所示。

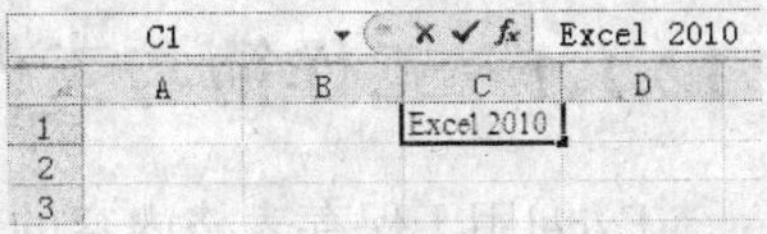

图12.4 在单元格C1中输入内容

如果输入有误，按“Back Space”键将其删除，再重新输入。输入或编辑完一个单元格的内容后，可按回车键确认，同时当前单元格自动下移；也可以单击编辑栏中的“输入”按钮✓确认，此时当前单元格不变。当然，也可以单击编辑栏中的“取消”按钮×取消本次输入。

12.2.1 数值型数据的输入

在Excel 2010中，数值型数据是使用最多、最为复杂的数据类型。数值型数据由数字0~9、正号、负号、小数点、分数号“/”、百分号“%”、货币符号“”或“$”和千位分隔号“，”等组成，在Excel 2010中输入数值型数据时，Excel自动将其沿单元格右边对齐。

1．数字的输入

- 如果要输入负数：必须在数字前加一个负号“-”，或给数字加上圆括号。例如输入-20和（20）都可在单元格中得到-20。如果要输入正数，则直接将数字输入到单元格内。
- 如果要输入分数（如1/2）：应先输入0和一个空格，然后输入1/2。如果不输入0和空格，Excel会把该数据当作日期格式处理，存储为1月2日。
- 如果输入百分比数据：可以直接在数值后输入百分号“%”。例如，要输入20%，应先输入20，然后输入“%”。
- 如果输入小数：一般可以直接在指定的位置输入小数点即可。当输入的数据量较大，且都具有相同的小数位数时，可以利用“自动插入小数点”功能。方法是：单击“文件”按钮，在打开的菜单中选择“Excel选项”，打开“Excel选项”对话框，单击左侧的“高级”选项，在右侧“编辑选项”组中单击“自动插小数点”左侧复选框，在“位数”文本框中输入小数位数，如图12.5所示。

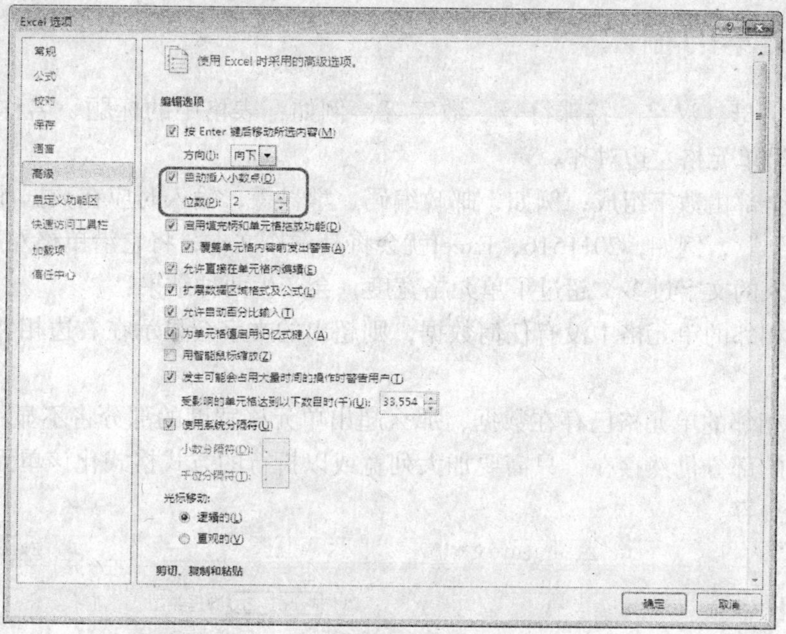

图12.5 “Excel选项”对话框

例如，输入3，表示保留3位小数。若要在3个单元格中分别输入0.035、0.166和2.566，只要输入35、166、和2566即可，从而省略了输入小数点的麻烦。

提示 一旦设置了小数预留位置，这种格式将始终保留，直到取消“自动插入小数点”复选框为止。另外，如果输入的数据量较大，且后面有相同的零的个数，则可在大数字后自动添零。方法是在图12.5的“位数”文本框中指定一个负数作为需要的零的个数。例如，在“位数”文本框中输入-2，然后分别在3个单元格中输入30、360和8，则会自动变为3000、36000和800。

2. 日期和时间的输入

日期和时间的输入与前面介绍的数字输入不同。Excel规定了严格的输入格式，如果Excel 能够识别出所输入的是日期和时间，则单元格的格式将由“常规”数字格式变为内部的日期或时间格式。如果Excel不能识别出当前输入的日期或时间，则作为文本处理。

- 输入日期：可以用“/”或“-”来分隔日期的年、月、日，例如，输入11/5/16并按下回车键后，Excel 2010将其转换为默认的日期格式，即2011/5/16。
- 输入时间：小时与分钟或秒之间用冒号分隔，Excel一般把插入的时间默认为上午时间。若输入的是下午时间，则在时间后面加一空格，然后输入PM来表示下午，例如，输入2:20:06 PM；还可以采用24小时制表示时间，即把下午的小时时间加12。例如，输入“14:20:06”。

提示 输入系统当前日期的快捷键为Ctrl+；，输入系统当前时间Ctrl+Shift+；快捷键，日期和时间都可以进行加减运算。

12.2.2 文本的输入

文本包括字母、汉字、特殊符号、数字等。例如：表格中的标题、名称等。默认情况下，文本默认沿单元格左边对齐。

如果数据全部由数字组成，例如，邮政编码、学号等，输入时应在数据前输入英文状态下的单引号“’”，例如，2011516，Excel就会将其看作文本，将它沿单格左边对齐。

当用户输入的文字过多，超过了单元格宽度，会产生两种结果：

如果右边相邻的单元格中没有任何数据，则超出的文字会显示在右边相邻单元格中，如图12.6所示。

如果右边相邻的单元格已存在数据，那么超出单元格宽度的部分将不显示，如图12.7所示。没有显示的部分仍然存在，只需要加大列宽或以折行的方式格式化该单元格之后，就可以看到全部的内容。

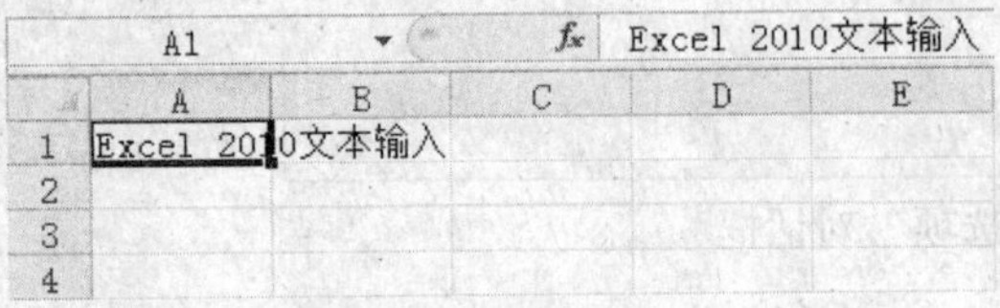

图12.6 文本显示在右边相邻单元格中

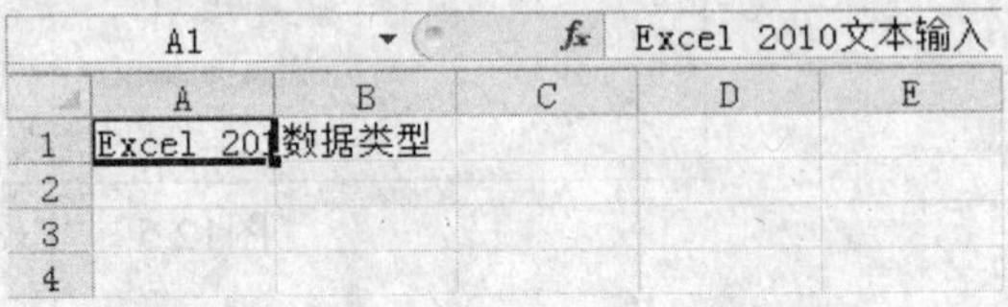

图12.7 不显示超出单元格宽度的部分

12.2.3 公式的输入

Excel具有强大的计算功能，为用户分析和处理工作表中的数据提供了极大的方便。在公式中，可以对工作表数值进行加、减、乘、除等运算。只要输入正确的计算公式之后，就会立即在单元格中显示出计算结果。如果工作表中的数据有变动，系统会自动将变动后的答案算出，使用户能够随时观察正确的结果。

公式以一个等号“＝”作为开头，在一个公式中可以包含各种运算符、常量、变量、函数以及单元格引用等。

1. 公式中的运算符

运算符用于对公式中的元素进行特定类型的运算，分为算术运算符、文本运算符、比较运算符和引用运算符4类。

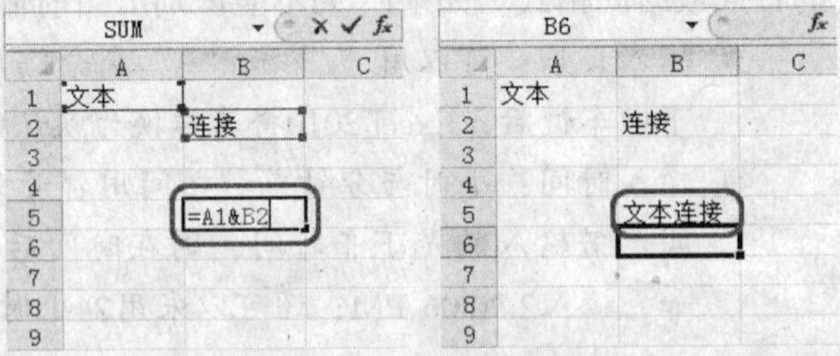

图12.8 利用文本运算符连接文本

- “文本连接运算符”：文本连接运算符只有一个“&”，利用它可以将文本连接起来。例如：在单元格A1中输入“文本”，在B2中输入“连接”，在B5中输入公式“＝A1&B2”如图12.8左图所示，按回车键确认，结果如图12.8右图所示。
- “算术运算符”：算术运算符可以完成基本的数学运算，如加“+”、减“–”、乘“”*、除“/”、百分比“%”、乘方“^”，还可以连接数字并产生数字结果，例如在A1单元格中输入“50”，中B2单元格中输入“50”，在A3单元格中输入“=A1+B1”，如图12.9左图所示，按回车键确认，结果如图12.9右图所示。

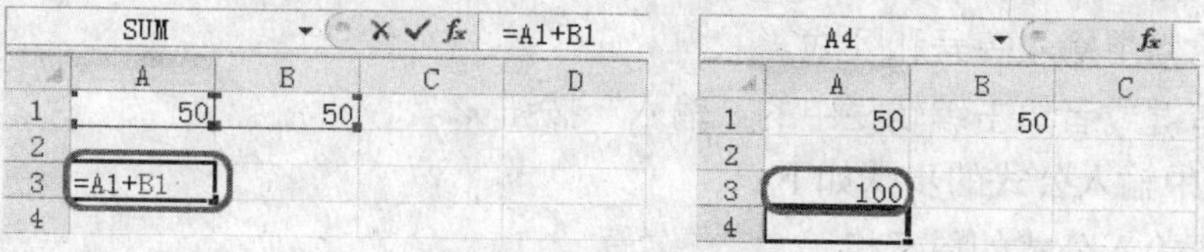

图12.9　算术运算符

- “比较运算符”：比较运算符可以比较两个数值并产生逻辑值，如等号“=”、大于号“>”、小于号“<”、大于等于号“>=”、小于等于号“<=”、不等号“<>”，其值中包括“TRUE”和“FALSE”二者之一。例如：在单元格A1中输入“20”，在B1中输入“50”，在A3中输入公式“=A1<B1”，如图12-10左图所示，按回车键确认，效果如图12.10右图所示。

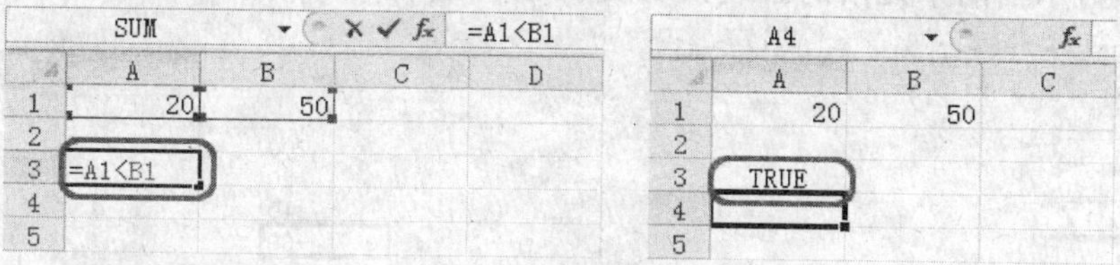

图12.10　比较运算符

- “引用运算符”：引用运算符可以将单元格区域合并计算，它包括冒号、逗号和空格。
  - “：”冒号：区域运算符，对两个引用之间，包括两个引用在内的所有单元格进行引用。例如“B1:C5”表示从单元格B1一直到单元格C5中的数据。
  - “，”逗号：联合运算符，将多个引用合并为一个引用。例如“SUM（A1:C3，F3）”表示计算从单元格A1到单元格C3以及单元格F3中数据的总和。
  - 空格：交叉运算符，几个单元格区域所共有的单元格。例如“B7:D7 C6:C8”共有单元格为C7。

2．公式中的运算顺序

如果在公式中同时使用了多个运算符，应该了解运算符的运算优先级。其中，算术运算符的优先级是先乘方运算，再乘、除运算，最后为加、减运算。相同优先级的运算符按从左到右的次序进行运算。

如果公式中出现不同类型的运算符混用时，运算次序是：引用运算→算术运算→文本运算→比较运算。如果要改变计算次序，可把公式中要先计算的部分括上圆括号。

例如：＝（20–10）*4/2^3

＝10*4/2^3

＝10*4/8

＝40/8

＝5

3．公式的输入

输入公式的操作类似于输入文字。用户可以在编辑栏中输入公式，也可以在单元格里直接输入公式。在单元格中输入公式的步骤如下：

01 单击要输入公式的单元格。

02 在单元格中输入等号和公式。

03 按回车键或者单击编辑栏中的“输入”按钮。

在编辑栏中输入公式的步骤如下：

01 单击要输入公式的单元格。

02 单击编辑栏，在编辑栏中输入等号和公式。

03 按回车键或者单击编辑栏中的“输入”按钮。

例如：在单元格A1中输入数值200，在A2中输入数值20，在A3中输入40，在单元格A4，输入公式“=A1/A2–A3”，如图12.11所示。此时在编辑栏中也显示出了公式，只要按回车键或单击编辑栏中“输入”按钮，在单元格A4中就会显示出计算结果，如图12.12所示。在编辑栏中仍然显示当前单元格的公式，以便于用户编辑和修改。

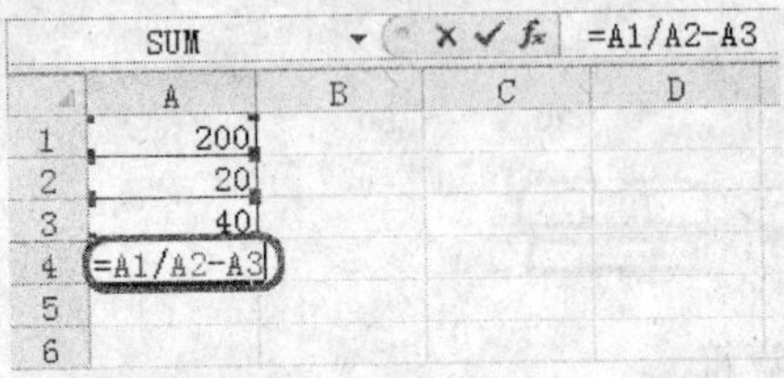

图12.11　在单元格A4中输入公式

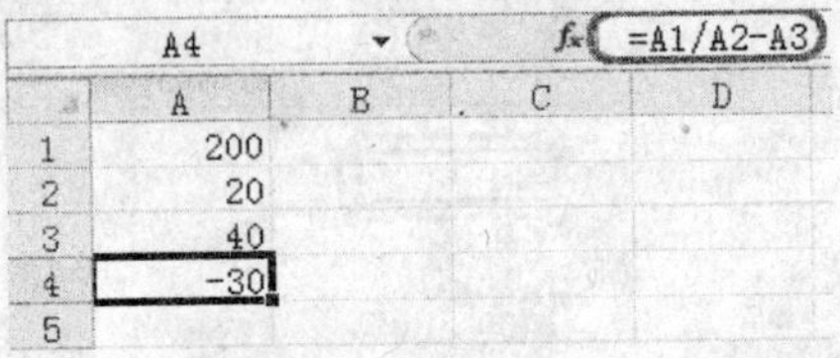

图12.12　在单元格A4中查看计算结果

12.2.4　单元格引用

单元格引用是用来表示工作表的单元格或单元格区域，并指明公式中所使用的数据的位置。通过单元格引用，可以在公式中使用工作表中不同部分的数据，或者在多个公式中使用同一单元格或单元格区域中的数据。还可以引用同一个工作薄中不同工作表中的单元格或单元格区域、不同工作薄中的单元格或单元格区域。根据处理的需要可以采用相对引用、绝对引用和混合引用3种方法。

1．相对引用

- 相对引用的特点：将含有相对单元格引用的公式复制或填充到其他单元格时，其中的单元格引用会自动随着位置的变化而变化。
- 单元格相对引用：用单元格所在的列标和行号作为其引用。例如B5引用了第B列与第5行交叉处的单元格。
- 单元格区域相对引用：由单元格区域的左上角单元格相对引用和右下角单元格的相对引用组成，中间用冒号分隔。例如A1:C5表示以单元格A1为左上角，以单元格C5为右下角的区域。

例如：在单元格区域A1:A4中分别输入100、20、30、60，在B1:B4区域中分别输入80、60、200、10，在单元格A5中输入公式“=SUM（A1:A4）”，单击编辑栏中的“输入”按钮，结果如图12.13所示。单击图12.13中的单元格A5，按Ctrl+C快捷键复制，单击单元格B5，按Ctrl+V快捷键粘贴，结果如图12.14所示。

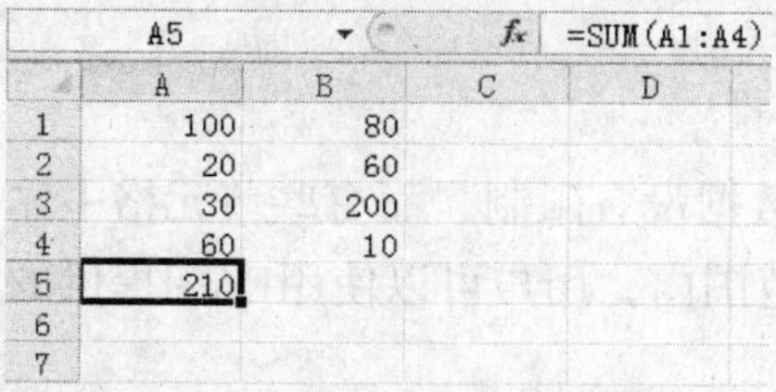

图12.13　使用相对引用的公式

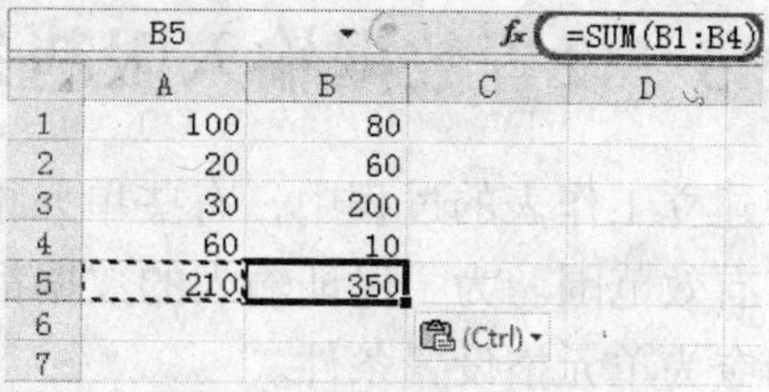

图12.14　粘贴含有相对引用的公式

从图12.14中可以看出，由于公式从A5复制到B5，位置向右移动了一列，因此公式中的相对引用也相应地从A1:A4改变为B1:B4。

提示　按Esc键可清除单元格A5四周的虚边框。

2．绝对引用

- “绝对引用”：在列标和行号前分别加上符号“$”。例如$A$1表示单元格A1绝对引用，而$A$1:$A$4表示单元格区域A1:A4绝对引用。
- “绝对引用与相对引用的区别”：在复制公式时，如果公式中使用相对引用，则单元格引用会自动随着位置的变化而变化；如果公式中使用绝对引用，则单元格引用不会发生任何变化。

例如：把图12.13中单元格A5中的公式改为“=SUM（$A$1:$A$4）”，然后将该公式复制到单元格B5中，结果如图12.15所示。

3．混合引用

单元格混合引用是指行使用相对引用而列使用绝对引用或行使用绝对引用而列使用相对引用。如$A1、A$1均为混合引用。

例如：把图12.13中的单元格A5的公式改为“=$A1+A$2+A3+A4”，然后将公式复制到单元格B5中，结果如图12.16所示。

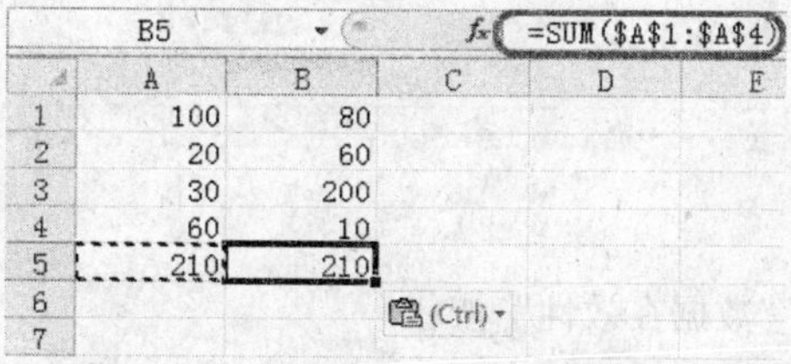

图12.15　粘贴含有绝对引用的公式

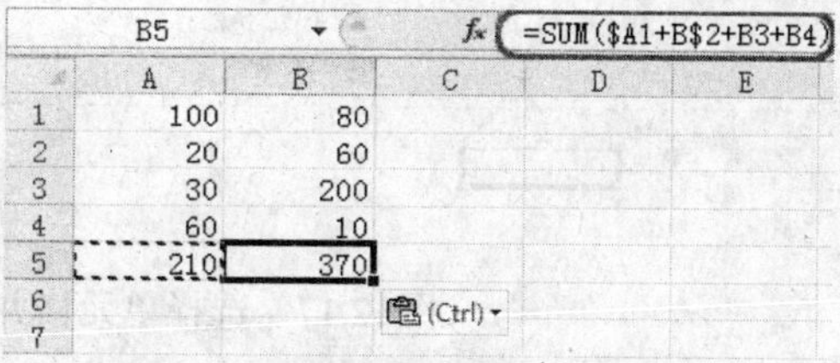

图12.16　粘贴含有混合引用的公式

从图12.16中可以看出，由于单元格A5中使用了混合引用，当复制到单元格B5时，公式相应改变为“=$A1+B$2+B3+B4”。

提示　有时为了引用更加方便，可以给单元格或单元格区域命名。方法是：先选定要命名的单元格或单元格区域，在“公式”选项卡中单击“定义的名称”组中的“定义名称”按钮，在打开的对话框中进行操作即可完成单元格或单元格区域命名。命名后的单元格或单元格区域均为绝对引用。

12.2.5 设置数据输入限制条件

在建立工作表的过程中，有些单元格中输入的数据没有限制，而有些单元格中输入的数据具有有效范围。为了保证输入的数据都在其有效范围内，用户可以使用Excel提供的"有效性"命令为单元格设置条件。

1．给单元格或单元格区域设置数据有效范围

在Excel中，单元格的默认有效数据为任何值。在实际工作中，我们常需要给一些单元格或区域定义有效数据范围。具体操作步骤如下：

01 选定需要设置数据有效范围的单元格或单元格区域。

02 在"数据"选项卡中单击"数据工具"组中的"数据有效性"按钮，打开"数据有效性"对话框。

03 在"设置"选项卡中单击"允许"文本框右侧下三角按钮，在打开的下拉列表中，选择需要设置的有效数据类型。

04 根据需要对对话框中的其他项目进行设置。

05 单击"确定"按钮，完成数据有效性的设置。

例如：单击单元格B1，在"数据"选项卡中单击"数据工具"组中的"数据有效性"按钮，如图12.17所示。在打开的"数据有效性"对话框中单击"设置"选项卡，单击"允许"文本框右侧下三角按钮，在打开的列表中选择"日期"选项，在"开始日期"和"结束日期"文本框中分别输入2011-5-1和2011-5-31，如图12.18所示。单击"出错警告"选项卡，在"标题"文本框中输入"数据有效性范围"，在"出错信息"文本框中输入"请输入2011-5-1至2011-5-31之间的日期"，如图12.19所示。单击"确定"按钮。

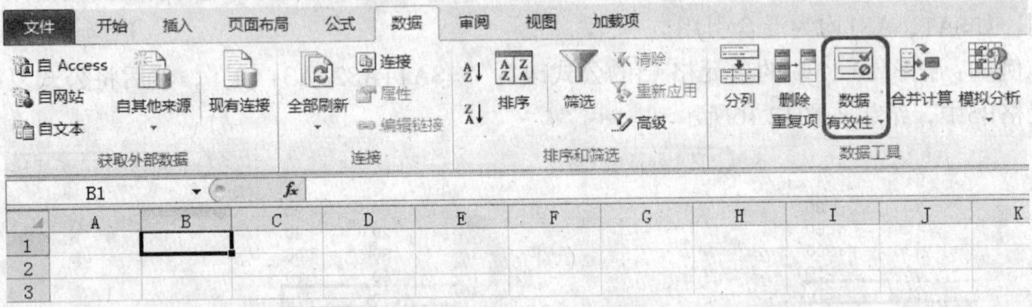

图12.17 选择单元格并单击"数据在效性"按钮

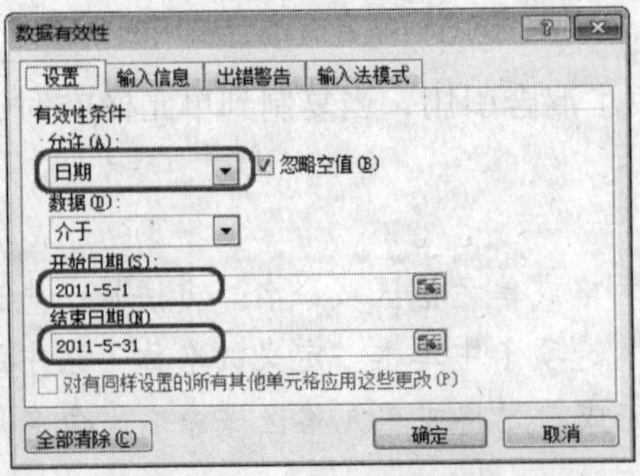

图12.18 设置有效性条件

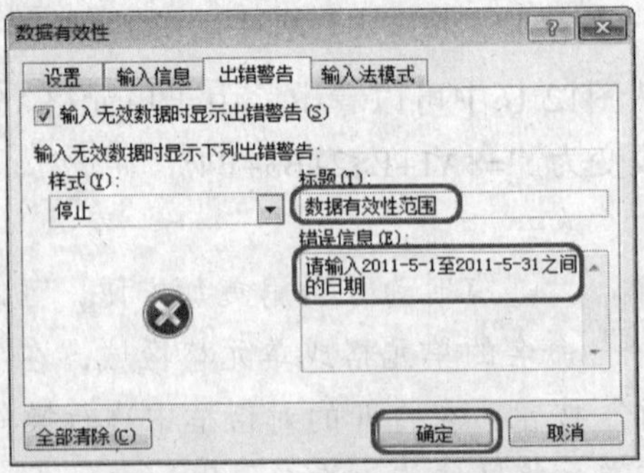

图12.19 设置出错警告

在完成上述设置之后，如果用户在设置了数据有效性的单元格B1中输入的数据超出所设置的有效性条件，如1999-5-10，按回车键确认将会弹出设置的出错警告信息，如图12.20所示。

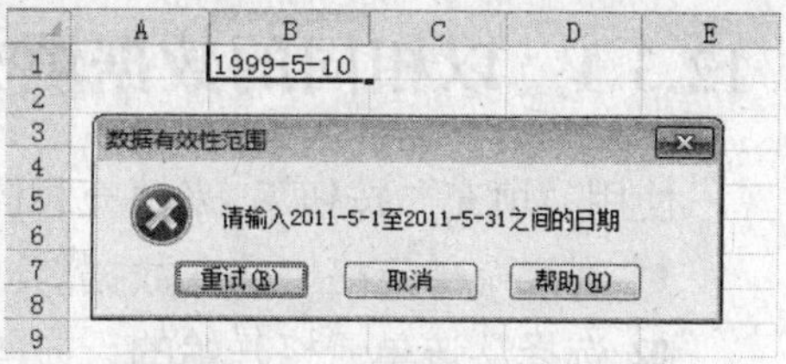

图12.20　出错警告对话框

2．给单元格或单元格区域设置输入信息

在给单元格或单元格区域设置了数据有效范围后，我们便不能在其中输入超出数据范围的数据，而有时会忘记所设置的数据有效范围。对于这种情况，可以为单元格或单元格区域设置“输入信息”。具体操作步骤如下：

01 选择设置了数据有效范围的单元格或单元格区域。

02 在“数据”选项卡中单击“数据工具”组中的“数据有效性”按钮，打开“数据有效性”对话框。

03 单击“输入信息”选项卡，选中“选定单元格时显示输入信息”复选框。

04 在“标题”文本框中输入显示输入信息的标题，在“输入信息”文本框中输入显示信息。

05 单击“确定”按钮。此时选择设置了数据有效性的单元格时，会出现提示信息，以便提示用户输入正确的数据。

例如：在工作表中选定单元格A1，然后单击“数据有效性”按钮，打开“数据有效性”对话框，并在该对话框中单击“输入信息”选项卡，在“标题”文本框中输入“提示信息”，在“输入信息”文本框中输入“日期”，如图12.21所示。然后单击“确定”按钮。选择的A1单元格将出现设置的输入信息，如图12.22所示。

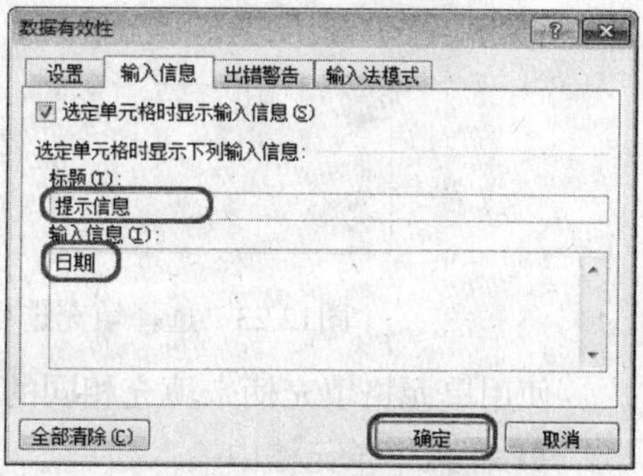

图12.21　设置输入信息

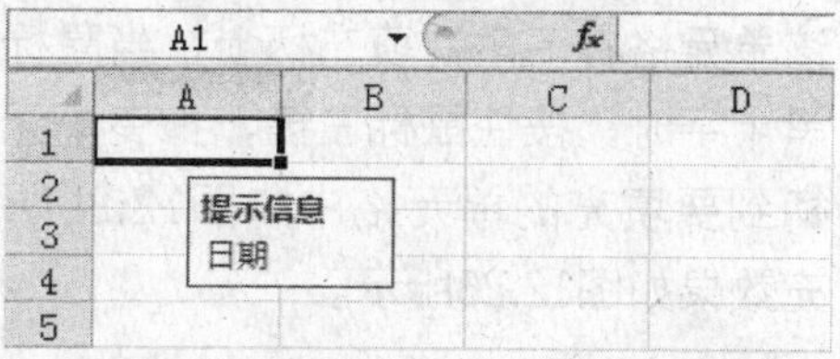

图12.22　显示设置的输入信息

3．删除单元格的有效数据范围或输入信息

如果不再需要某些单元格或单元格区域的有效数据范围或输入信息，可以将其删除。具体操作步骤如下：

01 选定要删除有效数据范围或输入信息的单元格。

02 打开“数据有效性”对话框，单击“全部清除”按钮。

03 单击“确定”按钮。

12.3 自动填充数据

在输入数据和公式的过程中，如果输入的数据具有某种规律，用户可以通过拖曳当前单元格的填充柄或在“开始”选项卡中单击“编辑”组中的“填充”按钮，在打开列表中选择自动填充数据的方式。

12.3.1 以相同的数据填充相邻的单元格

使用“填充”按钮来填充相同的数据，具体操作步骤如下：

01 在某个单元格中输入数据。

02 选择从该单元格开始的行方向单元格区域或列方向单元格区域。

03 在“开始”选项卡中单击“编辑”组中的“填充”按钮，打开填充列表。

04 选择相应方向的填充命令。命令执行后，Excel在相邻的单元格中自动填充与第一个单元格相同的数据。

例如：在单元格A1中输入“名称”，在单元格B1中输入“单价”，在单元格C1中输入“销量”。选择A1:C6单元格区域，单击“填充”按钮，在打开的列表中选择“向下”选项如图12.23所示，填充后的效果如图12.24所示。

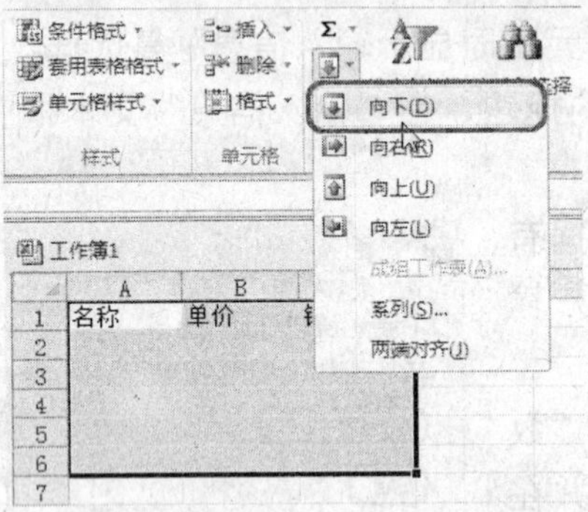

图12.23 选择填充选项

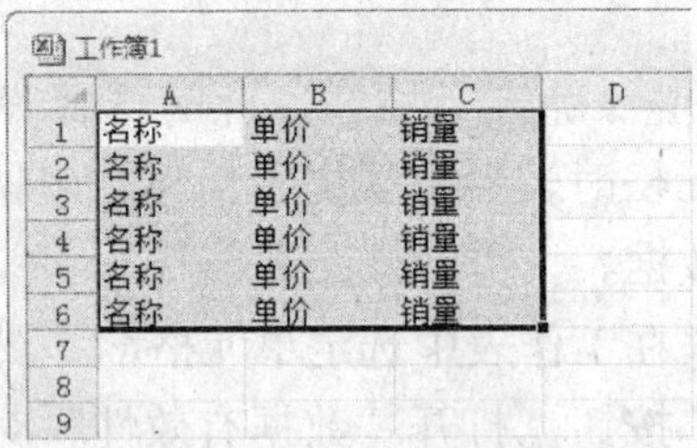

图12.24 填充效果

使用单元格填充柄来填充相同的数据，具体操作步骤如下：

01 在某个单元格中输入数据。

02 单击该单元格，将鼠标指针移动到该单元格右下角的填充柄上，当鼠标变为+黑十字时，按住鼠标左键，拖曳单元格填充柄到要填充的单元格中如图12.25所示，填充效果如图12.26所示。

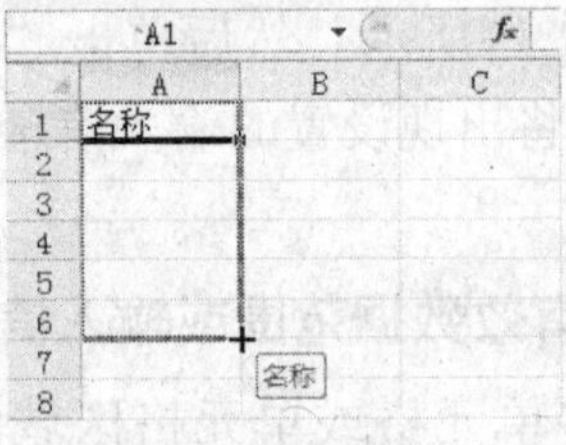

图12.25 拖曳填充柄

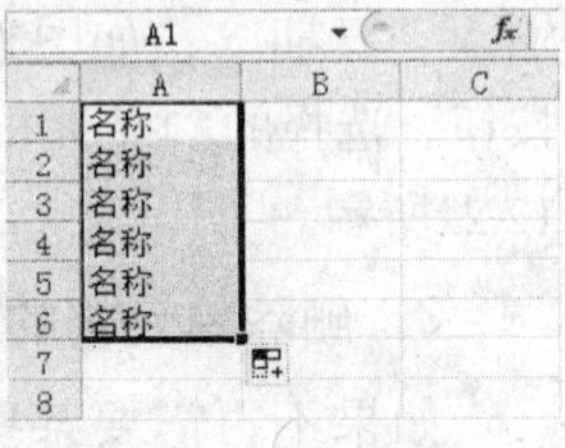

图12.26 填充效果

提示：使用单元格填充柄来填充相同的数据时，如果数据是日期、时间、星期等，需要在拖曳单元格填充柄的同时按住Ctrl键。

12.3.2 数据序列的自动填充

在Excel中，用户除了可以在相邻单元格中填充相同数据外，还可使用自动填充功能快速输入具有某种规律的数据序列。

1. 时间和日期等可扩展序列的自动填充

如果在起始单元格中包含Excel可扩展序列时，那么在使用单元格填充柄进行填充操作时，相邻单元格的数据将按序列递增或递减方式填充。例如，在起始单元格中输入“星期一”，使用填充功能可快速在相邻单元格中填入“星期二、星期三、…”等。Excel可扩展序列是Microsoft Excel提供的默认自动填充序列，包括数字、日期、时间以及文本数字混合序列等。

对于时间和日期等可扩展序列的填充，具体操作步骤如下：

01 在需要输入序列的第一个单元格中输入序列的初始值。

02 选中该单元格或包含有自动填充序列初始值的单元格区域。

03 向指定方向拖曳该单元格或单元格区域右下角的填充柄，此时Excel就会自动填充序列的其他值。

例如：在A1中输入日期“2011/5/18”，在B1中输入星期“星期三”，然后选中这两个单元格并拖曳填充柄向下移动，如图12.27所示，Excel就会自动填充序列的其他值，效果如图12.28所示。

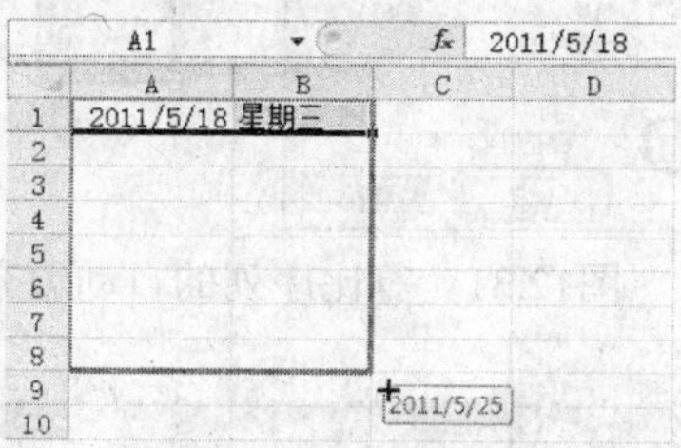

图12.27 输入序列

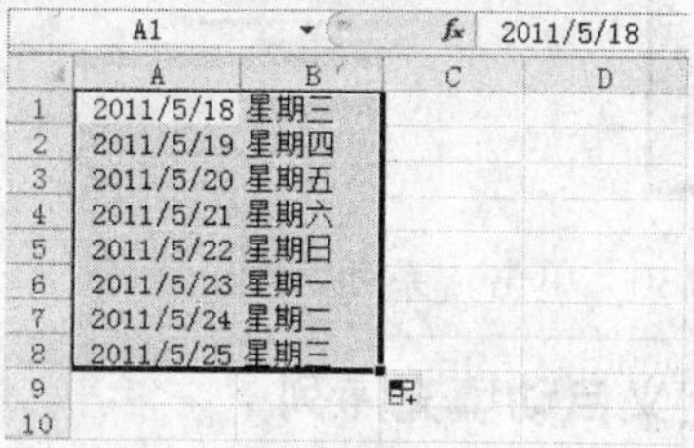

图12.28 自动填充序列其他值

2. 等差序列填充

等差序列的填充是采用输入前两个数据的方法来实现。具体操作步骤如下：

01 在前两个单元格中输入数据。

02 选定这两个单元格并拖曳其右下角的填充柄，此时，Excel会按钮这两个单元格的差自动填充等差序列。

例如：在单元格A1、B1中分别输入1、6，然后选定A1:B1单元格区域并拖曳填充柄向右进行填充，如图12.29上图所示，等差序列填充后的效果如图12.29下图所示。

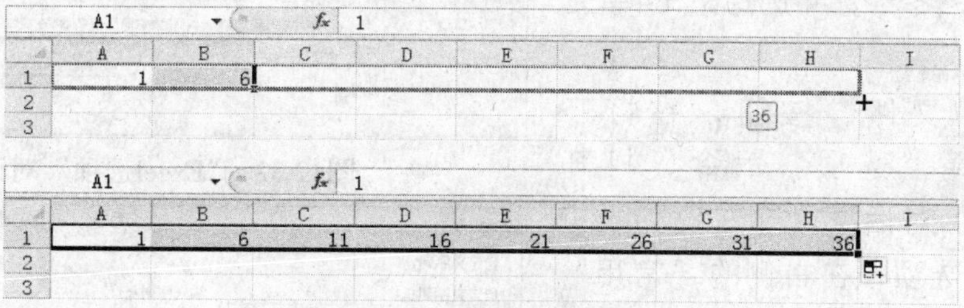

图12.29 等差序列填充

3. 等比序列填充

等比序列填充的方法与等差序列填充的方法相类似。具体操作步骤如下：

01 在某个单元格中输入第一个数据，然后选择从该单元格开始的行方向单元格区域或列方向单元格区域。

02 在“开始”选项卡中单击“编辑”组中的“填充”按钮，在打开的列表中选择“系列”选项。

03 打开“序列”对话框，根据需要指定序列的各项参数。

04 设置完毕单击“确定”按钮。

例如：在单元格A1中输入3，然后选定单元格区域A1:A5，在“开始”选项卡中单击“编辑”组中的“填充”按钮，在打开的列表中选择“系列”选项，如图12.30所示。打开“序列”对话框，选中“列”和“等比序列”单选钮，并在“步长值”文本框中输入2，单击“确定”按钮，填充结果如图12.31图所示。

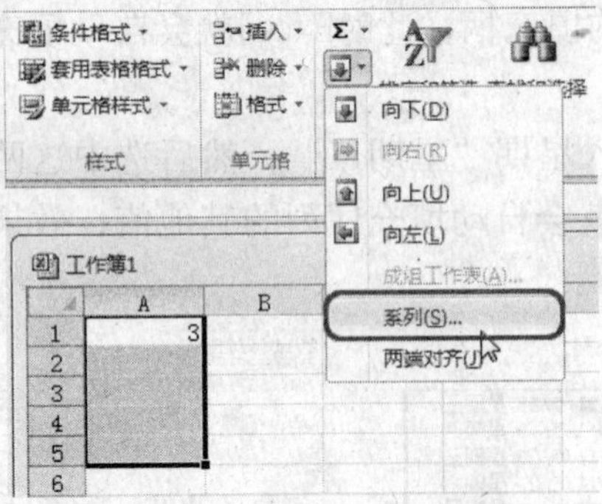

图12.30　单击“系列”项

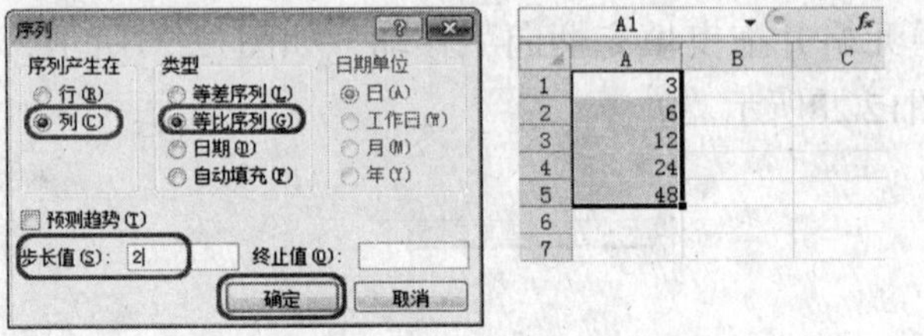

图12.31　等比序列的自动填充

4. 自定义自动填充序列

另外，在Excel中还允许用户自定义自动填充序列，该序列也可以像Excel可扩展序列一样进行自动填充。自定义自动填充序列可采用两种方式。

如果用户使用基于现有项目列表中的自定义填充序列，具体操作步骤如下：

01 在B1:B4单元格区域中分别输入“春、夏、秋、冬”，并选择B1:B4单元格区域。

02 单击“文件”按钮，在打开的菜单中选择“选项”命令，打开“Excel选项”对话框，在左侧列表中选择“高级”选项，在右侧的“常用”组中单击“编辑自定义列表”按钮，如图12.32所示。

03 打开“自定义序列”对话框，确定所选单元格区域显示在“从单元格中导入序列”文本框中，单击“导入”按钮，所选择的单元格区域中的数据将添加到“自定义序列”列表框中，如图12.33所示。

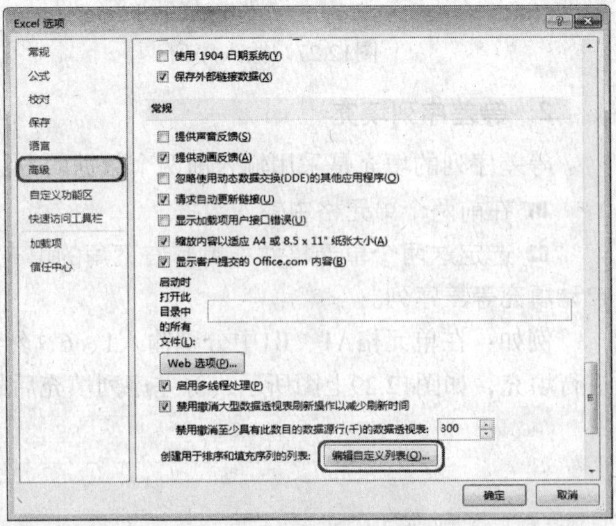

图12.32　“Excel选项”对话框

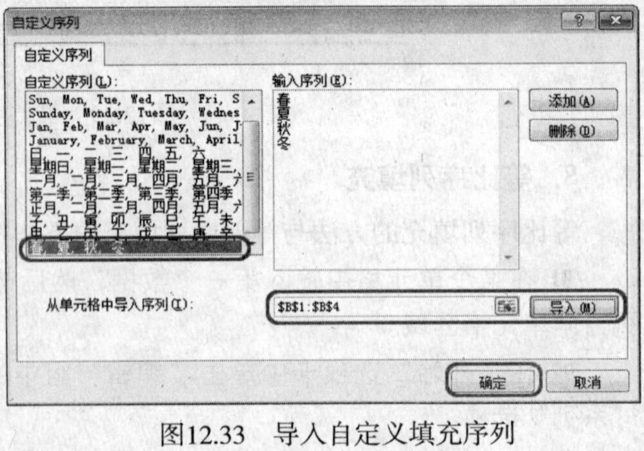

图12.33　导入自定义填充序列

04 单击“确定”按钮返回到“Excel选项”对话框，再单击“确定”按钮，返回工作表，以后如果需要输入“春、夏、秋、冬”序列时，只需在第一个单元格中输入“春”，拖曳填充柄进行自动填充序列操作。

如果用户希望利用“自定义序列”对话框输入想定义的序列，可按如下步骤操作：

01 打开“自定义序列”对话框，在“自定义序列”列表框中选择“新序列”选项。

02 在“输入序列”列表框中输入想定义的序列项，每输入一个按一次回车键。

03 单击“添加”按钮，输入的序列项将添加到左侧“自定义序列”列表框中如图12.34所示。完成后单击“确定”按钮。

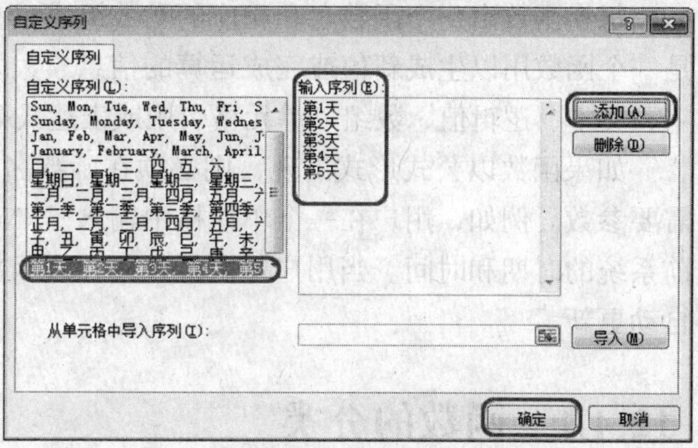

图12.34　新建序列

> **提示** 在自定义序列中，序列中的每一个数据的第一个字符不能是数字。如果要删除自定义序列，选择“自定义序列”列表框中想删除的序列，单击“删除”按钮即可。但不能删除Excel默认的序列。

12.3.3　公式自动填充

与常量数据填充一样，使用填充柄也可以进行公式的自动填充。利用相对引用和绝对引用的不同特点，配合自动填充操作，可以快速地建立成批公式。

公式自动填充具体操作步骤如下：

01 在单元格区域A1:C3中输入如图12.35所示数据，

02 在单元格D1中输入公式“=SUM（A1:C1）”，单击编辑栏中的“输入”按钮✓，效果如图12.36所示。

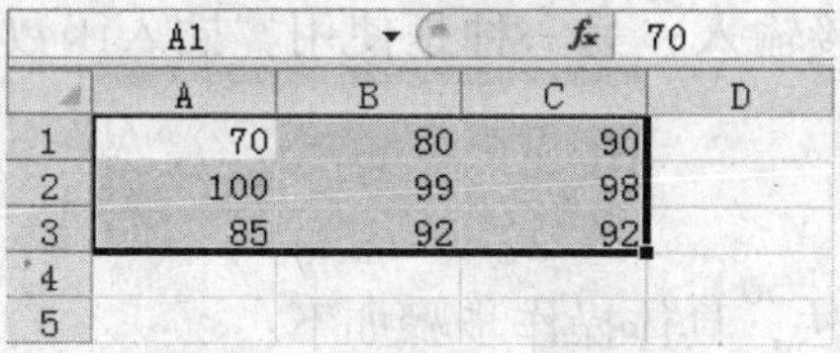

图12.35　输入数据

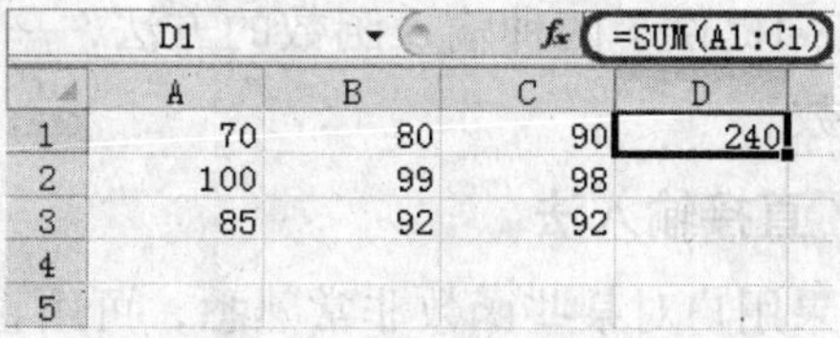

图12.36　输入公式

03 向下拖曳单元格D1的填充柄，即可将单元格D1中的公式自动填充到单元格D2到D3中，结果如图12.37所示。

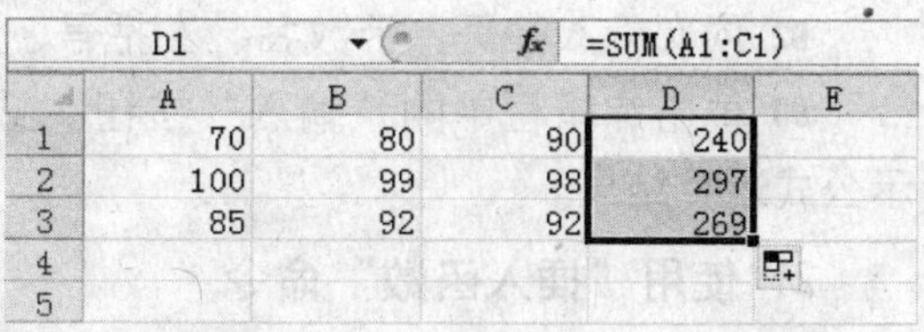

图12.37　自动填充公式

12.4 函数的使用

用户在做数据分析工作时，常需要进行大量而繁杂的运算，Excel提供的几百个内部函数将会成为您数据处理的帮手。

每个函数由一个函数名和相应的参数组成。参数位于函数名的右侧并用括号括起来，它是一个函数用以生成新值或完成运算的信息。大多数参数的数据类型都是确定的，可以是数字、文本、逻辑值、数组、单元格引用或表达式等等。参数的具体值由用户提供。

如果函数以公式形式出现，则必须在函数名前输入等号“=”，有些函数非常简单，不需要参数。例如，用户在一个单元格中输入“=NOW（）”，Excel就会在单元格里显示出当前系统的时期和时间。当用户每次打开包含该函数的工作表时，单元格中的日期和时间将会自动更新。

12.4.1 函数的分类

Excel提供了丰富的函数，按照其功能可以分为以下几类：

- “财务函数”：对数值进行各种财务计算。
- “数学和三角函数”：处理各种数学计算。
- “日期与时间函数”：在公式中分析和处理日期值和时间值。
- “数据库函数”：分析和处理数据清单中的数据。
- “统计函数”：用于对数据区域进行统计分析。
- “逻辑函数”：用于进行真假值判断或者进行复合检验。
- “信息函数”：用于确定存储在单元格中的数据类型。
- “文本函数”：用于在公式中处理文字串。
- “工程函数”：对数值进行各种工程上的运算和分析。
- “查找和引用函数”：在单元格、单元格区域中查找特定数值或某个单元格的引用。

12.4.2 函数的输入

Excel提供了两种输入函数的方法，一种是直接输入；另一种是使用“插入函数”按钮输入函数。

1．直接输入法

如果用户对某些函数非常熟悉，可用直接输入法，具体操作步骤如下：

01 单击要输入函数的单元格。

02 依次输入等号、函数名、左括号、具体参数和右括号。

03 单击编辑栏中的“输入”按钮✓或按回车键确认，此时在输入函数的单元格中将显示公式运算结果。

2．使用“插入函数”命令

由于Excel提供了大量的函数且有许多函数不经常使用，很难记住它们的参数。利用

“插入函数”按钮，用户可以按照提示，逐步选择需要的函数及其相应的参数。具体操作步骤如下：

01 选择要输入函数的单元格。

02 在“公式”选项卡中单击“函数库”组中的“插入函数”按钮或单击“编辑栏”中的“插入函数”按钮f_x，弹出如图12.38所示的“插入函数”对话框。

03 在“插入函数”对话框的“搜索函数”文本框中输入解决问题的简短说明，然后单击“转到”按钮或在“或选择类别”列表框中选择所需函数的类别，在其下面的“选择函数”列表框中选择需要的函数，此时列表框的下方会出现关于该函数功能的简洁说明。

04 单击“确定”按钮，弹出“函数参数”对话框，如图12.39所示。

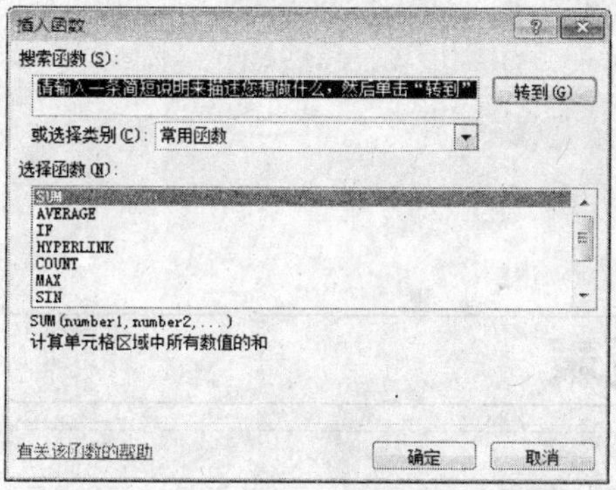

图12.38 “插入函数”对话框

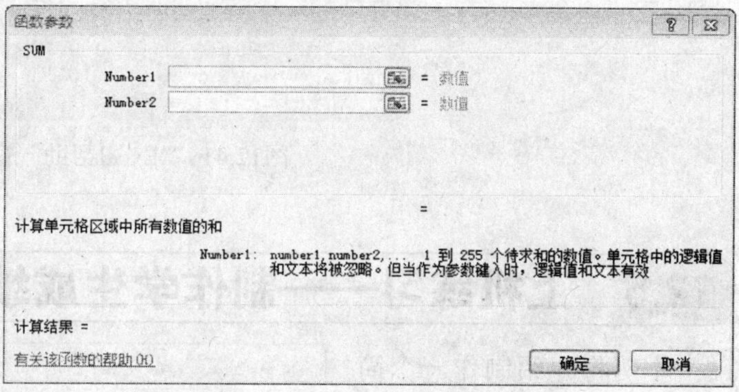

图12.39 “函数参数”对话框

05 单击“函数参数”对话框中各参数框，在其中输入数值、单元格或单元格区域引用等，或单击参数文本框右侧的按钮，隐藏对话框，在工作表中选择单元格或区域，再单击按钮，展开对话框，引用的单元格或区域将出现在参数的文本框中。

06 单击“确定”按钮，计算结果将显示在选择的单元格中。

3. 利用函数下拉列表输入函数

当用户在编辑栏中输入“=”后，位于编辑栏左侧原来用于显示单元格地址的编辑框中将显示函数名称。单击其右侧的下三角按钮，打开函数列表，从中选择需要的函数即可将其输入，如图12.40所示。如果希望选择其他函数，可从列表中选择“其他函数”项。

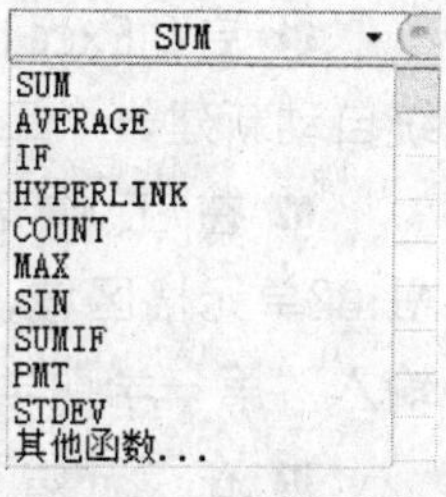

图12.40 函数列表

12.4.3 获得函数帮助

Excel提供了大量的有关函数的联机帮助，如果用户在使用时忘记了某个函数的用法或者想查看该函数的使用例子，可使用对话框中的“有关该函数的帮助”超连接打开帮助中心。这里以函数“SUM”为例，具体操作步骤如下：

01 单击“插入函数”按钮，在打开的对话框中的“或选择类别”文本框中选择“常用函数”，在“选择函数”列表框中选择“SUM”函数。

02 单击“插入函数”对话框中的“有关该函数的帮助”超链接，弹出“Excel帮助”窗口，其中给出了该函数详细用法及示例，如图12.41所示。

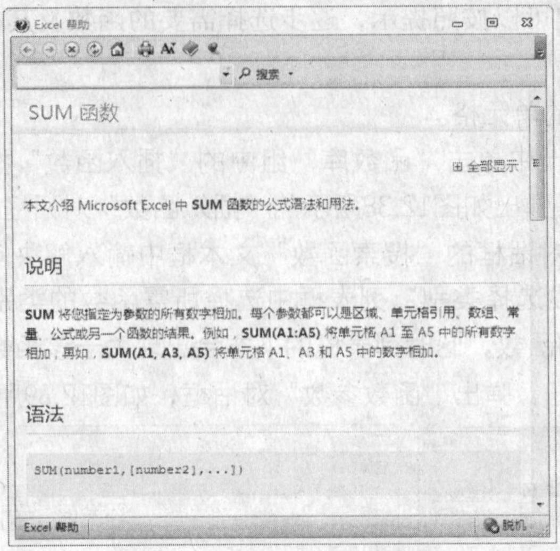

图12.41 “Excel帮助”窗口

12.5 上机练习——制作学生成绩表

本例将介绍制作一个简单的学生成绩表，主要运用了公式的输入、单元格的相对引用、自动填充数据等。效果如图12.42所示。

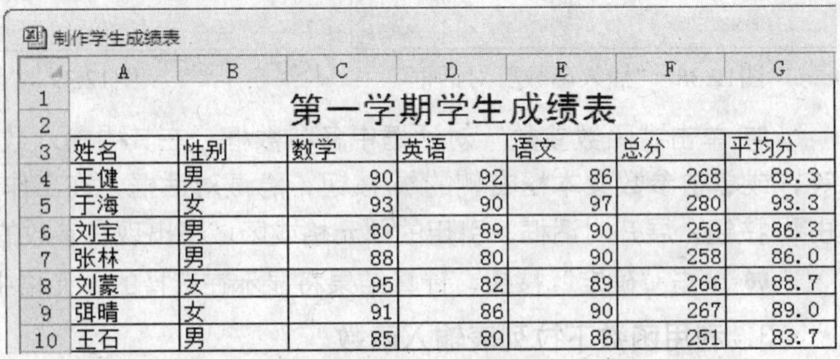

制作学生成绩表

	A	B	C	D	E	F	G
1	第一学期学生成绩表						
2							
3	姓名	性别	数学	英语	语文	总分	平均分
4	王健	男	90	92	86	268	89.3
5	于海	女	93	90	97	280	93.3
6	刘宝	男	80	89	90	259	86.3
7	张林	男	88	80	90	258	86.0
8	刘蒙	女	95	82	89	266	88.7
9	强晴	女	91	86	90	267	89.0
10	王石	男	85	80	86	251	83.7

图12.42 学生成绩表

01 启动Excel 2010，系统自动新建一个工作簿。

02 在工作表中选择A1:G2单元格区域，在“开始”选项卡中单击“对齐方式”组中的“合并后居中”按钮，输入“第一学期学生成绩表”并单击编辑栏中的“输入”按钮，如图12.43所示。

03 在“开始”选项卡中的“字体”组中，将“字体”设置为“黑体”，将“字号”设置为18，如图12.44所示。

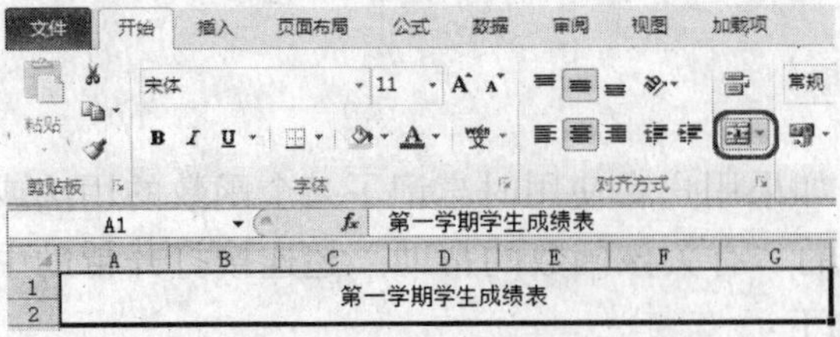

图12.43 输入文本

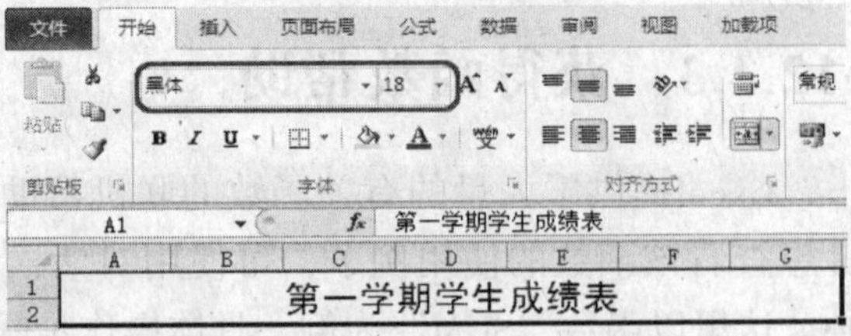

图12.44 设置字体和字号

04 在单元格区域A3:G3中分别输入姓名、性别、数学、英语、语文、总分和平均分，在单元格区域A4:A10和单元格区域B4:B10中分别输入姓名和性别，如图12.45所示。

05 在单元格区域C4:E10中输入如图12.46所示的数据。

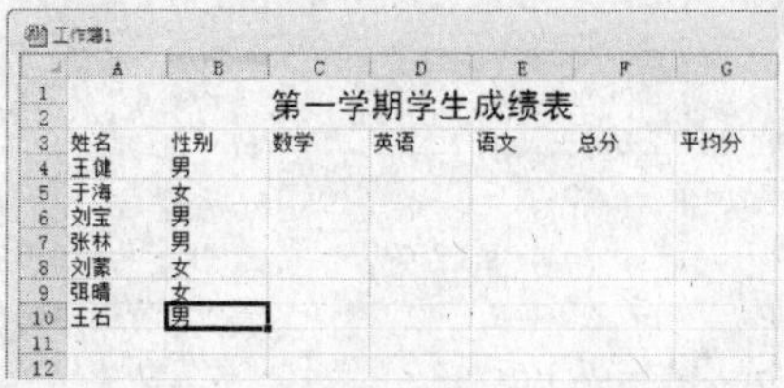

图12.45　输入文本

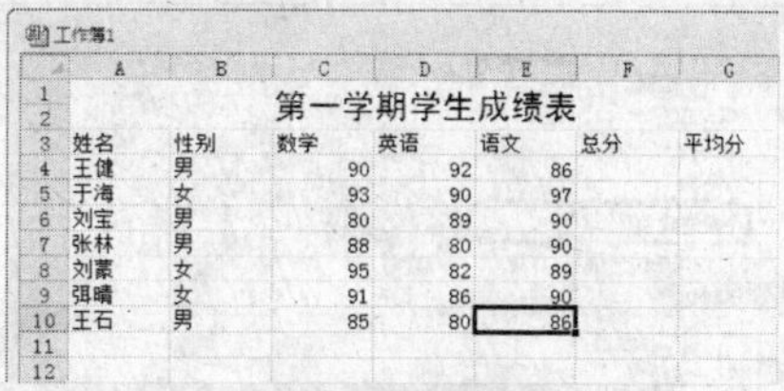

图12.46　输入数据

06 单击单元格F4，输入公式“=SUM（C4:E4）”，单击编辑栏中的“输入”按钮✓，效果如图12.47所示。

07 确定单元格F4选中情况下，将鼠标移至该单元格右下角，当鼠标变为✚时，向下拖曳鼠标至单元格F10，松开鼠标完成公式的自动填充操作，效果如图12.48所示。

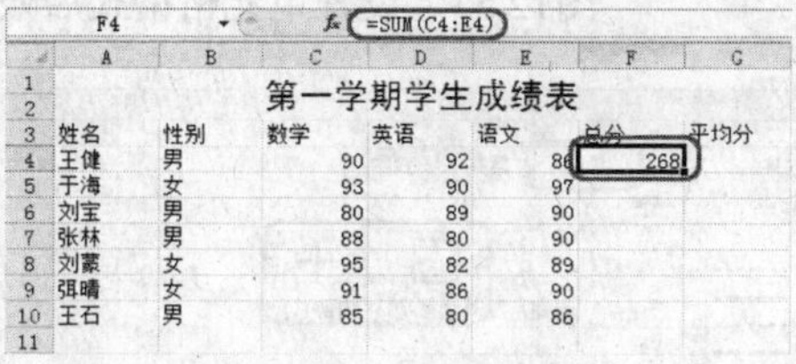

图12.47　输入公式

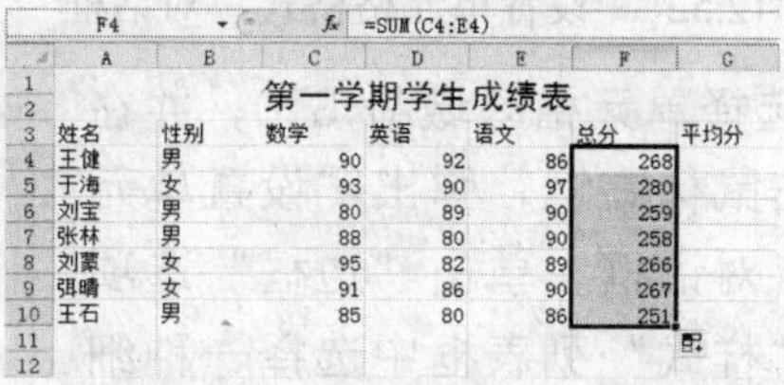

图12.48　自动填充公式效果

08 单击单元格G4，输入公式“=AVERAGE（C4:E4）”，单击编辑栏中的“输入”按钮✓，效果如图12.49所示。

09 确定单元格G4选中的情况下，将鼠标移至单元格右下角并向下拖曳至单元格G10，自动填充公式效果如图12.50所示。

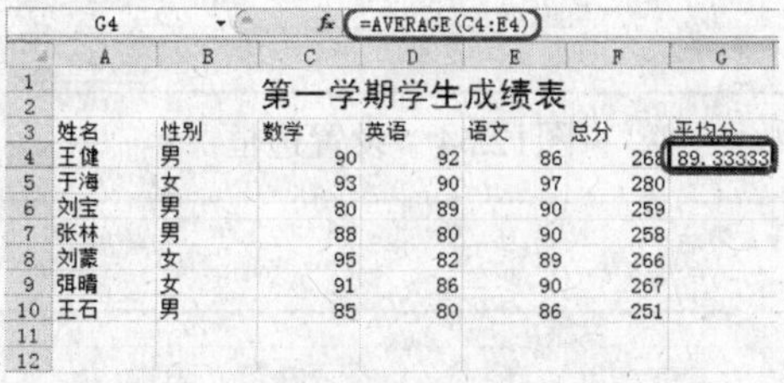

图12.49　输入公式

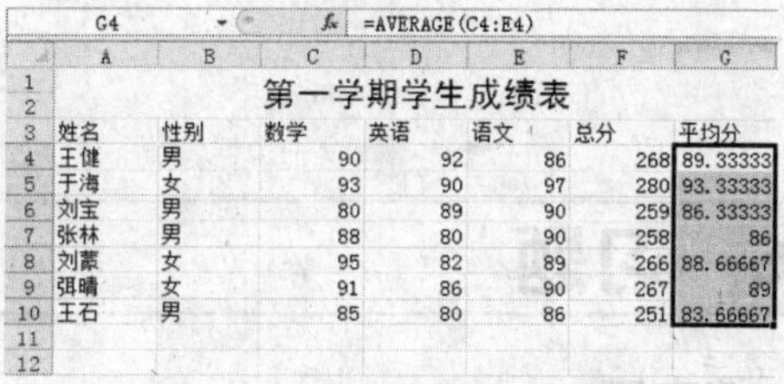

图12.50　自动填充公式效果

10 接下来为“平均分”列设置保留的小数位数，选择单元格区域G4:G10，并在其上单击鼠标右键，从弹出的快捷菜单中选择“设置单元格格式”选项，如图12.51所示。

11 弹出“设置单元格格式”对话框，在对话框中单击“数字”选项卡，在“分类”列表框中选择“数值”选项，将“小数位数”设置为1，如图12.52所示，单击“确定”按钮，返回到工作表，设置单元格格式后的效果如图12.53所示。

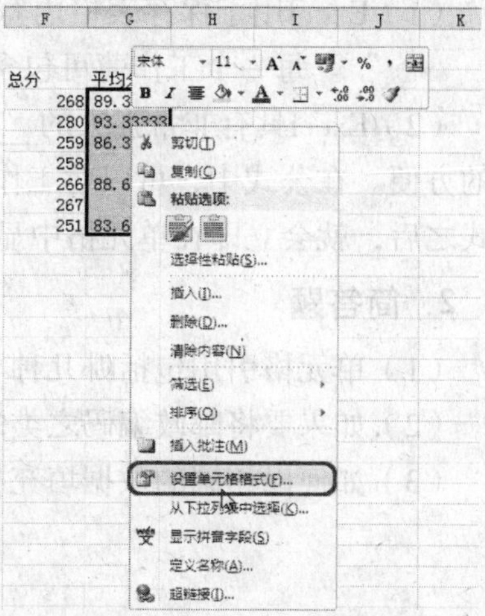

图12.51　选择“设置单元格格式”选项

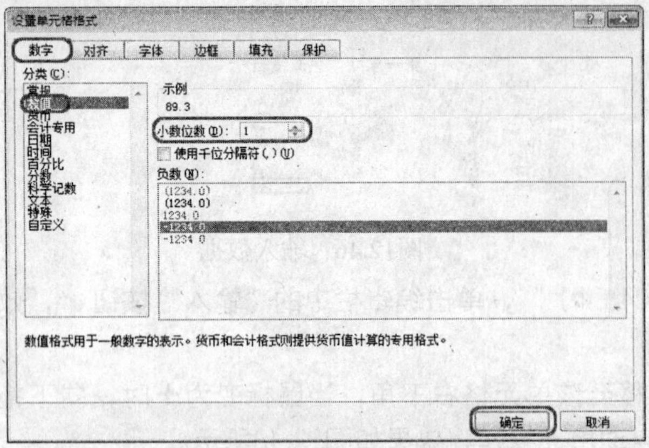

图12.52 “设置单元格格式”对话框

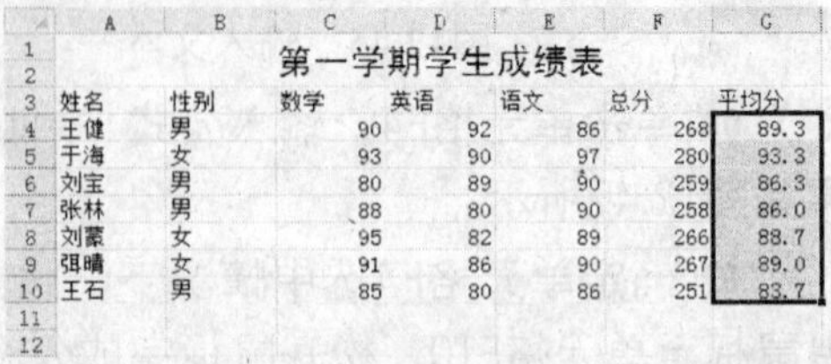

	A	B	C	D	E	F	G
1			第一学期学生成绩表				
2							
3	姓名	性别	数学	英语	语文	总分	平均分
4	王健	男	90	92	86	268	89.3
5	于海	女	93	90	97	280	93.3
6	刘宝	男	80	89	90	259	86.3
7	张林	男	88	80	90	258	86.0
8	刘蒙	女	95	82	89	266	88.7
9	弭晴	女	91	86	90	267	89.0
10	王石	男	85	80	86	251	83.7
11							
12							

图12.53 设置单元格格式后效果

⑫ 选择单元格区域A1:G10，并在其上单击鼠标右键，弹出“设置单元格格式”对话框，单击“边框”选项卡，在“样式”列表框中选择一种细线，在“预置”组中单击“外边框”按钮田和“内边框”按钮田，如图12.54所示，单击“确定”按钮，为表格设置边框，将工作表进行保存。

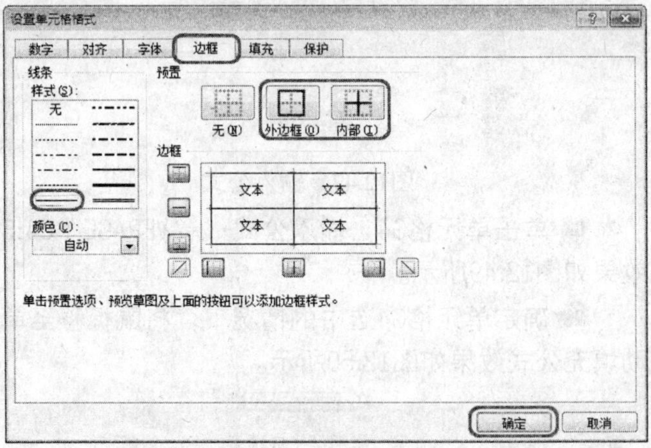

图12.54 设置边框

12.6 习题

1. 填空题

（1）Excel用于保存表格内容的文件被称为________，Excel 2010中的工作薄扩展名为“______”。每一个工作薄可包含若干个工作表，默认情况下包括了______工作表。

（2）Excel具有非常强大的______功能，为用户分析和处理工作表中的______提供了极大的方便。在公式中，可以对工作表数值进行加、减、乘和除等运算。只要输入正确的计算公式之后，就会立即在单元格中显示计算结果。

2. 简答题

（1）单元格引用包括哪几种类型？

（2）如果要将邮政编码之类的数据当作字符型数据输入，应怎样处理？

（3）如何以相同的数据填充相邻的单元格？

第13章 编辑与美化单元格

本章要点

本章主要介绍对单元格的常用编辑和美化操作，如单元格或单元格区域的选择，单元格内容的修改，行、列或单元格的插入、删除，移动和复制单元格或单元格区域中的内容，以及在工作表中添加图形、图片、艺术字等。

本章内容主要包括

- 单元格内容的修改
- 行、列和单元格的编辑
- 单元格或单元格区域中数据的移动和复制
- 文本和单元格格式的设置
- 设置行高与列宽
- 特殊效果的使用

go>>

13.1 选择单元格或单元格区域

Excel 2010是以工作表的方式对数据进行运算和分析的，而工作表的基本单元是单元格。因此，在往工作表中输入数据时应先选择单元格或单元格区域。

13.1.1 选择单元格

将鼠标指针移动到要选择的单元格上，单击鼠标左键即可选择该单元格，被选择的单元格也称为当前单元格。也可以在编辑栏的名称框中直接输入要选择的单元格名称，然后按回车键确认即可。

13.1.2 选择单元格区域

可以使用鼠标或键盘来选择一个单元格区域或多个不相邻的单元格区域。

1．选择一个单元格区域

用鼠标选择一个单元格区域，具体操作步骤如下：

01 单击单元格区域左上角的单元格。

02 按住鼠标左键并拖曳鼠标到区域的右下角。

03 松开鼠标左键，选择的区域呈淡蓝色显示，如图13.1所示。

若想取消选择，可单击工作表中任意一个单元格即可。

用键盘选择一个单元格区域，具体操作步骤如下：选择一个单元格，按住Shift键的同时按键盘上的方向键来选择。

选择的单元格区域范围较大，可使用鼠标和键盘相结合的方法：

01 用鼠标单击区域的左上角单元格。

02 按住Shift键，再单击区域的右下角单元格。

2. 选择不相邻的单元格区域

选择多个且不相邻的单元格区域，具体操作步骤如下：

01 单击并拖曳鼠标选择第一个单元格区域。

02 按住Ctrl键选择其他单元格区域，如图13.2所示。

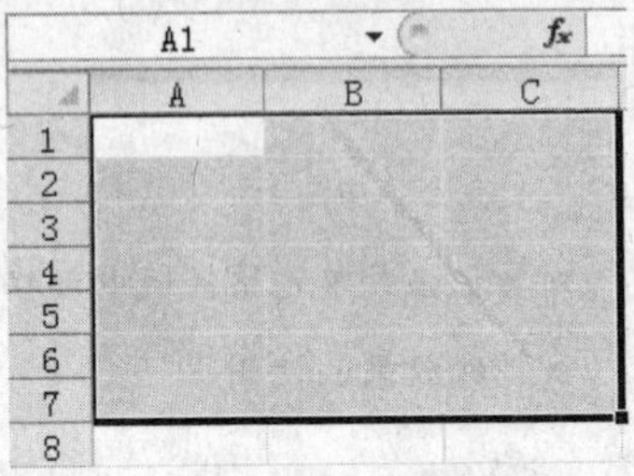

图13.1　选择相邻单元格区域

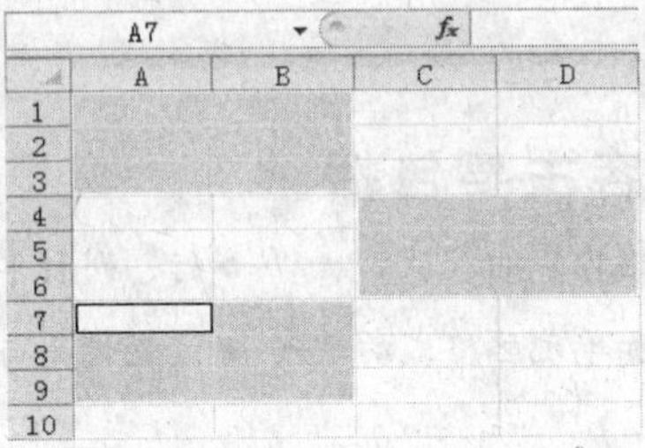

图13.2　选择不相邻的单元格区域

另外，在一个工作表中经常选择一些特殊的单元格区域，其操作如下：

- 整行：单击工作表的行号。
- 整列：单击工作表的列标。
- 整个工作表：单击工作表左上角行号1与列标A的交叉处，即“全选”按钮或按Ctrl+A快捷键。
- 相邻的行或列：单击工作表行号或列标，并按住鼠标左键拖曳。
- 不相邻的行或列：单击第一个行号或列标，按住Ctrl键，再单击其他的行号或列标。

13.2 单元格内容的修改

当单元格中输入的内容有误或不完整时，就需要对其进行修改。

13.2.1 修改单元格中的数据

修改单元格中的部分数据，可以使用编辑栏或直接在单元格中进行修改。如果使用编辑栏修改，具体操作步骤如下：

01 单击想要修改内容的单元格，此时编辑栏中显示该单元格的内容。

02 单击编辑栏，此时编辑栏中出现光标。将光标移至想要修改的地方。

03 按Back Space键可删除光标左侧内容、按Delete键可删除光标右侧内容、在光标处输入正确内容或选择有误的内容，使其呈反白显示，输入正确定内容即可。

04 修改完成后，按回车键确认或单击编辑栏中的“输入”按钮✓。

直接在单元格中进行修改的步骤：在需要修改的单元格上双击鼠标左键，此时单元格中出现光标，即可在单元格中对内容进行修改。

如果希望某个单元格中的内容由新数据替代，单击要由新数据替代的单元格，然后直接输入新数据即可。

13.2.2 清除单元格的内容

单击想要清除内容的单元格，然后按Delete键即可。同样，选择某个单元格区域，按Delete键可清除该单元格区域中的所有内容。另外，在选择的想要清除内容的单元格或单元格区域上右击鼠标，从弹出的快捷菜单中选择“清除内容”命令也可完成相应的操作。

13.3 行、列和单元格的编辑

在编辑工作表的过程中，有时需要对行、列、单元格或单元格区域进行操作。例如，插入或删除行、列、单元格等。

13.3.1 插入行、列、单元格或单元格区域

Excel允许用户在已经建立的工作表中插入行、列、单元格或区域，并在工作表的适当位置填入新的内容。

1. 插入行和列

在已输入数据的工作表中插入一行，具体操作步骤如下：

01 选择需要插入行的任一单元格或单击行号选择一整行，如图13.3所示。

02 在“开始”选项卡中单击“单元格”组中的“插入”按钮，在打开的列表中选择“插入工作表行”选项，Excel将在当前位置插入一空行，原有的行自动下移，如图13.4所示。

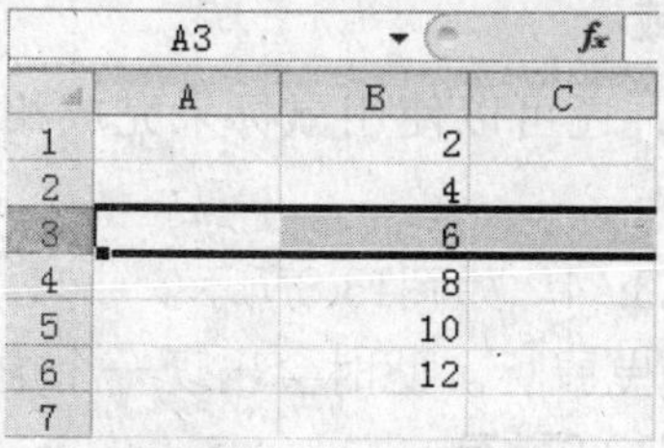

图13.3 选择整行

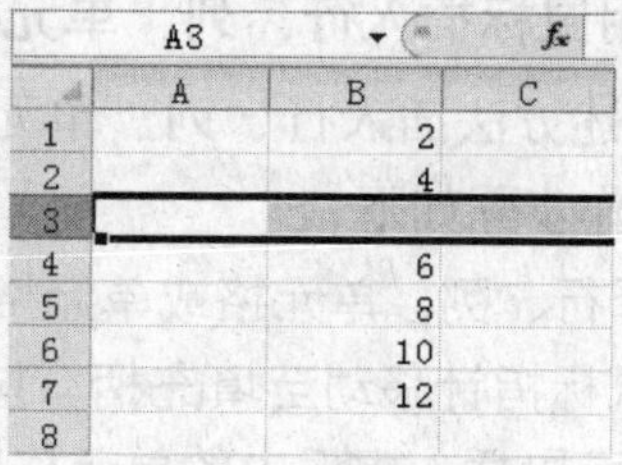

图13.4 插入一行

同理，单击“插入”按钮，在打开的列表中选择“插入工作表列”选项，可在选择的单元格或整列的位置处插入一空列，原有的列自动右移。

实际上，用户可以在已输入数据的工作表中一下插入若干行或列。方法是：首先选择需要插入若干行或列的单元格区域，或选择区域所在的所有行或列。然后单击“插入”按钮，在打开的列表中选择“插入工作表行”或“插入工作表列”选项，则Excel在当前区域位置插

入行或列（插入的行或列数目与选择的行或列相同），原来区域所在的所有行或列自动下移或右移。

> 提示　插入行或列的操作也可以在选择的列或列区域上单击鼠标右键，从弹出的快捷菜单中选择“插入”命令即可。

2．插入单元格或单元格区域

在工作表中插入单元格或单元格区域，具体操作步骤如下：

01 在要插入的位置处选择单元格或区域。例如，选择单元格区域B3:B4。

02 在选择的单元格区域上单击鼠标右键，从弹出的快捷菜单中选择“插入”命令，如图13.5所示。弹出“插入”对话框，如图13.6所示。

其中，在“插入”对话框中有4个选项供用户选择：

- “活动单元格右移”：选中该单选钮，插入的单元格出现在所选择单元格的左边。
- “活动单元格下移”：选中该单选钮，插入的单元格出现在所选择单元格的上方。
- “整行”：选中该单选钮，在选定单元格上面插入一行。
- “整列”：选中该单选钮，在选定单元格左边插入一列。

03 选择需要的插入选项，单击“确定”按钮。如选择“活动单元格下移”选项，单击“确定”按钮后的效果如图13.7所示。

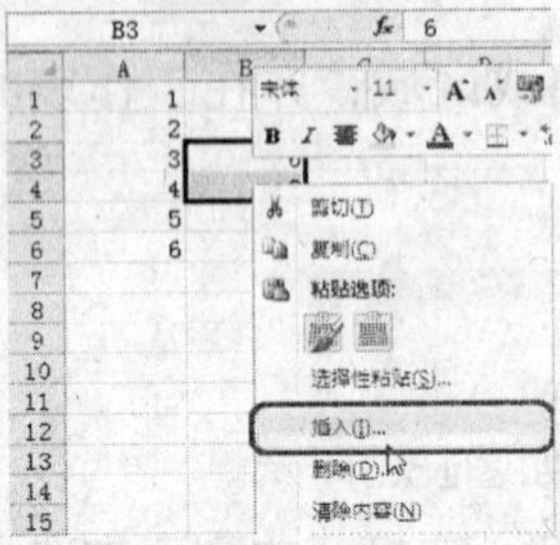

图13.5　选择“插入”命令

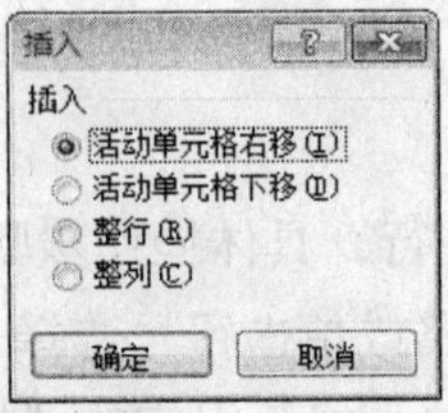

图13.6　“插入”对话框

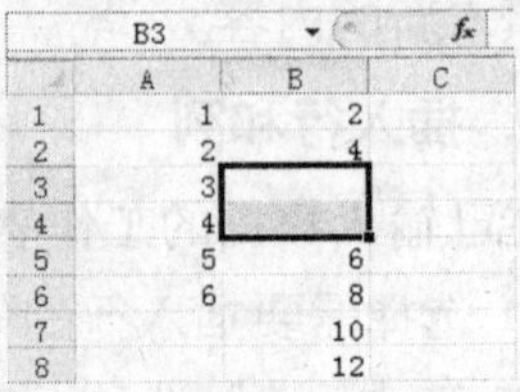

图13.7　插入后的效果

3．使用鼠标插入行、列、单元格或单元格区域

除了上述方法插入行、列、单元格或区域之外，还可以使用鼠标来完成相应的插入操作。具体操作步骤如下：

01 选择行、列、单元格或单元格区域，如选择A3:A4。如图13.8所示。

02 将鼠标指针移动至填充柄，按住Shift键并拖曳鼠标。此时会出现一个虚框，松开鼠标左键，就可以插入虚框中的单元格区域，效果如图13.9所示。

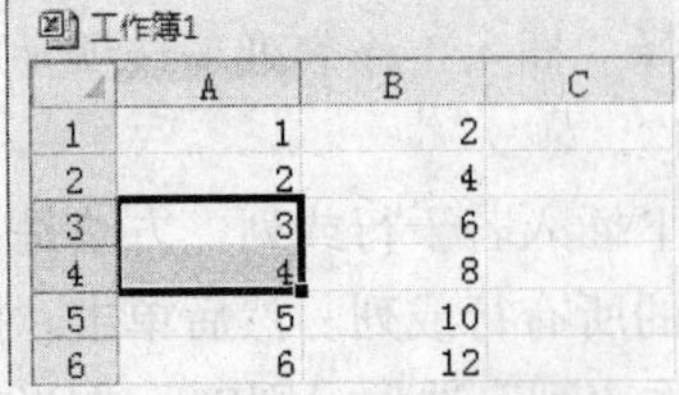

图13.8　选择单元格区域

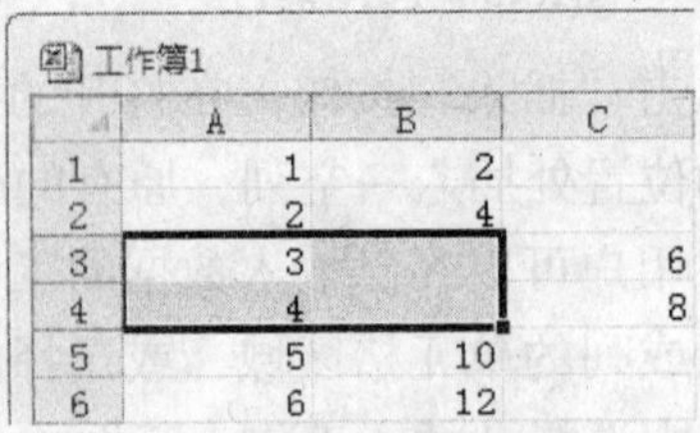

图13.9　选择单元格

13.3.2 删除或清除行、列、单元格及单元格区域

当工作表中的某些数据及其位置不再需要时，可以将它们删除。这里的删除与按Delete键删除单元格或单元格区域的内容不一样，按Delete键仅清除单元格内容，其空白单元格仍保留在工作表中；而删除行、列、单元格或单元格区域，其内容连同位置将删除，空出的位置由周围的单元格补充。

1．删除行和列

要删除工作表中的某行或某列时，具体操作步骤如下：

01 单击要删除的行号或列标，选择一整行或整列，如图13.10所示选择一整行。

02 在“开始”选项卡中单击“单元格”组中的“删除”按钮，在打开的列表中选择相应的选项，例如选择“删除工作表行”选项，如图13.11所示。

03 被选择的行或列将从工作表中删除，与其相临的行或列自动上移或左移，效果如图13.12所示。

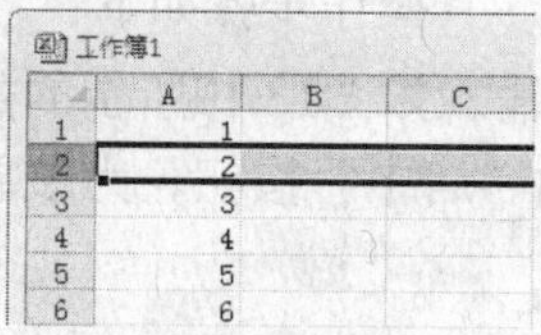

图13.10 选择整行

图13.11 选择“删除工作表行”选项

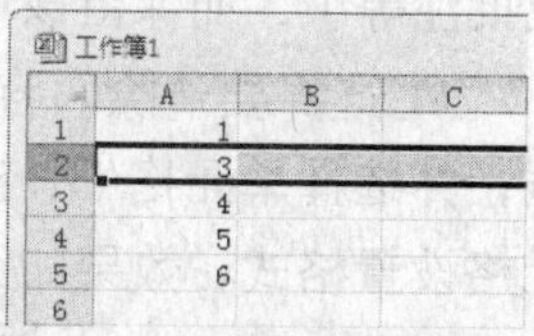

图13.12 删除行后的效果

2．删除单元格或单元格区域

要删除工作表中的某单元格或单元格区域时，具体操作步骤如下：

01 选择想删除的单元格或区域，如选择单元格A2，如图13.13所示。

02 在“开始”选项卡中单击“单元格”组中的“删除”按钮，在打开的列表中选择“删除单元格”选项，弹出“删除”对话框，如图13.14所示。其中，在“删除”对话框中有4个选项供用户选择：

- “右侧单元格左移”：选中该单选钮，选定的单元格或区域右侧已存在的数据将补充到该位置。
- “下方单元格上移”：选中该单选钮，选定的单元格或区域下方已存在的数据将补充到该位置。
- “整行”：选中该单选钮，选定的单元格或区域所在的行被删除。
- “整列”：选中该单选钮，选定的单元格或区域所在的列被删除。

03 选择所需的选项，如选择“下方单元格上移”，单击“确定”按钮，效果如图13.15所示。

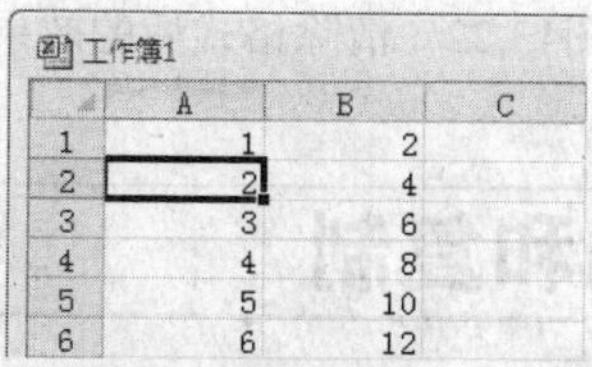

图13.13 选择单元格

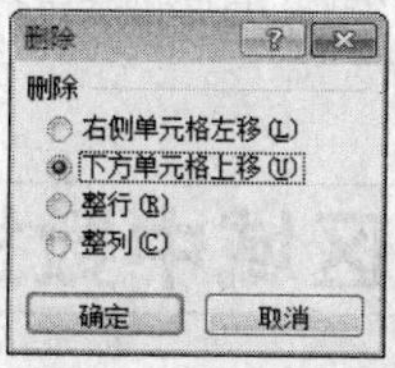

图13.14 “删除”对话框

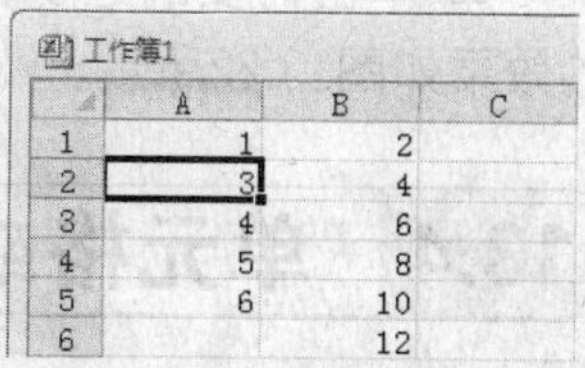

图13.15 删除单元格效果

3．使用鼠标删除行、列、单元格或单元格区域

除上述方法外，还可以使用鼠标来完成删除行、列、单元格或区域的操作。其方法是：首先选择要删除行、列、单元格或区域，如图13.16所示选择单元格区域，然后将鼠标指针移动至填充柄，按住Shift键同时向内拖曳，使选择的区域变成灰色显示如图13.17所示。松开鼠标左键后，选择的区域即被删除，如图13.18所示。

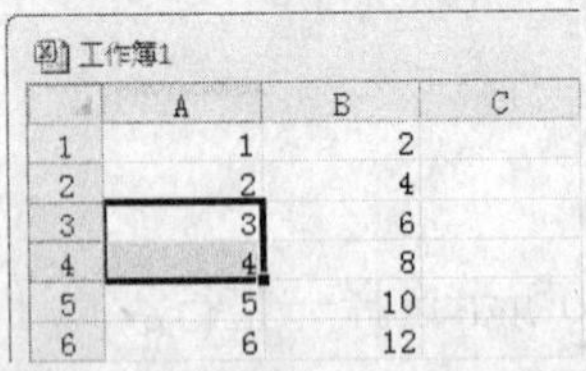

图13.16　选择单元格区域

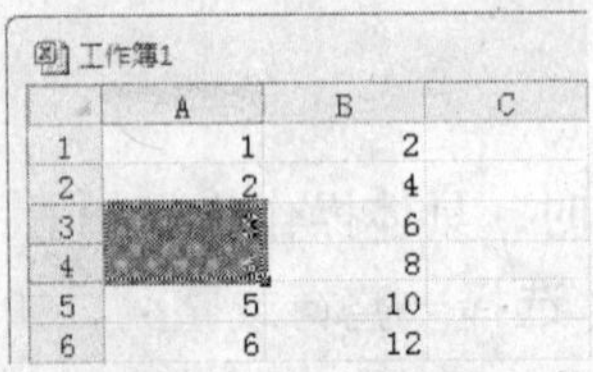

图13.17　呈灰色显示

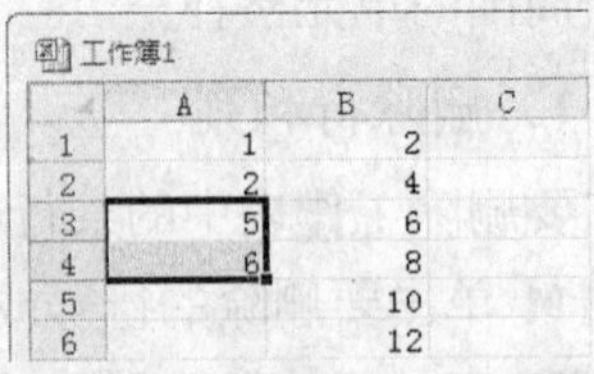

图13.18　删除单元格效果

4．清除单元格

在编辑工作表的过程中，有时可能只需要删除某个单元格中存储的信息（如内容、格式或批注等），而保留该单元格的位置，此时可执行清除单元格的命令。其操作步骤如下：

01 选择要清除内容的单元格或单元格区域。例如在单元格A1:A6输入如图13.19所示的数据，并选择单元格A3，在“开始”选项卡中单击“对齐方式”组中的“居中”按钮，为该单元格设置格式，效果如图13.20所示。

02 在“开始”选项卡中单击“编辑”组中的“清除”按钮，打开如图13.21所示的列表。其中，在“清除”菜单列表中有4个子菜单供用户选择：

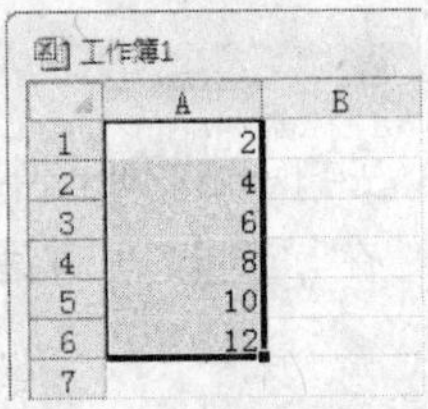

图13.19　输入数据

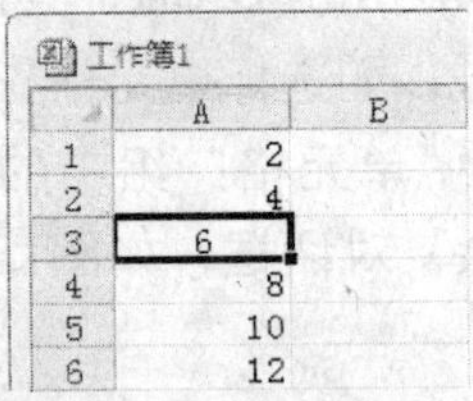

图13.20　设置格式

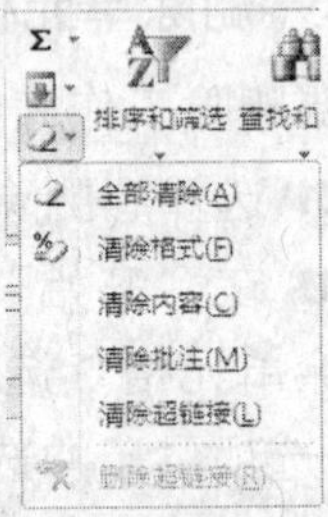

图13.21　“清除”列表

- “全部清除”：选择该子命令，清除单元格的内容和批注，并将格式置回常规。
- “清除格式”：选择该项，仅清除单元格的格式设置，将格式置回常规。
- “清除内容”：选择该项，仅清除单元格的内容，不改变其格式或批注。
- “清除批注”：选择该项，仅清除单元格的批注，不改变单元格的内容和格式。

03 单击需要的选项，例如选择“清除格式”选项，清除后的效果如图13.22所示。

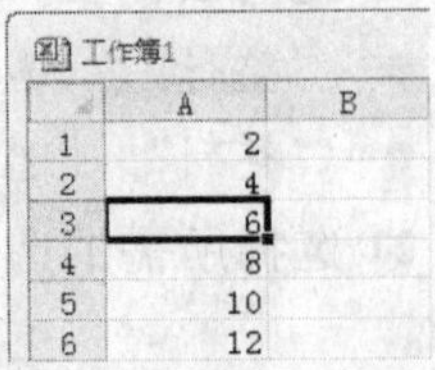

图13.22　清除格式后的效果

13.4　单元格或单元格区域中数据的移动和复制

移动数据是指将某个单元格或区域中的数据移到指定位置，复制数据是指将某个单元格

或区域中的数据复制到指定的位置，原位置的数据仍然存在。如果原先单元格中含有计算公式，移动或复制到新位置时，公式会因单元格或区域引用的变化，生成新的计算结果。

13.4.1 通过鼠标移动和复制数据

要移动单元格或区域中的内容，应首先选择要移动的单元格或区域，然后将光标移至单元格或区域的边缘，当光标变为✥形状后，按住鼠标左键拖曳到指定位置并释放鼠标即可，如图13.23所示。

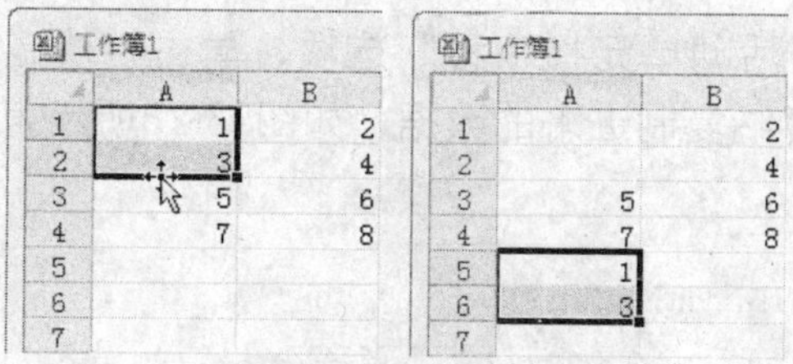

图13.23 移动内容

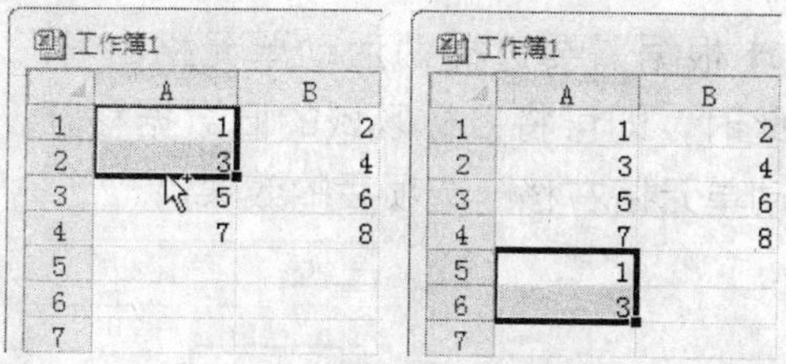

图13.24 复制内容

要复制单元格或区域中的内容，同样应首先选择要复制的单元格或区域，然后将光标移至单元格或区域的边缘，按住Ctrl键，当鼠标变为↖⁺时，按住鼠标左键拖曳到指定位置并释放鼠标即可，如图13.24所示。

13.4.2 使用剪贴板移动和复制数据

除上述使用鼠标的方法移动和复制数据外，还可以利用剪贴板来操作，其具体步骤如下：

01 选择要复制或移动的数据所在的单元格或区域。

02 在“开始”选项卡中单击“剪贴板”组中的“剪切”按钮或“复制”按钮。

03 选择要复制到的单元格或区域中的第一个单元格，单击“剪贴板”组中的“粘贴”按钮下的下三角按钮，在打开的列表中选择相应的粘贴选项，如图13.25所示。

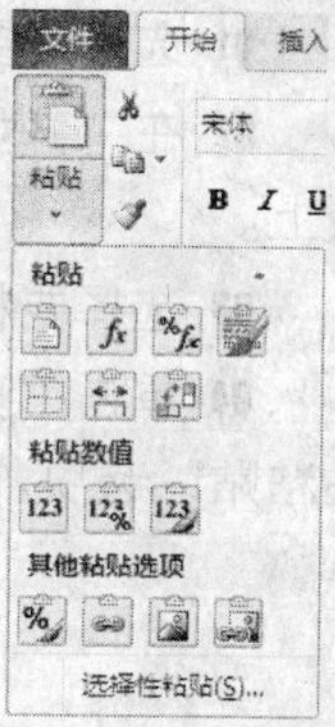

图13.25 粘贴列表

13.4.3 使用插入方式复制数据

如果某些单元格的数据需要复制到其他单元格上，并且在复制时又不想覆盖以前已有的数据，可以使用插入方式来复制数据。具体操作步骤如下：

01 选择需要复制数据的单元格或区域，如选择单元格E1。

02 单击“剪贴板”组中的“复制”按钮，将数据复制到剪贴板上。

03 选择要复制的目标单元格或区域中的第一个单元格，如选择目标单元格A1。

04 在“开始”选项卡中单击“单元格”组中的“插入”按钮，在打开的列表中选择

“插入复制的单元格”选项，如图13.26所示，打开如图13.27所示的“插入粘贴”对话框。

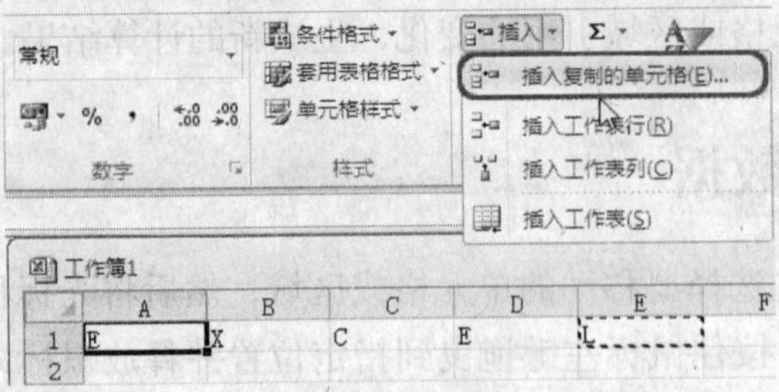

图13.26　选择“插入复制的单元格”选项

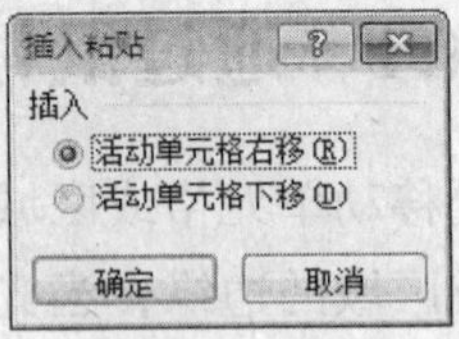

图13.27　“插入粘贴”对话框

05 根据需要选择“活动单元格右移”或“活动单元格下移”选项，单击“确定”按钮。此时，即可将目标区域的旧数据移开，以容纳复制进来的数据，如图13.28所示为选择“活动单元格右移”选项后的效果。

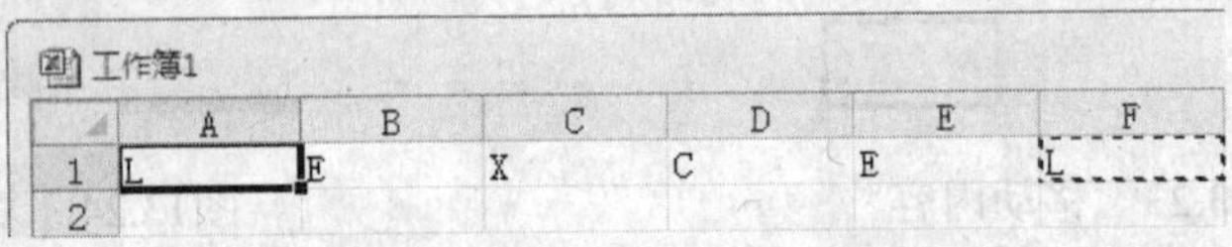

图13.28　使用插入方式复制数据效果

13.4.4　利用选择性粘贴方法复制单元格特定内容

在进行单元格或区域复制操作时，有时只需要复制其中的特定内容而不是所有内容时，可以使用Excel提供的“选择性粘贴”命令来完成。具体操作步骤如下：

01 选择需要复制数据单元格或区域，如选择A1:E1。

02 在“开始”选项卡中单击“剪贴板”组中的“复制”按钮，将数据复制到剪贴板上。

03 选择要粘贴的单元格或区域中的第一个单元格，如选择单元格A3，如图13.29所示。

04 单击“剪贴板”组中的“粘贴”按钮下的下三角按钮，在打开的列表中选择“选择性粘贴”选项，如图13.30所示。

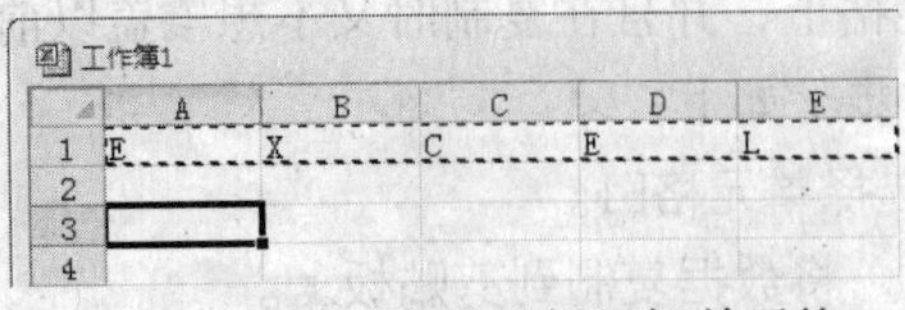

图13.29　复制对象及选择目标单元格

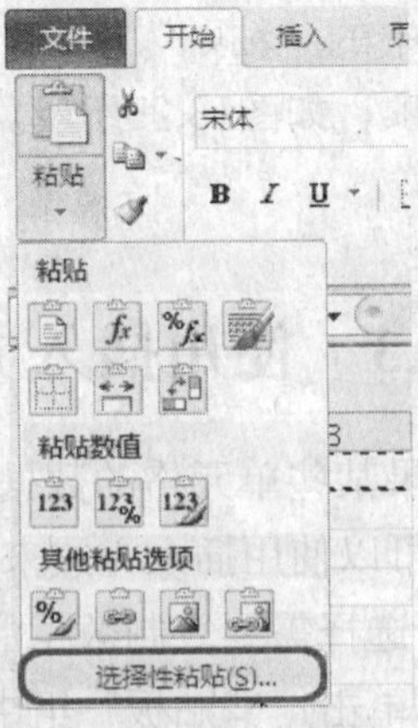

图13.30　单击“选择性粘贴”选项

05 打开如图13.31所示的“选择性粘贴”对话框。从图13.31中的对话框中可以看到，使用选择性粘贴进行复制可以实现加、减、乘、除运算，或只复制公式、数值和格式等操作。例如选择“转置”选项。

06 单击“确定”按钮，选择转置后的效果如图13.32所示。

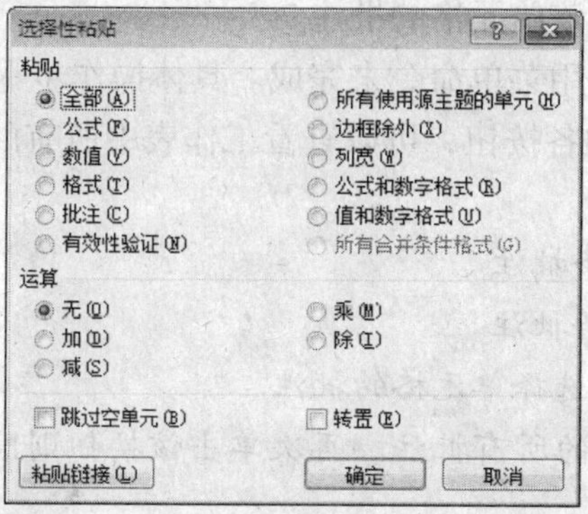

图13.31 “选择性粘贴”对话框

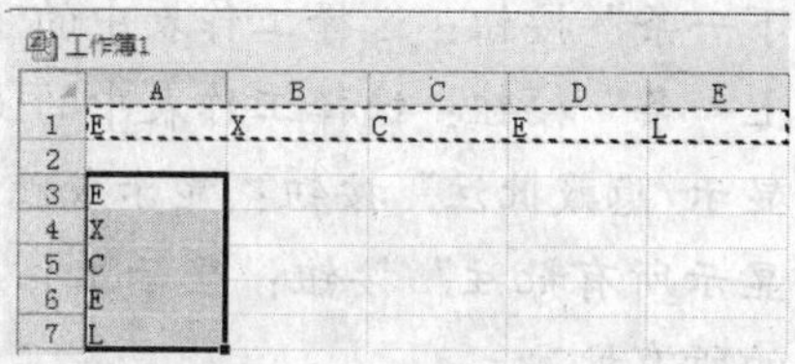

图13.32 转置后的效果

13.5 在工作表中添加批注

为了让其他的用户更加方便、快速地了解自己建立的工作表内容，可以使用Excel提供的添加批注功能，对工作表中一些复杂的公式或特殊的单元格数据添加批注。当在某个单元格中添加了批注之后，会在该单元格的右上角出现一个红色三角，只要将鼠标移到该单元格之中，就会显示出添加的批注内容。需要时，也可以通过特定操作同时查看所有的批注。

13.5.1 给单元格添加批注

要给单元格添加批注，具体操作步骤如下：

01 选定需要添加批注的单元格，如选择单元格A1。

02 在“审阅”选项卡中单击“批注”组中的“新建批注”按钮，如图13.33所示。或在选择的单元格上单击鼠标右键，从弹出的快捷菜单栏中选择“插入批注”命令。

03 在弹出的批注文本框中输入批注内容，单击其他单元格确认输入。将鼠标移至该单元格中，显示出批注内容，如图13.34所示。

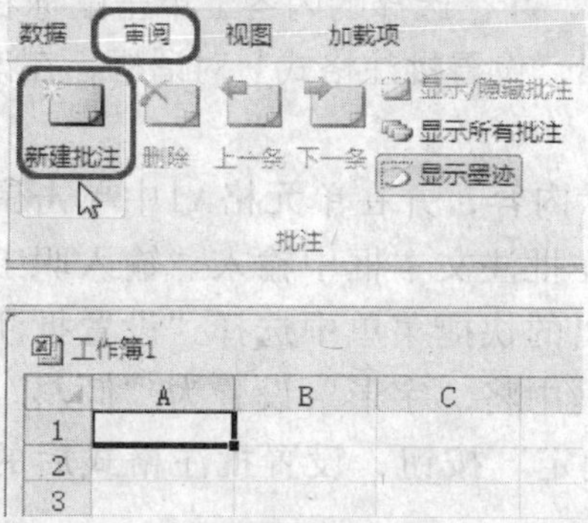

图13.33 单击“新建批注”按钮

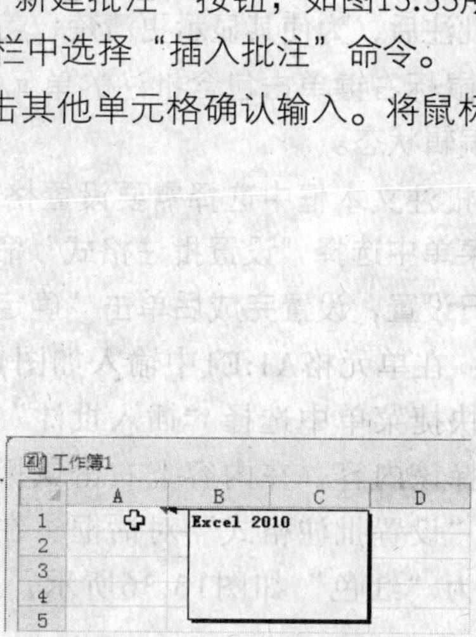

图13.34 显示批注内容

13.5.2 查看工作簿中的批注

在工作表中添加了批注后，可以随时查看批注内容。当想要查看某一单元格的批注时，只要将鼠标移到包含批注的单元格上，就会显示该单元格的批注。

如果想按顺序查看工作表上的批注，可以使用菜单命令来完成。具体操作步骤如下：

单击“审阅”选项卡，利用“批注”组中的各按钮，可以查看工作表中所有的批注。各个按钮功能如下：

- “下一条”按钮：选择工作表中的下一条批注。
- “上一条”按钮：选择工作表中的上一条批注。
- “显示/隐藏批注”按钮：显示或隐藏所选择单元格的批注。
- “显示所有批注”按钮：显示工作表中的所有批注。再次单击该按钮则隐藏工作表中的所有批注。

13.5.3 编辑批注

添加批注后，如果想修改其中的内容，具体操作步骤如下：

01 单击包含批注的单元格。

02 在“审阅”选项卡中单击“批注”组中的“编辑批注”按钮，或在包含有批注的单元格上单击鼠标右键，从弹出的快捷菜单中选择“编辑批注”命令，此时批注处于编辑状态。

03 在批注文本框中编辑批注内容，编辑方法与在单元格中编辑数据的方法相同。

04 用户还可以随时移动批注框或改变其大小。方法是：首先使批注文本框处于编辑状态，然后拖曳批注文本框的边框或调整批注文本框边上以及四角上的尺寸调整柄。

13.5.4 设置批注格式

添加批注后，为使其显示更清楚、美观，用户可以设置批注格式。具体操作步骤如下：

01 用鼠标右键单击包含批注的单元格，从弹出快捷菜单中选择“编辑批注”命令，此时批注呈编辑状态。

02 在批注文本框中选择需要设置格式的内容，并在选择的内容上单击鼠标右键，在弹出的快捷菜单中选择“设置批注格式”命令，弹出“设置批注格式”对话框，在该对话框中对批注进行设置，设置完成后单击“确定”按钮。

例如：在单元格A1:E1中输入如图13.35所示内容，并在单元格A1中单击鼠标右键，从弹出的快捷菜单中选择“插入批注”命令。在批注文本框中输入“输入职工的工号”内容，选择该内容，在内容上右击鼠标，从弹出的快捷菜单中选择“设置批注格式”命令，弹出“设置批注格式”对话框，在该对话框中将“字形”设置为“倾斜”，将“颜色”设置为“红色”如图13.36所示，单击“确定”按钮，设置批注格式后的效果如图13.37所示。

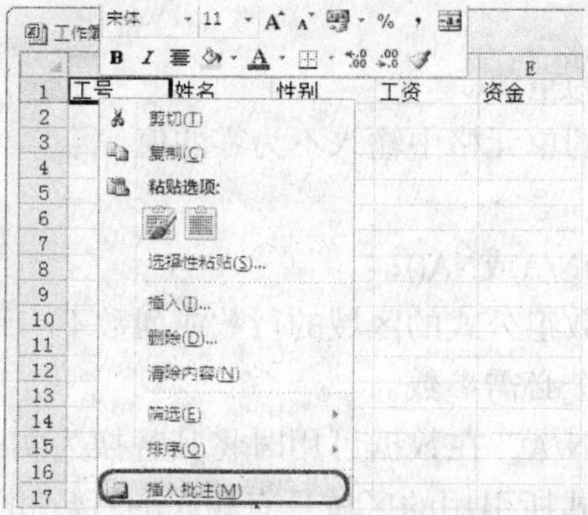

图13.35　选择“插入批注”命令

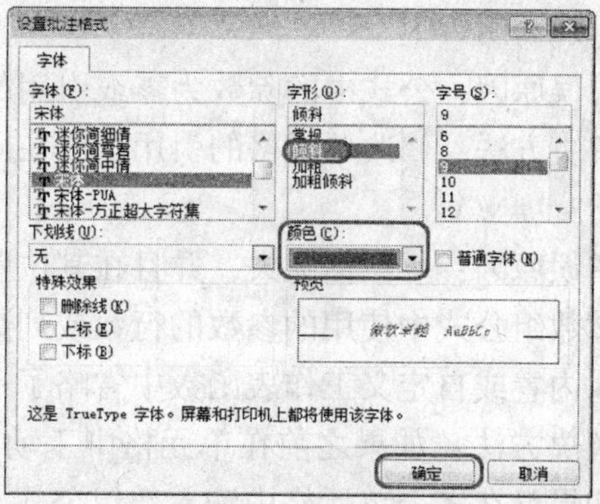

图13.36　“设置批注格式”对话框

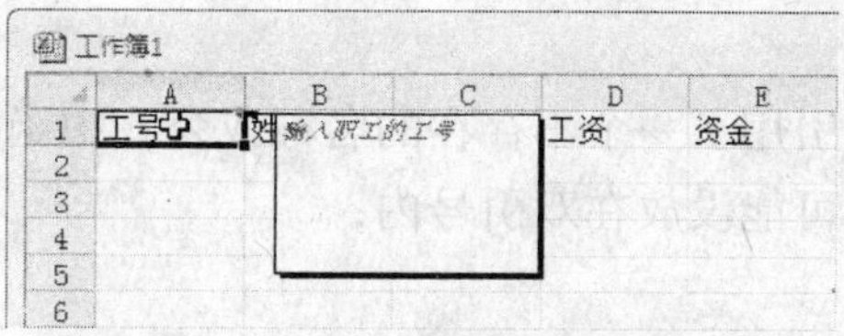

图13.37　设置批注格式后的效果

13.5.5　删除单元格批注

如果要删除某个单元格中的批注，具体操作步骤如下：

01 单击包含批注的单元格。

02 在“审阅”选项卡中单击“批注”组中的“删除批注”按钮，此时，该单元格右上角的红色三角消失，表明此单元格的批注已被删除。

13.6　审核工作表

用户希望建立起来的工作表都是正确的。但是在工作中，难免有疏忽和遗漏。所以，用户应经常对工作表中的数据进行审核，以保证工作表中的数据准确无误。在Excel中内置了一些命令、宏和错误值，帮助用户在工作表中发现错误。

13.6.1　显示错误提示信息

处理发生的错误信息是审核工作表的一部分工作。输入计算公式之后，经常会因为输入错误，使系统看不懂该公式，会在单元格中显示错误信息。下面介绍一些常见的错误信息发生的原因以及解决的方法。

（1）#####

错误原因：单元格中的列宽不足以显示内容或公式的计算结果。

解决方法：适当调整单元格的列宽。

（2）#DIV/O!

错误原因：公式中的除数为零或引用的单元格为空值。

解决方法：修改单元格的引用，或在用作除数的单元格中输入不为零的值。

（3）#N/A

错误原因：①数据缺失，并且在其位置输入了#N/A或NA()；

②数组公式中使用的参数的行数或列数与包含数组公式的区域的行数或列数不一致；

③内置或自定义工作表函数中省略了一个或多个必需参数。

解决方法：如果之前在单元格中手动输入了 #N/A，在数据可用时将其替换为实际的数据；如果已在多个单元格中输入数组公式，确保公式所引用的区域具有相同的行数和列数，或者将数组公式输入到更少的单元格中；检查函数中的必需参数是否输入正确。

（4）#NAME?

错误原因：①在公式中引用了一个不存在的名称或公式中函数的名称拼写不正确；

②在公式中输入的文本可能没放在双引号内；

③区域引用中漏掉冒号。

解决方法：确认使用的名称是否存在或检查名称拼写是否正确；区域引用和文本输入是否正确。

（5）#NULL!

错误原因：可能使用了错误的区域运算符或在公式中指定的区域并不相交。

解决方法：使用正确的区域运算符，引用连续的单元格区域使用冒号，引用不相交的两个区域使用联合运算符逗号。

（6）#NUM!

错误原因：公式或函数中某些数字参数有问题。

解决方法：检查数字是否超出限定区域，确认函数中使用的参数类型正确。

（7）#REF!

错误原因：可能删除了其他公式所引用的单元格，或者可能将单元格粘贴到其他公式所引用的其他单元格上。

解决方法：更改公式；在删除或粘贴单元格之后立即单击“撤销”按钮以恢复工作表中的单元格。

（8）#VALUE!

错误原因：①公式中所含的一个或多个单元格包含文本，并且公式使用标准算术运算符（+、-、* 和 /）对这些单元格执行数学运算。

②数学函数的公式包含的参数是文本字符串，而不是数字

解决方法：确认公式或函数所需的运算符或参数正确，并且公式引用的单元格中包含有效的数值。

13.6.2 使用审核工具

使用“公式”选项卡中的“公式审核”组中的各按钮，可以检查工作表公式与单元格之

间的相互关系，并指出错误。在使用审核工具时，追踪箭头将指明哪些单元格为公式提供了数据，哪些单元格包含有相关的公式。同时，在为公式提供数据的单元格区域（两个以上相邻的单元格）周围将出现边框。

1．“公式审核”组

单击“公式”选项卡，在“公式审核”组中可以看到许多按钮，如图13.38所示。

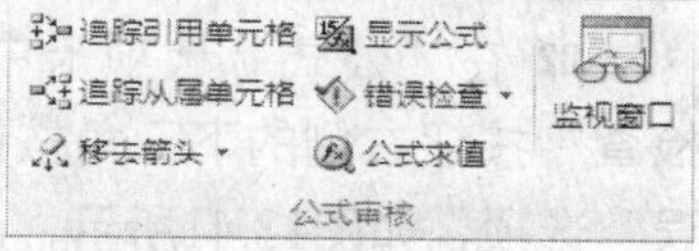

图13.38 “公式审核”组

“公式审核”组中各按钮的功能如下：

- “追踪引用单元格”：用箭头指示影响当前所选择的单元格值的单元格。
- “追踪从属单元格”：用箭头指示受当前所选择的单元格值影响的单元格。
- “移去箭头”：删除工作表上的所有的追踪箭头。
- “显示公式”：在每个单元格中显示公式而不是结果值。
- “错误检查”：检查公式中的常见错误。
- “公式求值”：显示公式求值对话框，对公式每个部分单独求值以调试公式。
- “监视窗口”：在更改工作表时，监视某些单元格中的值，这些值在单独的窗口中显示，无论工作簿中显示哪个区域，该窗口将始终可见。

2．查找与公式相关的单元格

要查找为公式提供数据的单元格（即公式中的引用单元格），具体操作步骤如下：

01 选择包含公式的单元格。

02 单击“公式审核”组中的“追踪引用单元格”按钮，此时，Excel将在工作表中用蓝色的追踪箭头和边框将指明为公式提供数据的单元格。

查找某个单元格被哪些公式使用，具体操作步骤如下：

01 选定要观察的单元格。

02 单击“公式审核”组中的“追踪从属单元格”按钮。此时，Excel将在工作表中把引用该单元格的公式所在的单元格（即从属单元格）用蓝色箭头线标出。

例如：打开随书附带光盘中的“素材\Cha13\成绩单.xlsx”。选择E5单元格，在“公式”选项卡中单击“公式审核”组中的“追踪引用单元格”按钮，如图13.39所示标示出为公式提供数据的单元格，选择单元格C8，单击“公式审核”组中的“追踪从属单元格”按钮，如图13.40所示标示出引用该单元格的公式所在单元格。

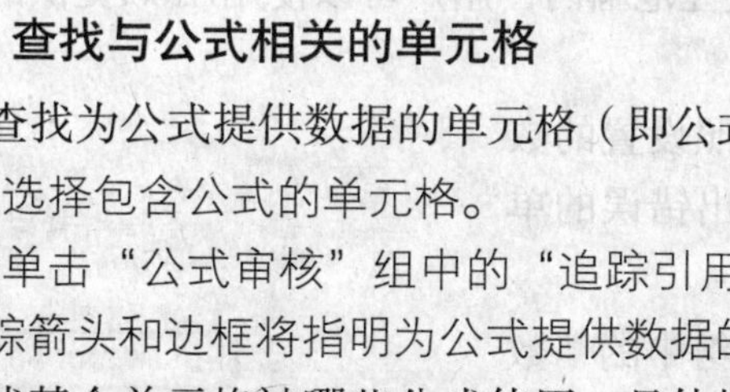

图13.39 追踪引用单元格

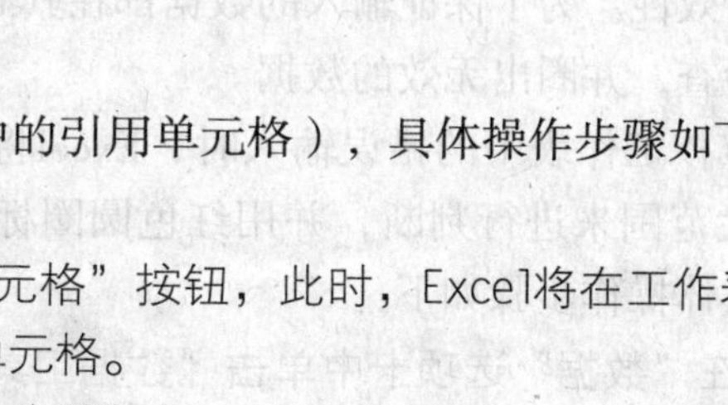

图13.40 追踪从属单元格

3．查找错误源

当某单元格的公式出现错误时（例如，显示类似于#VALUE的错误值），使用审核工具可以方便地查找该错误是由哪些单元格引起的。具体操作步骤如下：

01 选择显示错误值的单元格。

02 在“公式”选项卡中单击“公式审核”组中的“错误检查”按钮右侧的下三角按钮，在打开的列表中选择“追踪错误”选项，如图13.41所示，此时，Excel将在工作表中指出该公式所引用的所有单元格。

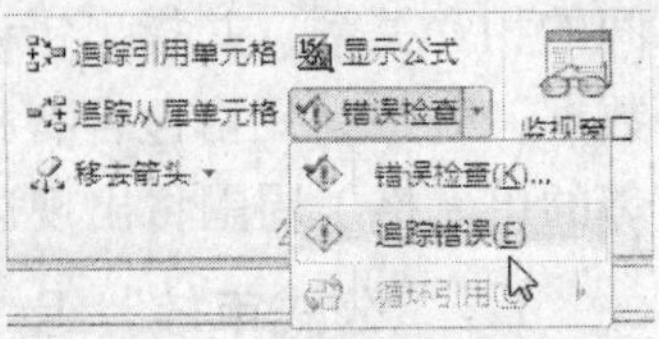

图13.41 “追踪错误”列表

4. 取消追踪箭头

查找完毕，可以通过单击“公式审核”组中的“移去箭头”按钮右侧的下三角按钮，在打开的列表中选择移除箭头的方式，如图13.42所示。

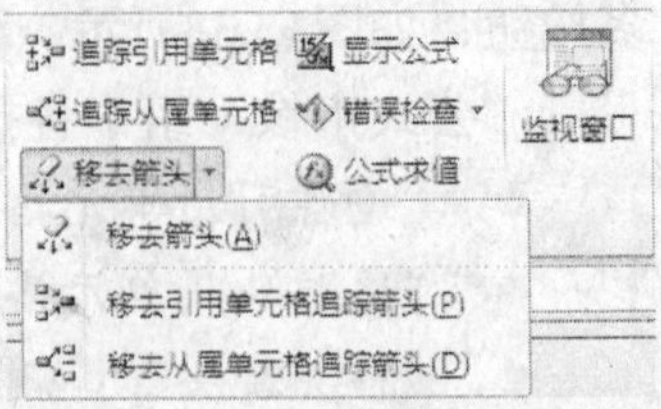

图13.42 “移去箭头”列表

13.6.3 查找工作表上的无效数据

在建立工作表的过程中，有些单元格中没有设置数据的有效性，而有些单元格中设置了数据的有效性。为了保证输入的数据都在其有效性范围内，用户可以使用Excel提供的审核工具进行检查，并圈出无效的数据。

当审核工作表中的错误输入时，Excel将按照设置的数据有效性范围来进行判断，并用红色圆圈标识出错误的单元格。具体操作步骤如下：

01 在“数据”选项卡中单击“数据工具”组中的“数据有效性”按钮下的下三角按钮，打开数据有效性列表，如图13.43所示。

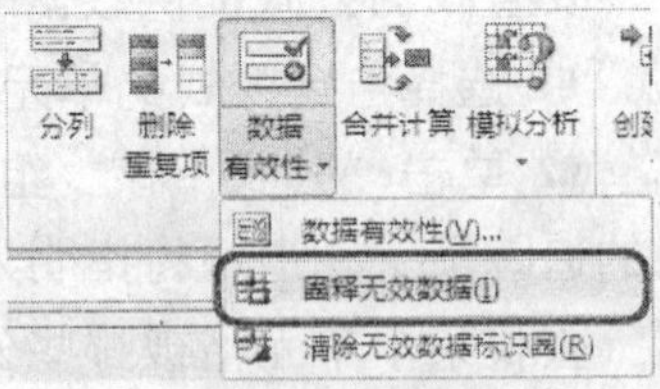

图13.43 “数据有效性”列表

02 在列表中选择“圈释无效数据”选择。

03 Excel将用一个圆圈标识出包含无效数据的单元格。当更正无效输入值之后，圆圈随即消失。如果要隐藏无效数据的标识圈，单击列表中的“清除无效数据标识圈”选项即可。

13.7 文本和单元格格式的设置

对工作表中的不同单元格内容可以根据需要设置不同的格式。例如，设置单元格数据类型、文本的对齐方式、字体、单元格的边框和图案等。

13.7.1 文本和单元格格式的设置方法

设置文本和单元格格式通常是通过使用“开始”选项卡或使用“设置单元格格式”对话框来完成的。

1. 使用“开始”选项卡上的按钮

对设置简单的格式可直接通过“开始”选项卡上的按钮来进行，如图13.44所示。例如设置字体（宋体、黑体等）、设置对齐方式（顶端对齐、垂直居中、底端对齐、左对齐、居中、右对齐）等。这种设置格式操作的特点是简便、迅速。具体操作步骤如下：

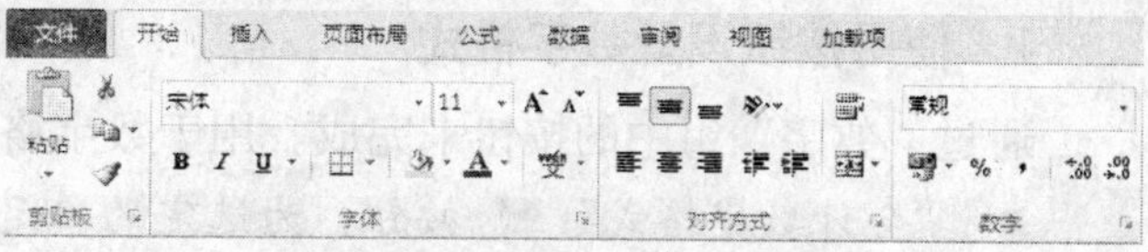

图13.44 “开始”选项卡

01 选择要设置格式的单元格或单元格区域（或文本）。

02 单击“开始”选项卡中的相应按钮。例如，要设置某个单元格的对齐方式为居中对齐，只需选择该单元格，在“开始”选项卡中单击“对齐方式”组的“居中”按钮即可。

2. 使用“设置单元格格式”对话框

一般情况下，对于设置较复杂的格式可以通过“设置单元格格式”对话框来完成。具体操作步骤如下：

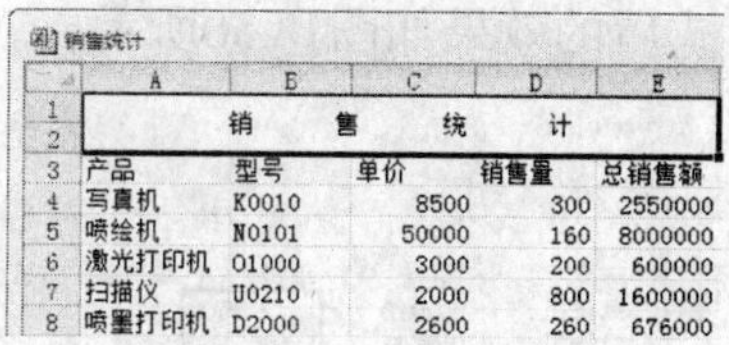

图13.45 选择单元格

01 选择要设置格式的单元格或单元格区域（或文本）。例如，打开随书附带光盘中的“素材\Cha13\销售统计.xlsx”，选择单元格A1，如图13.45所示。

02 在“开始”选项卡中单击“字体”组中的“对话框启动器”按钮，弹出“设置单元格格式”对话框，该对话框包含数字、对齐、字体、边框、填充和保护6个选项卡，用户可以根据需要选择相应选项卡下的选项对单元格的格式进行设置。

03 例如在“字体”选项卡下，将“字体”设置为黑体，将“字号”设置为18，将“颜色”设置为蓝色，如图13.46所示，单击“确定”按钮，效果如图13.47所示。

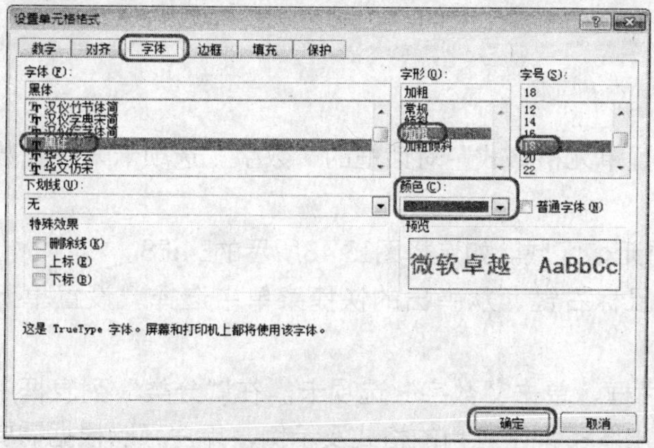

图13.46 “设置单元格格式”对话框

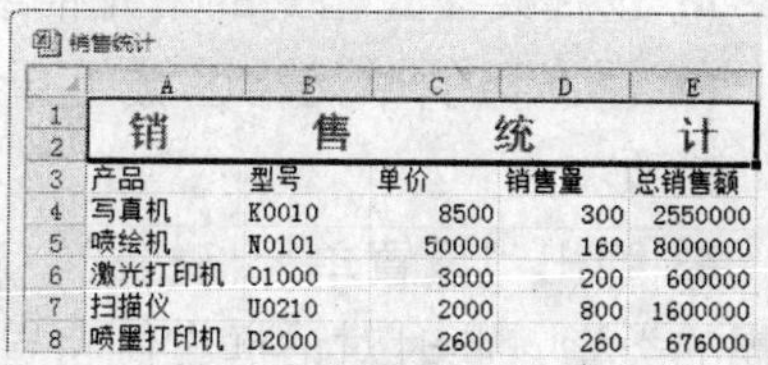

图13.47 设置格式后的效果

13.7.2 设置数字格式

默认情况下，数字格式是常规格式。当用户在工作表的单元格中输入数字时，数字以整数、小数或科学记号方式显示，且常规格式最多可以显示11位数字。

此外，Excel还提供了多种数字格式，如数值、货币、会计专用、科学记数和自定义等。

1．使用按钮设置数字格式

通过“数字”组中的按钮来完成。用于数字格式的按钮有5个，它们的功能如下：

- “会计数字格式”按钮：为选定的单元格选择替补货币格式。
- “百分比样式”%按钮：将单元格内的值显示为百分比。
- “千位分隔样式”,按钮：显示单元格的值时使用千位分隔符。
- “增加小数位数”按钮：每单击一次，数据增加一个小数位数。
- “减少小数位数”按钮：每单击一次，数据减少一个小数位数。

例如：打开随书附带光盘中的“素材\Cha13\销售统计.xlsx”，选择单元格C4:C8，如图13.48所示，单击“开始”选项卡，在“数字”组中单击“会计数字格式”按钮右侧的下三角按钮，在打开的列表中选择“中文（中国）”选项，如图13.49所示，设置会计数字格式后的效果如图13.50所示。

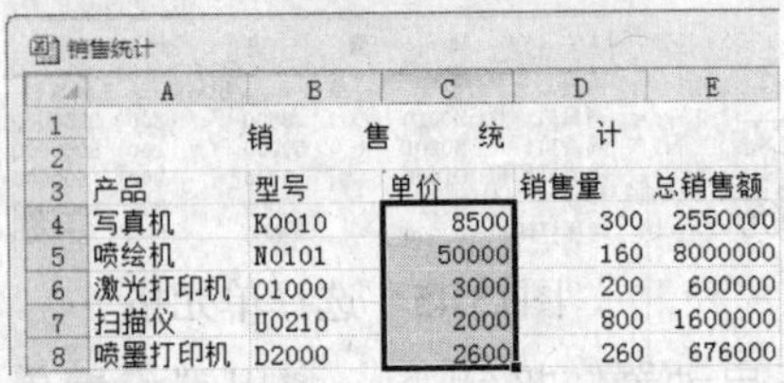

图13.48　选择单元格区域

图13.49　设置会计数字格式

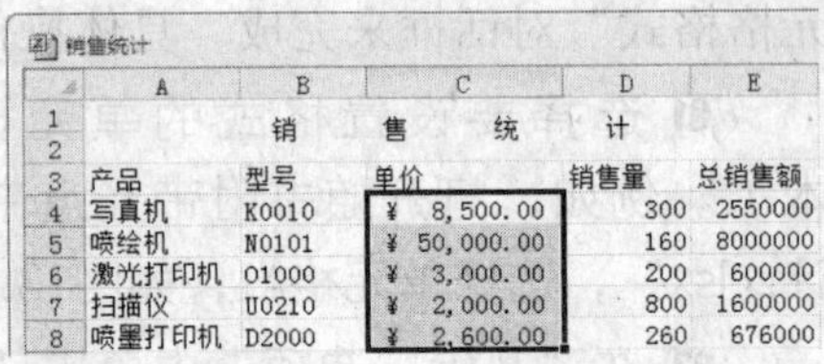

图13.50　设置格式后的效果

> 提示　在改变数字格式时，有时可能有些单元格里会显示一串“#”符号，这是因为该单元格的列宽不够，使单元格数据无法全部显示出，只需将所在单元格相应的列加宽即可。

2．使用“数字”选项卡

除上述方法还可以通过使用“设置单元格格式”对话框的“数字”选项卡来设置数字的格式。具体操作步骤如下：

01 选择要设置格式的单元格或单元格区域。如选择图13.48所示的E4:E8。

02 在选择的单元格区域上单击鼠标右键，从弹出的快捷菜单中选择“设置单元格格式”选项。

03 弹出“设置单元格格式”对话框，单击“数字”选项卡。在“分类”列表框中选择所需的类型，此时对话框右侧将显示出本类型中可用的格式及示例，用户可以根据需要选择所需格式。数字格式的分类说明如下：

- “常规”：Excel中的默认数字格式。常规数字格式还对较大的数字（12位或更多位）使用科学计数表示法。
- “数值”：可用于一般数字的表示，包括是否使用千位分隔符、小数位数以及负数的显示方式。
- “货币”：可用于一般货币值的表示，包括货币符号、小数位数，以及负数的显示方式。
- “会计专用”：与货币一样，但会在一列中将数字的小数点和货币符号对齐。

- “日期”：根据指定的类型和区域设置（国家/地区），将日期和时间序列号显示为日期值。以星号(*)开头的日期格式受在“控制面板”中指定的区域日期和时间设置的影响。不带星号的日期格式不受“控制面板”设置的影响。
- “时间”：根据指定的类型和区域设置（国家/地区），将日期和时间序列号显示为时间值。以星号(*)开头的时间格式受在“控制面板”中指定的区域日期和时间设置的影响。不带星号的时间格式不受“控制面板”设置的影响。
- “百分比”：将单元格值乘以100并添加百分号，还可以指定要使用的小数位数。
- “分数”：根据指定的分数类型，以分数形式显示数字。
- “科学记数”：以科学记数法显示数字，还可以指定小数位数。
- “文本”：将单元格中的所有内容视为文本。
- “特殊”：用于在列表或数据中显示邮政编码、电话号码、中文大写数字、中文小写数字
- “自定义”：用于创建自定义的数字格式

04 单击“确定”按钮。例如，在“设置单元格格式”对话框中将货币符号设置为“$”，如图13.51所示，单击“确定”后的效果如图13.52所示。

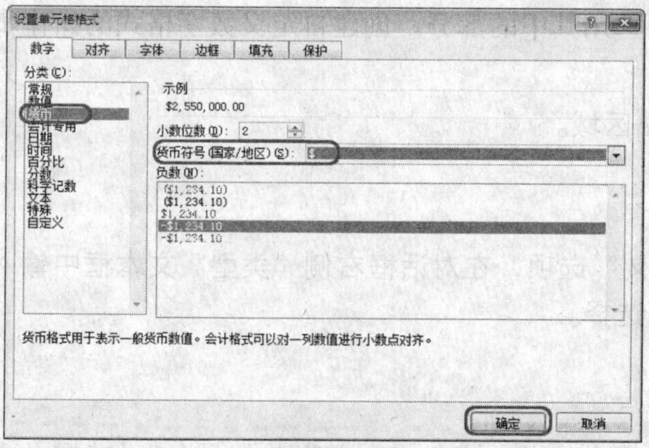

图13.51　将货币符号设置为“$”

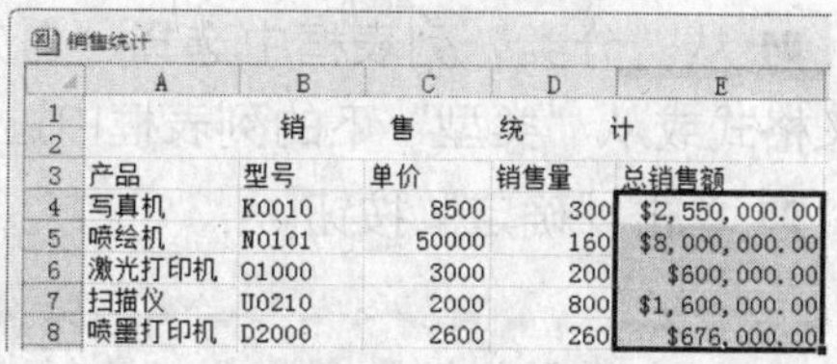

图13.52　效果

3. 创建自定义数字格式

使用Excel提供的“自定义”选项，用户还可创建自己所需的特殊格式。在进行自定义数字格式之前，应先了解各种数字符号的含义。

- “G/通用格式”：以常规的数字显示，相当于“分类”列表中的“常规”选项。
- “#”：数字占位符。只显示有意义的零而不显示无意义的零，小数点后的数字如果大于#的数量，则按#的位数进行四舍五入，如“##.##”，15.2显示为15.2；15.226则显示为15.23。
- “0”：数字占位符。如果单元格中的内容大于占位符，显示实际位符，否则用0补足。
- “@”：文本占位符。如果使用单个@，则引用原始文本；如果使用多个@则可以重复文本。
- “*”：重复下一次字符，直至充满整个单元格。如“#**”，120显示为120*****。

- “？”：数字占位符。在小数点两边为无意义的零添加空格，以便将小数点对齐。如将两个单元格的格式设置为“？？？.？？？”，并分别输入12.1和1.12后的效果如图13.53所示。

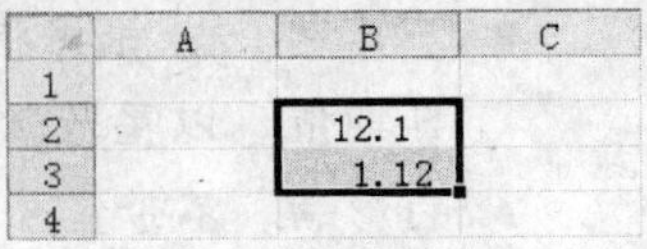

图13.53 效果

- “YYYY”或“YY”：以四位或两位显示年份。
- “MM”或“M”：以两位或一位显示月份。
- “DD”或“D”：以两位或一位显示天。
- “MMM”或“MMMM”：显示英文月份的简称或全称。
- “DDD”或“DDDD”：显示英文星期的简称或全称。
- “H”或“HH”：以一位或两位显示小时。
- “M”或“MM”：以一位或两位显示分钟。
- “S”或“SS”：以一位或两位显示秒。

其次，还要熟悉数字格式的组成。自定义数字格式最多可由4部分组成，格式之间用分号隔开。如_ * #,##0_ ;_ * -#,##0_ ;_ * "-"_ ;_ @_。

自定义格式中的每一部分的内容都可由符号以适当形式组合而成。当然，在一般的应用中，并不需要四部分都有，而是根据需要选用其中的部分。创建自定义数字格式的操作步骤如下：

01 选择要设置格式的单元格或单元格区域。

02 打开“设置单元格格式”对话框。

03 选择对话框中的“数字”选项卡。

04 从“分类”列表框中选择“自定义”选项，在对话框右侧“类型”文本框中输入自定义格式或从“类型”下的列表框中进行选择。

05 单击“确定”按钮。

提示 自定义数字格式一旦创建，此格式将一直保存在工作表中，并且能像其他内部格式一样被使用，直到此格式被删除。另外，用户不能删除Excel提供的内部数字格式。

13.7.3 设置对齐格式

对齐是指单元格中的内容在显示时，相对单元格上下左右的位置。默认情况下，单元格中的文本靠左对齐，数字靠右对齐，逻辑值和错误值居中对齐。此外，Excel还允许用户为单元格中的内容设置其他对齐格式，如合并后居中、方向等。

1. 使用按钮设置对齐格式

对于简单的对齐工作，可直接通过单击“开始”选项卡中“对齐方式”组中的对齐按钮实现。用于对齐格式的按钮有7个，它们的功能如下。

- “顶端对齐”：沿单元格顶端对齐文字。

- “垂直居中”：使文本在单元格中上下居中。
- “底端对齐”：沿单元格底端对齐文字。
- “左对齐”：可使所选单元格或单元格区域中的数据左对齐。
- “右对齐”：可使所选单元格或单元格区域中的数据右对齐。
- “居中”：可使所选单元格或单元格区域中的数据居中。
- “合并后居中”：先合并所选单元格区域，然后再将数据居中对齐。

例如：打开随书附带中的“素材\Cha13\对齐.xlsx”，对标题设置对齐格式，首先选择单元格区域A1:F2，单击“开始”选项卡，在“对齐方式”组中单击“合并后居中”按钮，如图13.54所示，单击该按钮后的效果如图13.55所示。

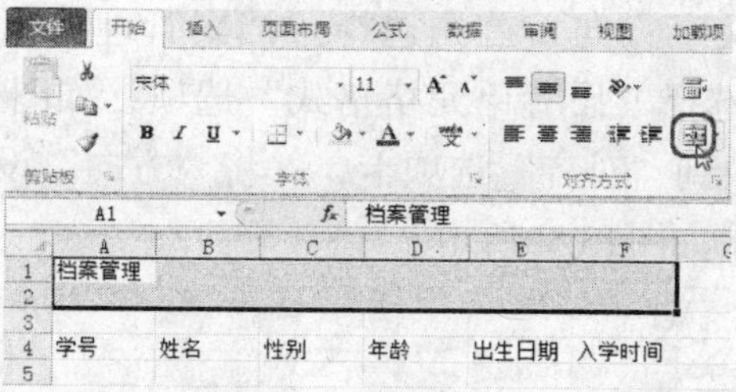

图13.54 单击“合并后居中”按钮

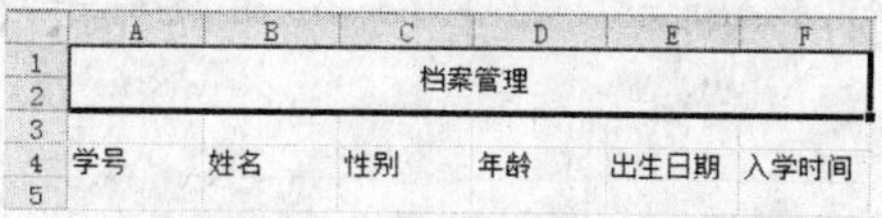

图13.55 合并居中后效果

2．使用“设置单元格格式”对话框设置对齐格式

如果对齐工作比较复杂，可以通过使用“对齐”选项卡来完成。具体操作步骤如下。

01 选择要设置格式的单元格或单元格区域。

02 打开“设置单元格格式”对话框。

03 选择“对齐”选项卡，如图13.56所示。

04 从“文本对齐方式”选项组中设置对齐选项。

05 设置完成单击“确定”按钮。

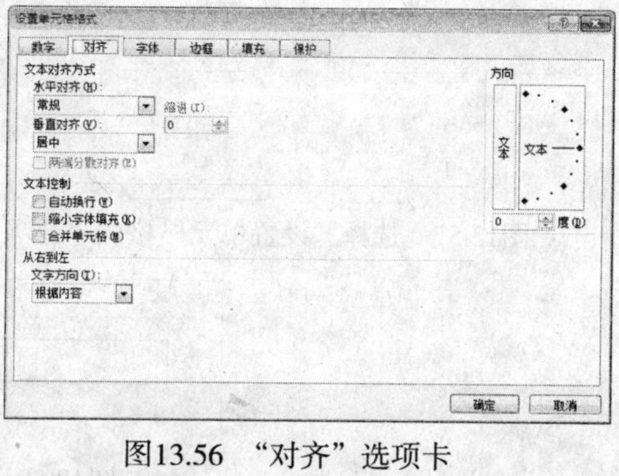

图13.56 “对齐”选项卡

从图13.56中可以看出，对单元格中的数据可以进行水平对齐、垂直对齐、文本控制和文本方向的设置。

- “水平对齐”列表框中包含有：常规、靠左（缩进）、居中、靠右（缩进）、填充、两端对齐、跨列居中和分散对齐（缩进）选项。
- “垂直对齐”列表框中包含有：靠上、居中、靠下、两端对齐和分散对齐选项。

提示 两端对齐只有当单元格的内容为多行时才有用；分散对齐是将单元格中的内容以两端撑满方式与两边对齐；填充对齐通常用于修饰报表，当选择填充对齐时，即使在单元格只键入一个“0”，Excel也会自动用多个“0”将单元格填满，而且其“0”的个数会随着列宽自行调整。

- “文本控制”区包含以下选项：

◆ “自动换行”：选中该复选框，Excel根据单元格列宽把文本折行，并自动调整单元格的高度，使全部内容都能显示在该单元格上。

◆ “缩小字体填充”：选中该复选框，当单元格中输入的内容超出单元格的宽度时，将自动缩小以在单击格中全部显示出，但设置的字体大小仍保持不变。

◆ “合并单元格”：选中该复选框，将选择的相邻单元区或合并为一个单元格，合并后单元格引用为合并前左上角单元格的引用。

● “文字方向”：用户可以设置单元格中文字的方向，其列表框中包含有“根据内容”、“总是从左到右”和“总是从右到左”，还可以通过在右侧的“方向”区域进行调整。

例如：为图13.55中的“档案管理”设置文字方向，首先选择“档案管理”单元格，并在其上单击鼠标右键，从弹出的快捷菜单中选择“设置单元格格式”选项，如图13.57所示。在弹出的“设置单元格格式”对话框中切换到“对齐”选项卡，并将“方向”设置为20度，如图13.58所示。单击“确定”按钮后的效果如图13.59所示。

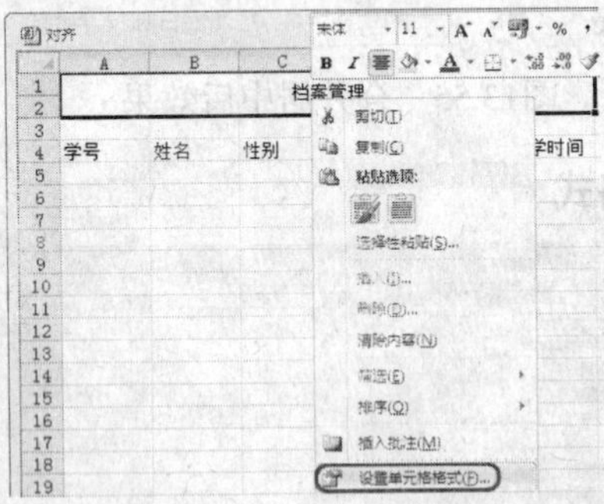

图13.57　选择“设置单元格格式”选项

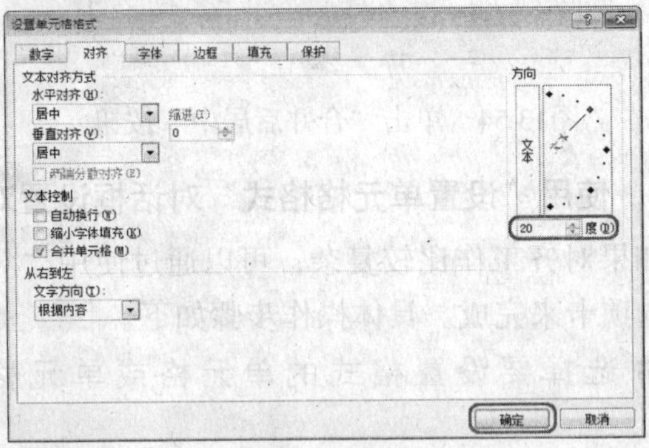

图13.58　设置方向

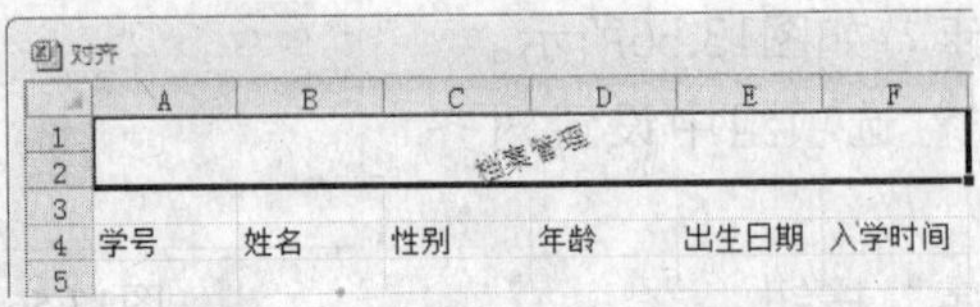

图13.59　设置方向后的效果

13.7.4　设置字体

为了使工作表中的某些数据醒目和突出，也为了使整个版面更为丰富，通常需要对不同的单元格设置不同的字体。

1．使用按钮设置字体

可以通过“开始”选项卡中的“字体”组中的按钮来完成。当需要设置单元格字体时，只要选择要设置的单元格或单元格区域，直接单击“字体”组中的相应按钮即可。用于字体设置的按钮有6个，它们的功能如下：

● “字体” 宋体 ：用于更改字体，默认字体为宋体。

● “字号” 11 ：提供17种字号，字号大小范围从6~72磅，默认字号为11磅。

- “加粗” B ：将选择的文字加粗。
- “倾斜” I ：将选择的文字倾斜。
- “下划线” U ：为选择的文字添加下划线。
- “字体颜色” A ：更改选择的文字的颜色。

例如：打开随书附带光盘中的“素材\Cha13\成绩单.xlsx”，选择标题单元格，单击“字体”组中将“字体”文本框右侧的下三角按钮，在打开的列表中选择“黑体”，如图13.60所示，单击“文字颜色”右侧的下三角按钮，在打开的列表中选择“红色”，如图13.61所示，设置后的效果如图13.62所示。

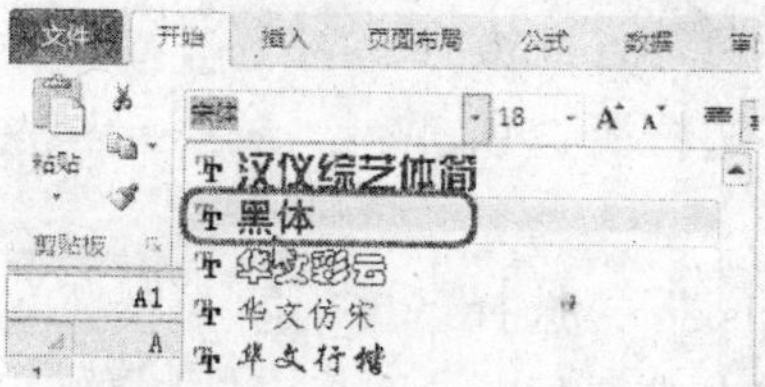

图13.60　选择字体

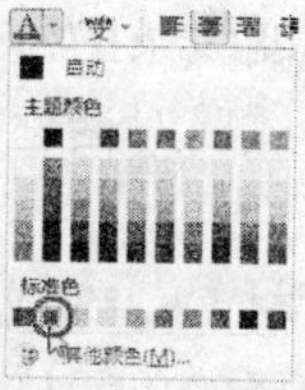

图13.61　选择颜色

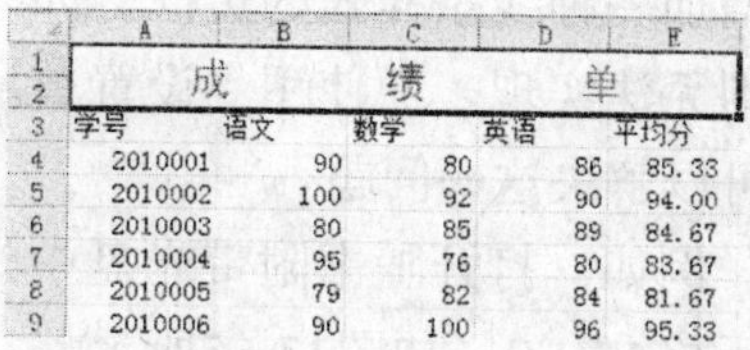

	A	B	C	D	E
1-2	成	绩		单	
3	学号	语文	数学	英语	平均分
4	2010001	90	80	86	85.33
5	2010002	100	92	90	94.00
6	2010003	80	85	89	84.67
7	2010004	95	76	80	83.67
8	2010005	79	82	84	81.67
9	2010006	90	100	96	95.33

图13.62　效果

2. 使用“设置单元格格式”对话框设置字体

如果对字体格式设置有更高要求，可以使用“字体”选项卡。操作方法是：选择需要设置的单元格或单元格区域，打开“设置单元格格式”对话框，切换至“字体”选项卡中，如图13.63所示。用户根据需要对“字体”、“字形”、“字号”、“下划线”、“颜色”、“特殊效果”进行设置，然后单击“确定”按钮即可。

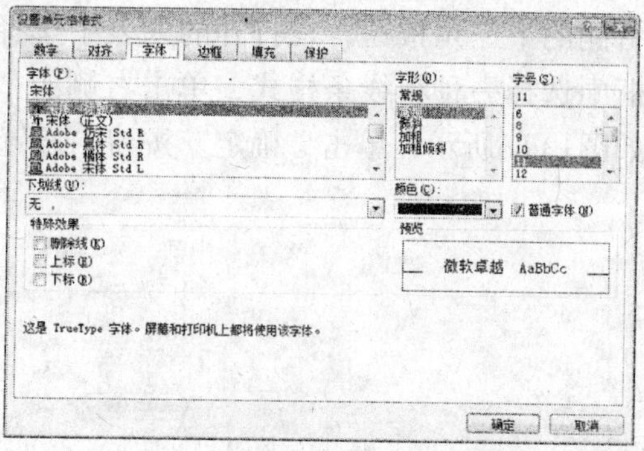

图13.63　“字体”选项卡

提示　如果要对单元格中的某些内容进行设置，可双击内容所在的单元格，使其呈编辑状态，利用鼠标选择所需修改的内容，使其呈黑底显示，再对其进行各种设置。

13.7.5　设置单元格的边框和底纹

在设置单元格格式时，为了使单元格中的数据显示得更清晰明了、增加工作表的视觉效果，还可以对单元格进行边框和底纹的设置。

1. 设置单元格边框

用户在工作表中所看到的单元格都带有浅灰色的边框线，其实它是Excel内部设置的便于用户操作的网格线，打印时是不出现的。而在制作财务、统计等报表时常常需要把报表设计成各种各样的表格形式，使数据及其说明文字层次更加分明，这就需要通过设置单元格的边框线来实现。

要设置单元格的边框，可使用“开始”选项卡中“字体”组中的“边框”按钮或使用“设置单元格格式”对话框中的“边框”选项卡来实现。

设置简单的单元格边框，在选择了要设置的单元格或单元格区域后，在“开始”选项卡中单击“字体”组中“边框”按钮右侧的下三角按钮，在打开的拉列表中选择需要的边框线，如图13.64所示。

使用“边框”下拉列表中的选项进行边框设置有很大的局限性，这种局限性主要表现在边框线条的样式上。操作时，每次只能给单元格增加一种线条样式的边框。如果想改变线条的样式、颜色等，此方法则无法实现。而使用“设置单元格格式”对话框中的“边框”选项卡可以解决这一问题。

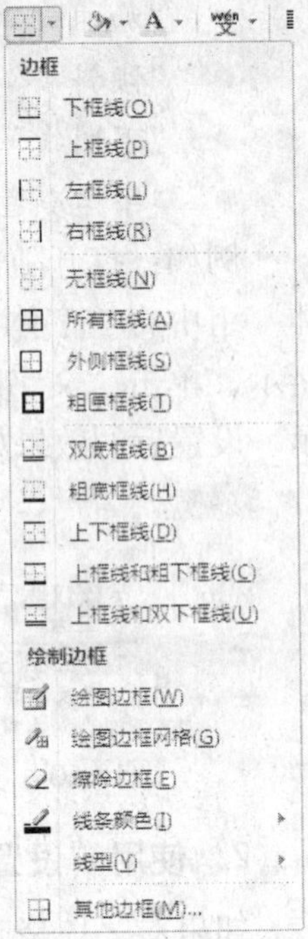

图13.64　边框列表

例如：打开随书附带光盘中的“素材\Cha13\成绩单.xlsx”，选择单元格A1:E9，如图13.65所示，在所选择的单元格区域中右击鼠标，从弹出的快捷菜单中选择“设置单元格格式”选项，在弹出的“设置单元格格式”对话框中切换至“边框”选项卡，单击“颜色”文本框右侧的下三角按钮，在打开的列表中选择“蓝色”，在“样式”列表框中选择一种粗线条样式，单击右侧的“外边框”和“内部”按钮，如图13.66所示，单击“确定”按钮，设置边框后的效果如图13.67所示。

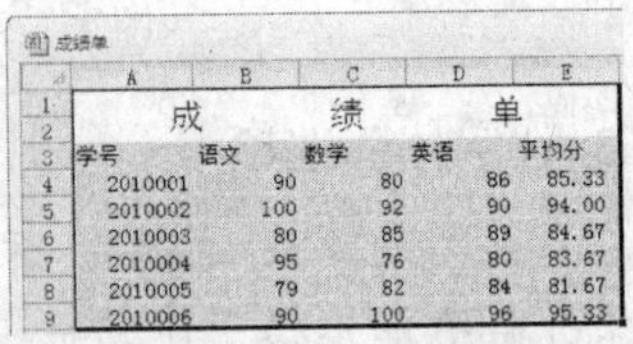
图13.65　选择单元格区域

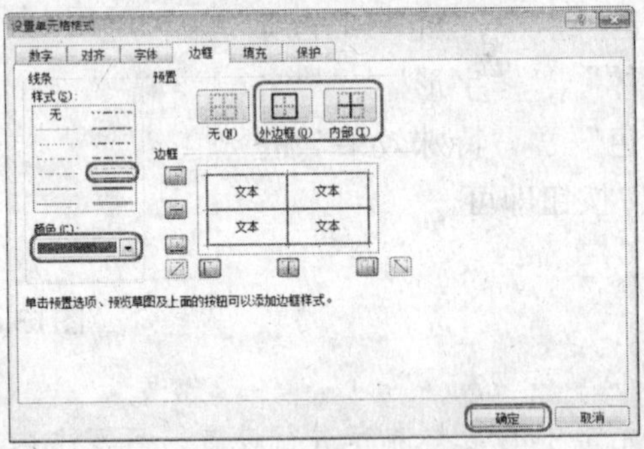
图13.66　“边框”选项卡

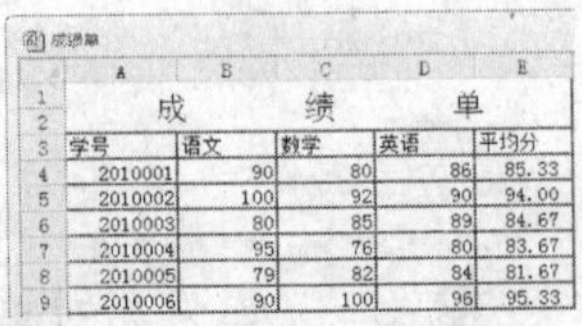
图13.67　设置边框效果

从图13.66可以看出，“边框”选项卡中的“预置”区有“无”、“外边框”、“内部”3个按钮，“边框”区有8个按钮用来详细设置边框。在“样式”列表框中提供14种线条样式，“颜色”文本框的下拉列表中用来对边框的颜色进行设置。

2．设置单元格图案

有时为了使工作表中的数据便于区分、重点突出或外观更好看，需要为单元格设置图案。

如果只为单元格设置单一的背景颜色，可以在“字体”组中单击“填充颜色”按钮右侧的下三角按钮，在打开的列表中选择所需的颜色即可。如图13.68所示

除上述方法外，还可以使用“填充”选项卡进行设置，在“设置单元格格式”对话框中切换至“填充”选项卡，在“背景色”区除了可以选择默认的颜色外，还可以单击“其他颜色”按钮来自定义颜色和单击“填充效果”按钮设置渐变色来填充，除此之外，还可以在

“图案样式”文本框的下位列表中选择一种图案来填充，如图13.69所示。

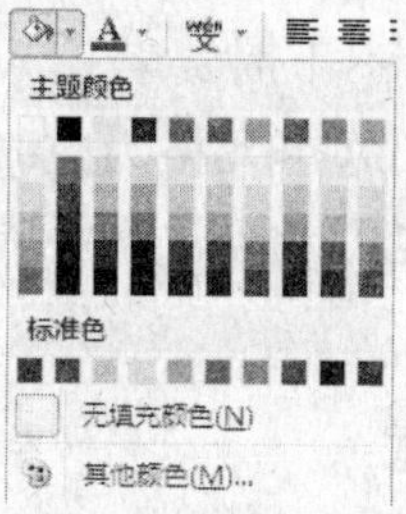

图13.68 “填充颜色”列表

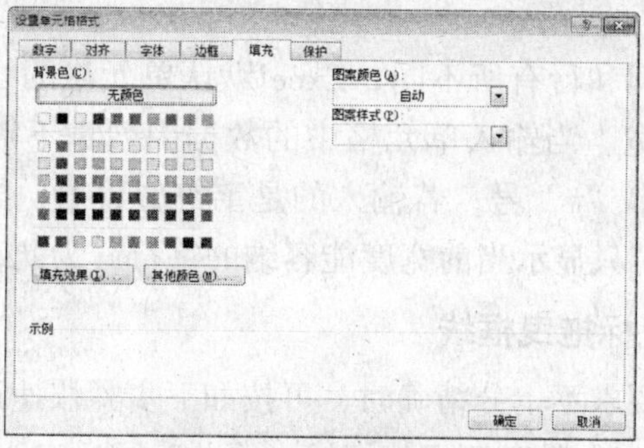

图13.69 “填充”选项卡

13.8 设置行高与列宽

在往单元格输入文字和数据时，常常会出现这样的现象：有的单元格中的文字只显示了一半；有的单元格中显示的是一串“#”号，而编辑栏中却能看见对应单元格的数据。其原因在于单元格的宽度或高度不够。因此，需要经常对工作表中的单元格高度和宽度进行调整。

13.8.1 调整行高

下面介绍一下调整行高经常用到的两种方法。

1．使用鼠标拖曳框线

在对高度要求不十分精确时，可按照如下步骤快速调整行高：

01 将鼠标指向某行行号的框线上，这时鼠标指针变为双向箭头。

02 按住鼠标左键并上下拖曳，此时在工作表中出现一条横向虚线，如图13.70左所示，释放鼠标后，这根虚线就成为该行调整后的下框线，如图13.70右所示。

2．使用“单元格”组中的“格式”按钮

使用“格式”列表中的“行高”命令可精确调整行高，其操作步骤如下：

01 在工作表中选择需要调整行高的行或选定该行中的任意一个单元格。

02 单击“开始”选项卡，在“单元格”组中单击“格式”按钮右侧下三角按钮，打开格式下拉列表，选择“自动调整行高”选项，Excel自动将该行高度调整为最适合的高度。如果选择“行高”选项，则打开“行高”对话框，如图13.71所示。

03 在“行高”对话框中的“行高”文本框中输入需要高度的数值。

04 单击“确定”按钮即可。

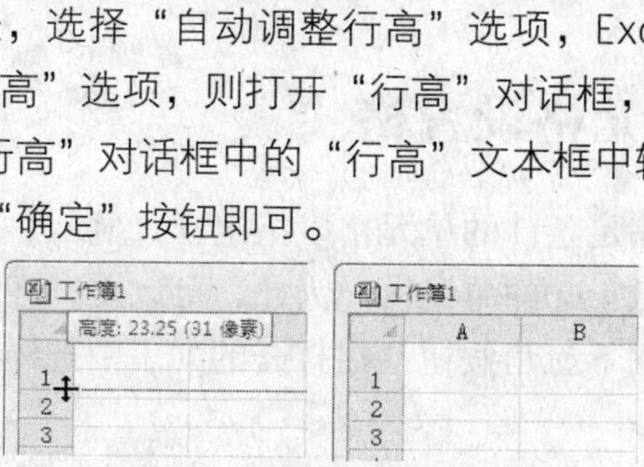

图13.70 鼠标调整行高

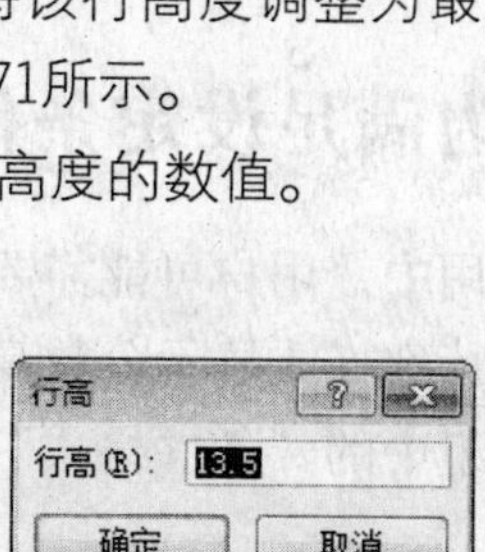

图13.71 “行高”对话框

13.8.2 调整列宽

工作表中列和行有所不同，Excel默认单元格的列宽为固定值，并不会根据数据的长度而自动调整列宽。当输入单元格中的数据因列宽不够而显示不下时，若输入的是数值型数据，则显示一串“#”号；若输入的是字符型数据，当右侧相邻单元格为空时，则利用其空间显示。否则，只显示当前宽度能容纳的字符。为此，用户也可能经常需要调整列宽。

1．使用鼠标拖曳框线

在对列宽要求不十分精确时，可按如下步骤快速调整列宽：

01 将鼠标指向某列列标的框线上，此时鼠标变为双向箭头↔。

02 按住鼠标左键左右拖曳，直到合适的宽度为止。拖曳时在工作表中有一条纵向虚线，释放鼠标时，这根虚线就成为该列调整后的新框线，如图13.72所示。

2．使用“单元格”组中的“格式”按钮

使用“格式”列表中的“列宽”命令可精确调整列宽，其操作步骤如下：

01 在工作表中选择需要调整列宽的列或选定该列中的任意一个单元格。

02 单击“开始”选项卡中“单元格”组中的“格式”按钮，打开格式列表，选择“自动调整列宽”项，Excel自动将该列宽度调整为最适合的宽度。选择“列宽”项，则出现“列宽”对话框，如图13.73所示。

03 在“列宽”对话框中的“列宽”框中输入需要宽度的数值。

04 单击“确定”按钮。

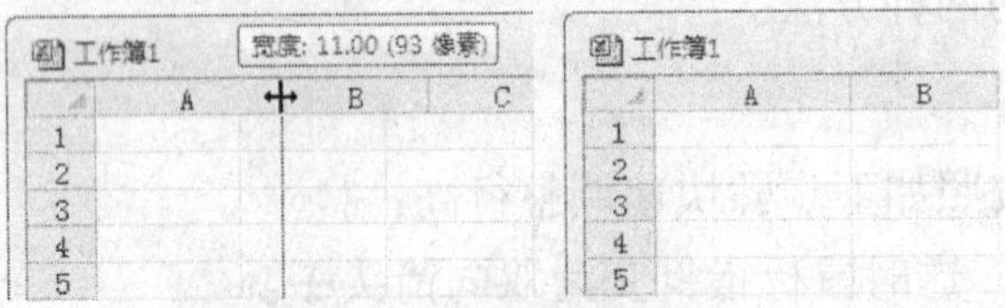

图13.72 鼠标调整列宽

图13.73 “列宽”对话框

13.9 特殊效果的使用

Excel 2010还提供了条件格式、套用表格格式、单元格样式、为工作表插入图片和艺术字等一些特殊的效果功能。

13.9.1 为满足设定条件的单元格设置格式

在日常应用中，用户可能需要将某些满足条件的单元格以指定样式显示。例如，在学生成绩表中，以特殊格式显示分数高于90和低于60的单元格。为此，可以在“开始”选项卡中单击“样式”组中的“条件格式”按钮右侧下三角按钮，在打开的列表中选择各种条件并对其进行设置。

条件格式功能可以根据指定的公式或数值来确定搜索条件，然后将格式应用到符合搜索条件的选定单元格中，并突出显示要检查的动态数据。也就是说，如果单元格格式（如单元格中的数字）满足指定的条件，Excel就会自动将条件格式应用于该单元格。

13.9.2 自动套用系统默认格式

为了提高用户的工作效率，Excel提供了多种专业表格样式供用户选择，用户可以通过套用这些表格样式对整个工作表的多重格式同时设置。使用“套用表格格式”设置单元格区域格式的操作步骤如下：

01 选择工作表所在的单元格区域。

02 在“开始”选项卡中单击“样式”组中的“套用表格格式”按钮，打开表样式列表，如图13.74所示，从中选择一种样式。

当套用了表样式后，出现特定的“表格工具 设计”选项卡，如图13.75所示，利用该选项卡可以对套用后的表格进行一些设置，如命名表名称、调整表格大小等、修改表格样式。

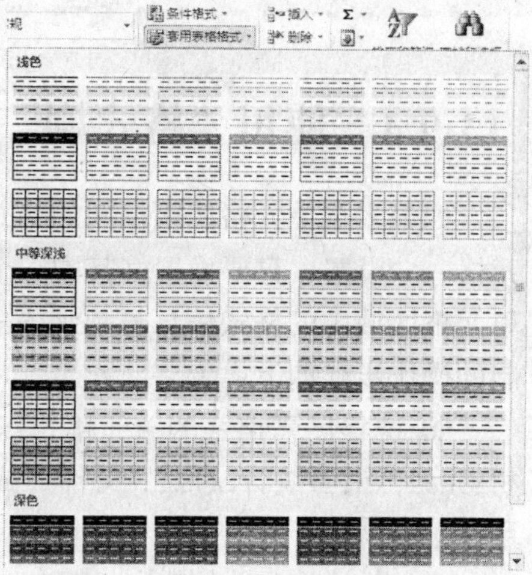

图13.74 “套用表格格式”列表

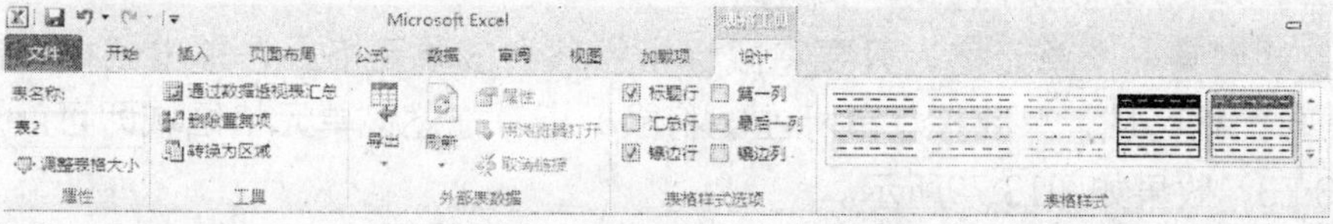

图13.75 “表格工具 设计”选项卡

13.9.3 隐藏与取消隐藏

在用户建立的工作表中，可能有些数据涉及到个人隐私，有些数据是机密的。为了不使其他人看见或对其操作，可以使用Excel提供的隐藏方法将其隐藏起来，需要时还可以取消隐藏。

在“开始”选项卡的“单元格”组中，单击“格式”按钮右侧下三角按钮，打开格式列表，在“隐藏和取消隐藏”子列表中包含了“隐藏行”、“隐藏列”、“隐藏工作表”、“取消隐藏行”、“取消隐藏列”和“取消隐藏工作表”命令，如图13.76所示。如果用户想隐藏某行或某列中的数据，应首先选择该行或列，然后单击“单元格”组中的“格式”按钮右侧下三角按钮，在打开的列表中选择“隐藏和取消隐藏”子列表中的“隐藏行”或“隐藏列”命令即可。

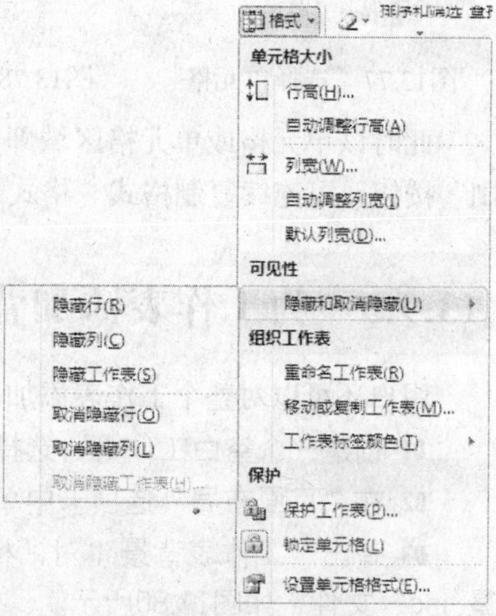

图13.76 “隐藏和取消隐藏”列表

如果用户想恢复被隐藏的行或列，首先选择整个工作表，单击“隐藏和取消隐藏”子列表中的“取消隐藏行”或“取消隐藏列”命令即可。

提示 隐藏行或列后，剩下行的行号或列标保持不变，隐藏的行和列的内容在打印时不显示。此外，用户也可以通过改变行高或列宽来实现行或列的隐藏与取消隐藏。

13.9.4 使用“格式刷”复制单元格格式

如果多个单元格使用相同的格式（如字体、字号、对齐及颜色等），用户不必对多个单元格一一设置，只要设置好其中一个单元格格式，利用“格式刷”按钮将选择的单元格或单元格区域中的格式信息复制到另一个单元格或单元格区域中。使用“格式刷”进行格式复制的操作步骤如下：

01 选择所需格式的单元格，以其作为样板单元格，例如：打开随书附带光盘中的“素材\Cha13\销售统计.xlsx”文件，先将单元格A3填充为黄色，并选择该单元格，如图13.77所示。

02 在“开始”选项卡中单击“剪贴板”组中的“格式刷”按钮，此时鼠标指针旁多出个刷子。如图13.78所示。

03 要复制到某一个单元格，只要将鼠标指针移到该单元格上，单击鼠标左键即可；要复制到某一单元格区域，只要按住鼠标左键将鼠标指针拖过该单元格区域即可。这里我们选择单元格B3:E3，效果如图13.79所示。

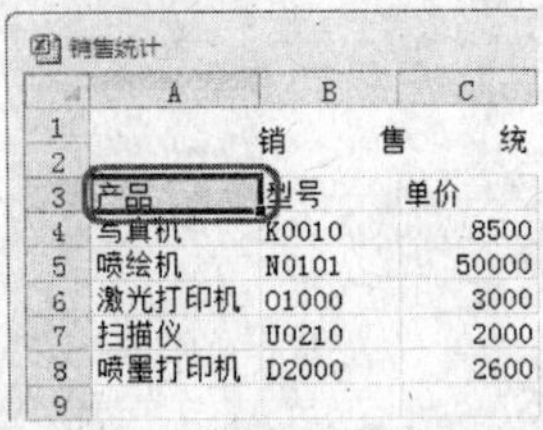

图13.77 选择单元格

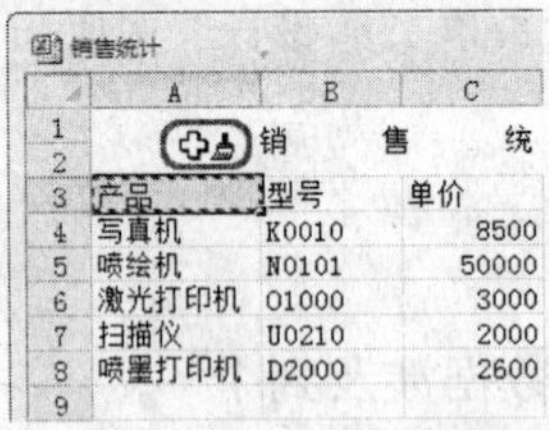

图13.78 鼠标多出刷子形状

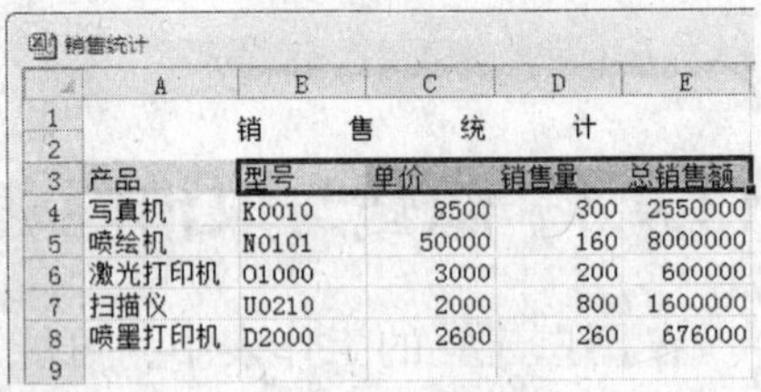

图13.79 效果

此时该单元格或单元格区域即具有与样板单元格相同的格式了。此外，如果双击“格式刷”按钮，可连续复制格式。格式化工作完成后，再次单击“格式刷”按钮，可使其还原。

13.9.5 为工作表添加背景图案

用户还可以对整个工作表添加背景图案，其具体操作步骤如下：

01 创建一个空白工作簿，选择要添加背景的工作表，如选择“Sheet1”。

02 在“页面布局”选项卡中单击“页面设置”组中的“背景”按钮。

03 弹出“工作表背景”对话框，在该对话框中找到随书附带光盘中的“素材\Cha13\背景.jpg”文件，如图13.80所示。

04 单击“插入”按钮，即为工作表添加背景图案，效果如图13.81所示。

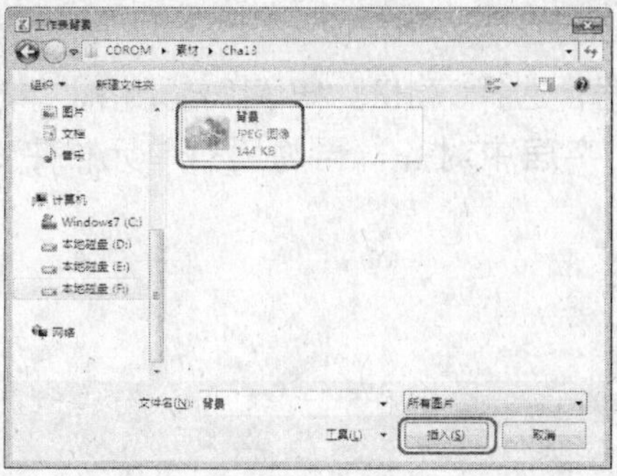

图13.80 “工作表背景”对话框

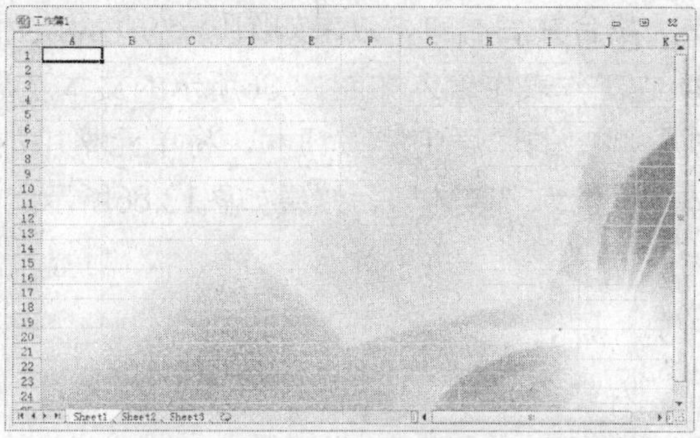

图13.81 为工作表添加背景效果

13.9.6 在工作表中插入图片、剪贴画和艺术字

用户在创建的工作表中除了文本、数据等外还可以为其添加图片、剪贴画和艺术字等来加强显示的效果，在Excel工作表中添加和编辑图片、剪贴画和艺术字与Word文档中的方法基本一样。通过“插入”选项卡的相应按钮进行图片、剪贴画及艺术字的添加。

13.10 上机练习

13.10.1 创建家庭收支统计表

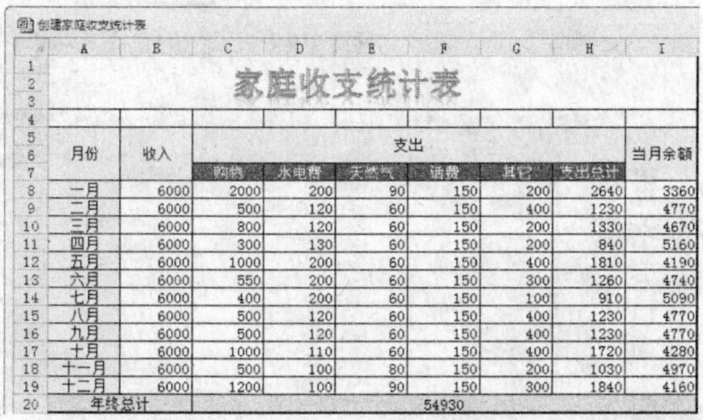

家庭收支统计表

月份	收入	支出						当月余额
		购物	水电费	天然气	话费	其它	支出总计	
一月	6000	2000	200	90	150	200	2640	3360
二月	6000	500	120	60	150	400	1230	4770
三月	6000	800	120	60	150	200	1330	4670
四月	6000	300	130	60	150	200	840	5160
五月	6000	1000	200	60	150	400	1810	4190
六月	6000	550	200	60	150	300	1260	4740
七月	6000	400	200	60	150	100	910	5090
八月	6000	500	120	60	150	400	1230	4770
九月	6000	500	120	60	150	400	1230	4770
十月	6000	1000	110	60	150	400	1720	4280
十一月	6000	500	100	80	150	200	1030	4970
十二月	6000	1200	100	90	150	300	1840	4160
年终总计		54930						

图13.82 家庭收支统计表

本例介绍家庭收支统计表的制作（图13.82），主要运用合并单元格、公式的输入、插入艺术字以及表格的美化。

01 启动Excel 2010，系统自动新建一个工作簿，右键单击工作标签“Sheet1”，从弹出的快捷菜单中选择“重命名”命令，将“Sheet1”重命名为“家庭收支统计表”，按钮回车键确认，如图13.83所示。

图13.83 更改工作表标签名

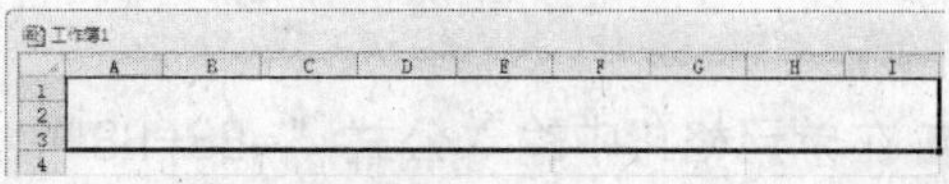

图13.84 合并单元格

02 选择单元格A1:I3，在“开始”选项卡中单击“对齐方式”组中的“合并后居中”按钮，合并单元格，效果如图13.84所示。使用同样的方法分别将A5:A7、B5:B7、C5：H6、

I5:I7单元格合并后居中，效果如图13.85所示。

03 在工作表中输入如图13.86所示的文本及数据，选择C7:H7、A8:A19单元格，单击“对齐方式”组中的“居中”按钮，将单元格中的文字居中对齐，再将所有单元格中文本的“字体”设置为“黑体”，效果如图13.86所示。

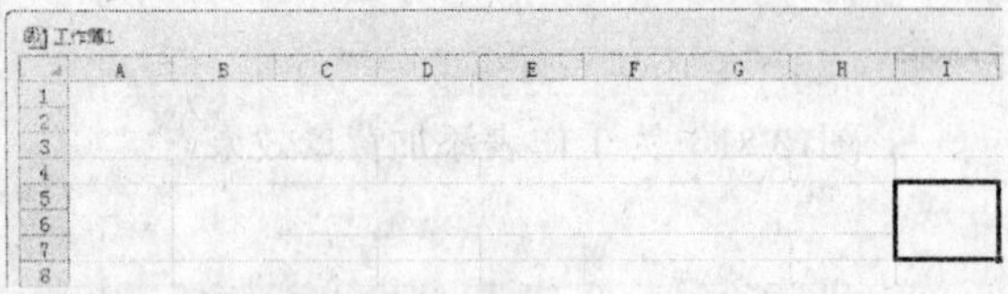

图13.85　合并单元格

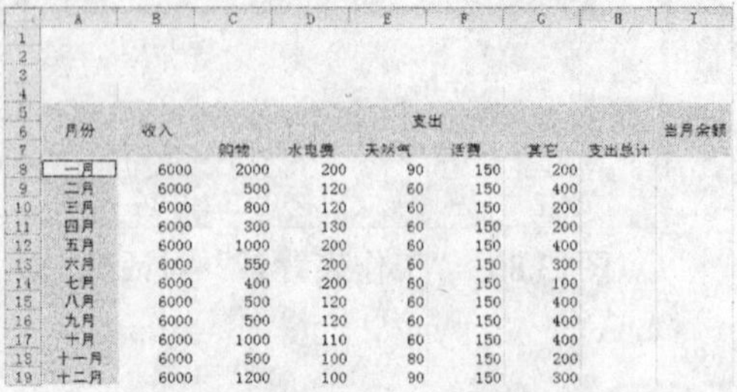

月份	收入	支出						当月余额
		购物	水电费	天然气	话费	其它	支出总计	
一月	6000	2000	200	90	150	200		
二月	6000	500	120	60	150	400		
三月	6000	800	120	60	150	200		
四月	6000	300	130	60	150	200		
五月	6000	1000	200	60	150	400		
六月	6000	550	200	60	150	300		
七月	6000	400	200	60	150	100		
八月	6000	500	120	60	150	400		
九月	6000	500	120	60	150	400		
十月	6000	1000	110	60	150	400		
十一月	6000	500	100	80	150	200		
十二月	6000	1200	100	90	150	300		

图13.86　输入文本及数据

04 在单元格H8中输入公式“=SUM(C8:G8)”，如图13.87所示，单击“编辑”栏中的“输入”按钮，将鼠标移至单元格H8的右下角，并拖曳填充柄至单元格H19，进行公式填充，效果如图13.88所示。

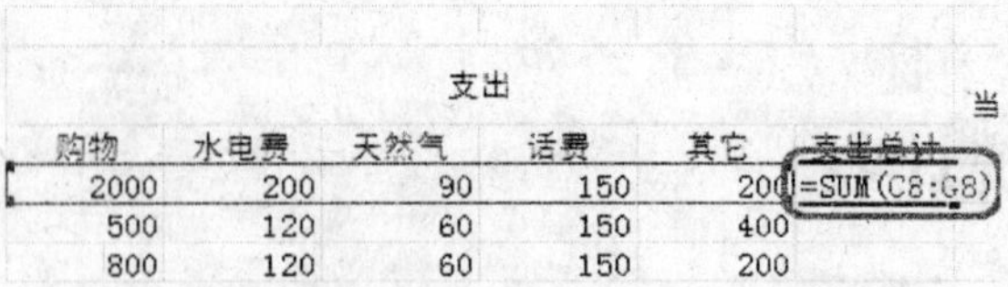

图13.87　输入公式

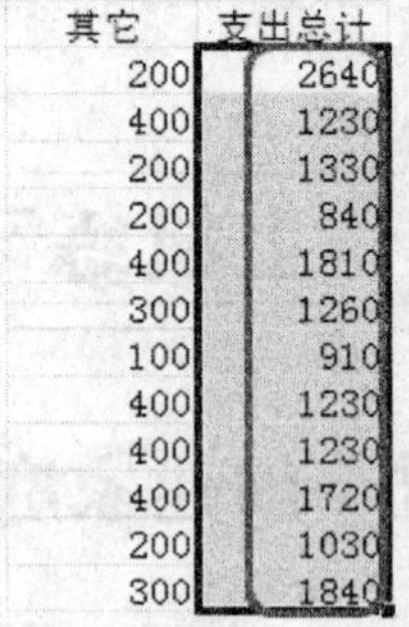

图13.88　自动填充公式

提示 输入公式后，如果单元格左上角出现一个绿色的小三角以及单元格的左侧出现按钮，可以单击该按钮，在打开的列表中选择“错误检查选项”选项，弹出“Excel选项”对话框，在“错误检查规则”区下取消“遗漏了区域中的单元格的公式”复选框的勾选，如图13.89所示，单击“确定”按钮即可。

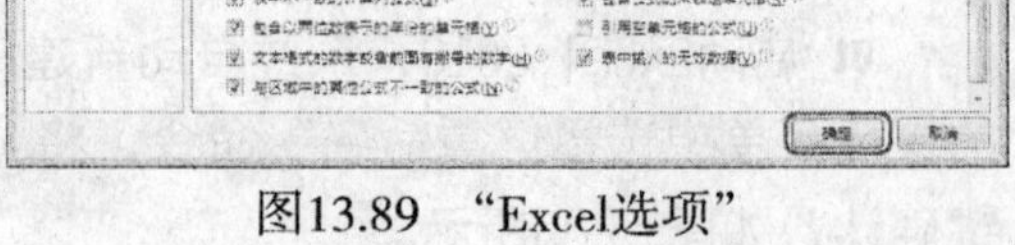

图13.89　“Excel选项”

05 在单元格I8中输入公式“=B8-H8”，单击“编辑”栏中的“输入”按钮，并拖曳填充柄至单元格I19，如图13.90所示。

06 将单元格A20:B20、C20:I20分别合并后居中，在两个合并的单元格中分别输入文本“年终总计”和公式“=SUM(I8:I19)”，如图13.91所示。

图13.90　输入并填充公式

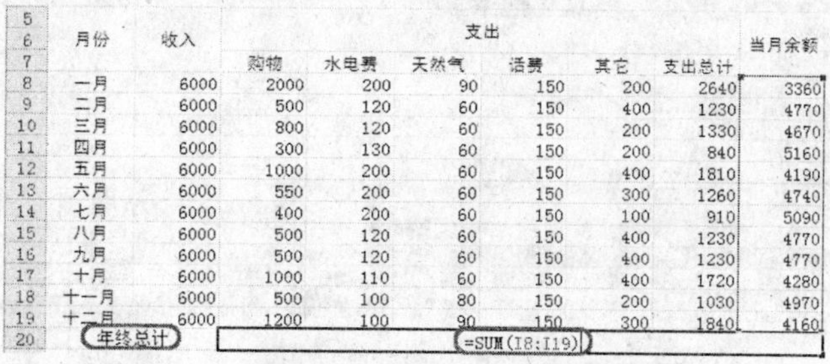

图13.91　输入文本和公式

07 选择单元格A1:I20，并在区域内单击鼠标右键，从弹出的快捷菜单中选择“设置单元格格式”命令，打开“设置单元格格式”对话框，切换至“边框”选项卡，在“线条样式”列表框中选择一种粗线样式，单击右侧的“外边框”按钮，再在“线条样式”列表框中选择一种细线样式，单击右侧的“内部”按钮，如图13.92所示，单击“确定”按钮，添加边框后的效果如图13.93所示。

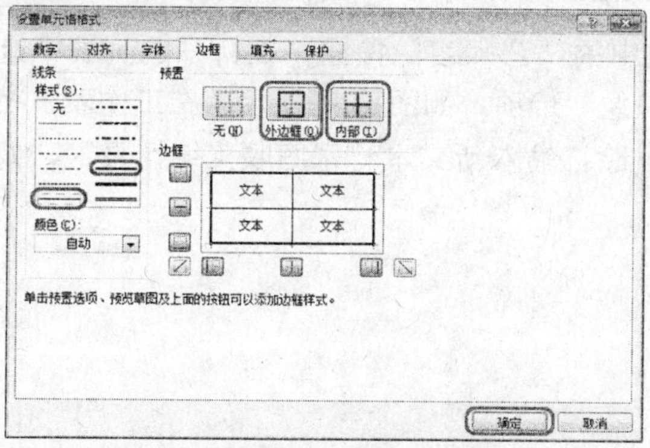

图13.92　设置边框样式

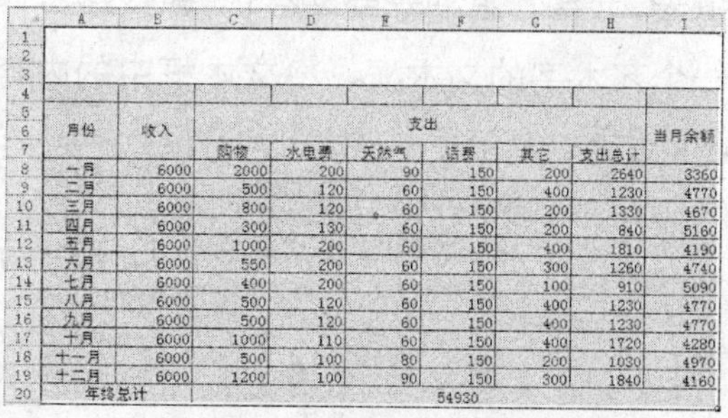

图13.93　设置边框效果

08 按住Ctrl键选择单元格A5:A19、B5、C5和I5，在“开始”选项卡中单击“样式”组中的“单元格样式”按钮，在打开的列表中选择“20%-强调文字颜色5”选项，如图13.94所示，设置单元格样式后的效果如图13.95所示。

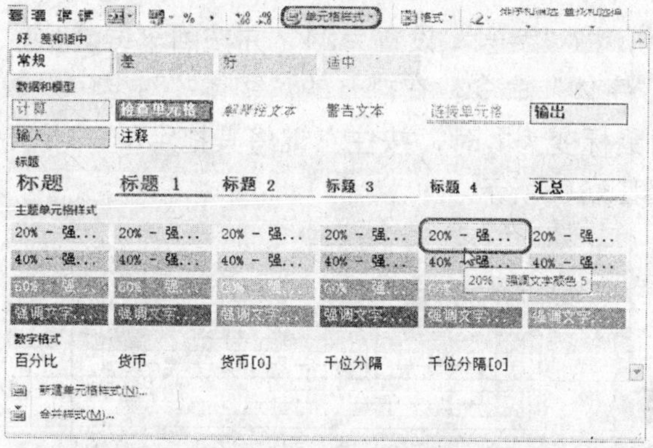

图13.94　选择单元格样式

图13.95　设置单元格样式后的效果

09 选择单元格C7:H7，单击“样式”组中的“单元格样式”按钮，在打开的列表中选择“强调文字颜色2”选项，如图13.96所示，效果如图13.97所示。

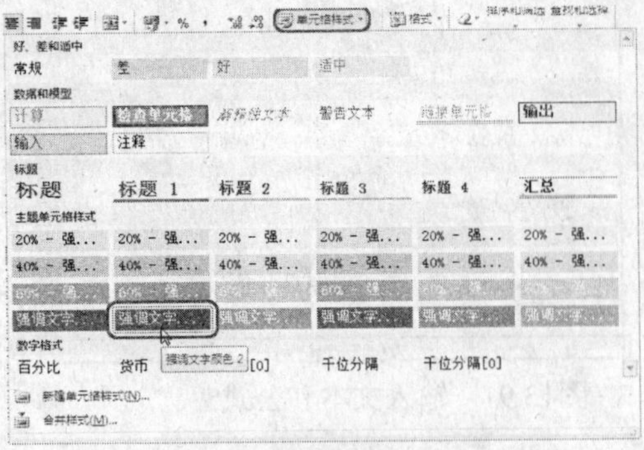

图13.96　选择单元格样式

	月份	收入	支出					
7			购物	水电费	天然气	话费	其它	支出总计
8	一月	6000	2000	200	90	150	200	2640
9	二月	6000	500	120	60	150	400	1230
10	三月	6000	800	120	60	150	200	1330
11	四月	6000	300	130	60	150	200	840
12	五月	6000	1000	200	60	150	400	1810
13	六月	6000	550	200	60	150	300	1260
14	七月	6000	400	200	60	150	100	910
15	八月	6000	500	120	60	150	400	1230
16	九月	6000	500	120	60	150	400	1230
17	十月	6000	1000	110	60	150	400	1720
18	十一月	6000	500	100	80	150	200	1030
19	十二月	6000	1200	100	90	150	300	1840

图13.97　设置单元格样式后的效果

⑩ 选择单元格A20:I20，在“开始”选项卡中单击“字体”组中的“填充颜色”按钮右侧的下三角按钮，在打开的列表中选择“黄色”，效果如图13.98所示。

20	年终总计	54930

图13.98　填充颜色后的效果

⑪ 在“插入”选项卡中单击“文本”组中的“艺术字”按钮，在打开的列表中选择“填充-蓝色，强调文字颜色1，塑料棱台，映像”选项，如图13.99所示，在工作表中将插入一个艺术字的文本框，将文本框中的内容删除，输入新文本“家庭收支统计表”，如图13.100所示。

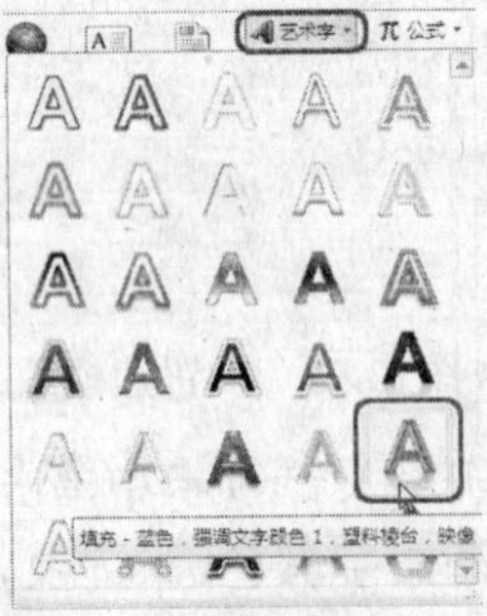

图13.99　选择艺术字效果

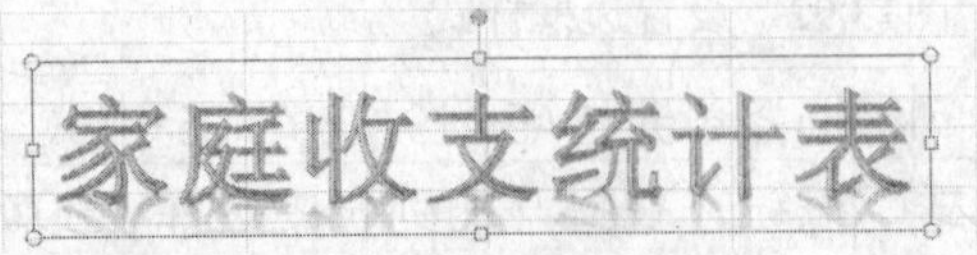

图13.100　输入文本

⑫ 选择文本框中的文本并单击鼠标右键，将“字号”设置为24，并按回车键确认，如图13.101所示，或在弹出的快捷菜单中选择“字体”命令，在打开的“字体”对框中设置字体的大小，将鼠标移至文本框的边框上，当鼠标变为✥时，按住左键将其拖至A1:I3单元格中，用键盘上的方向键调整其位置，效果如图13.102所示。

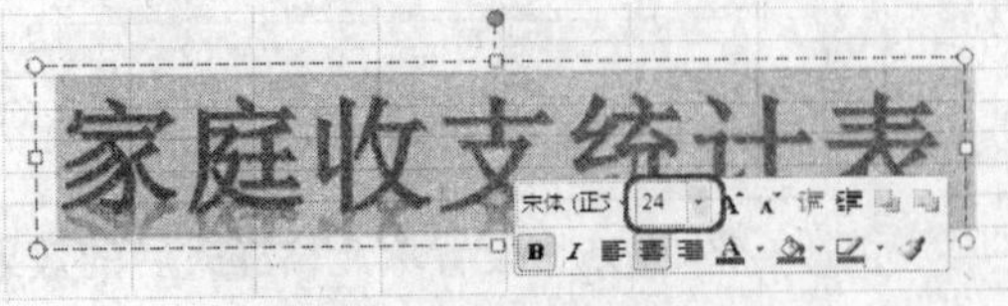

图13.101　设置字号

	A	B	C	D	E	F	G	H	I
5	月份	收入	支出						当月余额
7			购物	水电费	天然气	话费	其它	支出总计	
8	一月	6000	2000	200	90	150	200	2640	3360
9	二月	6000	500	120	60	150	400	1230	4770
10	三月	6000	800	120	60	150	200	1330	4670
11	四月	6000	300	130	60	150	200	840	5160
12	五月	6000	1000	200	60	150	400	1810	4190
13	六月	6000	550	200	60	150	300	1260	4740
14	七月	6000	400	200	60	150	100	910	5090
15	八月	6000	500	120	60	150	400	1230	4770
16	九月	6000	500	120	60	150	400	1230	4770
17	十月	6000	1000	110	60	150	400	1720	4280
18	十一月	6000	500	100	80	150	200	1030	4970
19	十二月	6000	1200	100	90	150	300	1840	4160
20	年终总计		54930						

图13.102　调整艺术字位置

⑬ 至此创建家庭收支统计表就制作完成，并将工作表进行保存。

13.10.2 制作装机配置单

图13.103 装机配置单

本例介绍装机配置单的制作，主要运用到合并单元格、设置填充颜色、文本的编辑及为表格添加边框。

01 启动Excel 2010，系统自动新建一个工作簿，将“Sheet”重命名为“装机配置单”。

02 在单元格A3:A20、B3、E3、F3中分别输入如图13.104所示的文本，选择所有文本所在的单元格，在“开始”选项卡中单击“字体”组中，将“字体”设置为“黑体”，“字号”设置为12，单击“对齐方式”组中的“居中”按钮，将文字居中显示，效果如图13.104所示。

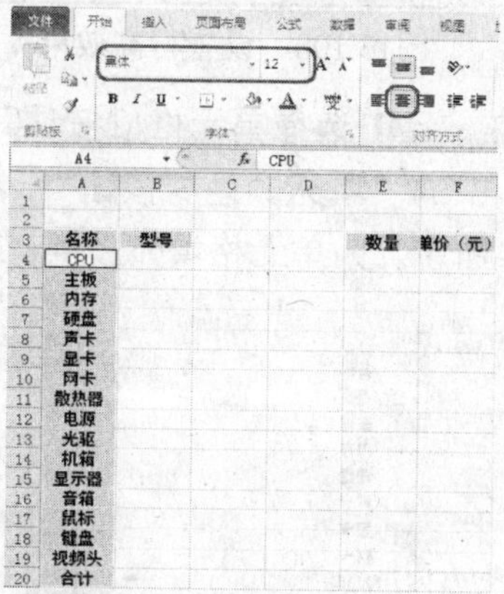

图13.104 输入并设置文本

03 单击列标F，选择整列，在“开始”选项卡单击“单元格”组中的“格式”按钮，在打开的列表中选择“列宽”选项，在弹出的“列宽”对话框中将“列宽”设置为10，如图13.105所示，单击“确定”按钮，设置列宽，效果如图13.106所示。

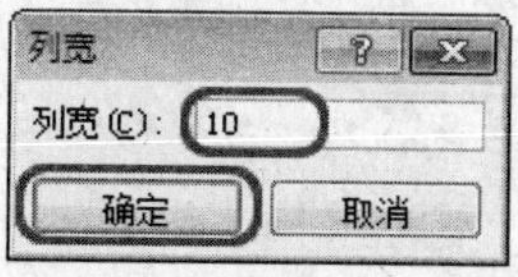

图13.105 “列宽”对话框

图13.106 设置列宽效果

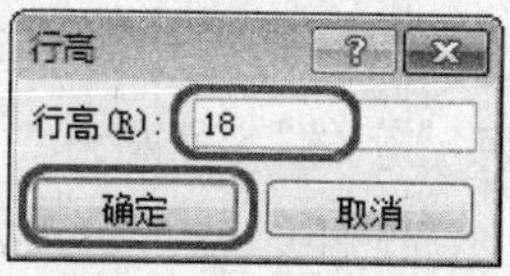

图13.107 “行高”对话框

04 使用样的方法选择第3行至第20行，单击“单元格”组中的“格式”按钮，在打开的列表中选择“行高”选项，在打开的“行高”对话框中将“行高”设置为18，如图13.107所示，单击“确定”按钮，设置行高，效果如图13.108所示。

05 选择单元格A1:F2，按Ctrl键分别再选择单元格B3:D3、B4:D4、B5:D5、B6:D6、B7:D7、B8:D8、B9:D9、B10:D10、B11:D11、B12:D12、B13:D13、B14:D14、B15:D15、B16:D16、B17:D17、B18:D18、B19:D19、B20:F20，单击“对齐方式”组中的“合并后居中”按钮，

合并单元格，效果如图13.109所示。

06 单击列标E，选择整列，单击“单元格”组中的“格式”按钮，在打开的列表中选择“自动调整列宽”选项，如图13.110所示，系统根据单元格中的文本自动调整列宽大小，效果如图13.111所示，

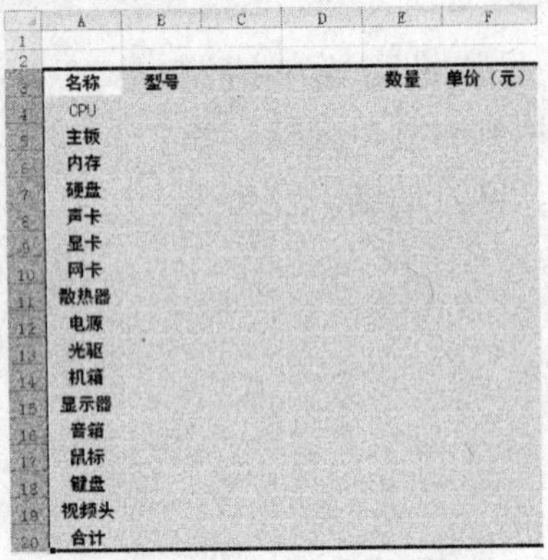

图13.108　设置行高效果

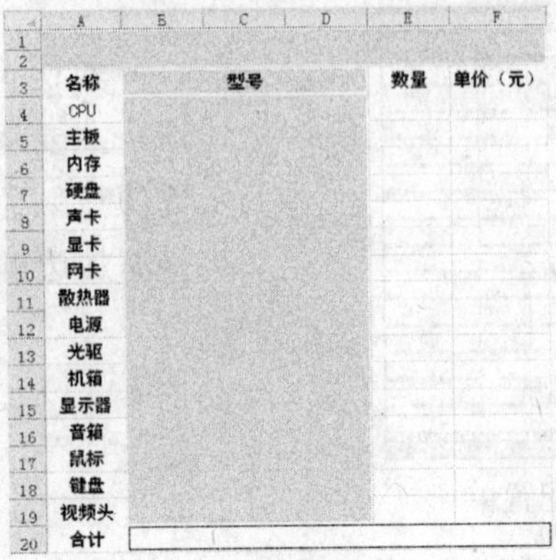

图13.109　合并单元格

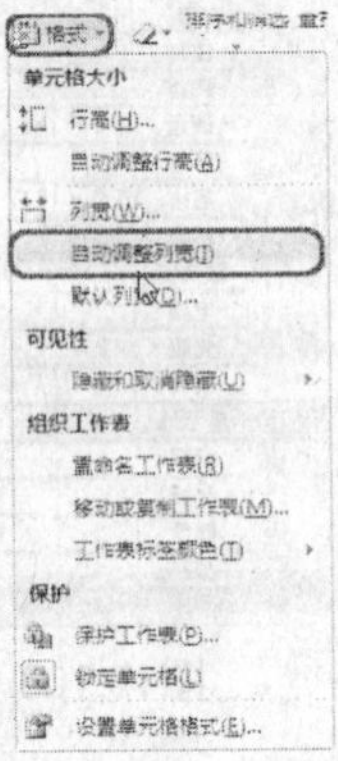

图13.110　选择“自动调整列宽”选项

07 选择单元格A1按住Ctrl键选择单元格A20:F20，在“开始”选项卡中单击“字体”组中的“填充颜色”按钮右侧的下三角按钮，在打开的列表中选择“浅蓝”，如图13.112所示，为单元格填充颜色，效果如图13.113所示。

图13.111　自动调整列宽效果

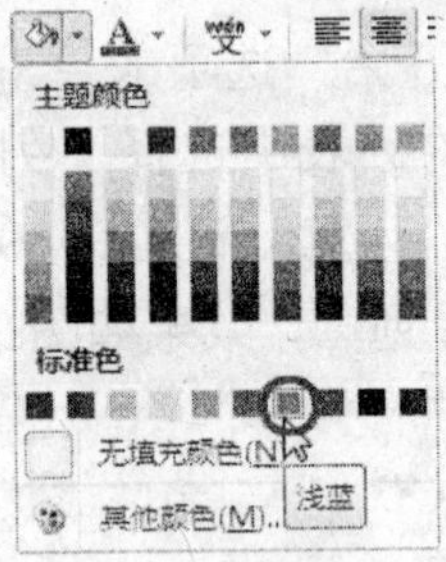

图13.112　选项填充颜5色

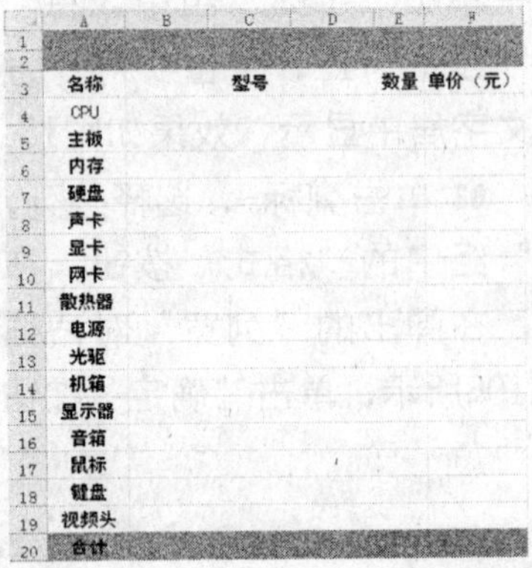

图13.113　填充单元格效果

08 选择单元格A1，输入文本“装机配置单”，用空格增加各字之间的距离，在“字体”组中将“字体”设置为“黑体”，“字号”设置为20，“字体颜色”设置为“白色”效果如图13.114所示。

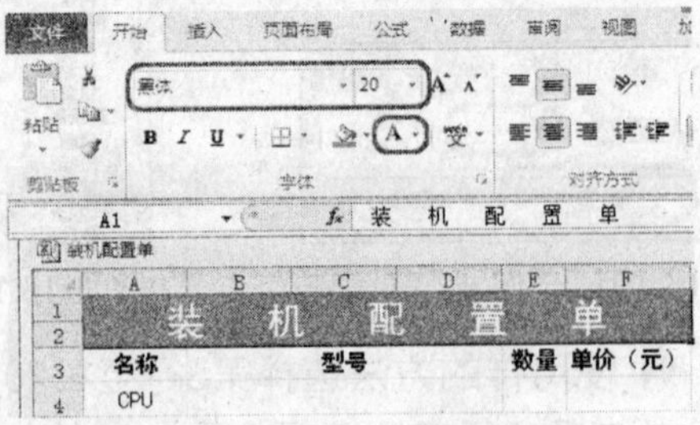

图13.114　输入并设置文本

09 选择单元格A1:F20，在选择的区域上单击鼠标右键，从弹出的快捷菜单中选择“设置单元格格式”命令，弹出“设置单元格格式”对话框，切换至“边框”选项卡，在“线条样式”列表框中选择一种粗线样式，单击右侧的“外边框”按钮，如图13.115所示。

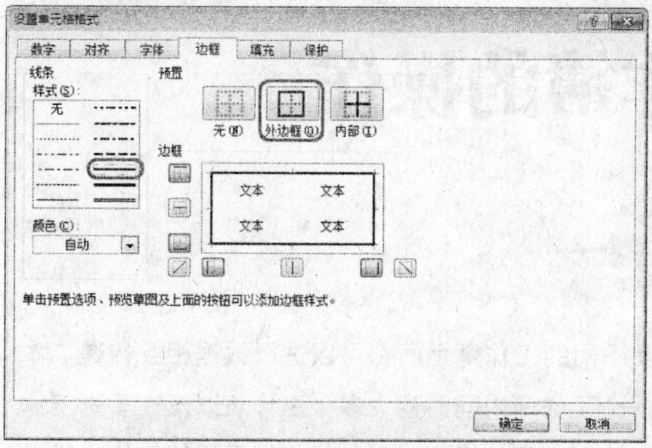

图13.115 设置外边框

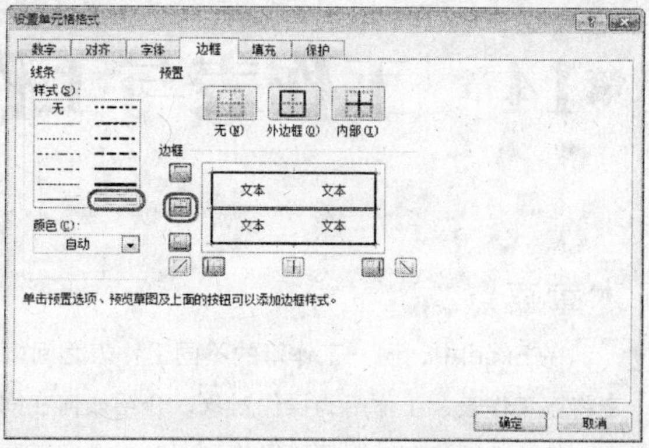

图13.116 设置内边框

⑩ 在“线条样式”列表框中选择双线样式，单击右侧的按钮，如图13.116所示，在“线条样式”列表框中选择一种细线样式，单击右侧的按钮，如图13.117所示，单击“确定”按钮，为单元格添加边框后的效果如图13.118所示。

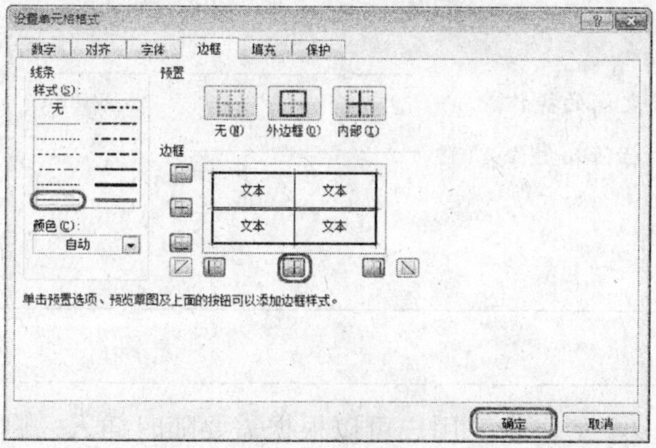

图13.117 设置内边框

图13.118 添加边框效果

⑪ 至此装机配置单就制作完成，将工作表进行保存。

13.11 习题

1．填空题

（1）为了让用户更加方便、快速地了解自己建立的工作表内容，可以使用Excel提供的______功能，对工作表中的一些复杂的公式或者特殊的单元格数据______。

（2）在制作财务、统计等报表中常常需要把报表设计成各种各样的表格形式，使数据及其说明文字层次更加分明，这就需要通过设置单元格的______来实现。

2．简答题

（1）设置文本、数字和单元格格式各有几种方法，分别怎样操作？

（2）如何设置数字格式、对齐格式、字体？

第14章 工作表与工作簿的操作

本章要点

在Excel中，同一工作簿的不同工作表之间以及不同的工作簿之间都可以进行数据相互传递。本章将以工作表、工作簿为操作对象，介绍如何在同一个工作簿内同时建立多张工作表以及在多张工作表之间的数据复制、引用等操作，同时还介绍不同工作簿之间的操作以及怎样保护重要的工作表或工作簿。

本章内容主要包括

- 工作表的操作
- 工作表之间的操作
- 工作簿的操作
- 保护工作簿和工作表

go>>

14.1 工作表的操作

在Excel中，一个工作簿中可以包含多个工作表。用户可以根据需要随时插入、删除、移动或复制工作表，还可以为工作表命名以及隐藏工作表。

14.1.1 在工作簿中增加默认工作表个数

新建一个新的工作簿时，Excel的默认工作表只有3个：Sheet1、Sheet2和Sheet3。Excel允许用户在工作簿内增加默认工作表个数，其中Excel默认工作表数范围为1~255，具体操作步骤如下：

01 打开Excel 2010，单击“文件”按钮，在打开的菜单中选择“选项”，打开“Excel选项”对话框。

02 单击左侧的“常规”选项，在右侧的“新建工作簿时”区域中，通过单击“包含的工作表数”右侧文本框的微调按钮或直接在文本框中输入数值，如5，如图14.1所示。

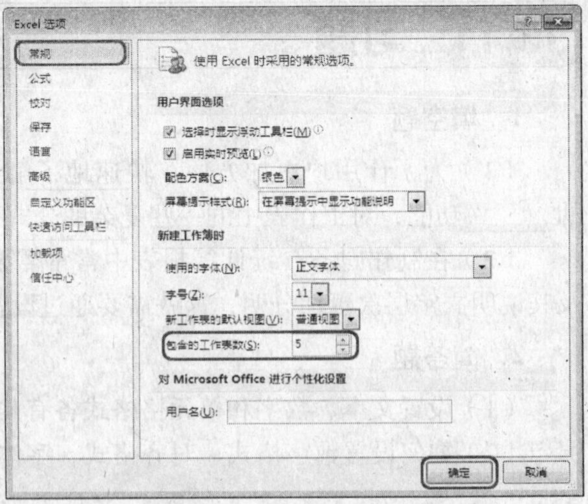

图14.1 “Excel选项”对话框

03 单击“确定”按钮。再新建一个工作簿时，可以看见默认的工作表变为5，如图14.2所示。

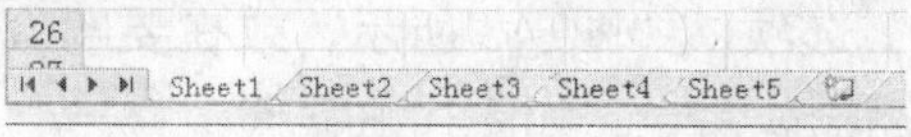

图14.2　新工作簿内默认工作表的数目

14.1.2　插入或删除工作表

若要在现有工作表的末尾快速插入新工作表，具体操作步骤如下：

01 单击工作表标签，使其呈当前工作表，如选择Sheet3。

02 单击工作表标签右侧的“插入工作表”按钮，新的工作表将插入在现有工作表的末尾。

插入的新工作表的名称由Excel自动命名，默认情况下第一个插入的工作表为Sheet4，以后依次是Sheet5、Sheet6……如图14.3所示。

要在现有工作表之前插入新工作表，具体操作步骤如下：

选择要在其前面插入新工作表的工作表标签，单击“开始”选项卡中“单元格”组中的“插入”按钮右侧的下在角按钮，在打开的列表中选择“插入工作表”选项，如图14.4所示，即可在选择的工作表前面插入一个新的工作表。

还可以利用快捷菜单来实现，具体操作步骤如下：

01 选择当前活动工作表标签并右击鼠标。

02 从弹出的快捷菜单中选择“插入”命令，如图14.5所示。

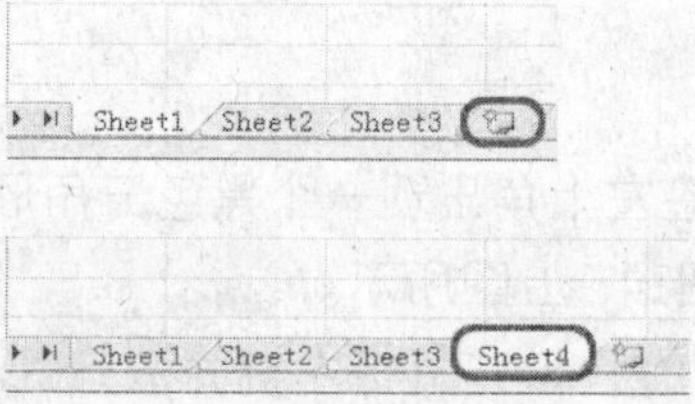

图14.3　插入工作表

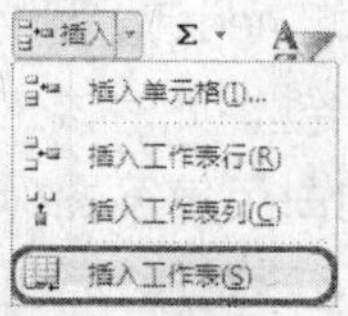

图14.4　“插入”列表

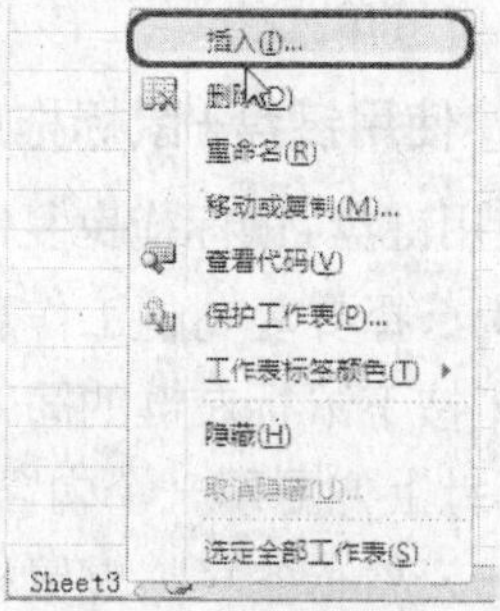

图14.5　快捷菜单

03 打开“插入”对话框，用户可根据需要选择不同的模板插入不同格式的新工作表，如图14.6所示。

提示　用户也可一次插入多个工作表。方法是：按住Shift键，然后在打开的工作簿中选择与要插入的工作表数目相同的现有工作表标签。例如，如果要添加3个新工作表，则选择3个现有工作表的工作表标签。单击“开始”选项卡中“单元格”组中的“插入”按钮右侧的下三角按钮，在打开的列表中选择“插入工作表”选项即可。

要想删除某一工作表，具体步骤操作如下：

01 选择要删除的工作表标签。

02 单击“开始”选项卡中“单元格”组的“删除”按钮右侧的下在角按钮，在打开的列表中选择“删除工作表”选项，如图14.7所示，或在要删除的工作表标签上右击鼠标，从弹出的快捷菜单中选择“删除”命令，如图14.8所示。

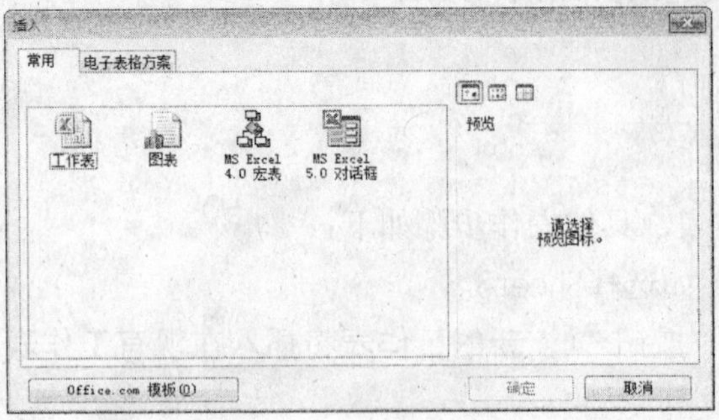

图14.6 “插入”对话框

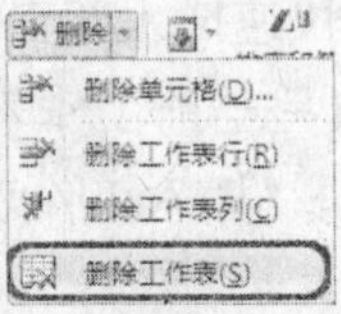

图14.7 “删除”列表

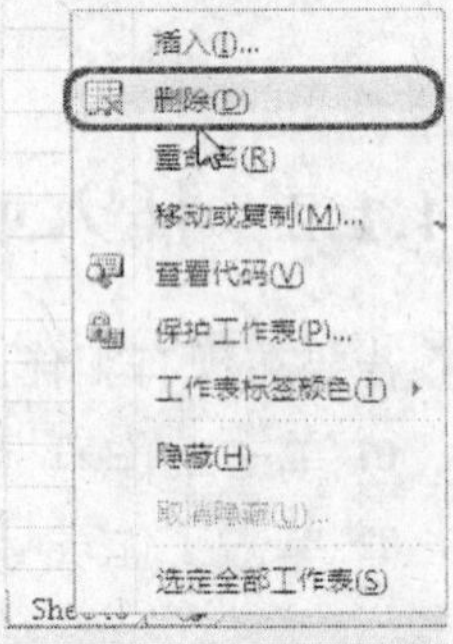

图14.8 快捷菜单

> **提示** 对于不需要的工作表可以将其删除掉，但执行时一定要慎重，因为删除的工作表将被永久删除，且不能恢复。

14.1.3 移动或复制工作表

移动或复制工作表有两种方法：一种是使用键盘+鼠标拖曳操作；一种是使用“开始”选项卡中“单元格”组中“格式”列表中的命令。

1. 使用键盘+鼠标拖曳操作

使用键盘+鼠标拖曳复制工作表的具体操作步骤如下：

01 选择要复制的工作表标签，如Sheet1。

02 按下鼠标左键的同时按住Ctrl键，此时该工作表标签左上角出现一个黑色三角形▼，鼠标指针上方显示一个内含黑十字的白色信笺图标，如图14.9上图所示。

03 沿着标签栏拖曳鼠标，当黑色三角形移到目标位置时，松开鼠标左键并放开Ctrl键，此时便在指定位置出现一个选择工作表的副本，如图14.9下图所示。

所复制的工作表由Excel自动命名，其规则是在源工作表名后加上一个带括号的编号。即，如果源工作表名为“Sheet1”，则第一次复制的工作表名为Sheet1（2），第二次复制的工作表名为Sheet1（3）……依此类推。

移动工作表的具体操作步骤如下：

01 选择要移动的工作表标签，如Sheel。

02 按下鼠标左键，这时该工作表标签左上角出现一个黑色三角形▼，鼠标指针上方显示一个白色信笺图标，如图14.10上图所示。

03 沿着标签栏拖曳鼠标，当黑色三角形移到目标位置时，松开鼠标左键即可完成工作表的移动操作，结果如图14.10下图所示。

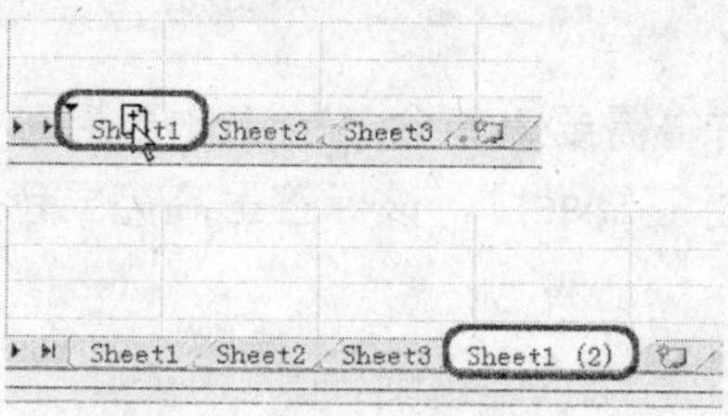

图14.9　复制工作表

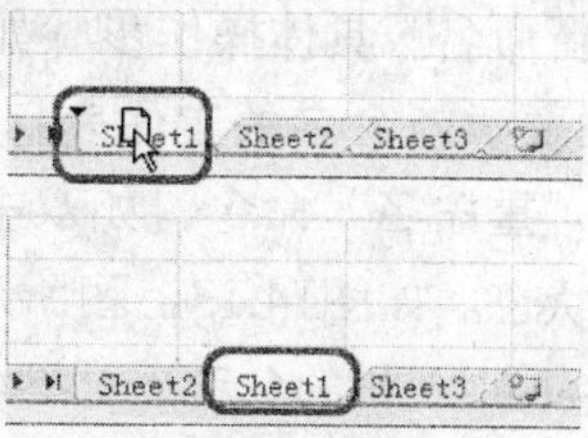

图14.10　移动工作表

2. 使用“移动或复制工作表”命令

使用“开始”选项卡中“单元格”组中“格式”列表中的“移动或复制工作表”命令，可在同一工作簿内或不同工作簿之间复制或移动工作表。具体操作步骤如下：

01 选择要复制或移动的工作表标签，如Sheet1。

02 单击“开始”选项卡中“单元格”组的“格式”按钮右侧的下三角按钮，在打开的列表中选择“移动或复制工作表”选项，如图14.11所示。

03 打开如图14.12所示的“移动或复制工作表”对话框。其中：

- “将选择的工作表移至工作簿”：该文本框用于选择目标工作簿。
- “下列选定工作表之前”：该列表框用于选择将工作表复制或移动到目标工作簿的位置。即若选择框中某一工作表标签，则复制或移动的工作表将位于该工作表之前；如果选择“移到最后”，则复制或移动的工作表将位于框中所有工作表之后。
- “建立副本”：选中该复选框则执行复制工作表的命令；不选该复选框则执行移动工作表的命令。

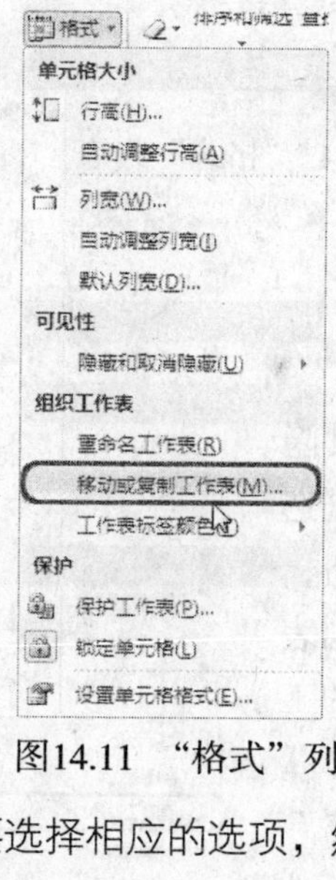

图14.11　“格式”列表

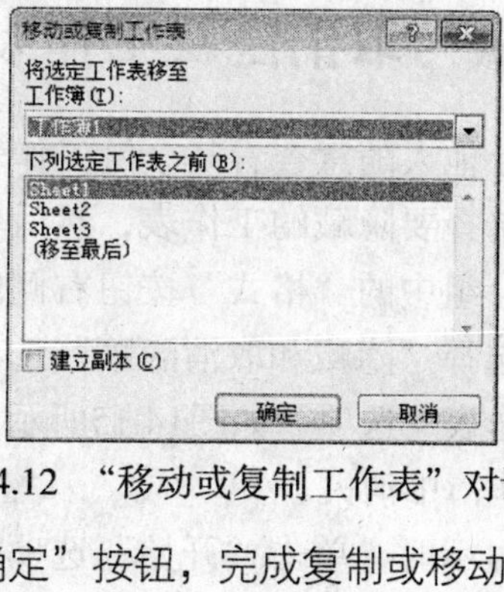

图14.12　“移动或复制工作表”对话框

04 根据需要选择相应的选项，然后单击“确定”按钮，完成复制或移动工作表的操作。

14.1.4　重命名工作表

Excel默认工作表的名称都是Sheet加序号。如果用户在工作簿的操作中，要涉及多个工作表。显然，默认工作表的名称对于查找、复制或移动等操作都不方便。为此，Excel允许用户给工作表重新命名。具体操作步骤如下：

01 双击需要重新命名的工作表标签，或右击需要重新命名的工作表标签，从弹出的快捷菜单中选择“重命名”命令，如双击工作表标签Sheet1，该标签呈高亮显示，此时工作表标签处于编辑状态。如图14.13上图所示

02 在标签上输入新的名称。如“报价单”，结果如图14.13下图所示。

03 单击除该标签以外工作表的任一处或按回车键结束编辑。

提示 Excel规定工作表的名称最多可以使用31个中英文字符。另外，选择要重新命名的工作表标签，单击“开始”选项卡中“单元格”组中的“格式”按钮右侧的下三角按钮，在打开的列表中选择“重命名工作表”项，如图14.14所示。

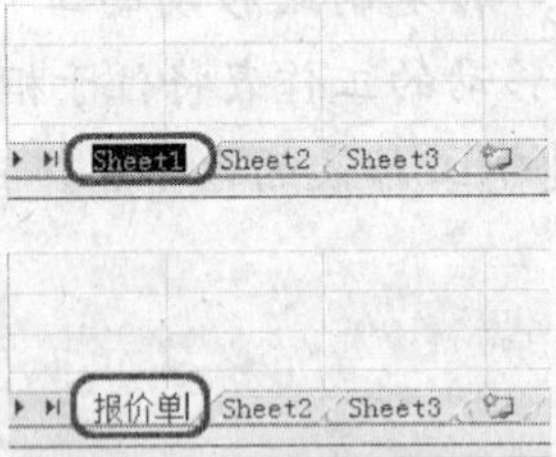

图14.13 重命名工作表

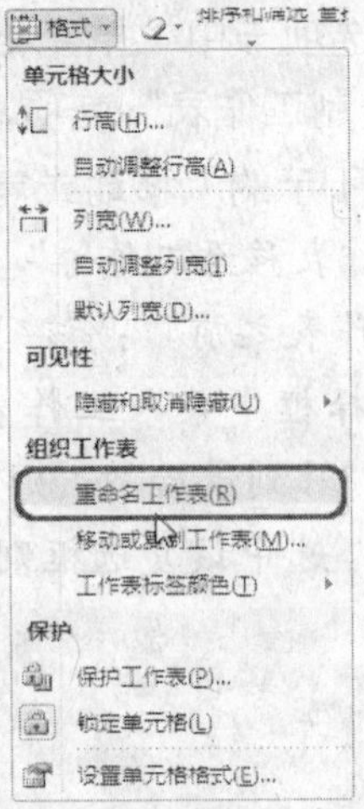

图14.14 “格式”列表

14.1.5 隐藏与取消隐藏工作表

如果不希望让他人随意查看某个的工作表，可以将其隐藏。方法是：先选择要隐藏的工作表，然后单击“开始”选项卡上“单元格”组中的“格式”按钮右侧的下三角按钮，在打开的列表中选择“隐藏和取消隐藏”选项，在其子列表中选择“隐藏工作表”选项，如图14.15所示，此时选择的工作表便从当前工作簿中消失。

当需要再次显示时，单击“开始”选项卡上“单元格”组中的“格式”按钮右侧的下三角按钮，在打开的列表中选择“隐藏和取消隐藏”选项，在其子列表中选择“取消隐藏工作表”选项，如图14.16所示，弹出“取消隐藏”对话框，如图14.17所示，选择要取消隐藏的工作表，单击“确定”按钮，即可将隐藏的工作表显示出来。

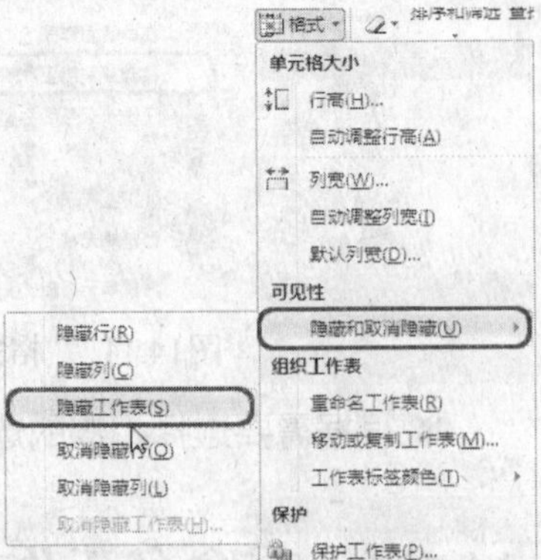

图14.15 “隐藏工作表”选项

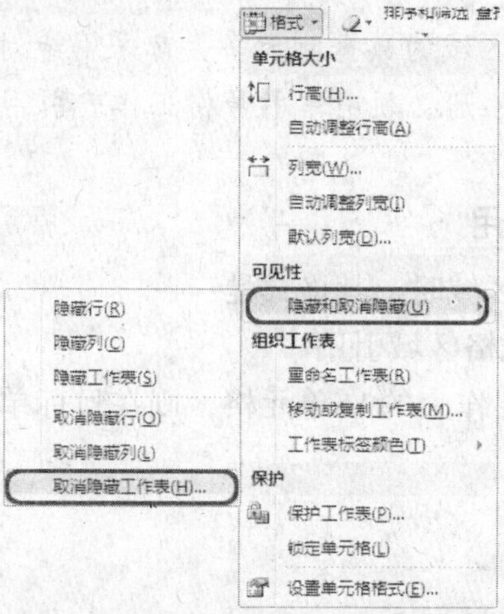

图14.16 “取消隐藏工作表”选项

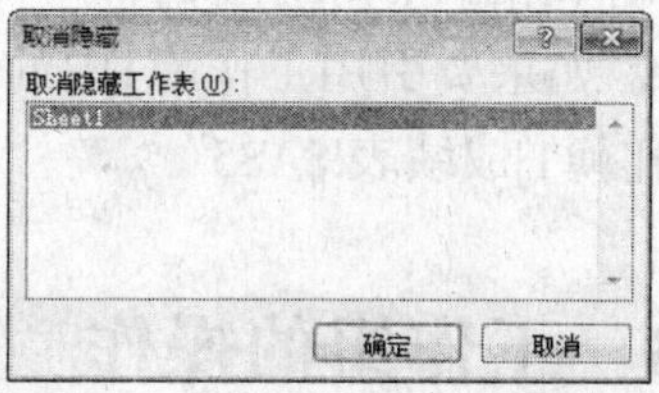

图14.17 “取消隐藏”对话框

14.2 工作表之间的操作

工作表之间的操作包括不同工作表之间的单元格复制与引用，设置工作组等。熟悉这些操作，用户可以方便而快捷地创建多个工作表。

14.2.1 不同工作表之间的单元格复制

在不同工作表之间也可以复制单元格或单元格区域，操作方法与在同一工作表中复制单元格类似。具体操作步骤如下：

01 选择源工作表中想要复制的单元格或单格区域。

02 单击“开始”选项卡中“剪贴板”组的“复制”按钮或按Ctrl+C快捷键。

03 在目标工作表中选择目标单元格位置。

04 单击“开始”选项卡中“剪贴板”组的“粘贴”按钮或按Ctrl+V快捷键。

14.2.2 不同工作表之间的单元格引用

Excel还允许用户在公式中引用不同工作表中的单元格或单元格区域。

1．同一工作簿中的不同工作表之间单元格的引用

在相同工作簿中，引用其他工作表的单元格或区域的方法是：在单元格或单元格区域引用前加上相应工作表引用（即源工作表名称），并用感叹号“！”将工作表引用和单元格或单元区域引用分开，格式如下：

工作表名称！单元格或单元格区域引用

例如，要引用“Sheet2”工作表的A5单元格，则在目标单元格中应输入“=Sheet2!$A$5”。

提示 引用另一个工作表单元格或单元格区域的数据时大多数都采用绝对引用，如上述的$A$5。如果工作表名称中包含空格，则必须用单引号将工作表引用括起来。

2．不同工作簿中的工作表之间单元格的引用

当需要引用其他工作薄中的单元格或单元格区域时，其格式是：

[源工作薄名称]源工作表名称！单元格或单元格区域引用

例如，如果要引用工作簿1中的“成绩表”工作表的A5单元格，则在目标单元格中应输入“=[工作簿1]成绩表!$A$5”。

14.2.3 工作组的操作

利用Excel提供的工作组功能，用户可以快捷地在同一工作簿中创建或编辑一批相同或格式类似的工作表。

1．设置或取消工作组

要采用工作组操作，首先必须将要处理的多个工作表设置为工作组。设置工作组的方式有：

- “选择一组相邻的工作表”：先单击要成组的第一个工作表标签，然后按住Shift键，再单击要成组的最后一个工作表标签。
- “选择不相邻的一组工作表”：按住Ctrl键，依次单击要成组的每个工作表标签。
- “选择工作簿中的全部工作表”：用鼠标右键单击任意一个工作表标签，从弹出快捷菜单中选择“选定全部工作表”命令，如图14.18所示。

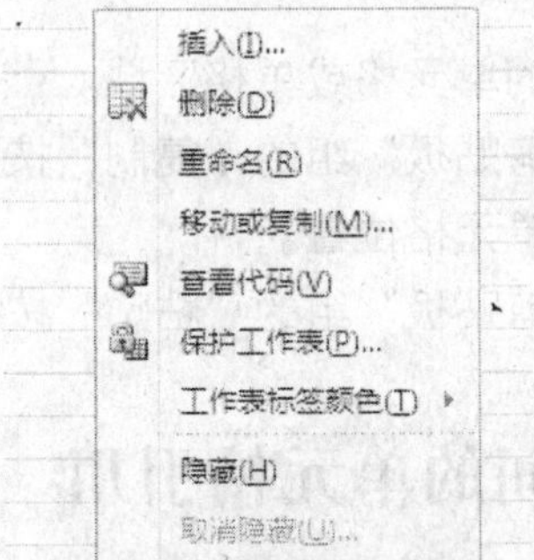

图14.18 选择“选定全部工作表”命令

当设置完工作组后，成组的工作表标签均呈高亮显示，同时在工作簿的标题栏上会出现[工作组]字样，提示已设定了工作组。例如，选择工作簿“工作薄1”中的前两个工作表，如图14.19所示。

如果用户想取消工作组，只要单击除当前工作表以外的任意工作表的标签即可；另外，用鼠标右键单击成组工作表标签，从弹出的快捷菜单中选择“取消组合工作表”命令，也可取消工作组，如图14.20所示。

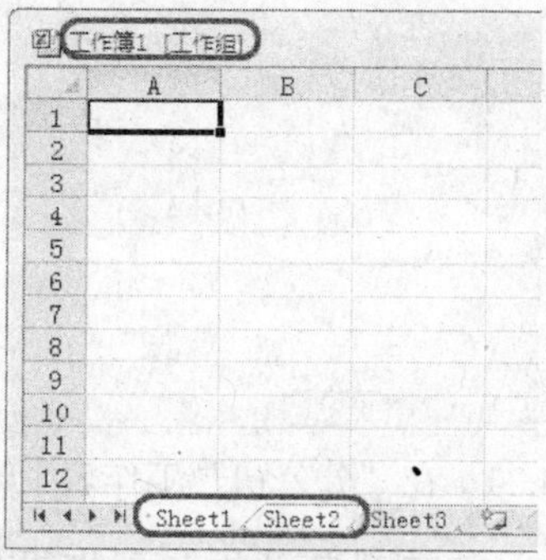

图14.19 设置工作组

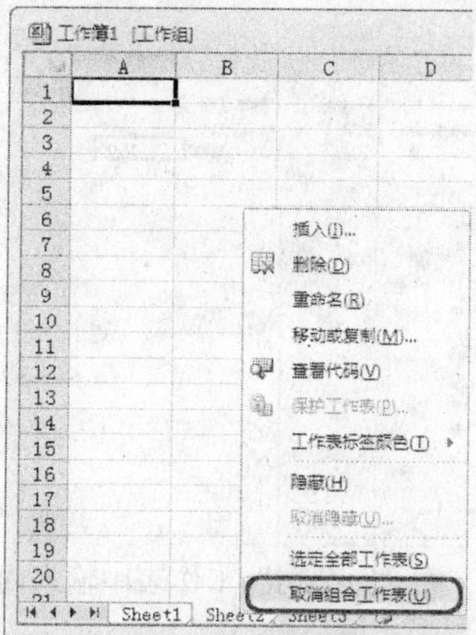

图14.20 选择“取消组合工作表”

2. 工作组的编辑

对工作组中的工作表的编辑方法与单个工作表的编辑方法相同，当编辑某一个工作表时，工作组中的其他工作表同时也得到相应的编辑。即用户操作的结果不仅作用于当前工作表，而且还作用于工作组中的所有工作表。

例如：我们建立了一个职工工资表。如果还要建立该公司的分公司的职工工资表，格式和总公司完全相同。因此，可以利用Excel提供的工作组功能同时建立这两个公司的职工工资表。具体操作步骤如下：

01 新建一个新工作簿，把工作表Sheet1、Sheet2分别重新命名为总公司、分公司，如图14.21所示。

02 单击“总公司”工作表标签，按住Shift键，再单击“分公司”工作表标签，把这两个工作表设置为工作组，并且在“总公司”工作表中输入文本，如图14.22所示。

图14.21 重命名工作表

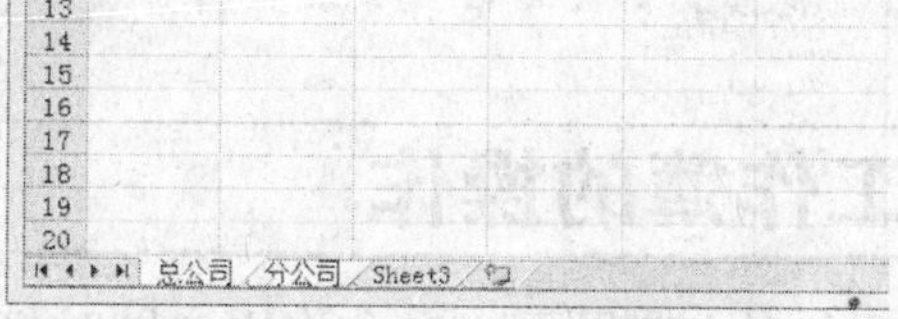

图14.22 设置工作组及输入文本

03 单击“分公司”工作表标签，该工作表内容与“总分司”工作表中完全相同。在工作组中任意一个标签上单击鼠标右键，从弹出的快捷菜单中选择“取消组合工作表”命令，在“总公司”工作表中输入如图14.23所示的内容，在“分公司”工作表中输入如图14.24所示的内容。

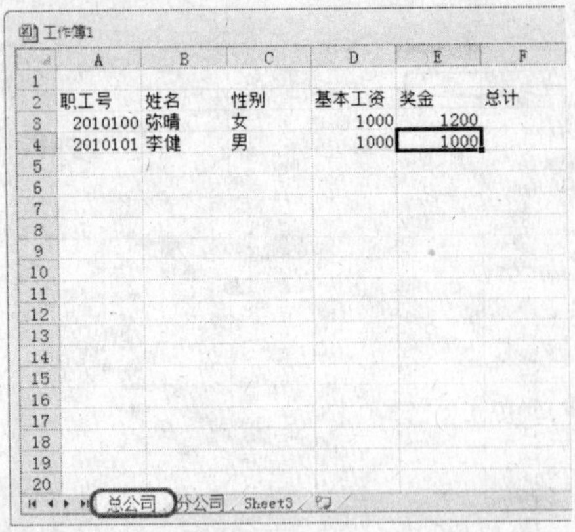

图14.23　在“总公司”工作表中输入内容

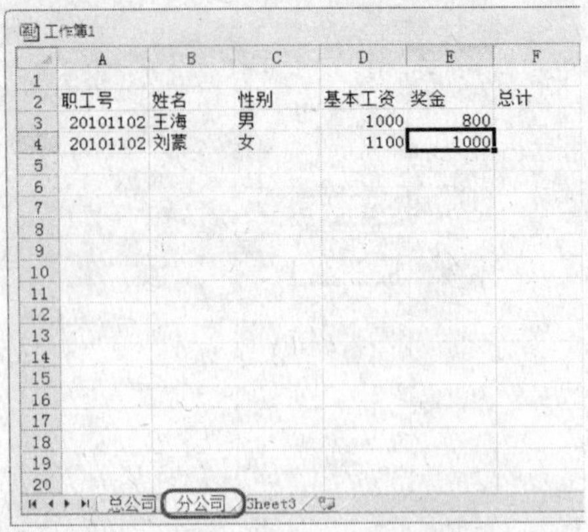

图14.24　在“分公司”工作表中输入内容

04 再将“总公司”和“分公司”设置为工作组，单击“总公司”工作表标签，在单元格F3中输入公式“=SUM(D3:E3)”，单击编辑栏中的“输入”按钮，并向下拖曳填充柄进行公式填充，如图14.25所示。

05 单击“分公司”工作表标签，可以看见该工作表中的相应位置也同时被编辑，如图14.26所示。

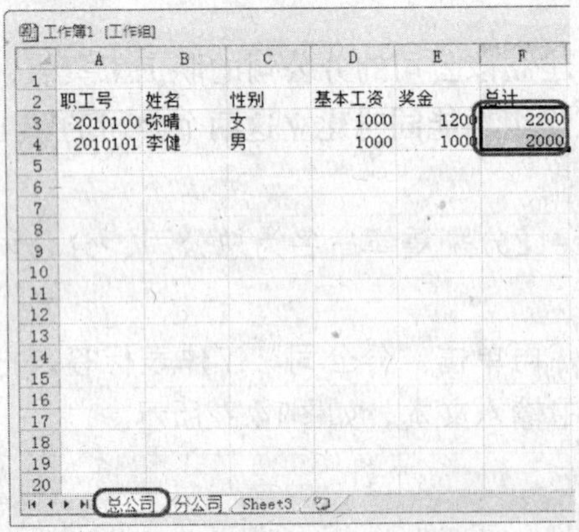

图14.25　输入公式并填充

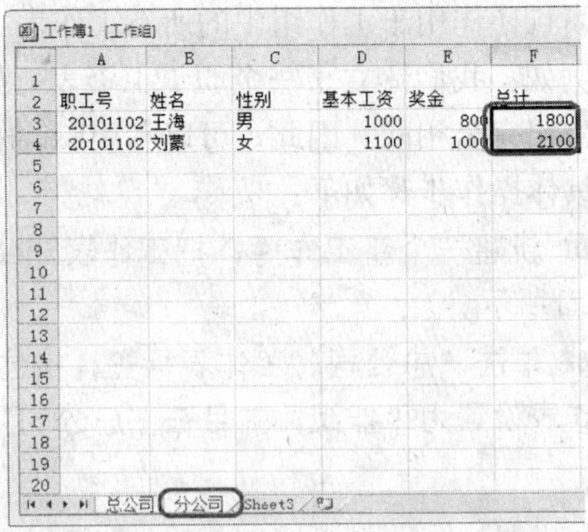

图14.26　“分公司”工作表效果

提示　大多数编辑命令都可以同时作用到同组的所有工作表上，但查找和替换命令仅对当前工作表起作用。

14.3　工作簿的操作

Excel是一个多文档界面，它允许用户同时打开多个工作簿。并且利用Excel提供的重排窗口功能，还可以在一个Excel窗口中以不同的方式同时显示多个工作簿。

14.3.1　同时打开多个工作簿

用户可在“打开”对话框中配合Shift键和Ctrl键同时选中一组相邻或分散的工作簿，然后单击“打开”按钮，一次打开多个工作簿。

但是，尽管可以同时打开多个工作簿，但其中只有一个工作簿窗口为当前活动工作簿窗口。用户要想对某一打开的工作簿进行操作，必须把该工作簿选择为当前活动工作簿。也就是说，首先必须完成窗口之间的切换。

工作簿窗口间的切换方法也很简单。如果在Excel窗口中能看到要切换的工作簿窗口，则用鼠标单击相应的工作簿窗口的任何位置即可；如果在屏幕上看不见要切换的工作簿窗口，则可单击“视图”选项卡中“窗口”组中的“切换窗口”按钮，在打开的列表中选择要切换的工作簿名称即可。

例如：打开Excel 2010，按Ctrl+O快捷键打开“打开”对话框，找到随书附带光盘中的“素材\Cha14”文件夹，并双击将其打开，用鼠标框选所有工作簿，如图14.27所示，单击“打开”按钮，单击“视图”选项卡中“窗口”组中的“切换窗口”按钮，在打开的列表中选择“班级统计”工作簿，如图14.28所示，切换窗口后的效果如图14.29所示。

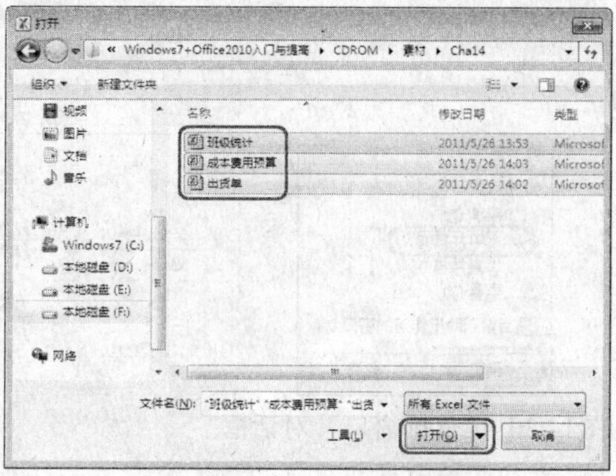

图14.27 “打开”对话框

图14.28 选择工作簿

图14.29 切换窗口效果

14.3.2 调整工作簿窗口设置

Excel默认同时打开的多个工作簿以层叠方式排列，且屏幕上只显示当前活动工作簿。利用Excel提供的重排窗口功能，可同时显示多个工作簿。

1. 以不同的方式同时显示多个工作簿

要想以不同的方式同时显示多个工作簿，具体操作步骤如下：

01 单击“视图”选项卡中“窗口”组中的“全部重排”按钮，弹出的“重排窗口”对话框。

02 在“排列方式”区中，选择所需要的选项，如选择“水平并排”单选按钮，如图14.30所示。

03 单击“确定”按钮，结果如图14.31所示。

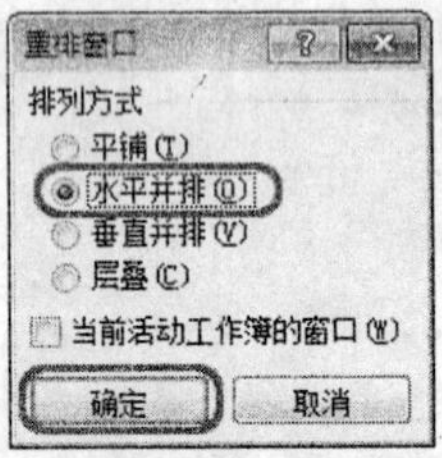

图14.30 “重排窗口”对话框

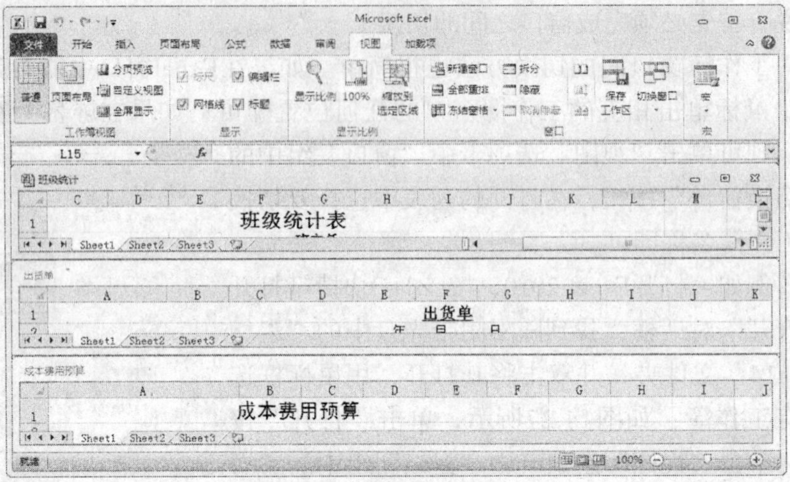

图14.31 重新窗口效果

提示 若在“重排窗口”对话框中选中“当前活动工作簿的窗口”复选框，则不论选择哪种排列方式，当前活动工作簿窗口始终保持执行“重排窗口”命令之前的状态。

2. 为某个工作簿打开多个窗口

用户若想同时查看某个工作簿中的不同工作表，或者观察同一个工作表的不同部分。可以使用“窗口”菜单中的“新建窗口”命令，为该工作簿打开多个窗口。具体操作步骤如下：

01 选择要查看的工作簿窗口为当前活动窗口。

02 单击“视图”选项卡中“窗口”组中的“新建窗口”按钮，Excel便为该工作簿增加一个相同的窗口。

03 如果还想增加该工作簿窗口，重复步骤（2）。

04 单击“视图”选项卡中“窗口”组中的“全部重排”按钮，在打开的“重排窗口”对话框中选择除“层叠”选项外的任何排列方式。

05 单击“确定”按钮，这时从屏幕上就可以同时看到同一工作簿的多个窗口。

3. 拆分窗口与冻结拆分窗口

在编辑工作表时，有的工作表由于内容过宽或过长，使当前窗口不能全部显示其内容，尽管可以使用滚动条来滚动显示，但往往因标题被滚动，常常无法明确地看到某些单元格所代表的具体含义。利用Excel提供的拆分窗口与冻结拆分窗口功能，可以解决这个问题。

如果想要拆分窗口，具体操作步骤如下：

01 选择要拆分的位置，如打开随书附带光盘中的“素材\Cha14\成本费用预算.xlsx”文件，并选择单元格A12，如图14.32所示。选择不同的单元格，拆分后的效果也不同。

02 单击“视图”选项卡中“窗口”组中的“拆分”按钮，此时Excel自动在单元格处将工作表拆分为两个独立的窗格，如图14.33所示。

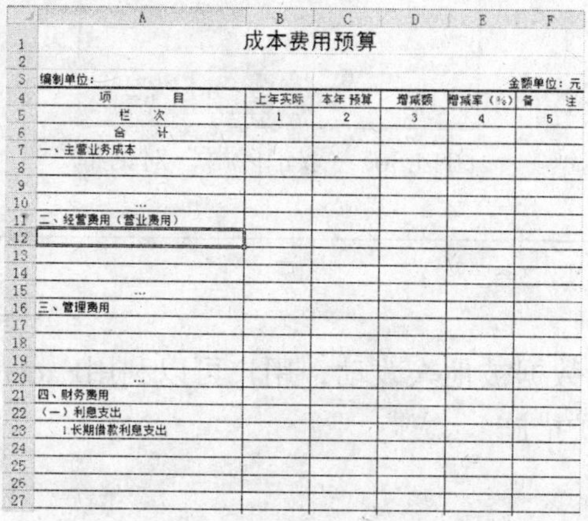

图14.32 选择单元格

图14.33 拆分后的效果

提示 可以通过鼠标随时移动到工作表上出现的拆分框上并拖曳，以调整窗格的大小。此外，在Excel工作簿窗口中设有两个拆分框，它们分别位于垂直滚动条顶端和水平滚动右端，其形状是一个小长方条，使用鼠标指针拖曳它们也可实现窗口的拆分。

执行了“拆分”窗口操作后，如果不再使用拆分的窗口，可以通过单击该按钮将其撤销。

如果想要冻结拆分窗口，可按如下步骤操作：

01 选择要冻结拆分的位置，如选择图14.32中的单元格A7。

02 单击“视图”选项卡中“窗口”组中的“冻结窗格”按钮。

03 在打开的列表中选择一种冻结方式，如“冻结拆分窗格”，效果如图14.34所示，此时在冻结的位置出现一条细线。

图13.34 冻结拆分窗格效果

执行了“冻结拆分窗格”命令后如果想要取消，则单击“冻结窗格”按钮，在打开的列表中选择“取消冻结窗格”即可。

4．隐藏或取消隐藏工作簿窗口

如果想把某个工作簿暂时隐藏起来，可以单击“视图”选项卡中“窗口”组中的“隐藏”按钮，如图14.35所示，此时当前工作簿窗口从屏幕上消失。

如果想使被隐藏起来的工作簿窗口重新显示，单击“窗口”组中的“取消隐藏”按钮，弹出“取消隐藏”对话框，如图14.36所示。在“取消隐藏工作簿”列表框中选择想恢复显示的工作簿，然后单击“确定”按钮即可。

图14.35 “隐藏”按钮

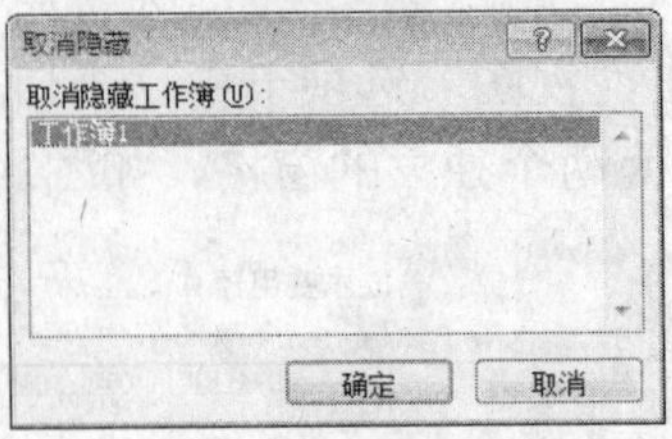

图14.36 “取消隐藏”对话框

14.4 保护工作簿和工作表

当工作表建立好以后，为了防止有些重要数据被他人改动，用户可以利用Excel提供的保护功能，对所建成的工作表或工作簿设立保护措施。

14.4.1 保护工作簿

工作簿保护包括保护工作簿结构和窗口两种形式。具体操作步骤如下：

01 打开要保护的工作簿。

02 在“审阅”选项卡中单击“更改”组中的“保护工作簿”按钮，弹出“保护结构和窗口”对话框，如图14.37所示。

该对话框各选项的功能如下：

- “结构”：选中此复选框可使工作簿的结构保持现有的格式。删除、移动、复制、重命名、隐藏工作表或插入新的工作表等操作均无效。
- “窗口”：选中此复选框可使工作簿的窗口保持当前的形式。窗口不能被移动、调整大小、隐藏或关闭。
- “密码”：在此文本框中输入密码可防止未授权的用户取消工作簿的保护。密码区分大小写，它可以由字母、数字、符号和空格组成。

03 在“保护工作簿”对话框中，选择所需选项，如选中“结构”复选框，并在“密码”编辑框中输入密码，单击“确定”按钮，将会弹出“确认密码”对话框，如图14.38所示，在该对话框中重新输入刚才所设置的密码。

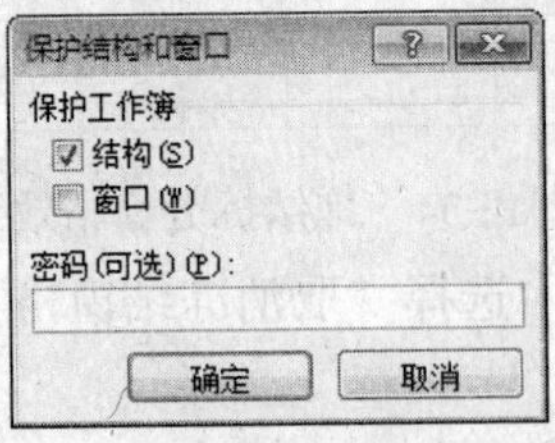

图14.37 “保护结构和窗口”对话框

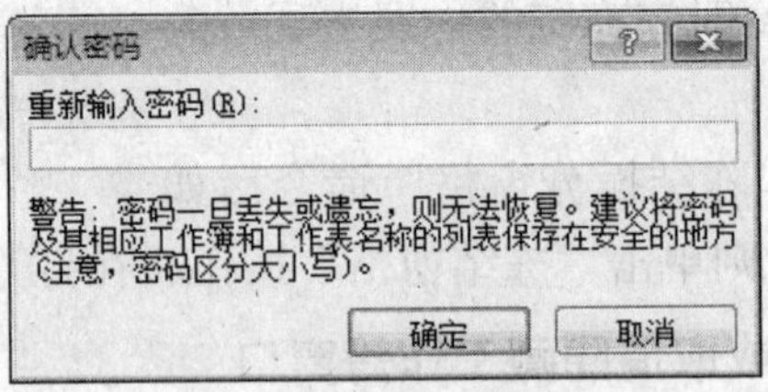

图14.38 【确认密码】对话框

04 单击“确定”按钮。当前工作簿便处于一定的保护状态。右击工作表标签，在弹出的快捷菜单中许多命令已变成灰色显示。如图14.39所示。

如果用户进行了保护范围内的某些操作（如重命名工作表），Excel将弹出如图14.40所示的警告对话框。

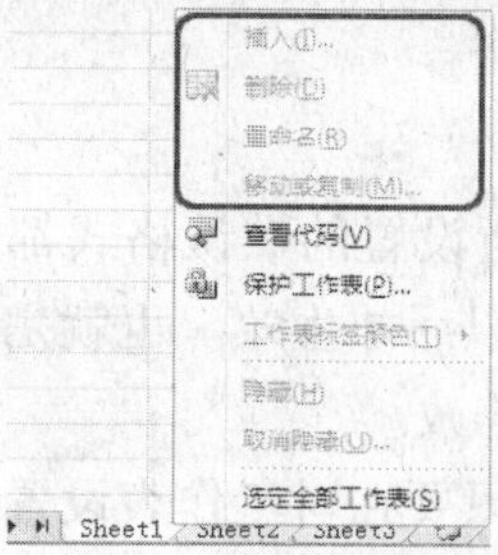

图14.39　不可执行的命令

图14.40　警告框

图14.41　“撤销工作簿保护”对话框

若要取消保护，在“审阅”选项卡中单击“更改”组中的“保护工作簿”按钮，则弹出如图14.41所示的“撤销工作簿保护”对话框，输入正确的密码，再单击“确定”按钮即可解除保护。

14.4.2　保护工作表

保护工作表和保护工作簿的操作类似。其操作步骤如下：

01 选择要保护的工作表为当前工作表。

02 在“审阅”选项卡中单击“更改”组中的“保护工作表”按钮，弹出“保护工作表”对话框，如图14.42所示。

默认情况下，“保护工作表及锁定的单元格内容”复选框是选中的。

03 在“允许此工作表的所有用户进行”列表框中选择所要保护的各选项。在“取消工作表保护时使用的密码”文本框中输入密码可防止未授权的用户取消工作簿的保护，在随后出现的“确认密码”对话框中输入与刚才相同的密码。

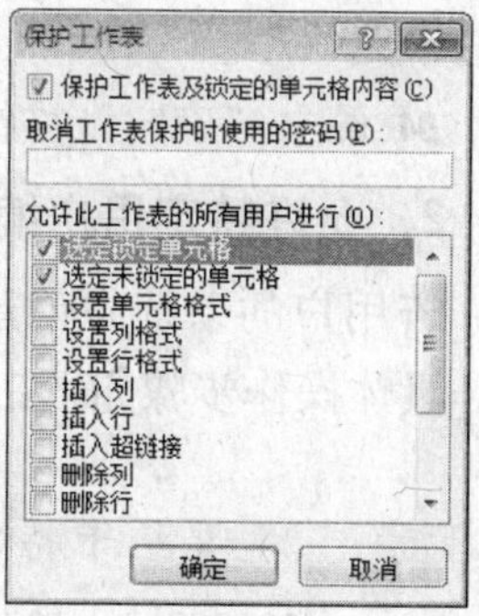

图14.42　“保护工作表”对话框

04 单击“确定”按钮，当前工作表便处于一定的保护状态。

如果用户进行了保护范围内的某些操作（如删除单元格内容），Excel将弹出一个警告对话框，如图14.43所示。

图14.43　警告对话框

要取消工作表保护，在“审阅”选项卡中单击“更改”组中的“撤销工作表保护”按钮。若设置了密码，会弹出“撤销工作表保护”对话框，输入保护时设置的密码即可。

14.4.3　保护单元格

对工作表设置保护后，用户一定会发现：工作表的所有单元格都不能修改。这样，用户自己如果想随时对该工作表的单元格进行修改或引用，操作起来就显得不方便。在实际应用中，用户只对工作表中的部分单元格或某些对象等实施保护即可，而另一些部分内容则可以随时改动。

1. 保护单元格

对于所有单元格、图形对象、图表、方案以及窗口等，Excel所设置的默认格式都是处于保护和可见的状态，即锁定状态，但只有当对工作表设置了保护以后才生效。也就是说，只有对工作表设置保护后，工作表的所有单元格才真正锁定且不能修改。

如果想要使实施保护后的工作表中部分单元格可以随意改动，只要在对工作表设置保护之前把这部分单元格的锁定状态取消即可。工作表在实施保护之后没有解除锁定状态的单元格仍在保护之中，而取消锁定状态的单元格不在保护范围内。具体操作步骤如下：

01 选择不需要保护的单元格或区域。

02 在选择的单元格或区域上右击鼠标，从弹出的快捷菜单中选择“设置单元格格式”命令，打开“设置单元格格式”对话框，单击“保护”选项卡，如图14.44所示。

03 取消“锁定”复选框，以取消指定单元格或区域的锁定状态。

04 单击“确定”按钮。

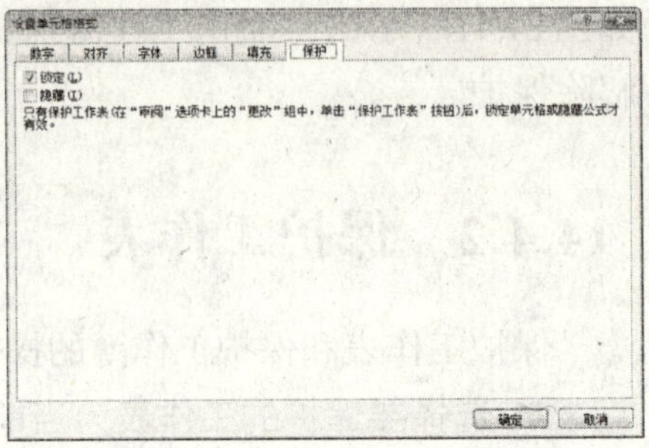

图14.44 “保护”选项卡

2. 允许特定用户编辑受保护的工作表中的区域

若用户的系统中创建有多个用户，我们可以只允许特定的用户编辑受保护的工作表区域，具体操作步骤如下：

> 提示 要给予特定用户访问受保护工作表中区域的权限，用户的计算机必须运行Microsoft Windows XP或更高版本，并且用户的计算机必须在某个域中。

01 选择要保护的工作表，如“Sheet1”工作表。

02 单击“审阅”选项卡中“更改”组中的“允许用户编辑区域”按钮，弹出“允许用户编辑区域”对话框，如图14.45所示。

> 提示 只有在工作表不受保护时才可以使用此命令。

03 然后执行下列操作之一：

- 要添加新的可编辑区域，请单击“新建”按钮。
- 要修改现有的可编辑区域，请在“工作表受保护时使用密码取消锁定的区域”列表框中选择该区域，然后单击“修改”按钮。
- 要删除某个可编辑区域，请在“工作表受保护时使用密码取消锁定的区域”列表框中选择该区域，然后单击“删除”按钮。

04 这里单击“新建”按钮，打开“新区域”对话框，在“标题”文本框中，键入要取消锁定的区域的名称，如图14.46所示，这里保持默认的“区域1”。

05 在“引用单元格”文本框中，输入等号（=），然后输入要取消锁定的区域的引用。

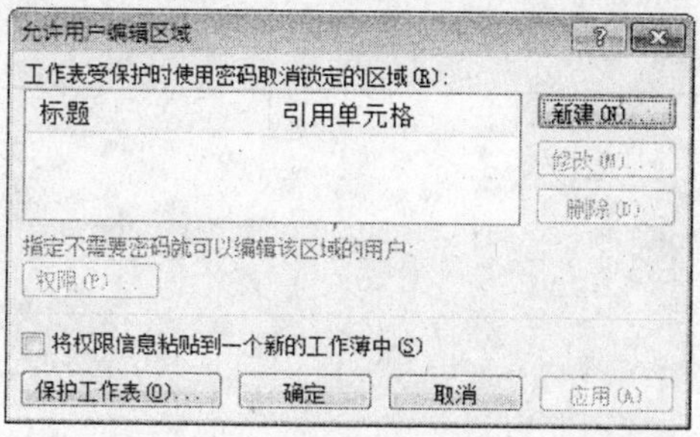

图14.45 “允许用户编辑区域”对话框

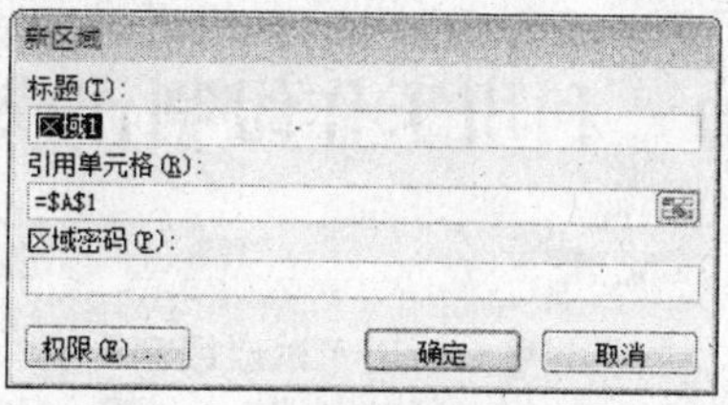

图14.46 “新区域”对话框

提示 也可以单击编辑框右侧的按钮，在工作表中选择该区域，然后再次单击按钮，返回到该对话框。

06 在“区域密码”文本框中，输入允许对该区域进行访问的密码。

07 单击“权限”按钮，打开“区域1的权限”对话框，如图14.47所示。然后单击“添加”按钮，打开“选择用户或组”对话框，如图14.48所示，在“输入对象名称来选择（示例）”编辑框中，输入您希望其能够编辑区域的用户的姓名或单击“高级”按钮来进行查找。

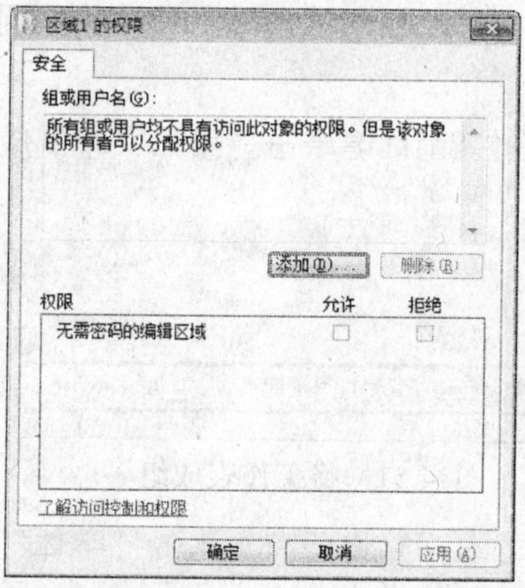

图14.47 “区域1的权限”对话框

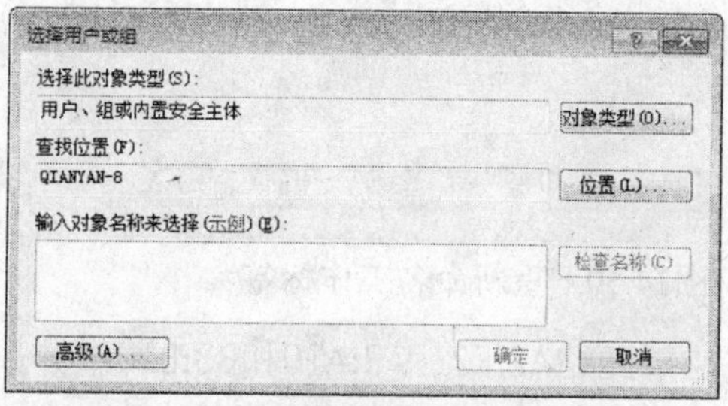

图14.48 “选择用户或组”对话框

提示 要查看用户名的输入方式，请单击“示例”链接。要验证用户名是否正确，请单击“检查名称”按钮。

08 依次单击“确定”按钮关闭对话框。若设置了密码，会打开一个“确认密码”对话框。

09 返回“允许用户编辑区域”对话框，单击“保护工作表”按钮。在“取消工作表保护时使用的密码”文本框中输入密码，再单击“确定”按钮，然后重新键入密码进行确认。

如果要取消所保护的单元格区域，只需单击“审阅”选项卡“更改”组中的“撤销工作表保护”按钮，如果设置了密码，在打开的对话框中输入所设置的密码。然后单击“允许用户编辑区域”按钮，在打开的对话框中进行相关操作。

14.5 上机练习

14.5.1 利用工作组制作成绩表

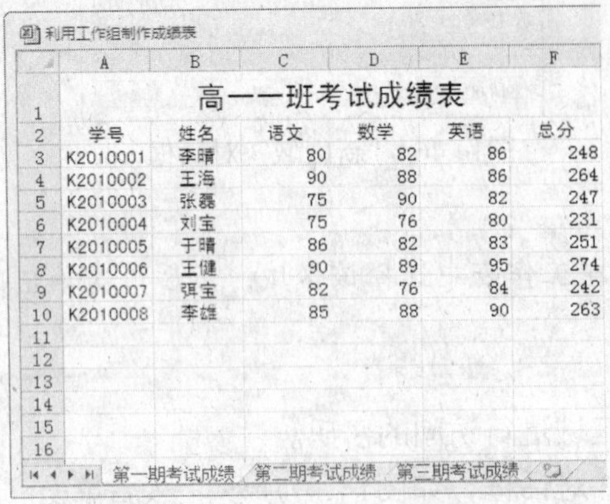
利用工作组制作成绩表

	A	B	C	D	E	F
1	高一一班考试成绩表					
2	学号	姓名	语文	数学	英语	总分
3	K2010001	李晴	80	82	86	248
4	K2010002	王海	90	88	86	264
5	K2010003	张磊	75	90	82	247
6	K2010004	刘宝	75	76	80	231
7	K2010005	于晴	86	82	83	251
8	K2010006	王健	90	89	95	274
9	K2010007	張宝	82	76	84	242
10	K2010008	李雄	85	88	90	263

第一期考试成绩 / 第二期考试成绩 / 第三期考试成绩

图14.49　利用工作组制作成绩表

本例介绍利用工作组快速制作多个成绩表（图14.49），主要用到编辑及重命名工作表、文本的编辑、以及工作组的运用等。

01 启动Excel 2010，系统自动新建一个工作簿，分别将“Sheet1”、“Sheet2”和“Sheet3”工作表签重命名为“第一期考试成绩”、“第二期考试成绩”和“第三期考试成绩”，如图14.50所示。

02 选择“第一次考试成绩”工作表标签，然后按住Shift键单击“第三次考试成绩”工作标签，将3个工作表组成工作组，如图14.51所示。

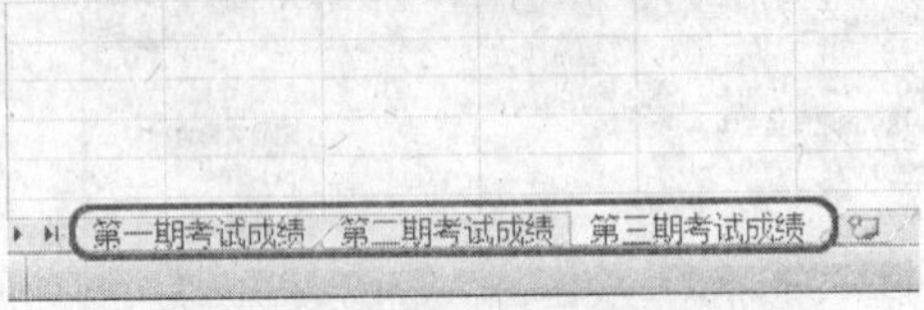

图14.50　重新命名工作标签

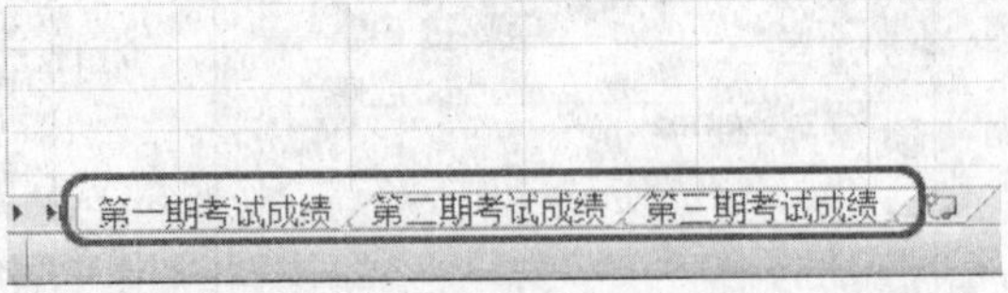

图14.51　将工作表成组

03 在单元格A2:F2、A3:A10和B3:B10中分别输入文本，并将所有文本的“字体”设置为“黑体”，“对齐方式”设置为“居中”。如图14.52所示。

04 选择单元格A1:F1，单击“对齐方式”组中的“合并后居中”按钮，合并单元格，再单击“单元格”组中的“格式”按钮，在打开的列表中选择“行高”选项，在弹出的“行高”对话框中设置行高为30，效果如图14.53所示。

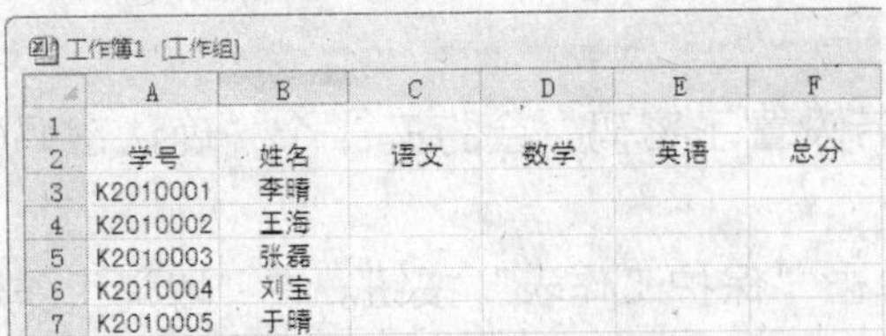
工作簿1 [工作组]

	A	B	C	D	E	F
1						
2	学号	姓名	语文	数学	英语	总分
3	K2010001	李晴				
4	K2010002	王海				
5	K2010003	张磊				
6	K2010004	刘宝				
7	K2010005	于晴				
8	K2010006	王健				
9	K2010007	張宝				
10	K2010008	李雄				
11						

图14.52　输入并设置文本

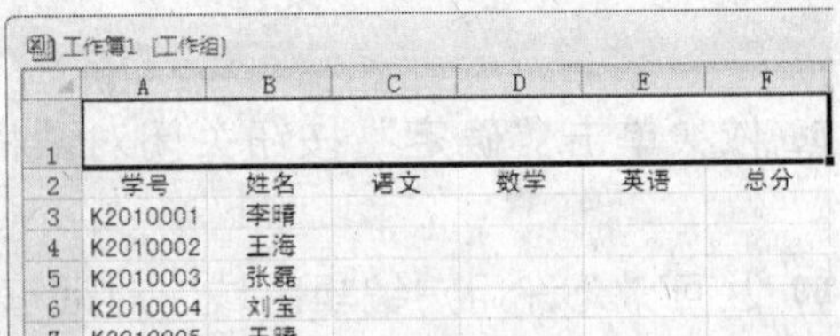
工作簿1 [工作组]

	A	B	C	D	E	F
1						
2	学号	姓名	语文	数学	英语	总分
3	K2010001	李晴				
4	K2010002	王海				
5	K2010003	张磊				
6	K2010004	刘宝				
7	K2010005	于晴				
8	K2010006	王健				
9	K2010007	張宝				
10	K2010008	李雄				
11						

图14.53　设置单元格

05 在合并后的单元格中输入“高一一班考试成绩表”，并将其“字体”设置为“黑体”，“字号”设置为18，如图14.54所示。

06 在任意一个工作表标签上右击鼠标，从弹出的快捷菜单中选择“取消组合工作表”命令，解除工作组，如图14.55所示。

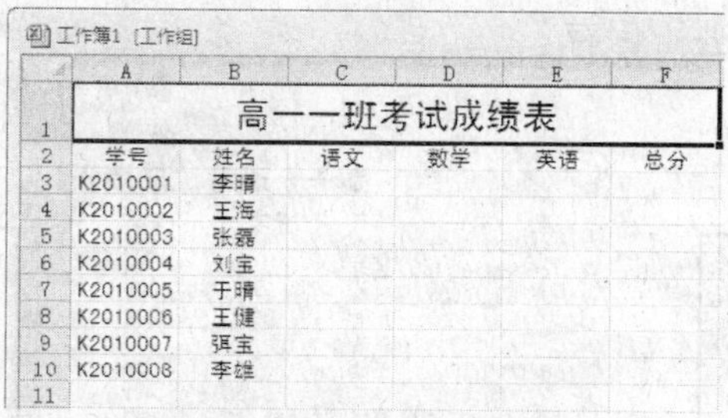

图14.54 输入并设置文本

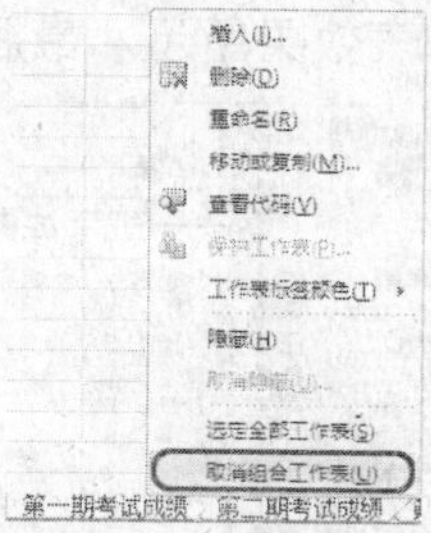

图14.55 选择“取消组合工作表”

07 单击“第一期考试成绩”工作表标签，使其呈当前工作表，在单元格C3:E10中分别输入如图14.56所示的数据。

08 单击“第二期考试成绩”工作表标签，使其呈当前工作表，在单元格C3:E10中分别输入如图14.57所示的数据。

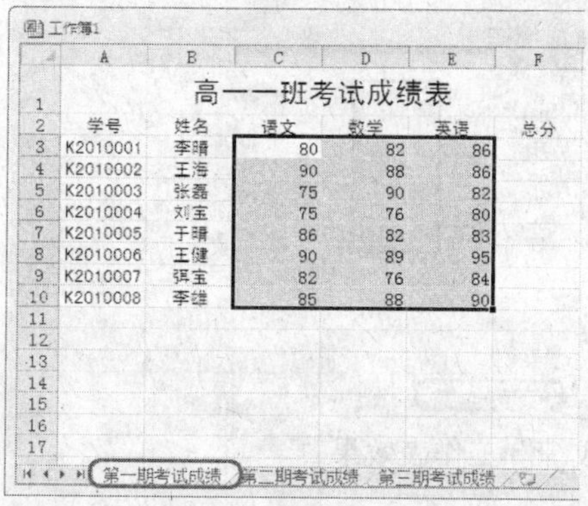

图14.56 “第一期考试成绩”中的数据

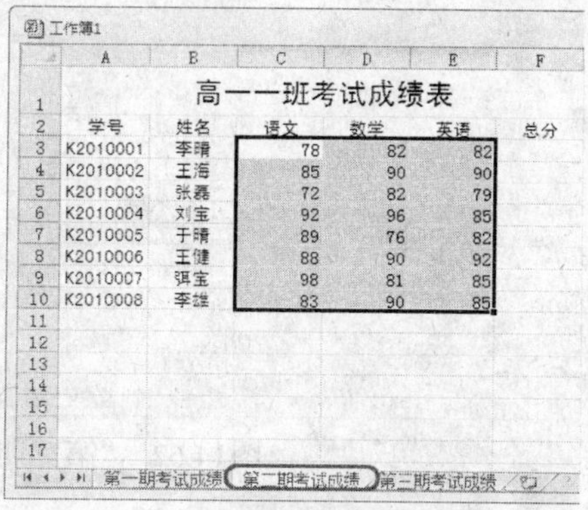

图14.57 “第二期考试成绩”中的数据

09 单击“第三期考试成绩”工作表标签，使其呈当前工作表，在单元格C3:E10中分别输入如图14.58所示的数据。

10 单击“第一期考试成绩”工作表标签，按住Shift键单击“第三期考试成绩”工作表标签，将3个工作表成组，在单元格F3中输入公式“=SUM(C3:E3)”，如图14.59所示，单击编辑栏中的“输入”按钮✓。

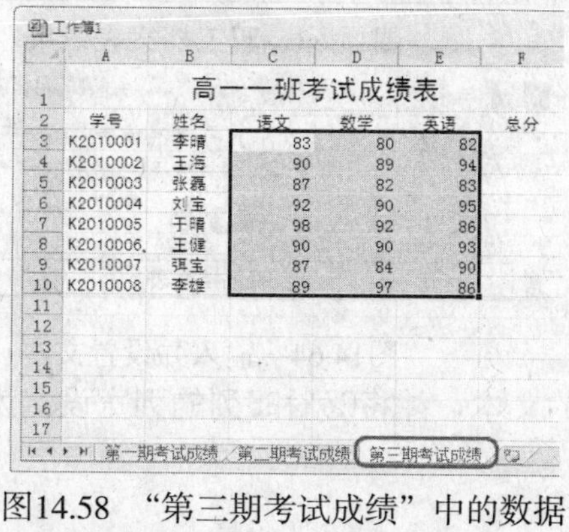

图14.58 “第三期考试成绩”中的数据

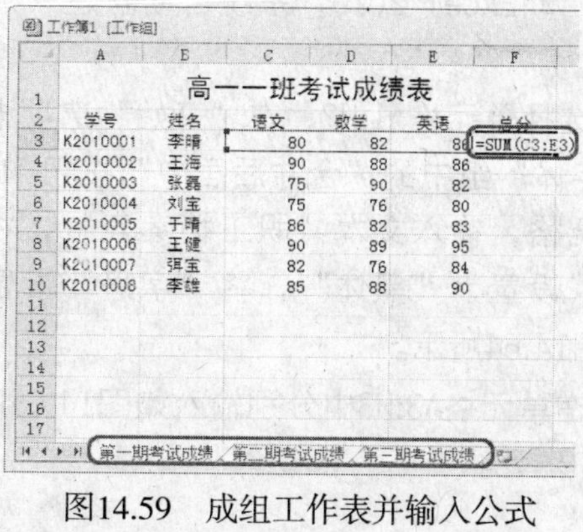

图14.59 成组工作表并输入公式

⑪ 将鼠标移至该单元格右下角的填充柄上，并按住鼠标左键向下拖曳至单元格F10，进行公式填充，效果如图14.60所示，单击其他工作表标签，可以看见在相同的位置处执行了相同的操作，如图14.61所示的“第二期考试成绩”工作表效果和图14.62所示的“第三期考试成绩”工作表效果所示。最后将工作表进行保存。

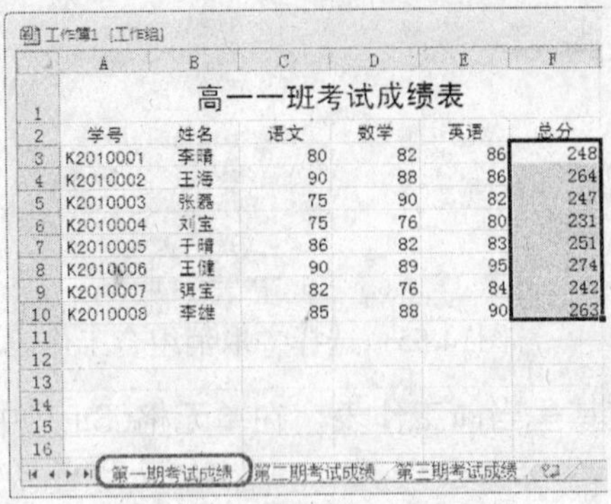

高一一班考试成绩表

学号	姓名	语文	数学	英语	总分
K2010001	李晴	80	82	86	248
K2010002	王海	90	88	86	264
K2010003	张磊	75	90	82	247
K2010004	刘宝	75	76	80	231
K2010005	于晴	86	82	83	251
K2010006	王健	90	89	95	274
K2010007	骐宝	82	76	84	242
K2010008	李雄	85	88	90	263

图14.60　自动填充公式

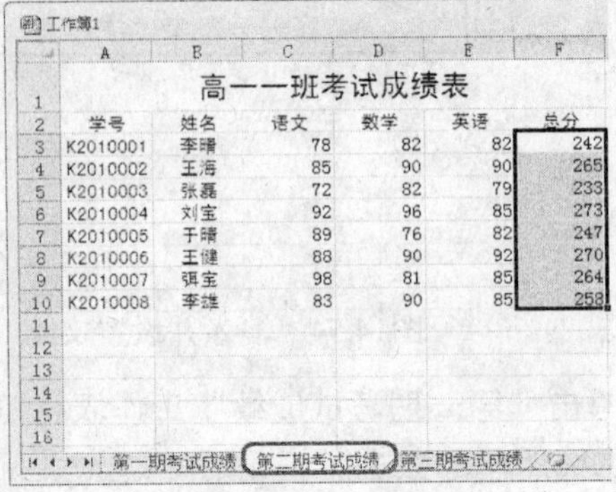

高一一班考试成绩表

学号	姓名	语文	数学	英语	总分
K2010001	李晴	78	82	82	242
K2010002	王海	85	90	90	265
K2010003	张磊	72	82	79	233
K2010004	刘宝	92	96	85	273
K2010005	于晴	89	76	82	247
K2010006	王健	88	90	92	270
K2010007	骐宝	98	81	85	264
K2010008	李雄	83	90	85	258

图14.61　“第二期考试成绩”工作表效果

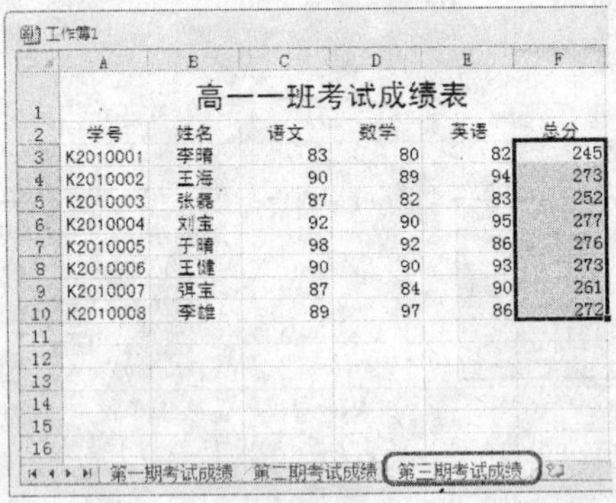

高一一班考试成绩表

学号	姓名	语文	数学	英语	总分
K2010001	李晴	83	80	82	245
K2010002	王海	90	89	94	273
K2010003	张磊	87	82	83	252
K2010004	刘宝	92	90	95	277
K2010005	于晴	98	92	86	276
K2010006	王健	90	90	93	273
K2010007	骐宝	87	84	90	261
K2010008	李雄	89	97	86	272

图14.62　“第三期考试成绩”工作表效果

14.5.2　制作职工档案表

本例介绍职工档案表的制作，主要运用公式的输入、设置单元格格式、保护工作表等。效果如图14.63所示。

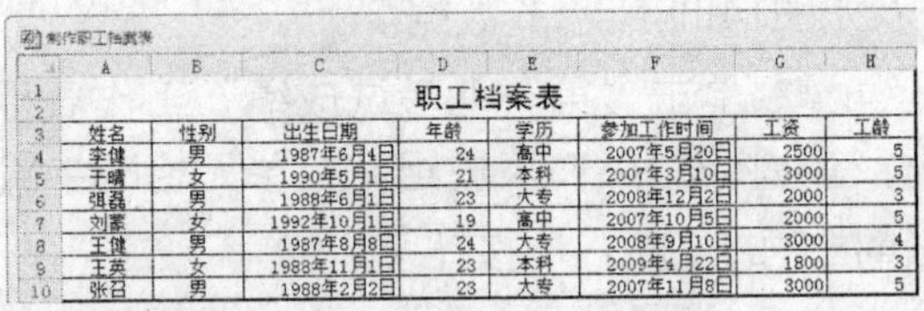

职工档案表

姓名	性别	出生日期	年龄	学历	参加工作时间	工资	工龄
李健	男	1987年6月4日	24	高中	2007年5月20日	2500	5
于晴	女	1990年5月1日	21	本科	2007年3月10日	3000	5
张磊	男	1988年6月1日	23	大专	2008年12月2日	2000	3
刘蒙	女	1992年10月1日	19	高中	2007年10月5日	2000	5
王健	男	1987年8月8日	24	大专	2008年9月10日	3000	4
王英	女	1988年11月1日	23	本科	2009年4月22日	1800	3
张召	男	1988年2月2日	23	大专	2007年11月8日	3000	5

图14.63　职工档案表效果

⓪① 启动Excel 2010，系统自动新建一个工作簿。

⓪② 选择单元格A1:H2，在“开始”选项卡中单击“字体”组中的“合并后居中”按钮，合并单元格，输入文本“职工档案表”，将其“字体”设置为“黑体”，将“字号”设置为18，如图14.64所示。

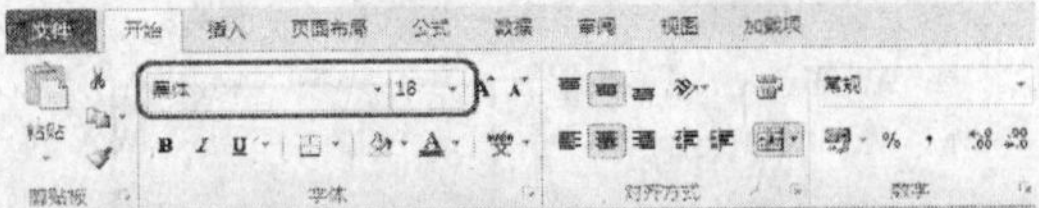

图14.64　输入并设置文本

⓪③ 在单元格A3:H3中分别输入如图14.65所示的文本，并将C列和F列的列宽设置为15，将文本居中对齐。

	A	B	C	D	E	F	G	H
1								
2	职工档案表							
3	姓名	性别	出生日期	年龄	学历	参加工作时间	工资	工龄
4								

图14.65 输入并设置文本

04 选择C列和F列，打开“设置单元格格式”对话框，切换至“数字”选项卡，在左侧“分类”列表框中选择“日期”，在右侧“类型”列表框中选择“2001年3月14日”类型，如图14.66所示，单击“确定”按钮。

05 选择D列和H列，打开“设置单元格格式”对话框，切换至“数字”选项卡，在左侧“分类”列表框中选择“数值”，在右侧将“小数位数”设置为0，如图14.67所示，单击“确定”按钮。

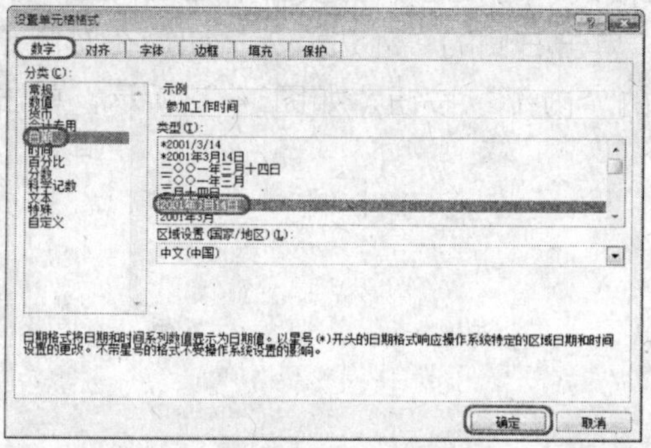

图14.66 设置单元格格式

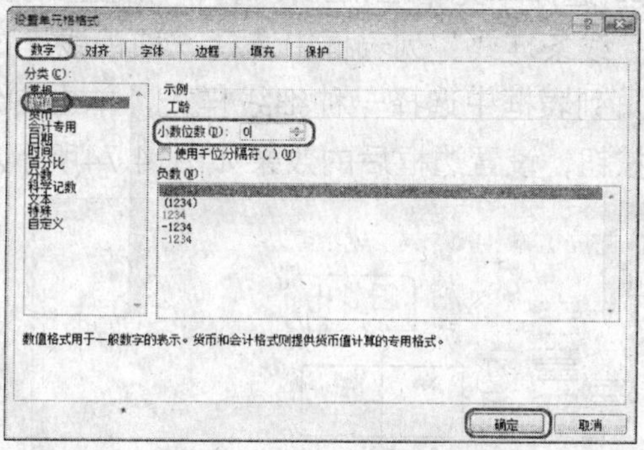

图14.67 设置单元格格式

06 在单元格A4:C10、E4:G10中分别输入如图14.68所示的内容，并将单元格A4:B10、E4:E10设置为居中对齐。

	A	B	C	D	E	F	G	H
1								
2	职工档案表							
3	姓名	性别	出生日期	年龄	学历	参加工作时间	工资	工龄
4	李健	男	1987年6月4日		高中	2007年5月20日	2500	
5	于晴	女	1990年5月1日		本科	2007年3月10日	3000	
6	强磊	男	1988年6月1日		大专	2008年12月2日	2000	
7	刘蒙	女	1992年10月1日		高中	2007年10月5日	2000	
8	王健	男	1987年8月8日		大专	2008年9月10日	3000	
9	王英	女	1988年11月1日		本科	2009年4月22日	1800	
10	张召	男	1988年2月2日		大专	2007年11月8日	3000	
11								

图14.68 输入并设置内容

07 在单元格D4中输入公式“=(TODAY()-C4)/365”，如图14.69所示，单击编辑栏中的“输入”按钮✓，并拖曳填充柄向下进行填充，效果如图16.70所示。

C	D	E
职工档案表		
出生日期	年龄	学历
1987年6月4日	=(TODAY()-C4)/365	
1990年5月1日		本科
1988年6月1日		大专
1992年10月1日		高中
1987年8月8日		大专
1988年11月1日		本科
1988年2月2日		大专

图14.69 输入公式

C	D	E
职工档案表		
出生日期	年龄	学历
1987年6月4日	24	高中
1990年5月1日	21	本科
1988年6月1日	23	大专
1992年10月1日	19	高中
1987年8月8日	24	大专
1988年11月1日	23	本科
1988年2月2日	23	大专

图14.70 填充公式

08 在单元格H4中输入公式“=(TODAY()-F4)/365+1”，如图14.71所示，单击编辑栏中的“输入”按钮✓，并拖曳填充柄向下填充，效果如图14.72所示。

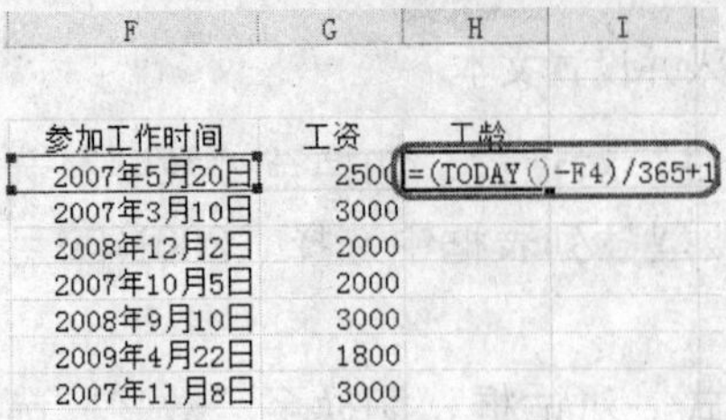

图14.71　输入公式

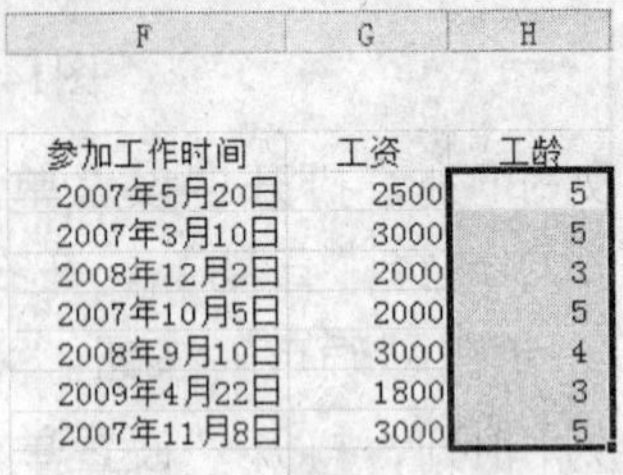

图14.72　填充公式

09 选择单元格A1:H10，打开“设置单元格格式”对话框，切换至“边框”选项卡，在左侧“线条样式”列表框中选择一种粗线样式，单击右侧的“外边框”按钮，在左侧“线条样式”列表框中选择一种细线样式，单击右侧的“内部”按钮，如图14.73所示，单击“确定”按钮，设置边框后的效果如图14.74所示。

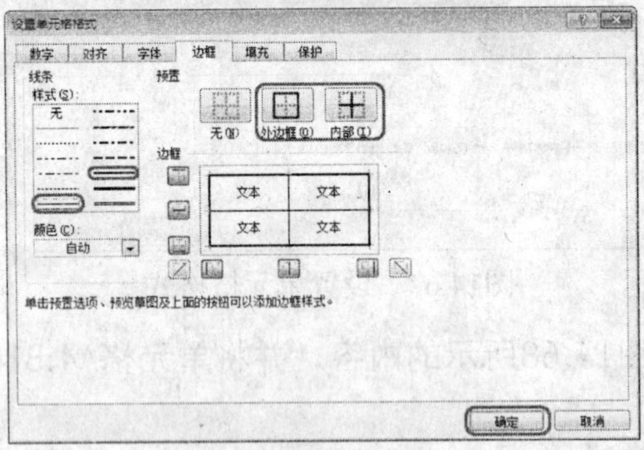

图14.73　设置边框

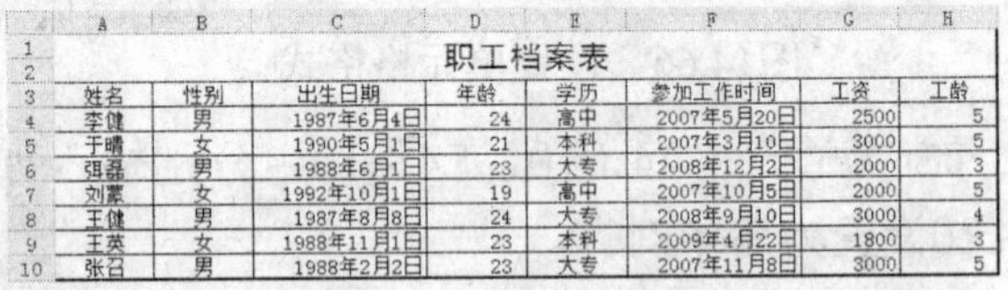

图14.74　设置边框效果

10 在“审阅”选项卡中单击“更改”组中的“允许用户编辑区域”按钮，弹出“允许用户编辑区域”对话框，如图14.75所示，单击“新建”按钮，弹出“新区域”对话框，在“标题”文本框中输入“可编辑区域”，单击“引用单元格”文本框右侧的按钮，在工作表中选择单元格G4:G10，单击按钮，返回到“新区域”对话框，如图14.76所示。

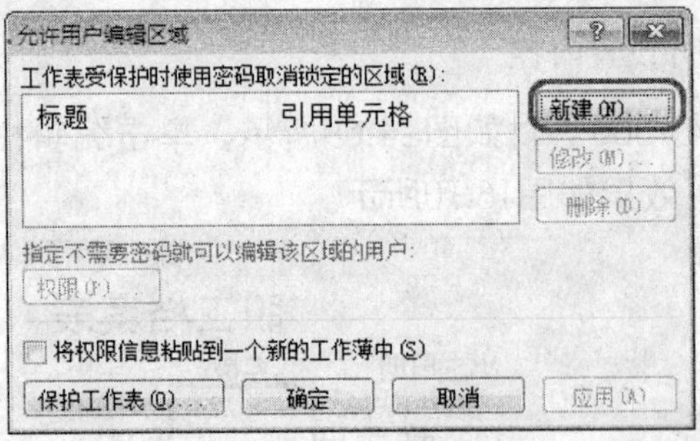

图14.75　“允许用户编辑区域”对话框

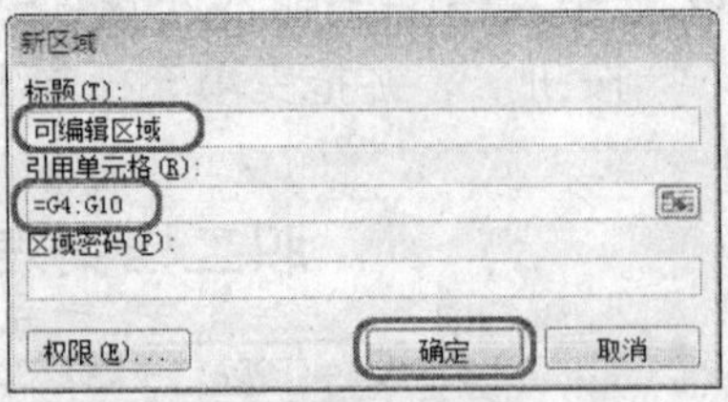

图14.76　“新区域”对话框

11 单击“确定”按钮，返回到“允许用户编辑区域”对话框，所设置的区域出现在“工作表受保护时使用密码取消锁定的区域”列表框中，如图14.77所示。

12 单击“保护工作表”按钮，弹出“保护工作表”对话框，在“取消工作表保护时使用的密码”文本框中输入密码，如“123”，如图14.78所示。

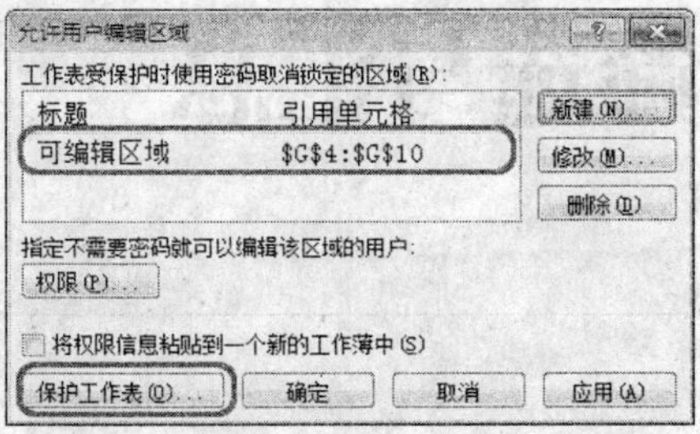

图14.77 单击“保护工作表”按钮

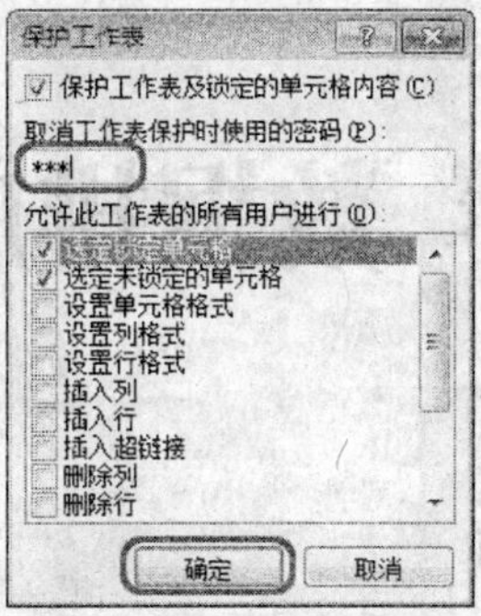

图14.78 输入密码

⑬ 单击“确定”按钮，弹出“确认密码”对框，在“重新输入密码”文本框中再输入一次刚设置的密码，如图14.79所示，单击“确定”按钮，完成工作表的保护操作。

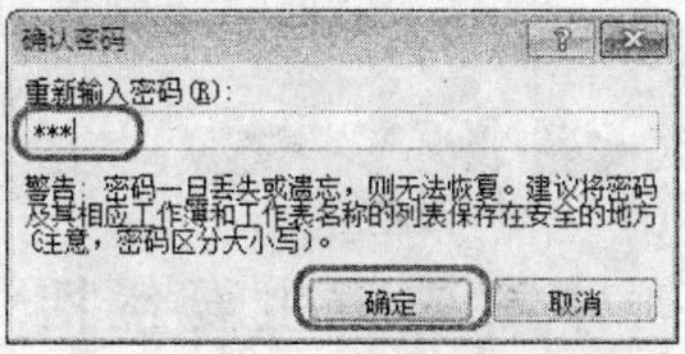

图14.79 “确认密码”对话框

⑭ 此时工作表便处于保护状态，而且只能对设置的“可编辑区域”范围进行编辑，例如双击单元格C4，单元格中出现闪烁的光标，表示能对齐进行编辑，如图14.80所示，而对于可编辑区域范围外的单元格是禁止编辑的，如双击F2单元格，将弹出警告对话框，如图14.81所示，最后将工作表进行保存。

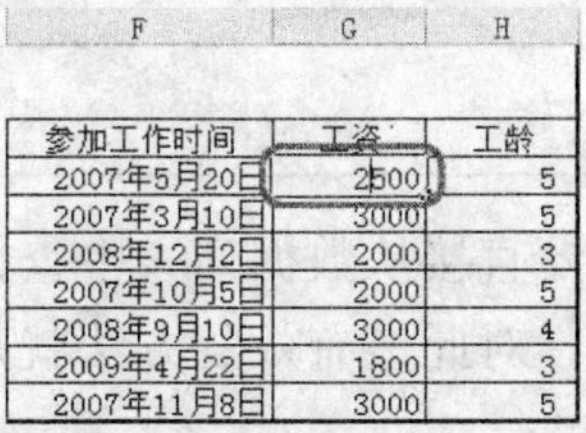

参加工作时间	工资	工龄
2007年5月20日	2500	5
2007年3月10日	3000	5
2008年12月2日	2000	3
2007年10月5日	2000	5
2008年9月10日	3000	4
2009年4月22日	1800	3
2007年11月8日	3000	5

图14.80 可编辑的单元格

图14.81 警告对话框

14.6 习题

1．填空题

（1）对于所有_______、_______、_______以及窗口等，Excel所设置的默认格式都是处于保护和可见的状态，即锁定状态。

（2）移动或复制工作表有两种方法：_______、_______。

2．简答题

（1）如何进行不同工作表之间的单元格复制？

（2）如何同时打开多个工作簿？

第15章 数据排序、筛选与汇总

本章要点

本章主要介绍了Excel的高级数据分析功能，如对工作表中的数据按不同条件进行排序，自动筛选、自定义筛选及高级筛选，以及用分类汇总法对数据进行统计等。

本章内容主要包括

- 数据排序
- 用分类汇总法进行数据统计

go>>

15.1 数据排序

在实际应用中，工作表中的数据都是随机输入的，当要直接从数据列表中查找所需的信息时很不方便。为了提高查找效率，需要对数据重新整理，对此最有效的方法就是对数据进行排序。

15.1.1 排序按钮

Excel 2010在“数据”选项卡中的“排序和筛选”组中提供了两个与排序相关的按钮，分别为“升序”按钮 和“降序”按钮，如图15.1所示。

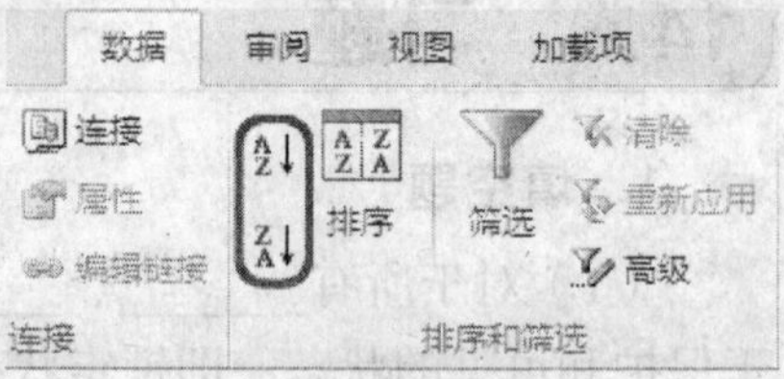

图15.1 【数据】选项卡

- “升序”按钮：按字母表顺序、数据由小到大、日期由前到后排序。
- “降序”按钮：按反向字母表顺序、数据由大到小、日期由后向前排序。

如果所排序的数据是中文，则排序是依据中文字的内码（拼音或笔画）来确定。对于数据列表而言，排序操作将依据当前单元格所在的列作为排序基准。

15.1.2 简单排序

如果想快速根据一列的数据对数据排序，可以利用排序按钮来进行，具体操作步骤如下：

01 单击数据列表中排序依据的字段名。例如打开随书附带光盘中的“素材\Cha15\当月销售统计.xlsx”文件，单击“销售量”单元格。

02 在“数据”选项卡中单击“排序和筛选”组中的“升序”按钮或“降序”按钮，即可实现按递增方式或递减方式对数据进行排序。这里选择“降序”按钮，如图15.2所示，排序后的效果如图15.3所示。

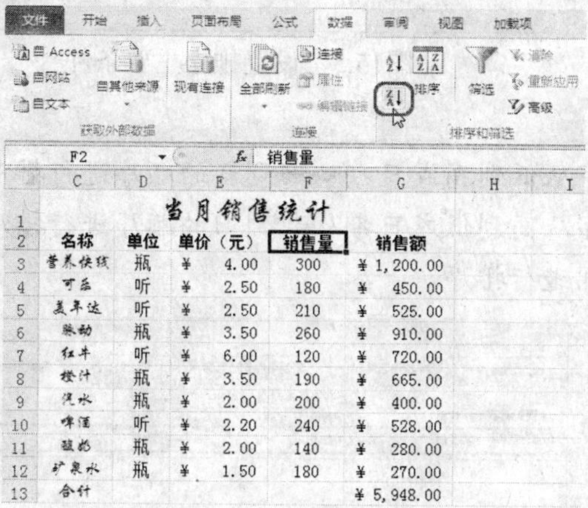

	C	D	E	F	G	H	I
1	当月销售统计						
2	名称	单位	单价（元）	销售量	销售额		
3	营养快线	瓶	¥ 4.00	300	¥ 1,200.00		
4	可乐	听	¥ 2.50	180	¥ 450.00		
5	美年达	听	¥ 2.50	210	¥ 525.00		
6	脉动	瓶	¥ 3.50	260	¥ 910.00		
7	红牛	听	¥ 6.00	120	¥ 720.00		
8	橙汁	瓶	¥ 3.50	190	¥ 665.00		
9	汽水	瓶	¥ 2.00	200	¥ 400.00		
10	啤酒	听	¥ 2.20	240	¥ 528.00		
11	酸奶	瓶	¥ 2.00	140	¥ 280.00		
12	矿泉水	瓶	¥ 1.50	180	¥ 270.00		
13	合计				¥ 5,948.00		

图15.2 选择“降序”按钮

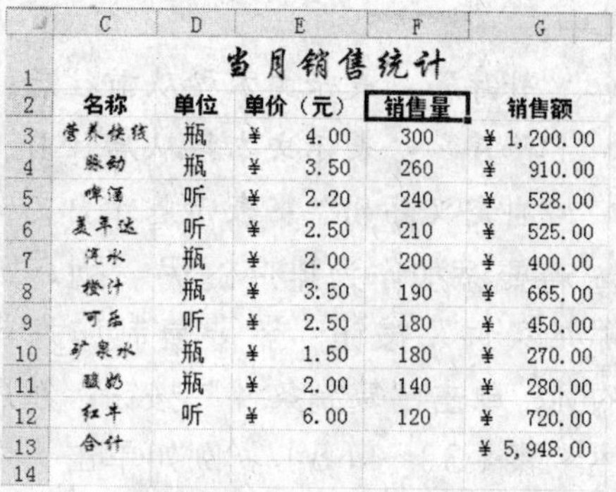

	C	D	E	F	G
1	当月销售统计				
2	名称	单位	单价（元）	销售量	销售额
3	营养快线	瓶	¥ 4.00	300	¥ 1,200.00
4	脉动	瓶	¥ 3.50	260	¥ 910.00
5	啤酒	听	¥ 2.20	240	¥ 528.00
6	美年达	听	¥ 2.50	210	¥ 525.00
7	汽水	瓶	¥ 2.00	200	¥ 400.00
8	橙汁	瓶	¥ 3.50	190	¥ 665.00
9	可乐	听	¥ 2.50	180	¥ 450.00
10	矿泉水	瓶	¥ 1.50	180	¥ 270.00
11	酸奶	瓶	¥ 2.00	140	¥ 280.00
12	红牛	听	¥ 6.00	120	¥ 720.00
13	合计				¥ 5,948.00
14					

图15.3 排序后的效果

提示 删除所有前导空格：在有些情况下，从其他应用程序导入的数据前面可能会有前导空格，请在排序前先删除这些前导空格。

15.1.3 复杂排序

虽然使用“数据”选项卡中的“升序”或“降序”按钮排序非常方便，但是只能按单个字段名的内容进行排序，且常常会遇到该列中有多个数据相同的情况。因此，可以使用“数据”选项卡中的“排序”按钮，在打开的“排序”对话框中进行设置，即可根据多列的数据进行排序，具体操作步骤如下：

01 选择要排序的数据区域。如果是对整个数据列表排序，可以选择需要排序的数据列表中的任一单元格。例如打开随书附带光盘中的“素材\Cha15\当月销售统计.xlsx”文件，选择单元格F3。

02 在“数据”选项卡中单击“排序和筛选”组中的“排序”按钮，打开“排序”对话框，如图15.4所示。

03 在该对话框指定排序的主要关键字字段名。在“列”下的“主要关键字”下拉列表框中选择要排序的第一列，例如选择“销售量”列。

04 在“排序依据”下选择排序类型。例如使用默认项，其中：

- “数值”：表示按文本、数字或日期和时间进行排序。
- “单元格颜色、字体颜色或单元格图标”：表示按格式进行排序。

05 在“次序”下选择排序方式。例如选择“降序”，如图15.5所示，

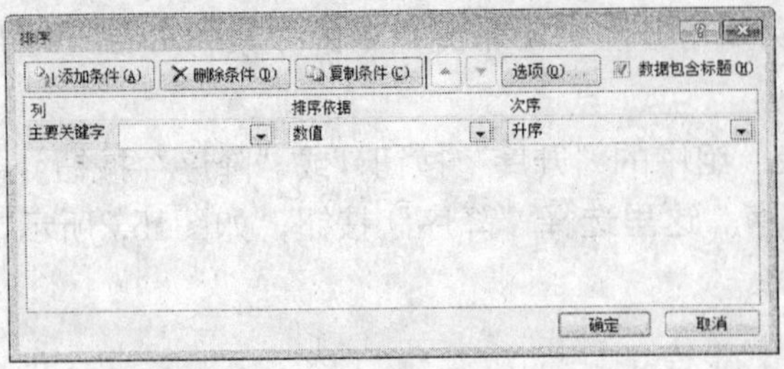

图15.4 “排序”对话框

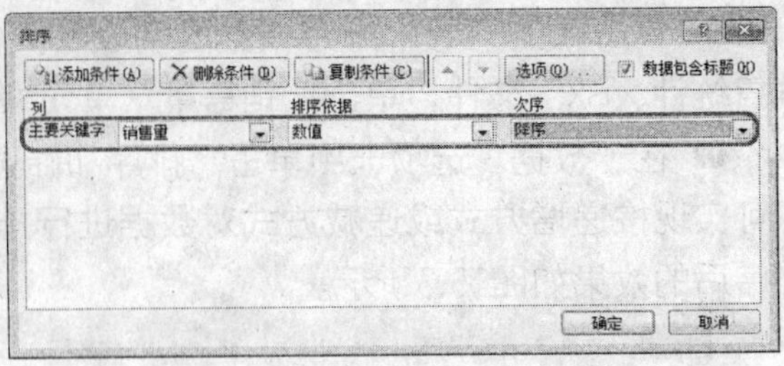

图15.5 设置排序主要条件

其中：

- “升序”：表示文本按从前往后、数字从低到高或日期从旧到新的顺序进行排序。
- “降序”：表示文本按从后往前、数字从高到低或日期从新到旧的顺序进行排序。
- “自定义序列”：表示基于自定义序列进行排序。

06 若要添加作为排序的另一列，则单击“添加条件”按钮；若要复制作为排序依据的列，单击“复制条件”按钮；然后重复上述步骤（3）~（5）。例如单击“添加条件”按钮，在“次要关键字”下拉列表中选择“销售额”，“排序依据”仍为数值，“次序”为升序，如图15.6所示。

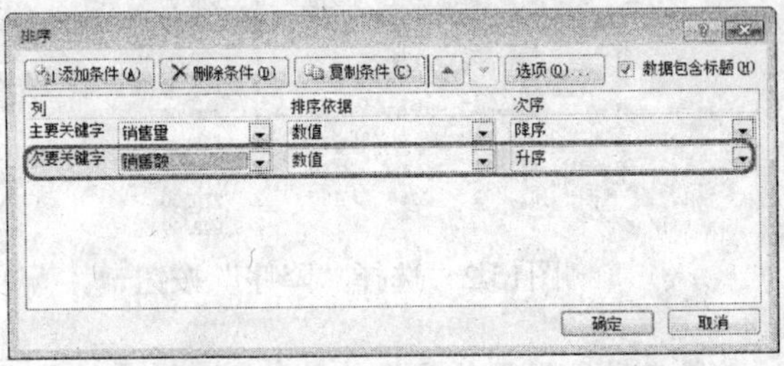

图15.6 设置排序次要条件

07 若要更改列的排序顺序，选择一个条目，然后单击“上移”或“下移”箭头更改顺序。

08 单击“确定”按钮。效果如图15.7所示。

	C	D	E	F	G
1	当月销售统计				
2	名称	单位	单价（元）	销售量	销售额
3	营养快线	瓶	¥ 4.00	300	¥ 1,200.00
4	脉动	瓶	¥ 3.50	260	¥ 910.00
5	啤酒	听	¥ 2.20	240	¥ 528.00
6	美年达	听	¥ 2.50	210	¥ 525.00
7	汽水	瓶	¥ 2.00	200	¥ 400.00
8	橙汁	瓶	¥ 3.50	190	¥ 665.00
9	矿泉水	瓶	¥ 1.50	180	¥ 270.00
10	可乐	听	¥ 2.50	180	¥ 450.00
11	酸奶	瓶	¥ 2.00	140	¥ 280.00
12	红牛	听	¥ 6.00	120	¥ 720.00
13	合计				¥ 5,948.00

图15.7 排序后的效果

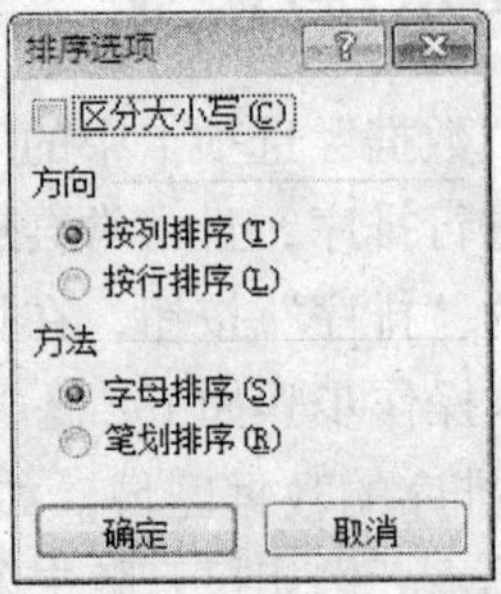

图15.8 “排序选项”对话框

> **提示** 此时整个数据列表（或选定的数据区域）将按主要关键字值的大小排序，主要关键字值相同的行相邻排列。若指定了次要关键字，则主要关键字值相同的记录再按次要关键字值的大小排序。若指定了第三关键字，则依此类推。

“排序”对话框中的“数据包含标题”复选框，表示排序后的数据列表保留字段名行。如果对排序还有一些特别的要求，可以在“排序”对话框中单击“选项”按钮，弹出“排序选项”对话框，如图15.8所示。用户可根据需要进行设置。

提示 “排序”命令最多可同时按3个字段的递增或递减顺序对数据清单进行排序。若要按3个以上字段排序，则必须重复使用两次或两次以上的排序操作方能完成。这时需注意Excel排序的特性，当两个字段值大小相同时，它会保留原来或上次排序的顺序。因此，对于3个以上字段排序时，应将重要的字段放在后面处理。

15.1.4 按自定义序列对数据排序

在Excel中，可以使用“自定义序列”按用户定义的顺序进行排序。如Excel内置的星期日期和年月自定义序列，以及创建自己的自定义序列等。

要对数据进行自定义排序，具体操作步骤如下：

01 单击数据列表中的任意一个单元格。

02 在“数据”选项卡中单击“排序和筛选”组中的“排序”按钮。

03 打开“排序”对话框，在“主要关键字”下拉列表中选择某个关键字；在“排序依据”下拉列表中选择排序依据；在“次序”下拉列表中选择“自定义序列”，如图15.9所示。

04 打开“自定义序列”对话框，在“自定义序列”列表中选择所需的自定义顺序，如图15.10所示。

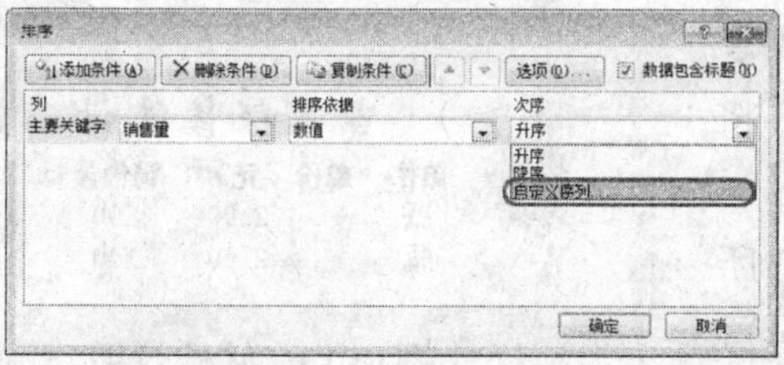

图15.9 “自定义序列”选项表

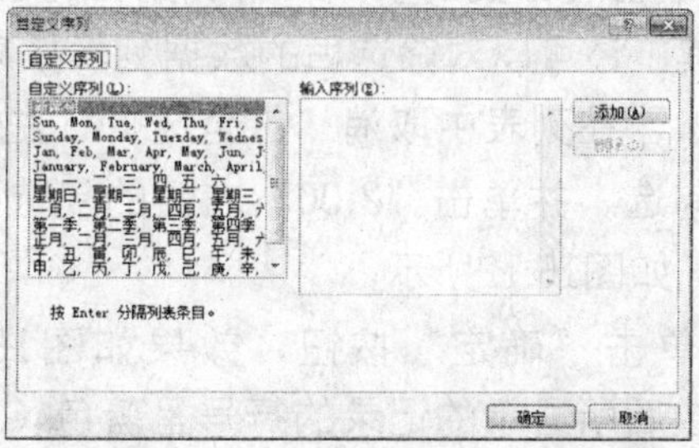

图15.10 “自定义序列”对话框

05 单击“确定”按钮，返回到“排序”对话框。再单击“确定”按钮，原数据列表将按所指定的排序方式进行排序。

15.2 数据筛选

管理数据时经常需要对数据列表进行筛选，即从众多的数据中挑选出符合某种条件的数据。因此，筛选是一种用于查找数据列表中符合条件的数据的快速方法。在Excel中，要完成数据的筛选非常容易，用户可以使用“自动筛选”或者“高级筛选”两种方法，这样就可以将那些符合条件的数据显示在工作表中，而将其他不满足条件的数据从视图中隐藏。

15.2.1 自动筛选

自动筛选是一种快速的筛选方法，用户可以通过它快速地访问大量数据，并从中将满足条件的数据显示出来。

自动筛选包括筛选文本、数字、日期和时间、顶部或底部数字、平均数以上或以下的数字、空或非空值、按单元格颜色、字体颜色等。

自动筛选的具体操作步骤如下：

01 选择单元格区域或单元数据列表中的任意一个单元格，例如打开随书附带光盘的“素材\Cha15\当月销售统计.xlsx”文件，单击单元格E2。

02 在“数据”选项卡中单击“排序和筛选”组中的“筛选”按钮，此时，数据列表中的每个字段名的右侧出现一个“向下箭头”按钮▼，如图15.11所示。

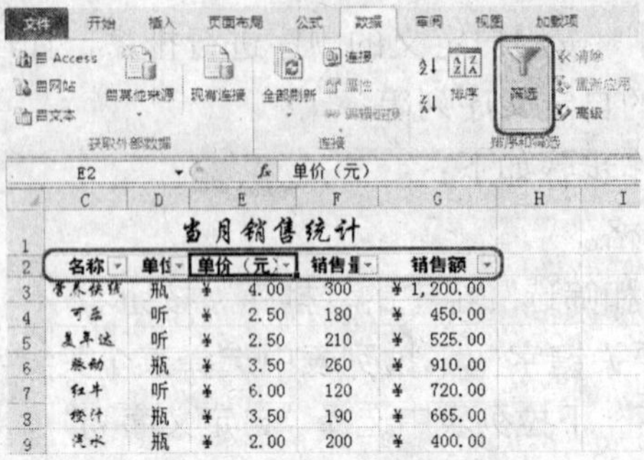

图15.11　数据列表筛选

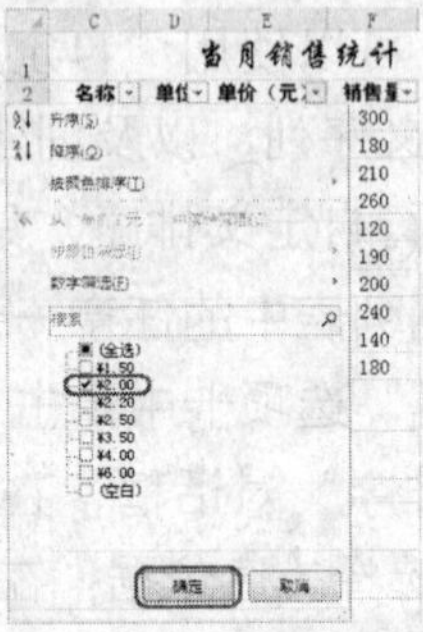

图15.12　选择筛选条件

03 单击想查找的字段名右侧的“向下箭头”按钮▼，打开用于设定筛选条件的下拉列表框，其中还可以对筛选后的数据列表按某一字段名进行排序，如升序、降序和按颜色排序等。例如，在列表中取消“（全选）”左侧的复选框的勾选，并单击“2.00”左侧的复选框，将其选中，如图15.12所示，

04 单击“确定”按钮，效果如图15.13所示，筛选后所显示的记录的行号呈蓝色，且设置了筛选条件的字段名右侧变为“筛选”标记。

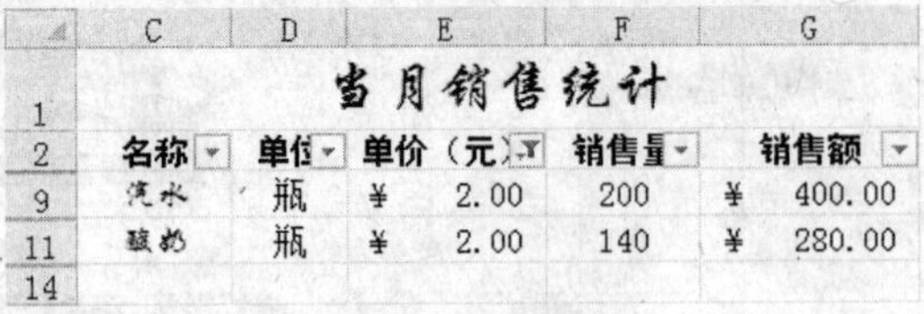

图15.13　筛选效果

15.2.2　自定义自动筛选

如要对图15.11所示的数据列表进行自定义筛选，具体操作步骤如下：

01 单击单元格E2右侧的“向下箭头”按钮▼，打开用于设定筛选条件的下拉列表框。

02 从下拉列表框中选择所需的筛选条件。例如选择“数字筛选”项，在打开的子列表中选择“大于”，如图15.14所示，弹出“自定义自动筛选方式”对话框，在“大于”右侧的文本框列表中选择“2.50”选项，如图15.15所示。

图15.14　选择“大于”选项

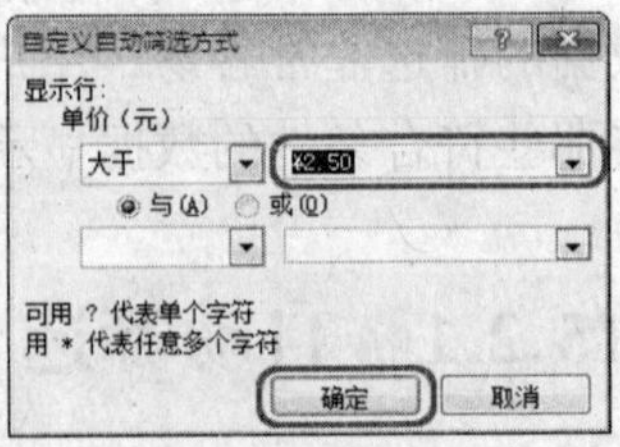

图15.15　“自定义自动筛选方式”对话框

03 单击“确定”按钮，结果如图15.16所示。

	C	D	E	F	G
1	当月销售统计				
2	名称	单位	单价（元）	销售量	销售额
3	营养快线	瓶	¥ 4.00	300	¥ 1,200.00
6	脉动	瓶	¥ 3.50	260	¥ 910.00
7	红牛	听	¥ 6.00	120	¥ 720.00
8	橙汁	瓶	¥ 3.50	190	¥ 665.00

图15.16

用户在对数据列表进行筛选操作时，还需注意以下事项：

- 如果想保存或打印筛选后的数据列表：利用前面介绍的复制方法，将其复制到其他工作表或同一工作表的其他区域。
- 如果想取消对数据列表中某一列进行的筛选：单击该列的字段名右端的向下箭头，再选中“全选”复选框，然后单击“确定”按钮。
- 如果想取消对数据列表中所有列进行的筛选：在“数据”选项卡中单击“排序和筛选”组中的“清除”按钮。
- 如果想退出筛选状态：在“数据”选项卡中再单击“排序和筛选”组的“筛选”按钮，此时，显示在字段名右端的向下箭头也一起消失。

15.2.3 高级筛选

在实际应用中，常常涉及到更复杂的筛选条件，利用自动筛选已无法完成，这时就需要使用高级筛选。高级筛选的具体操作步骤：

01 在工作表中的空白区域设置筛选条件。该条件区域至少为两行，第一行为字段名行，以下各行为相应的条件值。例如，打开随书附带光盘中的“素材\Cha15\图书销售统计.xlsx”文件，选择单元格A12:A13，并分别输入“销售量”和“3000”，如图15.17所示。

02 单击数据列表中的任意一个单元格，如选择单元格D6。

03 在“数据”选项卡中单击“排序和筛选”组中的“高级”按钮，弹出“高级筛选”对话框，如图15.18所示。

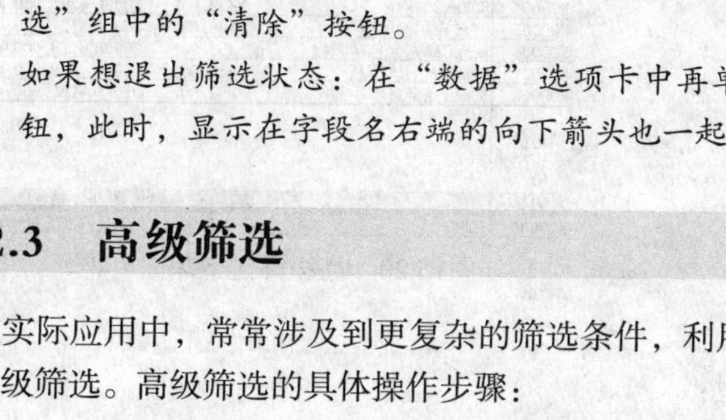

	A	B	C	D	E
1	图书销售统计				
2	编号	书名	单价（元）	销售量	销售额
3	KOD001	Office完全自学手册	¥59.00	2200	¥129,800.00
4	KOD002	Photoshop标准教程	¥49.00	2000	¥98,000.00
5	KOD003	个人电脑基础	¥38.00	2000	¥76,000.00
6	KOD004	3DMax208例	¥99.00	3000	¥297,000.00
7	KOD005	Office案例风暴	¥49.00	2600	¥127,400.00
8	KOD006	AutoCAD完全自学教程	¥59.00	2000	¥118,000.00
9	KOD007	Excel入门与提高	¥30.00	2300	¥69,000.00
10	KOD008	3Dmax完全自学手册	¥59.00	3100	¥182,900.00
11					
12	销售量				
13	3000				
14					

图15.17 输入高级筛选的条件

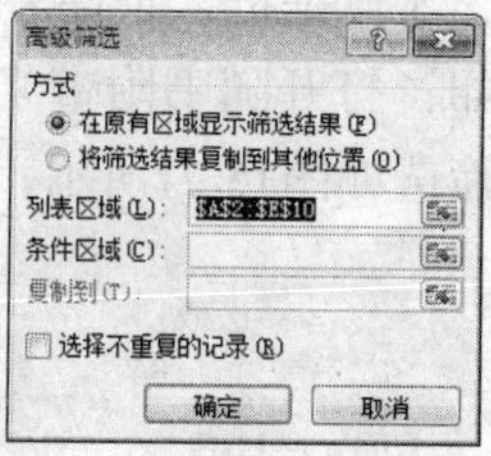

图15.18 “高级筛选”对话框

04 在“方式”区域中，根据需要选择相应的选项。例如，选择“将筛选结果复制到其他位置”单选按钮。其中：

- “在原有区域显示筛选结果”：选中该单选钮，那么筛选结果显示在原数据清单位置。
- “将筛选结果复制到其他位置”：选中该单选钮，那么筛选后的结果将显示在另外的区域，与原工作表并存，但需要在“复制到”文本框中指定区域。

05 在“列表区域”文本框中指定要筛选的数据区域。可以直接在该文本框中输入区域引用；也可以用鼠标在工作表中选定列表区域。例如使用默认。

06 在“条件区域”文本框中指定含筛选条件的区域。可以直接在此文本框中输入区域引用；也可以用鼠标在工作表中选定条件区域。例如，输入“$A$12:$A$13”。

07 如果选择了“将筛选结果复制到其他位置”单选按钮，则需要设置“复制到”的位置，例如在“复制到”文本框中输入“$A$15:$E$16”如图15.19所示。

08 单击“确定”按钮，高级筛选后的效果如图15.20所示。

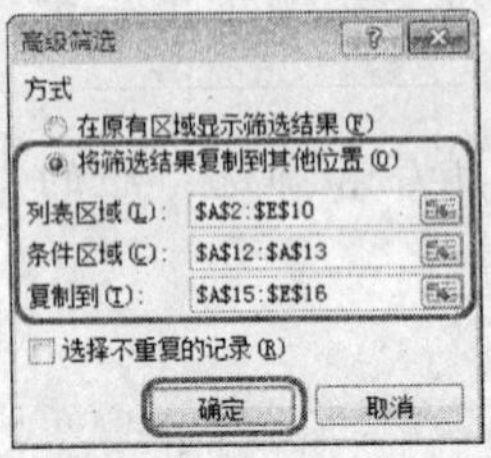

图15.19 设置高级筛选

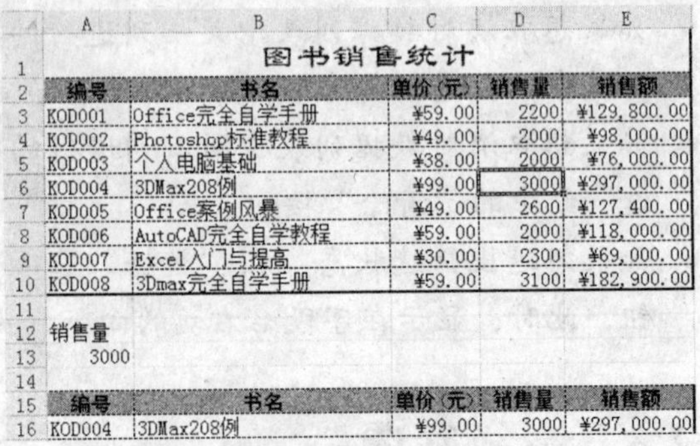

	A	B	C	D	E
1	图书销售统计				
2	编号	书名	单价(元)	销售量	销售额
3	KOD001	Office完全自学手册	¥59.00	2200	¥129,800.00
4	KOD002	Photoshop标准教程	¥49.00	2000	¥98,000.00
5	KOD003	个人电脑基础	¥38.00	2000	¥76,000.00
6	KOD004	3DMax208例	¥99.00	3000	¥297,000.00
7	KOD005	Office案例风暴	¥49.00	2600	¥127,400.00
8	KOD006	AutoCAD完全自学教程	¥59.00	2000	¥118,000.00
9	KOD007	Excel入门与提高	¥30.00	2300	¥69,000.00
10	KOD008	3Dmax完全自学手册	¥59.00	3100	¥182,900.00
11					
12	销售量				
13	3000				
14					
15	编号	书名	单价(元)	销售量	销售额
16	KOD004	3DMax208例	¥99.00	3000	¥297,000.00

图15.20 高级筛选效果

提示

筛选条件包括两种类型：

（1）文字或值条件：将文字和数值作为条件，同时将比较文字和值，使用操作符号，例如“=”、“>”、“<”、“≠”等。

（2）计算条件：这种类型包含许多计算公式。

1. 设置“与”复合条件

在使用“高级筛选”命令之前，必须指定一个条件区域，以便显示出符合条件的记录。我们可以定义一个条件，也可以定义几个条件来筛选符合条件的记录。

如果分别在两个条件字段名下方的同一行中输入条件，那么系统会认为只有两个条件都成立时，才算是符合条件。

例如：打开随书附带光盘中的“素材\Cha15\成绩表.xlsx”文件，在单元格A11:B12中分别输入筛选如图15.21所示，设置“与”复合条件的高级筛选后效果如图15.22所示。

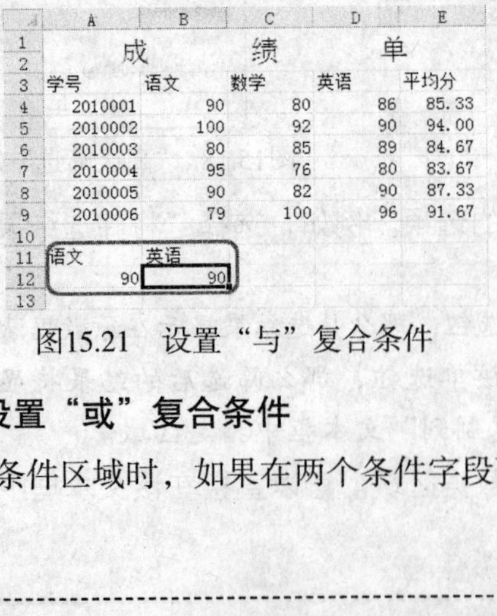

	A	B	C	D	E
1	成	绩	单		
2					
3	学号	语文	数学	英语	平均分
4	2010001	90	80	86	85.33
5	2010002	100	92	90	94.00
6	2010003	80	85	89	84.67
7	2010004	95	76	80	83.67
8	2010005	90	82	90	87.33
9	2010006	79	100	96	91.67
10					
11	语文	英语			
12	90	90			
13					

图15.21 设置“与”复合条件

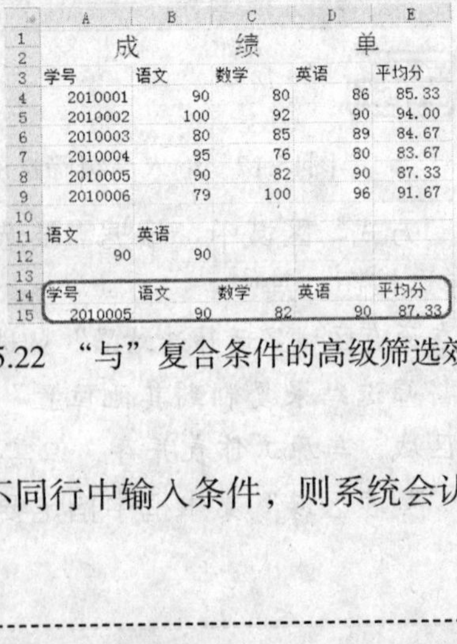

	A	B	C	D	E
1	成	绩	单		
2					
3	学号	语文	数学	英语	平均分
4	2010001	90	80	86	85.33
5	2010002	100	92	90	94.00
6	2010003	80	85	89	84.67
7	2010004	95	76	80	83.67
8	2010005	90	82	90	87.33
9	2010006	79	100	96	91.67
10					
11	语文	英语			
12	90	90			
13					
14	学号	语文	数学	英语	平均分
15	2010005	90	82	90	87.33

图15.22 “与”复合条件的高级筛选效果

2. 设置“或”复合条件

设置条件区域时，如果在两个条件字段下方的不同行中输入条件，则系统会认为只要符合其中一个条件就算成立，就如图15.23所示，在单元格A11:B12中输入不同行的两个条件，设置“或”复合条件的高级筛选后的效果如图15.24所示。

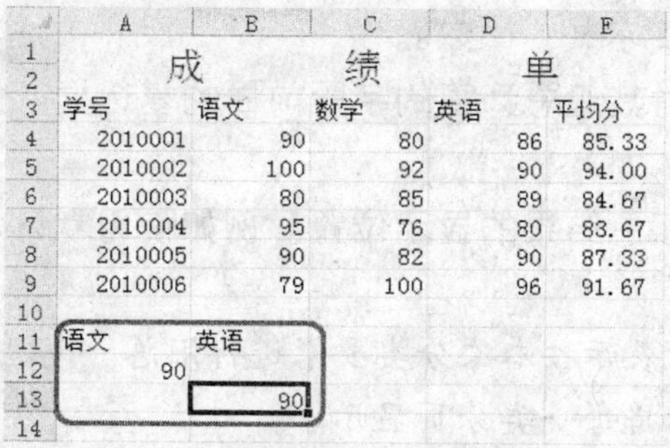

	A	B	C	D	E
1	成		绩		单
2					
3	学号	语文	数学	英语	平均分
4	2010001	90	80	86	85.33
5	2010002	100	92	90	94.00
6	2010003	80	85	89	84.67
7	2010004	95	76	80	83.67
8	2010005	90	82	90	87.33
9	2010006	79	100	96	91.67
10					
11	语文	英语			
12	90				
13		90			
14					

图15.23 设置“或”复合条件

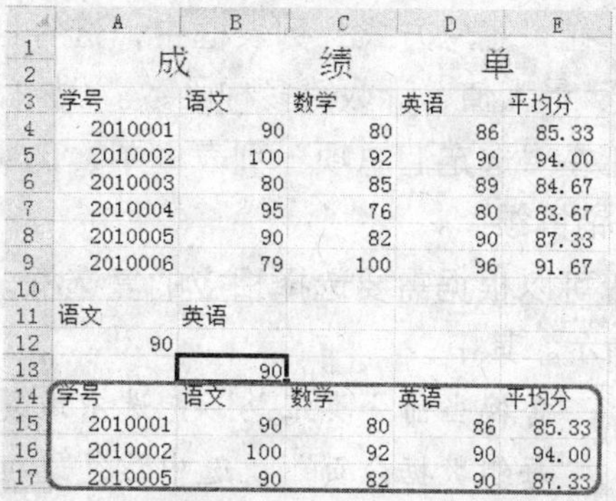

	A	B	C	D	E
1	成		绩		单
2					
3	学号	语文	数学	英语	平均分
4	2010001	90	80	86	85.33
5	2010002	100	92	90	94.00
6	2010003	80	85	89	84.67
7	2010004	95	76	80	83.67
8	2010005	90	82	90	87.33
9	2010006	79	100	96	91.67
10					
11	语文	英语			
12	90				
13		90			
14	学号	语文	数学	英语	平均分
15	2010001	90	80	86	85.33
16	2010002	100	92	90	94.00
17	2010005	90	82	90	87.33

图15.24 “或”复合条件的高级筛选效果

15.3 用分类汇总法进行数据统计

对于一个数据列表而言，如果能够在适当的位置加上统计数据，使表中内容更加清晰易懂，Excel提供的分类汇总功能将帮助用户解决这个问题。使用“分类汇总”命令，不需要创建公式，Excel将自动生成公式，并对数据清单的某个字段提供诸如“求和”和“平均值”之类的汇总函数，实现对分类汇总值的计算，而且将计算结果分级显示出来。

15.3.1 创建分类汇总

在执行分类汇总命令之前，首先应对数据列表进行排序，将数据列表中关键字相同的集中在一起。当对数据列表排序之后，就可以进行分类汇总了。具体操作步骤如下：

01 对需要分类汇总的字段进行排序，从而使相同的记录集中在一起。例如打开随书附带光盘中的“素材\Cha15\图书销售统计.xlsx”文件，选择“书名”单元格，在“数据”选项卡中单击“排序和筛选”组中的“升序”按钮，效果如图15.25所示。

02 选择数据列表中的任意一个单元格。

03 在“数据”选项卡中单击“分级显示”组中的“分类汇总”按钮，弹出“分类汇总”对话框，如图15.26所示的。

	A	B	C	D	E
1	图书销售统计				
2	编号	书名	单价（元）	销售量	销售额
3	KOD004	3DMax208例	¥99.00	3000	¥297,000.00
4	KOD008	3Dmax完全自学手册	¥59.00	3100	¥182,900.00
5	KOD006	AutoCAD完全自学教程	¥59.00	2000	¥118,000.00
6	KOD007	Excel入门与提高	¥30.00	2300	¥69,000.00
7	KOD005	Office案例风暴	¥49.00	2600	¥127,400.00
8	KOD001	Office完全自学手册	¥59.00	2200	¥129,800.00
9	KOD002	Photoshop标准教程	¥49.00	2000	¥98,000.00
10	KOD003	个人电脑基础	¥38.00	2000	¥76,000.00
11					

图15.25 按“名称”排序

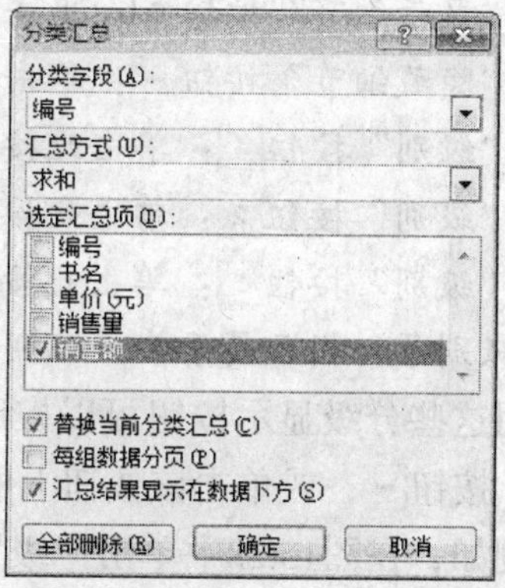

图15.26 “分类汇总”对话框

04 单击“分类字段”文本框右侧的▼按钮，在弹出的下拉列表中选择所需字段作为分类汇总的依据。例如，选择“书名”字段。

05 在“汇总方式”列表框中，选择所需的统计函数。分类汇总命令可以支持如求和、平均值、最大值、计数等多种函数。例如，选择“求和”函数。

06 在“选定汇总项”列表框中，选中需要对其汇总计算的字段前面的复选框。例如，选择“销售额”。

07 可以根据需要选择相应的复选框，指定汇总结果的显示位置。例如使用默认，如图15.27所示。其中：

- “替换当前分类汇总”：选中该复选框，表示按本次分类要求进行汇总。
- “每组数据分页”：选中该复选框，表示将每一类分页显示。
- “汇总结果显示在数据下方”：选中该复选框，表示将分类汇总数放在本类的最后一行，系统默认的方式是将分类汇总数放在本类的第一行。

08 设置完成后，单击“确定”按钮，即可得到分类汇总结果，效果如图15.28所示。

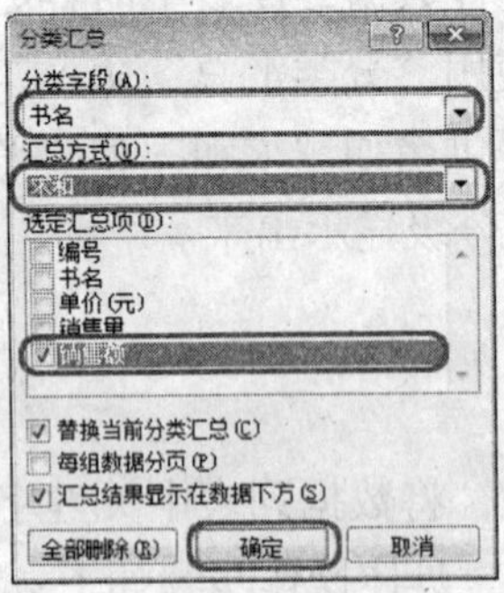

图15.27　设置分类汇总

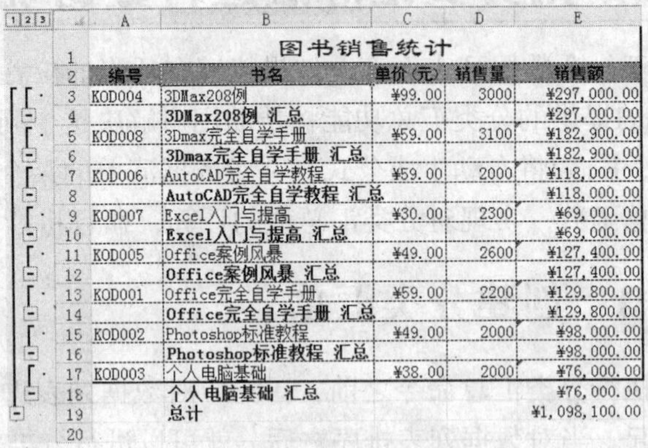

	A	B	C	D	E
1	图书销售统计				
2	编号	书名	单价(元)	销售量	销售额
3	KOD004	3DMax208例	¥99.00	3000	¥297,000.00
4		3DMax208例 汇总			¥297,000.00
5	KOD008	3Dmax完全自学手册	¥59.00	3100	¥182,900.00
6		3Dmax完全自学手册 汇总			¥182,900.00
7	KOD006	AutoCAD完全自学教程	¥59.00	2000	¥118,000.00
8		AutoCAD完全自学教程 汇总			¥118,000.00
9	KOD007	Excel入门与提高	¥30.00	2300	¥69,000.00
10		Excel入门与提高 汇总			¥69,000.00
11	KOD005	Office案例风暴	¥49.00	2600	¥127,400.00
12		Office案例风暴 汇总			¥127,400.00
13	KOD001	Office完全自学手册	¥59.00	2200	¥129,800.00
14		Office完全自学手册 汇总			¥129,800.00
15	KOD002	Photoshop标准教程	¥49.00	2000	¥98,000.00
16		Photoshop标准教程 汇总			¥98,000.00
17	KOD003	个人电脑基础	¥38.00	2000	¥76,000.00
18		个人电脑基础 汇总			¥76,000.00
19		总计			¥1,098,100.00
20					

图15.28　分类汇总效果

15.3.2　显示或隐藏清单的细节数据

从图15.28可以看出，在显示分类汇总结果的同时，分类汇总表的左侧自动显示一些分级显示按钮。

- “显示细节”按钮[+]：单击此按钮可以显示分级显示信息
- “隐藏细节”按钮[-]：单击此按钮可以隐藏分级显示信息
- “级别”按钮[1]：单击此按钮只显示总的汇总结果，即总计数据
- “级别”按钮[2]：单击此按钮则显示部分数据及其汇总结果
- “级别”按钮[3]：单击此按钮显示全部数据
- 级别条：指示属于某一级别的细节行或列的范围

利用这些分级显示按钮可以控制数据的显示。例如，在图15.28中单击第6行左侧的“隐藏细节”按钮[-]，或单击该按钮上的级别条，则显示如图15.29所示的结果。

又例如，在图15.28中单击“级别”按钮[2]，则显示如图15.30所示的效果。

	A	B	C	D	E
1	图书销售统计				
2	编号	书名	单价（元）	销售量	销售额
3	KOD004	3DMax208例	¥99.00	3000	¥297,000.00
4		3DMax208例 汇总			¥297,000.00
6		3Dmax完全自学手册 汇总			¥182,900.00
7	KOD006	AutoCAD完全自学教程	¥59.00	2000	¥118,000.00
8		AutoCAD完全自学教程 汇总			¥118,000.00
9	KOD007	Excel入门与提高	¥30.00	2300	¥69,000.00
10		Excel入门与提高 汇总			¥69,000.00
11	KOD005	Office案例风暴	¥49.00	2600	¥127,400.00
12		Office案例风暴 汇总			¥127,400.00
13	KOD001	Office完全自学手册	¥59.00	2200	¥129,800.00
14		Office完全自学手册 汇总			¥129,800.00
15	KOD002	Photoshop标准教程	¥49.00	2000	¥98,000.00
16		Photoshop标准教程 汇总			¥98,000.00
17	KOD003	个人电脑基础	¥38.00	2000	¥76,000.00
18		个人电脑基础 汇总			¥76,000.00
19		总计			¥1,098,100.00
20					

图15.29 隐藏细节效果

	A	B	C	D	E
1	图书销售统计				
2	编号	书名	单价（元）	销售量	销售额
4		3DMax208例 汇总			¥297,000.00
6		3Dmax完全自学手册 汇总			¥182,900.00
8		AutoCAD完全自学教程 汇总			¥118,000.00
10		Excel入门与提高 汇总			¥69,000.00
12		Office案例风暴 汇总			¥127,400.00
14		Office完全自学手册 汇总			¥129,800.00
16		Photoshop标准教程 汇总			¥98,000.00
18		个人电脑基础 汇总			¥76,000.00
19		总计			¥1,098,100.00
20					

图15.30 单击[2]按钮所得到的效果

又例如，在图15.28中单击“级别”按钮[1]，则显示如图15.31所示的效果。

	A	B	C	D	E	F
1	图书销售统计					
2	编号	书名	单价（元）	销售量	销售额	
19		总计			¥1,098,100.00	
20						
21						

图15.31 单击[1]按钮所得到的效果

15.3.3 清除分类汇总

如果想取消分类汇总的显示结果，恢复到数据列表的初始状态，具体操作步骤如下：

01 选择分类汇总数据列表中的任意一个单元格。

02 在“数据”选项卡中单击“分级显示”组中的“分类汇总”按钮，在打开的“分类汇总”对话框中单击“全部删除”按钮，即可取消分类汇总的显示。

15.4 上机练习

15.4.1 制作销售订单

制作销售订单

	A	B	C	D	E	F
1	销　售　订　单					
2	订单编号	订单日期	发货日期	订单金额	订货人	地区
3	AT20110013	11年04月06日	11年04月09日	¥ 60,000.00	李女士	河北
4	AT20110010	11年03月05日	11年03月08日	¥ 80,000.00	李先生	山东
5	AT20110016	11年05月10日	11年05月13日	¥ 85,000.00	张先生	上海
6	AT20110019	11年05月18日	11年05月21日	¥ 90,000.00	陆女士	浙江
7	AT20110014	11年04月15日	11年04月18日	¥ 100,000.00	王女士	山东
8	AT20110011	11年03月30日	11年04月02日	¥ 120,000.00	刘小姐	浙江
9	AT20110018	11年05月15日	11年05月18日	¥ 180,000.00	周先生	湖南
10	AT20110015	11年05月01日	11年05月04日	¥ 220,000.00	弭小姐	广州
11	AT20110022	11年05月22日	11年05月25日	¥ 250,000.00	江先生	北京
12	AT20110017	11年05月10日	11年05月13日	¥ 260,000.00	霍小姐	北京
13	AT20110021	11年05月21日	11年05月24日	¥ 280,000.00	赵先生	上海
14	AT20110012	11年04月01日	11年04月04日	¥ 300,000.00	王先生	北京
15	AT20110020	11年05月20日	11年05月23日	¥ 350,000.00	于小姐	山东
16						
17	订单金额					
18	>=250000					
19	订单编号	订单日期	发货日期	订单金额	订货人	地区
20	AT20110022	11年05月22日	11年05月25日	¥ 250,000.00	江先生	北京
21	AT20110017	11年05月10日	11年05月13日	¥ 260,000.00	霍小姐	北京
22	AT20110021	11年05月21日	11年05月24日	¥ 280,000.00	赵先生	上海
23	AT20110012	11年04月01日	11年04月04日	¥ 300,000.00	王先生	北京
24	AT20110020	11年05月20日	11年05月23日	¥ 350,000.00	于小姐	山东

图15.32 效果

本例介绍销售订单的制作，如图15.32所示，并对其进行排序和筛选操作，主要运用到编辑与设置单元格、公式的输入，数据排序及高级筛选。

01 打开Excel 2010，系统会自动新建一个工作簿。

02 选择单元格A1:F1，在“开始”选项卡中单击“对齐方式”组中的“合并后居中”按钮，合并单元格，并单击“单元格”组中的“格式”按钮，在打开的列表中选择“行高”选项，在弹出的“行高”对话框中设置“行高”为30，如图15.33所示。

03 单击“确定”按钮，并在单元格中输入标题文本“销售订单”，如图15.34所示。

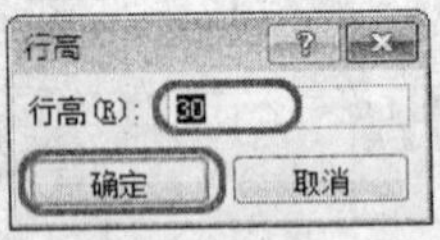

图15.33 “设置”选项卡

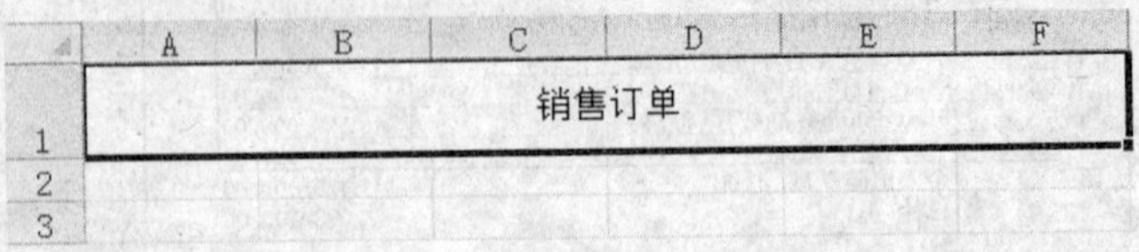

图15.34 设置单元格效果

04 将输入的文本的“字体”设置为“黑体”，“字号”设置为22，并调整字之间的间距，效果如图15.35所示。

05 选择A至D列，将“列宽”设置为14，在单元格A2:F2是分别输入如图15.36所示的文本，并将其“字体”设置为“黑体”，“对齐方式”设置为“居中”。

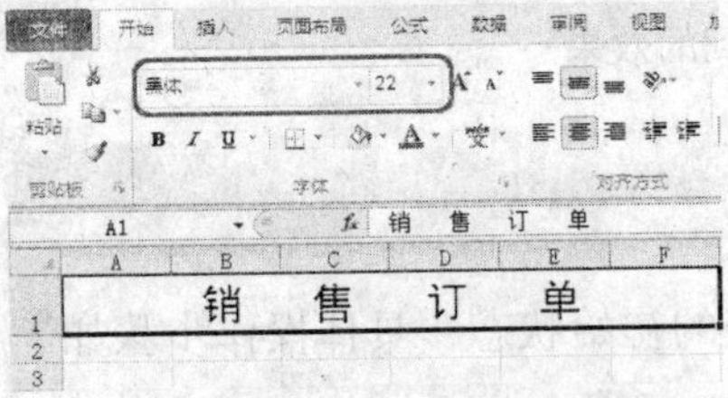

图15.35 输入并设置标题

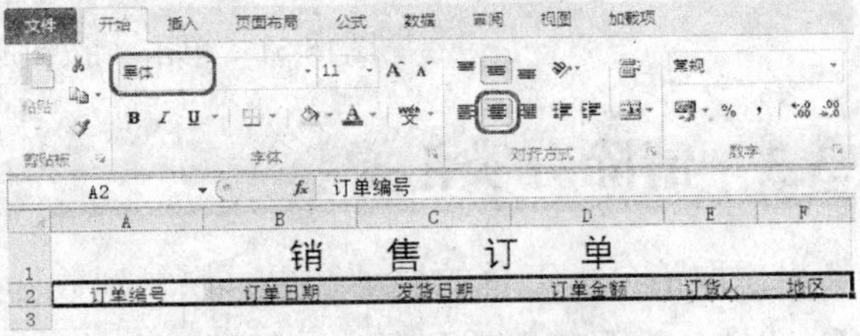

图15.36 输入并设置文本

06 在单元格A3:B15、D3:F15中分别输入如图15.37所示的文本，选择单元格A3:F15，并单击“居中”按钮，居中对齐文本。

07 选择单元格B3:C15，打开“设置单元格格式”对话框如图15.38所示，切换至“数字”选项卡，在左侧“分类”列表框中选择“自定义”，在右侧的“类型”文本框中输入“yy‘年’mm‘月’dd‘日’”，如图15.38所示，单击“确定”按钮，设置格式后的效果如图15.39所示。

销 售 订 单

订单编号	订单日期	发货日期	订单金额	订货人	地区
AT20110010	2011/3/5		80000	李先生	山东
AT20110011	2011/3/30		120000	刘小姐	浙江
AT20110012	2011/4/1		300000	王先生	北京
AT20110013	2011/4/6		60000	李女士	河北
AT20110014	2011/4/15		100000	王女士	山东
AT20110015	2011/5/1		220000	弭小姐	广州
AT20110016	2011/5/10		85000	张先生	上海
AT20110017	2011/5/10		260000	霍小姐	北京
AT20110018	2011/5/15		180000	周先生	湖南
AT20110019	2011/5/18		90000	陆女士	浙江
AT20110020	2011/5/20		350000	于小姐	山东
AT20110021	2011/5/21		280000	赵先生	上海
AT20110022	2011/5/22		250000	江先生	北京

图15.37 输入并设置文本

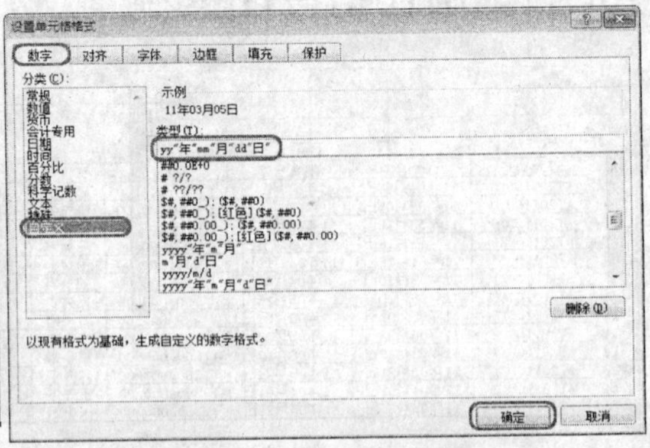

图15.38 设置单元格格式

08 在单元格C3中输入公式“=B3+3”，如图15.40所示，单击编辑栏中的“输入”按钮，并拖曳填充柄向下填充，效果如图15.41所示。

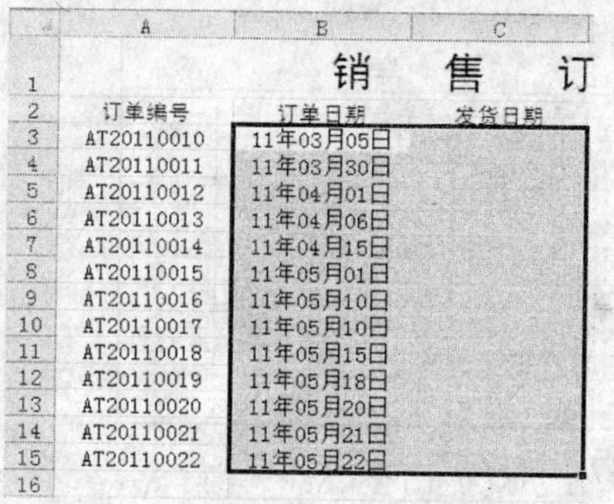

图15.39 设置格式后的效果

图15.40 输入公式

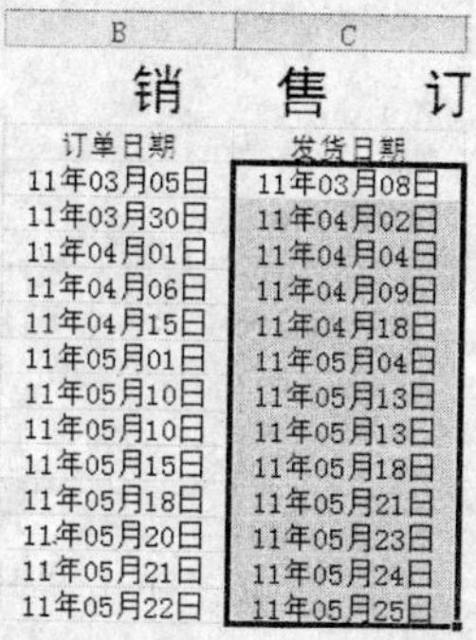

图15.41 自动填充公式

09 选择单元格D3:D15，打开“设置单元格格式”对话框，切换至“数字”选项卡，在左侧“分类”列表框中选择“会计专用”，在右侧设置“货币符号”，并将“小数位数”设置为2，如图15.42所示，单击“确定”按钮，效果如图15.43所示。

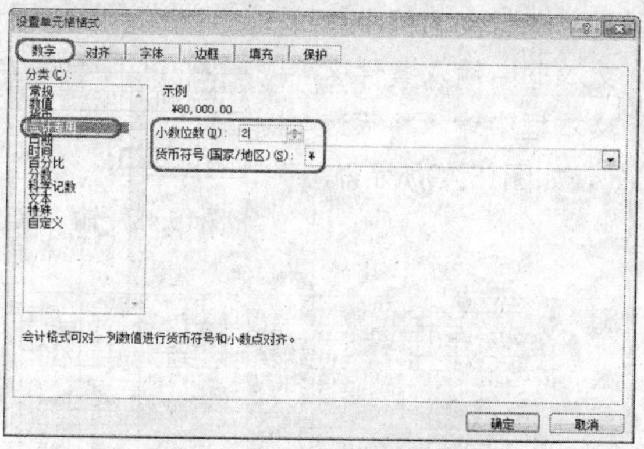

图15.42 设置单元格格式

图15.43 设置格式后的效果

10 选择单元格A1:F15，打开“设置单元格格式”对话框，切换至“边框”选项卡，将“外边框”设置为粗线样式，将“内部”设置为细线样式，如图15.44所示，设置后的效果如图15.45所示。

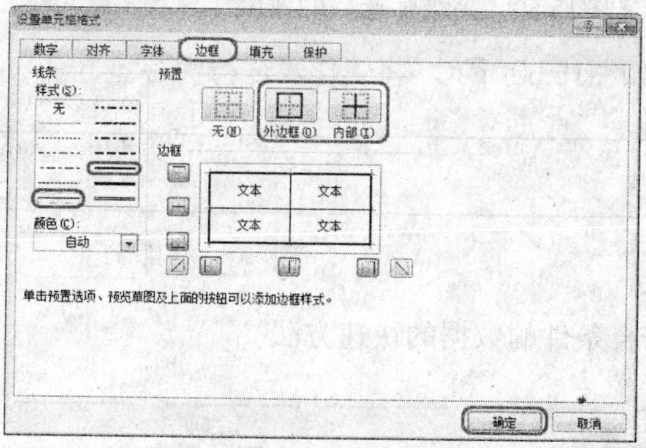

图15.44 设置边框

图15.45 设置边框后效果

11 下面，我们对销售订单进行排序和筛选操作，选择单元格D2，在“数据”选项卡中单击“排序和筛选”组中的“升序”按钮，如图15.46所示，排序后的效果如图15.47所示。

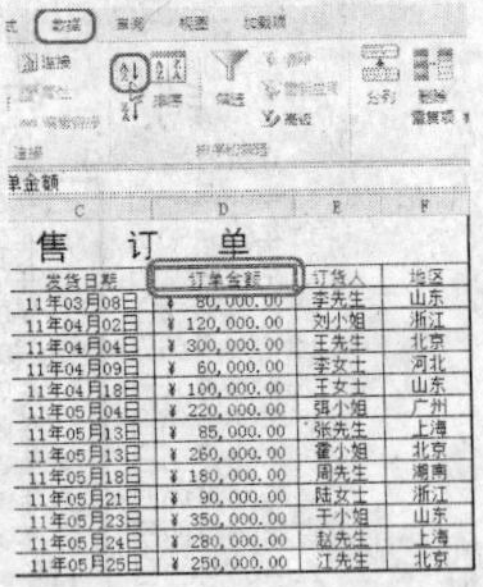

图15.46　单击“升序”按钮

图15.47　排序后的效果

⑫ 在单元格A17:A18中分别输入如图15.48所示的筛选条件，在数据列表中选择任意一个单元格，如E6，单击“排序和筛选”组中的“高级”按钮。

⑬ 在弹出的“高级筛选”对话框中，选择“将筛选结果复制到其他位置”单选按钮，确定“列表区域”文本框中单元格引用的区域正确，在“条件区域”文本框中输入条件区域引用“$A$17:$A$18”，在“复制到”文本框中输入将筛选的数据复制到的目标区域“$A$19:$F$25”，如图15.49所示。

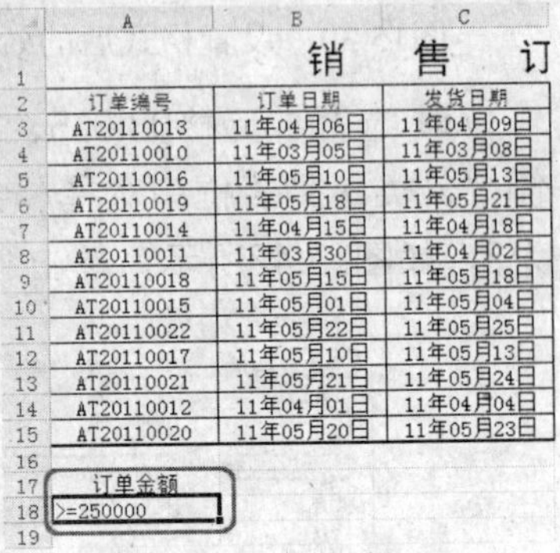

图15.48　输入筛选条件

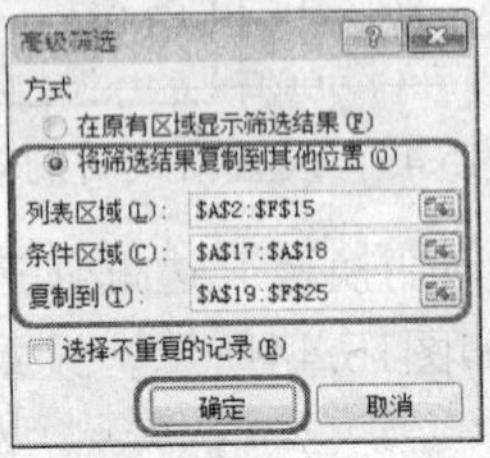

图15.49　设置“高级筛选”

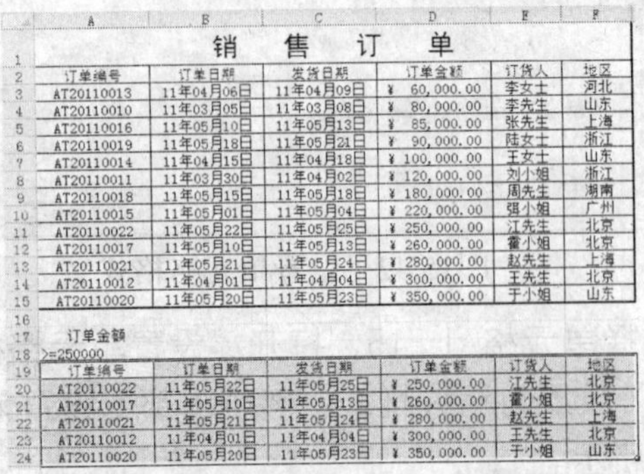

图15.50　高级筛选后的效果

⑭ 单击“确定”按钮，高级筛选后的效果如图15.50所示，将工作表进行保存。

15.5 习题

1．填空题

（1）________是一种用于查找数据列表中符合条件的数据的快速方法。

（2）自动筛选包括筛选________、________、________和________、________、________、按单元格颜色、字体颜色或图标集和按选定内容等。

2．简答题

（1）什么是自动筛选？

（2）执行分类汇总的前提条件是？

第16章 图表的创建、编辑与打印

本章要点

本章主要介绍了如何利用现有数据选择合适的图表类型来创建图表，以及图表的组成，图表对象的选择、编辑、美化以及打印工作表的相关知识，在打印前进行页面、页边距、页眉或页脚的设置，打印区域和打印图表的设置等等。通过本章的学习，读者可以掌握在Excel中创建图表的方法和页面设置的内容。

本章内容主要包括

- 创建图表
- 编辑图表
- 美化图表
- 页面设置
- 利用分页预览视图查看和调整分页设置

go>>

16.1 创建图表

利用Excel提供的图表功能，将系列数据以图表方式表达，可以使数据更加清晰易懂，使数据列表示的含义更形象直观。并且用户可以通过图表直接了解到数据之间的关系和变化趋势。因此，接下来将详细介绍建立数据图表的有关操作。

提示　对于多数图表（如柱形图和条形图），可以将工作表的行或列中排列的数据绘制在图表中。但某些图表类型（如饼图和气泡图）则需要特定的数据排列方式。

16.1.1 创建图表

下面通过一个小例子来说明建立图表的步骤，图16.1所示为零件明细表，根据其中的数据建立一个柱形图。

（1）选定用于创建图表的数据或单击要创建图表的数据列表中的任一单元格。

（2）选择“插入”选项卡，在“图表”组中单击“柱形图”按钮，在弹出的下拉列表中选择一种图表类型，如图16.2所示，即可在工作表中插入一张图表，如图16.3所示为选择簇状柱形图的效果。

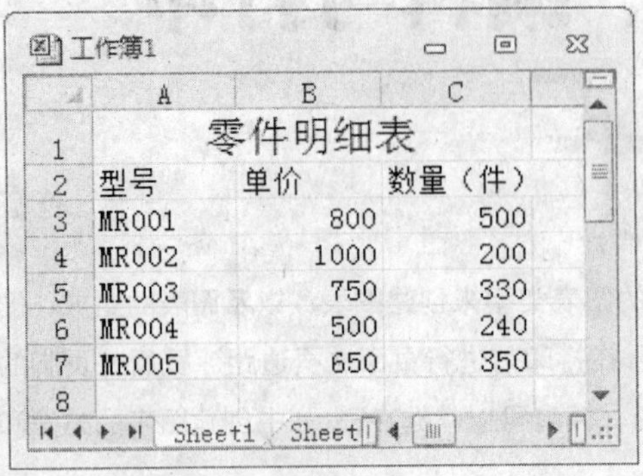

图16.1　零件明细表

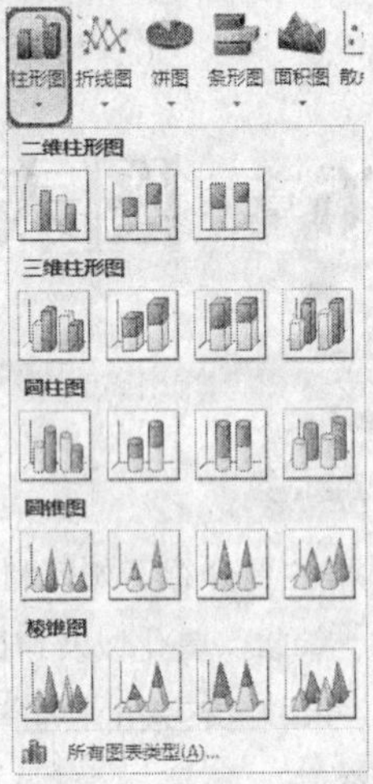

图16.2　选择图表类型

要查看所有可用图表类型，先选择“插入”选项卡，在“图表”组中单击图表类型按钮，如“柱形图”按钮、“折线图”按钮、“饼图”按钮和“条形图”按钮等，然后在弹出的下拉列表中选择“所有图表类型”命令，打开“插入图表”对话框，如图16.3所示。在该对话框中选择要使用的图表类型，然后单击“确定”按钮。若要基于默认图表类型迅速创建图表，请选择要用于图表的数据，然后按Alt+F1快捷键或F11键。如果按Alt+F1快捷键，则图表显示为嵌入图表。如果按F11键，则图表显示在单独的图表工作表上。

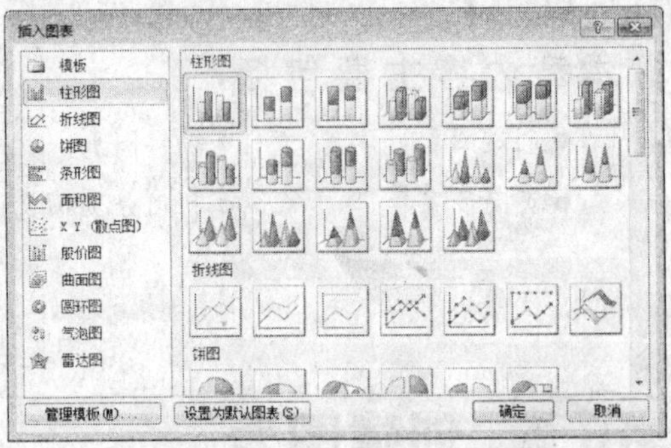

图16.3　“插入图表”对话框

16.1.2　图表的类型及其使用示例

Excel提供了多种标准的图表类型，每种图表类型又包含若干个子图表类型，并且还有许多自定义图表类型。不同的图表类型通常可适用不同特性的数据，以下将结合示例逐一介绍各种图表类型在表现数据时的特点，并简要介绍自定义图表类型，使用户能够选择出最适合的图表类型。

- 柱形图：柱形图是Excel默认的图表类型，用长条显示数据点的值。在柱形图中，一般把分类项在横轴（X轴）上标出，把数据的大小在竖轴（Y轴）上标出，这样可以强调数据随时间的变化。柱形图中包含7个子图表类型，“簇状柱形图”如图16.4所示。
- 折线图：折线图是将同一系列的数据在图中表示成点并用直线连接起来，适用于显示某段时间内数据的变化及其变化趋势。折线图中包含7个子图表类型。“折线图”如图16.5所示。

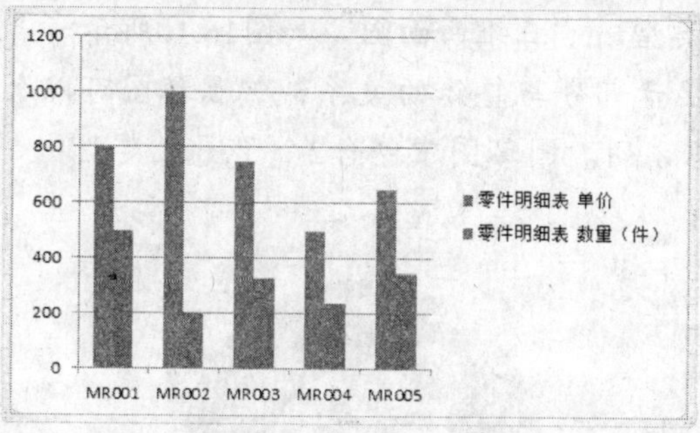

图16.4　簇状柱形图

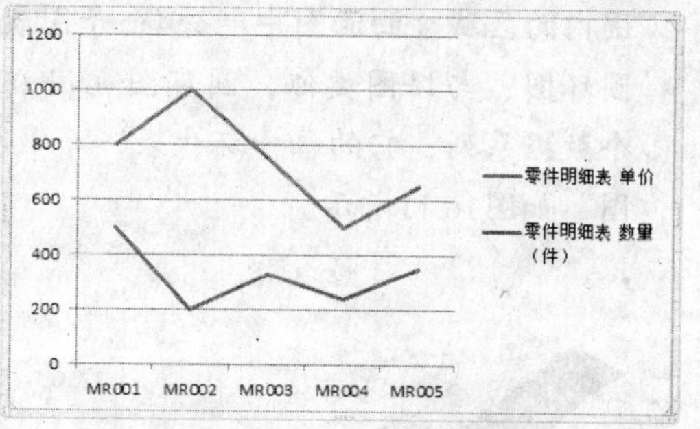

图16.5　折线图

- 饼图：饼图是把一个圆面划分为若干个扇形面，每个扇面代表一项数据值。饼图只适用于单个数据系列间各数据的比较，显示数据系列中每一项占该系列数值总和的比例关系。饼图中包含6个子图表类型。“饼图”如图16.6所示。
- 条形图：条形图类似于柱形图，主要强调各个数据项之间的差别情况。一般把分类项在竖轴（Y轴）上标出，把数据的大小在横轴（X轴）上标出。条形图中包含6个子图表类型。“簇状条形图”如图16.7所示。

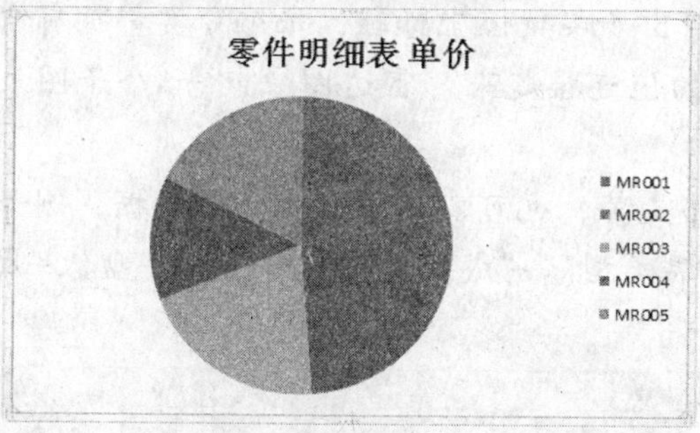

图16.6　饼图

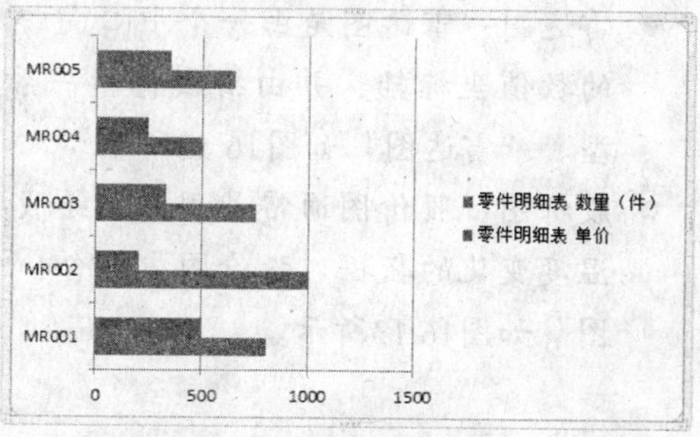

图16.7　簇状条形图

- 面积图：面积图是将每一系列数据用直线段连接起来，并将每条线以下的区域用不同颜色填充。面积图强调幅度随时间的变化，通过显示所绘数据的总和，说明部分和整体的关系。面积图中包含6个子图表类型。“面积图”如图16.8所示。
- 散点图：散点图用于比较几个数据系列中的数值，或者将两组数值显示为XY坐标系中的一个系列。它可按不等间距显示出数据，有时称为簇。散点图中包含5个子图表类型。“仅带数据标记的散点图”如图16.9所示。

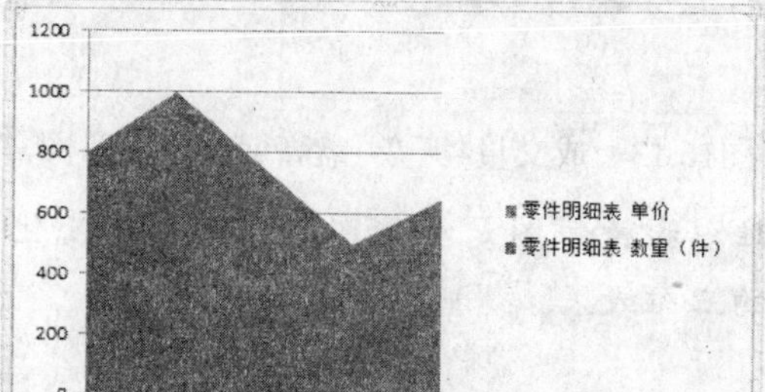

图16.8　面积图

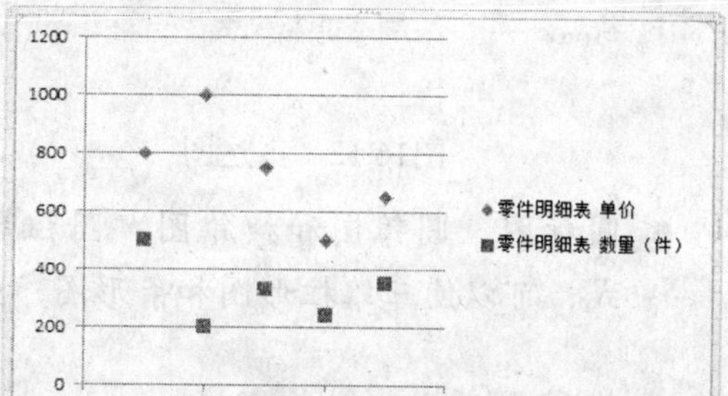

图16.9　仅带数据标记的散点图

- 曲面图：曲面图类似于拓扑图形，曲面图中的颜色和图案用来指示出在同一取值范围内的区域。曲面图中包含4个子图表类型。“三维曲面图”如图16.10所示。

- 圆环图：与饼图类似，圆环图也用来显示部分与整体的关系，但圆环图可以含有多个数据系列，它的每一环代表一个数据系列。圆环图中包含2个子图表类型。“圆环图”如图16.11所示。

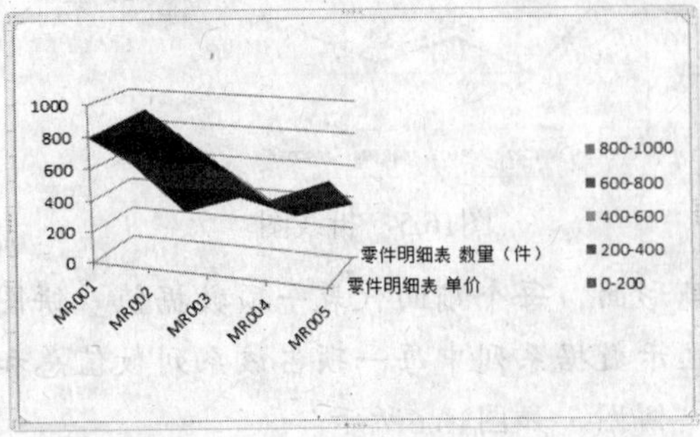

图16.10　三维曲面图

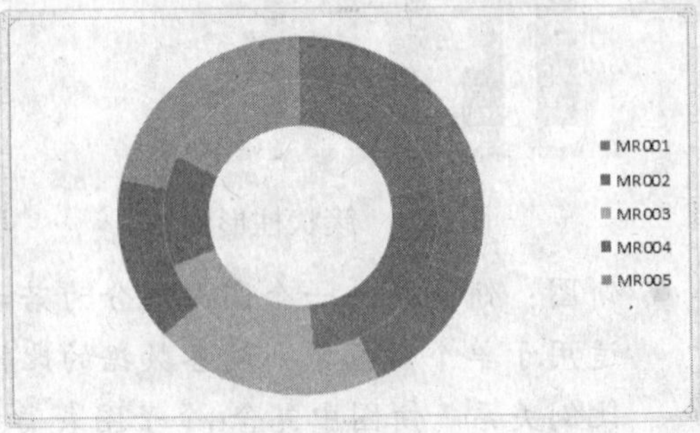

图16.11　圆环图

- 气泡图：气泡图是一种特殊类型的散点图。气泡的大小可以表示数据组中数据的值，气泡越大，数据值就越大。气泡图中包含2个子图表类型。
- 雷达图：雷达图是由一个中心向四周辐射出多条数值坐标轴，每个分类都拥有自己的数值坐标轴，并由折线将同一系列中的值连接起来。雷达图中包含3个子图表类型。“雷达图”如图16.12所示。
- 股价图：股价图通常是用来描绘股票价格走势，也可以用于处理其他数据，例如随温度变化的数据。股价图中包含4个子图表类型。“成交量-开盘-盘高-盘低-收盘图”如图16.13所示。

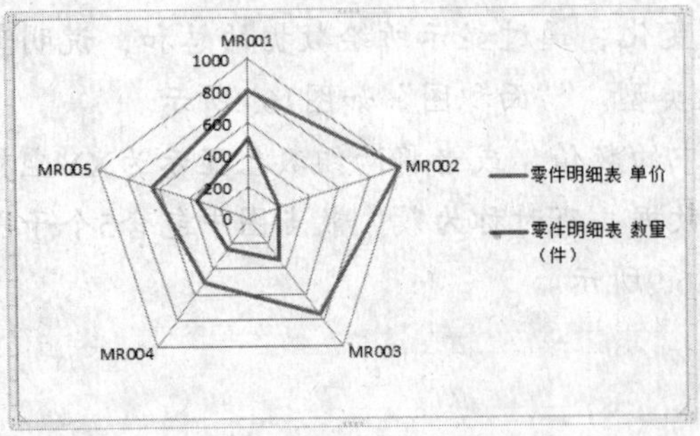

图16.12　雷达图

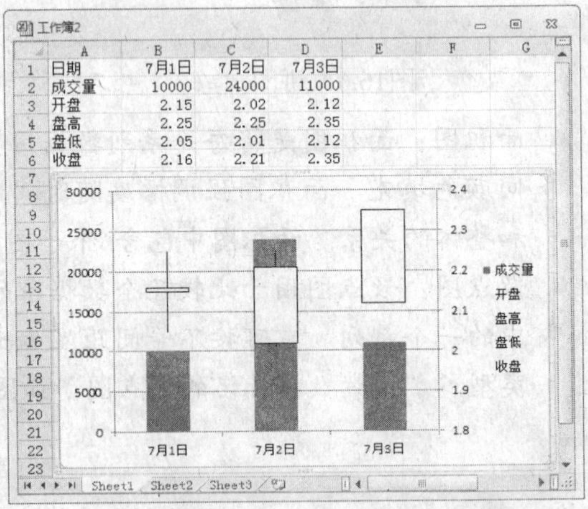

图16.13　成交量-开盘-盘高-盘低-收盘图

- 圆柱图、圆锥图和棱锥图：圆柱图、圆锥图和棱锥图是柱形图和条形图的变化形式，可以使三维柱形图和条形图产生很好的三维效果。

16.1.3　图表区与图表对象

图表建立好以后，显示的效果也许并不理想，此时就需要对图表进行适当的编辑。实际上，对图表进行编辑就是对图表的各个对象进行一些必要的修饰或修改。因此，编辑图表之前必须先熟悉图表的组成以及选择图表对象的方法。

1．图表的组成

一个图表由图表区及区域中的图表对象（如图表标题、图例、数据系列、网格线等）组成，有些成组显示的图表对象（如图例、数据系列等）各自又可细分为单独的元素，如图16.14所示。

2．激活图表或图表对象

如果想编辑图表，必须先单击图表区以激活该图表，或单击图表对象以激活该图表对象。此时功能区中出现“图表工具”选项卡。

当图表被激活时，该图表的周围会出现一个类似透明的细线矩形框，并在四个角上和每条边的中间出现点状的控制柄，如图16.15所示，此时用户可以对图表进行移动、更改大小、复制和删除等操作。

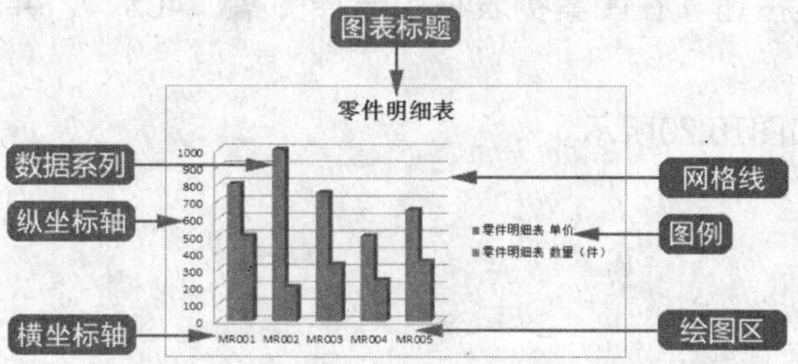

图16.14 图表的组成

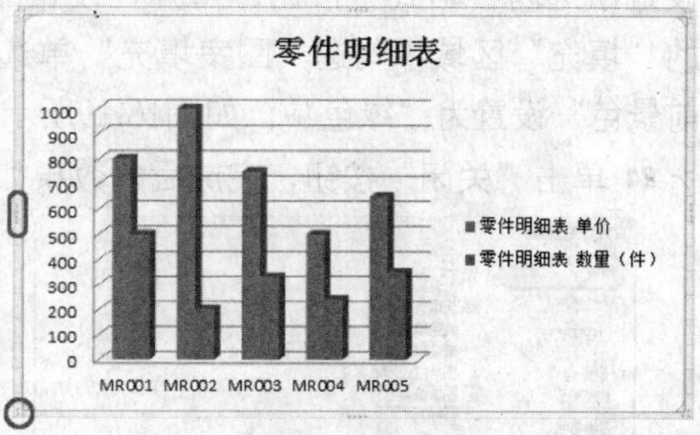

图16.15 点状控制柄

3．图表对象的选择

激活图表对象便是对该对象的选择。对于成组显示的图表对象，既可以先单击该对象，然后再单击其中的元素，也可直接单击其中的元素。

此外，Excel还提供了一种快速选择图表对象的方法：选择“图表工具”下“布局”选项卡，在“当前所选内容”组中单击如图16.16所示的下三角按钮，在弹出的下拉列表中选择要处理的图表对象即可。

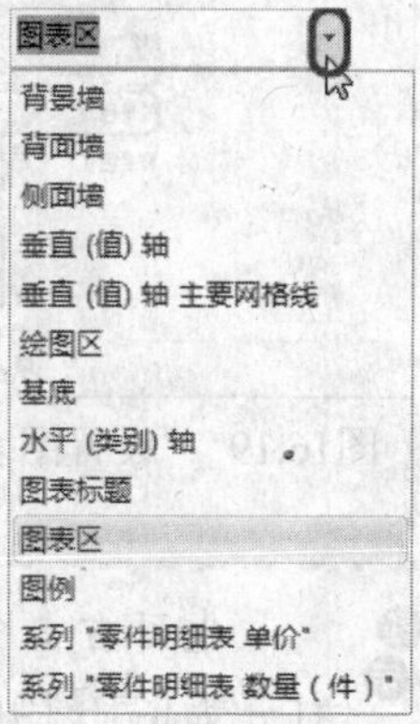

图16.16 在下拉列表中选择对象

16.2 编辑图表

当插入的图表被激活后，就可以对该图表进行移动、缩放、复制或删除等编辑操作，也可以修饰图表区域。其中，移动、缩放、复制或删除图表的方法与操作普通图形和图片的方法完全相同。

如果要编辑图表，可进行下面的操作：

01 单击图例，如图16.17所示。

02 可以将图例移至如图16.18所示的位置处。

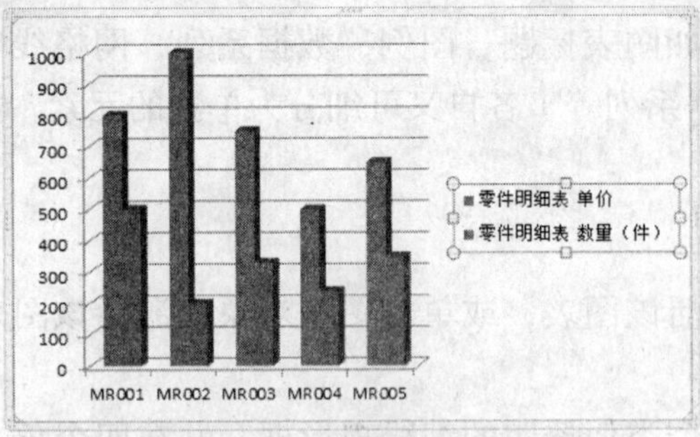

图16.17 单击图例

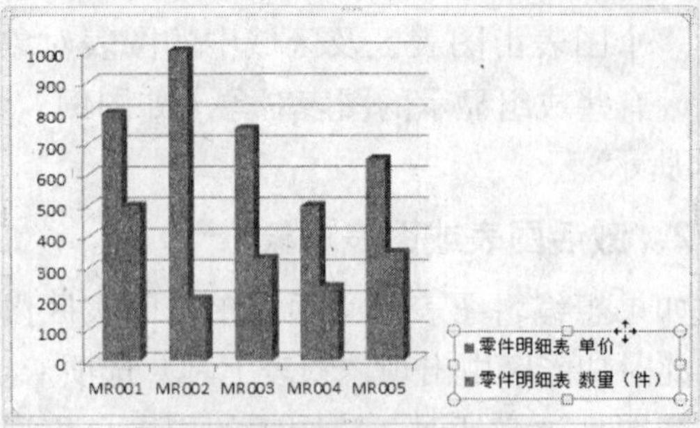

图16.18 移动图例位置

03 单击图表区，选择“图表工具”下“布局”选项卡，在“当前所选内容”组中单击“设置所选内容格式”按钮，打开“设置图表区格式”对话框，选择“填充”选项，在右侧的“填充”区域中勾选“图案填充”单选按钮，在图案列表框中选择图案“40%”，并将“前景色”设置为“绿色”，如图16.19所示。

04 单击“关闭”按钮，完成后的效果如图16.20所示。

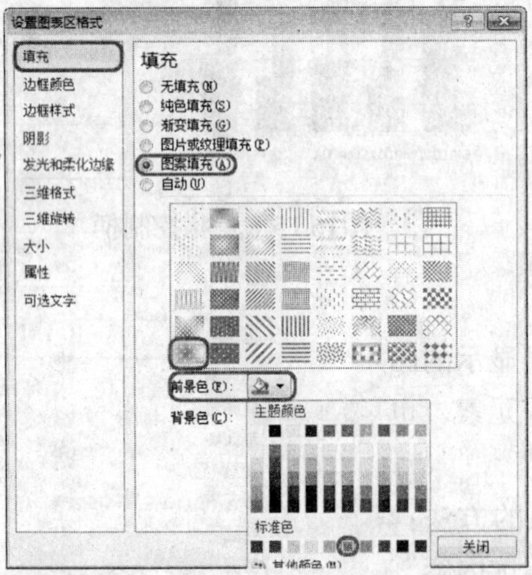

图16.19 “设置图表区格式”对话框

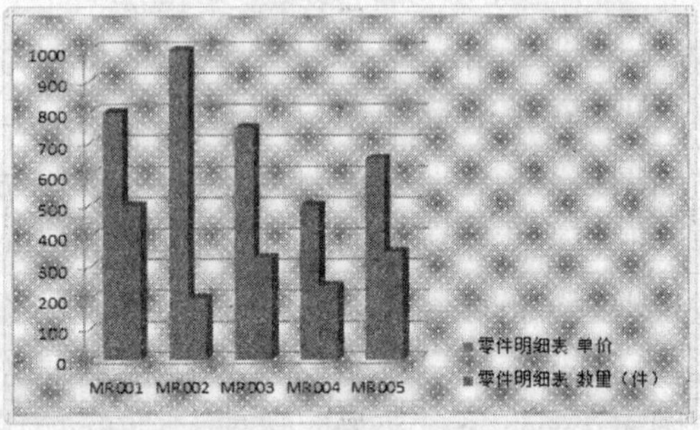

图16.20 完成后的效果

提示 也可右击图表区，从弹出的快捷菜单中选择“设置图表区域格式”选项，同样打开如图16.19所示的“设置图表区格式”对话框。

16.3 美化图表对象

创建图表后，不仅可以对图表区进行编辑，同样可以对图表中不同的图表对象进行修饰，其操作方法与前面介绍的修饰图表区的方法类似。

16.3.1 修饰图表标题

单击图表标题，然后使用上述方法打开“设置图表标题格式”对话框，在对话框中进行有关设置即可。或者单击图表标题后，选中标题文字，此时浮动工具栏以淡出形式出现，用鼠标指针指向它，然后在工具栏上进行字体、字号、字体颜色等设置，如图16.21所示。还可在“格式”选项卡中进行形状样式、大小的改变等设置。

图16.21 使用浮动工具栏设置图表标题

16.3.2 修饰图表的坐标轴

右击图表的坐标轴，如“垂直（值）轴”，从弹出的快捷菜单中选择“设置坐标轴格式”选项，打开如图16.22所示的“设置坐标轴格式”对话框。该对话框中包含坐标轴选项、数字、填充等多个选项，用户可根据需要进行设置，以修饰图表的坐标轴。设置完成后，单击“关闭”按钮即可。

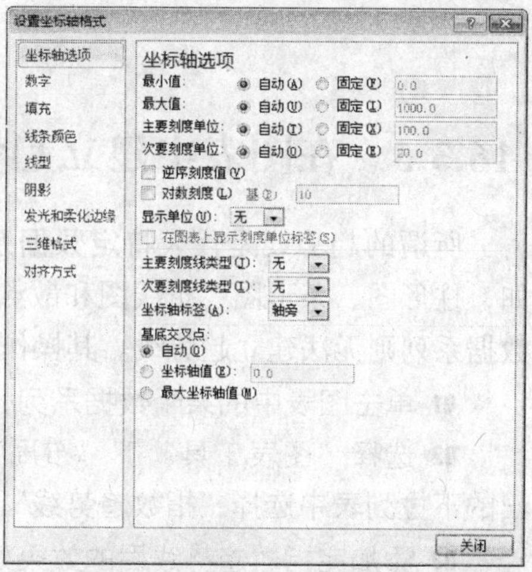

图16.22 “设置坐标轴格式”对话框

16.3.3 修饰图表的数据系列

右击图表的某个数据系列区域，从弹出的快捷菜单中选择“设置数据系列格式”选项，打开如图16.23所示的“设置数据系列格式”对话框。该对话框中包含系列选项、形状、填充、边框颜色等选项，用户可根据需要进行设置，以修饰图表的数据系列。设置完成后，单击“关闭”按钮即可。

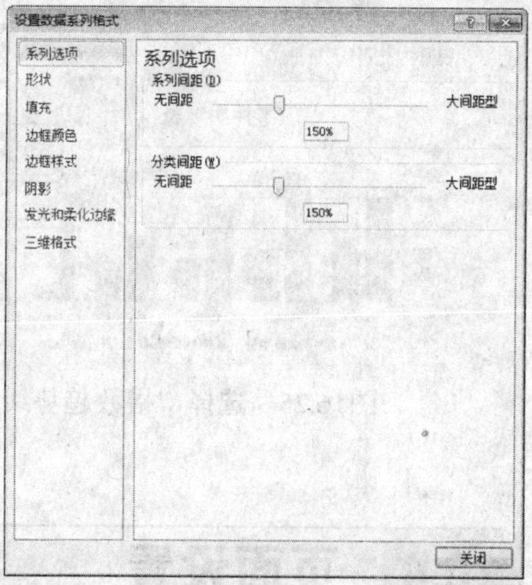

图16.23 “设置数据系列格式”对话框

16.3.4 修饰图表的图例

右击图表的图例，从弹出的快捷菜单中选择“设置图例格式”选项，打开如图16.24所示的“设置图例格式”对话框。该对话框包含图例选项、填充和边框颜色等选项，用户可根据需要进行设置，以修饰图表的图例。设置完成后，单击“关闭”按钮即可。

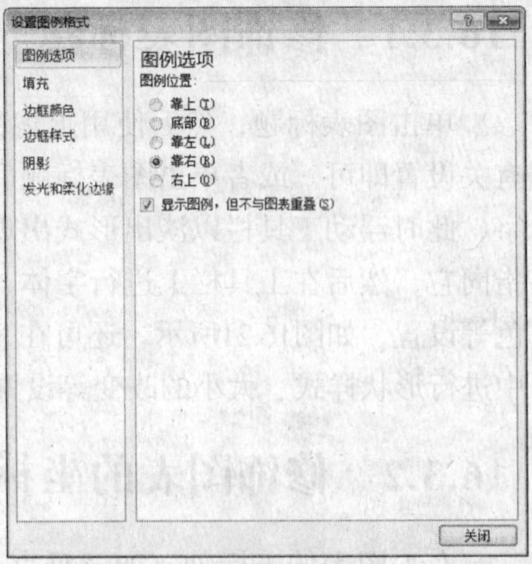

图16.24 “设置图例格式”对话框

16.3.5 在图表中建立趋势线

所谓的趋势线是代表特定数据系列的变动过程，并不是所有图表都可建立趋势线。例如，柱形图、条形图、折线图和散点图可建立趋势线，而饼图、圆环图、雷达图及立体图的数据系列则无法建立趋势线。其操作步骤如下：

01 单击图表中的某个数据系列，如“单价”系列。

02 选择“图表工具”下“布局”选项卡，在“分析”组中单击“趋势线”按钮，在弹出的下拉列表中选择“指数趋势线”选项，如图16.25所示。

03 添加完指数趋势线后的效果如图16.26所示。

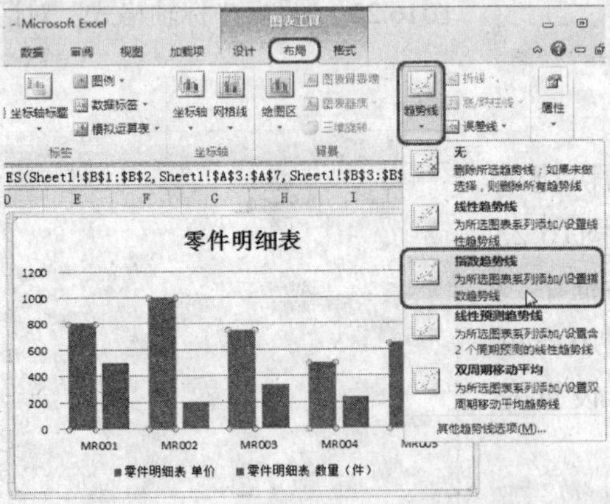

图16.25 选择“指数趋势线”选项

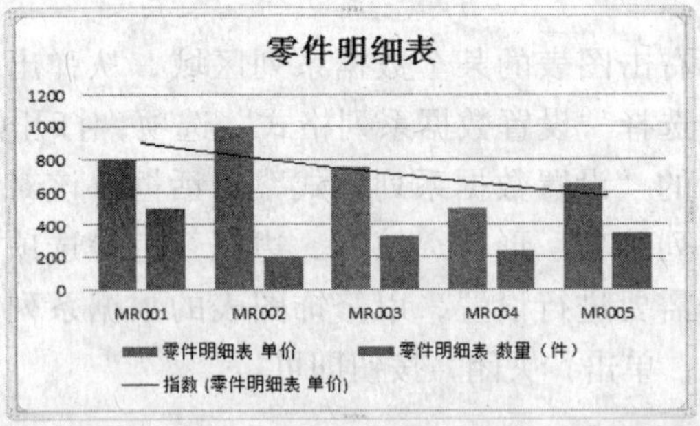

图16.26 添加完指数趋势线后的效果

16.4 页面设置

在打印工作表之前，可根据要求对想打印的工作表进行一些必要的设置。利用“页面布局”选项卡，如图16.27所示，可以更改数据的布局和格式。此外，还可以使用标尺测量数据的宽度和高度，更改页面方向，添加或更改页眉和页脚，设置打印边距以及隐藏或显示行标题与列标题。

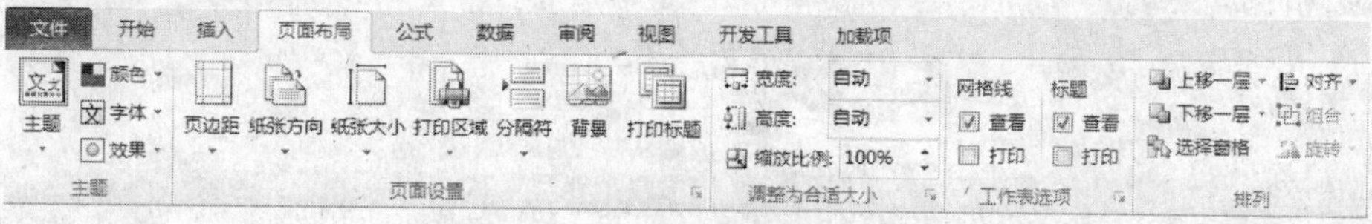

图16.27 “页面布局”选项卡

例如：设置打印的方向、纸张的大小、页眉或页脚、页边距以及控制是否打印网格线等，这些操作都可通过单击选项卡上的按钮来完成。

如果要进行更详细的设置，可单击“页面设置”组中右下角的按钮，打开“页面设置”对话框，其中有“页面”、“页边距”、“页眉/页脚”以及“工作表”4个选项卡，用户可根据需要选择相应选项进行详细设置。

16.4.1 设置页面

要设置页面，可以单击“页面布局”选项卡中“页面设置”组上的“纸张方向”按钮、“纸张大小”按钮，然后在展开的下拉列表中进行设置，如图16.28所示为纸张方向下拉列表，图16.29所示为纸张大小下拉列表。

若要进行更加详细的设置，可以单击“页面设置”组中右下角的按钮，打开“页面设置”对话框，在对话框的“页面”选项卡中进行设置，其中包含纸张方向、缩放比例、纸张大小以及起始页码等选项，如图16.30所示。

图16.28 纸张方向下拉列表

图16.29 纸张大小下拉列表

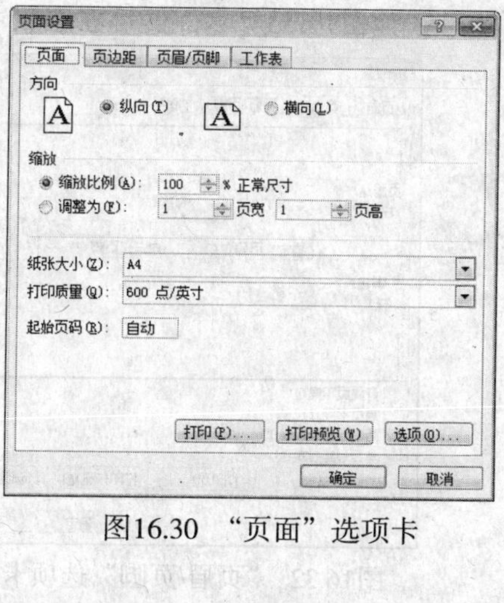

图16.30 “页面”选项卡

16.4.2 设置页边距

页边距是指在纸张上打印内容的边界与纸张边沿的距离。页边距通常用厘米作单位。

选择“页面布局”选项卡，在“页面设置”组中单击“页边距”按钮，在弹出的下拉列表中进行设置，如图16.31所示。若要显示更多选项，可以选择下拉列表中的“自定义边距”选项，打开“页面设置”对话框，在“页边距”选项卡上设置所需页边距的大小。

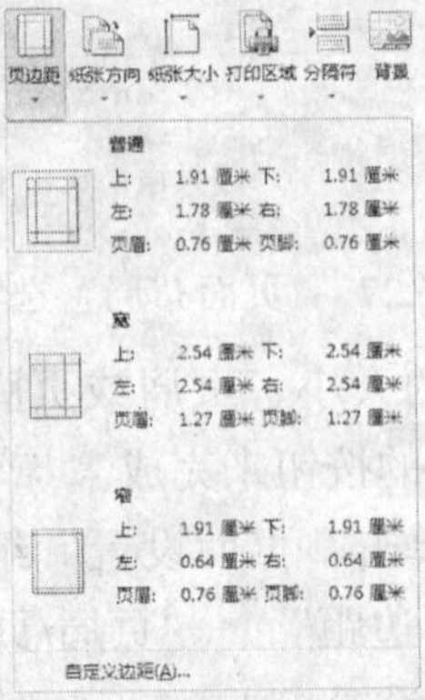

图16.31　页边距下拉列表

16.4.3　设置页眉或页脚

页眉和页脚分别位于打印页的顶端和底端，用来打印页号、表格名称或时间等。

01 选择“页面布局”选项卡，在“页面设置”组中单击右下角的按钮，打开“页面设置”对话框，选择“页眉/页脚”选项卡，如图16.32所示。

02 在该选项卡中可以对页眉和页脚进行自定义设置。

提示　用户也可以选择“视图”选项卡，在“工作簿视图”组中单击“页面布局”按钮，指向工作表页面顶端的“单击可添加页眉”或工作表页面底端的“单击可添加页脚”，如图16.33所示，然后在左、中或右页眉或页脚文本框中单击，输入所需文本即可。

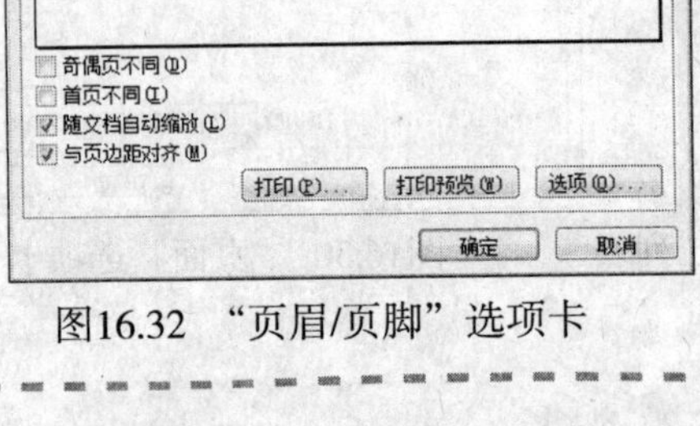

图16.32　“页眉/页脚”选项卡

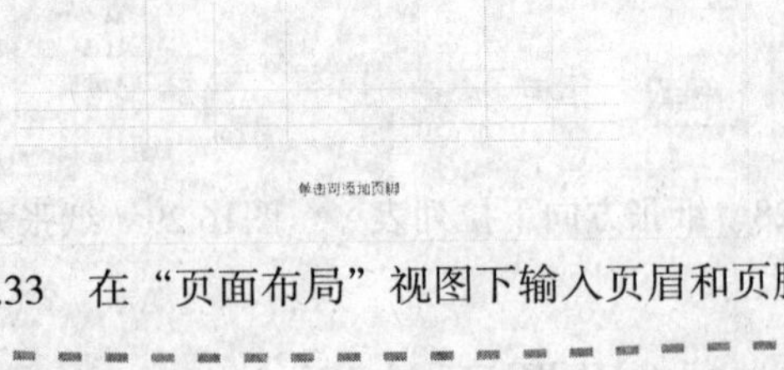

图16.33　在“页面布局”视图下输入页眉和页脚

1．使用Excel内置的页眉或页脚

如果想使用Excel提供的页眉或页脚格式，可以使用上面讲到的方法打开“页面设置”对话框，选择“页眉/页脚”选项卡，然后单击“页眉”或“页脚”框右侧的下三角按钮，在弹出的下拉列表中选择一个合适的页眉或页脚，选中的页眉或页脚注释将显示在“页眉”或

“页脚”框中，然后单击“确定”按钮即可。

2．自定义页眉或页脚

如果Excel提供的页眉或页脚格式不能满足需要，用户可以自定义页眉或页脚。自定义页眉的操作步骤如下：

01 打开“页面设置”对话框，选择“页眉/页脚”选项卡，单击“自定义页眉”按钮，打开“页眉”对话框，如图16.34所示。

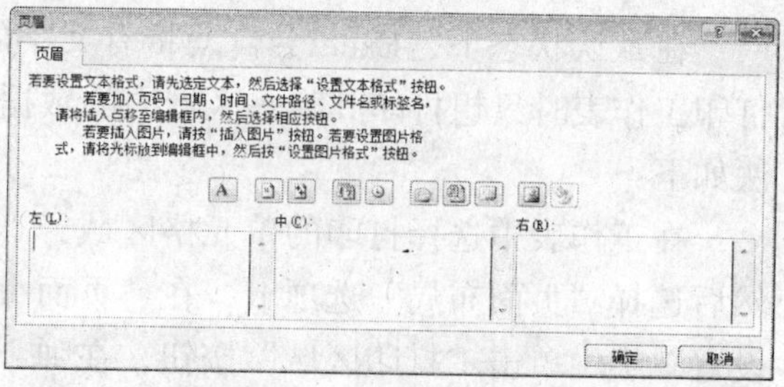

图16.34 “页眉”对话框

该对话框中各选项的功能如下：

- “格式文本”按钮A：用于设置页眉的文本格式。单击该按钮将出现“字体”对话框。
- “插入页码”按钮：在页眉中插入页码。添加或删除工作表时，Excel会自动更新页码。
- “插入页数”按钮：在页眉中插入总页数。
- “插入日期”按钮：在页眉中插入当前日期。
- “插入时间”按钮：在页眉中插入当前时间。
- “插入文件路径”按钮：在页眉中插入当前工作簿的路径。
- “插入文件名”按钮：在页眉中插入当前工作簿的名称。
- “插入数据表名称”按钮：在页眉中插入当前工作表的标签名。
- “插入图片”按钮：单击此按钮可以在页眉中插入图片。
- “设置图片格式”按钮：单击此按钮可以设置所插入图片的格式。
- “左”编辑框：在该编辑框中输入或插入的内容将出现在页眉的左边。
- “中”编辑框：在该编辑框中输入或插入的内容将出现在页眉的中间。
- “右”编辑框：在该编辑框中输入或插入的内容将出现在页眉的右边。

02 若要设置文本格式，请先在适当的编辑框中输入文本，再单击“格式文本”按钮A，选择字体格式；若要插入页码、日期、时间、文件名或工作表的标签名，请先将光标移到适当的编辑框中，再单击相应的按钮即可。

03 设置完成后单击“确定”按钮。

自定义页脚的操作方法与自定义页眉的操作方法完全相同，在此不再重复。

提示　在实际应用中，用户可以先使用已有的页眉或页脚的样式，然后再利用自定义页眉或页脚方式对其进行修改。方法是：先从“页眉”或“页脚”框的下拉列表中选择已有的页眉或页脚的样式，再单击“自定义页眉”按钮或“自定义页脚”按钮，然后在相应的编辑框中对其进行修改即可。同理可以删除自定义页眉或页脚。

16.4.4　设置工作表

在日常工作中为了方便对其工作表进行打印，常常会对工作表进行设置，以此来观测打印效果。

1. 设置打印区域

在默认状态下，Excel会自动将有文字的最大行和列的区域作为打印区域。如果用户在打印工作表时只想打印其某一区域内的数据，只要将这一区域设置为打印区域即可。操作方法如下：

在工作表中选择打印的单元格区域，然后选择“页面布局”选项卡，在“页面设置”组中单击“打印区域”按钮，在弹出的下拉列表中选择“设置打印区域”选项，如图16.35所示，即可将所选区域设置为打印区域。

用户也可以在“页面设置”对话框的“工作表”选项卡中进行设置，如图16.36所示。

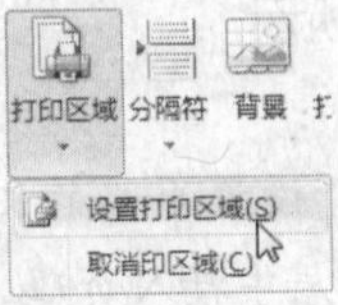

图16.35 选择“设置打印区域”选项

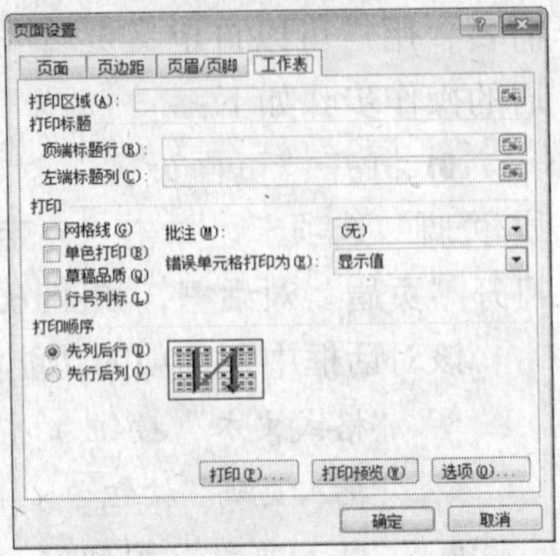

图16.36 “工作表”选项卡

直接在“打印区域”框中输入要打印区域的引用或用鼠标选定要打印的单元格区域。如果对话框挡住了该区域，可单击“打印区域”框右侧的按钮，将该对话框暂时折叠，以便在工作表中选定要打印的单元格区域，选择完成后，再单击按钮使对话框还原。

当然，用户也可同时设置多个打印区域。如果使用“打印区域”框，只要在该框中输入多个打印区域的引用，区域引用之间用逗号隔开即可；使用“页面布局”选项卡中“页面设置”组的“打印区域”按钮时，同样是先选定要打印的多个区域，然后选择“设置打印区域”选项即可。不过，多个打印区域的内容在打印时，将被打印在不同的页面上。

要取消打印区域，先选定该区域，然后单击“打印区域”按钮，在弹出的下拉列表中选择“取消印区域”选项；如果又重新设置了打印区域，则在此之前设置的打印区域将自动取消。

2. 设置打印效果

选择“页面设置”对话框的“工作表”选项卡，通过设置“打印”区域中的各个选项，可以在打印工作表时，打印出一些特殊的效果（如打印网格线、批注、按草稿品质打印等），“打印”区域中各选项功能如下：

- “网格线”复选框：勾选该复选框，打印时可打印网格线。
- “单色打印”复选框：勾选该复选框，打印时可忽略其他打印颜色，即对打印的工作表只进行黑白处理。
- “草稿品质”复选框：勾选该复选框，可缩短打印时间。打印时将不打印网格线，同时图形以简化方式输出。
- “行号列标”复选框：勾选该复选框，打印时打印行号或列标。行号打印在工作表数据的左端，列号打印在工作表数据的上边。
- “批注”框：在此框中可确定打印时是否包含批注。选择其中的“工作表末尾”或“如同工作表中的显示”选项时，都将打印批注。前者把批注单独打印在一页纸上，后者批注将随工作表在批注显示的位置处打印。默认选项为“无”。

16.4.5 设置图表

- 如果用户要打印的是图表工作表或工作表中的图表，则“页面设置”对话框中的“工作表”选项卡变为“图表”选项卡，其他选项卡及其内容保持不变，如图16.37所示。
- “图表”选项卡中的各选项功能如下：
- “草稿品质”复选框：勾选该复选框，可忽略图形和网格线打印，以加快打印速度，节省内存。
- “按黑白方式”复选框：勾选该复选框，将以黑白方式打印图表数据系列。

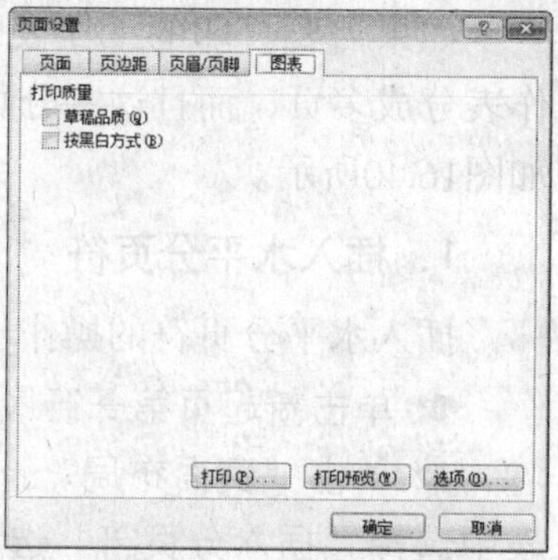

图16.37 “图表”选项卡

提示

对工作表中的图表进行打印设置时，必须先把图表激活。

16.5 利用分页预览视图查看和调整分页设置

通过单击“视图”选项卡中“工作簿视图”组的“分页预览”按钮，可从工作表的普通视图切换到分页预览视图，如图16.38所示。

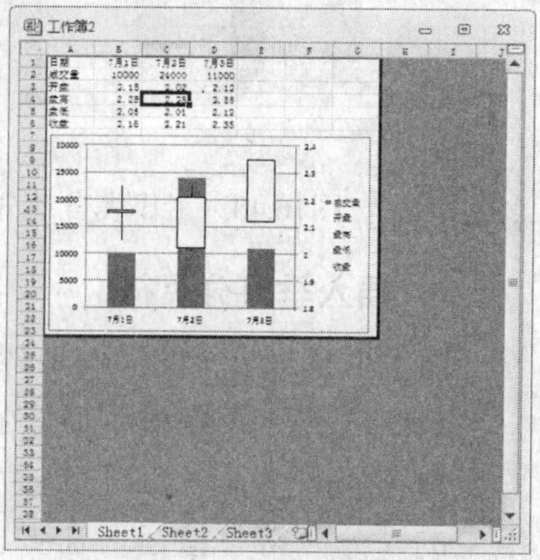

图16.38 分页预览视图

该视图以打印方式显示工作表，可以帮助用户完成一些打印设置工作（如选定打印区域、调整分页符、插入分页符等），并且用户还可像在普通视图中一样编辑工作表。要从分页预览视图返回普通视图，可单击“工作簿视图”组中的“普通”按钮。

16.5.1 设定打印区域

在图16.38中可以看到，蓝色框线就是Excel自动产生的分页符，分页符包围的部分就是系统根据工作表中的内容自动产生的打印区域。

若要改变打印区域，只要用鼠标向表格内侧或外侧拖曳分页符就可选定新的打印区域，图16.39所示的是将鼠标指针移到分页符的右下角，按住鼠标左键向外侧拖曳产生的新的打印区域。

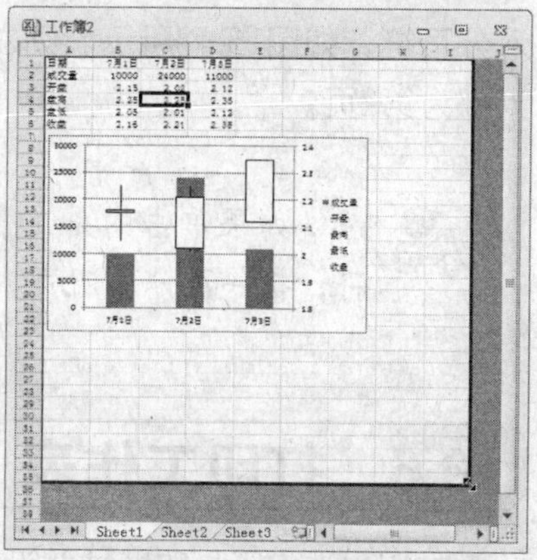

图16.39 拖曳分页符选定新的打印区域

另外，先选定想要设为打印区域的单元格区域，然后单击鼠标右键并从弹出的快捷菜单中选择“设置打印区域”命令，所选区域将变为新的打印区域。

16.5.2 插入或移动分页符

如果需要打印的工作表中的内容不止一页，Excel会自动在工作表中插入分页符，将工作表分成多页，而且这些分页符的位置取决于纸张的大小、页边距设置和设定的打印比例，如图16.40所示。

1．插入水平分页符

插入水平分页符的操作步骤如下：

01 单击新起页第一行最左边的单元格。

02 单击“页面布局”选项卡上“页面设置”组中的“分隔符”按钮，在弹出的下拉列表中选择“插入分页符”选项，于是在该行的上方会插入分页符，如图16.41所示。则上半部为第1页，下半部为第2页。

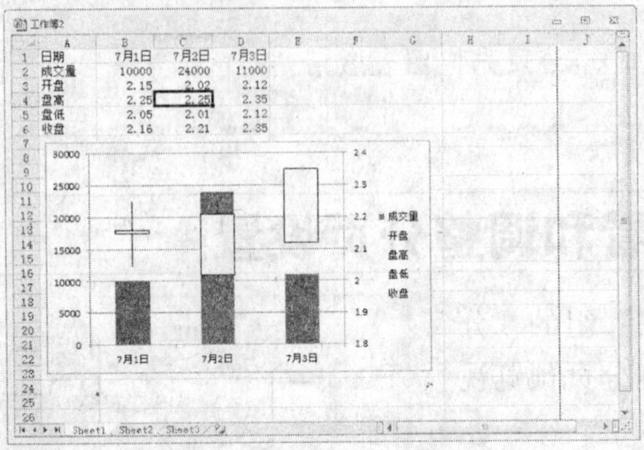

图16.40 工作表自动分页

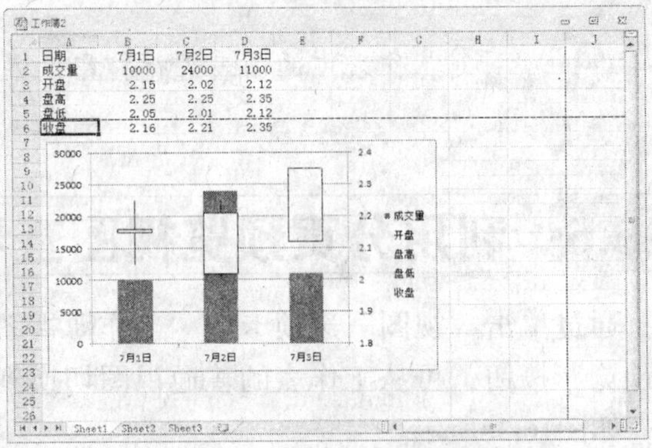

图16.41 插入的水平分页符

2．插入垂直分页符

插入垂直分页符的操作步骤如下：

01 单击新起页第一列顶端的单元格。

02 单击“页面布局”选项卡上“页面设置”组中的“分隔符”按钮，在弹出的下拉列表中选择“插入分页符”选项，于是在该列的左边会插入分页符，如图16.42所示。则左半部为第1页，右半部为第2页。

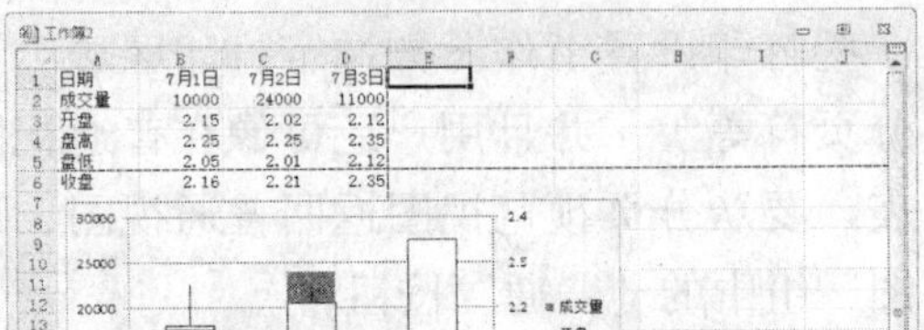

图16.42 插入垂直分页符

提示 如果单击的是工作表其他位置的单元格，将同时插入水平分页符和垂直分页符，将一页分成四页。

16.6 打印工作表

在用户选定了打印区域并设置好打印页面后，即可正式打印工作表了。不过，对要打印的文档设置完成以后，用户一定希望看看打印输出效果，此时就要用到Excel的打印预览功能了。

16.6.1 打印预览

利用Excel提供的打印预览功能，可以预览设置的页面，不满意的话，可及时调整。单击“文件”按钮，然后选择“打印”选项，可以在窗口的右侧进行预览，如图16.43所示。

单击右下角的“缩放到页面”按钮，可以放大预览区，如图16.44所示。

通过单击“显示边距”按钮，可以在预览区中显示出页边距，用户也可以在预览区中对页边距进行调整，如图16.45所示。

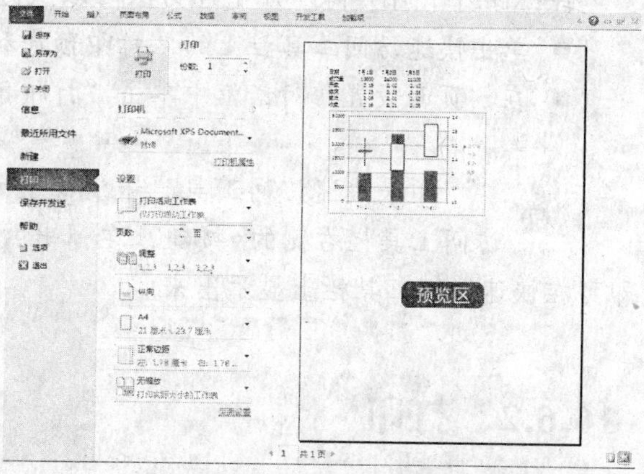

图16.43 预览区

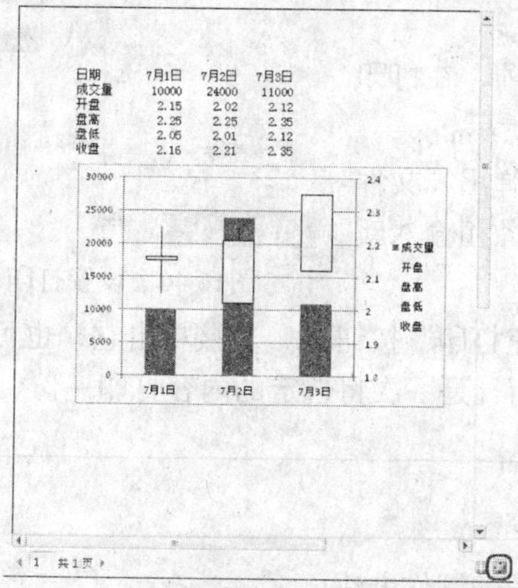

图16.44 单击“缩放到页面”按钮后的效果

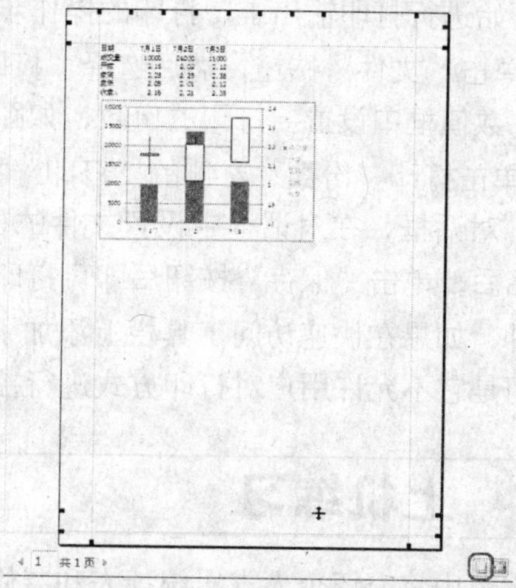

图16.45 显示出的页边距

打印预览视图中的效果与打印机上实际输出的效果完全一样，如果对效果不满意，直接使用打印预览视图中相应的按钮就可对有关设置进行修改，直到满意为止。

1. 打印预览中的按钮

打印预览区中包括上一页、下一页、显示边距和缩放到页面4个按钮。各按钮的功能如下：

- “上一页”按钮：单击该按钮，显示上一页。如果只有一页，则该按钮呈灰色。
- “下一页”按钮：单击该按钮，显示下一页。如果只有一页，则该按钮呈灰色。
- “显示边距”按钮：单击该按钮，可显示或隐藏用于改变边界和列宽的控制柄，如图16.45所示。
- “缩放到页面”按钮：单击该按钮，可放大或缩小预览区。

提示：出现在打印预览窗口中的各页的外观有时因可用的字体、打印机的分辨率或可用的颜色不同而变化。

2. 实现打印预览的方法

在Excel中，用户除了用上述方法可以执行打印预览外，还可使用下面的方法：

- 单击快速访问工具栏上的“打印预览和打印”按钮。
- 在“页面设置”对话框中单击“打印预览”按钮。

提示 如果快速访问工具栏中没有显示“打印预览和打印”按钮，可以单击快速访问工具栏右侧的按钮，在弹出的下拉列表框中选择“打印预览和打印”选项，即可在快速访问工具栏上显示出来。

16.6.2 打印

如果用户对在打印预览窗口中所看到的效果非常满意，就可以开始进行打印输出了。打印的操作步骤如下：

01 单击“文件”按钮，然后选择“打印”选项，在打印“份数”数值框中设置要打印的份数，如图16.46所示。

02 单击打印“份数”左侧的“打印”按钮，弹出“文件另存为”对话框，在对话框中设置文件的保存路径和输入新的文件名后，单击“保存”按钮后即可打印文件。

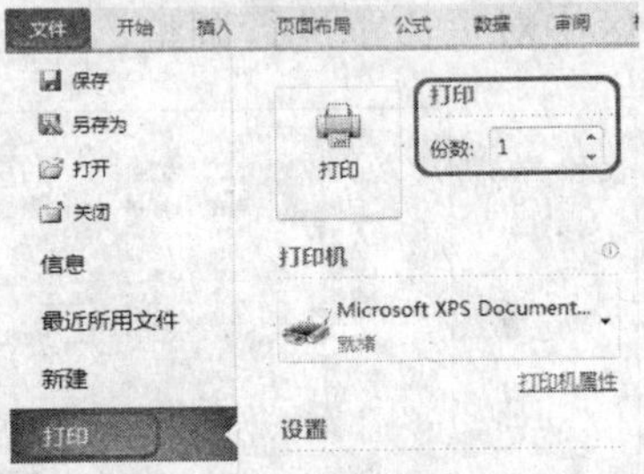

图16.46 设置打印份数

此外，如果在快速访问工具栏上添加了“快速打印”按钮，直接单击它，也可以打印文档。但是它不允许用户对打印方式进行控制，而且是一次将选定的内容打印一份。

16.7 上机练习

在本节中将介绍个人支出统计表和装修流程图的制作方法。

16.7.1 制作个人支出统计表

本例介绍个人支出统计表的制作，主要运用图表的创建与编辑插入图表，完成后的效果如图16.47所示。

01 启动程序Excel 2010后，在系统新建的工作簿中输入内容，如图16.48所示。

图16.47 个人支出统计表效果

	A	B	C	D	E	F
1	个人支出统计表					
2	月份	餐饮	服装	交通	话费	总计
3	1	500	150	50	40	
4	2	520	100	20	40	
5	3	450	50	100	50	
6	4	550	50	40	35	

图16.48 输入内容

02 选择A1:F1区域单元格，然后选择“开始”选项卡，在“对齐方式”组中单击“合并后居中”按钮，然后在“字体”组中将“字体”设置为“华文行楷”，将“字号”设置为16，如图16.49所示。

03 选择A2:F6区域单元格，然后在“对齐方式”组中单击“居中”按钮，如图16.50所示。

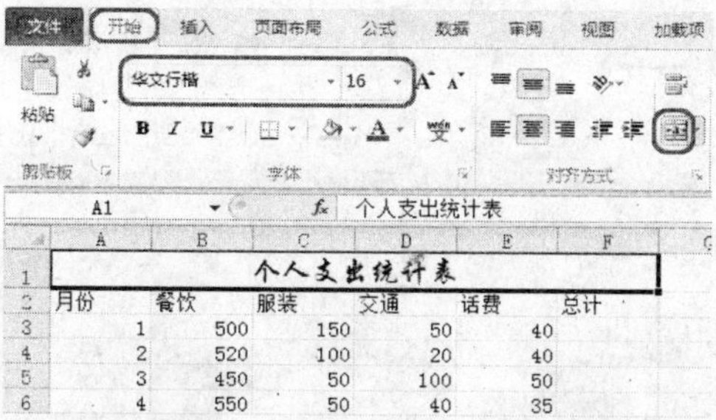

图16.49　合并单元格并设置字体

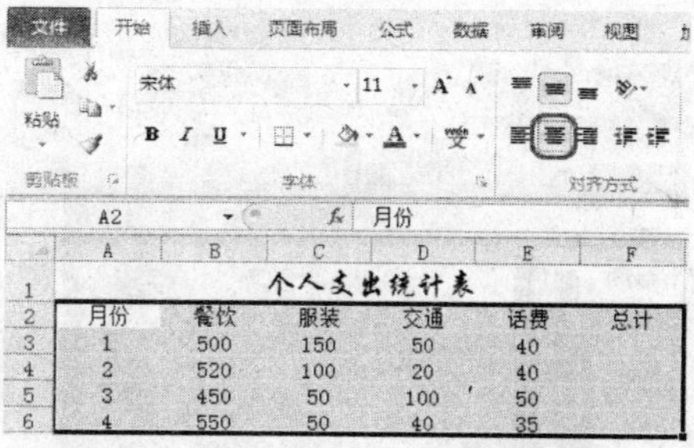

图16.50　单击“居中”按钮

04 选择B3:E3区域单元格，然后选择“开始”选项卡，在“编辑”组中单击“求和”按钮，即可在F3单元格中显示出计算结果，如图16.51所示。

05 选择F3单元格，并将鼠标移至单元格的右下角，当鼠标变成+形状时，按住鼠标左键向下拖曳，在F6单元格上松开鼠标左键，即可将F3单元格中的公式自动填充到单元格F4到F6中，如图16.52所示。

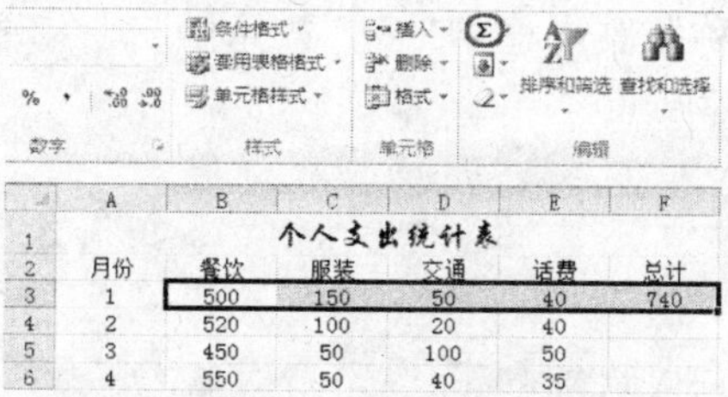

图16.51　单击“求和”按钮

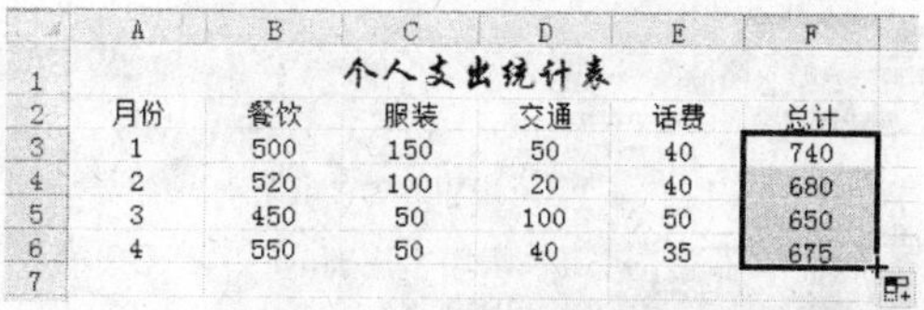

图16.52　自动填充公式

06 选择A1:F6区域单元格，然后选择“开始”选项卡，在“字体”组中单击右下角的按钮，打开“设置单元格格式”对话框，选择“边框”选项卡，在“线条”区域中选择如图16.53所示的线条样式，并将“颜色”设置为“红色，强调文字颜色2，深色25%”，在“预置”区域中单击“外边框”按钮和“内部”按钮，如图16.53所示。

07 单击“确定”按钮，选择A1单元格，在“字体”组中单击“填充颜色”按钮右侧的下三角按钮，在弹出的下拉列表框中选择“红色，强调文字颜色2，淡色40%”，如图16.54所示。

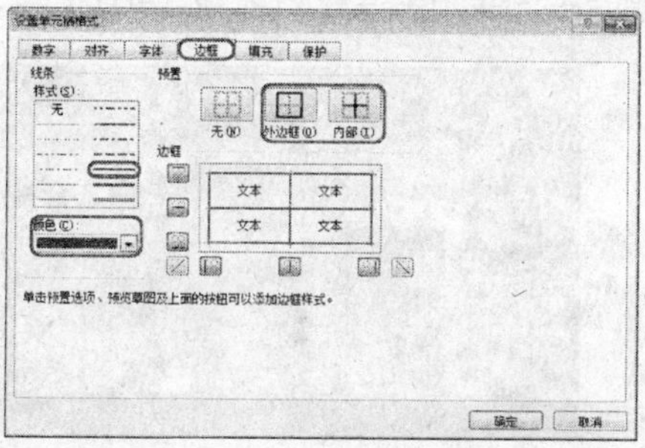

图16.53　“设置单元格格式”对话框

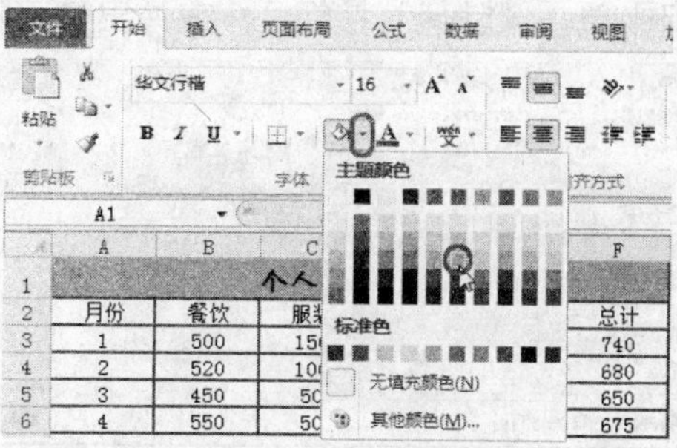

图16.54　设置填充颜色

08 选择B2:F6区域单元格，然后选择“插入”选项卡，在“图表”组中单击“柱形图”按钮，在弹出的下拉列表框中选择“簇状柱形图”选项，即可插入图表，如图16.55所示。

09 选择“图表工具”下“设计”选项卡，在“图表布局”组中选择“布局1”，并将图表标题改为“个人支出统计表”，如图16.56所示。

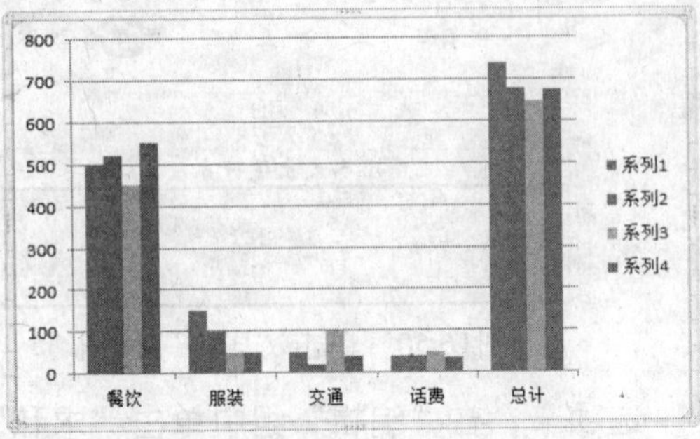

图16.55　插入的图表

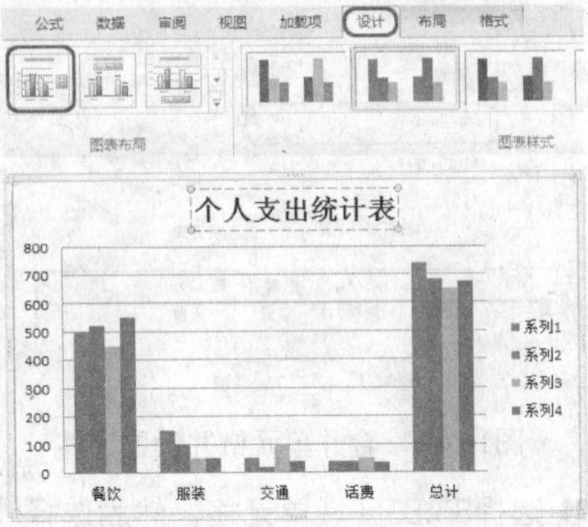

图16.56　更改图表布局

10 选中图例并右击，从弹出的快捷菜单中选择“选择数据”选项，打开“选择数据源”对话框，在“图例项（系列）”列表框中选择“系列1”，并单击“编辑”按钮，如图16.57所示，

11 弹出“编辑数据系列”对话框，在“系列名称”文本框中输入“1月份”，如图16.58所示。

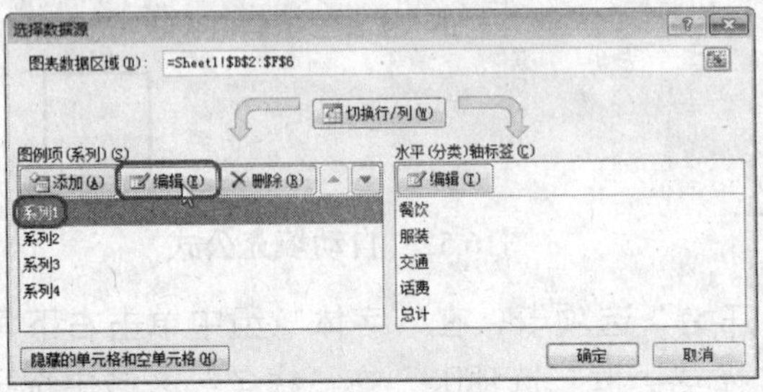

图16.57　“选择数据源”对话框

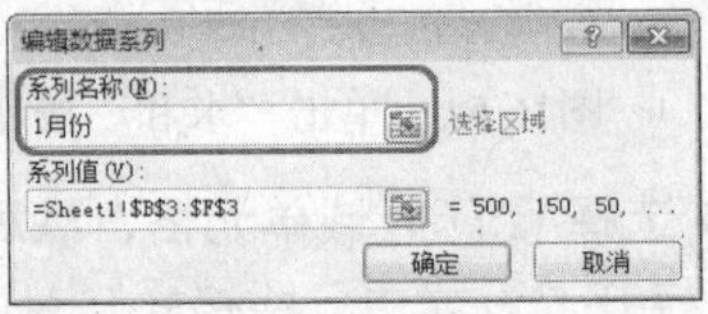

图16.58　“编辑数据系列”对话框

12 单击“确定”按钮，按照图样的方法将“系列2”、“系列3”和“系列4”改为“2月份”、“3月份”和“4月份”，如图16.59所示。

13 单击“确定”按钮，然后激活图表，选择“图表工具”下“设计”选项卡，在“图表样式”组中单击“其他”按钮，在弹出的下拉列表框中选择“样式44”，如图16.60所示。

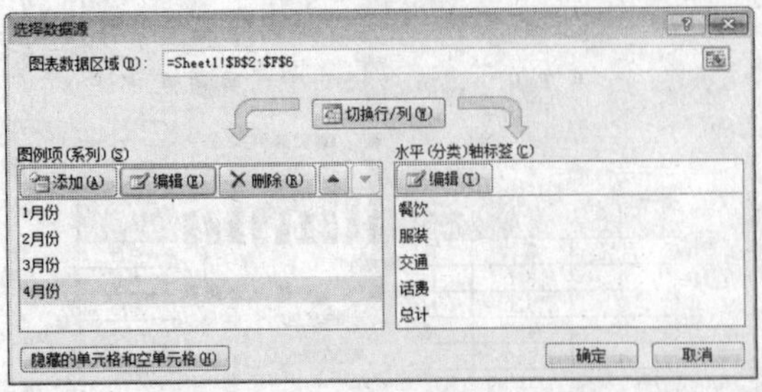

图16.59　更改其他图例项

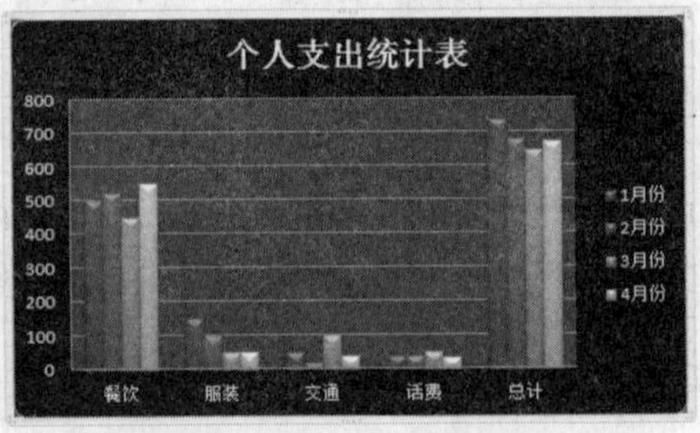

图16.60　设置图表样式

14 选中图表标题，然后选择“开始”选项卡，在“字体”组中将“字体”设置为“华文行楷”，即可完成个人支出统计表的制作。

16.7.2 制作装修流程图

本例将介绍装修流程图的制作，该例只用到了自选图形，制作完成后的效果如图16.61所示。

01 按Ctrl+N快捷键新建一个工作簿，选择A1:J1区域单元格，然后选择“开始”选项卡，在“对齐方式”组中单击“合并后居中”按钮，然后在单元格中输入“装修流程图”，在“字体”组中将“字体”设置为“华文行楷”，将“字号”设置为28，如图16.62所示。

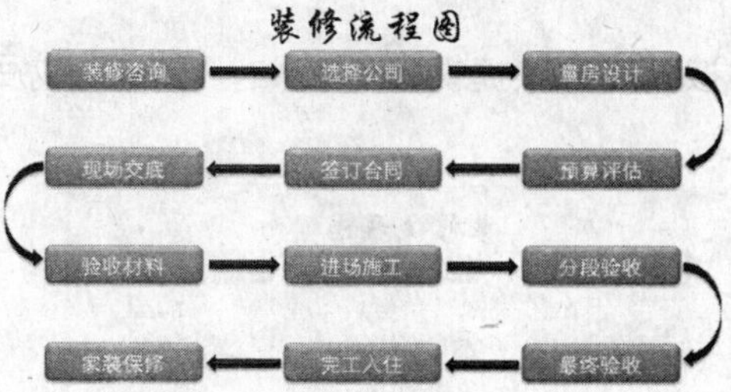

图16.61 装修流程图效果

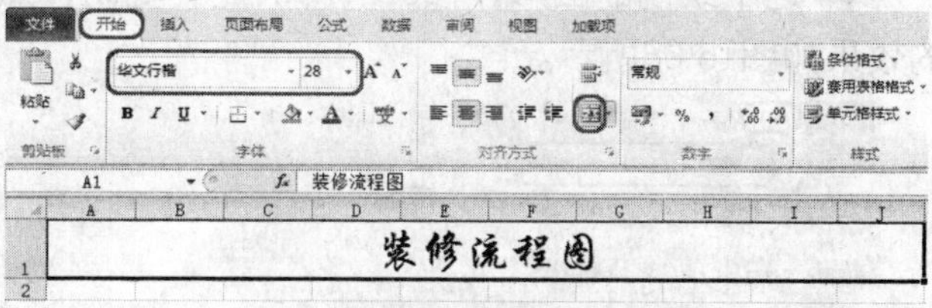

图16.62 设置字体和字号

02 选择“插入”选项卡，在“插图”组中单击“形状”按钮，在弹出的下拉列表框中选择“流程图：可选过程”，如图16.63所示。

03 在如图16.64所示的位置处绘制图形。

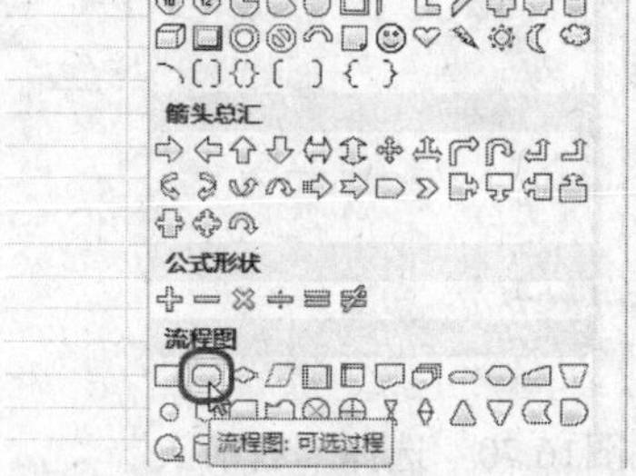

图16.63 选择“流程图：可选过程”

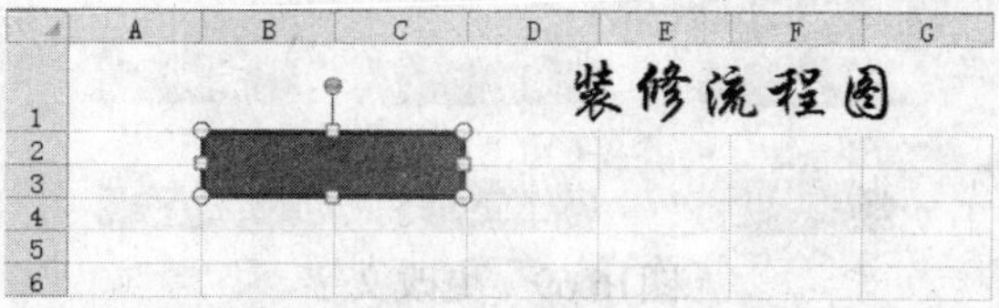

图16.64 绘制图形

04 选择“格式”选项卡，在“形状样式”组中单击“其他”按钮，在弹出的下拉列表框中选择“强烈效果-水绿色，强调颜色5”，如图16.65所示。

05 在绘制的形状上右击，从弹出的快捷菜单中选择“编辑文字”选项，然后输入文字“装修咨询”，如图16.66所示。

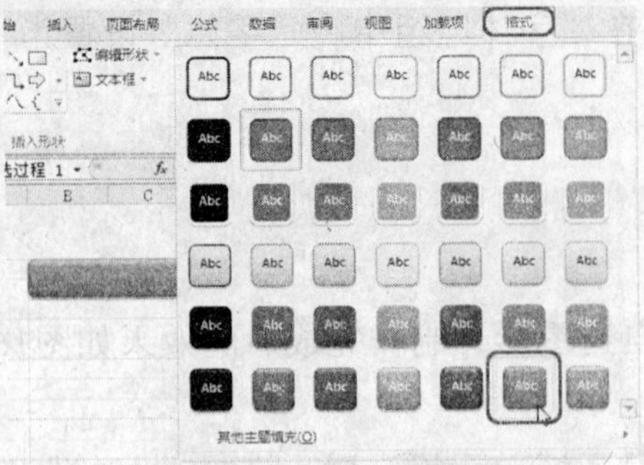

图16.65　设置形状样式

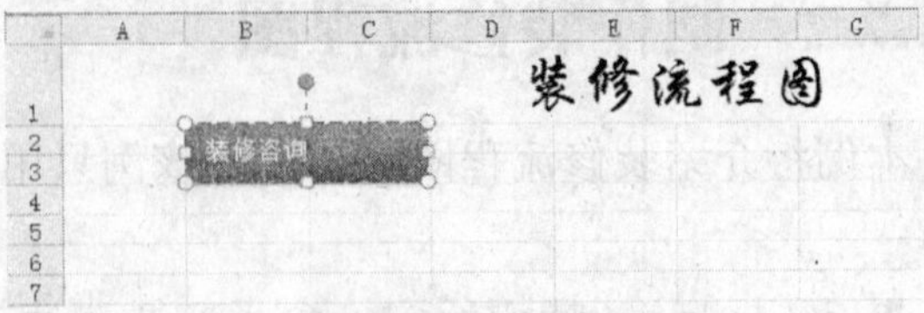

图16.66　输入文字

06 选中刚刚输入的文字，然后选择“开始”选项卡，在“字体”组中将“字体”设置为“华文细黑”，“字号”设置为14，在“对齐方式”组中单击“居中”按钮，如图16.67所示。

07 选中绘制的图形，按Ctrl+C快捷键复制，然后按Ctrl+V快捷键多次粘贴，复制完成后的效果如图16.68所示。

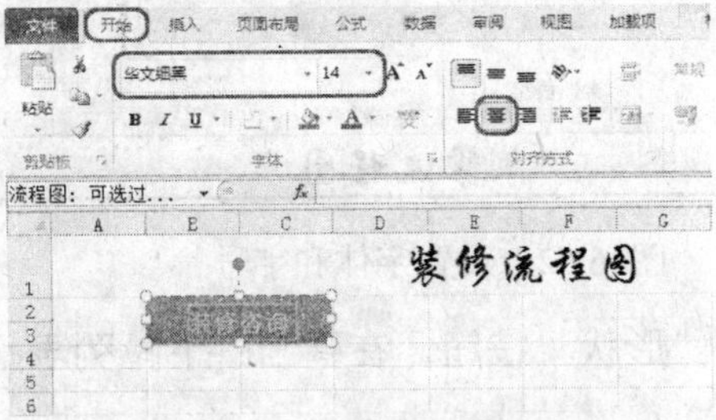

图16.67　设置字体和字号

图16.68　复制图形

08 然后更改复制的图形上的文字，如图16.69所示。

09 选择“插入”选项卡，在“插图”组中单击“形状”按钮，在弹出的下拉列表框中选择“右箭头”，如图16.70所示。

图16.69　更改文字

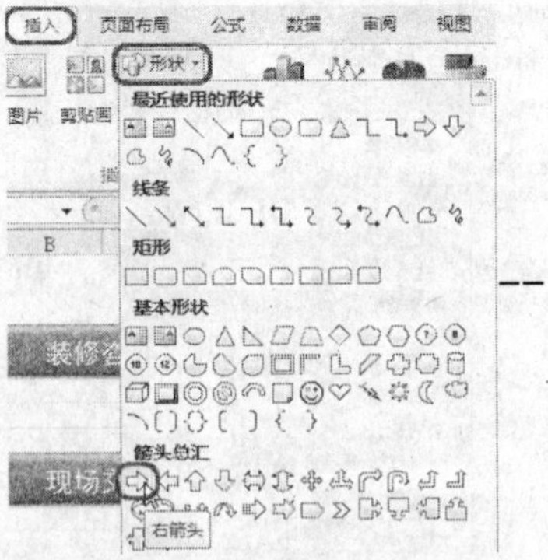

图16.70　选择“右箭头”

10 在如图16.71所示的位置处绘制箭头，并选择“格式”选项卡，在“形状样式”组中单击“其他”按钮，在弹出的下拉列表框中选择“强烈效果-黑色，深色1”，如图16.71所示。

11 选中刚绘制的图形，按Ctrl+C快捷键复制，然后按Ctrl+V快捷键多次粘贴，复制完成后的效果如图16.72所示。

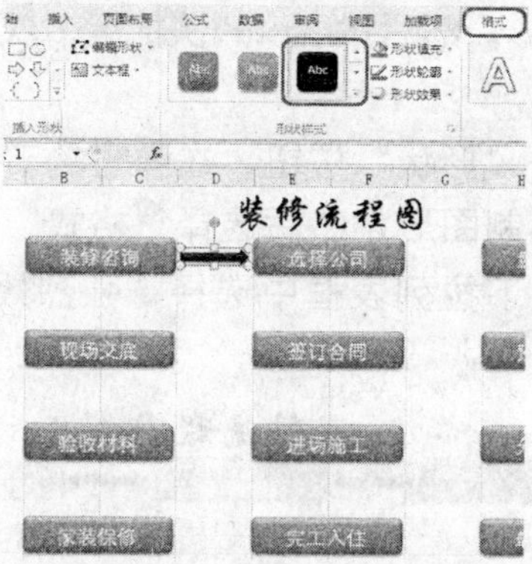

图16.71 绘制形状并设置样式

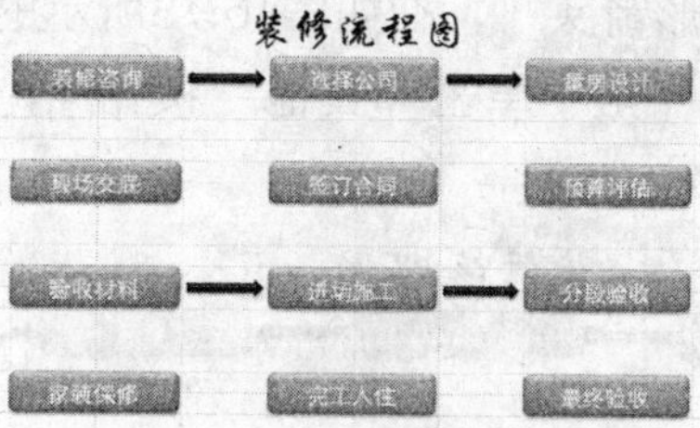

图16.72 复制图形

⑫ 选择“插入”选项卡，在“插图”组中单击“形状”按钮，在弹出的下拉列表框中选择“左箭头”，在如图16.73所示的位置处绘制图形，然后选择“格式”选项卡，在“形状样式”组中单击“其他”按钮，在弹出的下拉列表框中选择“强烈效果-黑色，深色1”。

⑬ 按Ctrl+C快捷键复制刚绘制的左箭头图形，然后按Ctrl+V快捷键多次粘贴，复制完成后的效果如图16.74所示。

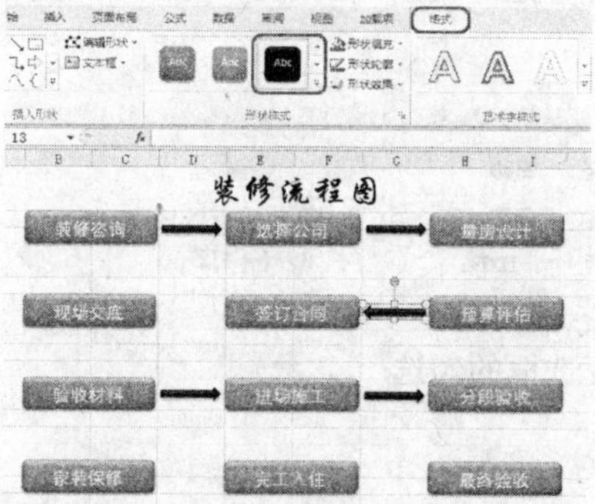

图16.73 绘制图形并设置形状样式

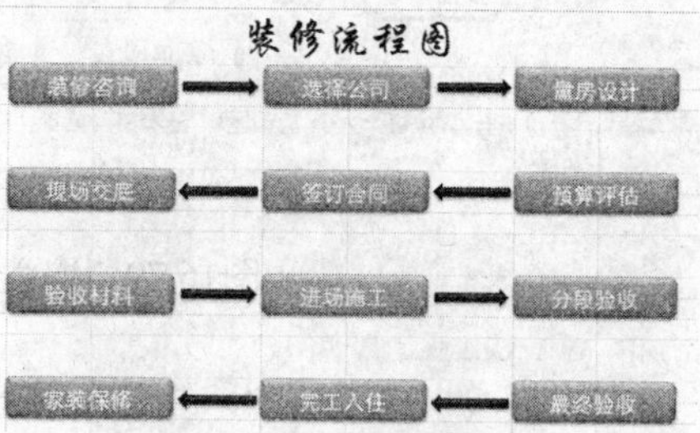

图16.74 复制图形

⑭ 选择“插入”选项卡，在“插图”组中单击“形状”按钮，在弹出的下拉列表框中选择“右弧形箭头”，如图16.75所示。

⑮ 在如图16.76所示的位置处绘制图形，然后选择“格式”选项卡，在“形状样式”组中单击“其他”按钮，在弹出的下拉列表框中选择“强烈效果-黑色，深色1”。

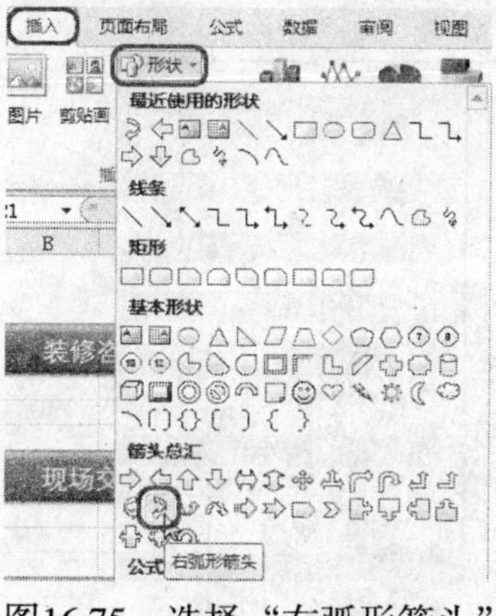

图16.75 选择“右弧形箭头”

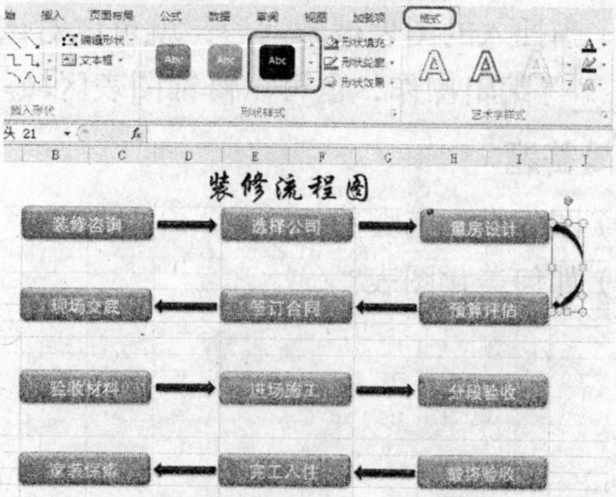

图16.76 绘制图形并设置形状样式

⑯ 按Ctrl+C快捷键复制刚绘制的右弧形箭头图形，然后按Ctrl+V快捷键多次粘贴，复制完成后的效果如图16.77所示。

⑰ 选择“插入”选项卡，在“插图”组中单击“形状”按钮，在弹出的下拉列表框中选择“左弧形箭头”，在如图16.78所示的位置处绘制图形，然后选择“格式”选项卡，在“形状样式”组中单击“其他”按钮，在弹出的下拉列表框中选择“强烈效果-黑色，深色1”。

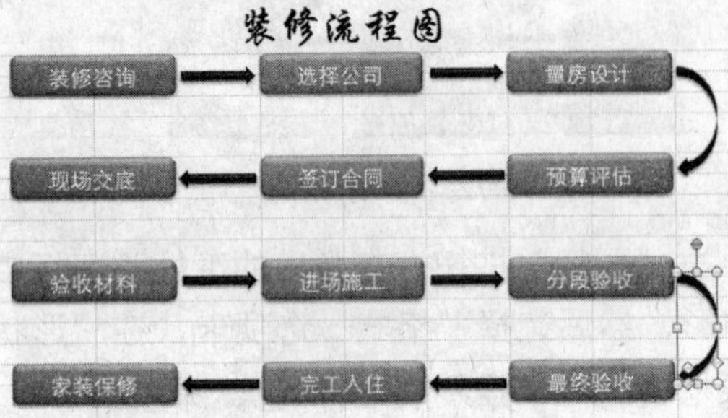

图16.77　复制图形

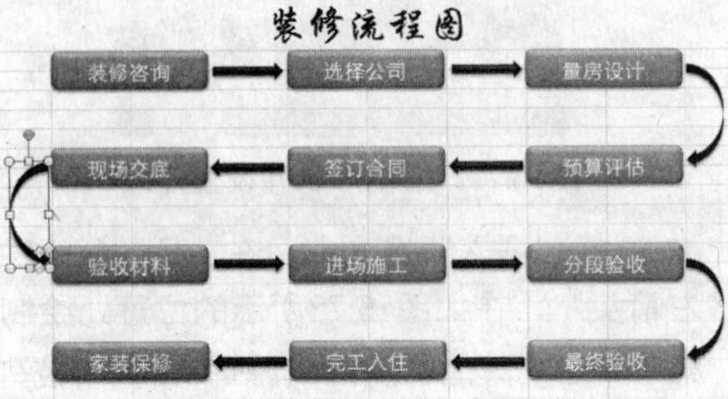

图16.78　绘制图形并设置图形样式

⑱ 选择“页面布局”选项卡，在“工作表选项”组中取消网格线“查看”复选框的勾选，如图16.79所示。

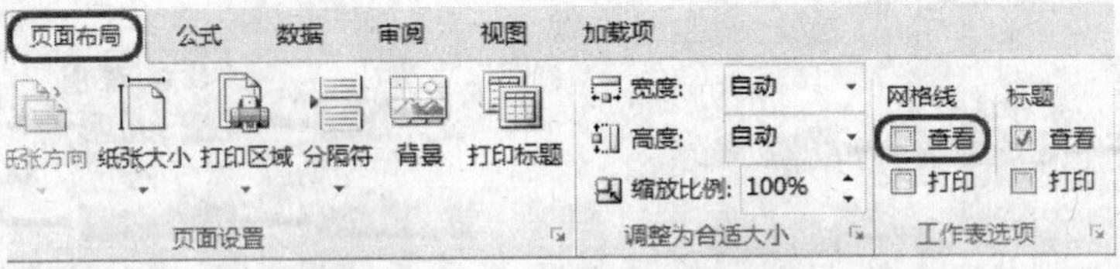

图16.79　取消“查看”复选框的勾选

16.8 习题

1. 填空题

（1）一个图表由＿＿＿＿＿及图表中的＿＿＿＿＿（如标题、图例、数值轴、分类轴等）组成。

（2）当插入的图表被激活后，就可以对该图表进行＿＿＿＿、＿＿＿＿、＿＿＿＿、或＿＿＿＿等编辑操作，也可以修饰图表区域。

2. 简答题

（1）图表类型有哪些？

（2）如何美化图表？

第17章 PowerPoint操作基础

本章要点

PowerPoint 2010中文版是Office 2010套装软件的一个重要组件。PowerPoint首先引入了演示文稿（Presentation）概念，改变了过去幻灯片零散杂乱的缺点。PowerPoint具有动画效果功能，例如进入和退出动画、计时控制和动作路径（动画中的项目行走的路径），因此可以使多个文本和对象的动画同时进行。

通过本章学习，初步了解PowerPoint的基本功能，能够使用多种方法建立一个或一组幻灯片，同时能进行输入文字、编辑文字等基本操作。

本章内容主要包括

- 制作演示文稿
- 在演示文稿中输入内容
- 编辑文本

go>>

17.1 制作演示文稿

选择“开始”→“所有程序”→“Microsoft Office”→“Microsoft Office PowerPoint 2010”命令，如图17.1所示。打开PowerPoint 2010之后，默认建立了一个新的空白演示文稿，如图17.2所示。此演示文稿的默认文件名为“演示文稿1”。

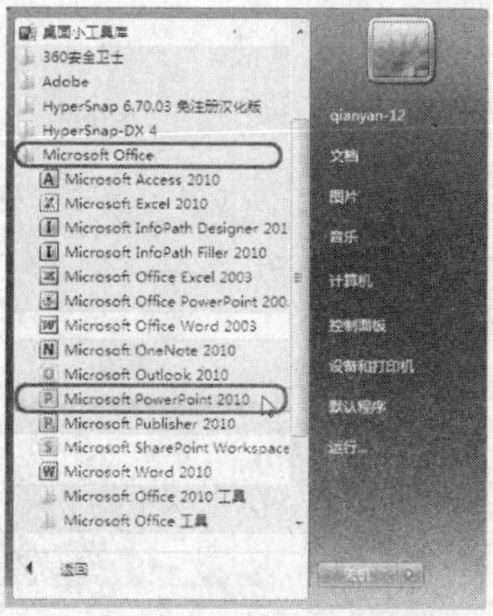

图17.1 运行PowerPoint 2010

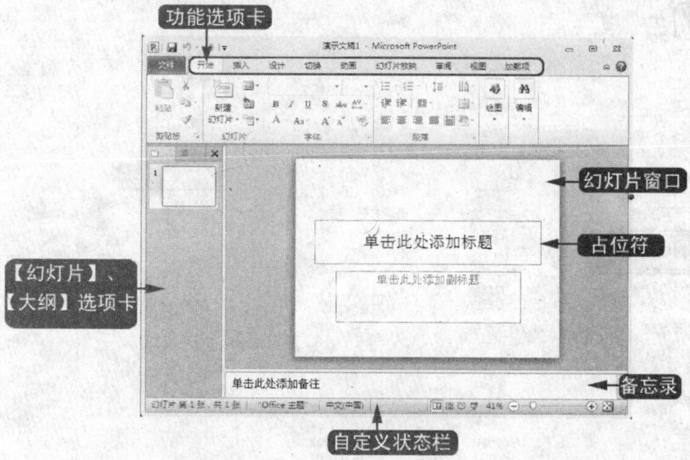

图17.2 界面

17.1.1　了解工作区

如图17.2所示，中间最大的区域是幻灯片窗口，幻灯片的制作就是在这个工作区中进行的。

在幻灯片上带虚线边框的框被称为“占位符”，它是输入文本的位置。占位符也可以包含图片、图标以及其他非文本工具。

在该视图左侧显示演示文稿中幻灯片的小版本，也称为缩览图版本，当前正在处理的幻灯片将突出显示。此区域便是“幻灯片”选项卡，添加其他幻灯片后，可以通过单击此处的幻灯片缩览图导航至其他幻灯片。

在视图底部区域是备注窗格，可以在此输入备注，然后在演示时进行参考。

17.1.2　建立新的演示文稿

新建演示文稿的方法有以下几种：

- 从“开始”菜单中选择创建PowerPoint 2010新的演示文稿。
- 选择“文件”→“新建”命令，打开“新建演示文稿”对话框，如图17.3所示。在该对话框中选择创建方式，如图17.4所示。
- 按Ctrl+N快捷键，打开一个空白文稿。

在“新建演示文稿”对话框中有以下几种方式可以创建新的演示文稿：

- 由“空白演示文稿和最近打开的模板”新建演示文稿，如图17.4所示。
- 根据“样本模板”新建演示文稿，如图17.4所示。
- 根据“主题”新建演示文稿，如图17.4所示。
- “根据现有内容新建”新建演示文稿，如图17.4所示。
- 根据“我的模板”新建演示文稿，如图17.4所示。
- 根据“Office.com模板”上的模板新建演示文稿，如图17.4所示。

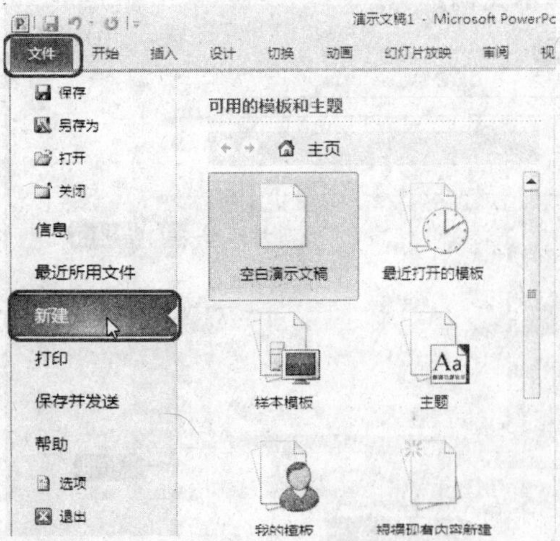

图17.3　选择“新建”命令

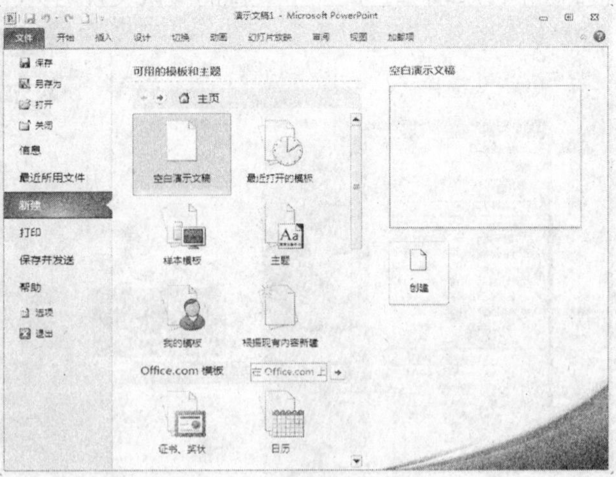

图17.4　打开“新建演示文稿”对话框

17.1.3 添加新幻灯片

建立“标题幻灯片”后，需要继续添加其他幻灯片。

添加新幻灯片最直接的方法是单击“开始”选项卡中“幻灯片”选项组的“新建幻灯片”按钮选项，如图17.5所示。

“新建幻灯片”按钮选项有两种使用方法：

- 如果单击“新建幻灯片”按钮，会立即在当前幻灯片的下面添加一个新的幻灯片，如图17.6所示。
- 如果单击新建幻灯片按钮，将弹出下拉菜单，如图17.7所示。选择一个合适的版式后，将插入该版式的幻灯片。所谓版式就是幻灯片的内容框架，主要包括标题和各种内容的占位符。版式的选择应根据内容需要而定。

图17.5 单击“新建幻灯片”按钮

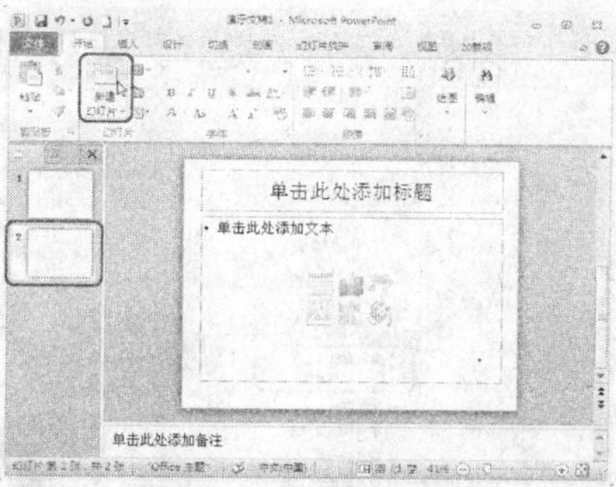

图17.6 新建的幻灯片

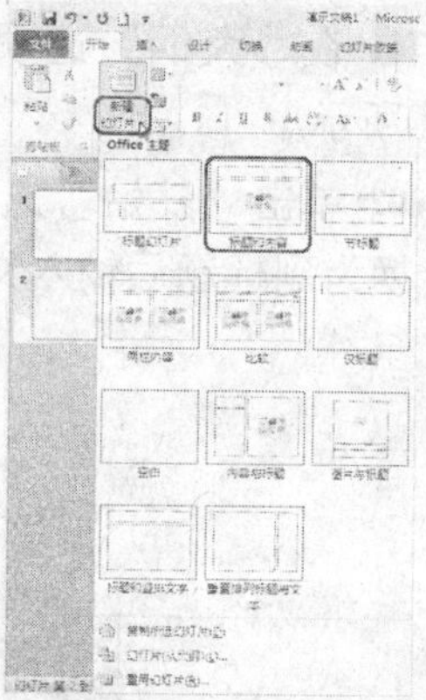

图17.7 选择版式新建幻灯片

17.2 在演示文稿中输入内容

字体颜色与背景之间应该有较强的对比以确保可读性。在整篇演示文稿中可以更改特定幻灯片上的字体类型。例如，在强调时可以使用粗体和斜体，但过多使用则会降低其效果。因此，在同一演示文稿中使用的字体最好不要超过4种。

17.2.1 在“大纲”选项卡中输入文字

在“大纲”选项卡中编辑文字，主要注重文字的条理性。由于幻灯片的篇幅不可能很大，因此幻灯片中的文字最重要的是简洁、清楚、富有感染力。

设置“大纲”的具体操作步骤如下：

01 为了方便，首先在演示文稿中新建几个空白的新幻灯片。

02 在“大纲”中输入标题，在幻灯片中的标题就会出现，如图17.8所示。

03 使用同样的方法给另外的幻灯片添加标题，如图17.9所示。

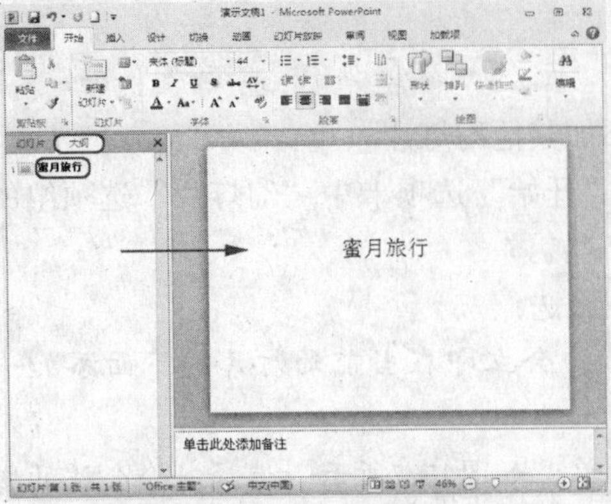

图17.8　命名演示文稿标题

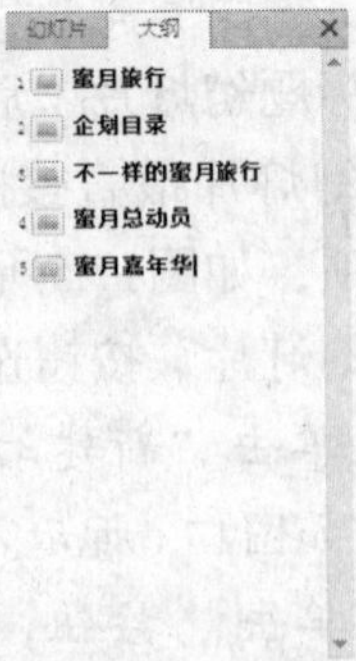

图17.9　命名大纲中的标题

在“大纲”选项卡中添加副标题的操作如下：

01 在“大纲”选项卡中的幻灯片标题后面插入光标，按回车键，新建幻灯片，如图17.10所示。

02 单击“开始”选项卡中“段落”组的“提高列表级别”按钮，如图17.11所示。将其转换为副标题后输入文本。

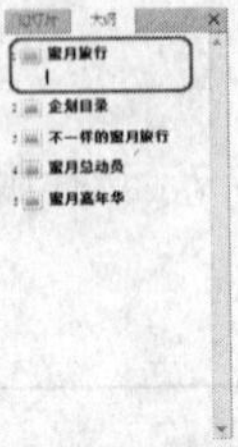

图17.10　新建幻灯片

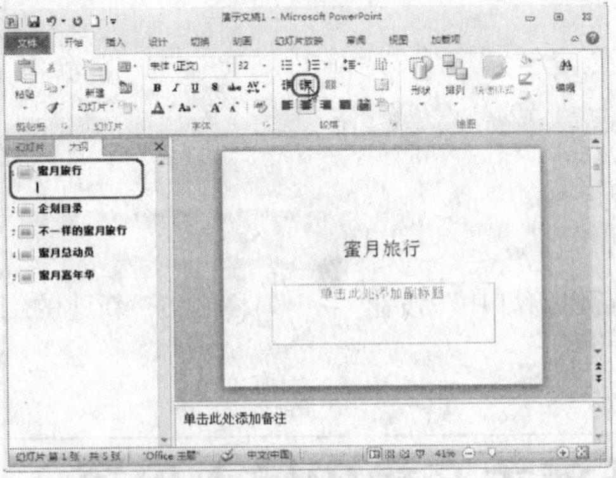

图17.11　转换为副标题

03 选择所输入文字，鼠标稍微向上移动可出现字体设置组，如图17.12所示。

04 在“大纲”选项卡中设置文本会在幻灯片主题中出现。图17.13所示是设置文本后的效果。

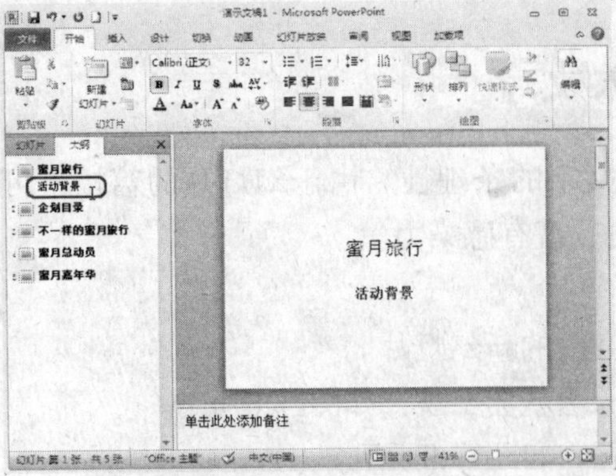

图17.12　设置文本

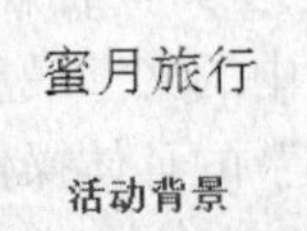

图17.13　设置文本后的效果

17.2.2 在幻灯片中输入文本

在创建演示文稿时，选择版式之后，就可以输入内容了，本节将介绍如何输入内容。

打开PowerPoint之后，默认使用“标题幻灯片”版式，如图17.14所示。即可开始制作幻灯片，可以将文本添加到幻灯片的占位符、形状和文本框区域中。

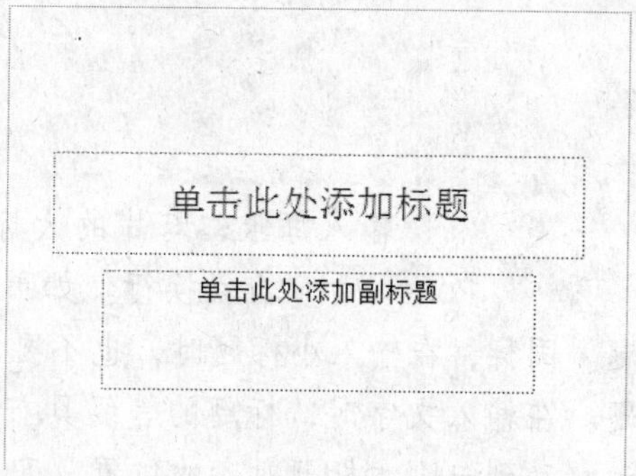

图17.14 默认使用的“标题幻灯片”版式

1．在占位符中输入文字

用户可以在文本和对象占位符中输入标题、副标题和正文文本。虚线边框表示包含幻灯片标题文本的占位符。要在幻灯片上的占位符中添加正文或标题文本，可以在文本占位符中单击，然后输入或粘贴文本。如果文本的大小超过占位符的大小，PowerPoint会在输入文本时以递减方式减小字体大小和行间距，使文本适应占位符的大小。

2．将文本添加到形状中

正方形、圆形、批注框和箭头总汇等形状可以包含文本。在形状中输入文本时，文本会附加到形状上并随形状一起移动和旋转，也可以输入覆盖独立于形状并且不会随形状一起移动的文本。

要在形状中添加文本并使之成为形状的各组成部分，方法是选择该形状，然后输入或粘贴文本。要添加不会随形状一起移动的文本，可以添加一个文本框，然后在添加的文本框内输入或粘贴文本。

3．将文本添加到文本框中

使用文本框可以将文本放置到幻灯片上任何位置，如文本占位符外部。例如，可以通过创建文本框并将其放置在图片旁边来为图片添加标题。此外，如果要将文本添加到形状中但又不希望文本附加到形状上，那么使用文本框会非常方便。可以在文本框中为文本添加边框、填充、阴影或三维效果。如果要向文本框中添加文本，首先要单击“插入”选项卡中“文本”选项组的“文本框”按钮选项，在要插入文本框的位置单击鼠标并拖曳鼠标绘制出合适的文本框，然后在文本框内单击鼠标，输入或粘贴文本。

提示　为演示文稿添加文字时，除了使用占位符外，如果要求向任意位置添加文本，就必须使用文本框。

在PowerPoint中输入文字，创建演示文稿的步骤如下：

01 在“单击此处添加标题”处单击鼠标，显示没有文字的虚框时，即可以输入文字，此框为幻灯片的标题，输入“Office 2010系列”。

02 在“单击此处添加副标题”处单击鼠标，同样显示没有文字的虚框时，在其中输入“——PowerPoint”，建立的幻灯片如图17.15所示。

图17.15　输入文本

> 提示　输入每张幻灯片的大标题时，如果一行不够用，不要使用Enter键，而要让PowerPoint自动换行。如果加入回车符，那么PowerPoint将其看成是另外一个大标题。同样，在输入小标题时，也不要使用Enter键，否则PowerPoint将其看成是另外一个小标题。在输入文字时，标题的等级具有继承性，即在输入完一个标题后，按Enter键，光标自动移动到与刚才标题对齐的位置，即为同一级。

03 文字的输入过程基本与在Word 2010中输入文字的过程一样，而其编辑排版也与其类似，编辑排版主要有改变字号、字体、删除、插入及对齐方式等操作。

> 提示　在对某一块或某一段文字进行排版前，必须先选择它。选择的方法是用鼠标双击该段文字的最左边，即可将其全部选中，或拖曳鼠标选择某段文字。被选中的文字反白显示。

将文字输入之后，为了使其美观，还可以对其进行编辑和格式化，例如改变文字的字体、字号等。对上例进行一些编辑和格式化操作步骤如下：

01 在大标题上按下鼠标并拖曳，选中大标题“Office 2010系列”。

02 选择“开始”选项卡中的“字体”选项组，在打开的“字体”下拉菜单中选择“方正大黑简体”。

03 选择“开始”选项卡中“字体”选项组，在打开的“字号”下拉菜单中选择“60磅”。

04 单击“开始”选项卡中“字体”选项组的 B （加粗）和 S （文字阴影）按钮选项，为文字添加相应的效果，如图17.16所示。

05 单击下面的副标题，出现虚框时按下鼠标并拖曳，选中副标题，所有文字反白显示。

06 单击“开始”选项卡中“字体”选项组的 B （加粗）按钮选项。经过格式设置之后的幻灯片如图17.17所示。

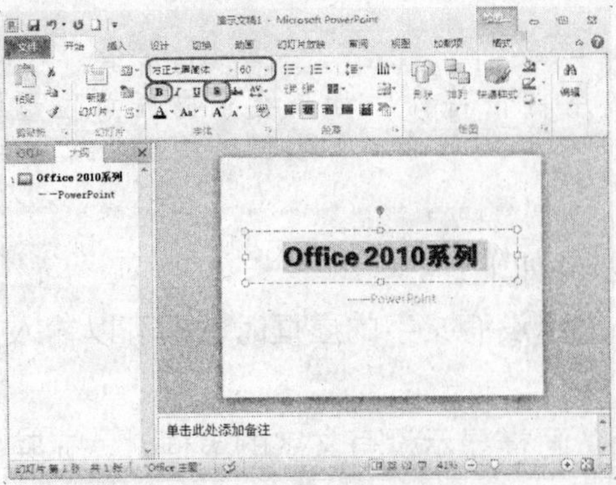

图17.16　设置大标题

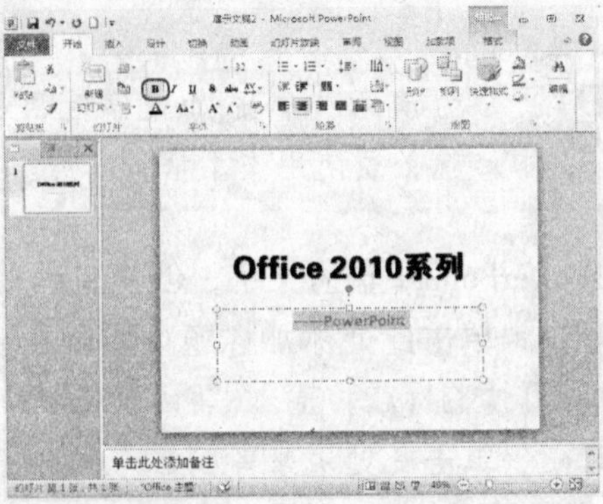

图17.17　设置文本

提示 在幻灯片中可以设置各种效果，例如文字颜色、背景颜色、动画效果和切换方式等，在本部分的后面章节中会逐一介绍。

17.2.3 输入其他内容

在幻灯片中，除了可以输入文字外，还可以输入其他内容，例如插入表格、图片、剪贴画、图表、Smart Art图形、对象、艺术字、文本框、日期和时间等。

下面的例子是在上例基础上再添加剪贴画，操作步骤如下：

01 单击“插入”选项卡中“插图”组的“剪贴画”按钮选项，打开“剪贴画”窗口，如图17.18所示。

02 在“剪贴画”窗口中单击“搜索”按钮，搜索出计算机中已有的剪贴画，选择某个剪贴画，如图17.18所示。如果剪贴画的位置不合适，则单击剪贴画并拖曳其控制柄，将其拖曳到合适的位置并释放鼠标，如图17.19所示。

图17.18 打开“剪贴画”窗口

图17.19 调整剪贴画的位置

03 将标题设置成艺术字形式。单击幻灯片标题“Office 2010系列”并将其全部选中，单击“插入”选项卡中“文本”选项组的“艺术字”按钮选项，在出现如图17.20所示的快速艺术字库中选择某种类型。图17.21所示为艺术字效果。

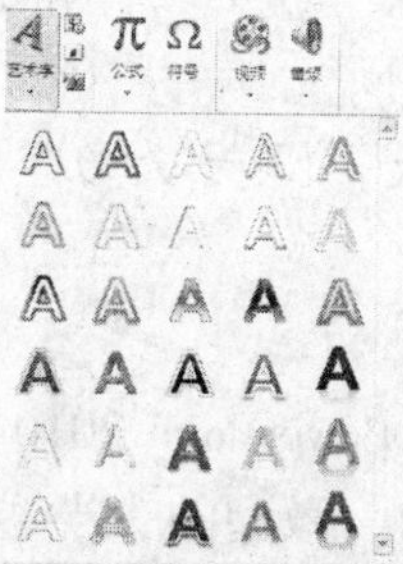

图17.20 设置艺术字

图17.21 艺术字的效果

17.2.4 使用文本框

要在PowerPoint中插入文字，必须先插入文本框。当所选版式中的文本框不够用，或者要给图片添加标题时，都需要插入文本框。

在PowerPoint 2010中插入文本框的操作步骤如下：

01 切换到“插入”选项卡。

02 在“文本”组中单击“文本框”按钮选项，从下拉菜单中选择“横排文本框”或“垂直文本框”选项，如图17.22所示。

图17.22 文本框按钮

03 当鼠标指针显示为十字状时，按住鼠标左键不放在要插入文本框的位置拖曳绘出文本框，如图17.23所示。

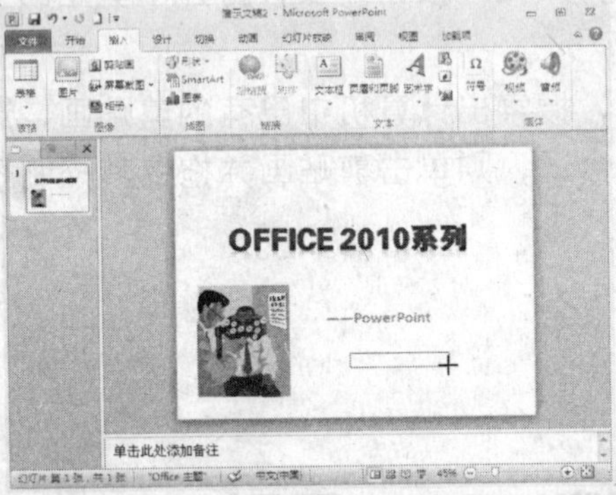

图17.23 拖曳鼠标绘制出文本框

图17.24 在文本框中创建文本

04 在文本框中输入内容即可，并将其移动到合适的位置，如图17.24所示。

17.3 编辑文本

在幻灯片中输入文本后，还可以修改它。

17.3.1 改变文本外观

输入文本或数字时，PowerPoint自动使用“宋体”，并将它进行格式化，这样看起来并非十分美观。可以改变以下文本属性，来改善文本外观，或者把它与其他文本区分开来。

- “字体”：例如Arial、Courier、宋体、黑体、楷体、隶书和华文新魏等。
- “字形”：例如常规、加粗、倾斜、下划线和加粗倾斜。
- “字号”：例如10磅、12磅或20磅（磅值越大，字越大，1英寸大约等于72磅）。
- “颜色”：例如红色、绿色、黑色和蓝色等。
- “对齐”：例如居中、左对齐或右对齐文本。

改变文本格式主要使用“开始”选项卡中的“字体”组，PowerPoint 2010与Word 2010和Excel 2010一样，在选择文本时，可以显示或隐藏一个方便的、微型的、半透明的工具栏，称它为浮动工具。浮动工具可以帮助用户使用字体、字号、对齐方式、文本颜色、降低列表级别和项目符号等功能。

17.3.2 对齐和排列

对齐对象的方法有很多种。可以对齐对象的侧边、中间、顶端或底端，可以相对于整张幻灯片的位置对齐（例如幻灯片的顶端或左边缘），可以借助辅助线来对齐对象，可以在绘制或移动对象时使用网格将对象对齐网格上的边角，可以水平、垂直或相对于整张幻灯片等距排列（或分布）每个对象。

1. 对齐对象

对齐对象主要是使用“开始”选项卡中的“绘图”组的“排列”按钮选项来实现。单击“开始”选项卡中“绘图”组的“排列”按钮选项，在弹出的下拉菜单中选择“对齐”选项，在其子菜单中再选择对象对齐的方式，如图17.25所示。

- “左对齐”：按对象的左边缘对齐对象。
- “左右居中”：按对象的中心水平对齐对象。
- “右对齐”：按对象的右边缘对齐对象。
- “顶端对齐”：按对象的顶端对齐对象。
- “上下居中”：按对象的中心垂直对齐对象。
- “底端对齐”：按对象的底部对齐对象。
- “横向分布”：按横向等距排列对象。
- “纵向分布”：按纵向等距排列对象。

对齐对象有多种方法，下面介绍一种常用的方法。本例将对象按参考线对齐，可以使用“网格线和参考线”对话框，操作步骤如下：

01 单击“开始”选项卡中“绘图”选项组的“排列”按钮选项，在下拉菜单中选择“对齐”选项，在弹出的下拉子菜单中单击“网格设置”选项，打开“网格线和参考线”对话框，如图17.26所示。

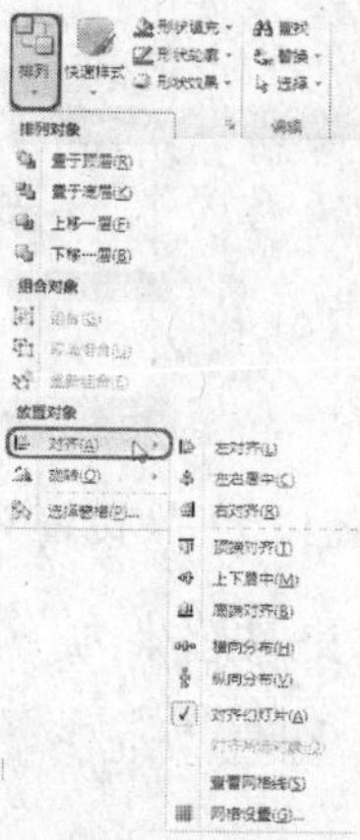

图17.25 对齐方式

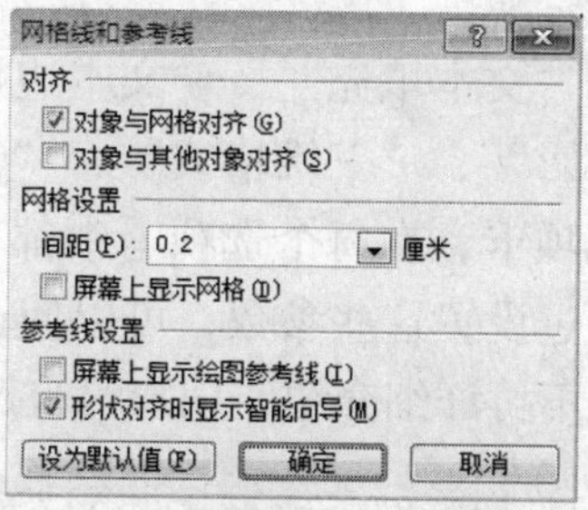

图17.26 “网格线和参考线”对话框

02 在该对话框中勾选“屏幕上显示绘图参考线”复选框，单击“确定”按钮，则屏幕上显示出大十字形的虚线（参考线）。

03 拖曳参考线，将它定位在要对齐对象的位置。

04 拖曳每一个对象靠近参考线，这样对象的中心或边缘会自动对齐参考线。

提示 在“网格线和参考线”对话框中勾选“对象与其他对象对齐”复选框，可以使对象与其他对象对齐。

2．使段落对齐、居中或两端对齐

段落是指在末端带有回车符的文本，例如按回车键时，项目符号或编号列表中的每个项目都是一个段落，标题或副标题也是一个段落，操作步骤如下：

01 在幻灯片上选择要对齐、居中或两端对齐的段落。

02 如果要选取单个段落，就单击该段落；如果要选取列表中的段落，可以拖曳选取所有文本，也可以通过单击占位符中的文本选择占位符，再单击其边框选取所有的文本。

03 如果使段落对齐或居中，单击“开始”选项卡中“段落”组的 （左对齐）、 （居中对齐）、 （右对齐）、 （两端对齐）或 （分散对齐）按钮选项。

3．使文本对齐

更改中文文本的对齐方式步骤如下：

01 选择要更改其对齐效果的文本。

02 单击“开始”选项卡中“段落”组的“对齐文本”铵钮选项，在下拉菜单中选择某种对齐方式，如“顶端对齐”、“中部对齐”或“底端对齐”等。

17.3.3 设置文本效果格式

除了上述介绍的对齐文本的方法外，使用“设置文本效果格式”对话框也可以设置文本的各种格式。打开“设置文本效果格式”对话框的方法是：首先选择文本，然后选择“开始”选项卡中“段落”组的“对齐文本”按钮 ，在弹出的下拉菜单中选择“其他选项”选项，打开“设置文本效果格式”对话框，如图17.27所示。

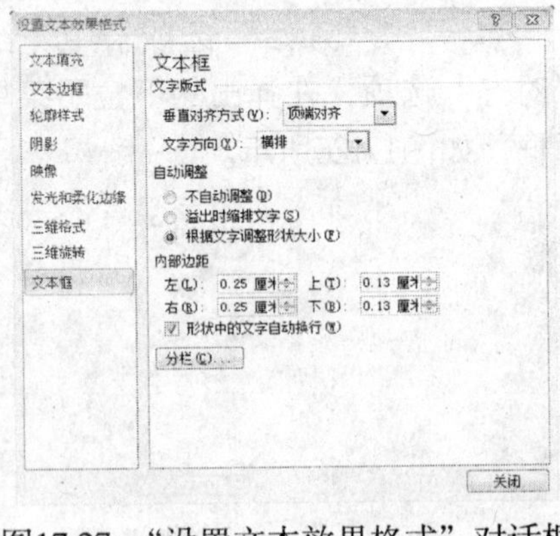

图17.27 “设置文本效果格式”对话框

在该对话框中有“文本填充”、“文本边框”、“大纲样式”、“阴影”、“三维格式”、“三维旋转”和“文本框”选项卡，在每个选项卡中都有若干个可设置的参数，通过设置这些参数，可以使文本看起来更具感染力。关于每个选项卡中参数的具体含义，这里不再详细介绍，用户可自己尝试练习。

17.3.4 项目符号和编号

为文本添加项目符号和编号，以下是具体操作步骤：

01 选择需要添加项目符号和编号的文本，如图17.28所示。

02 在“开始”选项卡中的“段落”组单击“项目符号”按钮，在弹出的列表中选择“项目符号和编号”，如图17.29所示。

03 在弹出的“项目符号和编号”对话框中选择需要添加的项目符号或编号，如图17.30所示。

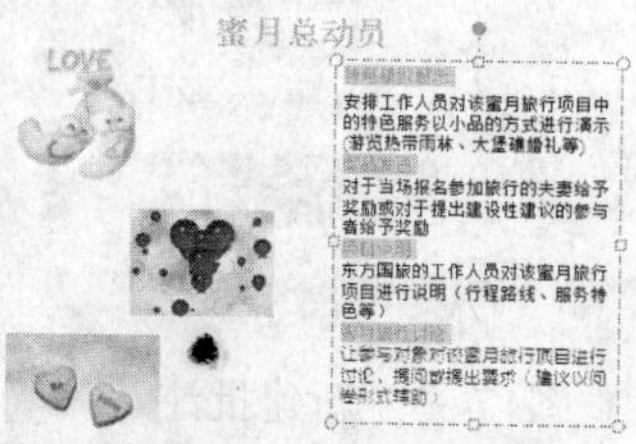

图17.28 选择文本

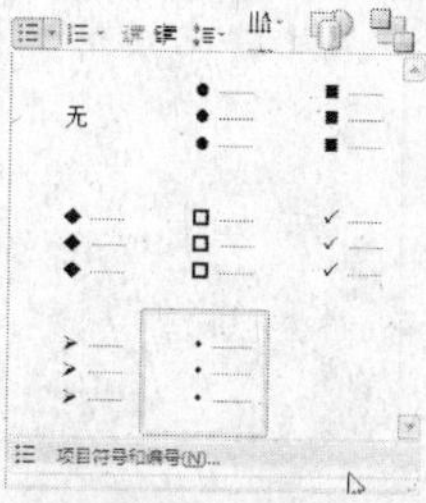

图17.29 选择“项目符号和编号”

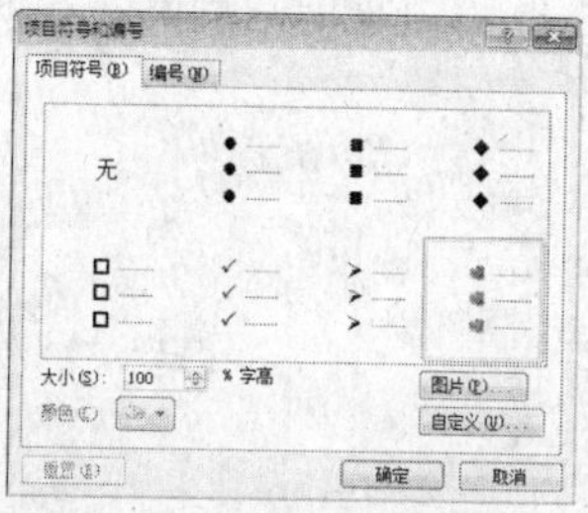

图17.30 选择项目符号或编号

04 在“项目符号和编号”对话框中还可以设置个性的项目符号。

17.3.5 添加特殊符号和批注

1. 特殊符号

特殊符号可以插入到编辑的句子中，特殊符号包括标点符号、特殊符号、数学符号、单位符号、希腊符号以及注音符号6大类。

在“插入”选项卡中的“符号”组显示了最为常用的标点符号，而想找到特殊的符号应该怎么办呢？在“符号”组中单击按钮选项，在弹出的“符号”对话框，如图17.31所示。打开“符号”对话框，在该对话框中可以根据自己的需要选择适合的符号，如图17.32所示。

图17.31 “符号”对话框

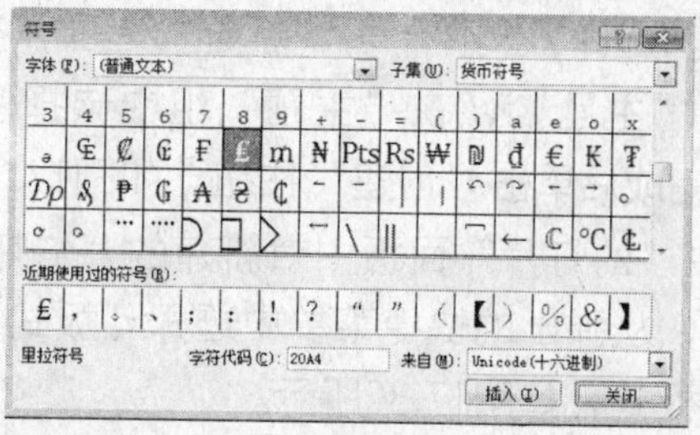

图17.32 “插入特殊符号”对话框

使用“插入特殊符号”对话框可以插入键盘上没有的符号（如©）或特殊字符（如长划线（—）或省略号（…），还可以插入Unicode字符。

可以插入的符号和字符的类型取决于选择的字体。例如，国际字符（Ç, ë）和国际货币符号（ £, ）。内置的Symbol字体包含箭头、项目符号和科学符号。可能还有其他符号字体，如 Wingdings，该字体包含装饰符号。

2. 批注

批注是一个比较简单的功能，用户可以在幻灯片的任意位置添加批注，这些批注大多是帮助阅读者或者撰写者，特别是在合作撰写一个演示文稿时便于作者之间进行沟通。而且在放映幻灯片时，批注并不会显示出来。

批注的使用方法非常简单，单击“审阅”选项卡中“批注”组的“新建批注”按钮选项，即可添加或编辑一个批注，如图17.33所示。

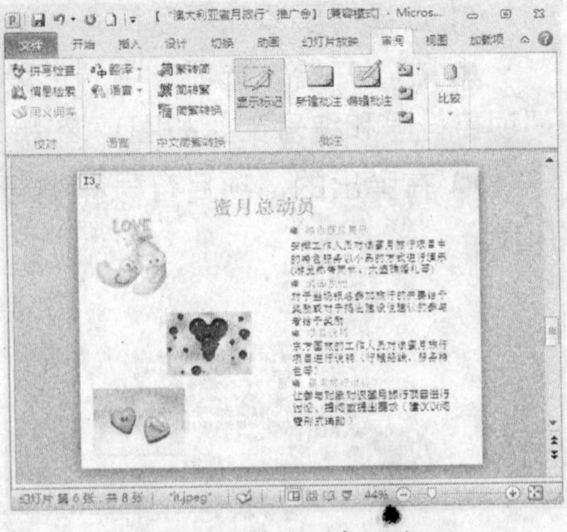

图17.33　新建批注

17.4 上机练习

17.4.1　蜜月旅行建议方案

制作一套蜜月旅行的建议方案，在本例的制作中，将介绍制作幻灯片最为常用的工具的使用方法，如图17.34所示。

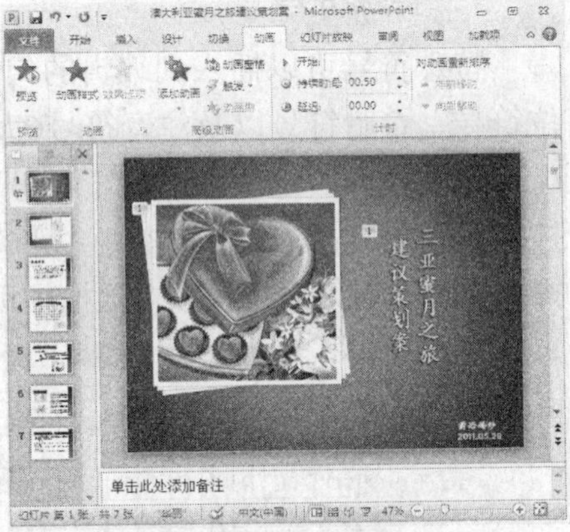

图17.34　动画效果

下面开始介绍制作蜜月旅行的建议方案的基本操作。

01 运行Powerpoint 2010，系统将自动新建一个空白演示文稿。选择“文件”→“新建”选项，在“主页”组中选择“主题”，在“主题”组中选择“华丽”主题，设置完成后单击“创建”按钮，如图17.35所示。

02 在“幻灯片”面板中对新建的“幻灯片1”单击鼠标右键，从弹出的快捷菜单中选择“板式”→“图片与标题”板式，如图17.36所示。

图17.35　新建“华丽”主题

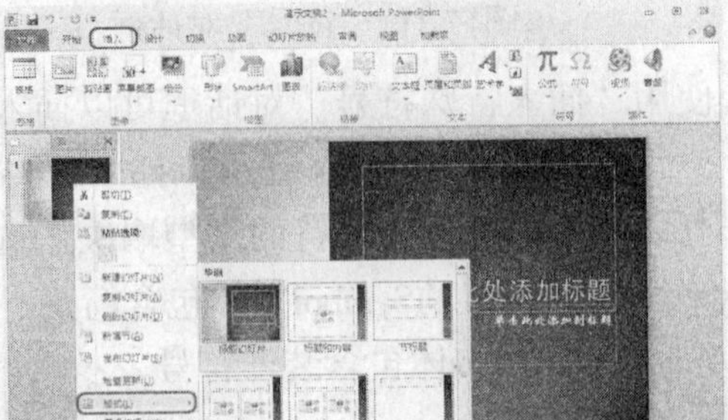

图17.36　选择“图片与标题”板式

03 对“幻灯片1”中的“单击图标添加图片”中的图标单击，在弹出的“插入图片”对话框中选择素材文件，单击“插入”按钮旁边的按钮，在下拉菜单中选择“插入和连接”选项，如图17.37所示。

04 选择该幻灯片中的“单击此处添加文本”占位符，然后按Delete键将其删除。

05 在该幻灯片中对“单击此处添加标题”单击并输入文本，设置“文字”为“汉仪中楷简”，“字号”为48，并单击“文字阴影”按钮，设置“文字颜色”为“黄色”，如图17.38所示。

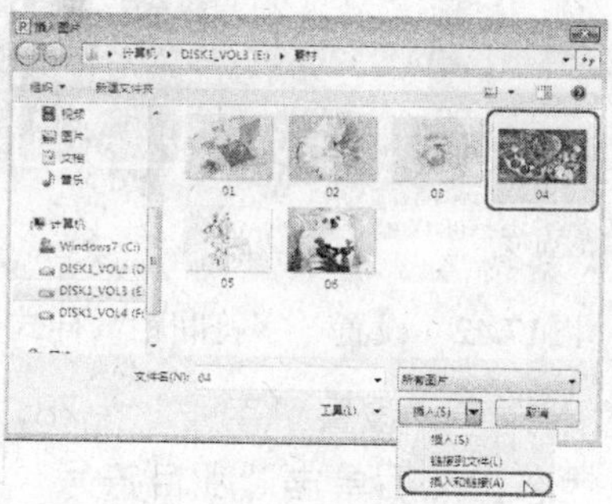

图17.37 插入图片

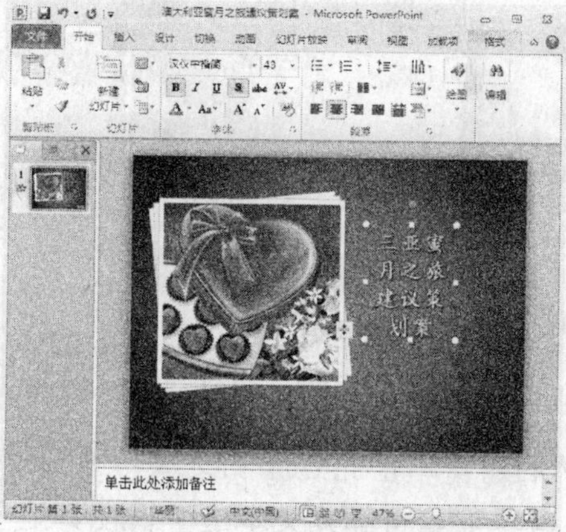

图17.38 设置文字样式

06 在“段落”选项组中单击“文字方向”按钮，在下拉菜单中选择“竖排”选项，调整占位符的大小，然后将“建议策划案”选中，单击“居中”按钮，如图17.39所示。

07 单击“插入”选项卡，在“文本”选项组中单击“文本框”按钮，在下拉菜单中选择“横排文本框”选项，然后在该幻灯片的右下方创建横排文本框，并在该文本框中输入文字，将“前沿婚纱”选中，设置“字体”为“华文新魏”，“字号”为18，“字体颜色”为“白色”。然后将“2011.05.28”选中，设置“字体”为“华文新魏”，“字号”为16，“字体颜色”为“白色”，设置后的效果如图17.40所示。

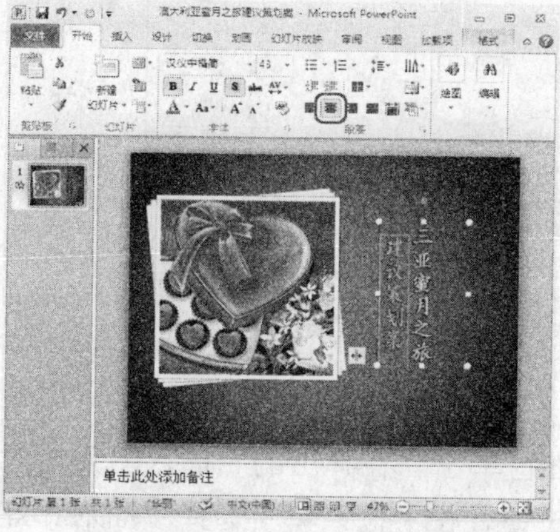

图17.39 设置文字方向

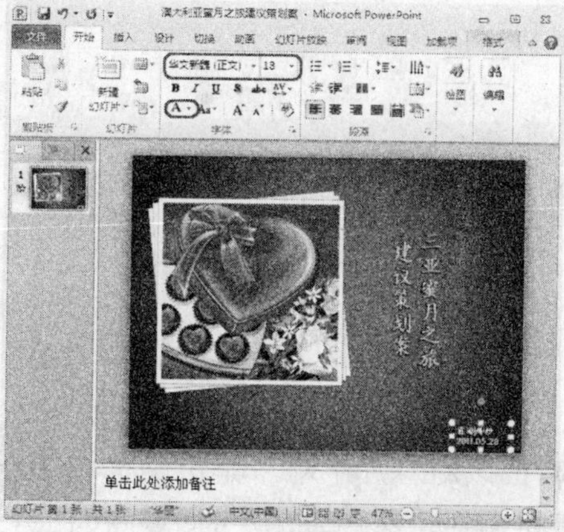

图17.40 设置文字样式

08 在“幻灯片”面板中对“幻灯片1”单击鼠标右键，从弹出的快捷菜单中选择“新建幻灯片”命令，创建“幻灯片2”。选择“单击图标添加图片”的占位符，将其与“单击此处添加标题”占位符和“单击此处添加文本”占位符的位置进行调换。调换后将各占位符进行调整，调整后的效果如图17.41所示，

09 对“单击此处添加标题”进行单击并输入文字，设置“字号”为35，单击“字符间距”按钮，在下拉菜单中选择“很松”选项，如图17.42所示。

图17.41　调整占位符的位置

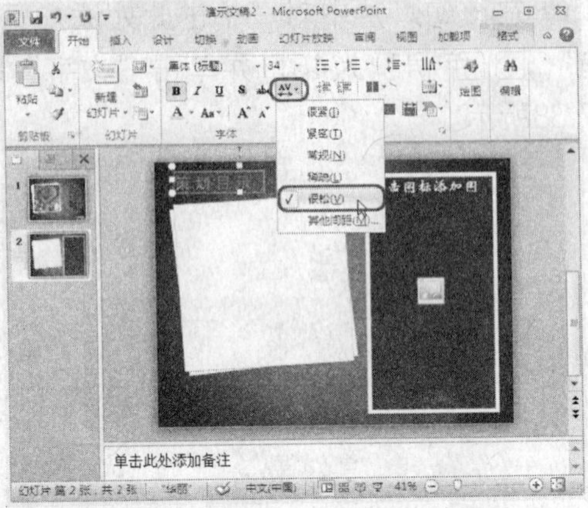

图17.42　设置“字符间距”样式

10 然后对“单击此处添加文本”进行单击并输入文字，设置“字号”为28，“字体颜色”为“橙色”。将部分文本选中，使其处于选择状态，然后单击“项目符号”按钮旁边的按钮，在下拉菜单中选择“项目符号和编号”选项。

11 单击“项目符号和编号”对话框中的“自定义”按钮，在弹出的“符号”对话框中设置“字体”为“Wingdings”“字符代码”为90，单击“确定”按钮，如图17.43所示。

12 设置完符号后，在“项目符号和编号”对话框中使用默认大小，设置“颜色”为“蓝色”，设置完成后单击“确定”按钮，如图17.44所示。

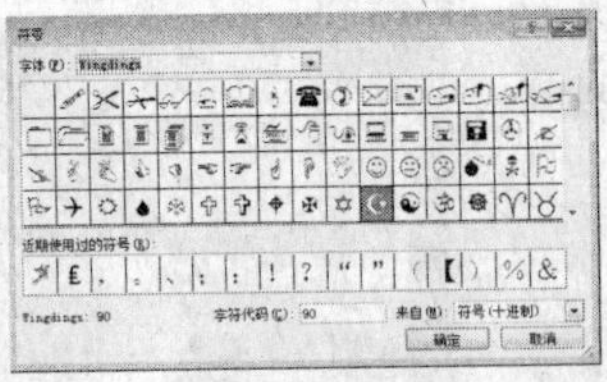

图17.43　设置“项目符号和编号”

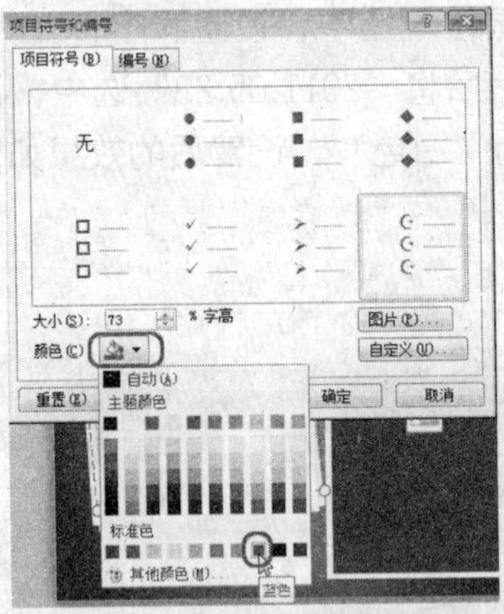

图17.44　设置项目符号的颜色

13 在该幻灯片中对“单击图标添加图片”进行单击，在弹出的“插入图片”对话框中选择素材文件，然后单击“插入”按钮旁边的按钮，在下拉菜单中选择“插入和连接”选项，如图17.45所示。

14 在“幻灯片”面板中对“幻灯片2”单击鼠标右键，在弹出快捷的菜单中选择“新建幻灯片”命令，创建“幻灯片3”。然后对“幻灯片3”单击鼠标右键，在弹出的快捷菜单中

选择“板式”→“内容与标题”命令，如图17.46所示。

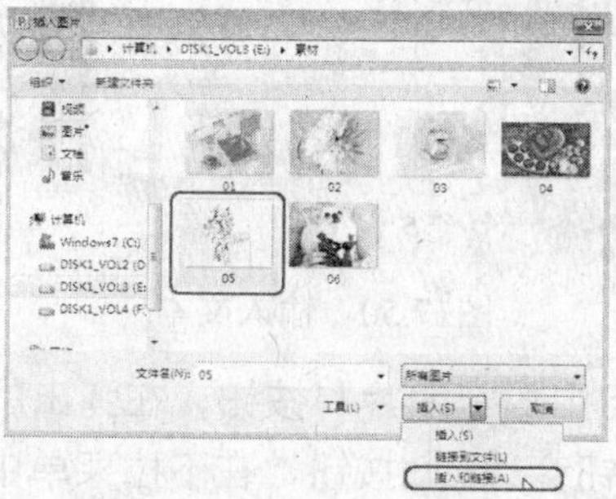

图17.45 插入图片

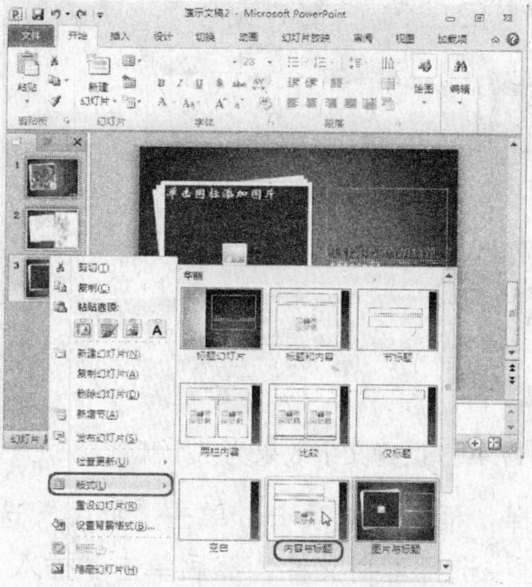

图17.46 设置形状的排列

⑮ 在该幻灯片中对“单击此处添加标题”进行单击并输入文字，设置“字体”为“汉仪中楷简”，设置“字号”为54，单击“文字阴影”按钮S，为文本添加阴影，然后单击“字符间距”按钮AV，在下拉菜单中选择“稀疏”选项，如图17.47所示。然后移动该占位符的位置。

⑯ 对标有项目符号的占位符单击并输入文字，设置“字体”为“华文行楷”，然后调整该占位符的位置，如图17.48所示。

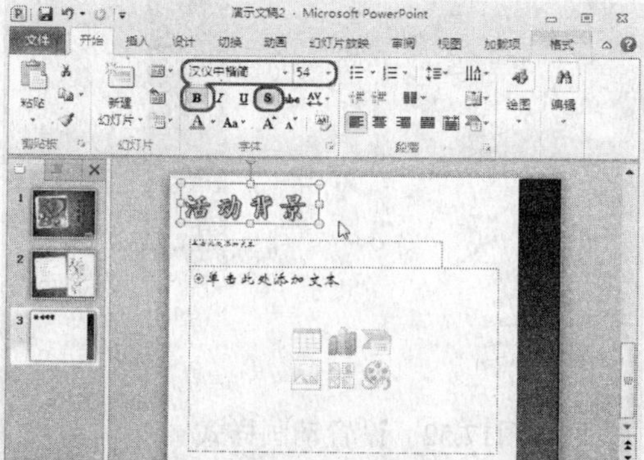

图17.47 设置字体样式

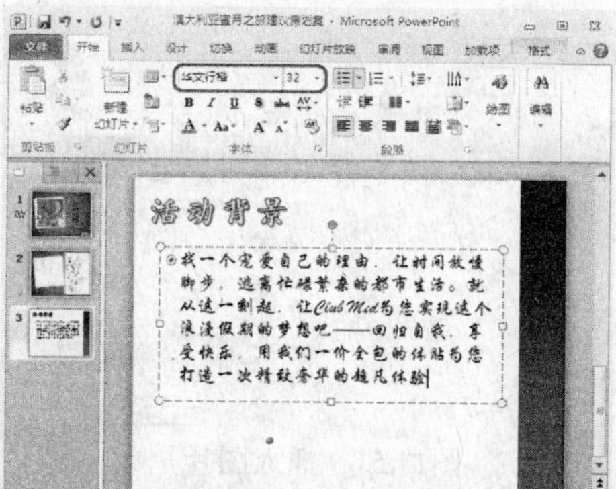

图17.48 设置字体

⑰ 对“幻灯片3”单击鼠标右键，从弹出的快捷菜单中选择“新建幻灯片”命令，创建“幻灯片4”。在该幻灯片中对“单击此处添加标题”处单击并输入文字，设置“字体”为“汉仪雪峰体简”，“字号”为40，“字体颜色”为“浅蓝”。双击该占位符，在“艺术字样式”选项组中单击“文字效果”按钮A，在下拉菜单中选择“转换”→“上弯弧”选项，如图17.49所示。

⑱ 选择“单击此处添加文本”，按Delete键将其删除，然后对项目符号的“单击此处添加文本”占位符单击并输入文本，设置“字号”为30，如图17.50所示。

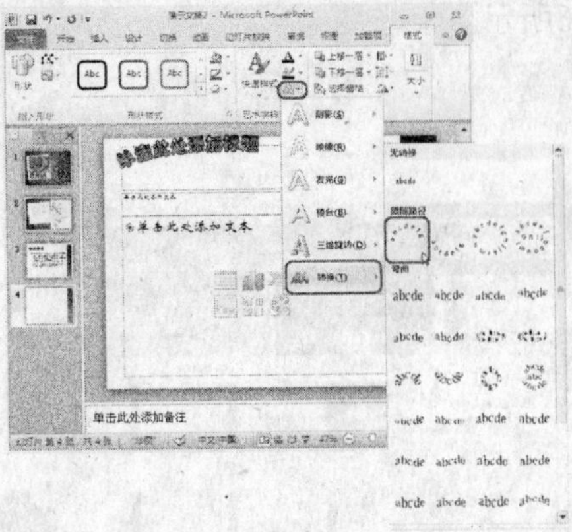

图17.49　设置文字效果为“上弧线”

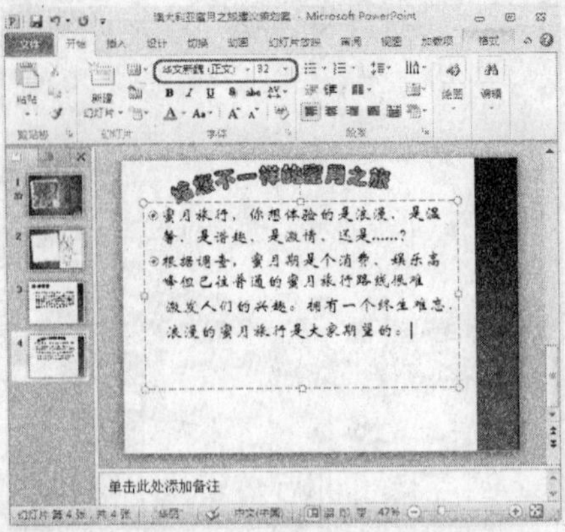

图17.50　输入文本

⑲ 选择“插入”选项卡，单击“插图”选项组中的“图片”按钮，在弹出的“插入图片”对话框中选择素材文件，然后单击“插入”按钮旁边的▾按钮，在下拉菜单中选择“插入和连接”选项，如图17.51所示。

⑳ 使用以上所提到的方法创建其他演示文稿。

㉑ 选择“幻灯片1”，按住Ctrl键选择该演示文稿中的图片和标题，然后选择“动画”选项卡，在“动画”选项组中设置“动画样式”“淡出”，如图17.52所示。

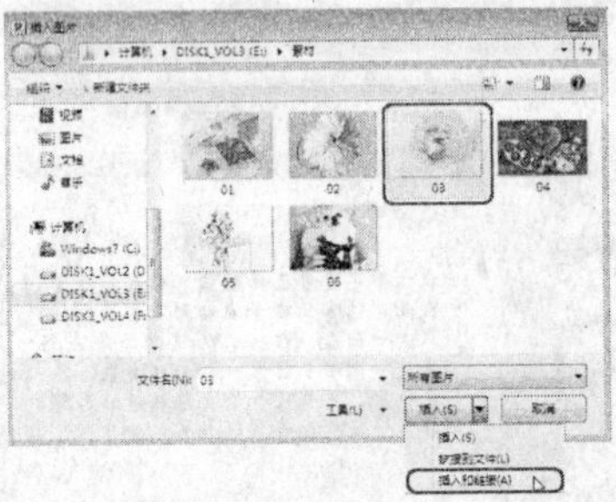

图17.51　插入图片

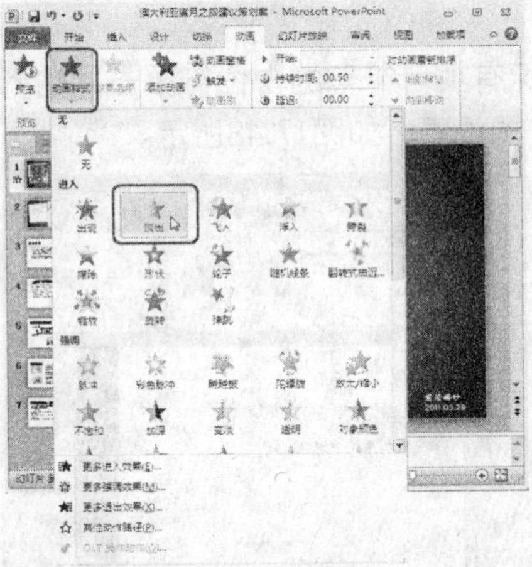

图17.52　设置动画样式

㉒ 使用同样的方法设置其他的演示文稿，至此该演示文稿就制作完成了，对其文档进行保存就可以了。

17.4.2　统计报告的制作

在实际工作中，经常需要做一些数据统计，我们可以使用表格加数字的方式将结果显示出来，但是有时候对观众来说，数字总是比较抽象的，如果能将抽象的数字用图表的方式表示出来，比较的结果会一目了然，大大地增加演示文稿的说服力，增加观众的兴趣。本例将向读者介绍PowerPoint 2010在图表制作方面的强大功能。

下面开始为大家介绍不同形式的统计报告的制作，如图17.53所示。

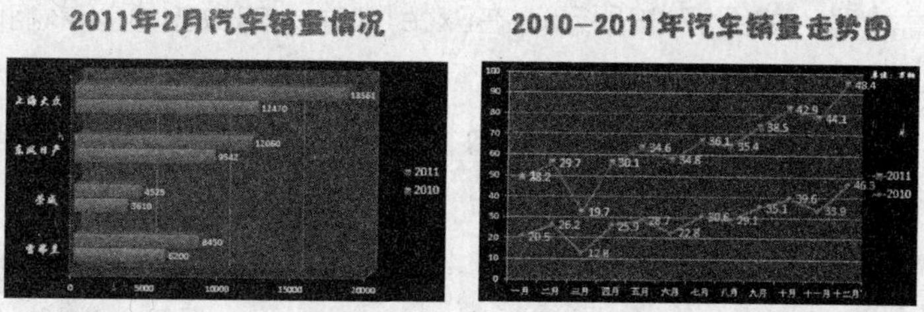

图 17.53　统计报告最终效果图

01 运行PowerPoint 2010软件，在“开始”选项卡中的“幻灯片”选项组单击“版式”按钮，在弹出的列表框中选择“标题和内容”版式，如图17.54所示。

02 在标题占位符中输入文字“2011年2月汽车销量情况”，选择文字，在“开始”选项卡中的“字体”选项组中将“字体”设置为“汉仪太极体简”，“字号”设置为44，单击“加粗”和“文字阴影”按钮，单击“字体颜色”按钮，将“字体颜色”设置为“红色”，如图17.55所示。

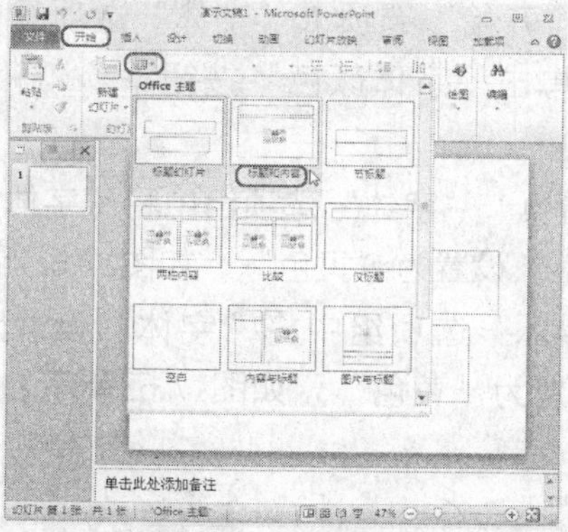

图17.54　设置版式

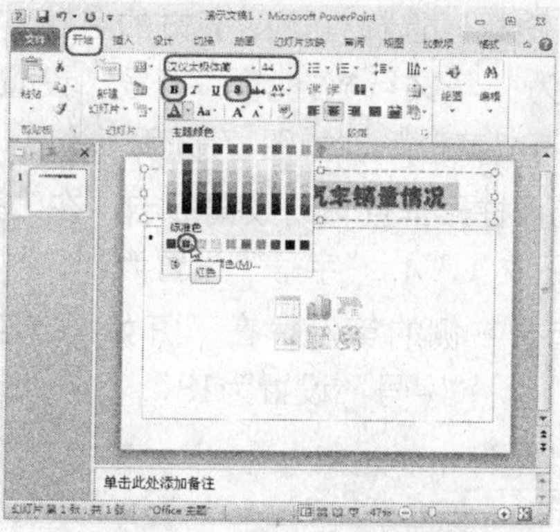

图17.55　设置标题文字

03 在内容占位符中单击“插入图表”按钮，在弹出的对话框中选择“柱形图”选项卡中的“簇状圆柱图”，然后单击“确定”按钮，如图17.56所示。

04 这样就打开了Excel 2010软件，选中D1-D5列单元格并单击鼠标右键，从弹出的快捷菜单中选择“删除”下拉列表中的“表列”命令，如图17.57所示。

图17.56　选择插入圆柱形图的样式

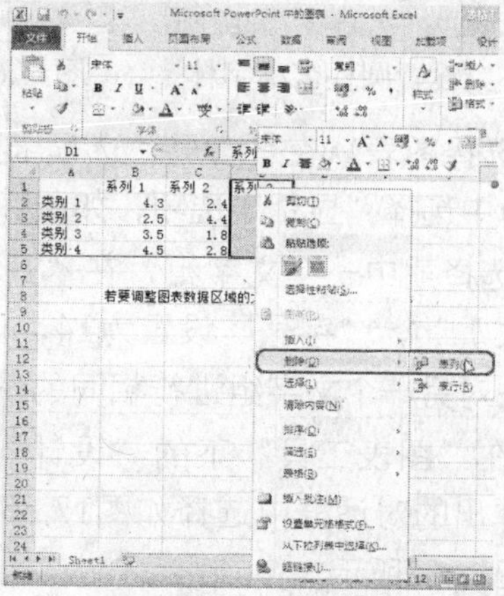

图17.57　删除表列

05 参照图设置数据，如图17.58所示。在Excel中输入的数据直接影响PowerPoint中的柱形形状，如图17.59所示。

06 选择图表，在“图表工具”下的“设计”选项卡中选择“快速样式”选项组中“样式42”，如图17.60所示。

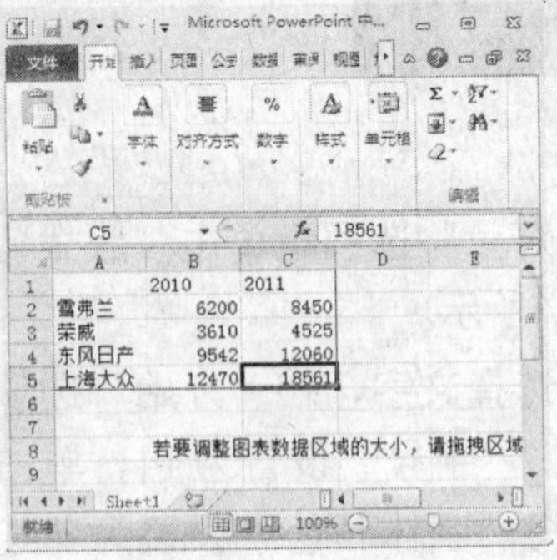

图17.58　创建数据

图17.59　数据影响圆柱形状

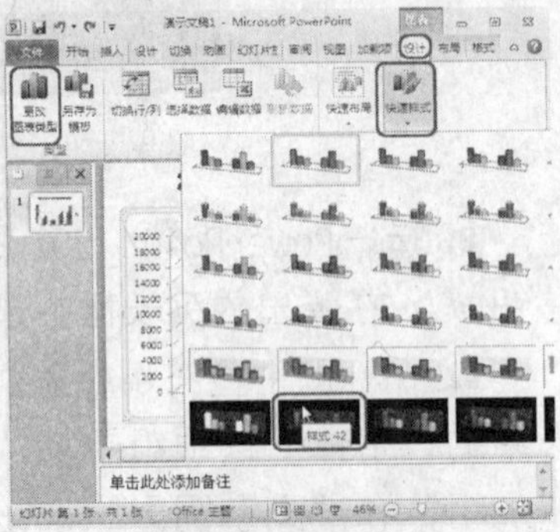

图17.60　设置圆柱格式

07 在图标区选择柱形图下方的名称，然后在“开始”选项卡“字体”选项组中将“字体”设置为“华文行楷”，“字号”设置为18，单击“字体颜色”按钮A·，将“字体颜色”设置为“黄色”，如图17.61所示。

08 选择柱形垂直轴的数据标志，在“开始”选项卡“字体”选项组中将“字体”设置为“宋体（正文）”，“字号”设置为14，“字体颜色”设置为“黄色”，如图17.62所示。

09 选择右侧的年份，在“开始”选项卡“字体”选项组中将“字体”设置为“宋体（正文）”，“字号”设置为18，“字体颜色”设置为“黄色”，如图17.63所示。

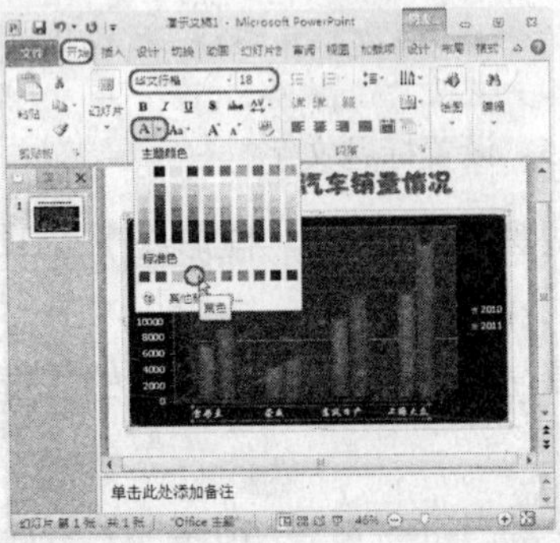

图17.61　设置圆柱名称字体

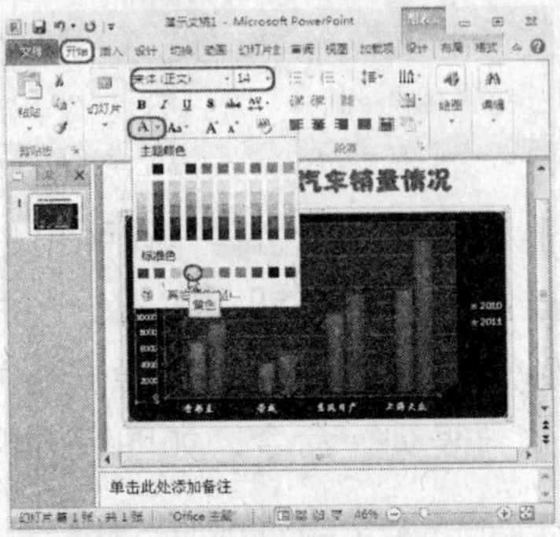

图17.62　设置圆柱数据标志

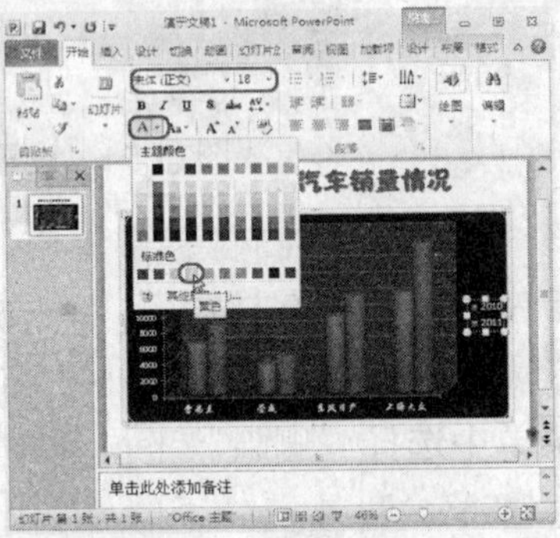

图17.63　设置年份字体

10 选择图表，在“布局”选项卡“标签”选项组中单击“数据标签”按钮，在弹出的下拉菜单中选择“显示”选项，如图17.64所示。

11 选择期中一个文字组，在“开始”选项卡“字体”选项组中将“字体”设置为“宋体（正文）”，“字号”设置为14，“字体颜色”设置为“黄色”，如图17.65所示。按照以上方法对另一个文字组进行相同的设置。

12 在“图表工具”下的“设计”选项卡“类型”选项组中单击“更改图表类型”按钮，在弹出的对话框中选择如图17.66所示的柱形图，单击“确定”按钮。更改样式后的条形图如图17.67所示。

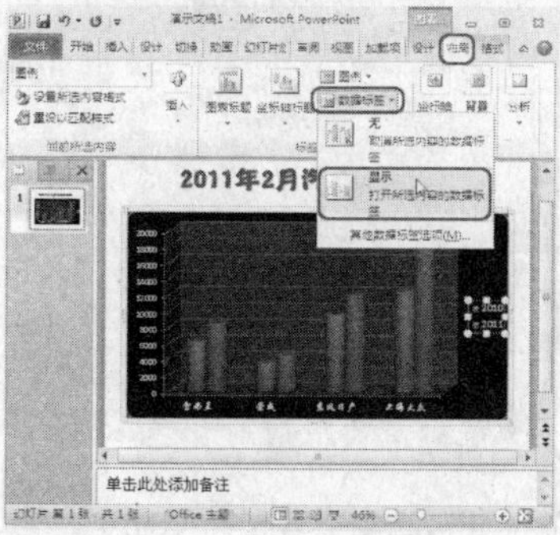

图17.64 显示数据

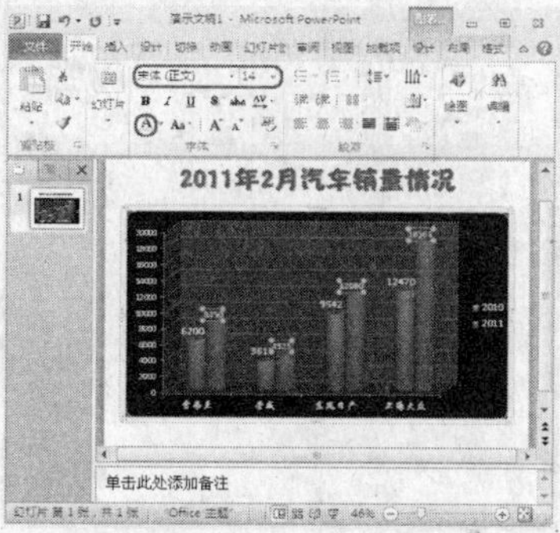

图17.65 设置数据字体

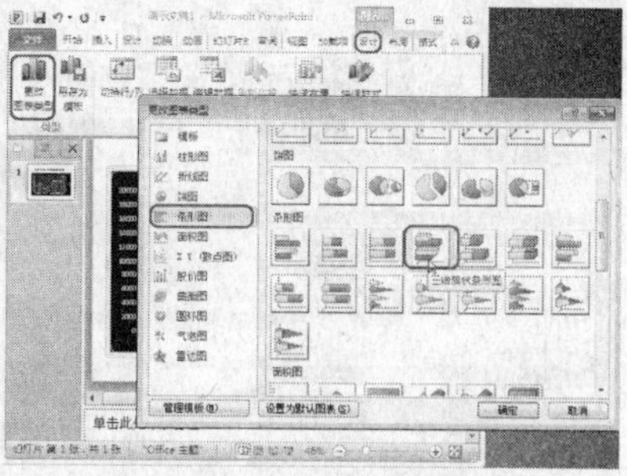

图17.66 更改圆柱图

⑬在“开始”选项卡“幻灯片”选项组中单击“新建幻灯片”按钮，新建幻灯片，输入标题为“2010-2011年汽车销量走势图”，如图17.68所示。

⑭选择标题，在“开始”选项卡“字体”选项组中将“字体”设置为“汉仪太极体简”，“字号”设置为44，单击“加粗”和“文字阴影”按钮，“字体颜色”设置为“红色”，如图17.69所示。

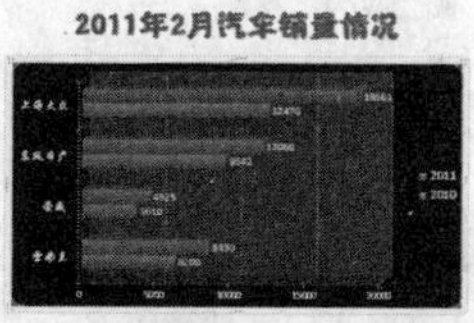

图17.67 更改圆柱后的效果

图17.68 新建幻灯片并输入其标题

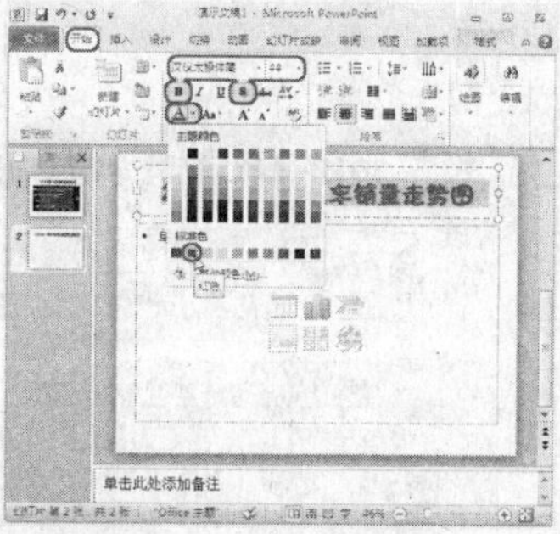

图17.69 设置标题文字

⑮在内容占位符中单击“插入图表”按钮，在弹出的对话框中选择“带数据标记的堆积折线图”，然后单击“确定”按钮，如图17.70所示。

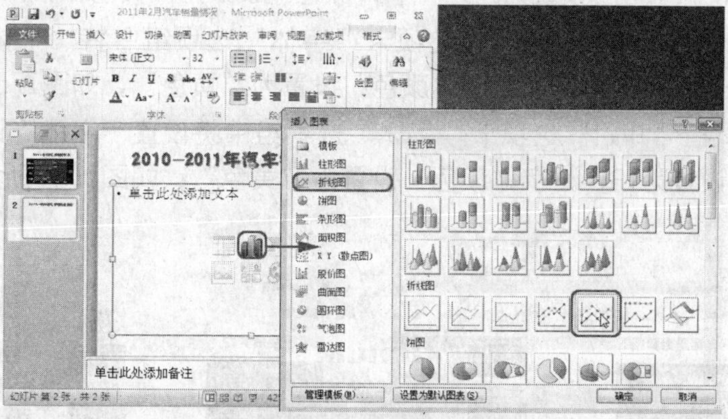

图17.70 创建折线图

⑯在打开的Excel中选择D1-D5列单元格，单击鼠标右键，从弹出的快捷菜单中选择“删除”中的“表列”命令，如图17.71所示。

⑰设置数据，如图17.72所示。设置完成后关闭Excel。

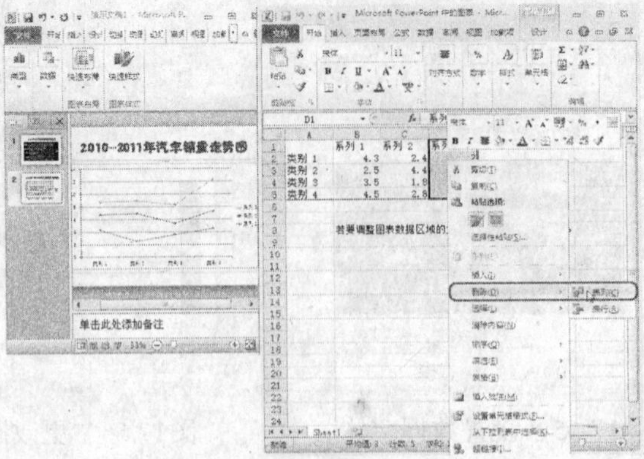

图17.71　选择表列并删除

图17.72　设置数据

⑱ 设置数据后，折线的形状如图17.73所示。

⑲ 选择折线图，在“图表工具”下的“设计”选项卡“图表样式”选项组中选择“样式42”，如图17.74所示。

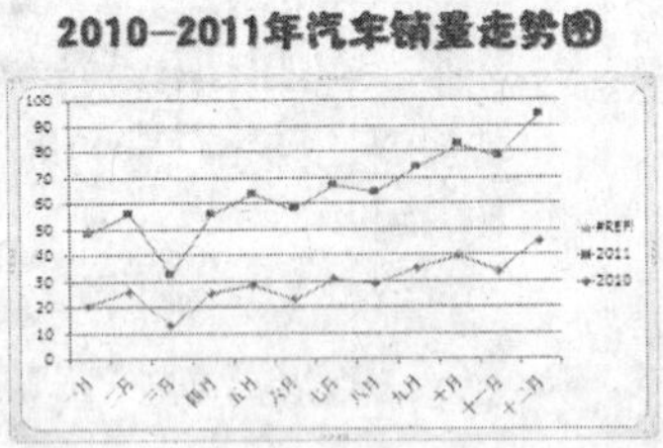

图17.73　设置数据后折线的形状

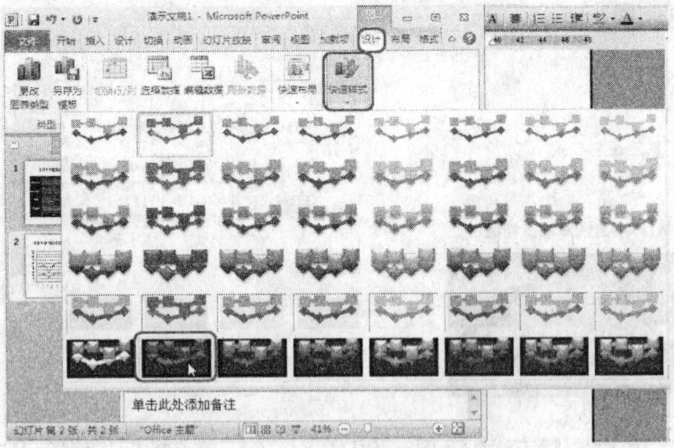

图17.74　转换折线图的样式

⑳ 在图表中选择折线下的月份，在“开始”选项卡“字体”选项组中将“字体”设置为“宋体（正文）”，“字号”设置为14，“字体颜色”设置为“黄色”，如图17.75所示。

㉑ 选择左侧的参数，在“开始”选项卡“字体”选项组中将“字体”设置为“宋体（正文）”，“字号”设置为14，“字体颜色”设置为“黄色”，如图17.76所示。

㉒ 选择年份，在“开始”选项卡“字体”选项组中将设置“字体”设置为“宋体（正文）”，“字号”设置为18，“字体颜色”设置为“黄色”，如图17.77所示。

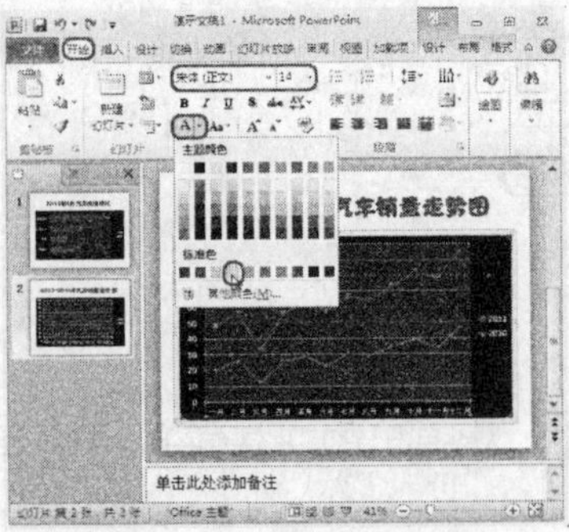

图17.75　设置月份字体

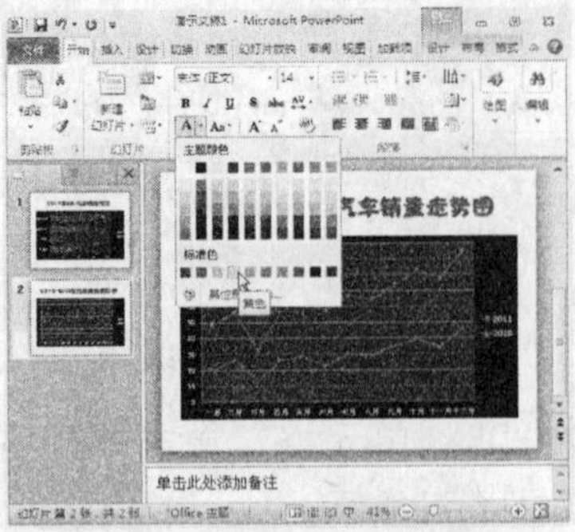

图17.76　设置数字的字体

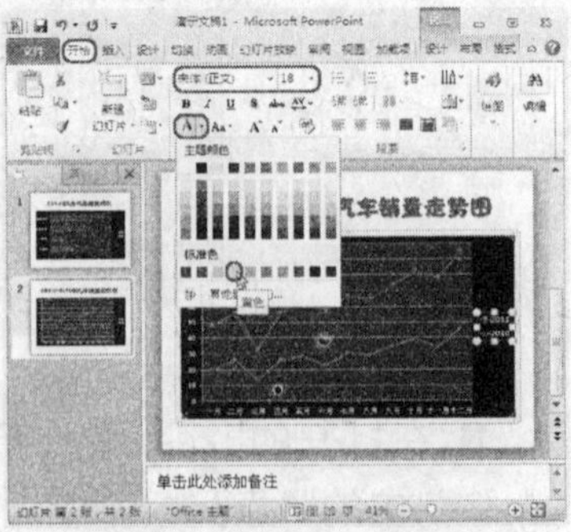

图17.77　设置年份的字体

23 在“图表工具”下的“布局”选项卡“标签”选项组中单击“数据标签”按钮，在弹出的下拉菜单中选择“右”选项，如图17.78所示。

24 将所有的数据的“字体”设置为“宋体（正文）”，“字号”设置为11，并分别设置“字体颜色”为“黄色”和“橙色”，设置完成的效果如图17.79所示。

25 选择“插入”选项卡“文本”选项组中的“文本框”选项，在弹出的下拉菜单中选择“横排文本框”选项，在幻灯片的右上角输入文字“单位：万辆”。选择文字，在“开始”选项卡“字体”选项组中将“字体”设置为“华文行楷”，“字号”设置为14，“字体颜色”设置为“白色”，如图17.80所示。这样就完成了折线图的效果。

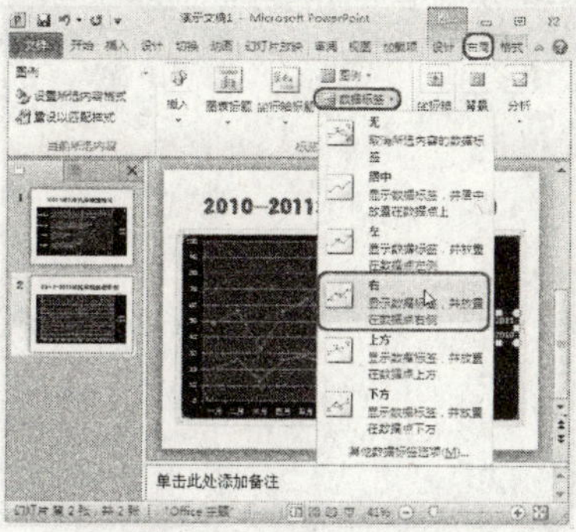

图17.78 显示数据

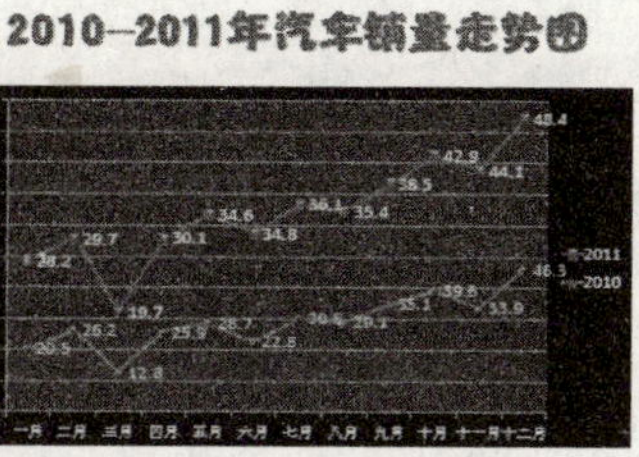

图17.79 设置数据字体

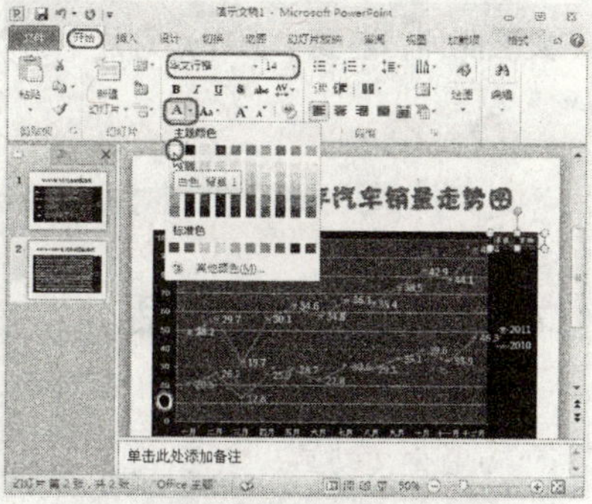

图17.80 折线图的效果

26 至此制作统计报告幻灯片就完成了。

17.5 习题

1．填空题

（1）用户可以在________和________占位符中输入标题、副标题和正文文本。

（2）在幻灯片中，除了可以输入文字外，还可以输入其他内容，例如________、________、________、________、________、________、________、________和________等。

2．简答题

（1）对齐对象的方法有哪些？

（2）如何最快建立新的演示文稿？

第18章 幻灯片的编辑与设计

本章要点

通过本章学习，掌握怎样编辑已经创建好的幻灯片。例如应用幻灯片模板、配色方案、动画方案和自定义动画等，这是设计幻灯片的重要内容。能够让幻灯片“动”起来，才是设计幻灯片的真正意义。此外，还要掌握在幻灯片中引入多媒体的方法。

本章内容主要包括

- 编辑幻灯片
- 应用文档主题和模板
- 自定义动画
- 在幻灯片中引入多媒体

go>>

18.1 编辑幻灯片

在PowerPoint演示文稿中，每张都叫做幻灯片，通常一个演示文稿可能包含一张或几十张幻灯片。在制作演示文稿中，有时需要对演示文稿进行调整，例如：插入一张新的幻灯片、删除某张幻灯片、调整幻灯片的播放顺序，经过调整后确定下来的演示文稿可以使用PowerPoint的播放工具进行播放。

18.1.1 幻灯片的删除

要删除幻灯片，首先选中要删除的幻灯片并右击鼠标，从弹出的快捷菜单中选择“删除幻灯片”命令，如图18.1所示，或单击幻灯片工作窗口左边的幻灯片编号，按Delete键删除。

要删除多个连续的幻灯片，先单击第一张幻灯片，然后在按Shift键的同时单击要选择的最后一张幻灯片，然后按Delete键即可，如图18.2所示。要选择多个不连续的幻灯片，先按Ctrl键，再单击每个要选择的幻灯片，选择幻灯片后按Delete键删除即可，如图18.3所示。

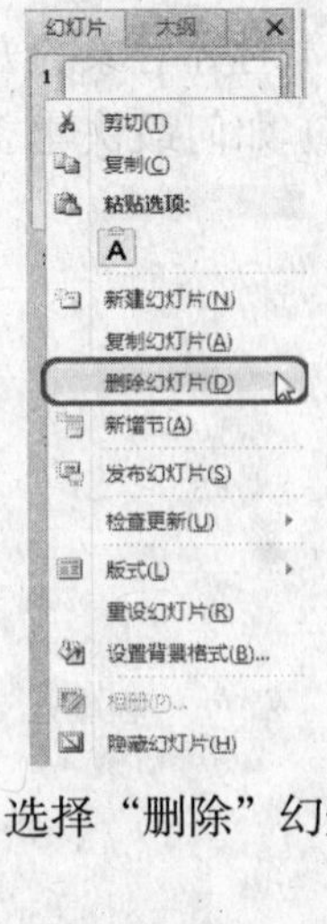

图18.1 选择“删除”幻灯片选项

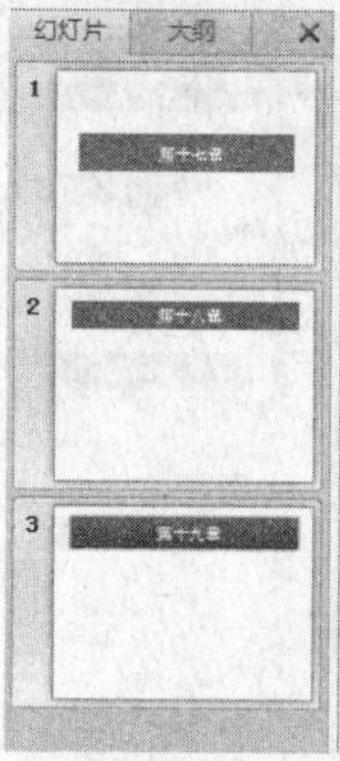

图18.2　选择连续多个幻灯片

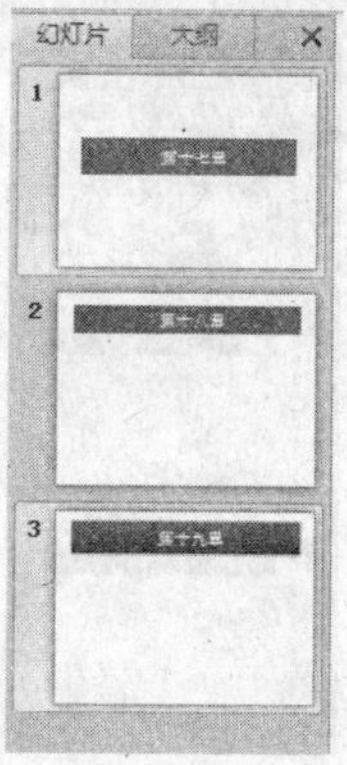

图18.3　选择不连续多个幻灯片

> **提示** 在当前的演示文稿存储之前，所有的删除都可以恢复，一旦保存文件后，所有删除的幻灯片就不能再恢复了。

要恢复删除的幻灯片，单击“快速访问工具栏”上的“撤销”按钮，或按Ctrl+Z快捷键，恢复的幻灯片仍然按照建立幻灯片的顺序排列。

18.1.2　调整幻灯片的位置

当演示文稿中每张幻灯片制作完成后，如果发现其顺序不合适，可以对其顺序进行调整。切换到幻灯片浏览视图状态下，即可实现幻灯片顺序的自由调整。操作步骤如下：

01 打开需要调整的演示文稿。

02 在“视图”选项卡中的“演示文稿视图”组中单击“幻灯片浏览”按钮，或单击状态栏上的“幻灯片浏览”按钮，此时工作区将以幻灯片浏览视图方式显示，如图18.4所示。

03 选择需要移动位置的幻灯片，按住鼠标向其他位置上拖曳，将其拖曳到合适的位置上并释放鼠标，即可调整幻灯片的位置，如图18.5所示。

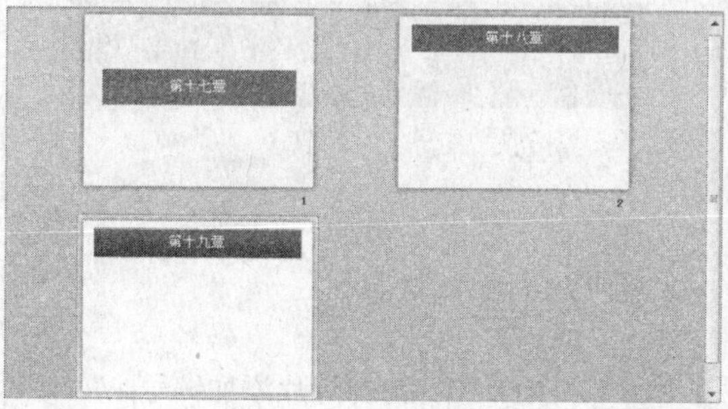

图18.4　浏览幻灯片

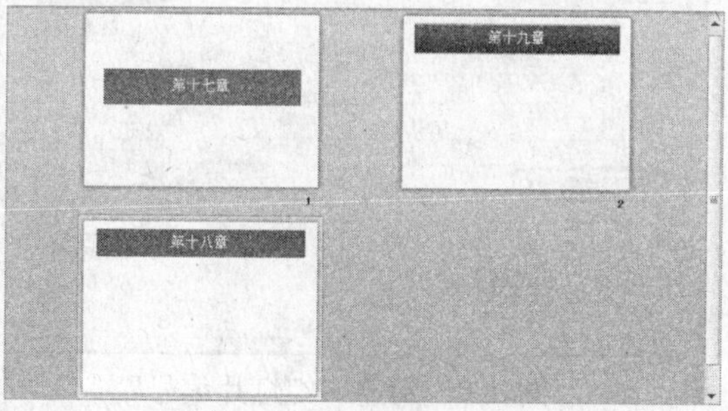

图18.5　调整幻灯片的位置

在普通视图中调整幻灯片位置的操作步骤如下：

01 在普通视图中，在“幻灯片”选项列表中选择需要移动的幻灯片，并将其拖曳到新的位置，如图18.6所示。

02 松开鼠标，幻灯片将出现在新的位置，如图18.7所示。

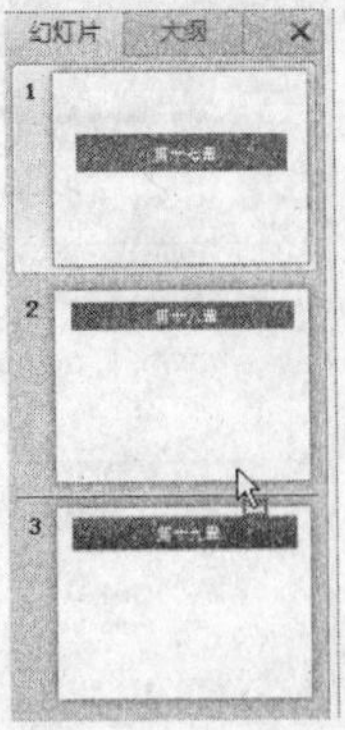

图18.6 拖曳幻灯片

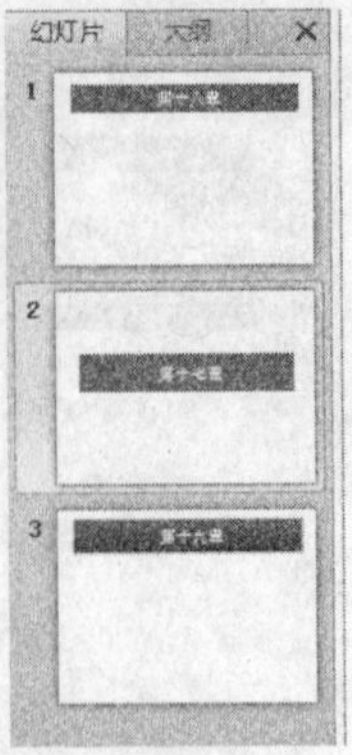

图18.7 在普通视图中调整幻灯片的位置

18.1.3 为幻灯片添加编号

为幻灯片添加编号的操作步骤如下：

01 在“幻灯片”选项列表中选择要添加编号的幻灯片。

02 选择“插入”选项卡，在“文本”组中单击“幻灯片编号”按钮，如图18.8所示。

图18.8 单击“幻灯片编号”按钮

03 在弹出的“页眉和页脚”对话框中选择“幻灯片”选项卡，勾选“幻灯片编号”复选框，如图18.9所示。

04 单击“应用”按钮，即可为添加幻灯片编号，如图18.10所示。

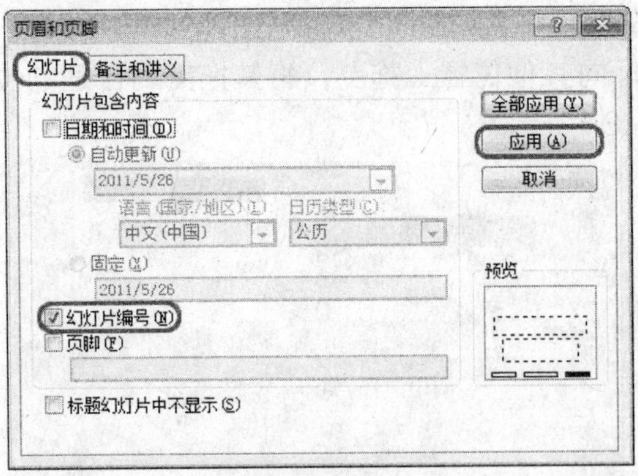

图18.9 勾选“幻灯片编号”

图18.10 为幻灯片添加编号

提示 利用同样的方法还可以在“页眉和页脚”对话框中为幻灯片设置时间日期，以及页眉页脚。用户可以在“页眉和页脚”对话框中单击“全部应用”按钮，即可为演示文稿中的所有幻灯片添加编号。

18.2 应用文档主题和模板

主题和模板是一组统一的设计元素，使用颜色、字体和图形来设置文档的外观。主题包括一组主题颜色、一组主题字体（包括标题文字和正文文字）和一组主题效果（包括线和填充效果）。用户可以快速轻松地设置整个文档的格式，赋予它专业时尚的外观。

诸如 Microsoft Office Word、Excel 和 PowerPoint 之类的程序都会提供几个预定义的文档主题，也可以自定义现有的文档主题，然后将其另存为自定义文档主题来创建文档主题。文档主题可以在各个Office程序之间共享，以便所有Office文档都具有相同、一致的外观。

18.2.1 使用样本模板

在PowerPoint中添加模板的具体操作步骤如下：

01 选择“文件”→“新建”菜单，如图18.11所示。

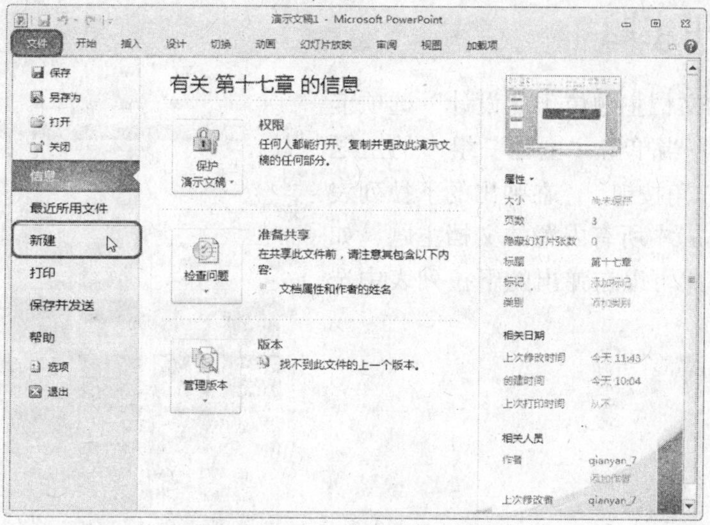

图18.11 选择“新建”

02 在弹出的列表中选择“样本模板”选项，并在“样本模板”区域中选择适合的模板，如图18.12所示。

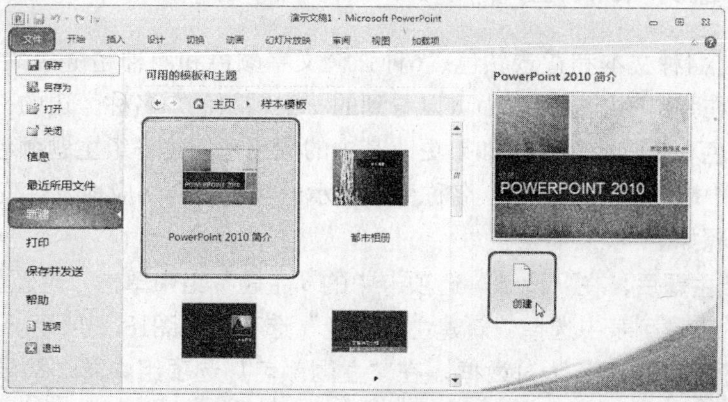

图18.12 新建模板

03 单击“创建”按钮，即可创建样本模板，如图18.13所示。指定完模板后，可以对其进行编辑与修改。

图18.13　创建的样本模板

18.2.2　应用主题

PowerPoint的文档主题位于“设计”选项卡的“主题”组中，当单击“主题”组中的主题列表框右侧的下三角按钮，在弹出的下拉列表中将显示PowerPoint中所有内置的文档主题，如图18.14所示。用户可以在弹出的下拉列表中选择需要的主题。

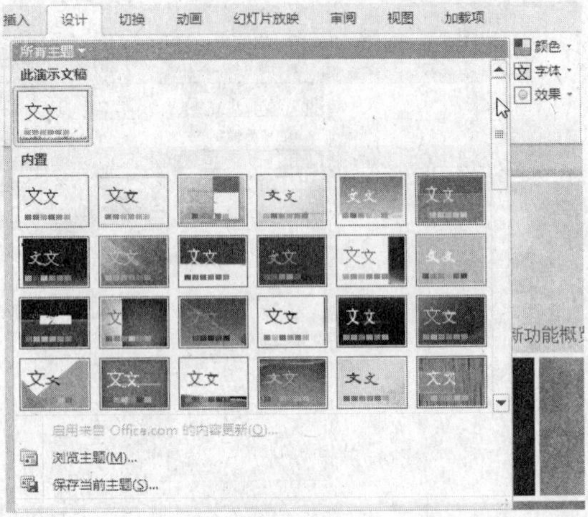

图18.14　显示所有主题

18.2.3　配色方案的应用

主题颜色包含4种文本和背景颜色、6种强调文字颜色和两种超链接颜色。单击“主题颜色”按钮后，在弹出的下拉列表中可以看到的“主题颜色”名称旁边的一组颜色代表该主题的强调文字颜色和超链接颜色。如果更改其中的颜色来创建一组主题颜色，那么在“主题颜色”按钮选项中以及“主题颜色”名称旁边显示的颜色将会相应地发生变化。

具体操作步骤如下：

01 应用文档主题后，在“设计”选项卡中的“主题”组中单击“主题颜色”按钮。

02 在弹出的下拉列表中选择“新建主题颜色”选项，如图18.15所示。

03 打开“新建主题颜色”对话框，在“主题颜色”选项组中单击需要更改的主题颜色元素对应的按钮，如图18.16所示。

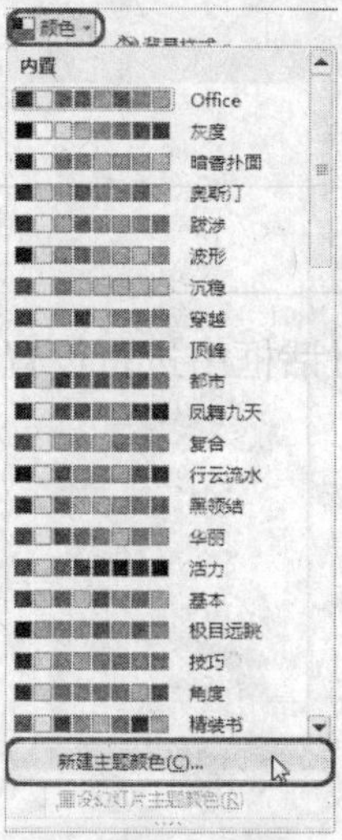

图18.15　选择“新建主题颜色”选项

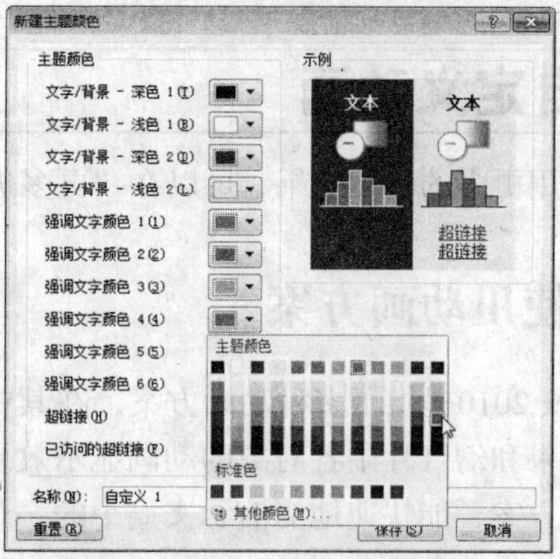

图18.16　设置主题颜色

04 在“名称”文本框中为新的主题颜色输入一个适当的名称，如图18.17所示。

05 单击“保存”按钮。这样就定义了颜色方案，在“主题颜色”选项组中可以看到新定义的主题颜色，如图18.18所示。

图18.17　输入名称

图18.18　新建的主题样式

如果要使用自定义的主题颜色，首先要应用一个原有的主题，如图18.19所示。然后，再为其设置自定义的主题颜色，设置后的效果如图18.20所示。

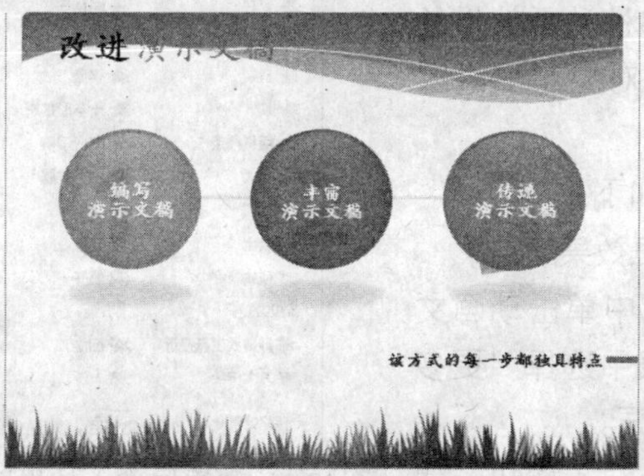

图18.19　应用主题

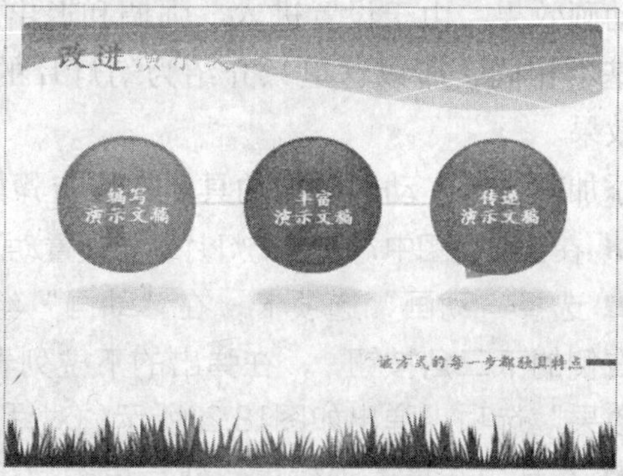

图18.20　应用自定义主题颜色

同样还可以对文字、主题以及背景设置一个合适的效果。

18.3 自定义动画

如果要使用更多的动画效果，可以在“更多进入效果”对话框中进行设置。

18.3.1 使用动画方案

PowerPoint 2010提供了多种动画方案，在其中设定了幻灯片的切换效果和幻灯片中各对象的动画显示效果。使用这些预设的动画方案，能快速地为演示文稿中的一个或所有幻灯片设置动画效果。

要使用动画方案时要应用动画方案时，首先选择要应用动画的幻灯片或幻灯片中要应用动画方案的文本或对象，在“动画”选项卡中的“高级动画”组中单击“添加动画”按钮，在下拉列表中选择需要的动画方案，如图18.21所示。或者选择“动画”选项卡，在“动画”组中单击动画列表框右侧的下三角按钮，在下拉列表中选择需要的动画方案。

如果为图形设置了动画方案，可单击“高级动画”组中的“动画窗格”按钮，在“动画窗格”中说明了该动画的信息，单击“动画窗格”中的“播放”按钮，播放动画。

图18.21 “添加动画”下拉列表

18.3.2 自定义动画

除了使用预定义的动画方案外，用户还可以为幻灯片中的对象应用自定义的动画效果，从而使幻灯片更具个性化。

1．添加动画效果

用户能为幻灯片中的对象设置进入、强调、退出和路径等动画效果。由于设置进入、强调和退出3种动画效果的方法基本相同，所以这里只介绍为幻灯片的对象添加进入动画效果。

添加“进入”动画效果的具体操作步骤如下：

01 在普通视图中，选择幻灯片中要设置动画效果的对象。

02 选择“动画”选项卡，在“动画”组中单击动画文本框右侧的下三角按钮，在弹出的下拉列表中选择“更多进入效果”选项，弹出如图18.22所示的对话框。

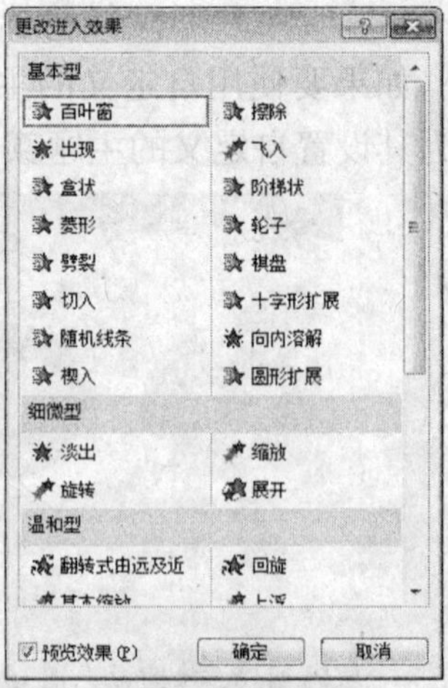

图18.22 “添加进入效果”对话框

03 在其中选择一种效果，然后单击“确定”按钮，即可将该效果应用于幻灯片中所选的对象。这时，在幻灯片窗格中的幻灯片对象上出现了动画效果标记，例如1、2等。

04 如要更改动画效果的开始方式，可以单击“计时”组中的“开始”下拉列表框右边的下三角按钮，从打开的下拉列表中选择一种方式。其中：

- “单击时”：选择此选项，则当幻灯片放映到动画效果序列中的该动画时，单击鼠标才开始动画显示幻灯片中的对象，否则将一直停在此位置以等待用户单击鼠标来激活。
- “与上一动画同时”：选择此选项，则该动画效果和前一个动画效果同时发生，这时其序号将和前一个用单击来激活的动画效果的序号相同。
- “上一动画之后”：选择此选项，则该动画效果将在前一个动画效果播放完时发生，这时其序号将和前一个用单击来激活的动画效果的序号相同。

设置完后，可以在“动画”选项卡中的“预览”组中单击“预览”按钮来预览动画效果。

提示　添加动作路径和添加其他动画效果的方法基本相同。只是在添加后，会出现动作路径的路径控制点。

2．编辑动画效果

设置了动画效果后，还可以根据需要对其进行修改，用户可以调整动画的序列。

调整动画序列的具体操作步骤如下：

01 在普通视图中，显示要重新排序动画的演示文稿。

02 选择“动画”选项卡，在“高级动画”组中单击“动画窗格”按钮，弹出如图18.23所示的对话框。

03 在弹出的“动画窗格”中选择要移动的项目，单击鼠标将其拖到其他位置即可，或单击“动画窗格”下方的和按钮来调整动画的序列。

此外，用户还可以删除动画效果，其具体操作步骤如下：

01 选择“动画”选项卡，在“高级动画”组中单击“动画窗格”按钮。

02 在弹出的“动画窗格”对话框中选择需要删除的动画效果。

03 单击该效果右侧的下三角按钮，在弹出的下拉菜单中选择“删除”选项，如图18.24所示。或按Delete键，即可删除选定的动画效果。

图18.23　“动画窗格”对话框

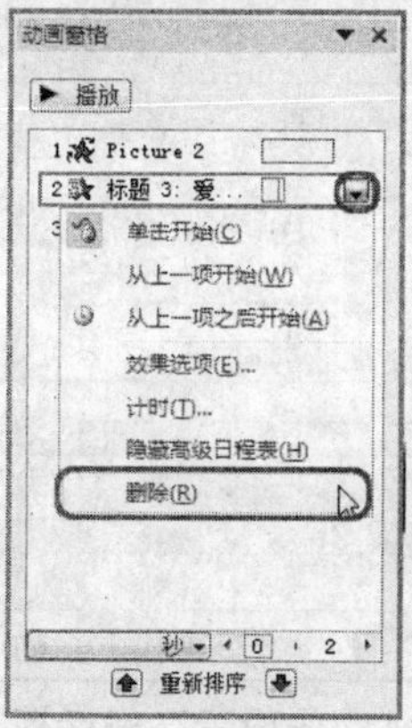

图18.24　选择“删除”选项

18.3.3 设置幻灯片的切换效果

切换效果是指幻灯片之间衔接的特殊效果。在幻灯片放映的过程中，由一张幻灯片转换到另一张幻灯片时，可以设置多种不同的切换方式，如“切出”方式或“分割”方式等。其具体操作步骤如下：

01 在工作窗口左侧的“幻灯片”列表框中选择需要添加切换效果的幻灯片，如图18.25所示。

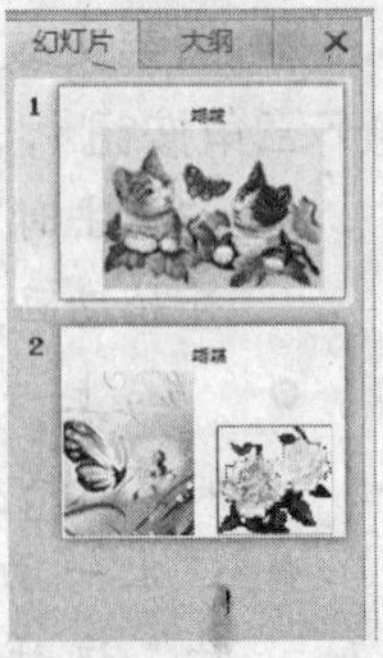

图18.25　选择幻灯片

02 选择“切换”选项卡，在“切换到此幻灯片”组中选择一种切换的效果，设置完成后，在“预览”组中单击“预览”按钮即可进行预览。

03 如果想将设置的切换效果用于演示文稿中的所有幻灯片上，可单击“计时”组中的“全部应用”按钮，即可将所设置的切换效果应用到所有的幻灯片中。

提示　用户可以单击“计时”组中的“声音”按钮右侧的下三角按钮，在弹出的下拉菜单中选择一种声音特效，为幻灯片添加声音特效。

18.3.4 设置动作按钮

用户可以将某个动作按钮添加到演示文稿中，然后定义如何在幻灯片的放映过程中使用它。创建动作按钮的具体操作步骤如下：

01 在幻灯片中选择需要建立动作的对象。

02 选择“插入”选项卡，在“链接”组中单击“动作”按钮，弹出如图18.26所示的“动作设置”对话框。

03 在该对话框中选择“鼠标移过”选项卡，选中“超链接到”单选按钮，并单击下方的下三角按钮，在下拉菜单中选择要链接到的幻灯片选项。

04 再在该对话框中勾选“播放声音”复选框，并单击下方的下三角按钮，在弹出的下拉菜单中选择一种声音，为幻灯片添加声音特效，如图18.27所示。

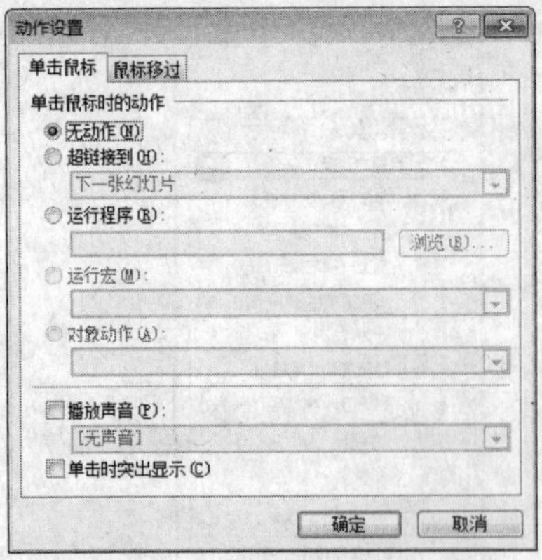

图18.26　“动作设置”对话框

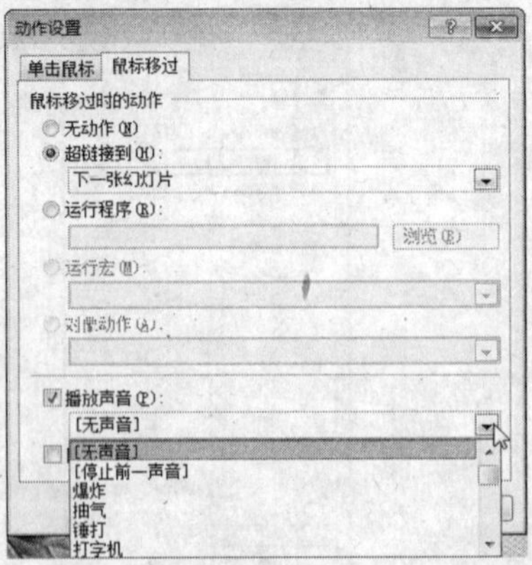

图18.27　“声音”下拉菜单

05 设置完成后，单击“确定”按钮即可。

18.4 在幻灯片中引入多媒体

声音是传播信息的一种重要方式，在幻灯片中引入声音可以丰富幻灯片的内容，增强感染力。例如，在演示幻灯片中加入优雅的背景音乐或视频，可以使观众身心放松，更加专心观看演示的内容。

18.4.1 在幻灯片中引入声音

插入声音主要使用“插入”选项卡中的“媒体”组中的“音频”按钮，具体操作步骤如下：

> 提示　为了防止可能出现的链接问题，最好在添加演示文稿之前将声音文件复制到演示文稿所在的文件中。

01 单击要添加声音的幻灯片。

02 选择“插入”选项卡，在“媒体”组中单击“音频”下方的下三角按钮，在弹出的下拉列表中选择“文件中的音频”选项，如图18.28所示。

03 在打开的“插入音频”对话框中选择需要插入的音频，如图18.29所示。

图18.28　选择“文件中的音频”选项

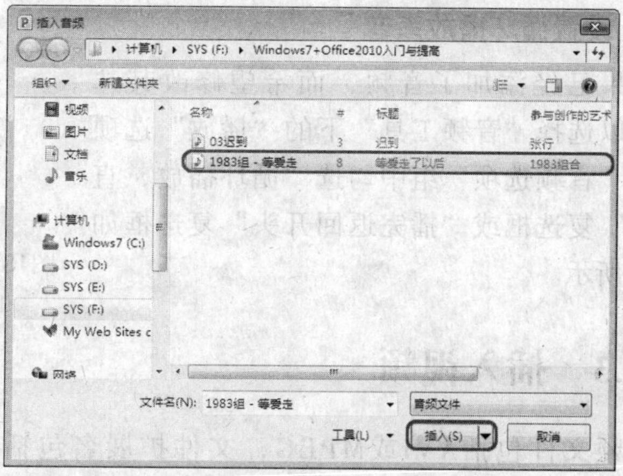

图18.29　选择音频

04 单击“插入”按钮，即可插入音频。

如果声音文件大于100 KB，默认情况下会自动将声音链接到文件，而不是嵌入文件。演示文稿链接到文件后，如果要在另一台计算机上播放此演示文稿，则必须在复制该演示文稿的同时复制它所链接的文件。

18.4.2 设置声音的播放方式

插入声音后，还可以根据需要对其播放方式进行设置。

1．设置声音的开始播放方式

除了在插入时设置声音的开始播放方式之外，还可以在插入后进行调整，其具体操作步骤如下：

01 在幻灯片上，单击声音图标，将其选中。

02 选择“动画”选项卡，在“计时”组中单击“开始”右侧的下三角按钮，在弹出的下拉菜单中选择播放方式。

提示 若要在单击声音图标之后播放声音，请选择“高级动画”组中的“动画窗格”按钮，在弹出的对话框中选择要设置的对象，单击该对象右侧的下三角，在弹出来的下拉菜单中选择“效果选项”选项，再在打开的“播放音频”对话框中选择“计时”选项卡，单击“触发器”按钮，然后选中“单击下列对象时启动效果”单选按钮，并在其右边的下拉列表框中选择声音，如图18.30所示。

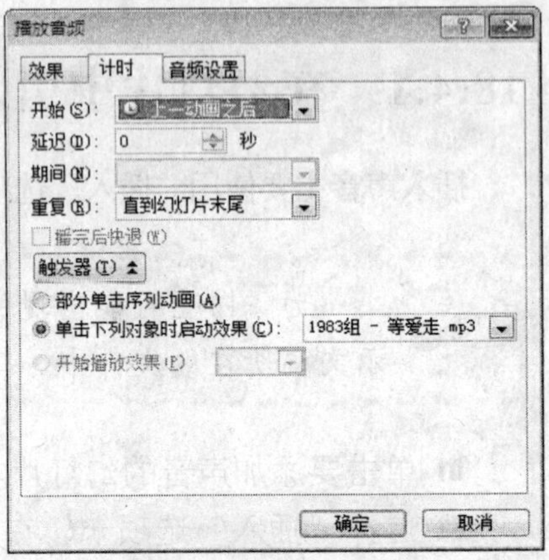

图18.30 “播放音频”对话框

2．设置循环播放声音

如果已经添加了音频，而希望修改其选项，可以选择“音频工具”下的“播放”选项卡，在“音频选项”组中勾选“循环播放，直到停止”复选框或“播完返回开头”复选框如图18.31所示。

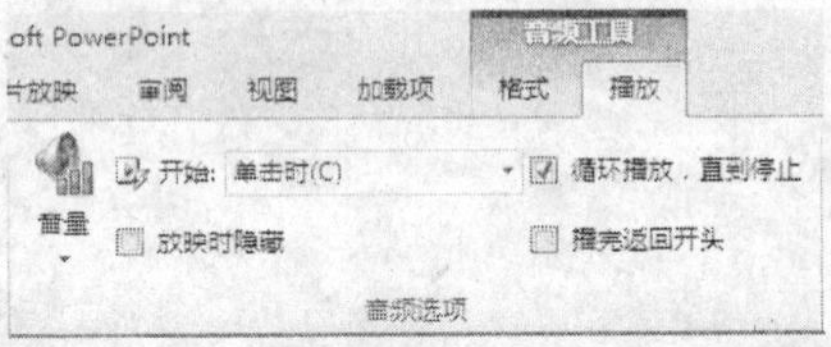

图18.31 勾选“循环播放，直到停止”复选框

18.4.3 插入视频

视频文件包括AVI或MPEG，文件扩展名包括“.avi”、“.mov”、“.mpg”和“.mpeg”。典型的视频可能包含一个演讲者的发言，例如无法亲自参加会议的领导的讲话，可以使用视频开展培训或进行演示。

动态GIF文件包含动画，其文件扩展名为“.gif”。尽管从技术上讲，动态GIF文件不是视频，但它们包含多个图像，按顺序播放图像即可产生动画效果，因此也将其归为视频剪辑一类。可以从文件Microsoft剪辑管理器或网络中向幻灯片添加视频和动态GIF文件，并可以使用多种方式进行播放。

视频文件始终都是链接到演示文稿，而不是嵌入到演示文稿中。插入链接到视频文件时，PowerPoint会创建一个指向视频文件当前位置的链接。如果之后将该视频文件移动到其他位置，那么在播放时，PowerPoint会找不到播放文件。因此最好在插入视频前将视频复制到演示文稿所在的文件夹中。PowerPoint创建一个指向视频文件的链接，只要视频文件位于演示文稿文件夹中，PowerPoint就能够找到该视频文件，即使将该文件夹移动或复制到其他计算机上，也不例外。

提示 确保链接文件位于演示文稿所在文件夹中的另一种方法是使用[打包成CD]功能。此功能可以将所有的文件复制到演示文稿所在的位置（CD或文件夹中），并自动更新视频文件的所有链接。当演示文稿包含链接的文件时，如果打算在另一台计算机上进行演示或用电子邮件发送演示文稿，必须将链接的文件和演示文稿一同复制。

为了防止可能出现的链接问题，向演示文稿添加视频之前，最好先将视频复制到演示文稿所在的文件夹。插入视频的步骤如下：

01 在普通视图中单击要添加视频或动态GIF文件的幻灯片。

02 选择“插入”选项卡，在“媒体”组中单击“视频”下方的下三角按钮，在弹出下拉菜单中选择“文件中的视频”选项，如图18.32所示。

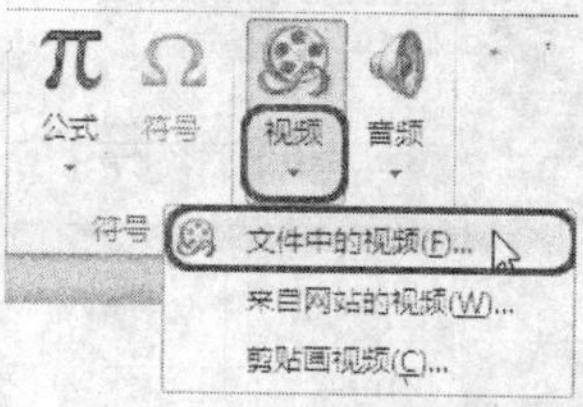

图18.32 选择“文件中的视频”选项

03 在弹出“插入视频文件”对话框中找到包含所需文件的文件夹，然后双击要添加的文件，如图18.33所示。或选择“插入”选项卡，在“图像”组中单击“剪贴画”按钮，打开“剪贴画”对话框，单击“结果类型”下方的下三角按钮，在弹出的下拉菜单中勾选“视频”复选框，如图18.34所示。再在“搜索文字”文本框中输入关键字，单击“搜索”按钮即可。用户可以在查找出的结果中拖曳滚动条来查找所要的剪辑，然后单击该剪辑将其添加到幻灯片中。

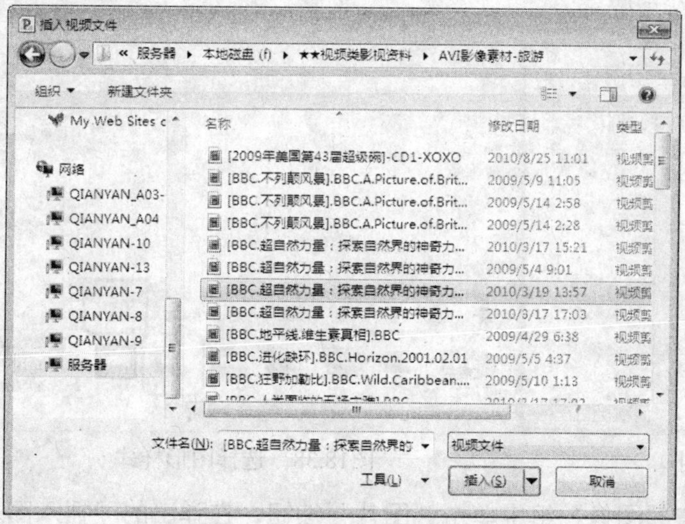

图18.33 选择需要插入的视频

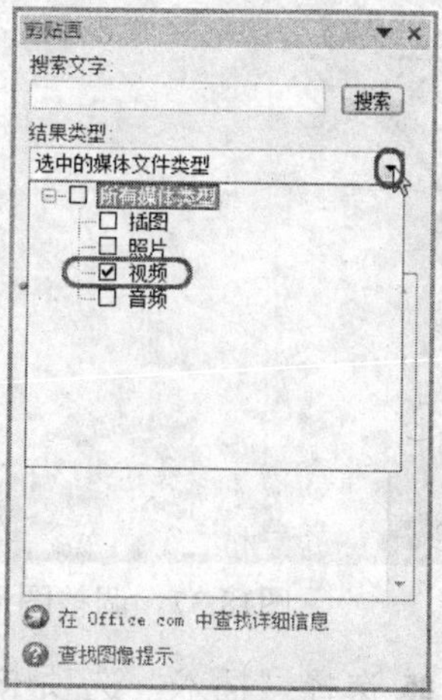

图18.34 勾选“视频”复选框

视频插入完毕后，幻灯片中的视频自动保持为被选中状态，此时影片四周有尺寸句柄，可以通过拖曳尺寸句柄调节视频的大小。设置视频的播放方式与设置声音的播放方式相同，用户可以根据上面的介绍来进行设置。

18.5 上机练习——情人节贺卡

下面开始介绍如何制作情人节贺卡，具体操作步骤如下：

01 启动PowerPoint2010，选择“开始”选项卡，在“幻灯片”组中单击“版式”按钮，在弹出的下拉列表中选择“空白”，如图18.35所示。将版式设置为空白。

02 选择“插入”选项卡，在“图像”组中单击“图片”按钮，在弹出的“插入图片”对话框中选择随书附带光盘中的“素材\Cha18\背景.jpg”文件，如图18.36所示。

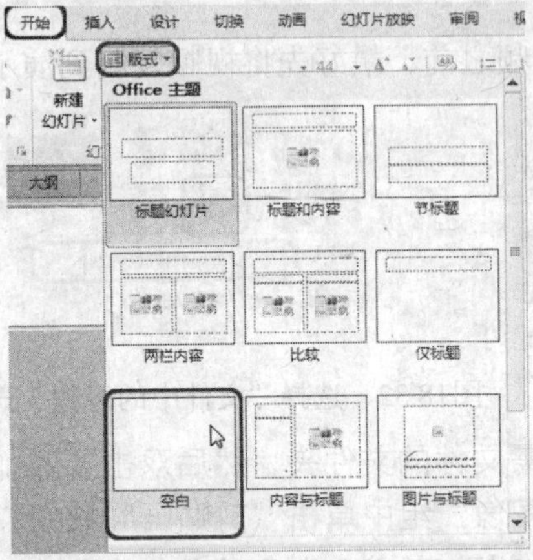

图18.35 选择“空白”选项

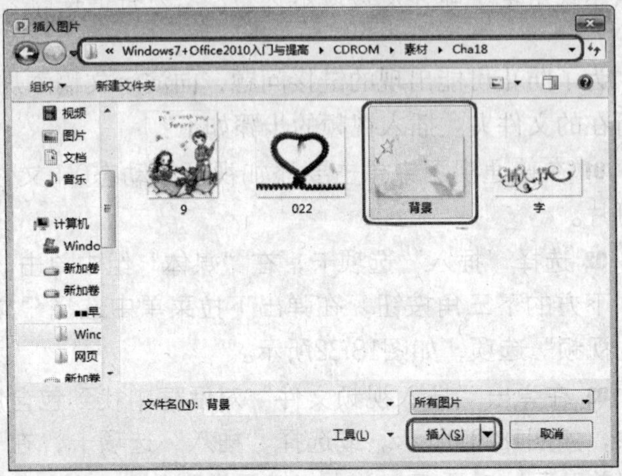

图18.36 选择素材图形

03 单击“插入”按钮，即可将图形插入，并调整图形的大小，如图18.37所示。

04 选中该图形，选择“图片工具”下的“格式”选项卡，在“图片样式”组中选择“柔化边缘矩形”，如图18.38所示。

图18.37 调整图形大小

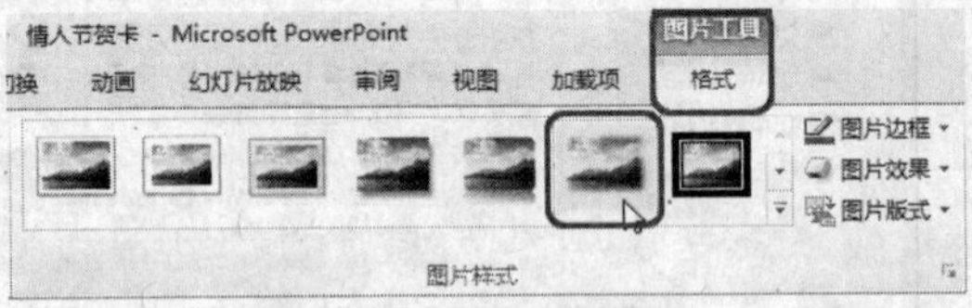

图18.38 选择图形样式

05 选择“插入”选项卡，在“图像”组中单击“图片”按钮，在弹出的“插入图片”对话框中选择随书附带光盘中的“素材\Cha18\字.jpg”文件，如图18.39所示。

06 单击“插入”按钮，即可插入该图形，选择“图片工具”下的“格式”选项卡，在“调整”组中单击“颜色”按钮，在弹出的下拉列表中选择“设置透明色”选项，如图18.40所示。

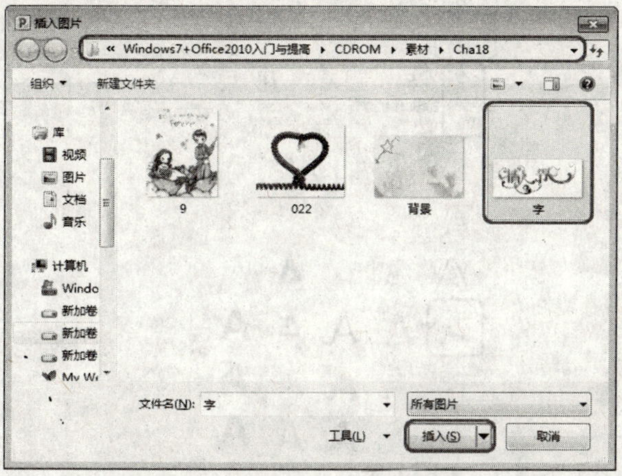

图18.39 选择素材图形

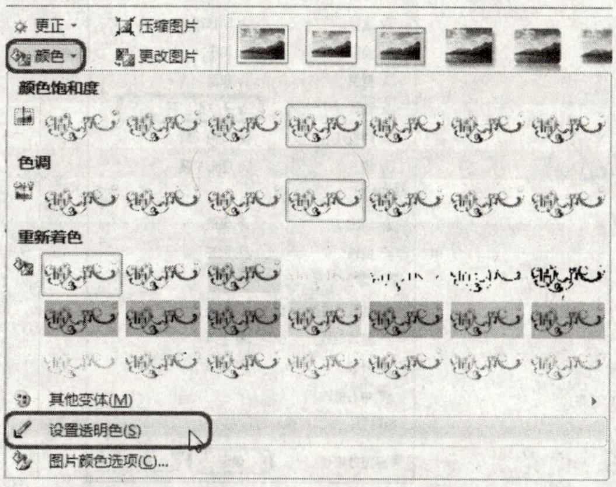

图18.40 选择“设置透明色”选项

07 在该图形的空白位置上单击鼠标左键，并调整图形的大小及位置，如图18.41所示。

08 选择“动画”选项卡，在“动画”组中单击动画列表框右侧的下三角按钮，在弹出的下拉列表中选择“更多进入效果”选项，如图18.42所示。

09 在弹出的“更多进入效果”对话框中选择“百叶窗”，如图18.43所示。

图18.41 设置透明色

图18.42 选择“更多进入效果”选项

图18.43 “更多进入效果”对话框

10 单击“确定”按钮，即可为该图形设置动画效果，选择背景图形，在“动画”选项卡中的“动画”组中单击动画列表框右侧的下三角按钮，在弹出的下拉列表中选择“更多进入效果”选项，再在弹出的“更多进入效果”对话框中选择“十字形扩展”，如图18.44所示。

11 单击“确定”按钮，选择“插入”选项卡，在“文本”组中单击“艺术字”按钮，在弹出的下拉列表中选择如图18.45所示的艺术字样式。

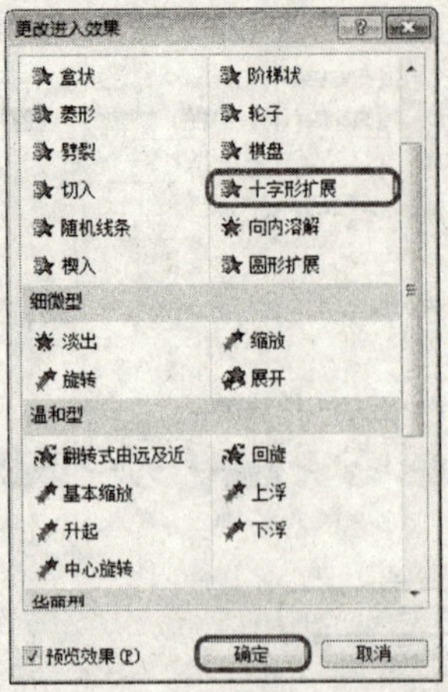

图18.44　选择“十字形扩展”

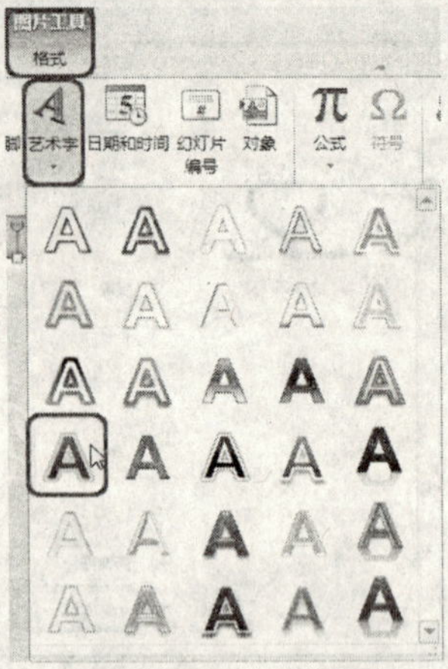

图18.45　选择艺术字样式

⑫ 在弹出的文本框中输入文字，并调整其位置及角度，如图18.46所示。

⑬ 将输入的文字选中，选择“开始”选项卡，在“字体”组中单击“字体”右侧的下三角按钮，在弹出的下拉菜单中选择“方正舒体”选项，即可设置所选文字的字体，如图18.47所示。

图18.46　调整文字位置及角度

图18.47　设置文字字体

⑭ 选择“动画”选项卡，在“动画”组中单击动画列表框右侧的下三角按钮，在弹出的下拉列表中选择“弹跳”选项，如图18.48所示，即可为改文字添加动画效果。

⑮ 选择“插入”选项卡，在“图像”组中单击“图片”按钮，在打开的“插入图片”对话框中选择随书附带光盘中的“素材\Cha18\9.jpg”文件，如图18.49所示。

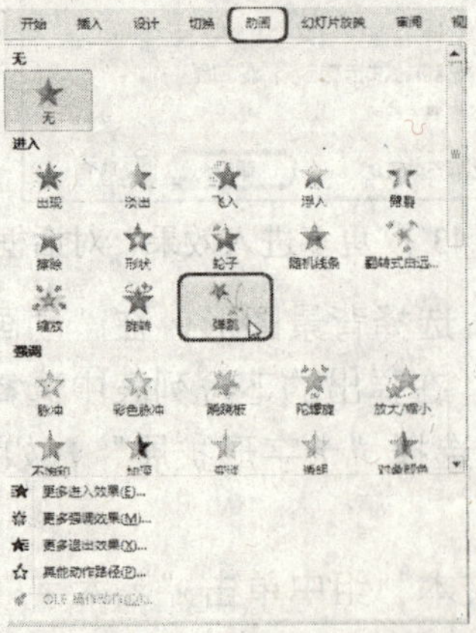

图18.48　选择“弹跳”选项

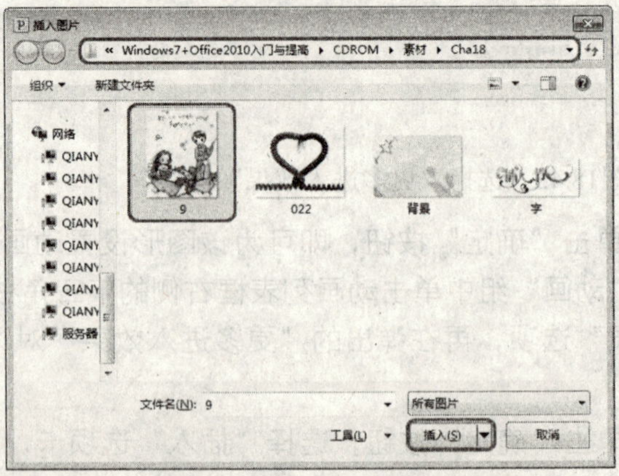

图18.49　选择素材图形

⑯ 单击“插入”按钮，选择“图片工具”下的“格式”选项卡，在“调整”组中单击“颜色”按钮，在弹出的下拉列表中选择“设置透明色”选项，在图形的空白位置上单击鼠标左键，并调整该图形的位置，如图18.50所示。

⑰ 选择“动画”选项卡，在“动画”组中单击动画列表框右侧的下三角按钮，在弹出的下拉列表中选择“更多进入效果”，再在弹出的“更多进入效果”对话框中选择“玩具风车”，如图18.51所示。

图18.50 设置透明色

图18.51 选择动画效果

⑱ 单击“确定”按钮，以步骤（15）的方法将022.jpg文件插入，并为其设置透明色以及调整其位置和大小，效果如图18.52所示。

⑲ 选择“动画”选项卡，在“动画”组中单击动画列表框右侧的下三角按钮，在弹出的下拉列表中选择“更多进入效果”选项，在弹出的“更多进入效果”对话框中选择“轮子”，如图18.53所示。

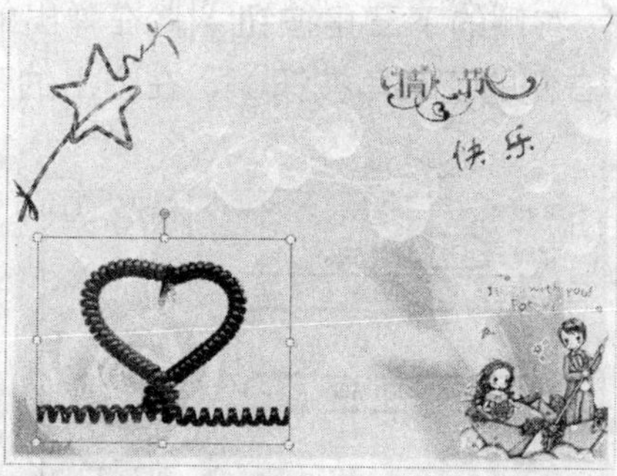

图18.52 插入图形并对其进行设置

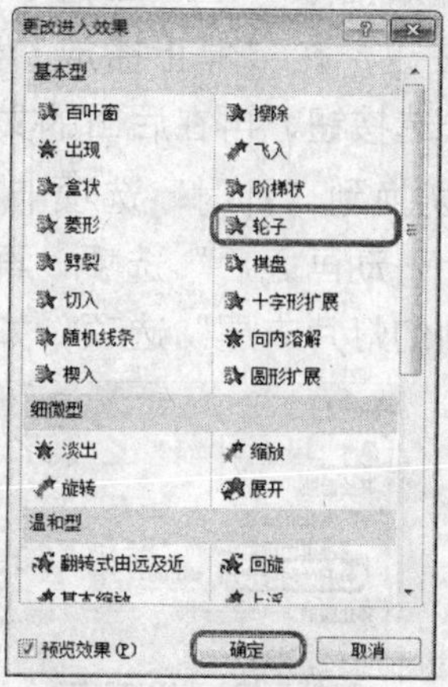

图18.53 选择动画效果

⑳ 单击“确定”按钮，再在“动画”选项卡中的“高级动画”组中单击“动画窗格”按钮，在弹出的“动画窗格”对话框中选择“图片3”，单击“动画窗格”对话框下方的按钮，如图18.54所示，调整该动画的序列。

㉑ 单击“图片3”右侧的下三角按钮，在弹出的下拉菜单中选择“从上一项之后开始”选项，如图18.55所示，并以同样的方法设置其他动画。

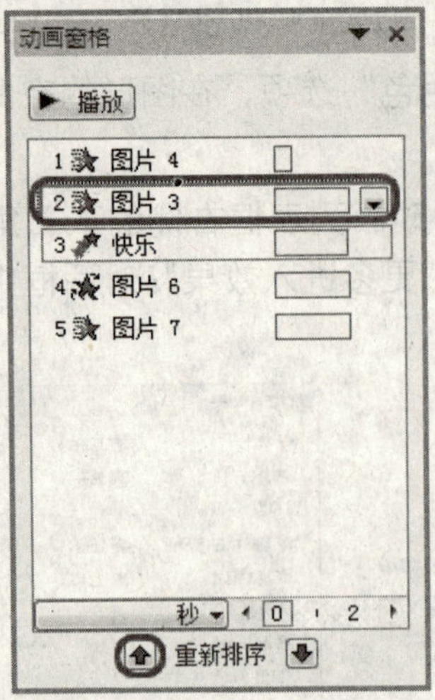

图18.54　调整动画的序列

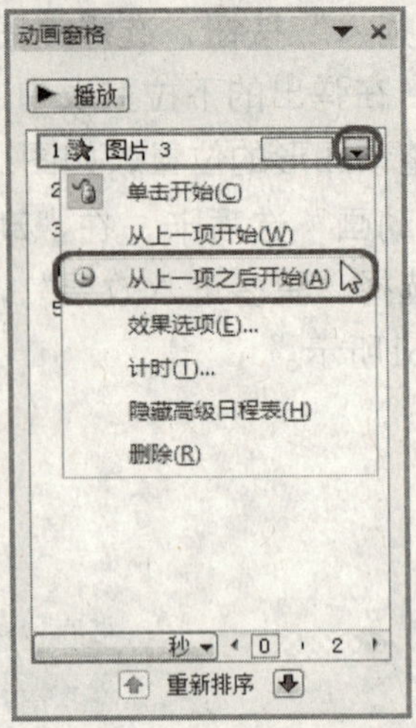

图18.55　选择“从上一项开始之后”选项

22 选择“插入”选项卡，在“媒体”组中单击“音频”按钮下方的下三角按钮，在弹出的下拉菜单中选择“文件中的音频”选项，再在弹出的“插入音频”对话框中选择随书附带光盘中的“素材\Cha18\背景音乐.mp3”文件，如图18.56所示。

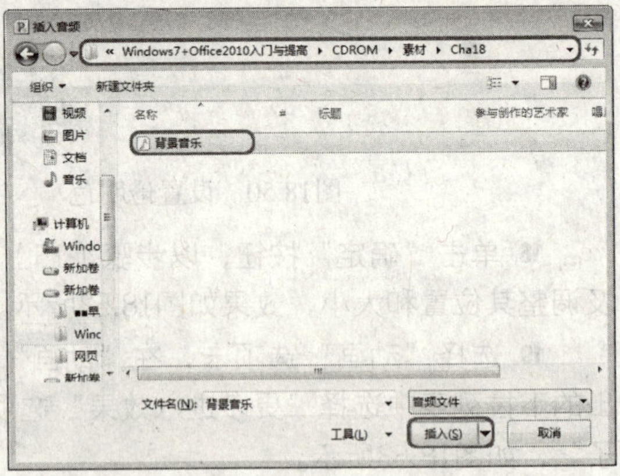

图18.56　选择素材文件

23 单击“插入”按钮，选择“动画”选项卡，单击“动画”组右下角的按钮，在弹出的“播放音频”对话框中选择“效果”选项卡，在“开始播放”选项区域中选择“开始时间”单选按钮，在“停止播放”选项区域中选择“在”单选按钮，再在后面的文本框中输入5，如图18.57所示。

24 再切换到“计时”选项卡，单击“开始”右侧的下三角按钮，在弹出的下拉菜单中选择“上一动画之后”选项，再单击“重复”右侧的下三角按钮，在弹出的下拉菜单中选择“直到幻灯片末尾”选项，如图18.58所示。

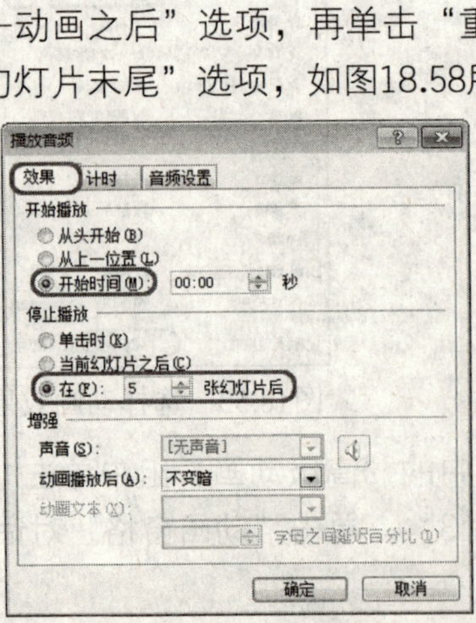

图18.57　“效果”选项卡

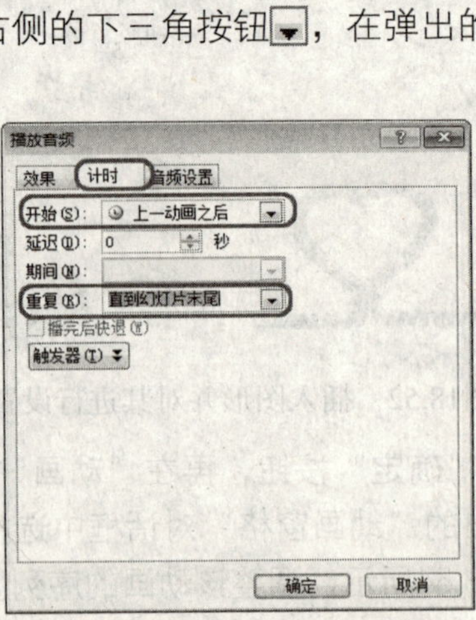

图18.58　“计时”选项卡

25 再切换到“音频设置”选项卡，在“显示选项”选项区域中勾选“幻灯片放映时隐藏音频图标”复选框，如图18.59所示。

26 单击“确定”按钮，再在“动画窗格”对话框中选择“背景音乐”，将其移动到“图片3”的上方，如图18.60所示。

27 将“动画窗格”进行关闭，选择“动画”选项卡，在“预览”组中单击“预览”按钮，即可进行预览，完成后的效果如图18.61所示。

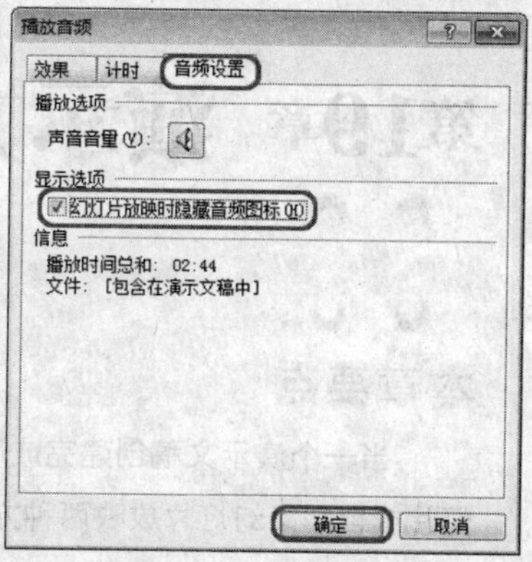

图18.59 “音频设置”选项卡

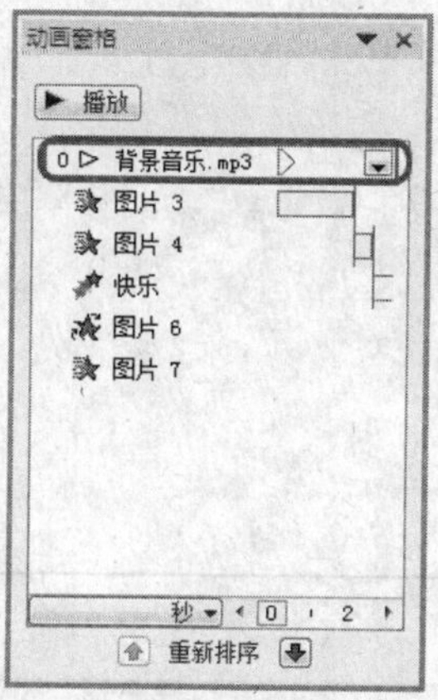

图18.60 调整动画的序列

图18.61 完成后的效果

28 单击“快速访问工具栏”上的“保存”按钮，对完成后的场景进行保存。

18.6 习题

1. 填空题

（1）主题和模板是一组统一的________，使用________、________和________来设置文档的外观。

（2）________是指幻灯片之间衔接的特殊效果。

（3）插入声音主要使用“________”选项卡中的“________”组中的“________”按钮。

2. 问答题

（1）如何为幻灯片编号？

（2）如何在幻灯片中引入多媒体？

第19章 演示文稿的放映与打印

本章要点

当一个演示文稿创建完成后，要通过播放的方式展现给观众。播放演示文稿可以采用连续放映幻灯片或自定义幻灯片放映两种方式来实现。在本章的最后将介绍如何打印演示文稿。

本章内容主要包括

- 播放演示文稿
- 幻灯片放映的时间设置
- 打印演示文稿

go>>

19.1 播放演示文稿

本节学习如何将已经制作好的演示文稿播放，并从播放状态返回到幻灯片状态，即结束放映。

19.1.1 播放幻灯片

播放演示文稿主要使用“幻灯片放映”选项卡中的“开始放映幻灯片”组、“设置”组和“监视器”组来实现的，如图19.1所示。

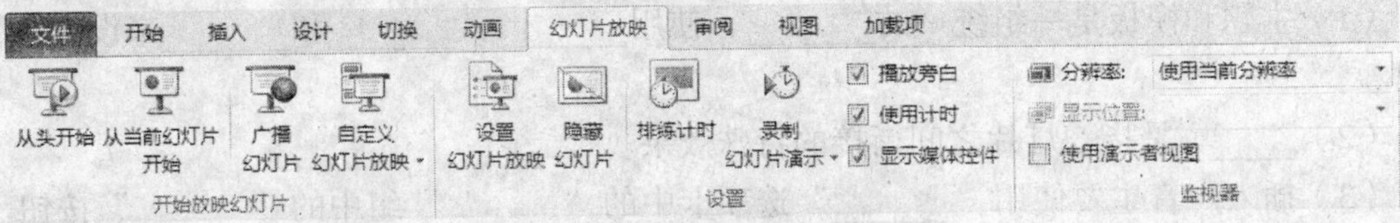

图19.1 “幻灯片放映”选项卡

使用以下5种方法来放映幻灯片：

- “从头开始”：从第一张幻灯片开始放映，方法是单击“幻灯片放映”选项卡“开始放映幻灯片”组中的“从头开始”按钮，则从第一张幻灯片开始放映。
- “从当前幻灯片开始”：从当前幻灯片开始放映，方法是单击“幻灯片放映”选项卡“开始放映幻灯片”组中的“从当前幻灯片开始”按钮。
- “自定义幻灯片放映”：创建自定义播放序列，方法是单击“幻灯片放映”选项卡

"开始放映幻灯片"组中的"自定义幻灯片放映"按钮，在弹出的下拉列表中选择"自定义放映"选项，打开"自定义放映"对话框，在该对话框中设置要放映的幻灯片和放映顺序。

- "设置幻灯片放映"：方法是单击"幻灯片放映"选项卡"设置"组中的"设置幻灯片放映"按钮，打开"设置放映方式"对话框。在该对话框中可以设置放映类型、换片方式等。
- 单击状态栏中的"幻灯片放映"按钮，即可实现幻灯片放映。

1. 连续放映幻灯片

连续放映幻灯片有以下两种方法：

- 手动连续放映。
- 设置演示文稿循环放映。

要手动连续播放幻灯片，可以进行下面的操作：

01 单击状态栏中的"幻灯片放映"按钮。

02 在幻灯片放映视图中单击鼠标右键，从弹出的快捷菜单中选择"下一张"选项，如图19.2所示，此时在屏幕上就会显示出下一张幻灯片。

提示　在幻灯片放映视图中，单击鼠标左键，也可以自动播放下一张幻灯片。

设置演示文稿循环放映的步骤如下：

01 单击"幻灯片放映"选项卡"设置"组中的"设置幻灯片放映"按钮，打开"设置放映方式"对话框。

02 在"放映选项"区域中勾选"循环放映，按ESC键终止"复选框，如图19.3所示。

03 单击"确定"按钮即可。

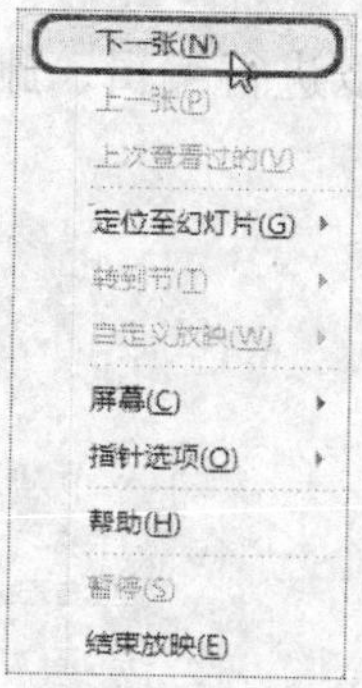

图19.2　快捷菜单

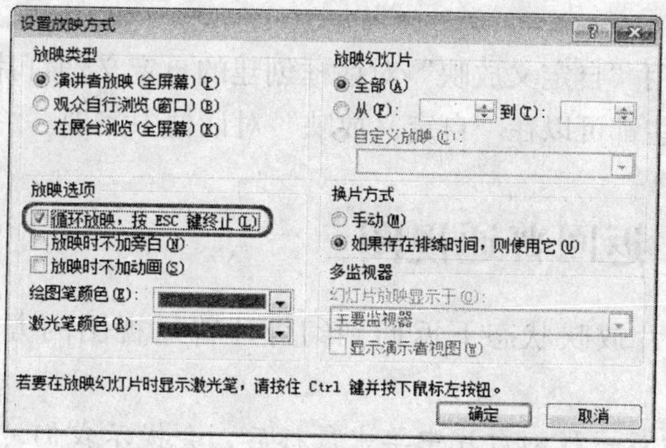

图19.3　"设置放映方式"对话框

2. 自定义幻灯片放映

如果要自定义幻灯片放映，其操作步骤如下：

01 单击"幻灯片放映"选项卡"开始放映幻灯片"组中的"自定义幻灯片放映"按钮，在弹出的下拉列表中选择"自定义放映"选项，打开"自定义放映"对话框，如图19.4所示。

02 单击“新建”按钮，打开“定义自定义放映”对话框，如图19.5所示。

图19.4 “自定义放映”对话框

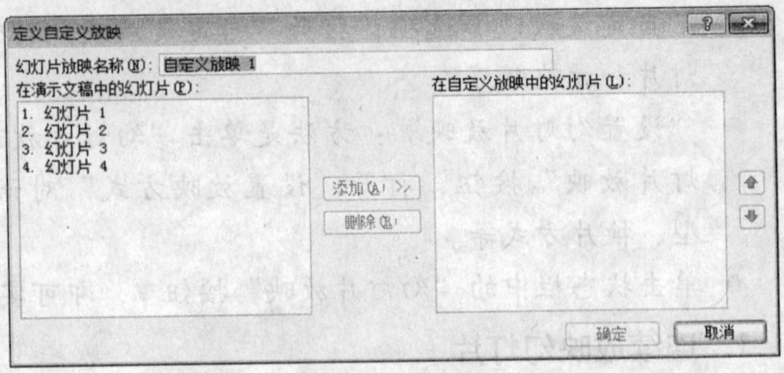

图19.5 “定义自定义放映”对话框

03 在“幻灯片放映名称”文本框中输入一个自己定义的名称，“在演示文稿中的幻灯片”列表框中选择幻灯片的名称后，单击“添加”按钮，将其放到“在自定义放映中的幻灯片”列表框中。如果要删除添加在“在自定义放映中的幻灯片”列表框中的幻灯片，则选择要删除的幻灯片，单击“删除”按钮即可。

04 设置完成后单击“确定”按钮，返回到“自定义放映”对话框。

05 若单击“放映”按钮，即可进行放映。

06 单击“关闭”按钮，关闭该对话框。如果要放映自定义的幻灯片，单击“幻灯片放映”选项卡“开始放映幻灯片”组中的“自定义幻灯片放映”按钮，在弹出的下拉列表中选择自定义幻灯片的名称，如图19.6所示，即可开始放映幻灯片。

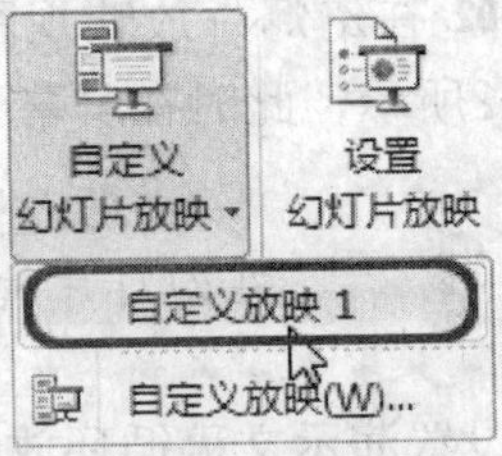

图19.6 选择自定义的幻灯片名称

提示：使用自定义放映幻灯片，可以将一个演示文稿按照不同的需求进行播放。

对于使用“自定义放映”对话框创建的自定义幻灯片，还可以进行编辑、删除、复制操作，所有这些都可以在“自定义放映”对话框中实现。

19.1.2 返回普通视图

在幻灯片放映状态下返回到幻灯片普通视图的方法有3种：

- 在最后一张幻灯片中单击鼠标后，会提示我们“放映结束，单击鼠标退出。”再次单击鼠标即可返回到幻灯片普通视图状态。
- 在幻灯片放映视图中单击鼠标右键，从弹出的快捷菜单中选择“结束放映”选项，如图19.7所示。即可返回到幻灯片普通视图状态。
- 按Esc键，也可返回到幻灯片普通视图状态。

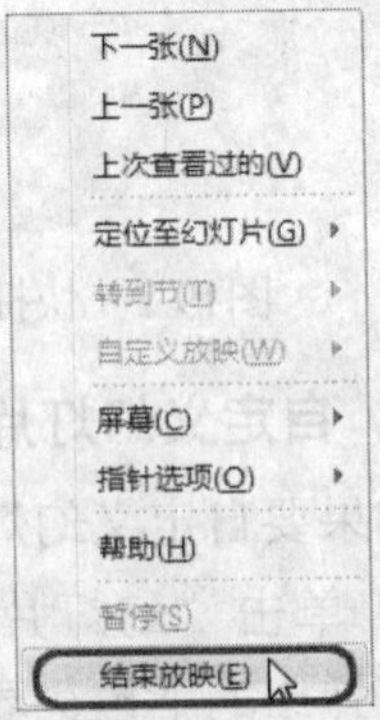

图19.7 选择“结束放映”选项

19.2 幻灯片放映的时间设置

为幻灯片设置放映时间的方法有两种：

- 手动设置排练时间。
- 排练时记录排练时间。

要手动设置排练时间，为每个需要设置排练时间的幻灯片进行以下操作：

01 在普通视图的“幻灯片”选项卡中选择需要设置排练时间的幻灯片。

02 选择“切换”选项卡，在“计时”组中勾选“设置自动换片时间”复选框，然后在后面输入时间（秒），表示多少秒后将自动切换到下一张幻灯片，然后取消勾选“单击鼠标时”复选框，如图19.8所示。

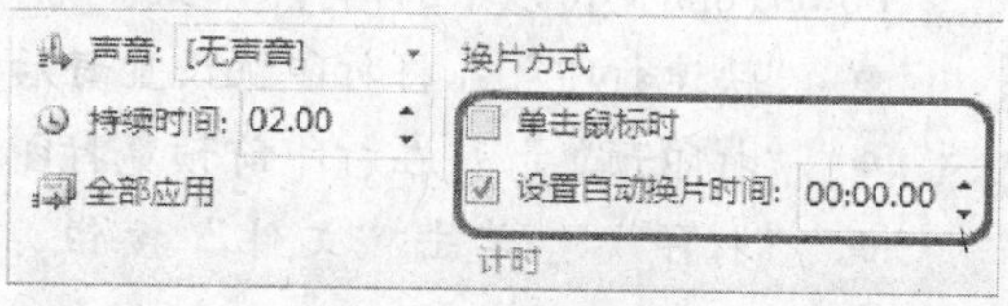

图19.8 “计时”组

提示 使用上述方法仅对当前设置的幻灯片有效，不能应用于所有幻灯片。如果要应用于所有幻灯片，需要重复上述步骤。因此，为了方便，最好使用第二种方法，即排练时记录排练时间。如果希望下一张幻灯片在单击鼠标或时间达到输入的秒数时显示，则勾选“单击鼠标时”和“设置自动换片时间”复选框。

可以排练演示文稿，以确保它满足特定的时间框架。进行排练时，可以使用幻灯片计时功能记录演示每个幻灯片所需的时间，然后在向观众演示时使用记录的时间自动播放幻灯片。

要在排练时记录排练时间，则需单击“排练计时”按钮。排练计时是指启动全屏幻灯片放映，排练演示文稿在每张幻灯片上所用的时间将被记录下来，供以后自动播放使用。启动排练计时的步骤如下：

01 单击“幻灯片放映”选项卡“设置”组中的“排练计时”按钮，激活排练计时方式，出现幻灯片放映视图，同时出现“录制”工具栏，如图19.9所示。

02 当达到了所需要的幻灯片放映时间后，单击“下一项”按钮，或单击下一张幻灯片，在“幻灯片放映时间”框中会自动从0开始新的计时。如果不需要再记录播放时间，单击“暂停录制”按钮或“关闭”按钮。

03 在最后一张幻灯片上单击时会弹出如图19.10所示的信息提示对话框。单击“是”按钮，则会保留幻灯片的排练时间，下次播放幻灯片时，则按照记录的时间自动播放幻灯片，单击“否”按钮，则不会保留幻灯片的排练时间。

图19.9 “录制”工具栏

图19.10 接受排练时间对话框

19.3 打印演示文稿

多数演示文稿均设计为以彩色模式显示，但幻灯片和讲义通常以黑白或灰度阴影模式打印。

以灰度模式打印时，彩色图像将以介于黑色和白色之间的各种灰色色调打印出来。打印幻灯片时PowerPoint将设置演示文稿的颜色，使其与所选打印机的功能相符。可以调整幻灯片的大小以适合不同的纸张大小（包括信纸和分类账），也可以自定义大小。在PowerPoint中，可以打印演示文稿的其他部分，例如讲义、备注页或大纲视图中的演示文稿等。

PowerPoint支持以下3种打印形式。

- “快速打印”：将打印机设置好后，直接启动打印机进行快速打印。
- “打印预览”：在打印前预览打印效果，如果不符合要求，进行调整之后再打印。
- “打印”：单击“文件”按钮，然后选择“打印”选项，进行各种设置之后再打印。

19.3.1 打印设置

在打印演示文稿前，可以进行打印设置，其方法是单击“文件”按钮，然后选择“打印”选项，在右侧的区域中可以进行打印设置，如图19.11所示。

- 打印范围：在此下拉列表中可以选择“打印全部幻灯片”或“打印所选幻灯片”等选项。
- 打印内容：在此下拉列表中可以选择“整页幻灯片”、“备注页”、“大纲”和“讲义”选项，如图19.12所示。

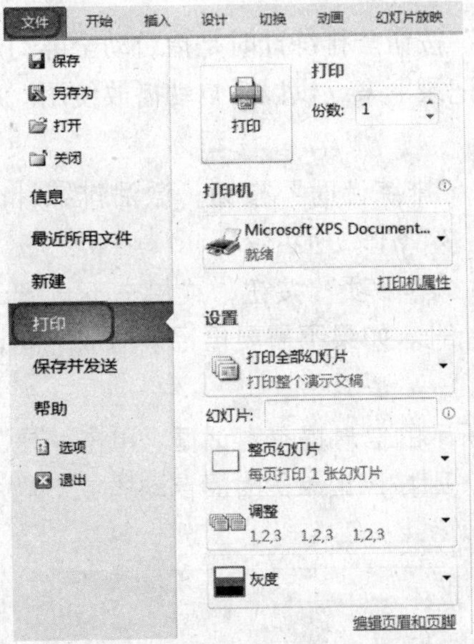

图19.11　选择“打印”选项

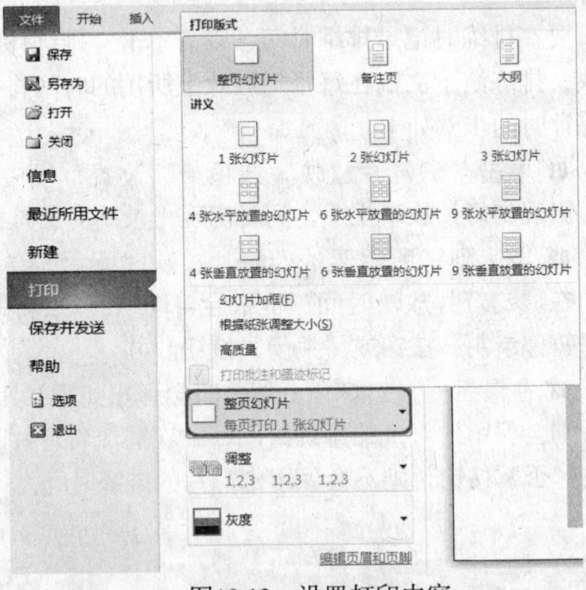

图19.12　设置打印内容

- 色彩模式：在其下拉菜单中可以选择“颜色”、“灰度”或“纯黑白”选项，如图19.13所示。

另外还可以在打印内容下拉列表中选择“幻灯片加框”、“根据纸张调整大小”和“高质量”选项，以及设置打印“份数”等。

完成各种设置后，单击“打印”按钮，弹出“文件另存为”对话框，在对话框中设置文件的保存路径和输入新的文件名后，单击“保存”按钮后即可打印文件。

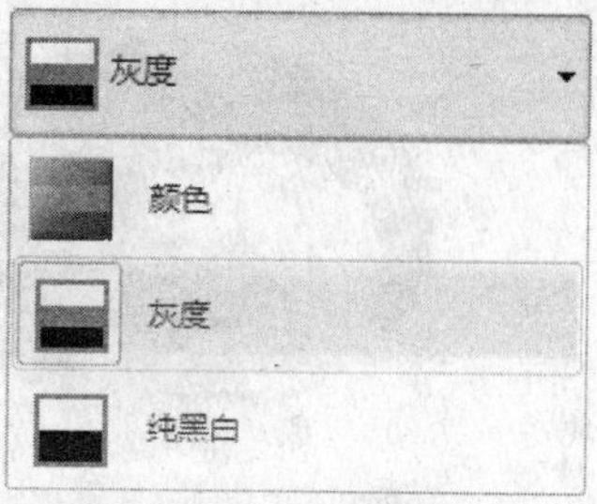

图19.13　色彩模式

19.3.2　设置幻灯片大小和打印方向

对要打印的演示文稿可设置幻灯片大小和打印方向，其操作步骤如下：

01 单击“设计”选项卡“页面设置”组中的“页面设置”按钮，打开“页面设置”对话框，如图19.14所示。

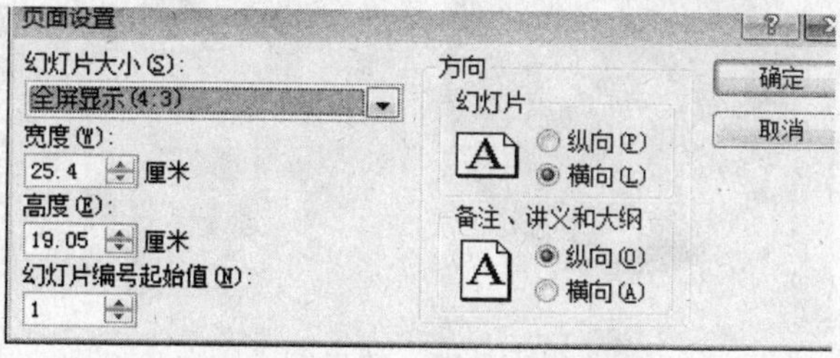

图19.14　“页面设置”对话框

02 在“幻灯片大小”下拉列表中选择要打印的纸张大小。如果选择“自定义”选项，则在“宽度”和“高度”文本框中输入所需的尺寸。

03 若要为幻灯片设置页面方向，可在“方向”区域中的“幻灯片”选项组中勾选“纵向”或“横向”单选按钮。

04 设置完成后单击“确定”按钮即可。

19.3.3　设置讲义

讲义是指一页演示文稿中有1张、2张、3张、4张、6张或9张幻灯片，这样观众既可以在你进行演示时观看到相应的文稿，也可以将来参考该文稿。

对于讲义，首先要安排讲义的内容，可以在打印预览中实现。可以指定将页面设置为“横向”或“纵向”，指定每页显示的幻灯片数；可以添加、预览和编辑页眉和页脚（如页码）。在每页1张幻灯片的版式中，如果不希望有页眉和页脚文本、日期或幻灯片号显示在幻灯片上，可以只将页眉和页脚应用于讲义而不应用于幻灯片。

19.4　上机练习——制作“动物世界”

本节主要介绍“动物世界”的制作方法，其中主用到了插入图片，设置动画等操作，完成后的效果如图19.15所示。

图19.15　效果图

1. 制作幻灯片1

01 启动PowerPoint 2010软件，系统自动新建演示文稿，选择“设计”选项卡，在“主题”组中单击“其他”按钮，在弹出的下拉列表框中选择“气流”选项，如图19.16所示。

02 将“幻灯片1”上的占位符删除，选择“插入”选项卡，在“图像”组中单击“图片”按钮，在打开的“插入图片”对话框中选择随书附带光盘中的“素材\Cha19\图片1.bmp”文件，如图19.17所示。

图19.16　选择“气流”选项

图19.17　“插入图片”对话框

03 单击“插入”按钮，选择“格式”选项卡，在“图片样式”组中单击“其他”按钮，在弹出的下拉列表框中选择“柔化边缘椭圆”选项，如图19.18所示。

04 然后调整图片的大小和位置,如图19.19所示。

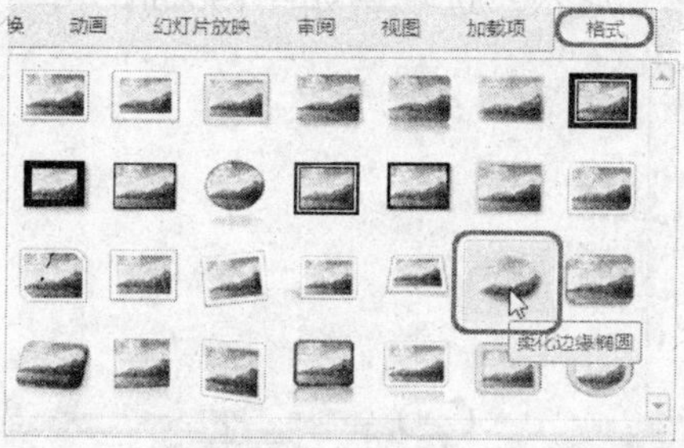

图19.18 选择“柔化边缘椭圆”选项

图19.19 调整图片的大小和位置

05 选择“动画”选项卡，在“动画”组中单击“其他”按钮，在弹出的下拉列表框中选择“翻转式由远及近”选项，如图19.20所示。

06 选择“插入”选项卡，在“文本”组中单击“艺术字”按钮，在弹出的下拉列表框中选择“渐变填充–绿色，强调文字颜色4，映像”选项，如图19.21所示。

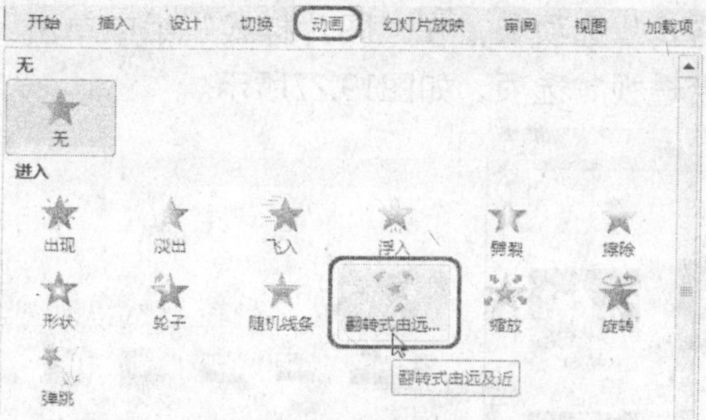

图19.20 选择“翻转式由远及近”选项

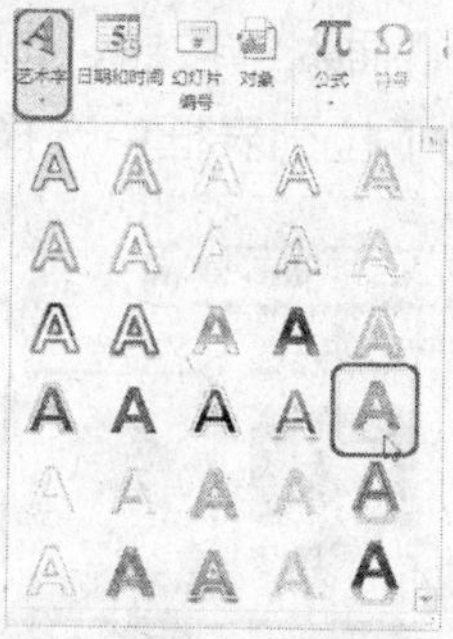

图19.21 单击“艺术字”按钮

07 在文本框中输入文字，然后选择文字，再选择“开始”选项卡，在“字体”组中将“字体”设置为“华文琥珀”，将“字号”设置为54，如图19.22所示。

08 选择“格式”选项卡，在“艺术字样式”组中单击“文字效果”按钮，在弹出的下拉列表框中选择“转换”选项，在弹出的子菜单中选择“圆”选项，如图19.23所示。

图19.22 输入文字并设置字体和字号

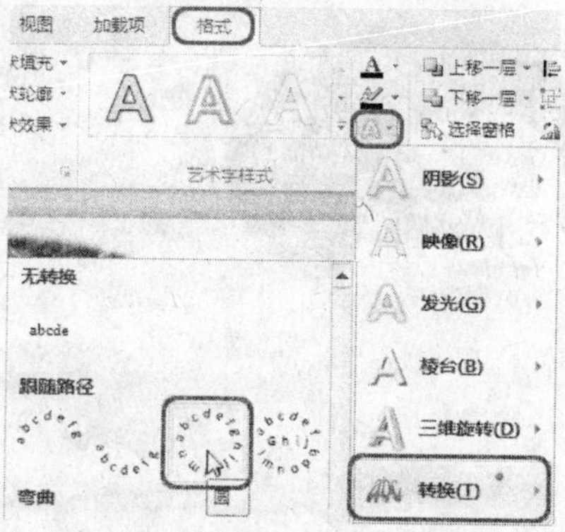

图19.23 选择“圆”选项

09 然后调整文本框的大小和位置，完成后的效果如图19.24所示。

10 选择“动画”选项卡，在“动画”组中选择“浮入”选项，如图19.25所示。

图19.24　调整文本框的大小和位置

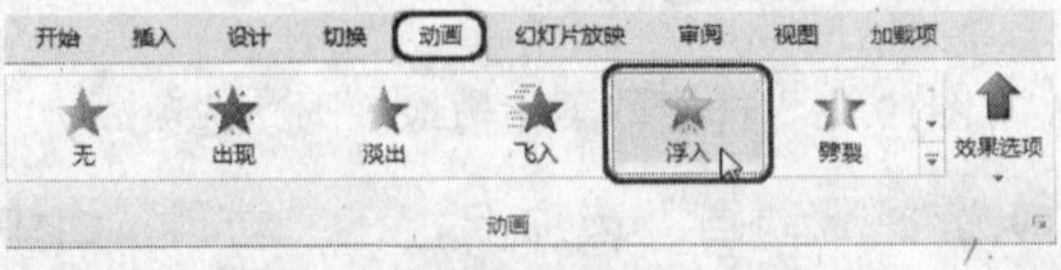

图19.25　选择“浮入”选项

11 选择“插入”选项卡，在“图像”组中单击“图片”按钮，在打开的“插入图片”对话框中选择随书附带光盘中的“素材\Cha19\图片2.jpg”文件，如图19.26所示。

12 单击“插入”按钮，选择“格式”选项卡，在“图片样式”组中单击“其他”按钮▾，在弹出的下拉列表框中选择“棱台透视”选项，如图19.27所示。

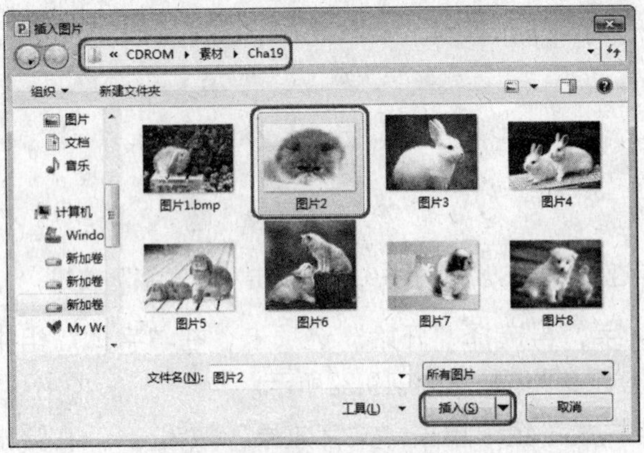

图19.26　选择“图片2”

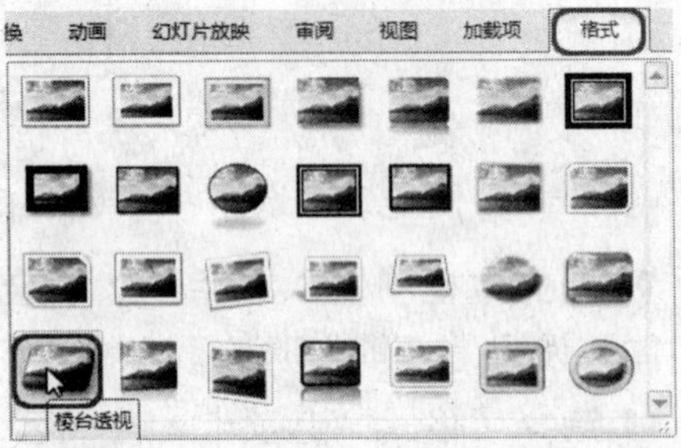

图19.27　选择“棱台透视”选项

13 然后调整图片的大小和位置，如图19.28所示。

14 选择“动画”选项卡，在“动画”组中单击“其他”按钮▾，在弹出的下拉列表框中选择“随机线条”选项，如图19.29所示。

图19.28　调整图片的大小和位置

图19.29　选择“随机线条”选项

⑮选择“插入”选项卡，在“文本”组中单击“艺术字”按钮，在弹出的下拉列表框中选择“渐变填充-绿色，强调文字颜色4，映像”选项，在文本框中输入文字，然后选择文字，再选择“开始”选项卡，在“字体”组中将“字体”设置为“华文琥珀”，将“字号”设置为96，如图19.30所示。

⑯选择“格式”选项卡，在“艺术字样式”组中单击“文字效果”按钮，在弹出的下拉列表框中选择“转换”选项，在弹出的子菜单中选择“右牛角形”选项，如图19.31所示。

图19.30 输入文字并设置字体和字号

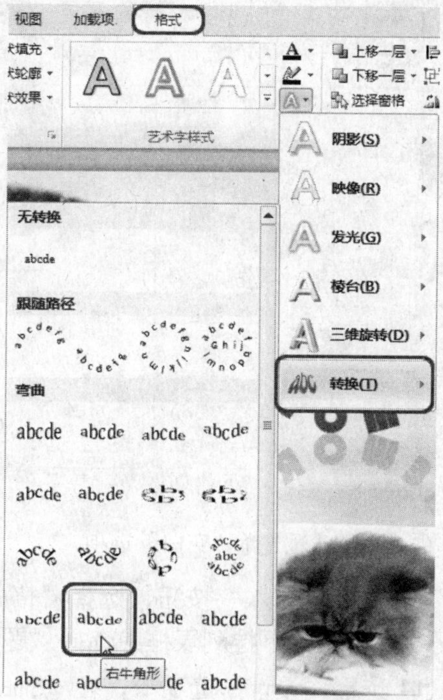

图19.31 选择“右牛角形”选项

⑰然后调整文本框的位置，如图19.32所示。

⑱选择“动画”选项卡，在“动画”组中单击“其他”按钮，在弹出的下拉列表框中选择“弹跳”选项，如图19.33所示。

图19.32 调整文本框的位置

图19.33 选择“弹跳”选项

2. 制作幻灯片2

01 选择“开始”选项卡，在“幻灯片”组中单击“新建幻灯片”按钮，在弹出的下拉列表框中选择“空白”选项，如图19.34所示。

02 选择“插入”选项卡，在“图像”组中单击“图片”按钮，在打开的“插入图片”对话框中选择随书附带光盘中的“素材\Cha19\图片3.jpg”文件，如图19.35所示。

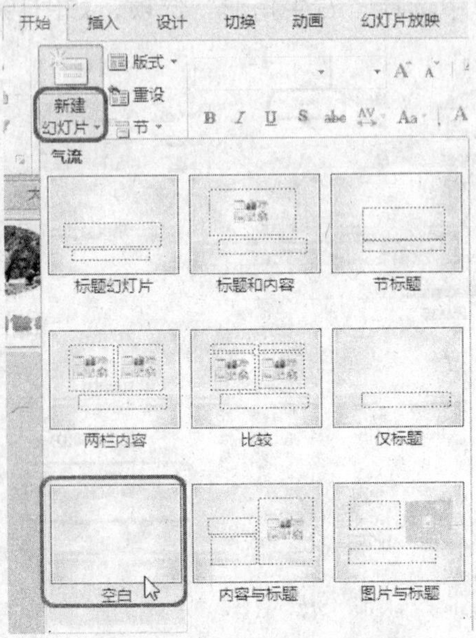

图19.34　选择“空白”选项

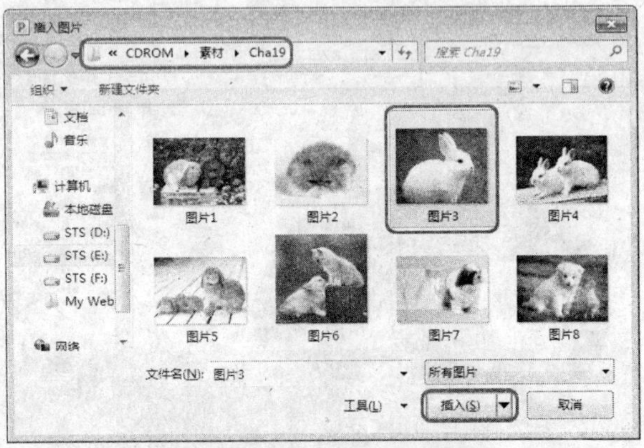

图19.35　选择“图片3”

03 单击“插入”按钮，选择“格式”选项卡，在“图片样式”组中单击“图片版式”按钮，在弹出的下拉列表框中选择“题注图片”选项，如图19.36所示。

04 选择“设计”选项卡，在“SmartArt样式”组中单击“其他”按钮，在弹出的下拉列表框中选择“嵌入”选项，如图19.37所示。

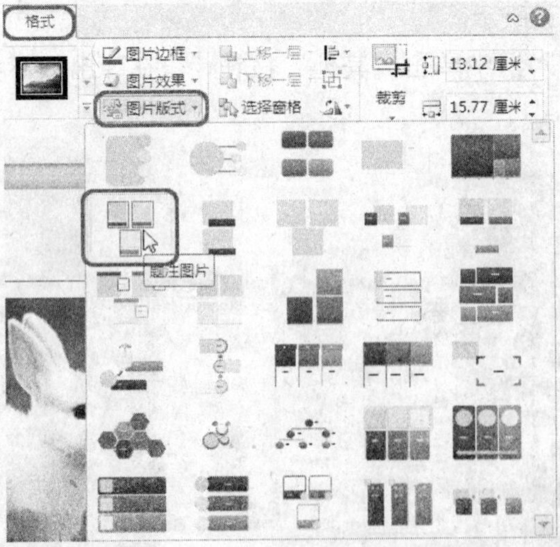

图19.36　选择“题注图片”选项

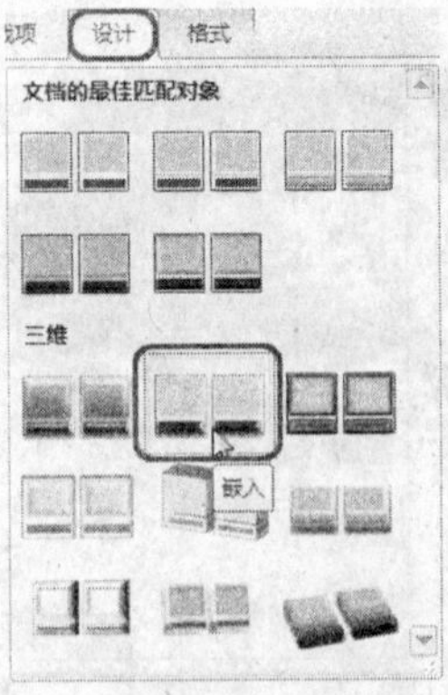

图19.37　选择“嵌入”选项

05 并调整形状的大小和位置，如图19.38所示。

06 选择“格式”选项卡，在“形状样式”组中单击“其他”按钮，在弹出的下拉列表框中选择“强烈效果-青绿，强调颜色2”选项，如图19.39所示。

图19.38　调整形状的大小和位置

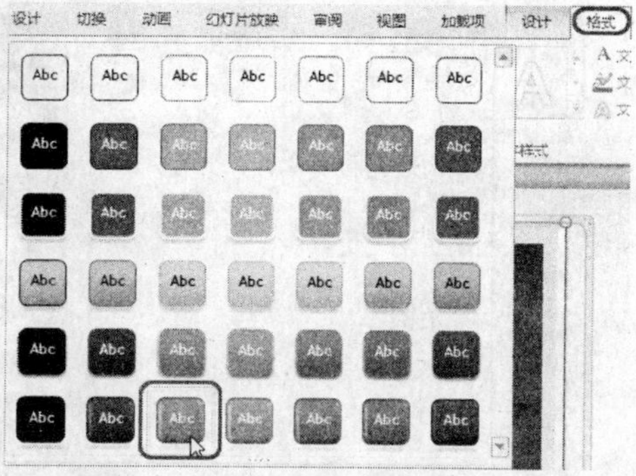

图19.39　选择“强烈效果-青绿，强调颜色2”选项

07 在“文本”位置出输入文本，然后选择输入的文本，选择“开始”选项卡，在“字体”组中将“字体”设置为“方正姚体”，将“字号”设置为17，将“字体颜色”设置为“白色，背景1”，如图19.40所示。

08 选择形状，然后选择“动画”选项卡，在“动画”组中选择“飞入”选项，如图19.41所示。

图19.40　输入文本并设置文本

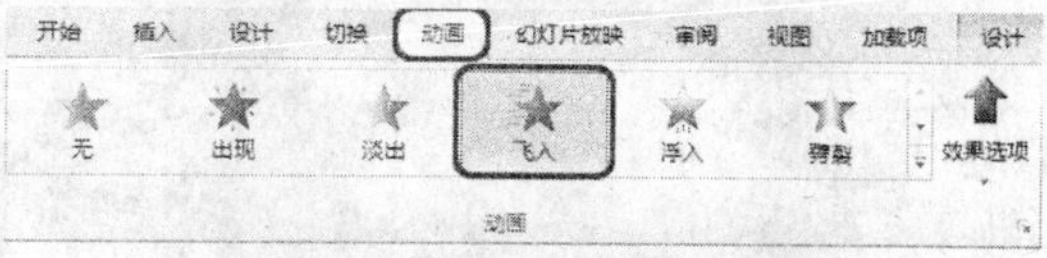

图19.41　选择“飞入”选项

09 选择“插入”选项卡，在“插图”组中单击“形状”按钮，在弹出的下拉列表框中选择“虚尾箭头”选项，如图19.42所示。

10 在幻灯片中绘制形状，然后选择“格式”选项卡，在“形状样式”组中单击“其他”按钮，在弹出的下拉列表框中选择“强烈效果-青绿，强调颜色2”选项，效果如图19.43所示。

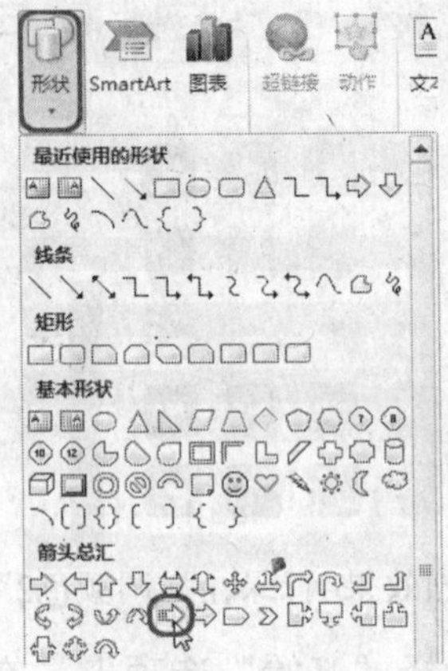

图19.42　选择“虚尾箭头”选项

图19.43　绘制形状并设置样式

⑪ 选择“插入”选项卡，在“插图”组中单击“形状”按钮，在弹出的下拉列表框中选择“圆角矩形”选项，在幻灯片中绘制形状，然后选择“格式”选项卡，在“形状样式”组中选择“强烈效果–青绿，强调颜色2”选项，效果如图19.44所示。

⑫ 在刚绘制的圆角矩形上右击，从弹出的快捷菜单中选择“编辑文字”选项，然后输入文字，选择输入的文字，然后选择“开始”选项卡，在“字体”组中将“字体”设置为“方正姚体”，将“字号”设置为18，将“字体颜色”设置为“白色，背景1”，如图19.45所示。

图19.44　绘制形状并设置样式

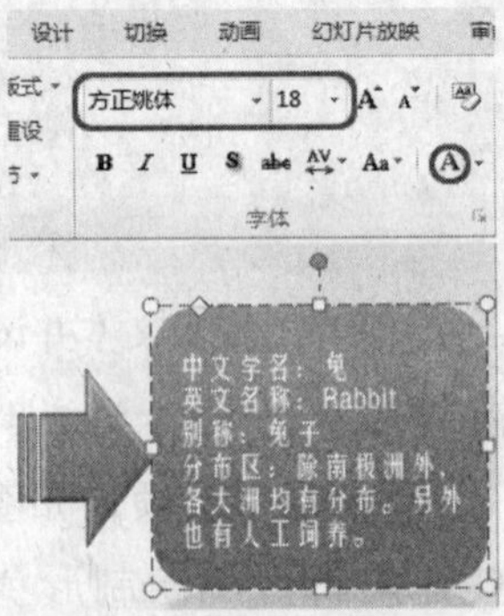

图19.45　输入文字并设置文字

⑬ 选择绘制的箭头图形，然后选择“动画”选项卡，在“动画”组中选择“飞入”选

项，最后再选择绘制的圆角矩形，在“动画”组中选择“飞入”选项，如图19.46所示。

⑭ 选择“插入”选项卡，在“图像”组中单击“图片”按钮，在打开的“插入图片”对话框中选择随书附带光盘中的“素材\Cha19\图片4.jpg”文件，如图19.47所示。

图19.46　选择“飞入”选项

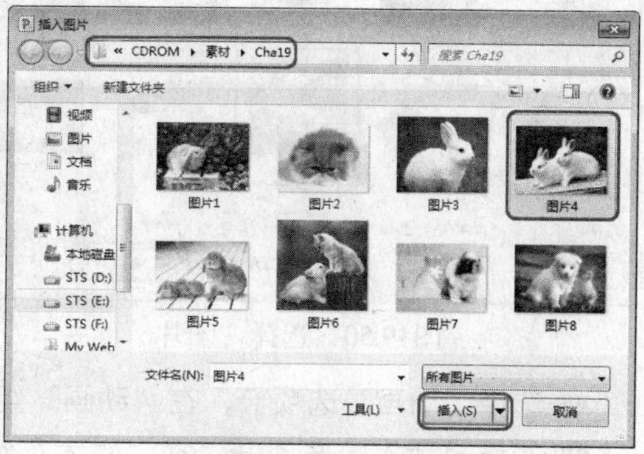

图19.47　选择“图片4”

⑮ 单击“插入”按钮，选择“格式”选项卡，在“图片样式”组中单击“其他”按钮 ▼，在弹出的下拉列表框中选择“柔化边缘椭圆”选项，并调整图片的大小和位置，如图19.48所示。

⑯ 选择“动画”选项卡，在“动画”组中选择“飞入”选项。

⑰ 使用步骤（14）~步骤（16）中的方法，插入和设置素材图形“图片5”，如图19.49所示。

图19.48　调整图片样式和大小

图19.49　插入和设置“图片5”

3. 制作幻灯片3

01 选择“开始”选项卡，在“幻灯片”组中单击“新建幻灯片”按钮，在弹出的下拉列表框中选择“空白”选项。

02 选择“插入”选项卡，在“图像”组中单击“图片”按钮，在打开的“插入图片”

对话框中选择随书附带光盘中的“素材\Cha19\图片6.jpg”文件，如图19.50所示。

03 单击“插入”按钮，选择“格式”选项卡，在“图片样式”组中单击“其他”按钮▾，在弹出的下拉列表框中选择“柔化边缘椭圆”选项，并调整图片的大小和位置，如图19.51所示。

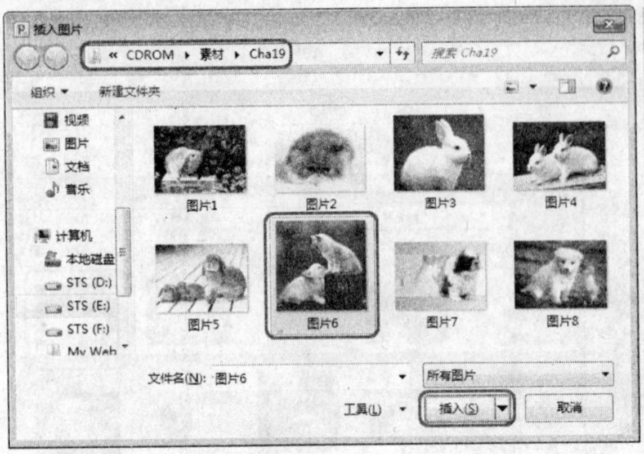

图19.50　选择“图片6”

图19.51　调整图片样式和大小

04 选择“动画”选项卡，在“动画”组中选择“旋转”选项。

05 选择“插入”选项卡，在“文本”组中单击文本框按钮，在弹出的下拉列表中选择“横排文本框”选项，在幻灯片上绘制文本框，并输入文字，然后选择输入的文字，选择“开始”选项卡，在“字体”组中将“字体”设置为“方正姚体”，将“字号”设置为18，将“字体颜色”设置为“黑色，文字1”，如图19.52所示。

06 选择“动画”选项卡，在“动画”组中选择“劈裂”选项。

07 选择“插入”选项卡，在“图像”组中单击“图片”按钮，在打开的“插入图片”对话框中选择随书附带光盘中的“素材\Cha19\图片2.jpg”文件。

08 单击“插入”按钮，选择“格式”选项卡，在“图片样式”组中选择“柔化边缘矩形”选项，并调整图片的大小和位置，如图19.53所示。

09 选择“动画”选项卡，在“动画”组中选择“浮入”选项。

图19.52　输入文字并设置文字

图19.53　调整图片样式和大小

4. 制作幻灯片4

01 选择“开始”选项卡，在“幻灯片”组中单击“新建幻灯片”按钮，在弹出的下拉列表框中选择“空白”选项。

02 选择“插入”选项卡，在“图像”组中单击“图片”按钮，在打开的“插入图片”对话框中选择随书附带光盘中的“素材\Cha19\图片7.jpg”文件，如图19.54所示。

03 单击“插入”按钮，选择“格式”选项卡，在“图片样式”组中单击“其他”按钮，在弹出的下拉列表框中选择“旋转，白色”选项，并调整图片的大小和位置，如图19.55所示。

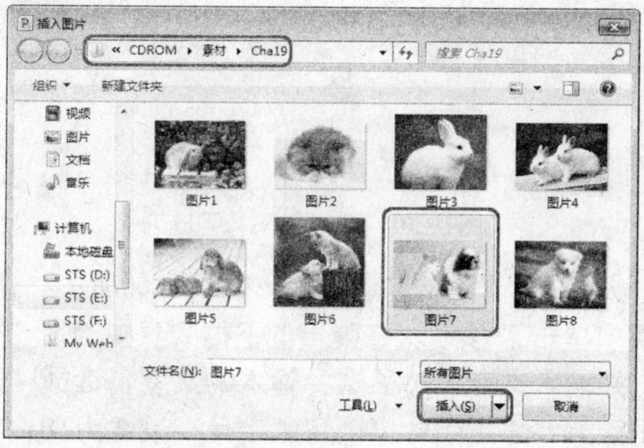

图19.54 选择“图片7”

图19.55 设置图片样式和大小

04 按Ctrl+C键复制，然后按3次Ctrl+V键进行粘贴，并调整图片的位置，如图19.56所示。

05 选择最底下的图片，单击鼠标右键，从弹出的快捷菜单中选择“置于底层”→“下移一层”选项，如图19.57所示。

图19.56 复制并调整图片位置

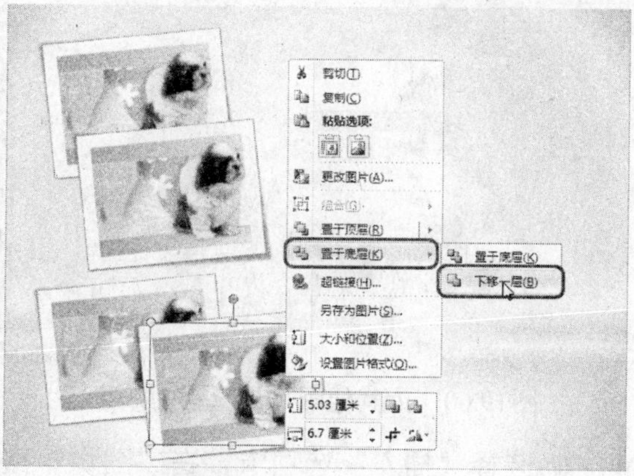

图19.57 选择“下移一层”选项

06 调整图片位置后的效果如图19.58所示。

07 选择顶端的图片，然后选择“动画”选项卡，在“动画”组中选择“飞入”选项，如图19.59所示。

图19.58　调整图片位置

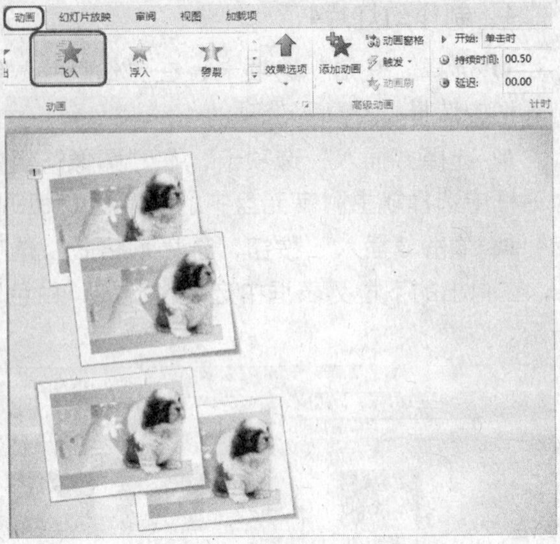

图19.59　选择“飞入”选项

08 按照从上到下的顺序，为其他的图片设置“飞入”的动画效果，如图19.60所示。

09 选择“插入”选项卡，在“文本”组中单击 按钮，在弹出的下拉列表中选择“横排文本框”选项，在幻灯片上绘制文本框，并输入文字，然后选择输入的文字，选择“开始”选项卡，在“字体”组中将“字体”设置为“方正姚体”，将“字号”设置为18，将“字体颜色”设置为“黑色，文字1”，如图19.61所示。

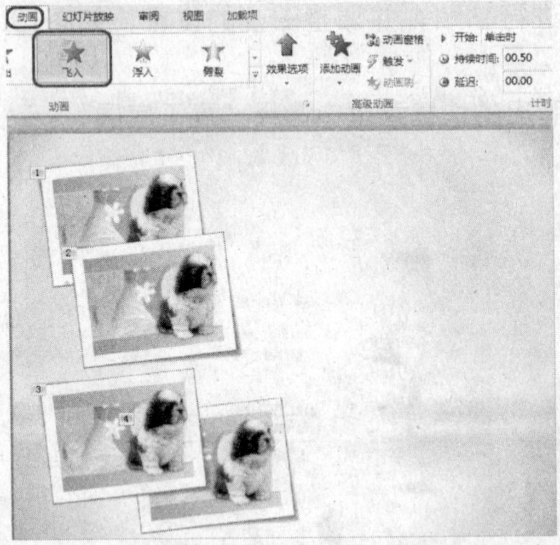

图19.60　为其他图片设置动画效果

图19.61　输入并设置文字

10 选择“插入”选项卡，在“图像”组中单击“图片”按钮，在打开的“插入图片”对话框中选择随书附带光盘中的“素材\Cha19\图片8.jpg”文件，如图19.62所示。

11 单击“插入”按钮，选择“格式”选项卡，在“图片样式”组中单击“其他”按钮 ，在弹出的下拉列表框中选择“柔化边缘椭圆”选项，并调整图片的大小和位置，如图19.63所示。

12 选择“动画”选项卡，在“动画”组中选择“飞入”选项。